U0298194

1 黄土梁坡油松、沙棘混交林
2 樟子松被引种为城市绿化
3 秦岭山地栓皮栎、白皮松混交林
4 黄土沟坡侧柏人工林

5 石质山地营造的杜松林
6 黄土梁坡叉子圆柏、刺槐混交林
7 黄土高原引种栽培的美国黄松
8 黄土高原引种栽培的花旗松

12

9 天山云杉林

10 黄土梁峁种植的圆柏

11 黄土高原引种栽培的华北落叶松

12 黄土高原引种栽培的红皮云杉

13 汉江两岸的水杉人工林
14 泡桐行道树
15 黄土地区生长的银杏
16 黄土丘陵古树小叶杨

17 街心花园的垂榆
18 布达拉宫前的红叶李
19 黄土峁坡的茶条槭
20 子遗树种小叶白蜡

21 黄土峁坡生长的山桃
22 黄土沟坡生长的山杏
23 河西走廊的多枝柽柳
24 河西北部沙区白刺

25 街道两旁的花楸
26 沙地栽植的花棒
27 秦岭北坡的白桦林
28 楼观台引种栽培的毛竹林

29　山石绿化凌霄
30　棚架植物紫藤
31　庭园美化珍品紫荆
32　花色艳丽的香花槐

水利部"948"项目（200207）
"十一五"国家科技支撑项目（2006BAD03A0308）联合资助

西北主要树种培育技术

罗伟祥　刘广全　李嘉珏等　编著

中国林业出版社

图书在版编目（CIP）数据

西北主要树种培育技术/罗伟祥等编著．–北京：中国林业出版社，2006.12
ISBN 978-7-5038-4578-9

Ⅰ．西…　Ⅱ．罗…　Ⅲ．树种-培育-西北地区　Ⅳ. S723.1

中国版本图书馆 CIP 数据核字（2006）第 110794 号

出版　中国林业出版社(100009　北京西城区刘海胡同 7 号)
网址　www.cfph.com.cn
E-mail　cfhpz@ public. bta. net. cn　**电话**　(010)66184477
发行　新华书店北京发行所
印刷　北京地质印刷厂
版次　2007 年 8 月第 1 版
印次　2007 年 8 月第 1 次
开本　787mm×1092mm　1/16
印张　57.75
字数　1480 千字
印数　1～1200 册

《西北主要树种培育技术》编委会

主　任　张社年

副主任　朱巨龙　辛占良　李　峰

委　员　（以姓氏笔画为序）

于洪波　王继和　刘广全　刘钰华　刘铭汤　李仰东
李嘉珏　罗伟祥　侯庆春　崔铁成　雷开寿

主　编　罗伟祥　刘广全　李嘉珏

副主编　唐天林　杨江峰　土小宁　崔铁成　王继和　侯　琳
刘钰华　王俊波　温　臻

编著者　（以姓氏笔画为序）

于洪波　马全林　马延康　土小宁　王乃江　王亚玲
王仁梓　王俊波　王胜琪　王继和　王爱静　史彦江
石玉琴　白立强　朱　恭　朱光琴　刘广全　刘　康
刘玉仓　刘　楠　刘钰华　刘克斌　刘翠兰　刘铭汤
刘虎俊　刘新聆　吕　茵　吕平会　毕　毅　宋　立
宋锋惠　李　峰　李龙山　李仰东　李会科　李养志
李海军　李嘉珏　陈　红　陈铁山　陈全辉　陈俊愉
辛占良　杨江峰　杨靖北　吴远举　肖　亮　张广军
张　莹　张　琪　张志成　张伟兵　张宝恩　张爱芳
罗　中　罗红彬　罗伟祥　尚新业　季志平　侯　琳
钟鉎元　姚立会　唐天林　姬俊华　郭军战　高国宝
高绍棠　秦　垦　徐　济　康　冰　温　臻　鲁艳华
崔铁成　彭　鸿　雷开寿　鄢志明　满多清　薛智德
戴继先

彩图摄影　罗伟祥　杨靖北　王继和　朱光琴

部分绘图　朱兴才

序

当今世界，森林植被遭到破坏，土地沙化扩展，水土流失加剧，生态失去平衡，环境污染严重，造成威胁人类生存和社会发展的深重危机。这种危机，在我国西北地区尤为突出，干旱、水土流失和风沙危害严重制约着这一地区经济和社会可持续发展。

自然环境的破坏主要起因于人类不合理的经营活动，如滥垦、滥挖、乱砍、滥伐、过度放牧、工程破坏及污染物质排放等等，其后果影响到大气、地貌、水文、土壤、植被和生物资源等许多方面。其中植被破坏是关键所在，因为其他许多方面的变化都与植被状况密切相关。反过来说，要恢复改善自然环境，植被又处在关键的地位，因为植被能对近地小气候起重要的调节作用，又是调控大气中温室气体浓度的重要手段，是一系列污染物质的吸收者和积存所；植被能缓冲地表外营力的冲击、防风固沙、保持水土、涵养水源、改良土壤；植被还是一切陆地生物种群的贮藏库，庇难所。只有保护好建设好植被，才能使自然环境中各个方面协调起来，进入良性循环。因此，植被建设属于生态建设中的关键地位是毋庸置疑的。

植被建设包括森林、灌丛、草原、荒漠植被等各种类型的植被建设，从全局来看，森林植被建设应处于主导地位。当然，在西北自然条件恶劣的地方，灌丛和荒漠植被建设应给予足够的重视。森林植被建设的途径包括天然林的保护、无林地或疏林的封育、人工林的营造以及不良森林植被的改造和更替等方式。在大面积早已无林、土壤侵蚀严重、自然恢复无望的地方，或在急于要取得森林的生态和经济成效的地方，就只能求之于人工造林。在西北这样一个自然植被破坏历史很长，存在着大面积无林荒山、荒沙，自然环境已很脆弱的地区，人工造林是植被建设的主要选择之一，是快速解决问题的主要措施。

然而，怎样才能搞好植被建设呢？首先必然在适地适树的基础上选择好适宜的育林树种。这方面即将出版的《西北主要树种培育技术》专著，为我们在森林植被建设中正确选择各类树种提供了科学的依据。

2001年秋天，罗伟祥同志提出编著《西北主要树种培育技术》一书，以适应西北生态环境植被建设的迫切需要，请我但任该书主编。我因工作很忙，无力顾及，建议他组织西北的同志来干。此后，由罗伟祥、刘广全和李嘉珏三同志牵头组织西北地区70多位教授、专家和科技人员，大多是扎根西北数十年从事林业（森林培育、林木育种、林业生态、经济林栽培等）和水土保持及资源环境等专业的同志，经过多年的艰苦努力，终于实现了既定目标。该书内容充实而丰富，重点突出，且特色鲜明，涉及我国现行实施的五大林业生态工程的各个林种（防护林、经济林、薪炭林、用材林、特种用途林）及风景园林绿化和自然保护区工程的乔灌木树种 300 余种，概括总结了新中国成立 50 余年来西北地区森林培育、植被建设的最新科技成果、先进技术和成功经验，介绍了每个树种的经济价值与开发利用途径、生态学特性、生物学特性，重点叙述了抗旱造林和经营管理的具体方法与措施。特别是对乡土树种，尤其是对灌木树种作了深入的发掘，编入本书的约占树种总数的 33% 左右。同时对经过多年引种试验而获得成功的外来树种也作了较为详细的介绍，对适宜本区生长又具有开发价值的彩叶树种、观赏花木和名特优新树种、品种也编入本书，基本能够满足西北地区各种林业建设的需要。

本书的出版将对西北乃至同类地区的森林植被建设起到积极地推动和促进作用，同时也将提高森林培育的科学技术水平，对群众兴林致富也有一定的帮助。还可作为各级领导、基层干部、科研教学部门及技术人员指导林业生产的参考。

西北地区建立乔、灌、草相结合的国土生态安全体系，建设山川秀美的生态文明社会，任重道远，目标伟大。我们必须以更强的科学创新精神，使西北地区森林植被建设跃上一个新台阶，建立起稳定的自然生态系统和繁荣的产业体系，为西北地区经济发展、社会进步和生态建设作出更大的贡献。

中国工程院副院长
北京林业大学教授　　　　院士

2006 年 6 月 20 日

FORWORD

At present, because of the consequences of deforestation, the extension of desertification, the intensification of soil lose, the ecological imbalance, the revere environmental pollution, these factors lead to an extreme crisis for living conditions of human life as well as to the social development. Such crisis becomes protruding in the Northwest regions in China. Drought, soil erosion and serious damage induced by wind-blown sand storm restrict the economic and social sustainable development.

The destruction of natural environment mainly induced by irrational activation operated by human kind such as misuses in reclamation and excavation, carelessness in deforestation, overburdening in husbandry, failure in engineering construction, and disposal of contaminated materials, their consequences may affect at atmosphere, geomorphology, hydrology, soil, vegetative covering and biological resources etc. Among these results, the key point is the destruction in vegetative covering, because the variations in many other things are closely related to the state of vegetative covering. To expound from the reverse side, in order to improve the natural environment, the vegetative covering is placed again at a key position, because the vegetative covering can play an impotent role in regulating the local micro-climate, it is also an important means in regulating the warm-house gas. It is the absorber for a series of pollutant and store-room, the vegetative covering can mitigate the impact of external forces from the ground surface. It can consolidate the moving sand particles to prevent against windblown, it can conserve the soil, conserve water and meliorate soil properties, vegetative covering serves for the overall terrestrial animal species as the storeroom and shelter. Only well protecting and well recovering the construction of vegetative covering we can coordinate the several aspects of natural environment then enter in a favorable circulation. Therefore to construct vegetation occupies a key position in the construction of ecological environment. This is undoubted fact.

To construct vegetative covering includes different types: such as affectation, construction of shrub mass, grassland and species for desertified land. As an overall situation, afforestation should be taken as a dominant measure. Of course, in such places as in the Northwest regions, where the natural conditions are the west, constructions of shrub mass and especially the species for desertified land should be paid with ample attention.

As to the concrete ways adopted for constructions of vegetative covering to include protection natural forest, closing the passages and raise breeding for those places where no tree or only scarce tree, afforestation and improvement and replacement for vegetative covering with interior qualities. In those places where no forest in vast areas and the soil erosion is server, and hopeless to recover, and also for those places where we need to have the ecological and economic effects from forest, we can only rely upon affectation. In the Northwest regions where exist a long time history of deforestation, where exists a vast area without tree, and server soil erosion, the natural environment has become extremely weak. Afforestation is one of the main choice in construction of vegetative covering. It is principal measurement to solve rapidly problem.

Nevertheless, how to construct vegetative covering? First of all, we must select appropriate tree species on the basis of suiting local condition by proper tree species. Now, the monograph of " The cultivation technologies for the main tree species in the Northwest regions in China" to be published sooner afterwards, can nerve for us the correct choice of tree species in the construction of vegetative covering and provides with scientific background.

In 2001 autumn, Mr. Luo Wei-xiang raised up a proposal to edit " The cultivation technologies for the main tree species in the Northwest regions in China" to meet the earnest requisite and invited me to be the Editor-in-Chief. At that time I was too busy and have no time to take into account. I suggested him to organize a group of scholars to perform it. Since then Mr. Luo Wei-xiang, Liu Guang-quan and Li Jia-jue lead a group of more than 60 professors, experts and scientific technical person. Most of them work in the Northwest regions for several decades in fields of relevant branched of sciences such as afforestation, nursing seedlings, forestry ecology, forestry economics and in soil and water conservation and resourced in environment. After 5 years they at last fulfill this task. The contents of this book in substantial and ample with outstanding key points and bright characteristics, it involves the current five ecological engineering in forestry (protective forest, economic forest, fuel forest, forest for timber use and forest for specialized utilizations) and for scenery and garden to make cities and township greening, arbors and shrub species more than 280. This book summarizes the recent achievement and experiment obtained in the past 50 years since the founding of New China in the Northwest region including afforestation and the contraction of vegetative covering. It introduces the economic value and the way of the development and utilization. Especially for the localized tree species, particularly an in-depth description has been made for shrub species, such tree species published in this book occupying about 35% of the total species. Simultaneously those tree species introduced from other places and also successfully growing well are also introduced in detail. I. e. all the tree species with colorful leave, decorative plants and famous, best qualities and new species are all described and edited in this book. Thus it can basically satisfy the need for various forestry construction.

The publication of this monograph will promote construction of vegetative covering in the Northwest regions in China. At the same times it will furthermore raise up the scientific and technical level in afforestation and forest management, it can help the local people to a certain degree to get rich, it can also serve for leading person and as well as cadres working in the basic level as a valuable reference to supervise the forestry production.

To construct an ecologically safe system by a combination of arbor-shrub-grass and a beautiful ecological civilization society is a hard duty for a long time. its great is great. We have to endeavor to rise up a new stair in the construction of vegetative covering in the Northwest regions to establish stable natural ecological system and prosperous production systems to furthermore contribute to the economic development in the Northwest regions, social progress and ecological constructions.

Academician SHEN Guo-fang

Vice-director of Chinese Engineering Academy

Prof. of Beijing Forestry University

June 20 2006

前　言

　　自 20 世纪 90 年代中央确立西部大开发战略，并将生态环境建设放在重要地位以来，西北地区以森林为主体的植被建设受到了前所未有的重视，相应的科学研究和生产实践活动得到加强。为了系统总结多年来西北林业建设中主要树种研究和应用方面的成果与经验，进一步促进西北林业建设持续稳定地发展，我们邀请在西北地区长期从事林业教育、科研与生产的各方面专家教授和科技人员 70 余人，历经 5 年，写成了这本《西北主要树种培育技术》。

　　西北地区包括陕西、甘肃、宁夏、青海、新疆 5 省（自治区），以及内蒙古自治区西部。这里是全国三大自然地理区，即东部季风区、西北干旱区及青藏高原区的交汇地带，其中西北干旱区占据本地区的基础地位。就气候特征而言，这里绝大部分处于干旱、半干旱区。由于自然条件严酷，使得这一带以森林为主体的植被建设具有特殊的重要意义。然而，其建设任务之艰巨、技术难度之大与水平要求之高，又为其他地区所不及。多年来，我们在"三北"防护林体系建设、黄土高原综合治理以及防沙治沙工程建设中，在各地用材林、经济林基地建设、干旱区经济灌木开发利用以及径流林业技术等诸多领域的探索中，积累了较为丰富的树种选择与应用经验，并正在朝建立具有西北地区特色的林业建设理论与技术体系方面做着不懈的努力。在西北地区长期的造林实践中，我们有这样几点深刻体会：首先，在各种植树造林活动中，适地适树，良种良法，是至关重要的关键环节。西北地域辽阔，生境差异大，立地类型多种多样，需要注意在不同的立地上选择适生的树种（或品种），采取相应的技术措施，才能取得成效，否则将一事无成。其次，对于西北地区植被建设要有全面认识。森林植被作为主体，应予重视。但在广袤的黄土高原和荒漠地带，能适应干旱立地的灌木或半灌木就显得相当重要和突出。在这里，应用耐旱灌木建立稳定的适应严酷生境的植被就应认为是取得了成功！第三，对于免灌植被建设要给予应有的重视。西北水资源匮乏，大面积灌溉造林并非所宜。在具有一定水分条件的立地上选择适生树种，应用径流林业技术及配套的集水保水措施建设免灌植被，是西北林业生态建设中一个重要课题。兰州北山是年降水量约 250mm 的黄土山地，经长期封育，终于形成以红砂为建群种的荒漠植被，可以给我们许多重要启示。第四，要重视生物多样性。相对于其他地区，西北生物多样性贫乏，能用于造林、防沙治沙以及城市绿化美化的树种不多。多年来，各地在引进外来树种、挖掘本地乡土树种方面做了许多卓有成效的工作，但还有相当大的发掘余地。

　　本书共列入防护林、用材林、经济林及城镇园林绿化树种约300余种，部分树种还包括若干新优品种。对每个树种的经济价值及开发利用前景、形态特征及分布区域、生物生态学特性，包括育苗、栽培（造林）以及病虫害防治在内的综合培育技术等，均有较详细介绍，新技术新方法更有所侧重。对灌木（含少量半灌木）树种给予了应有的重视。本书按主要功能和用途对树种进行了归类，然而这种区分是相对的，因为许多树种都具有多种功能和用途。为了使读者对西北自然概况有个初步的了解，我们简要介绍了西北地区自然环境特征，并阐述了适地适树科学造林的一些基本原理。本书较为全面地反映了西北地区50余年林业建设的新成果、新成就，也是这一地区广大群众丰富生产经验的总结。相信本书的出版，对于促进西北地区生态建设和环境改善，建设稳定的林业生态体系与繁荣的林业产业体系，加快区域生态经济协调持续发展将起到应有的作用。

　　作为本书的主编，我们是多年来在西北地区共同奋斗的同志和战友。这次是我们又一次充满深情厚谊、艰苦的然而更是愉快的合作。多有切磋，互补短长，共同提高。在这里，我们也向为本书写作付出了辛勤劳动的各位专家、教授和科技人员表示诚挚的感谢，不少专家年事已高，或有重任缠身，但都能满腔热情地投入写作与总结。我们早已从书稿的字里行间，感受到了大家多年辛勤耕耘付出的心血和对祖国大西北这片热土倾注的深厚感情。

　　本书在编著出版过程中，得到了中国工程院副院长沈国舫院士的热情关怀鼓励与悉心指导，西北农林科技大学树木学专家曲式曾教授为本书订证了树种学名，昆虫学专家刘铭汤教授审阅了病虫害防治书稿，同时得到了西北农林科技大学、中国水利水电科学研究院、国际泥沙研究培训中心、陕西省林业厅、天演生物技术有限公司、陕西绿迪投资控股集团有限公司、陕西省林业国际合作项目管理中心、西安东方园林景观工程有限公司、甘肃省治沙研究所等单位的鼎力支持和资助，均在此表示衷心的感谢。

　　由于编者水平和时间所限，书中缺点错误在所难免，敬请读者批评指正。

罗伟祥　刘广全　李嘉珏

2006 年 4 月 20 日

PREFACE

Since the 90 decade of the 20th century the central government of PRC established the strategy in the development of the West part and emphasized the constructions of ecological environment, the constructions of vegetative covering in the Northwest regions in China becomes the unprecedented priority, the relevant scientific research and production activity are both enforced. In order to Northwest regions as well as to summarise the experiences in practice to furthermore promote the sustainable development in the Northwest region we invite more than 60 experts and professor working in the fields of forestry education, scientific research and production to complete this monograph " The cultivation technologies for the main tree species in the Northwest regions in china" , The edition last about 5 years.

The Northwest region includes Shaanxi, Ningxia, Qinghai, Xinjiang Provinces or Autonomous Regions and the west pant of the Inner Mongolian Autonomous regions. This region covers three natural geographical regions s i. e. the east monsoon sub – region, northwest drought sub – region and the juncture part of the Tibet – QinHai Plateau. Among them the northwest drought region occupies the fundamental composition of the whole parts. As to the atmospheric features, most of these regions belong to drought and semi drought region. Because of the crucial natural conditions of the local places, construction of vegetative covering becomes a significant issue. Nevertheless, as a hard task its technical difficulties and relevant requisite level is the unique high in comparison with other region. For a rather long time we endeavor to the construction of protective forest in the " Three North" regions and comprehensive management in the Loess Plateau. As well as the construction of engineering projects against soil erosion and the windblown desert in the construction of basis for e-conomic forests, and timber use forest, the development and utilization of economic stands in drought and semi drought regions and technologies applied for runoff – fed forest etc. We accumulated abundant experiences in tree species choice and application in practice and continuously endeavor to establish a characteristic theory system for the construction of forest in the Northwest regions. In the long term practice we get an intimate knowledge as follows. First of all, the choice of proper tree species fitting local condition is the key link. The Northwest regions are vast, there is great difference in ecological environment, we have to notice that choice of proper tree species and adoption of relevant cultivation can lead to a successful achievement, otherwise we can do nothing. Secondly, we have to acknowledge that an overall concept in necessary, i. e. forest vegetative covering plays the dominant role, yet on the cast Loess Plateau and the desertified area, the shrub or sub – shrub which can fit the crucial drought site conditions reveal rather protruding. In these places to establish vegetative covering with drought – enduring plants should be acknowledged as successful. Thirdly, construction of non – rainfed afforestation should be given due emphasis. Water resources is lacking in the Northwest regions construction vegetative covering accompanied with irrigation system in large scale is not a good choice. To choose proper tree species and to apply runoff afforestation and technology and to form a complete set for gathering water and conservation for vegetation covering is an important item in the ecological construction in the Northwest regions. The Lanzhou North hills are a loess mountainous area with annual precipitation of 250 mm. After closing ways in the hills and proper cultivation for a long time, at last vegetation covering on decertified area (Red sand) appears successfully. We can learn a lot from this example issue. Fourthly, the biological diversity in the Northwest regions is rather poor. Tree species which can with stand the crucial site condition and can be use for afforestation, and for beatifying the environment is not abundant. Since a long time, various agencies work successfully in the field of introduction tree species from other paces and exploring local tree species. Yet, these are still a broad way in the future.

In this book total free species amount to about 300 for protective forest, timber use forest, economic forests and for gardens in cities and townships, a part of tree species belongs to new and qualified species. We make detailed introduction for each tree species including its economic value and development prospect, its characteristics and regions of distribution, its biological and ecological feature, including breeding and planting technologies and medical measures against the insect pests. New technology and new method are emphasized. Shrub species (including few sub – shrub species), are given due care. This book is edited by classification according to the principle functions and uses. Yet such classification is only relative, because many tree species posses multiple functions and uses. In order to give readers and elementary understanding we briefly introduce the natural environmental feature and expound some basic principles for fitting local site condition with proper tree species. This book reflects relatively overall new results and new achievement performed in the Northwest regions in the part fifty years it summarized basically productive experiences by mass people. We believe the publication of this book well promote the ecological construction in the Northwest regions and will establish a stable and prosperous ecological system in the forestry system as well as to speed up the ecological economy in a harmonic sustainable development.

As the chief editors, we worked hard together since a long time in the Northwest regions and we became intimate comrades each other. This time we experienced once again a hard yet happy cooperation with deep friendship. During the course of edition we discussed in depth all the time, complimented each other by refilling the weak point and mutually make progress. Here may we express our sincere thanks to those experts, professors and scientific research fellows, many of them are old – aged or bound by heavy tasks yet they still enter into the scope of writing and summarizing, we deeply appreciate them by their emotion towards the Northwest of our country.

During the edition of this both we got the solicitudes and encouragement from Academician SHEN guo – fang, the Vice director of Chinese Engineering Academy and from Prof. QU shizhen of the Northwest Sci – technical University of Agriculture & Forestry, who has carefully confirmed all scientific name of tree species, for Prof. LIU Ming – tang, an entomologist, supervised the chapter of methods against insect pest. At the same time we obtained supports from Northwest Sci – technical University of Agriculture & Forestry, from the China Institute of Water Resources and Hydropower Research, from International Research and Training Centre on Erosion and Sedimentation, from Shaanxi Province Forestry Bureau, from Tianzian Biological Technology Company (Ltd), from Shaaxi Lvdi Controlling Interest Group, from Shaanxi International forestry cooperation Administrative centre, from Shaanxi Oriental Garden Landscape Engineering Company (Ltd) and from Gansu Research Institute of Desert Management, etc. we acknowledge them once again.

Owing to editor's level and the limited time, the weak point and even errors in this book are hard to avoid, we solicit readers to criticize.

LUO Wei-xiang
LIU Guang-quan
LI Jia-jue
April 20 2006

目　录

第一篇

总　论

一、西北地区自然概况

我国西北地区按行政区划包括陕西、甘肃、宁夏、青海和新疆 5 省（自治区），面积约 300 万 km^2，占全国陆地总面积的 31%；人口 8903 万，约占全国人口的 6.8%（总数按 13 亿人口计）。如果将内蒙古自治区西部亦包括其中，则地域更加辽阔。该地区西面、北面至国境，东与山西、河南相接，南与四川、西藏比邻。

一般来说，自然环境要素包括地貌、气候、水文、土壤和植被等。这些环境要素的综合，是构成该地区森林立地的基础。认识并掌握其地带性及非地带性规律，对于西北地区确定林业生态工程建设或植被构建方针与生产布局，采取正确的造林营林和植被恢复技术，以及开展植树造林与植被建设理论的深入研究等，都有着重要意义。

1. 地貌特征

地貌是地理环境中最基本的要素之一，它控制着区域水热条件的重新分配，影响到地表物质的迁移，生态系统的演替以及自然资源的分布规律。

按照中国自然地理区划，西北地区处于我国三大自然地理区域之间，包括东部季风区及青藏高原区的一部分，西北干旱区的绝大部分。由于青藏高原区的柴达木盆地及青海湖周围在植被区划中被归之于干旱荒漠区，而属于东部季风区的黄土高原，按照当前经常使用的黄土高原地区概念，亦包括其北面的鄂尔多斯高原时，则干旱荒漠地貌以及黄土高原地貌就成为西北地区最主要的地貌景观。

1.1 黄土高原地貌

1.1.1 概况

黄土高原是我国一个独特的地貌单元，其东南西三面均为高山环绕，而将它与北面的鄂尔多斯高原连接在一起时，则其西北面和北面又为贺兰山和阴山山脉包围。狭义的黄土高原实际上是盆地式高原的一部分。

黄土高原地势总的是西北高、东南低，自西向东，大致可分为 3 个台阶：第一个台阶是六盘山、陇山以西的陇中黄土高原，海拔 1800～2000m。六盘山山脊海拔 2400m，主峰 2942m。境内北部有屈吴山、中部有兴隆山、马啣山等山地突起，海拔 2900～3600m。西南部甘肃临洮、临夏间有较平坦的冲积洪积多级阶地。本区丘陵多为起伏平缓的岗峦，少见孤立突出的塔（峁）顶；第二个台阶是六盘山以东，吕梁山以西的陇东、陕北黄土高原（亦包括晋西黄土高原），海拔 1000～1500m。区内北部白于山（1900m）、中部黄龙山、崂山、子午岭（1500～2000m）均有黄土覆盖，其余主要是黄土塬地和丘陵；第三个台阶是吕梁山以东、太行山以西的山西高原，由一系列山岭和盆地构成，一般海拔约 1000m，盆地 700～800m。

黄土高原地貌可分为山地地貌和黄土地貌两大类。其中黄土地貌的发育经历了相当复杂的过程，并可概括为以下基本演化模式：①黄土塬和台塬——→黄土平梁（梁塬）——→残塬梁峁——→梁峁丘陵；②波状起伏平原——→黄土台状丘陵——→黄土平梁丘陵——→梁峁丘陵；③

黄土梁峁宽谷──→梁峁宽谷沟壑──→梁峁丘陵──→峁状丘陵──→蚀余丘陵。

1.1.2　主要地貌类型

1.1.2.1　山地地貌

黄土高原山地可分为石质山地和土石山地，并以土石山地居多，只有高原边缘的山地多为石质山地。土石山地为石质山地向黄土丘陵塬地间的过渡类型，分布在石质山地较低部分或山麓地带。山地按高度和割切情况可分为以下几类：

（1）高山　这类山地除六盘山以外，多为抗剥蚀较强的岩石所组成，相对高度在千米以上，山势陡峭。秦岭、六盘山绵延长达数百千米至千余千米，兴隆山、马啣山、陇山等则长仅数十千米。高山顶部海拔多在 3000～3500m，上有大面积夷平面。目前天然植被良好，侵蚀轻微。这些山地都高出一般黄土高度，对当初黄土的沉积、水系的分布以及气候的形成，起着巨大的制约作用。

（2）中山　这类山地多分布在高山西侧，其岩性与地质构造与高山相似，但坡麓较平缓，常覆有黄土与沙黄土。一般海拔高 2000～2300m，相对高差 600～800m。山势陡峭但少有悬崖峭壁。河谷深 100～200m，谷底面积不大的冲积阶地，如宁夏的松山、香山、牛首山、大小罗山、烟突山等。

（3）低山　这类山地切割较浅，多为山顶露岩，坡麓覆盖厚层土状物，呈岛状或岛状群在黄土区域中出露，相对高差 400～600m，少数仅高出黄土丘陵一二百米。外貌较浑圆，河谷深数十米。如西秦岭甘肃漳县至永靖间的山麓地带，甘肃靖远、宁夏西吉间北偏西至黄河一带山地等。少数呈孤立分布，如渭河平原北侧的药王山、尧山等。这些山地现代侵蚀较为强烈，是石洪主要供给地。

1.1.2.2　黄土地貌

（1）黄土塬　黄土高原上保持较好的黄土覆盖的高原或高平原被称为黄土塬。根据塬面大小及切割程度分为以下 3 种：①黄土完整塬：塬面平坦宽阔，中心部分坡度 <1°，边缘平均 3°～5°，四周为沟谷环绕。沟谷一般深 120～160m，谷底有窄条冲积阶地，谷坡多在35°以上，沟头向塬面溯源侵蚀活跃，谷岸崩塌，红土陡壁泻溜现象严重。沟谷面积约占总面积 40% 以下。大的有董志塬、洛川塬，次为陇东庆阳塬、陇中白草塬、陕西白澄塬（白水—澄县）、蒲富塬（蒲城—富平），黄土厚度 100～200m。②黄土破碎塬：面积远较完整塬小，塬面切割破碎，四周轮廓线异常曲折，塬面坡度 3°～5°，边缘 10° 以上。沟谷面积占总面积 40%～60%，其中割切破碎的塬嘴和极小的碎塬，亦呈梁塔（峁）状。如陇东平凉、庆阳至陕西长武、彬县、黄河晋陕峡谷两侧的零星小塬即为破碎塬。③黄土台塬：位于大山脉山麓的黄土塬，由于冲积物不断堆积，塬边缘具有扇形或圆弧形特征。坡度平均 5° 左右，一般河沟溯源侵蚀未达塬面，塬面有较大浅凹地，使塬面呈现波状起伏（故又称波状塬）。如华山山麓波状塬等。

（2）黄土丘陵　为黄土覆盖而地面起伏的沟间地称黄土丘陵（群众称为梁塔地），覆盖的土状物一般为黄土、沙土，并且有红土和黄土及红土交替的堆积层次。黄土丘陵地貌大体可区分为梁峁两大类：黄土丘陵顶部向一侧或两侧斜倾，呈长条状分布的称为梁，长可从数十米至数千米。梁顶宽数十米至数百米，呈脊背状，单斜状或平台状，坡度较缓，宽梁不超过 5°，窄梁可达 10° 左右，梁顶以下坡度较大，呈现明显的坡折。从坡折以下至谷缘间称为梁坡，坡度 10°～35°，坡形因所在位置不同可分为凹形斜坡、凸形斜坡或直形斜坡 3 种，一般梁坡多为凸形斜坡；被切割成点状的丘陵称为峁，平面图形为圆形或近似圆形。峁顶面积不大，呈明显的弓形或馒头形（僧帽状），由中心向四周倾斜，坡度3°～10°，峁顶周缘以下直到谷缘的峁坡，面积较大，坡度10°～15°，并以凸形斜坡为主。顶坡之间有明显坡折。黄土丘陵主要形态虽可分为梁、峁两类，但二者在形态特征和成因上是有联系的，中间有一系列过渡的地貌形态，地域分布上互相交错，并有很大一部分黄土峁与黄土梁共同存在，组合成黄土梁峁丘陵地形。六盘山以西多宽梁大峁，以东多短梁小峁。黄土丘陵区地貌组合形态可分为以下几类：①丘陵宽谷：为黄土丘陵与宽谷相间分布的地形。所谓宽谷包括陕北靖边、定边的丘涧地，宁南西吉、海原的墹地，甘肃兰州以北的杜地。宽谷间的丘陵按形态不同可分为峁状、梁状、梁峁状或残塬梁峁状。②丘陵宽谷沟壑：随溯源侵蚀发展，宽谷谷地被现代沟壑所切割，而形成丘陵宽谷沟壑，见于宁夏、海原、固原等地及甘肃环县甜水乡北白于山北麓。③丘陵沟壑：黄土丘陵沟壑为黄土丘陵区主要地貌形态，可进一步划分为以下几类：a. 台状丘陵沟壑与平梁丘陵沟壑。主要分布于黄土丘陵与干燥剥蚀高原过渡地区，如横山、榆林、神木、府谷一带。台状丘陵侵蚀程度较平梁轻微一些，因而沟间地宽度较大，分布更靠高原一侧；b. 斜梁丘陵沟壑。在陕北吴旗、志丹一带呈梳状斜梁地形；在甘肃榆中一带为由倾斜平原切割而成的梳状斜梁地形，斜梁与平梁的区别在于梁脊的坡度，前者在7°～12°，后者小于7°。c. 长坡梁状丘陵沟壑。特指梁状丘陵中坡长在1km以上者，集中分布于甘肃秦安、静宁、通渭、定西、天水等地。d. 峁状丘陵沟壑和梁峁丘陵沟壑。黄土丘陵区原生黄土峁仅见于兰州以北的永登、皋兰等地，六盘山西麓见有小片残丘状黄土峁。绝大多数黄土峁是次生的，是由黄土梁经水冲切割而成，通常见于侵蚀比较活跃，侵蚀历史较久的地区（如陕北的绥德、米脂、子洲一带无定河及其支流两侧），以及侵蚀活跃的分水岭地区。此外，吴旗、志丹一带分水岭两侧，阴坡多为黄土斜梁，阳坡发育次生峁。陕北宜川、延安一线以北除有峁状丘陵外，主要由梁峁丘陵沟壑构成。e. 蚀余丘陵沟壑。次生黄土峁进一步侵蚀切割后形成，见于晋陕间黄河峡谷两侧，陇中黄河两岸及主要支流下游。以残塬梁峁丘陵沟壑，其主体为梁峁丘陵，中间散布一些塬面。

（3）平原　平原可分为高平原与低平原。高平原又称黄土阶地，是分布在宽河谷内超河漫滩第二级阶地以上的各级阶地，以及一些山间盆地底部，前者有渭河河谷西侧和洮河下游多级阶地。黄河河谷间的高平地，其中渭河河谷的黄土阶地有三、四级阶梯，最低一级相当于渭河第三级阶地。黄土高原北部高平原亦见于鄂尔多斯干燥剥蚀平原的东部和东南部与黄土丘陵交接处。低平原是近代河流冲积的超河漫滩以上的二级阶地，群众称为川地。黄土高原大小河谷两侧均有分布，较大的有汾渭河谷中下游，黄河干流的中卫、中宁和洮河下游一带。关中平原渭河两岸的河成阶地是其主要地貌形态，其一级阶地系由渭河近代冲积而成，二级阶地是发育较好的阶地，高出河深10～20m（宝鸡附近）以至20～30m（西安以东）。

1.2　温带荒漠区域地貌

1.2.1　概况

温带荒漠区域包括新疆的准噶尔盆地与塔里木盆地、青海的柴达木盆地、甘肃及宁夏北部的阿拉善高原，以及内蒙古的鄂尔多斯台地的西端。该区域约占全国陆地总面积的1/5强，其中沙漠、戈壁面积约100余万km²（沙地面积占全国的98.1%，戈壁面积占全国的82.9%）。其地貌的基本特征是高山与盆地相间，并形成截然分界的地貌单元，其中有6块相对独立的盆地与台原，即准噶尔盆地、塔里木盆地、柴达木盆地、阿拉善高原、诺敏戈壁与哈顺戈壁。盆地之间或其边缘具有四列大体上呈东西走向的巨大山系：阿尔泰山、天山、昆仑山与阿尔金山、祁连山。此外还有几个将各盆地作东西分隔的断块山地：准噶尔西部山地、北山与阿拉善东南山地。

荒漠区域的地貌轮廓是地质构造发展历史的结果。几大盆地和高平原是比较稳定的台块，几列巨大山系是活动性大的地槽带，二者间为深大断裂控制，界线分明。自第四纪以来，盆地中的平原一直是附近山地径流积聚成河湖的场地，古老地层被封盖在下面，而表面则为新老洪积层或冲积层。在干旱气候条件下，风的地质作用相当强烈，又对上述流水地貌进行加工，在其上形成现代荒漠平原的各种风成地貌。

1.2.2　盆地地貌特征

荒漠区域中的内陆盆地在地质结构和地貌特征上都具有同心圆式的环带状分布特征，即从盆地外围山地向盆地中央可以有规律地划分为以下几个地貌—基质带：

1.2.2.1　山前倾斜平原

盆地外围山前堆积了厚重的第四纪洪积物与洪积冲积物，形成倾斜的洪积扇，宽十几千米到上百千米。其顶部形成砾石戈壁，无植被或有稀疏超旱生灌木、半灌木荒漠植被。中部为冲积—洪积面或河流的冲积锥，有沙壤质至壤质土，或夹砂砾层，其上有由洪水或潜水补给的森林、灌丛或草甸，并多被垦为灌溉绿洲。冲积—洪积扇前缘地形缓坦，但土壤多盐渍化，分布着盐化灌丛和草甸植被。

1.2.2.2　冲积平原

倾斜平原以下为古老现代的冲积平原，地势平坦，为沙壤质或壤质土或与沙形成夹层。边缘有一条盐渍化的沼泽、草甸、灌丛和盐生植被的复合隐域植被带。盆地内为地带性荒漠植被。在现代河流冲积河谷平原上，新老河道纵横交错，胡杨林、柽柳灌丛与草甸广为分布，在荒漠中形成一道绿色长廊。

1.2.2.3　湖积平原与沙漠

盆地内部为广阔的湖积平原，沙质、壤沙质或沙壤土质。湖积平原底部低洼处多为盐湖或咸水湖，湖滨平原为盐土。

1.2.2.4　发育盐生植被与盐沼泽

平原上冲积和洪积的细粒物质在强劲的风力作用下，形成了广袤的沙漠。如准噶尔中心的古尔班通古特沙漠、塔里木的塔克拉玛干大沙漠、阿拉善的巴丹吉林沙漠、乌兰布和沙漠和亚玛利克沙漠、鄂尔多斯的库布齐沙漠，以及柴达木的祁曼塔格山前沙漠和夏日哈沙漠等。这些沙漠有的是被沙生荒漠植被所固定或半固定的沙丘、沙垄，有的是光裸的新月形沙丘或巨大的金字塔形沙山。

上述荒漠盆地共有的环带状结构样式决定着盆地中基质、水分、盐分和植被呈现有规律的环带状分布。但各地区地质构造运动性质和大气环流形势存在差异，因而有着不同的特点，如准噶尔盆地、柴达木盆地与阿拉善高原主要是西北向风系的影响，从而在其西北部形成强度风蚀的剥蚀残丘、台原或方山地貌，属于石质沙漠；其中部、南部或东南部主要为沙漠地貌，被风力吹起的尘土堆积于其南部或东南部低山或山麓，形成厚层的黄土状堆积层。而塔里木盆地则主要受东北风系作用，在其东北部为风蚀的哈顺戈壁与罗布低地的雅丹地貌，中部为大沙漠，南部昆仑山北坡为黄土状堆积。

1.2.3 山地地貌特征

本区有数列大致呈纬度方向伸延上千千米，高 4000～5000m 以上的巨大山系，不仅对该区大气环流产生巨大影响，供应盆地以丰富的冰雪融水、雨水径流，还有大量的洪积、冲积物质，从而对该区植被发生重要影响。而山体本身的高度差异、内外差异、南北以至东西差异，导致复杂多样的山地植被的形成，使荒漠区域出现了各种山地森林、灌丛、草甸、草原和高山植被，并使区域植被类型的多样性为其他植被区域所不及。

本区高山新构造运动活跃，侵蚀、剥蚀、冰川及寒冻风化作用、径流作用等极为强烈，并具有显著的地貌成层性，从低山到最高山各具独特的地貌特征，并因山地所处水平地带位置不同而有很大差异。

1.2.3.1 低山带

各山系，按地貌和基质可大体分为两种类型。其中天山北坡，昆仑山西段北坡，祁连山北坡前山覆有黄土和亚沙土，形态浑圆，流水侵蚀较弱，草原与荒漠植被发育较好。而天山南坡、东昆仑山北坡前山—低山带无黄土覆盖，为强度风化的剥蚀石质—碎石质荒漠山地，极为干燥，植被稀疏。

1.2.3.2 中山带

天山与祁连山北坡的中山带与森林带上下限相吻合。这一带降雨较多，径流丰富，风化作用活跃。山地上升运动强烈，峡谷深、坡陡峭，森林满坡。天山南坡、昆仑山与阿尔金山中山带极为干旱，山坡干燥剥蚀与侵蚀作用强烈，发育着荒漠与草原植被。但内部天山、天山南坡与祁连山南坡多山间盆地，古盆地底部有沼泽和草甸植被发育。

1.2.3.3 高山带和最高山带

最高山带在各大山系均多冰川积雪。天山西部高山带古准平面因受新构造运动扭曲断裂破坏，加以径流切割与强烈的寒冻风化作用，表现为强度石质的峰脊和险坡，仅局部古冰川槽谷有高山草甸发育。天山东部与南部山地古剥蚀面保存较好，有高山草原与草甸植被发育。祁连山亦多古冰川作用塑造地形。昆仑山为强烈上升和最干旱的高山区，其上分布稀疏的高寒荒漠植被，或为无植被的石质坡。

1.2.3.4 其他山地

荒漠盆地间其他山地有西准噶尔山地、北山与阿拉善山地，这些山地多为块状隆起的中山或低山残丘，以风化剥削作用占优势。低山和残丘常为强度石质化的荒漠山地，中山发育灌丛与草原，有些山地如西部的巴尔雷克山，在迎风坡上出现成片森林。

（李嘉珏、罗伟祥）

2. 气候特征

气候是构成和决定某一地区自然地理特点的基础，各种气候要素和天气现象在不同季节的相互配合使得各地产生不同的气候分布特征，这种气候特征也对自然界其他自然因子如植被、土壤、地貌等产生巨大作用，同时这些自然因子又反过来影响着当地的气候。西北地区在贺兰山以东受太平洋副热带高压控制为大陆性季风气候，其他大部分地区气候主要受蒙古高压、大陆气团控制，为典型的内陆气候，突出特点是干燥少雨，蒸发强烈，多风沙。

2.1 气候分区

根据中国气候区划，西北地区分属东部季风区、西北干旱区及青藏高寒区。除东南部秦巴山地及黄土高原属东部季风区，南部及西南部属青藏高寒区外，其余大部分属青藏高寒区，这与中国自然地理区划结果基本相同。在上述三大区背景条件下，根据一定的温度指标和不同的干湿程度进一步划分气候带，则秦巴山地汉水上游属北亚热带湿润气候区，黄土高原东部、南部属暖温带半湿润区，中部属中温带半湿润区；塔里木盆地属暖温带极干旱区，其余大部分地区属中温带半干旱、干旱乃至极干旱区。青藏高寒区中，柴达木盆地属高原温带干旱气候，祁连山区属高原亚寒带半干旱气候等。从总体上看，西北绝大部分地区属温带半干旱、干旱气候，部分地区如巴丹吉林—腾格里区，塔里木盆地区等为极端干旱气候，这是西北地区气候的一个基本特点。

2.2 主要气候要素

2.2.1 降水量[①]

西北地区地处欧亚大陆的中心部分（新疆、甘肃，东经100°以西的河西走廊等地区），远离海洋，高山环绕，东南季风和西南季风影响不及，水汽难以到达，因此气候具有最强烈的大陆性，降水十分稀少，气候尤为干旱，成为我国气候最干旱的地区。

本区内降水总量稀少，而且年降水量的时空分布极不均匀。首先是地区分布不均匀，除本区东南部陕西秦岭北麓关中一带较多（520～730mm）外，由东南向西北逐渐递减，大部分地区降水极少，如兰州（331.9mm）、西宁（371.7mm）与安阳、泰安纬度相当（36°N），但年降水量约等于安阳（628.5mm）、泰安（725.7m）的1/2。降水还呈现山地多于盆地（河谷）的趋势，如陕西境内，渭北至陕北400～620mm，其中延安以北少于500mm，定边只有322.3mm，为全省最少。关中520～730mm，汉中地区800～1400mm，秦岭是800mm的分界线。甘肃年降水量少于500mm的面积占全省的77%，年降水量在300mm以下的面积占全省66%。东部天水、庆阳和南部甘南少数地区降水较多，为500～600mm以外，大部分地区在400mm以下，河西走廊最少，皆在200mm以下，至玉门以西不足50mm，走廊西端的敦煌年降水量仅有29mm，干燥度在15.0以上。宁夏降水也很少，大部分地区在300mm以下，南部六盘山山区、罗山山区和西部贺兰山区降水相对较多，年降水量400～650mm，同心—盐池一线300mm左右，引黄灌区200mm左右。青海南部年降水量高达557（达日）～774mm（久治），因受孟加拉湾暖湿气流的影响，大部分地区在400mm以下，柴达木盆地不足200mm，东部一般仅有100～200mm，诺木洪在50mm以下，盆地中部及西部大部分是荒漠，这里是我国干燥少雨的地区之一，年降水量不足50mm，盆地以西的冷湖降水量仅有15.4mm。冷湖以南，茫崖以北，马海以西的广大地区降水量更为稀少。干燥度东部为2.0～9.0，西部高达20.0以上。新疆为西北降水量最为稀少的地区，也是全国最干燥的地区。一般年降水量在200mm以下，北疆平原150～200mm，干燥度4.0左右，山区降水量较高为400～600mm；南疆降水量很少，不足70mm，塔里木盆地东部若羌只有15.6mm，吐鲁番盆地的托克逊只有4mm，为新疆最少的地区。

降水的季节分配也极不均匀。本区降水一般集中在夏季，大致占到年降水的50%～60%，有的地区达到80%（青海冷湖）。年际和月际降水也是如此。陕西榆林年最大降水量

---

① 王谦. 中国干旱半干旱地区的分布及其主要气候特征. 1983.

为 578.0mm，年最小降水量为 192.2mm；西安年最大降水量为 840.6mm，年最小降水量为 289.2mm，兰州年最大降水量达 546.7mm（1978），年最小降水量只有 210.8mm（1941）。如以季节降水量而言，历年之间变化更剧烈。榆林夏季（7 月）平均降水量为 96.6mm，而最多达 213.6mm，最少仅有 19.2mm。在南疆和河西走廊，往往可以连续半年点滴无雨，但 1~2 天内就降了全年降水量的 1/2 至 2/3。如从降水的年相对变率来看，西安为 14.8%，榆林为 22.4%，银川为 27.8%，兰州为 23.0%，和田为 30.7%，敦煌高达 42.6%，如以生长季（4~10 月）的相对变率来看，一般都比年相对变率大，如榆林为 23.6%，银川 28.5%，兰州为 26.0%，敦煌为 47.6%。降水量愈小，变率愈大。这种降水变化很大程度上反映了本地区大陆性气候的显著特点。

2.2.2 气温

西北地区气温的特点是：冷热季节变化明显；气温年较差、日较差显著；生长季节较短。

西北地区各地年平均温度变化在 0~16℃ 之间，且随地势和纬度的增高，气温相应递减。从南向北，纬度每增加 1°，气温平均下降 1.33℃；从东到西，经度每差 1°，气温平均下降 0.73℃。东南部陕西汉中、西安年平均气温为 13~16℃，陕北延安、榆林为 8~10℃ 和 6~9℃，向西经甘肃庆阳、平凉为 7~11℃，宁夏固原 10℃ 以下，银川在 10℃ 以上，兰州、定西 5~9℃，河西走廊（武威）4.7~9.3℃。青海年平均气温在 0℃ 以下的地区占全省面积的 60%，其中大部分地区在 −2℃ 以下，年平均最高的地区仅 8.6℃（循化）；新疆北疆平原为 6~8℃，塔城地区为 2.5~5.0℃，南疆为 10~11℃。反映出西北地区年平均气温的分布趋势，是西北部低于东南部，山区低于平原。

最冷月 1 月平均气温，陕西汉中、西安分别 2℃ 以上和 −1~−4℃，极端最低气温 −10~−21℃，延安、榆林分别为 −5~−8℃ 和 −8~−11℃，极端最低气温为 −19.0~−29.3℃；甘肃庆阳、平凉为 −7.1~−4.0℃，极端最低气温 −19.7~−25.4℃，河西走廊为 −10~−20℃，极端最低气温为 −25.1~−41.5℃，青海 1 月平均气温大部分地区低于 −12℃，最低达 −18.2℃（托勒），最高 −5.3℃，极端最低气温多在 −30℃ 左右，祁连山和青海高原在 −30~−40℃，极值为 −48.1℃（玛多）；新疆北疆准噶尔盆地一带在 −17℃ 以下，富蕴更低可达 −28.7℃，而南疆一般高于 −10℃，喀什、和田一带仅 −5~−6℃，与北疆富蕴相差达 23℃ 以上，南疆为 −28.0~−30℃。极端最低气温北疆阿尔泰山区布尔津为 −37℃，富蕴县曾有实测极端最低气温 −58.1℃ 的记录。

最热月一般为 7 月，平均气温陕西汉中、西安 23~27℃，延安、榆林 22~23℃，极端最高气温汉中、西安 39~43℃，甘肃庆阳、平凉 7 月为 31.7~39.3℃，兰州、定西、河西走廊 7 月，极端最高气温 45.1℃，青海多数地区在 15℃ 以下，许多地方甚至不足 10℃，最高 19.8℃（循化），极端最高气温 30~35.5℃。新疆北疆在 20~25℃ 之间，艾比湖及克拉玛依可达 28℃，南疆一般在 25~27℃ 之间。吐鲁番盆地绝对最高气温可达 47.6℃，是我国夏季最热的地方之一。

最冷月与最热月的温度状况，反映出西北地区具有冬季寒冷、夏季暖热的特点。西北地区各地气温年较差变化较大，陕西年较差除山区外，均在 24℃ 以上，日较差除山区外都在 8℃ 以上，最大日较差在 20℃ 以上，延安历史上日较差值达 29.4℃，秦岭西段 30℃，太白山曾达 32.7℃（1963.3.3），甘肃陇东、子午岭林区日较差 14~16.3℃，庆阳以北地区为

12.4～14.0℃，中部及华家岭为 14.4～15.3℃，河西走廊（武威、敦煌）为 14.5～16.4℃。宁夏南部（泾源、隆德、固原）52.1℃，中部同心、盐池为 63.2℃；北部银川、石嘴山为 62.3℃，青海年较差大都在 24℃以下，柴达木盆地达 28～30℃，日较差平均在 14℃以上，最高达 17.5℃（同德）。新疆气温年平均日较差，北疆为 12～14℃，北端布尔津达 17.5℃，最大日较差都在 25℃左右，南疆在 13～16℃。羌塘高原北部 8 月份夜间低温为 -16～-18℃，而白天高原可以达到 20℃，日较差高达 40℃。

对植物生长具有重要意义的 ≥10℃活动积温，开始日期和终止日期，东南部（西安）在 3 月底和 10 月上旬至 11 月上旬，西北部（布尔津）为 5 月中旬至 9 月上旬。≥10℃积温东南部为 4000～4600℃，西北部为 1595.4℃，青海有 2/3 以上地区 ≥10℃积温在 500℃以下，最高不超过 3000℃（循化），新疆北疆南部为 3000～3500℃，北部在 3000℃以下，南疆一般大于 4000℃（与陕西关中接近），吐鲁番及哈密一带高达 4000～5000℃。

与积温有关的无霜期，也是东南部高于西北部，陕西陕南（汉中）最长为 240～270天，关中（西安）次之为 200～230 天，陕北（延安、榆林）最短为 150～190 天；甘肃东部为 160～190 天，西部河西走廊（敦煌、武威）130～150 天，宁夏银川一带为 140～160天，青海 50～110 天，新疆南疆盆地一般在 200 天以上，北疆盆地为 150～170 天，北部（布尔津）80～108 天。

2.2.3　风

西北地区是全国大风、沙尘暴较多的地区之一。冬季盛行偏北风，这与冷空气频频南下有关，西北部的北疆首当其冲，故大风日数北疆多于南疆。从全疆看，山脉和隘口、河谷及近山口戈壁大风最多。全疆著名的风区有阿拉山口、托里风口、达坂城（乌鲁木齐东南山口）、喀喇昆仑山的康西瓦、吐鲁番西北的三十里风区及 3 墩至十三间房的百里风区等等。青海高原上 2～4 月多偏西大风（风速 >17.2m/s）。西北部新疆塔里木盆地克里雅河以东为东北风，克里雅河以西为西风。夏季偏南风经常长驱直入东南部。春秋季季风向东较零乱。由于各地位置不同，地形复杂，局部风向常有变化，青海湖和青南高原的风季在 12～5 月；兰州顺黄河谷地全年以北风和东北风为主，黄河晋陕峡谷全年多西风和东南风，渭河谷地全年多东风和东北风，华家岭全年盛行西南风等。

西北地区全年平均风速 3～5m/s，东部黄土高原年平均风速 2～4m/s，大风天数 10～200 天，南疆地区 4.8～6.2m/s，青藏高原（安多、改则一带）全年大风达 150～200 天，最大风速常超过 30m/s，北疆阿尔泰山哈纳斯保护区为 19.0m/s，陕北榆林 23.0m/s 的记录（1969 年 3 月 15 日），乌鞘岭为 4.6m/s，华家岭为 5.6m/s，均表现出高山平均风速最大的特点。河谷地带风速最小，如兰州为 1.0m/s，宝鸡为 1.2m/s，临洮为 1.3m/s。年大风 ≥8级（风速 ≥17.2m/s）日数，本区东南部均变化在 10～15 天，尤以西北部较多，新疆阿拉山口为 155 天，达坂城 133 天，克拉玛依 75.4 天，七角井 88.1 天，有些地方几乎 3～6 天就刮 1 次 8 级大风，青海大部分地方在 50 天以上，其西南部多于 100 天，甘肃会宁、陕西绥德超过 100 天。

2.3. 气候生态条件评价[①]

西北地区的气候条件，对农林牧业生产，既有有利方面，也有许多不利因素。

---

① 张谊光. 我国西部和北部地区的气候特点与发展农林牧业生产的关系. 1983

2.3.1　有利条件

2.3.1.1　太阳辐射总量丰富，光合生产潜力高

西北地区空气干燥，云量少，日照长，是我国辐射能源丰富的地区之一。据估算，西北地区大部地区年光合有效辐射能量（一般波长 $0.38 \sim 0.72 \mu m$ 的太阳辐射）变化在 $2.3 \times 10^9 \sim 3.0 \times 10^9 J/m^2$，从东南部半湿润区到西北部干旱区逐渐增加。

大部分地区年总辐射能量在 $5.0 \times 10^9 \sim 6.0 \times 10^9 J/m^2$ 之间，并随纬度升高而增大。新疆为 $120 \sim 155kcal/a \cdot cm^2$，年日照时数长达 $2550 \sim 3600h$；陕西关中为 $110 \sim 120kcal/a \cdot cm^2$，年日照时数只有 $2000 \sim 2200h$。作物生长季（4～9月）占总量的64%，$\geqslant 10℃$ 期间占 $55\% \sim 60\%$，有利于植物干物质的形成。

2.3.1.2　气候类型多样，热量资源丰富

本区有干、湿、冷、暖等各种气候类型，作物、果木亦有喜温、喜凉、耐旱、喜湿等生态类型。因此，正确配置农、林、牧业生产，对于获取高产和维持生态平衡具有重要作用。

本区除高大山体如阿尔泰山、天山、昆仑山、祁连山、秦岭、六盘山、贺兰山等附近属寒冷气候外，大部分地区属暖温带、中温带，适于多种温带植物生长。中部和南部是喜温的苹果、枣、核桃和多种落叶阔叶乔木生长之地。

宁夏河套和银川平原，属半干旱气候，但沟渠纵横，灌溉便利，适宜发展小麦、玉米、水稻和杂粮。滩羊、皮裘驰名中外，毛弯曲而美观，舒适而保暖，是中卫等地的特产，中宁的枸杞远销海内外。

新疆、青海等地内陆盆地，气候虽炎热干燥，大多为沙漠。但其中的河谷与绿洲，有地下水和冰雪融水可兹灌溉，南疆和北疆的长绒棉、库尔勒的香梨、吐鲁番的葡萄、鄯善的哈密瓜、库车的羔皮羊等，品质优良，誉满中外，都是当地气候下的产物。此外大部分地区气温日较差大，积温有效性高，有利于植物干物质积累。

2.3.1.3　水热资源年内分布与植物生长同步

有利于资源的充分利用，西北地区夏季（6～8月）降水占年降水的 $40\% \sim 65\%$，有些地方甚至高达 $70\% \sim 80\%$，作物与林木生长旺季，$\geqslant 10℃$ 积温期间降水量 $140 \sim 560mm$，约占年总降水的 $70\% \sim 90\%$，这对作物和林木生长和水分的吸收极为有利。在土壤肥沃条件下，西北地区每 mm 水分可生产粮食 $0.5 \sim 1.0kg$，生产禾本科天然饲草 $0.3 \sim 0.5kg$。

2.3.1.4　风能资源丰富

可提供部分能源。

风能是一种可再生清洁能源，可以替代煤、石油、天然气等燃料，对保障我国未来能源安全具有重要作用。本区利用风能资源有良好的基础。据调查，仅宁夏、内蒙古自治区风能资源就超过全国30%以上，相当于 549×10^6 千瓦。在甘肃平凉、内蒙锡盟、西藏安多等地，不仅研制了不同型号的风力发电机，解决了部分房舍的照明用电问题，而且安装了不同功率的风力提水机和磨面机，部分解决了人畜饮水、草场灌溉、粮料加工的问题。近年来，新疆、青海、甘肃、陕西、宁夏等省（区）风能的利用都有了很大的发展。

2.3.2　不利因素

2.3.2.1　降水量稀少，气候干旱

西北地区自然特点主要是气候具有强烈的大陆性，降水十分稀少，气候尤为干旱，不少地域成为我国最干旱的地区。雨量地域和季节分配不均，由东南部年降水量（600～

700mm）向西北逐渐减少（200mm以下），玉门以西，不足50mm，敦煌降水量仅有29mm，而干燥度却达15，青海柴达木西北部的冷湖年降水量仅有15.4mm，干燥度增至20.0以上，新疆南疆塔里木盆地东南部的若羌只有15.6mm，吐鲁番盆地的托克逊只有4mm；6~9月降水量占70%~80%，而冬春季仅为10%~20%。一年中连续不降水的间隔期达11个月（甘肃定西1980.9.26~1981.7.12）和20个月（靖远1979.6~1981.5）。区内一些地区的蒸发量竟达降水量的10~80倍。干旱发生频率大，真可谓三年两旱，十年九旱。1981年春季甘肃中部干旱地区和陇东地区大部山旱地土壤耕作层含水量一般降到4%~8%，这次旱情严重和比较严重的县有33个，兰州市的皋兰、榆中、永登县的37个乡就有134000人、26000多头大牲畜和132000多头猪羊，发生饮水困难，这是1932年以来50年间最严重的1次。该年定西地区共播粮食作物690万亩，600多万亩旱作全部遭灾。受灾3~5成的110多万亩，5成以上的300万亩，绝收的250万亩。林业上1981年的造林只完成61.9万亩，占应完成任务的60.1%，育苗只完成任务的23.8%。1981年8月，仅靖远县有50万株树木全部死亡。宁夏1950~1977年共28年中，发生大旱5年，占18%，春旱17年占61%，夏旱17年占61%，秋旱7年占25%，春夏连旱11年占39%，夏秋连旱5年占18%，春夏秋连旱3年占11%；新疆是西北地区最干旱的地区，基本上是全年干旱，全区94%以上的耕地主要靠河水、泉（井）水灌溉，形成了灌溉农业的特点。

2.3.2.2　植被稀少，暴雨集中，水土流失严重

西北地区植被稀少，覆盖度低。陕、甘、宁、青、新5省（自治区）及毗邻省（自治区）森林植被覆盖率平均仅为3.28%（1991），其中陕西为28.7%（1998），陕北丘陵区为10.0%左右，榆林风沙区只有2.61%（2001）；甘肃为9.04%（1995）（其中乔木林为3.9%），敦煌仅为2.4%；宁夏为3.3%；青海为2.5%（1993），其中乔木林为0.26%，灌木林为2.24%；新疆为1.03%（1989）。加之毁林开荒、乱砍滥伐和开发建设，使植被遭到严重破坏。陕西延安地区1977~1978年陡坡开荒204.4万亩，而同期建设的"三田"（水地、坝地、梯田）和林草面积仅60余万亩；又如子午岭林区较20世纪50年代初后移了20km，平均每年后退0.5km。林区内的正宁、宁县、富县，近30年来，林地减少了245万亩，同期3县共造林47万亩，破坏为建设的5倍。宁夏固原县20世纪50年代初有天然次生林72万亩，至1981年只剩下8万余亩，同期人工造林保存面积23.3万亩，破坏为建造的3倍。西吉县北东部同期有天然次生林3.89万亩，至1981年只剩下0.45万亩，面积减少了88.43%。青海柴达木盆地荒漠地区大量开挖沙生植被，青藏公路两侧60km以内植被基本砍光。新疆北部准噶尔盆地的灌木林1965~1982年减少了64.1%。

由于广大地区缺少植被覆盖，丧失了拦截径流的能力，加之暴雨集中强度大容易形成灾害。据王万忠的研究，造成黄土高原土壤侵蚀的降雨主要是短历时（1~4h）、中雨量（20~50mm）和高强度（平均强度为5~20mm/h和5min最大雨量超过7mm）的暴雨。1977年7月4~6日发生在陇东、陕北一带大范围暴雨，暴雨中心安塞县招安乡7月5日降水量达400mm/24h，7月6日延河甘谷驿水文站的最大洪峰流量为9050m³/s，此场洪水输沙量为1.1亿t，占该站当年总输沙量的78.3%，为多年平均输沙量（5400万t）的2.01倍。洪水冲毁大批坝库，并袭击延安市，延河两岸20万亩川地被淹毁一半。子午岭林区近30年来遭到严重坡坏，据合水县柳沟水文站观测，1969~1971年与1959~1962年相比，平均最大流量由61.6m³/s增至126.3kg/m³，增加了2.1倍。

西北地区水土流失面积 80 多万 km^2，严重水土流失面积 43 万 km^2，以黄土丘陵区最烈，土壤侵蚀模数 3 ~ 5 万 $t/km^2 \cdot a$，就人为加速侵蚀而言，坡耕地的侵蚀量占流域总侵蚀量的 50% ~ 60%，而坡耕地面积可占总耕地面积的 70% ~ 90%。延河支流的杏子河流域的安塞、志丹、靖边三县，地形破碎，坡度陡峻，坡耕地占总耕地的 90% 以上，其中大于 25° 的坡耕地约占总耕地的 50% 左右。据野外调查，细沟侵蚀量在大于 25° 的坡耕地，侵蚀模数达 1 ~ 2 万 $t/km^2 \cdot a$；在大于 35° 的谷坡耕地，侵蚀模数达 2 ~ 3 万 $t/km^2 \cdot a$；当年新开荒的大于 35° 的陡坡耕地，侵蚀模数超过 5 万 $t/km^2 \cdot a$。

此外，资源开发与基本建设也易引起水土流失。据陕西省水土保持部门调查，神木、府谷、榆林三县到 1990 年底，共有 232 个大中小型煤矿，162 个建材、冶金、交通项目在矿区施工，占用和破坏土地面积 2845.6 亩，产生弃土废渣 60% 直接向河岸沟道、山坡倾倒。神府、东胜煤田面积 3.1 万 km^2，一、二期工程移动土石 6.34 亿 t，1987 ~ 2000 年间估计开矿新增水土流失量平均 1200 ~ 1400 万 t，流失量占废弃量的 1/4 ~ 1/3。

严重的水土流失使土壤肥力降低。据观测，暴雨时有 60% ~ 70% 土壤养分，甚至更多的降水从坡面流失掉。在黄土丘陵沟壑区，坡耕地平均流失水量为 225 ~ 450 m^3/hm^2，大量水流带走了肥沃的表土。一般 5° 以下耕地，流失土壤 15 $t/hm^2 \cdot a$ 左右，25° 左右的坡耕地达 120 ~ 150t。每土壤含全 N 0.8 ~ 1.5kg/t，全 P 1.5kg/t，全 K 20kg/t。黄土高原每年向黄河流失 16 亿 t 泥沙中，损失 N、P、K 总量约 4000 万 t，同时破坏地面完整，使沟岸扩张，沟头前进，土地面积大大减少。据陇东董志塬上的西峰镇东沟沟圈的沟头在 60 年内前进了 300m，平均每年前进 5m。该沟的一条支沟，20 年内前进了 198m，平均每年 9.5m。南小河沟内的马家拐沟 1947 年的 1 次暴雨，沟头前进 23m。宁夏固原县根据航测照片对比，1957 ~ 1979 年 22 年内，由于沟头前进平均每年损失耕地 333 ~ 400 hm^2。使地面变得千沟万壑，支离破碎，切割密度 500 ~ 1000 m/km^2，切割深度从几米至 500m。还使土地沙化和沙埋，引起洪涝灾害，淤塞河流水库，据黄河水利委员会水文局调查，1950 ~ 1989 年，黄河中上游干支流大、中、小型水库共淤积泥沙 143 亿 t，相当于淤废库容 1 亿 m^3 的大型水库 100 多座，其中三门峡水库淤积 79.15t，黄河下游已有 4 亿多 t 泥沙淤积于河床，已形成长 800km，高出两岸地面 4 ~ 10m 的 "悬河"。水土流失对城镇、交通的危害也很大。陕西省境内渭河北岸塬边卧龙寺一次滑坡，不仅毁灭了 1 个村庄，并将陇海铁路向南推移了 100 余米。为了防止这种破坏，不得不投入大量人力、物力进行维修养护。

2.3.2.3 风大、沙多、沙尘暴肆虐

当前在世界范围内沙漠及沙漠化土地的分布面积广大，受到沙漠化影响的面积约 3800 万 km^2，地球上人口的 14% 生活在这个地区，全球 150 个国家和地区中，至少有 2/3 受到沙漠及沙漠化的影响，其发生速度也非常迅速。半个世纪以来，撒哈拉沙漠已经扩大了 65 万 km^2，全球平均每年有 500 ~ 700 万 hm^2 的土地继续成为沙漠化土地（朱震达，1983）。

全国沙漠及沙漠化土地（包括戈壁）总面积为 169.9 万 km^2，占国土面积的 17.6%，主要分布在我国西北地区。全国有将近 1/3 的国土面积，正受风沙危害。西北干旱多风，年雨量变率大，加上人类不合理经济活动，包括过渡垦荒、过度放牧、毁林毁草乱采滥挖、植被遭到严重破坏，水资源利用和土地经营方式不合理（掠夺式经营），生态条件日盛恶化，加速了沙漠和沙漠化的进程。20 世纪 50 ~ 60 年代，沙化土地每年扩展 1560 km^2；70 ~ 80 年代，沙化土地面积每年扩展 2100 km^2；90 年代，每年扩展达到 2460 km^2。相当于每年 "吃"

掉 1 个中国的中等县。

沙尘暴（空气浑浊，水平能见度小于 1000m）产生的频次和程度呈上升趋势。20 世纪 50 年代西北地区强、特强沙尘暴仅发生 5 次，60 年代为 8 次，70 年代为 13 次，80 年代为 14 次，而 1990~2000 年就发生了 23 次，特别是 2000 年沙尘暴天气出现时间之早、频率之高、范围之广（直达渤海危及福州），强度之大均为历史同期罕见。

1993 年 5 月 5 日特大沙尘暴席卷我国西北 5 省（自治区），造成 85 人死亡，31 人失踪，264 人受伤，12 万头牲畜失踪，受灾农田 37 万 hm^2，直接经济损失 7.5 亿元。1998 年 4 月，西北 12 个地、州遭沙尘暴袭击，150 万人、46 万亩农作物受灾，11 万头牲畜死亡丢失，直接经济损失 8 亿元。甘肃每年受风沙危害的农田达 30~60 万亩。近来，威胁人类生态安全的沙尘暴不但没有减弱，反而更加猖獗起来。2006 年 4 月 16 日内蒙古中部出现了能见度低于 1000m 的沙尘暴，局部地区出现强沙尘暴，能见度只有 200m。这次沙尘暴范围覆盖了内蒙古西部和中部、甘肃西部的部分地区、宁夏局部、山西北部和河北西北部。4 月 17 日北京、天津、山西北部、河北大部、山东北部和渤海地区相继出现大范围的浮尘天气，经估算沙尘暴影响面积约为 30.4 万 km^2。16 日晚一夜的降尘，全北京大约有 30 多万 t（每 20g/m^2）。新疆荒漠化地区每年需薪柴 350~700 万 t，几乎全部来自沙区植被（200 多万 hm^2 现在只剩下不到 1/3），从而造成大面积土地沙化。宁夏盐池县由于乱挖甘草破坏的草原就达 2000 多 km^2，直接经济损失达 3487 万元，我国每年因荒漠化危害造成的直接经济损失达 541 亿元人民币，相当于西北 5 省（自治区）3 年的财政总收入。

2.3.2.4　霜冻、寒冻、冰雹兼而有之

霜冻是影响热量资源充分利用和对农作物、林木生长极为不利的因子，霜冻又分秋霜冻（早霜冻、初霜冻）和春霜冻（晚霜冻），本区春秋季节，海陆季风交替，冷暖气流进退频繁，气温波动很大，每遇冷空气入侵，常使气温下降 7~8℃，有时达 10℃ 以上，一般秋霜冻对陕北风沙区和黄土高原北部危害严重。关中、陕南及陕北黄土高原南部影响不大，晚霜冻对渭北和陕北黄土高原南部危害较严重，1979 年笔者在黄龙山林区蔡家川林场观察到，5 月下旬一场晚霜冻，使辽东栎刚发出来的新叶全部萎蔫重新萌发。晚霜冻对仁用杏的花序危害也很大，严重影响到坐果和产量。青海也是晚霜（4 月）危害最重，秋霜冻（9 月）次之，4 月份出现 -6~0℃ 的频率全省多数地区在 30% 以上，最高达 67%（兴海县）。

总之西北生态系统仍在退化，水土流失问题尚未得到根本性改变；土地沙化依然严重，沙尘暴日益肆虐；草地面积持续减少，鼠兔为害严重；水资源的不合理开发利用，导致河流断流、湖泊绿洲萎缩、地下水位下降；因矿产资源开发造成的土地破坏面积呈持续增长趋势。干旱及洪涝灾害发生频繁。而人为不合理经济活动则是西部生态系统被破坏的重要原因，每年造成直接经济损失 1500 亿元，占到当地同期国内生产总值的 13%（国家环保总局. 西部地区生态环境现状调查报告 . 2001）。

（罗伟祥、李嘉珏、刘广全）

3. 水文特征

水文状况是重要的环境特征之一。这里主要介绍黄土高原地区及干旱荒漠区域的水文特征。

3.1　黄土高原地区的水文特征

本区包括黄土高原及其以北的鄂尔多斯高原、毛乌素沙地等。

3.1.1　河流水系

本区以黄河水系为主。黄河流域在区内的面积有 52.27 万 km^2（含山西省大部分及河南西北部黄土区（下同），占全国总面和的 84.1%。在鄂尔多斯高原、毛乌素沙地及宁、陕、蒙三省（自治区）接壤处有部分闭流区，面积约 4.2 万 km^2，占全区总面积的 6.6%。按照水文特点，黄土高原地区黄河河段可大致分为以下三段：

3.1.1.1　黄河上游中段

本段由青海龙羊峡至宁夏中卫下河沿，主要支流有大夏河、湟水、洮河和祖厉河等，本段是黄河河川径流的主要来源区之一，年径流量占黄河年径流总量的 58%，但河水含沙量低（2～6kg/m^3），年输沙量仅为黄河总输沙量的 10%，最大洪峰流量为 5600m^3/s。黄河干流呈梯级下降，川峡相间，形成许多水利资源丰富的峡谷和土地肥沃的河谷平原，这些河谷平原多有 2～4 级阶地。

3.1.1.2　黄河上游下段

本段由宁夏中卫下河沿至内蒙古托克托县河口镇，蜿蜒于西北高原的低平地带，地形比降小。由于处在半干旱、干旱地带，降水少而蒸发强烈，加之银川平原和河套平原大量引水灌溉，因而径流量不但没有增加反而有所下降，如包头年平均径流量比兰州减少了 189m^3/s，年径流总量减少 60 亿 m^3。东段较大支流仅有发源于六盘山东麓的清水河。

3.1.1.3　黄河中游

本段自内蒙古托克托县河口镇至郑州西北的桃花峪，干流长 1206km，这里处于大面积缓慢上升区，水流纵向侵蚀和侧蚀均较强烈，支流呈树枝状发育。较大支流有浑河、窟野河、无定河、延河、汾河、涑水河、渭河、洛河等，黄河中游地区土壤侵蚀极其强烈，是黄河泥沙主要来源地，河水年平均含沙量为 27.6kg/m^3，年输沙量 9 亿 t，占黄河年输总沙量的 56%。龙门到三门峡段年输沙量 5.5 亿 t，占黄河年输沙总量的 34%。这里也是黄河洪水的主要来源，花园口站洪峰最大流量达 22300m^3/s。黄土高原的河流既是流域的输水渠道，也是输沙渠道。

3.1.2　地表水

黄土高原地区自产天然地表径流多年平均为 433.62 亿 m^3，其中黄河流域年平均产水量为 392.75 亿 m^3，占总自产天然水量的 88.5%，闭流区多年平均产水量为 3.37 亿 m^3，占 0.8%（另有海河上流年均产水量 47.5 亿 m^3，占 10.7%），此外，黄河上游还有入境水量 210.92 亿 m^3，全地区天然产水量与入境水量之和，全年平均为 654.54 亿 m^3。保证率为 75% 时，为 531.43 亿 m^3。

黄土高原的地表径流（以年径流深度表示）分布有以下特点：

3.1.2.1　地区间差异大，分布不均

黄土高原各地的地表径流差异很大，总的分布趋势与降水量分布趋势一致，由东南向西北递减，由 200mm 降至 5～10mm。其中部分山地径流深超过 200mm，是黄土高原上的主要产流区。根据地表径流分布，对应于降水量，可将本区划分为三个明显不同的地带（径流带）：

（1）过渡带　为多水带到少水带之间的过渡地区。包括秦岭以北、陕北长城至甘肃定

西一线以南广大地区，其径流深度介于 50 ~ 200mm，降水为 400 ~ 800mm，蒸发损失已超过径流量。其中较湿润部分可生长森林，较干燥部分相当于森林草原或草原地带。

（2）少水带 包括陕北长城以北，宁夏大部分地区，以及甘肃西部及青海东部。这一带径流深 10 ~ 50mm，降水量 200 ~ 400mm，蒸发损失大大超过了径流量，地表径流很少。这一带相当于草原或荒漠化草原地带。

（3）缺水带 其径流深小于 10mm，降水少于 200mm，几乎全部消耗于蒸发。这一带为本区最干燥的荒漠地区。与上述情况相对应，本区的河川径流表现出径流量少，流量变化大的特点。

黄河为我国第二大河，但其径流量却退居第八位；其流域面积占全国面积的 7.84%，但径流量仅为全国总径流量的 2.21%。其主要支流径流量也相差很大，年径流深最小为清水河（10.1mm），最高为渭河（124.8mm），普遍低于我国东部及西南部的主要河流。

3.1.2.2 年内分布集中，年际变化较大

黄土高原径流的分配与降水年内分配趋势一致，汛期主要集中在 6 ~ 9 月，个别年份 4 ~ 5 月和 10 月也有暴雨洪水，但一般峰量较小。据陇中、陇东各水文站测定，汛期最大 4 个径流量占全年径流量的比例从 51% 到 82% 不等。越是干旱的地区洪水越集中，其比例越高，如靖远站为 80%，洪德站为 82%，南部土石山区为 60% ~ 67%，陇东黄土高原沟壑区为 64%；但六盘山两侧及西秦岭—太白山北坡清河流量最大月平均流量不在主汛期（7 ~ 8 月），而在汛末的 9 ~ 10 月。

黄土高原径流不但年内季节分布不均，且年际间变化亦大。河川径流中最大年径流量与最小年径流量之间的差别也大。兰州以上黄河干流最大与最小年径流量比值约为 3，兰州以下为 3 ~ 4，而黄河支流这一比值可达 5 ~ 12。此外，随降水年周期变化，径流量也存在着丰水段、枯水段的交替循环。黄河自有实测资料以来，曾出现 1922 ~ 1932 年连续 11 年及 1969 ~ 1974 年连续 6 年的枯水期，也出现过 1943 ~ 1951 年连续 9 年的丰水期。另据陇中祖厉河、散渡河水文资料的分析，发现 3 ~ 5 年即有一个相对丰水年。

3.1.2.3 河水含沙量大，径流量与泥沙量暴涨暴落

黄河流经黄土高原后，含沙量、输沙量猛增。黄河含沙量由 0.1kg/m³ 增至 36.9kg/m³，支流由 0.16kg/m³ 增至 610kg/m³。区内实测最大日含沙量为 1430kg/m³（泾河张家山站）、1700kg/m³（窟野河温家川站），这在世界各地的河流中是绝无仅有的。黄土高原河流主要由雨水补给，受降雨影响，不仅夏秋汛期河水流量明显高于冬春枯水期，就是汛期内其流量也变化极大，遇雨即涨，雨停即落，最大洪峰流量可为年平均流量的 40 ~ 440 倍，是国内河流流量变幅最大的地区。与径流量变化相应，河流泥沙量的年内变化也很剧烈，其最大含沙量与输沙量出现在夏秋汛期，冬春极低，其变幅一般大于流量的变幅，值得注意的是：黄土高原上许多河流，汛期流量往往只是几场暴雨洪峰的结果；与此相应，其全年输沙量也往往由几次洪水沙峰所组成，但黄河流域产洪区与泥沙原地不完全一致，有些年份沙大，水不大；另一些年份水大，沙不大。

黄土高原地表水的水质一般较好，pH 值 7 ~ 8，年平均离子总量小于 500mg/L。但也有部分山区和闭流区水质不良，含有大量硫酸根离子、氯离子、钠离子，还含有氟等多种对人体有害的元素，水质苦涩。苦水区主要分布在祖厉河、清水河、泾河的环江、北洛河上游以及内蒙古鄂托克旗等地。

3.1.3　地下水

黄土高源地下水天然资源总量约为335.98亿 m³，分布如下：

（1）松散岩类孔隙水　主要分布在本区黄河流域各断陷盆地及冲积平原，总分布面积近17万 km²，天然资源为196.33亿 m³，占主区资源总量的56%；

（2）结晶岩裂隙水　分布在山地及夷平的高原，如祁连山、阴山等山地；碎屑岩裂隙孔隙水赋存于子午岭、鄂尔多斯高原等地由碎屑岩组成的丘陵山地；

（3）黄土及下伏基岩隙孔隙水　分布于广大丘陵区，如陇中、陇东、晋陕蒙黄土梁峁地区。这一带为全区贫水及缺水地区，资源量仅为全区总量7%左右。此外，还有岩溶水，主要分布于岩溶发育的山区。

黄土高原地下水多为重碳酸型低矿化淡水，适于饮用，其分布面积占全区面积88%，水量占全区总资源量的86%，矿化度大于1g/L微咸水、咸水主要分布于宁夏、内蒙古干旱少雨的银北、河套平原及宁南、陇中北部部分黄土丘陵区，其中苦水河、清水河、祖厉河流域为咸水苦水分布区。陕北定边、吴起向北至内蒙古的鄂托克旗地下水水质复杂，多为咸水。平原盆地，从山前到盆地中心，从河流上游到下游，地形坡度由大变小，地下水水质从重碳酸型过渡到氯化物型，矿化度逐渐增高，有明显的分带规律。在开采地下水时，必须考虑水质对土地性状可能产生的影响。

区域水资源总量为当地降水形成的地表和地下产水量。地表水和地下水在水循环过程中互相转化。在水量评价中，可将河川径流量作为地表水资源量，将地下水补给量作为地下水资源量，二者相加再扣除互相转化中的重复量，从而得到全区自产水量。黄土高原地区地表水为433.62亿 m³，地下水为335.98亿 m³，其中重复水量为202.87亿 m³。由上，全区自产总水量为566.73亿 m³，加上入境水量210.92亿 m³，水资源总量实际为777.65亿 m³。

3.2　干旱荒漠的水文特征

3.2.1　现代冰川与永久积雪高山

本区域荒漠盆地周围多有覆盖现代冰川与永久积雪的高山，中国干旱区高山冰川总面积3.2万 km²，天山占总面积的28%，昆仑山和喀喇昆仑山分别占37%和19%，其余山区面积较小。据有关资料，天山冰川总储水量约3600亿 m³；昆仑山仅慕土塔格—公格尔冰川约有600多亿 m³；阿尔金山与祁连山330多亿 m³。它们由降雪补给，每年夏季消融补给河流。广大山区还有丰富的季节性降雨、降雪，除保证山区植被生存处，也是河川径流的主要来源。富水的山区是干旱荒漠区中的湿岛，通过流向盆地的大小河川将大量水分输入荒漠平原，成为盆地中最主要的水源，补给湖泊和形成地下水。

3.2.2　河流水系

西北荒漠地区河流绝大部分属于内陆水系，仅黄河流过其东南角东入黄海，额尔齐斯河流经西北缘，入北冰洋。本地区西部多巨大山系，水系较发育，如准噶尔盆地有大小河流30余条，盆地获总水量100多亿 m³/a；塔里木盆地河流源自天山、昆仑山，大小河流不下40余条，其中塔里木河为全国最大内陆河系。塔里木盆地河流总水量约440亿 m³/a；柴达木盆地河流源自昆仑山与祁连山，亦有40余条，东部阿拉善平原水系极不发育，因周围缺乏富水的高山区，仅有源自祁连山流经河西走廊的额济纳河（弱水）为较大内陆水系。荒漠地区河流有以下特点：①河流短小，多为平行河流，且在各盆地周围形成向心水系。河流出山口后渗漏于山前砾石洪积扇的水量要占到径流量的30%～60%，有的甚至达80%，转为地下潜流，许多较小河流就此消失不见，成为"短流河"。②以冰雪融水或雨雪水补给的多数河流受气候影响，流量年变化和年际变化都很大；洪水期短，一般在 5 ~ 8 月，占流量的 70% ~ 80%，洪峰多出现于 7 月；枯水期长有的甚至完全枯竭。荒漠区河川将大量洼水带进极度干旱缺水和高度矿化度的荒漠中，使该区得以出现丰茂的中生森林、灌丛与草甸等非地带性植被，荒漠区没有灌溉就没有农业，也就没有栽培的林木、果园，而灌溉水源主要依靠河水或河水潜入地下形成的地下水。

3.2.3　地表水

据统计，西北干旱荒漠区，河川径流资源总量为 999.76 亿 m³，其中额尔齐斯河外流河的水量为 119 亿 m³，占本区总径流量的 11.9%，内陆河的径流量为 880.76 亿 m³（其中北疆为 439.15 亿 m³，南疆为 444.50 亿 m³），占 88.1%。分地区，则新疆拥有 884 亿 m³ 地表径流量，占干旱区总地表资源的 88.4%。目前新疆全境每年约有 233 亿 m³ 河流水量流向国外，大部分由北疆流出，同时又有 90.8 亿 m³ 河流水由国外流进我国南疆，净流出国外水量为 142.2 亿 m³。柴达木盆地水源贫乏，只有 45.8 亿 m³，占干旱区水资源的 4.6%。甘肃河西走廊地表径流量为 69.96 亿 m³，占 7.0%。由于在水的循环转化和向下游输送过程中，不可避免地有一部分水量损耗于无效蒸发中，能利用的只是其中一部分，可引用水量与总水资源之比称为一个地区总水资源可引用率。而可利用净水量与总水资源之比，则称为一个地区总水资源利用率，世界上干旱区总水资源利用率大多只有 30% 左右，我国干旱区可达较高比值。

3.2.4　地下水

由于富水山区的存在，使荒漠地区地下水得到充足的水源补给，由于荒漠盆地的存在而得以形成和蓄存。地貌一节所述，该区由第四纪疏松沉积物形成的荒漠盆地从山前向中心呈环带状景观的分布规律对地下水形成关系密切。

（1）山前洪积—冲积平原　平原区厚的砾石层厚达数百米，空隙大、透水性强，大量洪水及河川径流出山后即渗入其中成为地下径流，并形成以下径流带：①洪积扇上部地下水渗入—径流带：这一带潜水埋深 50 ~ 100m，为低矿化度（< 0.5 ~ 1.10g/L）或稍高的重碳酸盐型淡水。这一带潜水对地面植物不起作用，其上为地带性荒漠植被。②洪积扇—冲积扇中下部地下水弱径流带：这一带潜水深 5 ~ 50m，为矿化度 > 1g/L 的碳酸盐型微咸水或咸水。本带下部潜水已可补给植物，常出现依靠潜水生长的隐域森林与灌丛植被。③洪积—冲积平原前缘地下水溢出带：这一带潜水深 < 5m，局部成泉水或沼泽溢出，蒸发强烈，矿化度 3 ~ 10g/L 以上的氯化物—硫酸盐型水。本带潜水对植被生长有着重要影响，出现大面积隐域的盐化灌丛、盐生草甸、沼泽草甸、沼泽或盐生植被。

（2）古老冲积—湖积平原　由于这里地势平坦，细质沉积物深厚，地下水流动缓慢以至停滞，含水层次增多。潜水深 1 ~ 5m，少数地区在 5 ~ 10m，或深达 30m。因蒸发强烈，潜水不同程度矿化，一般为 6g/L 或更多，盐湖附近可超过 100g/L，属氯化物—硫酸盐型或氯化物型咸水。当潜水较深时，平原上分布较耐盐的超旱生盐柴类半灌木，如红砂、假木贼或梭梭等为主的地带性荒漠植物群落，当潜水接近地表和盐化加重时，则为柽柳灌丛、盐生草甸等隐域植被和多汁盐柴类半灌木盐漠群落所取代，这一带含盐潜水与排水不畅对农林业发展不利，须采用排水洗盐措施，但在深层常含丰富的承压水层，有利于开发利用。

荒漠河流沿岸冲积层由河水补给的河谷潜水宽达数公里，绝大部分为低矿化度的淡水，个别为微咸水，这样，深入沙漠的河流沿岸常有河谷植被—荒漠河岸林、灌丛与草甸的存在。一旦河水减少或断流，这些植被也就随之衰败了。

（3）除上述地下水外，还应注意到沙漠内部的地下水。沙漠中因河水和洪水补给而常有淡潜水埋藏，此外大气降水与溶雪也可能有一定作用。当沙漠中出现丰茂灌丛或芦苇草丛时，即为此类潜水的标志。但对沙漠植被而言，沙丘上因保持降水、溶雪水或凝结潜水蒸发的水汽而形成的"湿沙层"应具有更重要的作用。东部沙漠中湿沙层深仅 30~40cm，准噶尔一带为 40~50cm，塔里木在 1m 以上。

（4）关于地下水资源量　据甘肃省地质局水文队估算，河西走廊平原区 300m 含水层中，地下淡水总贮存量达 7000 亿 m^3 以上。不过这种总贮存量是在地质时期逐步累积而成，能参与现代水文物质循环的地下水只占 0.7%，即每年不足 50 亿 m^3，这个量是指能恢复循环的量。根据甘肃、新疆水文地质部门资料，本区山前平原地下水资源约为 318.452 亿 m^3/a，其中祁连山北麓山前平原天然资源为 42.548 亿 m^3/a，占 13.4%；准噶尔盆地为 58.393 亿 m^3/a，占 18.3%；塔里木盆地 187.528 亿 m^3/a，占 58.9%，柴达木盆地 29.975 亿 m^3/a，占 9.4%。

3.2.3　内陆湖泊

荒漠地区众多内陆湖泊的存在是该区重要水文特征之一。河川径流和地下水在盆地中心汇集成湖，由于没有出口和强度蒸发，多为咸水湖和盐湖[①]。较大的如准噶尔盆地的玛纳斯湖和艾比湖；塔里木盆地的罗布泊、台特马湖；阿拉善的居延海、吉兰太盐池、雅布赖盐池。至于柴达木盆地，则大小湖泊有百余个，常常是盐池成群，盐沼连片，这些湖泊是盆地的现代积盐中心，其周围往往形成大片光裸的盐滩，或为各类盐沼泽，盐生草甸和盐漠植被。少数淡水湖，如新疆的博斯腾湖，湖滨为大片芦苇沼泽。博斯腾湖面积 988km^2（海拔 1047.8m 时数值），是西北地区惟一具吞吐能力的大湖，由于开都河水人为改道，湖区所在的焉耆盆地开荒造田，采用灌水排盐方式，使大量盐分经由地下水移入湖区，湖水矿化度已由 0.39g/L（1958）升至 1.76g/L（1980）。干旱荒漠区的湖泊由于自然和人为原因，目前已大量缩小甚至干涸，在 20 世纪后半期已干涸的重要湖泊有：罗布泊、台特马湖、玛纳斯湖、青大湖、哈拉湖等，到 20 世纪 90 年代，居延海也基本干涸，只有个别年份因有河水注入而短期内形成积水。艾比湖湖水面积由 1958 年的 1070km^2 减至目前的 522km^2，湖水矿化度由 87g/L 升至 116g/L。湖水面积急剧减少主要是由于注入湖中的河流被拦截用于农田灌溉造成。

3.2.4　沼泽

地表经常处于过湿状态，地表水滞留或微有流动，其上有湿生植被生存的地段称为沼泽。但温带荒漠区的沼泽，通常沼泽植被不发育而维持裸露。由于水体强烈的蒸发、浓缩作用，故矿化度普遍偏高，总面积 80% 以上属于盐沼。干旱区沼泽面积约 50000km^2，主要分布于新疆和柴达木盆地，依沼泽形成条件和自然地理状况，可分为以下 4 个类型：①山地沼泽：见于山区的山间盆地；②扇缘沼泽：位于河流出山口的洪积冲积扇扇缘地下水溢出区。在昆仑山北坡、天山北麓此类沼泽特别发育。从策勒到于田之间公路北侧，有茂密的草本植物，以芦苇（*Phragmites communis*）为主，也有柽柳、胡杨等。③河漫滩沼泽：位于河流河床汊流与支流之间，或大河三角洲下部，也包括河流改道后留下的河滩与河床，芦苇等沼泽

---

① 按湖泊的矿化度分类，低于 1g/L 的属淡水湖，1~35g/L 属咸水湖，超过 35g/L 属盐湖。

植物茂盛，也有香蒲（*Typha* spp.）、柽柳。④洼地湖泊沼泽：干旱区平原沼泽大多属于此类，主要集中在一些大湖周围，湖面、沼泽和盐沼地三者很难划出界线，它们常常处于相互转化状态。

（李嘉珏、罗伟祥、刘广全）

4. 土壤特征

土壤是各种环境因素综合作用形成的历史自然体，自然综合体中的所有要素都深刻地影响着土壤的形成、属性以及改良利用。而土壤作为自然综合体的重要组成部分，也必须反映着环境条件的各种特点。

4.1　土壤分布特征

土壤的发生学特性与分布规律，不仅受地带性因素的作用，同时也受非地带性因素的影响，土壤的地理分布与生物气候条件相适应，表现为水平地带和垂直地带的分布规律；与地方性的地质、地形、母质、水文、植被条件相适应，表现为区域性分布规律；在长期耕作条件下，土壤的分布又受到人类活动的深刻影响，一方面培育肥沃的农业土壤，另一方面由于不合理的开发利用，土壤侵蚀加剧，使土壤沙化、石漠化、盐渍化和贫瘠化等退化过程加剧。

4.1.1　水平和地带性分布和非地带性分布

4.1.1.1　黄土高原地区

该区由东南向西北依次分布褐土、黑垆土、栗钙土、棕钙土和灰棕漠土等地带性土壤。华家岭以西，在黑垆土和棕钙土之间形成灰钙土。本区西端甘青高原属青藏高原边缘，土壤具有水平—垂直复式分布特点。土壤纬度地带性不明显，而表现为经度地带性。其东部大部分地区处在栗钙土带（但干热的湟水河谷为灰钙土），西部向棕钙土，灰棕漠土过渡，河谷基带变为灰钙土，随海拔升高出现明显的垂直带谱。

黄土高原不同区域内，由于受中心地形，水文地质条件，成土母质，土壤侵蚀以及人为活动的影响，又各自镶嵌分布较多互不相同的非地带性土壤和农业土壤，显示出土壤分布的区域差异，如在黑垆土分布区，由于不合理的耕种和强烈的水土流失，黑垆土剖面大多被侵蚀殆尽，黄土和红土母质出露，形成大面积的初育土壤黄绵土和红土；山区植被被破坏后，淡棕壤、褐土、灰褐土等森林土壤及山地草甸土被侵蚀，母岩出露，形成粗骨土和石质土。在汾渭平原，褐土经长期耕作形成塿土；在银川平原、河套平原，长期引黄灌淤和耕翻施肥，原有的草甸、新积土形成灌淤土；在大小河谷沿岸受区域性水文地质影响，形成盐碱土、沼泽土、草甸土和新积土复区，北部风沙区因有风沙堆积覆盖，形成大面积风沙土与丘间洼地草甸土、盐碱土和沼泽土交错分布。此外，在典型黄土高原区，随着地貌形态变化和地形部位的不同。从塬面、河谷到河川，土壤依次出现黑垆土、黄绵土、红土、潮土和新积土分布断面；在黄土丘陵区，梁峁鞍部零星分布黑垆土，坡地、沟坡地分布有灰黄绵土、黄绵土和红土，川（沟）地为川台黄绵土、残迹锈黑垆土，河谷川地分布有新积土和潮土等。从贺兰山麓至黄河沿岸，土壤分布大体呈现为灰钙土、风沙土—灌淤土—灌淤草甸土—草甸土、沼泽土、盐碱土—新积土的断面分布规律。

4.1.1.2　温带荒漠区域

该区土壤水平地带性由北向南表现为棕钙土（半荒漠）—灰棕漠土（温带荒漠）—棕

漠土（暖温带荒漠），在南部的柴达木盆地由于地势抬高，又成为灰棕漠土。该区东西也有明显差异，中部为极度干旱，发育灰棕漠土，东西两端湿润程度提高，分别发育棕钙土（东阿拉善）与灰钙土（伊犁）。东区非地带性土壤的分布则相应符合前述地貌，基质与水文条件在荒漠盆地中呈带状分异的规律。其山前冲积倾斜平原中上部为地带性土壤；冲积锥或干三角洲下部多辟为绿洲农田，为灌溉绿洲耕作土；从扇缘潜水溢水带开始，发育着水成土壤系列，即草甸土（或沼泽土）—盐化草甸土—盐土的替代系列。扇缘绿洲以下的古老冲积平原，随潜水下降而朝地带性土壤发育，但在湖漠又出现大片盐渍土和沼泽土。灌溉农业是荒漠地区土壤利用的主要方式，老绿洲中的古老灌溉土壤，由于灌溉淤积和施用土肥形成厚达1m左右的特殊的农业灌溉层，但不合理灌溉制度引起的土壤次生盐渍化，常对农业生产构成严重威胁。

4.1.2 垂直地带性分布

西北地区山地土壤分布表现出明显的垂直带谱，由于各大山系处于不同的土壤生物气候带内，因而具有不同的垂直带结构类型。

（1）黄龙山 垂直带谱不明显。黄土塬上为紫黑垆土、黄墡绵土；土石山地为墡黄绵土。

（2）子午岭 垂直带谱亦不甚明显。山梁北段基带为沙黄绵土，梁顶为淡灰沙黄绵土；中段基带为灰黄绵土、暗黄绵土，山梁顶为灰黄绵土；南段为黄土质石灰性褐土与黄土质褐土性土。

（3）关山 南坡基带为褐土，向上为淡棕壤（1800～2100m），山地草甸土（2100m以上）；北坡褐土（1300m），淡棕壤（1300～2200m），山地草甸土（2200m以上）。

（4）六盘山 基带为黑垆土或黄绵土，阳坡主要为石灰性灰褐土（2000～2400m），阴坡为普通灰褐土（2100～2800m），山脊为亚高山草甸土。

（5）兴隆山和马啣山 海拔前者为3021m，后者为3670m，基带土壤为灰钙土，土壤垂直分布由下向上分别是灰钙土—黑垆土—山地碳酸盐灰褐土—山地淋溶灰褐土—亚高山灌丛草甸土—高山草甸土。

（6）屈吴山 由下而上依次为灰钙土—黑垆土—灰褐土—山地草甸土。

（7）贺兰山 由下向上依次为灰钙土（海拔2000m以下）—普通山地灰褐土（2000～2600m）—山地中性灰褐土（2600～3100m）—山地草甸土（3100m以上）。

（8）罗山 山麓为灰钙土（2000m以下），向上为灰褐土（2000～2100m），阴坡为普通灰褐土（2100m以上），阳坡为暗灰褐土。

（9）小陇山 山地褐土（1800m以下）—山地棕壤（阳坡1500～2100m，阴坡1800～2300m）。

（10）祁连山 由下向上依次为灰棕漠土（2200m以下）—山地棕钙土（2200～2500m）—山地栗钙土（2500～3100m）—山地灰褐土（2600～3200m）—山地黑钙土（2600～3200m）—亚高山草甸土（3200～3400m）—高山草甸土（3400～3900m）、高山寒漠土（3900～4200m）。

（11）天山 垂直带谱明显，天山中部海拔高5000m，其北坡属温带荒漠，由下向上依次为山地棕钙土（蒿类荒漠）—山地栗钙土（草原）—山地黑钙土（草甸草原）—山地典型灰褐土（阴坡）、山地黑钙土（阳坡）—亚高山草甸土—高山草甸土。天山南坡处于干热的暖温带荒漠，其基带为棕漠土（盐柴类半灌木荒漠），荒漠土类在中低山占优势地位。向上为亚高山草甸草原土和高山草原土，缺乏典型的草甸土和黑钙土带。

　　（12）阿尔泰山　以布尔津山区北坡为例，由下向上依次为山地棕钙土（800m以下）、山地栗钙土（800～1200m）—山地黑钙土（1200～1800m）—山地灰色森林土（1200～1800m）—山地棕色针林叶土（1800～2400m）—亚高山草甸土和亚高山草甸草原土—高山草甸土—山地灌木冰沼土（2400～3300m）。

　　（13）昆仑山　以北坡为例，海拔5000m，低山荒漠带为山地棕漠土，低山带为山地淡棕钙土，中山带为山地淡栗钙土（3000～3500m），亚高山带为亚高山草原土（3000～5000m），高山荒漠带为高山荒漠土（5000m以上）。

4.2　主要土壤类型

4.2.1　地带性土壤

　　（1）褐土　褐土又名褐色森林土。是暖温带半湿润落叶阔叶林生物气候带形成的地带性土壤。主要分布于关中、天水等地及其边缘的山地、高丘，成土母质多属黄土，部分为基岩风化物，枯枝落叶层厚3～5cm，pH值7.5～8.0，有机质3.0%～5.0%。

　　（2）塿土　塿土是在褐土型土壤基础上，经人为长期耕作施肥，黄土物质不断叠加形成的一种具有完整发生剖面的古老旱作土壤。主要分布于汾渭平原超河漫滩各级阶地上，尤以关中平原最为集中。剖面上层为塿化土层，质地轻壤至中壤，其下层的古熟化层或基耕层，整个土层透水、蓄水、保墒、抗旱性能好，保肥力强，有机质含量一般为0.8%～1.5%。

　　（3）黑垆土　黑垆土发育在暖温带半干旱半湿润森林草原向中温带干旱草原过渡气候条件下，是一种地带性土壤。主要分布在董志塬、洛川塬、长武塬、彬县塬、合水塬等。腐殖质层较厚，有隐黏化特征，全剖面有石灰反应，pH值7.8～8.5，有机质含量1.0%～1.5%，草地可达2.0%～3.0%。

　　（4）黄绵土　黄绵土是在黄土母质上形成的幼年土壤。以陕北分布最广，次为陇中、陇东、内蒙古与宁夏南部。其剖面主要性态是：土层深厚疏松，质地均一，通体棕黄色，强石灰反应，质地壤土，有机质含量低，坡地一般0.3%～0.5%，塬地、梯田、川台地0.6%～0.9%。林草植被下可达2.0%～3.0%以上，pH值8.2～8.5。

　　（5）栗钙土　栗钙土的形成主要表现为弱腐殖质层积累过程和较强碳酸钙聚积过程，具有栗色腐殖质层和钙积层两个基本发生层段。主要分布在内蒙古伊克昭盟的东半部、乌兰察布盟的阴山南侧，长城沿线、祁连山地、洮河流域、青海东部低山丘陵地区，新疆天山、阿尔泰山和昆仑山。腐殖质层厚，有机质含量2.5%～3.5%。

　　（7）灰钙土　灰钙土是草原向漠境过渡的一种地带性土壤。处于黄土高原西北部最干旱地区，在马啣山以北、乌鞘岭山麓以东、六盘山以西，包括甘肃的永登、皋兰、兰州、白银、靖远、会宁及永靖，宁夏的海原、同心、盐池，陕西的定边，青海西宁以东湟水中下游谷地，在暖温带荒漠草原植被下形成。母质多为沙黄土，结构性差，有机质含量0.5%～0.9%，在覆沙性大的土壤内<0.5%，pH值在9.0以上。

　　（8）灰褐土　灰褐土是干旱半干旱地区山地垂直带中的一种森林土壤，主要分布于六盘山、大青山、乌拉山、贺兰山及甘青高原的达坂山、拉脊山等山地，海拔1200～2600m。成土母质有黄土及基岩风化物。灰褐土是褐土与灰色森林土之间的过渡类型，其剖面基本上由薄的枯枝落叶层、腐殖质层和发育较弱的黏化层组成，轻壤—中壤，有机质含量高，一般8.0%～10.0%，最高可达40.0%，pH值7.1～8.5。

（9）棕钙土   棕钙土是草原向荒漠过渡的一种地带性土壤，主要分布于鄂尔多斯高原、阴山北部、柴达木盆地东部，昆仑山、阿尔泰山南麓。气候属温带大陆性类型，成土母质为砂岩、泥以及古老的火成岩残积物、洪积物、冲积物和风积物。有机质含量 1.0% ~ 1.8%，pH 值 9.0 ~ 9.5，呈强碱性反应。

（10）灰漠土   灰漠土属荒漠土壤。分布区气候条件比灰钙土更加干旱，是向漠境土壤变化的过渡类型，植被属草原化荒漠。主要分布于准噶尔盆地南缘、乌伦古湖以南、昆仑山、阿拉善高原东部、河套平原的最西部，鄂尔多斯的西北部也有分布。发育于黄土状母质上，质地以中壤、轻壤为主，有机质含量 <1.0%，pH 值 7.5 ~ 8.5。

（11）灰棕漠土   灰棕漠土属荒漠土壤。主要分布于天山南麓、昆仑山、阿尔泰山北麓山前倾斜平原砾石戈壁及柴达木盆地、阿拉善高原中部、河西走廊西段、准噶尔盆地西部和东部砾质戈壁。成土母质为砂砾质洪积冲积物。植被多为极耐干旱的灌木。有机质含量低于0.5%，pH 值 7.9 ~ 8.5。

（12）棕漠土   棕漠土是在气候极度干旱、植被几乎光裸的条件下形成的。主要分布于天山南麓、昆仑山和阿尔泰山北麓的山前平原砾质戈壁上，河西走廊最西部、塔里木盆地及东疆山间盆地和剥蚀残丘上也有分布。成土母质为洪积冲积的砂砾。有机质含量 <0.5%，部分土壤盐化，pH 值 7.5 ~ 8.3，此土暂难利用。

4.2.2 非地带性土壤

（1）盐碱土   盐土与碱土统称盐碱土，是干旱、半干旱地区特殊水文地质条件下的产物。盐土是指表土中含多量盐分，作物不能生长，并有盐生植被的土壤；碱土则是盐分含量不高，但含碳酸钠或重碳酸钠较多，而具有强碱性反应（pH 值 >9）的土壤。主要分布在银川平原、河套平原（临河以东）与土默特平原（大黑河下游）、贺兰山东麓洪积扇前缘洼地、陕西关中平原东部灌区和榆林地区风沙滩地，南疆的焉耆、博湖、岳普湖、伽师、墨玉，北疆的福海、精河、博乐等地。

盐分组成有硫酸盐、氯化物、碳酸盐及混合形式，含盐量一般大于 1% 以上，亦有3% ~ 6%，最高达 20% 以上。pH 值盐土为 8.0 ~ 8.5，碱土为 9.0 ~ 10.0。

（2）草甸土   主要分布在河谷平原的河滩地、河阶地以及在洪积扇扇缘的溢土带，地下水位一般在 2 ~ 3m，有些地方地表层（0 ~ 30cm）含盐量达 1% ~ 2%。一般有机质含量1.0% ~ 2.0%，pH 值为 7.40 ~ 8.10。

（3）灌淤土   该土是一种经过引洪淤灌或长期灌溉淤积的耕作土壤。主要分布于各流域的冲积平原、山前洪积—冲积扇以及沟谷阶地。发育于冲积土、潮土及半水成土壤上，也可以发育在沙土或自成土上。具有均匀性、高碳酸盐性和少盐化性的特点。有机质含量多在1.0% 左右，pH 值 7.6 ~ 8.6。

（4）风沙土   根据成土过程的发育阶段分流动风沙土、半固定风沙土、固定风沙土 3个亚类。分布在陕、甘、宁、青、新沙地内部、沙漠边缘和沙丘、沙地外围。有机质含量为0.14% ~ 0.30%，全氮 0.005% ~ 0.014%。

（5）龟裂土   是荒漠地区一种特殊的土壤组合，分布面积小，呈零星斑块状，且多与沙包、漠钙土、灰棕荒漠土及盐土镶嵌分布。其成土的主要特点是干旱的气候、低平的地形和粘重的母质。土壤表层透水性能差，易聚水呈泥泞状，干燥时则坚硬龟裂。常具盐化或碱化特征。一般没有植物生长。该土有机质含量在 1.0% 以下，pH 值 8.0 ~ 8.5。

（6）荒漠林土　　是在沿水流一带尚存的胡杨林下发育的土壤。该土壤表层多枯枝落叶，下为棕色腐殖质层，再下为氧化还原层，地下水位多在 2~3m 以下。荒漠林土的发育过程和草甸土壤的发育过程兼而有之，故又称为林灌草甸土。

（罗伟祥、刘广全、李嘉珏）

5. 植被特征

植被是指一个地区植物群落的总体。植被分自然植被和栽培（人工）植被。自然植被是在自然环境因素影响下，出现在一定地区的植物的长期历史发展的结果，它综合地反映所在地的自然条件。

与气候、土壤条件相适应，西北地区植被由东南而西北呈现出一定的水平地带性分布和不同的山地垂直带谱，虽然东南部有北亚热带常绿阔叶与落叶阔叶混交林地带及暖温带落叶阔叶林地带出现，在一些高大山体出现森林或森林草原景观，但从总体上看，则温带草原植被与温带荒漠植被仍占优势。

5.1　秦巴山地植被

秦岭、巴山山地位于西北地区的东南，包括陕西南部及甘肃南部。其地貌特点是两山夹一江，北为秦岭，南为大巴山，中间是东西向的汉江谷地，沿江形成大小不等的盆地，如汉中盆地、安康（月河）盆地。在自然地理上形成一个独特的地理单元。海拔 500~3767m（太白山），相对高差一般 1500~2000m。该区属亚热带东部湿润气候，降水量虽少于同纬度的江淮平原，但由于冬季温度较东部高，因而在汉江谷地及白龙江峡谷有较多亚热带经济植物栽培，特有植物种类也较多。

本区典型性植被为北亚热带常绿阔叶与落叶阔叶混交林，反映出这一带是落叶阔叶林与常绿阔叶林之间的过渡地带，植物区系组成比较丰富，兼有南北植物种类成分。这里有地质时期第三纪残余植物，如珙桐、连香树、鹅掌楸、水青树（*Tetracentron sinense*）、水杉、米心水青冈（*Fagus engleriana*）及野核桃（*Juglans cathayensis*）等的分布；也有丰富的特有科属的种类，如秦岭冷杉、陕西瑞香、甘肃瑞香（*Daphne tangutica*）、秦岭丁香（*Syringa giraldiana*）、陕西荚蒾（*Viburnum schensianum*）、南方六道木（*Abelia dielsii*）等的分布。组成群落的主要树种为栓皮栎、麻栎、锐齿槲栎（*Quercus aliena* var. *acuteserrata*），茅栗等，次要树种为短柄枹栎、槲栎等落叶栎类。林中有黄连木、红桦、栾树（*Koelreuteria paniculata*）、化香、山合欢、稠李、七叶树等落叶阔叶树。常绿阔叶树如岩栎、匙叶栎、尖叶栎、青冈、橿子栎、女贞等，在落叶阔叶林中混生，形成常绿阔叶层片。

本区植被垂直分布明显，秦岭、大巴山植被有明显差异，山麓南坡基带常绿阔叶树成分增多，有栽培的柑桔林和野生的棕榈林，表现出以亚热带植被景观为主的特征。

本区经济林木有柑橘、核桃、油桐、茶、油茶、棕榈、乌桕、枇杷等。商洛地区盛产核桃，大巴山有较大面积的漆树林，是我国著名生漆基地之一。其他如甘肃陇南和陕西凤县的花椒、陕西镇安的板栗等均很著名。陇南武都及汉中盆地是我国引种油橄榄生长最好的地区之一，毛竹、慈竹、北樟等可试验推广，扩大种植面积。

5.2 黄土高原植被

5.2.1 植被的水平分布

黄土高原地区分属森林、草原、荒漠三个植被区，其中温带草原区所占面积最大。全区由东南而西北可依次划分为落叶阔叶林、森林草原、典型草原、荒漠草原及草原化荒漠几个植被地带，黄土高原西部由于青藏高原的隆起，植被地带分布的正常格局被破坏，因而各地带均出现东北部开阔，西南部收缩的情况。森林草原、典型草原地带都终止于西倾山前和西秦岭的终端，只有荒漠草原延伸到青海湟水谷地、黄河谷地。在直线距离不过百余公里范围内，可见 3～4 个植被带迅速更替的现象。

5.2.1.1 暖温带落叶阔叶林地带

本地带范围北面经陕西吴堡、清涧、安塞、志丹等地，沿子午岭西坡到甘肃天水一线以南，南面沿秦岭山脊分水岭到伏牛山主脉一线以北。落叶阔叶林为本区域的地带性植被。以栎类林为主，其次是松、柏林及杨、桦林等。在中国森林区划上，将之划为黄土高原山地丘陵松栎林区。

本地带植被分布具有以下特点：①植被类型复杂多样 植物区系组成具有典型的北温带性质，但南部亦分布有较多的热带亲缘的科属。秦岭北坡甚至六盘山有不少亚热带种属成分，如乌药（*Lindera strychnifolia*）、北五味子（*Schisandra chinensis*）、木通（*Akebia quinata*）、拐枣（*Houenia acerba*）、鬼灯檠（*Rodgesia aesculifolia*）和中华猕猴桃（*Actinidia chinensis*）等。热带起源植物的存在，说明本区域植物区系有着更为喜暖的祖先。②植物群落组成上表现出明显的纬向变化 以栎林为代表，南部主要建群种为栓皮栎，北部则主要为辽东栎。一些亚热带广泛分布的落叶阔叶树种由南向北逐渐减少，一些常绿阔叶树种仅局限于秦岭北麓。由于水热条件引起的经向变化不如纬向变化明显。③人类活动大大改变了植被区系组成 尤其是平原地区，一些果树如西洋梨、核桃、葡萄及苹果等，引进栽培已有悠久历史。近百年来还引进不少国外造林树种，如刺槐、加拿大杨（*Populus × canadensis*）、钻天杨（*Populus nigra*）、悬铃木（*Platanus orientalis*）、日本落叶松（*Larix kaempferi*）及紫穗槐等。部分南树北移获得成功。

由于南北水热条件差异悬殊，植被组合上有明显差别，因此又可区分为两个植被亚区：

（1）南部区域 包括关中盆地及其周围山地，秦岭北坡。本区除汾渭平原外，大部分为石质山地，黄土丘陵仅有零星分布。

本区落叶阔叶林代表种类为栓皮栎、槲栎、槲树和麻栎。但本区栎林发育并不充分，除栓皮栎林在秦岭和黄龙山的低山地带有较多分布外，其他栎林的分布都很少。本区温性针叶林以油松、侧柏和白皮松为主。其中喜暖的白皮松主要分布在本区（蓝田被称为白皮松之乡）。天然林中的乔木还有构、桑、榆、臭椿等。灌丛以黄栌、连翘、丁香、荆条、酸枣具有代表性，常分布于本区东部较低的黄土丘陵的阴坡和石质山上；向西逐渐被二色胡枝子（*Lespedeza bicolor*）、绒毛绣线菊（*Spiraea velutina*）、枸子（*Cotoneaster zabelii*）、黄刺玫等中生灌丛所代替。

本区主要栽培树种有毛白杨、欧美杨、小叶杨、旱柳、垂柳、臭椿、白榆、中槐、泡桐、楸树、苦楝（*Picrasma quassioides*）、黄连木、梧桐（*Firmiana platanifolia*）、梓树、悬铃木、刺槐及油松、侧柏、圆柏等。经济树种有苹果、梨、柿、桃、杏、李、枣、葡萄、樱桃、石榴、板栗、核桃、山楂、花椒等。少量栽培的树种还有皂荚、合欢、紫荆、银杏、刺楸等。竹林普遍零星分布，并有毛竹、刚竹的引种。由南方北移的杉木（*Cunninghamia lanceolata*）已在有些地方栽植成功，水杉广为栽植。庭园中引种许多常绿阔叶乔灌木如山茶（*Camellia japonica*）、棕榈、石楠、女贞、桂花、枸骨（*Ilex cornuta*）、黄杨等。有些珍稀树种如银鹊树（*Tapiscia sinensis*）、七叶树、连香树、马挂木、华榛（*Corylus chinensis*）、山白树（*Sinowilsonia henryi*）、金钱槭（*Dipteronia sinensis*）、香果树（*Emmenopterys henryi*）、青檀（*Pteroceltis tatarinowii*）等在本区东南部引种成功。

（2）北部区域　本区包括陕西省延安地区南部，渭南、咸阳和宝鸡地区（市）北部。本区中部以黄土塬为主，西北部以黄土丘陵为主。

本区植物区系呈现明显的华北特征。许多华北植物区系植物如油松、侧柏、辽东栎、白桦、白榆、杜梨、毛榛（*Corylusmandshurica*）、文冠果等均普遍出现。区内天然植被多被破坏，仅山地保留有辽东栎、山杨、白桦、油松、侧柏等为建群种的森林植被，并以辽东栎林面积最大，分布最广。本区是暖温带南部许多树种如栓皮栎、麻栎、板栗、槲树、黄连木、漆树（*Toxicodendron vernicifluum*）及黄栌等个体分布的北限。在陕北，麻栎林、栓皮栎林、槲子栎林以及板栗林等仅在子午岭和黄龙山南端残留。侧柏分布于六盘山以东各山地低山带。六盘山南段尚有华山松和少脉梭。本区局部可成小片林或与上述树种混生的还有鹅耳枥（*Carpinus turczaninowii*）、茶条槭（*Acer ginnala*）、榆、大果榆（*Ulmus macrocarpa*）、核桃楸（*Juglana mand-shurica*）、北京丁香（*Syringa pekinensis*）、蒙椴（*Tilia mongolica*）、杜梨、山荆子（*Malus baccata*）、山杏等。本区西部的次生阔叶林当地称之为"梢林"。子午岭就是这种梢林之一，其植被组成可反映陕北、陇东黄土高原落叶阔叶林的基本情况。本区中低山是灌丛植被发育最广泛的地区，阴坡的虎榛子（*Ostryopsis daqidaina*）、绣线菊属（*Spiraea*）、黄刺玫等灌丛与阳坡的沙棘灌丛构成规律的组合，它们多为森林破坏后的次生类型。黄土区分布较普遍的灌木多为中旱生和旱中生成分，如白刺花、扁核木、杠柳、枸杞、河朔莞花等多成分小群聚或构成草原中的稀疏灌木层片，荆条、酸枣灌丛于石质山麓或基岩裸露的阳向沟坡上分布较多，酸枣亦在黄土上构成白羊草草原的灌木层片，野生文冠果灌丛主要在本区出现。

本区人工栽培的树种有杨、柳、榆、刺槐、泡桐、臭椿等，还有苹果、梨、枣、核桃、葡萄、桑、山楂等经济树种。

5.2.1.2　温带草原地带

（1）森林草原　森林草原为暖温带落叶阔叶林向温带草原过渡地带，其北界经陕北长城沿线、白于山，过子午岭北端（华池）、宁夏固原，通过华家岭止于渭河分水岭，其西北与典型草原带相邻，东南以落叶阔叶林区为界。由于森林带与森林草原带的山地相接，二者之间的界限往往难以区分。

本区大部分为黄土丘陵，原有的森林草原植被多被破坏，从而退化为草原化森林草原，森林已近绝迹，仅局部可见到较耐旱的山杨林、侧柏林和油松林，较常见的为一些稀树灌丛、稀树草地和灌丛、灌丛草地等含有少量乔木的灌丛和草地，各种耐旱的草原类型随着森林的消退而愈益占居显著地位。

陕北的森林草原以矮生疏林草原和灌丛草原为其特征。矮生疏林有以下类型：①落叶阔叶疏林：有以河北杨、小叶杨为主的疏林，分布于沟谷，榆树疏林普遍分布，多见于沟坡。山杏疏林自东向西逐步增多，杜梨疏林分布于白于山、横山分水岭至佳县一带的南部，此外，局部残存大果榆疏林。②常绿针叶疏林：有油松疏林（神木、府谷）及侧柏疏林。草原性灌木林也有两类：①旱中生灌丛，优势种有紫丁香、黄蔷薇（以上多见于阴坡、半阴坡）、河朔荛花、柠条锦鸡儿、甘蒙锦鸡儿、白刺花灌丛、扁核木灌丛及文冠果疏林（府谷县庙门沟至木瓜川）。②在白于山南麓，有残存的以山杨、白桦为主含少量辽东栎的"梢林"散见于局部沟谷阴坡，与占面积更大镶嵌于农田的长芒草、铁杆蒿、茭蒿灌木草原形成森林草原景观。

本区人工栽培树种有臭椿、白榆、小叶杨、河北杨、旱柳、桑、中槐、刺槐、侧柏等，经济林木有枣、梨、杏、苹果、桃、葡萄、桑等。

（2）典型草原 分布于森林草原带西北部。北起内蒙古包头，向南经陕西的定边与宁夏的盐池之间，再偏向西南穿过同心与海原之间，沿兰州南部达积石山。地域上包括内蒙古土默特平原及伊克昭盟东部，陕北长城以北，陇东泾河上游、宁夏清水河上游、陇中祖厉河上游及洮河中下游。这一带植被的重要特点，是各种各样的草原植被占优势，其中以长芒草草原分布最广，次为茭蒿草原。与森林草原带相比，铁杆蒿草原在本地带的作用减弱，大针茅草原占一定位置，白羊草草原在地带性地段上已不再出现。灌木种类以柠条锦鸡儿、小叶锦鸡儿分布较多，小灌木枸杞、杠柳可作为草原的次要拌生种出现。

宁南、陇东的黄土梁峁顶部、塬边、沟边等向阳生境，常见长芒草草原群落。分布最广的长芒草、茭蒿草原，多见于黄土丘陵的阳坡、半阳坡；在阴坡、半阴坡常有长芒草、铁杆蒿、茭蒿群落及长芒草、铁杆蒿群落分布。梁脊峁顶可见到长芒草、兴安胡枝子群落。白于山—偏关一线以北多为沙芦草草原。

陕北长城沿线及其以北地区，多沙丘及湖盆低湿滩地。受沙漠南侵影响，典型草原植被已逐渐被沙生植物取代。自然植被中有以下几类成分：①旱生草原植物：以大针茅、长芒草为主；②沙生植物：灌木有沙柳、乌柳（Salix cheilophila），半灌木为黑沙蒿（A. ordosica）和白沙蒿（Artemisia sphaerocephala），草本有沙竹（Psammochloa mongolica）、沙米（Agriophyllum arenarium）、牛心朴子（Cynanchum hancockianum）等；③盐生植物：有细枝盐爪爪（Kalidium gracile）、盐爪爪等真盐生植物；红砂、柽柳、短穗柽柳等泌盐植物；芨芨草（Achnatherum splendens）等兼性盐生植物。这一带除白榆、河北杨、侧柏等个体分布外，主要是由沙柳、乌柳、叉子圆柏（沙地柏）、白刺、柠条、黑沙蒿、白沙蒿等为优势的灌丛。

陇东北部、宁南及陇中中部一带，天然草原保留的很少，残存的长芒草群落呈零星分布，短花针茅（Stipa breviflora）、大针茅（S. grandis）、冷蒿（Artemisia frigida）、百里香（Thymus mongolicus）均为常见优势植物。

常见栽培树种有杨、柳、榆、椿等；果树有桃、杏、李、苹果、梨等。

（3）荒漠草原 分布于典型草原带西北部。范围包括内蒙古乌拉特前旗以东和鄂尔多斯的中部，宁夏的清水河中游，甘肃祖厉河下游，青海的湟水流域以及靖远至贵德间的黄河干流地区。在宁夏和甘肃境内已进入黄土丘陵的边缘地区，丘陵浅缓、谷地开阔，土壤沙性较重。地带性植被以各种类型的短花针茅草原广为分布为特征。除短花针茅草原外，还有以灌木亚菊（Ajania fruticulosa）、驴驴蒿（Artemisia dalailamae）为组成的各类草原，群落中伴生着无芒隐子草（Cleistogenes songorica）、花状亚菊（Ajania achilleoides）、中亚紫菀木（Asterothamnus centraliasiaticus）、多根葱（Allium polyrhizum）等荒漠草原特征成分，以及红砂等荒漠成分。

青海湟水谷地及黄河干流流域，荒漠草原限于乐都—民和间的湟水下游，仍以短花针茅、亚菊类、驴驴蒿等为建群和优势。长芒草、克氏针茅与冷蒿、阿尔泰狗哇花（*Heteropappus altaicus*）等组成的典型草原分布于黄土的较高地形部位。当向河流上游和两侧山地过渡时，于山麓地带出现铁杆蒿等杂类草和禾草组成的草甸草原。

本区栽培树种主要为杨、柳，温暖的河谷阶地有苹果、梨、桃、杏等温带果树。

（4）草原化荒漠 在黄土高原地区的最偏西北部，包括乌梁素海以西的河套平原、鄂尔多斯西部、银川平原、清水河下游以及甘肃靖远—白银以北地区。该区南部以剥蚀的低山和丘陵为主。地带性植被以荒漠性超旱生的小灌木和小半灌木为优势，如发育在洪积冲积平原上的盐爪爪和合头草（*Sympegma regelii*）荒漠；低山丘陵及山前砾质洪积扇上的草原化的红砂—盐爪爪—珍珠猪毛菜（*Salsola passerina*）荒漠，草原化的合头草—短叶假木贼（*Anabasis brevifolia*）荒漠，以及绵刺（*Potaninia mongolica*）和沙冬青草原化荒漠等。低地盐土上有细枝盐爪爪、唐古特白刺（*Nitraria tangutorum*）荒漠。景泰、靖远境内低山残积坡积物上有发育良好的南山短台菊（*Brachanthemum nanshaicum*）荒漠。本带北部库布齐沙漠植被以稀疏的油蒿、籽蒿半灌木丛以及沙拐枣（*Calligonum mongolicum*）荒漠为主。本地带的低山石质山坡上分布着猫头刺、刺旋花及针茅组成的荒漠草原，厚土层处为短花针茅草原。

本地带属没有灌溉即无农林业的地区，适宜的树种有杨、柳、榆、沙枣等，黄河沿岸平原亦有苹果、梨、杏等温带果树栽培，银川平原的宁夏枸杞国内外闻名。

5.2.2 山地植被的垂直分布

黄土高原山地随海拔高度的上升而更替着不同的植被带，不过，各山地垂直带谱的结构和各垂直带的群落组合一方面受该山所在的水平地带的制约（即山地植被垂直带从属于植被水平地带原则）；另一方面也受山体高度、山脉走向、坡向、山坡在山地中的位置、地形、基质和局部气候（如逆温层的存在）等的影响。因而每一个山体都具有其特有的植被垂直带系列。此外，区内不少山体为南北走向，因此即使同一山脉其南北之间的植被垂直分异也差别较大。

黄土高原主要山地植被垂直带谱如下：

（1）秦岭北坡 以太白山为例，山麓为侧柏林，海拔 720～800m。基带为落叶阔叶林带，分布于海拔 600～2600m。组成本带的建群片主要有栓皮栎林、槲栎林、锐齿槲栎林、辽东栎林及红桦（*Betula albo-sinensis*）林、牛皮桦（*B. utilis*）林。针叶林占优势树种有油松和华山松。往上为山地寒温针叶林带，其中山地寒温常绿针叶林亚带分布于海拔 2400～3000m，由冷杉和云杉林组成而以冷杉林为主。冷杉主要有巴山冷杉（*Abies fargesii*）、秦岭冷杉，云杉林建群种有白杆（*Picea asperata*）、大果青杆（*P. neoqeitchii*）和青杆（*P. wilsonii*）。山地寒温落叶针叶林亚带分布于海拔 2800～3300m，建群种为太白红杉（*Larix chinensis*）。3300～3767m 为亚高山灌丛草甸带。

（2）子午岭 根据坡向可将植被归纳为三个系列：①梁峁阳坡（南、西南坡向），广泛分布茭蒿—长芒草草原，少量白羊草—达乌里胡枝子（*Lespedeza daurica*）草原。灌木主要有白刺花灌丛，稀疏伴生黑格兰（*Rhamnus erythroxylon*）、文冠果、黄刺玫、丁香、酸枣等；侧柏疏林广泛分布，其内偶见大果榆、辽东栎、杜梨、栾树（*Koelreuteria paniculata*）、山杏混生；②梁峁阴坡（北、东北坡向），以山杨纯林分布最广，次为辽东栎林，再次为白桦林

（混生少量辽东栎、山杨、杜梨、茶条械、大果榆等）。岭东、南少数地区分布有油松林。梢林边缘地带分布较广的灌木为虎榛子灌丛，常见伴生种为绒毛绣线菊（*Spiraea velutina*）和黄刺玫。草本有铁杆蒿草原，重要成分还有茭蒿、甘草、达乌里胡枝子、长芒草等；③梁峁顶部以黄北草、野古草（*Arundinella hirta*）、大油芒组成的草甸草原为主，酸刺灌丛亦常见。

（3）六盘山　基带海拔 1700～1800m，主峰米缸山海拔 2942m。①低山典型草原带（海拔 1700～1900m 阳坡），由茭蒿、长芒草、百里香、星毛委陵菜（*Potentilla acaulis*）和铁杆蒿为优势组成；②山地草甸草原带（1700～1900m 阴坡 1900～2200m 阳坡），主要组成有铁杆蒿、牛尾蒿（*Artemisia dubia*）、异穗苔（*Carex heterostachya*）等；③山地草甸带（2200～2600m 阳坡），主要由驴耳风毛菊（*Saussurea amara*）、披针苔（*C. dahuricus*）、地榆（*Sanguisorba officinalis*）及其他中生杂类草组成；④落叶阔叶林带（1900～2500m 阴坡），主要有山杨林、白桦林、辽东栎林及椴、械等杂木林，局部有稀疏的华山松林及零星油松；⑤阔叶矮冠林（2500～2700m 阴坡），由五蕊柳（*Salix pentandra*）、小叶柳（*S. hypoleuca*）、中华柳（*S. cathayana*）组成。海拔 2700m 以上阴坡和 2600m 以上阳坡为亚高山灌丛—草甸带。

（4）大青山　为阴山山脉之一支，最高峰九峰山（海拔 2338m），其北坡为草原植被。南坡为森林草原景观。海拔 1100～1200m（阳坡 1400m）为草原带。海拔 1200（阳坡 1400）～1700m 处，阳坡为羊草草原和线叶菊（*Filifolium sibiricum*）草甸草原，阴坡为落叶阔叶林，下部为虎榛子、绣线菊灌丛与杜松疏林的结合，上部为油松—侧柏混交林及辽东栎林、白桦林和白桦—山杨林。

（5）兴隆山　基础海拔 1840m，最高峰 3620m。①山地草原带（海拔 1840～2200m），阳坡为短花针茅和灌木亚菊组成的荒漠草原，阴坡为长芒草草原；②山地森林带（2200～2700m），阳坡为辽东栎林、次生山杨林与虎榛子灌丛的结合，阴坡为以青杆为主的高山针叶林；③亚高山灌丛和高山荒原带。海拔 2750m 以上，阳坡下部为亚高山灌丛，有杜鹃（*Rhododendron simsii*）灌丛及高山柳（*S. cupularis*）—箭叶锦鸡儿（*Caragana jubata*）灌丛，上部至山顶高山嵩草荒原带；阴坡主要为亚高山灌丛。

（6）大罗山　基带海拔 1900m，最高 2624m。南坡海拔 1900m 以下为荒漠草原（冷蒿、短花针茅等）；1900～2400m 为山地干草原，以长芒草、冷蒿、铁杆蒿为优势（山地灰钙土）；2400～2624m 为山地草甸草原带（山地灰褐土）。北坡海拔 1900～2100m 为低山干草原带，由铁杆蒿、长芒草组成（山地灰钙土），2100～2200m 为山地灌丛带，以虎榛子、峨眉蔷薇（*Rosa omeiensis*）、小叶忍冬（*Lonicera microphylla*）、紫花丁香等为主（山地灰褐土）；海拔 2200m 以上为山地针叶林带，由下而上为油松林、油松、青海云杉混交林、青海云杉纯林。

（7）贺兰山　其北段、南段山势较低，气候干旱，植被以草原为主。中段为石质高山，主峰 3556m，其东段土壤与植被均有垂直分布：①山地草原与旱生灌丛带（阳坡海拔 1500～2000m，阴坡 1500～1800m），阳坡为灌丛化的荒漠草原，由荒漠锦鸡儿（*Caragana roborovskyi*）、狭叶锦鸡儿、木贼麻黄与短花针茅、长芒草、冷蒿、铁杆蒿等构成；阴坡有铁杆蒿—牛尾蒿草甸和长芒草—冷蒿干草原，蒙古扁桃（*Amygdalus mongolica*）、灰栒子等稀疏分布；②山地灰榆（*Ulmus glaucescens*）疏林、灌丛和草原带。海拔 2000～2400m 阳坡有山地灰榆疏林草原；1800～2000m 阴坡灰榆疏林下有多种灌林，阴湿坡地有虎榛子—苔草中生灌丛；③山地森林带（阳坡 2400～3000m，阴坡 2000～3100m），阳坡以山杨疏林为主，局部有山杨林、山杨—云杉混交林；阴坡由下而上依次为油松纯林、油松—青海云杉混交林、青海云杉林；④亚高山灌丛、草甸带（阳坡 3000～3400m，阴坡 3100～3400m），箭叶锦鸡儿灌丛、高山柳灌丛和珠芽蓼（*Polygonum viviparum*）嵩草草甸相间分布，海拔 3400m以上为高山荒原带。

5.3 温带荒漠植被

5.3.1 概述

我国西北地区大部分为温带荒漠，其范围即地貌一节所述温带荒漠区域。这里也是通常所说的干旱地区，有各种温带荒漠植被类型，仅在一些高大山体垂直带谱上出现了中生性山地森林景观。

5.3.1.1 荒漠区域植被的水平地带性

西北荒漠地域辽阔，虽有中温地带与暖温地带的南北差异，但对荒漠植被地带分异的影响并不显著。在这里，影响植被水平分异的主导因素已由热量转为水分，即干燥度和降水的季节分配状况起着决定作用，而从总体上看，荒漠区域水分状况呈东西向变化，而且是由东西两端向中部趋于极端干旱。这样，荒漠区域植被有如下变化：

（1）东西向的变化 由于草原区域从北、东和东南三面包围着荒漠区域，因而在其北缘和东端就有一个草原化荒漠过渡区，这就是准噶尔北部和东阿拉善—西鄂尔多斯的草原化荒漠，植被为草原化荒漠特有的群系如沙冬青、绵刺、油柴、半日花、柠条、川青锦鸡儿等。在典型荒漠地区西北部准噶尔盆地（东端除外）有相对较多的冬季降水，植被中有较发育的春雨型短生植物和类短生植物层片为特征，这一带有白梭梭，几种沙拐枣，旱蒿（*Seriphidium*）亚属的蒿类为建群种构成地带性荒漠植被。本区域中部和南部（东疆、北山、河西西部、南疆和柴达木盆地、阿拉善高原与河西走廊），降水集中于夏季，仅有夏雨型一年生荒漠草类植被。荒漠植被建群种为亚洲中部成分的灌木与半灌木，如泡泡刺、霸王、裸果木、珍珠猪毛菜、白刺、沙拐枣、合头草、戈壁藜，还有梭梭、红砂。干旱核心带（诺敏与北山戈壁、东疆盆地与哈顺戈壁，罗布低地，塔里木盆地东部与柴达木盆地西部），年降水量不足 50mm，为最贫乏稀疏的荒漠植被或各种裸露无植被的荒漠地貌。此外，在荒漠区域与大气环流相联系的植被地带性还有一个特殊系列，即风成地带性。在荒漠盆地中依主风方向依次出现风蚀残丘或砾石戈壁—沙漠—前山黄土漠，植被则呈现由稀疏植被—沙生植被—蒿类荒漠的变化。

（2）纬度地带性差异 荒漠区域南北长约 1200km，按热量可划分为温带、暖温带两个气候地带。由于大多数温带荒漠植物属于耐高温、抗严寒的广幅生态类型，它们对温带范围内南北热量差异无明显反映，因而荒漠植被的纬度地带性不甚显著，并因境内地形变化与寒流影响而发生变形。阿尔泰山南麓与相邻的准噶尔北部河谷台原为过渡的草原化荒漠。准噶尔盆地、北山台原和阿拉善高原为中温带荒漠。柴达木盆地虽处于暖温带纬度位置，但从热量上可划归中温带。地带性植被为灌木与半灌木荒漠，建群种有膜果麻黄、驼绒藜、红砂、尖叶盐爪爪、猪毛菜、柴达木沙拐枣、梭梭、白刺等。塔里木盆地和东疆盆地具暖温带荒漠气候，地带性植被为极稀疏的灌木、半灌木荒漠，建群种有泡泡刺、霸王、裸果木、红砂、塔里木沙拐枣、戈壁藜、紫菀木与梭梭等。条件严酷的砾石戈壁与流动性沙漠上则光裸无植被。但灌溉绿洲中则有核桃、桑、花椒、葡萄、梨、桃、扁桃等暖温带树种。

5.3.1.2 荒漠区域植被的垂直地带性

本区域各巨大山系都有一系列随海拔高度变化而有规律更迭的植被垂直带，使得贫乏单调的荒漠地区内出现了森林、灌丛、草甸、草原和各种高山植被，并大大丰富了该区植被的多样性和植物区系组成的复杂性。该区山地植被垂直带谱可大体归纳为以下三种类型：

（1）具有较发育的山地森林和草甸的植被谱带类型 该类山地由下到上依次出现山地荒漠带—山地草原带—山地森林带（寒温性针叶林，个别地区有阔叶林）、草甸带—亚高山灌丛草甸带—高山草甸与垫状植被带。植被带谱较完整，层带结构复杂，中生性较强。该带谱类型见于中温带荒漠区高大山系迎风湿气流一侧的山坡上，如天山北坡、伊犁天山、东祁连山等。

（2）以山地草原带为主的旱生性植被带谱类型 该类型分布于山系的背风坡、雨景带或山寺内部山地的山坡上，由下到上依次为山地荒漠带、山地草原带（局部峡谷阴坡有块状森林）、亚高山草原带、高山草甸与垫状植被带或高山草原带。如天山南坡、西昆仑山、西祁连山等。

（3）强度荒漠化的超旱生型的植被带谱类型 这类山地几乎全为荒漠植被所占据，由下向上依次为山地荒漠带—狭窄的山地荒漠草原带或亚高山草原带—稀疏高寒荒漠带—草原灌丛—高山草甸与垫状植被带，如东昆仑山、中昆仑山与阿尔金山。

温带荒漠山地植被垂直分布有以下规律：各带谱均以荒漠植被为基带；山地草原带谱得到较广泛的发育；山地森林、草甸仅局限于较高大湿润山地的迎风坡；依水平地带由北向南，各山地植被的海拔高度界限升高，山地植被带谱层次结构逐渐简化，最后，荒漠几乎统治了整个带谱。

5.3.2 植被分区

根据中国植被区划，温带荒漠区域包括东部荒漠和西部荒漠两个亚区域。东部荒漠亚区域包括天山分水岭以南的南疆、东疆、甘肃的河西走廊、北山戈壁，位于甘宁蒙之间的阿拉善高平原，以及青海柴达木盆地，有两个植被地带；西部荒漠亚区域包括天山分水岭以北的北疆（但北部阿尔泰山属温带草原区域），只有一个植被地带。现分别简介如下：

5.3.2.1 东部温带半灌木、灌木荒漠地带

该地带可区分为以下 5 个植被区：

（1）阿拉善高平原草原化荒漠、半灌木、灌木荒漠区 本区位于狼山、贺兰山以西、额济纳河以东、南以祁连山、昌岭山为界，北至中蒙边境，包括阿拉善高平原全境和河西走廊东段。本区气候干燥，寒署冷热变化剧烈，具典型的荒漠气候特征。地带性土壤为灰棕荒漠土。地带性植被由超旱生灌木、半灌木砾质荒漠及超旱生小乔木、灌木沙质荒漠组成，并以红砂、珍珠猪毛菜荒漠分布最广。

在阿拉善一些沙漠湖盆边缘的固定、半固定沙地及沙壤质盐化低地上，分布有大面积梭梭和白刺（*Nitraria tangutorum*）、（*N. roborowskii*）盐生灌木群落。此外，在湖盆低地，盐化潜水补给隐域生境，分布有盐爪爪（*Kalidium cuspidatum*）、（*K. gracila*）盐漠芦苇、芨芨草盐化草甸，苔草、莎草沼泽草甸及芦苇和香蒲沼泽。在河西走廊河流冲积平原上，分布有柽柳灌丛及由芦苇、芨芨草、甘草（*Glycyrrhiza uralensis*）、（*G. inflata*）等组成的盐生草甸。黄河河套平原一些河流阶地和渠旁局部地方分布少量芨芨草草甸。

本区内无高大山体，仅走廊北山的龙首山主峰超过3600m，山地植被不甚发达，由山麓至山顶顺序出现草原化荒漠、荒漠草原和典型草原，在2500m以上出现陇忍冬（*Lonicera tangutica*）、蒙古绣线菊（*Spiraea mongolica*）等组成的灌丛，且有沙地柏（*Sabina vulgaris*）星散分布。在海拔2700（2900）m以上的阴坡凹处，出现片段的青海云杉林。

（2）马鬃山—诺敏戈壁稀疏灌木、半灌木荒漠区　本区包括额济纳河以西，河西走廊以北的居延海西部盆地、北山残丘、诺敏戈壁和将军戈壁。本区具有极端干旱的大陆性气候，它和哈顺戈壁堪称为我国荒漠区最干旱的内陆中心。植被以亚洲中部的荒漠成分占绝对优势。该区地带性植被是典型的亚洲中部稀疏灌木半灌木荒漠。植被中的主要成分如霸王、泡泡刺、裸果木、细枝岩黄蓍（*Hedysarum scoparium*）等为在准噶尔荒漠区所不见的种类。在这里它们和膜果麻黄、短叶假木贼、蒿叶猪毛菜、合头草、戈壁藜等成为地带性荒漠植被的建群种和优势种。其他亚洲中部成分如猫头刺、沙生针茅、多根葱、灌木亚菊等亦占重要地位。

（3）东祁连山山地寒温性针叶林、草原区　本区包括祁连山东半部和青海湖盆地。祁连山山地西北高、东南低，海拔高度一般在3500m以上，最高峰5000m以上。山地北麓较为陡峻，而南麓则宛如丘陵山地。本区东南部的青海湖为我国最大内陆湖泊，海拔3200m，湖泊外围地势开阔。本区属高寒半干旱气候，但有自东南向西北逐渐变干、变冷的趋势。

本区植被最大特点是具有比较完整的垂直带谱。在山地北坡，2000m以下为山地荒漠带，其东段以草原荒漠为基带，海拔1500~1800m，主要建群种为珍珠猪毛菜、尖叶盐爪爪，伴生红砂、合头草、沙生针茅、短生针茅。山地阴坡、半阴坡和半阳坡分布寒温性针叶林，阳坡则为草原，二者组合成森林草原景观。由青海云杉纯林或祁连圆柏组成纯林，或为二者混交林。2800m以下河谷有小片青杨（*Populus cathayana*）林和榆树林。亚高山灌丛草甸带（上限东段3800m，西段3900m）在冷龙岭以东，由头花杜鹃、百里香杜鹃、烈香杜鹃（*Rhododendron anthopogonides*）组成高寒常绿草叶灌丛。其上为较耐干冷的箭叶锦鸡儿（*Caragana jubata*）、毛枝山居柳（*Salix oritrepha*）和金露梅（*Potentilla fruticosa*）组成的高寒落叶阔叶灌丛所取代。

4000~4300m为高山亚冰雪稀疏植被带，植被主要由水母雪莲组成。常见垫状植物有甘肃蚤缀、四蕊高山梅和多种红景天。

青海湖盆西部气候趋干旱，草原植被有相当广泛的分布。本区南部青海南山以山地草原为主，仅海拔3000~3300m阴坡分布小块状青海云杉林，阳坡3400~3900m有稀疏祁连圆柏林。

（4）柴达木盆地半灌木、灌木荒漠、盐沼区　柴达木为高海拔内陆山间盆地，是青藏高原东北部特殊的沉陷地块，地质构造上应属青藏高原，但植被上属于亚洲中部温性荒漠。其东西长850km，南北宽250km。海拔高度2600~3000m，高出塔里木盆地1500m，但低于青藏高原2000m，因而可视为温带荒漠平原向高原过渡的一个阶梯。该区夏凉冬寒，降水稀少，日照丰富，风大且多。盆地东部的德合哈、茶卡盆地与香日德的土托山以东，植被具草原化荒漠性质，在砂砾质的洪积扇上分布着红砂、木本猪毛菜、细枝盐爪爪等为主的荒漠群系，但在盐化的细质土地段上广泛分布芨芨草盐化草甸，混生白刺。在固定、半固定沙丘上也有稀疏的芨芨草丛、白刺沙包和梭梭分布。

（5）盆地中部　在冲积—洪积平原上，地形平坦，潜水深2~6m，外缘为怪柳、白刺、黑果枸杞（*Lycium ruthenicum*）等构成的盐化灌丛沙包带，尤以柽柳灌丛下的大型沙包为显著标志。沙包带以北为广阔的盐化草甸带，盐化草甸以芦苇与赖草为建群种，杂有白刺、黑果枸杞等盐生灌木形成的小土丘。潜水出露处为沼泽化地段。

盆地南部东昆仑山为干燥的荒漠化山地。海拔3600m以下干旱石质低山仅谷地坡麓碎石锥上有稀疏旱生灌木。3600m以上为亚高山草原，3800m以上为草原化高山草甸。

盆地东部与南缘山间小盆地与河流冲积锥上有灌溉农业。

5.3.2.2 暖温带灌木、半灌木荒漠地带

（1）东疆盆地—哈顺戈壁稀疏灌木荒漠区 天山东部支脉有一系列块状山间盆地，即东疆的吐鲁番、哈密盆地，其南部为哈顺戈壁。这一带是亚洲中部最干旱、荒漠化最强的核心地段。

吐鲁番、哈密盆地具极干旱的暖温带荒漠气候，又以多大风与干旱风著称。本区荒漠植物种类十分贫乏，群落稀疏，植被类型简单，且随盆地地貌变化呈环带状分布。盆地北部天山南麓，砾石洪积扇上为大片光裸戈壁，洪积扇下冲积平原上有大面积盐生草甸，伴生有黑果枸杞、花花柴、甘草等。盆地底部或湖滨盐沼与潮湿的重盐土上，出现盐节木、盐芦草与黑果枸杞的稀疏盐漠群落。哈密盆地南部泛滥河谷与湖泊沿岸有茂密的胡杨林。盆地周围有成片的沙丘、沙地与风蚀地，流动沙丘上部光裸，仅沙丘下部有蒙古沙拐枣（*Calligonum mongolicum*）等。固定、半固定沙丘上有疏叶骆驼刺、叉枝鸦葱、芦苇与沙米（*Agriopyllum squarrosum*）等组成的群落。盆地中的绿洲集中在新洪积扇的中下部和干三角洲上，在灌溉条件下有丰茂的栽培植被，其中有多种暖温带果树，吐鲁番无核白葡萄久负盛名。但葡萄、无花果等均需埋土越冬。该地建立综合的防护林体系是绿洲农业高产稳产的保证。

（2）塔里木盆地 沙漠与稀疏灌木、半灌木荒漠区 塔里木盆地是我国最大最干旱的内陆荒漠，它位于天山和昆仑山、阿尔金山之间，是一个基本上封闭的东西向的椭圆形盆地，仅在东端沿疏勒河谷地与河西走廊形成通道，平均海拔高度1000～1500m，东端罗布泊最低（海拔780m）。中心为浩瀚的塔克拉玛干大沙漠，其边缘是冲积平原和大河下游形成的绿洲；沙漠北部是东西延伸的塔里木河谷平原，盆地外缘是由南北两侧的山麓向盆地方向倾斜的砾石质洪积扇带。这些地貌和基质的特点影响水分和盐分的分配，决定了塔里木盆地植被大致呈环状分布的规律：①山麓砾石—砂砾洪积扇带为光裸戈壁与稀疏灌木、半灌木荒漠；②洪积扇下缘盐化冲积平原上为灌丛、胡杨林、盐生草甸与盐漠植被；③大河下游的干三角洲或冲积锥上为古老灌溉绿洲。这些地方原来分布着成片的胡杨、灰杨林，或为灌丛与草甸，但早已辟为绿洲。这里暖温带果树种类繁多，以桃、杏、葡萄为最多，其他有苹果、梨、核桃、扁桃（巴旦杏）、李、欧李、酸樱桃、樱桃、榅桲、无花果、石榴、枣、沙枣等，其中葡萄、无花果与石榴须埋土越冬，但盆地南缘和田一带冬季较暖，一般可不埋土。这一带还盛产桑树。栽培树种有侧柏、油松、新疆杨、银白杨、白柳、刺槐、悬铃木、圆冠榆、榆、臭椿、元宝枫、复叶槭、美白蜡、小叶白蜡、梓树、紫穗槐等。④盆地中心塔克拉玛干大沙漠，仅丘间洼地有极个别沙生柽柳（*Tamarix psammophila*），伸向沙漠内部的河流谷地中有绿色走廊状的胡杨林、灰杨林、柽柳灌丛与草甸。沙漠边缘有稀疏的柽柳灌丛沙包与芦苇丛沙包，东北缘有梭梭沙漠出现。⑤盆地东部罗布泊低地，自古以来就是盆地的积盐中心，湖泊周围是光裸的盐漠平原，零星分布着盐芦木与盐爪爪的多汁盐柴类盐漠群落。

（3）天山南坡—西昆仑山地半灌木荒漠、草原区 本区包括新疆境内的天山南部山脉

与昆仑山西部山地。该区山地植被因低山强度荒漠化，以山地草原占优势和山地森林、草甸发育微弱为特点，形成如下结构：①山地荒漠带。天山南坡低山带为石质低山，以稀疏的盐柴类半灌木和强度旱生的灌木为代表。在天山南坡中部，该带上达海拔 1800m，向西可达 2600～2800m，向东亦达 2000m。山间盆地出现多汁盐柴类半灌木盐漠和盐化草甸。广大的洪积扇则为膜果麻黄、红砂、圆叶盐爪爪等稀疏荒漠植被；②山地草原带。天山南坡中山带（1800～2000m 以上）山地荒漠草原发育不明显，直接过渡到山地草原带，建群种为克氏针茅、沙生针茅、冰草等。石质化坡地上见有天山方枝柏和新疆锦鸡儿（*Caragana turkestanica*）分布的草原化灌丛。较阴湿的河谷阴坡出现片段的山地针叶林，主要是雪岭云杉。博格多山南坡有西伯利亚落叶松（*Larix sibirica*）的块状森林（海拔 2400～3000m 间）。西昆仑山雪岭云杉分布在 2900～3600m 局部山地河谷阴坡；③亚高山（高寒）草原带。该带居于海拔 2700～2800m 以上，为紫花针茅等为主的高寒草原。天山南坡海拔 2800～3000m 以上亚高山草原过渡为线叶嵩草为主的高山嵩草草甸。高山植被带以上为高山亚冰雪带。

本区低山山间盆地有灌溉农业。局部山地森林应注意保护，并试引落叶松、桦木等较耐寒、抗旱种类。

（4）中昆仑山—阿尔金山北路山地半灌木荒漠区　本区位于塔里木盆地南缘，东西长约 2000km。由于山脊两面地貌、气候、植被明显不同，因而将山脊以南山脉划属青藏高原，北路山脉则属荒漠区高山。中昆仑山平均高 5000～6000m 以上，山峰高 6500～7000m，为气候极端干旱的荒漠山区，具极度简化的最干旱荒漠山地的垂直带谱，从山麓到中山、亚高山以致高山均为荒漠植被占统治地位。在海拔 3200m 以上山地荒漠带宽坦河谷中，有局部灌溉绿洲，3200～3400m 山地阴坡有狭窄的荒漠草原群落。

阿尔金山处在亚洲中部荒漠干旱核心南侧，呈现比中昆仑山更为贫乏的山地荒漠景观。

5.3.2.3　西部温带半灌木、小乔木荒漠地带

（1）准噶尔盆地小乔木、半灌木荒漠区　该区为三面被山地环绕的三角形内陆荒漠盆地，其北、东北部为阿尔泰山脉，西北部是准噶尔西部山地，南部为高峻的天山山系，这些山地既是盆地的屏障，其上较丰盈的冰川积雪和较充沛的降水，又是盆地中的绿洲和天然植被的生命线。盆地底边在天山北麓，东西长约 700km，南北宽约 360km，海拔 300～500m，有着典型的温带荒漠气候。该区生长季热量充足，但冬季低温是暖温带多年生植物生长的限制因素。该区植物群落在盆地中随地貌和基质特点而有规律地分布，并形成复杂组合：①天山北麓山前倾斜平原。近山麓的砾石戈壁为以小蓬（*Nanophyton erinaceum*）为主的稀疏荒漠，木垒河以东为短叶假木贼荒漠群系。中部黄土状壤土上原先植被为蒿类荒漠。山麓向下潜水埋藏较浅，未盐渍化，有古老灌溉绿洲，原生植被为白榆（*Ulmus pumila*）林。洪积扇下部潜水接近地表，分布着胡杨（*Populus euphratica*）林与柽柳灌丛；②扇缘潜水溢出带。该带较窄，在泉水出露及河水边缘有芦苇沼泽和沼泽草甸植被，依靠潜水的芨芨草盐生草甸、柽柳灌丛、胡杨林及多汁盐柴类半灌木组成的盐漠植被；③古老的冲积平原。这里潜水已下伏在 5m 以下，以至 10～30m，分布以红砂为建群种的小灌木荒漠，浅凹地上有片段梭梭小乔木荒漠群落；④盆地中心。大沙漠为半固定和固定的沙垄、沙丘，有较发育的沙漠植物群落。沙漠南缘水分条件较好，有白梭梭（*Haloxglon persicum*）、梭梭小乔木荒漠群落，丘间平地有红砂荒漠或柽柳沙包，沙漠内部沙层深厚，水分条件差，其上主要为有无叶沙拐枣（*Calligonum aphyllum*）等加入的白梭梭群落，沙漠北部低矮沙垄及垄间沙地上主要有白

杆沙拐枣（*Calligonum leucocladum*）为主的沙生灌木群落，落沙地上有草原化的驼绒藜（*Ceratoides latens*）半灌木沙漠植被和梭梭小乔木荒漠；⑤古老冲积平原中古湖盆周围与大河的干三角洲上，有梭梭群系，但因有潜水供应而形成茂密的"荒漠丛林"；⑥盆地西部十分干旱，有梭梭砾质荒漠、膜果麻黄荒漠及戈壁藜（*Iljinia regelii*）等；⑦北准噶尔台原丘陵一带，分布有沙生针茅加入的盐生假木贼为主的草原化荒漠植被。

准噶尔盆地南缘的新老绿洲中，适生树种有多种杨树、白柳（*Salix alba*）、榆、沙枣、美白蜡（*Fraxinus americana* var. *juglandfolia*）、小叶白蜡（*F. sogdiana*）、复叶槭等。引进的欧洲大叶榆（*Ulmus laevis*）、黄檗、夏橡（*Quercus robur*）、心叶椴（*Tilia cordatn*）水曲柳、元宝枫也表现较好，但喜温树种如圆冠榆、刺槐、桑、臭椿、紫穗槐等越冬仍有冻害发生。本区果树适宜耐寒的直立苹果、海棠、酸樱桃等，早中熟葡萄、苹果、桃、杏等需埋土越冬。天山北麓低山带的逆温层地段可培育露地越冬的苹果。

（2）塔城谷地蒿类荒漠、山地草原区　本区位于准噶尔盆地西北部，包括塔城谷地、托里谷地及其旁侧山地的北坡，具有三面环山、向西开敞的地形轮廓。本区见有典型的荒漠气候特征，年降水 290～300mm，四季分配均匀。塔城谷地海拔 1000m 以下山前洪积—冲积平原覆盖着小半灌木蒿类荒漠，在壤质土上，几种蒿子与类短生植物形成群落。海拔较高的洪积扇中上部砂质土壤上，旱生丛生草类增多，出现亚列氏蒿（*Artemisia sublessingiana*）等，构成的草原丛荒漠。托里谷地海拔较高，荒漠植被表现出草原化特点，在海拔 1100～1900m 洪积扇一带过渡为荒漠草原。谷地冲积平原，地下水位较高，多少有盐渍化现象，其上广布芨芨草盐化草甸植被。在冲积平原与洪积—冲积平原相交处潜水溢出带和额敏河下游洼地，有芦苇沼泽和沼泽草甸，在额敏河谷山前丘陵和低山坡地多灌溉农业，有苹果、梨等果树栽培。本区山地较矮，山地植被垂直带谱亦较简化，在谷地南侧巴尔雷克山坡为本区最湿润的山地，山地植被基带为草原化蒿类荒漠（850～1000m），优势种植被为针茅、新疆针茅、喀什蒿、亚列氏蒿和地白蒿等；海拔 1000～1500m 间为典型草原带。峡谷气候较温暖，出现喜暖的新疆野苹果林；海拔 2300（2600）m 深切峡谷侧坡和较湿润阴坡，有斑块状雪岭云杉林分布。无林的坡面上则为含有灌木片的灌木草原，主要成分有丝颖针茅（*Stipa capillaca*）、金丝桃叶绣线菊（*S. kirghisorum*）、（*Spiraea kypericifolia*）、（*Rosa spinosissima*）、黑果枸子（*Cotoneaster melanocarpus*）等，再向上为亚高山草甸草原带。植被垂直带结构简化为一个山地草原占统治地位的带谱，塔域谷地最东端的乌尔柯察尔山北坡，其低山带全为具有中生或旱中生层片的草原群落覆盖，阴湿地有新疆野苹果、阿尔泰山楂（*Crataegus altaica*）和稠李等树丛残留，中山带为稠密的落叶阔叶灌丛（*Lonicera tatarica*、*L. bispida*、*Rosa spinosissima*、*R. albertii*）等，海拔 1800m 以上为狭窄的山地草甸带。

（3）天山北坡山地寒温性针叶林草原区　天山北坡即北路天山，绵延千余公里，山脊多在 3000m 以上，主峰高达 5000m 左右，其上冰川和常年积雪发育。由于大部分山地能承受西来湿气流，故气候比较湿润。但从西向东递减，山地降水量随海拔升高而增加。如乌鲁木齐（653.5m）年降水量 194.6mm，中山带小渠子（2160m）为 572.7mm，高山带云雾站（3539m）433.8mm。海拔 2000～2500m 降水可达 600～800mm。此外，冬季天山北坡（上限 2300～2500m，下限 800～1000m）存在逆温现象，逆温层原约 1500m。森林带内的小渠子和天池气象站（1942.5m）1 月均温比乌鲁木齐市约高 4℃～5℃。天山北坡最具特色的植被类型是山地森林和草甸，反映了本植被区比较湿润的生态环境，其典型垂直带谱为：山地荒漠带—山地草原带—山地寒温性针叶林带—亚高山草甸带—高山草甸带—高山亚冰雪稀疏植被带—高山冰雪带—山地荒漠植被带，海拔 800（1000）～1100m，主要为具有短生和类短生植物参加的蒿类荒漠，向东则为灌木盐柴类荒漠。海拔 1000～1300m 之间为一条狭窄的山地荒漠草原亚带；典型草原分布于海拔 1300～1500（1600）m 之间，上部草甸化，形成草甸草原亚带。在海拔 1500～2700m 山地坡面上，是由天山云杉和雪岭云杉构成的山地寒温性针叶林带，云杉林常与台地浅缓坡上的山地草甸和干燥阳坡上的草原相结合，在西部较干旱的山地，山地草原极为发达，云杉林常与草原群落结合形成山地森林—草原带，在森林和灌丛中，有欧洲山杨（*Populus tremula*）、疣枝桦（*Betula pendula*）、新疆圆柏（叉子圆柏，又名沙地柏）和新疆方枝柏（*Sabina pseudosabina*）等，在海拔 2600（2800）～2800（3000）m 为亚高山草甸，由于有中旱生植物种类加入，使其带有草原化特点。阳坡有片段的垫形新疆方枝柏针叶灌丛发育，海拔 2800（3000）～3600m 为高山草甸。

本区西部博乐—精河一带山地比天山北坡中部干旱，植被呈现强度草原化和荒漠化的特点。

（4）伊犁谷地蒿类荒漠、山地寒温性针叶林、落叶阔叶林区　本区在天山北坡（北路）最西端。天山谷地是个相对沉降陷落的山间谷地，西部敞开，南北东三面雪山耸立，谷底是覆盖着深厚黄土、洪积—冲积壤土—砾石层的河谷平原。伊犁河横贯其中。谷地具有中亚西部荒漠气候特征，冬季不甚严寒，河谷向东变窄，地势隆起，常形成丰富的地形雨，使谷地两侧中山带降水量可达 800mm 以上，为山地森林和草甸植被发育提供了优越的条件，成为天山山地中生植被最发达的地区。谷地底部海拔 900（1400）m 以下山麓倾斜平原为蒿类荒漠，海拔较高处出现草原化蒿类荒漠。谷地西部河旁沙漠上为驼绒藜（*Certoides latens*）、沙蒿等构成的灌木、半灌木沙漠植被，丘间有梭梭散生，倾斜原面已辟为绿洲。纳拉特山北坡为本区最温和湿润的山地，海拔 900（950）～1050（1100）m 为山地草原带，群落中灌木有新疆锦鸡儿（*Caragana turkestanica*）、兔儿条等，石质坡地上有准噶尔鼠李和天山酸樱桃。往上 950～1100（1500～1900）m 为新疆野苹果和野杏构成的落叶阔叶林，巩留胡桃沟有残留野胡桃（*Juglans regia*）丛林。其上部海拔 1400～1700m 处常与欧洲山杨、天山桦（*Betula tianschanica*）混交，山地河谷有密叶杨（*Populus talassica*）、小叶桦（*Betula microphylla*）和小叶白蜡林。在海拔 2400（2600）～2700（2900）m 为典型亚高山杂类草中草草甸。这带阳坡，葡匐型天山方枝柏（*Sabina turkestanica*）灌丛也较发达。构成亚高山灌丛草甸带。海拔 2700～2900m 为高山草甸或高山垫状植被。伊犁谷地其他山地垂直带谱都比上述带谱简化。

伊犁河谷平原农业历史悠久，园艺业发达，盛产苹果、桃、李和葡萄等，是新疆的粮仓和瓜果之乡。

（李嘉珏、罗伟祥、刘广全）

二、适地适树 科学育林

树种选择是森林培育和植被建设中第一项重要基础工作，也是最重要的技术环节之一。选择的正确与否将决定所造人工林能否顺利成活、成林、成材，获得一定的产量或发挥其他目标效益。

西北地区由于树种选择不当而使育林工作遭受损失的事件是很多的。例如 20 世纪 50～60 年代，陕西渭北地区曾将臭椿大量用于山脊梁坡造林，结果生长一年不如一年，几年后就衰败了；70 年代各地又强调杨树上山，甘肃中部华家岭林带建设中，仓促上马，规划粗放，未能做到适地适树，后据甘肃农业大学林学系调查，全林带（杨树）仅有 35.3% 的林分生长良好，34.3% 的林分生长中等，30.4% 的林木生长衰弱；陕北采用合作杨、群众杨上山造林，生长不良，14 年生树高平均 3.4m，胸径 4.3cm，而同龄川道生长的合作杨平均高16.6m，胸径 17.2cm。出现上述这些问题，究其根源，主要是没有科学地采用适地适树的原则和方法，而是盲目地追求近期效益和完成任务。

为了使西北地区的森林培育和植被建设取得良好的实效，在树种选择上必须坚持以下原则：

1. 依据既定目标要求

要求育林树种的各项性状（以经济性状和效益性状为主）必须定向地符合育林目标的需求。也就是说我国目前实施的五大林业生态工程，是以林种为培育对象，各林种对育林树种有不同的要求。例如防护林中的防风固沙林、水土保持林，其树种选择的标准是耐干旱、耐瘠薄、耐高温，根系深、须根发达、根蘖性强，树冠浓密、落叶丰富，并具有改良土壤理化性质，同时还应具有生物量、生长量较大、经济价值高、病虫害少的特性。经济林的优良树种，应力求生长快、结实早、抗性强、品质好、价值高等特性。对于用材林、薪炭林、风景林等林种的树种选择，也各有不同要求。

2. 依据适地适树原则

适地适树原则，就是要求育林树种的生态习性必须与造林地的立地条件（环境条件）相适应。定向要求的森林效益是目的，适地适树是手段。没有适地适树，则任何树种的效益性状便无法变为现实。

2.1 充分认识立地性能

在育林之前选择树种首先要充分认识造林地区及具体造林地段的立地性能，如地形（海拔高度、坡向、坡位、小地形等）；土壤（种类、厚度、质地、结构、酸碱度、养分状况、盐分含量、成土母岩及母质的种类等）、水文（地下水位深度及季节变化、有无季节积水及持续期等）、生物（植物群落类型、多度及生长状况，病、虫、兽害的状况等）。

2.2 深刻了解树种特性

也就是树种同外界环境条件相互作用中所表现的不同要求和适应能力，如抗寒性、抗旱性、耐盐性、抗风性、耐荫性、耐烟性、耐淹性以及对土壤条件的要求等。同时要了解树种的形状、色泽、寿命长短、生长快慢、繁殖方式、萌芽状况、开花结实等特性。本书对各个树种的生物生态学特性不同程度地均有所介绍，可根据当地的立地条件参考运用。

2.3　重视树种的稳定性

从西北实际情况出发，判定某一地区所选树种是否达到适地适树时，首先应考虑树种在该地的稳定性，即遇到环境条件的极端变化（如特大干旱、低温与霜冻等气象灾害）树木也能正常生长，或经不良条件影响后能够迅速恢复其正常生长。如在立地条件很差的山脊梁峁或荒漠地带，只要某一树种在这种立地条件下能正常而稳定的生存，即使生长量较低，产量较少，但根系发达，固土力强，也应认定是达到了适地适树。因为这样的立地条件目的在于增加植物被覆，起到防止水土流失和沙尘暴的发生。

2.4　大力发掘乡土树种资源

在一定的育林地区内，选择其长期适生的并有天然分布的乡土树种造林是比较有把握的。乡土树种在长期的物种的形成过程中已充分地适应本地的自然条件，因此，一般用乡土树种造林比较可靠。在乡土树种资源中特别要重视乡土灌木资源的发掘和利用。甘肃省现已发现木本植物 1571 种、10 亚种、315 变种、27 变型，共计 1923 种（分属于 113 科 378 属），其中灌木树种占 1266 种，占 65.8%；陕北有木本植物 230 种，其中乡土树种 213 种占树种的 92.6%。本书在编著过程中，十分重视乡土灌木树种的发掘，撰入的灌木树种约占本书总树种的 35% 以上。

在大力发掘利用乡土树种的同时，亦应积极应用已引种成功的外来树种，以丰富本区的树种资源。西北地区不乏引种外来树种成功的事例，如刺槐、紫穗槐，虽属外来树种，但经长期引种栽培，表现出较强的适应性，已成为西北地区广为种植的树种。新疆杨、欧美杨，还有从国内东北和华北引入本区的樟子松和华北落叶松，在适生地区生长良好。但大量引种外来树种必须经过充分的论证（原产地与引种地的生态相似性、反映树种进化历史的树种遗传性能的广谱适应性、可能发生的病虫害的潜在危险性等），还要经过一定的试验程序，待中试成功后，方可大面积推广。

2.5　选用优良种源类型和品种

现代林业科技发展表明，一个物种内的个体或种群在许多性状上还是有许多差异的，而且经过人工选育又会出现许多新的品种和类型。树种选择如果仅局限于物种水平已不能满足生产要求，必须注意到选择种内的种源、生态型或品种。适地适树也必须进一步理解为适地适种源、适类型或适品种。从 20 世纪 80 年代以来，我国广泛开展了主要树种的种源试验，结果表明：油松造林成活率除决定于气候条件和造林技术外，还决定于种源，如位于落叶阔叶林地带的中、东部的山西、河北和辽宁种源的造林成活率较高，比较稳定，草原地带各点及西南部地区种源的造林成活率低。油松 5 个生态型组中，以秦岭东部生态型组和热河山地生态型组的生长最好，从个别产地来看，最突出的是铜川产地。16 个臭椿种源试验表明，苗木生长表现呈中心分布规律，河南西南部向东到陕西东部一带的臭椿，群体生长最佳（其中邓县和眉县两种源最好），1 年生苗高分别为 97.6cm 和 93.1cm，2 年生苗分别为 245.8cm 和 249.4cm。向四周距离越远生长量越差，如新疆哈密和浙江余杭两个种源，1 年生苗高 32.7cm 和 50.3cm，2 年生苗高分别为 104.5cm 和 85.9cm。美国的花旗松种源，西部比内陆种源生长快 35%。白榆的优良类型细皮白榆和密枝白榆，树干通直圆满，主干高大，出材率高，适应性强，生长较快，材积较其他白榆大 8% ~ 67%，是营造用材林和防护林的优良类型。巴西在桉树栽培中推广无性系林业，年生长量由 $34m^3/hm^2$ 提高到 $64m^3/hm^2$，个别最优无性系品种年生长量达 $100m^3/hm^2$。天津市静海农林局和河北省廊坊地区农科所合作，从 100 多个杨树种、品种及无性系中经过 8 年的抗盐性选育试验，选出 19 个抗盐性强的品种，又经过品种对比试验和扩大造林生产对比鉴定，评选出适合盐碱地生长的 8 个杨树品种，即小×美、合作杨、小青×钻、河小×旱＋美、小×美 21、白城杨、波杂 194、小×美＋榆。试验地土壤含盐量 0 ~ 20cm 为 0.5%，20 ~ 50cm 为 0.42%，50 ~ 100cm 为 0.18%。结果表明，8 个抗盐品种年平均高生长量都达 1.3 ~ 1.5m，胸径生长量都在 1.9 ~ 2.5cm 左右。

3. 统筹安排　科技先导

在一个营林单位或地区来说，森林培育的目标各有不同，效益也必须长、中、短兼顾，由于各类立地的面积大小不一，树种的生态学特性也不尽相同，为了使针叶树种和阔叶树种，用材林树种和经济林树种，速生树种和珍贵稀有树种，乔木树种和灌木树种有一个合理的搭配，使整个地区形成一个多林种、多树种、多层次比较和谐、比较稳定的生态系统。因此在制定一个营林单位和区域的树种选择方案时，就必须统筹兼顾。对以上几方面的要求，以谋求在最大程度上达到规划的培育目标，形成经济效益高、生态上稳定、多树种搭配结构合理的森林格局。

同时还必须以科技为先导，在重视立地性能和特点，强调适生树种的同时，抓好配套的造林营林技术体系，也是非常必要的，只有这样，才能使森林培育、植被建设达到预期的效果。一块造林地，即使是立地条件很好，又是采用的优良树种或品种，但如果不注意采用良法，也很难提高其生产力，产生良好的效益。例如，保护好苗木根系湿润、新鲜和完整是提高栽植和造林成活的关键技术环节，而不少地方往往忽视这一要点，造成失误。当然，对其他各个环节也必须给予足够的重视。

（罗伟祥、刘广全、李嘉珏）

第二篇

各　论

银 杏

别名：白果、公孙树、扇子树

学名：*Ginkgo biloba* L.

科属名：银杏科 Ginkgoaceae，银杏属 *Ginkgo* L.

一、经济价值及栽培意义

银杏是我国特有的、古老的珍贵树种，被学术界称为"金色的活化石"。

银杏是优良的绿化、美化、观赏、用材、林粮间作、水土保持、农田防护林树种。银杏种子具有极高的营养和药用价值。银杏种仁中除含有淀粉、蛋白质、脂肪、糖等之外，还含有核蛋白、粗纤维、钙、磷、铁、钾、镁、氮、Vc、V_{B2}（核黄素）、胡萝卜素等多种保健成分。药用可治疗多种疾病。银杏的绿色叶片中含有多种药物成分。主要是银杏双黄酮、黄酮的羟基化合物以及银杏内酯。黄酮类物质具有扩张和软化血管的作用，能改善动脉硬化，增强血管弹性，提高血流量，降低血液黏稠度，促进细胞新陈代谢，恢复血管正常功能；银杏内酯能控制血液中血小板的凝集，清除血液中的垃圾（氢氧自由基），因而能保证微细血管中的血流畅通，防止神经末梢的循环系统出现障碍。能有效地治疗脑血栓及由此而引起的耳鸣、眩晕、老年性痴呆、脑功能减退、心脏病、视网膜改变等不良症状。银杏木材可用作建筑、家具、雕刻、高级装饰、文化用品等，为优良用材。银杏为重要的出口创汇资源，我国现有结果大树 50 余万株，年产白果 4435t。发展银杏具有较大的经济、生态和社会效益。

二、形态特征

自然生长的银杏树高大挺直，高达 60m，胸径达 4m 以上，寿命 3000 余年，为著名的长寿树种。

银杏树干的所有部位均有潜伏芽，在生长正常的情况下一般不会萌发，但受到刺激后则立即活动。中国不少地方古老银杏大树的所谓"怀中抱孙"、"五世同堂"的风景树，均是由于银杏干基或根际潜伏芽萌发所形成。

银杏的树冠，幼树与老树、雄株与雌株、嫁接树与自然树、品种与品种各有差异。特别古老的大树树冠，由于主侧枝过长时，可能发生多次断裂，所以，老树树冠顶部一般长枝大量减少，短枝相应增多，树冠变化更加多种多样。而且在古老银杏大树的树冠上，还常见有各种植物的生长，形成树上长树的现象。

银杏的叶片一般呈扇形（也有如意形、截形、三角形、纸卷形、线形等），叶片多从当中为二裂，所以，植物学家林奈用含意为"二裂的"拉丁文"biloba"作为银杏的种名。个别品种如叶籽银杏的叶片还具有花的功能，在叶片顶部边缘生有胚株并能发育成种子，显得更加奇异和珍贵。

在长期的历史演化中，银杏树形成了独特的花部结构和形态特征。银杏的花为单性花，均生于短枝的顶端。雌雄异株。银杏树雄花的形状极近似于杨柳树雄花序，每一短枝可抽出雄球花 1~8 个不等。每一雄球花长约 1.8~2.5cm，在一柔软的花轴上松散地排列着 30~50 个雄蕊，个别情况下可达 69 个雄蕊。每一雄蕊均具有一细而短的蕊柄，在蕊柄顶端着生有 1 对长形的花药。花药极小，长 2.6~3.7mm。当花药成熟之后，花药自动开裂，散出大量花粉，可随风飘扬远达数千米。因此，银杏雌花的授粉机率一般较高。

种子形状有椭圆形、长倒卵形、卵圆形等多种形状。长约 2.5~3.5cm，横径为 2.0~3.0cm。

银杏种实的大小、形状、粒重、色泽，外种皮的硬度及白粉、油胞及果柄的长度、粗度和弯曲度，种实的成熟时间、丰产和稳定性能、种核的大小、形状、粒重、色泽等性状均因品种不同而有所不同。花期 3 月下旬至 4 月中旬，果期 8~10 月。

三、分布区域

银杏

目前银杏已成为世界上温带、暖温带和亚热带 50 多个国家和地区普遍栽培的经济树种和风景园林绿化树种。

银杏主要分布在我国温带、暖温带和亚热带地区。我国除黑龙江、吉林、内蒙古、新疆、青海、西藏外，其他 20 多个省区或多或少都有银杏分布。银杏的水平分布大体在北纬 22°~42°，东经 97°~124°之间。

从垂直分布看，华北地区多分布在海拔 1000m 以下的地带，浙江天目山分布在海拔 300~1200m 地带，贵州、云南西部滕冲多分布在海拔 2000m 地带，仍然生长着银杏。在四川西部海拔 7556m 的贡嘎山半山腰中生长着高 30m，胸径 3.82m，3000 年生的古银杏，树干上寄生着几十种植物。陕西延安市枣园栽植的银杏，生长很好，结实丰硕。

四、生态习性

银杏对气候条件的适应能力很强，在我国华北、华东、华中、西南地区年平均温度10~18℃，冬季最低气温 -20℃以上，年降水量 600~1500mm，冬季干燥或温暖湿润，夏季温暖多雨的条件下生长良好。能忍耐 -32℃的短期严寒。

银杏为喜光果树，幼苗有一定的耐荫性，但随母树年龄的增加需光量增大。阴坡上生长的银杏，树体发育不良，结种很少。

银杏树对土壤的适应性亦强，酸性土、中性土或钙质土均能生长，但以深厚湿润、肥沃、排水良好的砂质壤土最好。干燥瘠薄而多石砾的山坡则生长不良，过湿或盐分太重的土壤则不能生长。据调查，适宜 pH 值为 5.5~7.7，土层深 2m 以上的土壤。土壤含盐量在 0.1%~0.2%时，银杏能正常生长，树体发育旺盛；但当含盐量增至 0.3%时，树势明显衰弱，叶片瘦小，生长不良。

五、培育技术

（一）播种育苗

1. 选用良种　种子质量是决定育苗成败的关键，因此，选种时，应从实生树上选用授粉良好、大小适中、去除杂质、当年生新种子。

2. 种子贮藏　长江以北地区的银杏种子一般在 10 月陆续成熟。采后去杂，一般装入麻袋，在室温条件下存放 1 个月左右，使其采收不久的种子散失一定的水分，降低种子内温度（俗称发汗），种胚得到一定的发育，提高其抗性，而后才能进入冬藏阶段。贮藏过早，地温偏高，种子容易霉烂。一般当气温下降到 0℃ 左右时开始冬藏。

（1）挖沟　选择地势平坦、干燥向阳处开挖贮藏沟，沟宽 50～70cm，深 70cm，长度以种子数量而定，挖好后晾晒 1～3 天。

（2）放草把　在沟内每隔 1m 左右竖放 1 个直径约 10～15cm 的草把。草把材料用细竹竿、树枝杆、棉花杆、玉米秆、芝麻秆、高粱秆及谷子秆均可。

（3）放沙、种　沟底铺潮润河沙约 20cm 厚，然后放一层种子，其厚度以看不到沙子为宜。如此下去，一层种子一层沙，直到距地面约 20cm 时为止。上部放沙使之与地面相平。最后覆土高出地面约 10～20cn，呈屋脊状，以防雨水浸入。

3. 适时早播　银杏育苗的早春整地、灌水、打畦时间要与种子催芽、播种协调一致，在第一批播种时，要提前 1～2 天把畦面整好，以便顺利播种。银杏种子属大粒种子，一般采用点播法。其程序如下：

（1）开沟　先用镐头在畦内按一定的行距（一般为 10cm、15cm、20cm、25cm、30cm、40cm）开沟，深 4～6cm，然后用 3～5cm 宽的木板将沟整平，使沟深 1～2cm 左右。

（2）点播　将去掉根尖的种子顺向（即出芽的方向一致）平放于沟内，胚根弯头朝下，扎于土内，种距一般为 5cm、8cm、10cm 或 12cm、15cm、20cm。

（3）覆土　每点播完一沟后，随即将沟两侧的细土覆于沟内，稍加镇压使畦面平坦。或者进行浅播，即不用开沟，在畦内拉上线，顺线把种子平放于地上，稍加下压，使之与地面平，然后从两侧覆土，即浅播起垄法。

（4）覆膜、设棚　播种完毕后，随即进行地膜覆盖或者在畦面上搭设小弓棚。目的是保持地面湿度，提高地温，给种子萌发出土创造良好条件，从而达到早出苗、出齐苗，延长生长期、提高抗病能力的目的。

（二）嫁接育苗

实生银杏树开花结果迟，种子产量低，苗木变异性大，常常不能保持原有植株的优良性状。通过嫁接则可克服这一缺点。

（1）春季嫁接　早春解冻至砧木发芽的这一段时间均可进行，但需根据砧木离皮的状态而选用不同的嫁接方法。一般说，在砧木离皮之前可用劈接、切接、腹接、舌接、双舌接、带木质部芽接（嵌芽接）等方法。砧木离皮之后，又可增用插皮接、T 字形芽接等方法。在砧木和接穗均能离皮时，还可增用方块套芽接和插皮舌接。

（2）夏季嫁接　夏季嫁接也称绿枝嫁接。时间自 6 月中旬至 9 月上旬均可进行，此时间以 6 月中旬至 7 月中旬的成活率最高，7 月中旬至 8 月中旬次之，8 月中旬以后效果较差。

（3）秋季嫁接　自 9 月中旬至 10 月上旬，以芽接为主。但接后芽砧之间仅能当年愈合而不能发芽。实践证明，秋接如能封蜡不仅可提高成活率，且来年抽枝十分旺盛。秋接多用于长江以南的冬暖地区。

（4）嫁接高度　银杏嫁接用的砧木决定于嫁接高度，而嫁接高度决定于栽培的目的和要求。

银杏与其他果树不同，银杏的接芽实际上是银杏的一个短枝。因此，嫁接成活后由接芽抽生的枝条均斜向生长、难以直立。芽龄愈老斜度愈大。一般来说，银杏的嫁接高度就是定干高度。

近年来，银杏的矮干低冠密植在破除银杏不能短期受益的思想认识方面起了重大的作用。但是，这一栽培方式就银杏所应发挥的整体效益来说，却有重新研究的必要。因此，目前不少地方已改用中干或高干嫁接。当前银杏丰产园的苗木嫁接高度趋向于 1.2 ~ 1.5m。如与蔬菜、低秆农作物间作的丰产园，嫁接高度多提高至 2.0 ~ 2.5m。如桑、果或银杏采叶园间作的丰产园，嫁接高度可提高至 2.5 ~ 3.0m。四旁植树的嫁接高度，如系庭院绿化树，嫁接高度以超过围墙为宜，并采用层接法，达到材果双收、世代受益的目的；对于城镇公路，嫁接高度宜在 3.0m 以上。

（5）接穗的采集　为满足对优良品种接穗的迫切需要，积极建立优良品种采穗圃。

接穗应选粗度为 0.6 ~ 1.2cm 的强健枝条，接芽要颜色正常、饱满、粗壮。

春季嫁接所用的接穗最好随采随用。也可在发芽前 20 ~ 30 天提前采下，经低温沙藏，保存温度 0 ~ 5℃，沙粒宜粗不宜细，湿度宜小不宜大。或直接放于阴凉的地下室，也可在背阴处挖沟覆沙窖藏。总之，应保证接穗不能失水，接芽新鲜，必要时进行蜡封。

夏季嫁接更应随采随用。如长途调运，应竭力防止高温闷芽，影响成活；如嫁接数量大，一时接不完，可将接穗埋入有沙的筐中，并将筐吊入水井中的水面以上。

（6）嫁接方法　银杏嫁接方法很多，最常用的为枝接和芽接两种。枝接包括劈接、切接、腹接、合接、舌接、插皮舌接等方法。芽接包括嵌芽接、T 字形芽接、方块芽接等方法。

（三）建园技术

银杏除常规的四旁单植和片状的采果园外，目前，无论是银杏老区还是新发展区，绝大多数地方建园是以采叶为目的，各地先后建立了不少各种规格的银杏采叶园。通常在搞好规划设计的基础上，要注意下列问题。

1. 园地选择　根据银杏林学特性及生产管理方便的要求进行选地。

（1）地势高燥、地形平坦；

（2）交通方便，能灌能排；

（3）pH 值为微酸性和中性沙质壤土；

（4）切忌地势低洼积水、盐碱过重、土壤过黏、过于干旱瘠薄。

2. 品种选择原则

（1）采叶良种　要求产叶量、药用叶片药效成分高的品种及产叶量和含药成分均较高的最佳组合品种。

（2）结果良种　要求早果、丰产、稳产、优质和抗逆性强。

3. 树形　目前，丰产的银杏树形有丛状形、梅花桩形和细长纺锤形 3 种。

4. 栽植密度

（1）丛状树形 株行距0.4m×0.4m、0.5m×0.5m（或1.0m）或0.6m×0.6m。或采用宽窄行相间式，株距为0.5或1.0m，宽行行距1（或1.5）m，窄行行距0.5（或1.0m）。这种栽培形式，一是便于管理，二是通风透光。或采用立体式即高低相配式，方法是先栽培高干采叶株，株距为0.6～1.2m，行距为4～6m。然后，在行间按上述丛状式方法进行栽培。

另外还有叶果结合式，根据立体种植长短相顾的原则，先栽培采果园。株行距为4m×6m，在高2～3m处嫁接良种，以培养永久性银杏园。并留出1m的保护行。行间再按上述丛状式方法栽培，以后随年限增长，郁闭度加大，叶产量降低，产果量增多的时期逐渐减少采叶园面积和株数，直到全部伐除。

（2）梅花桩形 株距（即桩距）一般为0.8～1.0m，行距一般要求稍大，为1.0～1.2m。

（3）细长纺锤形 株距要求为0.8～1.0m，行距要求0.8～1.5m。也可以按上述方法培养立体或者叶果结合式，方法同上。

（4）园林绿化 在园林绿化中银杏可作庭荫树、行道树或孤植树栽培，在街道闹市区为了避免种实飞落污染行人衣物，宜选雄株，在大型绿地中又雌雄株混植。株距6～8m，行距8～10m。

六、病虫害防治

苗木猝倒病：此病也称立枯病，主要为害银杏幼苗，在各地银杏苗圃均普遍发生。幼苗死亡率达50%以上，尤其在播种较晚的情况下，发病率更高。

防治方法：①细致整地，防止积水和板结。有机肥要充分腐熟，并进行土壤消毒。②提高播种质量，确保种子在4月20日前播完，覆土厚度不超过3cm，使种子整齐，均匀出土，提高苗木自身抗性。③药剂防治：用浓度2%～3%硫酸亚铁喷施土壤，雨天或土壤过湿时用细干土混2%～3%硫酸亚铁粉，每亩用100～150kg药土。另外发病时也可以喷（硫酸铜∶生石灰∶水即1∶1∶120倍）波尔多液，每隔10～15天喷1次。

（吕平会）

红 豆 杉

别名：岩柏、紫杉、紫金木

学名：*Taxus chinensis*（Pilg．）Rehd.

科属名：红豆杉科 Taxaceae，红豆杉属 *Taxus* Linn.

一、经济价值及栽培意义

红豆杉是珍贵药用植物，被称为征服癌症的希望之树。1978 年美国医学生物学家苏珊·霍维茨博士研究发现红豆杉根皮、枝叶含有紫杉醇，能破坏癌细胞内部结构，使其不能活动和繁殖，对多种癌，尤其乳腺癌有极好疗效，引起世界关注，是最有效的抗癌药物之一。红豆杉资源目前十分匮乏，全球紫杉醇产量仅为需求量的 1%。1992 年美国纽约环球资源公司总裁摩根女士一行来我国东北寻找红豆杉资源，韩国山野厅林木育种研究所孙圣镐博士成功地从东北红豆杉中提取到紫杉醇，我国华中理工大学、昆明植物研究所先后从南方红豆杉中提取到紫杉醇。陕西省政府把开发利用红豆杉做为六大科技产业项目之一，现已有两家生物制药公司生产和筹建。营造红豆杉基地林势在必行。

红豆杉木材淡红色，纹理致密，富弹性，耐久性强，有光泽和香气，供高级家具和雕刻等用；种子含油量 67%，可制肥皂及润滑剂；入药有驱蛔虫、消积食功效；叶终年深绿色，假种皮鲜红色，散布枝条鲜艳夺目，颇美观，为优良的庭院绿化树种。

二、形态特征

常绿乔木或成灌木状，树皮纵裂，条状剥落，红褐色或灰色，小枝不规则互生，1 年生枝细弱，红绿色，多年生枝黄绿色，冬芽卵圆形，长 1.5~3mm，鳞片三角卵圆形或长圆形成覆瓦状排列，叶互生或螺旋排列扭转成假二列状，叶条形或镰状，长 1.5~2.2cm，宽 2~3mm，先端渐尖，罕微急尖，基部具短柄，上面深绿色，光亮，中肋稍隆起，背面灰绿色，具明显中肋及 2 黄色气孔带，较边缘宽，无树脂管；花单性，雌雄异株，腋生，雄花头状花序具梗，梗具覆瓦状鳞片，雄蕊 13~14，每雄蕊具 4~7 药室；雌花球基部为交互对生数对珠鳞包被，最上 1 珠鳞具 1 胚珠，直立，基部具假种皮原始体，种子广卵圆形，长 5~7mm，径 3.5~5mm，上部具二钝脊，稀三条钝脊，种脐近圆形，外被红色杯状肉质假种皮，具胚乳，子叶厚，2 个出土。

我国红豆杉属另有 3 种 1 变种，外形相近。

（1）西藏红豆杉（*T. wallichiana* Zucc.）　又名喜马拉雅红豆杉，叶密，不规则排列，较直，基部两侧常对称，种子柱状长圆形，主产西藏。

（2）东北红豆杉（*T. cuspidata* Sieb. et. Zucc）　叶密，不规则排列，常呈 V 字形开展，种子上部具有 3~4 条纯脊，种脐三角状或四方形，主产东北。

（3）云南红豆杉（*T. yunnanensis* Cheng et. L. K. Fu）　叶较疏，二列，较薄，常弯镰状，边缘向下反卷，产云南和四川西南部。

（4）南方红豆杉（*T. chinensis* Rehd. var. *mairei* Cheng et. L. K. Fu）　叶较宽较长，呈弯镰状，长 2 ~ 3.5cm，宽 3 ~ 4mm，叶较疏，二列，先端刺状突出，下面气孔带较边缘窄，产地同本种，分布稍低。

引种栽培的有曼地亚红豆杉（*Taxus media*），系从美国引进的红豆杉的一个天然杂交种，通过人工栽培，已选育出 10 多个优良品系。树冠卵形，树皮暗红褐色，条状裂剥落；小枝绿褐色；叶条形，表面深绿色有光泽，背面黄绿色。雌雄异株。枝、叶、根、茎、皮中紫杉醇含量为 0.06% ~ 0.096%，较国产红豆杉（0.01% ~ 0.02%）高。生长较快，年高生长量为 60cm，5 年可规模利用，采集枝叶提取，可循环收益。

南方红豆杉

三、分布区域

西北地区主要分布在陕西南部和甘肃东南部天水、成县海拔 1000 ~ 1500m 山林中。秦岭北坡的陕西涝浴等地也有分布，蓝田县浮沱村有一株树龄达千年的红豆杉，树高 14m，胸围 1.85 m。陕西陇县固关林场和西安市植物园引种栽培，生长良好。新近在陕西榨水县发现成片红豆杉林，数量达 2 万多株，其中有 1 株母树胸围达 3.3m，树高 10m 左右（吴戈，2004）。我国华中、西南、中南、华南等省均有分布。贵州锦屏县平略乡 1 株南方红豆杉古木大树，树龄 1000 年左右，树高达 34.5m，胸径 2.4m，堪称全国之冠。

四、生态习性

红豆杉常生长在松桦林带的亚乔木层或灌木层，呈零星分布，多散生在山坡下部溪旁及阴湿地，偶见在山坡上部和阳坡。据天水地区的气象资料，在北方，红豆杉适应的气候条件为年平均气温 8℃，1 月均温 -3.0℃，7 月均温 19.7℃，极端最高气温 29.7℃，极端最低气温 -16.0℃，年平均降水量为 840mm。

红豆杉喜温暖湿润的气候和深厚肥沃的酸性土壤，但在中性和钙质土壤上也能生长，比较喜阴，在林下天然更新良好，但采伐迹地天然更新很少。

生长缓慢，尤其苗期。枝杈萌芽力强，花期 4 月，果期 10 月成熟，种子休眠期长，育苗需低温砂藏。

五、培育技术

（一）育苗技术

1. 播种育苗　10 月份种子成熟即可采收，用清水揉搓洗去肉质果皮，清净后进行砂藏，注意经常翻动检查，防止腐烂变质。第二年，若种子裂口露芽后才可进行播种，若不出芽需继续砂藏，直至出芽，才能播种。选用排水良好的沙壤土地，做高床育苗，因种子奇缺且较大，可以逐粒摆放，粒间距5～10cm，因子叶要出土面，覆土宜浅，1～2cm，稍加镇压，床面盖草帘，保持床面湿润，出苗后及时揭去草帘，及时拔草，精细管理，第二年春季扩圃，倒床移栽，进行常规管理。

2. 扦插育苗　是繁殖红豆杉的主要途径。一般采用硬枝扦插，也可在初夏嫩枝扦插，生根快，成活率可达85%。

（1）插穗准备　在早春发芽前，选择生长健壮的幼中年植株，采集其上部1年或2年生粗壮枝条，剪掉叶片，穗长度15～20cm，顶端条可保留顶芽，捆成小捆，用1gABT1号生根粉（先用少量酒精溶化）加20kg水的比例配成溶液，浸泡插条基部10h，用水冲洗干净后待用。

（2）插床准备　插床插壤采用透气透水性好、保水力强的珍珠岩或蛭石等材料做基质，经过日光曝晒和用高锰酸钾液或福尔马林液喷洒，充分搅拌消毒；把消过毒的基质放入用砖围砌的床内，床下先铺填一层石砾或河沙，基质厚20cm。

（3）扦插及管理　将处理好的插穗插入插床，露土2～3cm，插后浇透水，床遮盖塑料棚，保持床面温度20～25℃，基质含水率50%～60%，若棚内温度超过30℃，应揭开棚两端通风，经常洒水，但每次水量不宜过多，当愈合组织形成洒水次数可适当减少，约1～2个月即可生根。当苗根长到3cm以上，可趁阴天将幼苗移入大田苗床，移栽前几天应去棚练苗。大田苗床土壤应为沙质壤土，筑高床，株行距15 cm×25cm，移苗时注意苗木保湿，栽后即浇水，并搭荫棚遮荫，遮光率50%左右，苗成活后进行拔草和适当的水肥管理，并取掉遮荫棚。当年苗基本稳定，第二年继续培育，进行常规的除草的水肥管理，苗高可达30cm以上，即可出圃造林。用做绿化和零星栽植，需进行扩圃，倒床移植，继续培育成大苗。

（二）栽培技术

1. 适生范围　西北地区的陕西南部和甘肃东南部，陕西关中也可。

2. 造林地选择　秦岭和巴山及陇东南部山地海拔1500m以下的土层深厚湿润，排水良好的林中空地，退耕缓坡地，村镇"四旁"地和城市绿化用地皆宜。

3. 栽植技术　山区成片营造药用经济林，应集约经营，坡地进行水平阶整地，造林宜在春季发芽前进行，采用3年生以上的大苗，注意切实保护苗根，大苗栽植尽量带母土，栽时表层熟土填坑底，根系舒展、踏实、浇水，穴表面覆松土保墒，栽植密度1.5m×1.5m或1.5m×2.0m。

城市园林绿化和零星栽植采用培育多年的大苗，胸径粗在2cm以上，带土球起苗，用草绳包扎，穴状整地，坑底填肥土，砸实浇水，修好树盘。若在生长季节移植，除带大土球外，可剪去部分枝叶，并经常向植株喷水，以利成活。

4. 幼林抚育管理　山区成片营造的红豆杉药用林，前期必须切实加强幼林抚育管理，进行全面松土除草，防止草荒，每年生长季节追施叶面肥1～2次。为节约人力，可在株间种植豆类、花生等低矮农作物，以耕代抚。

（鄢志明、罗伟祥）

核 桃

别名：胡桃

学名：*Juglans regia* L.

科属名：核桃科 Juglandaceae，核桃属 *Juglans* L.

一、经济价值及栽培意义

核桃是世界上五大干果之一，又是珍贵的干果和用材树种；也是我国栽培历史悠久、种质资源丰富的古老经济林树种之一。

核桃营养丰富，脂肪含量在60%～70%，蛋白质含量13%～15%，碳水化合物10%。还含有钙、铁、磷、胡萝卜素、硫胺素、核黄素和尼克酸。据分析，1kg核桃仁的营养价值相当于5kg鸡蛋；9.5kg牛奶；1kg核桃仁所发出的热量比1kg牛肉、羊肉、猪肉或鸡肉所提供的热量还大。核桃脂肪含有不饱和脂肪酸90%以上，特别是对人体健康有益的亚油酸含量达到60%～70%，因此核桃是重要的滋补保健品。核桃仁、青皮、硬壳、内隔、枝条及树皮等能广泛用于多种疾病的治疗。核桃壳可作活性炭，粉碎后可用于机械抛光和石油钻探；核桃木质坚硬，抗冲击性能好，可以支持连续的振动，是一种优良的军事和高级家具用材。核桃根系深，有很强的固土能力，树冠荫浓，也是重要的绿化树种。

核桃是我国传统的出口物资。我国核桃年产量25万t左右，占世界总产量的1/4。我国20世纪70年代前期占国际市场贸易量的60%；70年代后期至今，占国际市场贸易量的15%～30%。并且以核桃仁出口为主；这是因为带壳销售竞争不过美国品种化的核桃；所以我们必需发展优良的品种核桃，提高在国际市场上的竞争能力，扩大在国际市场上的分额。在国内市场，我国核桃年产2.5亿kg左右，我国现有13亿人口，如果每人一年平均消费0.5kg核桃，我国核桃产量还差4亿kg，所以国内市场潜力很大。核桃又是山区和核桃产地群众的主要收入来源；因此发展核桃生产对出口创汇和农民增加收入有着重要意义。

二、形态特征

核桃是落叶乔木，树高一般10～20m；树皮幼时灰绿、老时灰白；小枝光滑，具有明显的叶痕和皮孔。芽叠生，髓心片状分隔；混合芽圆形、营养芽三角形，隐芽小，着生在新枝基部；雄花芽为裸芽、圆柱形；奇数羽状复叶、互生，脱落后叶痕呈三角形。小叶5～9片，稀3片；铁核桃小叶数9～15片，稀18片，顶叶退化或成刺状，长圆形或广椭圆形。雌雄同株，雄花是葇荑花序，雌花顶生，每花序1～3朵，也有4个以上的。柱头两裂，呈羽毛状反曲。果实为假核果（园艺分类属坚果），铁核桃果实扁圆形，壳面有小麻点。外果皮肉质，内果皮骨质。果皮内有种子1枚。种皮一般为黄色，种仁呈脑状。

我国核桃分为核桃（*J. regia* L.）和铁核桃（*J. Sigillata* Dode）两个种群。核桃种群主要分布在我国北方地区，长期实生繁殖，变异大，类型多。20世纪70年代后期，在国际市场上竞争能力不高，为提高我国核桃的竞争能力我国已选育新品种70多个，引进10个左右；铁核桃主要分布在云贵高原，现有品种 22 个，杂交种新品系 5 个。今后我国核桃生产必须改变过去实生繁殖途径，走无性繁殖道路，提高在国内外市场的竞争能力。因此对实生繁殖不予以介绍，仅介绍主要品种，并分早实、晚实两大类（见表 1）。

表 1 中所列的品种，丰产性强的主要品种有：辽核 1、3、4 号等；元丰，西扶 2 号，契可核桃；温 185、扎 343、新早丰等新疆自治区选育的品种适合于天山、昆仑山以及河西走廊祁连山地区绿洲地带大力栽培发展。大果型的有西林 2 号、鲁光、温 185，其中西林 2、温 185 雄花期较晚，可给雌花花期晚的品种授粉。西林 3 号具有抗晚霜和抗冷冻性能，适合于晚霜严重的山区栽培。强特勒、土勒尔、福兰克蒂、哈特利，因为发芽晚可避免晚霜危害，枝条耐储藏有利于枝接，也可在有晚霜地区栽植。西洛 2 号、和上 20 号抗旱性较好。中林 1 号、中林 3 号、西洛 1 号、西洛 3 号、和春 6 号、晋龙 1 号适应性较强适宜退耕还林栽植；香玲、西洛 3 号嫁接易成活、品质好、丰产、稳产适宜大力发展。

云南的铁核桃（大泡核桃）主要适宜于云、贵、川高原、西藏雅鲁藏布江地区发展。

表 1　我国核桃品种

来源 品种 类群		全国	省（区、市）	引进
核 桃	早实 品种	16 个新品种：香玲、鲁光、辽核 4 号、中林 5 号、陕核 1 号、温 185、中林 1 号、西林 2 号、丰辉、西扶 1、新早丰、扎 343、绿波、辽核 3 号、辽核 1 号、京 861	新疆：卡卡孜、扎 71、扎 200、新丰、新光、和上 1、和跃 4、库三 2 号、乌火 6 号、阿浑 2 号、新莘丰、新巨丰、新温 81 号、新温 179、新温 233、新乌 417、新乌 2； 辽宁：辽核 2、5、6、7 号； 山东：元丰、上宋 6、阿 9； 山西：晋丰； 陕西：西扶 2、西林 3 号； 北京：薄壳香； 河南：薄丰	维纳、契可、强特勒、土勒尔、特哈玛、爱米格、彼得罗
	晚实 品种		新疆：和上 20 号、和春 6 号； 陕西：西洛 1、2、3 号； 山西：晋龙 1、2 号； 辽宁：礼品 1、2 号	哈特勒、福兰克蒂
铁 核 桃	早实 品种		云南：云新 1、2、3、4、5 号 （杂交种新品系）	
	晚实 品种		云南：大泡核桃、光滑泡核桃、草果核桃、鸡蛋皮核桃、娘青加绵、三台核桃、细香核桃、圆菠萝核桃	

三、分布区域

核桃适应性较强，从北纬 21°～44°，东经 75°～124°范围都有栽培。多分布于我国长江以北，长城以南。主要分布在燕山、太行山、吕梁山、黄土高原南部、秦巴山区。铁核桃主要分布在云贵高原及西藏雅鲁藏布江流域。行政区划上主要分布在云南、山西、陕西、四川、河北、甘肃、新疆等省（自治区）。

四、生态习性

1. 要求气候条件 核桃最适宜的年平均温度为 10 ~ 14℃，极端最低温度为 - 28℃；最高温度不超过 35℃。年平均气温高于 15℃，≥10℃ 的积温大于 5000℃ 时，温差小，湿度大的地方，核桃生长过旺，不易开花结果，而且病虫害较多，在这些地方不宜发展核桃生产。核桃产区降水量要在 500 ~ 1200mm 之间；低于 500mm 需要灌溉。

2. 要求土壤条件 核桃是深根性树种，具有庞大的网状根系，要求深厚、疏松的土壤条件。

五、培育技术

（一）育苗技术

1. 播种育苗

（1）秋季播种 也叫湿核桃育苗。湿核桃育苗播种时用开沟点播方法，行距 50cm，株距 20cm。正确的点播法是将核桃横放，缝合线垂直地面，覆土厚度以 6 ~ 7cm 为宜。播后覆地膜或覆草。

（2）春季播种 ①冬季沙藏催芽；②春季播种前 5 ~ 7 天浸种催芽，每天换水 1 次，覆土厚度 3 ~ 5cm，播后覆地膜或覆草。

2. 嫁接育苗

（1）芽接 方块形芽接比较简便，成活率较高，是目前露地芽接较常用的一种方法，嫁接时间以 6 ~ 7 月为宜，接穗选用优树上生长健壮，粗度 1cm 以上，当年生的枝条中上部的芽。在芽上方 1cm 处和下方 2cm 处各横切一刀，宽 1.5 ~ 2cm，深达木质部，取下呈方块形的芽片。砧木选用 1 ~ 3 年生实生苗，粗 1cm 以上，休眠期要平茬。距地表或大枝基部 5 ~ 20cm 处，选一光滑面，剥一个和接芽片大小相同的方形块，然后将接芽嵌入砧木方块内，用塑料条绑紧，芽和叶柄要露在外面。

芽接后的管理工作：①解绑 接后 30 天进行，利于苗木的加粗生长；②剪砧 解绑之后，要将接芽上留的砧梢距接芽 2 ~ 3cm 处剪去。剪口要平滑，并向接芽背面呈 45°角倾斜，以保证接口愈合和接芽生长；③抹芽去蘖 苗砧上的萌芽和根茎上萌蘖要及早一一除去，以充分保证新梢生长对养分的需要；④越冬保护 初冬时，将新枝条和接口部位用稻草包扎或埋土；⑤其他管理 如施肥、灌溉、中耕、除草和防治病虫害都要及时进行。

（2）皮下接 也叫插皮接。嫁接时间应在树液流动到新梢长到 3 ~ 8cm 的时候；嫁接方法要选取充实、不失水、无病虫害 1.2 ~ 2cm 粗 1 年生枝条做接穗，将接穗（有两个芽）剪成 15 ~ 20cm 的小段，上端剪口离顶芽 1 ~ 1.5cm 蜡封。下端将接穗削成 6 ~ 8cm 长马耳形削面，削面要平滑，砧苗粗度在 1.5 ~ 2.5cm。离地表 10cm 左右将砧木剪平，将接穗插入砧木皮层里。用绳或麻绑紧。嫁接面要用接膜包严，用塑料袋把接穗及嫁接部位套上；外面再包一个报纸筒要超过塑料袋 3cm。若不蜡封，接后先裹一个报纸筒，装湿润的细土，外面再套一个地膜袋。

嫁接前 2 ~ 3 天要在嫁接部位下开两个口至木质部以放水，接后要及时除萌，绑护扶枝。

（二）建园技术

（1）栽植方式 山区核桃栽培方式应以"四旁"零星栽植和间作栽植为主。平原地区以园艺式栽培为主。

（2）整地　于栽植前 3 个月，挖 1m 见方的坑，表土和死土层要分开放置。在石砾滩地，应进行客土措施。在土层深厚的坡地应先修筑梯田或鱼鳞坑等水保措施，然后进行栽植；

（3）栽植密度　早实核桃的初植株行距应为 4m×4m 或 4m×5m，永久株行距应以 6m×8m 为宜，晚实核桃初植株行距为 5m×6m 或 6m×7m，永久株行距应以 10m×12m 为宜；

（4）栽植时间　秋季和春季，春季栽植宜早，地解冻即可栽植，这样有利于苗木成活与生长；但要覆膜或覆草。

（5）授粉树配置　由于核桃为雌雄异花，雌雄花期成熟不一，多数品种需要配置授粉树。

（6）栽植方法　首先作好授粉树的配置，授粉树的有效距离为 150m，以 50m 最为理想，100m 也较好。据原西北林学院经济林教研室测定，西扶 1 号，西林 2 号的最佳授粉树为西林 3 号，西扶 2 号最佳授粉树为西扶 1 号。

栽培苗木以 1~2 年生苗为好。在栽植时要将烂根剪掉，伤根剪断，栽时应将表土和有机肥 50kg 混搅放到坑底，再覆盖 10cm 厚的土后，再放入苗木，分层覆土，踏实。放时使根系舒展，苗茎端直，苗木栽植深度要略深于原土表层 3cm，最后修一树盘，充分灌水，待渗完后，覆膜。

（三）林木管理

1. 林粮间作　核桃树下间作农作物，可增加粮食生产，同时，由于翻耕、松土、除草和施肥，加强了对核桃的抚育管理，促进了核桃的生长发育，使其林粮双丰收。核桃间作是我国核桃土壤管理的主要方式。

间作时可根据不同情况，采取全面，带状或穴状间作，间作之作物以豆类、薯类、瓜菜等低杆作物为好。也可间作药类或绿肥植物。如洛南县某村，1956 年以来，坚持在核桃幼园内进行间作的 3.33hm² 核桃园，1960 年树高 4m，并开始结果，总产核桃 175kg：未间作的 1.4 hm²，树高仅 2.6m，没有结果，生长不良。

2. 翻耕土壤　核桃树如不抚育管理，任其荒芜，轻者生长衰弱，结果不良，重者连年回生甚至干枯死亡。翻耕土壤，可以消灭杂草，蓄水保墒，提高土壤肥力，减少病虫危害，促进核桃生长和结果。

3. 施肥

（1）基肥　果实采收后至叶子变黄前，一般在 9 月下旬至 10 月上旬，此时根系还处于生长状态，施肥有利于吸收养分，促进叶片光合作用，利于花芽形成和养分积累。秋季施肥是一年中最重要的一次施肥（各种农家肥、油渣、绿肥及各种秸秆、杂草、谷壳、麦糠、树叶等）。

（2）追肥　花前施肥。春季萌芽后，生长发育速度加快，需要大量的营养物质和能源物质，特别是开花坐果需要大量氮素营养物质，追施氮肥，将会对核桃的生长发育起到良好的作用，花后 5~6 周施肥。大部分地区多在 5 月下旬至 6 月下旬，这一时期正值花芽分化开始，果实速长期需大量的营养物质，追施氮、磷、钾肥，既有助于花芽分化，保证翌年产量，又有利于增加当年产量；硬核期施肥，在 6 月下旬至 7 月上旬，此时正值核仁充实，需要大量的磷、钾肥。

（3）叶面喷施 在开花时，新梢速长期，花芽分化期，采收期喷施。在每天上午 10 时以前至下午 3 时以后喷，避免高温，阴雨天风大不宜喷。喷施浓度尿素：0.2% ~0.5%，过磷酸钙 0.5% ~1.0%，硫酸钾 0.2% ~0.3%，硼酸 0.1% ~0.2%，硫酸铜 0.3% ~0.5%。

4. 灌水 当土壤持水量低于 60% 时，就要进行灌水。降水量在 500mm 以上的地方在采收后结合施基肥灌水；萌芽前结合追肥灌水；花芽分化前，花后 6 周左右，约在 6 月上旬灌水。降水量在 400mm 以下的地区，特别是 50mm 以下的南疆应增加灌水次数。

5. 整形修剪

（1）修剪时期 春秋两季均可修剪。

（2）幼树整形 疏散分层形包括：定干（高干形，2 ~4m，适应于间作和零星栽植的晚实核桃；低干形，0.8 ~1.2m，适应于早实核桃和丰产园栽培的核桃树）；中央领导枝及主枝型（从发出的新枝中选留生长旺盛，近于直立的枝作中央领导枝，可适当多留辅助枝，控制竞争枝）、主枝选留（分 3 层，第一层 3 个，第二层 2 个，第三层 1 个）、侧枝选留（侧枝是着生结果枝的重要部位。宜选主枝两侧斜向上生长的枝条，第一层各主枝上选留 3 个，第二层各主枝上选留 2 个，第三层主枝上选留 1 ~2 个）；开心形：无中央领导枝，呈开心形，适宜于树性开张和早实核桃。

（3）修剪方法 包括短截（将 1 年生枝剪去一部分）、疏枝（将枝条从基部全剪掉的方法叫疏枝）、回缩（就是将多年生枝从分枝处剪断）、摘心（5 月下旬进行，可促进旺枝萌发更多的枝条，对中庸枝促进形成花芽。8 月下旬摘心，促进木质化，增强抗寒能力）培养果枝组（果枝组大、中、小三种，大型果枝组由强旺枝形成，分在主枝中部；中型果枝组由较强旺枝形成，多分布在主枝基部；小型果枝组由长果枝形成，多分布在主枝上部及辅养枝上，以及插空排列在大、中果枝之间）。不同龄期树的修剪：初果期，树的发育刚开始，生长过旺盛，树冠扩大迅速。易产生上强下弱，前强后弱，横向生长极旺，影响主枝发展，修剪应该是整形中求结果，对于出现影响整形的各种现象，要及时地进行修剪处理，同时要注意选留果枝组和插空培养辅养枝，使其结果。盛果期树的特点是整形结束，各级骨干枝已经稳定形成，营养生长已经逐渐减弱，产量逐年达到高峰。这一时期修剪的主要任务是调节生长与结果的关系，更新果枝组，克服大小年，延长盛果期年限。衰老树的特点是生长衰弱，新枝短细，雄花多，干枯枝条逐渐增多，病虫危害严重，甚至骨干枝已部分枯死，此期修剪主要任务是更新骨干枝和结果枝组，延长树的寿命，使产量回升。放任树是指没有进行过整形修剪的结果树。特点是生长紊乱，主从关系不明，大枝过多，枝条强弱分化剧烈，结果部位外移，树冠顶部结果，产量很不稳定，病虫严重。修剪时主要疏除过密大枝和病虫害干枯枝，使其通风透光，增加小枝数量，回缩下垂枝；顶部结果的枝条，使其内部萌发新枝，形成立体结果，促进稳产高产。

6. 疏雄 一般疏除 95% 的核桃雄花，是提高核桃坐果率、增加核桃产量的一项有效措施。

7. 防寒

（1）埋土防寒 在冬季寒冷的地方，将核桃苗木慢慢弯倒，使顶部接触地面，堆埋湿润细土 35 ~45cm，并踏实不使透风，上面再覆盖 5cm 左右的细土，以防止水分蒸发，1 年生苗木全部埋住，2 年生苗木仅埋顶部即可。来年春季 3 月发芽前扒去土堆，扶直苗木即可。

（2）树干涂白 对3~20年生幼树主干进行涂白，对昼夜温差幅度有降低作用，可避免主干冻裂，涂白剂的配置方法为水40份、生石灰5份、食盐2.5份、硫磺1.5份，混合后搅拌均匀即成。

8. 高接换头

核桃高接多采用皮下舌接法。包括装土保温保湿皮下舌接法、塑料保温保湿皮下舌接法、蜡封保温保湿皮下舌接法。

六、病虫害防治

1. 核桃黑斑病［*Xanthomonas juglandis*（Pierce）Dowson］ 该病由细菌引起，主要危害新梢、叶和果实。

防治方法：清除病叶、病果和有病枝梢，彻底烧毁；在核桃展叶前、花谢后及幼果期，喷1:0.5:200倍（硫酸铜:生石灰:水）的波尔多液。用50μL/L的链霉素喷洒4次，防治效果很好。

2. 核桃举肢蛾（*Atrijuglans hetaohei* Yang） 该虫是危害果实的主要虫害，以老熟幼虫侵入青果皮蛀食。危害后，果实大部分变黑收缩凹陷，阴湿处危害最严重。

防治方法：实行林粮间作，将越冬虫茧埋入土壤深层；核桃采收后用斧砍去根茎以上1m的老皮，立即烧毁，并在刮面自上而下浇尿；采拾虫果；药剂杀虫。

3. 核桃吉丁虫（*Agrilus* sp.） 是危害核桃枝干的最主要虫害，以幼虫蛀食1~2年生枝干，有的也危害4~10年生结果树的主干，弱树弱枝被害严重。

防治方法：剪烧虫梢；饵木诱杀；合理规划，加强抚育；药剂防治。

4. 核桃小蠹虫（*Sphaerotrypes coimbatroenesis* Stebb） 该虫最早发生在6~8月，将顶芽基部蛀成圆洞，使其干枯脱落，造成核桃减产。

防止方法：加强管理，促进核桃树健壮生长，可减轻该虫危害；剪烧虫枝和干枯枝条，效果良好。

5. 芳香木蠹蛾（*Cossus cossus* L.） 该虫幼虫蛀食根茎皮层和部分木质部，切断了有机养分通路，使植株死亡。

防止方法：刨开被害植株根茎处土壤，剥去危害部皮层，进行捕杀，严重时，要清除被害株；剪烧植株的树皮再灌尿水，效果好。

七、采收加工

1. 采收 核桃青皮裂口1/3时即完全成熟，方可采收。采收时间从8月下旬开始至9月中旬结束。

2. 加工 包括脱青皮（堆沤脱皮法、药剂脱皮法），坚果漂洗晾晒可用漂白粉或次氯酸钠漂白。

3. 分级包装 有大路货和凭样货之分，应分别对待。大路货分大于30mm、28mm、26mm三种规格，各种规格以下的小粒核桃含量不能超过3%，黑斑点的核果不能超过总数的8%。凭样货是由大路货淘汰下来的原品，在国际市场上不签定合同，凭样议价的商品按凭样货。大路货和凭样货还要求壳面较光滑，仁绵，个大，色白无黑皮及黑白斑点的核桃可以出口，壳面粗糙，麻点大，有干枯青皮，种仁外露，高棱夹隔，畸形果和直径在26mm以下的小粒核桃不能出口；种仁水分不能超过 6.5%；核桃成品包内，不准带有任何杂物，特别是有害的杂质；不完善果，包括虫蛀，不熟，霉坏和破裂果个数不能超过 10%。大路货一律用小麻袋包装，每袋 25kg，凭样货一律用大麻袋包装，每袋 50kg，漂洗核桃的麻袋封口使用原色口绳；水洗核桃的麻袋封口用绿色口绳，小麻袋封口双线一条龙，不少于 9 针，大麻袋封口，不少于 11 针，麻袋口的双角一定要封固扎实。

（高绍棠、高国宝）

枣　树

别名：大枣、红枣、枣儿
学名：*Zizyphus jujuba* Mill.
科属名：鼠李科 Rhamnaceae，枣属 *Zixyphus* Mill.

一、经济价值及栽培意义

枣树是我国特产果树之一，已有约 4000 年的栽培历史。枣树适生范围广泛，对土壤气候的适应性特别强，除高寒地区外，不论山地、丘陵、沙滩、平地都可栽培枣树。枣树寿命十分长久，可达 500 年以上，是我国南北各地正在迅速发展的经济树种之一。发展枣树经济价值高：①枣果营养丰富，枣果鲜食风味佳美，脆甜可口，干制红枣含糖量在 50% ~ 87%，每 100 克果肉含热量为 300kcal 左右，故有"木本粮食"之称。枣果还含有蛋白质、脂肪及多种矿质元素，如钙、磷、铁等，这些都是人体不可缺少的营养物质，快要成熟的果枣，V_c 的含量尤其丰富。②红枣药用作用广泛，红枣是我国民间传统药物之一，有润心肺、止咳、治虚损，常用为滋补药品。另外枣果中还含有 Vp（又叫芦丁）、环磷酸腺苷等，都是重要的药用成份，对治疗高血压、心血管病等有一定疗效。③枣树是良好的林粮间作水土保持树种，枣树根系广疏，耐干旱，树叶稀疏，用作坡地、沙滩造林，可以防风固沙，保持水土。另外，枣树发芽晚，落叶早，是林粮间作的好树种，实行枣粮间作，单位面积产值可提高 2 ~ 6 倍以上。④枣树是良好的蜜源植物，枣树花期长、花量大，分泌花蜜多，枣花蜜是上等蜂蜜，营养价值高。连片枣林，每亩可收蜜 5.5kg 右，提倡枣园放蜂，既可提高枣树座果，又可增加放蜂收入，⑤枣木是优质木材，木质坚硬纹理细致，是雕刻、制造农具家具的优质木材。

二、形态特征

枣为落叶乔木，高可达 6 ~ 12m，树龄可达 200 年以上，最高可达 900 年左右。枣树有两种芽，即主芽和副芽；三种枝条，即枣头、枣股和枣吊。成年枣树，树干和老枝浅灰色或深灰色，表皮片裂或龟裂。枣头 1 次枝、2 次枝幼嫩时绿色，后为黄褐色，各节有托刺。枣股是结果母枝，主要着生于 2 年生以上的 2 次枝上，枣股上抽生枣吊。枣吊为脱落性结果枝，纤细柔软，冬季脱落。叶纸质、绿色、互生，在枣吊上排为二列，叶片长圆形或近似卵形，脉相为基生三出脉。枣花为聚伞花序，着生于枣吊叶腋间，花萼、花瓣、雄蕊均 5 枚，蜜盘发达，肉质、圆形、5 裂。花药浅黄色、纵裂。枣为核果，成熟后果皮呈红、紫红或紫褐色，有圆形、卵形、椭圆形、长圆形、葫芦形等。果核两头尖，有棱形、纺锤形、圆形等。枣树花期 5 ~ 7 月，果期 6 ~ 10 月。

其变种有无刺枣、曲枝枣、葫芦枣、宿萼枣等。枣树品种极多，按照用途可分为制干品种、鲜食品种、蜜枣品种、兼用品种、观偿品种 5 大类。

陕西是全国枣品种资源最多的省份之一，当前生产中常用制干优良品种有长木枣、方木

枣、大荔园枣；鲜食品种有冬枣、梨枣、脆枣；蜜枣品
种有大荔水枣；鲜干兼用品种有晋枣、狗头枣；观偿品
种有曲枝枣、磨盘枣、柿顶枣、胎里红。

宁夏回族自治区主要品种有灵武大枣、圆枣、长
枣、中卫大枣。

甘肃省主要品种有临泽小枣、临泽大枣、敦煌大
枣、民勤小枣、民勤大枣、兰州圆枣和小枣。

青海省有圆枣和小枣。

新疆维吾尔自治区，主要品种有小圆枣、长枣、长
圆枣等，近年引入的骏枣、赞皇枣、金丝小枣、灰枣等
也都表现较好，其品质普遍优于原产地。

枣树

1. 花枝　2. 果枝　3. 花　4. 雄蕊和花瓣

三、分布区域

枣树对土壤、气候的适应能力较强，冬季要求最低
气温不低于 $-31℃$，花期日均温度稳定在 22℃ ~ 24℃ 以
上，果实生长发育期日均温不低于 16℃ 的天数在 100 天以上，都是适生分布区。枣原产我
国，主要分布于黄河中下游地区。

西北地区的陕西为枣的原产地之一，除秦岭高山区和陕北靖边定边高原外，全省都有分
布，集中连片栽植的主要有陕北黄河、无定河沿岸；关中东部渭河、洛河沿岸；关中西部泾
河流域。宁夏主要分布于黄河沿岸的灵武、中宁、中卫、吴忠等地。甘肃主要分布于兰州附
近及河西走廊的绿洲地带。青海省由于海拔高，气温低，仅在东部湟水谷地有少量栽培。新
疆维吾尔自治区，由于特殊的气候条件和土地资源，是我国极有发展前景的新枣区，主要分
布于南疆的喀什、叶城、阿克苏等地，现栽培大枣大约是 200 年前开始由内地引进的，近年
又有较大规模的引种，新疆将成为我国新的商品枣基地之一。

四、生态习性

枣树多生长于河谷滩地，低山丘陵，为喜温树种，耐旱力强，在年降雨量 300 ~ 400 mm
的内陆干旱地区，能正常生长。喜光不耐庇荫，根系深，能在多种土壤上生长，土壤 pH 值
5.5 ~ 8.4 都能栽种，在肥沃、湿润、土层深厚疏松的地方生长更好。枣树生长较快，寿命
长，一般栽后第 2 年就可始花结果，5 年可进入盛果期，盛果期特长，一般可延续到 100 年
以上，有 300 年以上单株，照样枝繁叶茂，果实累累。枣树的自然更新能力特强，枝干衰老
后，能自然萌芽更新、恢复树势。

陕西佳县泥河沟老枣林，胸经一般都在 60 cm 以上，其中最大的 1 株，胸径近 1m，两人
才能抱住。清涧王宿里老枣林，树龄约在 1000 年左右，虽然树干已空，但仍然开花结果。

枣树在陕北黄河沿岸，以木枣为例，每年 4 月中旬萌芽，4 月下旬抽吊展叶，5 月上、中旬现
蕾，5 月下旬至 7 月上旬开花(有效花期)，果熟期 10 月上旬，10 月下旬至 10 月下旬落叶。

五、培育技术

（一）育苗技术

枣树的繁殖方法很多，常用的有分株和嫁接。

1. 归圃育苗　利用枣树水平根容易发生不定芽产生根蘖苗的特性，将从枣树下刨出的根蘖苗，按其大小分别栽植，在苗圃加强肥水管理，抚育1年后出圃定植，这样可提高苗木质量，苗木栽植成活率高。

2. 嫁接育苗　枣树嫁接用的砧木有本砧和酸枣砧两种。本砧嫁接，将根蘖苗归圃培育，第2年嫁接。酸枣实生苗的培育，选用成熟饱满的脱壳酸枣种子，播种前进行催芽处理，待一半露白后即可播种，播种采取宽窄行，宽行60 cm，窄行40 cm，开沟窝播，每窝点种3～4粒，每亩播6 kg。嫁接方法：一般采用劈接，接穗采用1～2年生枣头和3～4年生2次枝。接时嫁接口连同接穗顶部伤面一起用接膜绑牢，防止失水，有利成活。另外，枣树的扦插繁殖和组织培养都已取得成效，正在逐步推广。

（二）栽植技术

枣树适应性很强，在山区、丘陵区、平原沙地及盐碱地都可栽植。在西北地区目前发展的重点地域主要是浅山丘陵区，这些地方一般降雨少，水土流失严重。造林一般采取沿等高线开水平沟的办法。这种整地方式，可以拦截降水，做到全面截流就地入渗，增加土壤水分。沟间距一般为5m，沟深、宽各为1m，每亩开沟长度约120 m左右，按3m株距，每亩可栽植树40株左右。枣树栽植以春季萌芽前栽植成活率高，先年秋季开沟整地并局部深挖栽植穴，春季一般4月上旬栽植，栽时苗木沾泥浆，尽可能浇足水，覆膜保墒，保证成活。并要加强修剪管理，积极推行枣粮间作。

六、病虫害防治

1. 枣疯病（*Mycoplasma like organisms*）　枣疯病原为类菌质体（MLO），可导致枝叶丛生呈疯枝状，最后全株发病死亡。

防治方法：刨除病树，清除病源；严格检疫，防止苗木传病；枣树生长季节，定期喷布菊酯类农药，消灭叶蝉等传病昆虫，加强枣园管理，增强树势。

2. 枣尺蠖（*Chihuo zao* Yang）　幼虫危害枣芽嫩叶。

防治方法：早春（3月）树干周围挖蛹；树干基部撒药环、涂药膏，阻杀雌蛾上树；树干绑塑料裙带，集中消灭虫卵，幼虫期喷4000倍溴氰菊酯、速灭丁农药。

3. 枣粘虫（*Ancylis satiua* Liu）　又名枣镰翅小卷蛾，以幼虫危害枣叶、花、果。

防治方法：8、9月树干绑草腰、诱虫化蛹；冬春刮树皮消灭虫蛹；成虫期黑光灯诱蛾消灭成虫，幼虫危害期喷4000倍菊酯类农药。

4. 桃小食心虫（*Carpasina niponensios* Wals）　又名枣食心虫，以幼虫危害枣果。

防治方法：春季树冠下挖虫茧；6月上旬树干周围覆盖地膜，阻止幼虫出土化蛹；7～9月拣拾虫果蒸煮消灭果内幼虫，利用性诱剂杀成虫。其他防治方法同桃树。

5. 枣食芽象（*Scythropus yasumatsui* Kone et Mor.）　又名枣飞象，成虫早春上树，为害嫩芽幼叶。

防治方法：早春4月成虫出土前树干四周集中喷施农药，4～5月间成虫为害期，树冠喷50%杀螟松乳剂1000倍液。

（李养志）

苹 果

别名：西洋苹果、洋苹果、大苹果

学名：*Malus pumila* Mill.

科属名：蔷薇科 Rosaceae，苹果属 *Malus* Mill.

一、经济价值及栽培意义

苹果的果实色泽艳丽。不仅酸甜可口，清香爽脆，而且含有丰富的营养价值。据测定，每 100g 果肉含果胶 0.72g，蛋白质 0.39g，磷 10.1mg、钾 94mg、钙 6.9mg 及多种维生素等。苹果除鲜食外，还可加工制成果干、果脯、果酱、糖水罐头、果酒等多种食品和饮料，并且具有一定食疗价值，对心血管等疾病都有一定药用功效。

苹果是一种高产树种，经济利用年限较长，经济价值高，在促进农村经济繁荣、帮助农民脱贫致富、奔小康中起着重要作用。

二、形态特征

落叶乔木，高可达 15m。树冠圆锥至圆头形，大枝半开张，嫩枝密被茸毛，小枝有棱，黄褐至紫黑色。冬芽卵圆形、椭圆形至阔椭圆形，先端急尖，基部宽楔形圆形，长 5～10cm，宽 4～6cm，叶缘有钝或锐锯齿，嫩叶两面被短柔毛，成叶上面无毛；伞房花序，通常具花 5 朵，或 3～7 朵，着生短枝顶端。花梗长 1～2.5cm，密被柔毛；花径 3～4cm，萼筒外被绒毛；萼片三角披针形或三角卵圆形，长 6～8mm，先端渐尖，全缘，内外两面均被绒毛，萼片比萼筒长；花瓣倒卵圆形，长 15～18cm，基部具短爪，白色，含苞未放时粉红色；雄蕊 20 枚；果实扁圆、圆锥乃至椭圆形，单果重 70～400g，果肉多数为白色、绿白、黄白或黄色，个别为红色，果皮底色绿或黄色，彩色的色调自淡红至浓红以至黑色。梗洼深陷，萼洼周缘平或有皱，果顶或有棱状突起。

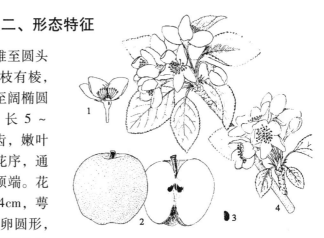

苹果

1. 花 2. 果实 3. 种子 4. 花枝

1. 嘎拉系（皇家嘎拉、丽嘎拉等） 果实卵圆形或短圆锥形，单果重 150g 左右，果面有棱起，底色绿黄，全果鲜红色，有断续红条纹；果面无锈，有光泽，果粉少，果点不太明显，果梗细长果皮薄；果肉淡黄色，肉质较硬，脆而致密，汁多，味酸甜，有香气，含可溶性固形物 13% 左右，品质上。属中熟品种。

2. 富士系（长富 2 号、礼富、岩富、宫崎短富等） 果实近圆形，单果重 210～250g；底色黄绿，阳面有红霞和条纹，也有全果鲜红，色相有片红型和条红型两类；果面有光泽、蜡质中等厚，果点小，灰白色，果皮薄韧；果肉乳黄色，肉质松脆，汁液多，味酸甜，稍有香气，含可溶性固形物 13% ~15%，品质上。属晚熟品种。

此外，早熟品种有早捷、安娜、美八、藤木一号；中熟有珊莎、首红、华冠、新世界、乔纳金；晚熟的有 GS58、澳洲青苹等。

三、分布区域

我国西部有两大产区可栽培苹果。

（一）西北苹果产区

包括陕西中北部，宁夏，内蒙古阴山以南，甘肃的河西走廊，青海的黄河—湟水沿岸低于海拔 2000m 的地区和新疆的伊犁、阿克苏、喀什、焉耆盆地以及准葛尔盆地西北部等地。本区特点是地势高、纬度高、昼夜温差大、日照充足、降水量少。特别是陕西中部、甘肃南部和青海东部（湟水下游），大部处于黄土高原，土层深厚、夏季凉爽是苹果的优质产区。

（二）西南高地苹果产区

以四川省为主（四川盆地除外），包括西藏、云南和贵州等地低纬度的高山区。又可分三个小区：即川西产区、云贵川三角地带产区和西藏河谷产区（在昌都以南和雅鲁藏布江中下游）。

此外，在全国范围内，尚有东北小苹果产区、渤海湾苹果产区和中部苹果产区。

四、生态习性

苹果是适于冷凉，较耐低温的树种，一般在年平均气温 7~14℃ 地方栽培；喜光，年日照时数大于 2000h，有利生产优质果，小于 1500h，或果实生长后期，日照少于 150h 的地方不宜种植红色品种。对旱涝的忍耐力品种间有差异，一般生长期最宜的水分状况是土壤最大田间持水量的 60% ~80%，生长前期不低于 75% ~80%，果实成熟前田间持水量可降至50% ~60%。夏秋多雨，易引起秋梢徒长，病虫滋生。对土壤有较广的适应性，以土层深厚疏松肥沃的沙壤土最佳。喜微酸至中性土壤，即 pH 值 5.5~7.0，pH 值低于 4 时，有害金属离子增加，根系生长不良，pH 值在 7.8 以上时，山定子作砧木的叶易黄化，对总盐量的忍受力为 0.13% ~0.25%。

苹果根系在黄土高原上可深达 2~3m，在黏重或瘠薄的山地通常不超过 80cm，土温 3℃以上开始生长，最适土温为 15~25℃。幼树枝条萌发率低，成枝率高而直立；随着结果萌发率增高，成枝率渐减新梢生长角度加大，生长量变小，当温度稳定在 10℃ 以上时萌发，枝条生长大致分三个阶段：①叶簇期，新梢开始生长后 7~10 天；②旺盛生长期，日平均气温 20℃，即 5 月份，持续 30~45 天；③新梢生长转缓期，6 月以后，生长转缓，节间变短，叶片由大变小，逐渐形成顶芽。苹果花芽为混合芽，多数顶生，少数腋生。

苹果物候期因地域、品种和年度温度回升迟早不同而异，在陕西关中，一般在 3 月上旬萌芽，4 月上中旬开花，果实成熟期的生育期天数，品种之间差异特大，早熟品种只需 80~85 天，早中熟品种 86~120 天，中熟品种 121~140 天，中晚熟品种 141~155 天，晚熟品种为 156~165 天，极晚熟品种需要 165 天以上。

五、培育技术

（一）育苗技术

苹果主要以嫁接法繁殖，砧木有实生砧和营养砧两大类，实生砧又称乔化砧，应用较多的是山定子、楸子、西府海棠、河南海棠、湖北海棠和新疆野苹果6种；营养砧通常指矮化砧，常用 M_{26}、M_9、M_{106}、M_7、和 M_4 等5种，矮化砧除少数土壤、管理条件较好的果园作自根砧外，多数用于中间砧。

砧木果实成熟后，采下堆积软化，搓出种子，淘洗干净，晾干待用。春播的在播种前种子需沙藏处理，沙藏时间山定子30～50天、楸子60～80天、西府海棠40～80天、河南海棠30～40天、湖北海棠30～50天、新疆野苹果50～60天。无论秋播或春播，一般采取条播，种子上先覆1cm细土，再覆膜或覆草保墒，待20%～30%幼苗出土时，撤去复盖物。幼苗长出2～3片真叶时选阴天或傍晚切断主根，间苗、补苗、定苗，每亩保留砧木苗8000～9000株，能出圃嫁接苗7000～8000株为宜。营养系矮化砧苗用分株、压条和扦插法繁殖。

嫁接：嫁接前根据市场需要确定品种，选充实无病虫的发育枝作接穗。在7～9月砧木和接穗都离皮时用丁字形芽接法进行。春天或秋天，当砧穗不离皮时用嵌芽接方法进行。秋季嫁接的当年不剪砧，接活后春天剪砧；春季嫁接的，先剪砧后嫁接。春季树液流动芽未萌发期间也可用切接、搭接、腹接、舌接等方法枝接，离皮后用皮下接方法枝接。矮化中间砧苗，要先接中间砧，中间砧生长到一定高度和粗度时再接品种。苗木接后15天左右，检查成活、解绑，多风地方，需设支柱，整个生长期要及时除草和肥水管理，并要注意病虫害的防治。

（二）栽植技术

选择适栽区建园，按预定的株行距将定植穴或定植带深翻改土，施足基肥后，搭配好主栽品种和授粉品种，以壮苗栽植。植后灌1次透水，在春季发芽前按树形要求定干，做好土壤管理和病虫防治工作。

幼树管理除做好中耕除草、施肥、灌水等土壤管理外，主要根据栽植密度所采取的树形（细长纺锤形、自由纺锤形、小冠疏层形、圆柱形等）早日形成骨架，并应用轻短剪或长放、开张角度、用弯枝、捋枝、目伤、摘心、剪梢、抹芽、除萌和扭梢、环剥与环割等一系列修剪方法促发枝条，及时多形成花芽，促进提早结果，提早丰产。

树体成形以后，要控冠、控高和控制产量，控制生长期每亩枝量在8万～10万枝，休眠期6万～7万枝。通过疏花疏果，保持叶果比为35～60:1，并通过套袋、摘叶、转果、铺反光膜等措施提高苹果品质。

六、病虫害防治

1. 苹果腐烂病　主要危害粗大的枝干、也有危害小枝或果实。病症有溃疡型、枯枝型和病果型三种。溃疡型多在粗大的枝干上表现，冬春树皮开始发病后，病部初期水渍状，稍隆起，皮层组织松软；后变红褐色，流出红褐色汁液，有酒糟味；最后病皮失水干缩下陷，呈长圆形病疤，在病皮上生出许多黑色小粒点，雨后或潮湿时会挤生出黄色丝状物。病疤不断扩大，环割枝干，引起枯枝死树。枯枝型多在2～5年生小枝上发生，病斑干缩凹陷，环缢枝条后枝条失水枯死。病果型在果面呈红褐色病斑，或呈轮纹状向果心扩展，受害果肉呈海绵状，有酒糟味。

防治方法：①加强栽培管理，提高树体抗病能力；②及时刮除病斑，涂药腐必清、苹腐灵、菌毒清、腐烂敌等农药杀菌，防止复发；③剪除病枝；④病重果园在发芽前喷腐烂敌或腐必清等铲除树体上病菌。

2. 轮纹病 为害枝干和果实。枝干被害，以皮孔为中心，产生红褐色近圆形病斑，随之病斑中心呈瘤状凸起，翌年扩大后失水干缩，边缘龟裂，逐渐翘起。往往许多病斑相连，使树皮变粗糙，成粗皮病。幼果期不发病，进入成熟期和贮藏期陆续发病，初在果面上出现黑褐色病斑，而后扩大呈轮纹状，淡褐色或黑褐色，果实呈水渍状软化腐烂。

防治方法：加强栽培管理，刮除病斑后涂药杀菌，发芽前喷药去除病菌。用药同防治腐烂病。

3. 苹果斑点落叶病 主要为害叶片，嫩叶较重，也可为害枝条和果实。叶片受害初期，出现褐色至深褐色圆形斑点，随着病斑扩大，合并成不规则的大病斑，叶片穿孔或焦枯脱落。果实上为害时，仅在果皮出现 2～5mm 褐色病斑周围有红色晕圈。

防治方法：①冬季清理果园、清除病枝、病叶，集中烧毁或深埋；②7 月份及时剪除徒长枝病梢，减少侵染源；③新梢生长期喷药，第 1 次在落花后 20 天左右，以后根据病叶达到 10%时喷布。药剂可先用扑海因、多氧霉素、多抗菌素、乙锰混剂、大生 M－45、喷克、代森锰锌、桑迪恩等。

4. 桃小食心虫 危害果实，幼虫在果内纵横取食，粪便排于果内。

防治方法：①秋季开沟施肥时将干周 1m 内 15cm 深的土填入施肥沟埋掉，埋杀越冬虫茧；②诱到成虫时地面施药，杀灭出土幼虫；③当卵果率达 1%～2%时同时又发现个别卵已孵化蛀果，立即喷药，必须在 1～2 天内喷完，药剂可用巴丹、杀灭菊酯、农螨丹等。

5. 山楂红蜘蛛 叶片受害初期出现失绿小斑，以后许多斑点连成斑块，叶背有许多螨脱，并有丝网，可见细小移动的红点。受害严重时，叶片焦枯，似被火烧状，提前脱落。

防治方法：①冬前树干束草诱集成螨，刮翘皮，集中烧毁；②重点抓好两个关键时期，喷药杀虫。一是冬型雌成螨出蛰盛期用 50%硫悬浮剂 200 倍液或波美 0.5 度石硫合剂喷雾；二是冬型成螨产卵盛期或第一代幼螨孵化期喷药防治。药剂可用硫悬浮剂、螨死净、蚜螨一次净、扫螨净、浏阳霉素等。

6. 金纹细蛾 幼虫从叶背潜入叶内，取食叶肉，形成椭圆形虫斑。初期，虫斑的下表皮与叶肉分离，呈半透明状，可见到其中虫粪。叶片正面虫斑稍隆起，出现白色斑点，后期虫斑干枯，有时脱落穿孔。

防治方法：①果树落叶后，结合秋施基肥，清扫枯枝落叶，深埋，消灭落叶中越冬蛹。②药剂防治。重点在第一代和第二代成虫发生期喷药。当用人工合成的金纹细蛾性外激素诱捕器监测到诱蛾量出现高峰后即行喷药，必须在 1～2 天内喷完。药剂可选灭幼脲 3 号、杀铃脲、蛾螨灵等。

（王仁梓）

海红子

别名：红果

学名：*Malus prunifolia*（Willd.）Borkn. var. *rinki*（Koidz.）Rehd.

科属名：蔷薇科 Rosaceae，苹果属 *Malus* Mill.

一、经济价值及栽培意义

海红子是一种稀有的乡土果树，它耐寒、耐旱、根系发达、适应性强，在粗放管理的情况下，仍可获得高产稳产，是一种营养丰富、经济价值很高的珍贵生物资源。据陕西省果树研究所测定：海红子鲜果可溶性糖含量为 15.11%，可滴定酸为 1.04%，Vc 含量 2.82mg/100g，硬度 28.9 磅，鲜果含单宁物质较多。

海红子果实耐贮藏，兼有鲜食、加工等多种用途。可制成果干、果脯、果汁、果酒、罐头、果丹皮、糖葫芦、醉海红等。其品质优良，风味独特，还有重要的药用价值，有开胃消食，增进食欲的功能。

海红子树冠庞大，整齐，叶花繁茂，果实鲜红艳丽，是一种很好的观赏果木和四旁绿化树种。它根系发达，固土性好，是很好的水土保持树种。陕西省府谷县麻镇平伦墩有棵 50 年生的海红子大树，冠幅 14.62m×13.76m，冠高 10.8m，年单株产量高达 900kg 之多，经济收入 500 多元。在陕北高原的贫困山区，其他果树很难适应的情况下，海红子成为当地群众一个很好的栽培果树，也是一项重要的经济收入。

二、形态特征

落叶乔木果树，盛果期树冠高 5~8m，冠幅 8~15m；树冠自然半圆形或圆头形。多年生枝树皮呈灰褐色，皮层块状纵裂；2 年生枝灰褐色，1 年生枝呈红褐色。芽较大，呈褐色。叶片椭圆形或卵圆形，浓绿色，叶缘双锯齿而钝。完全花，伞形花序，每花序多数 5 朵，花蕾期为浅红色，盛花后，花瓣为白色。果实小，扁圆形，浓红色，果霜厚，纵向有 5 个棱状突起；平均单果重 10.8g，果肉乳黄色，肉质细脆，汁液多，味酸甜，后味略带涩苦。果心较大，心室 5 个，种子暗褐色，每果有种子 1~4 粒。花期 4 月下旬，果期 9 月下旬~10 月上旬。

三、分布区域

海红子主要分布于陕、晋、蒙接壤地带的府谷、神木、河曲、保德、准格尔、伊金霍洛等县、旗，以府谷县栽培面积最大，总产量也为 6 县、旗之首。

四、生态习性

海红子分布区属温带半干旱地区，气候年平均气温 6~9℃，1 月平均气温 -8~-12℃，7 月平均气温 20~25℃。极端最高气温 39℃，极端最低气温 -33℃，年平均降水量 300~470mm，≥10℃积温 2800~3400℃，无霜期 140~180 天。

生长快，发枝能力强，易形成中、短果枝和腋花芽；易形成 2 次枝。层次明显，成形快，结果早。2～3 年开始结果，以中、短果枝和腋花芽结果为主，自花结实能力强。10～15 年后进入盛果期，如栽培管理良好，修剪合理，则 60～70 年仍不衰老，产量亦高。海红子 3 月下旬开始萌动，4 月下旬开花，9 月下旬至 10 月上旬果实成熟。

海红子树势强健。由于长期自然环境的影响和人为的选择，产生了较强的抗逆性和适应性，表现出对土壤要求不严，抗旱、耐寒、耐瘠薄的特性。在沙地、硬黄土地、黑垆土地、川台地、缓坡地都能生长，以土层深厚、背风向阳的沙壤地为宜；在碱性或黏性土壤中发育不良，易黄化，寿命短。

五、栽培技术

（一）砧木苗的培育

海红子采用山定子实生苗作为砧木为好。

1. 苗圃地选择　宜选在地势平坦，灌水方便，排水良好，背风向阳，土层深厚，结构疏松的中性或微碱性沙壤土中。

2. 种子处理　在没有风蚀的地方可实行秋播，秋播种子不需处理。春播种子必须在前冬进行沙藏（湿沙和种子混合坑藏）。少量种子可用木箱或放入地窖中沙藏，但窖温必须在 5℃以下，并保持湿度。种子沙藏 60～80 天后即可播种。

3. 播种　播种量为条播 2.5～3.5kg/亩；撒播 5kg/亩。

（1）条播法　播前灌足底水，平整好畦面，使表土细碎。为方便嫁接，采用宽窄行播种，宽行距 50～60cm，窄行距 20～30cm。用开沟器或单腿耧开沟，沟深 2cm，沟底整平，将种子均匀播入沟里，用平耙封沟，覆土厚 1.5cm，然后顺沟再筑 2cm 厚的土埝，待种子开始发芽时（个别种子发芽接近地面），及时将土埝撤除，2～3 天后即可出苗。

（2）撒播法　即落水播种，先整平苗床，刮去覆土后，灌足底水，待水渗下后，撒入种子。沙藏种子可直接混沙撒下，再用事先刮出的覆土覆盖 1.5cm 即可。

播后最好用地膜覆盖，以减少蒸发，提高地温，促进发芽出苗。

4. 砧木苗的管理　一般播种后 20 天可苗齐，应即撤除覆盖物。一般在土壤不很干的情况下，应尽量少浇水，在 5～6 片真叶时进行间苗，多中耕保墒，拔除杂草，促其生根，使幼苗粗壮。间苗后适当增加浇水次数，以小水为好，并及时中耕除草，经常保持土壤疏松湿润。为了提高当年嫁接率，使苗木健壮，应适时追肥。追肥应少量多次，5～6 月结合浇水追尿素 5～7.5kg/亩，7 月中、下旬再追磷酸二胺 5～7.5kg/亩。另外，可结合喷药进行根外追肥。其次，还应注意及时防治地下害虫和其他苗期病虫害。

（二）嫁接

1. 嫁接前的准备工作

（1）采接穗　要从树势健壮、高产、优质、无病虫害的树上选发育充实、健壮的当年生新梢作为接穗。芽接的接穗应随采随用，如暂时不能嫁接，可将接穗放在潮湿、冷凉的地窖中，用湿沙或湿土贮藏。接穗长途运输时，以 50 或 100 根为一捆，用湿麻袋包装好，以利通气和保持水分。

（2）砧木苗处理　在嫁接前，要先对砧木进行 1 次除蘖，使砧木距地面 10cm 下光滑。接前 3～4 天对砧木苗灌一次饱水，以增加砧木苗体内水分。

2. 嫁接方法

（1）芽接 目前多采用"T"字形芽接法。此法工作效率高，成活率高。一般在7月下旬至9月上旬进行，接后当年只愈合不发芽，来年成苗。

（2）枝接 多采用皮下接。一般在春季"清明"后1个月内进行。

（三）接后管理

1. 解除绑缚物 芽接后15～20天进行成活率检查，解除绑缚物。成活的植株接芽新鲜，叶柄一触即落，未成活者接芽干瘪，应及时进行补接。枝接应晚些解绑。

2. 剪砧去蘖 芽接成活后翌年春季萌芽前，在接芽以上0.5cm处剪砧，剪口要平滑，并与接芽成反方向斜面，以利愈合。剪砧后要及时除去砧木上的嫩芽和萌蘖，以集中养分，促使苗木健壮生长。

3. 圃内整形 海红子接苗健壮，生长迅速，7月中旬苗高可达1m以上，此时进行摘心定干，促使生出副梢，苗干粗壮。

4. 土肥水管理 在接苗速生期（5～7月）要进行追肥、浇水。每次每亩施尿素7.5kg或磷酸二胺7.5kg，施肥后应灌水。还可用200～300倍尿素或磷酸二胺溶液喷洒，进行根外施肥，施肥灌水后要及时进行中耕除草，以保持土壤疏松，无杂草。

（四）苗木出圃

秋季苗木出圃可以提早腾出苗圃地，方便再育苗。但苗木越冬假植比较麻烦，要认真做好。起苗前应事先灌1次饱水。掘苗时应做到根系完整，无机械损伤。对过长和创伤根系要进行修剪。并按苗木大小分级打捆。春季在栽植前起苗，要做到随起苗、随包装、随运输、随栽植，尽量避免对根系的风吹日晒。

（五）栽植

1. 栽植时间 海红子在秋季土壤封冻前或春季土壤解冻后到发芽前均可进行栽植。一般以秋栽为好。秋栽一般墒情较好，苗木不易失水，缓苗期短，发芽早，成活率高，生长迅速，但须做好越冬埋土防寒工作。

2. 栽植密度 平坦且有灌溉条件的情况下，株行距4m×6m，每亩栽植20～30株；坡地以等高线带状栽植，株行距3m×5m，每亩44株。

3. 栽植方法 按定植点挖80cm见方的坑，把熟土和有机肥及少量磷肥混合，填入坑中2/3，灌上水，待水渗下后将苗木植入坑内，分层填土，提苗舒根，扶正踏实。为防止冬季出现抽干现象，封冻前将苗株埋土，防旱防寒。埋土时，在苗基部一侧培一土枕（堆），压苗株枕在土枕上，用土埋好压实，以防风蚀。开春发芽前刨出扶正苗株。

4. 栽后管理 首先要定干，根据干高要求，在饱满芽处将以上多余部分剪去。干高一般为100～120cm。定干后，为防生理蒸腾和金龟子的危害，可用宽3～4cm、长40cm的塑料套把苗株套住，以利发芽。栽后半个月应浇水1次；秋栽苗木可在刨去培土以后浇水，浇水后覆土3～5cm，以利保墒。为促进苗木的健旺生长，增强树势，除当年应做好追施肥料、浇水、中耕除草、防治病虫外，还应做好深翻树盘、清除根蘖及保持水土工作。从第2年起，每年或每隔1年都应于冬季进行扩盘，增施有机肥料。春季土壤解冻后，要翻松树盘，除去根蘖，即时施肥浇水，一般以速效肥为好。5月上旬谢花后，再追1次速效肥，以保证果实膨大和新梢生长对养分的需求。7月下旬追施第2次肥，以氮肥为主，适当追施磷钾肥。

用矮杆薯类、豆类和瓜类作物进行间作，能收到粮果双收益的效果，又能培养地力，提高土壤利用率，应广泛提倡。

（六）整形修剪

1. 整形　海红子干性较强，层次明显，宜采用主干分层形和十字形树形，干高 100～120cm，冠高 4～6m。由于间距大，主枝分布均匀，内膛通风透光良好，易促发新枝，为大量结果创造了条件。

2. 修剪　幼树期，对骨干枝以外的平斜生长或发育中庸的枝条，不短截，使其形成结果母枝，提早结果。疏除生长过密或与骨干枝发生竞争的枝条。

初果期树，以疏间为主。辅养枝与骨干枝发生矛盾时，应及时处理辅养枝；对连续结果 2 年以上的枝条，应适当回缩，以防结果部位外移；对影响主侧枝生长的直立枝，根据空间大小进行回缩，培养成结果枝组；如过密，则从基部疏除。

盛果期大树，由于连年结果，枝条多已下垂，生长逐渐减弱。修剪时着重回缩和间疏结果枝，以集中树体营养，保持健壮树势；作到稀处留，密处疏，使果枝分布均匀；对其多年连续延长结果枝或冗长枝，应进行及时更新。海红子盛果期树结果大小年较为严重，修剪时如遇大年要在留足来年花芽的前提下，适当疏除短果枝上的顶花芽，对中长果枝也要轻短截去花芽，缓放中短营养枝，促使其形成花芽，对树冠外围枝条可稍重短截。

衰老期树，树势衰弱，发现骨干枝焦枯，产量下降，应着重主侧枝回缩，利用徒长枝培养新的树冠和结果枝组。

总之，通过修剪，能解决通风透光问题，使树体营养集中，枝条健壮，花芽饱满，坐果率高，增加产量。

六、病虫害防治

1. 白粉病病原菌（*Podosphaera leucotricha*（Ell. et. Ev.）Salm.）病芽干瘪尖瘦。生长期的叶片、叶背发生灰白色斑块，正面叶片浓淡不均，凹凸不平，以致卷曲，布满白粉。

防治方法：①剪除病梢、病芽、病花丛、病叶丛，并烧毁；②在盛花期后 10 天，用 70% 的甲基托布津可湿性粉 1000 倍液，40% 福美砷可湿粉 500 倍液，0.3～0.5°Be 石硫合剂或黑矾 250～300 倍液喷雾；③合理密植，控制灌水，疏剪过密枝条，培养壮枝，提高抗病力。

2. 花叶病　是一种病毒病，主要通过嫁接传播。只在叶片上形成各种类型的鲜黄色或深绿、浅绿相间的病斑花叶。

防治方法：发现病株及时摘除；春季喷布增产灵有一定效果；嫁接时杜绝使用带病接穗。

3. 梨星毛虫（*Illiberis pruni* Dyar）以幼虫食害芽、花蕾、嫩叶。幼虫吐丝将新叶边缘缀连成蛟子状，在其内把上表皮和叶肉吃光，仅留下下表皮和叶脉，严重时将全部叶片吃光，远看犹如火烧一般。

防治方法：①冬季刮除粗翘皮，消灭越冬幼虫；②发叶后喷 80% 敌敌畏乳剂 800～1000 倍液或溴氰菊酯 2500 倍液，消灭出蛰幼虫；③6 月下旬、7 月上旬第一代幼虫危害期喷 90% 敌百虫 1500 倍液，80% 敌敌畏乳剂 1000 倍液或溴氰菊酯 2500 倍液。

（杨靖北）

梨

学名：*Pyrus bretschneideri* Rehd.

科属名：蔷薇科 Rosaceae，梨属 *Pyrus* L.

一、经济价值及栽培意义

梨营养丰富，除含水80%以外，每100g新鲜果肉中含蛋白质0.1mg，脂肪0.1mg，钙5mg，磷6mg，铁0.2mg，糖8~12g，还含有胡萝卜素0.01mg，维生素 $B_1$0.01mg，维生素 $B_2$0.01mg，尼克酸0.2mg，抗坏血酸3mg。梨中所含的糖主要是单糖，很容易被吸收。特别是梨果含有天门冬氨酸、组氨酸、精氨酸、苏氨酸、缬氨酸、异亮氨酸、苯丙氨酸和赖氨酸等8种人体必需的氨基酸，这在改善人们生活和保证人体健康中具有重要意义。此外，梨医疗保健作用不可忽视，如能润肺清心、清痰止咳、退热解毒等的药用价值，早在古代就已明确。梨果制成的糖浆（膏）对支气管炎、哮喘、胸闷、痰多、百日咳也有一定疗效。梨树是容易栽、好管理、产量高、受益期长的果树。也是中国传统的果品，男女老少都喜欢它。过去欧美人不习惯食用生脆的中国梨，从20世纪80年代起，这种嗜好已有很大改变，各国对中国梨的需求量迅速增长，市场越来越大，而且价格也高。梨适应性很强，无论山丘、平原、沙土、碱土、黏土、壤土，湿地、旱塬均能生长，我国有大量山坡地需要退耕还林，也有大面积的沙荒等待开发，所以发展梨的前途非常广阔。

二、形态特征

乔木，树冠开张；小枝无毛或具柔毛；2年生枝紫褐色，具稀疏皮孔。叶片卵形或椭圆形，先端渐尖，基部广楔形或近圆形，长5~11cm，宽3.5~6cm，边缘具尖锐锯齿，齿尖有刺芒微向内合拢，两面无毛；嫩时紫红色，并有稀疏绒毛，不久脱落；叶柄长2.5~7cm，无毛。花序伞房总状，有花7~10朵，嫩时有毛，不久脱落；花梗长1.5~3cm；萼筒外具毛或无毛；萼片三角形，先端渐尖，有腺齿，外面无毛，内面密生褐色绒毛；花瓣卵圆形，白色，先端呈啮蚀状，基部具短爪，长12~14mm、宽10~12mm，雄蕊20枚，长约等于花瓣之半；花柱5或4，与雄蕊等长，无毛。果实平均重数十至数百克，扁球形、球形、卵形和倒卵形，果黄白或淡黄、黄色、黄绿、褐色，果实的大小、形状、颜色依品种不同而异。果心4~5室；种子倒卵形，微扁，长6~7mm，褐色至黑褐色。3月开花，7~9月果实成熟。

梨

1. 花枝　2. 果实

我国梨品种在千种以上，依其品种来源和地理分布，大体分为以下三个系统：

①秋子梨（*Pyrus ussuriensis*）系统 果多扁球形，黄绿或黄色，萼片宿存，石细胞多，后熟之后才能食用。又分安梨、京白梨、面梨、红花罐、鸭广梨、秋梨等6个品种群。

②白梨（*Pyrus bretschneideri*）系统 果多呈卵形或倒卵形，黄或黄白色，萼片多脱落，石细胞少，脆甜，无须后熟即可食用。又分白梨、蜜梨、鸭梨、雪花梨、花梨、红霄梨等6个品种群。

③沙梨（*Pyrus pyrifolia*）系统 果多球形，褐色或淡黄色，萼片脱落或宿存，果肉脆嫩多汁，甜酸适中，石细胞少，不必后熟即可食用。又分糖酥梨和红糖酥梨两个品种群。

此外从国外引入的洋梨（*Pyrus communis*）品种数量也不少。

库尔勒香梨：果实倒卵形，有沟纹，单果重110g；果皮绿黄色，阳面具红晕；萼片脱落或残存；果梗基部肉质状；梗洼浅狭，5棱突出；果心较大，可食部分占83%；果肉白色，肉质细嫩，味甜，有浓香；含可溶性固形物13.3%，品质极上。果实可贮至翌年4月。

砀山酥梨：果实近圆柱形，顶部平截稍宽，单果重250g；果皮绿黄色，贮后淡黄色；果点小而密；梗洼浅狭；萼片多脱落；果心小；果肉白色，中粗，酥脆，汁多，味浓甜，有石细胞；含可溶性固形物11%~14%，品质上。9月中下旬成熟。

此外有早酥、七月酥、黄冠梨、八月红、红香酥、幸水、黄金梨等品种可供选择。

三、分布区域

梨在西部分布与品种有关。白梨系统的品种分布于以下3个地区：①黄土高原冷凉半湿区；②川西和滇东北冷凉半湿区；③南疆、甘、宁灌区冷凉干燥区。秋子梨系统品种分布于黄土高原及西北灌区冷凉半湿区。沙梨系统品种主要分布在长江以南的高温湿润区。西洋梨分布于秦岭北麓冷凉半湿区。

四、生态习性

梨在日均温7℃左右发芽、10℃以上开花，果实发育后期日夜温差达10~13℃时含糖量高，果面光滑，外观美好。但不同种类的梨品种对温度要求不同，生长期白梨和西洋梨为18.1~22.2℃，秋子梨为4.7~18℃，砂梨为5.8~26.9℃。梨树喜光，年日照时数1600~1700h。梨树在各类土壤都能生长，在pH值5.5以下的酸性土和pH值高至8.5的碱性土上也能生长结果，但最宜中性土壤（pH5.6~7.2）。梨具有较强的抗盐碱能力，在含盐量不超过0.2%的土壤上也能正常生长。并具有抗旱、耐涝和一定的耐瘠薄能力，但要丰产优质，必须满足肥水需要。

梨树根系的水平分布大于树冠的3~4倍，深约2m，树下的根与地面平行，冠外侧渐向深处生长。梨树枝条可分长、中、短三种，短、中枝以结果为主，长枝以扩大树冠形成树体骨干为主。叶片初展时无光泽，30天后叶面出现油亮色，称亮叶期，此时对肥水要求迫切，也关系到花芽分化和提高光合能力。梨芽有叶芽和花芽之分，花芽为混合芽，先开花后长叶。果实由子房和花托共同发育而成。

梨树物候期因品种和地区不同而有差异，大体在陕西关中于2月下旬萌动，3月中旬发芽展叶，4月中旬开花，新梢生长4月下旬至5月上旬，8~10果实成熟，10月下旬落叶休眠。

五、培育技术

（一）育苗技术

梨以嫁接繁殖，常用杜梨、豆梨、山梨、砂梨作砧木。9~10月当砧木用的果实充分成熟后，采下堆沤7~8天，果实腐烂后，搓出种子，淘洗干净。晾干后可秋播。春播地区，砧木种子必须沙藏于2~5℃环境中进行层积处理，杜梨种子需层积60~80天、豆梨需30天。一般采用条播，播前施肥、深翻，耙平起垄，行距45cm。或宽窄行条播，宽行45cm，窄行20~24cm，播量依种子质量而定。如种子少也可浇水点播，株距6~10cm。播后覆土、覆膜保墒，出土后逐步将地膜去掉。

8月份在当年播种的砧木上进行丁字形芽接，如果接穗和砧木不离皮时，或春季嫁接的可用接芽带木质部的嵌芽接。在春季可用切接、腹接、劈接、舌接和皮下接等方法进行枝接。

（二）栽植技术

选用能适应当地气候、市场前景良好的品种壮苗；于春季或秋季，开挖定植沟或大定植穴，施足基肥进行定植。株行距可依先密后稀的原则，根据品种类型、立地条件、整形方式和管理水平确定永久植株的株行距，而后加行加株计算出需苗量。栽植时需配置20%的授粉树。

对于梨树管理 在旱塬栽培时可采用幼树覆膜、结果树覆草，有条件地区采用节水灌溉；要重视整形修剪，造成能生产优质丰产的骨架，树形应根据实际采用主干疏层形、或二层开心形、小冠疏层形、纺锤形、倒人字形等。通过长放、拉枝、刻芽手法达到早结果早丰产目的。疏花疏果，等距留果，达到限产稳产，提高品质。果实套袋，提高商品性。及时用无公害农药防治病虫害。

六、病虫害防治

1. 梨黑星病 为害所有绿色组织，包括芽鳞、花序、叶片、果实、果柄、新梢等。叶片受害时先在叶背主脉上，形成长条状黑色霉斑，病叶变黄早落。果实上先出现黄色圆斑，随后病斑扩大长出黑霉，并凹陷、形成木栓、龟裂。

防治方法：①果实采收后清扫落叶，冬剪时剪除病梢，集中烧毁或深埋，减少病源菌。②发芽前喷50%代森胺400倍液、杀菌。③病芽梢初现期，及时、彻底剪除病芽梢，控制病菌蔓延。④生长期喷药防治，可选用特谱唑可湿性粉剂、40%福星乳油、10%世高水分散粒剂、25%腈菌唑乳油等内吸性杀菌剂。

2. 梨树腐烂病 为害干、主枝、侧枝等粗枝，受害处树皮腐烂。中国梨病部扩展较慢，西洋梨枝干上扩展快，病害深达木质部，破坏形成层，致使枝干死亡。

防治方法：①加强管理，增强树势、提高抗病力。②树干涂白防止日灼、冻伤，亦可减少此病。③及时刮除病疤，刮后涂腐必清2~3倍液，每月1次，连涂3次。④发芽前全树喷5%菌毒清水剂100倍液。

3. 梨轮纹病 主要为害枝干和果实，枝发病以皮孔为中心，形成瘤状褐色突起，而后逐渐扩大为暗褐色，周缘开裂，次年病瘤上出现小黑粒；果实发病时也以皮孔（果点）为中心，病斑初呈水渍状褐色圆斑，扩成不凹陷的同心轮纹软腐状病斑，后期病部产生小黑点。病果很快腐烂，流出茶色汁液，最后失水干缩成僵果。

防治方法：①休眠期刮病瘤，伤口用腐必清或 5% 菌毒清等药消毒，减少病源菌。②合理施肥，增施磷、钾肥，增强抗性；③喷药保护果实。5~8 月份每隔 10~15 天喷药 1 次，杀死果面病菌，以免侵染。有效药剂有 50% 多菌灵、40% 福星乳油、70% 甲基硫菌灵、1:2:200 波尔多液等。

4. 梨木虱　以若虫或成虫为害，春季危害新梢和叶柄、夏秋多在叶背吸食，受害叶发生褐色枯斑，严重时全变褐黑，引起落叶。若虫多在隐蔽处，并可大量分泌黏液，使叶片之间或叶与果粘连，诱发煤污病。

防治方法：①休眠期刮树皮、清扫残枝、落叶和杂草，消灭越冬成虫。②保护寄生蜂、瓢虫、草蛉等天敌。③在越冬成虫出蛰期喷 2.5% 功夫、20% 灭扫利、2.5% 保得乳油、2.5% 敌杀死等药剂，可大量杀死成虫。④在落花后第 1 代若虫集中期喷 5% 高效氯氰菊酯或 30% 百磷 3 号等药剂防治。

5. 梨蚜　以成虫、若虫群居于梨芽、叶、嫩梢上吸食汁液为害，受害叶正面纵向卷曲、轻者略卷，严重时卷成筒状。叶片卷后不再展开，或提早脱落。蚜虫能分泌黏液布满叶片，粘手并有泌露反光。

防治方法：①早期发生量不大时，可摘叶消灭。②当发生量大时，在卷叶之前喷：20% 康复多浓可溶剂、10% 蚜虱净、2.5% 扑虱蚜。③保护瓢虫、食蚜蝇、草蛉、蚜茧蜂等天敌。

6. 茶翅蝽　以成虫或若虫为害叶片、新梢和果实，叶和新梢受害症状不突出，果实受害处果肉木栓化，变硬发苦，果面凹凸不平，俗称"猴头果"。

防治方法：①在越冬场所捕杀成虫。②幼果开始套袋。③若虫发生期喷药防治，药剂可选用：30% 百磷 3 号、20% 速来杀丁、2.5% 功夫或 2.5% 溴氰菊酯等。

7. 山楂红蜘蛛　为害叶片，受害后叶面出现许多细小失绿斑，严重时全叶焦枯，叶变脆硬，易早落。

防治方法：①体眠期刮粗翘树皮，消灭越冬成螨。②保护天敌。③在越冬成螨出蛰期（大约在梨落花期）和第一代卵孵化盛期，当叶均出现 3~5 头红蜘蛛时喷药防治，药剂可选：50% 硫悬浮剂、0.5°Be 石硫合剂。生长期可用 15% 扫螨净、20% 螨死净、5% 尼索朗、99% 机油乳剂、5% 卡克乳油等。

（王仁梓）

桃

别名：普通桃

学名：*Amygdalus persica* L.

科属名：蔷薇科 Rosaceae，桃属 *Amygdalus* L.

一、经济价值及栽培意义

桃是我国人民普遍喜爱的果品，汁多味美，色泽艳丽，芳香诱人，营养丰富。100g 果肉中含糖量 7~15g，有机酸 0.2~0.9g，蛋白质 0.4~0.8g，脂肪 0.1~0.5g，碳水化合物 10.7g，维生素 C 3~6mg，硫胺素 0.01mg，核黄素 0.02mg，尼克酸 0.7mg，胡萝卜素 0.06mg，钙 8.0mg，磷 20mg，铁 1.2mg。除鲜食外，黄肉桃及部分白肉桃宜于加工制作罐头，多数可制桃脯、桃酱、桃汁及桃干等，是人们需要的副食品之一。

桃树的根、皮、枝、叶、花、果、仁等均可入药，具有止咳、活血、通便、杀虫之效。桃仁中含油 45%，可榨取工业用油。桃核外壳可作活性炭，桃胶经提炼可代替阿拉伯树胶用于塑料、染料和医药工业。

桃树长生旺盛，对气候土壤的适应性很强，分布地区极广，无论南方北方，山地平原，均可选择适宜的砧木、品种进行栽培。除作果树生产外，由于桃树先花后叶，树姿美丽、花色粉红、叶片翠绿，果形美观，特别是园艺工作者培育成的各种花色类型的花桃、垂枝桃以及适应盆栽的寿星桃等，都为绿化城市，美化环境起了重要作用，古今中外园林庭院几乎都离不开桃红柳绿。

桃有许多品种，桃果实可从 5 下旬开始至 12 月份（冬桃）均有应时，供应期长达半年以上，对调节市场，具有积极作用。鲜桃供应以 6~8 月为旺季，填补樱桃、枇杷、杏、草莓供应之后，苹果、梨未大量成熟之前的水果供应淡季。桃树种植后 2~3 年开始结果，5 年达到丰产，是产量高、收效快、经济价值高的一个树种。

二、形态特征

桃树是小乔木，枝无刺，腋芽 3，具顶芽。幼叶在芽中为对折状，叶柄或叶缘常具腺，叶后于花开放或叶与花同时开放。每芽内 1 花，罕为 2 花，花无柄或具短柄。花瓣和萼片均为 5 数，雄蕊多数，雌蕊 1 数，子房有毛，1 室具 2 胚珠。果实为核果，果皮有毛，成熟后不开裂；核扁圆或圆形，外具深浅不同的沟纹或孔纹，极稀光滑；种皮厚，种仁味苦或甜。

桃包括普通桃、油桃、蟠桃和观赏桃。普通桃品种分为南方品种群和北方品种群两类。

1. 仓方早生 果实圆形，较对称，果顶圆平；平均单果重 150g，最大果重 350g；果皮厚、黄绿色，果顶及阳面覆有红晕，覆盖面可达 75%，不易剥皮。果肉厚，致密较硬，乳白色稍带红，风味甜，有香气；可溶性固形物 12%。粘核。树势强健，树姿半开张。果实发育期 88 天。本身无花粉，须配布目早生或松森等授粉树。耐运输。

2. 燕红 果实近圆形，稍扁，果顶平；平均单果重 170g，最大果重 300g；果皮底色绿白，近全面着暗红或深红色晕，背部有断续粗条纹，果皮厚，完熟后易剥离；果肉乳白色，阳面红色，味甜，稍香；可溶性固形物 12%。粘核。树势中等强，树姿半开张，果实发育期 130 天。多复花芽，花粉量多，花芽耐寒力强，丰产。

桃
1. 花枝 2. 果枝 3. 果核

三、分布区域

根据我国西部的生态条件、桃分布现状及其栽培特点，可分为 3 个桃适宜栽培区：

（一）西北干旱桃区

陕西省渭北和甘肃省的天水、兰州是绝好的桃和油桃的商品生产基地。新疆北疆、宁夏等省（自治区）冬季寒冷，桃树需进行匍匐栽培，虽生产出的桃质量较好，但管理费用较高，可适度发展，满足当地需要。

（二）云贵高原

以发展水蜜桃（应注意晚熟品种的选择）、蟠桃为主，适当发展不裂果的早熟油桃品种，限制中、晚熟油桃品种的发展，有条件的地方可进行设施栽培。

（三）青藏高寒桃区

适度发展生长发育期短的品种，以满足当地需要。

四、生态习性

桃树喜温，适于桃树生长的年均温度南方品种群为 12～17℃、北方品种群 8～14℃，生长期月平均温度达 24～25℃时品质最好、产量最高，过低或过高均会影响产量和品质，休眠期需要 600～900h 的需冷量（即低于 7.2℃的小时数）。桃树喜光，年日照时数 1200～1800h。桃树耐旱、怕涝，土壤含水量 20%～40% 时生长正常，当降到 20% 以下出现萎蔫，15% 以下旱情严重，连续两昼夜积水时根系窒息而落叶或死亡。土壤以土层深厚、肥力中等、排水通气良好、微酸至微碱性的沙壤土为宜，过肥、过黏重的土壤，易徒长、成花少，且易流胶。pH 低于 4.5 或高于 7.5 时生长不良，碱性过重易缺铁黄化、或缺锌小叶。含盐量 0.28% 以上树势衰弱或逐渐死亡。

桃是落叶树种，自然生长中心干容易消失，树姿开张。萌芽力和发枝力均强，在年周期中有多次生长的特性，可以利用二次枝或三次枝加速培养树冠，或促其转化为结果枝，以增加产量。树体寿命长短与品种、砧木、土壤、气候和栽培条件有关，一般有效生产年限为 15～20 年。桃树芽有叶芽和花芽两种，花芽是纯花芽，叶芽和花芽并生或位于二个花芽之间，着生于叶腋。桃树根系较浅，其分布深度和广度受砧木、品种、栽培密度、土壤质地、地下水位高低等因素影响。一般在 50cm 深，距树干 2m 的范围内较多。在南方根系终年生长不止，生长高峰在 5～6 月；北方在一年中有两个生长高峰，即 7 月中旬前和 10 月上旬，

11月上中旬进入休眠。根系生长与地上部分的生长交替进行。

五、培育技术

（一）育苗技术

1. 嫁接育苗

（1）砧木培育 桃树多用毛桃或山桃作砧木，毛桃耐旱、耐瘠薄，根系发达，种粒大，200～400粒/kg，适应温暖多雨、水源充足的地方；山桃耐寒、耐旱、耐碱力强，但不耐湿，种粒小，250～600粒/kg，适应山地及干旱地区。采集充分成熟的砧木种子，洗净晾干。隔年的种子发芽率降低，不宜采用。

采用秋播时，一般在10月下旬至11月上旬土壤冻结前进行。播前将种子用清水浸泡3～4天，每天换水1次。春播时须与二倍潮湿的沙子相混进行沙藏，沙藏期间要防止雨淋或鼠害，沙子过干时适当加水。沙藏时间在100～120天以上，若购种太迟，也可去壳沙藏，时间可缩短至45天。翌年春土壤解冻后种子露芽时播种。为使出苗整齐，可将发芽的种子挑出播在一起，对未发芽的种子将壳砸破取出种仁浸入100mg/L的赤霉素溶液中，经24h后取出播种。

山桃每亩播25kg，毛桃每亩35kg。条播行距40～50cm，沟深6～10cm，种子摆在沟内，粒距5cm，覆土3～4cm。畦播时，畦宽1m，带内距20cm，带间距80cm，株距15cm，这样便于嫁接。干旱地区要在开沟后落水播种，使种子处于湿润环境中。砧木苗出齐后要及时间苗、补苗，补苗时将过密处带土移栽到缺苗处。当苗高达25～30cm时摘心，以促进粗生长。并要注意防止病虫危害。

（2）嫁接 桃树一般在6～9月直接嵌芽接，在离皮时也可用丁字形芽接。7月以前嫁接速成苗的，于接后10天折砧，当接芽长至10片叶子时剪砧；若直接剪砧的，应适当提高嫁接部位，接口以下要留5～6片叶子养根。也可在春季利用贮藏的接穗进行带木质芽接。

2. 扦插育苗

用硬枝扦插时，插条须在休眠期采取健壮充实、叶芽饱满的1年生枝条，截成15cm长的枝段作为插穗，在10h内，将插穗基部浸于1000mg/L吲哚丁酸溶液中，10s后取出；或将基部浸入50～100mg/L的ABT 1号生根粉溶液中4h。然后扦插于23℃温床中，经4～6周发芽生根后，停止加热，适应7～10天后便可移栽。嫩枝扦插时，可于6～8月剪取粗壮的当年生枝条，截成10cm长的插穗，中上部保留3～4片半叶，基部刻伤0.3～1.0cm后浸于1000～5000mg/L的吲哚丁酸或萘乙酸5～7s取出晾干，然后扦插在间歇式弥雾插床上经常保湿。待萌芽生长后移入湿润粗砂与蛭石各半的混合钵中，在荫棚中放置3～4天后，再移到阳光下。待根系生长良好时移入苗圃培育。

（二）栽植技术

1. 建园

在西北年均温8～14℃、西南年均温12～17℃地区，选无盐碱、不积水的地方建园。建园前应作出相应规划设计，并作好品种、苗木、定植的准备。栽植密度依土壤、树形、品种而定，一般多为3m×4m或2m×4m，每公顷栽植833～1250株。定植穴要大，施足基肥。西北宜秋栽，西南可春栽。栽植时注意根系要舒展，接口朝迎风方向，栽植深度以根颈与地表平为宜，芽苗必须将接芽露出地面5cm以上。栽后及时灌水、松土保墒；芽苗在接芽以上0.5cm剪砧，以后要及时抹去砧芽，当接芽抽梢长到55～60cm时摘心定干。在上部20cm作为整形带，选留位置、方向、角度合适的二次枝作主枝培养。

2. 管理 根据定植密度大小，选择合适的树形；按整形要求，选留主侧枝，培养骨架；重视夏季修剪，以利通风透光；疏花疏果，限量结果；增施有机肥，避免单施氮肥；铲除杂草，减少病虫危害；搞好桃园排水，保持地面干燥；用多效唑控制树冠。

六、病虫害防治

1. 桃褐腐病 此病在多雨或潮湿天气发生，幼果染病后果面出现小褐斑，后迅速扩大至全果，果肉呈深褐色，湿腐状。病部表面有串珠状霉丛。全果腐烂后，大部分失水干缩成为僵果，呈黑褐色或黑色，经久不落。也为害花和嫩叶。

防治方法：①冬季彻底剪除病枝病果，集中烧毁；减少伤口，避免病原菌入侵；②加强管理，及时夏剪，利于通风透光，保持干燥；萌芽前喷波美 5 度石硫合剂。③花后至 6 月，喷 0.3 ~ 0.4°Be 石硫合剂或甲基托布津、多菌灵、代森锌等药剂。

2. 炭疽病 危害果实和枝叶。幼果染病果面呈暗褐色萎缩成僵果残留树上，果膨大后受害时，果面呈淡褐色水渍状斑，而后果实软腐脱落。

防治方法：①避免湿地建园；②选用抗病品种；③加强栽培管理；④在萌芽前喷 5°Be 石硫合剂或 120 倍波尔多液，花后隔 10 ~ 15 天交替喷布炭疽福美、甲基托布津、多菌灵、退菌特等药剂。

3. 细菌性穿孔病 主要危害叶片，也危害果实和枝梢。初期叶背上出现淡褐色水渍状小点，后成圆形或不规则形，紫褐色至黑褐色，周缘有浅黄绿色晕环，边缘有裂纹，最后脱落穿孔。严重时引起早期落叶。

防治方法：①冬季清除病枝落叶，集中烧毁；②加强栽培管理，增强树势；③萌芽前喷 5°Be 石硫合剂或 120 倍波尔多液，展叶后喷硫酸锌石灰液或代森锌。

4. 桃蛀螟 以幼虫进入果肉危害，虫孔分泌有黄色透明胶液，周围堆有大量红褐色粒状虫粪，果内也充满虫粪。

防治方法：①5 月下旬前果实套袋；②发现虫果、落果及时清除园外深埋；③成虫盛发期喷布 2000 倍灭扫利、功夫，或 20% 杀灭菊酯乳剂 3000 倍液。

5. 蚜虫 桃蚜、桃粉蚜、桃瘤蚜等，以成虫和若虫密集嫩梢、叶片吮吸汁液，削弱树势，影响桃的产量和花芽分化。

防治方法：①保护瓢虫、食蚜虻、草蛉等天敌；②桃树萌芽后开花前，喷 40% 乐果 3000 倍加 50% 西维因 300 倍液，或杀灭菊酯乳剂 3000 倍液，或抗蚜威 1000 ~ 2000 倍液；花后蚜虫发生时，可用上述药剂交替使用。

6. 桃象鼻虫 以成虫咬食桃树的花、幼果、嫩芽和幼叶。

防治方法：①利用其假死性，清晨振落，集中消灭；②5 ~ 6 月清除虫果深埋；成虫出土前，地面喷 75% 辛硫磷乳剂，每亩 250 ~ 500g；成虫发生期树上喷 50% 辛硫磷 1000 倍液或 80% 敌敌畏乳剂 1500 倍液。

（王仁梓）

葡 萄

学名：*Vitis vinifera* L.
科属名：葡萄科 Vitaceae，葡萄属 *Vitis* L.

一、经济价值及栽培意义

我国是葡萄原产地之一，引进欧亚种葡萄进行栽培也有 2000 多年的历史。葡萄是一种含有多种营养物质的果树。据测定，葡萄浆果中含有 65% ～ 85% 水分，15% ～ 25% 糖类（主要是葡萄糖和果糖），0.5% ～ 1.5% 有机酸（主要是苹果酸和酒石酸），0.3% ～ 0.5% 矿物质（钙、铁、磷、钾等），含有多种维生素和蛋白质、氨基酸等；红葡萄中含有较多的色素和单宁。葡萄汁发酵酿成的葡萄酒是一种营养保健型饮料，含有大量的氨基酸和维生素，含有 24 种微量元素及其他营养成分。李时珍在《本草纲目》中曾记载葡萄酒有"暖腰肾、耐寒、驻颜色"的功能。美国著名杂志《科学》1997 年 1 月发表的最新研究报告称，在葡萄及其产品中发现一种抗癌物质叫藜芦醇（resveratrol），该物质的大量存在能够阻止癌变的发生。以往大量的研究报告也指出适量饮用葡萄酒，尤其是红葡萄酒，能够减少脂肪在血管里的沉积，减少心血管疾病发生的危险。园林中以高棚架栽培，遮荫、观果倍受游客称赞，近年发展盆栽葡萄，美化阳台居室。

葡萄除鲜食外，主要用于加工、制汁、制干、制作罐头，特别是酿造葡萄酒，是一种经济价值很高的产品。

葡萄生长快、结果早、产量高，也是沙荒滩地和贫困地区脱贫致富奔小康的支柱产业。是比其他经济林更具有产业化、工业化的特征，在经济林中具有独特的地位。

二、形态特征

葡萄为落叶攀缘植物，常具有卷须；茎髓部褐色，单叶互生，常为掌状分裂。花两性，多数花朵集合成圆锥花序，与叶对生；萼片 5，小形或缺少；花瓣 5，顶部联合开花时成帽状脱落；花盘生在雌蕊周围，由 5 个蜜腺组成；雄蕊 5，离生；子房 2 室，每室具 2 胚珠。浆果多汁，含种子 2 ～ 4 粒；种子梨形，有长喙，种皮坚硬，腹面有沟，背面有合点。

葡萄属植物约有 70 个种，已经栽培利用的有 20 个种，根据起源划分为欧亚种群、东亚种群和北美种群。栽培种多为欧亚种，栽培面积较大的有 2000 多个品种，以其亲缘关系分为欧亚种品种、欧美杂交种品种和欧山杂交

葡萄
1. 果枝 2～4. 花 5. 种子

种品种。

1. 无核白及其芽变系 果穗长圆锥形或歧肩圆锥形，重 210～360g，果粒椭圆形，黄绿色，粒重 1.4～1.8g，含可溶性固形物 21%～27%，含酸量 0.52%。无核。制干率 20%～30%。新疆吐鲁番 8 月下旬成熟。生长势强，产量中等，亩产 1000kg，最高 3000kg，不抗病，宜在西北干旱少雨高温地区栽培，是世界上著名的制干品种。

2. 红地球 又名晚红、大红球、红提、红球、全球红等。属欧洲种群。果穗长圆锥形，平均纵径 26cm，横径 17cm，穗重大的可达 2500g；果粒圆形或卵圆形，平均粒重 12～14g，最大可达 22g，果粒着生松紧适度；果皮中厚，红或紫红色；果肉硬，味甜；含可溶性固形物 17%。品质极佳。果刷粗长，着生极牢，耐拉力强，不脱粒，特耐贮藏运输。树势强壮，幼树新梢易贪青成熟晚。不抗黑痘病，易着色。

三、分布区域

根据生态类型将葡萄分成：①新疆优质葡萄产区；②黄土高原葡萄产区；③晋冀北桑洋河流域葡萄产区；④渤海湾葡萄产区，包括胶东半岛、辽东半岛及昌黎、京、津、唐等渤海湾周边区；⑤黄河故道葡萄产区，包括河南、安徽、江苏及山东 4 省 21 个县区是长江以北冬季不埋土防寒葡萄栽培区；⑥南方欧美杂交葡萄产区，以浙江省、上海地区为主，适于发展抗湿抗病性强的欧美杂交品种。

四、生态习性

葡萄适宜栽培的环境条件是：生长期 140 天以上，有效积温 3000℃以上，无霜期不低于 160 天；年雨量 600mm 以下，日照时数 2500h 以上；园土以沙壤土、壤土为宜；园内有良好的排灌系统，以确保葡萄正常生育需要的水分。

当早春平均气温达 10℃以上、地下 30cm 土温在 7～10℃时根系开始活动，枝蔓萌芽。生长期最适温度为 25～32℃，休眠期成熟枝条可耐 -18℃。生育期土壤湿度宜保持土壤相对含水量的 60%～70%，长期阴雨后，突然出现炎热干燥天气，可能导致叶片干枯或脱落，新梢（尤其是嫩尖）可能萎蔫和部分干枯；相反，如长期干旱后，突然大量降雨或大水漫灌，常常会引起裂果。葡萄对土壤的适应性较强，除了沼泽地和重盐碱地不适宜生长外，其余各类土壤都能栽培。但以沙壤土、壤土为宜。不同土壤对红地球葡萄的生长发育和品质有不同影响，通过栽培技术可以克服或缩小差距。

葡萄起源于亚热带，也适应了温带季节性气候，在年周期中表现出明显的季节性变化，即有休眠期和生长期。休眠期需经 2～3 个月的 10℃以下低温的自然休眠期，若气温适宜便可发芽。北方温度低，尚须经过被迫休眠时期。生长期从春季伤流开始到秋季落叶为止，分为树液流动期、萌芽与花序生长期、开花期、浆果生长期、浆果成熟期、枝蔓老熟期 6 个阶段。具体时间因品种地域不同而异。

五、培育技术

（一）育苗技术

1. 扦插育苗 葡萄易生根，用硬枝扦插或绿枝扦插均可。硬枝扦插的插穗用 1 年生枝。经沙藏的枝蔓，在扦插前每 2 芽剪成一根插穗，上端距芽 1cm 平剪，下端靠近芽处斜剪成马蹄形。将剪好的插穗每 20～30 枝捆成小捆，务使下端整齐，放在清水中浸泡 12～24h，使其充分吸水，而后整齐地排放在容器内，加入已配好生长调节剂溶液 3～4cm 深，注意不能倒放，或横放，以免上部芽接触药液而抑制发芽。生长调节剂一般用 ABT 生根粉、生根剂浓度按说明书配成；或用 50～100mg/L 的吲哚乙酸浸泡 12～24h；或用 35～50mg/L 的吲哚丁酸浸泡 12～24h；或用 500mg/L 的萘乙酸速蘸 2～3s，蘸后便可扦插。若置 25～28℃温床上催根，当有 1～2mm 长的幼根出现时，降温炼苗两天后扦插效果更佳。扦插时一般采取垄插，即在催根的同时将垄整好，东西成行，垄距 50cm，起垄后覆盖农膜，使地温升高，可促苗早发。扦插时在垄南侧用小铲按株距 15cm 插一小孔，将催过根的插条放入孔内，顶芽向南，轻轻盖土至顶芽刚露出为准，插条埋好后，随即浇透水，待水渗完后，再用细土将芽盖好。这种方法亩插 8000 条。若催根后用营养袋育苗更佳，可提高繁殖系数，避免大田低温死亡；不缓苗；节约土地；节约资金也便于管理。绿枝扦插利用夏剪时剪下的枝条作插穗，快速剪成 2～3 节，以上边一节副芽刚萌动为好，留顶芽全叶或半叶，基部在生长调节剂溶液中浸 3～5s 后清水冲洗干净，以 15cm×30cm 株行距，开沟直立埋在插床内，插后立即浇透水，扣塑料棚保持湿度 95%，温度控制在 25～28℃，并须遮荫管理。在遮光通风条件下 15 天便可生根，而后撤棚炼苗。

2. 嫁接育苗 有硬枝嫁接和绿枝嫁接。

（1）硬枝嫁接 利用葡萄成熟的休眠枝条作为接穗和砧木进行嫁接称硬枝嫁接，所得苗木为硬枝嫁接苗。又因砧木情况分为座地嫁接和扦插嫁接两种。

①座地嫁接 春季在地间用劈接法进行嫁接。

②扦插硬枝嫁接 15～20cm 长的砧段，并除去所有芽眼，用劈接法接上接穗，缠上接树膜后，在 25～28℃、空气相对湿度为 80% 的环境下进行处理 15～20 天。处理的具体要求与操作可参照硬枝插穗的催根。但要注意嫁接条在床内要斜放，使接口在一个水平高度，并用湿锯末盖好保湿，湿锯末厚度要超过接穗顶部 3cm。经 15 天后检查，当接口已愈合，下端已发根时，将温度降至 15℃左右，同时撤掉上边锯末，使接芽露出，经锻炼 2～3 天后便可插于营养袋或田间。

（2）绿枝嫁接 夏季砧木和接穗都达到半木质化时进行。砧木须留 3～4 片叶子，除掉芽眼，剪去上部，选与砧木粗细和成熟度相近、夏芽未吐叶的接穗，保留 2～3cm 叶柄，以劈接法嫁接，接口和接穗全部用接树膜包严，只露出接芽。

3. 压条法育苗 压条法是使大树上部分枝条生根后离开母株的繁殖方法。有水平压条、波状压条和空中压条法。

（二）栽植技术

平地建园行向南北，行长 100～150m 为宜；山地则需依坡向采用等高行向。非埋土地区采用篱架或 T 形架，行距 2～3m，株距 1～1.5m，采用单蔓双臂整形；最低温度 -15℃以下的埋土地区宜用棚架，行距 4～5m，株距 0.8～1.0m，龙干式整形。葡萄是多年生植物，栽植之前需对定植点进行土壤改良。当地温达到 7～10℃时栽植，栽前对种苗修根蘸生根粉、喷药消毒，栽时将根系舒展开，边填土边踩实。埋土区将苗顺架向斜使其与地面呈 50°角，以便下架埋土。

成活以后按架形要求进行整形工作，做好抹芽定梢、去卷须、摘心、引绑枝蔓，并要及时锄草松土、施肥灌水和病虫害防治工作。

六、病虫害防治

1. 葡萄黑痘病　主要侵染叶片、果实、新梢、穗柄、穗轴、叶柄、卷须等幼嫩组织，病斑初为针尖大紫黑色斑点，外有黄色晕圈，后扩大呈圆形或不规则形（在条状嫩组织上略呈椭圆形），微凹，中央灰白色，周缘黑褐色，由真菌所致。

防治方法：冬季清园，剪除病枝、病果、剥老皮集中烧毁；发芽前喷200倍五氯酚钠与3°Be石硫合剂混合的铲除剂；展叶后至果实着色前，每隔10～15天喷石灰半量式波尔多液，开花前后两次尤为重要。或用喷克、科博、多菌灵、苯菌灵、退菌特、百菌清等杀菌剂与保护剂交替使用。新建园时，苗木用铲除剂淋洗式喷洒杀死病菌。

2. 葡萄霜霉病　主要危害叶片，也能侵害嫩梢、花序和幼果等幼嫩部分。叶片发病时最初为细小的不定形淡黄色水渍状病斑，后病斑扩大，正面呈黄色病斑，叶背有白色霜状霉层，严重时叶片焦枯脱落。

防治方法：清除病残枝叶，集中烧毁或深埋；加强栽培管理，保持通风透光，增施磷钾肥；在发病初期喷石灰半量式波尔多液，或喷克菌丹、代森锌、乙磷铝、早霜灵、甲霜灵等药剂。

3. 葡萄炭疽病　主要危害接近成熟的果实。发病初在果面产生针头大褐色圆形小斑点，而后逐渐扩大并凹陷，表面产生许多轮纹状排列的小黑点。潮湿时涌出锈色胶液，严重时使全穗果粒干枯或脱落。

防治方法：彻底清除病果、病穗，减少越冬病源；加强栽培管理，创造良好通风透光条件，降低果园湿度；在葡萄萌动前喷40%福美双100倍液，或喷铲除剂；6月下旬或7月上旬开始，每15天喷1次，交替喷布退菌特或石灰半量式波尔多液、托布津、百菌清、多菌灵等药剂，连喷3~4次有良好效果。

4. 葡萄白腐病　主要危害果粒和穗轴，也能危害枝蔓和叶片。发病先从距地面较近的穗轴或小果梗开始，逐渐蔓延到果粒，果实软腐，以后逐渐干缩成有棱的僵果。叶片在叶缘开始产生黄褐色大病斑，病斑上有明显的同心轮纹，后病斑上产生灰白色小点，最后叶片干枯破碎。枝蔓上初现淡红褐色水渍状椭圆形病斑，后期蔓皮散乱呈麻丝状。

防治方法：冬季剪除病枝，集中烧毁；加强管理，提高坐果部位；发现下部果穗有病时，及时剪除，并喷多菌灵或甲基托布津、可湿性福美双等药剂，15天后复喷1次。

5. 葡萄二星叶蝉　以成虫和若虫刺吸叶汁液，被害叶片呈现失绿小点，严重时叶色苍白，提早脱落。

防治方法：清洁果园，减少成虫越冬场所；春季成虫出蛰在未产卵前和5月中下旬喷敌敌畏乳剂或辛硫磷乳剂，均可有效杀灭该虫。

6. 葡萄透翅蛾　幼虫蛀食枝蔓髓部，被害部明显肿大，并致使上部叶片发黄或折断枯死。

防治方法：结合修剪，剪除害虫；成虫期和幼虫孵化期喷杀螟松乳剂、用黑光灯诱杀成虫，发现枝蔓肿胀和虫粪用铁丝刺杀幼虫，或从虫孔注入杀螟松1000倍液，并用黄泥封闭虫孔。

7. 介壳虫　为害葡萄的介壳虫有东方盔蚧、葡萄粉蚧和无蜡毛粉蚧。都以若虫和成虫吸食枝叶、果实的汁液，并分泌黏液引发霉菌，污染果穗，削弱树势，影响品质。

防治方法：刮老皮，消灭越冬虫源；葡萄生长期为害时喷杀螟松、敌敌畏等药剂，喷药时加入粘着剂。

8. 烟蓟马 以成虫、若虫吸食芽、叶、果及嫩梢的汁液，受害部出现细密失绿小斑点，呈灰黄色或银白色，生长点受害枯死。

防治方法：清洁果园，减少虫源；发现为害及时喷药防治，常规杀虫药均可。

（王仁梓）

仁用杏

别名：大扁杏
学名：*Prunus armeniaca* L.
科属名：蔷薇科 Rosaceae，杏属 *Prunus* L.

一、经济价值及栽培意义

杏树起源于我国，有据可查的栽培历史已有 3500 余年。世界杏属植物有 8 个种，我国 1980~1988 年查明，有 7 个种 12 个变种和 2000 多个品种和类型。根据杏的用途，将杏的品种划分为鲜食杏、加工杏、仁用杏和观赏杏四大类，其中将仁用杏分为苦仁杏和甜仁杏两类，东北群众称甜仁杏为"大扁杏"；河北群众称甜仁杏为"大杏扁"；山东群众称为"甜仁杏"；西北群众称甜仁杏为仁用杏，仁用杏包括许多品种，所以说仁用杏是龙王帽杏、白玉扁杏、北大扁杏、超仁杏、丰仁杏、油仁杏、国仁杏、一窝蜂杏等各品种的统称，不是指一个单独的品种。

仁用杏是我国特有的资源，也是我国出口创汇率最高的土特产品，经济价值高。

1. 仁用杏的杏果和杏仁营养丰富　在每 100g 鲜果肉中含糖 10g，蛋白质 0.9g，钙 26mg、磷 24mg、铁 0.8mg、抗环血酸（V_C）7mg、硫铵素（AB_1）0.02mg、核黄素（AB_2）0.03mg、尼克酸（Vpp）0.6mg 等。在 100g 杏仁中含脂肪 51~55.5g，蛋白质 24g，糖 9~13.8g，硒 27.06mg，磷 4mg，钾 169mg，钙 49~111mg，铁 1.2~7mg，锌 4.06mg，铜 4mg，V_E26.0mg 等。这些都是有益于人体健康所需要的营养物质。

2. 仁用杏是食品工业和医药工业的原料　仁用杏是"三北"地区具有特色的水果和干果乔木果树。杏果、叶、花、枝、根和皮等是多种医药不可缺少的原料。杏果肉和杏干都属低热量、多维生素的长寿型膳食果品。杏果成熟，正是仲夏是时令性很强的消署解热水果。杏仁含油量为 50%~60%，是一种混合不甘油脂，食用杏仁油，在人体中不产生脂肪积累，而且能软化心血管，治疗心血管疾病，是世界著明的高效保健油。

同时杏果肉，每 100g 含胡萝卜素 1.79mg。苦杏仁中含杏仁甙 3%~4%（维生素 B_{17}），甜杏仁含杏仁甙为 0.017%；杏仁每 100g 含硒 27.06mg，这三种物质均为众水果、干果仁、肉中之冠。胡萝卜素能阻止肿瘤形成，延缓细胞和机体衰老；杏仁甙能防癌、治癌、缓解癌痛；硒是营养生命的火种，硒对冠心病、动脉硬化、高血压、心肌梗塞、克山病等心血管病都有明显的疗效，还可以清除肝脏内的垃圾，促进肝脏新陈代谢，据研究人体每天需硒 18~20μg。

仁用杏的产品是食品工业原料，杏果肉可加工杏脯、杏干、杏包仁、糖水罐头、杏茶、杏酱、杏面包、杏仁糕点、杏糖果，国内外把杏仁加工出千种产品。

3. 仁用杏是我国特有的树种　全国现已发展 25 万 hm^2，年产 2 万 t 杏仁，若全部内销，按 13 亿人口计算，人均杏 15g，足见国内市场之大和生产之不足。仁用杏的加工产品和杏仁是我国传统出口创汇的农特产品，早在 19 世纪就驰名中外，是创汇最高的农产品，1993

年以来，我国仅杏仁出口创汇 1500 万美元。当前我国水果饱和，市场上出现了水果难卖、滞销、跌价。但仁用杏仁、杏果、杏脯、杏壳等在国际市场供不应求、价格稳中有升。国际市场称我国甜杏仁为"龙皇大杏仁"、称杏脯为"小金柿"，而我国的杏果、杏仁、杏脯长期脱销，国际市场有价，我国无货。据国际土畜产品市场报道，世界西方国家洋杏仁（美国大杏仁）产量 1995 年比 1994 年下降 50%，最大国美国和西班牙出口下降 60%，希腊、意大利等国生产停滞不前和衰退，西方一些国家以杏仁为主的工厂，面临倒闭，这些国家厂方打算到中国寻求生计和出路。1997 年国际市场价格苦杏仁 17290 元/t，甜杏仁 34670 元/t，杏仁油 57.5 美元/kg（人民币 480 元），杏壳活性炭 1.7~2.5 万元/t，杏脯 3500 美元/t，但我国无货，说明国际市场巨大，前景广阔。

4. 仁用杏树是生态效益、经济效益和社会效益三位一体的造林先锋树种 仁用杏它能忍受冬季的低温和夏季的炎热，适应山区较短的生长期，适应干旱瘠薄土壤和干燥气候，要求有较充足的日照。群众说它耐旱、耐寒、喜光、耐瘠薄、生长倔强。树势强壮、寿命长，结果早，连年丰产，而且抗灾、抗病虫害，管理简单，费省效宏，所产的杏仁耐贮藏、耐贮运。仁用杏是好栽易活，容易管理的"铁杆庄稼"、"木本油料"树种。在浩瀚的"三北"地区受荒漠化影响的土地有 332.7 万 km^2，占我国土地总面积 34%，有近四亿人口饱受土地荒漠化的危害，生活十分贫困。而且荒漠每年还以 2100km^2 速度扩大。因荒漠造成经济损失高达 540 亿元，每年流失土壤 50 亿 t，相当于 33cm 厚耕作层 111 万 hm^2，如何阻止荒漠化扩大，保护人类赖以生存的土地，脱贫致富，这是各级政府和人民共同探索的大问题，经过多年的奋斗，找出了好办法就是多栽树，就是栽生态、经济和社会效益为一体的生态经济型仁用杏树。

仁用杏除主产杏果肉和杏仁外。树木木材坚硬，纹理细致，色泽乌红，是制家具和雕刻艺术品的原料。杏叶营养丰富，含蛋白质 12.14%，粗脂肪 8.69%，粗纤维 11.44%，鲜叶或加工叶粉均是牲畜优良饲料。

杏壳是制活性炭的高效原料，活性炭又是纺织工业不可缺少原料，杏壳磨碎又是钻井泥浆的添加剂。杏花开的早，花量大，又是春季养蜂的良好蜜源植物。

杏树的杏果、杏仁、杏油、杏叶等都是多种工业加工的原料，又可带动乡镇企业和解决农村剩余劳力就业。因此杏树是生态效益、经济效益和社会效益三位一体可持续发展的产业资源。

二、优良品种及形态

优良品种是增产增效的前提，国内外市场收购价格主要是以杏仁大小划分等级的，杏仁越大价格越高，其标准是单仁重大于 0.8g 为一级，0.7~0.8g 为二级，小于 0.7g 为三级。2004 年秋河北主产区收购一级杏仁 30 元/kg，二级杏仁 25 元/kg，三级杏仁 20 元/kg。

1. 一级仁用杏良种

（1）龙王帽杏 目前是我国传统主栽品种，国际市场称之为"龙皇大杏仁"果实扁圆形，平均单果重 18g，最大的 24g，果皮橙黄色，果肉薄、离核，出核率 17.5%，干核重 2.3g，出仁率 37.6%，单仁干平均重 0.8~0.84g，仁扁平肥大，呈圆锥形，基部平整，仁皮棕黄色，仁肉乳白色，味香而脆，略有苦味，5~10 年生株产杏仁 3.2kg。自花不结实。

（2）超仁杏 该品种是辽宁省果树研究所 1998 年通过省品种审定委员会验收的新仁用

杏品种。西北农林科技大学2001年先后三次从辽宁省果树研究所引种在陕北、关中试验，该品种丰产，自花结实率4.2%，自然结实率32%。果实扁卵圆形，平均单果重14.4g，果皮果肉均为橙黄色，离核、核壳薄，平均仁干核重2.16g，出核率18.8%，出仁率41.1%，平均干重0.97g，比龙王帽杏增大15%。仁肉乳白色，味甜。4年生株产杏果和仁27.7kg和2.14kg，比龙王帽杏增产34.4%～52.8%。

（3）丰仁杏　西北农林科技大学三次从辽宁果树研究所引种试验，该品种极丰产，自花结实率2.4%，自然坐果率39.8%，果实扁卵圆形，平均单果13.28g，离核，干核重2.17g，出核率16.4%，出仁率39.1%，平均单仁重0.9g，比龙王帽增大70%，4年生株产杏果和仁32.3kg和2.07kg，比龙王帽增产57%和47%，果肉鲜黄，宜制果脯，为仁肉兼用品种。

（4）油仁杏　西北农林科技大学三次从辽宁果树研究所引种试验，该品种仁大饱满，为肉油兼用加工品种，单果重13.6g，单核重2.13g，出核率16.3%，单仁重0.93g，比龙王帽杏增产11%，4年产杏果、仁14.6kg和0.92kg。自花不结实。

（5）国仁杏　西北农林科技大学从辽宁果树研究所三次引种试验，该品种杏仁饱满，树种中张，发枝旺，成枝率50%，自花不结实，自然结果率20.5%，单果重14.1g，单核重2.37g，单仁重0.89g，出仁率36.7%，4年生株产杏果、仁14.5kg和1.13kg，比龙王帽增产6%，杏果宜加工杏脯杏干。

2. 二级仁用杏良种

（1）白玉扁　又名大白扁，果实扁圆形，单果重18.4g，果皮黄绿色，成熟时自然开裂，离核。平均核重2.1g，出核率17.6，平均干仁重0.77g，出仁率34.1%，杏仁心脏形，端正饱满，仁皮黄色，仁肉乳白色，甜香可口，很受消费者喜爱，树势强，抗寒适应性广，是仁用杏树最佳授粉品种，坐果率可达23.4%～45.5%。

（2）北山大扁　又名黄扁子杏，果实扁圆形，逢合线明显，平均单果重17.5g，出核率17%，果面橙黄色，阳面红晕，果肉黄色汁少，离核，核心脏形，仁甜香，出仁率27%，单仁重0.8g。以短果枝和花束状枝结果为主，果实7月中旬成熟，抗寒适应性广，为仁肉兼用加工品种。

（3）优一号杏　从河北省张家口市蔚县引种，该品种为抗寒性较强的新品种，果实圆球形，单果重9.6g，离核，平均单核重1.7g，出核率17.9%，核壳薄，单仁干重0.75g，出仁率48.3%，杏仁长圆形，味香甜，叶柄紫红色，花粉红色，属晚花品种，能抗短期-6℃的低温，丰产性好，有大小年结果现象。

（4）新四号杏　从何北省蔚县引种，果实近圆形，单果重12g，离核。平均单核重1.76g，出核率35.7%，单仁重0.7g，出仁率35.7%，杏仁圆锥形，端正，黄白色，味香甜。花期能抗-7℃的短期低温，丰产。

3. 三级仁用杏品种

（1）一窝峰杏　又名小龙王帽杏，果实卵形，单果重8.5g，果皮黄色，成熟时逢合线开裂，离核，单核干重1.6%，出核率18.5%。仁干重0.52g，出仁率38.2%，仁肉乳白色，味香甜。极丰产，但不抗晚霜冻。

（2）三杆旗杏　河北蔚县选育，果实圆形，单果重7.5g，离核。单核重1.52g，出核率39.8%，核壳稍厚。单仁干重0.68g，出仁率40.6%，杏仁圆锥形，端正，饱满，仁肉细，味甜香，花期可抗 -5.2℃低温，抗旱，落果少。

属于此类级还有迟邦邦、克拉拉、阿胡安挪、苏卡加纳内、阿克西米西等品种。

三、生态习性

仁用杏对环境条件的要求

（1）温度　仁用杏适应性很强，最适宜年平均温度 8 ~ 14℃以上，≥10℃ 积温 2700℃ 以上，树体冬季休眠，-38℃ 低温能安全越冬，在高温 43.9℃ 能正常生长。生长期 4 ~ 5 月，气温 16 ~ 20℃，无霜期 160 天以上。仁用杏在休眠后抗寒性急剧下降，一般的临界温度，花蕾期 -5℃，初花期 -4℃，盛花期 -1℃，幼果期 -5℃。

（2）水分　仁用杏是抗旱强的树种，年均降水量 400 ~ 600mm，均可正常生长结果，因为仁用杏根系发达，能吸收深层水分，叶片气孔密度大，每平方毫米约为 452 个，有极大的蒸腾和吸收能力，所以很抗旱。但是雨量分布不均，在有条件灌溉的地方，在开花前，果实膨大期和冬季灌三次水，达到高产更高产。

（3）土壤　仁用杏对土壤要求不严格，各种土壤都适应，在黏土、砂土、石砾土、盐碱土、甚至石缝内均能生长。但在土层深厚，土壤肥沃的沙质壤土最好。

（4）光照　仁用杏为阳性树种，全年需日照时数 2500 ~ 3000h 以上。

仁用杏树的根系是由主根、侧根和须根组成，具有固定树体、吸收、运输、合成和贮藏营养的功能，主根垂直向下达 6 ~ 7m，根分布着许多须根，并能穿过半风化岩石或石缝，水平根分布在距地面 40 ~ 60cm 范围，超过树冠的 2 倍。根在一年没有绝对的休眠期，只要条件适宜一年四季均可生长。

仁用杏是乔木干果和水果树，树高 10m 左右，杆粗 50 ~ 60cm 以上，依品种、树龄及栽培方式不同而异。幼树干表面光滑褐色，成龄树则皮为黑褐色。树冠自然开心形，叶为单叶、互生，叶圆形或椭圆形，叶片肉厚，光泽浓绿，叶长 3.5cm，叶宽 2.5cm。仁用杏萌芽力强，成枝力弱，枝条上的叶芽着生在叶腋间。

四、培育技术

1. 育苗技术　常规育苗嫁接成品苗需要 2 年出圃建园。砧木种子用西伯利亚杏或用普通山杏，冬季经 80 ~ 100 天、0 ~ 5℃ 低温沙藏后，于春季 3 月下旬 ~ 4 月上旬播种，也可以在秋冬季土壤封冻前将种子用清水浸泡 1 ~ 2 天后播种，每亩播种 40 ~ 50kg，采取大垄单行种植，垄距 55cm，株距 5cm。播种后 1 星期左右苗木出土，加强田间中耕、除草、灌水等管理，7 月中旬苗木基部 5 ~ 10cm 处粗度达 0.4 ~ 0.6cm 时，即可以进行带木质部芽接到 8 月底，越冬塑料全封闭绑扎，第二年春 3 月中旬进行剪砧，凡是活的均解除塑料条并在接芽上方 1cm 处剪砧，没有接活的可于此时进行补接，补接的方法一般的采用切腹枝接或插皮接。接后要多次抹除砧木本身的萌芽，只保留接芽的中心芽直立生长，加强田间管理至 9 月停止生长时，苗高均可达到 1.2 ~ 1.5m，基部粗度 1cm 以上，成为合格的 1 级苗。亩产苗量为 8000 ~ 12000 株。

仁用杏速成育苗，也有的叫"三当"育苗，即当年播种，当年嫁接和当年出圃。这种方法可提前一年出圃，但要求在无霜期 230 天以上，年平均气温在 12℃ 以上的地方进行。种子可在前一年的秋冬播种，也可以经冬季种子处理 3 月初播种。精心管理。6 月下旬 7 月上旬进行嫩枝带木质部芽接，接芽高度在地表以上 20～30cm 处，接后 1 周于接口上 1cm 处剪砧，保留接芽下部砧木的叶片，加强砧木除萌和肥水管理，至 10 月苗木停止生长时，苗高可达 80～100cm，多数为 2 级苗木，每亩出苗量为 6000～10000 株。

不论常规育苗还是速成育苗，掘苗前一定要灌足水，深挖 35cm 以上，保证根系完整。

2. 栽植建园　杏树喜光、耐旱、怕涝、怕霜，因此要选择向阳和高燥处建园。不能在阴坡、涝洼及冷空气易下沉的山谷地建园。杏树是常寿果树，一般 100 多年的大树还果实累累，规划株行距要大些，但考虑到早期丰产和鼠害，可在建园时设置临时株，随着树龄的增大逐渐间伐或移植。永久行的株行距可按 4m×6m 设计，临时加密园为 2m×3m 到 10 年生左右，要及时处理临时株，规划时还要考虑到土壤和肥力情况，如果土层深厚，土质肥沃，水源充足，要加大株行距，如果土壤脊薄，干旱可减小株行距。定植时间秋冬季在树木落叶，土壤封冻前或春季 3 月下旬前后进行，定植时挖深宽各 1m 的定植沟或长、宽、深各 1m 的定植穴，沟底加入农家肥（每株 30～50kg），回填时表土填底，然后将苗定植在中间，常规苗接口与地面平，如果属沙土，可填土超过嫁接口 2cm；踏实、灌足水、覆盖地膜保水保湿；在树干 50cm 或 60cm 处定干。定干后套上塑料筒，既保湿保活又可防止金龟子、兔鼠危害嫩芽，展叶后摘除。秋季定植的要立即定干，埋土越冬，埋严拍光土堆防寒、防鼠、防畜损害，翌年春分前后抱开埋土，扶正踏实苗木。

定植时一定要注意配备授粉树，一般主栽品种与授粉品种的比例为 4∶1 或 5∶1。

3. 整形与修剪　整形修剪的原则是"因树修剪，随枝作形"，因为树木品种不同，年龄不同，用砧木不同，外界的条件也不同，必须掌握原则。在修剪量上"以轻为主，轻重结合"，在留骨干枝时，要均衡树势，主从分明，防止上弱下强，一但出现树体有问题，就要采取"抑强扶弱，正确促控"，结合修剪，维持树势均衡，树冠圆满紧凑，依据以上原则，建园密度在 55 株/亩的树形，以自然开心形为主；83～111 株/亩的树形以变侧主干形或纺锤形为主。

（1）自然开心形　干高 60～80cm，在主干上先留 3～4 个主枝，基角 45°～70°，主枝与主枝间均匀分布在整形带内，向外离心延伸生长，每主枝配备两个主枝在侧枝上配备枝组。

（2）变侧主干形　干高 60～70cm 在主干上留 2 个主枝无侧枝的人字形，在主枝上配备枝组；或在树干上每隔 15～30cm，螺旋式交错配置主枝，基角 45°～60° 在主干上再配备若干侧枝，侧枝上配备植组。

（3）自然纺锤形　在中心杆不同部位，不同角度，不分层次留出 10～12 个主枝，并采取拉枝的手法，使其尽量与主干保持 70°～90°，主枝上不留侧枝，直接着生中、短、花束状结果枝组。随着树龄的增加和树势稳定，应及时落头开心，以改善内膛光照条件。

仁用杏树以中果枝、短果枝、花束状枝结果为主，幼树生长旺盛，长果枝和中果枝数量较多，当新梢长到 50～60cm 时，进行摘心，促发副梢，增加结果枝，同时不断疏除密挤枝、交杈枝、徒长枝、病虫害枝等。对有保留背上枝、徒长枝、直立枝，当枝长到 50cm 左右时及时扭梢。夏季拉枝，调整树势，通过拉枝、扭枝，保持一定的开张角度，扩大树冠，对树通风透光，缓和树势，促使营养生长转向生殖生长。

4. 土肥水管理　土是植物生长的母亲。建园后首先在 1～2 年内要随树冠的大小扩大树盘 1～1.5m，进入结果期，要进一步扩大树盘，做好水土保持盘埂。

肥料是植物的粮食。杏树喜钾肥，对钾肥要求高。据研究杏树适宜的氮、磷、钾肥比为

6.3∶1∶8.7 或 8.1∶1∶10.2，成龄杏园每亩初秋施优质农家肥 5000kg，花前追施氮肥，硬核期速效氮肥，在结果成熟期追施硫酸钾肥。在成龄杏树结果期生产 100kg 杏仁，需氮肥 24kg，磷肥 12kg，钾肥 19kg。基肥占全年总量的 70%，以不同的树龄和产仁量定施肥量。

杏树耐旱，但有水更高产。按杏树的需水规律每年灌水 4 次，第一次在开花前 7~10 天，第二次在杏硬核期，即花落后 20 天左右，第三次在果实采收后结合施肥灌 1 次水，第四次在土壤封冻前。

5. 保花保果

（1）仁用杏开始萌动，开花前 10 天左右，给杏园灌水，降低地温，如果降低地温 1℃，就延长杏树休眠推迟开花 7~10 天。

（2）在花芽膨大期用 25% 的青鲜素水剂 90 倍稀液每亩喷 40kg，可推迟开花 5~6 天。

（3）熏烟防冻害，一是利用杏园枯枝、落叶、杂草、秸秆等堆放杏园上风头，每亩放 3~4 堆，在霜害来之前点火；二是用 20% 硝酸铵，15% 废柴油，15% 煤粉，50% 锯末混合配制成烟雾剂，分装牛皮纸袋内，每袋 1.5kg，压实、封口，使用时将烟雾剂挂在杏园上风头，引燃即可。

（4）选择抗低温品种，给树干冬春涂白，用杂草，秸秆覆盖杏园地面，均可降低地温回升速度。

（5）花期人工授粉和放蜂，开花期人工点授多个杏品种花粉，杏园养蜂均可显著提高坐果率，每 0.63~1hm² 一箱放蜂为宜，放蜂比不放蜂可增产 1.3 倍。

（6）花期喷水喷硼（0.1%~0.3%）有利于花粉粘着和萌发提高坐果率。

五、病虫害防治

（1）蚜虫类 以桃粉蚜为例，该虫 1 年 10 余代，以卵在杏树枝梢芽缝小枝杈越冬。翌年三月花芽萌动时开始孵化，含苞待放时为孵化盛期，花开放时孵化结束。桃蚜刺吸叶片，使受害叶片卷曲成团。防治适宜期：4 月份开花前孵化期喷药消灭无翅成虫；花后至初夏喷药 1~2 次，消灭迁飞以前的有翅蚜。

防治方法：花前、花后用 20% 的灭扫利乳油 4000 倍液喷雾，在迁飞前用 10% 吡虫啉可湿性粉剂 1000~2000 倍液喷杀有翅蚜虫。

（2）大青叶蝉 1 年 3 代，在杂草或农作物上取食，在杏树幼嫩枝干上产卵。在杏树上产卵的时间为 10 月中下旬，防治适宜期在第 3 代成虫集中危害期。

防治方法：喷 30% 蛾蚜灵乳油 1500~2000 倍液有良好效果。应注意杏园内杂草，秋菜或其他间作物上也要喷布，并根据药剂的残效期连续喷布 2~3 次。

（3）食心虫类 以桃小食心虫为例。该虫 1 年发生 1~2 代，以老熟幼虫结茧在土壤中越冬。翌年 5 月中下旬幼虫开始出土，5 月底至 6 月初降雨后 1~2 天为出土高峰。越冬幼虫出土上树以前和蛀果前是防治的关键期。

防治方法：越冬幼虫出土时树下地面撒 1∶50 倍 75% 辛硫磷毒土，撒后轻耙。

（4）介壳虫类 以杏球坚介壳虫为例。该虫 1 年 1 代，以二龄若虫在枝上越冬。成虫吸食枝干和叶液，削弱树势，重者导致枝条枯死。防治适宜期在若虫孵化盛期。

防治方法：在芽膨大期喷 5 度石硫合剂和人工捕杀。

（5）杏仁蜂 主要危害杏仁，该虫 1 年发生 1 代，以老熟幼虫在被杏核内越冬，翌年杏树落花时成虫羽化，5月上旬卵孵化，6月上旬幼虫老熟后在杏核内越夏越冬。

防治方法：清除落果和树上僵果，集中处理消灭虫源。成虫羽化盛期落花后喷50%杀螟松乳油800~1000倍液。

（6）根腐病　该病的病菌主要为孢镰刀菌和茄属镰刀菌。主要从根部侵染，一般在4月下旬5月上旬开始发病，地上部分表现新梢幼嫩芽弯曲，叶片失水青干，严重时一个大枝或整株枯死。

防治方法：于4月下旬，用200倍硫酸铜或200倍代森铵药液灌根。

（7）杏疔病　该病属于病毒病，一般的危害不严重，发现病株后，及时剪去病枝病叶清除病果。

（8）流胶病　一般的多发生在主干上，主枝分杈处或剪锯口及虫害伤口等处，病斑大小不等，流胶病是由输枝孢菌引发的。

防治方法：①用100倍苯异咪唑或苯莱特涂抹剪锯口或伤口，以防止孢菌的侵染。②在流胶处刮掉胶块，涂抹200倍菌毒清。

（刘玉仓）

李

别名：李子

学名：*Prunus salicina* Lindl.

科属名：蔷薇科 Rosceae，李属 *Prunus* L.

一、经济价值及栽培意义

李是我国栽培历史悠久的古老果树之一。据考证大约在 3000 年前即有栽培。《诗经》中载："丘中有李，彼留之子"，可见当时已有李栽培；《管子》载："五沃之土，其木宜梅李"，说明当时栽培李已知选择适宜的土壤。而《齐民要术》这本古农书中，对李的品种、栽培技术等，更有比较详细的论述。

李树适应性强，对气候土壤条件要求不严格，栽培管理技术也容易掌握，结果早、产量高，高产稳产，既可以大面积栽种，建立商品基地，又适于房前屋后零星栽植。

李果实色泽鲜艳、风味甘美、营养丰富，是一种营养价值很高的鲜果。果实含糖量 7%～17%，有机酸 0.16%～2.29%，单宁 0.15%～1.5%；据测定每 100g 鲜果含有水分 90g，蛋白质 0.5g，脂肪 0.2g，碳水化合物 9g，胡萝卜素 0.11mg，硫胺素 0.11mg，核黄素 0.02mg，尼克酸 0.3mg，抗坏血酸 1mg，钙 17mg，磷 20mg，铁 0.5mg，还含有天门冬酸及甘氨酸等多种氨基酸。这些营养物质都是对人体有益的。医学界认为李果味甘酸，性寒，具有清热利尿、活血祛痰、润肠等作用。李果实除鲜食外，还可加工成果酱、果干、果汁、果酒、果脯和李罐头、蜜饯加应子等，畅销国内外。

李的树姿优美，春时繁花似锦，夏时硕果累累，是净化空气和美化环境的良好树种。李树木材坚韧，色泽红，有花纹，具光泽，适宜雕刻和加工。李品种繁多，成熟期各异，采收供应期长达 4 个月之久。因此李树栽培在国民经济中占有一定的重要地位，发展李树生产有着广阔的前景。

二、形态特征

小乔木，小枝平滑无毛，叶长椭圆状倒卵形，或椭圆状倒卵形，先端突尖，基部楔形，边缘为二重钝锯齿，表面绿色，有光泽，叶柄长 1～2cm，有数腺。花通常每三朵为一丛，白色，花期于杏花之后，少数自花结实，多数需异花授粉，成熟期因品种而异（6～9 月）。果实有圆形、扁圆形、心脏形或卵圆形，果皮有黄色、红色、紫红、蓝色、黑色、绿色等，果肉有绿色、黄色、红色等，果面被果粉，粘核或离核。

李

三、栽培品种

1. 莫尔特尼　果实近圆形，平均单果重74.2g，最大123g，果面紫红色，果肉淡黄色，质细味甜，品质中上，6月上旬成熟，早实丰产。

2. 早红李　早红李又名大实早生，原产日本，20世纪80年代由日本引进。早红李树冠圆头形，树姿开张。果实卵圆形，平均单果重34g，最大65g。果面鲜红色，果肉黄色，有放射状红线。肉质细，松脆，细纤维较多；甜酸多汁，微香。可溶性固形物含量为11.5%，粘核，在陕西杨凌于6月中旬成熟，是极早熟的鲜食品种，较丰产。

3. 玫瑰皇后　原产美国，欧美、大洋洲等地的国家广为栽植，现已引进我国。玫瑰皇后李植株长势强旺，枝条直立，成枝力强，嫩梢绿色，1年生枝淡黄色，以花束状枝结果为主。平均单果重86g，最大151g。果形扁圆，顶部圆平，缝合线不明显，果柄粗短；果面紫红，有果粉，果点大而稀；果肉金黄色，肉质细嫩，汁液较多，味甜可口，品质上等，可溶性固形物含量13.8%。离核，耐贮运。在杨凌地区8月上旬成熟。

4. 琥珀李　从澳大利亚引进，原产美国，系黑宝石李与玫瑰皇后李杂交育成。该李树树势强健，枝条直立，结果后树冠逐渐开张，多年生枝灰褐色，枝条萌芽力强，成枝力弱。以花束状果枝结果为主。平均单果重97.5g，最大141g。果皮紫黑色，皮易剥离。果肉绿黄色，肉质韧硬，完全成熟时沙软，风味酸甜多汁，品质上等。可溶性固形物含量为11.2%，常温下果实可存放10天左右。粘核或离核。在杨凌地区8月上旬成熟。

5. 黑宝石　原产美国，为美国加州十大主栽品种之首。树势壮旺，成枝力较低，嫩梢棕红色，1年生枝黄褐色，以长果枝和短果枝结果为主。平均单果重72g，最大127g；果形扁圆，顶部平圆，缝合线明显，果柄粗短；果面紫黑色，果粉少，无果点，果肉乳白色，质地硬、细，汁多，味甜爽口，品质上等，可溶性固形物11.5%，离核，耐贮运，在0~5℃条件下可贮藏3个月以上。在杨凌9月上旬成熟。

6. 秋姬李　引自日本，平均单果重170g，最大247g，果面鲜红色，果肉黄色，致密多汁，味浓甜，耐贮运，自花结实率高，丰产，9月上旬成熟。

7. 沸腾李　原产美国，1996年引入陕西，果实近圆形，平均单果重183.5g，最大239g，初熟鲜红色，果肉淡黄色，成熟时紫红色，果肉红色，汁液多，果肉致密，味甜微酸，香味浓，品质上等，含可溶性固形物14.2%。7月底8月初成熟。

8. 凯尔斯　原产美国加州。早实极丰产。果实9月中下旬成熟，平均单果重84.8g，最大的197g，果面黄绿，糖度大，极甜，鲜食加工兼用，耐贮运。

四、分布区域

在西北地区李树分布于陕西秦岭、巴山海拔750~1100m等处，全省栽培；甘肃分布栽培于文县、卓尼、迭部、舟曲海拔600~2600m及小陇山、子午岭南段海拔1200~1700m；宁夏全区栽培，青海栽培于西宁、大通、互助、民和、乐都等地；新疆乌鲁木齐、喀什、和田、伊犁、哈密、塔城等地有栽培。此外华东、华南、西南、中南、华北及东北地区也有分布与栽培。据报道1990年世界共有56个国家和地区生产李。

五、生态习性

李树对气候的适应性强，既抗寒又耐高温，既抗旱也耐水湿。李树对温度的要求因品种而异，北方有的品种可耐 -35 ~ -40℃低温，南方品种对低温适应性较差。李树对土壤要求不严格，土壤疏松肥沃，土层厚，李树生长发育较好。李树根系分布较浅，抗旱性一般，喜潮湿，对土壤缺水或水分过多反应敏感。李园土壤如能保持田间持水量的60% ~ 80%，根系就能正常生长，果实膨大期需水最多，花芽分化期和休眠期需要适度干燥。

李树较为喜光。光照充足，树势强健，枝叶繁茂，花芽分化好，产量高，果实着色好，李果品质好。而光照不足时，枝梢较细弱，花少果稀，品质差。

六、培育技术

（一）育苗技术

1. 砧木选择 北方干旱地区李树多以山桃、毛桃和山杏作砧木，表现耐寒、耐旱、耐瘠但不耐涝。南方用李砧（共砧），对低洼黏重土壤适应性强，树体寿命长，根癌病少，但抗旱性和耐寒力较差，易萌发根蘖。

2. 层积处理 将采集的种子于11月下旬或12月初用水浸泡3 ~ 4天，然后混入3 ~ 4份河沙，选择排水良好的地方，挖深80cm，宽0.8 ~ 1m的沟，沟长视种量而定，在沟底先铺一层10cm湿沙，再放入混有湿沙的种子，至地面10cm距离为止，然后盖上10cm厚湿沙与地面平，待翌年春天将种子取出播种。

在陕西有些地方，于11月下旬或12月初，将浸泡的种子直接开沟播种，土壤封冻前，对播种床进行漫灌，以备越冬。但要注意严防田鼠危害。

3. 播种 在选好的苗圃地上，精细整地，消灭地下害虫，施足底肥，做好床，春季待沙藏的种子有1/3裂口时播种，每亩播种量山桃40kg，山杏30kg，出苗后适时松土除草。

4. 嫁接 在北方8月上旬至9月上旬进行嫁接，目前各地主要采用带木质部芽接，此方法也叫嵌芽接，采用此种方法嫁接操作简便，成活率高。苗木嫁接后翌年春季在接芽上方1cm处剪砧，萌芽后未成活的采用枝接法补接。适时除萌蘖，浇水施肥，松土除草，防治病虫害。

（二）栽培技术

1. 建园

（1）园址选择和规划 李树对土地要求不严，平地、丘陵、坡地、沙滩盐碱地均可栽植。在坡地建园时要提前进行工程整地，修建水平梯田，然后栽植。

园址选好后，应根据建园任务和当地具体条件，本着合理利用土地，便于经营管理的原则，全面考虑，统筹安排。规划内容包括道路（主路、干路和支路），排灌设施（干渠、支渠），防风林带和建筑物等。

（2）主栽品种与授粉树配置 根据当地的风土条件和市场需要选择主栽品种，早、中、晚熟品种搭配。李树大部分品种自花结实力差，建园时除考虑主栽品种外，还应配置10% ~ 15%的授粉树。

（3）栽植密度和方法

①栽植密度 依据管理水平和当地条件决定栽植密度，平地水肥条件好，树形为开心

形，株行距为 3m×4m，纺锤形株行距为 1.5～2m×3m。山坡水肥条件差不宜密植，株行距为 3m×4m 或 4m×4m。

② 栽植方法　按照设计的株行距定点挖穴，穴深 80cm，直径 100cm，挖穴时将表土与心土分开堆放，然后将有机肥与表土混合填入穴底，再回填心土，灌水沉实，将李苗放入定植穴中，使根系舒展，然后培土灌定根水，待水下渗后覆一层细土，并做好树盘。

2. 果园管理

（1）水肥管理　定植后每年秋冬季扩穴施有机肥，春夏两季施氮肥，秋季施磷钾肥，根据土壤墒情适时灌水，灌水施肥后及时松土除草。

（2）修剪

① 开心形　定植后距地表 60～70cm 处定干，在整形带内留 3 个主枝，每个主枝上配置 3～4 个侧枝，在侧枝上培养结果枝组。

② 纺锤形　中心主干上配置 10～12 个侧生小主枝，错位排列，其树体构架为"一竖多横软耷拉"，一竖：中心干要粗、直、壮、挺拔；多横：侧生小主枝要多、细、平、匀、单轴延伸不留杈；软耷拉：枝组体小、轴软、垂挂、单轴枝组自然演化。其树体结构：高干矮冠，中干强壮，无层无侧，多主开张，上稀下密，上短下长，轴差悬殊，更新适当，协调增光。

六、病虫害防治

1. 李红点病 ［*Polystigma rubrum*（Pers.）DC.］　红点病主要危害叶、果。

防治方法：①清除病叶、病果，集中深埋或烧毁，消灭越冬菌源；②开花末期至展叶期，喷布 1∶2∶200 波尔多液或琥珀铜 100～200 倍液。

2. 李黑斑病 ［*Xanthomonas pruni*（Smith）Dowson］　此病又名李叶穿孔病，主要危害枝、叶、果实。

防治方法：①清除枯枝、落叶、落果，集中烧毁，消灭越冬菌源；②发芽前喷 1∶1∶100 的波尔多液，5～6 月份喷 65% 代森锌粉剂 500 倍液。

3. 李实蜂 （*Hoplocampa* sp.）　主要危害果实。

防治方法：幼虫入土前或成虫羽化出土前，在李树树冠下撒 2.5% 敌百虫粉剂或喷洒 50% 辛硫磷乳油 500～1000 倍液。

4. 李小食心虫 （*Grapholitha fenebrana* Treit）　主要危害果实。

防治方法：①地面喷药：越冬幼虫羽化前或第一代幼虫脱壳前，在树冠下地面喷 50% 辛硫磷乳油 300～500 倍液，每亩用药 0.25～0.5kg 毒杀成虫和幼虫。②树上喷药：成虫发生期，树上喷 50% 杀螟松乳油 1500 倍液，对杀死卵和初孵化幼虫均有效。

（张志成）

杏 李

别名：美国杏李杂交新品种

科属名：蔷薇科 Rosaceae 李属 *Prunus* L.

一、经济价值及栽培意义

杏李杂交新品种是中国林科院经济林研究中心 2000 年依托国家"948"项目从美国引进的新兴水果，它是用李和杏通过复杂的杂交过程获得的。其果实具有特有的浓郁芬芳的香味，艳丽的色泽，果实含糖量比任何一种单独杏或李品种的含糖量都高得多，且果大、早食、高产、病虫害少。由于杂交杏李新品种极佳的品质、广泛的适应性和良好的贮藏性能，发展美国杏李杂交新品种的前景十分广阔。

二、形态特性

引进的杏李杂交品种主要有：

1．风味玫瑰 李基因占 75%，杏基因占 25%。果皮紫黑色，果肉红色。可溶性固形物含量 18%～19%。单果重 80～150g。果实成熟期 5 月下旬至 6 月上旬。

2．味馨 李基因占 25%，杏基因占 75%。果皮黄红色，果肉桔黄色。可溶性固形物含量 17%～19%。自花结实。单果重 50～80g。果实成熟期 5 月下旬至 6 月上旬。

3．味帝 李基因占 75%，杏基因占 25%。果皮浅紫色带有红色斑点，果肉红色。可溶性固形物含量 18%～20%。单果重 70～120g。果实成熟期 6 月上旬至 6 月中旬。

4．风味皇后 李基因占 75%，杏基因占 25%。果皮桔黄色，果肉桔黄色。可溶性固形物 19%～20%。单果重 80～120g。果实成熟期 7 月中旬至 8 月上旬。

5．恐龙蛋 李基因占 75%，杏基因占 25%。果皮黄红色，果肉粉红色。可溶性固形物含量 18%～19%。单果重 80～140g。果实成熟期 7 月下旬至 8 月上旬。

6．味王 李基因占 75%，杏基因占 25%。果皮紫红色，果肉红色。可溶性固形物 19%～20%。单果重 70～120g。果实成熟期 8 月中旬至 8 月下旬。

7．味厚 李基因占 75%，杏基因占 25%。果皮紫黑色，果肉桔黄色至红色。可溶性固形物含量 18%～20%。单果重 80～130g。果实成熟期 8 月下旬至 9 月上旬。

三、分布区域

在杏和李适生区的大部分地区均可栽培。西北地区的陕西、甘肃、宁夏全部和青海的东部、新疆的南部和中西部为适生栽培区。我国的河南、河北、北京、天津、山西、山东、安徽、江西、浙江、福建、江苏、湖南、湖北、四川、重庆、贵州、云南、广西、广东等省、市、区的大部分地区均为杏李新品种的适生区。

四、生态习性

杏李新品种能够适应多种类型的土壤条件，对土壤酸碱度要求不严，喜光、耐旱、耐寒、耐贫瘠、怕涝，萌芽率高，枝条直立旺长不开张，自然形成扫帚形树冠。美国杏李是两性花，雌雄蕊发育正常，可以自花授粉，但配植授粉树能充分受精，提高坐果率。

五、栽培技术

（一）育苗

杏李繁殖常以山桃做砧木，进行嫁接（育苗技术见山桃部分），嫁接方法主要用"丁"字形芽接。嫁接时间为7月中、下旬到9月上、中旬。砧木苗基部距地面6cm处的粗度达到0.3cm以上的，都可进行嫁接。芽接后，10~15天检查成活情况，未接活的可在伤口下部再补接1次。第三年春接芽萌发前，解除绑缚物，同时可从接芽上部一次剪去砧木苗干，不留桩。

（二）建园

1. 园址选择 为获得早期丰产，园地应选择地势平坦，排灌良好、土层深厚、土壤肥沃、土壤pH值5~8的壤土为好。此外，为生产绿色无公害水果，应注意园地周边水质、空气、土壤的污染情况。

2. 授粉品种配置 一般将2~3个成熟期接近的品种以等比或倍比行状或块状混栽达到充分授粉，提高结实率。

3. 挖穴定植 秋末、早春均可栽植，株行距以2m×3m、3m×4m或2m×4m为好，每亩56~111株。栽植前先进行整地挖穴，栽植穴大小一般为80cm见方，然后每穴施20~30kg有机肥，与表土充分混匀，回填至栽植穴深的1/2处，栽苗时将苗木根系舒展地放置于穴内，取少量表土回填后，将苗木轻轻上提，使根系充分舒展，踩实后浇透水。

4. 管理

（1）灌水施肥 杏李新品种定植成活后，每年于花前、花后、幼果膨大期及封冻前各灌水1次，7~8月视降水多少及时进行排灌水。

栽植第二年，行间进行深翻，并注意生长季节进行中耕锄草。果实采收后，加强水肥管理，提高树体养分积累量，以促进树势恢复形成充实饱满的花芽。10月下旬至11月上旬，于树行两侧开挖深40cm、宽30cm的沟或槽，株施腐熟有机肥20kg，过磷酸钙2~3kg，尿素0.5~1kg。

（2）整形修剪 树形采用自然开心形或疏散两层开心形（如图1），主干高40~50cm。自然开心形其树体结构为：主干上3主枝错落（或邻近），3主枝按45°开张角延伸，每主枝有2~3个侧枝，开张角为60°~80°。自然开心形的整形方法：第二年从定干后长出的新梢中选3个长势均匀、方位适宜的枝条做为主枝，待其长到60~80cm时，截留50cm，其余枝条有空间的拉平，并可在其基部环割1~2道，以消弱其生长势，促其尽早形成花芽，过密的疏除或摘心。

疏散两层开心形其树体结构为：第一层3个主枝，层间距80cm。第二层两个主枝，以上落头开心。其整形方法类同自然开心形，不同之处是选留第一层主枝后，在其上80cm处选留两个主枝作为第二层主枝。杏李幼树以短果枝及花束状果枝结果为主，除味王外其他几个品种对修剪反应都较为敏感，且萌芽率高、抽枝力强，易发徒长枝。因此，在夏季修剪中应以疏枝为主、少截或不截，疏除内膛密生枝、重叠枝、萌蘖枝，改善树体结构，提高通风透光条件。此外，对于剪口萌发的枝条应及时抹除，以免形成直立性徒长枝。对于强旺枝或树，可以在清明前后于枝条基部环割 1~2 道（两道间隔 10cm 以上），对于形成花芽、提高坐果率都有显著的作用。味王萌芽率较低、抽枝力较弱，在夏季修剪时应适当短截，以促进发枝，尽早扩大树冠。

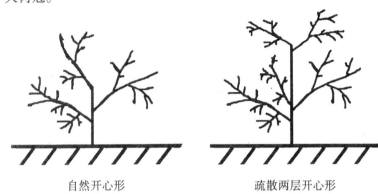

自然开心形　　　　　　　　　　　疏散两层开心形

图 1　杏李杂交新品种适宜的两种树体结构

（3）花果管理　杏李新品种开花前应进行复剪，疏除细弱花枝。盛花期放蜂，结合叶面喷施 0.3%~0.5% 的磷酸二氢钾加 0.3%~0.5% 尿素可显著提高坐果率。杏李疏果应在第一次生理落果后，一般每隔 10cm 留 1 果。杏李着色前每隔 1 周喷 1 次 0.3%~0.5% 的磷酸二氢钾溶液能够明显提高含糖量及促进着色。果实采收后应加强肥水管理，促使树势恢复，同时，可采用叶面喷施 500~800 倍 2~3 次的多效唑来控制树体旺长，促使花芽形成。

六、病虫害防治

杏李病虫害很少，主要有梨小食心虫、蚜虫等。防治方法同杏树和桃树。

（刘　楠、罗　中）

山　楂

别名：红果、山里红
学名：*Crataegus pinnatifida* Bge.
科属名：蔷薇科 Rosaceae，山楂属 *Crataegus* L.

一、经济价值及栽培意义

我国是山楂原产地之一，栽培历史悠久，已有 3000 余年，山楂果实营养丰富，含蛋白质 0.7%、脂肪 0.2%、碳水化合物 22%，且含多种维生素和矿质元素。每 100g 鲜果中含 Vc 89mg，V_A 82mg，分别为苹果的 17.7 倍和 10 倍，柑橘的 2.6 倍和 1.5 倍；山楂果实酸甜爽口，是良好的鲜食果品之一；山楂果实含有大量的红色素、果胶及多种有机酸，可加工成色泽艳丽、风味独特、清香可口的冰糖葫芦、山楂片、山楂糕、山楂酱、山楂饴、山楂汁、山楂果酒等。山楂有较高的药用价值，由于果实中含有大量的维生素、黄酮类化合物等生理活性物质，具有助消化、软化血管、降低血脂、血压及防癌等多种功效。是良好的保健果品。

山楂丰产早实，寿命长、适应性广。栽后第三年结果，4~6 年进入盛果期，经济栽培寿命长达 100 年以上，270 余年生大树年产量仍可达 200kg；山楂可在瘠薄山地、河滩沙地栽植，并能获得显著的经济效益，为深受群众喜爱的经济林树种之一。

二、形态特征

落叶乔木，高达 6m，树皮粗糙，暗灰色或灰褐色。叶片宽卵形或三角状卵形，长 5~10cm，宽 4~7.5cm，先端短渐尖，基部截形至楔形，两侧各有 3~5 个羽状深裂片，伞房花序；果实近球形，直径 1~1.5cm，深红色，有浅色果点；小核 3~5 个。花期 5~6 月，采收期 9~10 月。

另外，有些地方栽培有云南山楂和湖北山楂：

1. 云南山楂（*C. Scabrifolia*）　又称山林果或酸冷果。落叶乔木，高达 10m，树皮黑灰色，小枝微屈曲。叶片卵状披针形至卵状椭圆形，长 4~8cm，宽 2.5~4.5cm，先端急尖，基部楔形，边缘有稀疏不整齐的重锯齿，叶片常不分裂，伞房花序或复伞花序，总花梗和花梗均无毛；果实偏球形，

山楂

直径 1.5~2.0cm，黄色或带红晕，有稀疏褐色斑点；小核 5 个，花期 5~6 月，果熟期 8~10 月。原产云南、贵州、广西、四川等地。为二倍体种。

2. 湖北山楂（*C. hupehensis*）　又名猴楂子、酸枣。落叶乔木或灌木，高 3~5m，枝条

开张，小枝无毛，有疏生浅褐色皮孔。叶片卵形至卵状长圆形，长 4 ~ 9cm，宽 4 ~ 7cm，先端渐尖，基部宽楔形或近圆形，边缘有锯齿。伞房花序；果实近球形，直径 2.5cm，深红色，有斑点，花期 5 ~ 6 月，果熟期 8 ~ 9 月。分布于湖北、湖南、江西、浙江、江苏、四川、山西、陕西、河南等地。为二倍体种。

三、分布区域

山楂属植物在全世界约有千种，广泛分布于北半球，我国西北的陕西、甘肃、宁夏、新疆、青海等省（自治区）广为栽培。此外，黑龙江、吉林、辽宁、内蒙古、河北、山东、山西、河南、安徽、江苏、浙江、江西、福建、广东、广西、湖南、湖北、四川、云南、贵州、北京、天津等地都有分布或栽培。

四、生态习性

山楂对环境适应性强，耐干旱，耐瘠薄，抗风，耐寒。但品种（类型）不同，对环境条件的要求也有较大的差异，各地在栽植山楂时，应注意选用适宜当地栽培的品种。

山楂对土壤要求不严，喜沙质壤土或壤土，河滩沙土、山地砾质壤土亦能正常生长结实；黏重壤土生长较差，且果实品质也欠佳。土壤酸碱度一般以中性和微酸性为好，pH 值为 7.4 以上的盐碱地上其生长较弱，易患黄叶病；山楂在山地、丘陵、平原均可栽植，在海拔 1500m 以下，坡度为 5° ~ 15° 的缓坡山地栽植，随着海拔高度的增加，果实着色愈浓，冠高率愈小；土层较厚、较湿润的半阴坡或水源条件较好的阳坡生长结果良好。

我国山楂的经济栽培区在北纬 29° 至 48° 之间，无霜期 110 ~ 120 天以上；年均气温在 2.4 ~ 22.6℃（12 ~ 14℃ 的地区为最好）；≥10℃ 的有效积温为 2000 ~ 7000℃；但其丰产区有效积温为 3000 ~ 4500℃。山楂可忍耐极端最低气温 -40℃，最高气温 43.3℃，一般能适应 -15 ~ -20℃ 的严寒和 40℃ 的高温。山楂萌芽抽枝的月平均气温约在 13℃ 左右，果实生长发育的月平均气温约在 20 ~ 28℃，最适气温为 25 ~ 27℃；山楂根系在早春地温达 5℃ 以上即开始生长，晚秋或初冬地温降至 6℃ 以下时，根系被迫停止生长，进入休眠状态。

五、培育技术

（一）播种育苗

1. 采种 不同类型的山楂种与品种，含种仁率多少、发芽率高低、抗性强弱等都有显著差异。大多数栽培山楂含种仁率低（10% ~ 20% 以下），抗性相对较差，很少采用。实生山楂含种仁率较高（60% ~ 80%），但资源有限。我国野生山楂分布广泛，便于采集，含种仁率较高（45% ~ 80%），适应性强，是培育山楂砧木苗最理想的种子资源。

据报道，阿尔泰山楂和山楂种子层积一冬即可出苗；野山楂做砧木具有矮化效果；产于辽宁省西丰、宽甸等县的软籽山里红种子，种壳软而薄，种子容易处理，这些都是珍贵的山楂砧木资源或育种资源，可供开发利用。

2. 沙藏层积催芽 经过处理的种子立即进行层积催芽。一般要选择向阳干燥、排水良好的地方，挖深、宽各 30 ~ 40cm 的沟，长度依种子多少而定，将沟底和四壁铲平，先铺上 5 ~ 10cm 厚的湿沙，再按 1 份种子 3 ~ 4 份湿沙的比例掺匀倒入沟内，厚约 10 ~ 20cm（沙的湿度以手握成团而不滴水为宜）。铺平后上面再盖上一层 5cm 厚的湿沙，然后用土封盖。前期培土不宜太厚，以保持沟内较高的温度。到立冬以后，随着气温的下降，逐渐加厚土层，可高出地面，以防存水和积雪（其厚度以不冻伤种子为宜）。若种子采收或层积较晚时，前期可在沟上面盖一层塑料薄膜提高地温。若种子量大时，需在沟内插入草把以利通气。到 2 月中旬温度回升到 5℃ 左右即开始发芽时，应注意检查发芽情况，若发芽过早，可适当去掉部分盖土，以降低沟内温度，延迟发芽。

3. 播种 一般在 3 月中旬（惊蛰前后），待 40% 左右的种子露白时开始播种，每亩用种量按下列公式计算：

$$每亩用种量（kg）= \frac{每亩计划砧木苗数}{每千克种粒数 \times 种仁率 \times 发芽率}$$

播种前先浇足底水，待水渗下土壤不黏时，每畦开 4 条深 2.0 ~ 2.5cm 的播种沟，将种子均匀地撒入沟内，再覆土厚 1.5cm 左右，并轻轻推压平使土壤和种子密结。苗木出土前后若土壤干燥时，可在早晚适当喷水，忌浇蒙头水，以防地面板结。

4. 出苗后管理 播种后约 15 天幼苗出土，当苗长到 2 ~ 4 片真叶时，进行间苗补稀，株距一般定为 15cm，幼苗期因地温较低不宜过早浇水，可松土保墒，提高地温。当苗木基本木质化后，至 5 ~ 6 月份幼苗进入速长期，可追施化肥，每亩追施尿素 5kg 或磷酸二铵 10 ~ 15kg。6 月下旬至 7 月上旬再追 1 次肥，每次追肥后配合浇水、松土、锄草保墒。在幼苗速生期可喷 0.3% 尿素 2 ~ 3 次，若加喷 40 ~ 50μg/g 赤霉素效果更好。当苗木高 25 ~ 30cm 时，要进行摘心，促使幼苗加粗生长。

幼苗期易发生立枯病，可在幼苗出土后至半木质化前，用 800 倍退菌特喷洒 1 次，或用 1% 硫酸亚铁水喷洒畦面防治。幼苗出土后 20 天内严格控制浇水。中后期易得白粉病，可用 0.2 ~ 0.3°Be 石硫合剂喷洒叶面。

（二）嫁接育苗

1. 接穗选择 我国栽培山楂品种类型繁多，其品质、丰产性、抗寒性、抗盐碱能力等差异较大，应选择适应本地区环境条件的优良山楂品种作接穗，一般可在健旺、丰产、无病虫害的盛果期树的外围，剪取生长充实、芽饱满的当年生已木质化的发育枝作接穗。夏、秋季采下的接穗，应立即剪除叶片，保留叶柄，按 50 ~ 100 根扎成 1 捆，用湿布包起来，外裹塑料布，置在阴凉处贮藏备用。落叶后剪采的接穗，应选择背阴处挖沟埋于湿沙中贮存，温度保持在 0 ~ 5℃，以备翌年春天嫁接时用。

2. 嫁接方法 山楂苗嫁接多以芽接为主，也可采取枝接。

（1）芽接 常用的有"T"字形芽接法和带木质部芽接法（又称嵌芽接）。

①"T"字形芽接法 适宜的时期是在砧木和接穗都离皮时采用。可分别在春季（谷雨前后）、夏季（夏至前后）和秋季（立秋前后）进行，其中以秋季为主要时期，这时砧木苗已达到要求的粗度，接芽也发育充实，接后当年不萌发，次年春剪砧培育成苗。嫁接成活率可达 95% 以上，苗高可达 1 ~ 1.5m 以上，苗茎粗 1cm 左右。

②带木质部芽接 在砧木和接穗双方或一方不离皮时采用，春季和秋季都可进行，嫁接成活率可达 90% 以上。

（2）枝接 多采取劈接、舌接和切接等方法。枝接主要是在早春树液开始流动而接穗芽尚未萌动时进行，一般用于较粗的砧木上，如上年秋季芽接没成活的砧苗上进行补接或在较粗的根蘖苗上嫁接。

3. 接后苗木管理

（1）适时解绑和补接　芽接苗嫁接后 10 天左右应检查成活情况，凡接芽新鲜、叶柄一触即落者表明已经成活，在半月内可以解绑。发现没有成活的应随时补接。

（2）剪砧和除萌　春夏季嫁接在接芽成活后，应及时在接芽上方 0.5cm 处剪砧，促使当年萌发成苗。秋季芽接的要到来年春季发芽再进行剪砧，剪口要向接芽的背阴面略微倾斜，以利快速愈合。对砧木萌芽及时抹除，使养分集中于接活的芽枝上。

（3）加强地下管理　在接苗速生期要及时进行追肥浇水、中耕锄草、促进苗木质量的提高。

（三）建园和栽植

1. 园地选择　山楂建园应因地制宜、全面规划、合理安排。山楂树虽然对环境条件要求不严，但土层深厚、肥沃、排水良好的沙质壤土地上生长最好，而在黏重土壤、盐碱地上生长不良。

丘陵山地，光照充足、昼夜温差大、排水良好，果品质量较高。因此，建园时宜选择土层深厚、坡度较小的地块，如土层较薄、土质较差时，则需先行深翻改土，增厚土层，并整成梯田，以利保持水土。丘陵山地的坡向对山楂树生长发育也有一定的影响，一般南坡比北坡光照时间长，早春地温回升快，物候期较早，果实成熟早，着色好。

平原建园，则应选地下水位不高，易于机械化操作的地块；若土壤瘠薄，地力较差，可增施有机肥料，改善土壤肥力状况，以利栽植后强壮树势。

2. 栽植密度与方式

（1）栽植密度　山楂树栽植密度的确定要考虑各品种的生长特性，当地的地形地势、土层、土壤、气候条件和管理水平等几个方面。一般在地势平坦、土层较厚、肥力较高、条件好的密度可小些，反之可大些。另外大面积的合理密植可最大限度的经济利用土地，有利于实现早期丰产，即做到集约化栽培又便于管理。

山楂树的栽植密度

密度种类	株行距（m）	亩栽株数	后期处理	立地条件
一般密度	5×6（4×5）	22～33	永久性	平地、深厚山地
中密度	3×4（2.5×4）	55～66	永久性	平地、山地
高密度	2×3（1.5×3）	111～148	3 年后回缩控制间伐	山地、平地

（2）栽植方式　应根据环境条件、地形地势等全面考虑。

①山地等高栽植　便于管理和修建水土保持工程。

②长方形栽植　即行间大，株间小。这种方式的优点是通风透光、耕作方便。株间小，易于封行，但可减少不良气候的袭击。

3. 栽植时期　一般分春栽和秋栽。春栽多在土壤解冻后到发芽前进行。冬季温暖、土壤湿度大的地方可秋栽，即从苗木落叶到封冻前进行，此期苗木贮备养分多，成活率高，生长好。

4. 栽植技术　栽植前按照已定的株行距打点。穴的大小与深度均在 1m 左右，挖穴时要将表土和底土分开放置。定植时，要用表土与肥料混合填入穴底；黏土混以沙土；过重酸性土，增施石灰。穴底填肥土呈馒头状，将苗立放其顶部，根向四周舒展与土壤密接，边填土边踩实。栽后苗木根颈部比地面高出 5cm。浇水后，虚土下沉，使苗的根颈部正好与地面相平。

5. 追肥 追肥的种类多是速效性化肥，如硫酸铵、硝酸铵、尿素、氯化铵、碳酸氢铵、过磷酸钙、硫酸钾等无机肥料。

追肥可分为前期追肥和后期追肥两种。前期追肥是花前至果实膨大期，以氮肥为主，如硫铵、尿素等。后期追肥，即在果实迅速膨大期追施，以氮、磷、钾混合肥为佳。前期追肥主要解决开花和坐果与树体内所贮营养供应不足的矛盾，提高坐果率，促进新梢健壮生长。后期追肥主要解决果实生产与树体后期营养不足的矛盾，促进果实膨大和花芽分化，是保证连续丰产的条件。弱树和小年树应以前期追施氮肥为主。促进新梢生长、提高坐果率。大年龄树应以后期追施磷钾肥为主，适量追施氮肥，促进花芽分化。

施追肥的方法有多种，普遍采用的是土壤追肥和根外追肥。

（1）土壤追肥 有条沟施法、放射沟施法和全园撒施法。

（2）根外追肥 也称叶面喷肥，山楂园根外追肥所用肥料一般为 0.3% ~0.5% 的尿素，0.2% 的磷酸二氢钾，0.1% ~0.4% 的硫酸亚铁，0.1% ~0.25% 的硼砂，一般从开花到果实膨大期间喷 2~3 次为宜。

6. 整形 山楂的树形通常可分为有中心干和无中心干两种。中心干形如主干疏层形、圆柱形、二层开心形等，无中心形如开心自然形、三四挺身形、丛状形等。生产中究竟采用哪种树形，应综合考虑，由于山楂是喜光性较强的树种，因此，应首先考虑喜光特性，其次是树龄。

山楂幼旺树可选用有中心干形，结果以后可采用二层开心形。山楂树形的丰产性是随品种、立地条件和种植密度及方式而有变化，丰产树形的关键在于是否具备合理的树体结构和最大限度的利用空间，生产中应灵活多变地进行整形。同时，还要考虑个体单株与群体结构的一致性。否则株间交叉、果园郁闭，达不到早果丰产和稳产的目的。

六、病虫害防治

1. 山楂白粉病 山楂白粉病在我国北方山楂产区都有分布，幼苗、幼树、野生山楂受害重，幼苗受害株率达 90% 以上，延迟出圃，重者新梢枯死，结果树除为害幼叶外，还为害花序、幼果。

防治方法：①清扫落叶。杜绝过冬菌源，挖除野山楂，萌芽前除去根蘖。②喷药防治：花前喷 0.5°Be 石硫合剂，花后喷 50% 甲基托布津 1000 倍液 2 次。

2. 山楂锈病 山楂锈病，在我国南北方梨产区都有分布，寄主有梨、山楂、木瓜和桧柏等。主要为害山楂的幼叶、叶柄、新梢及幼果等绿色部位。幼果多在萼片处发病，受害处变黄膨大，后变黑干缩，重者早落。

防治方法：①远离桧柏、龙柏，避免转主寄主植物。②化学防治：开花前降雨后及时喷 5% 甲基托布津 1000 倍液或 0.5°Be 石硫合剂。3 月下旬在桧柏上喷 3~5°Be 石硫合剂抑制冬孢子角萌发。

（吕平会）

樱 桃

学名：*Prunus avium*. L.

科属名：蔷薇科 Rosaceae，李属 *Prunus* L.

一、经济价值及栽培意义

樱桃是北方落叶果树中成熟最早的果树。春末夏初，正当果品市场鲜果缺乏之际，中国樱桃首先供应市场，弥补早期果品市场的空缺，继而又有大樱桃应市，与草莓、早熟桃、杏等相衔接，在调节鲜果淡季和均衡果品周年供应，满足人民需求方面具有特殊的作用。

樱桃的果实色泽艳丽，晶莹美观，果肉柔软多汁，味道鲜美，营养丰富，惹人喜爱，历来很受珍重，被誉为"珍果"。据分析，每 100g 鲜果中含碳水化合物 8g、蛋白质 12g、钙 6mg、磷 3mg、铁 5.9mg，Vc 的含量高于苹果和柑桔。樱桃除含有丰富的营养外，还有很高的药用价值，其根、叶、枝、果、核都可入药。果实性温味甘，有调中益脾、舒气活血、平肝去热之功效；种核性平，味苦辛，具透疹解毒之效；樱桃还有促进血红蛋白再生的作用，对贫血患者有一定的补益。因此，历代祖国医书都把樱桃列为药物之上品。又因樱桃果实发育期很短，从开花到果实成熟仅 50 ~ 60 天，其间很少打药或不打药，果实很少受农药污染，可成为真正的"绿色食品"。

樱桃的果实除供鲜食以外，还可加工成樱桃汁、酒、酱、什锦樱桃、糖水樱桃、樱桃脯等 20 几种加工产品。樱桃，特别是大樱桃的鲜果及其加工品，每年都有一定数量出口，产品畅销，供不应求。

樱桃具有抗旱耐瘠薄、适应性强、成本低、经济效益高等特点，是北方落叶果树中经济效益最高的树种之一。特别是在内陆春旱，小气候好，果实成熟早的地区，售价更高，经济效益更为可观。因此，因地制宜的发展樱桃生产，对开发山区脱贫致富具有重要意义。

二、形态特征

树冠圆形，高 4 ~ 5m，1 年生枝呈棕褐色，均被有灰白色膜层，枝条粗壮，萌芽率高，成枝力强。叶片阔椭圆形，长 11 ~ 17cm，宽 7 ~ 9cm，叶茎圆形，先端渐尖，叶缘复锯齿，大而钝，叶片质厚，叶面平展，深绿色，有光泽。叶柄粗 0.20 ~ 0.33cm，长 3.74 ~ 5.48cm，叶柄基部有 2 ~ 3 个紫色长肾形的大蜜腺。花芽大而饱满，花瓣白色，圆形，花粉量大。1 花枝开花 1 ~ 4 朵，平均 2.73 朵。果实肾形或心脏形，平均横径 2.75cm，纵径 2.23m。单果重 5.73 ~ 13.50g，果皮紫红色或深红色，有鲜艳光泽。果肉肥厚，多汁，可食率 93%，离核或半离核。

三、分布区域

目前世界上大樱桃除广泛分布于欧洲各国外，美国、俄罗斯、加拿大、智利、阿根廷、南非、以色列、中国、日本、朝鲜、澳大利亚、新西兰等国也发展很快，俄罗斯的大樱桃栽培面积最大。

我国各地推广的品种是大樱桃，大樱桃在全国总面积已达4000hm²，总产量5000t左右，主要分布在山东烟台、泰安、青岛、枣庄，辽宁大连，河北秦皇岛、昌黎等地区，此外，北京、山西、江苏、陕西、安徽、河南、四川、甘肃、新疆等地亦有栽培。

四、生态习性

大樱桃喜温，不耐严寒，适合于年平均气温 10~12℃ 以上地区栽培，1 年中要求日均温 10℃ 以上的时间在 150~200 天。

樱桃

年周期中，萌芽期的适温在 10℃ 左右，开花期在 15℃ 左右，果实成熟期一般要求在 20℃ 左右。夏季持续高温对大樱桃花芽分化不利，容易导致翌年畸形果的出现。冬季低温是限制大樱桃向北发展的重要因素。-20℃ 低温对大樱桃就会发生冻害，致使大枝纵裂和流胶。

温度对大樱桃产量影响最大的是花芽冻害和早春晚霜冻。冬季若气温降至 -25℃ 时，花芽就会遭受严重冻害。大樱桃在花蕾期能耐 -5.5~1.7℃ 的低温；开花期和幼果期可耐 -2.8~1.1℃ 的低温。如果花期气温降至 -5℃ 时，大樱桃的雌蕊、花瓣、花萼、花梗均受冻褐变，严重时导致绝产。低温致害的程度与温度变化有关，当冬季温度急降至 -20℃ 以下时，96%~98% 的花芽受冻害，而缓降时，仅 3%~5% 的花芽受冻。冬季保护花芽不受冻害和早春防霜冻是保证大樱桃丰产的关键措施。

大樱桃对水分状况较敏感，正常生长发育需要一定的大气湿度，但高温多湿又容易导致徒长，不利结果。在坐果后若过于干旱则又影响果实的发育，我国的大樱桃栽培区主要分布在渤海湾的山东烟台和辽宁大连，这两个地区靠海，气温波动小，年降水量在 600~700mm，空气比较湿润，气候温和，有利于大樱桃的生长和发育。

大樱桃对根部缺氧十分敏感。土壤黏重、土壤水分过多和排水不良，都会造成根部氧气不足，影响根系的正常呼吸，影响树体生长发育，造成根腐、流胶等涝害症状，甚至整株死亡。若土壤水分不足，则易形成"小老树"，产量低，品质差。因此，在土壤管理和水分管理上要为根系创造一个既保水又透气的良好的土壤环境。采用台田或起垄栽植，避免黏重土壤，雨季注意排水，经常中耕松土，秋季注意深翻，是大樱桃建园和日常管理的基本措施。

大樱桃的根系呼吸旺盛，适宜在土层深厚肥沃、土质疏松、通气良好的沙壤土上栽培。在透气性差的黏土上栽培时，根系分布浅，不抗旱、涝，也不抗风。适宜的土壤 pH 值为 5.6~7.0，并且对盐渍化的程度反应较为敏感。因此，盐碱地不宜栽植大樱桃。

大樱桃的大部分品种都存在明显的自花不实现象，若单栽一个品种或虽混栽几个授粉不亲和的品种，往往只开花不结实，给栽培者带来巨大损失。因此，在建立大樱桃园时要特别注意搭配授粉品种，并进行花期放蜂或人工授粉。

大樱桃果实的生长发育期较短，从开花到果实成熟 40 ~ 60 天。早熟品种约 40 天，在中国樱桃的成熟末期采收，中熟品种 50 天左右，晚熟品种约 60 天。大樱桃的果实发育可分为 3 个时期。

（1）自坐果到硬核前为第一速长期，历时 20 ~ 25 天左右，果实迅速膨大，果核增长至果实成熟时的大小，胚乳发育迅速。

（2）第二阶段为硬核期，10 ~ 15 天，果核木质化，胚乳逐渐为胚的发育所吸收。

（3）第三阶段自硬核到果实成熟，果实第二次迅速膨大并开始着色，历时约 15 天，然后成熟。

五、培育技术

（一）育苗技术

1. 实生苗培育　一般多用中国樱桃和山樱桃实生苗作为大樱桃的砧木。果实充分成熟后采收，采后立即搓出种核，淘洗干净，晾干后立即沙藏，沙藏的适宜温度是 5 ~ 7℃，湿度在 60% 左右。

播种前，苗圃地施优质有机肥 65 ~ 75t／hm²，复合肥 150 ~ 200kg／hm²，然后深翻整平，做成宽 1m、长 10m 左右的平畦。也可采用起垄双行栽植，以便于排水、灌水等管理，为杀死土壤中的病菌，可用硫酸亚铁消毒。播种前，按行距 20 ~ 25cm 开深约 2 ~ 3cm 的浅沟，沟内先浇 800 ~ 1000 倍 50% 多菌灵可湿性粉剂和 1000 倍的 50% 辛硫磷乳油，待溶液渗下后，将种子均匀播于沟内，播种量为 195kg／hm²。在沟内盖细土或细沙至畦面平，用喷壶洒少量水使种子与土密接。为了保湿保温，畦面可覆盖地膜。

幼苗发出 3 ~ 5 片真叶时，按株距 10 ~ 15cm 进行移栽补苗。缓苗后浇 1 次透水，水渗后进行划锄保墒，10 天内不浇水，进行"蹲苗"。蹲苗后加大肥水促进幼苗生长，天旱时可大水漫灌。浇水前，撒施尿素 120 ~ 150kg／hm² 或硫酸铵 225kg／hm²。8 月中旬以后，适当控制肥水，喷施 0.3% ~ 0.5% 的磷酸二氢钾，促使幼苗木质化。9 月上旬，苗木粗度达到 0.7cm 时可进行带木质芽接。

2. 嫁接苗的培育

（1）嫁接方法　生长季大樱桃可采用"T"字形芽接和带木质芽接法。春季发芽前嫁接可采用劈接、切腹接和舌接法等方法。

带木质芽接法易于掌握，成活率高。春秋两季都可应用。春季嫁接宜在 3 月下旬，秋季带木质芽接宜在 9 月上旬进行。

（2）嫁接苗的管理　大樱桃在嫁接后若遇雨或浇水易引起流胶，影响成活。因此，在嫁接前后 15 ~ 20 天内不要浇水。夏季芽接苗在成活后长到 10cm 高时要及时松绑。秋季带木质芽接苗，当年不必松绑，待翌春发芽后，接芽长至 2 ~ 4cm 时再松绑即可。

与其他果树不同，大樱桃芽接苗成活后，要在春天接近萌芽时才能剪砧，在接芽变绿但尚未萌发时剪砧为宜。剪砧过早，砧桩易向下抽干使接芽枯死。剪砧时要在接芽以上 1cm 处向芽的背后倾斜剪断，以利愈合。当接芽长到 20 ~ 30cm 时，要及时设立支柱，将新梢绑在支柱上，防止被风刮断。待苗长到 30 ~ 40cm 时，保留 20 ~ 30cm 摘心，促使分生侧枝。7 月上旬对上部过强旺枝再进行 2 次摘心。

（二）建园技术

1. 园地选择　半阴半阳又能避风的谷沟溪边，一般空气湿度较大，又能满足大樱桃早期对水分的需求；向阳缓坡地或丘陵地区背风向阳浅谷地，春季光照和热量充足，樱桃果实成熟早而整齐，着色好，品质佳，经济效益较高。这两种园地均可栽培大樱桃。但大樱桃生长强健，树体高大，又具有不耐涝、不抗盐碱、喜光性强、对土壤通气性要求高等特点。在选择园地时，应考虑选择土层深厚、土质疏松、透气性好、保水保肥能力强、地下水位低、排水良好、不易积涝之处。中性至微酸性丘陵坡地的沙壤土最适建园。

2. 整地　栽植前进行土壤改良，因操作方便而具有事半功倍的效果。山丘地改良重点是加厚土层，增强保肥保水能力。采取的措施为修筑梯田、全园深翻、客土及增施有机肥等。沙滩地虽然透气性较好，但保肥水能力差，土壤改良时加黏土；但如下层有黏板层，首先必须深翻打破黏板层，然后通过施有机肥等方式增强其透气性和保肥力。

确定主栽品种及株行距后，要及时挖穴（沟），并在冬季以前完成施肥回填。底层土与粗大的有机物（如碎树叶、作物秸秆、杂草等）混合填入，以改良深层土壤，增加透气性。中层 $30 \sim 70cm$ 土层是樱桃盛果期根系的主要分布层，可回填混有优质有机肥料的表土。表层 $0 \sim 30cm$ 土层是樱桃幼树根系的分布层，回填掺有少量复合化肥和有机肥的原表土。

3. 栽植密度　栽植方式随建园的地形而定。平原地和沙滩地宜采用行距大于株距的长方形配置。山地果园，多采用等高撩壕和梯田栽植，窄面梯田可栽 1 行，在梯田外沿土层厚处栽植。栽植株行距一般为 $2 \sim 4m \times 4 \sim 5m$，$500 \sim 1250$ 株/hm^2。

4. 配置授粉树　大樱桃多数品种自花结实率很低，需要配置授粉品种，即使自花结实率较高的品种，配置授粉品种也可提高坐果率，增加产量，改善品质。授粉树的比例最低不应少于 $20\% \sim 30\%$。授粉树的配置方式，平地果园可每隔 3 行主栽品种栽 1 行授粉品种，山地丘陵地果园可在主栽品种行内混栽，每隔 $3 \sim 4$ 行主栽品种栽 1 行授粉品种。

5. 土壤管理　大樱桃园的土壤管理措施主要包括土壤深翻扩穴、中耕松土、果园间作、水土保持、树盘覆草、树干培土等，具体做法要根据当地的具体情况，因地制宜地进行。

深翻扩穴的时期最好在秋季 9 月下旬至 10 月中旬结合秋施基肥进行。山丘地果园可采用半圆形扩穴法，将 1 株树分 2 年完成扩穴，以防伤根太多影响树势；平原地或沙滩地果园地势平坦，可采用"井"字沟法深翻或深耕，距树干 1m 处挖深 50cm、宽 50cm 的沟，隔行进行，分期完成。

6. 追肥　土壤追肥主要有 2 次，分别为花果期和采果后。大樱桃开花结果期间，消耗大量养分，对营养条件有较高要求，必须适时足量追施速效肥料，以提高坐果率，增大果个，提高品质，促进枝叶生长。盛果期大树一般株施复合肥 $1.5 \sim 2.5kg$，或株施腐熟人粪尿 30kg。采果以后由于开花结果树体养分亏缺，又加此期正值花芽分化盛期及营养积累前期，需要及时补充营养。一般盛果期大树每株可施腐熟人粪尿 $60 \sim 70kg$、或猪粪尿 100kg、或复合肥 $1.5 \sim 2.0kg$。

根外追肥是一种应急和辅助土壤追肥的方法。萌芽后到果实着色之前可喷 $2 \sim 3$ 次 $0.3\% \sim 0.5\%$ 的尿素。花期可喷 0.3% 硼砂 $1 \sim 2$ 次。果实着色期喷 0.3% 磷酸二氢钾 $2 \sim 3$ 次。采果后及时喷 $0.3\% \sim 0.5\%$ 的尿素 $1 \sim 2$ 次。喷洒时间一般在下午和傍晚。

7. 灌水时期　大樱桃一般每年要浇水 5 次。

（1）花前水　在发芽后开花前进行，主要为了满足发芽、展叶、开花对水分的需求，并可降低地温，延迟花期，防止晚霜危害。

（2）硬核水　硬核期是果实生长发育最旺盛的时期，水分供应不足会影响幼果发育，引起落花落果。此时，10～30cm 的土层内土壤相对含水量不能低于60%，否则就要及时灌水，此次灌水量要大，浸透土壤50cm 为宜。

（3）采前水　采收前10～15 天是樱桃果实膨大最快的时期，若土壤干旱缺水，则果实发育不良，产量低，品质差。但此期灌水必须在前几次连续灌水的基础上进行，否则若长期干旱却突然在采前浇大水，反而容易引起裂果。因此，这次浇水应采取少量多次的原则。

（4）采后水　果实采收以后，正是树体恢复和花芽分化的关键时期，要结合施肥进行充分灌水。

（5）封冻水　落叶后至封冻前要浇1 次封冻水，这对樱桃安全越冬、减少花芽冻害及促进树体健壮生长均十分有利。

灌水方法一般采用畦灌或树盘灌。在有条件的地方，还可采用喷灌、微喷灌和滴灌。

六、病虫害防治

樱桃主要病害有褐斑穿孔病（*Cercospora circumsissa* Sacc）、叶斑病（*Coccomyoes hiemalis* Higg）。

防治方法：①农业防治　加强水肥管理，控制氮肥，增强树势，提高树体抗病能力，越冬休眠期彻底清理果园，扫除落叶，消灭越冬菌源。②药剂防治　发芽前，喷布1 次5°Be 石硫合剂。谢花后，新梢速长期，喷布65% 代森锰锌可湿性粉剂500 倍液，或75% 百菌清500～800 倍液，或80% 大生 M_{45} 800 倍液，或80% 喷克800 倍液。采果后，喷布2～3 次1:1:200 的波尔多液。

（吕平会）

扁　桃

别名：巴旦杏
学名：*Amygdalus comunisl.*
科属名：蔷薇科 Rosacae，扁桃属 *Amygdalus*

一、经济价值及栽培意义

扁桃又名巴旦杏，是世界上有名的干果和木本油料。在国际市场上叫洋杏仁。扁桃仁也有甜仁和苦仁两种。扁桃是一种优良的油料，果含油为 45%～60%，苦扁桃仁含脂肪40%～56%，甜扁桃仁含脂肪 47%～61%。

扁桃是一种优良的干果树。果仁营养丰富，果仁含蛋白质 15%～35%，含糖 2%～10%、含粗纤维 2.46%～3.48%，含单宁物质 0.17%～0.60%。并含有丰富的维生素 A_1、B_1、B_2 和胡萝卜素及矿物质。据测定在 100g 扁桃仁中含钾 805mg、钙 385mg、镁 201mg、磷 451mg、硫 228mg 等 18 种微量元素是人体健康必需的元素。

扁桃仁也是医药工业原料，扁桃油是治冠心病、高血压，心脏病的主要药物，中药 60% 的配方需要扁桃仁，它具有明目、健脑，健胃和助消化的功能，能治疗肺炎、支气管炎。苦扁仁含有 2%～5% 的扁桃精（杏仁甙），对防癌、治癌疗效显著。

甜扁桃仁榨油后油渣中含蛋白质 50%，磨成粉可作巧克力糖。扁桃果肉皮中含有 40% 的钾，1 吨果肉皮可生产 70kg 钾盐可制作肥皂。果壳可作活性碳，可用于石油钻探和冶炼工业。扁桃木材坚实、浅红色；纹理细致、磨光性好。可作各种细木工家具。扁桃花色艳丽，有白色、粉红色的与多紫色，有些还具有彩叶、垂枝等特点，是很好的城市园林绿化树种。扁桃开花早，花繁芳香，是早春蜜源植物。扁桃根系发达，能固结土壤、抗旱、抗寒、耐瘠薄、耐盐碱。扁桃全身是宝，用途广，是综合利用价值很高的树种，是发展乡镇企业振兴农村经济的理想树种。也是退耕还林营造防护林、行道树和水土保持林的先锋树种。

二、形态特征

扁桃属落叶乔木。树高 5～10m，树冠圆头形或圆锥形，树皮灰色、小枝平滑无毛。叶浅绿色或带灰色，形状与桃叶相似，卵状披针形以至狭披针形，边缘有锯齿；叶柄长，常为叶片 1/2 或与叶片相等长，有托叶。花白色、粉红色或浅玫瑰色，单生或两朵共生，花冠整齐，花萼花瓣均 5 枚，雄蕊 30 枚，雌蕊高于雄蕊，有时弯曲，子房一室，有毛，果为核果，先端渐尖，3～6cm 左右，着生于长达 1cm 的光秃果柄上，外果肉有毛，果实成熟时开裂，露出种核。核圆形或扁圆柱形，顶部钝或尖，常弯曲。

根据扁桃核壳的软硬厚薄分为四种：①薄壳扁桃：核壳极薄，核壳在 1mm 以上。出仁率 50% 以上；②软壳扁桃：核壳较软，核壳在 1～1.5mm。出仁率在 40%～50% 左右；③标准壳扁桃：核壳硬度较大，用手抠不开，核壳厚度在 1.5～2mm，出仁率 32%～40%；④硬壳扁桃：核壳坚硬，厚度在 2mm 以上，宜于机械脱壳加工。出仁率 17%～30%。

由于扁桃栽培历史悠久，分布广泛，所以栽培品种十分丰富。如意大利有 600 多个品种，原苏联有 900 多个品种，美国、保加利亚、匈牙利、希腊，西班牙等国均有 100 个以上品种。

扁桃

我国的扁桃生产，由于长期以来，采用播种繁殖，形成品种资源丰富。我国科研、教学、生产、外贸等单位对扁桃进行了多次考察。1974 年，扁桃产区有关部门联合进行了一次较为详细的资源调查，通过考察和对标本的鉴定，计有 124 个品种类型。有不少的品种具有丰产、稳产、壳薄、仁大、味香甜、外形美观等优点，这是我国的宝贵财富，也是发展扁桃的基础。近几年来，我国农林科研、教学、生产、外贸等部门还从美国、意大利、希腊、西班牙等国引进了不少品种，有的品种已开花结果，我国的扁桃的品种也在不断增加。经过 30 多年的天泽和人工驯化繁殖，筛选出适宜发展的扁桃品种很多，现介绍其国内外两组扁桃优良品种。

（一）国内新疆扁桃优良品种

1. 陕林扁引 1 号　从英吉沙引种，品种标签名软壳扁桃新英 16 号。树势强健，成枝力强，叶片大，浓绿，白花，果实大，果壳软，缝合线有翅，单核重 1g，仁干重 0.8g，味香甜，含油量 58%。8 月上旬成熟。

2. 陕林扁引 2 号　从英吉沙引种，品种标签名双果扁桃新英 2 号。树势开张，适应性强，产量高，成枝力强，粉红色花，雌蕊多为两枚，双蕊同时授粉受精，形成共柄连生两个果，果个大，单核重 1.9g，单仁重 0.7g，味香甜，出仁率 30%，含油量 60% 左右。果实 8 月中旬成熟。

3. 陕林扁引 3 号　从英吉沙引种，品种标签名厚壳扁桃新英 32 号。树势强，树姿开张，单核重 1.9g，单仁重 0.78g，味香甜，出仁率 52%，含油量 54%。果实 8 月中旬成熟。

4. 陕林扁引 4 号　从英吉沙引种，品种标签名麻皮扁桃新英 4 号。树势强健，树体开张，产量高，单核重 1.9g，单仁重 0.7g，出仁率 52%，含油量 58.7%。果实 8 月下旬成熟。

5. 陕林扁引 5 号　从英吉沙引种，品种标签名大鹰嘴扁桃新英 12 号。树势开张，果壳扁咀，果形半月形棕褐色，产量高，适应性强，单核重 2.1g，单仁重 0.9g，味香甜，出仁率 50%，含油量 58.91%。果实 8 月中旬成熟。

6. 陕林扁引 6 号　从英吉沙引种，品种标签名大八旦扁桃新英 101 号。树势开张，花粉红色，果个大壳厚，仁大饱满，出仁率 28.5%，含油量 55.2%，自花授率 40%，是理想的授粉树种，果实 9 月上旬成熟。

从新疆英吉沙八旦杏试验站引种 6 个品种，通过天泽驯化和人工正交反交试验表现，花芽分化正常，各种花器官发育完整，以中、短果枝结果为主，占总果枝的 82.6%，果实及种子发育正常，平均自然坐果率 6.4%，种仁平均干重 0.89g，出仁率 44.3%，但果核、种仁偏小。

（二）引种美国、意大利、希腊扁桃优良品种

扁桃自花不实，花期早易受晚霜危害，加之引种我国新疆扁桃种核，果仁偏小，在市场上竞争力不强，除采取天然选择外，采取人工辅助正交反交授粉筛选选择，从美国、意大利、希腊等国16个品种中，筛选出果个大，出仁率高、壳薄、开花较晚、适应性广和高产稳产的4个品种，平均果仁重1.21g，出仁率49%，其中陕林扁引9号为主栽品种，陕林扁引12号、11号、7号为授粉和搭配品种。

1. 陕林扁引9号　从美国引种，属标准壳品种（品种标签名Nonkporeil），树体开张，成枝率高，适应性广，产量高，结果稳定，果实扁平心脏形绿色，果核褐色，单核重2.5g，单仁重1.1g，味香甜，出仁率55%，含油量59%。为主栽品种，果实8月下旬成熟。

2. 陕林扁引12号　从美国引种，属软壳品种（品种标签名Lcnepivs），树体强健，萌枝力强，直立枝多，栽培建园后3年结果，果核半月形，单核重2.5g，单仁重1.3g，出仁率60%，含油量57%，是陕林扁引9号的主要授粉树种。果实8月中旬成熟。

3. 陕林扁引11号　从意大利引种，属半软壳品种（品种标签名Mission），树体直立，生长粗壮，栽植建园后3年结果，花期比陕林扁引9号迟1天，果个大，高产、稳产，单核重2.2g，单仁重1.2g，出仁率49.1%，含油量51%，是陕林扁引9号搭配授粉品种。

4. 陕林扁引7号　从希腊引种属硬壳品种（品种标签名Greece），树势开张，长势健壮，丰产稳定，适应性强，树皮红褐色，比陕林扁引9号早开花2天，栽植建园后2年结果，果实扁圆卵形、核皮褐色，仁小饱满，单核重6.2g，单仁重1.1g，出仁率49.6%，含油量59.1%，果实9月上旬成熟。

三、分布区域

扁桃起源于中亚细亚、北非山区一带。目前在伊朗、北非的阿尔及利亚、摩洛哥等国均有野生分布。巴旦杏的名称，则起源于阿拉伯语的译音。扁桃主要分布于北纬30°～45°范围内。在南纬30°的地区也有少量分布。据史料考证，远在纪元前4000年土耳其、希腊等国就有栽培，现在遍布五大洲。栽培最多的是地中海沿岸各国如意大利、西班牙、摩洛哥、斜利亚等，其次是原苏联、葡萄牙、伊朗、印度，美国也有大量栽培。

我国扁桃是由中亚和南亚国家阿富汗、巴基斯坦、印度等国引入栽培。现在栽培较多的多在新疆天山以南的塔里木盆地的莎车、疏附、疏勒、喀什、英吉沙等地，在青海、甘肃、宁夏、河北、陕西、河南、山西、山东、北京也有少量栽培，生长很好。

四、生态习性

通过以上国内外两组扁桃引种试验，研究证明，扁桃对环境有如下要求：

1. 温度　扁桃要求年平均温度9℃～10℃以上，≥10℃积温3100℃，无霜期160～190天，在树木休眠时可耐-27℃～-21℃的低温。但休眠期过后，抗寒性急剧降低，一般临界温度花蕾-5℃，初花期-4℃，盛花期-1℃，幼果期0.5℃。

2. 水分　扁桃抗旱力强，但干旱地区要获得较高产量，就需要灌水。扁桃在整个生长期有400～450mm的降水量，即可满足生长发育需要。

3. 光照　扁桃喜光怕荫、怕涝，全年需要日照2300～3000h。

4. 土壤　扁桃对土壤的适应性很强，最理想的土壤深厚肥沃，通气性良好，含钙的土

壤或砂壤土。扁桃对氮、钙的要求较高，缺氮时核仁不饱满，产量低，缺钙时枝条弯曲、寿命短。

五、培育技术

（一）育苗技术

1. 播种育苗　春播在 4 月上旬完成，秋季在 11 月中下旬土地封冻前完成，山桃播种量每亩播种 50kg，采取条播法。按一定的距离开 5cm 深 6cm 宽的沟，将山桃种子均匀溜入沟内，随即覆土。

幼苗出齐后进行简苗，留苗后要加水肥，6～7 月份生长期灌两次水，灌水后及时中耕除草，并在芽接前 30 天进行摘心，同时注意防治病虫害。

2. 嫁接育苗

（1）方法　带木质部芽接，其方法是：削接芽时先在接穗中段饱满芽上方 1cm 左右处向斜上方削入木质部直到芽上刀口处，用手取下棱形木质部芽片，选与接穗粗度相近的砧木，在离地面约 10cm 的光滑部位插入切口内，对齐形成层，最后用塑料带捆绑，露出芽尖。若是在秋冬接的苗，用塑料带全封闭，翌年春解除塑料带。

（2）嫁接苗的管理

①春季补接　对上年秋冬 接的砧木没有成活，春季补接。

②及时除萌　为促进接芽的萌发和生长，必须及早抹除砧木上的萌芽。

③摘心和剪副梢　当扁桃长的超过一时，要及时摘心，对整形带内 50cm 以下的副梢进行剪除。

④肥水管理　嫁接苗生长过弱时，在 5 月底至 6 月中旬结合灌水追施尿素，每亩追施 10kg，以后根据苗木生长追肥。灌水主要 4～7 月灌水 1～2 次，7 月底以后停止追肥灌水，但冬季要灌一次水。苗木生长期用 40% 多效磷乳油防治蚜虫、浮尘子、金龟子等。

⑤起苗出圃　苗木落叶后，或土壤在封冻前 10 月下旬至 11 月中旬掘苗出圃，秋季定植的苗木随掘随栽，对春季定植的苗木应分级、挂上标签，进行假植。

（二）栽植建园

1. 园址选择　选择小气候较好的，晚霜少，背风向阳，土质疏松，排水良好，地下水位低于 3m，年降水量 400mm，或有灌溉条件的地方，并要求栽植相对集中，以便大规模、产业化生产。

2. 品种　应选择开花晚，优质、高产，稳产、种壳较薄的优良品种。扁桃多数是异花授粉树种，要获得丰产，建园户必须养蜂或放蜂专用授粉。

3. 授粉树的搭配　扁桃是异花授粉树种。在品种搭配时，主栽品种要结合 1 个早花品种和 1 个晚花品种。苗木栽植时，4 行主栽品种 1 行授粉树种或 1 行主栽品种 1 行授粉品种树。

4. 高标准整地　栽植前必须在前 1 年或当年雨季前把整地任务完成。整地的方法，凡是坡度较大，要采用环山等高水平沟整地法，先测好环山等高水平沟的中心线，相邻两条水平沟的中心线水平距为 4m，开沟时向中心线两测各伸延 50cm，通常沟深，沟宽各 1m，通壕行开沟整地，挖土时将表土放在上侧，心土放在下侧，挖完后经过丈量验收，立即将放置在上侧的表土填到沟底，不足部分再取沟上侧行间表层土，回填至沟满为止。

对坡度较缓的土地，可以采用同样水平沟通行进行整地。

对特殊立地条件的土地，可以用反坡梯田方法整地，反坡梯田带与带间距 4 或 5m，反梯田宽 1.5~2m，外埂呈 15°反坡，在外埂 1/3 处挖坑长、宽、深 50cm×50cm×50cm 坑，挖好后经过验收，及时回填。

在立地条件特别差的宜林地，还可以采取大鱼鳞坑整地建园。

5. 定植建园

（1）苗木处理　首先解除嫁接时的绑扎物，剪掉根部劈伤部分，用清水浸泡嫁接口以下的根部 5~6h，取出用 3 号 ABT 生根粉 50ppm 溶液沾根 2~3min 栽植。无 ABT 生根粉用 1 份熟羊粪，5 份表土混合均匀放水呈稠糊状蘸根栽植。

（2）合理密植　一般的土层厚，但在脊薄的山地株行距 2m×3m，每亩 111 株；肥沃的土地株行距 2m×4m，每亩 83 株或 4m×3m，每亩 55 株。

（3）栽植的时间　定植分春植和秋植。春植在地解冻后萌动前。程序为：定植——定杆——灌水——覆膜——缠杆（或套袋）；秋植一般在树落叶后土地封冻前。程序为：定植——灌水——定杆——埋土（在第 2 年萌芽时第 1 次放土露头，2 次放土后踏实——灌水——覆膜（套袋））。

（4）定杆　定植完后，统一定杆，定杆高度 50~80cm，定杆后统一用蜡或漆封顶。

6. 扁桃水肥管理

（1）扁桃对土壤要求通气性条件高。因此中耕锄草必须在生长期，雨后或灌水后，要求及时中耕锄草，促进树木生长。

（2）扁桃建园后，在 1~2 年内要把树盘和树盘周围土地全部深翻 1 次，并要做好水土保持工程，保水保肥。年降雨量在 400mm 地区，只要分布均匀，一般的不需要灌水。但在有灌水条件的地区，主要做好 4~7 月份萌芽、幼果期、花芽分化期的灌水工作。其次要做好冬灌工作。

（3）扁桃对氮肥要求高。幼树施基肥每年 1 次，成年树每 2~3 年施基肥 1 次。施基肥量幼树株施肥 15~25kg，中年树每株施 20~25kg，大树株施肥 25~30kg，施追肥一般的 1 年分 3 次，第 1 次宜在早春或秋冬，以速效氮肥为主；第 2 次在果实膨大期以氮钾肥为主；第 3 次在果实采收后，以农家肥为主，通常结合深翻施入。另外在生长季节还可以喷施叶面肥，如 0.3% 磷酸二氢钾、0.2% 尿素等。

（4）整形修剪　整形修剪密度每亩 55 株的树形，以自然开心形或变侧主干形为主；每亩 83~111 株以自由纺锤形为主。

A. 自然开心形　干高 70~80cm；在中心干上先留 3~4 个主枝，基角 45°~70°，主枝与主枝之间均匀分布在整形带以内，向外离心延伸生长。每主枝配备 2~4 个侧枝，在侧枝上配备枝组。

B. 变侧主干形　干高 60~80cm，在主干上每隔干高 60~80cm，在主干 15~30cm，螺旋式错开配置主枝，基角 45°~70°。在主枝上再配若干侧枝，侧枝上配备枝组。

C. 自然纺锤形　在中心干不同部位，不同角度，不分层次井然有致地留出 10~15 个主枝。并采取拉枝的手法，使其尽量和主杆保持 70°~90°角，主枝上不留侧枝，直接着生中小型结果枝组。取胜着增加和树势的稳定，应及时落头开心，改善内膛光照条件。

扁桃以中短果枝结果为主，扁桃幼树和初结果树生长旺盛，长果枝和中果枝较多，当新梢长到 50～60cm 时，进行摘心，促发副梢，增加结果枝。同时疏除多余的密挤枝，交杈枝、徒长枝、病虫害枝等。对有用需保留的背上枝，直立枝、徒长枝，当长至 50～60cm 时及时扭枝梢。夏季是拉枝的最佳时期。扁桃多数品种比较直立，通过拉枝保持一定的开张角度，不但有利通风透光，而且可缓和枝势，使营养生长转向生殖生长，角度一般的掌握在 45°～70°为宜，具体因树形、树势而定，结果枝角度应稍大一些。

（5）病虫害防治 扁桃是抗病虫害较强的树种。生产上危害扁桃生长发育的主要有桃蚜虫、红蜘蛛，浮尘子，扁桃蛾及缩叶病、干腐病、根茎腐烂病、流胶病等。

桃蚜虫可用 40% 的乐果或 50% 敌敌畏、50% 的对硫磷 2000 倍溶液防治；红蜘蛛可用哒蜗灵、螨死净防治；缩叶病可用 50% 的托布津 800～1000 倍液防治；扁桃蛾、浮尘子可用 1500 倍溶液久效磷防治；流胶病可用多菌灵可湿性粉剂 1000 倍液，从 4 月起每隔半个月喷 1 次，连喷 3～4 次；根茎腐烂病，采取移走病根树周围的表土，使根茎露在空气中变干，杆腐病可用 4 度石硫合剂涂刷病疤 4～5 次。

（刘玉仓）

欧　李

别名：酸丁、钙果

学名：*Prunus humilis* Bunge

科属名：蔷薇科 Rosaceae，李属 *Prunus* Linn.

一、经济价值及栽培意义

欧李果实钙含量特别高，为水果之首（每 100g 欧李果肉含生物活性钙达 490mg，铁 9.32mg，氨基酸总量高达 338.3~451.7mg），是一种新兴的纯天然绿色生态型水果，也是一种能增进人们健康的保健食品。在吃水果的同时，既补了钙，又补充了维生素、氨基酸及其他营养元素，较之纯药物补钙，价格低，效果好。果实可加工制成果汁、果酒和蜜饯等多种风味食品。仁、根、花、果均可入药，能治疗腹泻、便秘、水肿等疾病，有助消化、利尿、润肠之功效。欧李花期早，是良好的蜜源植物。欧李的枝干可作燃料，其燃值可达 19163kJ/kg，相当于同量标准煤热值 29307kJ/kg 的 65.4%。欧李的嫩枝、嫩叶营养成分高，适口性好，是一种优质的牲畜饲料，秋枝叶是沤制优良有机肥的原料。欧李根系发达，固土性能好，改良土壤的作用也很显著，林地内的土壤透水性较无林地高 71 倍，4 年生欧李林分，拦截降雨可达 $1.88~2.57t/hm^2$。欧李还可作桃、李、苹果、樱桃等果树的矮化砧木。欧李还是城市绿化的优良树种，更是上等盆景的制作材料。

欧李是一种经济价值高、开发价值大、水保效益好、适应范围广的优良的经济灌木树种，在西北广为种植，对于增加植被盖度、改善自然环境、调整产业结构、振兴区域经济、提高农民收入都具有重要的意义，且市场前景十分广阔。

二、形态特征

欧李为落叶灌木，高 1.0~1.5m，小枝细，褐色，幼时有短柔毛；冬芽卵形，2~3 个并生，1 个为花芽；叶矩圆状倒卵形或椭圆形，长 2.5~5.0cm，宽 1~2cm，边缘有细锯齿，叶下面无毛或仅沿叶脉被稀疏柔毛；先开花后放叶，花单生或 2~5 个簇生，花瓣白色或粉红色；雄蕊 30~35 个，长约 5mm；花柱长 5~6mm，子房无毛。核果近球形，无沟，直径约 1.8~2.8cm，重 6.3~8.5g，红色，紫红色或杏黄色。果核与果肉分离或不分离，果核圆形或纺锤形。花期 4~5 月，果期 6~10 月。

欧李

三、分布区域

欧李自然分布于黑龙江、辽宁、吉林、内蒙古、河北、河南、山东、山西（中条山）、陕西秦岭和陕北、甘肃、新疆等省（区），地理位置为北纬 33°～45°、东经 130°～135°。垂直分布于海拔 100～1800m 的丘陵山地的山坡、地埂、路旁、草灌丛中。西北地区逐步扩大栽培，发展较快。

四、生态习性

欧李适应性强，耐干旱瘠薄与黏重土壤。在水土流失严重，土壤含水量仅 8%～9%，有机质含量仅 0.5%～0.6% 的向阳沟坡和黏重的红黏土上，其他灌木和草木植物大多枯死，而欧李却能正常生长，形成纯林，开花结果。欧李分布区气候，年平均气温 2.4～14.0℃，极端最低气温 -39.0℃，极端最高气温 39℃，年平均降水量 150～700mm。欧李具有很强的根蘖能力，一般每年每株可生长出 2～3 株根蘖苗。4 年生单株，冠幅为 0.35m²，其根幅达 1.2 m²，较冠幅大 3.4 倍，1hm² 欧李纯林，根的总长度达 1307.8km，总重量达 13.4t，地下部分的生物量是地上部分生物量的 10 倍。

豫西地区的欧李，物候期为：萌动期 3 月初，开花期 4 月上旬，花期 5～7 天，展叶 4 月中旬，果熟期 8 月中下旬，开始落叶为 11 月中旬，一般生长期 254 天。

五、培育技术

（一）育苗技术

1. 播种育苗

（1）采种 8 月中下旬果实成熟后及时采种，揉搓果肉挤出核果，晾干后装入袋（筐）内，置于通风干燥处贮藏待用，也可进行沙藏，具体操作方法是，于 11 月下旬或 12 月上旬，选择背风向阳处挖 1m 深的土坑，在坑的四周各插立一草束，以便通气，在坑底铺 10cm 厚的湿沙，上铺 10cm 厚的种子，种沙密切结合，逐层交替放置，最上层盖 20cm 厚的湿沙，防止雨雪浸入，待来春播种。

（2）播种 3 月上旬至 4 月上旬，在选择好的圃地上，精细整地作床，苗床宽 1m，长 5～10cm，埂高 20cm，做到床面平整，土壤细碎，上虚下实。结合整地施入硫酸亚铁 75kg/hm²，进行消毒处理。同时施入有基肥 3.0 万～4.5 万 kg/hm² 作基肥。

播种方法：可采用条内点播，株行距为 10cm×35cm，每穴下种 1～2 粒，播种量为 150 kg/hm²。覆土厚度 1.0～1.5cm，踏实土壤，使种子与土壤密接，便于吸水膨胀有利出苗。

2. 埋根育苗

（1）根穗剪取 埋根育苗在欧李落叶后到发芽前均可进行，尤以 11 月下旬至 12 月初最宜。剪成长度 18～20cm 根穗，上端平剪，下端斜剪，每 50～100 根捆成一捆，进行沙藏，待翌年 3 月上旬育苗。

（2）埋根方法 株行距 15cm×35cm，平头向上，斜头朝下，上端与地面平齐，埋好踏实，再覆上 1cm 的细土，以保墒防晒。

3. 嫁接育苗 为了保持欧李的新优品种的优良特性，使之提早挂果，需要采取嫁接的方法培育苗木，一般用山桃苗作砧木，采用带木质芽接法嫁接，嫁接时期，春季 4 月，夏季 7 月，秋季 8～9 月均可进行。

4. 幼苗管理 播种或埋根育苗，3 月底至 4 月初发芽，5 月上旬基本出齐。当苗高长到

10cm左右时，须要定苗，播种苗每10cm留1健壮株，埋根苗留1壮芽，随后浇水，适时松土除草。6月至8月苗木速生期，生长旺盛，每20天左右施1次速效肥及时浇水，8月下旬不要浇水施肥，以免苗木徒长，促进苗木木质化。

（二）栽植与建园

1. 造林地与园地选择　欧李具极强的抗寒、抗旱的特点，在黄土、红土、沙土、红黏土、石质山地等各种立地类型都能适应，均可造林，如系建园，应选择沙壤土、轻壤土或壤土栽植为宜。

2. 整地方法　造林前先进行整地，最佳时间为7~9月，10~11月上旬继续整地，这时土壤含水量较高，整地有利蓄水保墒。春季整地易跑墒。在陡坡以鱼鳞坑整地为宜，缓坡以修水平阶为主，在地边埂，以修0.3m×0.3m的坑穴整地为好。在平地建果园，可进行全面翻耕。

3. 造林与栽植时间　经实践证明，欧李造林与栽植的最佳时间为11月中旬至12月初土壤结冻前，这段时间，气温渐低，土壤水分不易蒸发，苗木根系伤口尚可愈合，翌春生长不受影响，因此成活率高。由于欧李树液流动早，3月初芽子开始膨大，而这时土壤含水量低，苗木伤口愈合缓慢，并且易造成地上部分和地下部分的水分失调，所以春季造林栽植成活率不如秋冬季高。

4. 造林与栽植的密度　欧李有很好的成林性，能形成纯林和混交林，郁闭度均能达到0.8以上，很少见到散生的植株，因此它能适应较高的密度。据陕县水保站在白面土塬面立地条件下的栽培试验，每公顷栽植37050株，其鲜果产量达11100kg。如建果园，栽植株行距1.0m×1.0m或1.0m×2.0m，密度可达9900株/hm²或4950株/hm²。

5. 混交造林　欧李可与酸枣、荆条、黄蔷薇等灌木混交，林分平均高0.3~1.2m，郁闭度0.6~1.0，林分的防护效能很好。如系果园，可在栽植的头2年，在欧李行间进行果药、果菜间作，提高早期的经济效益。

6. 幼林抚育　欧李栽植后，严禁牛羊践踏。进入生长期，5月初可松土除草，扩穴培土，6月份进行第二次松土锄草，7月份进行第三次中耕除草，直到林分郁闭。

欧李耐刈割，萌芽力强，无论休眠期或生长旺盛期，刈割后每株均能生出2~3个潜伏芽形成新的植株，并能耐多年连续刈割，陕县菜园乡在红黄土阳坡上生长的133㎡的欧李纯林，每年7~8月进行刈割其嫩枝叶喂牛，连续刈割10余年，林分仍然旺长不衰，郁闭度达1.0。

欧李在2年生枝条上形成花蕾，雌雄同花，属腋花芽结果，无顶花芽，成花力强，一株生长正常的3年生欧李可形成100~200朵花，可结40多个果子，经集约栽培管理第二年亩产可达到500~600kg，盛果期每亩可达1000kg以上。

六、病虫害防治

1. 蚜虫　[*Myzus persiae*（Sulzer）]　蚜虫是欧李的主要害虫，从发芽到9月下旬均受危害，受害株叶子卷曲变形，植株萎缩，生长停滞，严重时会全株枯萎。

防治方法：可用40%氧化乐果或马拉硫磷乳剂1000倍液喷洒。

2. 金龟子（*Popillia guadrinuttata* Fabricus）　金龟子危害花叶，危害时间上午10时至下午4时。

防治方法：①可用 50% DDV（敌敌畏）乳剂 800 倍液喷洒。②用 50% 敌百虫乳剂 1000 倍液喷洒，上午 10 时以后喷洒效果最好。

3. 梨茎蜂（*Janus piri* Okamota et Muramatsu）　梨茎蜂危害新梢，危害时间及防治方法同金龟子。

4. 桃小食心虫（*Carposina sasakii* Matsumra）　防治方法可参照苹果食心虫防治法进行。

（罗伟祥）

柿　树

别名：柿子、柿花、丹柿

学名：*Diospyros kaki* Thunb.

科属名：柿树科 Ebenaceae，柿树属 *Diospyros* L.

一、经济价值及栽培意义

柿子果实色泽美丽，果肉脆甜爽口，软后多汁，是老少皆宜的晚秋时令果品。除鲜食外，可制成柿饼、柿干、柿片、柿汁、柿酒、柿醋、柿蜜；再加工成霜糖、柿软糖、柿羊羹、风味小吃和菜肴佐料，或制成食物容器等；用绿柿加工成柿涩汁、柿叶加工成茶或食物包装品。

柿子营养丰富，除水分外，含蛋白质、脂肪、糖、粗纤维；并有人体不可缺少的钙、磷、铁等矿物质，而且含有多种维生素，如胡萝卜素、硫胺素、核黄素、尼克酸、抗坏血酸等，特别是抗坏血酸（Vc）含量为 11~57mg/100g，比苹果、梨、葡萄还高，此外，还含有9种氨基酸。柿果、柿饼、柿霜、柿蒂、柿叶均可入药。柿树树冠开张，叶大光洁，绿树浓影，夏可遮荫纳凉；入秋碧叶丹果，鲜丽悦目，晚秋红叶可与枫叶比美，也是一种优良的观赏树种。

柿树适应性强，能够在自然条件较差，粮食作物生长不良的山区生长，也较耐寒，对土质选择不严，无论山地、丘陵、平原、河滩；肥地、瘠地；黏土、砂土均能得到相当产量。管理容易，收益期长，一般嫁接后3~4年开始结果，8年后达盛果期，经济寿命长达百年，有"一年种植，百年收益"之说，是开发山区治穷致富的重要树种。因此，发展柿树生产对充分利用土地，提高地面覆盖率，调节气候，改善人们居住环境有其重要作用。它是自然界维持生态平衡的优良树种。

二、形态特征

落叶大乔木，通常高达 10~14m，高龄老树有高达 27m 的；树冠圆头形或椭圆形，老树冠直径达 10~13m，最大可达 20m。树姿开张。树皮深灰色至灰黑色，或黄灰褐色至褐色，沟纹较密，裂片呈长方块状；1年生枝微曲折，皮色黄褐、棕黄至赤褐或黑褐，皮目大小稀密不等。冬芽三角形至长卵形，新梢绿色，先端下垂，具毛。叶片纸质，梭形、椭圆形、卵形或倒卵形，较大，长 6~20cm，宽 3~10cm，先端渐尖或凸尖，或有扭曲，叶缘平直至波状，基部楔形、宽楔形、圆形至近心形。叶背粉绿至暗绿色，将近叶缘网结，小脉连成网状，上面平坦或微凹，下面微凸；叶背中脉、侧脉及其附近有柔毛和腺状毛。雌雄同株异花，花序腋生，小聚散花序，有花朵3朵。雌花序的边花在花芽分化期发育中止，只有中花发育完全，外观雌花在叶腋仅有1朵。在雄花序中，中央花常能发育成完全花。浆果，基本形状有长、圆、扁、方4种，单果重 30~600g，幼果绿色，成熟时黄、橙、橙红、红色。果肉脆硬，完熟时柔软多汁，表面呈橙色至红色。种子 0~8 粒，栗褐色，三角形、卵形、椭圆形至长形。宿存萼（花托和萼片）花后发育成柿蒂，柿蒂圆或方形，凸起至凹陷均有，萼片革质，肾形、扁圆、心脏形至长三角形。栽培的主要品种有：

1. 阳丰 果实大，平均重 230g，最大果重 400g。大小整齐。较高的扁圆形，橙红色，果顶更红；无纵沟，无缢痕或极浅，赘肉呈花瓣形。十字沟浅，果顶广圆。果柄粗、中等长。柿蒂大，圆形。萼片紧贴果面。果肉色，黑斑小、少。肉质松脆，汁液中多，味甜，可溶性固形物 17.0%，品质上。种子 0~4 粒，不配授粉树时无核。9 月中旬果实开始着色，10 月上旬果实成熟，树上脱涩。常温下硬果期 20~30 天。宜脆食。

2. 眉县牛心柿 又叫水柿、帽盔柿。果实大，平均重 180g，方心脏形。橙红色。纵沟无或甚浅。肉质细软、纤维少、汁液特多，味甜，糖度 18%，无核。在眉县 10 月中下旬成熟。最宜软食，也可制饼，出饼率稍低，但柿饼质量极优，深受国内外消费者欢迎。因皮薄，汁多，故不耐贮运。

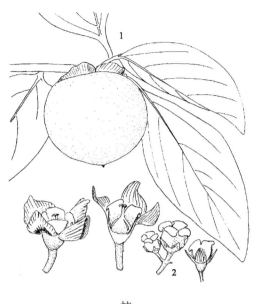

柿
1. 果枝　2. 花

三、分布区域

柿分布受温度制约，涩柿分布北界为年平均气温 10℃ 的等温线经过的地方，甜柿分布北界为 12.5℃ 等温线经过的地方；柿树分布南界为 22℃ 等温线经过之地。历史上主要分布在黄河中下游的陕西、山西、河南、河北、山东的浅山区，近 20 年由于市场价格刺激，沿海的广西、广东、福建、江苏等省发展相当快，尤其是广西年产量 2001 年已跃居全国首位。上述数省相连，主产地呈向东的马蹄形，蹄中央分布较少。

四、生态习性

柿树喜温，在年均温 10~21.5℃ 地方都能栽培，但以 13~19℃ 地方最适宜，温度过低有冻害，温度过高则不能满足休眠期对低温的需要。柿树喜光，光照不足，树势渐衰，下部枝条易枯，伞形结果，果味变淡，色泽不良。柿的输导组织发达，渗透压较低表现出耐旱、耐涝，但并不喜欢旱或涝；对土壤要求不严，在 pH 值 5~8，含盐量不超过 0.02% 的地方，无论是山地、丘陵、平原、河滩；肥土、瘠地；黏土、砂地都能生长。

一年中根开始生长的时间较枝条迟，枝叶生长最快的是 4 月份，从发芽到枯顶仅 20~30 天，新梢临近枯顶新根开始发生，产生新根的高峰是在秋梢接近停止生长的时候。从现象上看，地上部生长与地下部生长是交替进行的。柿花芽分化在花后 25~30 天开始，8 月份停滞，第二年发芽后又继续进行。柿的花芽是混合芽，着生于结果母枝上部，花着生在结果枝的中下部的叶腋，着生花的叶腋不再生芽。

在陕西关中，3 月中旬萌芽，4 月上中旬展叶，枝条迅速生长，4 月下旬新梢枯顶，5 月开花，8月下至9月上中旬果实开始着色，9月上旬至11月上旬果实成熟（不同品种差异甚大），10月底至11月中旬落叶。

五、培育技术

（一）育苗技术

柿树以嫁接繁殖，砧木一般用君迁子、野柿，也有用油柿、浙江柿的。种子经沙藏（1份种子与4份湿细沙混合。细沙湿度约80%左右）处理或在3月下旬，用两开兑一凉的温水（30~40℃）浸泡2~3天，每天换水1次，待种子吸水膨胀后，用指甲能划破种皮时即可播种。播前土地深翻施肥，整地作畦，按行距20cm、50cm的宽窄行条播。播深2~3cm，覆土为种子的2~3倍。苗长出2~3片真叶时按株距10~15cm间苗或补苗，同时用移苗铲切断主根，促进侧根的发生。苗高30cm后摘心或扭梢，使苗加粗生长。

嫁接时用单芽嵌芽接最快、最省接穗，切接、腹接、劈接都可以。如果砧木较粗而已离皮时，用皮下接方法最理想。春季接的接穗在冬季采，沙藏备用；秋季嫁接的，随接随采。

嫁接之前土壤干燥时，接前灌水，促使砧木树液流动。接活后，及时施肥、浇水、抹芽、中耕除草和防治病虫。

（二）栽植技术

在适栽区种植，植前要平整土地，山地要按水土保持要求修筑水平梯田或大鱼鳞坑，并深翻改土；按株行距2.5m×3.0m先行密植，亩施土杂肥5000kg，栽后灌透水，用草或地膜覆盖保墒。幼树选用自然开心形、变侧主干形或小冠疏层形，调整主、侧枝的方位和角度，结合夏剪及时摘心、拉枝、刻芽，促进分枝扩冠；环割、环剥和喷施生长激素促花保果。盛果期树修剪要疏缩结合，注意通风透光，不断更新培养新的结果枝组；巧用优势与劣势技术，保持树势；疏蕾、疏果控制产量；待封行时隔行隔株逐年回缩直至间伐加密株。坚持秋施基肥，萌芽和花后追肥，生长期喷叶面肥。

六、病虫害防治

1. 柿角斑病 此病危害柿叶和柿蒂。初发病时，叶面出现不规则的多角形褐至黑色病斑，后期病斑上密生黑色绒状小粒点，严重时多数病斑相互融合，布满大半叶，以致枯萎脱落。

防治方法：①加强栽培管理，提高抗病力。②冬季彻底摘掉树上残存的柿蒂和清扫落叶，清除病源，基本上可清除此病。③6月中旬喷药防治，药剂可选1:2~5:600倍式波尔多液、65%代森锌可湿性粉剂500~800倍液或65%福美锌可湿性粉剂300~500倍液喷雾，每隔5~7天，连喷2~3次，即可达到防治效果。

2. 柿圆斑病 此病危害柿叶和柿蒂。最初在叶子正面发生黄褐色的小斑点，边缘颜色较浅，逐渐扩大成圆形褐色病斑。一般病斑直径约3mm，最大可达7mm，随着叶片变红，病斑周围出现绿色或黄色晕圈，严重时叶片迅速变红脱落；连阴雨天发病迅速，初现1~2mm小黑点，随即扩大成6~7mm圆形外黑、内青枯的病斑，继而病斑合并，10~15天便落叶。

防治方法：①清扫落叶，集中烧毁，消灭越冬的病源菌。②加强栽培管理，增强树势，提高抗病能力。③在6月中旬喷布1次1:2~5:600倍式波尔多液，以防侵染。

3. 柿炭疽病　此病主要危害果实和枝条，叶片上很少发生，即使有，也只限于叶柄或叶脉上，果实主要在近蒂处发病。果实染病后果面出现针头大小深褐或黑色斑点，逐渐扩大呈圆形或椭圆形病斑，病斑直径约 5～10mm，略凹陷，中央密生有略呈轮纹状排列的灰黑色小粒点。遇雨或湿度大时，其上有粉红色以至黑灰色的粘状物（分生孢子团）着生。病斑下的果肉成黑色硬块，被害果实容易软化脱落或发酵变质。新梢上由小黑点扩大呈长椭圆形或梭形，黑色或黑褐色，而后表面略凹陷并纵向开裂，上面散生小点，潮湿时产生粉红色以至黑灰色的黏状物。

防治方法：①在休眠期或生长期，发现病枝、病果要随时剪除、收集、烧毁，消灭病源菌。②选择抗性强的品种。③严格选择苗木和接穗，防止此病传播；并在定植前用 1∶3∶80 波尔多液或 20% 石灰乳剂浸苗 10 分钟消毒。④萌芽前喷 1 次 5°Be 的石硫合剂。⑤6 月上旬喷 1∶2～5∶600 波尔多液；也可用 65% 代森锰锌可湿性粉剂 500～600 倍液。7～8 月再酌情喷 1～2 次，防病效果更好。

4. 柿蒂虫　柿蒂虫又名柿实蛾、柿食心虫，俗称柿烘虫。以幼虫蛀食柿果，造成柿子提早软化脱落。被害果群众称之为"柿烘"、"丹柿"、"黄脸柿"。为害严重者，能造成柿子绝产。

防治方法：①冬季或早春刮除树干上的粗皮和翘皮，刮皮前在地面先铺上塑料薄膜，刮至刚露新皮为准，将刮下来的碎皮收集起来，同时将树上遗留的柿蒂摘掉，清扫地面的残枝、落叶、柿蒂等与皮一起集中烧毁，以消灭越冬幼虫。②摘除虫果，深埋。③幼虫脱果越冬前，在干上绑草，引诱幼虫越冬，而后解下烧毁。④药剂防治　越冬代成虫羽化初期，清除树冠下杂草后，在冠下地面撒敌马粉毒杀越冬幼虫、蛹及刚羽化的成虫。在 5 月中旬及 7 月中旬两代成虫盛发期或卵孵化期喷乐果、敌百虫、马拉硫磷、杀灭菊酯等。每隔 10～15 天喷 1 次，共喷 2～3 次，毒杀成虫、卵、及初孵化的幼虫，均可收到良好的防治效果。

5. 柿绵蚧　又叫柿囊蚧、柿毛毡蚧。为害柿树嫩枝、幼叶和果实。嫩枝被害后，生长衰弱或干枯。叶上为害叶脉，受害后叶畸形、早落。为害果实时，若虫和成虫喜群集在果肩或果实与蒂相接处，被害处出现凹陷，由绿变黄，最后变黑，甚至龟裂，使果实提前软化，不便加工和贮运。

防治方法：①早春柿树发芽前喷布 1 次 5°Be 石硫合剂和 5°Be 柴油乳剂，消灭越冬若虫。②在展叶至开花前，用辛硫磷、吡虫啉周密喷布或在 6 月上旬第一代若虫发生时，喷 0.3～0.5°Be 石硫合剂，可基本上控制危害。③在天敌发生期，应尽量少用或不用广谱性杀虫剂，以保护天敌。

6. 舞毒蛾　又叫柿毛虫。幼龄幼虫群栖危害，把叶吃成洞，长大后分散危害，把叶吃光或只剩叶脉。

防治方法：①在秋季或早春，结合整地修堰搜杀卵块。成虫羽化期在化蛹场所扑杀成虫。②诱杀或阻杀幼虫　利用幼虫白天下树潜伏的习性，在树基堆上石头，诱集幼虫于石块下，便于扑杀。幼虫孵化后上树前，在树干上涂抹宽 60cm 药带，使幼虫在上、下树的过程中接触药剂中毒死亡。③喷药防治：2 龄前可喷辛硫磷、杀螟松或乙酰甲胺磷，或溴氰菊酯、灭幼脲或舞毒蛾核型多角体病毒（病毒死虫尸体重量，加水稀释 3000～5000 倍。）均可。在幼虫危害初期防治效果为好，3 龄以后抗药能力增强。

（王仁梓）

板 栗

别名：栗子、大栗子、毛板栗

学名：*Castanea mollissima*

科属名：壳斗壳 Fagaceae，栗属 *Castanea* Mill.

一、经济价值及栽培意义

板栗的主要产品是坚果，种仁肥厚，甘美可口，营养丰富。种仁含蛋白质 5.7% ~ 10.7%，脂肪 2.0% ~ 7.4%，淀粉 40% ~ 60%，糖 10% ~ 20%，微量元素钙、磷、铁、钾、镁、锰、VA、VB$_1$、VB$_2$、VC 等。可炒食、煮食、做菜和制作各种糕点。

栗树的种实、叶、壳、刺苞、雄花序、树皮、根都是中药材，历代本草医药书中都有记载，《中药大辞典》中亦有记述。

板栗木材坚硬，纹理通直，抗腐耐湿，适宜作枕木、矿柱、桥梁、车辆、建筑、造船及家具用材，也是工艺雕刻的好材料。原木可以作木耳、香菇的饵料。树皮、树枝、刺苞含单宁 12% 以上，可以作栲胶的原料。树叶可以饲养柞蚕。

板栗是中国传统的出口物资，"天津甘栗"或称"中国甘栗"在国际市场上久享盛誉，售价很高。陕西的镇安板栗，也驰名海内外。

二、形态特征

板栗属落叶乔木，高达 20m，大树胸径可达 1m 以上；树皮有不规则纵裂，褐色或黑褐色；小枝密生灰色绒毛；叶长椭圆披针状，长 9 ~ 19cm，宽 4 ~ 7cm，先端渐尖或短尖，基部圆形或楔形，叶背面被灰白色星状毛及绒毛；雄花序长 9 ~ 20cm，雌花序生于基部，常 3 朵集生于总苞内，壳斗球形或扁球形，多具刺，通常有坚果 2 ~ 3 个，通常坚果球径 2 ~ 3.5cm，多一侧或两侧扁平，暗褐或红褐色，其形状、大小、品质、成熟期因品种不同而异，花期多为 6 月下旬，成熟期 9 ~ 10 月。

三、分布区域

板栗自然分布限于北半球，主要分布在亚洲、欧洲、美洲三个洲。我国板栗分布较广，南始海南岛，北至吉林、辽宁、河北，跨亚热带、暖温带、温带三个气候带，包括 19 个省、直辖市和自治区，总面积 286666.7hm^2，总产量达 21.88 万 t。

板栗垂直分布，最低是河北昌黎，只有 16.2m，最高是云南维西达 2800m。随着纬度和地形、地势的变化，分布高度有很大的变化。陕西秦岭山区，在 1000m 以下阴坡和阳坡都生长良好，1000m 以上在阳坡生长良好，在阴坡结实率很低。

四、生态习性

板栗为喜光的阳性树种，需要充足的光照条件。生长在沟谷的板栗往往结实不好，栗园郁闭后不结实,但边缘的栗树却结实累累。4~10月各月的平均日照时数达250h,即可满足生长结实的需要。

板栗最适宜的气候条件是,年平均温度10~14℃,最低月平均温度-1~-4℃,生育期16~20℃,花期17℃,受精温度17~25℃,极端最低温度-28℃,年降水量600~900mm。

板栗对土壤pH值要求非常严格,土壤pH值5.6~6.5生长最好,pH值在7.5以上的碱性土中生长不良,叶片变黄,甚至死亡。板栗是喜锰树种,锰在碱性土壤中植株不能吸收,引起生长不良,甚至死亡。板栗在陕西秦岭山区一般4月上旬萌芽,5月上旬开花,9月中旬果实成熟,11月中旬落叶。

五、栽培技术

(一)育苗技术

1.播种育苗

(1)采种　采种要选择丰产、稳产、结果早、成熟期一致,抗逆性强,生长健壮的植株。待栗苞变黄裂开,栗实脱落时,将种子拣回来取除杂质、病虫果,保持新鲜,到12月份最好用饱合湿度的湿沙以沙种(3:1)的比例贮藏在60~80cm深的地沟里,到翌春播种。

(2)育苗地选择　育苗地宜选择肥沃、排水良好的沙壤土。要先施肥,整地。播种时按行距30cm开成8~10cm深的沟,然后在沟内每15cm播1粒种子(种子要平放在沟内)每亩播种量70kg,出苗率按70%计,每亩可出苗1万株。

(3)苗期管理　播种后一般10~15天幼苗即可出土,幼苗不抗旱,不耐涝,必须注意肥水管理。6月下旬进入雨季前要灌水2~3次。灌水后及时松土保墒、除草。后期8~9月份,视墒情灌水。干旱要灌水,雨季要及时排水。

2.嫁接苗的培育

(1)接穗的选择和贮藏　接穗要选择优良品种,采接穗的植株要生长健壮,节间短,芽饱满,没有病虫害,生长结果良好的成令树,且充分成熟的一年生枝,最好在采穗圃采集。接穗应采生长健壮的一年生,不能用多年生枝和徒长枝。采接穗的时间从落叶后,到次年萌芽前都可以进行。以萌芽前一个月采最取好。采下的接穗,可用湿沙埋藏或蜡封。也可以用湿布包好贮藏在冰柜或冷库内。

(2)嫁接时间　春季嫁接以萌芽到展叶前为佳。这时气温一般在15~25℃,树液开始流动,树皮易剥离最好。

秋季嫁接一般在8~10月份进行。

(3)嫁接方法

①切接　砧木在距地面10cm左右处剪断,用嫁接刀在平滑的一侧断面下自外向内削成一个短斜面,并削平剪口处。然后从短斜面自上而下直切一刀,长约2.5cm,深达木质部。接穗剪成长5~6cm,带有2个芽。在下面芽的一侧缓缓地斜削一刀,比砧木削面略长。再在削面的背面短短斜削一刀。随后把接穗插入砧木切碾口,使形成层对准(至少要有一边对准)。用绑扎带扎紧,并包裹切口,上套小塑料袋以保持湿度。

②带木质芽接　这是一种倒盾形带木质部的单芽嫁接方法。具有节省接穗,速度快,成活率高,苗木生长势旺等优点。削接芽时,先在芽的下方1cm处斜切一刀,深达木质部,再在芽的上方1.5cm处向下斜削一刀,也深达木质部,使两个刀口相交,取下带木质的芽

片。砧木的切削法与接穗相同，也取下一个大小相似带木质片，然后把芽片嵌入砧木上的切口中，对准形成层（至少一边对准），绑扎结实。春季芽接要露芽，秋季芽接时不露芽。

板栗的嫁接方法很多，除以上两种外还有劈接、皮下接、复接、合接等方法。

（4）嫁接苗的管理　①除萌　嫁接后砧木上能长出很多萌蘖，必须及时疏除。②补接　发现未成活的要及时剪砧补接。③设立支柱　幼苗易风折，要插 80 ~ 100cm 棍子把幼苗绑在上面，以防风折。④剪砧　芽接成活的苗木要适时剪砧。秋季嫁接的苗木，春季树液流动时剪砧，剪砧位置应在接芽上方 0.5cm 处。⑤解绑　嫁接成活后当新梢长到 10cm 长时要及时解绑。

（二）栽植技术

1. 选择地块　板栗林要选择以花岗岩、片麻岩风化形成的沙壤土为最好。土壤通透性好，pH 值在 7.5 以下。过于黏重或过沙的土壤板栗生长不良。

2. 株行距　成片栽植行距以 3m×4m 最好。

3. 栽植季节　春秋两季均可，北方寒冷，干旱地区以春季 3 ~ 4 月份栽植为宜。

4. 整形修剪

（1）整形　人为地将树整成一定的形状，其好处：①培养牢固的骨架，使主枝开张角度合理，分布均匀，主重分明，层次清楚；②提早结果，延长结果年限；③消灭大小年现象；④通风透光，生长好，病虫害少；⑤有利于合理密植，便于管理，提高工效。

常用的树形有主杆疏层形（稀植园），自然开心形（中密度园），纺锤形（高密度园），倒"人"字形等整形方法。

山东和陕西多采用自然开心形，一般干高 50 ~ 60cm，上面留 3 ~ 4 个主枝，主枝层内距 30 ~ 40cm，每个主枝上留两个侧枝，第一侧枝距主枝基部 50cm，第二侧枝距第一侧枝 40cm，留在第一侧枝的相反方向。第一侧枝都在主枝的一个方位，第二侧枝都在第一侧枝的相反方位。第二侧枝以上着生结果枝组，结果枝组也要左右有序排列，每 30cm1 个。这种树形主枝少，树形开张，通风透光好，结果早，产量高，是一种比较丰产的树形。

（2）修剪

①冬季修剪　一般 12 月底至翌年 3 月上旬进行冬剪。

a. 选留主侧枝 主枝和侧枝没留够的，冬季修剪时要继续选留。

b. 疏枝 疏去病虫枝，弱老枝、枯死枝。

c. 回缩 对弱老大枝、过密的大枝从一年生或多年生枝的上部锯掉，留下的枝可以发展成结果枝组，或者可使衰老枝更新复状。

d. 短截 对树膛内生长健壮的枝条进行短截，促进萌发壮枝形成结果枝组。

e. 长放 又叫缓放。树冠外围长达 30cm 以上，尾枝有 3 ~ 4 个大芽的健壮结果母枝，可以长放，下年可抽生结果枝。

在冬季修剪中多采用"集中"和"分散"相结合的方法。

"集中"修剪 在弱树弱枝上疏除过密枝、重叠枝、细弱枝、回缩弱枝，使营养集中于结果，使植株或枝条由弱变壮。

"分散"修剪 即对旺树枝上多留一些结果枝、发育枝、长枝和预备枝，分散营养，缓和树势、枝势，达到培养结果母枝的目的。

②夏季修剪 5 月下旬至 6 月上旬当各级骨干枝的延长梢长到 40 ~ 50m 时剪梢，促使生

长 2 次枝，增加分枝级次。对树膛内长出的新枝留 3~5 片叶摘心，促使分枝，形成结果枝组。对过密的枝从基部疏除，提高光照率。另外主枝角度太小，生长季节枝条软可以用撑枝、拉枝的办法开张角度。

六、病虫害防治

1. 胴枯病 ［*Endothia parastica*（Murr）P. J. et H > W. Anderson.］

胴枯病是世界性板栗病害，美洲、欧洲先后大发生。近年来我国南方各省也有发生，受害植株皮层腐烂，树势衰弱，严重者整株死亡。

防治办法：①对苗木种子加强检疫；②药剂防治在 4 月下旬开始用抗菌剂 401，400~500 倍液加 0.1% 升汞涂病部，每 15 天 1 次，涂 5 次可控制住。

2. 白粉病 ［*Micosphaera alni*（Wallr.）Salmon］

防治办法：①冬季清扫落叶烧毁；②萌芽前喷一次 5 波美度石硫合剂，萌芽后喷 0.2~0.3 波美度石硫合剂或 50% 可湿性退菌特 1000 倍液。

3. 栗实腐烂病 发病的栗实采收后，在贮运过程中，常见大批栗实发霉、腐烂，造成很大损失。

防治办法：①作好栗实筛选及贮存库消毒；②栗实贮藏前用 50% 的甲基托布津液浸泡 2 分钟。

4. 栗实象（*Curculio dauidi* Fairmaire）

防治办法：①冬季拾净落地栗苞集中烧毁或深埋；②在栗苞堆集场周围喷洒 4% 的敌马粉剂，杀死脱果幼虫；受害严重的栗园，在 7 月下旬成虫羽化出土前，地面喷 25% 的对硫磷微胶囊 1500 液。

5. 雪片象（*Niphades castanea* Chao）

防治办法：①采收后彻底拾净落地栗苞；②5 月中旬到 6 月中旬成虫取食补充营养时对叶面喷 50% 的敌敌畏，或 50% 的效磷 1000 倍液杀死成虫。

6. 剪枝象（*Cryllorhynobites ursulus* Roelots）

防治办法：①6~7 月份，拾净落地栗苞集中烧毁，消灭幼虫，秋冬深翻栗园土壤，破坏幼虫土室，消灭越冬幼虫；②成虫羽化初期喷 25% 的甲基对硫磷微胶囊 1500 倍液阻止成虫上树。成虫羽化初期到盛期喷 1~2 次 75% 的辛硫磷 1500 倍液。

7. 栗大蚜（*Lachnus topicalis vander* Goot）

防治办法：①冬季刮树干，主枝上的粗皮，集中烧毁，消灭越虫卵；②栗大蚜发生初期，喷 50% 抗蚜威可湿性粉剂 2000~4000 倍液或 50% 的久效磷 3000 倍液。

（李龙山）

杜　仲

别名：思仙、思仲、丝棉树、扯丝皮、解丝皮、玉丝皮、白丝皮、野桑树

学名：*Eucommia ulmoides* Oliv.

科属名：杜仲科 Eucommiaceae，杜仲属 *Eucommia* Oliv.

一、经济价值及栽培意义

杜仲为我国二级保护的特产经济树种，它的药用功效早在公元前一百多年，我国第一部药著《神农本草经》中就有记述："主治腰膝痛，补中、益精气、强志……，久服，轻身耐老"。我国明代杰出的医学家李时珍在《本草纲目》中对杜仲补肝肾、强筋骨的道理作了详细的阐述："杜仲色紫，味甘而辛，其性温平，甘温能补，故能入肝能补肾。益肝主筋，肾主骨，肾充则骨强，肝充则筋健，屈伸利，皆属于筋"。近代医学实践证明，杜仲治疗高血压症颇有成效，能降低肌体胆固醇含量，可预防血管硬化。中医用于治疗足膝痿弱，头晕目眩，肾湿尿频，胎动不安，堪称上品。最新研究还表明：杜仲促进机体功能，抗衰老、抗癌的效果十分明显，尤其对血压的"双向调节"作用是任何化学药物无法比拟的，是上等的老年保健药物。美国宇航局专家分析认为，杜仲可促进人体皮肤，骨骼和肌肉中蛋白质胶原合成和分解，有促进代谢、防止衰老的功能。经分析，树皮和叶中含有丰富的 V_A、V_E、V_{B1}、V_{B2} 和胡萝卜素，以及人体所必需的铜、铁、钙、磷、棚、锌、硒等 13 种微量元素及 17 种氨基酸，多种有机酸（咖啡酸、绿原酸、酒石酸及山奈醇）。目前全国各地已开发出杜仲保健品有：杜仲茶、杜仲精、杜仲酒、杜仲烟、杜仲咖啡、杜仲牙膏、杜仲饮料、杜仲口服液等。其中贵州、遵义桐锌茶厂制成的杜仲茶，已远销日本。陕西略阳制成的"秦仙"牌杜仲茶也远销加拿大、法国、德国、美国等国家。利用杜仲叶饲料添加剂，喂养鳗鱼，可增加胶原蛋白 1.6 倍，使肉质变得更加细嫩，味道如野生一样鲜美；喂养蛋鸡，可延长产蛋高峰期，并可明显提高喂养动物的抗病力。

杜仲木材洁白或淡红，细致坚韧，无心、边材之分，是制造家具、农具、舟车和建筑的良好用材。亦可用于镶嵌装饰。

杜仲全树各种组织和器官（除木质部外）都含有硬橡胶（又名杜仲胶），具有热塑性、高度绝缘性、耐潮湿性、高度粘着性、抗酸和抗碱性等。杜仲胶用途十分广泛，是制造海底电缆、矿山坑道和电器最佳的绝缘材料。用它来粘着钢铁、玻璃以及人的牙齿，可收到"牢不可破"的效果。

杜仲树形美观、果形奇特、夏季淡绿、秋季深棕，是优良的庭园绿化与观赏树种，又因根系庞大，固土力强，也可选作水土保持防护林树种。

由于我国中医药事业的迅速发展，当前杜仲药源远远不能满足配方、制剂和外贸出口的需要，更谈不上杜仲胶的生产利用，截止 1995 年底，我国杜仲发展面积已达 30 万 hm^2 以上，年产杜仲皮 2000~2500t，其中国内需求量 2000t 以上，年出口量 1000~1500t，市场潜力巨大。因此，积极发展杜仲生产，迅速扩大杜仲栽培面积，增加杜仲的后备资源，具有十

分重要的意义。

二、形态特征

杜仲为杜仲科，本科仅有杜仲 1 属 1 种，乔木，高达 20m，胸径 1m，树干端直，侧枝斜上，树冠卵形、密集，小枝光滑，淡褐或淡黄褐色，具皮孔，单叶互生，呈椭圆、卵形或长圆状卵形，长 7 ~ 10cm，宽 3.5 ~ 6cm，叶缘有锯齿，有柄，无托叶，下面脉上有毛，皮及叶具银白色有弹性半透明胶丝。花单性，雌雄异株；雄花具簇生多数花药，雄蕊条形，长约 1cm，淡红褐色，雌花由 2 心皮合成，子房 1 室，狭长扁平，顶端 2 裂，柱头位于裂口内侧；翅果椭圆形，扁平而薄，长 3 ~ 4cm，宽约 1.0 ~ 1.5cm，果皮及翅革质，成熟时，呈棕褐色，栗褐色或黄褐色，内含 1 粒种子，种子条形扁平。花期 3 ~ 5 月，果期 9 ~ 11 月。

杜仲新品种秦仲 4 号已由西北农林科技大学选育出。该品种幼龄树树皮光滑，成龄树树皮浅纵裂，皮孔消失，树皮褐色，属粗皮类型。树冠紧凑，圆锥形，分枝角度 45° ~ 55°。芽圆锥形，3 月中旬萌动，雄花 4 月中旬开放。叶较大，单叶面积 48.5cm²。干形圆满通

杜仲
1. 花枝　2. 果枝　3. 雄花
4. 雌花　5. 种子

直，生长快，根萌苗 3 年生树高 4.04m，胸径 3.98cm。药用成分含量高，为药用型和材用型优良品种。抗旱耐寒性强。适宜在山区、丘陵地区营造优质速生丰产园和防护林及水土保持林（张康健，2005）。

三、分布区域

水平分布区域大体上在长城以南，五岭以北，黄海以西，云贵高原以东。从杜仲药材产量看，贵州居全国第一，陕西次之，湖北第三。

西北地区东部黄土高原大部分地区均有栽培，南部落叶阔叶林区偶有野生。陕西分布于秦巴山地的安康、汉中市各县，如略阳、宁强、汉中、留坝等。尤其陕西略阳和渭北黄土高源的永寿、淳化、彬县、白水、蒲城、铜川、延安栽培较多；甘肃主要分布在陇南（康县、武都、徽县、文县、舟曲）及陇东（小陇山、天水）、兰州、庆阳、酒泉等地引种栽培。笔者曾在新疆玛拉斯林场观察，在极端最低温度为 −39℃ 条件下的杜仲，虽有冻害，多呈丛生状，萌发新株高 1.5 ~ 3.0m，长势亦好。南疆栽培能露地越冬，生长很好。垂直分布一般在海拔 300 ~ 1300m，主产区多在 500 ~ 1500m，个别地区达 2500m（滇东北），黄土高原一般分布 600 ~ 1400m。

四、生态习性

杜仲喜温和湿润气候，自然分布区年平均气温 13～17℃，年降水量 500～1500mm，中心产区年平均气温 15℃左右，年降水量 1000mm 左右，1 月平均气温在 0℃以上，7 月平均气温在 29℃以下。杜仲对气候适应幅度很宽，年温 11.7～17.1℃，1 月均温 0.2～5.5℃，7 月均温 19.9～28.9℃，绝对最高温度 33.5～43.6℃，绝对最低温度 -4.1～-19.1℃。杜仲经过引种栽培，它对气候产生了很强的适应能力，在新区，成年植株在 -21℃低温时，自然越冬率可达 100%，根部的抗寒能力更强，能耐 -33.7℃的低温。

杜仲对土壤的适应性较强，能在酸性土（红壤、黄壤、黄红壤、黄棕壤、酸性紫色土）、中性土、微碱性土（黏黑垆土、黄墡土、白墡土）和钙质土（石灰土、石灰性褐土、钙质紫色土）以及沙质土上均能成活生长，最适应的土壤是土层深厚，疏松肥沃，湿润，排水良好，pH 值在 5.0～7.5 的沙质壤土，但在过于瘠薄、干燥、酸性过强（pH 值 5 以下）及黏重的土壤上生长不良。

杜仲喜光，不耐庇荫，在海拔和坡向基本一致时，散生木的生长优于林缘木，林缘木优于林内木。

萌芽力极强，一根伐桩，一般可萌发 10～20 根萌条，最高可达 40 株。一株 25 年生的伐桩萌生的 4 年生幼树，树高 5.5m，胸径 8.5cm，超过同一立地条件下 12 年生实生树生长速度。

杜仲属深根性树种，垂直根深可达 1.35m 以下，侧根、支根分布面积可达 9m²，根系如遇岩石可绕过石砾或大石块而继续前伸，以维持其生长发育。

杜仲人工林，立地条件好，树高从第二年即进入速生期，年平均生长量达 1m 以上，速生期一般为 3～15 年；胸径速生期为 5～18 年，年均生长 1.0cm，最大达 1.9cm，材积生长速生期可延迟到 25 年以后。其年生长规律，树高生长从 4 月上旬新梢生长开始，4 月中旬形成第一个高峰，持续到 6 月中旬，生长量占全年总生长量的 70%，以后生长缓慢，7 月中旬至 8 月中旬出现第二次生长高峰，即秋梢生长期，8 月下旬生长趋缓，以后逐渐停止生长；胸径生长开始 4 月中旬，5 月初开始速生，5 月中旬形成全年高峰，此后出现波浪式曲线生长，直至 8 月底，为速生期，9 月底停止生长，生长规律与气温和降雨关系密切。

杜仲花期虽不算短（雄花初花 3 月 23 日，盛花 4 月 2 日，4 月 6 日散花，4 月 14 日结束，雌花 3 月 25 日开花，4 月 9 日发育成熟），但花药成熟传播花粉的时间只有 7 天，雌蕊发育成熟可以自然授粉的时间仅为 5 天。

五、培育技术

（一）育苗技术

1. 播种育苗

（1）春播育苗

①采种及处理　应选择生长发育健壮、树皮光滑、无病虫害和未剥皮利用的 20 年以上的壮年树。当果皮呈栗褐色、棕褐色或黄褐色，种子即已成熟，约在 10 月下旬至 11 月即可采集，种子采回后，置于阴凉通风处阴干，切忌火烘烈日曝晒干燥，其含水量约 10%～14%，千粒重 50～130g，每千克有种子 7000～20000 粒。种子阴干后，经过净种，即可置于

阴凉通风处贮藏。春播用种，最好用湿沙层积贮藏。方法是播前30~50天，按1：10的种沙比例，沙以手握不流水为度，混合铺于通风室内土地面上，厚度30~40cm，经常保持湿润，室温5~6℃，每隔10~15天检查翻动1次，防止过干过湿，待果翅顶端与裂口稍露白时即可播种。采用此法处理，场圃发芽率可达80%以上。还可用温汤浸种处理，一般播前用60℃温水浸种，随即搅拌，直至凉后再浸泡在20℃的温水中，连续浸泡2~3天，每天换温水2次，捞出凉干即可播种。试验表明，用湿沙贮藏法较播前用温水浸种催芽处理，其发芽率提高15%~25%，且出整齐，成苗率高。赤霉素处理，将干藏种子用30℃温水浸种15~20min，然后捞出晾干，放入200μg/g（μg/g为百万分率）的赤霉素溶液中浸泡24h，捞出立即播种，发芽率可达80%以上。

②作床播种 苗圃地应选择土质疏松，土层深厚肥沃湿润，排水良好的平地或缓坡地，前茬为蔬菜、西瓜的地块不宜作杜仲苗圃。冬前深翻，冬后浅犁，施足基肥（每公顷施有机肥20~30t），并清理圃地内杂草、石块，做到地平、土碎、肥足。作成高床，3月中旬日均温稳定在10℃以上时，即可播种，多采用宽幅条播，行距20~30cm，沟宽20cm左右，每米播50~60粒，每亩播种量7~10kg，可生产杜仲苗2~3万株，播后用疏松肥沃 细土覆盖，覆土厚度1~2cm。然后在苗床的播种沟上盖草或覆膜，以防土壤水分蒸发和雨水冲击圃地。种子沙藏催芽，地膜覆盖的育苗方式是最佳育苗方式（张康健，1988），在春季干旱多风的地方采用深播浅埋的方法效果较好，即把种子播在12~15cm深的播种沟内，覆土厚度2~3cm，然后覆盖；根据幼苗出土及生长情况，逐渐用土把播种沟填满，这种播种方法可以创造小气候条件，避免幼苗遭受日灼和表土风干。

③苗期管理 出苗初期注意防治立枯病和地下害虫。当苗木出现2~4片真叶时，施追肥1次，每亩用尿素1~1.5kg，对水200~300kg施于沟中，当苗木长到4~6片真叶时间苗，定苗株距保持8~10cm。6~8月为苗木速生期，应加强中耕、除草、灌溉，每月施1次追肥，每亩用16kg尿素和20kg过磷酸钙，或施尿素16kg、氯化钾6.5kg。N：P_2O_5：K_2O肥比例应以2:1:1配比最佳，如施腐熟人粪尿每次每亩2500~3500kg。7月下旬停止追肥，以防苗木徒长。

（2）温床播种芽苗移栽 适用于北方气候比较寒冷地区。温床宜选在排水良好，便于管理的地方，挖深0.3m、宽1.0m、长10.0m的长方形土坑，原土全部取出，表底土分放，床底稍有倾斜，然后铺1层10cm厚的新鲜马粪，上面覆盖混匀的煤灰，火土灰，普钙和表土或1层厚约5~10cm的细砂，播种前浇灌底水，并覆膜增温催芽，约10~15天即可发芽出土，待2~3片子叶展开，真叶初露时，即成丛掘起芽苗，在事先作好的苗床上或容器内钻孔移栽，栽后浇水，这种方法有能提早播期1个月，缩短种子发芽期，节约用种，省去间苗的优点。

（3）温室播种 小苗移栽 2~3月间，在温室内进行行式条播，播深约1.0~1.5cm，上覆1.0~1.5cm沙土，行距4~5cm，温度保持在20~30℃，出芽以后温度可以降到15~20℃，当生出真叶4~6片以后，将小苗移栽在苗圃里，如主根过长可切短，并遮荫，浇定根水，经常保持湿润。

2. 扦插育苗

（1）嫩枝扦插 4~5月间，选用发育阶段低的埋根萌条，留床根萌条和当年生实生苗干作插穗，长5~8cm。每个插穗留3~4片叶，以粗河沙作基质扦插，棚内气温不高于

35℃，适宜湿度 90% 以上，效果最好。为了促进生根，可用 50μL/L 的吲哚丁酸或萘乙酸浸泡插穗 24h，也可用 ABT 1 号生根粉溶液（浓度为 50 ~ 100μL/L）浸泡 1.5h，播后要抓住水分管理和温度控制，每天喷水 1 次，温度过高早晚补充水。试验表明，用 4 ~ 20 年生母树上的当年生半木质化嫩枝，成活率可达 80% 以上，最高达 98%。秋季扦插，不需要夏季那样特殊的降温保湿措施，管理粗放，操作简便，能减轻劳动量和节省资金。成活率可达 89%。

由于大树上的嫩枝扦插生根困难，强康健等采取使优树幼化来提高嫩枝扦插成活率，即挖取大树根段，在一定的环境条件下，诱导出根萌苗，然后采用根萌苗扦插育苗，效果很好。具体方法是秋末或春初，选择杜仲优树，挖取一部分根段（粗度为 1 ~ 4cm）及时沙藏，翌年早春时分，设置一低于土面 30cm 温室沙池，沙池内铺以 10 ~ 15cm 厚的细沙，然后将优树 1.0cm 以上根条截成 5 ~ 10cm 根段平埋于沙池内，上覆细沙 1.0 ~ 1.5cm，喷洒 0.5% 的高猛酸钾溶液对细沙及根段消毒，在沙池上覆膜（或搭设小拱棚）保持温度不低于 10℃，湿度 90% 左右。

当沙池内种根段发出的根萌苗达到 4 ~ 10cm 高度，具有 4 ~ 8 片叶时，用刀片（或剪刀）取下扦插于容器内，插壤比例为细沙与壤土各半，温度不低于 33℃，湿度 90%，这种根萌苗极易生根，生根率达 90% 以上。当扦插苗生根后再移到大田中。

张应团试验表明，采用杜仲母树上的顶梢、基部萌条，树冠中上部外围角度小的枝条生出的 2 次梢扦插，其生根率可达 77% ~ 92%，2 次梢可通过夏季（6 月中旬）修剪或嫩枝扦插采集苗条的方法获取。

（2）硬枝接根扦插　落叶后，选取粗壮充实、腋芽饱满的 1 年生枝条或 1 年生苗条作插穗，剪成长 7 ~ 10cm，上端距饱满芽 3 ~ 5mm 平剪，下端距另 1 芽 2cm 以下处剪成"马耳形"。插穗先置低温环境中贮存适当时期后再扦插，效果更好。

利用硬枝接根扦插可显著提高其成活率，具体方法是在前述选取插穗的基础上，接根选用出圃苗或定植幼苗的新鲜须根，根径 2 ~ 3mm，长 7 ~ 12cm，根段上端削成 30° ~ 35° 的光滑斜面，并将斜面背部刮去一些粗皮，嫁接时左手拿插穗，右手母指与食指将斜面端部皮层与木质部捏成一道缝，把接根插入，深度以根削面绝大部分插入为限，然后开沟排放接根插穗，覆土，地面上露出 1 芽，斜向拍实填土，以免接根与插穗脱开。

（3）根段扦插　结合出圃苗木根系修剪和采挖回的幼树根条，剪成长 7 ~ 10cm 的根段，细的一端（形态学下端）向下插入苗床中，粗的一端微露地面，由断面愈伤组织处或根段皮部萌芽长成新苗，扦插株行距 10cm × 20cm。插根时最好给每个插根穴留 1 个深 3cm、口径 6cm、上大下小的土坑，插根上端稍露出坑，但又不能高于坑面，然后覆膜，地膜要平展，两侧压实，待萌芽时要适时破膜以免灼伤顶芽，放苗后，把原留土坑填平，对上端生出的许多嫩芽，每穴选留 1 个生长健壮，充实饱满的萌芽，其余萌芽用刀片取下。另外嫩枝扦插育苗，如采用低床插根育苗，可搭设塑料小拱棚，其效果更好，这种方法较播种苗生长快，高出 1.5 倍，根系也多达几十倍。

在上述方法基础上，还可采用插根露头方法培育苗木，春季，芽未萌发前，将已挖苗木过长根系修剪一段，或在 2 ~ 10 年生的幼林内挖取一小部分根条，切成 7 ~ 10cm 长的根段，插埋于"V"字形的沟底，插根上部露出沟口 1cm 左右，当幼苗长到 5 ~ 7cm、10 ~ 15cm、20 ~ 25cm 高时，分别给苗木培土，使苗床形成高床。

（4）留根露头 春季起苗时，故意将个别的长根系截断一部分留存土壤中，然后顺原苗行开挖"V"字形沟，沟深 15～20cm，宽 20cm 左右，沟内土堆放在行间，留存断根端部露出 0.1～2cm，根径 0.5cm 的断根露出 1～2cm，并用刀从断根端部一侧斜劈 1/5～1/6，扩大伤面，以利萌出更多萌苗，当萌苗长到 5～7cm 高时，用湿润细土培土 3cm 厚，长到 10～15cm 高时，再次培土 5cm 厚，长到 10～15cm 高时，将行间土全填入沟内，促使幼苗基部生根（1 个月中可生根）。

（5）带根埋苗 在整好的苗床内开挖 2cm 深的长条沟，沟端开挖成 20cm 深的小坑，将 1 年生苗条或根萌苗条带根整株水平状埋入苗床中，正好将苗条根部完全放入为好，沟端要与灌水沟相连，使种条根部能从灌水沟直接吸水，可防止床面板结，将苗根放入坑内，干条梢部横放入沟内，根部覆土可厚些，干条部分覆土不超过 2cm，干条梢部要用土压住。为了保持土壤墒情，可采用点埋法，每隔 10～15cm 埋一堆土，以提高土壤湿度，两土堆之间腋芽裸露，以利腋芽萌发，当幼苗长到 5～7cm、10～15cm 高时，分两次培土。

3. 嫁接繁殖 主要有切接法和芽接法两种。切接法一般在春季随采随嫁接；芽接法在树液流动的夏季进行。

4. 压条繁殖 在整个生长期中均可进行，一般以 4 月下旬气温回升稳定后比较适宜，可一直延续到 7～8 月份。其方法是：单枝压条、波状压条和高空压条等，将不离母树的 1～2 年生的萌蘖枝条压入土中予以固定，枝条顶端露出地面，覆土 10～20cm，把土压紧压实，待生根后，第二年即可与母体切离，挖出移栽，成为新的植株。

5. 组织培养 可利用杜仲的种胚、茎尖及叶芽等外植体进行组织培养，此法不仅可以保证杜仲的优良特性，而且可使杜仲雌性化，繁殖大量雌株，增加种源。

（二）栽培技术

1. 造林地选择 最好选择在避风向阳、土层深厚、疏松肥沃、排水良好的缓坡地，山脚、沟坡中、下部，山间台地或河滩及塬面上，也可利用"四旁"栽植。适应的土壤 pH 值 5.0～8.5。

2. 整地 多采用穴状整地，其规格长宽深为 80cm×80cm×60cm，或 60cm×60cm×40cm，结合整地每穴施基肥 0.5～1.0kg，5 年生以上大树，穴的大小应达 1m（长、宽）和 0.8m（深），在酸性土壤上，每穴施饼肥 0.25kg，磷肥（钙镁磷肥）0.25kg，石灰 0.1kg，也可在缓坡采用反坡梯田整地，西北地区雨量稀少，要在先年雨秋季整地，以蓄水保墒。

3. 造林密度 杜仲耐荫性差，初植密度不宜过大，同时也要视立地条件好坏和经营目的不同而定。一般株行距 1.5m×2.0m，2m×2m 或 2m×3m，每亩 111～200 株。乔林作业通常采用 2m×2m～2m×3m 的株行距，头木作业或头木改乔林作业为 2m×3m～3m×4m；矮林作业为 1.5m×2m～2m×2m。如 2m×2m 株行距，5～10 年后隔株间伐取皮或隔株挖取，移栽它处。

4. 栽植技术 温暖地区冬、春均可栽植，寒冷地区，宜在春季土壤解冻后造林，选择苗高 1.0m、地径 0.8cm 以上，根系完整的苗木，用编织袋装苗保湿，栽时沾泥浆，栽端扶正，栽植深度稍深于原土印，切忌过深，分层填土，层层踏实。西北地区最好采用深栽浅覆的方式，即把苗木深栽 15～20cm，覆土稍深于原土印，穴内表土距地面 15～20cm 的距离，形成一个小水坑，贮存雨雪，减少水分蒸发，有条件的地方，栽后浇 1 次定根水。

杜仲采用"梅花丛"造林技术，可大大提高干皮的产量（是每穴单株的 2.97～4.05

倍）。其方法是，大穴整地（长、宽、深为 100cm×100cm×80cm），每穴呈"梅花"状丛植 3~5 株，株行距为 2.0m×3.0m，或 1.5m×4.0m，加强肥水管理。

河南汝阳 1994~1995 年进行杜仲秋季带叶栽植，成活率达 78%~98%，比未带叶栽植的平均提高 20%~25%。新根数量和长度比未带叶的增加 5~7 条和 3.0~6.5cm，新梢生长量增加 4.5~8.0cm。秋季带叶栽植宜早不宜迟，10 月下旬栽植，就地起苗，随起苗随栽植，及时浇水，并选阴天或雾天栽植。试验还表明，秋季（11 月 6 日）栽植成活率 96.7%~98.8%比春栽成活率 72.8%提高 23.9%~26.0%。

六、林木抚育管理

（一）幼林抚育管理

1. 松土除草　苗木栽植后 4~5 年内，每年都要松土除草 2~3 次，3~4 年后松土深度加大到 20cm，最好每年冬季将林地深翻 1 次，还要逐渐扩穴，或沿栽植穴带状松土。还可用除草剂除草，5 月中旬至 6 月上旬，每亩用草甙磷 0.5kg 兑清水 40~50kg，加洗衣粉 0.05kg，喷施杂草茎叶上，7 天后白茅、狗尾草、满天星等死亡率达 100%，芭茅、铁杆蒿地面部分死亡，时过 2~3 月，又展出嫩叶，第二次喷雾，将其杀死。

2. 追肥　试验证明，施肥对杜仲干物质的积累、胶产量和结实量的提高有显著作用，如每亩施 12kg 氮肥和磷肥，可使干物质增加 16%~40%，使杜仲胶产量提高 15%~30%，使种子产量大大提高，且可消除大小年现象。每次每亩施尿素 20kg 或碳酸铵 50kg、过磷酸钙 50kg、磷酸二氢钾 4~6kg，或每株幼树环状沟施尿素 0.15kg、磷肥 0.25kg。

3. 林粮间作　在造林后 4~5 年内，可在杜仲林内进行林粮间作，以耕代抚，可大大促进林木的生长。调查表明，林粮间作与对照相比，高生长快 1.6 倍，胸径生长快 3.1 倍，间作模式有林粮、林经、林菜、林药结合等。其作物有小麦、油菜、豆类、花生、烟草、辣椒、苜蓿、紫云英、丹皮、白术等，避免种植高秆及藤蔓植物。间作离树基应距 1m 以上。

4. 平茬换干　对栽植后树干低矮、弯曲、严重损伤、风折、枝条干枯生长不好的 1~2 年幼树（林），可行平茬换干，于早春 2~3 月，从根颈处（距地面 10cm 左右）用快刀（或利剪）截去树干，当根颈处萌芽长到 15~20cm 时，选用一直立、生长旺盛的壮芽培养成新干，采用同样的方法可去弯接干或去梢接干。

5. 修枝除蘖　杜仲树干基部根蘖萌生能力极强，要经常除去下部萌条并修剪侧旁枝，以促进主干生长，对主干上的侧枝修剪一般为干高的 1/3，最大不超过 1/2，修枝强度过大会影响树木生长，因此，修枝要逐年进行。

（二）成林经营管理

成林的经营管理，应在每隔 2~3 年对林地深翻改土、施肥的基础上，根据不同作业方式来进行。

1. 乔林作业（主干型）　目的在于获得质量好、等级高的药用干皮、胶用种子，以及叶片和木材。在林龄 10 年时，进行第一次间伐，伐除生长发育不良的雄株，以保证雌株比例占 85%以上，郁闭度 0.7~0.8 为宜；第二次间伐在 15~20 年，伐除结实稀少的雌株，每亩留木 80~100 株；21 年生的人工林，平均每亩产树皮（干重）180kg，每年产种子 40kg，叶片 262.5kg，木材立木蓄积量 2.5m³。

乔林作业可以提前到 25 年进行主伐，也可推迟到 40~50 年。

2. 矮林作业 在气候寒冷，有冻害之虑，立地条件差的地方适宜经营矮林。在定植成林 3 年后，距地面 30 ~ 50cm，截去地上部分（平茬截干）使其萌条丛生丛长，呈现灌木状，其目的在于获得产量多的树叶和枝皮，截干当年每株平均萌发数量最少在 18 根以上。每隔 3 ~ 4 年截干 1 次，每亩 330 丛，每年平均每亩收采叶 80kg（气干重）。矮林作业以每穴定植 3 ~ 5 株（每亩 400 株左右）经济效益最高。截干 7 ~ 8 次以后，即应重新整地，采用实生苗造林进行更新。

3. 头木林作业 是介于乔林和矮林之间的一种经营方式，当林木胸径 8 ~ 10cm 即可开始截干，截干高度 1.5 ~ 2.0m，便于操作整形，春季树液流动，易于剥下树皮时为宜，最迟不超过 5 月下旬，截后萌条高 10 ~ 15cm 时选留健壮条 5 ~ 6 株，定向培育力枝，形成开心形树冠，类似果树经营，这种经营方式，在于初期收采叶片，力枝形成并育成一定粗度（5 ~ 6cm）后，每年采剥力枝枝皮（约 0.66kg），每亩折合干皮 16.34kg，每年每亩可收干叶 50kg 和一定数量的种子，林龄 20 年以上中等林分，每年每亩可提供杜仲皮 100 ~ 125kg，一般可经营 2 ~ 4 个力枝轮伐期。有利于保存资源，改变"杀鸡取卵"的剥皮方式，均衡生产，永续作业。可缓解当前资源不足，供需矛盾，具有重要意义。

头木林 25 年进行主伐更新。

七、树皮采剥及树叶采收

（一）杜仲树皮的采剥

1. 采剥年限 天然实生起源的乔林，Ⅰ类杜仲林分经济剥皮年限为 20 ~ 26 年；Ⅱ类林分为 22 ~ 28 年；Ⅲ类林分为 28 ~ 34 年。杜仲栽植后，管理细致的树木 10 年左右即可开始采剥树皮，采收杜仲树皮的最佳年龄是 15 ~ 25 年生的生长旺盛的树木。因 40 ~ 50 年生以后的老林，可结合主伐更新剥取树皮。矮林作业第三年即可伐枝剥皮；头木林 6 ~ 10 年生时开始剥皮，5 年一个轮剥期。

2. 剥皮方法

（1）部分剥皮法 又称局部剥皮法，即在树干离地面 10 ~ 20cm 以上部位，交错地剥去树干外围面积 1/4 ~ 1/3 的树皮，使养分不致中断，待伤口愈合后又可依法继续剥皮。

（2）砍树剥皮法 此种方法结合主伐更新或老树砍伐时使用，先在树干基部锯一环状切口，按商品规格长度向上量，再锯第二道切口，在上下两道切口之间，用利刀纵割 1 刀，轻轻剥下树皮，然后砍倒树木，再剥第二筒树皮、第三筒树皮，剥完为止。

（3）大面积环状剥皮法 这种方法也叫全剥杜仲树皮。其优点是：采剥的树皮多，约为部分剥皮所得树皮的 3 ~ 4 倍，避免了资源缺乏时的砍树剥皮，一般宜在 12cm（约 12 年生以上）的树木采用，剥皮时间为树液已流动，形成层活动最旺盛的时期最好，甘肃陇南山区 6 月下旬为最佳剥皮时期，剥面平均愈合率 92.1%，当年再生皮厚 2.0mm。环剥应在阴天或多云天进行，如是晴天，应在上午 11 时以前和下午 4 时以后进行，不能在大风天、雨天或烈日曝晒的中午剥皮。

具体操作方法：用剥皮刀先在主干离地面 20cm 处横割一圈，割断韧皮部，不伤及木质部，再向上距离分枝 10cm 处同样环割一圈，然后在上下两环割圈间选择树干光滑平整面垂直纵割一刀，用骨片或竹片细心撬起两边树皮，用手向两侧撕开剥下，不能以手指或剥皮工具触碰剥面，以免损伤剥面或使形成层感染病菌，剥皮后立即喷增皮灵并全部围绑新鲜塑料薄膜，其剥面愈合率达 87.6%，当年再生皮厚 2mm。

剥皮后 8 ~ 10 天（阴天 10 ~ 15 天）新皮基本形成，以不粘手为准，这时可松绑，通风，一般松绑、通风 2 ~ 3 次，经过 30 ~ 40 天新皮完全长好后，即可全部去掉薄膜。

杜仲剥皮后新皮形成过程中从外观上看，有以下几个阶段：刚剥皮后树干为乳白色；10 ~ 15 天呈浅绿色；松绑、通风后为土黄色；30 ~ 40 天新皮长成，树干呈青灰色。剥皮 3 ~ 4 年之后，新树皮能长到正常厚度可再次剥皮。

（二）树叶采收

杜仲叶开发药用近年来已在陕西、浙江等地试验成功，并生产系列保健品。一般定植 3 ~ 4 年的杜仲树，可以开始采摘树叶。适宜的采收时间，多在 10 ~ 11 月间，树木落叶前进行，供药用的树叶，应去其叶柄，剔除枯叶，晒干后即可。

如果采叶目的是提取杜仲胶，采摘时间应是 11 月份杜仲落叶后收集为好，在成片杜仲林内，趁落叶盛期，在地面铺上塑料薄膜收集落叶。收叶时要去掉杂质、泥土、石块和枯枝等，然后集中晒干，装袋运输到加工单位收购。

八、病虫害防治

1. 立枯病　防治方法见油松。

2. 叶枯病（*Septoria* sp.）　为真菌引起的病害，成年植株多见，发病初期，叶片出现褐色圆形病斑，以后不断扩大密布全叶。病斑边缘褐色，中间白色，严重时使叶片破裂穿孔，致叶片死亡。

防治方法：①发叶初期，及时摘除病叶，挖坑深埋，避免传播。②冬季清扫枯枝落叶，集中处理，发酵腐熟沤肥。③药物防治：发病后每隔 7 ~ 10 天喷 1 次 1：1：100 波尔多液。

3. 黄地老虎（*Euxoa segetum* Schiffermuller）　又叫土蚕、地蚕、黑地蚕、切根虫等，西北地区以黄地老虎为主。在新疆北部 1 年发生 2 代，陕西、甘肃河西 2 ~ 3 代，新疆南部 3 代，成虫夜间活动，晚间 7 ~ 11 时飞翔、取食、交配，10 时前活动最盛，温度越高活动范围越大，对黑光灯有很强的趋性，幼虫分为 6 龄，1 ~ 2 龄幼虫常群集于幼苗幼嫩部分取食，3 龄后分散，白天隐藏于幼苗根旁的表土干、湿层之间，晚间出来危害，4 ~ 6 龄幼虫食量占全幼虫期的 97%，危害苗木严重，幼虫行动敏捷，性凶暴，有假死性。

防治方法：①除草灭虫　杂草是地老虎产卵的主要场所，也是幼虫向苗木上迁移为害的桥梁。当幼虫 1 ~ 2 龄时及时除草，随即沤肥或毁掉。②人工捕捉　晚上 8 ~ 10 时，逐床查捉。③堆草诱杀　用新鲜杂草堆于苗圃中，于每天或隔天清晨翻动杂草以捕杀幼虫。④毒饵诱杀　90% 敌百虫结晶 0.5kg，加水 2.5 ~ 5.0kg，拌鲜草或鲜菜叶等 50kg 配成毒饵，堆在苗木行间，诱杀其幼虫。⑤黑光灯或糖醋液诱杀　糖醋液即红糖 6 份、醋 2 份、酒 1 份、水10 份，再加适量杀虫剂配成。在苗圃夜间悬挂黑光灯诱杀成虫。

4. 豹纹木蠹蛾（*Zeuzera leuconotum* Butler）　主要以幼虫蛀害健康木和生长衰弱的树木的枝干。被害树木生长衰退，严重时树干内形成较长的空洞而易倒折，全株死亡。

一般 2 年 1 代，以幼虫在树干内越冬，翌年 3 月继续活动，4 月开始化蛹，5 月中旬为化蛹盛期，蛹期 15 ~ 20 天，6 月中旬成虫大量羽化，羽化后 5 ~ 6 天交尾，17 ~ 18 天开始产卵，成虫寿命 20 ~ 25 天，卵期 15 天左右。孵化之幼虫 11 月后逐渐进入越冬阶段，次年仍以幼虫活动。幼虫期很长，达 20 余个月。

防治方法：①冬季检查清除被害树木，并进行剥皮等处理，以消灭越冬幼虫。②涂白树干于成虫羽化初期，产卵前利用白涂剂涂刷树干，可防产卵或产卵后使其干燥而不能孵化。③药物防治　在树干上喷洒40%的乐果乳剂400～800倍液，当幼虫蛀入木质部后，用废棉花、废布等蘸取敌敌畏原液或敌百虫原液或二硫化碳等塞入有虫粪的蛀道，以黄泥封口。④生物防治　于3月中旬选择毛毛细雨或阴天，施用白僵菌，危害率下降48.40%，林内还可招引益鸟，扑食害虫。

5. 刺蛾　危害杜仲的有黄刺蛾（*Cindocampa flavescens*（Walker））、扁刺蛾（*Thosea sinensis* Walker）、青刺蛾（*Latoia consocia* Walker）。幼虫食害叶片，严重时可将整株叶片吃光仅留枝梢，影响杜仲生长和结实。刺蛾种类虽多，其生活习性基本相似，1年1～2代，以老熟幼虫在枝上的茧里越冬，5月中下旬至6月上中旬化蛹，6月上中旬至7月中旬为成虫发生期，卵散产在叶背面（只几粒），幼虫发生期为7月中旬至8月下旬，小幼虫吃叶肉，稍大时把叶吃成不规则缺刻，严重时仅剩叶脉和主脉。

防治方法：①消灭越冬虫茧　黄刺蛾越冬茧期长达7个月，结合抚育修剪，收集虫茧深埋（深度在30cm以下）。②消灭初龄幼虫　初龄幼虫有群集危害习性，被害叶片出现白膜，可及时摘除，集中消灭，不要用手触及虫体。③药物防治　5龄以下幼虫用90%敌百虫1000倍液或10%百树菊酯、5%高效氯氰菊酯5000倍液喷雾，杀虫效果可达90%以上。④生物防治　用青虫菌粉（100亿以上孢子/g）的1000倍液喷雾防治，幼虫感病率可达80%以上，或施放赤眼蜂，每亩200头，寄生卵上。

（罗伟祥、刘广全）

元宝枫

别名：元宝槭、平基槭、五角枫、枫千树

学名：*Acer trumcatum* Bunge

科属名：槭树科 Aceraceae，槭属 *Acer* L.

一、经济价值及栽培意义

元宝枫因翅果形状像中国古代金锭"元宝"而得名，是我国重要的木本油料树种之一。元宝枫种仁含有丰富的油脂和蛋白质，两者约达 74%，含油率 48% 左右，油中含有 79% 的油酸、亚油酸和亚麻酸，蛋白质含量约占 25.6%，其中含有人体所必需的 8 种氨基酸，这既是一种优质食用油，也是一种医药用高级、无毒的抗癌保健油。元宝枫种子提取油后的油渣可制取优质酱油，因含谷氨酸，其味道鲜美。其树皮和果壳单宁含量为 73.6%，是一种新型的染洗固色剂原料，可代替五倍子单宁酸，固色效果好，牢度高，色泽纯正，是鞣料工业的优质原料。元宝枫单宁具有明显的镇静、催眠、镇痛、抗凝血的止血的药理作用。还可制取栲胶。元宝枫叶含有 7.26% 黄酮类化合物，绿原酸、强心甙、多糖等成分，具有抗过敏、降血压、消炎、抗菌、抗突变、抗肿瘤、抗病毒、保肝和降血脂等多种生理活性。其种子还含有铁、锰等 12 种微量元素、V_E 等 7 种维生素。木材结构细微均匀，密度中等，材色悦目，常具美丽的花纹和光泽，加工面光洁耐磨，是理想的室内装饰用材。如楼梯扶手、墙裙板、地板条、胶合板面板、各类高级家具用材、美工、雕刻、玩具和细木工用材；车辆和体育运动器械用材；纺织工业用的各种纱管、木梭、绒辊等材料；在乐器工业上用于钢琴框和内部机件、提琴的琴背板等；还可制鞋植、木梳、算盘、象棋、擀面杖等，工业上制作枪托、手榴弹柄、飞机螺旋浆及机面材料等。但木材耐腐性较差，应注意不宜在室外露天使用。

目前元宝枫已开发出的产品有：元宝枫油、元宝枫酱油、元宝枫保健茶、元宝枫栲胶、元宝枫蛋白粉、元宝枫口服液、元宝枫药作单宁、元宝枫美容霜、元宝枫木材等。

元宝枫树姿优美，树冠荫浓，叶形秀丽，嫩叶红色，入秋后，叶片变红、红绿相映，甚为美观，是营造风景林的重要树种。元宝枫还是一种蜜源植物。因此，元宝枫开发利用前景广阔。

二、形态特征

落叶乔木，高 15~20cm，胸径 30~50cm，树冠为卵形，阔卵形等。冠径 10~15m，树皮灰黄色至灰色，纵裂；冬芽卵形，先端尖；小枝对生，向上斜伸，淡褐色，几光滑或被短柔毛，单叶，对生，掌状 5 深裂，裂深常达叶的中部或中部以上，无毛，基部截形，具 5 主脉。花杂性，雄花与两性花同株，伞房花序直立，顶生，萼片、花瓣各 5；雄蕊常 8，着生于花盘上，子房扁平，柱头短，2 裂，反曲。翅果长约 3cm，宽约 1cm，果翅开展为直角或钝角，翅宽约与小坚果等长，小坚果光滑，长约 1.5cm，宽约 1cm，花期 4~5 月，果熟期

10～11月。

三、分布区域

元宝枫为我国原产，分布于吉林、辽宁、内蒙古、北京、河北、河南、山西、山东、江苏北部等地，生于海拔400～1000m的疏林中，最高可达2000m。

西北地区陕西分布于秦岭、关山、桥山、黄龙山林区，甘肃产于小陇山、庆阳及文县、迭部等地区，河西走廊引种栽培；新疆喀什、和田等地有栽培。

四、生态习性

元宝枫稍耐荫，在林内能与其它树种混生构成第二林层，性喜温暖气候条件，也能忍耐—25℃的低温；喜生于阳坡湿润山谷，也能在干旱阳坡或沙丘上生长。对土壤要求不苛，酸性或微碱性土均能生长，在北京西山和山东济南千佛山石灰岩山地营造的元宝枫林，长势很好，结实繁多。

元宝枫寿命较长，幼时生长较快，在延安10年幼树新梢生长量80～100cm，人工栽培实生苗一般8年左右开始结实，1株可采收翅果10～15kg，20年采收20～25kg，最多单株可采收41.5kg。侧根发达，抗风力强。

元宝枫能够形成VA菌根。VA菌根能促进林木对矿质养分（特别是磷）和水分的吸收，增强林木的抗逆能力，并促进其生长发育，提高果实产量。

五、培育技术

(一) 育苗技术

1. 播种育苗

（1）采种 10月果翅由绿色变为黄褐色即可采收。翅果曝晒3～4天，风选后即得净种，翅果千粒重180～240g，5370～7350粒/kg，果去翅后的千粒重125.1～175.2kg，每5000～8000粒/kg，贮藏种子水分含量8%左右为宜。

（2）种子处理 为加速发芽，可在播前8天宜用湿沙层积催芽处理，先用清水浸泡24h，捞出后按湿沙与种子的比例1：3混拌匀，堆放于通风向阳之处，上覆稻草或湿麻袋，保持湿润，每天翻动2～3次，待种子有10%～20%裂嘴露白时播种，也可温水（30～40℃）浸泡1天或冷水浸泡2天，捞出装入木框或筐篓中，置温暖的地方，每天淘洗倒翻1次，部分种子露白时播种，最简易的办法是将种子于20～30℃的温水中浸泡2天，每天换1～2次水，然后直接播入田土中。

（3）播种 春秋两季均可播种，但以春季为好，西安地区适宜播期在3月中、下旬，在经过细致整地作好的苗床上，采用条播法，行距30～40cm，沟深3cm左右，每亩播种量12～15kg，覆土2～3cm，稍加镇压，播后覆膜盖草，经覆盖麦草和地膜的苗床，有利提高地温，提早出苗。

（4）苗期管理 播后约半月时间开始出苗，出苗后3～4天长出真叶，即揭去覆草，1周内可出齐，出苗20天后间苗，5月中、下旬定苗，苗距6～10cm，据原西北林学院调查，6月份平均高生长17.5cm，7月份生长最快，月平均高生长19.7cm，8月份平均高生长17.5cm，9月份平均生长量下降到3.5cm，6～7月份苗木生长旺盛，可追施化肥，每亩施尿素 10kg，一般 20 天左右追肥 1 次，施后及时浇水，趁墒松土锄草 1 次。当年苗高可达 50～80cm，地径 0.6～0.8cm，主根长 25～33cm，侧根 8～15 条，当年即可出圃造林。

（5）大苗培育　①留床法：为培育 3 年生大苗，可采用 30cm×40cm 的中低密度播种育苗，3 年苗高可达 2.5m 以上，根径 2cm 以上。②疏苗法：先密播后疏苗，即按 30cm 行距，每亩播种量 10kg，第二年春，进行疏苗即隔行疏行，隔 1 株疏 2～3 株，行距变为 60cm，第三～四年，继续隔行隔株疏苗，使株行距变为 60cm×120cm，第五年隔株疏株，行距不变，株行距变为 120cm×120cm，第 6 年全部出圃。③栽植法：选用 1～2 年生元宝枫壮苗，以60cm×120cm 的株行距进行定植，定植后离地面 1～2cm 处平茬（剪断），保留 1 个壮芽使其长成通直苗干，待到第四至第五龄时可隔株去株，使株行距变为 120cm×120cm，第五至第六年苗木即可出圃。

2. 嫁接育苗　嫁接育苗是实现良种化，早果、丰产的一条很重要的途径。据王性炎等的研究，元宝枫属于多年生树扦插生根较难的树种之一。因此，用嫁接快速繁育元宝枫苗木便显得尤其重要。

（1）砧木选取　直播苗：将种子直接播入苗床，当苗木长至 8 月初时摘心，促使加粗生长，待砧木地径长到 0.4cm 以上，可进行嫁接。平茬苗：选用 1 年生实生苗，于春季芽子未萌动时（2～3 月份），苗木基部平茬，待平茬桩上的芽子萌动时，保留一个饱满芽子，使其抽生成枝，在其抽生的当年枝上进行嫁接。

（2）嫁接时间　试验表明，春季嫁接效果不好，夏秋季是元宝枫嫁接的主要时期。时间从 7 月上旬至 9 月上旬，以芽接为主。成活率可达 80% 以上，最高可达 90% 以上。注意避开阴雨天气。

（3）接穗采集与保存　接穗应采自优良母树树冠外围生长正常，芽眼饱满的当年生枝。夏秋季嫁接，宜随采随接。如需运输与贮存，必须在低温条件（避免 30℃ 以上高温）并保持插穗的湿润，可装筐吊入水井中的水面上或置入带冰块的温箱中贮存。接穗从采集到嫁接，一般不要超过 3 天。

（4）嫁接方法　元宝枫嫁接的方法主要为芽接，此法嫁接优点是节约接穗，方法简单，易于掌握，且成活率高。具体操作方法为带木质嵌芽接和 T 字形芽接。

（5）嫁接苗管理　芽接后 10～15 天检查成活率，凡芽片皮色新鲜，叶柄一触即落的为芽接成活，凡芽片干枯或发黑，叶柄不易脱落者为死芽，应立即补接。接后 1 周剪除砧木顶梢，15～20 天松绑，解除塑料条，同时在接芽以上 2cm 处再次剪砧，8 月下旬以后嫁接的苗木，翌春解绑，接芽萌幼时要及时除萌，抹去砧木上的其他萌芽和萌条。芽接苗冬季土壤结冻前，进行培土防寒，培土高度以超过接芽 6～10cm 为宜。

（二）栽培技术

1. 果用林　目的是使元宝枫早结果、多结果、结好果，年年优质高产。栽培模式，一是矮化密植，二是乔木稀植。

（1）矮化密植栽培　其特点是主干短，枝下高一般 60～80cm，密度高，立地条件好宜稀，株行距 3～4m×4～5m，土层薄或浅山地宜密，株行距 2～3m×3～4m。

（2）乔干稀植栽培　乔干栽培一般苗龄较长，通过嫁接后，结果年限提前，栽后 3～4 年可结果，8～10 年可获得丰产，株行距 5m×6m、6m×7m、7m×8m、8m×9m，枝下高 2m，前期可在行间套种。

2. 叶用林　目的是提高叶子的产量和质量，可以按茶园式的栽培模式经营。球形栽培：行距 2～3m，穴距 2m，每穴栽 4～6 株成丛状，留主干 0.5～0.7m，萌条后逐步剪成球形。宽窄行带状栽培：株行距为 0.5m×0.5～1.0m，两行构成一组林带，带内三角形定植，还可采取高密度栽植。单行式：株行距 0.6m×0.6m、0.5m×0.8m 或 0.5m×1.0m。宽窄行式：两行一带，带距 1m，带内行距 0.5cm，株距 0.5m。

3. 农田防护林　采用元宝枫营造农田防护林，不仅可以调整树种结构，提高防护效能，还可果、材兼收。主林带双行栽植，三角形定株。株行距 3m×5m 或 4m×5m。农田林网采用单行栽植，株距 6～8m。

4. 水土保护林　元宝枫耐干旱、耐瘠薄，是一种很好的荒山绿化和水土保持林树种。1996 年陕西勉县在石质山地栽植元宝枫，将两年生元宝枫进行平茬，当年新梢高度平均在 1.6m 以上，最高可达 2.42m。株行距一般 2～3m×3～4m，既绿化了荒山保持了水土，还可采收种子。

5. 园林绿化及庭院栽培

（1）风景林　元宝枫自古以来就以观赏树种在名山胜地、旅游景点、公园、机关单位等广为栽培，叶形秀丽，叶色鲜艳，优美宜人，很受人们青睐。笔者曾在新疆喀什市人民公园和河南洛阳市王城公园，见到长势十分旺盛的元宝枫，浓荫蔽日，果实累累，一片生意央然的景象，宜用 4 年生以上大苗带土坨栽植。

（2）行道树　元宝枫作行道树，其突出优点有 6 个：①树冠高大，枝密浓荫，叶形秀美，观赏价值大；②小气候环境宜人；③萌蘖性强，耐修剪，可以修整成多姿多彩的树形；④对气候和土壤适应性宽；⑤病虫害极少；⑥元宝枫有较强的抗烟尘能力。一般单行栽植，干路两侧，株距 5～6m，枝下高一般为 2～2.5m。

（3）庭院栽培　利用房前屋后空隙地及小片荒地栽植元宝枫，不仅绿化美化了生活居住环境，还可增加农户收入。行状栽植，株行距 3m×3～4m，散生状，株距 4～5m，选高度在 2m 以上大苗栽植。

6. 栽植时间　西北地区东南部较温暖地区，冬、春均可栽植，冬初造林约 10 月下旬至 11 月份。西北地区的西部秋冬季节干冷多风，不具备秋末冬初栽植条件，宜在春季栽植，当土壤解冻后至芽萌幼前进行，一般年份在 3～4 月。

7. 栽植方法　果、叶用林以及园林绿化风景林，需要大穴整地，挖 80～100cm 见方的定植穴，穴内施土杂肥与细土拌匀。栽时将苗木过长的根系剪去，把苗木放于穴中央位置，分层埋土。多风干燥地区，穴的规格 60cm 见方，在穴内把苗木深栽 15～20cm，即栽植后穴内表土距地面之距离有 15～20cm。坡地栽植视坡度大小，可挖反坡梯田（25°以下），撩壕（30°以上），在地形破碎地段挖鱼鳞坑，长宽深 50cm×40cm×30cm，栽后，在树穴外沿筑埂，以利蓄水保墒。

8. 幼林管理　栽后必须浇水，第二年要补植，并注意松土除草，深翻扩穴，增施有机肥料，每年除草 2～3 次，9～10 月底施有机肥，施肥量为每株 5～15kg，加饼肥 0.3～1.0kg 或施人粪尿 5.0～7.0kg，3 月中旬、5 月上旬各施一次追肥，一般每次施尿素 0.1～0.5kg/株，7 月上旬和 8 月上旬再施一次追肥，以氮钾肥为主，每次施尿素 0.1～0.5kg/株，钾肥 0.1～0.3kg/株，多年生大树一年追一次，每株 0.5～1.0kg。离主干 1.5～2.0m 以外环状开沟施入覆土浇水，冬季灌 1 次封冻水。

9. 修枝整形 西北地区冬剪易引起冻害和生理干旱，宜在早春为宜。方法是短截、疏枝（疏除一些过密枝、竞争枝、重叠枝、轮生枝、细弱枝、病虫枝、干枯枝等）、回缩（在多年生枝的适当部位短截）、平茬复壮，培育良好主干。在修剪过程中要及时抹芽与除萌。

以结果为主的矮干、中干元宝枫可采用自然开心形；以果材兼用的元宝枫则大多采用疏散分层形。

六、病虫害防治

1. 黄刺蛾（*Cnidocampa flavescens* Walker） 又叫洋辣子、刺毛虫，属鳞翅目刺蛾科。以幼虫危害叶片，将叶片咬成不规则缺刻，严重时将幼苗叶片吃光，仅残存叶柄及叶脉，幼虫 6～7 月为害甚剧。

防治方法：①冬季早春摘除虫茧，并消毁；②摘除虫叶；③灯光诱杀，利用成虫具趋光性的特点，在成虫羽化期（6月），每晚 7～9 时，可设置黑光灯诱杀，效果明显；④药物防治 在幼虫发生期可喷施 50% 的辛硫磷 800 倍液，或 90% 敌百虫 500～1000 倍液，或 20% 杀灭菊酯乳油 3000～4000 倍液，均可收到较好效果；⑤生物防治用 0.3 亿个/ml 的苏云金杆菌防治幼虫，或释放赤眼蜂来控制黄利蛾危害。

2. 天牛 危害元宝枫的天牛主要有光肩星天牛（*Anoplophora glabripennis* Motschulsky）和黄斑星天牛（*A. nobilis* Ganglbauer） 成虫啃食叶柄、枝干嫩皮；幼虫在树皮下和木质部内危害，将树干蛀成不规则的坑道，严重阻碍养分和水分的输送，影响树木的正常生长，使树干枯，甚至全株死亡。

防治方法：同毛白杨和小叶杨。

（刘广全、罗伟祥）

宁夏枸杞

别名：枸杞、中宁枸杞、枸杞子、血杞子、西枸杞 、津枸杞

学名：*Lycium barbarum* Linn.

科属名：茄科 Solanaceae，枸杞属 *Lycium* L .

一、经济价值及栽培意义

宁夏枸杞的化学成分很丰富，主要含有枸杞多糖、18 种氨基酸、甜菜碱、胡萝卜素以及锌、钙等 30 余种元素。它既是名贵的中药材又是很好的滋补品。唐朝诗人刘禹锡诗曰："上品功能甘露味，还知一勺可延年"，指出枸杞有延年益寿的作用。《食疗本草》称枸杞能"坚筋骨……去虚劳，补精气"。《本草汇言》记载："枸杞能使气可充，血可补，阳可生，阴可长，风湿可去，有十全之妙焉"。《本草纲目》记载："枸杞子甘平而润，性滋而补，……能补肾、润肺、生精、益气，此乃平补之药"。《本草备要》指出：枸杞有"润肺、清肝、滋肾、益气、生精、助阳、补虚劳、强筋骨、怯风、明目"等作用。临床上用它补肾、养肝、润肺和明目等。枸杞根皮（地骨皮），气味苦寒，《本草纲目》记载：枸杞根皮"解骨蒸肌热消渴，风湿痹，坚精骨凉血。治在表无定之风邪，传尸有汗之骨蒸。泻肾火，降肺中火、去胆中火、退热补正气。治上膈吐血……去下焦肝肾虚热。"枸杞叶（天精草）味苦，《本草纲目》记述它"除烦益智，补五劳七伤，壮心气，去皮肤骨节间风，消热毒，散疮肿，和羊肉作羹，益人，除风明目。作饮代茶，止渴，消热烦，益阳事，解面毒，与乳酪相恶。用汁注目中，去风障赤膜昏痛，去上焦心肺客热。"

最新研究指出，枸杞子能显著地使老年人血中老化的八项指标向年轻化逆转；有延缓衰老和抗疲劳的作用，能提高脱氧核糖核酸损伤后的修复能力；能显著提高人体白细胞数量和淋巴细胞的转化率及巨噬细胞的吞噬率，可使肿瘤患者不因白细胞数量降低而中断放射治疗；枸杞子有增强雌性激素的作用；枸杞多糖能提高人体的免疫能力。枸杞果柄也有增强雌性激素的作用，升高白细胞作用和降压作用。枸杞叶有降压和保肝作用，其醇提取液有增强巨噬细胞的吞噬功能的作用。叶还可做菜吃。枸杞果果柄和叶对人的两种癌细胞有抑制作用，对人体有免疫促进作用。宁夏枸杞还是盐碱地造林的先锋树种。我国栽种枸杞已有 1200 多年的历史，现有面积 7 万 hm^2。发展枸杞生产对于加速我国绿化、发展农村经济，尤其是满足国内外对枸杞的药用和日益增长的保健需求意义十分重大。

二、形态特征

落叶灌木，经人工栽培，一般高 1.6 ~ 1.8m，主干基径 6 ~ 15cm，少数达 20cm。树皮灰褐或灰白色，条状沟裂。分支细软，呈弧垂、直垂或斜升，具针刺，叶披针形，全缘，互生或簇生，长 4 ~ 12cm，宽 0.8 ~ 2cm，野生者略小。花两性，在新枝上 1 ~ 5 朵生于叶腋，在老枝上 5 ~ 8 朵同叶簇生，花萼钟状，常 2 中裂，花冠漏斗状，先端常 5 裂，堇色，筒部长于檐部裂片，裂片卵形，边缘无缘毛。浆果红色，也有橙黄色，圆形、卵形、广椭圆形、

长圆柱形，顶端尖或钝，长 0.5～2.6cm，直径 0.5～1.1cm。果实含种子常 20 余粒，有达 50 粒，肾形，棕黄色，长约 2mm。

三、分布区域

宁夏枸杞原产我国北方，河北、内蒙古、山西、陕西、甘肃、宁夏、青海、新疆等省（区）都有野生，而中心分布区域是甘肃河西走廊、青海柴达木盆地以及青海至山西的黄河沿岸地带。常生于土层深厚的沟岸、山坡、田埂和宅旁。后因药用栽培，我国中部和南部不少省（区）都有引种。约在 17 世纪中叶引种到法国，后来在欧洲地中海沿岸国家、韩国以及北美洲国家都有栽培并成野生。

四、生态习性

宁夏枸杞耐寒，其自然分布区 1 月平均气温 −3.3～−15.4℃，极端最低气温 −25.5℃～−41.5℃，能安全越冬。它是强阳性树种，喜

宁夏枸杞
（引自《枸杞研究》）

光照，在庇荫条件下生长弱，花果少。它耐旱能力强，在宁夏年降水量仅 226.7mm，而年蒸发量却是 2050.7mm 的干旱山区悬崖上能生长，在从不灌水的古老长城上也能见到枸杞生长，并能开花结果，因它根系发达能伸到深远的土层吸收水分。但地下水位在 60～100cm 时，树体生长弱，发枝量少，花果少，树寿命短。对土壤要求不严，能在多种土壤上生长，甚至在表土含盐量 1.0%，pH 值达 9.8 的盐碱地上也能生长良好，如果土层深厚肥沃可获得丰收。宁夏枸杞生长快，发枝力强，结果早，枝条扦插苗当年开花结果，4～5 年后进入盛果期，20～25 年后进入结果后期，35 年后进入衰老期。一般树体寿命在 60～70 年。生长条件好，寿命更长。

宁夏中宁县舟塔茨园内有 1 株枸杞树，据说树龄 100 余年，主干基径 25cm 多，冠径约 3m，还开花结果不少。

在宁夏银川地区，每年 4 月中旬展叶，5 月上旬～10 月中旬开花，6 月中旬至 10 月下旬果熟，10 月下旬落叶。

五、优良品种

1. 宁杞 1 号　树势强健，生长快，树冠开张，耐寒、耐旱、耐盐碱，适应性强。嫩枝梢部淡紫红色；叶色深绿，叶面平或略微向正面凸起，老枝叶条状披针形簇生，当年生新枝叶披针形，单叶互生或后期 2～3 叶并生；花紫红色，花丝近基部有圈稀疏绒毛，花萼 2～3 裂；果熟后为红色浆果，纵径 1.68 cm，横径 0.97 cm，果腰部平直，具 4～5 条果棱，鲜果千粒重 586 g，6 年生树株产干果 2.07kg。

2. 宁杞 2 号　树势特别强，生长快，树冠开张，耐寒、耐旱、耐盐碱，喜大肥水。嫩

枝梢部淡红白色；叶绿色，叶面平或略微向正面凹形，老枝叶条状披针形，簇生，当年生新枝叶披针形，单叶互生或后期 2 ~ 3 叶并生；花紫红色，花丝基部有圈特别稠密绒毛，花萼多单裂；果熟后为红色浆果，先端渐尖，果腰部凸起，鲜果纵径 2.43 cm，横径 0.98cm，鲜果千粒重 590.5 g，6 年生树株产干果 2.50kg。

六、培育技术

（一）育苗技术

1. 育苗方法　枸杞可用播种、扦插、根蘖和组培等方法繁殖，但生产上主要采用枝条扦插繁殖，它又可分为硬枝扦插和嫩枝扦插。

（1）硬枝扦插　在优良母树上剪取 0.4 ~ 0.6cm 粗的枝条，截成 10 ~ 15cm 长的插穗，用 15 ~ 20mg/kg 的萘乙酸水溶液浸插穗下端24h 后待插。在选好的育苗地上，精细整地，每亩施辛硫磷 0.5 ~ 0.8kg，防地下害虫，施足底肥，作成平床。3 月中旬至 4 月上旬开沟扦插。行距40cm，株距 10 cm。将准备好的插穗摆在扦插沟壁一侧，覆土踏实。插条上端露出地面约 1cm，覆盖地膜。

（2）嫩枝扦插　日平均气温稳定在18℃以上的 5 ~ 8 月份，在优良品种树上剪取半木质化枝条，截成 5 ~ 8cm 长的插穗，将插穗下端速沾 400mg/kg 萘乙酸＋滑石粉调制成的生根剂，按 5cm×10cm 的株行距，插入经过多菌灵消毒的沙床上，插深 1.0cm ~ 1.5cm，插后喷 1‰多菌灵水溶液防病。盖塑料拱棚保湿并遮荫。

2. 苗期管理　硬枝插穗发芽后要及时揭去地膜。嫩枝扦插后每天喷 2 ~ 3 次水，保持拱棚内湿度在 90%以上。生根后拆去拱棚和荫棚。注意灌水保持土壤湿度、松土除草、防虫与追肥。苗高 50 ~ 60cm 时摘心，同时抹去主干下部芽，控制高生长促发上部侧枝。

（二）栽培技术

1. 园地选择　枸杞适应性很强，但作为经济树种，为提高产量，应选土壤疏松肥沃，有机质含量 0.5%以上，活土层在 30cm 以上，并有灌排条件的轻壤、中壤及沙壤为好。

2. 定植　株行距：人工作业的用 1.0m×2.0 ~ 2.5m，机耕作业用 1.0m×3.0 ~ 3.5m。植穴规格：40cm×40cm×30cm（长×宽×深），每坑 1kg 农家肥与土拌匀，栽后踏实。

3. 栽植季节　春季土地解冻后至苗木萌芽前，秋季在落叶后至灌冬水前。

4. 园地管理　3 月上旬至 4 月上旬，浅翻园地，耕翻深度 10 ~ 15cm；5 月、6 月、7 月、8 月份灌水后进行 1 次中耕除草，中耕深度 8 ~ 10cm，8 月下旬 ~ 10 月中旬翻晒秋园 1 次，耕翻深度 20 ~ 25cm，树冠下稍浅，以免伤根。10 月中旬至 11 月上旬灌冬水前或翌年春季土壤解冻后施基肥，每亩施优质腐熟的农家肥 3000 ~ 5000kg，1 ~ 3 年生幼树施肥量为成年树的 1/3 ~ 1/2。5 月、6 月、7 月份，每亩追磷酸二铵或尿素 20 ~ 40kg。根据土壤墒情，全年灌水 6 ~ 8 次。

5. 修剪　栽植当年春，离地高 50 ~ 60cm 剪顶定干。夏季及时抹去主干 40cm 高以下的萌芽，秋季整形修剪选留主干上部 4 ~ 5 个分布均匀的侧枝做主枝。以后逐年利用树冠上部徒长枝增加树冠层次，扩大树冠，对无用的徒长枝及主干基部的萌蘖条及时清除，进行去旧留新修剪，原则是剪横不剪顺，去旧要留新，密处要疏剪，缺空留油条（徒长枝），清膛截底修剪好，树冠圆满产量高，并剪去干枝及病虫害枝。

七、病虫害防治

1. 枸杞蚜虫（*Aphis* sp.）　群集危害枸杞幼嫩枝、叶、花果。一年多代。

防治方法：喷 0.3% 苦参碱水剂 800～1000 倍液或 10% 吡虫啉可湿性粉剂 800～1000 倍液。

2. 枸杞木虱（*Ttioza* sp.）　吸食叶片汁液。一年 3～4 代。

防治方法：喷 10% 蚜虱净 3000 倍液或 10% 吡虫啉可湿性粉剂 800～1000 倍液。

3. 负泥虫（*Lema decempunctata japonica* Weise）　成虫和幼虫啃食叶片，造成残缺不全，严重时全叶食光。1 年约 3 代。

防治方法：喷 20% 杀灭菊酯 2000～3000 倍液或 5% 凯速达 1500～2000 倍液。

4. 枸杞红瘿蚊（*Jaapiella* sp.）　幼虫危害幼蕾子房。1 年约 2 代。

防治方法：地面封闭，每亩施 50% 辛硫磷 0.5～1.0kg，树上喷 5% 凯速达 1500～2000 倍液。

5. 枸杞瘿螨（*Aceria macrodonis* Keifer）　危害叶片、嫩枝、花蕾和幼果。

防治方法：喷 40% 毒死蜱 700～800 倍液或 5% 凯速达 1500～2000 倍液或螨死净 2000 倍液。

6. 枸杞黑果病 [*Glomerella cingulata*（Stomem.）schet Spauld.]　危害花蕾、果实、枝、叶，受害部位产生黑斑。

防治方法：雨后喷 75% 百菌清 800～1000 倍液或 40% 菌丹 1500 倍液。

（钟钰元、秦　垦）

木 瓜

别名：宣木瓜、小木瓜、红木瓜、尔雅

学名：*Chaenomeles sinensis*（Thouin）Koehne

科属名：蔷薇科 Rosaceae，木瓜属 *Chaemomeles* Lindl.

一、经济价值及栽培意义

木瓜是我国特种果树之一，栽培历史悠久，在《诗经》中就有"投我以木瓜、报之以琼琚"之歌，木瓜先叶开花，或花叶同放，花色或红或白，五瓣形似海棠，极为艳丽。

木瓜9～10月成熟，大者如瓜，小者似拳，金黄色又微泛红晕，似铭粉，幽甜而津润。陆游有一首专咏木瓜诗："宣城绣瓜有奇香，偶得并蒂置枕旁。亡根互用亦何常，我以鼻嗅代舌尝。"足见木瓜香之非常，若置于案头，香久不散，令人神怡。

木瓜又是一种药食兼用的果品。木瓜经脱涩后可以生食，也可加工成各种食品，中医常以木瓜入药，能舒筋活络、健脾开胃。

现代医学研究表明，木瓜中除含有糖类、有机酸、维生素、氨基酸外。还有一些具有特殊功效的成份，如齐墩果酸和抗氧化物等。近年来对木瓜提取液的应用研究已取得了重大突破，用木瓜提取液制成的香皂、唇膏、洗面奶已大量上市。

随着木瓜产品的市场开发，具有特殊功效的木瓜产品将会大量上市，大面积栽植木瓜必然成为一种趋势。

二、形态特征

木瓜属落叶或半常绿灌木或小乔木，有枝刺或无枝刺。冬芽小，具2个外露鳞片。单叶互生，具叶柄和托叶，叶片质厚，边缘有锯齿。花两性，有时部分均为雄花，单生或簇生，先于叶或同于叶开放；萼筒钟状，萼片5裂，全缘或有细锯齿，果时脱落；花瓣5，猩红色，淡红色或白色，形较大；雄蕊20～50枚；花柱5个，基部多少合生；子房上位，5室，每室含多数胚珠。果实为梨果，近于无梗；种子多数，褐色。

我国现有木瓜资源包括野生种和栽培种。依其形态特征和用途可分为3大类5种，即观赏类：单瓣观赏种、复瓣观赏种；药用类：光皮木瓜种、假光皮木瓜种；食用类：皱皮木瓜种。

1. 光皮木瓜 落叶乔木，高5～10m，枝干无刺。多年生树皮片状脱落，初期呈鲜黄云纹状斑块，日久渐变灰褐色。叶互生，短椭圆形或倒卵圆形，先端急尖，基部楔形；叶缘呈刺芒状锐锯齿，幼叶背面生黄褐色绒毛，5月间脱落；托叶小，淡绿色。花多单生或簇生于结果枝顶端及叶腋间，先叶后花，花径2.5～3.5cm，花5瓣，淡粉红色。果实长椭圆形，长10～15cm，直径8～10cm，暗黄色，具异香；单果重100～400g，果肉木质。盛花期4月中下旬，果实成熟期9～10月。仅供药用。

2. 假光皮木瓜 落叶小乔木，高3～5m，枝干有刺。叶片狭长披针形，似细柳叶，半革质，边缘具尖锐锯齿。花簇生或单生，多粉红色；花瓣5。果长8~12cm，直径7~9cm。果皮粗糙，厚而硬；果肉薄，肉质较粗，介于光皮木瓜与皱皮木瓜之间。

3. 皱皮木瓜　野生皱皮木瓜为落叶灌木，高1.5~3.0m。枝多刺，细长而屈曲。叶片宽窄长短不等，有披针形、椭圆形、倒卵形、狭条形等；托叶大小不一。花簇生，少单生，先于叶或与叶同放，花冠深红色、粉红色、淡粉色；花梗极短。果实多小球形至卵圆形等，果肉薄。

野生皱皮木瓜不适宜栽培利用。经过人工驯化栽培，出现了许多皱皮木瓜的栽培品种，如罗扶、长俊、红霞、一品香等。

4. 观赏种　观赏类木瓜分为单瓣木瓜和复瓣木瓜。贴梗海棠是常见的单瓣观赏木瓜，落叶丛生灌木，高1.5~2.5m，枝有刺。花多簇生，先叶开放，每簇2~5朵，贴枝而生。花冠半红色、深红色或粉红色，花瓣5枚，结果少，果实小。花期3月底~4月初。另外还有四季贴梗海棠和复色贴梗海棠。

复瓣观赏木瓜更多，如世界一、红宝石、绿宝石、艳阳红等。

三、分布区域

木瓜自然分布于亚洲东部，在我国的分布相当广泛，东至辽东、浙江，西至新疆、西藏，南至云贵、广西，北至陕甘、河北都有大面积或零星的野生资源、栽培资源和园林观赏资源。

从地域分布看，南方以野生小乔木，小型果实的木瓜为主；北方以乔木、灌木、小灌木，中大型果实的木瓜为主。光皮木瓜的分布，以山东省荷泽一带为主，此外，江苏、浙江、安徽、湖北、陕西、江西、广东、广西等省区也有分布。皱皮木瓜的分布，则以山东省临沂一带为主，此外，江苏、陕西、甘肃、江西、四川、云南、贵州等省也有栽培。

四、生态习性

木瓜喜光喜温，有一定的耐寒性，在北京正常气候条件下可以露天越冬。在温度高、空气较为干燥的情况下，木瓜生长速度快而且健壮，果实糖分高，肉色也较深；在低温下生长缓慢，结果小，肉色淡，糖度低。

木瓜对土壤要求不严，在微酸性和中性土壤中都能正常生长，最适宜的土壤pH值在6~6.5之间。

木瓜根部不耐湿涝，在湿涝的土壤中极易腐烂，适宜栽植在阳坡地段，在平地栽植时排水必须通畅。在疏松且有机质含量高的土壤中生长良好，在黏重又缺乏有机肥的土壤中生长缓慢，发育也不正常。木瓜忌连作，连作时植株发育迟缓，易生病害。

五、培育技术

（一）育苗技术

1. 播种育苗

（1）采种　木瓜栽植3年即进入初果期，5~7年进入盛果期。要选择壮龄优株采种，待果实充分成熟后采集，确保种子质量。

（2）播种　木瓜虽可直播，但通常都是采取苗床育苗。苗床土壤要疏松，采用穴盘式播种，每穴下催芽种 1 粒。育苗床上搭隧道棚，覆盖尼龙纱，低温期及降雨时覆盖透明塑料布保温及防雨。

播后用 35% 可湿性粉剂加水 2000 倍喷灌 1 次，喷水不宜太过，高温时更应控制水量。

在播种前进行催芽处理可以提高出苗率。催芽的方法有湿沙催芽和温水浸种催芽两种，湿沙催芽方法容易掌握，沙子湿度以手握后不散为度，在播前 1 个月左右进行。

（3）嫁接 为了改良树种，通常可选用优良品种的木瓜嫁接，嫁接的方法一般采用芽接、枝接。

2. 扦插育苗 在冬末春初，选择土壤肥沃、土层疏松深厚、向阳、灌溉和排水条件较好的地块，做成 3m×5m 的标准苗床。插穗长度 25cm，按 15cm×15cm 的株行距进行扦插，插完后浇足水，用草覆盖于行间。也可以在大田直接扦插，不必用苗床育苗。为了促进生根可用 2，4－D、ABT 生根粉和高锰酸钾处理。

（二）栽培技术

1. 适生范围 除新疆北部、黑龙江北部等特别严寒的地区外，全国各地均能栽植，在海拔 2700m 以下均能生长。

2. 造林地选择 木瓜适生性强，在各种立地条件下都可栽培。对土壤要求不严，在一般土壤上都能生长，但最适宜在疏松、肥沃、排水良好的微酸性至中性沙壤土中生长，在低湿的盐碱地上不能良好生长。

3. 栽培技术 一般在初春气温转暖后造林，不宜过早，西北地区可延至 4 月上中旬栽植。

（1）定植 根据不同栽培目的确定造林密度。以采收果实为目的时可选择 2m×3m 的株行距；以观赏为目的时可选择 3m×4m 的株行距；作母树林时株行距选择 3m×4m 或 4m×4m 的株行距；间作林和混交林可采用 1.5m×4m 或 2m×4.5m 的株行距。栽植时挖 0.6m×0.6m×0.6m 的栽植穴，每穴施入有机肥 10~15kg，栽植后灌水。

（2）管理

①松土除草 松土除草是幼林郁闭前的主要管理措施，可以减少土壤水分蒸发，改善土壤的透水性和通气性，减少杂草与幼树争肥、争水、争光。松土除草在幼林郁闭前每年都要进行，而且每年松土除草不应少于 3 次，在幼林郁闭后，1 年 2 次即可。第 1 次松土除草要早，最好在杂草刚发芽的时候就开始，在西北地区为了保墒减少蒸发。可在"翻浆"期前进行顶凌松土，因为"翻浆"期土壤含水量最高，同时也是春季土壤蒸发量最大的时期。

②整形修剪 木瓜如果不进行整形修剪，树高可达 10m 以上，或长成灌丛形，不利于管理，影响观赏和采收果实。

整形时定干高 40~60cm，留中心干，分直立和弯曲两种类型。在中心干上直接培养大、中、小枝组，树高可控制在 2.5m 左右，冠径 2m 左右。观赏用树定干高度在 100cm 左右，树高控制在 5m 上下。

修剪从幼树结果开始，应疏除基部萌蘖，剪去枯枝、病虫枝、幼弱枝、衰老枝、内膛交叉枝、徒长枝。为保证健壮生长，应掌握未衰先更新的原则，利用健壮的发育枝更新树冠，稳定骨架，维持骨干枝的生长势。观赏用树主要是维持树形，增强树势，树形要讲求美观，树枝错落有致，生长茂盛，并与周围环境浑然一体。

③施肥 第一年移栽的幼苗以施有机肥为主，成年树可以加施化肥。施肥分 3 次，第一

次于每年秋末冬初进行，施肥量占总量的50%；第二次于开花前进行，施入量占总量的30%；第三次在果实生长期施入，施入量占总量的20%。方法可采用环形沟施，也可采用条形沟施。在开花后期和果实膨大期可叶面施肥。木瓜容易缺硼，缺硼后果实表面呈凹凸不平的瘤块，凹处有浆液分泌，果肉变硬，风味变劣。所以，一般情况下都要加施硼肥，以幼果期喷施的方法最好。

4. 营造混交林 木瓜可以营建纯林，也可以与杜仲、女贞、合欢、刺槐、元宝枫、栎类等混交栽植。一般采用5~6行木瓜与2~3行其他树种的带状混交方式，这样可以满足木瓜的光照。营造混交林时，木瓜定干高度应适当放高。

5. 林粮间作 在平原地区，为了提高土地利用率，可以间作矮杆作物，如蔬菜、绿肥、薯类等。通过间作能起到以耕代抚的作用。

6. 采收 木瓜开花后约经4~6个月成熟，可根据用途及市场远近决定采收期。

六、病虫害防治

1. 立枯病（*Fusarium* sp.） 常年均有发生，尤其在7~8最严重。危害初期叶片出现褐斑，逐渐扩大呈黑褐色，严重时叶面布满病斑，导致叶片枯死。

防治方法：① 生长期喷洒1:1:100的波尔多液预防；②土壤消毒 播种前用2%~3%的硫酸亚铁水喷洒土壤，用药量3750kg/hm²；③冬季清园可以有效防止病虫害越冬。

2. 桃小食心虫 以幼虫蛀害果实。幼虫蛀入果实后，在果皮下纵横蛀食果肉，随着虫龄增大，渐向果心蛀食种子。幼果遭蛀后，果面显出凹陷的潜痕，造成畸形的"猴头"果。

防治方法：①药剂处理土壤 用25%的对硫磷微胶囊防治时，用药 7.5kg/hm²，兑水37.5kg/hm²，拌细土2250kg/hm²，拌匀，连续施2~3次；②树上药剂防治 当虫果率达到1%~2%时，要立即喷药。用50%的杀螟松油1000倍液防治效果最好，也可用10%的天王星乳油5000倍液防治。

（季志平）

刺 梨

别名：缫丝花

学名：*Rosa roxburghii* Tratt

科属名：蔷薇科 Rosaceae，蔷薇属 *Rosa* L.

一、经济价值及栽培意义

刺梨是我国亚热带地区常见的野生果树，因为果枝多刺、果实橙黄如梨而得名。刺梨在我国南方十分普遍，《缫丝花全集》中有"田评香稻久，路摘刺梨频"，可见其多；晚清诗人莫友芝咏"形模难适眼，风味竞舒眉"，可见奇香。

刺梨富含多种人体需要的糖类、有机酸、胡萝卜素、维生素、微量元素和 20 多种氨基酸，尤其 Vc 含量极高，每 100g 果肉中 Vc 含量可高达 2000～3500mg，是猕猴桃的 10 倍，被誉为"Vc 之王"。据研究，刺梨具有防治冠心病、抗心绞痛、平喘、抗肿瘤以及防止胆固醇过高等功效。干果入药可主治红崩白带、痢疾及小儿食积等症，其根也能入药，止遗精。

刺梨又是重要的食品加工原料，其果既可生食，又可加工成果汁、果酒、果浆、果脯和蜜饯等。

刺梨花密，花色鲜艳，既是一种很好的蜜源植物，又是极佳的观赏植物，可作为园林景观配置树种，也可作为果园、公路两旁的绿篱。

刺梨适应性强，在防止水土流失、涵养水源、调节气候、保护自然环境方面具有重要作用，可在非耕地和宜林地区大力发展。

除野生刺梨外，各地正大力发展人工刺梨栽培，刺梨人工栽培面积逐年增加，随着刺梨加工业的兴起，刺梨产品逐年增多，大面积刺梨生产基地将相继出现。

西安植物园有栽培。

二、形态特征

落叶或半常绿灌木，高可达 2.5m。茎直立，小枝细，无毛，灰色或灰褐色，具成对小刺；树皮灰色，脱落；刺细，长约 5mm。羽状复叶、革质、小叶椭圆形，长 1～2.5cm，宽 0.6～1.2cm，先端急尖或圆钝，边缘具细锐单锯齿，叶两面都无毛。花单生，有时 2 朵簇生，直径 5～6cm；花梗粗壮，具针刺；花托杯状，外面密生针刺；花瓣重瓣，淡红色；雄蕊多数，长约 7mm；花柱离生，微伸出花托口。蔷薇果，扁球形，直径约 2cm 左右，黄色，密生针刺，成熟时阳面有红晕。花期 5～7 月，果期 9 月。

单瓣缫丝花（*R. roxburghii* f. *normalis* Rehd. et Wils.） 是其变型，变型与正种的区别在于花为单瓣；小叶片倒卵形或椭圆形。生于海拔 400～1300m 的山沟河边，或山坡路旁及地埂上，也出现于荒坡及林缘。

另外，还发现无刺和少籽类型的刺梨，已选出了一些优良单株进行扩大繁育。

三、分布区域

刺梨属亚热带野生果树，主要分布于亚热带中低山地，我国南方各省多有分布，以贵州省最多。在长江以南的温暖地区，刺梨不落叶，在长江以北地区，落叶或半落叶。

垂直分布于海拔 300～1800m 之间，适生区在海拔 600～1600m 之间。

四、生态习性

刺梨属浅根性植物，根系多分布在 5～30cm 的土层中，根蘖性强。刺梨对土壤既有广泛的适应性，又有严格的选择性，刺梨产区的土壤大都是由砂岩、页岩、砂页岩、紫色砂岩等发育风化而来的红黄壤、黄棕壤或黄壤。刺梨最适合于生长在偏酸性和中性土壤中。

刺梨

刺梨喜光喜温，其正常生长发育要求年均温度在 16℃以上，≥10℃年有效积温 4000～5000℃，年降水量 1400～1600mm。光照良好，花芽易形成，果品质量高，据测定：普通刺梨的光补偿点为 1000～1500lx，光饱和点为 28000～40000lx，光合速率在 12～20mg（CO_2）/dm^2·h 之间，属阳性植物。但温度过高，年均温在 20℃以上，水分蒸发过大，空气干燥的条件不利于刺梨生长。

刺梨可以用种子、枝条和根段进行繁殖。刺梨种子无休眠期，采摘后可立即种植，刺梨根蘖性强，用根蘖繁殖成活率极高。

刺梨的物候期与生境和刺梨的生物学特性密切相关。在通风向阳地栽植的刺梨比在荫湿地栽植的刺梨的物候期提前 3～5 天；1 年生幼树比正常结果树萌动早，营养枝比结果枝芽萌动早。在陕西南部，3 月下旬芽萌动，4 月上旬展叶，4 月下旬孕蕾，5 月下旬始花，9 月上旬果实成熟，11 月开始落叶，落叶极不整齐，有些叶片可延续到次年 3 月。

五、培育技术

（一）育苗技术

1. 播种育苗

（1）采种　刺梨栽植后第二年就可结果，但是采种母树必须是壮龄母株，且要待果实充分成熟后采集。在陕西南部山区，采种时间一般在 9 月中旬之后。

（2）播种　刺梨种子无休眠期，春季和秋季都可播种，春季播种易培育壮苗。播种量根据播种形式确定，直播时每亩 2kg 左右；苗床育苗时，每亩 1.5kg 即可。

播种后 1 个月左右种子发芽，出土。幼苗生长迅速，要及时松土除草和灌水，灌水要适量，最好用喷灌。待苗高 10cm 以上时即可移栽，亩留苗 2 万株，适当修剪，按期浇水、施肥、除草，并注意防病。

刺梨苗易从茎基部萌发徒长枝，徒长枝的数量同土壤肥力成正相关，每株苗可留 2～3

个徒长枝。

2. 其他育苗方法 刺梨根极易分蘖，用根蘖育苗成活率高，适生性强，但苗长势不一，分化严重，不便移栽。

扦插育苗时，要在优良母株上选 1 年生健壮枝条做插穗，插穗长 20cm，一般幼龄树的插穗比中老龄树上的插穗容易生根，幼枝比老枝的插穗容易成活；用根部萌发的枝条做的插穗容易生根，但开花迟；用植株中上部枝条做的插穗开花早。

扦插最好选在夏季。土壤温度越高，空气湿度越大越容易生根。

（二）栽培枝术

1. 适生范围 我国南部各省均可栽植，适生海拔高度为 1600m 以下，凡生长有山茶、蕨类、枫香、杉木、铁芒萁、映山红、算盘子、桃金娘、云南松等指示植物的山地均能栽培刺梨。

2. 造林地选择 刺梨适生性强，在不同立地都可栽植，但选择酸性土壤的中低山地栽植最好。

3. 栽培技术 刺梨在春、夏、秋季都可栽植。一年中最好的栽植时间是春季，一般成活率在 85% 以上，也可以根据实际情况选择在其他季节栽植。

异地调苗时要对地表以上长 10~15cm 内 1~3 个枝条短截，其他枝条一律剪除，保持根段完整，然后蘸浆包装，防止失水。

刺梨栽培要获得良好的效果，单位面积内的有效株数是一个重要指标，合理密植能早产、高产、稳产。根据经验，坡地或平地初植密度为 1m×2m，在梯坎栽植时可采用 1m× 1m 的密度，林地郁闭后可适当间移或疏除。

刺梨株高一般维持在 1.5m 左右，每年从根颈处抽生出若干徒长枝，这些徒长枝长势很强，生长量常常超过主梢，有些徒长枝可高达 2m 以上，到了冬天，徒长枝先端干枯脱落，第二年新的徒长枝又萌生长高，年复一年更替，使株高始终徘徊在 1.5m 左右。

刺梨的分枝性较强，枝梢受伤后，可在 1 个枝节上同时抽生几个枝条。幼树和徒长枝当年能抽生 2 次枝和 3 次枝，树冠形成早。如果在初冬或早春萌芽前把地上部分平茬，1 年内就能恢复树冠。利用这个特点可以及时更新复壮。

在整形修剪时要根据树龄和树势采取合理的修剪方法，一般对初结果树主要采用疏枝、短截、摘心的方法。疏去徒长枝、过密枝、病虫枝、干枯枝，促进树冠通风透光，增强果枝的生长势；短截徒长枝，促其抽生新枝，扩大树体结实面；摘去枝梢，抑制旺长，培养健壮的结果母枝。对于 3 年后的树可结合树体生长情况采用回缩平茬的办法，及时更新，培养新树。

刺梨有单花结果枝和花序结果枝两种，多数为单花结果枝，只有健壮的结果母枝才易形成花序结果枝。

4. 营造混交林 刺梨可形成天然灌木林，也可与其他乔木树种进行混交，但混交时要考虑到刺梨的生长习性。如果造林的目的是要求经济产量，营造混交林时可采用块状混交或带状混交，或在其它林分外围营造刺梨圈带；如果造林的目的是为了保持水土，那么也可采用行间和块状混交。

六、病虫害防治

1. 白粉病 [*Podosphaeraox yacanthae* (DC) de Bary]

在叶背面出现粉状斑点，逐渐蔓延到整个叶片，严重时病叶卷缩枯萎。干旱时发病更重，导致植株提早落叶。

防治方法：① 加强栽培管理，增施有机肥料，增强树势，提高抗病力；② 在发芽前喷1次3~5°Be石硫合剂，或50%甲基托布津500倍液，或255三唑酮可湿性粉剂1000倍液。

2. 梨小食心虫 (*Crapholitha molesta* Busck)

幼虫多从上部叶腋蛀入新梢，向下蛀食，蛀孔处有粪便。被害新梢逐渐萎蔫下垂。7月份蛀果，多从果肩或萼洼附近蛀入，直达果心。

防治方法：①科学建园　新建果园时避免将刺梨与桃、梨等混栽，也不要靠近栽植；②及时剪除受害树梢，4~6月，剪除刚萎蔫的受害树梢，集中烧毁；③药剂防治　当虫果率达1%~2%时，立即喷药，用50%杀螟松乳油1000倍液或10%天王星乳油5000倍液防治。

（季志平）

花 椒

别名：凤椒、秦椒、椒树

学名：*Zanthoxylum bungeanum* Maxim.

科属名：芸香科 Rutaceae，花椒属 *Zanthoxylum* L.

一、经济价值及栽培意义

花椒是我国分布很广的香料、油料树种。具有生长快、结果早、收益大、用途广的特点，果皮除作食品调味原料外，所含芳香油提取精制后，可作馥奇、熏衣草型香精的原料。种子含油率25%～30%，出油率22%～25%，可食用，或作工业用油。种子、果皮入药。木材坚硬，能作手仗、伞柄等。花椒根系发达，固土力强，在山地栽植能保持水土，也可作为绿篱种植。

二、形态特征

落叶灌木或小乔木，高1～3m。树皮暗灰色，枝暗紫色，疏生平直而尖锐的皮刺。单数羽状复叶互生，小叶5～11片对生，小叶片长2～5cm，宽1.5～3cm，边缘有细锯齿，下面至脉基部具柔毛一丛。聚伞状圆锥花序顶生，单性或异性同株，种子1～2粒，圆形或半圆形，黑色有光泽，花期4～5月，果期8～9月。

花椒品种主要有大红袍、小红袍、豆椒等。

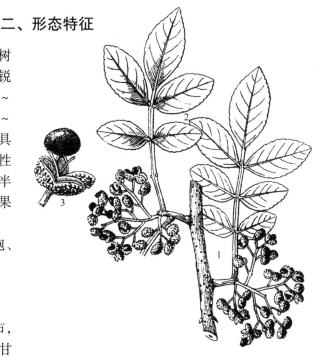

花椒
1. 果枝　2. 叶　3. 果瓣及种子

三、分布区域

花椒在全国大部分地区均有分布，主产于陕西、河北、山西、河南、甘肃、云南、四川等地。垂直分布于海拔1000m以下地区。

四、生态习性

花椒不耐严寒，1年生幼苗在−18℃下枝条即受冻害，13年生以上的大树可抗−25℃的低温；喜光性强，在遮荫条件下，生长细弱，结实率低。一般在年降水量600mm左右，生长良好，大量结果。最不耐涝，短期积水或洪水冲淤都能使花椒死亡。最忌风暴，因此山顶、风口、高山阴寒地区不宜栽植。对土壤适应性较强,喜深厚、肥沃、湿润的沙质壤土,对土壤酸碱度要求不严,以选择土壤深厚、肥沃的沙质壤土和山地钙质土为宜。

五、培育技术

(一) 育苗技术

1. 播种育苗

(1) 采种　选择树势强壮、品质优良、无病虫害、10~15年的成年树盛果期植株作采种树。果实8~9月成熟,当果实由绿变成紫红色,种子变成蓝黑色时采收。果实采回后,放在通风干燥室内阴干,使果实自行裂开,种子脱离出果皮,除去果皮(花椒)、杂质,即得纯种。花椒种子极忌高温曝晒,经曝晒的种子发芽率明显降低,甚至丧失发芽力。

(2) 种子处理

①种子脱油处理　将种子放在碱水(1kg种子用25g碱,加水量以淹没种子为度)或洗衣粉水中浸泡1~2天,然后手搓洗,或将种子捞出与沙子混拌,用鞋底擦搓,以去掉种子表面油质。播前进行催芽,将种子倒入80℃的热水中,水量为种子的两倍,搅拌2~3min,然后倒入冷水继续搅拌,使水温均匀,并捞出浮在水面的空粒。以后每天更换温水,浸泡3~4天,再将种子捞出放在筐内,置温暖处保持湿润,待种子露白时即可播种。

②湿沙层积催芽　选背风向阳、排水良好的地方挖沟,深80cm,宽1cm,长度随种子量而定,相隔20cm立1把草秆做通风用,湿沙(含水量40%~50%)与种子比为2:1,充分搅拌放入沟中,堆放16cm左右,上面盖湿沙与地面平行,上面盖土成垄状,防止雨水流进沟里。沙藏期间注意检查种子,上下翻动,防止发热霉烂。第二年春天取出播种。

③用温水浸泡　在播种前,用温水浸泡2~3天,每天用温水冲1次待种子开裂,捞出种子放在温暖处,盖上湿布,闷1~2天,有芽突破种皮即可播种。

(3) 播种

①整地　选择背风向阳、通风良好、有灌溉条件、土层深厚肥沃、排水良好的沙壤土或壤土作育苗地。秋季深耕1次,来春及时耙耱,整平后做床,床宽1m,长5~10m。结合整地,每亩施腐熟有机肥2500kg。播前灌足底水。

②春播　在土壤解冻后,3月中、下旬到4月上旬进行。

③秋播　霜降前后,采后,种子经脱油处理即可播种,秋播比春播出苗率高30%。

(4) 苗木管理

①间苗　幼苗长到3~5个真叶时进行间苗,株距10~15cm,每平方米留苗35~45株,间苗时要轻轻地拔出。

②松土除草　苗木较小时要浅锄松土(2~3cm)待长到30~50cm时深锄3~5cm。旱地育苗,松土、保墒更为重要。

③施肥、灌水　5月下旬苗木生长速度加快,第一次追肥在6月中、下旬进行,每亩追施速效化肥或复合肥20kg,或腐熟的人粪尿1000kg。第二次追肥在7月中旬进行,施肥量略多于第一次。施肥要与灌水相结合,施后及时进行中耕除草。

花椒苗最怕涝,雨季到来时,苗圃要做好防涝排水,1年生苗木高达70~100cm,可出圃造林。

2. 扦插育苗　春天椒树未萌动前,选1年或2年生的苗子,从基部剪下做插穗,每段

长20cm，粗0.5~1.0cm，上带有3~4个芽孢，下端剪成马蹄形，微斜插入土中，上面露地面有1个芽，不能露的过长，否则易风干，经常保持土壤湿润，土壤干时喷水，禁止漫灌，发芽后遮阴。

3. 分株繁殖（分蘖繁殖） 把花椒的萌蘖枝条与母体分开，形成一个独立植株。

花椒在春季末发芽前，选1~2年生的优良母株分蘖苗基部，用小刀剥去环状皮一段，埋在土里，待剥口处长出新根时再分离，或者把分蘖苗基部用刀剥皮2/3后埋土生根。分蘖苗根长好直接移栽，生长不好的根系假植苗圃中，在新根长好后再进行移栽。

4. 嫁接繁殖

（1）接穗应选择生长在向阳的地方1年生健壮植株枝条上采集。接穗采下后装进塑料袋里，放在低温、避光的地方备用，最好随采随接成活率高。

（2）嫁接

①皮下嫁接 在砧木离地面2~3cm处，选比较平的面，用刀在此平面的皮上划个"T"字形，随后用刀尖将划口上的皮轻轻剥开，插入接穗砧木捆紧即可。

②芽接法 是在砧木离地面2~3cm处，选1平面光滑处，横切一半月形的切口，切透皮部为度，从横切口的中间垂直向下划1纵切口，长4~5cm，形成"T"字形。在纵横切口交接处，用刀把皮部向左右拨开，把芽下面二分处平削一刀，使芽片稍嵌入砧木"T"字形接口内，把芽露在外面要用薄膜等东西捆紧。此种方法成活率高。

（二）栽植

1. 造林地选择 宜选在山坡下部的阳坡或半阴坡。土壤以排水良好的沙质壤土为最佳。定植前细致整地。山坡地种植，株距1m，行距2m，每隔4~5m修水沟，以防冲刷。丘陵山地零星栽植时，先细致整地，挖鱼鳞坑，定植株距1.5m，行距2m。

在地边，地埂，堎边栽植，行距按自然形成的边距为标准，株距2~3m。

2. 幼林抚育

（1）中耕除草 花椒栽植当年，要进行两次松土除草，在每年春季和麦收前后除草各1次，在雨季除草时需把根茎部的土适当堆高，以防积水。

（2）培土 在山地和寒冷地方，为防止水土流失和寒冷，需要在根部进行培土，培成南低北高坡形土堆，以利采光，吸热排风。

（3）施肥 施肥量根据树龄、产量高低而定，1~3年树，1年追肥两次，第一次立春后至萌芽前，在树40cm左右，挖深15cm左右半环形沟，在沟内施25g尿素和100g过磷酸钙，施后盖土。夏季再进行1次，重用农家肥，少施化肥。

（4）灌溉 每年灌溉3次，第一次是花椒采完后，浇1次水，有利于花椒树根系生长和安全越冬。第二次是春季发芽后，此时花椒树生长需要大量的水分和营养，有助于花椒树果实的形成和膨大。第三次是花椒树生长最旺盛时期，7~8月份，天气很热，水分蒸发很快，需要大量水分，又因花椒树的根大多数生长在地表面和土壤的表层，吸水快，但不耐旱，有条件的地方最好采用渗灌，效果最好。

（5）修剪 一般采果后至次年萌动之前修剪。树龄不同，修剪方法各异。

①幼树 定植后第一年高剪截，第二年在萌芽前剪去干上距地面30~50cm的枝条，均匀保留5~7个枝进行短截。

②结果树 修剪多余大枝，构成合理树势，同时剪去病虫枝、重叠枝、交叉枝和徒长

枝，更新复壮培养结果枝群，达到丰产目的。

③老树　去弱留强，更新复壮结果枝群。

六、病虫害防治

1. 花椒天牛　主要危害花椒枝干，严重时会造成枝干或植株枯死。

防治方法：用铁丝挖掉虫巢，或用棉花蘸煤油、敌敌畏 20 倍液堵塞虫洞，或用磷化铝毒插入虫孔。

2. 黑绒金龟子　成虫主要危害花椒叶片。

防治方法：用 2.5% 敌杀死 1500 倍液喷雾，利用成虫的假死性人工捕捉。

3. 叶锈病　主要造成叶片枯黄脱落，一般发生在 7 月中下旬至 8 月上旬，气温高雨水多的季节。

防治办法：发病初期，用 1:1:100 波尔多液，0.25%~0.5% 洁液的萎锈灵进行喷雾保护。发病期间用 25% 粉锈宁 0.167% 洁液或 1:2:200 波尔多液进行喷雾防治。

七、花椒采收

以花椒外部形态标志来确定适宜的采收时间。当花椒果皮呈现紫红色或淡红色，果皮缝合线突起，少量果皮开裂，种子呈黑色，光亮，散发浓郁的麻香味时，即可确定采收。一般采摘在 8 月下旬至 9 月上旬进行。但是由于品种不同，采收时间也有所差异。

（刘翠兰、姚立会）

阿月浑子

别名：开心果（商品名）、皮斯特巴旦木（维吾尔语）

学名：*Pistacia vera* L.

科属名：漆树科 Anacarrdiaceae，黄连木属 *Pistacia* L.

一、经济价值及栽培意义

阿月浑子是世界四大坚果树种之一，也是经济价值很高的干果。其种仁含脂肪 54.8%，蛋白质 20.2%，糖 9.8%，Vc21.7mg/100g，磷 446mg/100g，钾 969mg/100g，钙 785mg/100g 等多种人体所需的营养。坚果可加工具咸、甜等不同风味的炒货，种仁亦可生食，清香可口，味道佳美，食品工业上常用于制作糕点。阿月浑子油，色淡黄透亮，芳香味美，是高挡食用油，并可用于化妆和医药。果皮、树皮、树叶等均可入药，主治诸痢，去冷气，令人健壮。木材细致坚硬，抗压抗弯性能好，是优良的雕刻、模型、镟工等用材。可在经济林、水土保持林和防沙治沙林中栽植应用。

二、形态特征

落叶小乔木，树高 5 ~ 7m。树冠呈开展半圆形或圆形。树干粗造，呈片状龟裂，树皮灰褐色，有圆形突起的皮孔。小枝灰白色，具树脂道，分泌出透明芳香的树脂。奇数羽状复叶，小叶 3 ~ 7 枚，全缘，椭圆形，革质。花单性，雌雄异株。坚果长椭圆形或圆形，外果皮黄绿色，早熟类型果实向阳面浅红色，成熟时果皮变软、蜡白色，果仁乳黄色至淡绿色，种皮紫色。花期 4 月中旬，果熟期 8 月下旬至 9 月底。

阿月浑子

三、分布区域

阿月浑子原产中亚和西亚的干旱山坡和半沙漠地区，引入我国栽培已有 80 余年历史，主要集中在新疆塔里木盆地的喀什市和疏附县。近年来甘肃、陕西、河北、北京等省市也开始引种栽培。美国、伊朗、吉尔吉斯斯坦、、乌兹别克斯坦、哈萨克斯坦、意大利等国也产。

四、生态习性

喜光和干燥气候，耐高温和大气干旱，在极端最高气温 42℃、空气相对湿度低于 20%，可正常生长。抗寒能力较差，在 −25℃ 的低温条件下易遭受冻害。较耐盐碱，忌水湿和黏重土壤，喜透水透气性强的土壤，在砾土质戈壁和沙壤土中均可生长。主根发达，侧根少，实生苗移栽不易成活。实生苗阿月浑子 8~12 年开始结实,20~80 年为结果盛期。采用良种嫁接,第二年开始结果,第五年可形成一定产量。

五、培育技术

(一) 品种选择

1. 砧木 新疆南疆产阿月浑子,千粒重 700g。

2. 主栽品种 Kermen(克尔曼),15 年生单株产量达 22.3kg。1998 年从美国加利福尼亚州、亚利桑那州引入新疆。高接在新疆当地产实生树上,第二年形成花芽,第三年最高单株产量 2.2kg,第四年最高株产 5.1kg。坚果近卵形,大小整齐,千粒重 1320g,开裂率 63%,出仁率 47%。

3. 授粉树种 Peters(皮特斯),树势旺盛,花粉量大,雄花期 3 天左右,与 Kermen 雌花期基本吻合。

(二) 营养袋育苗技术

1. 种子采收 当果实外果皮变软蜡白时,即可采收。采收后 24h 内进行脱外果皮处理,坚果晾晒至含水率 8% 左右,袋装置于干燥室内。

2. 沙藏、催芽 冬季沙藏前,将种子在水中浸泡 3~5 天,每天换水 1 次,捞出漂浮的空粒和不饱满种子,用 0.1% 的高锰酸钾浸泡灭菌 15~20s,捞出种子控水后,拌以 4 倍湿河沙(以手握成团,不滴水为宜)进行沙藏。选择背风、向阳、地下水位 2m 以下的沙壤土挖宽 1m、深 1~1.2m 的坑,长度视种子数量而定,坑底先铺垫 10cm 纯沙,将拌好湿沙的种子放入坑内,厚度 30~40cm,每隔 0.7~1m 竖放一束干草气孔,上面再覆盖湿河沙即可。沙藏 45~60 天后取出种子,拣出已吐白的种子播种;未吐白的种子清水洗净后,再用 0.1% 的高锰酸钾浸泡灭菌 15~20s,在 15~25℃ 的室内,平摊于湿麻袋或大布上,10 天左右部分种子开始吐白,分批拣出吐白的种子速蘸 1000mg/L 的 ABT 生根粉播种。

3. 播种

(1) 营养袋 用厚度在 0.01mm 以上的薄膜制成高 40cm、直径 12cm 的营养袋,上口以下 10cm 打出 4~5 排排水孔。

(2) 基质 将浸泡洗盐、晾晒、粉碎过筛的泥炭土和经发酵腐熟的羊(鸡)粪、稻壳,按泥炭土、羊(鸡)粪、稻壳、园土比例为 4:1:1:2 配制成基质,用 0.5% 磷酸溶液和 0.5% 甲醛溶液充分搅拌均匀后,集中堆放用塑料布盖严消毒,7~10 天揭去塑料布,透气 2~3 天即可装袋。

(3) 播种 于 2 月 10 日前做好日光塑料大棚的扣棚工作,做好畦床,畦床内摆好木框架。扣棚后用甲醛、高锰酸钾(1:1)进行熏蒸消毒,将装满基质的营养袋整齐的排放在木框架内,下部与土壤接触。当营养袋基质温度稳定在 10℃ 以上、土壤持水量 70% 时进行播种,每袋播种 3 粒,深度 2~3cm,3 月底前要完成播种工作。

4. 苗期管理 播种后 7~10 天,种子开始出土。温室内气温 15~30℃,晚上用草帘和棉被覆盖大棚,上午 11h 前揭去覆盖物。室外气温达 15℃ 时,揭开大棚底部和温室后墙通风孔,换气降温。4 月下旬至 5 月下旬,幼苗出现 4~6 片叶,根茎半木质化,新梢停止生长,可逐步增加大棚开口通风时间,5 月底后可彻底亮棚。子叶阶段每隔 2~3 天用喷壶喷水 1 次;半木质化后,每隔 20~25 天浇 1 次水,以畦内不积水为度,每隔 3~5 天喷施

0.5%的叶面宝、抗旱龙、尿素溶液1次。温室营养袋阿月浑子育苗要贯彻"前促后控"的原则，后期管理主要是促进根系的发育和茎干的粗生长，25～30天浇1次水，15天左右喷施磷酸二氢钾1次。9月将营养袋苗移入露地，摆放在深45cm、宽1～1.2m的条状沟内，10月中、下旬浇透水1次，11月中、下旬覆盖稻草防寒越冬。当年生苗木，苗高≥18cm、地径≥0.4cm，主根长≥35cm、侧根数≥6根、毛细根成筛网状的Ⅰ、Ⅱ苗木，均可出圃造林。

（三）栽培技术

1. 高台整地　阿月浑子幼树地茎部分沾水易染根腐病，故需高台整地。高台南北向，上宽35～40cm，下宽50～60cm，台高25～30cm。

2. 栽植季节　4～7月均可进行。1年生苗木造林，要用树枝扎围苗木周围进行遮荫处理。

3. 苗木运输和栽植　苗木运输时需要制作专用运苗框架，架高2～2.5m，摆放层次不得多于三层；苗木装车时须灌透水1次，运输时注意防止风吹、日晒。苗木栽植前灌透水1次，栽植时将营养袋放入栽植穴内，回填土使苗木根茎平台面，用利刀自下而上划破塑料袋，一手按住苗木根颈，一手提出塑料薄膜，加土踏实即可。

4. 造林密度　株行距4m×6m或5m×6m。

5. 授粉树的配置和嫁接　主栽品种与授粉品种按10～15∶1比例配置。嫁接时，先嫁接授粉树，再嫁接主栽品种。枝接，南疆在阿月浑子展叶后的4月中至5月中进行为宜；砧木树龄要在5年生以上，砧木截口粗度不得小于3cm，接穗长15～20cm，保留3～4个叶芽，采用"插皮接"法嫁接；枝接前后20天内不能浇水。芽接，以枝、芽充分成熟的6月底至7月初进行为宜；春季叶芽萌动后，截干或打顶短截，选留生长健壮、部位合适的萌芽（枝）1～2个，培育为当年芽接砧木；芽接时选择粗度在1cm以上的新梢，留两片复叶剪砧，从当年生发育枝中部选取生长健壮的叶芽，采用"盾"芽接；接前7天浇水1次，接后10天浇水1次。嫁接后，要适时除萌和松绑。

6. 幼树管理

（1）肥、水管理　每年冬灌前，株施有机肥10kg。每年4、6、8月株施化肥，幼树100g/次，N、P、K肥比例为20∶6∶18；结果树200～300g/次，N、P、K肥比例为18∶20∶12。年灌水6～7次，每亩每年灌溉定额420m³；4～6月灌水量70～80m³/亩·次，7～8月50m³/亩·次，冬灌80～110m³/亩·次。

（2）间作　采用高台整地，解决了阿月浑子灌溉与间作矛盾。行间畦地可间作豆类、小麦、瓜菜等，以耕代抚；严禁间作易染黄萎病的棉花和茄科作物。

（3）整形、修剪　定干高度70～80cm，以3主枝开心形为整形目标；展叶后对三大主枝上的延长枝从中部短截，促进主枝外延生长，扩大树冠。及时抹除主枝以下萌芽，对主枝上的直立枝、下垂枝、过少密枝从基部疏剪。

六、病虫害防治

1. 根茎腐烂病　染病树根茎腐烂，树皮脱落，造成2～3年生植株死亡。

防治方法：病原体至今未查清，主要采用生态方法进行防治：①高抬或培垄栽植，侧方浸润灌溉，根茎部分不能直接触及灌溉水；②对定植4年生以上的树，以树干为中心挖一半径 30～70cm、深 10～20cm 的锅坑，进行亮根处理，保持根茎部分干燥、通风透光，增强树势；③每年 4、6、8 月用波尔多液对树干基部进行刷干灭菌；④挖除病死植株和病枝，运出林地集中烧毁，对病株土壤用 0.5% 的甲醛液进行消毒。

2. 螨类　早春有山楂红蜘蛛、李始叶螨和果苔螨，危害花芽和嫩叶，使小叶皱缩，大叶呈黄白色斑点或在叶上吐丝拉网，整个树体上形成网状，叶早脱落，树势衰弱。

防治方法：阿月浑子萌芽期，喷 0.5°Be 的石硫合剂，花前、花后期用 20% 双甲脒乳剂，40% 三唑磷 2000 倍液喷雾防治。9 月用 1.8% 阿维菌素乳油 1500～2000 倍液喷雾或 1.8% 阿维菌素 +20% 螨死净粉 2000～3000 倍液喷雾。越冬后用 75% 辛硫磷 2000 倍液防治主干和侧枝上越冬螨。

（尚新业、石玉琴）

文冠果

别名：木瓜、崖木瓜、文官果

学名：*Xanthoceras sorbifolia* Bge.

科属名：无患子科 Sapindaceae，文冠果属 *Xanthoceras* Bge.

一、经济价值及栽培意义

文冠果是我国北方重要的木本油料树种。结实早、产量高、寿命长，用途较广。种子含油率平均为33.7%，种仁含油率平均达62.8%。油质淡黄色，透明，气味芳香，是很好的食用油和半干性工业用油。含亚油酸39.7%～44.5%，亚油酸是治疗高血压症益寿宁的主要成分之一。枝、叶、干可以入药治疗风湿病。果皮可提取栲胶、糠醛。木材坚硬，纹理美观，可做家具、农具。花期早而长，花冠秀丽，也是庭园绿化的优良树种。

二、形态特征

文冠果为落叶乔木或小乔木，高可达8m，胸径可达90cm。树皮灰褐色，枝条粗壮直立，坚硬而较脆。奇数羽状复叶，互生，小叶9～19枚，无柄，长圆形至披针形，边缘呈锐锯齿状。总状花序，长15～25cm，由30～50朵花组成，杂性花，花瓣白色，内侧基部有由黄变紫红的斑纹。蒴果，每果内有黑褐色种子7～30粒。种子千粒重415～1470g。4～5月开花，7～9月果熟。

文冠果
1. 叶 2. 花枝 3. 花
4. 果 5. 种子

在生产实践及调查工作中发现，文冠果存在着多种类型，内蒙古农牧学院林学系，根据文冠果嫩梢与叶部是否有毛将文冠果分为有毛类型和无毛类型两大类；再根据花瓣颜色，又将无毛类型分为黄花亚类型和白花亚类型，在白花亚类型中又划分八个果型（小球果型、扁球果型、平顶球果型、穗状球果型、三棱果型、倒卵果型、长尖果型和桃形果型）。按照自然类型资料分析，无毛类型是丰产类型，其中白花亚类型的丰产性又比较明显。在白花亚类型中，又以球果类（包括小球果、扁球果及平顶球果）的丰产稳产优质性状最明显。

三、分布区域

文冠果是北方地区的乡土树种，从淮河、秦岭往北直到黑龙江省的呼伦贝尔的广大地区，文冠果均能正常生长发育。从宁夏、青海、新疆等地区的主要气候条件来看，与文冠果分布地区的条件没有显著差异，从青海、西宁、新疆、伊宁等地引种来看，文冠果均能正常开花结果。因此，文冠果在西北各地均可以栽培。

四、生态习性

文冠果为喜光树种，抗寒力强，在最低气温 −41.4℃的地区可以安全越冬。耐旱，在年降水量 250mm 的黄土高原、丘陵、沟壑、土石山地和沙区都能生长。较耐盐碱。但是作为木本油料林经营，以土层深厚，湿润肥沃，通气良好，pH 值 7.5 ~ 8.0 的微碱性土壤上生长最好。

文冠果为深根性树种，主根发达。但根系受伤，愈合较差，极易造成烂根，影响造林成活率。萌蘖性强，如主干死亡或截去主干，则基部可萌生新的枝条而常形成灌木状。文冠果在低湿地不宜栽植。

文冠果一般于 5 月份开花，开花季节迟，不易遭晚霜为害，由于不孕花多而可孕花少、开花多、结果少，有"千花一果"之说。但加强水肥管理，采取修剪和疏果等措施，可提高可孕花比例，增加果实产量。

文冠果结实早，一般栽后 2 ~ 3 年开始结果，第三年结果株数可占总株数的 15%；第五年达 55%；第九年可达 95%。20 ~ 30 年进入盛果期，延续百年不衰。盛果期单株产量可达 15 ~ 50kg。

五、培育技术

（一）育苗技术

1. 播种育苗

（1）采种　应从树势健壮，连年丰产和抗性强的优良母树上采种。从 7 月下旬到 8 月上中旬，当果皮由绿褐色变为黄褐色，由光滑变粗糙，种子由红褐色变为黑褐色，并有 1/3 的果实尖端开裂时，即可采种。文冠果主要靠粗壮枝条的顶端结果，采种时应注意保护顶芽及新梢，以利来年结果。采后摊晒，去掉果皮，收集种子。晾晒至种子重量为湿种子重量的 1/3 时，即可装袋贮藏，贮藏期间要严防潮湿。

（2）种子处理　有湿沙埋藏法和快速催芽法两种：①湿沙埋藏法：在土壤结冻前，选排水良好的地段挖埋藏坑，坑深 60cm、宽 80cm，长根据种子数量决定。用凉水浸泡种子 1 ~ 2 天，然后捞出，种沙按 1:2 ~ 3 的比例混合，沙子湿度以用手捏不出水为宜。坑底铺 5cm 厚的湿沙，然后将混沙种子堆积坑中，最上面覆 20cm 厚的沙子，注意为保证坑内种子通气正常，自坑底至地面竖立草把通气。第二年播前半月取出放背风向阳处，利用日光高温催芽，种子有 20% 裂嘴时，即可播种。②快速催芽法：播种前半月左右，先用 45℃温水浸种 2 ~ 3 天后，捞出放在筐篓内，上盖湿布，放在 20 ~ 25℃室内催芽，每天上下翻动 1 ~ 2 次，待种子有 20% 裂嘴后即可播种。

（3）播种　据生产实践经验，文冠果育苗床以高床（床面高出地面 15cm）和抗旱排涝床（床面低于地埂 5cm，中间有一条宽、深均为 20cm 的排灌沟）为宜。多采用点播，每隔 15cm 开一条 3 ~ 4cm 深的播种沟，在沟内每隔 10cm 播 1 粒种子，种子平放，以利扎根和出苗，覆土 3cm。播后半月开始出苗，出苗后尽量少灌水，以免土壤过湿，苗木瘦弱，根颈腐烂，幼苗倒伏。苗木当年出圃。起苗时要保持主侧根根幅在 20cm 左右，文冠果苗根脆嫩，易伤易断又易失水干枯，尽量注意少损伤根系，起苗后立即假植。

2. 插根育苗 将粗度在 0.4cm 以上的 1 年生苗木的残留根或成年树根，截成长 15cm 的根段。在高床上每隔 15 ~ 20cm 开沟，在沟内每隔 15 ~ 20cm 插根，低于地面 3cm，覆土、镇压。半月后萌芽出土。选留 1 个健壮芽培育，其余抹掉。

3. 嫁接繁殖 以嵌芽接操作简单，成活率高，节省接穗，适合大面积育苗采用。此法适合于春季树木离皮前或秋季不离皮时进行。

选用丰产稳产抗性强的健壮树上的发育枝作接穗。接穗应在萌芽前剪下，用潮湿干净的细沙埋入地下，以备应用。

接穗上的芽，自上而下切取，在芽的上部向下平削一刀，在芽的下部横向斜切一刀即可取下芽片，一般芽片长 2 ~ 3cm，宽度不等，依接穗粗细而定。选用 1 年生直径在 1cm 以上的苗木作砧木，在靠近地面的光滑部位由上向下平行下切砧木切口，但不要全切掉，下部留有 0.3cm 左右，将芽片插入后再把这部分贴到砧木切口上绑好。在取芽片和砧木时，尽量使两个切口大小相近，形成层上下左右都能对齐，才有利于成活。

接后半月左右，检查成活情况，凡接活的，接芽开始萌发，这时可在接芽上方 0.6cm 处将砧木梢剪掉，剪口向接芽背面微斜，形成马蹄形，以利剪口愈合，接芽顺直生长。有风害地区，注意设支架绑苗，防风折。同时抹除砧木上的萌芽，以集中水分和养分供新梢生长。

（二）栽植技术

1. 适生范围 在西北地区除新疆北部和青海高寒山地需试栽外，大部分地区均可栽植。

2. 造林地选择 文冠果对土壤要求不严，平地四旁和黄土丘陵与半固定、固定沙地均可栽植。但为了提高结实能力，最好选择土层深厚，背风向阳之处。排水不良的低洼地，重盐碱地和流沙地不宜选为造林地。

3. 造林整地 整地可分为全面、带状和穴状 3 种形式。全面整地适用于地势平坦，土层深厚，杂草多或质地黏重的土壤。整地深度 20 ~ 50cm，全面翻耕。带状整地适用于丘陵和沙地，带宽 2m，带距视行距而定。在干旱，坡度大的山地或丘陵，应修梯田或水平沟。穴状整地适用于山地或丘陵，穴径、穴深 40 ~ 50cm 左右。

4. 株行距 根据不同立地条件和经营管理程度而定。在土壤瘠薄，缺乏肥源的山地、丘陵和沙地株行距 2m × 2m；比较肥沃的造林地 3m × 3m；土层深厚肥沃，又有灌水施肥条件的 4m × 4m；四旁零星栽植时株行距可更大一些。

5. 植苗造林 最好春季顶浆造林，以免栽植过晚受干、风影响降低成活率。秋季造林，应将幼苗弯倒埋土防寒，翌春扒掉防寒土。栽植时应保持根系舒展，注意踩实。建立文冠果园，应客土或施基肥并灌水，待水渗下后，覆一层表土。

6. 直播造林 春季直播前对种子应进行催芽处理。选择土壤湿润肥沃，杂草少的地块，每穴点播种子 3 粒，种脐要平放，覆土 3cm，呈三角形配置，间距 15cm。出苗后第二年进行移植补缺，每穴留健壮苗 1 株。

7. 幼林抚育 除进行必要的除草松土、施肥灌水外，为了扩大文冠果的受光面积，培育良好树形，提高结实量，还应进行必要的整形修剪。

文冠果的修剪主要在幼树上进行。一般从地面 50 ~ 60cm 开始分枝，应及时剪去主梢，选留不同方向的 3 个健壮侧枝，使其发育成为 3 个主枝。在树冠形成后，还应在每年落叶后到开花前一个月将过密枝、交叉枝、重叠枝、细弱枝、下垂枝、干枯枝、病虫枝和根蘖条等一律剪去。修剪时应注意文冠果的结果特点，即只有在先年生枝的顶芽和其下部的 3~4 个腋花芽才能形成可孕花结果。因此，修剪时一方面要保留足够数量的具有顶芽的先年生枝，以保证当年丰产；同时还必须使其生长足够数量的新梢以保证第二年大量结果。文冠果的另一特点是结果早，一方面造成枝条生长势弱，比较紊乱，容易形成放任树；另一方面结果部位外移较快。针对这一特点，应适当短截，促其形成壮旺枝条。为防剪口附近产生大量萌生条，尽量不从基部剪截，而留 3~5cm 左右的短桩。

当前，发展文冠果的最大障碍是品种混杂，产量很低。今后应尽量选择优良品种或类型的优良单株，采穗嫁接，建立优良无性系文冠果园，加强肥水和树体管理是发展文冠果的必要途径。

六、病虫害防治

1. 黄化病　由线虫寄生根部引起的。被害植株叶片变黄，地上部分萎缩，逐渐枯黄死亡。病苗根茎以下 2cm 左右处稍呈水肿状，幼嫩木质部由白色变为褐色并具有臭味。幼树叶片变黄，很快失水、干枯死亡，并长期不落。

防治方法：①加强苗期管理，及时中耕除草。②铲除病株。③轮作倒茬。④深翻晾土，减轻病害发生。

2. 煤污病（*Capnaoium salicinum*）　是木虱吸吮幼嫩组织的汁液后的分泌物和粪便，含有糖分，滴落在树干上诱发致病，严重时全树呈灰黑色。

防治方法：早春喷洒 50% 杀螟松乳油 2000 倍液毒杀越冬木虱，以后每隔 7 天喷洒 1 次，连续喷洒 3 次就可控制木虱的发生。

3. 黑绒金龟子（*Maladera orientalis* Motsch.）　春季成虫啃食文冠果的嫩芽，一般 5 月上中旬为盛发期，白天多隐于根际枯叶和浮土下面，黄昏出来危害，无风的傍晚为害严重。

防治方法：可用 50% 敌敌畏乳剂 800~1000 倍液喷杀成虫，或于树干四周撒布西维因粉剂毒杀。

4. 黄刺蛾 [*Cnidocampa flavescens*（Walker）]　7 月下旬至 8 月下旬幼虫啃食文冠果叶，严重时可将整株嫩叶吃光，影响果实的成熟、树体对养料的贮存及花芽的分化过程。

防治方法：①在幼龄时期喷洒 90% 敌百虫 1000~1200 倍液或 50%~80% 敌敌畏 800~1000 倍液毒杀。②剪除越冬茧，结合冬春修剪将在枝叉上越冬茧剪除，③用黑光灯诱杀黄刺蛾成虫。

（雷开寿）

黄连木

别名：药树、药木、楷木、黄楝树、黄连茶

学名：*Pistacia chinensis* Bunge

科属名：漆树科 Anacardiaceae，黄连木属 *Pistacia* L.

一、经济价值及栽培意义

黄连木为我国特产的木本油料及用材树种。种子含油率35.05%～42.49%，出油率20%～35%，油为不干性油，黄绿色，可制肥皂、润滑油、照明和治牛皮癣等。黄连木油脂中所含的脂肪酸为油酸、亚油酸、棕榈酸等7种，油酸价较高，味不甚好，经过加工处理也可食用。树皮、叶、果含单宁分别为4.2%、10.8%和5.4%，均可提制栲胶。树皮、叶药用价值高，为黄柏皮的代用品，治痢疾、霍乱、风湿等症，根、枝、皮还可制农药。果和叶也可制黑色染料。鲜叶（含芳香油0.12%）和枝可提芳香油。嫩叶有香味，可制茶，名"黄连茶"、"黄鹂茶"、"凉茶"。嫩叶和雄花序还可腌菜，称"黄连芽"、"黄连头"、"黄芽"等咸菜。

材质坚韧，纹理细致，耐腐，心材黄色，为二类商品材。是建筑、家具、农具、镶嵌、枕木和雕刻良材，又可做算盘框、秤杆、手杖等。其枝柴可烧成上等木炭。黄连木还是珍贵高效经济果木阿月浑子（开心果）的良好砧木。树姿雄伟，树形开阔，叶繁茂而秀丽，春黄夏绿，入秋变成深红色或橙黄色，鲜艳夺目，不同季节色态各异，是庭园四旁绿化和风景林的优良树种。

黄连木油脂脂肪酸碳链长度集中在C_{16}～C_{18}之间，由黄连木油脂生产的生物柴油的碳链长度集中在C_{17}～C_{20}之间，与普通柴油主要成分的碳链长度C_{15}～C_{19}极为接近，因此，黄连木油脂非常适合用来生产生物柴油。由此可见，黄连木是优良的再生生物质能源林树种。

二、形态特征

落叶乔木，高30m，胸径2m。树冠广阔，卵圆形或近圆形。树皮暗褐色，鳞片状开裂。冬芽红色，先端尖。植物体各部分具特殊气味。小枝有柔毛。偶数羽状复叶，互生，有小叶5～7对，小叶对生或近对生，卵状披针形至披针形，长5～8cm，宽1.5～2.0cm。花单性雌雄异株，先叶开放，雄花为总状花序，淡绿色；雌花为圆锥花序，红色。核果球形如绿豆，径5～6mm，熟时变红色或紫色。花期4月中旬至5月上旬，果熟期9～10月。

三、分布区域

黄连木在西北地区，主要分布于该区的东南部。陕西省黄连木资源丰富，陕南、关中和陕北南部均有分布，全省共有黄连木树78.76万株，年产黄连木籽152.22万kg，可榨油32.01万kg，又以丹凤、商县、旬阳、略阳、华县等五县为主产区，年产黄连木籽100.07万kg、油20.94万kg，分别占陕西总产量的65.7%和65.42%。垂直分布于海拔1100m以下，多分布于 400 ~ 800m 之间。甘肃主要分布在文县、武都、康县、徽县、成县、两当以及天水小陇山等地区，垂直分布海拔 1000 ~ 2500m，约有 17 万株。陕甘两省群众素有采籽榨油供食用的历史习惯和经验。河南分布太行山海拔 200 ~ 800m 低山褐土带，林州市为黄连木适生区，分布面积 5 万余亩，大树 70 多万株（王建芳，2004）。全国黄连木面积为 28.5 万 hm^2，黄连木种子年总产量为 25.62 万 t。

黄连木在全国分布很广，北自河北，南至两广，东到台湾，西至川、滇、黔都有野生和栽培，垂直分布，河北海拔 600 ~ 800m，湖南、湖北达 1000m，贵州达 1500m，云南达 2700m。

四、生态习性

黄连木适应性强，耐干旱瘠薄，对土壤要求不严，是石灰岩山地生存能力最强的阔叶树种，在岩石裸露的干旱阳坡及石缝中能长成十几米高、20 ~ 30cm 粗的大树，且能正常结实。在微酸性、中性、微碱性土壤上均能生长。土壤含盐量不超过 0.2% 时，苗木均可成活。喜生于光照充足的条件下，在阴坡或庇荫较大的情况下生长不良。黄连木属深根性树种，主根发达，1 年生根插苗主根深达土层 1m 以下，抗风力强，对二氧化硫和烟害抵抗力较强，在距二氧化硫源 300 ~ 400m 的大树生长良好；在二氧化硫扩散地区，有的树种大批死亡，而黄连木安然无恙。抗病力也较强。

黄连木生长情况随立地条件而异，在肥沃、湿润、排水良好的壤土中，生长较快，1 年生可达 1 ~ 2m，但在土薄石多干燥的土壤中，生长较慢，1 年生苗高 40 ~ 60cm，种植 10 年后，高可达 4m，胸径 5 ~ 6cm。一般 7 ~ 8 年生时，开始开花结实，产量逐年提高，胸径 15cm 的成年树，每株年产果实 50 ~ 75kg，胸径 30cm 的大树，年产 100 ~ 150kg，最高达 250kg。

黄连木在年平均气温为 4 ~ 13℃，年降水量为 400 ~ 700mm 的地方生长发育良好，能适应 −21℃ 的极端低温。随着树龄的增加而增强其抗寒力。

黄连木寿命长，能活 300 年以上，陕西安康将军药树垭，原有 1 株黄连木胸径 2m 以上，树龄 300 年左右。四川泸定县德威乡二村 1 株 200 年生的黄连木，树高 33m，胸径 176cm，树冠夏日浓荫覆地 667m^2，至今仍巍然屹立，枝繁叶茂。笔者 2004 年 4 月在洛阳王城公园调查，一株约 40 年生黄连木，树高 18m，胸径 57cm，冠幅 64m^2。

五、培育技术

（一）育苗技术

1. 播种育苗

（1）采种　选择 20 ~ 40 年生健壮母树采种，10 月间小核果由红色变为蓝绿色时即可采收，否则 10 天后便自行脱落，采不到种子。果穗采回后，敲打脱粒，阴干筛选，除去杂质，将果实浸入混有草木灰的温水中或 5% 的石灰水中浸泡 2 ~ 3 天，并揉搓洗涤，除去果皮蜡质，用清水洗净后播种或用麻袋贮存。秋季随采随播，种子不需处理。而春播的必先经湿沙层积催芽。

（2）催芽与播种　当年春播种子如未层积处理，可用 40℃ 温水浇淋 2 ~ 3 次，数天后种壳便开裂，胚芽显露，即可播种。经过层积加上变温（15 ~ 30℃）处理的种子，发芽率可达 70% 以上。春播宜在 2 ~ 3 月间，在已细致整地作好的苗床上，开沟条播，行距 25 ~ 30cm，沟宽 5 ~ 6cm，均匀撒上种子，每亩播种量 10kg 左右，覆细沙土 1.5 ~ 2.0cm，覆草保墒，出苗后分次揭去。1 个月后苗可出齐，苗高 10cm 时间苗，留苗株距 6 ~ 10cm，幼苗期松土除草 3 ~ 5 次，追肥灌水 2 ~ 3 次，促进苗木生长。每亩产苗 2 万株左右。冬季需防寒，翌春移植再培育 1 年，可出圃造林。

2. 插根育苗 种源不足时，可采用插根繁殖的方法培育苗木，先年冬前或早春，选择壮龄树或留床的苗木挖取根条，冬季挖根应埋土贮藏，春季随挖随剪穗扦插。

试验表明，根穗粗度以 1.0 ~ 1.5cm 出苗率高，生长好，超过 2cm 的根穗效果较差，当年苗高可达 60 ~ 100cm，少数达 2m（罗伟祥，2000）。

（二）栽植技术

1. 林地选择 除低湿地外，各种立地均可造林，还可作为石灰岩山地造林的先锋树种，营造水土保持林和水源涵养林。作为油料林应选择山坡中、下部土层深厚肥沃、湿润、光照光足、排水良好的立地造林，亦可在城市工矿区和四旁栽植。

2. 造林方式 植苗和直播均可，以植苗造林效果较好。

（1）植苗造林 用 1 ~ 2 年苗于秋末或早春栽植，在寒冷多风的地区为防止风干和冻害，截干栽植为宜，留基干 5 ~ 10cm，造林株行距，油料林为 3m × 3m 或 4m × 4m；用材林为 1.5m × 2.0m 或 2m × 2m。

（2）直播造林 在土壤条件较好的山区，整地后，于秋季随采随播，每穴播 5 ~ 10 粒种子，覆土踏实，出苗率可达 70% 以上，但生长缓慢，要加强抚育管理。

3. 混交造林 为了提高造林效果，可与栎类、黄檀、侧柏、油松、紫穗槐等乔灌木树种混交。

4. 幼林抚育 造林后头几年每年要进行松土除草 2 ~ 3 次，直至郁闭。黄连木为雌雄异株，如雄株过多，势必影响产量，生产种籽的油料林，除均匀保留 5% 的雄株，作为授粉树外，可用高接换头的方法，改雄株为雌株。高接后的母树，结实早，果实发育较实生母树好。树木长大后，影响通风透光时，应进行间伐。同时，在树体管理中，应注意培养低干多枝树形，结实多，质量好，易采收。

六、病虫害防治

黄连木种子小蜂曾叫木橑种子小蜂（*Eurytoma plotnikovi* Nikolsklaga），只危害黄连木种子，是毁灭性害虫，陕西华县每年因该虫危害，损失种子约 12 万 kg，在陕西关中 1 年发生 1 代，以老熟幼虫在种子内越冬，使种子变成空壳，影响产量。

防治方法：①及时摘除害果，10 月间连同好果彻底采收，并进行处理。②成虫发生期（5 月下旬到 6 月中旬为盛期），喷洒 50% 杀螟松乳油 1500 ~ 2000 倍液，90% 敌百虫 500 倍液，50% 马拉硫磷 1000 倍液。每周喷 1 次，连喷 3 ~ 4 次。③严格进行检疫，防止随种子调运传播。

（罗伟祥）

毛 梾

别名：油树、椋子木、红椋子、绿椋子、黑椋子

学名：*Cornus walteri* Wanger

科属名：山茱萸科 Cornacae，梾木属 *Cornus* L.

一、经济价值及栽培意义

毛梾是一种优良的木本油料树种。据分析，果实含油率 31.8% ~ 41.3%，油呈黄色，可供食用和制皂、油漆、润滑机械等。油渣可作肥料和饲料。木材坚硬，纹理细致，是制造车轴、车梁的好材料，故有车梁木之称。木材还可供制农具、家具、雕刻、旋作等。叶含单宁 16.82%，叶和皮均可提取栲胶。

毛梾耐寒、抗旱、根系发达，寿命长，能在比较瘠薄的山地、沟坡、地堰及石缝里生长。树形美观、花繁叶茂，也可作为庭园绿化及荒山造林树种。

二、形态特征

落叶乔木，高 6 ~ 12m。树冠广圆形，树皮黑灰色，呈方块状开裂；小枝红褐色，节间明显，疏生白色伏毛。单叶对生，长椭圆形，全缘，侧脉弧形，4 ~ 5 对；伞房状聚伞花序，顶生；花白色，直径 1.2cm，密被灰色短柔毛。核果球形，直径约 6mm，熟后黑色。花期 4 ~ 5 月，果熟期 8 ~ 9 月。

同属的沙梾（*Cornus bretschneidri* L. Henry），落叶灌木，高 2 ~ 4m，树枝紫红光滑，小枝紫红色，幼枝密被短柔毛。侧脉 7 ~ 8 对，叶长 6 ~ 9cm，花期 6 月，果熟期 8 ~ 9 月。

毛梾

三、分布区域

产于陕西秦岭、巴山、黄龙、桥山和关山，而以秦岭北坡的柞水、蓝田、华县、周至、户县及陇县、黄龙、富县等地较多。多分布在海拔 1000 ~ 1500m 的溪旁、沟底和山坡的杂灌林中或林缘，最高可达 1800m。甘肃分布于卓尼、舟曲、成县、文县海拔 2000 ~ 2500m 及小陇山、天水、华亭、子午岭海拔 1200 ~ 1700m 等地；宁夏南部，青海产于互助北山海拔 2000 ~ 2400m 的山坡林下或林缘灌丛中。此外辽宁南部、河北、山西、山东、河南、江苏、湖北、四川和云南北部也有分布，而以山东、河南较多。

四、生态习性

喜温、抗寒，适应性较强，较耐干旱瘠薄。常生于半阳坡、半阴坡和山坡下部，川道两旁的撩荒地上或杂木林内。对土壤要求不苛，在中性、酸性、微碱性的土壤上均能生长，而以湿润、深厚的沙质壤土为最好。如生长在华阴县华阳乡川街村梯田石坎上的毛梾，胸径20cm，结实很好。

毛梾结实早、产量高、根系发达、萌芽力强，且病虫为害少。一般栽后 5～6 年开始结果，10～20 年生树每株产果 10～15kg，20～30 年生树，株产可达 50kg 以上。寿命长，最长可活 300 余年。群众说："一株椋子木，一亩油料田。"

五、培育技术

（一）育苗技术

1. 采种和种子处理　采种母树选择高产优质的 15 年生以上的健壮树。当果实由绿色变成紫黑色、果皮发软时采收。人工摘下的果穗，摊放在芦箔上晾干，并除去果柄枝叶，待翻动有响声时，即可贮藏，或半月后用清水浸泡 1、2 天，捞出按 3～5cm 厚度铺在石碾上碾碎果皮（不得碾碎种皮）。然后加 10% 60℃ 左右的温水，搅匀后装入布袋榨油（所得油液经煎沸、静置、分离沉淀，即可食用），用水漂洗除去皮渣，拌 0.5～1 倍粗沙，再放入石碾内搓碾 30～50min 直至种皮呈粉红色为止。筛去沙子后，用水洗净晾干，便可贮藏备用。

据试验，经过搓碾去油的种子，直接用于当年秋冬或翌春播种，一般出苗多不理想。因此，播前还须经过处理方能用于育苗，处理的方法以混沙埋藏效果最好。

混沙埋藏：选背阴、高燥、排水良好的地方，挖深、宽各为 70cm 的坑，长随种量而定，挖毕将种子拌入 2～3 倍（重量比）的湿沙，坑中先插几束草把，伸出地面，以利通气，将拌好的种子倒置坑沿以下，覆 1 层沙，再覆土略高于地面。每隔 3～4 个月翻坑，检查水分，沙藏 1 年后播种。

2. 播种　苗圃地宜选择在有灌溉条件的地方，土质湿润肥沃的沙质壤土或轻黏壤为佳。春秋两季均可进行，春播 3 月上旬；秋播宜在 11 月中旬至地结冻以前。播种时，30cm 的行距顺床开沟条播，覆土厚度以 2～3cm 为宜，一般播种量每亩 10～20kg。

3. 苗期管理　除搞好松土、锄草、追肥、灌水外，要特别注意以下三点：①保持土壤疏松湿润。秋播育苗，在春季土壤解冻前后要灌水 2～3 次或及时洒水，使种子充分吸水。种子萌动发芽前（陕西关中 3 月中下旬至 5 月下旬，陕北 5 月上旬至 6 月上旬），要对苗床适当洒水，并破除板结，保持土壤疏松湿润，为幼苗出土创造条件。②及时防治叶斑病、地老虎、蛴螬为害。③合理修枝。毛梾为对称分枝，侧枝生长极其旺盛，如不注意控制侧枝，就会妨碍主干生长，降低苗木质量。6～7 月间，当苗高 30cm 左右时，结合松土锄草，修枝1、2 次，每次剪去下部侧枝 1～2 层，能促进生长，端正干形，管理得好，当年生苗高达50cm 以上，即可出圃造林。生长较差的苗子，可留床再培养 1 年，用 2 年生苗造林，对成活率影响不大。

（二）栽植技术

1. 选地栽植　毛梾造林地适宜选择在地势比较平坦，土壤深厚肥沃的山麓、沟坡和"四旁"，这是保证毛梾生长发育、早实丰产的基本条件。植苗造林多用 1 年生苗。造林多在春季随起苗，随栽植。山地造林要在先年进行鱼鳞坑整地，坑长 0.8m，宽、深各 0.6m，春季或次年秋季栽植。在春季干旱的情况下，抓住早春有利时机，土壤刚解冻，苗木尚未萌动时栽植，是提高造林成活率的有效措施。造林密度一般为 6m×6m 或 6m×8m，每亩不超过 20 株。水肥条件差的山地，可采用 4m×6m 或 5m×5m，每亩 20～30 株。在干旱多风的渭北高原，可采用截干造林，对提高造林成活率有显著作用。

2. 灌水施肥　造林后注意适时灌水施肥，有利于幼林生长发育，提早结果。头 2 年每年春夏两季可灌水 2～3 次，以后每年结合施肥灌水 1～2 次。施肥时间一般在落叶后或萌芽前，施入厩肥、人畜粪便或其他有机肥，每株 50～100kg（大树多施）。采用环状沟施肥法，即在树冠投影周围开 1～2 条深、宽各 60cm 的环形沟，长为树冠投影的 1/4～1/2，次年调换方位，施入肥料后，盖土填平，并随即灌水 1 次。

3. 修枝　毛梾萌芽力强，造林后随着幼树的生长，树冠内往往萌发出许多侧枝，既分散营养，又影响树形，甚至形成丛状。因此，对幼树整形极为重要，必须抓紧。整形修剪春、秋两季均可进行。修枝方法是在定干的基础上，按疏散分层形或开心形修去基部萌生的徒长枝、重叠枝、下垂枝和竞争枝等，以保证通风透光，树形完整，生长结果正常。树冠长度为树高的 2/3。

六、病虫害防治

1. 叶斑病（*Septoria populi* Desm.）　本病除感染幼苗外，在立地条件差的林地，毛梾生长衰弱时，也发生叶斑病为害。病原菌多为半知菌类。开始在叶片背面出现褪色或黑色小斑点，后扩大到表面，中央呈灰白色，严重时叶片变黑枯卷，一般在 6～7 月发病，7～8 月严重。

防治方法：①加强苗圃和林地管理，保持幼苗密度合理，合理施肥灌水，促进健壮生长，增强抗病力。②发病后，随时摘除病叶。6～7 月可用药剂防治，每隔 15 天，喷 1 次 0.5% 等量式波尔多液，连喷 3 次，保护林木不遭病菌侵染。

2. 金龟子　幼虫（蛴螬）为害毛梾幼苗、幼树根系，往往造成缺苗现象。成虫食害嫩叶，对树木生长也有一定影响。

防治方法：①播种前对圃地进行土壤处理，每亩用西维因粉 2kg，随撒随耕随作床，但苗圃地为沙土时，用药适当减少。②地面防治：利用成虫雨后出土习惯，在成虫发生期内，于降雨后在树冠下面的地面喷洒 50% 辛硫磷乳剂 300 倍液，杀虫效果好。③也可人工捕捉成虫。在有电源的地方可设置黑光灯诱杀成虫。④园地套种蓖麻有防治效果。

3. 小地老虎　幼龄幼虫为害苗木叶片；4 龄以上幼虫将幼苗嫩茎咬断，造成严重缺苗。

防治方法：①春季清除苗圃周围杂草，集中沤肥或烧毁，以消灭杂草上的虫卵或幼虫。②有电源的地方，可设置黑光灯诱杀成虫。③在幼虫 2～3 龄时，用 50% 敌百虫乳剂 100 倍液，喷在炒香的油渣上，或喷在铡碎的青草上，于傍晚时撒于苗圃，次日晨及时收集死亡或昏迷的幼虫砸死。

（张志成）

果 桑

别名：荆穗桑

桑树：*Morus alba* L.

科属名：桑科 Moraceae，桑属 *Morus* L.

一、经济价值及栽培意义

果桑（举莲椹）属西北农林科技大学椹果研究组发明的优质、高产、多抗、高效椹、叶、材兼用杂交椹果桑新品种。专家评审鉴定一致认为："椹果桑经受−30℃低温考验，丰产性明显优于原有品种，为各地发展桑树提供了优良种源。"其椹果同普通椹果除鲜食外，尚可制酒、榨汁、晒干、制酱等。椹果性寒无毒，能补肝养肾，补血祛风。桑白皮有润肺清热，止咳定喘等作用，叶有散风清热、凉血醒目功效。椹果桑栽培可为食品加工业创新高档保健产品提供优质原料。普通椹果在我国已有 6000 年以上的栽培历史，是我国开始人工栽培最早的果树之一。我国先民发明蚕桑丝织至少已有 5000 年的历史，古长安（今西安）世界都称其为"丝绸之路"的起点。椹果桑栽培近 10 余年来，自杨凌开始在全国各地兴起。尤其是举莲椹果杂交桑新品种，经国家"七五"科技攻关以来，在我国陕北黄土高原、毛乌素沙地，秦巴山区试验示范表明，种植第三年亩均产椹果与桑叶各达 1500kg 以上。特别是内蒙古举莲高科技果桑生态公司引种获得成功后，得到了当地政府认可，享有高科技企业待遇。因此各地纷纷来杨凌引种该品种，属大家都称其为举莲椹果桑自然顺应众人口碑而命名。举莲椹果纵径长 4.5～7.0cm 以上，横径 2.5cm 以上，重 5.7g 左右，紫红色香味美，酸甜可口，加工企业就地收购价与市场少量交易价一般在 2～8 元/kg。较江、浙、沪至陕、甘、新与广东至赣、皖、鲁、吉、京等省、区、市，种植当地原有椹果桑品种的椹果长 2.3～4.0cm，横径 1.4～2.0cm，重 3.0～3.6g，均分别高 82.53% 和 13.64% 与 72.72%。其亩产桑叶一般可饲蚕 3 张种，产茧 100kg 以上，鲜统茧收购价一般在 16～20 元/kg，亩产值可达 1600～2000 元，表明举莲椹果桑栽培可成为稳定发展养蚕制丝出口创汇产业链的基础性新桑品种。据国家统计局统计，2003 年我国蚕茧总产量为 48 万 t，年生产蚕茧和丝绸占世界总量的 70%，出口额超过 30 亿美元，丝绸贸易占世界总量的 40% 以上。渭北旱原的千阳县，2006 年全县栽培荷叶白等饲蚕专用桑园面积达到 8 万亩，养蚕已达 3.01 万张，产茧 1350t，实现年收入 2106 万元，蚕农人均收入 428.56 元，若应用举莲椹果桑效益则更高。椹果桑树木质坚韧富有弹性，纹理斜行外观美丽，可制高档家具及细木工雕刻等制品，桑枝纤维常用于造纸。可以说举莲椹果桑树全身都是宝，大力全面科学开发利用市场风险较小。将是我国农村稳定创新科学发展椹果保健食品加工、服装、家具等多条高效益产业链的主要经济树种之一。并可结合我国水土流失区退耕还林，大力推广应用西北农林科技大学椹果研究组所持有的《椹果陡坡垄槽栽培法》成果，走自然资源综合高效合理节约利用和经济、社会、生态高效可持续发展的道路不无重大意义。

二、形态特征

举莲椹果桑的形态特征与普通椹果桑有所不同，主要表现在果实特别肥大，其长、粗、重分别平均为普通椹果的 1.8 倍、1.1 倍和 1.7 倍以上；叶片亦较厚大而且叶面光滑碧绿，可与嫁接饲蚕专用 707 及荷叶白等良桑品种媲美。其余基本同普通椹果桑皆为落叶乔木，盛果期树冠高 5～20m，树皮通常作鳞片状剥落。冬芽具 3～6 覆瓦状鳞片。具叶柄、互生，边缘有锯齿或分裂，基出脉 3～5 条。托叶披针形，早落。花单性，雌雄异株或同株，为葇荑花序。雄花序授粉后下落，花被 4 裂，裂片覆瓦状，雄蕊 4 枚和裂片对生，花丝在蕾中内曲。雌花花被 4 裂，裂片交互对生，基部多少连合。子房 1 室，花柱 2 裂，胚珠多倒生。多数果为长卵圆形，外有肉质花被，全部构成为一个复合果实，称椹果或称多花果。种子有薄种皮、胚乳，胚弯曲，子叶长圆形。

三、分布区域

举莲椹果桑经在我国不同气候区试验示范结果表明，除青海省外，在其余各省（市）及自治区都可种植。尤其是饲蚕专用桑多集中在长三角、珠三角、黄三角及四川等省区。这是由于我国东部与西部和南方与北方径纬度和海拔高低及土壤质地等状况复杂且大不相同，形成了千差万别的气候条件，因而自然和人工选择结果为我国造就了上千个桑树品种资源，分别适应其所在区域种植。不过其中仅有 1% 左右的椹叶材兼用椹果桑品种，分布区域还很有限。例如，中国果树栽培学中记载，仅有白桑、黑桑、粉桑、药桑与白椹子、紫椹子、浆米椹等椹果桑品种，不仅椹果较小，叶片薄细，叶面毛糙，而且适应种植区域不大，主要分布于新疆和山东等省区。又如中国桑树栽培学中记载仅有伦敦 40 号和有关报道的果桑大十品种，虽叶片较大但较薄，果实较大但口感较淡，而且适应种植区域更小，主要分布在珠江三角洲地区。

四、生态习性

举莲椹果桑及普通椹果桑皆是喜光温暖和 CO_2 气体及在较高水肥土壤中生长发育的树种。最适宜的温度是 25～30℃，高于 40℃或低于 10℃时，根的生长停止。桑树生长的土壤最适田间持水量砂土为 70%，壤土为 75%，黏土为 80%，地下水位在 1.5m 左右。空气中含有 0.033%～1.000% 浓度 CO_2，光合作用强度随 CO_2 减少而降低。土壤 pH 值 4.5～9.0 的范围内都能生长，但中性最好。

五、培育技术

（一）育苗技术

举莲椹果桑为有性繁殖方法育苗，勿需嫁接的杂交优势利用品种。较原有白桑、黑桑、粉桑、药桑与白椹子、紫椹子、浆米椹及伦敦 40 号和大十等椹果桑品种，属目前生产上仍必须先用种子育实生桑苗作砧木再嫁接，即有性繁殖加嫁接等无性繁殖相结合的方法育苗品种，不仅可减少工艺流程环节 50% 以上，并可提前 1 年出圃，同时栽植成活率还可达100%，而且有性繁殖方法对保持品种优良性状和预防与嫁接有关的病害传播蔓延也不无益处。其繁殖的具体方法与普通实生桑繁殖方法相同。

1. 苗圃地选择 宜选用地势平坦、灌水方便、排水良好、背风向阳、土层深厚、结构疏松的中性砂壤土上繁育。

2. 播种时期 春播应在地下5cm处的温度达到20℃左右时进行；夏播在麦收后进行。

3. 整地作床 苗圃必须轮作，并在封冻前施足基肥，每亩施土杂肥1500kg左右，结合深耕翻入土中。床宽1m，长度以地形而定，圃间道宽35cm左右，以便田间管理。

4. 播种方式及播量 播种方式主要有点播和条播及撒播三种。点播和条播，出苗整齐，管理方便，生长均匀，节省种子。行距20~30cm，沟宽4~5cm，深1~2cm，每亩播种量250g，撒播亩用种量500g，覆土0.5~1.0cm。播后用麦糠或麦草、稻谷壳或稻草进行覆盖，一般用量亩需100kg以上，注意盖匀，并撒药防治地下害虫。出苗后选择傍晚或阴天揭草，麦糠或稻谷壳顺其自然。

5. 苗期管理 椹桑苗在各个生长期需要保持土壤湿润，注意及时防汛抗旱排灌，是培育全苗与壮苗的关键措施之一。间苗一般进行2~3次，最后一次定苗，每亩定苗2万株。苗期追肥在第一次间苗松土后进行，每亩施人粪尿约1000kg，加水8~9倍，均匀洒施，第二次间苗后，加水4~5倍，同时每亩施硫酸铵20kg，过磷酸钙5kg，促进苗木生长快速充实。8月下旬以后不再追肥。

（二）建园

我国人多可耕地少，尤其是中西部丘陵山地水土流失区，退耕还林开发治理任务繁重，用其种植适应当地物候条件的椹果桑树品种，不仅可保持水土和改善生态条件，而且还可有效提高土地利用率和高产值来发展当地经济，较好解决三农问题与椹果业快速稳定发展都不无好处。根据不同土地类型，本着快速丰产，符合科学管理需求，采取适应当地条件的栽植形式。目前栽植形式有以下几种。

1. 陡坡垄槽栽培 树型一般需要中高干养成，每亩栽植1年生椹果桑苗333株，并及时定干，水平行株距2m×1m，树形养成后留条万根左右。椹果与桑叶年产量均可达1.5t/亩左右。

2. "四旁"种植 树型多为乔木养成，以全方位培养椹叶材兼用为目的，要培育好主干，可用2年以上的大苗栽植，行株距3m×2m或视环境条件灵活掌握。

3. 桑粮间作 在荒沙滩地区，结合防风固沙保护农田，可采用宽行密株带状栽植，一般带距30m，株距1m，中间可种农作物等。

（三）栽植技术

栽植季节一般为春栽或秋栽。春栽即在开春解冻后和发芽前栽植；秋栽需在落叶后和封冻前栽植为宜。

1. 陡坡垄槽栽培 即在退耕还林陡坡地上，按等高线每隔水平行距2m，修建深宽各1m以上的水平垄槽，长度视地形而定，垄顶宽与槽底宽均保持50cm宽度，在垄顶至垄底即垄腰处开0.6m见方的穴种植椹果桑树。垄槽的大小以做到可完全拦蓄当地最大降水量为宜。

2. "四旁"和荒沙滩地栽植 均需挖大小0.6m左右见方的穴。底部施有机肥料与表土混合，然后栽植。寒冷地区栽植1年生苗木时，要齐地面平茬，并覆土3~4cm，以防冻枯。

3. 树形养成管理 举莲椹果桑树一般需采用中高干和乔木培养法养成，其主干一般定得较高，枝条层次也定得较多，因之每株树有效枝条多，单株椹叶产量方能高，但树形的养成年限需要 3~5 年。中干桑主干高 35 cm 左右，第一、二层枝干高各 35 cm，第三支干高 15 cm，每一层支干留条 2~3 根；高干桑主干高 50 cm，第一层支干高 40 cm，第二至三层支干高各 30 cm，第四层支干高 15 cm，每层支干留条 2~3 根。拳式修剪，每年可夏伐枝条 1 次。乔木桑主干高一般 2m 以上，其余各层支干高度可参照高干桑培养法进行。其使用年限只要水肥等管理能跟上，一般可达 50 年以上，有的可达数百年。

六、病虫害防治

举莲椹果桑病虫害主要有赤锈病、白粉病、污叶病与桑蓟马、桑木虱、果蝇及桑尺蠖、桑蟥等。可推广应用西北农林科技大学椹果研究组发明的蚕桑乐药剂。实践证明用其 1000 倍稀释液喷施椹果桑树桑叶及病虫体表的防治效果可达 96% 以上，并可做到不污染环境，可称为绿色防治法。

（吴远举）

石 榴

别名：安石榴、酸石榴

学名：*Punica granatum* L.

科属名：石榴科 Punicaceae，石榴属 *Punica* L.

一、经济价值及栽培意义

石榴果实含糖类 17% 以上，Vc 含量超过苹果、梨 1~2 倍，粗纤维 2.5%，无机元素钙、磷、钾等含量 0.8% 左右，营养丰富。果实性味甘酸、湿温无毒，具有杀虫收敛、温肠止痢等功效，可治疗久泻、便血、脱肛、虫积腹痛等症。根皮中含有石榴皮碱，可驱蛔虫。根皮及果皮含有大量鞣质，在印染、制革工业中也大有用途。

石榴好栽培，易管理，具有广泛的适应性。外形美观，叶片碧绿，繁花似锦，花果同枝，具有较高的观赏价值，为园林、庭院美化佳木。石榴根系发达，生长健壮，根蘖力强，也是优良的水土保持树种。

二、形态特征

落叶灌木或小乔木，树高一般 2~3m，高者可达 5~6m。树冠圆头形；小枝有角棱，枝端常呈尖刺状；单叶对生，在短枝上有时成簇生，长椭圆形，全缘，有光泽。花鲜红色，单生或几朵簇生枝顶及叶腋。果实球状，成熟时开裂，现出红色种子。5 月上旬开花，可延续 2~3 个月。

由于栽培悠久，已形成以果为主的果石榴和以花为主的花石榴两大品种体系。

三、分布区域

石榴原产中亚，主要分布在亚热带及温带地区，现全世界各大洲均有石榴生长。我国南北各地均有栽植。陕西省临潼是石榴的主产区，其品质佳，产量高，在国外享有盛名。

四、生态习性

石榴喜光，喜温暖，较耐旱和耐寒，冬季气温

石榴
1. 果枝　2. 花

低于 -15℃ 地区均能种植，在 -20℃ 时即受冻害。对土壤要求不严，宜在有机质丰厚、排水良好的微碱性土壤生长，pH 值 4.5~8.2 之间，过度盐渍化或沼泽地不宜种植，重黏性土壤栽培影响果实质量。

五、培育技术

(一) 育苗技术

1. 扦插育苗

(1) 插穗选择 在春季 2～3 月发芽前，选品质优、早果、丰产、生长健壮的树作母树，剪取内膛 1～2 年生，粗 6～12mm 的枝条，剪成 15～20cm 长的插穗。

(2) 扦插时间 一般 3 月下旬 4 月上旬扦插为宜。

(3) 扦插方法 将剪好的插穗按株行距 20cm×30cm 或 20cm×40cm 的距离，斜插入施足底肥的苗床上，地面留 2 个芽，插后踏实灌水。

(4) 苗期管理 扦插后应保持床面湿润，灌水后注意松土除草，生长期可追肥 1～2 次。苗高达 1m 左右即可出圃。

2. 播种育苗 石榴的种子易于保存，发芽力也强。选充分成熟的果实，将种子取出洗净，阴干后层积贮藏，翌年春季"谷雨"前后播于苗床，覆土 1.5cm，即可发芽。

3. 压条繁殖 是利用根际根蘖，于春季压于土中，到秋季即可成苗，一般在干旱地区应用较多，容易成活。

4. 分株繁殖 即选优良品种母树根部发生的健壮根蘖苗，挖出另行栽植。

5. 嫁接繁殖 以酸石榴实生苗为砧木，采取优良品种作接穗，于 3 月下旬用腹接法嫁接，8 月中旬也可腹接，劈接只能在 3 月下旬进行。

(二) 栽培技术

1. 选地 平地、山地均可栽培，但最好是在山坳处而又不聚集冷空气的地方。土壤以沙壤土或壤土为宜，过于黏重的土壤虽然易于保墒，但果实皮色不好，成熟前开裂。

2. 栽植 密度一般为 2m×3m～3m×4m，挖长宽各 1m 的栽植穴，每穴施厩肥 15～20kg，可掺入过磷酸钙与上层熟土拌匀。栽时将苗立于中间，使根系舒展。填土深度以使根基部略高于地面为宜，栽好后立即灌水。

3. 抚育管理

(1) 水肥管理 栽植后经常中耕除草，促进根系生长。秋季深翻改土，改善土壤性状，提高土壤肥力。施肥时可采用环状、穴状施肥法或者根外追肥等方法。施肥应根据石榴的生长习性进行。在春季萌芽前施入速效氮肥，即每亩施尿素 25kg 或碳酸氢铵 60kg。石榴开花结果期间，应当控制氮肥，增施磷钾肥。采果后，深翻施基肥（以有机肥为主）。石榴对水要求不苛刻，在干旱季节可浅灌，上冻前浇越冬水。

(2) 整形修剪 石榴整形多采用开心形（自然开心形、三主枝开心形）纺锤形为宜。在修剪上，应按照"三稀三密"的树形特点进行（即大小枝在树冠上的分布是上稀下密、外稀内密、大枝稀小枝密）。通过修剪使树冠内结果枝与营养枝保持 1:5 的比例，利于早果丰产。

(3) 花果管理 ①授粉 石榴为虫媒花，授粉昆虫主要是密蜂、壁峰及其他昆虫。花期放蜂或人工点授可显著提高坐果率。②疏花疏果 同其他树种一样，石榴也须进行疏花疏果，提高坐果率，达到高产稳产优质。应及早疏除发育不全的退化花和侧生花。因侧生花坐果较差，应在疏花疏果时注意保留顶生花果，多疏侧生花果。

六、病虫害防治

石榴的病虫害较多，危害也较严重，主要有：桃蛀螟、食心虫、卷叶蛾、金龟子、干腐病等，以桃蛀螟、干腐病为害较重。

1. 干腐病 多在幼树主枝或大枝上出现皮层凹陷干腐。侵害花器、果实及果核。

防治方法：发现后及时用利刀纵向割去病部皮层，剪去病害枝条，摘除僵果。可用波美5度石硫合剂或1:1:160波尔多液喷洒病部。

2. 桃蛀螟 危害果实，成虫产卵于萼内的花丝上，幼虫孵化后钻入果实为害，造成烂果。

防治方法：应在卵孵化期用50%敌敌畏500倍液喷洒，6～7月幼虫未蛀果前，用杀灭菊酯2000倍液喷洒。

（刘翠兰）

无花果

别名：安居尔（维吾尔语）

学名：*Ficus carica* L.

科属名：桑科 Moraceae，榕属 *Ficus* L.

一、经济价值及栽培意义

无花果小花隐生于囊状花托内，果实为隐头花序，故名无花果。无花果混身都是宝，其果味美香甜，无核，可食率高，营养丰富，含人体容易吸收的葡萄糖和果糖 15% ~ 24%，蛋白质 0.6% ~ 0.7%，脂肪 0.4%，碳水化合物 12.6%，粗纤维 1.9%，果胶 0.8%，18 种以上的氨基酸，多种维生素和钙、磷、铁、锰、铜、锌、钼等微量元素，并可加工制成果干、果脯、果酱、果粉、蜜饯、罐头、饮料、果酒等。全株均可入药，药用价值高，果实具有开胃、助消化，治咳喘、咽喉肿痛、便秘、痔疮之功效；根及叶治肠炎、腹泻，外敷能消肿解毒。无花果树形呈伞状展开，叶面掌状深裂，叶柄红色，独特美观，具有较高的观赏价值，除可成片定植建园外，也可在庭院和城镇园林绿化中栽植使用。

由于无花果适宜性广，易栽培，一年结两次果，产量高，具有多种价值和用途，是一个很有发展前途的经济树种。

二、形态特征

落叶小乔木，高达 12m，常呈灌木状，多分枝；树皮灰褐色，皮孔明显。小枝粗，直立。叶卵圆形，长 10 ~ 20cm，常 3 ~ 5 裂，且不规则圆钝齿，上面粗糙，下面密被细小钟乳体及黄褐色柔毛，基部浅心形，基生脉 3 ~ 5；叶柄粗，长 2 ~ 5cm，红色。榕果单生叶腋，梨形，径 4 ~ 6cm，顶部凹下，熟时紫红或黄色；基生苞片卵形。雌雄异花，果期 8 ~ 9 月。

无花果

三、分布区域

原产地中海地区。我国南北各地栽培，长江以南及新疆塔里木盆地栽培较多。陕西关中有栽培。

四、生态习性

喜光和温暖湿润气候，但耐高温和干燥，耐寒性较差。在灌溉条件下，极端最高气温 41.5℃、空气相对湿度 50% 左右时正常生长；冬季 −12℃时小枝受冻，−20 ~ −22℃时地上部分冻死，翌春从根际部分萌发成灌木状。在极端最低温 −20℃时正常生长，在 −24℃时出现冻害，故在南疆需覆土越冬。根系发达，喜肥沃、排水良好的沙壤土，在酸性土、中性土和石灰性冲积土、沙砾质土均可生长。2~3年开始结果，6~7年进入盛果期，40~50年结果不衰，寿命可达百年以上，病虫害少。

五、培育技术

（一）育苗技术

无花果枝条极易生根，根蘖性强，因此用硬枝扦插、嫩枝扦插、压条、分株和组织培养等方法均可繁育苗木，其中硬枝扦插育苗最为常用。

1. 圃地选择 育苗地应选择沙壤土，地下水位1.5m以下、含盐量轻的熟耕地，忌用生荒地和土质黏重的土地作苗圃。

2. 整地 结合耕翻亩施厩肥2000~3000kg，耙平作畦。畦长10~15m、宽2~3m。

3. 扦插 秋季或春季，从主干下部采集1年生萌条。秋季采种条埋60~80cm湿沙越冬，春季可随采随插。在3月中至4月初，当地温稳定在15℃以上时，灌好底水，地膜覆盖苗床，将种条剪成留有2~3个芽、长15cm左右的插穗，上切口距第一个芽1cm左右，下切口成马耳形，用浓度为0.1%的ABT生根粉浸插穗30min，扦插深度以芽眼露出地面2~3cm为宜。行距50cm，株距10~15cm，每亩插穗8880~10000个，插后再灌1次水即可。

4. 苗期管理 年灌水8~10次，灌水后及时松土除草。在6月底和7月中旬追施尿素两次，亩次用量15~20kg。入冬前灌好越冬水，埋土越冬。

当年苗高0.4~0.7m，成苗率90%~95%。

（二）栽培技术

1. 园地选择 土层深厚，含盐量轻（0.3%以下），地下水位深1.5以下，透气透水性好的壤土和沙壤土；次为土层厚度60~80cm，透气透水性好的沙砾质土。质黏重，未经改良的盐碱地，不宜栽植。

2. 栽植和抚育管理 无花果树冠开阔、喜光，株行距5m×7m。为防止倒春寒冻害，无花果栽植宜迟不宜早。在4月初至4月中旬进行，灌头水后，地上部分用土堆盖，至5月初后分2~3次扒土露苗。年灌水6~8次，夏季松土2~3次。入冬前灌好冬水，埋土越冬；或秋季挖苗贮藏于苗窖，翌春栽植。

（刘钰华、刘 康、王爱静）

香　椿

别名：红椿、春芽树、椿树

学名：*Toona sinensis*（A. Juss.）Roem.

科属名：楝科 Meliaceae，香椿属 *Toona* Roem.

一、经济价值及栽培意义

香椿为珍贵用材树种，木材微呈红色，纹理细微，质坚韧，耐腐朽，易加工，富弹性，油漆胶粘力强，是建筑、船舶、车辆和家具之良材；生长快，干形通直；树冠发达，枝叶繁茂，树形美丽，是很好的四旁绿化树种；其嫩叶芽具有香味，营养丰富，生食熟食或腌食均可，为著名蔬菜；根皮及果可入药，有收敛止血、去湿止痛功效；种子含油率38%，可榨油，有香气，供食用或工业用。

二、形态特征

香椿

1. 枝　2. 果序

为落叶乔木，树皮红褐色，呈不规则条状纵裂，片状剥落；幼枝红褐色或灰绿色，被短柔毛，叶互生，偶数羽状复叶，总柄红色，基部膨大，叶长 25～50cm；小叶 10～22 片，对生或近对生，具短柄，披针状长圆形，先端渐尖，基部歪斜，圆形或广楔形，长 8～15cm，宽 2～5cm，上面绿色、光滑，全缘或微具锯齿，下面淡绿，叶脉初具短柔毛，有香气；花两性，白色，富香气，钟状，径约 5mm，成顶生圆锥花序，长约 30cm，花萼短小，花瓣卵状椭圆形，有退化雄蕊 5，钻状，与发育雄蕊互生，子房光滑、柄短，5 室，各具胚珠8～12，花柱单一，线形；蒴果椭圆形或卵圆形，木质，长 2.0～2.5cm，成熟后呈红褐色，5 瓣开裂，胎座大，种子多数，其一端具椭圆状膜质翅；每千克种子约 6.5 万粒，发芽率40%～50%；花期 5～6 月，果期9～10 月。

陕西南部群众把当地香椿分为鸡血椿和白香椿两类型，前者嫩芽叶及幼枝较红，香味浓，生长较慢，木材坚硬，木材色红，种子较长尖等特征与后者相区别。

我国广东、广西、云南等地栽植的红椿（又称红楝子），外形与本种相似，仅小叶全缘，种子两端具翅且小（每千克26 万粒）与本种相区别，系同属的另一种，学名为 *Toona sureni*（Bl.）Marr.

三、分布区域

香椿中心分布区为黄河和长江流域之间的地带，西北地区陕西南部栽植较多，甘肃东南部、陕西关中和渭北黄土高原南部也有零星栽植，秦岭巴山和甘肃小陇山有小片天然林分布，垂直分布一般在海拔 1500m 以下。

四、生态习性

香椿属于由亚热带向暖温带过渡的适生树种，喜温暖湿润气候，耐寒性较差，陕西延安黄土高原树木园（极端低温 –25.4℃）引种的香椿幼树树梢有冻害，生长差，陕西榆林（极端低温 –27.6℃）栽植香椿，地上部分年年冻死；耐旱性差，在干旱又较寒冷地方，香椿幼树容易枯梢，但随着年龄增大，抗旱和抗寒性逐年增强。在干旱和土层瘠薄地段，香椿生长缓慢。

香椿喜光，不耐庇荫，喜深厚肥沃沙质土，对土壤酸碱度要求不严格，土壤 pH 值 5.5~8.0 均可生长，在石灰质土壤上生长良好。

香椿生长快，1 年生实生苗达 1.2m，在适宜地段 4 年生树高 6.5m，胸径 6.3cm，14 年生时树高 13.0m，胸径 21.0cm；在较干旱地带，18 年生树高 10.7m，胸径 14.0cm；树高速生期 5~10 年间，胸径速生期在 10~15 年间，材积速生期在 25~30 年间。

香椿萌蘖力强，较耐水湿，抗氯及氯化氢等大气污染性较差。

五、培育技术

（一）育苗技术

1. 播种育苗

（1.）采种　一般香椿树龄 8 年左右开始结实。应选择生长健壮，树龄 15~30 年生的壮年树做母树；采种期因种子成熟期不同稍有差异，应在蒴果开始变色，即将开裂前，及时采收，过早种子成熟不好，发芽率低，过迟蒴果开裂，种子飞散，得不到种子。采集的果穗应及时凉晒，去杂，干贮，可保存半年。尽量使用当地或附近产的种子，北方用种不能由南方调进。

（2）种子处理　播前用温水（水温 30℃）浸泡种子 15~20h，捞去水上漂浮的秕空籽后，用 0.2% 的高锰酸钾液浸泡 2~3h 灭菌消毒，捞出用清水漂洗后，摊放在凉席上，经常洒水，保温保湿，待种子部分裂嘴，即可播种。

（3）播种　播期南北有所差异，一般 3~4 月，气温 15°C 左右即可下种。苗圃地选在背风向阳，有灌溉条件的地块，以砂质壤土为好，事先整地做床，香椿种子较小，床面土壤一定要细碎。用处理好的种子，条播，行距 25cm，播幅 5cm，每亩播种量 3~5kg，为确保撒种均匀，种子拌 1~2 倍砂土，复土厚度 0.5~1.0cm，播后盖草保墒，保持出苗期土壤湿润，一般播后 10 天左右即可出苗。

（4）苗期管理　出苗后注意前期中耕除草，防止草荒。苗高 10cm，应开始间苗，留苗株距 10~15cm；6~8 月为苗木速生期，应结合松土除草，施追肥 1~2 次，9 月以后苗木生长速度缓慢，应追磷钾肥 1 次，促进苗木木质化。1 年生苗高一般 1.0m 以上，地径 1.0cm，即可出圃造林，一般亩产苗 1.2 万株。

2. 埋根育苗　春季采集 1~2 年生苗木根系或健壮母树的侧根，粗 0.5~1.0cm，剪去过长的细毛根，截成长 15~20cm 的根段，随采随埋在整好地的苗床上，大头朝上，头不露出土面，株行距 0.2m×0.3m，为使苗木生长整齐，应对种根按粗细分级分埋，为防止种根伤口腐烂，提高地温，一般埋后踏实，不浇水，若遇天旱沿床间步道浇水，及时松土除草保墒。苗高 10cm 时，应抹去多余的苗芽，每株上留 1 个壮芽苗，当年苗高可达 1m。

3. 嫩枝扦插育苗 6～7 月选当年生半木质化枝条，剪成长 15～20cm 小段，去掉下部叶片，用 200μL/L 的生根粉 1 号液速蘸，扦插在疏松湿润的苗床上，浇透水，适当进行遮荫，保持温度 20～30℃，湿度 85%～90%，50～60 天即可生根。

（二）栽培技术

1. 造林地选择 西北地区的陕西中部和南部、甘肃东南部和新疆南部的喀什、和田的低山区。宜在阴坡半阴坡下部，溪谷地段和路旁、水旁、村旁、宅旁等土层深厚，水肥条件好的地段栽植。

2. 栽培技术 在春季发芽前，秋季落叶后 10 月下旬均可栽植；采用植苗造林，苗木规格，苗高 1m 以上，地径 1.0cm 以上，穴状整地，栽植密度，"四旁"植树单行株距 2.0m，成片造林株行距 2.0m×3.0m，"四旁"植树和有条件成片造林应浇水，以确保成活。

3. 抚育管理 造林后 1～3 年应进扩穴，松土、除草、除萌等抚育管理，防止人畜破坏。幼林应适当进行修枝，强度不超过树高 1/2，在冬季进行。另外，采食椿芽时，不得摘折树冠上部顶稍芽，以免影响树木生长。

（三）冬季塑料大棚香椿芽栽培技术

香椿芽菜是群众喜爱的传统蔬菜。西北地区城市郊区冬季利用塑料大棚栽培椿芽菜前景很好，据辽宁省辽中县和陕西兴平县经验，其栽培技术要点：

1. 建立大棚 选择背风向阳处，建单斜面塑料大棚，南北宽 8～10m，东西长 20～30m，东西和北三面建砖或土墙，墙厚 0.5～1.0m，北墙高 1.8～2.0m，东和西墙北高南低，南墙高 0.8m，中间由北向南设 4 排立柱，间隔 2.0m，在立柱上用竹竿架成东西向骨架，其上每 0.6～0.7m 用竹竿架成南北向棚架，上面用塑料薄膜覆盖，加压膜线，膜上盖可卷草帘。

2. 移苗入棚 将春季采用常规方法育的香椿苗（苗高 1.0m，地径 1.0cm 以上），于落叶后 15 天，约 11 月中下旬栽植在棚内床面上，每平方米栽苗密度 160～200 株，栽后及时灌水。

3. 管理和采收 据研究香椿落叶后生理休眠期 17 天就可完成。苗木移入棚半月后，约 12 月上、中旬，盖膜封棚，白天采光升温，下午盖帘保温，次日上午卷帘采光提温。保持棚内温度白天 20℃ 左右，夜间 10℃ 以上。若遇连续阴天，应采取措施加温，经过 40～50 天，香椿苗发芽，再经过 20 天左右，椿芽长到 20cm 高，即可采摘销售。一般从 2 月上旬开始逐批采摘至 4 月下旬，每隔 4～5 天就可采收一批，一般每平方米可产 3～4kg 鲜椿芽菜。

六、病虫害防治

香椿常见病虫害有：

1. 根腐病 多在积水地发生，植株枯死。

防治方法：避免在积水地育苗造林；增施有机肥料，改善土壤团粒结构，增加土壤透气性；发现病株及时挖除，并对初感株用 50% 代森铵 800 倍液浇根，防止病害蔓延。

2. 叶锈病和白粉病 危害幼苗幼树叶片，引起叶枯、叶斑。

防治方法：冬季扫除落叶烧掉；发病初期，用 0.2～0.3 度的石硫合剂喷洒，或用 65% 可湿性代森锌 250 倍液或 70% 甲基托布津 800 倍液，每隔 15 天喷洒 1 次，进行防治。

3. 干枯病　多在幼树上发生，致主杆干枯。

防治方法：清除病株烧掉，减少病源；早春用生石灰乳液刷树干；在树皮伤口涂波尔多液或石硫合剂；发病初期可在病斑处涂 70%甲基托布津 200 倍液，进行防治。

4. 云斑天牛　蛀干害虫，危害成年树，出现树干虫孔流胶。

防治方法：见南抗杨。

（鄢志明）

栓 皮 栎

别名：软木栎、橡树、杠树、耳树

学名：*Quercus variabilis* Bl.

科属名：壳斗科 Fagaceae，栎属 *Quercus* L.

一、经济价值及培育意义

栓皮栎是我国重要的经济树种和用材树种之一。它的树皮（栓皮）也叫软木，具有比重小、弹性好、浮力大、不透水、不透气、耐酸、耐碱、绝缘、保温、防震、耐磨擦、耐腐蚀，不易与化学药品起变化等特性。经过加工可以制软木砖、软木纸、软木塞、软木垫等多种制品，用于医药、食品、建筑、机电设备等方面，是国家工业不可缺少的原料，软木当作超高温防护材料用于航空航天领域，也是一种最理想的天然绿色环保装饰材料，用途十分广泛。又因木材致密坚实，纹理通直，强度大，为建筑、车轮、船舶良材；耐冲击，适宜作矿柱、枕木，更是地板的上佳原料；作家具花纹优美；栓皮栎耐火力强，干枝燃值高，是优质生物质能源。栓皮栎的果壳（橡碗）含鞣质27.3%，无论在制革、印染、选矿、医药等方面均有很大的用途，还可提制栲胶。枝干材可培养木耳、天麻、香菇，果实含淀粉50.4%～63.5%、粗蛋白3.72%、还原糖4.45%、蔗糖2.96%、脂肪6.87%、V_{B_2} 1.0%～5.0%，可提取浆纱和酿酒（出酒率25.0%～44.0%），做粉条，还可作饮料，每50kg顶41kg玉米，提过单宁粉，V_{B_2}含量较大米高10倍。栓皮栎根系发达，能改良土壤、皮不易燃烧，是营造经济林、用材林、水土保持林、水源涵养林及防火林、能源林的优良树种。

栓皮栎栽培历史悠久。在中国古代就作为造林和经营树种，20世纪50年代，中国政府提倡在山东、北京、河南、湖南、安徽、陕西等地营造栓皮栎林，还建立了栓皮栎的林场（如湖南省常德林场），陕西省林业厅曾拨专款营造栓皮栎林。可见栓皮栎的栽培历来爱到极大的重视。

目前，只砍不造，资源匮乏，栓皮生产更是供不应求。西北林产化学工厂，自1955年成立至1981年，累计加工栓皮5.88万t，按该厂当时年消耗栓皮4000t计，共需营造栓皮栎林5.3万亩。

二、形态特征

落叶大乔木，高达30m，胸径可达1m，甚至超过2m。树皮灰褐色或灰白色，深裂，栓皮层较粗厚，叶矩圆状披针形或长椭圆形，长8～15cm，宽3～6cm，锯齿具芒状突尖，被面密被灰白色星状绒毛。雌雄同株异花，壳斗碗状，鳞片锥形，反卷有毛；坚果球形，顶端平圆。雄花序4月上旬盛开，果熟期次年9～10月。

栓皮栎在长期栽培利用过程中，选育出一些栓皮栎优良品种和类型，主要有：

1. 塔形栓皮栎（*Quercus variabilis* var. *pyramidalis* Chao et Chang）　树干通直，侧枝细小，与主干呈20°～25°角，树冠塔形，枝叶浓密。树皮深灰褐色，栓皮层厚，呈块状。其优良特性为：①生长快：22 年生塔形栓皮栎，树高 12.1m，胸径 13.6cm，单株材积 0.08505m³，而同龄栓皮栎树高 9.2m，胸径 8.7cm，单株材积 0.02254m³；②树冠小，冠幅仅 1m；③叶量大，单株的叶片数与叶面积，比栓皮栎大 30% 以上；④栓皮厚，比栓皮栎厚 30%。

2. 红口子栓皮栎，栓皮生长速度慢，年生长厚度仅 0.5mm。

3. 灰口子栓皮栎，栓皮生长速度快，年生长厚度平均可达 1.0mm。

三、分布区域

栓皮栎在全国分布范围，北自辽宁、河北，南到广东、广西、云南，东至台湾、福建，西至四川西部、贵州等地区。

西北地区，栓皮栎分布于陕西秦岭南坡巴山北坡商洛、安康、汉中三市的商南、镇安、柞水、宁陕、石泉、平利、西乡、洋县、留坝、宁强等 20 余个区县（海拔 1600m 以下），

栓皮栎
1. 雄花枝 2. 果枝 3. 果 4. 叶背面部分放大

北坡的兰田、眉山太白山、长安（南五台）、周至（楼观台）海拔 800 ~ 1400m，多为纯林，巴山北坡上限为 1800m，关山林区陇县 1300 ~ 1500m 的山坡及沟中，陕北黄龙、桥山林区 900m 左右较常见，乾县唐王陵有人工栽培的栓皮栎林。甘肃产于文县、武都、成县、康县及小陇山海拔 700 ~ 1800m。

新西兰引种中国栓皮栎，42 年生，树高 29.6m，胸径 61.0cm，生长超过原产地。

四、生态习性

栓皮栎喜光不耐上方庇荫，在林间常"穿着皮袄露着头"，意即喜侧方庇荫。对温度的适应性较广，分布区年平均气温为 7.3 ~ 21.7℃，能忍耐 - 24℃ 的极端低温，年降水量 500 ~ 1600mm。无霜期 147 ~ 340 天。深根性较耐干旱，故能生长于较干燥的阳坡。对土壤条件要求不严，酸性土、中性土、钙质土、沙质土、黏壤土，pH 值 4 ~ 8 之间，均能生长。

萌芽力强，经多代砍伐，仍能复壮更新。砍后 2 ~ 3 个月，即生出 30 ~ 50cm 萌条。

根系发达，粗壮，主根深扩散远，粗根多、细根少。据调查 70 ~ 80 年生栓皮栎，主根垂直向下，从距地表 15 ~ 20cm 处开始成锐角向侧方分枝，随深度增加而变细，至深 0.6 ~ 0.9m 处向下分叉，深达 2m 以下。侧根伸展范围 1.5 ~ 3.2m 之间，个别可超过 6 ~ 7m 远。主要分布在 15 ~ 90cm 土层中。根系有菌根营养，菌种为鸡油菌（*Canthareiius cibarius* Fr.）栓皮栎是比较稳定的森林群落。

7 ~ 9 年开始开花结实，15 ~ 20 年普遍开花结实，40 ~ 100 年为结实盛期，200 年结实减少，每隔 2 ~ 3 年可丰收 1 次。

五、培育技术

（一）育苗技术

1. 选择良种　栓皮栎是材皮、果实兼用树种，要从木材生长量和栓皮质量两个方面选择树高、胸径和栓皮厚度都超过平均指标30%的优良单株进行繁殖。并采取接穗，通过嫁接培育成种子园。或将生长良好的人工幼林，通过留优去劣，加强抚育管理培育成母树林，以供采种利用。

2. 采种　选择30～100年生健壮母树采种。栓皮栎果实重量约占带壳斗全重量的45%，在楼观台产出的果实成熟时大者重达11g，长2.7cm。良好的种子，棕褐色到灰褐色，有光泽，个大饱满，粒沉重，种仁乳白色或黄白色。一般秦岭地区种子8月下旬至10月上旬成果，当壳斗由绿色变为棕褐色或黄色时即可采种。

3. 种子贮藏　贮藏方法与辽东栎同。

4. 作床播种　一般采用筑床条播，床长10m，宽1m，行距20cm，沟深6～7cm，沟内每隔10～15cm平放种子1粒，发芽率95%的种子2500～3000kg/hm^2，每公顷可培育壮苗（平均高40～50cm，平均地径0.6～0.8cm）22.5万株。秋播、春播均可，以随采随播为好。春播宜早（3月中下旬），覆土厚度3～5cm，用脚踏实。

5. 容器育苗　春秋季均可进行，在容器内放2粒种子，覆土厚度1～2cm。

6. 苗期管理　同辽东栎

（二）栽培技术

1. 直播造林　据笔者曾于陕西省林业科学研究所在南五台林场的试验，秋播（11月中、下旬）和春播（3月中旬）幼苗生长差异不大，但秋播根系发育较好，秋播主根长48.5cm，春播28.7cm，水平根幅前者6.7cm，后者4.8cm。采用穴播、孔播、缝播3种方法直播以穴播成苗率最高，分别为59.5%、53.2%和26.8%。穴播经过整地、改善了水、肥、气热状况，为种子发芽和幼苗生长创造了良好条件，优质种子每穴播2粒，否则每穴3～4粒，均匀播在穴内，覆土3cm左右，每4500穴/hm^2。出苗后，形成小群体，互相庇荫，提高抵抗不良环境的能力。

栓皮栋直播造林受鼠害威胁很大，据西北大学生物系调查，在秦岭南五台山地主要有岩松鼠（毛老鼠）（*Saiurqtuimus davidanus*）、棕背䶄（山鼠、红毛耗子）（*Cithiqnqmys rugqcqnus*）、大仓鼠（田鼠、灰仓鼠）（*Csicetulus lqngicaudatus*）等。由于栓皮栎种子大，目标显著，尤以阳坡鼠类活动频繁危害严重。据调查，缺苗的原因，计鼠害所造成的占82%，种子霉烂的占15.1%，其他原因占2.8%。为防止鼠类啃食种子，除药剂拌种处，可加大播种深度至8～10cm。

近年来，张理宏还试验出栓皮栎扣环直播法，于当年10月上旬，在直径为12cm、高为20cm的塑料杯内放湿土3～5cm，然后放2～3粒种子，再加满湿土倒置于水平阶或鱼鳞坑内，将土拢到塑料杯周围，轻轻上拔塑料杯2～3cm后再拢土，轻拍，保证塑料杯在冬季不被风吹倒，翌年4月上旬再将塑料杯去掉，去杯后，使种子覆土不超过5cm，土面稍高于周围地面，这种方法防止老鼠危害很有效，其出苗率为92.7%，较其他直播法出苗率（48.7%）高出43.9%，5年后保存率87.3%。

2. 植苗造林　栓皮栎主根特长，以1年生苗造林较好，根小，截根损失少，栽培容易，成活率高。

3. 造林密度　为培育通直良材，提高栓皮产量和品质，造林初植密度宜大，在较好的立地条件下，株行距宜采用 1.67m×1.67m 或 1.0m×1.5m；在中等立地条件下，株行距 1.33m×1.50m 或 1.0m×2.0m；在较差立地条件下，株行距 1m×2m 或 1.0m×1.67m。

4. 混交造林　栓皮栎可与槲栎、侧柏、油松、白桦、山杨、杜梨、胡枝子、黄栌、秋胡颓子、西北栒子、绣线菊等乔灌木树种混交。

六、抚育管理

1. 幼林抚育　造林当年松土除草 1 次，连续抚育 3~5 年。4 年生以后开始修枝，修去下部的竞争枝和粗大侧枝，直至 10~15 年生，保留树冠约占全高的 2/3~3/5。对生长不良的幼林，可平茬复壮。

2. 矮林作业　栓皮栎等栎类矮林作业就是利用其萌芽力强的特性，把萌条培育成林，实施高密度、短轮伐期、间伐小径材，通过年年间伐，随伐随培育萌条，实现越采越多，越采越好，永续利用的一种经营方式。具体作法是在 30° 以下的坡地，林分原密度每亩 200~600 株，胸径 3~20cm，郁闭度 0.6~0.9 的林分实施矮林作业。按 1m×1m 每亩 666 株挖鱼鳞坑或水平带点播橡子或植苗，每穴 6~7 粒或 2~4 株，培育成高密度的林分。对林分密度每亩 200 株以下，郁闭度 0.5 以下的林地，在林中空地搞补植造林，每穴 2~4 株算一墩，每亩 667 墩，逐步形成矮林。对矮林实行分带（段）隔年轮伐一片，循环利用，效果很好。如每一农户经营 0.8hm² 矮林，分 6 带，每带 0.133hm²，每年采伐一带，可收获小径材 4000根，8000kg，能种 3 棚香菇，按 2003 年香菇市场价每棚净收入（不算劳力）3500 元，3 年可收入 10000 万余元。

七、栓皮的采剥

1. 采剥年龄和轮剥期　一般 15~20 年生的栓皮栎，胸径 13~15cm，栓皮厚达 1.5~2.0cm，即可第一次采剥（初生皮），约隔 10 年左右再生皮增殖到 1.5~2.0cm，可进行第二次采剥，以后每隔 10 年采剥 1 次，直到 100 年以上。速生丰产林，第一次剥栓皮可提前到 10~12 年时进行。

2. 采剥方法　从根颈 5~10cm 起，按长度 1m 分段，然后按段环树干周围横切锯口，切口深度较栓皮纵裂痕底面深一些，然后沿皮的纵裂缝划一直线的沟，用利刀割开，再用刀撬开，即可取下环筒状栓皮。剥时切勿伤内皮（韧皮部）。

3. 采剥季节　每年 5~9 月都可剥皮，其中以 6、7、8 月 3 个月最适宜。此期气温在 20~26℃，树木生长旺盛，水分充足，树液流动快，栓皮极易剥离。秦岭以北要晚于以南地区，一般 7~8 月为好。

4. 剥离高度　在气候寒冷地区或老树采剥，采用分段分节的筒（环）状剥皮法，每节 1m 长，胸径 15cm 的剥 1 节，30cm 的剥 2 节。在较暖的阳坡，初次采剥，则 1 次剥到枝下高 3~6m 左右即可。

病虫害防治同辽东栎。

（罗伟祥、辛占良）

皂 荚

别名：皂角、皂荚树

学名：*Gleditsia sinensis* Lam.

科属名：苏木科 Caesalpiniaceae，皂荚属 *Gleditsia* L.

一、经济价值及栽培意义

皂荚树干高大，树姿雄伟，分布广泛，寿命长久（可达 600~700 年），是我国南北各地著名的四旁绿化树种。皂荚开发利用价值极高，木材坚硬致密，耐腐耐磨耐湿，旋切、胶合、油漆、染色等性能良好，适宜用作车辆、船舶、枕木、桩、柱、农具、家具、案板、菜凳、洗衣板等耐动耐湿用材，又因木材较为细致而常被用作细木工，旋制品、鞋楦、玩具和美术工艺用材。荚煎汁可代肥皂，因其不损光泽，常用于洗涤丝织品或优美家具，较普通肥皂为优。树皮、根皮、皂荚皮、种子、叶刺均可入药，性味辛、温无毒。《本草纲目》载："主治风热痰气，杀虫"。也为兽医用药。皂荚尚可祛痰、利尿、治淋病、治瘰病恶疮、止喷嚏（治中风，偏头痛），还可用作其他土农药的辅助剂，防治植物病虫害。嫩芽及种子可食，荚磨碎可配制香料，荚灰中含有大量碳酸钾，可用于化学工业。种子榨油供制肥皂及润滑油。花繁花多，是很好的蜜源植物。又因燃烧热值（19335kJ/kg）较高而被视为良好的薪炭用材。全体具刺，可植为果园绿篱。我国皂荚栽培历史悠久，多零星种植，常不成林。发展皂荚对于加速西北地区绿化美化和满足人民群众对洗涤日益增长的需求意义重大。

二、形态特征

落叶大乔木，高达 30m，胸径 1.2m。树皮灰褐色或暗黑色，开裂，树干及枝上多具分叉粗刺，圆锥形，称皂刺。一回羽状复叶，小叶 8~16（18），叶卵形或卵状披针形，叶缘有细钝锯齿。总状花序顶生，花杂性。荚角扁平条形，里红色或紫红色。种子多数，卵圆形，亮棕色或红棕色，花期 4~5 月，果期 10 月。

三、分布区域

西北地区产陕西秦岭南北坡山麓地带，海拔 500~1000m，关中、渭北高原、关山林区各浅山区，一般多栽培于村庄侧旁；甘肃舟曲（铁坝，海拔 2000m），文县、武都及小陇山，子午岭林缘栽培较多，兰州少有栽培；青海西宁和新疆乌鲁木齐有栽培。全国分布于东北、华北、华东、华南及四川、云南、贵州等地。

四、生态习性

皂荚多生于温带低山丘陵，为喜温性树种，耐旱力强，在年降水量仅 300mm 的内陆干旱地区，能正常生长。喜光，不耐庇荫，根系深，抗风倒。能在多种土壤上生长，能适应石灰岩山地及石灰质土壤，在酸性或轻盐碱地上，也能长成大树，在肥沃湿润土层深厚的地方生长最好。皂荚生长较慢，寿命很长，8～15年开始结果，15～25 年进入初果期，50～80年为盛果期，100～300 年为衰果期，以后逐渐枯老，不再开花结果。

陕西周至楼观台说经台院内 1 株皂荚树，树龄约 500 年，树高 27.8m，胸径 103cm；长安内苑的皂荚树，树龄约 600 年，树高21.5m，胸径 146cm。

皂荚在陕西关中地区，每年 4 月上旬展叶，5～6 月开花，果熟期 10 月，11 月下旬落叶，荚果悬挂枝头长久不落。

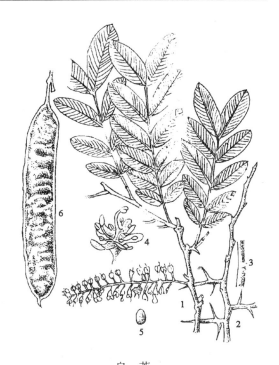

皂　荚
1. 花枝　2. 小枝、侧枝　3. 小枝生长芽
4. 花　5. 种子　6. 果

五、培育技术

（一）育苗技术

1. 采种　选 30～50 年生健壮母树采种，采下皂角后摊晒，碾碎荚果，筛出种子，阴干后装袋干藏。干藏前，可用沸水浸种 20～30s，或用磷化铝熏蒸，在 20℃气温下，封闭 3 天，即可防止象鼻虫危害。种子千粒重约 450g，每千克种子约 2200 粒。皂荚种子皮厚不易吸水膨胀，为促使发芽迅速和整齐，播前 1 个月应浸种催芽，先将种子用 0.5% 高锰酸钾溶液消毒 30min，倒出浸入凉水中，使种子充分吸水，每日换水，种皮软化后部分种子裂嘴时即可播种。或在秋冬将净种放入水中浸泡吸水后捞出混湿沙贮藏催芽，次春种子露白时播种。

2. 育苗　在选好的苗圃地上，精细整地，施足底肥，作成低床。3 月中旬至 4 月上旬，开沟条播，行距 20～25cm，每亩播种量 10～20kg，覆土 2～3cm，稍加镇压，使种子与土壤密接，在床面覆草遮荫，保持土壤湿润，10～13 天出苗后逐渐揭去覆草。苗高 10cm 左右时间苗移栽，定苗株距 10～15cm。

3. 苗期管理　苗木生长期适时松土除草，喷药防治蚜虫和蝼蛄等虫害，6～8 月施追肥 1～2 次，促进苗木生长，当年苗高可达 50～100cm，即可出圃栽植或作生篱。"四旁"绿化需培育成大苗，移床定植株行距为 0.5m×0.5m。加强肥水管理，及时抹芽除蘖，育成苗冠圆满苗干通直的大苗。

（二）栽培技术

1. 林地选择　皂荚可在"四旁"绿化零星栽植，并可选择地势平缓土层深厚、背风向阳的坡地成片造林，或在果园、苗圃周围植为生篱。

2. 株行距　"四旁"零星栽植株距一般 3～5m，植穴规格多采用 0.5～0.8m 的大穴，栽后及时浇水，确保成活；成片造林株行距 4.0m×6.0m，栽端砸实；生篱可栽双行，行距0.4～0.5m，两行植穴彼此错开，以便早日形成树墙，起到防护作用，幼树长到 2～3m 高时，剪去主梢，同时修去生篱内外两侧萌发的枝条。零星栽植的皂荚，2～3 年后要适时修剪，去除粗大侧枝，加速主干生长。

3. 栽植季节　春秋两季均可栽植造林，春季易旱的地方，秋季栽植成活率较高。

六、病虫害防治

1. 豆蚜（*Aphis glycines* Mastumura）　成虫、若虫群集危害幼嫩枝叶。

防治方法：可在春末夏初喷 40% 乐果乳油或 50% 杀螟松的 2000～3000 倍液防治。

2. 皂角豆象　危害皂荚种子。1 年发生 1 代，幼虫 在种子内越冬，次年 4 月中旬咬破种子钻出，待皂荚结荚后，在荚果上产卵，幼虫孵化后，钻入种子内危害。

防治方法：可用药剂熏蒸，消灭种子内幼虫；或用 90℃ 热水浸种 20～30s 消灭其害虫。

3. 星天牛（*Anoplophora chinensis* Forsrer）　幼虫蛀食树干，降低树木工艺价值，易引起风折，重者整株枯死。

防治方法：①在 6～8 月间在树干上捕捉成虫；②用 50% 磷胺乳剂或 50% 杀螟松乳剂 40 倍液，蘸在棉花上，塞入虫孔，以毒杀幼虫；③用石硫合剂于 6 月初涂白树干；④招引和保护啄木鸟等益鸟。

（罗伟祥）

构 树

别名：楮树、谷浆树、沙纸树

学名：*Broussonetia papyrifera* （L.） Vent.

科属名：桑科 Moraceae，构属 *Broussonetia* Vent.

一、经济价值及栽培意义

（一）经济价值

构树是我国特产的野生经济树木，分布广，开发利用较早，已有 4000 年的历史。构树全身是宝。

1. 造纸原料 构树的树皮是优质造纸及纺织原料，纤维细长而柔软，吸湿性强，历来被用作纺织和造纸的原料。构树的茎皮含纤维素 24% ~ 40%，木纤维壁薄，直径多数为 15 ~ 25μm，长 620 ~ 1290μm，平均 934μm，含有胶质，经过加工可与韧皮纤维细胞粘合，增强纸的细密度。

2. 药材 构树种子具有补肝肾、强筋骨、明目、利尿等功效；对头目眩晕、腰膝酸软、水肿胀满等有一定的疗效；根皮能逐水利尿，治水肿等病；树皮浆汁外用可治神经性皮炎和皮癣；树皮、叶的乳白汁可治癣及虫、蛇咬伤；叶捣汁服用，可治痢疾等病。

3. 油料 构树种子含有丰富的脂肪油（40.28%），其脂肪油中含人体必需的脂肪酸亚油酸（85.42%）、油酸（4.29%）、棕榈酸（7.35%），亚麻酸（0.98%）等，还含有 17 种氨基酸和 24 种矿质元素。种子油除可食用外，还可作制造肥皂、润滑油、油漆等的原料。

4. 饲料 构叶蛋白质含量丰富，高达 24.0%，且安全无毒，属优良的蛋白质饲料。构叶经畜禽喂养对比试验，畜禽增效达 46% ~ 108%，效果显著。春、夏及早秋长出的叶片可作家畜饲料，但晚秋叶肉细胞变硬且脆，表皮细胞密布草酸钙，不宜利用。

5. 农药 构叶汁可制农药。叶捣碎浸汁可防治棉蚜虫、豆蚜和星瓢虫等；叶汁煮液可抑制霜霉病。

6. 材、枝用途 构树木材及枝干亦可养木耳（叫构耳），构耳是我国传统的 5 种木耳之一，可与桑树、槐树上生长的木耳媲美。构树枝干易燃烧，无臭味，热值 19196kJ/g，从薪炭林的经营角度看，构树具有无刺、容易收割和使用的优点，是优良的薪炭用材。

7. 其他 构树果实富含氨基酸、糖类、蛋白质、矿质元素等营养物质，可制作蜜饯；构树叶的表面密生细毛，可用以擦瓷洗瓷，去污力强，且不损坏瓷面，效果较佳。叶汁液富于粘性，经浓缩后可粘合瓷器。

（二）栽培意义

构树生长快，经济效益高，造林后管理得当，第二年就可砍伐部分植株剥皮取纤维出售；次年开春又萌条，秋季又可砍伐取皮。种一次树可砍收 4 ~ 5 次皮。构树枝叶茂密，能藏烟尘、减噪音、净化空气和清洁环境，且繁殖容易，生长快，是城乡绿化的重要树种，尤其适合用作厂矿及荒山坡地绿化、防护林树种。因此构树是西部城市绿化和开发山区适宜推广种植的树种。

构树成林年亩产干沙皮650kg，产值达1 625元（每千克2.5元）。经营构树群众收入可高出农作物的3～5倍，所以种植构树，既促进农业丰收，又推动畜牧业，尤其是养猪业的发展。

二、形态特征

落叶乔木，高达16m，胸径60cm。树皮暗灰色、平滑；小枝粗壮，具短柔毛，茎叶有乳汁；叶互生，偶对生，嫩叶有柔毛，后脱落，卵形，长7～20cm，宽6～15cm，不分裂或不规则的3至5裂，先端渐尖，基部圆形、截形罕心形或广楔形，缘具粗齿，幼树常具裂片，面暗绿，粗糙，背灰绿，具短柔毛，三出脉，叶柄长3～10cm，密被丝状毛。花先叶开放，单性，雌雄异株，雄花序圆筒状，长6～8cm。雌花苞片棒状，先端有毛，花被管状，花柱侧生，丝状。聚花果径达3cm，橙色。花期5月上旬，果熟期7～9月上旬，果橘红色。随着海拔高度的增加，花期一般推迟10～15天。不同纬度之间花期差异不大，一般在10天左右。

构树（引自《陕西树木志》）

三、分布区域

野生或栽培树种，我国主要分布在黄河、长江和珠江流域各省区，天然分布于海拔1400m以下的山坡、田野路旁、沟边、墙隙或林中，河沟边、屋边庭园及城郊也多有成片分布或散生。越南、泰国、印尼、日本、马来西亚亦有分布。西北以陕西分布最多，多见于斜坡、沟头、铁路沿线和农家房前屋后。

四、生态习性

喜光，适应环境能力强，耐干冷、湿热，既生长于干旱瘠薄和溪谷潮湿的土壤中，亦能生长于酸性或中性土壤。因主根深，侧根发达，穿插力强，在石山中的积土、石缝及悬崖峭壁上均能生长，但以土层深厚肥沃的中性土上生长最好。种子萌发性强，生长快，一般砍后1个月，根部即萌芽，如果土壤适合，水分充足，叶片可以长至15～20cm，宽可达12cm，叶肉嫩、薄、不粗糙。构树生长快，在同等立地条件下早期生长与刺槐、杨树等不相上下。

五、培育技术

（一）育苗技术

1. 播种育苗

（1）采种　选择10～15年生以上的健壮无病虫植株作母树。10月份果实由青色变鲜红色时即可采果。果熟落地可用扫把扫集装篮，后放到盆或桶内将果肉搓烂，进行漂洗，除去渣液得纯净种子，摊放阴干即可干藏备用。也可装挂在屋里通风干燥地方，来年春分前后播种。其种子细小，每果含种子 900～1 000 粒，每千克 50 万粒左右。

（2）圃地选择　选择背风向阳、地势较平缓的坡地，或土壤肥沃且排水良好的地方作为圃地。

（3）整地起畦　秋末冬初翻犁晒土，去除杂草、树根、石块，后再耙翻 1～2 次打碎。在播种前 1 个月，将粉碎的饼肥撒施于圃地耙入土壤中，每亩施堆肥或厩肥 2000～3000kg 和 100kg 石灰拌匀后起畦，畦宽 1m，高 20cm，畦间人行道 40cm。

（4）育苗　先在畦上开播种沟，沟宽深为 6cm×2cm，后把种子和筛过的草皮坭灰拌均匀播撒下沟内，用种 2kg/亩，亦可以采用窄幅条播，播幅宽 6cm，行间距 25cm，播前用播幅器镇压，种子与细土（或细沙）按 1∶1 的比例混匀后撒播，然后覆土 0.5cm，稍加镇压即可。对于干旱地区，需盖草。天旱早晚要给苗床淋水保湿。

（5）苗期管理　对于盖草育苗的，出苗达 30% 时即开始第一次揭草，并捡净畦面碎草。3 天后第二次揭草。当苗出齐后 1 周内用细土培根护苗，此间注意保湿、排水。苗木长高 5～7cm 时除草、松土、间苗，施 1 次粪尿水。幼苗生长 60 天施 1 次稀尿素液，尿素∶水为 0.2∶100，第三次 0.5∶100。苗木每亩保留 6～8 万株即可。苗长高至 50～80cm、地径 0.5～0.8cm 可出圃上山。

2. 扦插育苗

（1）根插繁殖　挖取发育旺盛的支根，剪 20cm 长，株行距 1.3m×1.3m，穴深 12～15cm，施肥后插根，地面留 3～6cm，四周压紧，根插成活率可达 70% 以上。2 年后可割取树皮，分离出纤维产品。

（2）插条繁殖　硬枝扦插成活很低，但在 8 月用嫩枝扦插成活率可达 95% 左右。幼树苗生长快，移栽容易成活。

（二）栽培技术

1. 栽培技术

（1）挖坑整地　秋末冬初进行。坑宽深 40cm×40cm，株行距 1.2m×1.3m，每亩 430 坑，表土、心土分放坑两旁，至坑深 2/3 处为宜。

（2）造林定植　造林最佳时间是大寒前后，此时苗木休眠未萌动，造林易成活。等下雨土湿透即上山突击造林。造林定植时注意，苗入坑立正且靠近坑上方。根须舒展，不能卷曲成团，把细土培入坑至 2/3 处踩实，最后培土满坑稍压实并盖草保湿，有水源条件的浇 1 次定根水。雨天造林成活率达 98% 以上。

2. 抚育管理

（1）除草、松土、培根　在气温较高、雨水多的地方，灌藤杂草生长快，易遮盖林木，既影响树木光合作用，又争夺林地上的水肥，因此，每年 4～5 月和 7～8 月须对林子除草砍灌两次，有条件应给林木松土施肥 1 次，促进林木速生快长。如在较平缓的坡地造林，可进行全垦。第一年可在林地间种黄豆、花生、苦草等短期矮杆作物和药材，以耕代抚，以短养长。

（2）摘顶和砍伐护理　苗木造林后长高 1.5～2.0m 时可剪去顶芽，促进树干粗长和出新芽。

3. 飞籽育林　选择土壤肥沃、深厚、不积水、向阳坡地或平地作为造林地。栽植母树的株行距为8m×8m，选用2年生大苗栽植，每株穴内施足农家肥25kg。当母树林长至8～10年结实后，夏季进行整地，除尽杂草、树根、石块，在秋季构树果实成熟前1周再犁一遍，耙平，当种子全部落下之后，再浅耙使入土种子与土壤结合。苗期管理同播种育苗。这样即可成林。

（郭军战、陈铁山）

山茱萸

别名：萸肉、枣皮、天木子

学名：*Macrocarpium officinalis*（Sieb. et Zucc.）Nakai

科属名：山茱萸科 Cornaceae，山茱萸属 *Macrocarpium* Nakai

一、经济价值及栽培意义

山茱萸为落叶小乔木或灌木。果肉入药，味酸、平、无毒。果实含山茱萸甙、皂甙、鞣质、熊果酸、苹果酸、酒石酸及 V_A。种子的脂肪油中含有油酸及亚油酸等。可滋补肝肾，涩精敛汗，固虚脱，是加工"六味地黄丸"、"杞菊地黄丸"和"明目地黄丸"等多种中药的主要原料。近年医学研究山茱萸有防癌、养容、促进生长、延缓衰老等功效。

山茱萸春开黄花，秋果殷红，为优良园林观赏树种。

二、形态特征

山茱萸的原植物为落叶灌木或小乔木，高 3～4m，树皮淡褐色，呈片状剥落。嫩枝无毛。叶对生，单叶，叶片卵形、椭圆形或长椭圆形，边缘全缘，叶面近无毛或疏生平贴柔毛，叶背有毛，侧脉每边 6～8 条，脉腋有黄褐色绒毛，叶柄长约 1cm。5～6 月开花，先叶开放，花黄色，排成伞形花序生于枝顶或叶腋，花萼 4 裂，花瓣 4 片，卵形，雄蕊 4 枚。果实椭圆形或长椭圆形，长 1.2～1.5cm，直径约 7mm，光滑无毛，成熟时红色，果皮干后皱缩像葡萄干。种子长椭圆形，两端钝圆。花期 5～6 月，果期 8～10 月。

三、分布区域

山茱萸产于我国，分布广，山西、陕西、山东、安徽、河南、浙江、四川等地均有分布。亦见于朝鲜、日本，多栽培供观赏。

山茱萸

四、生态习性

山茱萸适宜温暖、湿润气候。喜光，宜于生长在海拔700～1500m，最适海拔 1000～1200m 之间，年降水量 750～1000mm，年平均气温 8～10℃；在肥沃湿润、排水良好的沙质土壤上生长最好。土壤 pH 值要求在 4.5 以上。凡冬季严寒、多西北风以及土质黏重、低洼积水、盐碱地不宜种植。

五、培育技术

（一）育苗技术

1. 种子繁殖

（1）采收与选种　选择生长健壮、果大肉厚、连年结果、无病虫害的优良树种作为采种树。于 9 ~ 10 月，当果皮变为鲜红色时，采收成熟果实，选粒大饱满、皮厚肉多、无病害的果实，挤出果核（种子）洗净待种。

（2）种子处理

①湿沙催芽　秋末 10 月下旬，选择温暖处，挖长 2m、宽 1m、深 25 ~ 30cm 坑，将沙子洒湿，一层沙子，一层种子，共放 3 层种子，每坑约放种子 40 ~ 50kg。最上层铺沙子 4 ~ 5cm，留好通气孔，再盖一层干草和 10 ~ 15cm 厚土。来年 4 月初，约 30% ~ 40% 种子发芽后移播苗床。

②温汤浸种　种子放置容器内，用 60℃ 的温水倒入容器，淹没掉种子，浸泡 2 天，捞出后凉干播种。

③尿液浸泡　种子放置容器内，用尿浸泡 15 ~ 20 天，捞出用清水洗净，拌草木灰播种。

（3）播种　冬春均可。冬播 11 月份，春播 3 月下旬至 4 月上旬。

选向阳背风、有灌水条件、土壤质地较好的田块，施足基肥，细致整地。作畦，按行距 30 ~ 35cm，沟深 3 ~ 5cm，将种子均匀播入沟内，覆土整平，上盖一层草，保持畦面湿润。播后 10 天左右可出苗，出苗后 3 ~ 4 叶间苗。加强水肥管理和中耕除草，两年可出圃移栽。

（4）苗期管理　出苗前保持土壤湿润，防止地表板结。用草覆盖，旱时浇水，出苗后除去盖草。幼苗期及时松土除草，苗高 20cm 后开始锄草追肥，小苗太密，在苗高 15cm 左右进行间苗、定苗。

2. 压条繁殖　即地面压条法，秋季采果后或春季萌发前，选 10 ~ 15 年生优良母株，将离地面较近的枝条割至木质 1/3 深处（不能过心，以防折断），或环割一圈，然后将切割处埋入土中，上面覆盖 15cm 厚拌有土杂肥的细土，压紧，枝梢露出地面，用木桩固定。勤浇水，春季施适量人粪尿，长出新根后再行移植。

3. 扦插繁殖　4 月下旬选果大、丰产幼龄树 1 年生枝条，剪成 10 ~ 15cm 的插穗，用 200μg/g β – 吲哚丁酸溶液浸泡 14h，插入用 3 份腐叶、1 份熏土混匀的土中，深 6 ~ 8cm。一般 23 天生根，成活率达 68%。

4. 嫁接繁殖　采用嫁接苗栽植，可以提早结果，提前丰产，且能保持品种的优良性状，是山茱萸人工栽培良种化的有效途径。据安徽中医学院中药系于 1984 年试验结果表明：芽接成活率达 81.9%，枝接成活率 73.5%，比实生苗提早 6 ~ 7 年结果。

芽接，于 7 ~ 9 月，采用 "T" 字形盾芽嵌接法。枝接，于 2 ~ 3 月，采用切接法。嫁接用的砧木，采用本砧，即为山茱萸优良品种的实生苗。接穗采用已经开花结果、生长健壮、果大肉厚、无病虫害的壮龄母树上的枝条。采集时，应剪取树冠外围发育充实、芽饱满的 1 ~ 2 年生壮枝。

（二）栽植技术

1. 整地　选择向阳、肥沃、土层深的平缓坡地，全面翻耕，施足基肥，每亩施入有机肥 2500 ~ 3000kg，若为山地造林，沿等高线作梯田，或筑成鱼鳞坑，挖穴施基肥定植，以防水土冲刷。

2. 栽植 当山茱萸苗高70cm左右，细根较多时可以移植，时间在立冬前后和早春2~3月。定植前，在整好的栽植地上，按行株距3m×2m（111株/亩）挖穴，深40~60cm，直径80cm，挖松底土，每穴施入土杂肥5~7kg，与底土混合均匀，然后栽入壮苗1株。填土至半穴时，将苗株轻轻向上一提，使根系舒展，再填土至满穴，踩紧后浇定根水。幼苗应选阴天带小土团挖取，栽后成活率较高。外运的苗木，起苗后根部要蘸黄泥水，并用稻草包扎成捆，定植后成活率较高。

3. 幼林抚育

（1）中耕除草 定植成活后，每年于春、夏、秋季各松土除草1次，前期宜浅不宜深，成株后可适当加深，以促根系生长，迅速扩大树冠。夏、秋季除草后要扩穴培土壅根。山茱萸林地可结合中耕培土采用化学除草法。

（2）施肥 结合中耕除草，每年春、秋两季各施1次有机肥。施肥时视树龄大小而定，一般每株施入充分腐熟厩肥或堆肥20~40kg和过磷酸钙1~3kg，于株旁开环状沟施入，施后覆土盖肥。

（3）灌溉 定植后的当年和成年树的花期、幼果期以及夏秋季遇干旱时，要及时浇水，防止由于干旱而造成落花落果，一般每年早春发芽开花前、夏季果实灌浆期和入冬前应各浇水1次，可与施肥结合进行，特别是花、果期应及时浇灌。雨季应注意开沟排水。

（4）疏花 山茱萸开花量大，营养消耗多，坐果率很低，一般不足开花量的5%。所以在开花期要大量疏花，疏花量要根据树势强弱而定，树势强，树冠大的可多留少疏，反之则少留多疏，一般疏除30%的花序，即在果枝上按7~10cm距离留1~2个花序，这样可减少大量的养分消耗，集中养分多坐果。

（5）整形剪枝 修剪要从幼树开始。定植后第二年早春，当幼树株高达到80~100cm时，要打去顶梢，使顶端优势转变为侧枝优势，促进侧枝生长，一般留3个分布均匀的斜生侧枝，做第一层骨干枝，当侧枝长到50cm以上时，于第三年早春再进行摘心，促进再生侧枝，做第二层骨干枝。以后每年2、3月份萌芽前都要进行修剪摘心。修剪时一定要注意，主枝及各级侧枝间的搭配角度要合理，树膛通风透光比较好，能充分利用空间，利于叶片充分进行光合作用，使树势强壮。通过这样修剪一般可提早1~2年挂果。

（6）冬季防护 入冬后，幼树要用石灰硫磺合剂涂白，用麦草包扎保暖，确保安全过冬。

六、病虫害防治

1. 灰色膏药病 是由真菌引起的病害，在树皮皮层上形成圆形或不规则形的厚膜，好像贴了一层膏药一样，发病初期为灰白色，后变为灰褐色至黑褐色。

防治方法：①培育实生苗，砍去严重病树和树势衰弱的树。②用刀及时刮去菌丝膜，枝杆上涂刷石灰或5°Be石硫合剂。③消灭传病煤介介壳虫，夏季喷4°Be石硫合剂，冬季喷8°Be石硫合剂。④发病初期喷1:1:100波尔多液，每7~10天一次，连喷3次。

2. 炭疽病（褐斑病） 为病原菌的分生孢子传播所致，6月上旬发病，危害果实。幼果发病，初期出现圆形红色小点，后扩大变成黑色凹陷病斑，其边缘呈紫红色，有不规则的红晕圈，使青果未熟先红。严重时，病斑不断扩大，致使全果变成黑色干枯脱落。

防治方法：①发病初期喷 1∶1∶100 波尔多液，在 6 月上、中旬喷 50% 多菌灵 800 ~ 1000 倍液或 60% 炭疽福美 800 倍液或 65% 代森锌 500 倍液。②将剪除的病叶、病枝、病果、落叶集中烧毁。③及时摘除病果，集中深埋，减少再次传染。④选育抗病品种，增施磷钾肥，提高植株抗病力。

3. 叶斑病　植株下部叶上发生病斑，轮廓不清，为不规则形，由淡绿色变为黄绿色，后变为淡褐色，严重时叶片干枯脱落。该病常在高温多雨季节发生。

防治方法：①用 1∶1∶150 波尔多液或 50% 多菌灵 800 ~ 1000 倍液或 50% 托布津 1000 倍液喷洒。②用大蒜 1kg 加水 20 ~ 25kg 喷洒。③集中烧毁病株、落叶等。④注意种植密度，合理修剪枝条，保证植株通风透光良好。⑤选育良种，控制氮肥用量，增施磷、钾肥，增加抗病力。

4. 山茱萸蛀果蛾　是山茱萸的严重害虫，以幼虫蛀食果肉。在萸肉初红时，幼虫蛀入果内，纵横蛀道取食，使萸肉充满虫粪，严重影响了果实产量和质量。果实损失率一般在 30% 左右，严重者可达 80% 以上。

防治方法：①药剂防治　发现成虫时开始喷药，可用 2.5% 敌杀死（溴氰菊酯）2000 倍液或 26% 杀灭菊酯 2000 倍液喷洒树冠。于老熟幼虫脱果入土结茧和成虫羽化期可用 5% 的西维因粉 2.5kg 进行土壤处理。②清除落果。幼虫蛀食后会有大量未成熟的果实掉落，果内有幼虫，清除落果，可减少老熟幼虫入土化茧。③利用食蜡加敌百虫制成毒饵，诱杀成蛾。④适时采收及时加工。果实成熟应及时摘收，采后也不宜放置过久，应及时加工，减少损失，也可减少因幼虫脱果入土结茧的虫数。

5. 大蓑蛾　幼虫咬食叶片，严重时将整株幼树叶片食光。

防治方法：①冬季、春季结合整枝，摘除越冬虫囊。②安装黑光灯诱杀成蛾。③发生期喷洒 10% 杀灭菊酯 2000 ~ 3000 倍液或 90% 敌百虫 1000 倍液。

6. 蚜虫　集聚在茎叶、花果上吸食汁液，造成叶片卷缩，变黄或发红，枯焦脱落。干旱季节容易发生。

防治方法：①彻底清除杂草，减少其迁入机会。②注意保护、培养、利用天敌，如七星瓢虫、食蚜蝇等以虫治虫。③利用有翅蚜虫向黄色运动的习性，挂黄色塑料板，上面涂一层薄机油进行诱杀。④药剂处理。用 70% 灭蚜松喷杀。

七、采收加工

1. 采收　山茱萸栽后 4 ~ 6 年才能开花结果。果实一般于 9 月下旬至 10 月中旬成熟，当果皮呈鲜红色时适时采收。采摘时要防止折断树枝、损伤花蕾，否则会影响来年产量。

2. 加工方法

（1）水烫法　将果实投入沸水中，煮 5 ~ 8min，至果实膨胀柔软，色稍变淡白，用手挤压果核能很快滑出为度。然后捞出立即投入冷水中冷却片刻，趁快挤去果核，再将果肉晒干或烘干均可。

（2）水蒸法　将果实放入蒸笼内，上气后 5min 即可，以用手挤压果核能自动滑出时，立即取下，挤出果核。然后将果肉晒干或烘干。水蒸时间必须适度，不能过长，否则影响质量和产量。

（3）火烘法　将果实薄摊于竹匾上，用文火烘至果皮膨胀，皮色紫红色，稍冷却挤去果核，果肉晒干或烘干为宜。

上述方法中，水煮法对产品质量有影响。以火烘法加工的萸肉色泽鲜红、肉厚、柔软、损耗少、质量好。一般7kg鲜果加工1kg干品。

（刘翠兰、罗红彬）

连　翘

别名：连召、落翘、青翘等

学名：*Forsythia suspens*（Thunb.）Vahl.

科属名：木犀科 Oleaceae，连翘属 *Forsythia* Vahl.

一、经济价值及栽培意义

连翘是我国著名传统常用中药材，产量大，用量多，应用历史悠久。以果实入药，中药名连翘。果实含有连翘脂素、连翘甙、连翘酚、熊果酸、齐墩果酸、牛蒡子甙及其甙元、罗汉松脂素、罗汉松脂酸甙等。种子含三萜皂甙，枝叶含连翘甙及乌素酸，花含芦丁，连翘壳含齐墩果酸。现代药理试验表明，连翘果实对细菌有抑制作用，有强心、利尿、降血压、镇吐、抗肝损伤作用。连翘味苦，性微寒，有清热解毒、散热消肿的功效，主治风热感冒、痈肿疮疖、丹毒、颈淋巴结核、尿路感染、急慢性扁桃体炎、过敏性紫癜、急性肾炎、肾结核等。

二、形态特征

落叶灌木，高 2～3m。茎丛生，枝条细长，开展或下垂，着地生根。小枝稍呈四棱形，节间中空，仅在节部具有实髓。表面浅棕色，皮孔明显。单叶对生或偶有 3 出小叶，叶片卵形，宽卵形或椭圆状卵形，长 1.5～4.5cm，宽 1.2～1.5cm，无毛，尖或钝，基部圆形或宽楔形，边缘有不整齐的锯齿。花 1 至数朵，腋生，花萼基部合生成管状，上部 4 深裂，花冠黄色，直径约 3cm，裂片 4，卵圆形，花冠管内常具橘红色条纹。雄蕊 2，着生于花冠基部，花柱细长，柱头 2 裂。蒴果狭卵形，稍扁，木质，外有散生的瘤点，成熟时二裂，似鸟嘴状。种子多数，棕色扁平，一侧有薄翅，歪斜。花期 3 月，果熟期 9～10 月。

三、分布区域

连翘主要分布于陕西、甘肃、宁夏、河南、山西、湖北、河北、四川、山东、江苏等地，江西也有分布。以野生为主。陕西省主要分布在黄龙、宜君、洛南、商南、丹凤、韩城等县。

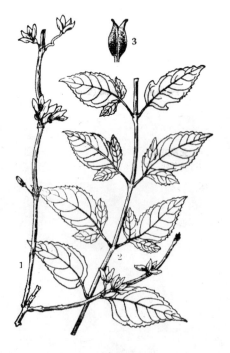

连翘
1. 花枝　2. 营养枝　3. 果实

四、生态习性

连翘生于海拔 600～2000m 的半阴山坡或向阳山坡的疏林灌木丛中。在肥沃，瘠薄的土地，悬崖、陡壁、石缝处均有生长。连翘适宜于亚热带和暖温带的气候，具有喜温暖湿润，阳光充足，耐寒、耐旱、耐涝、耐瘠薄的特性，对土壤要求不甚严格。在土壤湿润，温度15℃条件下，约 15 天出苗。苗期生长慢，生育期较长，移栽后 3～4 年开花结果。连翘萌芽力强，每对叶芽都能抽枝梢，每年基部均萌生大量的新枝。当年新枝 1 年能生长 2 次，少数生长旺盛的枝条，在 2 次枝上当年还能长出 3 次枝。

连翘生长发育与自然条件密切相关。3 月气温回升，先叶后开花，5～9 天花渐凋落，20 天左右幼果出现，叶蒂形成；5 月气温升高，展叶抽新枝，平均日照 6.4h 条件下，连翘生长处于旺盛期。平均日照在 7.3h 条件下，连翘生长达到高峰期。

连翘的雌蕊有长短两种花柱类型，称之异形花柱。自花授粉率极低，仅为 4%左右，不同花柱类型的花，授粉结实率高 。说明连翘是同株自花不育植物，在栽培上，必须使其长花柱和短花柱花植株混交，相互授粉，才能结果和提高产量。

连翘属阳性树种。幼龄阶段较耐荫，成年阶段要求阳光充足，如生长在荫蔽处，枝条瘦弱细长，开花少，甚至不开花。在阳光充足的地方，叶茂枝壮，结果多，产量高。

五、培育技术

(一) 育苗技术

1. 播种育苗 育苗地宜选择水源条件好、排灌方便的地方。要求土壤深厚、土质疏松、肥沃的砂壤土或黄绵土。苗圃地要深耕细作，施足底肥，开沟做床，待播种育苗。

选择生长健壮、枝条节间短小粗壮、花果饱满而密生、无病虫害的优良母株，于 9 月中旬至 10 月上旬采集成熟的果实，薄摊于通风阴凉处，阴干后脱粒、精选、沙藏，于第二年 3 月上中旬播种。连翘种子种皮比较坚硬，不经过预先处理，苗圃直播，需要 1 个多月时间，才能发芽出土。因此需进行播前催芽处理，将种子用 25～30℃的温水浸种 4～6h，捞出，掺 3 倍的湿沙，用木箱或小缸装好，上面封盖地膜，保持湿润。每天翻动 2 次，10 多天后，种子萌芽，即可播种。播后 8～9 天即可出苗，比不进行预处理可提前 20 天左右。在苗床内开沟条播，行距 25～30cm。每亩用种量 3kg 左右。覆土 1cm，再盖草，保持湿润。苗木出土后，随即揭开覆草，当苗高 10cm 时，按株距 3～4cm 定苗，及时追肥，补充或排水，促进苗木生长。秋后，苗高达 50～70cm，当年或翌年春，即可出圃栽植。

2. 扦插繁殖 秋季落叶后或春季发芽前，均可扦插，但春季较好，选用优良母株上 1～2 年生健壮枝条，截成 15～20cm 长的插穗，保留 3～4 个芽，将下端近节处削成平面。为提高扦插成活率，可将插穗分扎成捆，用 500μg/g ABT（2 号）生根粉或 500～1000μg/g 吲哚丁酸（IBA）溶液，将插穗基部（1～2cm）浸泡 10s，取出晾干，按 10cm×25cm 株行距插入已整好的苗床上，使插穗露出床面 1～2 个芽即可。插后立即浇透水。以后要经常保持床面湿润，1 个月左右，便能生根。插穗成活半个月后，就要开始追肥，锄草松土，加强管理；秋后，苗高达 50cm 以上，即可出苗圃栽植。

也可以在 6～7 月降雨季节，用当年新生嫩枝扦插。插穗于节间处剪下，长 8～20cm，插后容易生根，成活率比 1～2 年生枝条高，一般可达 90%以上，提高肥水管理水平，当年秋后即可出圃栽植。

3. 分株繁殖　连翘萌蘖力较强，秋季落叶后，或春季发芽前，可以挖取根际周围的根蘖苗栽植。

4. 压条繁殖　连翘下垂枝多，便于压条。3~4月，可将其弯曲压入土内，在埋土处刻伤，用枝杈固定，覆盖细肥土，露出梢端，刻伤处能生根。如用当年生新枝，在5~6月间压条，埋土处不用刻伤，亦能生根。生根后，加强肥水管理，秋后压条苗可以长到40~50cm，当年或翌年春，截离母株，带根定植。

（二）栽植技术

定植地宜选择土壤深厚、土质疏松、排水良好的砂质壤土，背风向阳的缓坡地，如果坡度较大，应沿等高线作梯田栽植。先翻地，再按株距1.5m，行距2.0m挖坑，每亩222株。栽植前，先在坑内施肥，每坑施腐熟肥或土杂肥30~40kg，栽植时，使苗木根系舒展，分层踏实。

为了克服连翘同株自花不育问题，提高结果率，在栽植时，必须使其长花柱花和短花柱花的植株，株间混交，相互授粉。连翘株间混交，相邻两行长花柱花植株和短花柱花植株配置不同，二者上下左右要错开，即单数行配置一致，双数行配置一致。

除花期外，连翘长花柱花和短花柱花植株，在外形上不易辨认。为适应生产需要，可以在花期，将其分别采用扦插、压条和分株的方法繁殖，采用分类培养苗木的同时，还应该进行定点、定时观察，建立档案，便可解决两种不同类型的植株混交不易辨认的问题。

栽植时，苗木要进行分级，使两种植株生长基本一致，林相整齐，有利于授粉和提高产量。

（三）田间管理

1. 间作、中耕除草　连翘定植后到郁闭，一般需要5~6年时间，在郁闭前4年内，要根据整地情况进行间种和中耕除草，如果是全面整地，则应在株行间种植蔬菜瓜类，通过对这些作物的肥水管理来代替中耕除草，促进苗木生长。如果是局部整地，没有种植其他作物，每年除草3~4次。

2. 追肥　在郁闭前，每年于4月下旬、6月上旬，结合中耕除草各施肥1次，每次每亩施腐熟有机肥2000~2500kg，尿素15kg，可在植株根际沟施或穴施。连翘定植后，一般第四年开始结果，应适当增施磷肥，有助于生殖生长。

郁闭后，为满足连翘生长发育需要，每隔一定时间，一般是4年，深翻林地1次，每年5月、10月各施肥1次，5月以化肥为主，10月施厩肥。每株施用复合肥300g，每株施厩肥30kg于根际周围，必要时在开花前，喷施1%过磷酸钙水溶液，以提高坐果率。

3. 整形修剪　根据连翘自然树形生长特点，所用树形以自然开心形和灌丛形为好。

①自然开心形　定植后，当植株高达1m左右时，在主干离地面70~80cm处，剪去顶梢；夏季，利用摘心技术，多发新枝。选3~4个发育充实的侧枝，在不同的方向培育成主枝，以后在主枝上选3~4个发育充实的壮枝，培育成侧枝。通过几年的整形修剪，使其形成低矮冠、内空外圆，通风透光，小枝疏密适中，提早结果的自然开心形树形。同时，每年冬季，剪除枯枝、重叠枝、交叉枝、纤弱枝、徒长枝和病虫枝。生长期还要适当进行疏密、截短。

②灌丛形　灌丛形是利用连翘萌蘖力强的特性，为扦插繁殖培养插穗，扦插是连翘繁

殖的主要方法，插条繁殖需要插穗资源，灌丛形结构正是为其打好基础。定植的第二年春，选定培养插穗的植株，在离地面 20～25cm 处，剪去上端，营养物质刺激少数桩上隐芽萌发，通常可以萌发 6～8 个枝条，在加大肥水管理的情况下，枝条生长很快，当其长到 25cm 左右，摘去顶芽，促发 2 次枝。每条骨干枝上，可以萌发 10 条以上的 2 级枝，这些枝可以作为当年秋或翌年春扦插的材料。以后采插穗，则采集 2 级枝上萌发的 3 级或 4 级枝。

六、病虫害防治

1. 桑天牛（*Apriona germari* Hope） 一般钻入髓心危害茎杆，严重时，被害枝生长不良，不能开花结果，甚至整株枯死。

防治办法：用 80% 敌敌畏液沾药棉堵塞蛀孔，进行毒杀，亦可剪除和烧毁被害枝。

2. 蜗牛 主要危害花及幼果。

防治办法：可在清晨，撒石灰粉或人工捕杀。

七、采收加工

因采收时间和加工方法不同，有青翘和黄翘（又称老翘）之分。

（1）青翘 白露前后采收初熟的青绿色果实，用沸水煮片刻或用笼蒸 30min 左右，取出晒干，加工成的果实为青绿色，不破裂，商品称为"青翘"。

（2）黄翘 于 10 月霜降后，果实完全成熟，果皮变黄褐色，果实裂开时摘下，除去种子，晒干，称为"黄翘"。

青翘以身干不开裂色泽青绿者为佳品；黄翘以身干、瓣大、壳厚、色泽亮黄者为佳品。

（王胜琪）

翅果油树

别名：群山木、泽录量、层壶子、柴胡、车勾子
学名：*Elaeagnus mollis* DieIs.
科属名：胡颓子科 Elaeagnceae，胡颓子属 *Elaeagnus* L.

一、经济价值及栽培意义

翅果油树是我国特有的珍稀植物，20 世纪 80 年代被列为国家第一批二级重点保护树种，是一种优良的油料树种。风干后的果实千粒重 668g，壳仁比（重量计）为 2:1，种仁含油率高达 51%，油质好，可供食用，该油的理化性质与二级芝麻油、花生油相近，油质纯净，色泽橙黄透亮，味道清香，为优质食用油。翅果油树油脂组成成分中，亚油酸占脂肪酸总量的 45.2%。

种仁除脂肪外，含蛋白质 32.21%，是制造脉通、盖寿宁、亚油酸丸的主要原料。V_C 含量为 26mg/100g，V_E1558.1mg/100g，还含有 6.75% 的可溶性糖及多种微量元素，如钾、钙、铬、锰、铁、镍、锌、锶等。

翅果油树生长迅速，木材坚实，纹理细密，可制做家具。该树 4 月中下旬开花，花期月有余，花蜜丰富，是早春重要蜜源植物。

二、形态特征

落叶灌木或乔木，最高可达 10m，胸径 1m，幼枝灰绿色，密生银白色星状毛或锈色鳞斑，老枝栗褐色，深纵裂，不脱落。单叶互生，卵形至卵状椭圆形，叶膜质，全缘，长 6~9cm，宽 2~5cm，叶面浓绿色，有少数星状毛，背被灰白色绒毛；花两性，灰绿色，具芳香味，常 3~7 朵簇生于幼枝下部叶腋，花被管钟状，雄蕊 4 枚，子房上位。果实矩圆形，核果，长 1.5~2.2cm，径 1.2~1.5cm，外果皮干棉质，具 8 条棱脊；中果皮坚硬，内果皮纸质，种子纺锤形，种皮革质，子叶肥厚，富含油脂，8~9 月果实成熟。主要类型有：

翅果油树

1. 长果型　叶卵形，果实椭圆形，长 2.86cm，径 1.57cm，种子千粒重 548.26g。出仁率达 31.5%。主枝与侧枝夹角多在 25°~30° 之间，喜生于土壤深厚肥沃的沟塌地上。

2. 大宫灯（大圆）　叶长卵形，果实圆球形，长 1.79cm，径 2.08cm，种子千粒重 767.09g，出仁率 24.5%，主干与侧枝分枝角为 35°~40° 之间，树冠开张，喜生于阴坡和半阴坡。

3. 小宫灯（小圆）　叶椭圆形或椭圆状披针形，果实小，扁圆形，长 1.08cm，径 1.31cm，种子千粒重 261.5g，出仁率 35.84%，树矮小，多呈丛状，适生于阴坡和沟沿，耐旱性强。

三、分布区域

翅果油树分布于山西宁乡县、平陆县、闻喜县、垣曲县、绛县、河津县、稷山县、新绛县和翼城，陕西省渭河流域也有分布，秦岭仅见于户县涝峪，海拔 500~1500m。引种到延安、太原生长发育良好。

四、生态习性

翅果油树有着较强的适应性和抗逆能力，耐寒、抗旱、耐脊薄，分布区年平均气温12~13℃，极端最高气温41℃，极端低温 –19℃，年降水量400~500mm，无霜期150~180天，是较喜温的树种。喜生于深厚肥沃的沙壤土，pH 值在 6.7~7.0 之间，对弱碱性土有一定适应能力，根系发达，能耐干旱，不耐水湿，多分布阴坡、半阴坡或半阳坡，抗病虫性能较强。也是水土保持、绿化荒山的一个优良树种。

天然次生林被砍伐后，1 年生萌蘗苗高 1~1.5m，5~6 年生树高 5~6m，胸径 4~5cm，10~20 年生树高 4~5m，胸径 10~13cm，30~40 年生树高 7~8cm，胸径 10~13cm。萌生树 3~5 年即可挂果，5~6 年生株产鲜果 3~5kg，20 年后进入盛果期，30~50 年生单株结实可达 30~40kg，60~80 年生结实仍处旺盛期，百年以上大树，结实量开始下降。

五、培育技术

（一）育苗技术

1. 采种 种子 9 月初成熟，当果实变成土黄色，用手一捏，果皮与坚果分离即可采收，采回后，要及时摊晒 1~2 天，碾压，再晒 1~2 天，去杂，干藏，或将果实阴干，供育苗或直播造林用，每千克种子约 1200 粒，发芽率75%~80%。

2. 育苗 头年秋季将苗圃深翻 30cm，结合耕地每亩施入腐熟厩肥 1500~2500kg，耙平，在土壤干旱缺乏灌溉之处，于晚秋采用条播，种子不需处理，行距 40cm，沟深 5~7cm，覆土 5cm，略加镇压，每亩播种量约 15kg，墒情好或有灌溉条件处，除采用秋播外还可用春播，春播先年种子要沙藏，种子用湿沙（1:3）混合贮藏，翌春土壤解冻后经沙藏的种子裂嘴后即可播种。播后的管理，翼城县甘家林场的经验是：5~6 月苗木生长缓慢，应少灌或不灌水，以松土除草为主，结合松土间苗（株距 15~20cm），可施少量氮肥；7~8 月苗木生长迅速，耗肥量大，以施氮肥为主，小水灌溉，及时松土除草；9 月后，苗木生长迅速下降，应施磷钾肥，促进木质化，1 年生苗高 1.0~1.2m，地径 1.0~1.2cm。

（二）栽培技术

1. 栽植 以植苗造林为主，春秋两季均可，用鱼鳞坑或反坡梯田整地，用 1~2 年生苗木造林，株行距 4m×4m 或 4m×5m。

2. 幼林抚育 造林后要及时除草、松土、施肥，有条件的要灌水，造林以采种为目的者，植株高达 1.5m 时，及时摘除顶芽，促使萌发分枝，养成矮化树，便于采种。

幼树以整形为主，已结果的大树应合理修剪，秋季剪除病枯枝及侧枝顶梢，清膛使之通风透光，促进当年枝条开花结果。每年春季进行施肥、灌水、松土，促进丰产结实。

六、病虫害防治

翅果油树的主要害虫是棕色金龟子（*Holotricjia titanis* Reitter），主要危害花蕾，受害花朵变褐色即枯萎，造成减产。

防治方法：①晋东南群众采用诱杀法把杨树枝捆成小把，用 3kg 酸菜汤加西维因粉 300g，搅拌到散发出梨果香味，然后浸蘸已备好的杨树枝把，根据金龟子的防治时间（下午 8~9 时和早上 4~5 时），把毒把插在树林边缘或附近地埂上，每亩插 10 把（毒把效力可保持 3 天），诱杀效果好。②成虫出土期地面喷药，杀死成虫。可喷辛硫磷、敌杀死 2000 倍液毒化土壤以杀死成虫。③成虫盛发期可喷 2 次灭扫利 2000 倍液混以敌敌畏 1000 倍液。

（张志成）

榛 子

学名：*Corylus heterophylla* Fisch. ex Bess.

科属名：榛科 Corylaceae，榛属 *Corylus* L.

一、经济价值及栽培意义

榛子为优良的坚果树种，现已发展成为世界上仅次于巴旦杏的四大坚果树种之一。其果仁可食，风味独特，营养丰富，为人们喜爱的干果食品，以榛仁为原料可制成多种多样的巧克力、糖果、糕点、冰淇淋，尤其榛仁巧克力则是畅销欧洲各国的高档巧克力；榛子脂肪中含 50% 的亚油酸，可起到预防心脏病的作用；其皮、叶、总苞含鞣质，可制作烤胶，叶是良好的饲料，木材坚硬细腻，是细木家俱、手杖、伞柄的优良材料，榛树还能固结土壤、涵养水源，在山区可起到水土保持的作用。

榛子为喜光性树种，对气候、土壤、地势的适应性强，在年平均气温 7~16℃，绝对低温 -31℃以上，坡度 15°以下（pH 值 6~8）的任何坡向、各种类型土壤均可栽培。可作为平原经济林、浅山带生态经济树种大面积种植，并可作为庭园及公园等城市绿化观赏树种配置。

二、形态特征

落叶灌木或小乔木，单叶互生，先端常平截或下凹，有短尖头；花单性，雌雄同株，雄花于秋季形成球果状幼花序，裸露越冬，翌春开放，形成下垂柔荑花序。雌花构成头状花序，开放时亦包于芽鳞内，仅红色花柱露出；每一花序具大苞片 4~6 枚，每枚内生雌花 2 朵；子房下位，2 室，每室内具 1 枚倒生胚珠；每一花序多形成坚果 1~6 枚，分别为叶质果苞全包或半包。种子无胚乳，子叶肥大。果仁（种仁）可食，含油率高。花期 3 月中下旬至 4 月下旬，坚果成熟期 8 月下旬至 9 月上旬。

榛子

三、分布区域

榛属在全世界有 15 个种，广泛分布在亚洲、欧洲、北美洲的温带地区。被学术界确认的有 9 个种，有美洲榛（*C. america*）、欧洲榛（*C. avellana*）、土耳其榛（*C. colurna*）等。我国天然分布的有 7 个种，主要分布于东北至西南的广大区域，其分布区大约以黑龙江省大庆市和云南省大理市连线为中心线，呈约 110km 的宽带状横跨全国 26 个省市（自治区）。主要分布于黑龙江、吉林、辽宁、内蒙古、山东、山西、河北、北京、天津、甘肃、宁夏、陕西、四川和安徽等 14 个省（自治区、直辖市）。欧洲榛原产欧洲，以其食用性强、营养丰富和经济价值高等优良特性，现已发展到亚洲、北美洲的西太平洋一带，集中产区为：土耳其、意大利、西班牙、希腊、法国。

四、生态习性

榛子为浅根性树种，其根系多分布于 3～15cm 深的土壤表层。根茎极其发达，萌蘖能力极强，每年从根茎上节部产生不定芽，向上产生根萌条，向下生须根，形成榛丛。榛子根系的这一特性常用来繁殖苗木。生长速度中等，在肥水适宜的条件下，3～4 年进入结果期，6～7 年进入盛果期，寿命可达 50 年。榛树是开花早的树木之一，在树叶流动后日平均气温达 6～8℃，即开始开花，为先叶开放，风媒传粉树种，雌雄花几乎同时开放，花期 3 月下旬～4 月下旬，5 月初～6 月初为新梢生长期，6 月初～7 月中旬为坚果果壳膨大、硬化期，同时，雄花序伸出。7 月中旬～8 月中旬为种仁发育充实期，8 月下旬～9 月上旬为坚果成熟期。榛子适应能力强，耐寒、耐旱、耐瘠薄，但以土层深厚、肥沃、湿润的沙壤土生长最好。

五、培育技术

（一）育苗技术

1. 播种育苗

（1）采种母树选择　选择果大、壳薄、发育充实的优良类型为采种母树。

（2）播种　播种前种子必须经过一定时间的低温处理（即沙藏）才能发芽。沙藏的温度为 0～5℃，处理时间一般为 60～90 天。注意通风。

（3）整地、催芽　播种地宜选择地势平坦、土层深厚、肥沃、排水良好的沙壤土。一般施肥 3000～4000kg/亩。作 60cm 垄宽，将垄面镇压。在播种季节即将到来时，应首先做好种子的催芽，一般室温保持 20～25℃左右，每天翻动种子 2 次，保持一定湿度，直至有 25%～30% 的种子发芽时即可播种。

（4）播种　春秋两季均可。但常因冬季干旱，墒情无保障，加之鼠类等动物危害，秋季播种出苗率很低。故我国北方以春播为宜。播种方法：翌春 3 月下旬～4 月上旬，作垄，垄上开沟，条播，沟深 5～6cm，株距 3～4cm，行距 50～60cm，用种量 150～750kg/hm^2。将过筛后的沙藏种子均匀撒在沟底，覆土 2～3cm，轻微镇压。

（3）苗期管理　播种后一般经过 15 天左右即可出苗，苗期注意加强肥水管理（6 月中旬追施 1 次氮肥），及时中耕除草，当年苗高 30～50cm，秋季或翌春出圃定植。

2. 压条繁殖

（1）绿枝直立压条　春季萌芽前对母株进行修剪，留 1 个主枝轻剪以保持母株的正常发育，其余主枝重剪，并把母株基部的残留枝从地面全部剪去，促使母株发出基生枝。当基生枝生长到 50～70cm 高、基部达半木质化时，摘除距地面 20～25cm 高的当年基生枝叶片（萌条长度超过 70cm 的要将顶梢轻剪）。用 24# 或 22# 细铁丝距地面 3～5cm 处横缢，以铁丝不从茎上下滑为紧度，并在横缢上方 5～10cm 范围内，涂抹生根促进剂，用 20～25cm 高的油毡距外围萌条 10cm 围成一圈，圈内填满湿润的锯屑等填充物。管理期间保持锯屑湿润，经常在锯屑上洒水。

（2）硬枝直立压条　春季萌芽前，每株在中心位置选 1～3 个萌生枝作主枝，不压条繁苗，其余 1 年生萌生枝在细铁丝横缢或环剥一圈，宽度 1mm 以下，在横缢或环剥位置之上 10cm 以内用快刀纵切 2~3 刀，深度至韧皮部，涂抹生长素，用湿土或湿木屑培起来，全年保持所培土湿润状态，秋季落叶后起苗。

（3）弓形压条　早春萌芽前，沿母株株丛周围挖 1 条环形沟，沟深宽各 20cm。从株丛中选择欲压条枝弯向沟内，在枝条弯曲部用细铁丝横缢或环剥 1mm 宽，涂抹生长素，然后将枝条用木钩固定在沟内，最后埋土至地面平、踏实，保持压条枝直立向上生长，土壤湿润，促使压条枝生根。秋季落叶后将压条苗与母株分离。一般每个母株每年可压条 20~30 株苗木。

3. 分株与根蘖繁殖

（1）分株繁殖　在秋季榛树落叶后和春季萌芽前，把母株全部挖出，分成若干小丛或单株，每一单株均具有根系和 1~2 个枝条；或在母株丛周围挖取根蘖，分出若干带根的植株，母株仍保留。分株苗必须保留 20cm 长的根段和一定数量的须根，以保证植株成活。

（2）根蘖繁殖　挖掘母株株丛周围的现有根蘖，或春季将预备繁殖的母株在萌芽前平茬，促进株丛发出根蘖苗。

4. 嫁接繁殖

选用本砧作砧木，以春季剪取粗细适中、芽饱满的 1 年生充实的枝条为接穗，剪取的接穗需在 1~3℃ 条件下湿沙藏。嫁接时间一般在冬季或春季室内进行。嫁接方法用舌接、芽接、劈接、插劈接。嫁接后管理：可选用春季把苗直接栽植到苗圃地或在早春气温低时，可盖塑料小棚。并注意除草培土、抹芽与除萌、引缚和土壤管理及病虫害防治。

（二）栽培技术

1. 整地　整地方式可采用梯田式、鱼鳞坑式、水平沟式等。

2. 栽植季节　秋季落叶或春季萌芽前均可栽植。但鉴于我国北方大部分地区冬季降水量少，空气干燥，因此，提倡春季栽植。

3. 栽植　以定植点为中心，挖直径 80~100cm，深为 60~70cm 的定植穴，每穴下部用土粪 20kg 与底土混拌均匀，表层熟土填入定植穴上部，栽植后要求根颈与地面平或略低于地面 5cm，以根系以上土埋深度 6~10cm 为宜。为防止栽后浇水土壤下沉过多而造成难于掌握栽植深度，应栽前适当浇水。栽植时使苗木根系舒展，注意校正位置，当填至一半时，将苗轻轻向上提，边填土边踏实，使根系与土壤紧密结合。

4. 栽植密度　栽培方式采用长方形、正方形、三角形配置均可。建园早期作为繁殖压条繁殖圃，采用单干形，株行距为 2m×3m，树龄大了以后，可在行上间伐或移植，变成 4m×3m。

土层厚、肥沃的园地株行距为 3m×4m、3m×5m 或 4m×4m，若采用单干形可密植，即 2m×3m。

5. 授粉树的配置　榛树为异花授粉植物，目前我国尚未选出固定授粉品种，因此建园时，每个园地或小区应选择花期相同或相近的 3~4 个品种，每品种栽 3~5 行，以利相互授粉。

6. 幼树管理

（1）肥、水管理　每年秋季果实采收后，至土壤封冻前，施基肥，有机肥 10~30kg/株。每年 5 月下旬至 6 月中旬、7 月上旬追肥 2 次。2~5 年生幼龄树施 N、P、K 肥比例为1:2:1；盛果初期（6~9年生）每亩施纯氮8~11kg、纯磷16~22kg、纯钾16~22kg；盛果期（10年生以上）施纯氮10~14kg、纯磷20~28kg、纯钾20~28kg。

榛树是浅根性树种，不耐干旱，适时灌水是促进树体发育和结实的重要保证。灌水可结合施肥进行，一般在发芽前后、新梢生长旺盛期、幼果膨大期和落叶后至封冻前进行。

（2）间作　幼龄榛园空地较多，在5~6年生以内榛树行间可间作矮干豆类、花生、大蒜、苜蓿等农作物或草类。

（3）整形

①少干丛状形　留3~4个基生枝做主枝，并倾斜伸向不同方向，主枝上着生侧枝，侧枝上着生营养枝和结果母枝，树高3~5m，整体成自然开心形树冠。

②单干形　1个主枝，定干高40~60cm，主干上有3~4个主枝，均匀分布于不同方向，主枝上留侧枝，侧枝上着生枝组，形成矮干自然开心形树冠。

（4）修剪　分冬剪和夏剪。幼树：修剪以阔冠为主，开张骨干枝角度，延长枝轻短截，内膛枝保留。盛果期树：轻剪各主枝延长枝，疏除树冠内膛细弱枝、病虫枝、下垂枝、中庸枝，短枝不修剪，可增加花芽量。老树：15~20年生树，对主、侧枝适当回缩，重新培养；枝组也应在壮芽处回缩更新，重新培养健壮枝组和结果母枝。

六、病虫害防治

1. 白粉病　主要危害中部，也危害新梢、幼芽及花果。开始在叶正面出现褪绿斑，随后在病斑背面产生白粉状物。使叶早落，果实染锈斑。

防治方法：于5月上旬至6月上旬，喷布50%多菌灵可湿性粉剂600~1000倍液，或50%甲基托布津可湿性粉剂800~1000倍液，或0.2~0.3°Be石硫合剂，均可取得良好防治效果。

2. 象鼻虫

防治方法：在成虫产卵前的补充营养期及产卵初期，即5月中旬到7月上旬，喷敌敌畏500倍液毒杀成虫，共喷布2~3次，间隔时间15天，或者用50%腈松乳剂和50%氯丹乳剂，以1:4比例混合，再用其400倍液喷洒，毒杀成虫。

（史彦江、宋锋惠）

五味子

别名：北五味子、辽五味子、五梅子、面藤等。

学名：*Schisandra chinensis*（Turcz.）Baillon.

科属名：五味子科 Schisandracease，五味子属 *Schisandra*（Turcz.）michx.

一、经济价值及栽培意义

五味子以果实入药为主，茎叶也可入药。果实内含有挥发油，油中主要成分为柠檬醛、α-依兰烯、α-恰米烯、β-恰米烯、恰米醛、糖类、苯甲酸、柠檬酸、酒石酸、精氨酸、Vc 等。种子含五味子素，五味子甲、乙、丙素，伪-γ-五味子素、五味子酯甲、乙，戈米辛 D、E、F、G，当归酰戈米辛 H，巴豆酰戈米辛 H，苯甲酰戈米辛 H，戈米辛 J，（-）-戈米辛 K_1，（+）-戈米辛 K_2，戈米辛 K_3、N、O，巴豆酰戈米辛 P_1，表戈米辛，前戈米辛等。果实味酸，性温。具有益气敛肺、滋肾、涩精、生津、止泻、益智、安神、敛汗之功效。主要用于治疗喘咳、肺虚盗汗、神经衰弱、慢性肝炎、久泻、津亏口渴等症。五味子还是酿酒、调味的原料。

二、形态特征

五味子为多年生落叶木质藤本，茎长可达数米，不易折断；枝红棕色，老枝褐灰色，全株近无毛。叶生在幼枝上，单叶互生，在老茎上则丛生于短枝；叶柄细长，幼时红色，叶片广椭圆形或倒卵形，先端急尖或渐尖，基部楔形，边缘疏生有腺体的小齿，上面深绿色，脉隆起，嫩时有短柔毛。花单性，雌雄同株。花乳白色或粉红色，1～3 朵集生于叶腋，下垂，雄花具雄蕊 5 片，花药无柄，着生在细长雄蕊柱上；雌花花被 6～9 片，卵状长圆形，长 7～10mm，心皮多数，离生，幼时聚成圆锥状，花后花托延长成穗状，花梗长约2cm。浆果球形，熟时深红色，内含种子1～2 粒。种子肾形，种皮光滑，黄褐色或红褐色，坚硬。花期5～7 月，果期7～10 月。

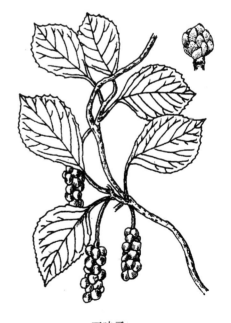

五味子

三、分布区域

五味子主产吉林、辽宁、黑龙江三省。此外，河北、内蒙古、山东、山西、陕西、甘肃、宁夏、江西、湖北、四川、云南等地亦产。吉林、辽宁所产质量最佳，素有"辽五味子"之称。

四、生态习性

五味子是一种抗寒性很强的植物，芽眼萌动比一般树木早，几乎不受晚霜的危害，能耐早春寒冷的气候而正常生长。5月上旬展叶，5月下旬至6月初开花，花期10～14天，单花6～7天开完，开花的临界温度0～1℃。花期很少见到昆虫在花上活动，所以认为五味子是风媒花植物。

喜荫蔽和潮湿环境，腐殖质土或疏松肥沃的土壤均可栽植。耐严寒，忌低洼地，幼苗怕强光。五味子在不同生长发育阶段对外界环境条件的要求不同，在开花结果阶段需要良好的通风透光条件，而在幼苗及营养生长阶段，则需要阴湿的环境。野生五味子一般阴坡比阳坡多，林下比林缘和溪流两岸多，但结果情况却相反，阳坡比阴坡结果率高，林缘的溪流两岸比林下结果率高。林下五味子必须缠绕在其他乔木的树冠顶部方能开花结果。

五、培育技术

（一）育苗技术

1. 播种育苗

（1）采种　五味子的种子最好在秋季收获期间进行生穗选，选留果粒大、均匀一致的果穗作种用。选种标准把8cm以上，平均粒重0.5g以上，浆果着色早的结果树，确定为采种树。8月末9月中旬采收果实，搓去果皮果肉，漂除瘪粒，放荫凉处晾干或晒干，放在通风干燥处贮藏。干燥时切勿火烤、炕烘或锅炒。

（2）种子处理　五味子种子有胚后熟休眠，即属深度休眠型，种子收获时胚尚未生长发育好，胚生长发育要求低温湿润条件，在0～5℃低温下湿沙埋藏3～4个月后胚发育成熟，种子才能萌发。生产上需秋播或低温沙藏至翌春播种，将种子与2～3倍的湿沙混匀，放入室外准备好的深50cm左右的坑中，上面覆盖10～15cm的细土，再盖上柴草或草帘子，进行低温处理，2月下旬将种子移入室内，拌上湿砂装入木箱进行砂藏处理，其温度保持在5～15℃之间，翌年5～6月即可裂口播种。发芽率达60%。

将种子用冷水浸泡3天，再用赤霉素2.5×10^{-4}或硫酸铜溶液浸种24h，种后40天才出苗，生长的慢，发芽率分别为68%、56%。用硫酸铜浸种7min（操作要小心），取出用水洗，放赤霉素5×10^{-4}的溶液浸种12h，播后15天至1个月出苗，成苗率可达70%。

（3）播种　春播5月撒播或条播，行距10cm，沟深5～6cm，覆土1.5cm，每平方米播种量30g左右。浇透水，盖草保墒。出苗后撤去盖草，搭架遮荫，透风和少量阳光，翌春即可定植。

2. 压条育苗　在春季萌发前进行，选健壮茎蔓，清除附近的枯枝落叶和杂草，在地面每隔一段距离挖一个10～15cm深的坑，小心将五味子茎蔓从攀缘植物上取下来，放在坑内覆土踏实，待扎根抽蔓后即成新植株，第二年移栽。

3. 扦插育苗　春天植株未萌动前选1年生枝条或秋天花后期，雨季剪取坚实健壮枝条，剪成12～15cm长一段，留2～3个芽，上切口平下切口剪成45°斜面，插条基部用ABT_1号生根粉150×10^{-6}浸6h或萘乙酸（NAA）500×10^{-6}浸12h，混拌好的壤土3份沙1份的苗床上，行距12cm，株距6～9cm，斜插的深度为插条的2/3，床面盖蓝色塑料薄膜，经常浇水，也可在温室用电热控温苗床扦插，床面盖蓝色塑料薄膜和花帘，调温、遮光，温度控制在 20 ~ 25℃, 相对湿度 90%, 荫蔽度 60% ~ 70%, 生根率在 38% ~ 87%, 第二年春定植。

4. 苗期管理 播种覆土后, 搭 50 ~ 60cm 高的棚架, 用草帘遮荫, 每 2 天浇 1 次水, 使土壤保持湿润。结合浇水, 喷施 800 ~ 1000 倍 50% 代森铵水剂。苗期要适当除草松土, 当幼苗长出 3 ~ 4 片真叶, 苗高 5 ~ 6cm 拆除棚架。

（二）栽培技术

1. 选地整地 应选择潮湿的环境, 疏松肥沃、土层深厚、排水良好的林地或空地, 以腐殖土和沙质壤土为好。选好地, 每公顷施基肥 20 ~ 30t, 整平耙细备用。

2. 栽植 五味子一般在春季栽植, 4 月下旬至 5 月上旬进行。

大田栽植离树苑 60cm 左右, 一边栽一株, 这种方法产量高。人为搭架, 按株距 100cm × 50cm、60cm × 50cm 栽植五味子苗。南北行间以利通风透光, 挖穴深宽各约 30cm, 将肥料和土拌匀填在穴内。栽苗时, 填一半土, 稍提苗子使根系伸直, 再踏实, 浇水, 水渗后再覆一层隔墒土。

3. 幼林抚育

（1）灌水施肥 五味子喜肥, 生长期需要足够的水分和营养。栽植成活后, 要经常浇水, 保持土壤湿润, 结冻前灌 1 次水, 以利越冬。孕蕾开花结果期, 除需要足够水分外, 还需要大量养分。每年追肥 1 ~ 2 次, 第一次在展叶期进行, 第二次在开花后进行。一般每株可追施腐熟的农家肥料 5 ~ 10kg。追施方法, 可在距根部 30 ~ 50cm 周围开 15 ~ 20cm 深的环状沟, 施入肥料后覆土, 开沟时切勿伤根系。

（2）剪枝 五味子枝条春、夏、秋三季均可修剪。

①春剪 一般在枝条萌芽前进行。剪掉过密果枝和枯枝, 剪后枝条疏密适度, 互不干扰。

②夏剪 一般在 5 月上中旬至 8 月上中旬进行。主要剪掉基生枝、内膛枝、重叠枝、病虫枝等。同时对过密的新生枝也需要进行疏剪或短截。夏剪进行得好, 秋季可轻剪或不剪。

③秋剪 在落叶后进行。主要剪掉夏剪后的基生枝。

不论何时剪枝, 都应选留 2 ~ 3 条营养枝, 作为主枝, 并引蔓上架。

（3）搭架 移植后第二年即应搭架。可用水泥柱或角钢做立柱, 用木杆或 8 号铁丝在立柱上部拉一横线, 每个主蔓立一竹杆或木杆, 竹杆高 2.5 ~ 3m, 直径 1.5 ~ 5.0cm, 用绑线固定在横线上, 然后引蔓上架, 开始时可用强绑, 之后即自然缠绕上架。

（4）松土、除草 五味子生育期间要及时松土、除草, 保持土壤疏松无杂草, 松土时要避免碰伤根系, 在五味子基部做好树盘, 便于灌水。

（5）培土 入冬前在五味子基部培土, 保护五味子安全越冬。

六、病虫害防治

1. 根腐病 5 月上旬至 8 月上旬发病, 开始时叶片萎蔫, 根部与地面交接处变黑腐烂, 根皮脱落, 几天后病株死亡。

防治方法: 选地势高、排水良好的土地种植; 发病期用 50% 多菌灵 500 ~ 1000 倍液根际浇灌。

2. 叶枯病 5 月下旬至 7 月上旬发病, 先由叶尖或边缘干枯, 逐渐扩大到整个叶面, 干枯而脱落, 随之果实萎缩, 造成早期落果。

防治方法：发病初期可用50%托布津1000倍液和3%井冈霉素50μg/g液交替喷雾。喷药次数可视病情确定。

3. 卷叶虫 幼虫危害，造成卷叶，影响果实生长，甚至脱落。

防治方法：可用50%辛硫磷1500倍液或80%敌百虫1500倍液喷洒防治。

七、采收加工

五味子栽后4~5年大量结果，秋季8~9月果实呈紫红色时进行采收，随熟随采。采摘时要轻拿轻放，以保障商品质量。摘下及时晒干或阴干。若遇阴天要用微火烘干，但温度不能过高（开始时室温在60℃左右，当五味子达半干时将温度降到40~50℃，达到八成干时室外日晒至全干），防止挥发油挥发，果粒变焦。

（刘翠兰、罗红彬）

五 加

别名：五加皮、南五加、白刺尖、追风使

学名：*Acanthopanax gracilistylus* W. W. Smith

科属名：五加科 Araliaceae，五加属 *Acanthopanax* Miq.

一、经济价值及栽培意义

五加为著名中药，被《神农本草经》列为上品，自古用根皮（称为五加皮）泡制"五加皮酒"，为益精、强筋骨、祛风湿、治半身不遂、跌打损伤之良液。民间有："两足不能提，牛膝、木反五加皮"的传说。李时珍称：此药以五叶交加者，故名五加。五加皮能降低高血糖，可治疗轻、中型糖尿病，能调节血压；使高低血压患者的血压趋于正常。嫩叶可作蔬菜。树皮含芳香油，酒精浸出液约 25% 左右。枝叶煮水液，可治棉蚜、菜青虫等。植株枝繁叶茂，花果奇特，是一种优良的观赏植物，也是很好的水土保持、水源涵养灌木。

二、形态特征

落叶灌木，高达 3m，有时蔓生状。小枝下垂较细、无毛、节上疏被扁钩刺，具长短枝。叶为掌状复叶，在长枝上互生，在短枝上簇生，小叶 5，稀 3～4，居中 1 片较大，两侧渐小，倒卵形或披针形，长 3～8cm，宽 1～3cm，边缘具钝锯齿，下面腺腋间有淡棕色毛。伞形花序单生或 2～3 簇生，径约 2cm；花序梗长 1～4cm，花黄绿色，卵状三角形，雄蕊 5，子房下位，2 室，花柱 2，丝状花柱离生或颈部合生。果实近球形，径 5～6mm，成熟时紫黑色，顶端有宿成花柱 2～3mm，反曲。花期 4～7 月，果期 6～10 月。

三、分布区域

西北地区分布于陕西秦岭、巴山林区海拔 700～1500m 的山坡林缘，关山、黄龙山、桥山海拔 1500m 左右的地区；甘肃分布于兴隆山、小陇山、子午岭、渭源、永登、连城等地区海拔 1900～3000m 的山坡灌丛；宁夏六盘山分布有红毛五加（*A. giraldii* Harms）；青海分布于互助、大通、循化、门源、同仁，生于海拔 2200～3500m 的森林或灌木林内。

此外，山西南部、四川北部、云南西北部、南部、江苏、浙江等地海拔 1000m 以下的林内、林缘、路旁或灌丛中也有分布。

四、生态习性

五加耐庇荫，多生于阴湿的林下、林缘、林间、山坡、沟谷及灌木丛中。对土壤适应性强，能在土层浅薄的石质土上生长，但以土层深厚、排水良好、稍带酸性的冲积土或沙壤土生长为佳。

分布区西端（以青海化隆、互助为例）的气候条件为：年平均气温 2℃ 左右，最冷月 1 月平均气温为 -12℃，最热月 7 月平均气温 7～15℃，极端最低气温 -33.1℃，极端最高气温 29.3℃，年降水量 300～400mm。

五、培育技术

（一）育苗技术

1. 播种育苗　这是大量繁殖采取的一种方法。8～9 月采种，果实晒干，搓去果皮，即得净种，置于通风干燥处贮藏。催芽处理方法，一是就鲜（即采种后）立即催芽，先水浸 3～4 天，用 0.5% 高锰酸钾消毒，以 3 倍湿沙，置于 10～20℃ 室内 1 月，后转入 10～20℃，每月放室外冷冻 3 天，约 100 天左右开始发芽即可播种。种子千粒重约 6g，重量为 16 万粒/kg，发芽率 40% 左右。春季 3～4 月间育苗，开沟条播，行距 30cm，沟深 3～5cm，均匀撒播，覆土 1.0～1.5cm，镇压。苗高约 10cm 时间苗。如是园林绿化，1 年生苗木可移栽，培育大苗。

2. 扦插育苗　6 月中旬采取健壮枝条，剪成 10～15cm 长的插穗，先用 1000μL/L 的 IAA 酒精溶液速浸 1～2s，然后插入苗床沙土，经常洒水保持湿润，经 15～20 天即可生根。据试验半木质化嫩枝扦插成活率高于硬枝扦插，嫩枝扦插成活率高达 60% 以上。插壤需保持在 15～20℃ 之间，相对湿度在 80%～90% 之间。低湿、高温容易引起插穗愈伤组织和枝条腐烂，使生根率降低。

播种和扦插苗需经 2 年培育后即可出圃。

（二）栽培技术

五加虽喜生于阴湿山地，但高山、平原皆可种植。选择半阴山地缓坡处，提前细致整地，坑穴规格 50cm×40cm×30cm，秋季或春季皆可定植，株行距 1.5m×2.0m。定植后需注意松土除草，3～4 年后，每年秋季或春季在植株基颈环状开沟施入有机肥料，每株约 20～25kg。

园林绿化可在庭院、草坪、假山石、路亭和街心花园处孤植或丛植。五加可与黄蔷薇、黄刺玫、胡颓子、五味子等混植。

（张　琪）

刺五加

别名：五加皮、刺拐棒、刺花棒

学名：*Acanthopanax senticosus*（Rupr. et Maxim.）Harms

科属名：五加科 Araliaceae，五加属 *Acanthopanax* Miq.

一、经济价值及栽培意义

刺五加作药物栽培在我国历史悠久。根、茎、叶、花、果 可入药。《神农本草经》将其列为上品，认为有"益气疗脾"之功。《名医别录》指出刺五加有"坚筋骨，强意志"等功效。李时珍的《本草纲目》中亦有"五加治风湿痿痹，壮筋骨，其功良深……"、"进饮食、健力气、不忘事"。古代有"宁得五加一把，不用金玉满车"。对刺五加的医疗价值评价很高。在宇宙医学、军事医学领域受到高度重视，早已正式列入中华人民共和国药典，为国家法定药物。

刺五加有调节、促进内分泌系统和物质代谢的功能及加强机体应激的反应等方面的作用。对心血管、中枢神经疾病、抗癌、防治老年病等，也有一定专属性治疗效果。中国刺五加质量优于前苏联、朝鲜等国，在国际市场上享有盛誉。

刺五加根 含有五加甙、葡萄糖、胡萝卜素、V_C 和 V_E 及总黄酮等，有明显的镇静安神和抗疲劳、抗衰老、延年益寿的作用。也是优良的观赏植物。

二、形态特征

落叶灌木，高 1~6m。由根茎长出的 1~2 年生嫩茎，常密生细刺，刺直而细、针状，向下，茎部不膨大，脱落后遗留圆形刺痕。花瓣黄白色，外面微带紫色。果实黑色，花期 6~7 月，果期 8~10 月。

三、分布区域

西北地区的分布同五加。东北主产于黑龙江山区，以小兴安岭山系藏量较丰富，其次是张广才岭、老爷岭、完达山等地。朝鲜、日本也有分布。

四、生态习性

刺五加与五加的生态学特性很相似，更耐严寒，可忍受 -60℃ 的极端最低气温，多生于山坡中下部比较湿润的地带的半阴坡、半阳坡、针阔叶混交林或杂木林内。与刺五加混生的树种有北五味子、毛榛子、紫椴、桦木、黄檗等。

刺五加根系发达，分布在 20~30cm 土层中，向四周延伸横窜，形成连片的刺五加灌丛。老根径粗可达 3~5cm，多数为 1~3cm 的细根。

五、培育技术

刺五加可在西北地区栽培发展。具体培育方法同五加。

（罗红彬）

中 麻 黄

别名：麻黄

学名：*Ephedra intermedia* Schrenk ex Mey.

科属名：麻黄科 Ephedraceae，麻黄属 *Ephedra* L.

一、经济价值及栽培意义

中麻黄是重要的药用植物，其枝干中含有较高的右旋麻黄碱（Pseudoephedrine）成分，是一种重要的拟交感神经药物，具有平喘止咳、升高血压、收缩血管、增加冠状动脉血流量、兴奋中枢神经系统的作用，还有止汗和利尿的特点，且毒副作用小。天然生长的中麻黄麻黄碱含量在 1.2% 以上，是麻黄科植物中麻黄碱含量较高，并适应于干旱环境下生长的植物。国际市场上的麻黄碱来源主要靠中国和德国，德国以人工合成为主，而中国则是在干旱、半干旱区天然生长的绿色药品。

为了解决中麻黄资源短缺，保护生态环境，开发地方特色生物资源，在干旱荒漠区进行人工种植中麻黄，建立次级防风固沙林，既可满足药品市场的需求，又可防风固沙，对干旱荒漠区生态、经济可持续发展具有重要意义。

二、形态特征

常绿灌木，高大于 1m。茎直立，粗壮，很少匍匐，基部多分枝；同化枝对生或轮生，灰绿色，纵槽纹细浅，先端不弯曲。叶膜质鞘状，上部约 1/3 分裂，裂片通常 3 或 2 片，钝三角形或三角形。雄球花通常无梗，数个密集于节上成团状，稀 2~3 个对生或轮生，苞片 5~7 对交互对生或 5~7 轮（每轮 3 片），雄花有雄蕊 5~8 个；雌花 2~3 生于节上，由 3~5 轮生或交互对生的苞片所组成，仅先端 1 轮或 1 对苞片生有 2~3 雌花，珠被管常螺旋状弯曲。雌球花成熟时苞片肉质，红色。种子包藏在苞内，3 粒或 2 粒，卵形或长卵形。花期 5~6 月；7~8 月种子成熟。

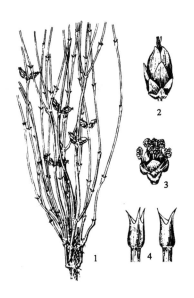

中麻黄
1. 雌球花枝　2. 雌球花　3. 雄球花
4. 小枝上的叶

三、分布区域

产于宁夏、甘肃（兰州、景泰、古浪、武威、民勤、金昌、永昌、张掖、高台、民乐、肃北、肃南、玉门、酒泉、敦煌、阿克赛）、新疆（托克逊、乌鲁木齐、和硕、库尔勒）、青海（青海湖畔）等省（自治区）。常分布于荒漠区海拔 2800m 以下的丘陵、草地、沙漠、砾石戈壁及冲沟水分条件较好的地方。

四、生态习性

中麻黄属旱生植物，具有耐干旱、耐瘠薄土壤，适应性强的特点，还有良好的固沙作用。分布区年均气温 0～8℃，≥10℃的活动积温 1900～3000℃，年降水量在 250～600mm。土壤多为风沙土、灰棕荒漠土、灰钙土及栗钙土，伴生种常为红砂、白刺、膜果麻黄、沙蒿、锦鸡儿、沙拐枣等。中麻黄具有一定的耐盐性，在风沙土、沙壤土等土层深厚的土地及轻、中度盐渍化土壤上生长良好，自然生长地盐分含量一般在 0.3% 以下，在干旱荒漠区硫酸盐、氯化物盐分类型的盐渍化土地上人工种植，0～30cm 土层内含盐量在 1.2% 以下时，经采取农艺措施，能正常生长，当土壤含盐量达到 1.6% 时生长受到抑制。

中麻黄根系发达，垂直主根可达 1.5m 以上，侧根根幅可达 6m²，主要分布在 20～60cm 土层中。根茎萌发能力强，水平根上常有萌蘖苗长出，串生形成株丛（丛群），聚集流沙。随沙面升高，新生的侧根及根茎生长点也缓慢上移，母株上根蘖苗和萌蘖枝不断长出，积聚流沙并使之固定。

中麻黄常自成群落。在水土条件适宜时，随着株丛数量的增加而向外扩展，而株丛内部分蘖枝渐密，地下根系交织如网，营养和空间竞争加剧。随着株丛密度趋于稳定，并连成一片，其生产力和防风固沙效益均达到最高水平，在沙地上易于形成固定、半固定沙丘。

生长规律方面，中麻黄实生苗当年生长缓慢，露地安全越冬。从第二年起每年从 3 月中下旬变绿，萌发生长，4～6 月份主要为分枝生长和高生长，然后转为茎的加粗生长和质量生长（以茎的木质化和麻黄碱的积累为主）。萌动早，在寒冷的早春就能萌发生长，至仲夏气温高时高生长停滞，秋季气温适宜，生境好的地方可有短时间的二次生长。二三年生中麻黄株丛高度可达 30～65cm，3 年生时高度已达峰值，质量生长亦达最高水平，45 年生的中麻黄老枝开始失绿发黄。3 年生中麻黄开始结实并逐年增加，但结实量有丰、歉年之分。

五、培育技术

（一）播种育苗

1. 采种 中麻黄种子成熟后易脱落，应严格掌握采收期，做到随熟随采。6 月下旬至 7 月上旬当肉质苞片由绿色变为红色时即可采集。成熟果实呈浆果状，不易风干，需在水中反复搓洗，洗出的种子下沉，杂质上浮。分离出的种子纯度很高，阴干后在阴凉干燥处储藏备用。

麻黄种子生物学品质测试分级为：一级种子净度不低于 85%，发芽率不低于 75%，水分不高于 12%；二级种子净度不低于 80%，发芽率不低于 70%，水分不高于 12%；三级种子净度不低于 70%，发芽率不低于 60%，水分不高于 12%。

2. 育苗 当春季地温达 20℃，气温达 15℃（4 月中下旬）即可播种。先用温水浸种后沙藏催芽 5～7 天，有 60% 的种子露白后随之播种。播种以沙质土壤为好。开沟穴播，沟深 lcm，株行距 10 cm×30cm，覆沙 0.5～1.0cm，播后灌水，保持覆沙层湿润，10～13 天出苗。地膜覆盖时播期宜早（4 月上中旬），不覆盖时宜迟（4 月下旬至 5 月上旬）。播种量为每亩 2.0kg。

幼苗出齐后，控制灌水。幼苗生长缓慢，易受杂草危害，应及时除草。苗木生长期浇水 4～5 次，在浇 2～3 次水（7 月上旬）时，每次每亩追施尿素或其他氮肥 10～15kg，施肥以沟施为宜。施肥后要及时浇水松土，促进苗木生长。麻黄苗木易受兔、鼠刨根啃食和病虫危害，应加强防治。

（二）栽培技术

1. 栽培地选择与整地　中麻黄在风沙土、沙壤土及轻、中度盐渍化土壤中生长良好。为了不与绿洲农田争地，尽可能选择绿洲边缘的土地及闲滩荒地，大面积栽植后既可生产中麻黄，又可作为二级防风固沙林。在栽植前一年秋（冬）灌后，深耕耙糖，蓄水保墒。栽植前打埂作畦，结合浅翻施农家肥或其他有机肥。

2. 种植时间与栽植密度　中麻黄早春萌发时间早，苗木移植时间应早。4 月中下旬土地解冻后即可进行苗木移植。株行距以 20 cm×30 cm 为宜。

3. 采收刈割和采种　生长 3 年的中麻黄，其麻黄碱含量已达 0.8% 以上，达到国家规定的质量标准，可开始刈割利用。8～9 月份是麻黄最佳的采收季节，采收部位在芦头以上 5cm 为好，刈割后能刺激麻黄再生草的萌发，萌蘖枝数明显增加。再生草第一年生长量最大，第二年趋于缓和，质量生长加强，第三年生长量小，高度达到最大，从生态、经济上看每二年刈割一次最佳。麻黄刈割后，需施肥，灌冬水，以利来年生长，持续利用。

（三）盐碱地上的麻黄栽培

甘肃省治沙研究所在盐碱地栽培麻黄获得成功，其措施如下：

1. 平整土地　土地要完全整平，每个地块面积可在 0.25～0.5 亩大小。如果土地有不平很易形成盐斑，影响出苗。地块过大不易整平。

2. 适时播种　播种于 4 月中下旬～5 月上中旬进行。甘肃临泽小泉子盐碱地种植最佳时间为 4 月下旬。同期盐碱地土壤温度稍低于无盐碱地，播种应稍迟为好。播种前进行盐水选种，把种子浸泡在 20% 的盐水中，选下沉的饱满种子用清水冲洗干净后播种。盐碱地种植麻黄要全部覆砂，覆砂后点播沟稍低于地平面。原地块的土壤最好不覆盖在种子上。

3. 抚育管理　麻黄苗期根系生长很快，当年幼根可达 42.92 cm，这是保证中麻黄耐盐的关键。其抚育管理关键技术：

（1）灌水　播后随即灌水要足以使地面盐分下淋，地表稍干而土壤盐分尚未上升到地表时即灌二水，以保证种子出苗期不使表层土壤返盐。稍干后进行松土，保持地表疏松，降低土壤盐分表聚。麻黄出苗后，全年灌水 3～5 次，次年灌水 3～4 次即可。

（2）松土、除草和施肥　由于盐碱地水分充足，杂草丛生，特别是耐盐赖草无处不在，麻黄种植出苗后除草就成了保苗的关键。可采用化学除草剂草甘膦除草，方法是在 5 月下旬至 7 月间，当赖草长出地表 15～25cm 时，齐地面剪掉，茬口上用毛笔涂上草甘膦，效果很好。特别在 6 月份天气晴朗时涂药，能使全部赖草根系变黑腐烂。春季当麻黄刚长出新枝时施入磷二铵和尿素 25kg/亩，促其生长。增施氮肥可提高麻黄碱含量。

六、病虫害防治

1. 蚜虫　中麻黄幼苗易寄生蚜虫。中麻黄每年有两次生长期，春季 4～5 月和秋季 9～10 月。可在这 2 个时期内喷洒酮马乳油 1000 倍液防治，效果良好。

2. 麻黄种子小蜂（*Eurytama* sp.）　各种麻黄种子小蜂均以幼虫蛀食麻黄种子，其虫食率为 6%～60%。防治方法：播种前把种子浸泡在 20% 的盐水中，选下沉的饱满种子用清水冲洗干净播种，或用 50℃ 温水浸种 30～40min，杀虫效果较好。从 8 月以后抓住越冬代成虫的羽化期，喷洒 80% 敌敌畏 1000～2000 倍液效果较好。

（满多清）

草麻黄

别名：麻黄草、泽尔格奈（蒙语）

学名：*Ephedra sinica* Stapf

科属名：麻黄科 Ephedraceae，麻黄属 *Ephedra* L.

一、经济价值及栽培意义

草麻黄是一种重要的药用植物，地上茎是应用较广的传统中药材。草麻黄枝干含 6 种生物碱，如左旋麻黄碱、右旋麻黄碱等，是一种重要的拟交感神经药物，主治支气管哮喘、过敏反应、鼻黏膜肿胀、低血压等。具有兴奋中枢、兴奋交感神经、发汗、利胆、抗过敏等作用。天然生长的草麻黄麻黄碱含量高于中麻黄，是麻黄科植物中麻黄碱含量高，适应于半干旱环境下生长的植物。麻黄草营养丰富，羊、骆驼喜欢采食。

草麻黄在自然分布区为集群生长。其自然群落一旦被破坏，恢复困难。为了遏制荒漠化的进一步发展，在大力保护天然麻黄植物资源的同时，绿洲边缘大面积种植草麻黄，不仅可以满足市场的需要，还有利于改善生态环境，对西北干旱、半干旱区生态经济可持续发展具有重要意义。

二、形态特征

草本状常绿小灌木，高 20～40cm，常无直立的木质茎；有木质茎时，则横卧地上似根状茎。小枝对生或轮生，无明显纵槽。叶膜质，鞘状，下部 1/3～2/3 合生，上部 2 裂，裂片钝三角形。雄球花常对生于节间，雄花多数密集，苞片通常 4 对，每朵雄花有雄蕊 7～8 枚，花丝合生或先端微分离；雌球花单生枝顶，苞片 4 对，最上 1 对合生部分占 1/2 以上，雌花 2，珠被管直或先端微弯，雌球花成熟时苞片肉质、红色。种子通常 2 粒，包于苞片内，黑红色或灰褐色。花期 5～6 月，种子 6～7 月成熟。

三、分布区域

本种常生于半干旱半湿润区的固定沙地、河流阶地、山坡、荒地上。在吉林、辽宁、河北、山西、河南、陕西、内蒙古、宁夏、甘肃等省（自治区）分布。其分布范围广，常形成大面积的单种群落。内蒙古伊克昭盟乌审旗、鄂托克旗、鄂托克前旗总面积达 19.1 万 hm^2。近年来西北、华北地区人工栽植面积日益扩大。

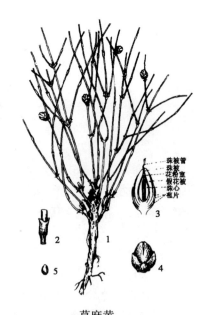

草麻黄

1. 具雄球花及雌球花的植株　2. 叶鞘

3、4. 雌球花　5. 种子

四、生态习性

草麻黄长期适应干冷气候，生态幅度宽，适应性强。原产地生境为阳光充足的草原和半荒漠地区，沙质土壤。其分布区年平均温度在 4.2~8.0℃ 之间，年降水量 350 mm 以下。兼有耐旱、怕涝、耐盐碱、耐寒的特点，适生于沙丘沙地、黄土丘陵沟壑区、石质坡地，以沙丘沙地及草地分布较为普遍。草麻黄生长快，年生长高度 30~45cm，地径 0.1~0.25cm，降水多时当年高生长可达 60cm。在疏松沙质土上，其生物产量较高，1 年生地上部分生物量平均为 1.485kg/m²，而紧实沙壤土仅为 0.70kg/m²。单位面积地上茎干生物量一般在 12.5t/hm²。草麻黄 3 月中旬萌动，4 月上旬开始生长，4 月下旬至 7 月中旬为速生期，以 5 月生长量最大；分枝期为 4 月上旬，分枝盛期为 4 月中旬至 6 月，末期为 7 月至 8 月；花蕾出现期为 5 月上旬，5 月中下旬始花，5 月下旬至 6 月上旬为盛花期，末期为 6 月中旬。雌花比雄花迟开 7 天左右，雌花液滴出现时正是雄花散粉时期，开花持续时间为 30~40 天；果实形成期 6 月中旬，成熟期 7 月中旬，脱落期 8 月上中旬，果实期 50~60 天。

草麻黄耐风沙，耐沙埋。植株被沙埋后，随着沙面提高，部分枝条逐渐适应沙土流动而向上生长，有时根部被风刮出一半而植物仍然活着。

草麻黄为根蘖类型植物，雌、雄植株常成片生长，但雌、雄株混生的现象少见。每一片草麻黄都是其横走根茎、根蘖无性繁殖的群丛，大小在 100~400m² 之间。草麻黄水平根幅宽，一般在 8~10m，主要分布在近地表 10~60cm 的土层内，密布成网，垂直根在沙丘沙地可深达 10m，侧根 70~80 条，分布于 10~300cm 的土层中，整个根系呈 "T" 字形分布。

据内蒙古有关部门测定，草麻黄茎中麻黄碱含量随年龄增长而逐渐提高，1 年生茎为 0.12%~0.33%，2 年生 0.76%，3 生年 1.12%，4 年生稳定在 1.20% 以上。成年植株生物碱积累年内有两个高峰期，第一次在开花后期，第二次在果后期形成。

五、培育技术

（一）播种育苗

1. 采种 草麻黄种子成熟后易脱落，应严格掌握采收期，做到随成熟随采集。7 月中旬当肉质苞片由绿色变为红色时即可采集。果实处理方法同中麻黄。

2. 播种 温度 15~30℃ 间草麻黄种子均可发芽，以 20~23℃ 最适。当春季气温达 15℃（4 月中下旬）即可播种。先用温水浸种后沙藏催芽 5~7 天，或用 1% 白糖溶液浸种，有一定量的种子露白后随之播种。播种地以沙质土壤为好，播种地土壤水分不宜过高，应控制在 20% 以下。播时开沟深 2cm，要求行距 10cm，播幅 4~5cm。播后 10~13 天幼苗出土。覆膜种植宜早（4 月上中旬），不覆膜宜迟（4 月下旬至 5 月上旬）。播种量为每亩 2.0~2.5kg。

3. 苗期管理 苗出齐后，控制灌水。幼苗期生长缓慢，易受杂草危害，应及时除草。生长期浇水 4~5 次，7 月上旬在浇 2~3 水时，每次每亩追施尿素或其它氮肥 10~15kg。施肥以沟施为宜。施肥后要及时浇水松土，促其苗木生长。麻黄苗木易受兔、鼠刨根啃食和病虫危害，应加强防治。1 年生苗木即可移栽。

（二）栽培技术

1. 栽培地选择与整地 草麻黄栽培地土壤以风沙土、沙壤土及轻、中度盐渍化土壤，土壤 pH≤8 为宜。前一年秋（冬）灌后，对土地进行深耕，清除杂草，整平耙磨，蓄水保墒。栽植前打埂作畦，结合浅翻施农家肥或其他有机肥。

2. 种植时间与栽植密度　草麻黄早春萌发时间早，苗木移植时间应早。当4月中下旬土地解冻后即可进行大田苗木移植，亦可在雨季栽植。株行距20cm×30cm为宜，施肥以速生期的5、6月份为宜。2年后根蘖苗在母株周围生长，植株密度增大，3～5年后麻黄地内植株密度趋于稳定。

3. 采收刈割和采种　生长2～3年的草麻黄，其麻黄碱含量已达到国家规定的质量标准，可开始刈割利用。10月份进入休眠期以后是草麻黄最佳的采收季节。采收部位在木质化枝条以上3～5cm为宜，刈割后能刺激麻黄再生草的萌发，萌蘖枝数明显增加。再生草第一年生长量最大，第二年趋于缓和，质量生长逐渐成熟，第三年生长量小，高度达到最大，质量生长成熟。宜每二年刈割一次效益最佳。麻黄刈割后，需施肥，灌冬水，以利翌年生长，持续利用。

草麻黄种植3年后，开始结实，结实量逐年增加，作为采种基地的麻黄草不能刈割，其他按正常管理即可。

六、病虫害防治

与中麻黄相同。

（满多清）

膜果麻黄

学名：*Ephedra przewalskii* Stapf

科属名：麻黄科 Ephedraceae，麻黄属 *Ephedra* L.

一、经济价值及栽培意义

膜果麻黄是干旱荒漠区植被的主要建群种，常生长于固定和半固定沙丘、戈壁、山前平原、干河床上。本种麻黄碱含量低，药效较差。荒漠区植被盖度极低，膜果麻黄不仅是荒漠区野生动植物生存的庇护所，也是食物链中不可缺少的食物资源，家畜中仅骆驼食用，其他少见。其燃烧值大，火力旺，是荒漠区优质薪材。

膜果麻黄极耐干旱且根系发达，防风固沙作用大，是极端干旱荒漠区保护荒地资源，降低沙尘暴为害，保持生物多样性，维护生态平衡的重要生态建群植物，是这一带防风固沙林营造的优良灌木植物种。

二、形态特征

灌木，高 30～150cm。木质茎明显，茎上部多分枝，同化枝黄绿色，分枝基部再生小枝，形成假轮生状，小枝先端常弯曲或卷曲。叶膜质鞘状，通常 3 裂，间有 2 裂，裂片三角形，先端锐尖或渐尖。球花通常无梗，常多数密集成团状穗状花序，对生或轮生于节上；雄球花径 2～3mm，苞片 3～4 轮，每轮 3 片，稀 2 片，仅基部合生，雄蕊 7～8，花丝大部合生；雌球花径 3～4mm，苞片 4～5 轮，每轮 3 片，稀 2 片对生，膜质，几全部离生，最上一轮苞片各生 1 雌花，胚珠窄卵形，珠被管伸出于苞片之外，直或弯曲，雌球花成熟时苞片增大成干膜质，淡褐色。种子通常 3 粒，稀 2 粒，包于膜质苞片内，长卵形。花期 5～6 月，种子 6～7 月成熟。

变种有喀什膜果麻黄（*E. przewalskii* var. *kaschgarica*）。本变种雌雄球穗均有梗，常 3～5 个轮生节上或集生于节上一点，花梗长达 1.5cm。花期 6 月，种子 7 月成熟。

三、分布区域

膜果麻黄分布于内蒙古库布齐沙漠（展旦召）、乌兰布和沙漠、腾格里沙漠、巴丹吉林沙漠，宁夏（中卫），甘肃西北部（民勤、临泽、高台、酒泉、安西、金塔、玉门、敦煌、阿克塞、肃北），青海（鱼卡、托拉海），新疆塔里木河流域、于田、诺姜、和靖、库尔勒、托克逊、和硕。蒙古也有分布。

喀什膜果麻黄产甘肃（民勤、安西）、新疆（托克逊、巴楚、喀什）。

四、生态习性

膜果麻黄为强旱生植物，具有抗寒、耐热、耐旱、耐盐碱及耐土壤瘠薄的特点。一系列的耐旱结构使其有效的保持体内水分的散失，而主根可下扎到数米深处，水平根系十分发达，可有效利用周围土壤的水分，以保证干旱时期植物个体的水分供应和营养生长和生殖生长。膜果麻黄是麻黄科植物中最耐旱的植物，常有泡泡刺、霸王、红砂、合头草、木本猪毛菜、尖叶盐爪爪、中亚紫菀木、裸果木等强旱生或耐盐碱植物伴生。膜果麻黄生长地自然条件严酷，植被盖度一般在10%左右，膜果麻黄常自成群落。

生长规律方面，膜果麻黄实生苗当年生长缓慢，从第二年开始每年从3月中下旬变绿，萌发生长，4~6月份主要为分枝生长和高生长。花期6月，种子7月成熟。在寒冷的早春萌发生长，仲夏气温高时高生长停滞，以躲避炎热和干旱，秋季气候适宜，生境好的膜果麻黄植株有短暂的二次生长。

五、培育技术

（一）播种育苗

1. 采种　膜果麻黄种子成熟后易脱落，应及时采收。7月上旬当肉质苞片由绿色变为红色即可采集。种子具肉质苞片，呈浆果状，采后经处理分离出种子，置通风处阴干，贮藏在阴凉干燥处备用。

2. 播种　当春季地温达20℃，气温达15℃（4月中下旬）即可播种。先用温水浸种后沙藏催芽，有部分种子露白时即可播种。播种以沙质土壤为好，开沟穴播，沟深0.5~0.8cm，覆沙0.5~0.8cm，播后灌水，保持覆沙层湿润，10天左右出苗。地膜覆盖宜早（4月上中旬），不覆盖宜迟（4月下旬至5月上旬）。播种量为每亩1.5~2.0kg。

3. 苗期管理　膜果麻黄种子比中麻黄、草麻黄种子小，饱满程度亦低，出苗后苗木非常纤细柔弱，生存力差，应加强管理，保持床面湿润。苗木出齐后应控制灌水，及时除草。苗生长期浇水4~5次，在浇2~3次（7月上旬）时，每次每亩追施肥尿素或其它氮肥10~15kg，施肥以沟施为宜。施肥后要及时浇水松土，促其苗木生长。麻黄苗木易受兔、鼠刨根啃食和病虫危害，应加强防治。

（二）栽培技术

1. 栽培地选择　膜果麻黄的主要作用是防风固沙，其栽培地应选择在绿洲外围的沙区、戈壁、绿洲内不宜耕作的荒地及交通道路、城镇周边绿化区域。栽植前需整好栽培地。

2. 种植时间与栽植密度　膜果麻黄萌发时间早，苗木移植时间应早。当土地解冻后的4月中下旬，即可进行苗木移植。株行距以30cm×40cm为宜。一般情况下中麻黄、草麻黄一年生苗木移栽成活率高，2年生或多年生苗木移栽成活率降低，而膜果麻黄苗木生长缓慢，一年生或多年生苗木移栽成活率均高，挖掘的野生苗也能成活，但缓苗期较中麻黄、草麻黄长。

3. 防风固沙林营造　膜果麻黄与其他沙旱生植物种搭配营造防风固沙林，可在沙地及戈壁上穴栽，栽后灌水。成活后有灌溉时，生长良好，无灌溉亦可自然生长发育。膜果麻黄生长缓慢，不宜在重流沙区种植，以免风沙埋压。膜果麻黄一旦成活成林，即可长期生存。

六、病虫害防治

1. 毛白蚜（*Chaetophorous populialbae* Boyer de Fonscoloube）　在毛白蚜大量迁飞以前，用50%乐果乳油4000~5000倍液进行全植株喷杀；用3%的呋喃丹或铁灭克颗粒剂根部施药，并及时灌水。要注意保护和利用天敌，特别是瓢虫大量迁入时，应禁止施药。早春采集瓢虫集中释放，用提高瓢虫虫口数量可以达到控制毛白蚜的效果。

2. 柳蛎盾蚧（*Lepidosaphes salicina* Berchsenius）

防治方法：①生物防治：天敌有瓢虫、小蜂和螨类，其寄生率高，扑食量大，应注意保护；②化学防治：先做好发生期和发生量的预测预报，选择初孵若虫期，使用40%乐果乳油1000倍液或50%杀螟松乳油800~1000倍液，防治初孵若虫，均有良好效果，化学防治时应避免天敌高峰期；③结合管理，清除有虫害植株，集中烧毁。

膜果麻黄比其他麻黄具有较强抗病虫害能力，个别植株发生病虫害，一般对膜果麻黄生长不会产生大的危害。

（满多清）

醋　栗

别名：欧洲醋栗、圆醋栗

学名：*Ribes grossularia* L.

科属名：醋栗科 Grossulariaceae，茶藨子属 *Ribes* L.

一、济价值及栽培意义

醋栗为多年生灌木，是欧美各国寒冷地区早已人工栽培的浆果类主要经济植物之一。适应性强，耐寒、抗旱、耐盐碱、耐水湿，在沙土，黄土，重盐碱土上都可栽植，花繁叶茂，气味芳香，花期长达 1 月之久，成熟果实含糖量 20%，酸甜可口、风味独特、色泽鲜艳、形态美观、营养丰富。适宜于生食和加工成果酒、果酱、糖水罐头等产品。含有丰富的糖、有机酸、16 种氨基酸、多种维生素和多种矿物质及特殊芳香成份，尤其是 Vc 含量高达 180mg/100g，具有很高的营养价值和药用价值。新产品醋栗果汁奶茶是一种混合果汁奶风味的新型蛋白保健饮料。茎内皮和果实入药，性甘，清热解毒，可治疗肝炎。叶可作盐渍调味剂。炎夏酷暑，正值果实成熟之季，红果似灯笼悬挂于绿叶之间，经久不落，随风摆动，别有情趣，摘取品食，口感甜绵，不论作为园林绿化庭院观赏或是经济果木栽培，均不失为优良树种。

二、形态特征

醋栗株高 70~80cm。干皮褐色，有细刺皮灰色，节间叶柄基部外缘生 1~3 硬刺，叶互生，叶片宽卵形，叶缘具粗锯齿，表面光滑；芽灰色至褐色，花 1~3 枝着生于 2 年生以上枝节短果枝叶腋处，绿色；果实为浆果，椭圆形至圆形，果萼宿存，绿色、黄色，成熟时紫红色，果肋 10 条，果实长 0.8~1.6cm，花期 4 月下旬~5 月上旬，果实成熟期 6 月下旬~8月下旬。

我国引种和栽培的同属植物还有以下几种：

黑果茶藨（*Ribes nigrum* L.）　又名黑加伦或黑穗醋栗　叶近圆形，花白色，花序具花 4~10，果实近球形，径约 1cm，黑色。花期 5~6 月，果期 7~8 月。

刺李（*Ribes burejense* Fr. Schmidt）　叶近圆形，花 1~2，淡红色，果球形，径约 1cm，绿色，皮黄褐色长刺。花期 5~6 月，果期 7~8 月。

天山茶藨（*Ribes meygeri* Maxim.）　叶近圆形，长 8~9cm，裂片尖或钝、无毛；花序长 3~5cm，淡红至淡紫色。果球形，黑色。花期 6~7 月，果期 8 月。

美丽茶藨（*Ribs pulchellum* Turcz.）　灌木，高 1~2m。小枝褐色，叶基具小刺一对。叶圆形，掌状 3 深裂。总状花序，红色。

三、分布区域

醋栗广布欧亚两洲及北非。我国西北地区各省均有分布。陕西分布于秦岭、巴山地区、黄龙、桥山、关山林区、陕北甘泉、安塞、关中长安、眉县、太白山、周至、华阴等地，垂直分布海拔 850～2750m。甘肃分布于迭部、徽县、成县、文县、康县、卓尼、两当、榆中、永登、祁连山、兴隆山，小陇山等地，垂直分布 1200～2800m。宁夏分布于六盘山，贺兰山。青海分布于黄南、果洛、玉树、门源、大通、湟源、循化、化隆，祁连、兴海、曼达、互助、海东、海南、玛沁、久治以及大通河流域、皇水流域，垂直分布 2200～4000m。新疆分布于在天山、昆仑山、阿尔泰山、哈密山区及伊犁、青河、富蕴、福海一带，垂直分布海拔 1600～4100m。

此外，我国东北、华北、华东、西南、华中也有分布。前苏联、蒙古、朝鲜、日本亦产。

四、生态习性

醋栗生态适应幅度大，垂直分布可高达海拔 4040m，耐寒力极强，能忍受 −37℃的极端低温，在年均气温 −0.2℃，气温年较差为 31.9℃，最冷月 1 月平均气温为 −16℃，月平均气温低于 0℃的时间持续 6 个月，冬季长达 7 个月之久，气温低于 −30℃的极寒天数有 3～7 天，无霜在 80～108 天，年降水量 200～1114mm 气候条件下亦能适应。黑穗醋栗的物候期，在定西地区 4 月初芽膨大，4 月中旬展叶，4 月下旬现蕾，5 月开花，1 个花穗开放 8～10 天，7 月中旬果实成熟，10 月中旬至 11 月上旬落叶进入休眠。

醋栗耐荫性强，多生于林下疏林、林缘和溪流两岸，在草地石隙中也能生长。醋栗 3 年生植株由多年生根系和 5～8 条主干组成灌木丛，主干干径 1.0～1.8cm，长 30～50cm，春季从主干下部隐芽或主枝顶芽抽发出萌生枝。3 年生株丛，主干 5～8 条，二次枝 17～25 条，第三年新生侧枝 40～50 条。在 2 年生以上长枝上形成结果短枝，初期单株产量 520g。

五、培育技术

（一）育苗技术

醋栗可用种子、扦插和根蘖等方法繁殖，以扦插育苗简便易行。

1. 扦插育苗　插穗剪取，剪条时间一般以前一年 11 月上旬或当年 3 月下旬为宜。特别要注意种条的木质化程度，木质化程度高的插穗要比木质化差的插穗，扦插成活率高 17.3%。选择树干基部萌生的 1 年生条最好。插穗长 18～20cm，质量好的枝条，插穗长 10～15cm 也可，上切口应高出插穗上部第 1 个芽 1.0～1.5cm，下切口呈马蹄形。秋季剪穗后用温水浸泡 1～2 天，软化皮层，然后用湿沙堆藏，以贮藏 2～3 月为宜；春季剪穗时，用凉水浸泡 5～7 天，每天换水 1 次，即可用于扦插。为了促进插穗生根，可用吲哚乙酸（IBA）或萘乙酸钠（NAA）30μL/L 浸泡插穗 2h，可使成活率较对照提高 20.9%。

（1）扦插时间　温暖地区一般 3 月中、下旬即可扦插，寒冷地区可在 4 月下旬至 5 月上旬扦插。株行距 20cm×30cm，插穗露出地面 2～3cm，用脚沿插穗两侧踏实土壤，及时浇 1 次透水。

（2）苗期管理　醋栗扦插生根较迟缓，扦插后要每隔 5～7 天灌 1 次水，经常保持苗床湿润。苗木开始生长后，及时松土除草。7 月上旬和 8 月上旬分别施 1 次追肥，每亩施尿素 10kg，扦插当年苗高可达 80～120cm，即可出圃栽植。

2. 压条育苗　压条育苗有水平压条和直立压条两种方法。水平压条于 4 月中旬至 5 月上旬，将基生枝摘心，随后压至与地面相平并固定，待基部萌发的新梢长到 20cm 时，在基部培土埋住新梢的一半，到 6 月中旬新梢生长一段时间，可再培土 1 次，至秋季或翌年春季将形成的带根新株分开即成新苗。直立压条是在直立枝的基部培土压条，或在早春将枝条从基部的 4 ~ 5 个芽剪断，使其多发分枝，当新枝长到 15cm 时，在基部培湿土，高 7 ~ 8cm，以后随新枝的生长，继续培土，到秋季与母体切离即可获得一带根新苗。

3. 播种育苗 7 ~ 9 月采种，待采回的果穗腐熟变软后捣碎，经多次漂洗去掉果肉与果皮，将种子阴干后去杂，即可得纯净种子。播前 2 个月进行催芽处理，将种子水浸 1 ~ 2 天，混湿沙置于 10 ~ 25℃温度下 1 个月左右，然后转入 5℃左右的温度下 10 ~ 20 天大部分发芽即可播种。在作好的苗床上顺行条播，行距 25 ~ 30 cm，播种量 $50g/10m^2$，覆土 0.5 cm 左右，压实土壤。由于种粒较细小，播后须保持床面湿润。当苗木长出 3 ~ 4 条须根时间苗。当年苗高可达 10 ~ 25 cm，最高达 35 cm，留床再培育 1 年可出圃栽培。

（二）栽培技术

1. 选地与栽培 醋栗一般采用植苗造林。可选择半阴坡、半阳坡或立地条件好的阳坡作为栽培地。造林前采用反坡台田整地或穴状整地，株行距 1.0m × 2.0m，如建果园，株行距 1.0m × 2.0m，或 1.5m × 2.0m，穴内施底肥。造林前苗木可用杀菌剂喷洒消毒，防止白粉病发生。为了促进基部多发基生枝，在定植时要深植斜栽。寒冷地区 4 月下旬 ~ 5 月上旬栽植，温暖地区可提前一个月。栽植当年高生长 30 ~ 55 cm。6、7 月分别松土除草 1 次，6 月下旬至 7 月上旬施肥 1 次，每丛施农家肥 6 ~ 8kg。果园经济林栽后立即浇 1 次定根水，6 月灌 1 次坐果水，7 月浇 1 次催果水，10 月下旬灌 1 次封冻水。

2. 整形修剪

（1）夏季修剪 夏季以除萌为主，保持基生枝 6 ~ 8 个，剪去徒长枝、病虫枝、干枯枝，改善通风透光条件。

（2）休眠期修剪 植后第二年选 2 个较强壮基生枝，短截 1/4 左右，为下一年培养具有大量花芽的结果枝。第三年选留 7 个左右的基生枝，其中隔一定间距选 3 ~ 4 个基生枝短截 1/4，并疏去过密而细弱的基生枝。第四年选留一定间隔生长强壮的基生枝 7 ~ 8 个，其中 4 ~ 5 个短截 1/4，并保留 2 年生枝 5 个左右，3 年生枝 3 ~ 4 个，疏去过密而细弱的基生枝、衰弱的多年生枝。第五年株丛已进入盛果期，保持基生枝 7 ~ 8 个，2 年生枝 5 ~ 6 个，3 年生枝 3 ~ 4 个，4 年生枝 1 ~ 2 个，疏除大部分 4 年以上的老枝，使形成具有 20 个左右不同年龄组成的株丛。以后盛果期的修剪，各类枝总数以不超过 25 个为宜。

3. 果实采收 7 ~ 8 月果实成熟，应即时采收，采收时，将果实暂时堆放在荫凉干燥处，堆放高度以浆果不被压坏为度，堆放时间不超 12h 应立即送加工厂加工，或采收后，分装入果盘（碟）内，覆以消毒的薄膜，立即送市场出售。

4. 埋土防寒 土壤封冻前，黑穗醋栗的植株需埋土防寒。埋土前扫净枯枝落叶，然后再在株丛基部垫土，把枝条拢在一起平放地面，用细碎净土整株封埋，埋土厚度以能盖封严即可。翌年春季芽萌动前启封防止损伤枝条。

六、病虫害防治

1. 叶斑病（*Pseudopeziza ribis* Kleb.） 危害叶片，影响生长与结实。
防治方法：喷洒 300 倍多菌灵乳剂或 800 倍甲基托布津粉剂，效果好。

2. 醋栗蚜虫（*Aphis grossulariae* Kltb.）　危害嫩枝叶及嫩芽。

防治方法：7 月份喷洒 1500 倍灭蚜威。

（杨江峰、罗红彬）

拐　枣

别名：北枳椇、金钩子、鸡距子、鸡爪梨、甜半夜
学名：*Hovenia dulcis* Thunb.
科属名：鼠李科 Rhamnaceae，枳椇属 *Hovenia* Thunb.

一、经济价值及栽培意义

拐枣载于《唐本草》，既是重要的药用树木，又是优良的观赏树种，也是我国特有的珍贵稀有植物。树皮、根皮、叶、木汁和种子均可入药。果实含大量葡萄糖、苹果酸钙、硝酸钾等。果柄含蔗糖24%、葡萄糖9.25%、果糖7.92%，树皮含鼠李碱、枳椇碱、木质部分含二羧酸三萜类化合物为枳椇酸、木汁含拐枣酸。拐枣肥大肉质果柄，为优质水果，含糖分30%～40%，味甜可食和酿酒，健味补血、通大便、润五脏、浸制的酒治风湿。种子甘平，清热利尿、止渴、除烦、解酒毒；树皮及根皮，温涩，舒筋活血。木材心材红褐色至深红色，边材黄色或黄褐色，木质硬度适中，不易反挠开裂，纹理美丽，切面光滑，有花纹，易加工，油漆后光亮，粘胶容易，耐腐力强，亦耐火，可作家具、桌面板、车船、雕刻、细木工、室内装修、农具、建筑等用材。军工上可制枪托。又因树姿美观，干形通直，绿叶繁茂，是理想的园林绿化树种。

二、形态特征

落叶齐木，高达25m，直径可达1m，小枝红褐色。叶互生，广卵形，长8～15cm，宽6～8cm，先端渐尖或长尖，边缘有锯齿，三出脉，在基部叶柄间有腺体数枚。复聚伞花序腋生或顶生，花杂性同株。果实圆形或广椭圆形，生于肉质肥厚扭曲的果梗上。种子扁平，红褐色。花期5～7月，果期8～10月。

三、分布区域

陕西秦岭、巴山南北坡各县，陕北黄龙山、桥山林区，关山林区以及安塞、志丹海拔1000m以下的沟边、路边、山谷及林间均有野生和栽培。甘肃产文县、武都、成县、康县、小陇山海拔1000m以下。山西产中条山阳城、沁水、垣曲等县海拔650～1200m。河北产易县、北京产房山区、昌平区。此外，分布山东、河南、安徽、江苏、江西、湖北、四川等省区1400以下地带。日本、朝鲜也有分布。

四、生态习性

拐枣适应性很强，能耐寒，分布区西界小陇山年平均气温9.6～10.9℃，1月平均气温-2.4～-3.5℃，7月平均气温21.3～23.0℃，极端最低气温-17.5～-26.0℃，年平均降水量486.6～531.0mm，年平均蒸发量1420～1657mm，年日照时数2032～2177h，对土壤要求不严，在微酸性、中性土及石灰岩山地均能生长。萌芽力强，生长较快，具有良好的更新

能力。

喜光树种，不耐庇荫。栽后 5～6 年开花结实。栽植在温暖湿润的宅旁的 14 年生拐枣，树高 14.5m，胸径 38.0cm，冠幅 12.0m²。陕西临潼县马额镇南刘村龙河沟一株 100 年生的老拐枣，年产拐枣 300kg，1997 年大旱之年，产量仍如往年。

五、培育技术

（一）育苗技术

1. 播种育苗 10 月采下成熟果实，晾干后揉搓果壳筛出种子，种子千粒重 17～28g，每 2.4～5.8 万粒/kg，发芽率 12%～20%。可行湿沙贮藏，翌年 3 月取出种子，放在向阳处，上覆塑料薄膜或湿麻袋，进行催芽。随即整地作苗床，开沟条播，沟距 30cm，每亩播种量 3～4kg 种子。覆盖细土 1.0～1.5cm，最后盖草，待出苗后逐步揭去。适时间苗、补苗，保留苗木株距 10～15cm。当年要中耕除草 3～4 次，施追肥 1～2 次（人粪尿或氮肥），1 年生苗高平均 50cm 以上，最高可达 150cm。每亩可产苗 1.2 万～1.5 万株，冬季落叶后或翌春将当年生苗移栽 1 次，以促使多生侧根，以利成活。如系园林绿化用苗，移栽后，培育 2 年，每年松土、除草 2～3 次，施追肥 1～2 次，移后第三年即可出圃栽植造林。

2. 根插育苗 秋后或早春将苗圃地掘苗后遗留在土中的残根挖出，或在距大树根际 1m 以外处开沟掘取根条，选出粗度 0.5～1.5cm 的根段剪成长 10.0～18.0cm 的根插穗，然后在已整好的苗床开沟或钻孔扦插，踏实土壤，使根土密接，随即浇 1 次透水，苗期中耕除草 2～3 次，施追肥 1～2 次。当年苗木可长到 1m 高，即可栽植。

（二）栽培技术

1. 林地选择 拐枣虽然在高山、平地都能种植，但以气候温和土壤湿润肥厚、排水良好的立地条件生长最好。可选择浅山丘陵，山谷沟边等处造林，亦可在庭园四旁栽植，笔者 2004 年 4 月在河南洛阳王成公园游览考察时，对园内栽植的几株拐枣进行了量测，树龄约 30 年左右，树高 15.5m，胸径 32.0cm，冠幅 6.0m，据管理人员讲，这几株拐枣年年都结实累累。树姿美观，枝叶秀丽，秋天红棕色的果柄果实缀满枝头，分外吸引游人。

2. 栽植与管理 拐枣以植苗为主，春秋均可栽植，以经营经济林为主，株行距 6m×7m 或 7m×8m；用材林株行距 3m×3m 或 3m×4m；庭园栽植株距 6～7m。挖大穴，直径 1m，深 50～60cm，造林后，每年春秋都要扩穴松土，除草施肥 1～2 次，郁闭后，可减少管理。注意修除过密的内膛枝、徒长枝、病弱枝，以便集中养分，利于主侧枝生长。

3. 加工贮藏与利用 拐枣定植 5 年后逐渐开花结实，每株年产可食果梗 100～150kg。10～11 月间果实成熟时连果柄采下，晒干，碾碎果壳、筛出种子。树皮四季可采，但以夏季剥皮为佳。根皮全年可采，选部分较粗侧根挖起，洗净剥皮，晒干备用。拐枣叶在未落叶前采收。

（罗伟祥）

冬凌草

别名：碎米桠、冰凌草、六月令、山荏

学名：*Rabdosia rubescens*（Hamsl.）Hara

科属名：唇形科 Labiatae，香茶菜属 *Rabdosia*（Bl.）Hassk.

一、经济价值及栽培意义

冬凌草具有较高的药用价值，其栽培利用的经济效益十分显著。因系多年生植物，当年种植即可当年收益，且可连续利用。冬凌草全株入药，仅出售原料，种植第一年即可收入 9000 元/hm^2，第二年收入可超过 18000 元/hm^2。冬凌草药用效果表现在抗肿瘤作用强，是攻克人类疾患之最——癌症的一种武器，并具有明显的抗菌抗炎等作用。冬凌草性味甘、苦、凉，有清热解毒、活血化淤的功效。本品全株粗制剂临床疗效观察，对食管癌、贲门癌、肝癌、乳腺癌、直肠癌有一定缓解作用。且可防治放疗的副反应、急、慢性咽炎、扁桃体炎、腮腺炎、气管炎、慢性迁延性肝炎等。还可治感冒、头痛、关节炎、风湿性筋骨痛。

据张覃沐教授介绍，日本对此很感兴趣，于 20 世纪 60 年代末至 70 年代初对该属中 2 种进行过抗肿瘤研究，但由于资源馈乏，没有形成开发规模，目前，正与我国进行合资研究。美国近年来已开始研究将冬凌草应用于艾滋病防治方面。我国如能深化冬凌草的开发研究，其产品就可直接进入国际市场，出口创汇，产生更大的经济效益和社会效益。目前，国内的冬凌草产品主要有冬凌草片、冬凌草糖浆以及以冬凌草为主要原料的"中国冰凌茶"，其产品功效肯定，市场较好，效果明显。冬凌草又是一种很好的密源植物，其花粉药用价值高，花期特长，8～10 月开花，此期正值花源缺少，因此，作为密源植物栽培利用，开发"冬凌草蜜"前景广阔。又因花色美丽，花期持久，用于园林绿化栽培，别有一番景致。

冬凌草保持水土、涵养水源的作用也很显著，截持降水量为 10.2～32.6t/hm^2，枯落物持水量为 12.6t/hm^2，覆盖度为 80% 的中年生冬凌草坡面，比荒坡土壤侵蚀量可减少 88.1%。覆盖度为 60% 的 1 年生冬凌草缓坡，土壤侵蚀量较空旷地减少 48.5%，径流量减少 36.1%。我国冬凌草资源远远不能满足市场需要，加快栽培速度，开发冬凌草的系列产品有着广阔的前景。

二、形态特征

冬凌草属半灌木或多年生草本植物，高 30～100cm。基茎部木质化，近圆柱形，上部四棱形。叶对生，菱状卵圆形，长 2.6cm，宽 1.5～3.0cm，先端渐尖，基部楔形，骤然下延成假翅，边缘有粗锯齿。伞房花序 3～5 花，着生于茎枝上部叶腋。花萼钟形，常为紫色，萼微呈二唇形，上唇 3 点，中唇略小，下唇 2 点稍大而平伸；花冠淡蓝色或淡紫红色，雄蕊及花柱伸出。小坚果倒卵状三棱形，褐色无毛。花期 7～10 月，果期 11 月。

同属还有腺花香茶菜（*Rabdosia adenantha*（Diels.）Hara）　半灌木，茎斜向上升，高 15～40cm，叶中脉在上面微下陷，下面显著隆起，聚伞花序，冠筒二唇形，上唇外翻，下唇内凹，雄蕊下倾内藏，花期 6~8 月，果期 7~9 月。

三、分布区域

西北地区的陕西秦岭、巴山地区均有分布，生于海拔 400~2500m 的山坡、山谷、路旁及灌丛中；甘肃分布于文县、武都、康县、两当、徽县，迭部等地，海拔 800~2400m；青海（腺花香茶菜）分布于玉树、果乐海拔 3000~3700m 的山坡及林缘。

此外，河南、山西、山东、四川、云南、贵州也有分布，生于海拔 1000m 以下的中低山丘陵的沟谷荒坡及疏林地。

四、生态习性

冬凌草适应性强、耐旱、耐寒、耐瘠薄，在 -20℃ 低温条件下能安全越冬；在干燥、贫瘠的阳坡，当土壤含水量仅在 3.9%~4.6% 时仍能正常生长；在岩石裸露的坡面、山脊、干旱的沟谷及石隙中均可健壮生长，无论是石灰岩、砂页岩、片麻岩及混合花岗岩山地均有其分布。冬凌草种子易于传播，根蘖力强，天然更新良好，自然群落保持相对稳定。而以土层深厚、水分条件较好的阳坡、半阴坡群落生长繁茂，覆盖度较大。同样条件下，阴坡生长的植株较阳坡高 20~40cm。

冬凌草根系发达，呈水平状纵横交错于 0~40cm 土层内，构成密集的根网，增强了土壤的抗蚀性能。1 年生冬凌草平均根幅 0.82m，平均垂直深入 0.44m，2 年生的根幅 1.23m，根深 0.5m。在 0~10cm 的土层中，1 年生和 2 年生的根系分布占 76.2% 和 81.7%，能有效地阻止小侵蚀沟的形成和下切。1 年生野生冬凌草地上部分生物量平均为 3000kg/hm^2；人工栽培的 1 年生冬凌草植株高 40~80cm，生物量为 3000~6000kg/hm^2，2 年生以上植株高 70~130cm，生物量达 9000kg/hm^2。

五、培育技术

（一）育苗技术

1. 播种育苗 冬凌草花果期长，果实成熟期不一致，采种较为困难，种粒小，饱满率较低，表面又被油质，出苗率较低，播种育苗应掌握以下环节。

（1）采种调制 选生长健壮、无病虫害的优良单株作采种母树。对发育成熟的种子及时采收，尔后阴干。由于种子粒小，采集的种子杂质多，应进行筛选和水选相结合的办法，先将种子用力揉搓，然后用 5mm 孔径过筛，用 0.5% 洗衣粉搓洗脱脂，最后进行水选以得净种。

（2）种子处理 用 45℃ 左右的温水浸种 24h 或用 ABT1 号生根粉或 ABT2 号生根粉 100μg/g 的浓度浸种 1h 后进行播种。

（3）播种方法 冬、春季均可播种，但冬播效果较春播更好，在已作好的苗床上采用条播法，行距 15~20cm，顺行开沟，均匀撒于沟内，覆土厚 1~2cm，以疏松的腐殖质土为宜。播种量为 15.0~22.5kg/hm^2。

2. 扦插育苗 6~8 月份采集冬凌草枝茎（中部、基部），剪成长 10~15cm 的插穗，每个插穗带 3~4 片叶（具 2 个节间），上端剪口距第一叶片 1.0~1.5cm 处平剪，下剪口在节处平剪，剪口要平滑，剪好的插穗先放入清水中浸泡 2h，然后在 50~100μL/L 的 ABT1 号生根粉溶液中浸 0.5~1.0h 后扦插。

春季，在塑料大棚沙床开沟，扦插深度 4~5cm，大田扦插深度 6~7cm，行距 20cm，株距 5~8cm，空气相对湿度保持在 80%~90%，温度控制在 30℃以下。也可用小枝（半木质化）插穗，7~8 月扦插，效果也好。

3. 根蘖育苗

（1）截根育苗 冬末春初，选 2 年冬凌草健壮植株，挖出根条，剪成 7~10cm 的根段，按行距 20cm 开沟，将根段平放于沟内，覆土 3cm 左右，压实浇水。

（2）分蘖繁殖 土壤结冻前和解冻后，挖取丛生植株，然后分根，使每株带 2~3 个根芽，开沟、放苗、覆土、夯实、灌水，株行距 10cm×20cm。幼株生出后，锄草、松土、灌水。

（二）栽培与管理

1. 选择适地 冬凌草适应性强，在山坡、沟谷、缓坡耕地、梯田地埂、灌丛疏林地均可人工栽培。

2. 适时早栽 由于冬凌草发叶较早，植苗移栽最宜于在早春 2 月进行。营造以保持水土为主的片林，株行距为 0.4m×0.6cm；林药间作的株距为 0.6m；以药为主的栽培园，株行距 1.0m×1.0m，每穴 2~3 株。整地规格为 40cm×30cm×25cm，成活率可达 90%以上。

3. 抚育管理 栽植第一年管理主要是除草、松土，处于缓苗期，生长中庸，当年植株可达 80cm；第二年生长加快，植株高可达 130cm。第三年萌生能力较强，开始郁闭，需加强管理，为提高产量，第四年春季需与隔株挖根进行抚育复壮。

为了保证人工栽培冬凌草较高的药用价值，并防止药源污染，栽培成活后一般不进行水肥管理，也不采用化学农药防治病虫害。

（罗伟祥、土小宁）

三叶木通

别名：八月炸、八月瓜、活血藤、野木瓜、山茄子

学名：*Akebia trifoliata* Koidz.

科属名：木通科 Lardizabaiaceae，木通属 *Akebia* Decne.

一、经济价值及栽培意义

三叶木通是药材观赏兼用的落叶木质藤本，既可用于水果，又可用作药材，同时由于其茎蔓柔软多姿，花期长达 2 个月之久，是绿化的稀有树种，具有很好的观赏价值。三叶木通果实营养丰富，果肉内含有多种营养成份，蛋白质含量 0.98g/100g、总糖 13.6 g /100g、有机酸 3.17g/100g、脂肪 0.13 g /100g、游离态氨基酸 411.1μg/100g、钙 242μg/100g、铁 6.4μg/100g、Vc84mg/100g。果肉除鲜食外，还可酿酒、制醋、制饮料，果实、茎、叶、根亦可入药，果实含木通皂甙、齐墩果酸、鼠李糖甙和多种钾盐；茎含木通皂甙；叶含槲皮素、咖啡酸、对香豆酸、齐墩果酸及山查奈醇，种子含脂肪油，主要为油酸、亚油酸，并含少量醋酸。含油量 43%，可榨油，供食用及工业用。茎皮可提取纤维。作药用性甘温，苦寒，能疏肝补肾、理气止痛、清热利尿、通经活脉、行水泻火、止血止带，能治风湿关节疼痛、跌打损伤、睾丸肿痛、子宫脱垂、肝癌和消化道癌肿，水浸液能抑制肝癌及肺癌，具有一定的疗效。可作为多种药剂的配方，茎叶也可制农药，加水煮沸后能杀棉芽虫、马铃薯晚疫病菌孢子。

作观赏栽培可用作绿墙，棚架，也可制作盆景，春夏观花，秋季赏果。

二、形态特征

落叶缠绕藤本，高达 6m 或更高，多年生枝蔓灰黑色，皮孔明显，椭圆形，1 年生枝蔓灰色，被蜡层，每节有 3 个芽体，中间为主芽较大，二侧为副芽，较小。新梢有短缩枝和非短缩枝，非短缩枝有枯顶现象，故无次芽；掌状复叶，叶柄长 7～10cm，广卵形或卵形。先端微缺，基部常圆形或截形。边缘浅裂或成波状锯齿或全缘。花雌雄同株，下垂总状花序，长约 8cm，完全花，雄花淡紫色，居上部有 20～50 朵小雄花。花栗红色，居下部有 1～2 朵大雌花，直径 1.0～2.5cm，侧膜胎座，胚珠多个。果实为肉质浆果椭圆体状微弯，紫红或黄褐色。

三叶木通

长 8.0～11.0cm，宽 6.2cm，单果重 98g，果肉占果重的 25%。种子黑色或红棕色，扁圆形，直生，花期 4～5 月，果期 7～8 月。同属的还有：

木通 [*Akebia quinata*（Houtt.）Decne.] 掌状复叶，有 5 小叶；小叶为卵形至卵状长圆形，全缘或近全缘，雌花直径达 3cm。

白木通 [*A. trifoliate* subsp. *australis*（Diels）T. Shimizu.] 小叶革质，全缘，卵形。

多花木通（*A. quinata* Decne var. *polynhlla* Nakai） 老枝红褐色，小叶 7 片，全缘。

三叶木通虽然经济利用价值大，但长期野生尚未开发的主要障碍是籽多（占鲜果重9.5%）、皮厚（占鲜果重56.9%）和鲜食率低（44.6%左右）。野生三叶木通用人工方法培育出三倍体。籽多、皮厚和可食率低的缺陷会有较大的改进。为此，对三叶木通根尖秋水仙素诱变，芽期根尖抗旱性变异进行了研究，试验表明，400~800μL/L浓度的秋水仙素处理0.5~1.5cm的三叶木通根尖3~4天，根尖膨大株率高达36.0%~51.3%，经过秋水仙素诱变发生根尖膨大突变单株，芽期抗旱率显著提高，3天抗旱性锻炼后，有无根尖突起的2个处理复活株率分别为97.0%和24.7%，再复水12h后，有无根尖突起的2个处理复活株率分别为100%和30%。

三、分布区域

广布于长江流域各省，西自四川、云南，南至广东、广西，东至东南沿海各省，北至吉林。

西北地区分布于陕西秦巴山地、关山和黄龙、桥山林区，秦岭南坡凤县辛家山海拔1500m左右，秦岭北坡太白山、南五台、楼观台海拔800~2000m，陕北林区840~1400m。甘肃分布于天水、小陇山、舟曲、文县、武都、康县等地800~2100m。北京有栽培。

四、生态习性

喜光稍耐荫，多生于山坡、山沟，溪旁路边半阴湿地等处的乔木与灌木疏林间。向阳山坡也有生长。能适应微酸性土、中性土和微碱性土，在山地褐土、褐色森林土、棕色森林土、黄土性土上生长良好。

分布在西端天水小陇山，气候条件为：年平均气温8.0℃，1月均温-3.0℃，7月均温19.7℃，极端最低气温-16.0℃，极端最高气温29.7℃；平均降水量840mm；年日照时数1200~1600h。

在太白山海拔1300~1900m间，三叶木通是锐齿栎林的层外植物。与乔木青榨槭（*Acer davidi*）、四照花，灌木红花绣线菊、黄栌、胡枝子、杭子梢、卫矛等混生。

在西北地区一般3月中旬开始萌芽，3月下旬至5月上旬开花，花期长达2个月，叶幕形成在4月底至5月初，幼果速生期在5月下旬，7~8月果实成熟，成熟时果皮沿腹线开裂，乳白色果肉外露，仅背缝线处果肉与果皮相连。

三叶木通树冠可截留降雨，枝叶持水率为24.8%~27.0%。据在厚层土中三叶木通林地测定，枯枝落叶厚度2.5cm，枯落物干重13.20t/hm²，可吸水37.79t，三叶木通主根深0.67~0.90m，水平根发达，最长根达2.12~2.85m，根幅为2.26~3.75m，根鲜重1.92t/hm²。根系的这种特性对固结土壤减少表层冲刷作用很大。

五、培育技术

（一）繁殖技术

三叶木通主要用种子繁殖，可在果实开裂时采收种子，除去果皮，搓洗干净，及时秋播。春播的种子需要与湿沙混合，堆藏，于翌年3~4月播种，开沟条播，按行距30cm开沟，将种子均匀播入沟内。播后盖薄层草木灰，然后覆细土1.5cm左右。播种量75kg/hm²。当幼苗开始长出蔓茎时定苗，每隔6cm留1株，在幼苗期，用带枝的小竹条或小树枝条插入行间，供其攀援或搭架绑蔓，2年后移栽。

分根繁殖：此法宜在早春挖取老株四周的幼苗，进行移栽，压条宜在夏秋季（9～10月）进行，选取1～2年枝蔓，弯曲埋入土中，1个月后即可生根。待生根后剪断或与老株的联结部，另行分栽，扦插一般在土壤解冻后进行。

（二）栽培技术

选择山坡下部，沟谷两侧，土层深厚湿润地段或在庭园、四旁栽植，株行距2m×2m，2m×3m或株距3m开穴，在2～3月进行栽植，在山麓厚层褐土立地条件下，4年生平均高4.07m，地经2.4cm，每丛分枝数5。可与杜梨、栓皮栎、辽东栎、黄栌等混交（隔行或隔株）。

三叶木通开花、叶幕形成、新梢生长同时进行，花后又为幼苗速生期，需要消耗大量养分，故花前应施足肥水。在果实膨大期，增施磷钾肥，可促进果实成熟。在花粉开裂时加强异花授粉，因此时花粉生活力最高。在花期后稍加遮光，防雨淋，以提高坐果率。

由于主要以顶花芽结果为主，宜疏剪，应尽量少短截或不短截缩短枝。果实开裂后不易采收，贮运，因而最好在未开裂或微裂时采收。

（罗伟祥、土小宁）

油　松

别名：松树
学名：*Pinus tabulaeformis* Carr.
科属名：松科 Pinaaceae，松属 *Pinus* L.

一、经济价值及栽培意义

油松系松科松属常绿针叶树种，是西北地区最主要的优良乡土树种之一，也是山地沟壑营造防护林（水源涵养林、水土保持林）、用材林的优良树种。又因油松树形美观，树体高大，四季常青，是城市园林绿化和名胜古迹风景林的好树种。油松用途广泛，不仅被称为用材植物，还是药用植物、芳香植物、树脂及树胶类植物、鞣料植物及观赏植物。它的综合利用价值很高，其木材致密，材质坚韧，富有弹性，耐腐力强，宜作房屋建筑（房架、柱子、地板、墙板）、桥梁、电杆、枕木、矿柱、桩木及家具（箱柜、桌椅）、农具及日常用具、包装箱用材，尚可用于工业造纸及纤维板等纤维工业原料。其树体富含松脂，可供采脂，提炼松香、松节油。针叶可提取挥发油，油残渣可提取松针栲胶，将提取过挥发油和栲胶的松针残渣发酵后可用于制酒精和饲料添加剂（每100kg可制得干饲料65kg），对家畜家禽的生长发育有促进作用。松针也是制造 V_C 和胡萝卜素的好原料。油松种子含油率30%～40%。此外，松花粉（含淀粉20%）外用为撒粉剂，可防治汗疹，也可作创伤止血剂，更是高级营养保健品。

由此可见，大力营造油松林，不仅具有较好的经济效益，而且在再造山川秀美的西北地区以及自然环境建设中都具有极为重要的现实意义和长远的经济意义。

二、形态特征

常绿针叶乔木，树高可达30m，胸径达1.8m，树冠塔形、卵圆形或圆柱形。孤立木，老龄树树冠平顶或呈伞形。树皮灰褐色、黄褐色、灰黑色或红褐色。树皮为龟裂、纵裂、片状剥落等形态开裂。大枝平展，1年生枝淡红褐色或淡灰黄色。针叶2针1束，长6.5～15.0cm，径约1.5mm，粗硬有细齿，树脂管约10个，边生，叶鞘宿存。雌雄同株。球果卵圆形，长4～10cm，成熟时暗褐色，常宿存树上长达6～7年之久，鳞盾肥厚，横脊显著，鳞脐凸起有尖刺；种子卵形，长6～8mm，翅长约1cm，黄白色，有褐色条纹。子叶8～12。花期4～5月，翌年9～10月种子成熟。

油松在自然演化和栽培过程形成一些变种和变型

变种有：①红皮油松（*Pinus tabulaeformis* Carr. var. *rubesensis* Uyeki），树皮为红皮。②黑皮油松（*Pinus tabulaeformis* var. *mukdensis* Uyeki），树皮为黑灰色，皮厚，呈纵裂。

变型有：①细皮油松（*Pinus tabulaeformis* Carr. f. *leptodermis* Sung），树冠窄，干形直，枝条细，树皮薄（1.1～1.5cm），呈龟裂状'开裂'，松脂少。②粗皮油松（*P. tabulaeformis* Carr. f. *pachtdermis* Sung），树冠宽，干形曲，枝条粗，树皮厚（1.8～4.1cm），粗糙，

呈条状'开裂'，松脂多。

笔者曾在黄龙山进行油松生态学特性调查时，也发现油松有疏枝型和密枝型之分，两个类型的光合速率也有差异，前者高于后者。

三、分布区域

油松适应性强，分布广，北界为贺兰山、乌拉山、大青山，东部为太行山，西部为祁连山，南界为秦岭、巴山以及岷江流域和白龙江流域。

油松在西北地区分布于陕西秦岭海拔1000～2000m，关山、黄龙山、桥山1000～1700m。宁夏贺兰山为海拔1900～2600m、罗山及六盘山1800～2200m。在甘肃陇东子午岭为1400～1700m，在陇中南部小陇山1000～2000m，西部永靖巴米山为2400～2600m，甘北昌岭山为2300～2700m，哈思山为2200～2700m。这一区域已属荒漠草原地带，油松多分布在阴坡、半阴坡。在青海孟达林区（循化）分布于海拔1950～2600m，在祁连山林区

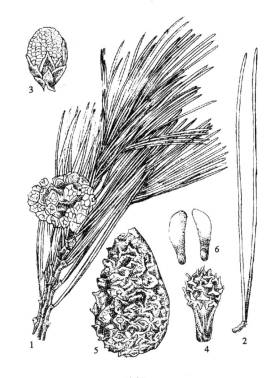

油松
1. 球果枝 2. 一束针叶 3. 雄球花
4. 雌球花 5. 球果 6. 种子

（门源）分布于2700m上下，青海贵德是油松天然分布的最西点。新疆伊犁、喀什、和田等地区有人工栽培。

四、生态习性

油松属温带树种，抗寒性较强。油松分布区的东北部和北部，极端最低温度可达 −30～−35℃，但幼龄树木易受寒害。油松分布区的年平均气温在2～14℃之间，1月平均气温在−16℃～0之间，1月最低气温在−20℃～−4℃之间，7月平均气温13～25℃，温暖指数30～98。油松最适生长地区的年平均气温为6.0～12.0℃，年降水量500～1000mm。

油松对大气干旱有一定的适应能力。油松针叶角质层发达，表皮细胞壁强烈木质化和增厚，气孔下陷以及叶表面/叶体积之比很小，有利于限制水分的消耗。天然林分布由北亚热带常绿、落叶林地带直到温带草原地带，甚至在荒漠地带的较高山地也能生长。油松蒸腾强度较低，在年降水量300mm的地方，也有一定适应能力。

油松属阳性树种，喜光，在混交林中常居于第一林层。幼苗期稍耐庇荫，在郁闭度0.3～0.4的林冠下，天然更新良好，但随年龄的增长对光照的需求也愈强烈。4～5年生以后，如过度庇荫则生长不良，甚至枯死。

根系发达，对土壤要求不苛，油松1年生苗主根可达67cm，2年生主根可达116cm，15年生以上主根可达3m以上，侧根可达7m，油松对土壤肥力要求低，能在各种土壤上生长，在薄层土及多石坡地，常形成以发达的水平根系为主的浅根系。根系遇到石砾受到机械阻力，则绕过石砾而屈伸前方，并变得很细，最适生于森林棕壤、褐土及黑垆土以及深厚肥

沃，通气良好的棕壤及淋溶褐土上，油松喜中性土壤和微酸性土壤，在花岗岩、片麻岩、沙岩等母岩的深厚风化母质层上，即使上层土壤贫瘠，也能生长，在土壤黏重通气不良的土层中生长不良，pH 值 >8.5 的土壤影响其生长。不耐盐碱。

油松枝叶中氮素及灰分元素含量少（落叶中灰分含量 2% ~3.5%），改良土壤的性能差。故宜营造针阔混交林。

油松是西北地区针叶树种的速生树种之一。秦岭宁陕两河林场的 110 年生油松，平均树高 33.2m，平均胸径 44.2cm，年平均树高生长可达 1m 以上，胸径可达 1 ~1.5cm。黄龙山蔡家川林场油松人工林，15 年生树高年平均生长量可达 40cm 以上，最高年生长量可达70cm 以上，胸径年平均最高生长量达 0.8cm 以上，材积年平均生长量达 0.00133m³。

油松的高生长集中在春季，一般从 2 月下旬或 3 月中旬开始芽膨胀，5 月上旬前生长迅速，5 月下旬或 6 月上旬停止生长，形成顶芽，生长期约 60 天，油松高生长与先一年或早春降水量有密切关系，降水量大树高生长量也大，反之则小。胸径生长 5 月中、下旬开始，有两次生长高峰，5、6 月和 8、9 月各出现 1 次，到 11 月初结束，生长期 5 个半月。天然林6 ~7 年生开始结实，人工林较天然林结实早。30 ~60 年为结实盛期，直到百年之后仍能结实。

五、培育技术

（一）育苗技术

1. 播种育苗

（1）采种　油松球果在西北地区东中部黄土高原，9 月成熟，"秋分"后当球果由深绿色变为黄绿色，果鳞微裂，种子为黑褐色即可采集。一般 9 月下旬至 10 月上旬是采种的最适时期，而西部哈思山、连城、昌岭山成熟较迟，多在 10 月中旬至 11 月上旬。经晾晒调制所得的优质种子，纯度可达 95% 以上，发芽率可达 90% 以上。种子千粒重为 33.9 ~49.2g，即每千克种子 2 万 ~3 万粒。种子应在低温、干燥、通风良好的地方贮藏，种子发芽力可保存 2 ~3 年，但随时间延长，发芽力会显著降低，经过 3 ~4 年，即会失去播种价值。

（2）育苗地选择　油松裸根苗的培育在山地或平地均可进行。山地育苗宜选择东北坡或西北坡的中、下部或坡度在 20°以下的缓坡地带，以台地或沟条地为好，如系灌丛、草被茂密的生荒地或郁闭度 0.3 ~0.4 的山杨、白桦疏林地更好，切忌选择荒地、多风山顶和易受冲淤、积水的低洼地。平地育苗地宜选择排水良好、灌溉方便、土层深厚的沙壤或壤土。未经改良的重壤土、盐碱土、地下水位过高的涝洼地不宜选用。前茬为板栗、杨树育苗地或种过芝麻的农耕地对油松育苗有利；而前茬为刺槐、白榆、软枣、大豆、马铃薯、蔬菜等地块，不宜用来培育油松苗。

（3）整地作床　山地育苗可进行水平梯田或反坡梯田整地，床面宽 1.0 ~1.5m，长度视地形而定。平地可采用低床或高床育苗，床面长 10m，宽 1m。结合整地每亩施入五氯硝基苯代森锌合剂（1:1）2.5 ~3.0kg，或 3% 的亚硫酸铁 7.5 ~10kg，进行土壤消毒，以杀灭有害菌虫。

（4）种子消毒与催芽　为了预防立枯病（又名猝倒病），促进种子发芽出土，播前应进行种子消毒和催芽，一般可用高锰酸钾溶液浸泡，当浓度为 0.2% 时浸泡 24h，浓度为0.5% 时浸泡 5min 即可。经过消毒的种子倒入始温 50℃的温水中浸种一昼夜（倒入时要搅拌）。捞出堆在席箔上（或装筐内），放在向阳处，经常洒水并翻动，保持湿润，待部分种子开始裂嘴露白时播种。甘肃巉口试验林场将油松种子于先年冬季混拌冰粒，行低温冻藏处理，来春播种效果也好，但在天气比较干旱、或雨量较少，又没有灌溉条件的地方，种子消毒后应直接播种，不宜进行催芽处理，以免播后因土壤干燥而烧芽。

（5）播期与播量 渭北及陇东一带，一般在3月下旬至4月上旬播种，陕北、陇北、青（海）东部、晋陕蒙交接地区因气候寒冷，可在4月下旬~5月上旬播种。当地山桃开花即是适宜的播种期。播种量视种子品质而定，幅度为每亩播15~20kg。一般用条播法，行距15~20cm，播沟宽10cm左右，播幅4~5cm，播时沟底要平坦，撒播均匀。覆土厚度0.5~2.0cm。覆土过浅，种子发芽的水分不稳定，发芽率会因而降低；覆土过厚，幼苗因机械阻力而不能出土。一般为1.0~1.5cm。覆土后稍加镇压，使土壤与种子密接。

（6）苗期管理 油松播后一月左右开始出苗，出苗后至种壳未全部脱落前，鸟兽危害比较严重，要注意看管。油松幼苗怕淤怕涝，生长期不宜过多灌溉，雨季积水应及时排淤防涝。注意防止立枯病发生。生长期间6月下旬至7月中旬，趁雨前每亩施尿素5.0~7.5kg，行间开沟施入，切勿撒在苗根和叶面上，以免烧苗。留床苗的追肥应在4月初和5月底前进行。裸根苗需要2年才能出圃造林。每亩产苗量10~20万株。

2. 容器育苗 容器育苗是林业上一项新的技术，现在几乎在全世界得到广泛应用。我国的容器育苗发展很快。在黄土高原及西北干旱风沙地区采用容器苗造林，不仅成活率、保存率高，而且有利于幼苗的生长，为解决这一地区造林难的问题开辟了新的途径。

（1）容器育苗的优点 容器育苗具有省圃地省种子、育苗周期短、苗木质量好，造林成活高、缓苗快，便于集约管理，有利于苗木速生、丰产。

（2）育苗地选择 容器育苗应选择背风向阳，地势平坦，水源充足，交通方便的地方作圃地。

（3）容器种类选择 在西北地区，目前采用的容器有柱（杯）型塑料容器、牛皮纸容器、塑料袋等。以可降解的塑料薄膜容器较为适宜。山西省林业科学研究院研制的蜂窝型塑料无底的六角形薄膜容器组合体最好，杯侧面用水溶性胶制成的杯组，可以压扁拆开，便于运输。每组330杯，使用时将杯组的两端拉开，即可形成峰窝状若干个六角形小杯。杯的规格直径为4.1cm，高12.0cm，最适宜培育针叶树苗。

（4）营养土（基质）的配制 营养土（基质）的配制，要求富含营养物质、质地轻松、通气、保温、保湿性能良好。但要因地制宜，选择使用。一种是配制的比例为60%山坡表土、30%黄土、10%腐熟肥料；另一种配制的比例为10%厩肥、80%耕作土、10%沙土；还有一种配制比例为30%腐殖质土、60%黄土、10%砂子。此外松林表土50% + 蛭石50%也好。腐殖质土以油松成林地根际周围表层20cm的土壤（内含菌根）最理想。

（5）容器装土与摆放 装填以前，营养土要湿润，含水量约10%~15%。装填时先将容器底部压实，再随装随用手压实。营养土装填的不要太满，应与容器上口有0.5cm的距离。干旱地区以低床为好，为了管理方便应有步道，摆放要做到整齐靠紧，上面口平整一致，周围用土培好，最后喷（灌）一次透水使容器内营养土沉实。

（6）播种 选用品质优良的种子，播前要进行种子消毒和催芽（方法同前）。为了节省种子和减少间苗，在保证成活的前提下，尽量减少每个容器的播种粒数。一般每个容器2~3粒种子。播时用手指轻轻将种子压一压，使其与土壤密接，覆土要薄，0.5~1.0cm为宜，均匀一致，过筛的疏松的腐殖质土覆盖效果最佳。

（7）苗期管理　出苗初期不宜浇水，以后要少量多次，速生期要多量少次，保持湿润。后期要控制浇水。病虫害防治和追肥方法同前。

3. 扦插育苗　油松扦插育苗，对于开展油松遗传改良工作具有重要意义。据陕西省林科院经过 5 年的试验研究，成活率可达 70% 以上，其主要方法：

（1）插穗采集　据试验，采自 3 年生母树的插穗扦插成活率为 49.5% ~ 65.1%；5 年生的为 1.0% ~ 2.3%；10 年生的为 0.5% ~ 1.0%。以选择实生幼树上的 1 年生枝作插穗较好，主枝和侧枝均可。做到随采条随插，嫁接枝条不宜用作插穗。

（2）插壤种类　较为理想的插壤为蛭石或与苗圃土各半混合使用，因蛭石的保水能力最强，容重小、孔隙度大、透气性强，蛭石缺乏时可用疏松质轻的苗圃土。腐殖质土和栗园土，扦插成活率低，不宜采用。

（3）扦插时间　顶芽未萌动前扦插，成活率高。如 3 月 20 日扦插的成活率为 4 月 5 日的 3.5 倍。因 4 月 5 日已抽新梢 3cm 左右，水分亏缺，影响插穗愈活生根。

（4）扦插技术　将采回的枝条剪成长 12 ~ 15cm、径 0.3 ~ 0.5cm，带有顶芽的插穗，每 50 ~ 100 根捆成一捆，切面朝下，置于 100 ~ 150μL/L 的吲哚丁酸或吲哚乙酸溶液中，浸泡 24h，浸泡深度 2cm，或采用 20 ~ 80μL/L 的萘乙酸，浸 24h，可刺激生根。用 ABT 1 号生根粉，50 ~ 100μL/L 溶液浸泡 1 ~ 3h，深度 2 ~ 4cm，然后扦插效果好。

（5）苗期管理　扦插后至 5 月下旬为生根准备阶段，管理必须周至细致，应保持插壤的湿润，如在大棚内扦插应保持空气湿度达 80% 左右，温度在 25℃ 左右，如棚温超过 30℃ 要揭膜通气。自 5 月 1 日起每 7 天喷 1 次葡萄糖（0.5%）溶液。6 月份除注意洒水外，及时进行根外追肥。7 月上旬至 8 月中旬，加大水量，还应适当追施 N、P、K 肥。及时拔出杂草。

（二）栽植技术

1. 林地选择　油松造林的适生立地条件，在陕西、陇东黄土高原沟壑区宜选在海拔 800mm 以下的阴坡、半阴坡；在海拔 800 ~ 1800m 的山地宜选在半阴坡、半阳坡和植被较好的阳坡；在陕北黄土丘陵沟壑区宜选在 1000 ~ 1500m 的阴坡、半阴坡。在黄河河套以南、长城以北的鄂尔多斯地区的库布齐沙漠和毛乌素沙地（年降水量 400 ~ 440mm）油松的适生立地这里应是迎风坡下部及某些未盐渍化的丘岗低地。新疆伊犁、喀什和和田地区可以作庭园绿化和防护林树种栽培。

2. 整地方法　油松造林整地方法很多，主要取决于造林地条件。

（1）鱼鳞坑　是最常用的一种方法。宜在地形破碎、地势陡峭的山坡上采用，一般长 60cm、宽 40cm、深 20 ~ 30cm。呈品字形沿山坡等高线排列。每穴栽 1 株（容器苗）或 2 ~ 3 株（裸根苗）。

（2）水平条（阶）　在石质山地或陡坡采用。条长 2 ~ 10m、宽 30 ~ 50cm、深 30cm。

（3）水平沟　黄土高原地区多采用，长度视地形而定，一般 5 ~ 10m。上口宽 70 ~ 80cm，下底宽 50 ~ 60cm。

（4）带状整地　在地势较平坦的固定沙地，或黄土高原的缓坡地，多采用带状整地，宽 1 ~ 2m，带向与主风向垂直，带间留 1 ~ 2m 的原生植被作保护带。

（5）反坡梯田　这种整地方法已在黄土高原广为采用。在土层深厚的缓坡地，沿等高线自上而上，里切外垫，将生土石块筑沿，修成里低外高的梯田，使田面形成 10°~20° 的反坡，保持 30~50cm 的活土层，田面宽 1~1.2m，上下两个反坡梯田之间留 2~3m 的生草带或空地。在梯田的左右交接部位应纵向留 1m 宽的植被带，以利蓄水保墒。

3. 造林密度 油松幼林生长稍缓，易生粗壮侧枝，干形不够端直，加上多数造林地的条件差，所以应适当密植，在西北多数丘陵、低山接近居民点的地方，群众对薪材和小径材要求迫切，造林密度应大些，在中山地带或缓坡较好立地条件上培育大中径材时，造林密度可小些。总之要因地制宜，采用不同的造林密度，株行距 1.5m×2.0m，1.00m×1.50m，每亩 222~440 株。干旱条件下，密度应小些，每亩不超过 200 株为宜。密度过小难以郁闭成林，也不利于培育通直良材。然而当密度超过 440 株/亩时，油松的高、径生长量和生物量（个体和群体）显著降低。

4. 栽培方法

（1）植苗造林 植苗造林是油松最主要的造林方法。以春季栽植为宜，1974 年陕西省林科所在蒲城试验，春季造林的成活率和当年生长量均高于秋季造林。雨季造林，要掌握好雨情，一般在雨季前期透雨之后的连阴天栽植，最好不晚于 7 月下旬至 8 月上旬。

采用 ABT 生根粉处理苗木根系，不仅可提高造林成活率，而且也能促进苗木生长。据甘肃林业科学技术推广总结 1992~1993 年试验，使用 ABT 3 号 100μL/L 浸根 1h，成活率达 92%，较对照（74%）提高 24.3%。山西在油松裸根苗造林中，应用 ABT 3 号生根粉 25μL/L 浸根 0.5h，可使 1 年生苗成活率提高 6.46%~16.13%，2 年生苗提高 22.1%，1、2 年生苗的新梢生长量分别较对照提高 25.9% 和 33.5%~128%；1 年生苗造林当年萌发的侧根数比对照增加 59.8%，根长增加 30.3%，2 年生苗次年侧根数较对照增加 26.9%，根长增加 25.0%。

（2）播种造林 这种方法又分人工直播和飞机直播造林。

①人工造林 要求土层深厚，土壤水分充足而稳定的造林地，一般以海拔 800m 以上的阴坡和半阴坡为主。春雨秋三季均可直播。每穴播 5~8 粒种子。覆土 1.5~2.0cm。

②飞机播种造林 黄土高原油松飞播造林取得了显著成效。飞播造林具有速度快、省劳力、成本低等优点。飞播适用于海拔较高，人烟稀少，距村落较远的大片宜林地，选择 800~1400m 的范围内（以 800~1200m 范围最宜），植被盖度在 0.4~0.6 之间的荒山或疏林地。适宜播种量为 0.5~0.7kg/亩。适宜的播期为 6 月下旬至 7 月上旬。

5. 混交造林 目前，我国西北地区油松造林绝大多数为纯林。由于油松纯林不仅火险性大，而且病虫害严重，改良土壤性能较差。而混交林则可克服这些敝端，促进油松稳定生长。

适宜与油松混交的树种很多。油松常与栎类（麻栎、辽东栎、栓皮栎、蒙古栎、槲栎等）、元宝枫、山杨、小叶杨、青杨、侧柏、沙棘、黄栌、紫穗槐等混交，都能取得很好的成效。混交方式以带状、行间或块状为宜。

六、幼林抚育

1. 松土除草 油松栽植当年，为了渡过成活关，需要适当的庇荫，且根系一般分布在 5~15cm 土层中，当年松土锄草，容易损伤幼苗根系，而保留部分杂草，还能给幼苗创造所必须的庇荫小环境。如杂草过旺，可于穴周割除。但从第二年起，必须进行松土锄草，因为油松是一喜光树种，从第二年起已不耐庇荫。特别是在山地植被盖度大的阴坡，如不及时进行松土锄草，3 年后就会因光照不足而枯死。

2. 修枝间伐 油松幼林郁闭前修枝或过度修枝对生长影响很大。耀县柳林林场两块幼林，修枝前的高生长相差不大，其中一片过早修枝，5 年后未修枝的高生长量为修过枝的276.4%。因此，油松不宜过早修枝。待郁闭后至 10 年生逐步进行。

对于丛生（穴播或丛植）的油松，为有利于初期生长，到 5～6 年时应对丛生油松进行间苗定株，每穴（丛）留 1～2 株。

油松幼林郁闭后开始分化，需要间伐调整密度，保证必须的营养空间，避免全林生长衰退。一般 9～10 年进行第一次间伐，每亩保留 250～300 株（丛）。间隔期 5～7 年。

七、病虫害防治

1. 油松立枯病 又叫猝倒病，为苗期主要病害，症状有 4 种类型：即种腐型、梢腐型、猝倒型、立枯型，以猝倒型最为严重，如不及时防治，常造成育苗失败。致病的病源菌为丝核菌（*Rhizoctoria* spp.）和多种镰刀菌（*Fusarium* spp.）等。

防治方法：①忌在黏重土壤和前作为瓜类、棉花、马铃薯、蔬菜等的土地上育苗，宜选择肥沃疏松，排水良好的土地育苗。做到旱灌涝排。②可用下列农药配制的药土施撒于苗床或播种沟内。敌克松每亩 0.5～1.0kg（或用 0.1%～0.2% 浓度喷洒）；苏农 6401 每亩 2.5～3.0kg；五氯硝基苯代森锌合剂（1:1）每亩 0.5～1.0kg，将农药同 20～30 倍干燥细土混合均匀使用；或每亩用硫酸亚铁 15～20kg 碾碎渗土撒施。③天晴土干时，可淋洒敌克松 500～800 倍液或苏农 6401 可湿性剂 800～1000 倍液或 1%～3% 硫酸亚铁溶液，或 0.3%～0.5% 高猛酸钾溶液，或 80% 的退菌特可湿性粉剂 0.04%～0.05% 溶液，以淋湿苗床表土为度。喷后要用清水洗苗，以免硫酸亚铁危害苗木。药土或药液或隔 7～10 天施用 1 次，连喷 2～3 次即可抑制病害发生。

2. 油松毛虫（*Dedrolimus tabulaeformis* Tsai et Liu） 以幼虫危害针叶，大发生时，可将松针全部吃光，影响林木生长，严重时使松林成片死亡。

防治方法：①10 月或 3 月间，用 50% 马拉硫磷乳油加水 6 倍，或用溴氰菊酯加水 100 倍，在树干胸高处刷药环，触杀下树或上树幼虫，效果好。②9 月或 4 月用机动喷雾器向树冠上超低量喷洒 25% 马拉硫磷油剂，25% 敌百虫油剂，25% 杀螟松油剂每亩约 0.25kg，毒杀幼虫，均可达到 90% 以上的杀虫效果。③用白僵菌，松毛虫杆菌或赤眼蜂，黑卵蜂等进行生物防治，效果良好。④造林时营造混交林，有利于天敌的繁殖，抑制松毛虫的发生。

3. 油松球果小卷蛾[*Gravitarmata margarotana*（Heinemann）] 在陕西桥山林区 1 年发生 1 代，以蛹越夏过冬。翌年 4 月中旬成虫开始羽化，4 月下旬至 5 月上旬为羽化盛期。卵量大，主要产于先年生球果上，亦有产于嫩梢及针叶上。5 月中旬为幼虫盛孵期。

防治方法：①营造混交林，改疏林为密林，提高林分郁闭度。②6 月间人工摘出虫害果，集中处理，杀死幼虫。③幼虫孵化始、盛期喷洒 25% 复方 B.t 乳剂 200 倍液；或 40% 增效氧化乐果 10 倍液进行超低容量喷雾；或 50% 杀螟松乳油 1000 倍液；或喷洒 20% 杀灭菊酯乳油 1500 倍液。④老熟幼虫坠地始、盛期，地面喷撒西维因粉剂 $30kg/hm^2$。⑤成虫羽化期，可设置黑光灯诱杀，在虫口密度大，郁闭度 0.6 以上林分，施放烟雾剂熏杀成虫，每公顷用量 15～30kg。

4. 松果梢斑螟（*Dioryctria pryeri* Ragonot） 又名油松、球果螟、松小梢斑螟、黑虫等。在陕西各林区 1 年发生 1 代。以幼虫主要在雄花序内越冬，间或在被害的枯果，梢内及枝干树皮缝隙中越冬。5 月中旬蛀入先年生球果，6 月中旬开台果内花蛹，蛹期约 20 天。

防治方法：于幼虫初孵期及越冬幼虫转移期，喷洒 50% 二溴磷乳油或 50% 磷胺乳油 500～1000 倍液，或 50% 杀螟松乳油 500 倍液，或 90% 敌百虫 300 倍液，或含活孢子 $1 \times 10^8 \sim 3 \times 10^8$ 个/ml 的苏云金杆菌液。其余方法同油松球果小卷蛾。

（罗伟祥、土小宁）

华山松

别名：华阴松、须松、马袋松、葫芦松
学名：*Pinus armandii* Franch.
科属名：松科 Pinaceae，松属 *Pinus* L.

一、经济价值及栽培意义

华山松为我国特有的优良用材树种，它有适应性强，分布广泛，容易繁殖等优点。木材柔软致密、纹理直、不翘裂、质轻软、易加工，宜制作家具、细木工及多种旋制品，是建筑、农具用材，也可作铸型木模、火柴梗片、包装箱、胶合板等。木材纤维含量高（47.26%～53.5%），长度长，是优良的造纸材和纤维加工原料；松脂含量 0.5%～7.46%，可采脂制松香及松节油；树皮含单宁 12%～23%，可提栲胶；针叶可提取芳香油；种子含油量 42.76%（出油率 22.24%），可榨油，也可食用和制硬化油，种仁含丰富的蛋白质和钙、磷、铁等元素，是上等干果食品，具有滋补作用，经济价值较高。其树体高大，叶色翠绿，也是重要的绿化树种。

二、形态特征

常绿乔木，高大通直，树高可达 35m，胸径 1m。树皮幼时灰绿色，平滑，老时龟背状开裂。1 年生枝绿色或灰绿色，无毛，微被白粉。冬芽小，褐色，近圆柱形。叶 5 针 1 束（稀 6～7 针），长 6～15cm，径 1～1.5mm，有细齿，树脂道 3，背面 2 个边生，腹面 1 个中生；叶鞘早落。雌球花着生于新枝顶端；球果圆锥状卵形，长 10～22cm，径 5～9cm，幼时绿色，翌年成熟时黄色或褐黄色。种子卵圆形或倒卵形，微扁，无翅，缘锐，茶褐色。花期 4～5 月，果熟期翌年 9～10 月。

三、分布区域

华山松分布于陕西、山西、河南、甘肃、青海、四川、湖北、云南、贵州、西藏等省（自治区）。陕西分布于秦岭（海拔 560～2200m），关山林区呈片状或零星分布，渭北高原海拔 800～1500m 的山地有栽植；山西中条山和太岳山（沁源）海拔 1200～1800m 有

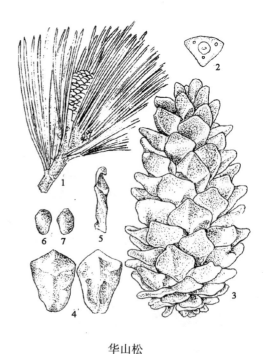

华山松
1. 雌球花枝　2. 叶横剖面　3. 球果
4、5. 种鳞背腹侧面　6、7. 种子

分布；宁夏六盘山、甘肃南部小陇山、西秦岭及白龙江、洮河、大夏河流域以及青海东部
（孟达林区）海拔 1300 ~ 2900m 亦有分布。在其自然分布区外，也有不少地区引种造林。如
湖南湘西雪峰山和武陵山区引种较为成功，该地云南种源优于秦岭种源。山东泰安市泰山林
场是北方华山松分布区外引种华山松最早成效最好的林场，种源为华山松分布区北限中条山
一带的种源。

四、生态习性

华山松较喜光，幼年稍耐庇荫，能在林冠下更新。幼树随年龄增大而对光照要求增强。
据调查，5 年生以前可耐 40% 的上方遮荫，而侧方遮荫有利于高生长及干形发育；6 ~ 10 年
生后仍有上方遮荫时，生长趋于停滞。喜温凉湿润气候，多生于山地阴坡，阳坡较少。较耐
寒，抗风。分布区的年平均气温为 6 ~ 15℃，年平均降水量 600 ~ 1500mm，年平均相对湿度
大于 70%。华山松自然水平分布的北界（六盘山），年平均温度不低于 5℃；最冷月平均温
度不低于 -7.5℃，年降水量不低于 600mm。低于此条件，不宜于华山松的生长与分布。华
山松垂直分布上限的主要限制因素为低温，水平分布北界的主要限制因素是水分。

华山松能适应多种土壤，适宜土壤 pH 值 6 ~ 7.5，但以土层深厚，湿润疏松，微酸性的
山地棕壤和山地褐土为宜。在我国针叶树种中，华山松属生长较快树种，在北方可与油松相
比，在较好立地下 10 年后生长还可超过油松，在南方可与云南松相比，甚至可超过云南松。
其生长随地区及立地条件不同而有差异，如同为 15 年生的华山松人工林，其平均树高和胸
径在陕西秦岭为 4.7m 和 7.8cm，甘肃白龙江林区为 2.5m 和 1.5cm，宁夏六盘山高仅
为 1.24m。

华山松个别植株在 8 ~ 9 年生时就开始结实，但种子品质较差。散生木正常结实年龄为
10 ~ 12 年，林缘木 16 ~ 18 年，林分内大部分林木 25 年左右结实，30 ~ 60 年生为结实盛期，
70 ~ 80 年仍然结实累累。种子年间隔期约为 3 年。一般以郁闭度为 0.6 的林分单位面积结
实量最大，阳坡、半阳坡的林木结实多，种子品质好。

华山松根系较浅，其主根不明显而侧根、须根发达。一般成年树主根长都在 1.0 ~ 1.2m
以内。侧、须根分布在地面下 80cm 范围内，以 10 ~ 30cm 内较集中。在干湿季明显地区，
吸收根分布较深，根系水平分布可达 3m 以外，土壤深厚湿润处次生根发达，菌根也多。形
成菌根的真菌有栗壳牛肚菌（*Boletus granulatus*）和美味牛肚菌（*B. edulis*）等。新造林地应
注意菌根接种问题。

五、培育技术

（一）苗木培育

1. 采种 为保证造林时采用优良种子，应在母树林或种子园等良种基地采种或采用秦
岭以北地区种源。华山松球果 9 月中旬至 10 月中下旬成熟，由绿色变为绿褐色，种子变为
黑褐色并陆续散落，应及时采收。球果采回后堆放 5 ~ 7 天，再摊开曝晒 3 ~ 4 天，经敲打翻
动，种子即可脱出。球果出种率约 7% ~ 10%，每 1 球果一般有种子 120 ~ 150 粒，最多 170
粒，少者 30 ~ 40 粒。种子千粒重 259 ~ 320g，当年发芽率可达 90%，发芽势 60% ~ 70%。
隔年种子发芽率下降到 40% 以下。如需长期保存须密封贮藏。一般可装入麻袋置阴凉通风
处贮藏。有的地方采用球果贮藏法，即将球果适当干燥后放贮藏库地板上，厚度不超过 1m，

经常检查翻动，10 年后发芽率仍可保持 36% ~ 63%。华山松的播种品质随种子粒度的增大而提高，大粒种子比小粒种子大 70% 左右，发芽率高 70% 以上；大粒种子的 1 ~ 2 年生苗比小粒种子高 40% 以上，比中粒高 8% ~ 13%。

2. 播种　育苗地宜湿润、通风、排水良好，土层深厚，微酸性或中性的沙壤土，以生荒地最好。山地育苗，可开成小块水平梯田作床。林区降水量多的地方，可筑成高床，结合整地每亩施基肥 2000 ~ 2500kg。

华山松种皮厚，发芽慢，宜早播。秦岭、陇东、关山一带多在 4 月上中旬播种。为促进发芽，播前可进行温水浸种 2 昼夜催芽处理，或混 1 倍锯末（或湿沙），置背风向阳处盖上草帘，经常洒水翻动催芽；也可用冷水浸种 2 ~ 3 天后，以 1 : 3 比例与马粪掺混堆积，然后覆草，经常撒水保持湿润，约两周后种壳裂开即可播种。注意催芽应以种皮裂开为度，不要使芽过长；应按每天播种量分批催芽。宜条播，条距 20cm，播幅 5 ~ 7cm，覆土厚 2 ~ 3cm。每亩播种量 100 ~ 125kg，1 年生苗产量 20 ~ 25 万株。

3. 苗期管理　幼苗出土前要保持土壤湿润。种壳脱落前要专人看护，防止鸟害和鼠害。幼苗出土后 1 ~ 2 月内易感染立枯病，除采取预防措施外，可每隔 10 天喷等量式波尔多液或 0.5% ~ 1.5% 硫酸亚铁溶液。此外，还应注意防止日灼、除草松土、间苗追肥、越冬防寒等工作。

（二）造林技术

1. 林地选择　华山松造林地要注意小气候及土壤水分条件两个关键，海拔高度适当（甘肃南部 1400 ~ 2100 m 、渭北 1000 ~ 1600m 和六盘山 1800 ~ 2500m）。植被盖度 0.6 以上的阴坡、半阴坡或灌丛密集、土层深厚的疏林地。华山松造林地应比油松好些。

2. 造林方法

（1）直播造林　直播造林对立地条件要求较高。在蔽荫条件、鸟兽危害较轻的阴坡、半阴坡，可直播造林。春季直播可在 4 月中下旬进行，如土壤墒情好，可浸种催芽处理种子，促进早发芽、早出土，还可减轻鸟兽危害。雨季也可直播，这时温度高，种子发芽出土快。播前穴状整地，宽 30 ~ 40cm，深 15 ~ 20cm，每穴播 4 ~ 6 粒种子。也可在带状整地的基础上穴播，每亩用种 1.5 ~ 2.5kg。播后用灌梢覆盖，防旱保墒，避免日灼及鸟兽为害。

（2）植苗造林　华山松宜用 2 ~ 3 年生苗植苗造林。由于雨季较短，秋季栽植冻拔现象严重，故宜于早春土壤解冻后立即进行。穴植，每穴 1 株或 2 ~ 3 株。栽时注意保护苗根，防止窝根，分层填土踏实。

3. 造林密度与混交造林　每亩 200 ~ 400 株为宜，株行距为 1.5m × 2.0m 和 1.0m × 1.5m。为防止森林火灾及病虫蔓延，应提倡营造混交林。根据华山松天然混交情况，可与桦、栎、椴、槭、杨等阔叶树种采取行间或水平带、块状混交，5 行华山松 3 行阔叶树，或 3 行华山松 3 行阔叶树，天然次生林区可采用栽针保阔的方法，进行林分改造。华山松与油松混交对生长及干形有利，可加以利用。

（三）幼林抚育

造林后应连续抚育 3 ~ 4 年，每年 1 ~ 2 次。第一年需要在树穴周围割除杂草，第二至第三年结合松土除草扩大穴面。随着幼树的生长，对光照要求日益强烈，还应砍去树周围的灌丛，以免幼树受压抑而影响生长。据调查，生长在灌丛及山杨林冠下的华山松，生长十分衰弱。因此，对处于其他疏林（冠）或灌丛遮光下的华山松幼林需要进行透光抚育，以增强光照，促进生长。

直播造林地应在 5 年生左右间苗，每穴留 1 株优势苗。如穴内株数太多，间苗可分两次进行，在 3~4 年生时第一次间苗，每穴保留 2~3 株，6~7 年生定苗，每穴保留 1 株健壮株。

六、病虫害防治

1. 华山松大小蠹（*Dendroctonus armandi* Tsai et Li） 危害韧皮部，使树木干枯死亡。各大林区普遍发生，是华山松毁灭性的虫害。

防治方法：①冬春季（最好在春季）成虫飞出前清除虫害木（新被感染虫害木、枯萎木、新枯立木），并要及时运出林外剥皮烧毁或撒上农药；②营造混交林以减轻为害；③设置饵木诱杀。

2. 黄龙山黑松叶蜂（*Nesodiprion huanglongshancus* Huang et Zhou） 以幼虫危害针叶。

防治方法：①营造混交林，促进林分提早郁闭，增强树木抗性；②利用幼虫群集性进行人工捕杀；③苗圃及幼林用敌百虫或马拉硫磷 1000~1500 倍液喷洒，大面积发生时可放杀虫烟剂。

3. 黄斑波纹杂毛虫（*Cyclophragma undans fasciatella* Menetries） 在陕南常大发生，幼虫啃食针叶。防治方法参见油松害虫。

4. 松梢斑螟（*Dioryctria splendella* Herrich Schaeffen） 蛀食新梢及球果。防治方法同油松球果小卷叶蛾。另可在 4~5 月剪除虫害梢和虫害果，集中销毁，消灭幼虫。

（李嘉珏）

水 杉

学名：*Metasequoia glyptostroboides* Hu et Cheng

科属名：杉科 Taxodiaceae，水杉属 *Metasequoia* Miki ex Hu et Cheng

一、经济价值及栽培意义

水杉为古代的孑遗植物，被誉为"活化石"，是我国特有的古老珍稀树种。树干通直，树形优美，病虫害较少，是一种良好的四旁和庭园绿化树种。木材纹理通直，材质轻软，干缩差异小，易于加工，适于建筑、造船、家具、造纸等用材，适应性强，生长快，也是优良的速生用材树种。

二、形态特征

水杉为落叶乔木，树冠幼时为尖塔形，老时圆卵形，高可达 50m，胸径 2.3m 以上，树干通直圆满。小枝幼时绿色，后为淡褐色，对生或近对生，分长枝与脱落性短枝；叶线形，交互对生，呈羽状排列，冬季与侧生短枝一起脱落。雄花呈现总状（小树）或穗状着生（大树），雄蕊约 20，每一雄蕊具 3 花药；雌花单生或对生；球果有长柄，下垂，近圆球形，种鳞宿存，木质，种子小，倒卵形，稀有长圆形，扁平，周围有翅。花期 3 月上、中旬，果期 10 月中旬至 11 月上旬。

三、分布区域

水杉原产四川万县和湖北利川交界处，集中分布在利川县西部约 600km² 的范围内，一般分布在海拔 1000 ~ 1200m，其最高分布到海拔 1500m，最低分布到海拔 900m，此区为中心分布地带。1946 年开始引种到全国各地，现栽培地区很广，遍及全国各地，并已引种到亚、非、欧、美等洲 50 多个国家和地区，适应性很强。

陕西引种始于 20 世纪 50 年代初，到 70 年代发展很快，尤其是 80 年代已成为关中、陕南"四旁"绿化的主要树种。延安栽培，生长很好。

四、生态习性

水杉对气候条件的适应幅度很广，在生长良好的地区，年平均气温 12 ~ 20℃，冬季能耐 -25℃低温而不致受冻，苗木平均增长速度以 22 ~ 25℃为最大。年降水量 1000mm 以上。水杉对大气干旱的适应能力相当强，在干旱季节进行灌溉，保持土壤充足水分，生长速度不受旱季影响。夏季高温在 35 ~ 40℃时，对水杉生长稍有影响，如果高温干旱，则水杉停止生长，或生长缓慢，湿润的土壤条件能提高水杉的耐高温能力。

水杉是阳性树种，不耐庇荫（幼苗稍耐庇荫）。在郁闭的林分，很快就出现自然整枝，被压木生长不良，叶小，甚至死亡。夏季光照过强，树干有日灼现象。水杉对土壤条件的要求比较严格，要求土层深厚，肥沃、湿润。水杉生长好坏在很大程度上受土壤含水量的影响，对土壤水分不足反应敏感，如果土壤极度干旱会导致死亡。因此，在长江中下游水网地区引种，比原产地生长良好，生长量大。但在地下水位过高，长期积水低湿地，生长不良。抗盐碱能力比池杉强，可以在轻盐碱地（含盐量0.2%以下）生长。水杉在原产地分布的海拔高度为900～1500m，主要生长在排水良好的沟谷，溪旁及山洼，极少见于山腹以上土壤干燥、瘠薄之地。引种时，一般以平原的河流冲积土为好，丘陵山区则以山洼及较湿润的山麓缓坡地较为适宜。

水杉生长迅速，在原产地，树高年平均生长量为30～80cm，在50年以前，一般平均能保持在60～80cm；胸径年平均生长量1.00～1.75cm，在20年以后，增长较快，一般平均保持在1.3～1.6cm。80～100年以后，趋于缓慢，在一般栽培条件下，15～20年可达成材。在立地条件适宜，栽培措施集约的情况下，成材期可缩短至10～15年。

水杉开始结实的年龄较晚，在原产地，一般25～30年生时，开始结实，40～60年大量结实。水杉种子的充实率很低，一般有胚种子比率仅占10%左右。

五、培育技术

（一）育苗技术

1. 播种育苗

（1）采种 水杉3月上、中旬开花，当年10月中、下旬至11月上旬球果成熟。当果鳞由绿色转为黄褐色，微裂时即为采种适期。水杉树体高大，结果部位都在树冠中上部，球果小而分散，以往多采用截取大的结果枝再摘果的办法，对母树损伤严重，应注意保护母树。球果采集后薄薄摊开，曝晒数日使鳞开裂，轻击球果，筛出种子。出种率约6%～8%，种子千粒重为1.75～2.28g，每千克45万～56万粒，平均发芽率8%，种子容易丧失发芽力，最好进行密封贮藏。

（2）圃地选择与播种 水杉种粒细小，幼苗柔弱，忌旱怕涝，圃地应选择地势平坦，排灌方便，杂草和病虫害少的肥沃、疏松的沙质壤土。要求细致整地，施足基肥。播种期以3月下旬至4月上旬，土温12℃以上时为宜。播种方法可采用撒播或条播（行距20～25cm，播幅3～5cm），宽幅条播（行距25～30cm，播幅8～10cm）。播种量每亩0.75～1.50kg，播种前用冷水浸种3～5h，可提早发芽和促进出苗整齐。种子轻小有翅，应于无风时播种，播前床面略拍平，种子拌沙或细土，均匀播种。播后覆以细土，厚度以不见种子为宜，并略压实，盖草，经常保持湿润，以利种子萌发。

（3）苗期管理 播种后约10天种子萌发，15天幼芽开始出土，20天左右可基本出齐。在种子萌发和幼芽出土阶段要注意经常浇水，保持土壤湿润，切忌时干时湿。幼芽大量出土时分次揭草，子叶带壳出土，不易脱落，应注意防止鸟害。

幼苗初期生长缓慢，扎根浅，除注意经常浇水满足幼苗生长外，最好适当遮荫。芽苗移植成活率高，可在种壳脱落，侧根尚未形成时结合间苗移密补稀。在生长期中注意及时除草松土，分施几次追肥，以促进苗木生长。

一年生播种苗可达40cm，地径0.8cm以上。在生长较好的情况下，苗高达70～80cm，最高可达1m以上。水杉播种苗根系发达，生长势旺，造林效果好，惟种源不足，种子发芽率低，提倡采用实生苗造林。

2. 扦插育苗 水杉母树稀少，种子产量有限，种子发芽率低，播种育苗远不能满足大规模造林的需要，扦插育苗成活率高，是当前繁殖水杉的主要途径。

水杉插穗的生根能力，随母树年龄的增高而递减，春插从 1~3 年生苗木上采取的插穗，具有发根早，成苗率高的优点；7~8 年生以后，再生能力已有所下降，10 年生以后的母树，发根率很低。夏秋嫩枝插条，不同年龄母树生根迟早的差异，更为明显，生根的早晚，直接关系到生长期的长短，是育苗成败的关键之一。因此，水杉扦插育苗，应尽量用播种苗建立采穗圃，这样既可提高扦插成活率，也可防止进行多代无性繁殖造成苗木生长势下降，影响造林效果。

水杉扦插育苗，根据扦插时期和所用材料的不同，分为春插、夏插和秋插等。

（1）春插　春季用发育健壮的成熟枝（硬枝）做插穗，是当前水杉扦插育苗的主要方法。插穗以 1 年生枝条较好，冬芽饱满的 2~3 年生枝条也可利用，但成活率较低。从枝条上截取插穗的部位，幼树以梢部和中段较好，梢部只要发育充实，冬芽饱满，即使粗度较细，成活率也很高。10~15 年生以上的母树，则以发育充实的中段比梢部好。插穗可随采随插，也可采后在湿润沙中贮藏后扦插。一般插穗长度为 10~14cm，梢部为 15~18cm。

在平均气温为 6~8℃ 的 2 月下旬至 3 月上、中旬是扦插的适宜时期。扦插入土深度约 7~8cm，当旬平均气温升至 10℃ 时，插穗上部冬芽开始萌动，随后相继抽出新梢或羽叶；4~5 月新梢生长迅速，但大部分插穗还未生根，表现为一种假活状态，如管理不当，新梢易枯萎，插穗下端腐烂，逐渐死亡，这一时期插穗的死亡数占全年总死亡数的绝大部分。到 6 月气温稳定在 20℃ 以上时，插穗普通生根。水杉生根部位大多在切口以上 1cm 左右，不定根的发生与愈伤组织没有明显的关系。生根期间，营养物质主要用于根的形成，地上部分的生长处于全年最缓慢的阶段，在插穗形成较为完整的根系以后，地上部分开始旺盛生长，7~9 月为生长最快的时期。

在假活和发根时期，水分管理应掌握勤浇少灌，以保持湿润而又通气的环境，进入旺盛生长期后，注意灌溉排涝，松土除草、追肥，以促进生长。全光育苗，可不遮荫。每亩扦插 2 万~3 万株，1 年生扦插苗高约 50~90cm，地径 0.8~1.2cm。苗木最高可达 1m 以上，地径可达 1.4cm 以上。

（2）夏插　初夏用当年嫩枝扦插，具有生根快，成活率高，当年可以成苗的优点。但夏季气温高，蒸腾量大，插后应遮荫喷水，细致管理，以免插穗失水凋萎。

插穗选取当年半木质化的带叶嫩枝，在阴天或早晚采集，保留顶梢及上部 4~5 片羽叶，截成 14~18cm 长的插穗，应在阴凉处剪截，并经常洒水，保持嫩枝新鲜状态，插入土内 4~6cm，每亩扦插 7 万~8 万株，扦插时期以 5 月下旬至 6 月上旬为宜。

嫩枝生理活动旺盛，再生能力强，插后一般 20~25 天左右，即可发根，夏插一般都要遮荫，最初要用双重苇帘，并设风障，每天喷雾 3~5 次，以保持床面土壤和空气湿润，防止插穗失水萎蔫。8 月下旬逐渐缩短遮荫时间，9 月下旬以后，即可撤除荫棚促进苗木木质化，以利越冬。夏插苗一般当年高达 25~35cm，地径 0.5~0.6cm。

4 月中下旬，也可利用截干苗的萌蘖，进行嫩枝短穗扦插。此时气温尚低，空气湿度较大，一般遮荫即可，插穗截成 10cm 左右，开沟插入土内 3~4cm。插后加强喷雾，20 天左右即可生根。

（3）秋插　初秋利用已形成冬芽半成熟侧枝的梢端进行扦插。也是嫩枝扦插的一种，但是枝条的成熟度较高，冬芽已形成，插后当年不再萌发新枝，而是完成生根，冬芽进一步发育和苗干木质化。扦插时期为 8 月中、下旬至 9 月上旬，当年生侧枝已形成冬芽。插穗长 12~14cm，每亩扦插 14 万~20 万株，插后 25~40 天可以生根，苗木在适当覆盖防寒条件下，就地越冬，管理措施同夏插。翌春萌芽前，移至圃地，移植距离 40~50cm，培育两年，苗高 1.5m 以上，即可出圃造林。

秋插发根率高，插穗用侧枝梢部，产穗量高，采穗对母树影响较小，集约管理期短（40~50 天），比夏插容易；单位面积产量高，具有小面积集中扦插，成活后大面积移植的优点；秋插苗翌春移植只要适当浇水不必遮荫，极易成活，第二年秋就可提供大量再繁殖用的插穗。

此外，还可在晚秋 10 月中、下旬至 11 月上旬，用当年生播种苗或插条苗近成熟的枝梢扦插。初霜前在塑料小拱棚插床内扦插，生长期比露地延长 1 个月左右，但当年多不生根，翌年 2 月萌动，4 月中旬普遍生根，5 月中、下旬按 30~40cm 距离移植于圃地。

晚秋插后，一般晴天中午喷水 1 次，每 5~10 天浇 1 次透水，白天苗床温度升到 30℃ 以上时，将薄膜放开通风降温，4 月上旬即可除去薄膜。晚秋扦插成活率高，但移植需在生长期进行。因此，移植应选阴雨天，并适当带土，能配合遮荫效果更好。

为了促进插穗提早生根，用萘乙酸处理，有良好的效果。浓度和处理时间，因母树年龄、枝条年龄及木质化程度不同而异，一般慢浸，常用浓度为 50μL/L，春插硬枝处理 20~24h，夏、秋扦插嫩枝处理 5~6h。嫩枝扦插时，还可快浸，用 300~500μL/L，处理时间为 3~5s。

（二）栽植技术

1. 适生范围 在西北地区的陕西延安以南引种栽培较多，尤以关中、汉中等地表现较好，甘肃东部条件较好的河流冲积地可试栽。新疆的喀什、和田等地的气候条件适宜种植水杉。

2. 林地选择 水杉适宜生长在土层深厚、肥沃、湿润而富有腐殖质的黄壤、黄棕壤以及河流冲积的土壤。在海拔 1400m 以下都可栽植，但山地只宜在山洼、山脚土层深厚，排水良好的地方栽植。在土壤板结贫瘠重黏土、粗沙土及山顶、山瘠干燥风口等处不宜栽植，盐碱地和常年积水的沼泽地也不宜栽植。

3. 栽植技术 造林整地一般采用大穴整地，穴径 50~60cm，深 50cm。回土时适当施腐熟的有机肥作基肥。进行林粮间作时，可全面整地，深 20~25cm，再按株行距挖大穴。

造林季节从晚秋到初春均可，以早春为好。水杉根部萌动较早，栽植时间，以在地上部分萌动前 30~40 天较为适宜，大苗栽植时间，可比小苗略早，切忌在土壤冻结的严寒时间栽植。

成片造林，可采用 2m×3m 的株行距，每亩 110 株，到 10、15 年时，各进行 1 次间伐，使株行距分别调整为 3m×4m 及 4m×6m。单行栽植时，由于侧方受光条件好，可采用 2m 的株距。

造林用的苗木，一般以 2~3 年生为好。水杉苗木的高生长旺盛，考虑苗木质量时，应重视地径粗度，2~3 年生苗木的高径比，以 50:1 左右为宜，即 1.5~2m 高的苗木，要求地径能达到 3~4cm 以上。苗木最好随起随栽。栽植时，注意苗木端正，根系舒展，分层填土，踏实，使根土密接，浇定根水。大苗栽植，要多带宿土。

4. 幼林抚育 水杉栽后，当年 4~5 月间浇水是保证成活的关键，大苗栽植，在高温季节，应特别注意抗旱。每年松土除草 2～3 次。2 年以后，在春季发芽前施 1 次肥，旺盛生长期前，追肥两次，对促进生长，效果显著。

水杉树干基部常较膨大，为了培养通直圆满良材，适当的修枝是必要的。修枝的强度可参照冠高比。当树高为 5～6m 时，可保持冠高比为 3/4 左右；树高 10m 左右时，保持冠高比 2/3；树高 15m 以上时，保持冠高比 1/2 左右。作为庭园绿化的水杉，修枝强度宜轻，一般只修去枯枝和濒死枝。

六、病虫害防治

1. 袋蛾类　　以茶袋蛾（*Cryptothelea minusculea* Butler）、大袋蛾（*Clania variegata* Snellen）危害较为严重。幼虫集中为害，取食水杉叶片、嫩枝，严重时全株叶被吃光，使水杉生长受到严重影响，以致全株死亡。

1 年发生 1 代，以老熟幼虫在皮囊中过冬。越冬幼虫第 2 年 5 月开始化蛹，5 月上中旬陆续羽化。雌成虫羽化后，仍留在蛹壳内，和雄成虫交配后在蛹壳里产卵。6～7 月幼虫大量孵化，从皮囊内爬出，吐丝飘荡传播。越冬前，幼虫吐丝将皮囊缠绕在枝条上，并用丝封闭囊口。

防治方法：①人工捕捉。摘除枝叶上害虫的皮囊，加以烧毁，消灭过冬幼虫，减少虫源。②药剂防治。初龄幼虫 6 月间用 6% 可湿性西维因 200 倍液，90% 敌百虫 800～1000 倍液喷洒。

2. 星天牛　［*Anoplophora chinensis*（Forster）］　　幼虫在树干基部为害，钻蛀隧道，深及根部，影响树木生长，严重时易遭风折，或整株树木死亡。

1 年发生 1 代，3～4 月在根或树干基部内越冬的幼虫开始活动化蛹，5 月蛹开始羽化为成虫。幼虫羽化后，吸食树枝皮层，受害树在主干基部接近地面的地方，出现红色粪渣。7 月以后，幼虫开始蛀入木质部内，若树皮造成环状剥皮，会导致整株死亡。幼虫常向下蛀入根部最深可达 30cm。

防治方法：①捕捉幼虫。6～8 月检查树干基部，发现虫口有虫粪排出，用小刀桃开皮层，沿蛀道寻找，若已蛀入木质部，用细钢丝将幼虫捅死洞内。②捕捉成虫。6～7 月利用晴天中午成虫在树冠枝条间活动交配的习性，捕杀成虫。③刮卵。6～8 月在树干基部的近地面以下的地方，若发现有成虫咬的"T"形产卵裂口，用小刀挑出卵粒杀死。④树干涂白。用生石灰 5kg，硫磺 0.5kg，盐 0.5kg，水 20kg，搅拌均匀后，自主干基部围绕树干涂刷 70cm 高的地方，可以防止星天牛产卵。

此外，还发现有炭疽病和小爪螨，可根据危害程度及时防治。

（雷开寿）

华北落叶松

别名：落叶松、雾灵落叶松、红杉
学名：*Larix principis-rupprechtii* Mayr.
科属名：松科 Pinaceae，落叶松属 *Larix* Mill.

一、经济价值及栽培意义

华北落叶松为高大落叶乔木。喜光，亦能耐一定蔽荫，耐寒、耐干旱、耐贫瘠，对土壤的适应性较强，在肥厚、湿润的山地棕壤上生长最好。该树种浅根性，生长较快，是东北、西北和华北地区森林更新和造林的主要树种。

华北落叶松树干通直、木材材质好，耐腐朽，是建筑、桥梁、车船、电杆、矿柱等的优良用材。树皮含单宁，树干含松脂，均可提炼利用。

华北落叶松寿命长、抗性强、生长快。因此，在适生地区栽培很广泛。在我国东北三省营造了大面积的人工林，落叶松树势高大挺拔，冠形整齐美观，根系发达，抗烟能力强，是良好的防护林和风景林树种。

二、形态特征

乔木，树冠圆锥形，高达 30m，胸径 1m。1 年生枝淡褐黄色，幼时有毛，后脱落，有白粉，短枝较粗，径约 3~4cm，短枝叶枕之间常有黄褐色柔毛。冬芽圆球形或卵圆形，棕色或浅褐色，叶窄长形，长 2~3cm，叶两侧气孔线各 4~5 条。雄球花黄色，球状圆锥形，顶端湿润有光泽，下垂，雌球花顶端紫色，中下部绿色。球果长圆状卵形，长 2~4cm，当年成熟，中部种鳞近五角状卵形，先端平圆或微凹，边缘有细波状锯齿，苞鳞不外露。种子倒卵椭圆形，边翅长 1~1.2cm，花期 5 月中旬，果熟期 9~10 月。

三、分布区域

华北落叶松天然分布于山西管涔山、关帝山、五台山、恒山、太岳山，河北围场、雾灵山，北京百花山等地。近几十年来，河北、北京在海拔 800 m 以上中海拔山区，山西在晋北黄土地区栽植生长较好，内蒙古、辽宁、陕西、甘肃、宁夏、新疆等省（自治区）也有栽植，且生长良好。

四、生态习性

华北落叶松多生长在华北地区，是比较耐寒的树种，对大气干燥的适应性也较强。

华北落叶松是喜光的强阳性树种，它树冠稀疏，透光性较大。幼树在全光下更新效果良好，少量遮荫就对它的生长起不良影响，在郁闭度较大的林冠下生长完全停滞，甚至死亡。大树在林分中只能居第一林层。生长期内要求林内空气流通，光照充足。

华北落叶松自然分布大部分在比较湿润的阴坡，所以在耐旱程度上，不如樟子松。在湿润、肥沃、通气良好的中性或微酸性土壤上生长最好。它的生长速度与土壤水分条件有密切关系，在土壤湿润的缓坡中、下部及排水良好的草甸土上，生产率很高；而在过于干旱的阳坡、陡坡中、上部或在过于潮湿的泥炭沼泽土上，生产率会降低。

华北落叶松对土壤通气状态反应灵敏，因此土壤耕作对其栽培有重要意义。稍耐盐碱，是盐碱地改良的树种之一。

华北落叶松为速生树种，其速生性在幼年期已有明显表现。苗圃中 1 年生苗高可达 20cm，2 年生可达 50cm 以上。造林后，除第一年是缓苗期外，第二年即旺盛生长，每年高生长达 60~70cm 以上，20 年生落叶松即可达到数量成熟。

华北落叶松生长期长，春季萌动早，秋季停止生长晚，约 8 月末至 9 月上旬才形成顶芽。生长季中能从土壤中获得较多的水分和矿质元素，光合产物充足，这是它生长快的主要原因。

华北落叶松树干通直圆满，天然整枝良好，但为了提高干材质量，在人工林中应将枯死枝打掉。

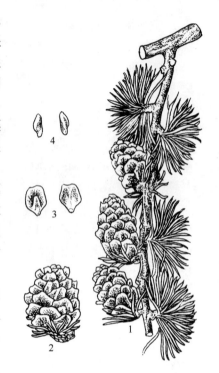

华北落叶松
1. 球果枝　2. 球果　3. 苞鳞背腹面　4. 种子

华北落叶松根系可塑性大。在一般条件下，表层侧根很发达，而主根发育受土壤厚度的影响。在湿润、肥沃、深厚的土壤上，一级侧根可贴地表生长，吸收根分布在表土内，形成稠密的根网，主根深长；在土层浅薄或水分过多时，往往形成浅根性树种，不定根发达；在干旱条件下主根较深，侧根不甚发达。在疏松、肥沃的撩荒地上根系发育特别好，生长速度很快。

在良好的光照条件下，华北落叶松在 12~15 年生时就开始结实。它是雌雄同株的树种。春季开花，当年秋季种子即成熟。因有自花受粉不孕现象，因此种子空粒较多，发芽率较低。种子发芽率一般为 40%~50%。球果成熟后不脱落，种子易飞散，采种时必须注意。

五、培育技术

（一）育苗技术

1. 采种　华北落叶松天然林结实始于 25 年左右，人工林 15 年左右，约 35 年后进入盛果期。春季开花，当年秋季（9~10 月）种子即成熟。采集期一般为 7~10 天。

2. 种子处理

（1）雪藏催芽　在土壤结冻前，选择排水良好背阴处，挖贮藏坑，深、宽各 1m，长度由种子数量定，待 1、2 月份将种子与 3 倍的雪混合均匀，放入坑中，坑底铺 15cm 的雪层，上边盖 20cm 的雪层，再用草盖严。种子少时可将混雪的种子放入容器中，置于背阴处，周围用雪围住，再用草盖严。播种前取出，待雪化净，将种子阴干，即可播种。

（2）层积催芽　即沙藏，沙藏坑的规格及沙藏时间同雪藏。将 1 份种子和 3 份湿沙混拌均匀放入坑中，坑底先垫 5cm 厚湿沙，种子上边覆盖 10cm 厚湿沙，然后填土略高出地面。由于北部地区冬季寒冷，在沙藏期间种沙混合物基本上是呈冻结状态的，只在播种前才逐渐解冻。所以在播种前应将种子取出，放温暖处催芽，发芽后播种。

（3）水浸催芽 未进行雪藏或沙藏的种子，可用水浸催芽。即在播种前 10 天左右，用冷水或 50℃ 以下的温水浸种，放置 2 天。然后捞出，用 0.3% ~ 0.5% 的高锰酸钾或硫酸铜溶液消毒 1 ~ 2h，捞出种子，用清水冲洗干净，放温暖处混沙催芽，在 23 ~ 25℃ 下，经 5 ~ 7 天便开始发芽。

3. 播种

（1）播种期 播种时期随各地区的气候条件有所不同，一般经过低温处理后适宜春季早播。气温 10℃ 以上，床面表土层土壤温度 8℃ 以上时即可播种。温度在 14 ~ 20℃，出芽快，15 天可出齐。冬春不干旱、无鸟、鼠害地区也可秋播。每亩播种量为 5.0 ~ 7.5kg（按发芽率 40% ~ 50% 计算）。

（2）播种方法 落叶松育苗多采用高床育苗，床高 10 ~ 15cm，床面宽 1m，长可根据地势情况而定。采取撒播或条播。如杂草多、土壤易板结、病虫害多，则选用条播。条播便于机械化作业；如土壤松软，有施用化学除草剂条件者也可采用撒播。撒播苗木产量高，但不利于机械化作业。播后覆土厚度以 0.5 ~ 0.7cm 为宜。一般可覆原床土泥沙、半腐熟的马粪和腐熟的草炭。但马粪和草炭一定要粉碎、消毒、除虫和过筛后使用。覆土后加以镇压，使种子与土壤接触，播种后立即喷水，使种子处于湿土层。

4. 苗期管理 播种后，苗木不同的发育时期，管理的措施不同。

（1）浇水 浇水是华北落叶松育苗管理的重要技术环节。华北落叶松最适宜的土壤湿度是 15% ~ 18%，过低种子发芽困难，苗木生长停止；过高种子易腐烂，苗木细弱，在苗木不同发育阶段，适时、适量浇水，是育苗成败的关键。

a. 出苗期 从播种到出齐苗为止，大约 15 ~ 20 天。播种后第一、二次浇水要浇足，以后经常检查苗木墒情，当早晨返潮差时，应浇水，使干土层不超过播种深度。这一时期浇水应掌握少量多次，以接上底墒为准，保持床面经常湿润。

b. 保苗期 也叫生长初期或扎根期，大约在苗出齐后 15 ~ 50 天左右。刚出土苗木嫩弱，对不良环境抵抗力很低，适时、适量浇水是保苗的重要措施。为促使苗木根系发育，浇水宜适当增加数量，减少次数，一般 3 天左右浇水 1 次，遇有温度增高，地温有可能达到 35℃ 时，或降温可能达到 5℃ 以下时，要注意浇水防止日灼和晚霜冻害。

c. 速生期 大约在幼苗出土后 60 ~ 100 天左右。苗木开始快速生长，需要充足的水肥供应，水分不足会引起早期"封顶"。应结合施肥及时进行浇水，5 ~ 6 天浇水 1 次，10 天左右追肥 1 次，进入 7 月下旬停止浇水施肥。雨季注意排水。

（2）撤覆草 如采用覆草，幼苗出土后应及时撤去，当有 1/2 的幼苗出土脱壳时，要把播种行的草移到行间，全部出苗后全部撤去。撤覆草应在傍晚或阴天进行，撤后及时浇水。

（3）防鸟害、日灼及病虫害 播种后到种壳脱落前，要设专人看守防鸟，重点是傍晚和早晨，具体措施见病虫害防治。

（4）追肥 苗木速生期对肥料要求强烈，肥料不足会引起"封顶"。第 1 次追肥应在真叶出现后，即 6 月初至 7 月上旬。可追硫酸铵或碳酸铵，每 10 天左右施肥 1 次。连续 3 ~ 5 次。随苗木增长逐渐增加施肥量。第 1 次每亩 3.5 ~ 4 kg，以后逐渐增到 10 kg。追肥要氮、磷、钾合理搭配。先用少量水兑成 1%～2% 的溶液，均匀浇在床面，渗入土壤后及时浇水，以渗透苗木根系层土壤为度。7 月底以后停止追肥，以免造成苗木徒长。

（5）间苗　适宜的留苗密度，是苗木优质、丰产的重要条件。留苗过密，幼苗时对防止高温危害有利，但随苗木增大，通风不良，易染病害，苗木细弱，侧根减少，苗木质量低；留苗密度过小，不仅产苗量低，而且对干旱、高温抵抗力差，易造成"早期封顶"。间苗应分 2 次进行。第 1 次间苗约在出苗后 30 天左右进行，只拔去过密的弱苗及并生苗；进入速生期前后，进行第 2 次间苗。培育 1 年生出圃苗，每亩留苗 12 万～14 万株，2 年生出圃，每亩留苗 18 万～20 万株，每平方米留苗 400～600 株。

（6）除草松土　幼苗出真叶后开始中耕松土，根据土壤板结情况，大约每 15～25 天中耕 1 次，以疏松床面表土，改善土壤的透水性和通气性。松土前先少量灌水，松土后要灌足水。

（7）出圃　一般山地造林，苗高 15cm 以上，基径 0.3cm 以上，即可出圃。对不够规格或培育较大规格的苗木，可进行截根留床或换床移植。

a. 起苗　以秋季为好，大部分苗木落叶后，少部分苗叶已枯黄时进行。起苗前 4～5 天浇水，以免损伤根系。随起苗随选苗，按合格苗、换床苗、废苗分别存放（合格苗、换床苗要计数绑扎成捆），合格苗当年造林用或假植用于来年春季造林。换床苗进行假植，翌春移植。凡根劈、缺顶、茎皮损伤、折梢苗木，均按废苗处理。

b. 截根留床　当年大部分苗木达不到出圃标准的苗圃地块，宜进行截根留床。对留床苗木，秋季落叶后、土壤结冻前，应覆土防寒，来春化冻后，分 2 次将覆土除去。2 次除覆土时间，隔 10 天左右。在萌芽前进行截根，将铁锹斜扎入地，保留根系长 15cm 左右，或用切根机进行截根。将已达出圃的苗木取出用于造林，未达出圃标准的苗木，按 150 株/m² 左右保留，多余苗木取出进行换床移植。取苗后将土踏实，并进行灌水。

（8）假植　起苗后要进行假植，分临时假植和越冬假植。对用于当年秋季造林或移植苗木及暂时不能假植的苗木，进行临时假植。对于当年秋季不造林或不移植的苗木，进行越冬假植。

（9）换床移植　未达到出圃标准的苗木，要换床移植继续培育，移植时期应在早春土壤化冻 15～20cm 时进行。采用大垄双行，行距 15～20cm，株距 4～5cm，移植时修剪苗根，保留 12cm 左右，根系要舒展，埋土要超过原土印 1cm，踏实、灌水。管理措施同留圃苗。

（二）栽植技术

1. 适生范围　华北落叶松属寒温带树种。西北各省（自治区）普遍引种，生长良好，海拔 1400～2700m 山地均宜栽植。

2. 林地选择　华北落叶松适应性较强，在阴坡、半阴坡的深厚、肥沃、湿润的沙壤土或壤土地上生长较好，适于营造用材林。冲风地段、干燥的坡地、泥炭沼泽地、过湿的黏土地段成活率低，生长不良。在我国华北地区，华北落叶松已成为荒山荒地绿化、迹地更新的主要造林树种之一。

3. 造林技术　华北落叶松在春秋两季造林，以春季造林为好。因春季落叶松放叶早，应尽量提早造林，当土壤化冻 15cm 以上即可进行。秋季造林可在 10 月下旬至 11 月上旬。华北落叶松造林多采用 1～2 年生苗。苗高 15cm 以上，地径 0.3cm 以上为合格苗。

整地方法因造林地类不同而异。在植被稀少、水土流失严重地区可进行穴状整地或小鱼鳞坑整地；在杂草繁茂灌丛较多的地方，可先割带，然后在带中间穴状整地；在疏林地及低价林地，应将造林地残存的树木全部清理后，再整地造林，华北落叶松不适宜林冠下造林。

华北落叶松生长迅速，喜光，造林密度不宜过大。在交通方便、对小径材要求迫切的地方，每亩 300～400 株，在交通不便的地方，每亩 200 株。

栽植方法常用穴植法和缝植法：

（1）穴植法　在土层稍薄而坚硬、水分条件较差的地方，宜采用明穴栽植法。将 1～2 年生裸根苗，采用靠壁栽植法，每穴 1～3 株，紧靠穴的内壁，覆土与原土印平，不超过针叶，踏实，用松土封堆。栽植大苗时，每坑中央放 1 株苗木，覆土深度以保持原土印为好，踏实，浇水，水渗后填松土封堆，堆高 20cm。

（2）缝植法　在土层较疏松的造林地，栽植 1～2 年生裸根苗，可用缝植法。将镐头或植树锹垂直或倾斜插入土中，深 15～20cm，稍加晃动后取出，留一窄缝，将 1～3 株苗木放入缝中，原土印与地面平，将缝合拢，砸实即可。

4. 混交林营造　小面积造林，以营造纯林为宜，大面积造林应注意营造混交林，提高林分稳定性、增强对各种灾害的抵抗力。在改造低质林分中，采伐时保留实生阔叶树幼树或生长良好的萌生幼树，与新栽植的华北落叶松混交，在这种情况下，要适当减少落叶松的栽植密度。可以与华北落叶松混交的树种有：桦树、地锦槭、椴树、山杨、水曲柳、黄波罗、云杉、冷杉、樟子松等，可以成不规则的团状（块状）和带状混交，也可以单株混交。

5. 幼林抚育

（1）除草松土　造林当年及第二年，进行除草松土 2～3 次，第三年进行 2 次。前两年结合除草松土进行根部培土，防止露根影响成活。

（2）割灌　在灌草茂密的地方，造林后每年 7～8 月进行 1 次割灌，直到幼林高度超过灌丛高度为止。

六、病虫害防治

1. 立枯病　应加强综合防治，如种子、土壤消毒、适时早播等。出苗后 7～10 天喷洒 1 次 1% 的等量式波尔多液，连续 2～3 次，如有立枯病发生，则应连续喷药，直到苗木木质化、病症停止蔓延为止。其他防治方法见油松。

3. 虫害　幼苗期常见的虫害有蛴螬、蝼蛄，可用 500～800 倍的敌敌畏、敌百虫液浇注或喷洒床面除治。

（戴继先）

毛白杨

别名：大叶杨、绵白杨、毛叶杨、响杨

学名：*Populus tomentosa* Carr.

科属名：杨柳科 Salicaceae，杨属 *Populus* L.

一、经济价值及栽培意义

毛白杨是我国特产的乡土速生用材树种，树形高大挺拔，树姿雄伟壮丽，生长迅速、材质优良、寿命长久、分布广泛，被称为栋梁之材，深受群众喜爱，在我国已有 2000 多年栽培历史。毛白杨木材物理力学性质良好是杨树中木材最好的一种，纹理直，结构细密，气干容重 0.543g/cm³，木材易干燥，加工性能良好，刨、锯、镟切、油漆、染色、胶粘和钉钉容易。木材纤维达 1200 μm 以上（18~27 年生）。因此，木材用途很广，可作建筑、造船、家具（箱、柜）、雕刻、彩色包装箱、农具、火柴杆、胶合板、木工板等用材，也是优良的造纸和纤维工业（人造絲）的原料，又因抗烟尘和抗污染能力强，是工厂、矿山和城镇绿化的理想树种。也是"四旁"和农田防护林（网）的好树种，树皮含鞣质 5.18%，可提制栲胶。雄花序可入药及喂猪。

广泛栽植毛白杨对改善西北地区自然环境和促进造纸工业和板材工业的发展，振兴区域经济具有重要意义，特别是在短轮伐期工业用材林中有广泛的发展前景。

二、形态特征

高大落叶乔木，树高可达 40m，胸径达 1.5~2.0m，树干通直、树冠圆锥形、卵圆形或圆形。树皮灰绿色至灰白色，基部黑灰色，其上具菱形皮孔，随年龄增大而变化，一般可达 2.5cm。枝条分长枝和短枝两种，长枝叶宽卵形，先端短渐尖，基部心形或截形，表面光滑，背面密被白色绒毛，长 10~15cm；短枝叶卵形或三角状卵形，先端渐尖，幼树背面有绒毛，后脱落。花为柔荑花序，雄花芽圆形或椭圆形，大而紧，雌花芽卵圆形，小而疏。休眠芽着生于枝条的近基部、体小，圆锥形。果序长 7~22cm，朔果长卵形、细尖、二裂。花期 3~4 月，果期 4~5 月，种子较小，微带绿色或黄白色。

毛白杨一般为雌雄异株，但也有雌雄同株，甚至雌雄同花的雄株多，雌株少，在陕西关中雌株约占 34%~40%。

变种及栽培类型较多，主要有：

1. 截叶毛白杨（*Populus tomentosa* Carr. var. *truncata* Y. C. Fu et C. H. Wang）　树冠浓密，短枝和长枝基部的叶片阔卵形，叶基通常为截形，树皮灰绿色，皮孔菱形，小，多 2 个以上横向连生，呈线状，树干与侧枝分枝角度较小，一般为 40°~65°。生长较快，生长期比毛白杨多 25 天左右，在相同条件下，截叶毛白杨的平均树高和平均胸径及平均材积分别较毛白杨大 27.7%、53.3% 和 114.3%（选自陕西周至）。

2. 箭杆毛白杨（P. tomentosa Carr. cv. 'Borealo Sinensis'）　树冠卵圆状，树干直，中

央主干明显，直达顶部，侧枝少；皮孔散生，菱形、中等大小；短枝叶三角状卵形，边缘有波状粗齿，雄株。其他品种还有大皮孔箭杆毛白杨（cv. 'Dapikong'），树皮皮孔菱形、大而多、雄株、速生；小皮孔箭杆毛白杨（cv. 'Xiaopikong'），皮孔菱形、较小、较少、雄株，选自河南郑州，抗污染能力强。

  3. 河北毛白杨（cv. 'hopeinica'） 选自河北易县，树冠卵圆形，侧枝较细，较少；树皮灰绿色、光滑、皮孔菱形、大、稀疏、散生；幼叶浅褐色；雌株，抗寒、抗病、抗污染、落叶晚，繁殖容易。

  4. 塔形毛白杨（cv. 'pyramidalis'） 选自山东、夏津等县，雄株，树冠塔形；侧枝与主干呈 20°～30°角着生。短枝叶三角形，基部截形或近圆形或浅心形。生长中速、冠小、根深、胁地轻，适于林粮间作和厂矿、城镇绿化。

  5. 河南毛白杨（cv. 'Honanica'） 无性系选自郑州，雄株。树冠宽大、近圆形；侧枝粗大、稀，开展，主干不明显。树皮灰褐色，皮孔菱形，多散生、中等，短枝叶宽三角形；花序粗大。另一无性系圆叶河南毛白杨（cv. 'Yuanye – Henan'），亦选自郑州，雄株，短枝叶近圆形，生长迅速，21 年生，树高 32.8m，胸径 50.8cm，单株材积 1.80745m^3。

毛白杨
1. 叶枝　2. 雌花枝　3. 萌枝　4. 叶下面部分放大，示叶缘及绒毛　5. 苞片　6. 雌花

  原西北林学院将毛白杨优良无性系分为：高水肥速生型、抗旱速生型、易生根速生型。

  北京林业大学朱之悌等在通过杂交育种，培育出适应幅度更广的抗旱耐寒的杂种的基础上，应用毛白杨不减数 2n 花粉回交和花粉种子辐射等技术，最终选育出毛白杨异源三倍北林 B301 等 20 个无性系。

三、分布区域

  毛白杨分布于北纬 30°～40°，东经 105°～125°。北至辽宁、内蒙古南部，东到江苏、浙江，南界湖北、安徽、云南等省。

  毛白杨在西北地区主要分布于陕西（关中、陕北、陕南，以关中平原居多，海拔 200～1000m），甘肃的陇东（平凉、庆阳）、陇南（文县、徽县、礼县和武都县）、天水、兰州、临夏等地区（多有栽培）、甘南（舟曲）和河西走廊（武威），宁夏南部。青海 1958 年由河北保定引进，在西宁及海东地区各县表现良好，生长稳定。引种区（西宁）的年均气温 6.9℃，极端最低气温 -22.6℃。年平均降水量 37.72mm。新疆石河子地区年平均气温 5.6℃，极端最低气温 -37.8℃，年平均降水量仅有 17mm，引植的河北毛白杨，20 年生单株材积达 1.0857m^3。

四、生态习性

1. 喜温暖湿润气候，对早春变温有一定的适应 毛白杨为温带树种，集中分布区属落叶阔叶林带，在长期系统发育过程中，适应该地区的气候、土壤条件，形成了它的生物学、生态学特性。在年平均气温 7～16℃，年降水量 300～1300mm 范围内均可生长，但以年平均气温 11.0～15.5℃，年降水量 500～800mm 的地区生长最好。毛白杨对极端最低 −37.8℃的极限温度有一定的适应，亦能忍耐 43℃最高气温，年温差在 28～30℃之间，日夜温差也较大，可达 14℃。

2. 对水肥敏感，但有一定的抗旱性 毛白杨一般多栽植在水肥条件较好的"四旁"，生长旺盛，胸径年平均生长量达 2.5cm 以上；生长期间，旬平均气温 24～26℃时，水分是决定速生的主导因子。但是毛白杨长期在干旱条件下生长，常具有强壮主根（最深可达 2m）和密如蛛网的水平根系，从而增强它的抗旱力和抗风力。陕西蒲城县孙镇乡黄寨村旱塬，有 1 株近 300 年生的毛白杨大树，株高 23m，胸径 1.77m，侧根伸长达 20m 远。但在过于干旱瘠薄的荒草地上以及低洼长期积水的盐碱地上生长不良。

3. 喜光 毛白杨为喜光的强阳性树种，要求长日照并有一定日照强度的天气，短日照或多云雾天气生长不良。

4. 适宜壤土或沙壤土，稍耐盐碱和较耐水湿 毛白杨在土层深厚的壤土或沙壤土上，即使水分条件差一些，但生长很快，在土壤 pH 值 8～8.5 时，能正常生长，超过 8.5 以上时，生长受阻，大树较耐水湿，在积水达 2 月之久，生长不受影响。

5. 适应性强，寿命长 从毛白杨西移（石河子、西宁）的生长情况看，它具有很强的耐寒和抗旱能力，对恶劣的气候环境有较强的适应性。青海、西宁市栽培在海拔 2300m 灌溉台地上的 25 年毛白杨，平均树高 25.1m，胸径 42.7cm，单株材积 1.3739m³。寿命长是毛白杨的一个突出特点，陕西关中和渭北黄土高原、甘肃、天水等地均有不少 300 年以上的大树，且生长正常。天水市秦城区尤家沟有树龄约 600 年的大树，2 株生长于路边场园地，树高 28.0、34.0m，胸径 141～156.0cm，单株材积 31.6673～35.3154m³，长势仍很旺盛。在武都县角弓乡陈家坝甚至有树龄大于 700 年的毛白杨。

毛白杨栽植后，一般头几年生长缓慢，4～5 年后生长速度加快，在立地条件好的地方，水肥充足，或者采取集约经营措施，可大大加快幼龄期的生长。7～8 年以后树高和胸径年生长量分别可达 1.0～1.5m 和 1.5～3.0cm，10 年可成檩材，15 年可成梁材，40 年左右可长成大径材。其生长发育总进程随立地条件、性别和类型（品种）的不同而有不同的特点。

毛白杨的年生育过程有其明显的阶段性，可分为：①萌动期；②春季营养生长期；③春季封顶期；④夏季营养生长期；⑤越冬准备期；⑥冬季休眠期。

毛白杨的物候期随产区气候不同，以及性别、类型（品种）不同而有差异，其差值可达 20～30 天。在其分布区的中部，1 月上旬～2 月上旬芽开始萌动膨大，1 月下旬至 2 月中旬花序和花蕾开始出现，2 月下旬至 3 月中下旬为花期，约 1 个月之久，3 月底至 4 月中旬展叶，4 月中、下旬果实成熟，9 月底叶开始变色，10 月中、下旬落叶，生长期约 160～180 天。

五、培育技术

（一）育苗技术

1. 播种育苗 毛白杨雌株少，雄株多，且花期不遇，除少数地方外，结实率低，生产上较少采用播种育苗，但实生苗变异大，有利于优良类型的选择。

（1）采种 选择 20~40 年生健壮母树，当果穗由绿变为黄绿色，少数蒴果开裂吐絮即可采收。可用高枝剪剪取果穗，将采下的果穗摊放在席、箔上，在阳光下晾晒，摊放厚度不超过 6~7cm，用树条轻轻抽打，使种子与白絮分离落到帘下，将杂物除去即得净种。一般每 100kg 蒴果可得种子 0.8kg，宜立即播种。

（2）整地作床 育苗地应选在地势平坦，灌水和排水都方便的地方，土壤以沙质壤土或壤土为宜。播前要精细整地，先年冬季深翻 1 次，翌春施足有机肥，并进行土壤消毒和防虫处理，然后作床，床长 6~10m，宽 1m，将床面土块打碎，耙糖平整，即可播种。

（3）播种 毛白杨种粒细小，每千克种子多达 234 万粒，千粒重 0.425g。播时在种子中混入适量细沙。每亩播种量 0.5kg 左右。条播，行距 25~30cm，先灌足底水，稍干后，用开沟器或小锄开成 3~4cm 宽的浅沟，使种子均匀撒入沟内，播后用细沙覆盖，厚度以不露种子为好。用木滚或小石滚轻轻镇压。然后在苗床上覆以 0.5cm 厚的稻糠皮或锯末，以保持其湿度和温度，搭设荫棚效果更好。

（4）苗期管理 毛白杨种子播后 24h 生根，2~4 天后开始出苗，4~6 天基本出齐。10 余天后出现 1 对真叶，再过 10 余天出现第 3 对真叶，苗高 2cm 左右。1 个月后幼苗生长开始加快，一般苗高可达 5~6cm，大量幼苗出现第 5、6 片真叶，并逐渐长成毛白杨的叶形，可改洒水为细水漫灌，注意不要让茎叶沾泥，苗高 5cm 时开始间苗，8~10cm 时定苗，每亩留苗 2 万株左右。

毛白杨播种苗，当年苗高 40~60cm，最高可达 1m 左右，地径 0.4~0.5cm。第 2 年经过移植培育成大苗后方可出圃造林。

2. 扦插育苗 毛白杨插条难生根，成活率低，应采取有效措施：

（1）插条选择 大树条、苗干条和根蘖苗条均可用作扦插的穗条，但以根蘖苗条扦插成活率最高，根蘖苗条是毛白杨圃地挖苗后，残存在土中的根萌生出的 1 年生苗条，或用根插法培育的根蘖苗条，生根早、生长快、成活率高。用根蘖苗条繁育出的苗木具有幼年性，一致性的特点，但连续繁殖最多为 4 代，此后成苗率大幅度下降（张康健，1990），用一般苗干作插条时，以基部剪取的插穗最高，中部插穗次之，梢部最低；在大树上采条时宜利用树干下部粗壮枝条及根部萌蘖条。

（2）插条贮藏 贮藏的方法有长条贮藏和插穗贮藏 2 种，长条贮藏是在坑内（长 3~5m、深 60~70cm、宽 1m）底部平铺 1 排长条，上铺 10cm 厚的湿润细沙，接着放第二排长条，方向与下一排长条相反，再行覆土，一排长条一层土，直放到距坑沿 30cm 为止，然后填土封坑，使坑堆成丘状。事先在坑的四角竖立草把，以利通风。插穗贮藏是在坑内将已剪好的插穗每 50 或 100 根捆成 1 捆，竖立在坑内，须使每个插穗下切口与虚土紧密结合，放满 1 层后，上覆 10cm 厚的湿沙，再在上面竖立插穗，这样一层插穗一层湿沙，直至坑沿 30cm，覆土封坑成圆丘状，在坑内竖草把。

（3）插穗处理 其方法有：①浸水催根：一般插穗浸 7 天，长条在流水中浸 10~15

天，可提高含水量，降低抑制物质浓度；②药剂处理：扦插前用 ABT 1 号生根粉 100μL/L 液浸泡 2~4h，甘肃农业大学用 100μL/L 浸插穗基部 2h，其成活率为 70.5%，较对照提高 263.4%；用萘乙酸、吲哚乙酸或吲哚丁酸 100μL/L 液浸泡 24h，生根率可达 91% 以上（河北林学院）；用白糠液处理 24h，均有良好效果。

（4）剪条与扦插　插穗一般长 18~20cm，按基、中、梢部插穗分别扦插。扦插密度每亩 7000~8000 株。

（5）苗期管理　前期为保持床面湿润，应适时适量浇水。幼苗长到 10cm，保留 1 株健壮幼芽长成大苗，其余除去。速生期（6 月下旬至 8 月下旬）应加强施肥灌水，及时松土锄草。后期停止追肥和灌水，促进木质化。每亩成苗数 5000~7000 株。不同条源扦插成活与生长差异明显（表 1）。

表 1　毛白杨不同条源插穗扦插成活率及生长情况

插穗类别	成活率（%）	1 年生苗高（m）
根蘖苗条	96.3	2.52
扦插苗条	84.0	2.28
大树苗条	23.0	—

3. 埋条育苗　这是生产上采用较早的育苗法，在扦插不易成活的地方常用，种条采集与处理同扦插育苗。其方法有平埋法、点埋法、垄作法和弓形埋条法。

4. 埋棵育苗　就是用带根的毛白杨苗木（长 2m、粗 2cm），整株平埋在土中进行繁殖。行距 40cm，第 1 株放好后接着放第 2 株，后 1 株的梢部放在前 1 株的根下，覆土厚约 2cm，幼苗出土后要勤培土，苗高 20cm 时定苗，株距 20~30cm。在生长期注意施追肥、灌水、抹芽。此法育苗亩产苗可达 7000 株，当年苗高 2~3m。

5. 嫁接育苗　可用枝接、芽接等方法。

（1）枝接生产上多采用"接炮捻"嫁接法，此法是用欧美杨（如加杨、15 号杨等）种条（粗 1.5~2.5cm）作砧木，截成 12~15cm 的小段。用 1 年生毛白杨苗条（粗 0.3~0.7cm）截成 15~18cm 的小段做接穗。削好毛白杨接穗下端，自上而下插入已开口的砧木，对准形成层，使砧木夹紧插穗即可。当年苗高可达 4m 左右，平均粗 2cm 左右，亩产苗木 4000 株左右。

（2）芽接　芽接又可分根际芽接和串接（一条鞭）两种，根际芽接就是在用作砧木苗的根际处嫁接 1 个毛白杨芽子，接芽以上的苗干到秋季落叶后剪去，使砧木的根和接芽形成 1 株毛白杨苗木；串接是从砧木地表起，每隔 18~20cm，嫁接 1 个毛白杨芽子，一直到砧木的中上部，当年秋季或次年春季将嫁接的苗干剪成插穗，每个插穗上保留 1 个接活的毛白杨芽子，进行扦插育苗。

6. 组织培养育苗　林木组织培养是利用活体树木的某些细胞、器官或组织，接种在已配制的培养基上，在人为控制的室内条件下，培育成单独的植株，这种方法为推广良种及难以繁殖的树木，提供了一条新的途径。其程序如下：①配制培养基：基本成分包括水、碳源和无机盐类。②接种：将毛白杨的叶柄切段、嫩枝切段或叶片小块接种在三角瓶内的培养基上，用棉塞塞紧瓶口，并用牛皮纸包扎，随即将已接种的瓶子放入培养室中培养。③试管苗移植：试管苗移植前先在自然光照下锻炼 10 多天，待基干木质化后移植。

中国林科院、甘肃农业大学、原陕西省林业科学研究所等单位通过组织培养毛白杨均获得成功。1年生苗高1.0~1.5m，地径1.2cm，生长良好。

7. 成年幼树幼化繁殖 为使几十年以至几百年的成年优树幼化，解除原有母树的成熟效应、位置效应和年龄差别，使试验材料具有一致性、可比性，可采用幼化繁殖法（朱之悌等，1986），其要点是：秋冬时挖取优树根段，除去损伤口，洗净，平埋入温室沙地，覆膜保湿，促生萌条。萌条在≥5℃的日均积温达350~400℃时开始生出，在萌条上培土，促其产生不定根，一年可萌发多次，当根段上萌条长7~11cm，具2~3对叶片，木质化程度达15%以上时，可采穗扦插，不经任何化学处理，生根率可达90%以上；萌条剪下的插穗宜进行容器育苗，插壤沙：土为1:1，温湿控制对生根有利，温度不超过33℃，湿度在90%以上。插后半月多数生根，3周后揭膜炼苗，1月后移栽大田。

（二）栽培技术

1. 林地选择 为使毛白杨的速生丰产潜力得到充分发挥，必须选择适宜的造林地。在西北地区的众多河流两岸，平原"四旁"，沟底川滩，山坡下部等处立地条件较好，光照充足，土壤深厚肥沃，是发展毛白杨的主要基地，土壤质地为沙质壤土、壤土，地下水位1.5~3.0m的地方，毛白杨生长最好。

2. 整地 在平坦的地方成片造林宜全面翻耕；路渠两旁植树最好用开沟挖壕整地，此法可蓄水保墒，减轻林木胁地的影响；缓坡地段采用反坡梯田整地，城镇工矿零星植树宜采用大坑穴整地。

3. 造林密度 毛白杨树体高大，冠幅宽广，密度不宜过大，密度愈大，高、径生长愈小，分化强烈，尤以胸径变化最为显著。原陕西省林业科学研究所和河南省林业科学研究所都曾营造过株行距为0.5m×1.0m的试验林。这样的高密度第2年就出现被压木，第3年就有枯死木出现，5年生时密度对胸径生长的影响就很显著，如1m×1m株行距平均树高10.13m，胸径6.12cm；2m×2m的平均树高10.98cm，胸径8.66cm；3m×3m的平均树高10.95m，胸径10.75cm。

确定毛白杨的合理密度应根据立地条件、经营目的、管理水平、混交方式以及不同类型（品种）等因素。如培育短轮伐期工业用材林，初植密度以2m×3m或3m×3m为宜，4~6年可间伐利用；如培育中径材，单株营养面积可在12~20m^{2}范围内选择。株行距3m×4m、4m×4m、4m×5m、3m×6m等。如培育大径材，单株营养面积应为24~48（或64）m^2，株行距为4m×6m、5m×6m、4m×8m、5m×8m、6m×8m等。"四旁"一般栽3~5行，初植密度可用2m×3m或2m×4m株行距，农田防护林以2m×4m或4m×4m株行距为宜。

4. 造林季节 春秋两季均可造林，大部分地区以春季造林效果较好。西北地区地域辽阔，各地要根据气候条件，土壤解冻的迟早安排造林日程，陕西关中（西安、杨凌）一带2月下旬至3月下旬，渭北高原（永寿、蒲城等地）3月中、下旬，陕北等地3月下旬至4月上旬栽植，毛白杨造林不宜截干，截干后生长较差。

5. 混交造林 毛白杨主要有两种混交类型。

（1）乔灌混交型 可与紫穗槐、白蜡等混交，以与紫穗槐混交最常见效果也最好，10年生的毛白杨、紫穗槐混交林内，前者的根系主要分布在25~50cm土层内，后者则分布在10~25cm土层内，这种方式不仅可改良土壤，促进毛白杨生长，每年还可收割紫穗槐编筐。

（2）乔木混交类型 混交树种有刺槐、柳树、侧柏及其他杨树等，以刺槐和毛白杨混交为好，可用行间混交，株行距2m×2m。刺槐有根瘤菌，可改良土壤，叶子富含氮素，枯枝落叶能增加土壤有机质,提高土壤肥力。在土壤肥力差,杂草丛生情况下,可充分发挥刺槐的有利特性,促进幼林郁闭。在土壤肥沃条件下,刺槐因生长快会影响毛白杨生长,应对刺槐打头、平茬,控制刺槐生长,扩大树冠宽度,抑制杂草,促进毛白杨生长。12 年后要进行间伐。毛白杨与侧柏混交也比较适宜,不仅能够发挥他们之间的有利特性,相互促进生长,而且在营造防风固沙林、城乡绿化中能改变生态景观,具有良好的指导意义。

六、幼林抚育

(一) 松土除草

毛白杨造林后要连续管理 3 年,第 1 年应松土除草 2~3 次,第 2 年 1~2 次,幼林郁闭后方可停止,据原陕西省林科所试验,经松土除草的 3 年生毛白杨幼林,高、径生长量较对照分别提高 137% 和 71%。造林后 1~3 年内可在幼林行间进行林粮(草)间作,种植豆类、薯类等低秆作物以及芝麻、毛苕子、草木樨等绿肥作物进行压青,以提高土壤肥力,起到以耕代抚的良好作用。

(二) 施肥灌溉

施肥与灌溉有利于提高造林成活率,促进林木生长。原河南农学院园林站营造的毛白杨林,施肥的 2 年生幼林平均高 5.4m,胸径 5.5cm,而未施肥的平均高 3.1m,胸径 3.5cm。一般在造林前植树穴内施有机肥,在生长季节追施化肥,以氮肥为主。灌溉是促进毛白杨生长的重要环节,土壤相对含水量宜保持在 70%,小于 40% 时,须及时灌溉。每年需灌水 3~4 次,即 4 月下旬,树木发芽前,浇返青水;5~6 月促进叶面积扩大及全树生长,浇促生水;7~8 月,视降水情况,如水量少,浇补充水;10~11 月改良土壤热学性质,促进根系发育,浇封冻水。

(三) 修枝与除蘖

很多地方栽植当年,就抹去大部分芽子,只剩树梢很少几片树叶,由于大量剪除枝叶,势必削弱光合作用,致使幼树长时间缺乏生机,严重影响到幼树的生长发育。修枝强度对树高影响不大,而对直径生长影响却十分显著,即修枝强度越大,直径生长越差。毛白杨栽植当年基本上不要抹芽,5 年以前生长正常以不修枝为好,只修去与主枝并生的直立竞争枝,对主枝不明显或主枝过弱的幼树,应把下部强枝截短 1/2,以促进主枝的生长。5 年后生长速度逐渐加快,为使树干通直圆满,需要进行修枝,修枝强度要小,可修去 1/3(树冠占树高 2/3),10 年以后的壮龄毛白杨可修去 1/2(树冠 占树高 1/2)。

修枝季节以春季切口愈合最快,冬季修枝,切口愈合稍快,夏季修枝愈合最差。修枝时要避免撕裂树皮,可用快刀和利锯从侧枝下部紧贴树干向上平切,尽量做到伤口平滑不留桩。大伤口必要时涂上涂料,以防病菌侵入。

除蘖,在毛白杨基部常长出一些萌条,应及时将其除去。

七、病虫害防治

1. 叶斑病类 危害毛白杨的叶斑病较多,主要有黑斑病、褐斑病、灰斑病和角斑病。前两种发病较早,危害较重,后两种发病较晚,危害也轻。

(1) 黑斑病 (*Marssonina populicola* Miura.) 主要发生在幼苗或幼树的叶片上,发病

初期，叶部病斑为褐色至黑色斑点，大小为 0.2 ~ 1.0mm，后变为灰白色，上有许多黑色小点。病重时提早落叶 30 ~ 40 天。

（2）褐斑病（*Septoria populicona* peck.）　发病初期，在叶基部或叶表面 沿叶脉处出现黄褐色不规则的或圆形的小斑点。以后逐渐蔓延扩大，连成多角形病斑。边缘为褐色或暗褐色。主要危害毛白杨幼树及成年大树的叶片，或当年生嫩梢。

（3）灰斑病（*Cprgmeum populinus* Bres）　叶上病斑初为水渍状，近圆形，大小 0.5 ~ 1.5cm，淡褐色，后扩大为不规则形，中央灰白色，边缘为暗褐色。危害叶片、嫩梢及幼茎。

（4）角斑病（*Cercospora populina* Ell. et Everhart.）　病斑多角形或不规则形，灰白色，病斑上有不明显的小黑点，为病菌的分生孢子堆。

防治方法：①冬季清除病落叶和病枝梢，集中烧毁；②化学药剂防治：定期喷 0.5% 的 65% 的可湿性代森锌效果最好；也可喷洒 200 ~ 300 倍液的波尔多液；③选择抗病的优良类型栽植。

2. 锈病（*Melampsora magnusana* Wagn）（马格栅锈菌）　锈病是危害毛白杨叶部的主要病害。西北地区危害严重，也危害幼芽、叶柄和嫩枝。

防治方法：①早春放叶期及时摘除病叶，减少田间初侵染源；②苗圃选在开阔通风地段，当年播种苗及时间苗、定苗，除草松土，控制灌水量，改善苗床通风透光条件；③药剂防治严格掌握喷药时机，于放叶后 15 天（5 月中旬）进行第一次喷药，一般在生长前期，喷药 2 ~ 3 次，即可控制病害发展蔓延。药剂以 1000 倍的 15% ~ 25% 的粉锈宁防治效果好，500 ~ 1000 倍 50% 的退菌特次之，也可用 40% 福美砷，65% ~ 80% 代森锌或代森氨。④选择培育抗锈病品种，白杨派的一些杂交种如银白杨×天水毛白杨等不易感染锈病。

3. 煤污病（*Fumago vagan* Pers）（散播烟雾）　在毛白杨叶、嫩枝和苗茎上形成一层煤烟状物，故称煤污病。主要危害毛白杨幼苗和幼树。煤污病菌可从蚜虫，介壳虫等同翅目昆虫的分泌物中吸取营养，因此，蚜虫越多，煤污病发生早而严重。

防治方法：①加强幼林管理，适时间伐，通风透光，集中烧毁病叶；②保护和利用蚜虫、介壳虫等类害虫的天敌，如瓢虫、草蛉蜍、食蚜虻等；③初发病时用 1300 倍 50% 代森铵和 2600 倍 40% 乐果的混合液喷洒。发病严重时用 1000 倍 50% 代森铵和 2000 倍的 40% 乐果混合防治效果较好。

4. 白杨透翅蛾（*Paranthrene tabaniformis* Rottemberg）　白杨透翅蛾是毛白杨主要树干害虫之一，危害普遍。成虫形似胡蜂卵为椭圆形、黑色，初龄幼虫淡红色，老熟幼虫黄白色，头浅褐色，蛹褐色，纺锤形。1 年 1 代，以幼虫在树干内越冬。幼虫 4 月下旬至 6 月上、中旬化蛹。成虫 5 ~ 7 月羽化，羽化当天或第 2 天交尾产卵每个成虫产卵 100 ~ 200 粒，多产于叶柄基部、叶腋或伤口处，卵期 8 ~ 10 天。幼虫咬破树皮皮层侵入树干，多由叶腋侵入，蛀入木质部到髓部，向上蛀食，形成纵直隧道，虫道长 20 ~ 100mm，2 日后即有粪便，木屑从虫孔排出。幼虫在排泄孔口付近，作一圆筒薄茧羽化越冬。羽化后的蛹壳仍留在羽化孔处，这是识别透翅蛾的主要标志。幼虫钻蛀树干后，形成瘤状虫瘿，易遭风折，影响材质。

防治方法：①调拨苗木严格检疫，禁止有虫苗木运往到非疫区，如发现虫害及时将苗木虫瘿剪除消毁，防止扩散蔓延；②成虫羽化盛期，用性诱剂诱杀成虫；③幼虫化蛹前用注射器注入 80% 的敌敌畏乳油 500 倍液或沾药棉堵孔，毒杀幼虫；④用 50% 杀螟松或 50% 磷胺乳油 20 ~ 60 倍液，涂抹排粪孔；⑤冬春两季用铁丝勾拉出小树上的幼虫，效果亦好。

2. 青杨天牛（*Saperda populnea* L.）　　成虫体小，黑色，前胸背面有 2 条平行的金黄色纵纹，鞘翅上有由金黄色绒毛组成的圆斑 4 ~ 5 个，幼虫浅黄色，圆筒形，无足。在北方 1 年 1 代，以老熟幼虫越冬，次年 4 月底至 5 月初羽化盛期，5 月上旬至 6 月上旬为产卵期。初孵幼虫起初危害勒皮部约经 10 ~ 15 天蛀入木质部内。虫瘿近似纺锤形。成虫羽化后在虫瘿上咬一圆形羽化孔。

防治方法：①成虫大量羽化时喷洒 50% 马拉松乳剂或 90% 敌百虫 500 倍液或 50% 百治屠乳剂 1000 倍液；②结合冬春修剪，将有虫瘿的枝、梢剪下烧毁，以消灭越冬幼虫。

3. 杨扇舟蛾（杨天社蛾）（*Clostera anaehoreta* Fabricius）　　该虫分布极广，繁殖力强，幼虫危害叶片，常大发生，严重时能吃光整树叶片，取食叶肉，对树木生长危害极大。虫体灰褐色，头顶有一个椭圆形黑斑。每年 4 ~ 5 代，以蛹越冬。3 ~ 4 月成虫出现，繁殖数代后，8 月下旬至 10 月又相继化蛹越冬。成虫有趋光性。

防治方法：①在 1、2 龄幼虫群集取食时，及时摘除虫苞和成块卵，对降低后期危害作用大。冬季可捕杀越冬蛹；②药物防治：用 90% 敌百虫 500 倍液毒杀幼虫或 80% 敌敌畏 1000 倍液或 50% 马拉硫磷 1000 倍液或 10% 广效敌 2500 倍液喷洒叶片，杀死幼虫；③生物防治：喷洒浓度 1 亿孢子/ml 白僵菌、青虫菌、苏云金杆菌悬浮液，杀死幼虫；保护好天敌，幼虫期有绒茧蜂寄生，卵期有黑卵蜂、赤眼蜂寄生；蛹期有蝇类寄生等。

3. 杨叶甲（*Chrysomela populi* Linnaeus）　　杨叶甲又叫金花虫。幼虫和成虫均食害叶片。危害毛白杨的主要是幼虫，经常群集于叶背蚕食叶肉，危害严重时会使全树叶食光。幼虫：老熟幼虫体长 15mm，头部及足黑色，体白色；成虫前胸背板蓝紫色，鞘翅末端黑蓝色。大部分地区 1 年 1 代，以成虫在枯枝落叶层内或 2 ~ 4cm 深的土内越冬，次年春季取食叶片，并在叶背交尾产卵，7 月间孵化的幼虫危害叶片，时间约 1 月左右。老熟幼虫以尾部附于叶面上或小枝上悬垂化蛹。

防治方法：①用 25% 溴氰菊酯 4000 倍液或用杀螟松 1500 倍液喷洒叶片；②利用成虫的假死性，在其越冬后上树为害时，振落捕杀；③在已郁闭的林分内，夏季也可用 "621" 烟剂防治。

（罗伟祥、土小宁）

三倍体毛白杨

别名：三毛杨

学名：（*Populus alba* var. *pyramidalis* × *Populus tomentosa*）　×*P. tomentosa*

科属名：杨柳科 Salicaceae，杨属 *Populus* L.

一、经济价值及栽培意义

三倍体毛白杨是我国林木育种的一项重大研究成果，它的科技亮点有三：①它是毛白杨和新疆杨的杂交后代，具有极显著的超亲杂交优势。②它是用染色体工程技术育成的三倍体，多倍体的巨大性和速生性表现突出。③三毛杨多圃系列快繁技术不仅使繁殖系数提高100倍，成本降低30%～50%，使苗木幼龄化、优质化，合格苗提高30%～50%，并且通过无性繁殖能稳定杂种优势和三倍体的倍性，无须像杂种玉米和三倍体无籽西瓜那样代代都要杂交制种。

三倍体毛白杨的主要优点是：①周期短，5年即可采伐，木材蓄积量是二倍体毛白杨的2～3倍。②前期速生，造林基本不缓苗。造林当年树高和胸径生长量较普通毛白杨分别提高3.84倍和2.71倍。③育苗周期缩短一年，当年出圃。④抗病性强，三毛杨叶大毛厚，对毛白杨叶锈病、煤污病和褐斑病基本免疫。⑤造纸性能好，白度高、纤维长、纸浆得率高，符合造新闻纸及胶印书刊纸的要求。⑥材质好、强度高、不空心、不黑心、纹理细、颜色白，可作胶合板及木工板的面板和建筑用材。由于三毛杨具有以上突出优点，在退耕还林，绿化环境和西部大开发，优化林业产业结构中是一个极具生产价值的优良新品种。

二、形态特征

三倍体毛白杨是从（新疆杨×毛白杨）×毛白杨回交子代中选育成的多个优良无性系的总称。各无性系都多少不等地兼具双亲的形态持征，相互间差异明显。总体而言，属落叶大乔木，主干通直，树皮绿至灰绿色或褐至浅褐色，光滑；皮孔小，菱形，散生或二个以上横向线形连生。冠形开展或十分开展，长卵形、宽卵形或广卵形。长枝叶与短枝叶在形态上差别很大，长枝叶宽卵形、广卵形或三角状卵形，先端渐尖或急尖，基部平截，微心形、心形或显著心形，叶背多绒毛，多数无性系为掌状深裂，只有180等少数无性系为叶缘具锯齿的心形叶。

三、分布区域

1989年以来，三倍体毛白杨已在河北、河南、山东、山西、北京、辽宁、陕西、宁夏、甘肃、青海、新疆、西藏等省（自治区）推广，造林达十多万亩，总株数达亿株以上。近年在四川、湖北、江苏、安徽等长江地区也有迅速发展。河北、山西等发展较早地区均有成片的人工林，已进入采伐期。

四、生态习性

该树种为阔叶树种，喜水喜肥耐湿耐淹，要求凉爽温润气候。在年均气温 7 ~ 16℃，极端最低温 −32℃ 以上，年降水 300 ~ 1300mm 的范围内均可生长，而以年均温 11 ~ 15.5℃，年降水量 500 ~ 800mm 地区生长较适宜。在早春昼夜温差大的地方树皮常冻裂，在高温多雨的气候条件下易受病虫危害，生长较差。不耐旱，不耐瘠，不耐密植，只有在优良的生长环境中才能充分显示三倍体杂种的优越性。经在河西走廊引种造林试验，三倍体毛白杨无性系 BT8S 和 B1008，抗寒性较强，可在 −30℃ 条件下越冬。

五、培育技术

（一）育苗技术

1. 多圃系列技术　多圃系列优质快繁技术是三毛杨三大科技亮点之一，它克服了毛白杨生根难繁殖慢的缺点，从一株开始三年可达到 100 万株，相当于常规育苗的 100 倍以上，比一般埋条育苗的成本降低 30% ~ 50%，苗木质量高，合格苗比常规育苗提高 30% 以上，技术要点是"优材建圃、多圃互换、以根繁苗、永保幼态、最佳组配、量多质优"。主要技术环节是：

（1）采穗圃　要求种源可靠，优材建圃，标明系号，分区种植，接芽幼化，无成熟效应和位置效应，株行距 0.4 ~ 0.6m × 1 ~ 1.5m，南北行向，採条 3 ~ 5 年后更新一次。

（2）砧木圃　采用种条易生根、嫁接亲和好的大关杨、太青杨、小美旱（群众杨）为砧木树种，株行距 1.0m × 0.18 ~ 0.22m，南北行向，除顶梢外要及时抹去侧芽，使苗干皮部平整光滑，以便于嫁接。"一条鞭嫁接技术"是从砧木基部旋转向上每 16 ~ 18cm 接一芽，接芽取三角形，砧木开"T"字形口；接芽取方片，砧木开同样大小方片；接芽带木质，芽片尽量短些，不要长于 1.5cm，否则来年育苗中会在接口拱起成桥，芽片与砧木愈合的韧皮开裂。嫁接时间以 8 月下旬到 9 月中旬为好。接后 7 ~ 15 天检查成活率，1 月后解绑（或不解绑，以利远距离运输）。12 月初剪条扎捆沙藏。

（3）育苗圃　苗圃地经过深翻、施肥、杀灭地下害虫，深沟高垄做畦，春季顺沟灌水沉土，坐水扦插，将沙藏好的种条按行距 0.8 ~ 1.0m，每亩 2500 ~ 2800 枝扦插，接芽朝南，露出土表。出苗后及时抹掉砧木芽。苗期灌水要轻灌缓灌，如果泥浆呛了幼叶要喷雾清洗，不清洗小苗会被呛死。苗高 1.5m 时开始反复抹芽，将顶梢 50cm 以下的芽抹掉，直到封顶时才停止抹芽。苗高 1.5m 以后勤灌水高培土，促使三倍体植株自生根早发多长，以利于幼苗自身生长和根繁圃的培育。采穗圃、砧木圃和育苗圃的比例是 1:4 ~ 5:40 ~ 50。

（4）根繁圃　采穗圃更新复壮时，挖去老的根桩，宿存根萌条生长，或者在育苗圃起苗时有意多留三毛杨自生根于土壤中，使其来年萌生，即成根繁圃，生长期间随时剔除病虫害株和杂苗。品系明确纯度高的根繁圃可按采穗圃株行距留苗和管理，幼化复壮转为新的采穗圃，其他根繁圃行距不变，管理得当当年可亩产 1 万 ~ 2 万带根小苗，来年进行二次育苗，这种幼龄化的自根苗成活率高，生长快，成苗率高，更适于扩建根繁圃。根繁圃的根萌苗会越起越多，出苗过密时应剔除小苗，或控制露出地面的根端数量来控制密度。

此外，一些单位试图以硬枝扦插替代嫁接繁殖，如山东淄博林业局对 6 个三毛杨品系以"覆膜，ABT 1 号生根粉 500mg/kg 浸泡 45min"处理，平均扦插成活率达 91.3%。

2. 组织培养技术　其方法同毛白杨，三倍体毛白杨试管快速繁殖的最佳培养基是：1/2B5 + IBA0.2mg/L + 白砂糖 0.15% + 琼脂 0.36%，每月的增殖倍数为 3.70，生根株率为 97.5%，单株生根 2.7 条；移栽成活率为 86.8%，移栽后 6 个月的苗高达 4.35m（刘金廊，2002）。

（二）栽培技术

（1）林地选择　三倍体毛白杨是一个速生、丰产、优质和抗性强的无性系列，栽植条件低劣就不能发挥它的巨大潜力。造林地应选择地势平坦，排灌方便的地块，土壤通气性良好，沙壤土、轻壤土之类的轻质土壤，容重在 1.25 ~ 1.4 之间，土层厚 1m 以上，土壤肥沃，pH 值 7 ~ 8 之间，含盐量小于 0.1%。如在低山坡麓沟谷地段或沙荒滩涂造林，应在树穴中增施肥料。

（2）造林密度　三毛杨不耐密植，培育胸径粗 15cm 以下小径材，以株行距 2m×3m 或 3m×3m 为宜；培育粗度为 20cm 以上的大径材，株行距应扩大为 4m×4m 或 4m×6m。为便于经营管理，利于通风透光，可采用宽窄行，株行距 3m×6m 或实行林粮林草间作。

（3）栽植季节　春秋两季均可栽植，春季干旱的地方，秋季栽植易存活。要提高三毛杨栽植成活率，还须抓好以下三点：①修剪：出圃前对一年生苗所有侧枝缩剪 2/3，顶梢也缩剪 50cm。②浸水：造林前苗木全株泡水，浸泡 2 ~ 3 天后再栽植。③浅栽：栽深 50 ~ 60cm，容易成活。深栽 1m 极不可取，栽后填实，灌水，扶直。

六、病虫害防治

病虫害防治等其他技术同毛白杨。

（朱光琴）

银 白 杨

别名：白杨、罗圈杨
学名：*Populus alba* L.
科属名：杨柳科 Salicaceae，杨属 *Populus* L.

一、经济价值及栽培意义

银白杨的木材纹理通直，结构细，质轻软柔韧，可供建筑、家具、造纸等用。树皮含单宁，可制烤胶；叶磨碎可驱臭虫。树形高耸，树叶美观，是很好的观赏树种。

银白杨具有很强的生态适应能力和抗病虫害能力，是我国乃至全球重要的杨树种质资源。国内外用其作母本已经成功培育出多种优良的杨树品种，如 84K 杨、意 101 杨、银中杨、抗虫 741 杨等，已在生产中大面积推广应用。

银白杨在园林中用作遮荫树、行道树，或草坪孤植、丛植均甚适宜。由于其根系发达、耐干旱、耐极端气温、耐风蚀沙埋、较耐盐碱，还可用作防风固沙、保土、护岸固堤及荒沙荒滩造林树种。

二、形态特征

落叶乔木，高 15~35m ，胸径可达 2m。树干不直，树冠宽阔开展。树皮白色至灰白色，平滑，下部常粗糙。芽卵圆形，棕褐色，有光泽。萌枝和长枝叶卵形，掌状 3~5 浅裂，长 4~10cm，宽 3~8cm，中裂片远大于侧裂片，边缘不规则凹缺，初时两面被白绒毛，后上面脱落；短枝叶较小，长 4~8cm，宽 2~5cm，卵圆形或椭圆状卵形，边缘有不规则钝齿牙，上面光滑，下面被白色绒毛，叶柄短于或等于叶片，略侧扁，被白绒毛。雄花序长 3~6cm，花序轴有毛，苞片膜质，花盘有短梗，歪斜，雄蕊 8~10，花丝细长，花药紫红色；雌花序长 5~10cm，花序轴有毛，雌蕊具短柄，花柱短，柱头 2，有淡黄色长裂片。蒴果细圆锥形，2 瓣裂，无毛。花期 4~5 月，果期 5 月。

三、分布区域

银白杨在我国自然分布仅见于新疆额尔齐斯河及其支流克朗河、布尔津河、哈巴河、别列孜河、阿克哈巴河和乌伦古河一带的河湾阶地和河漫滩上，其中以额尔齐斯河、克朗河、哈巴河、别列孜河和乌伦古河分布较多。由于银白杨有随风传播种子更新的能力，所以在额尔齐斯河流域常呈间断性的片林，后经根蘖形成单性片林，乌伦古河多呈单性萌生团状生长。辽宁南部、山东、河南、河北、山西、陕西、宁夏、甘肃、青海及西藏等省（自治区）有栽培。银白杨在欧洲、北非、南美洲、亚洲西部和北部也有分布。

四、生态习性

银白杨喜光，不耐庇荫。抗旱，抗寒，在新疆 -40℃时无冻害；耐高温，抗风力强，抗病虫害。在湿润肥沃的沙壤土上生长良好，适生沙壤土或常流水沟渠两岸，不适宜黏重瘠薄土壤，不耐湿热。其根系深而发达，分蘖能力强。

银白杨在30年前生长较快，材积生长率为10.86%～36.15%，树高、胸径年平均生长分别为0.48～0.61m和0.55～0.73cm；30年后开始下降，52年树高和胸径年平均生长分别为0.61m和0.06cm，已进入极缓慢生长期。银白杨的合理经营期应为40～45年。

银白杨林分多由单性群体组成，雌雄混生的林分很少。银白杨种子较难成熟，而无性繁殖又较困难，其根蘖苗造林成活率较低，使其发展受到严重制约。

五、培育技术

（一）育苗技术

银白杨育苗目前采用播种、硬枝扦插、嫁接和组织培养几种方法。

1. 播种育苗　银白杨种子成熟期因分布区气候而有所差别，但一般多在5月。当蒴果的果皮由青变黄种子成熟，个别蒴果开裂时从母树上剪下果穗或连果枝一同剪下，并收集散落的种子。种子要及时晾干，储藏时要保持干燥和较低温度。种子千粒重0.54g，发芽率96%。

播种时间根据当地气候条件决定，一般当地温达到20℃以上，播种越早越好。可采用平床落水播种、高床播种、滴灌播种和垄坡播种等方法。幼苗出土后要重视水肥管理，及时松土、除草、抹芽修枝和防治病虫害。

2. 硬枝扦插　银白杨硬枝扦插采用1年生健壮萌蘖枝的中段作插穗，长度约为15cm，插前用6号ABT 100 mg/L浸泡6h。扦插时间最好在3月下旬或4月上旬。扦插时将处理好的插穗以45°斜插入平床中，扦插深度10～12cm，株行距5cm×15cm。扦插后，以流水漫灌。待叶萌动后，每隔3天喷水1次，隔1周喷0.2%尿素溶液1次，隔10天喷0.5%的磷酸二氢钾溶液1次，还要及时松土、除草和防治病虫害。

3. 嫁接育苗

（1）接穗的采集　在生长健壮的银白杨母树上，从树冠中部、外围向阳处选取芽子饱满粗壮的当年生枝条作穗条，要求穗条取接穗处的直径在0.5cm以上。采下的穗条要立即剪去叶片，保留长度为1～3cm的叶柄，以减少水分蒸发。从采穗条到嫁接不宜超过5天，最好是随采随接。来不及使用时要在阴凉处用湿沙或在清水中浸泡基部保存。

（2）砧木的选择　选择生长发育健壮木质化程度高的1年生易繁殖杨树作砧木，要求下刀处直径在0.5cm以上。

（3）嫁接时间与方法　根据各地实际情况在温度18～28℃时进行，西北地区最好选择在7月、8月。采用"丁"字形芽接和"一条鞭嫁接法"。

嫁接时先在接穗的芽上0.5cm处横切一刀，切断皮层，然后从芽下1.5cm处向上削，刀要深入木质部，削至上部横切口，取下芽子即可。要求接芽长1.5～2.5cm，上头宽0.8～1.5cm，厚0.3～0.5cm。然后在砧木基部离地面4～8cm高的位置，切成"丁"字形接口，深达木质部。撬开接口，将芽子插入接口中，使芽片上缘与接口上边密接。然后用捆绑材料扎紧并露出穗芽即可。捆绑材料可用嫁接薄膜、地膜或用开水煮过的马蔺叶片等。

嫁接后10天左右检查，凡接芽新鲜、叶柄一触就脱落者，即为成活；反之，则未成活。无论接活与否，都要及时切断绑扎物。成活后要作好抹芽修枝、水肥管理、病虫害防治等工作。

4. 组培快速育苗

（1）无菌材料的取得　取一年生银白杨萌蘖枝条，放入人工气候箱，在20℃的条件下进行水培催芽，用常规无菌操作方法消毒并接种到芽萌动培养基上。

（2）分化与继代：10天后在两种不同的芽萌动培养基上茎尖都长出1~2片小叶，这时将芽转接到诱导丛生芽培养基上。10天后观察到培养基上的叶呈深绿色，基部切口处膨大，30d后增殖3~5个芽。

（3）生根与移栽　在生根培养基中待苗长6~9 cm具有3~9条根时，取出试管苗，洗去根部培养基，移栽到蛭石基质中，用塑料膜保湿，20天后逐渐揭膜，成活率达70%以上。

（4）大田栽培与管理　在蛭石基质中长到10 cm左右具有4~6片叶时，可移栽到袋中进行壮苗，移栽时注意不要伤根。移植袋规格：宽6 cm，高12cm，用塑料做成，袋中装营养土。当苗高达15 cm左右，具有6~8片叶时，去掉移植袋，带营养土定植于苗圃中，成活率达100%。7月中旬下地。在西北地区冬季可露地安全越冬。

西藏农牧学院李颖提出的银白杨组培配方如下：①芽萌动培养基：MS + KT1.0mg/L（单位下同）+ IBA0.2；MS + KT0.5 + IBA0.1；②诱导丛生芽培养基：MS + 6 - BA0.3 + NAA0.4；MS + 6 - BA0.06 + NAA0.02；③根诱导培养基：1/2MS + 6 - BA0.1 + NAA0.08、0.2、0.4。此外，培养基还需加入蔗糖2%~3%和琼脂0.5%，调节培养基pH值6.0，培养温度25 + 2℃，光照10h/天，光照强度1500lx。

（二）栽培技术

银白杨主要采用植苗造林。造林与栽植多在春、秋两季进行，以春季造林为主。春季造林在土壤解冻后树体萌芽前1~2周内进行。秋季造林是在树木落叶后和土壤封冻前进行。造林前进行带状或大穴整地。

银白杨是喜阳性树种，栽植不能过密，应根据立地条件和培育目标确定造林密度。营林密度一般为株距1~6m，行距2~8m，初植密度每公顷1000~2400株，培育大径材林400株左右。

造林时将苗木根系舒展放在树穴正中，苗干扶正，填土2/3后轻提苗木，使根向下伸展，踏实后再将土填满树穴，踩实。第三次填土不需要踩实，形成一层虚土层，减少土壤水分蒸发。

造林后要加强林地水肥管理，松土除草和修枝。修枝可以促进林木生长，培育通直圆满的主干，减少不必要的萌芽、萌条。修枝工作从造林当年就要进行直到枝下高达到8m以上，冠高比可以达到1:3左右。

六、病虫害防治

1. 白杨叶锈病（*Melampsora magnusiana* Wagn.）　　白杨锈病危害叶片，也能发生在嫩枝及芽上。病菌主要在芽内潜伏越冬，来年春季发芽时可见带有大量夏孢子的新叶，春季是发病中心。

防治方法：春季放叶前修枝，放叶时及时摘除病芽，放叶后清除病叶，剪除病枝梢；控制氮肥量，及时间苗，防止过密，增强苗木抗病力；选用抗病树种，发病严重地区可改种其他派的杨树；自发病初期开始，每隔半月喷一次0.3~0.5°Be石硫合剂。

2. 黑斑病 ［*Marssonina brunnea*（Ell. et Ev.）Sacc］ 杨树黑斑病是北方地区杨苗的大害，一般6月开始发病，7~8月为盛期。病菌在落叶及感病枝梢上越冬，是初侵染来源。

防治方法：及时间苗，合理留苗，松土除草，注意合理排水灌溉，提高苗木抗病力；发病初期用1∶1∶160~200波尔多液、65%代森锌200~300倍液或50%退菌特、75%百菌清500倍液喷雾，以后每10~15天一次，连续2~3次；清除枯枝落叶，减少病源。

3. 杨树烂皮病（杨树腐烂病）（参见毛白杨）

4. 白杨透翅蛾 （参见毛白杨）

5. 天牛 危害杨树的天牛有光肩星天牛、黄斑星天牛、桑天牛、云斑天牛及青杨天牛等，为蛀干害虫，二年1代，当年以卵和卵内小幼虫、次年以不同龄期幼虫在树皮下和木质部内越冬。成虫在7月上旬开始羽化，中下旬为盛期。成虫行动迟缓，飞行力不强。

防治方法：营造混交林，加强抚育管理；人工捕杀成虫、砸卵；保护天敌；春季用40%乐果乳油100倍液，或2.5%溴氰菊酯乳油3600~4000倍液喷树干被害处，杀皮下幼虫；用麦秆蘸取少许白僵菌粉加西维因的混合粉插入虫孔杀幼虫，或用病原线虫防治。

（满多清）

银新杨

学名：*Populus alba* × *P. bolleana*

科属名：杨柳科 Salicaceae，杨属 *Populus* L.

一、经济价值及栽培意义

银新杨是银白杨与新疆杨的天然杂种和人工杂交的新的类型。它喜光，生长迅速，寿命较长，树形雄伟、优美，干形通直，结构细致，是建筑、造纸、火柴和家具的良好用材。抗寒耐旱，抗风力强，适应性强，是用材林、防护林和城镇绿化的优良树种。

二、形态特征

落叶乔木，树高 20～30m，树干通直，树冠椭圆形。树干基部菱形大皮孔或浅裂，灰褐色或灰绿色，光滑。侧枝灰绿色，光滑。短枝叶似新疆杨叶，长椭圆形或卵状椭圆形，长 6～10cm，宽 4～9cm，正面深绿色，光滑，背面浅绿色。长枝叶似银白杨叶，掌状 3～7 裂，正面深绿色，光滑，背面灰绿色，叶背、叶缘和叶柄及长枝梢部均着生白绒毛。雌雄异株，雄花芽大，近圆形，雌花芽较小，长椭圆形，鳞片红褐色，叶芽小，圆锥形，直立。银新杨 6～7 年生开花，雄花先于雌花开放。花期 4 月中旬，果熟期 5 月中旬。

三、分布区域

新疆是很多杨树种的发源地，玛纳斯林场在生产和发展新疆乡土杨树种的基础上，陆续从各地引入 500 多个杨树种（杂种）品种和系号。在长期的生长过程中和长期的生产过程中，从天然杂种和人工杂种中筛选出银新杨，形成优良无性系，经多点区域化试验成功，新疆北疆地区栽培较多，北京、河北、宁夏、山西、辽宁、吉林、黑龙江等省区引种栽培。

四、生态习性

银新杨喜光，耐寒，抗热和抗大气干旱的能力强，在沙土、沙壤土的条件下生长良好。玛纳斯县 1 月份极端低温曾达 −40℃ 以上，极端高温出现过 41.1℃（1990 年 8 月 2 日），年降水量不足 200mm，灌溉次数较少，土质为较干旱的沙土、沙壤土。天然杂种银新杨 27 年生，树高达 25m 以上，胸径 50～55cm。人工杂交银新杨 13 年生树高 23m，胸径 35.4cm。

五、培育技术

（一）育苗技术

1. 播种育苗　整地作床、采种、播种同黑杨。

2. 组织育苗　育苗外植体是芽、茎尖，发育成为苗木。利用组培苗木在玛纳斯林场、阿勒泰、伊犁地区、河北、辽宁区域试验，生长良好。

（二）栽植技术

1. 林地选择 在灌溉农业区可利用土层厚度在 80cm 以上的荒山、荒地造林。城镇绿化在无土层的地方，可挖 1m 见方的坑，回填客土植树绿化。

2. 造林方式 植苗造林，采用 2 年生实生苗木或 1～3 年生扦插苗木，秋末或早春栽植，用材林造林株行距 2～4m×5m，有利拖拉机耕作、间作、运输作业。病虫危害极轻。

（张宝恩）

小叶杨

别名：背搭杨（白达木）、白大树、水桐、山白杨、柴白杨
学名：*Populus simonii* Carr.
科属名：杨柳科 Salicaceae，杨属 *Populus* L.

一、经济价值及栽培意义

小叶杨是我国的乡土树种，已有两千多年的栽培历史。分布广、适应性强、生长快、材质好，繁殖容易，是我国杨树育种工作中的优良亲本。广泛用于水土保持、防风固沙、护岸固堤、"四旁"绿化。是我国西北、华北、东北地区主要造林树种之一。其木材纹理通直，结构细致，具韧性，耐摩擦，易加工，纤维品质较好，可作建筑、器具、胶合板、压缩板、车轮板、人造纤维、造纸、火柴杆、牙签和施工用材。树皮含鞣质 5.2%，可提制栲胶。叶子可作饲料。

二、形态特征

落叶乔木，高达 20 多 m，胸径达 1m 以上，树冠开展，树皮灰褐色，老树皮粗糙，具沟裂皮孔明显。小枝光滑，红褐色，后变为黄褐色，长枝棱线明显，枝叶上绝无毛茸，叶菱状倒卵形，菱状卵圆形，或菱状椭圆形，长 3~12cm，宽 2~8cm，叶面淡绿色，下面苍白色，边缘具细钝锯齿。萌生枝上叶常为倒卵形，先端短尖。雌雄异株，果序长达 15cm，蒴果小，无毛，熟后 2~3 瓣裂。花期 3~4月，果熟期 4~5 月。

小叶杨的变种变型较多：辽东小叶杨（辽东杨），分布于辽宁、河北、内蒙古等地；塔形小叶杨（塔杨），分布于辽宁、河北、北京、山东；札鲁小叶杨，分布于内蒙古哲里木盟；菱叶小叶杨，分布于辽宁、陕西、甘肃等地；垂枝小叶杨，分布于河北、河南、湖北、四川、甘肃、青海等省；秦岭小叶杨，分布于秦岭南坡陕西丹凤一带。

小叶杨
1. 雌花枝　2. 果　3. 萌枝

三、分布区域

小叶杨在我国分布很广，北自黑龙江，南

至云南，东起山东，西到新疆，共18个省（自治区、直辖市）均有分布。

西北地区，小叶杨在陕西垂直分布在海拔500～2500m之间，主要分布区在陕北梁山山脉，延河及无定河流域的绥德、米脂一带，榆林沙区也作为沙滩荒地及"四旁"绿化树种，广为栽植。黄龙山、桥山林区的河谷、沟道，滩地有生长的高大小片林地。秦岭南坡由于湿度过大，易生锈病，生长不良；秦岭北坡海拔1500m以下的山沟滩地，小叶杨分布很普遍，在天然次生林中，多为松栎林带下缘的组成树种之一。甘肃分布于陇南（迭部、舟曲、文县、康县、成县）海拔1400～2400m及子午岭（沟谷）、祁连山（北坡）海拔2700m以下的地方栽培。宁夏栽培广泛。青海分布于黄河流域中下段及东部诸县（人工林）。河南地区黄河沿岸海拔1900～2600m有天然林分布。新疆南北均有栽培。

四、生态习性

小叶杨系强阳性树种，喜光，不耐庇荫。对气候的适应能力较强，耐旱、耐寒，能忍受40℃的高温和-36℃的低温。在降水量400～700mm，年平均气温10～15℃，相对湿度50%～70%的条件下，生长良好。但在土壤较湿润的地方，且早春温度变化剧烈时，会产生冻裂。

对土壤要求不严，在沙壤土、轻壤土、黄土、冲积土、灰钙土、栗钙土上均能生长。在干旱瘠薄、沙荒草地和梁峁顶部、斜坡上部生长不良，往往形成"小老树"。对土壤酸碱度的适应幅度较大，在pH值7～8的土壤上能正常生长，并能适应弱度至中度盐渍化土壤，雄株的耐盐程度大于雌株。小叶杨喜生于湿润肥沃的土壤，一般地说，对水分要求高于对肥力要求。

生长比较迅速，在杨树中，属生长速度中等的树种。因立地条件不同其生长差别很大。据调查，陕北沙区小叶杨在地下水位较低的草滩地生长最好，固定沙地次之，固定沙丘又次之，轻盐碱地最差；在山地及黄土沟壑区坡脚的比沟沿上的生长好；冲积和淤积的细沙土比黄土上的生长好。在滩地和阶地插干造林的高生长最盛期为5～13年，胸径生长最盛期为5～19年，实生苗造林树高最盛期5～22年，胸径生长最盛期为5～30年。材积20年以前生长最快，20年以后生长逐年下降。

根系发达，萌蘖力强，沙地上用实生苗栽植的幼株，主根深达70cm以上，支根水平展开，须根密集。用插干造林长成的大树，主根不明显，侧根发达，向下伸展达1.7m以上，因而能耐干旱瘠薄，抗风和耐风蚀。在风蚀严重的地方发现，土层被风吹走60cm的4年生幼林，根系裸露，仍能生长。甚至大树因沙丘移动而根系露出地面3m，仍能生长。所以，小叶杨是我国北方营造防风固沙林和水土保持林的重要树种。

五、培育技术

（一）育苗技术

1. 播种育苗　播种育苗虽较扦插育苗繁杂，但有性繁殖能提高生活力，克服长期无性繁殖给林木带来的早衰现象，且寿命较长，抗病虫力较强，故小叶杨近年来采用播种育苗的越来越多。

（1）种子采集及处理　果实成熟期因地而异。陕西关中在4月下旬，陕北、宁夏、甘肃陇东在5月中、下旬，甘肃河西走廊则在5月下旬到6月上旬。成熟的果实果皮变为黄褐色，部分果实裂嘴，刚开始吐白絮时，就要抓紧采集。采种前要选定树龄 15~30 年生的健壮、优良、无病虫害、结实丰盛的母树，可直接剪采果穗；也可在母树集中的地方从地上收集落下的果穗，这样采收的果实含水量少，调制容易，成本低，种子质量较高，又不损伤母树。采回的果穗摊放在室内架设的竹帘上，或摊放芦席、水泥地板上也可，厚度 5cm，每日翻动 5~6 次，2~3 天后，果实全部裂嘴，用柳条抽打，使种子与絮毛脱离，然后收集起来过筛精选、去杂。每 32~50kg 果穗可出纯种子约 1kg，每千克种子约 110~200 万粒。

种子容易失去发芽力，一般要随采随播。如不能及时播种，要将种子晾干，放入防潮的容器或布袋中，悬挂于低温的水井或土窖中，随用随取。如种子外运时，应将种子干燥至含水率在 8% 以下，密封于容器内，运到目的地后，立即摊放于凉爽、干燥的室内，以备播种。隔年贮藏时，应在干燥、密封和低温下保存，其含水率应保持在 4%~5% 为宜，含水率低于 3% 时，对发芽不利。经过上述处理，1 年后发芽率一般可保持在 80% 左右。

（2）播种时间　随采随播，出苗整齐，幼苗生长旺盛。新采种子发芽率达 95% 以上，放置 20 天以后，发芽率下降到 60% 以下，且播种后出苗迟缓，不整齐，长势不旺。经过贮藏的种子，播前需将种子浸湿催芽，并用 0.5% 的硫酸铜溶液消毒，适时早播，以延长苗木生长期，提高苗木质量。一般 5 月上、中旬播种。由于小叶杨种子细小，应选择富含腐殖质的沙质土壤，播前应细致整地，施足底肥，整平床面。

（3）播种方法

滚筒播种法：播前先灌足底水，等表土稍干后，用十齿平耙将床面 2~3cm 的表土充分搂碎整平，然后用杨树专用播种滚筒（条幅和条距均按规格在碌筒上做好）在床面上滚动播种。播后用细沙覆盖 2~3mm，用木碌镇压 1 次，或作小树枝（扫帚也可）顺床面轻拉一遍，再镇压。最后用细眼喷壶洒湿床面。高垄育苗时，用小水浸灌，水量以低于床面 3cm 左右为宜。条播幼苗管理方便，有利苗木生长。条幅 3~5cm，最大可用 10cm 宽幅，条距 10~20cm。每亩播种量 0.35~0.6kg。

落水播种法：播前用 80℃ 水烫种（不停地搅拌），1min 后掺入凉水至 50℃。浸种 4~6h，即可拌沙或草木灰播种。播时灌足底水，待水临渗完时，趁落水撒种，然后用过筛的"三合土"（细土 1 份、细沙 1 份、腐熟的厩肥 1 份，再加少量的 5406 细菌肥料）稍加覆盖，以种子约隐约现为宜。撒播每亩用种量 0.25~0.35kg。

插果穗枝落种法：种子成熟后，将带果穗的枝条采下，均匀地插在苗床上，让蒴果开裂后自然下种。

在风沙干旱地区，播后要覆盖，材料用沙柳条、草、薄膜都可以，也可搭薄膜小弓棚。

（4）播种苗的苗期管理　播后应经常保持床面湿润，一般出苗前不需灌水，如床面干时，可用洒壶洒水。3~5 天苗可出齐。苗齐后每日洒水 2~3 次，一周后用小水浸灌，视床面干湿情况，1~2 天灌水 1 次，以后苗木大些可减少灌水次数。待有两对真叶以后，可以撤除覆盖或遮荫，并施用稀释的人粪尿。以后除保持床面湿润外，可每隔半月到 20 天追肥 1 次。有 3 对真叶时开始间苗，每平方米留苗 100 株左右，8 月份以后停止水肥管理，以促进苗木木质化。播种苗当年苗高可达 20~30cm，不能出圃，需留床或移植，继续培育。

2. 扦插育苗　小叶杨易生根，易成活，操作简便，生产上多采用。

（1）建立采穗圃　选土层深厚肥沃，排水灌溉条件好的土地，细致整地，施足底肥，提纯并选健壮实生苗栽植，认真做好苗木抚育管理，仔细抹芽，并在 8 月上、中旬摘心，以使种条充分木质化，栽植密度以每亩 1500~2000 株为宜。当年平茬后的种条即可用作插穗。而后，每年平茬，每株留 4~5 根种条为宜。连采 4~5 年后，应挖桩另栽。另外，结合育苗，选采 1~2 年插条后，再出圃造林。这种做法育苗密度应比一般育苗稀一些，每亩不宜超过 5000 株。

（2）采条及种条处理　3月中、下旬从采穗圃割条（或采大树萌条），剔除病、虫、弱及机械损伤的条子，截去梢部分，截成 16~22cm 长的插穗。然后分粗细按上下每 100 根捆成一捆，用水浸泡 3 天，或用湿土（沙）埋一周后扦插。在干旱多风地区，秋季采条，全株压埋，开春截穗，能防止插条失水。插前用 1%~1.5% 的稀尿水浸泡插穗 3 天，发芽生长更佳。

干旱地区，春季地温一时难以上升的，可用浸水催根法进行催根。其方法是：开挖 25~30cm 深的沟，沟宽 30~40cm，沟长视插穗的多少而定。把插穗捆倒栽埋在沟里，上面盖上草，每天在往沟里灌 1 次水，这样沟下面因有水浸，温度低，沟上部有太阳晒，温度高一些，容易生根，待插穗基部有白色隆起的生根迹象时，即可扦插。

干旱地区往往春季多风低温，小叶杨发芽也较困难，或不整齐。为此，可采用 ABT 生根粉溶液，浸泡插穗 1 小时，浸泡深度 2cm，边泡边插。插后 10 天左右开始产生愈合组织，20 天左右生根率达 98% 以上。

（3）作床与扦插　扦插前要深翻圃地，施足底肥，精细作床，灌足底水。春季扦插在芽萌发前进行，陕西关中在 3 月中、下旬到 4 月上旬，宁夏、陕北、甘肃陇东、在 4 月中旬，甘肃河西则在 4 月下旬到 5 月上、中旬。扦插方法用铁锨插缝或落水扦插，地面露 1~2 个芽为宜；风沙区可不露芽，插穗与地面平；插后把插缝踏实，使其与土壤密结。

扦插的密度要根据育苗的目的确定，培育 2 年生大苗，每亩插 2000~3000 株；培育一般的 1~2 年生出圃苗，每亩插 5000~8000 株；培育 1 年生苗，用于半年作移植苗，每亩可插 1~1.2 万株。

（4）苗期管理　影响生根的主要因子有温度、水分和土壤通气条件。小叶杨生根的适宜温度为 17℃，湿度为 60%~80%，一般扦插后灌 1~2 次透水即可满足生根需要。在沙地可适当增加灌水次数，为了满足插穗生根时氧气的需要，每次灌水后，要注意松土，增强土壤的透气性。插穗生根后，开始根系生长快，而地上部分生长慢，这时要追施氮肥，每亩施 4~8kg；6~8 月为苗木速生期，对水肥的需要量最大，这时应施硝铵和磷酸二氢钾 2~3 次，每亩用量 8~10kg。用沟施，深度 10~15cm 为宜。同时要增加灌水量，灌饱灌透，灌水后注意松土。8 月底苗木封顶，停止生长，因此，在 7 月底要停止水肥管理，促进苗木的木质化。为保证苗木主干的生长，减少养分的消耗，生长期要及时抹芽和除蘖。

（5）苗木出圃　1 年生扦插苗应挖深 25~30cm，根幅 30~40cm；2 年生苗应挖深 30~35cm，根幅 40~50cm。对于过长的主根和侧根及劈裂部分要进行修剪。苗木外运要严格包装，防止根系失水。秋季出圃在苗木落叶后，10 月下旬到 11 月上旬。秋季起苗可早腾出圃地，有利提早整地，方便开春育苗。秋季起苗后，把苗叶全部除掉，平铺分层假植。干旱多风寒冷地区，要分层全埋假植，并灌足封冻水。春季起苗在地解冻后，苗木发芽前进行，一般在 3~4 月。随起苗随运苗造林。

（二）栽培技术

1. 林地选择　低湿滩地、丘间低地、河流两岸、沟道川台、山涧坝地以及渠旁、路旁、宅旁、沟壕地都可选为小叶杨的栽植地。营造农田林网和速生丰产林宜选在土层深厚、肥沃、地下水位高的地方。干旱沙丘及山峁坡地水分条件差的地类不宜栽植小叶杨。

2. 栽植方法　应于造林前认真整地，消灭杂草，蓄水保墒。没有风蚀的平坦生荒地，采用全面整地；沙荒地可带状或块状整地；无草或少草且易风蚀的沙荒地可不整地；能用植树机进行机械造林的造林地要认真细致整地，深翻、整平，耙耱，清除草根，有利机械栽植。造林方法主要采用植苗和插干两种：

（1）植苗造林　选用 1~2 年生苗造林，用旋坑法栽植，挖 40cm 见方栽植坑，苗木放入坑内，四周旋土，分层踏实，提苗舒根，适当深栽，抗旱保墒。干旱地区造林，栽前应把苗根放在水中浸泡 5~7 天；或用蘸泥浆造林；干旱沙荒地可用黑金子营养保水剂每株 10~20g 和土混匀填入坑内，保水效果明显，提高成活率。截干造林能抗风沙、防干旱、提高成活率，在干旱地区也常采用。平坦造林地，采用机械造林工效高，成活有保证，有条件的应多应用。用苗高 1m、地径大于 0.5cm、主根 25~30cm 的小叶杨苗，机械造林成活率可达 90% 以上。一台 54 东方红拖拉机牵引 2~4 台植树机每台班效率为人工造林的 8~13 倍。

（2）插干造林　在干旱地区，又容易采取到插干的条件下，可用插干造林。可分低干和高干两种。低干造林选 2~4 年生，健壮无病虫害的苗干或萌条，截成 50~60cm 长的插干，按栽植点栽入，砸实。插干小头露出地面 3~5cm；有风蚀的风沙地，埋入土中不露头。高干造林，选粗 4~6cm，高 3m 的萌条或苗干，用钻孔深栽的技术造林，这种方法宜在地下水位 1.5m 左右的疏松沙、壤土地进行。先用钢钎钻孔，再把插干插入孔中至地下水位以下 15~20cm 处，填沙砸实，可收到成活率高，生长快的效果。造林前把插干在水中（最好是流水）浸泡半月到 20 天，可以提高成活。

3. 造林密度　根据造林目的和立地条件而定。一般防护林以每亩 200~300 株为宜；用材林 100 株/亩左右；四旁植树栽单行，株距 2~4m；农田防护林，一般应乔灌混交或林粮间作，混交树种以紫穗槐为好，间作作物以低干豆科为好。株行距以 3m×4m 为宜，行数以主风危害程度和土地利用条件灵活掌握，一般主带 3~5 行，副带 2~3 行。

小叶杨和刺槐、榆树、柳树等乔木及紫穗槐、沙棘、柠条等灌木混交，能增加氮素、养分互补，促进生长，多形成上层林冠，使干形端直。

4. 幼林抚育　造林后前 3 年应进行松土除草，第一年 3 次，第二年 2 次，第三年 1 次。沙区还应根据风蚀情况，对被风吹出的根，进行培土压沙（草）。对 5 年以后的幼林可适当修枝，第 1 次修枝高度为树高的 1/3，5~7 年的为树高的 1/2，10 年以上的为树高的 2/3。

5. 改造"小老树"　我国北方营造了许多小叶杨林，对防风固沙、保持水土起到了很重要的作用。但由于起初在适地适树和造林技术以及抚育管护等方面都存在很多问题。现在有相当一部分小叶杨林成了"小老树"。多年来，在改造"小老树"方面做了很多工作，积累了丰富的经验：

（1）间伐深耕　由于造林地立地条件太差，造林密度过大，生长不良，采取间伐的办法，降低密度，然后用机械深翻林地，改善土壤条件，消灭杂草，使树势明显恢复。

（2）加强抚育管理　由于原来造林缺乏细致整地，抚育管理又没跟上，形成"小老树"，经过除草砍灌，松土复垦，改变环境条件，收到较好效果。

（3）实行林粮间作　间作豆类等矮干作物。间作后，加强了农作物的施肥、中耕、锄草等管理措施，林木跟着受益，生长明显变好。

（4）开沟排水，种植绿肥　在地下水位过高，盐渍化较严重的平缓地上，开沟排水，覆沙压碱，改良土壤性状；贫瘠沙地上种紫穗槐、豆类、田薯等绿肥植物，提高土壤肥力。

（5）嫁接其他杨树　砍伐"小老树"，嫁接毛白杨、新疆杨等优良树种，也是改造"小老树"的一个有效途径。

（6）彻底更新　在没有希望的林地上，全面伐除，清理林地，重新整地，按照适地适树的原则，选择适生优良树种，重新造林。

六、病虫害防治

1. 杨树烂皮病　又叫腐烂病，主要为害杨树干部和枝梢，幼树发病最重。当造林技术不当或林木受干旱、霜冻、火灾或其他伤害时，病害最易流行。发病初期，树干上出现水渍状病斑，有酒糟味，逐渐树皮腐烂，干缩下陷，病斑扩散很快，当环绕树干一周时，造成树木上部死亡。

防治方法：①营造混交林，合理利用地力，增强林木长势，提高抗病能力；②清除病树，烧掉病枝，减少病菌传播；③修枝时注意刀口的平滑，并在刀口涂波尔多液和石硫合剂；④早春树干刷涂白剂，在初发病斑上用刀刻或成纵横相间的刀痕，深达木质部，然后涂刷 1:10~12 碱水、5% 苛性钠溶液、1:4:200 氯化汞、70% 托布津 200 倍液、10% 蒽油、不脱酚洗油、或 1:1.5 的波尔多液等。

2. 叶锈病　防治方法同毛白杨

3. 杨树黑斑病　多危害实生苗。病叶背面先生针尖大亮点，后扩大成小黑斑，中央有乳白色分生孢子堆，病斑连片时成圆形或不规则形大黑斑，严重时全叶枯死或幼苗全株枯死。

防治方法：同毛白杨

4. 杨天社蛾　以幼虫食叶为害杨树，严重时食光树叶，影响生长发育。

防治方法：同毛白杨

5. 白杨透翅蛾　防治方法同毛白杨。

6. 黄斑星天牛（*Anoplophora nobilis* Ganglbauer）　为小叶杨毁灭性蛀干害虫，成幼虫都危害，以幼虫最为严重，形成千疮百孔，导致整株树木枯死，木材无法利用。

防治方法：①及时清除运出被害木，并进行熏蒸或其他处理；②人工捕杀成虫，砸卵以及用铁丝钩杀幼虫；③严格检疫，防止传播；④保护和招引益鸟，如啄木鸟、花绒坚甲等；⑤4~10 月用杀螟松、马拉硫磷、乐果、滴滴畏 10~40 倍液注射虫孔；⑥树干涂白，以防止成虫产卵；⑦喷洒 40% 乐果乳油与敌敌畏乳油（1:1）1000 倍液，防治成虫。⑧营造或改造成抗虫结构林，以片、网、带三者为一体，用抗虫性强、优质、速生、丰产见效快的多树种搭配的渠路林为骨架，以小片经济林（果园）和林农间作为补充，以沟坡、河岸、原边植树为外围，以村庄院落零星植树为辅助，形成以杨树为主体的抗虫速生林分结构体系，可起到阻隔防治黄斑星天牛的作用。⑨选择抗性树种，栽植免疫树种。

（杨靖北）

箭杆杨

别名：电杆杨、钻天杨
学名：*Populus nigra* L. var. *thevestina*（Dode）Bean
科属名：杨柳科 Salicaceae，杨属 *Populus* L.

一、经济价值及栽培意义

箭杆杨曾是黄河中上游及西北干旱、半干旱地区重要速生用材树种。其木材淡黄白色，纹理直，结构较细，易干燥，易加工，黏胶及油漆性能良好，气干密度 0.417 g/m^3，是建筑、造纸、纤维、火柴工业的重要原料，也是民间制作箱、柜、檩的优良材种。

箭杆杨生长较快，树冠窄，胁地少，树形优美，适于"四旁"栽植，尤适于公路两侧及农田周围种植，是营造农田防护林的优良树种。

二、形态特征

落叶乔木，高达 30m。树干直，树冠窄圆柱形，树皮灰白色，光滑。小枝细，贴生于主干，初期微有棱脊和短毛，后光滑。芽尖小，具黏质。叶三角状卵形，长 4 ~ 8cm，宽 3 ~ 7cm。先端渐尖，基部阔楔形或截形，边缘具钝齿，有半透明的狭边，叶两面均有气孔。雄花序长 3 ~ 4.5cm，雌花序长 3 ~ 8cm，花盘边缘波状，花序轴无毛。蒴果具短柄，2 瓣裂。花期 4 月，果期 5 月。

箭杆杨
1. 花枝　2. 叶枝　3. 蒴果

三、分布范围

本变种栽培很早，至今未见野生植株，没有天然林分布。对其起源说法不一，多数学者认为它是黑杨 *Populus nigra* L. 的变种或栽培类型。黑杨分布于欧洲、阿富汗、前苏联、小亚细亚等地。我国新疆西北部也有。

箭杆杨在我国黄河中上游及西北曾广泛栽培。山西南北均有，而以运城、临汾、晋中等盆地最多；陕西关中平原习见，南至岚皋、北至榆林均有引种；甘肃见于陇东、陇中至河西走廊，而以黄河及其主要支流两岸河谷平原最多；宁夏以银川以南黄河冲积平原生长最好；青海西宁及海东各县零星栽植；新疆各地栽培较多。其垂直分布海拔 500 ~ 2300m。欧洲、高加索、小亚细亚、北非、巴尔干半岛亦有栽培。

20 世纪 70 年代以来，由于黄斑星天牛为害加剧，在陕甘宁各省（区），其栽培范围已大为缩小。

四、生态习性

箭杆杨喜光，喜温。其主产区气候干燥，热量充足。分布区年平均气温 4.4 ~ 15.2℃，1 月平均气温 −9 ~ −0.6℃，7 月平均气温 21 ~ 27℃；极端最低气温 −27.9℃，极端最高气温 45.2℃，≥10℃积温 2960 ~ 5000℃，年降水量 200 ~ 1079 mm。箭杆杨在年平均温度大于 15℃，年降水量大于 800 mm，≥10℃积温大于 4500℃的地方，生长较差。

箭杆杨抗大气干旱，但对土壤水分要求较高，喜土壤疏松肥沃，质地为沙壤、轻壤，在质地较黏重而又较干旱的土壤中生长较差。地下水位 1 ~ 2m，对其生长有利，但季节性积水的地方生长不良，更不能在长期积水的地方生长。

箭杆杨稍耐盐碱，其耐硫酸盐能力强，对氯化物较敏感。当土壤中硫酸钠含量 0.3% ~ 0.41%、氯化钠含量 0.1% 条件下，生长尚好；但硫酸钠含量 0.1%，氯化钠超过 0.165% 时，不能生长。据新疆进行的耐盐程度试验，其耐盐能力不如胡杨、新疆杨，亦不如柳树和沙枣。

箭杆杨最大特点是树冠窄，耐侧方庇荫，适于成行密植。甘肃临夏县河西乡有在"四旁"密植箭杆杨生产中小径材的历史习惯，单行栽植株距小于 0.5m，生长仍好，总体产出较高。21 年生株距 0.8m 的植株高 22.8m，胸径 22.3cm，单株材积 0.2691m³。其冠幅窄，根幅小，胁地少。

箭杆杨的生长过程是：树高旺盛生长期在 6 年生以前（立地条件好时可延至 10 年以上），连年生长量为 2.0m，树高成熟期在 12 年左右；胸径成熟期在 14 年以后；材积旺盛生长期在 13 年以后，甚至 17 ~ 19 年仍保持旺盛生长。在土壤水肥条件较好时，箭杆杨在不同气候区之间生长差异不大。在条件适宜时能长成大树。甘肃康乐上洼地村（海拔 2260m，年降水量 600mm）村旁 150 龄古树，高 25m，胸径 111.4cm，基径 121.3cm，冠幅 5m × 6m。

五、培育技术

（一）苗木培育

箭杆杨主要采用扦插育苗。一般于春季扦插，成活率可达 98.7%，当年苗高、地径分别达 168.6cm 和 1.2cm。干旱地区提前将插穗浸水 2 ~ 3 天，有利于提高成活率和生长量。此外，秋季随采条随扦插，效果也比较好。

插穗芽萌动后，初期生长缓慢，苗高日平均生长量 0.39cm。6 月底至 9 月初，苗木生长旺盛，日平均生长量 1.0 ~ 1.4cm，其高生长量占全年总生长量的 58.4%。此期加强管理对提高苗木质量有明显的作用。

（二）栽培技术

1. 栽植　箭杆杨以植苗造林为主，在土壤较为湿润的地方，也可用插条或插干造林。插条、插干放入流水中浸泡，当皮部产生根原基时再插，效果很好。

造林密度依造林地点、条件及经营目的而定。路旁、渠旁单行栽植时，可适当密植，株距 1.0 ~ 1.5m，以培育中小径材；培育大径材时，株距宜 2 ~ 3m。在营造多行林带或小片林时，株行距不宜过小。据调查，株行距均为 1m 的箭杆杨林，第 4 年起生长量明显下降，林木分化严重，仅边缘一、二行有生长优势。在山西夏县，密度为 264 株/亩的小片林，10 年生时尚无分化。因而可采用宽行窄距（行距 10 ~ 20m，株距约 2m）或宽窄行（宽行距 10 ~

20m，窄行距2.0～2.5m）交替配置，株距均为2m。两种方式均用于培养椽材，前3年不胁地，5年左右间伐或砍伐。

2. 抚育　造林后除一般土壤管理外，还应注意修枝与间作。修枝一般从造林后2～3年开始，主要清除丛生枝及中央领导枝的竞争枝。注意修枝强度不宜过大，以免影响长势。造林初期，箭杆杨可以与小麦、豆类、油菜等作物间作。

根据箭杆杨生长规律，在6～8年生时进行第一次间伐，隔4～6年后进行第二次间伐。

六、病虫害防治

目前，黄斑星天牛是箭杆杨的最大危胁。其他重要病虫害还有：

1. 杨树白粉病　（防治方法：参见二白杨）

2. 杨树黑斑病（褐斑病）［*Marssonina brunnea*（Ell. et Ev.）Sacc.，*M. populi*（Lib.）Magn.］　该病是我国北方杨苗的大害，引起幼苗、幼树严重落叶，影响生长。6～8月为发病盛期，高温多湿条件下发病快而重。

防治方法：①圃地合理排灌，加强管理，使幼苗生长健壮；②有计划换茬育苗；③发病初期用1:1:125～170波尔多液、65%代森锌200～300倍液，或70%甲基托布津500倍液喷雾防治，10～15天一次，连续2～3次，雨季可于药剂中加0.2%～0.5%明胶粘合剂，以提高药效。

3. 十斑吉丁虫（*Melanophila picta* Pallas）　（防治方法参见二白杨）

4. 杨干象（*Cryptorrhynchus lapathi* Linnaeus）　蛀干害虫，幼虫在苗木、幼树枝干韧皮部与木质部蛀害，使枝干皮层出现一圈圈刀砍状裂口，树木大量失水而干枯，易造成风折。一年一代，以幼虫和卵在枝干韧皮部越冬。

防治方法：①严格检疫；②及时清除被害木，剥皮，烧毁；③春季幼龄幼虫活动期，用50%杀螟松乳油30～50倍液，或40%氧化乐果乳油100倍液喷涂幼虫排泄孔和蛀食的坑道；④用50%杀螟松、80%敌敌畏乳油1000倍液毒杀成虫。

5. 杨圆蚧［*Quadraspidiotus gigas*（Thiem et Gerneck）］**与杨盾蚧**［*Q. slavonicus*（Green）］均为同翅目盾蚧科害虫，以若虫和雌成虫固着在寄主枝干上刺吸汁液，枝干介壳密布，凹凸不平，严重时树皮开裂，易感腐烂病，并导致枯梢死亡。

防治方法：①实施检疫，严禁带虫苗木，插条、带皮原木外运和调入；②合理密植，营造混交林；③若虫活动期和固定初期喷洒5%杀螟松乳油1000倍液，或40%氧化乐果乳油1500倍液；④若虫固定后喷洒20号石油乳剂40～80倍液；⑤保护和迁移红点唇瓢虫等天敌。

（李仰东）

青 杨

别名：大叶白杨、家白杨

学名：*Populus cathayana* Rehd.

科属名：杨柳科 Salicaceae，杨属 *Populus* L.

一、经济价值及栽培意义

青杨是我国特有种。其栽培历史长，生长迅速，木材纹理直，结构细致，质轻柔，易加工，可做家具、箱板及建筑用材，是我国北方地区尤其是青海东部和甘肃中部地区营造大面积速生用材林、防护林和"四旁"绿化的重要树种之一。

二、形态特征

落叶乔木，高 20~30m。树冠广卵形，幼树树皮光滑灰绿，有菱形皮孔，老时暗灰色，纵裂；小枝圆筒形，有时具角棱，橙黄至灰黄色；芽长圆锥形，紫色肥大，黏质多。短枝叶卵形、椭圆状卵形或狭卵形，先端渐尖，基部圆形或心脏形，最宽处在叶片中部以下，边缘有腺圆锯齿，上面亮绿色，下面绿白色，叶脉两面隆起，长 5~10cm，宽 3.5~7.0cm，叶柄长 4~6cm，无毛。长枝和萌发枝的叶大，卵状长圆形。侧脉 5~7 对，稍向中肋弯曲，中肋在背面突起。雄花序长 5~6cm，紫红色，雄蕊 30~38，苞片边缘齿状分裂，具细毛。雌花序长 3~5cm，子房光滑，圆锥形，柱头 2~4 裂，有黏质。蒴果卵圆形，无毛，先端尖，3~4 瓣裂。花期 4~5 月、果期 5~6 月。

在山西、内蒙古、青海等省（区）青杨优选中，还选出圆果青杨、白皮青杨、垂枝青杨、阔叶青杨等类型。

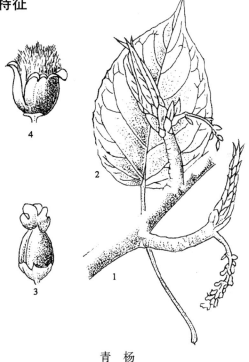

青 杨
1. 雌花枝　2. 叶　3. 雌花　4. 开裂的蒴果

三、分布

青杨在我国华北、西北、东北各地都有分布，四川西部和西藏雅鲁藏布江河谷地带也有生长。甘肃中部和青海东部及柴达木盆地，青杨人工林较多。垂直分布幅度较大，自海拔 800m（华北地区）至 3000m（四川西部），生长在沟谷、河岸和山地阴坡山麓。青海省主要分布在海拔 1900~3200m。

四、生态习性

青杨性喜温凉湿润，为偏湿生态型树种。对水分条件反映敏感。分布区年平均降水量300～600mm，中心分布区年平均降水量500～600mm。青杨多生长在水分条件较好的河谷、河滩、川道等地。年降水量低于400mm的旱生条件下生长十分缓慢，其材积生长量不到适生区的1/20。但这些地方立地条件较好的沟道四旁仍可生长成材。较耐寒，在极端最低气温－30℃的地方，能开花结果。但在较温暖地区却生长较慢。在一定范围内，海拔升高，气温下降，青杨生长受到影响。

对土壤要求不严，在透水性良好的沙壤土、河滩冲积土、沙土、砾土以及弱碱性的黄土、栗钙土上，都能正常生长。但适生于土层深厚、肥沃、湿润的地方。具有强大的根系结构，垂直分布在地表至0.7m处，水平分布的范围一般为3～4m。具有一定的抗旱能力，在山地黄土或栗钙土上，因土壤干旱，生长不良；在阴坡沟洼处，生长良好。不耐水淹，在排水不良积水地方生长不良，甚至死亡。在盐碱地上不能生长。

青杨发芽早，封顶迟，生长期长。在西宁地区，4月底5月初展叶，6月中旬种子成熟，10月下旬落叶。据山西省林业科学研究院测定，树液流动在平均气温1.5℃左右时开始，平均气温9℃以上开始开花出叶，秋末平均气温下降至5.5℃左右时全部落叶。气温大于0℃的日数在190天以上，≥10℃积温在2000℃以上的地区，生长发育良好。在土层深厚（2m左右）湿润，质地疏松的河谷滩地，23年生每公顷蓄积量达800m³，年平均生长量34.8 m³，在有间层的薄沙土河滩，表层沙土厚5cm，5～30cm处含石量15%，30cm以下为卵石层的贫瘠条件下，19年生青杨林每公顷蓄积量仅27m³，年平均生长量1.4m³，相差23.3倍。青杨干形通直，生长迅速，并具有早期速生特点。甘肃临夏市河谷川道渠边生长的青杨，12年高19m，胸径29cm，单株材积0.6248m³。

青杨寿命较长。据史元增等调查，在甘肃临夏一带有三四百年生的古树，最大树高可达38.9m，最粗的胸径可达225cm，树冠占地近1亩。

五、培育技术

（一）育苗技术

青杨以扦插繁殖为主，亦可以种子繁殖和分蘖繁殖。

扦插育苗插穗以1年生扦插苗为宜。插前用清水浸泡2～3天，使插穗含水率保持在55%以上，或者蘸ABT生根粉，促进生根。

育苗地要深翻细整，春季早插为好，青海西宁地区以3月下旬至4月上旬为宜。秋季落叶后，也可进行扦插育苗。

（二）栽植技术

1. 栽植季节与方法　春秋两季均可栽植。春季栽植宜早，在土壤解冻后开始。秋季栽植，在青杨完全落叶后进行，土壤结冻前结束。平坦地造林可全面整地，山地造林需整修反坡梯田。

可采用植苗、插干等方法造林。

（1）植苗造林　于"四旁"植树和营造用材林时，多用2～3年生大苗进行植苗造林。栽后踏实灌水。

（2）插干造林　在青杨林木较多的地方，可插干造林。造林前，插干在活水里浸泡 5～10 天，再用 ABT 生根粉蘸插干基部，以利成活。插干插入地下 20～40cm 处，填土踏实。在有浅层地下水的地方，可采用钻孔深栽技术，使苗干基部与地下水接触。

造林密度：根据立地条件，培育目的及造林类型确定。单株植树株距 3～5m；成片造林株行距一般为 3m×4m。

（3）混交造林　在土壤水分条件良好的地方，青杨与中国沙棘混交造林，对青杨生长有显著的促进作用。在同等条件下，混交林比纯林树高提高 50%～80%，胸径增长 60%～130%。

2. 抚育管理　造林地要及时灌水、施肥，中耕除草。插干造林的当年要进行摘芽，第 2、3 年可适当修枝，一般 5 年生时可修去一轮侧枝，以后再修去 2～3 轮，以树冠保持占树高 1/2 为宜。当郁闭度大于 0.6 时可适当间伐，间伐强度以株数计，每次不宜超过 20%，3～5 年一次。至 15 年时，每亩保留立木 30～50 株，20 年后可进行主伐。

六、病虫害防治

1. 病害　有杨树烂皮病［*Cytospora chrysosperma*（Pers.）Fr.］、杨树白粉病［*Phyllactinia populi*（Jacz）Yu］、杨树黑斑病［*Marssonina brunnea*（Ell. et. Ev.）Sacc］等。

近年有青杨叶锈病（落叶松—杨锈病）危害较重。在甘肃临夏一带，杨树片林和幼苗感病株率达 100%。罹病树因叶片布满夏孢子堆而阻遏光合作用，失水失养，提前枯梢落叶，长势衰弱。病原为落叶松杨锈菌（*Melampsora larici-populina* Kleb.），具长循环型生活史，在落叶松上产生精子和锈孢子，在杨叶上产生夏孢子、冬孢子和担孢子。

防治方法：①合理规划布局，落叶松、杨树（含青杨派杨树及以其为亲本的杂种）至少要有 3km 隔离带；②选用抗性品种（黑杨派和白杨派树种抗病），实行多树种、多品种搭配种植。育苗造林密度不宜过大，苗圃地控制氮肥用量；及时清除病叶；③5 月初向落叶松苗喷 1% 波尔多液，发病时喷 15% 粉锈宁 500～800 倍液，20 天一次，连喷 2 次，6～8 月对杨苗喷药防治，方法同上。

2. 虫害　有吹绵蚧（*Pulvinaria vitis* Clinnaeus）、柳蛎盾蚧（*Lepidosaphes salisina* Borchsenius）、杨圆蚧［*Quadraspidiotus gigas*（Thiem et Gerneck）］、杨毒蛾（*Stilpnotia candida* Staudinger）、柳毒蛾［*S. salicis*（Linnaeus）］、芳香木囊蛾东方亚种（*Cossus cossus orientalis* Gaede）、杨干透翅蛾（*Sphecia siningensis* Hsu）及各种天牛等危害，各地危害情况不同，但黄斑星天牛的防治仍是主要问题。

（李仰东）

小青杨与青海杨

一、小青杨

学　名：*Populus pseudo-simonii* Kitagawa

科属名：杨柳科 Salicaceae，杨属 *Populus* L.

（一）经济价值与栽培意义

小青杨树干通直圆满，生长迅速，繁殖容易，适应性强，分布广，在适生地区的农田防护林、用材林及城乡绿化中占有重要地位。木材纤维长，含量高，是造纸及人造纤维良好原料；材质略软，易加工，易着色，可作木器、家具及民用建筑、火柴工业用材。

（二）形态特征

落叶乔木，树高 20～30m，胸径 30～50cm。树冠广卵形，中龄树皮淡灰绿色，光滑；老龄灰白色，树干下部有浅纵裂。小枝有棱脊，萌枝棱脊更明显，先端带红色。芽圆锥形，较长，黄红色或棕褐色，有黏液。短枝叶菱状卵圆形、卵状披针形或卵圆形，长 5.3～9cm，宽 2.0～5.0cm，上面深绿色有光泽，下面淡粉绿色无毛，边缘有细钝锯齿。萌枝叶较大，长椭圆形，边缘呈波状皱曲，具腺齿，叶柄较短。雌雄异株，雌花序长 8～11cm。蒴果近无柄，卵圆形，长约 0.8cm，2～3 瓣裂。花期 3～4 月，果期 4～5（6）月。

小青杨
1. 叶枝　2. 叶缘　3. 雌花　4. 雄花

（三）分布

该树种原产我国，为我国特有种，主要分布在黑龙江、吉林、辽宁、河北、陕西、山西、内蒙古、甘肃、青海、四川等省（自治区）。甘肃分布较广，见于甘南、榆中、临夏、广河、迭部、武都、成县、徽县、天水、漳县、通渭、合水等地。生于海拔 2300m 以下的山坡、山沟和河流两岸。

（四）生态习性

小青杨喜光，对寒冷的气候、干旱瘠薄的土壤，有较强的适应性，耐盐碱及抗病虫害的能力也较强。在冬季绝对最低气温 -39.6℃ 条件下未见冻害；在无霜期只有 115 天左右条件下，生长速度超过小叶杨。抗旱性较强，稍耐盐碱。小青杨病虫害很少，即使个别年份偶有发生，也很轻微。

小青杨是早期速生树种，在一般条件下，4～8 年为树高速生期，6～10 年为胸径速生期；12 年生以后，树高、胸径生长量都开始下降，但因立地条件不同而有较大差别。据甘肃临夏市原黄家榨苗圃（川道）调查，18 年生小青杨（大插干造林）从第六年（含苗龄）起进入全面速生期，高生长 10 年以后下降，胸径生长到 18 年仍保持平均 2cm 的生长速度，而材积生长势头不减，说明其后期生长具有较大潜力。其寿命长，临夏一带有300年生古树，树高达38.5m，胸径190.7cm，生长良好。

（五）培育技术

小青杨系天然杂种，实生苗有分离现象。一般用插条育苗，利用苗根造林。选择生长迅速，树干通直，无病虫危害的单株，采取树干上的萌条或树冠下部的枝条，利用扦插或埋条方式，迅速繁殖优树的种条。用优树的种条育苗建立采穗圃。

小青杨多采用1年生插条根株苗造林，也可插杆造林，成活率高，生长快，成材早。造林的初植密度以每亩120～200株为宜。

（六）病虫害防治

小青杨病虫害种类与青杨类似。但部分地区小青杨见有黄叶病（也叫缺绿病），是一种生理性病害，由于缺铁所引起。开始时下部叶片由边缘向里变黄，叶脉仍为绿色，以后向上蔓延，下部叶片开始枯死。

防治方法：①发病期间喷1%硫酸亚铁。②育苗地增施粪肥和轮作，可防止发生。另有杨梢金花虫（*Parnops glasunowi* Jacobs）取食时咬断叶柄或嫩枝。防治方法：①成虫出现盛期以90%敌百虫或50%倍硫磷乳剂各1000倍液喷洒；②整地时每亩撒敌百虫粉剂2～2.5kg，进行土壤消毒；③郁闭林内可施放烟剂毒杀成虫。

二、青海杨

别名：青甘杨

学名：*Populus przewalskii* Maxim.

科属名：杨柳科 Salicaceae，杨属 *Populus* L.

（一）经济价值与栽培意义

青海杨适应性强，较速生，木质轻软细致，可供建筑、家具、造纸及火柴杆等用。是西北地区用材和绿化树种。

（二）形态特征

落叶乔木，高15～20m。树干挺直，树皮灰白色，较光滑，下部色较暗，浅纵裂。叶菱状卵形，长约4.5～7.0cm，宽2.0～3.5cm，先端短渐尖，基部楔形，边缘有细锯齿，近基部全缘，上面绿色，下面带白色，两面脉上被毛；叶柄圆柱形，长2～2.5cm，有柔毛。雌花序细，长约4.5cm，花序轴被毛；子房卵形，被密毛，柱头2裂，花盘微具波状缺刻。果序轴及蒴果被柔毛，蒴果卵形，2瓣裂。

（三）分布区域

本种原产我国，分布于青海、甘肃及内蒙古，甘肃见于临夏（积石山、永靖、东乡、临夏、和政）、甘南（夏口河、合作）一带，河西走廊的玉门和民勤、古浪有栽培。多生于山麓溪流沿岸及道旁。

（四）生态习性

其生态习性类似青杨及小青杨。在甘肃临夏一带表现早期速生，在临夏州林业科学研究所品种对比试验中，青海杨生长量居于首位，9年生平均高14.1m，平均胸径17.8cm，单株材积0.1597m^3。

（五）培育技术 同小青杨。 （李仰东）

二白杨

别名：软白杨、青白杨、二青杨
学名：*Populus × gansuensis* C. wang et H. l. Yang
科属名：杨柳科 Salicaceae，杨属 *Populus* L.

一、经济价值及栽培意义

二白杨木材纹理直，结构较细，机械力学性质良好，易加工，胶结性能和油漆性能好，可制作家具，作为造纸原料、包装用材、建筑用材以及生活用品牙签、卫生筷用材等。二白杨成材迅速，在水分条件好的地方，可以"三年成椽，五年成檩，十年成梁"。

二白杨生长快，繁殖容易，适应性强，适于营造农田防护林、防风固沙林和"四旁"植树，是西北干旱区的优良树种。在甘肃河西走廊栽培历史悠久，深受当地群众喜爱，并广为栽植，对防风阻沙，改善农田小气候，保障绿洲内工农业生产具有重要意义。

二、形态特征

落叶乔木，高 20 余米。幼树树皮光滑，灰绿色，有菱形皮孔；老树树皮在树干 1/3 以下纵裂，带红褐色。枝条粗壮，近轮生状，枝层间隔明显。长枝叶较大，三角状卵形或扁圆形，长 5 ~ 9cm，宽 4 ~ 7cm，基部圆形，具钝齿，先端短渐尖；萌发枝叶长可达 12cm，叶柄腹面微红色，叶缘波状卷曲，基部有两红褐色腺体；短枝叶宽卵形或菱状卵形，中部以下最宽，长 4 ~ 8cm，宽 3 ~ 5cm，先端渐尖，基部圆形或近楔形，边缘有细腺锯齿，近基部全缘；叶柄长 3 ~ 5cm，上部侧扁，下部近圆形。冬芽长圆锥形，有黏液。柔荑花序，花序轴无毛；雄花序细长，长 6 ~ 8cm，雄蕊 10 ~ 14 枚，花丝较长；雌花序长 5 ~ 6cm，苞片灰绿色，尖裂，子房无毛。蒴果长卵形，2 瓣裂。花期 4 月，果期 5 月。

本种似为小叶杨（*Populus simonii* Carr.）与箭杆杨（*P. nigra* L. var. *thevestina*（Dode）Bean）的天然杂交种，其形态特征介于二者之间。

三、分布区域

二白杨是甘肃河西走廊的乡土树种。原产于河西走廊黑河中、下游的张掖、临泽、高台、酒泉、金塔等县，现从走廊东端的武威、民勤、古浪到西端的玉门、安西、敦煌，南部祁连山北麓海拔 2000m 以下，向北沿黑河两岸到额济纳旗，沿渠系、道路、地边、村旁多有栽培。近年来，青海、宁夏、内蒙古等地引种栽培，生长良好。

四、生态习性

二白杨属于天然杂种，母本为箭杆杨，父本为小叶杨。它是一个多次多点发生的杂种，也是一个多代杂交形成的混合群体，既具有一定的杂种优势，又有明显的种性分化。

二白杨广泛生长于甘肃河西荒漠地带，具较强的耐寒、耐旱、耐盐碱、耐风蚀沙埋的能力。二白杨对干旱有较强的忍耐力，年水量 100mm 左右，甚至低于 40mm，空气平均相对湿度不到 50%，只要有灌溉条件或地下水的补给，都能良好生长。在短期缺水的土壤干旱条件下，比银白杨、合作杨等表现出较强的耐旱能力。二白杨分布区土壤以灰棕荒漠土为主，盐土次之。在 pH 值 7.5 左右，含盐量在 0.3%～2.0% 的盐渍化土上发育良好，生长正常；在含盐量 4.0%～10.0%，排水良好的强盐渍土壤上也能生长。但 pH 值大于 8.5 则生长不良，耐地下水矿化度 <2.0 g/L。二白杨较耐寒冷，在极端低温达 -30℃ 时不受冻害。抗干热风，当其他杨树叶片失水变干，耐旱树种沙枣、毛柳、山杏等 50% 叶面变干时，而二白杨只有 10% 植株叶片边缘 3～5% 的部分发干。二白杨抗风沙袭埋，主干被沙埋后，仍能突破沙土，继续生长。

二白杨生长迅速，在相同立地条件下，其生长量优于新疆杨、箭杆杨和一些欧美杨无性系。玉门市宫庄子 30 年生的二白杨，树高 20m，胸径 60cm。酒泉街道两旁 36 年生的二白杨，树高约 23m，胸径达 50～60cm。二白杨的生长过程为高生长在 8 年前为速生期，第 10 年起生长下降。胸径生长第 8 年进入速生期，平均生长量在 1.70cm 以上，第 18 年连年生长量最大，为 2.95cm，仍在生长高峰。材积生长 10 年前每 2 年平均生长量翻一番，10 年以后材积净增到第 18 年仍然是上升趋势，连年生长量达到 0.1265m³，表现出材积后期速生的特性。

二白杨一般在 3 月至 4 月上旬开花，4 月中旬放叶，5 月下旬蒴果成熟，10 月中旬至 11 月上旬落叶。具有发芽早，落叶迟，生长期较小叶杨和箭杆杨长的特点。

五、培育技术

（一）育苗技术

1. 播种育苗

（1）采种 二白杨种子发芽率及实生苗长势都与种子的成熟度密切相关，因此要及时采种，不可偏早。一般在蒴果的果皮由青变黄，个别蒴果开裂时即可采种。采种方法有两种：一是直接由优良母树上剪下果穗或连果枝一同剪下，集中调制，可以取得具有优良遗传基因的种子。二是收集已经散落的种子，用此法采种，种子品质良莠不齐，苗木质量差。种子应随采随播，否则易失去发芽力。种子千粒重 0.884g。

（2）播种 在播种前圃地要先施足基肥，深耕耙平。作带引水沟或不带引水沟的平床，前者床面宽 2m，长 5～10m，床正中开引水沟，宽、深各 30cm，后者宽 1m。播种前灌足底水，同时浸种 2h，稍阴干后，再混入细沙等。待床面水面将渗完时开始播种，撒播或条播。播后覆以细沙，至种子隐约可见为度。

2. 扦插育苗

（1）插条的采集与贮藏 通常选用 1～2 年生优树上的枝条，粗约 1～1.5cm。取树干下部的枝条、萌蘖枝作插条，成活率高，生长势好。

应在深秋或初春采条，秋采插条应在适宜条件下贮藏，可促进切口形成愈伤组织，有利于生根。种条贮藏一般采用窖藏法。选择地势较高的向阳地段挖窖；窖底铺 10cm 厚细沙，插条每 50 根一捆平放其上，然后盖以湿沙 3～5cm。如此分层放置。贮藏过程中经常观察窖内湿度和温度。注意洒水保湿，窖内温度控制在 5℃ 左右。

插穗 10～20cm 长，上切口要平滑，取在第一个芽上端约 1cm 处，下切口宜选在一个芽的基部，截后要按 50 或 100 支捆扎。

（2）扦插 春季当 10~20cm 深处地温稳定在 10℃左右时开始扦插，一般在 4 月上中旬进行。扦插前圃地应施足基肥，深耕细作，耙平打垄，一般以垂直正插为好，尽量使插条上切口与地面平。其密度视培养目标而定，每亩产苗 3000 株以下为宜，但如培养大苗壮苗，密度还应小些。随着幼苗生长及时灌水、施肥、松土除草、抹芽和防治病虫害，落叶后修枝。

（二）栽植技术

二白杨多在春季造林，即在土壤解冻后树体萌芽前 1~2 周内进行。插干造林或植苗造林，以植苗造林为主。

二白杨造林可采用单行、多行、成片纯林或混交林等多种方式。"四旁"绿化时单行栽植，可适当密植，株距 2~3m；营造护渠、护路及农田防护林多采用双林带，行距 3~4m，株距 1.5~3m。成片造林在荒滩荒地造林中采用，造林初植密度较大，一般行距 3~4m，株距 1.5~3m。纯林易引起病虫害，可与沙枣、樟子松、花棒、毛条等乔灌木混交造林。

随整地随造林。穴状整地，栽植穴长、宽、深各 50~60cm。

植苗造林通常选用 1 年生苗，适当深栽，根系舒展，栽后踏实灌水。插干造林通常选用干长 1.5~2m，小头直径约 2cm 的枝干，栽植深度 70~100cm，上露 50~100cm，栽后踏实灌水。造林后及时中耕除草、施肥和防治病虫害，注意清干、整形和修枝，并在每年的萌芽、快速生长和封冻几个时期灌水。

六、病虫害防治

1. 杨树腐烂病 ［*Cytospora chrysosperma*（Pers.）Fr.］ 主要发生在主干和枝条上，还有主梢和根部，表现为干腐、枝枯、枯梢和根腐四种类型。每年 5~9 月发病，4~10 年生发病重。

防治方法：①选用抗病良种和粗皮类型；合理混交，适时间伐；②大树修枝伤口要平，并涂 5% 托布津保护伤口；③早春、初冬在树干涂白涂剂，防止日灼和冻伤；④病斑病枝要及早治疗或剪除。刮除病斑后涂 1% 退菌特、5% 托布津、10% 蒽油乳剂、1% 升汞液或 50 单位内疗素等。

2. 杨树溃疡病 （参见银白杨）

3. 杨树白粉病 ［*Phyllactinia populi*（Jacz.）Yu］ 该病通常使叶片早期脱落，也能危害嫩梢。7~9 月发生，发病率同温度关系密切。

防治办法：②苗木密度要适中，适当控制氮肥，提高杨苗抗病力；②及时清除病叶，消灭病源；③发病初期可用 0.2~0.3 波美度石硫合剂，每隔半月喷洒一次，连喷 2~3 次，每次每亩用药量 100kg 左右。夏季可喷 1∶1∶125 波尔多液保护。

4. 十斑吉丁虫 （*Melanophila picta* Pallas） 幼虫在树干韧皮部及木质部蛀食危害，破坏输导组织，使树木生长衰弱以致枯死，且易引起烂皮病发生。该虫在河西一年发生 1 代。

防治方法：①严格检疫，防治带虫苗木调运传播；②营造混交林，加强抚育管理；及时清除虫害木，必须在幼虫化蛹前剥皮或全面利用；③成虫盛发期喷 40% 乐果、50% 杀螟松、80% 敌敌畏乳油 800~1000 倍液 2 次；幼虫孵化期用 40% 氧化乐果乳油 40~100 倍液涂抹被害处。

5. 黄斑星天牛　（参见小叶杨）

6. 白杨透翅蛾（*Paranthrene tabaniformis* Rottenberg）　　以幼虫蛀食苗木及幼树树干，形成虫瘿，易造成枯萎或风折，可随苗木传播。一年1代。

防治方法：①严格苗木检疫；育苗、造林全过程严格把关，剪除虫瘿，集中烧毁；②成虫发生期用性引诱剂诱捕雄蛾；③6月上旬至7月初喷50%杀螟松乳油800~1000倍液，或40%乐果乳油1000~1500倍液，2.5%溴氰菊酯乳油1000倍液约三次，阻止幼虫蛀侵；或用10%呋喃丹颗粒剂埋施苗木行间，深30cm，通过根吸毒杀幼虫。

（马全林）

群众杨

学名: *Populus Simonii* Carr. × *P. nigra* var. *italica* (Moench.) Koehne

科属名: 杨柳科 Salicaceae, 杨属 *Populus* Linn.

一、经济价值及栽培意义

群众杨是 1957～1959 年中国林业科学研究所以河南小叶杨为母本,美杨 (钻天杨)、旱柳混合花粉为父本 (小叶杨×旱柳+钻天杨) 杂交选育出的杂交种。它具有干形通直,树冠窄,尖削度小等特征。树高 20m 的形数为 0.47～0.40。木材气干容重 0.4kg/cm³,综合纤维含量 78.85%,可供建筑、胶合板、造纸、火柴杆、包装箱等原料。

群众杨在较好的立地条件下,生长迅速,4～5 年生能成椽材,10 年生能成檩材。它适应性强,较耐干旱,耐轻度盐碱,抗病虫,是农田防护林、四旁绿化和轻度盐碱地造林的优良树种。

二、形态特征

落叶乔木,树高可达 25m,树冠近塔形,侧枝细,与主干呈 35°～50°角斜向生长。幼树皮光滑,青绿色,大树干基部褐色或棕褐色。小枝黄褐色,枝梢微红色,有棱。叶芽细圆维形。长枝叶广卵形,先端短尖,基部微心形,边椽具浅锯齿,上面深绿色,下面浅绿色;叶柄微红色,扁圆形。短枝叶近菱形,先端渐长尖,基部楔形,长 6～7cm、宽 3～4.5cm。果序长 10～15cm,蒴果卵圆形,顶端渐尖,黄绿色,熟后两瓣裂。花期 4 月,果期 4 月下旬至 5 月。

三、分布区域

据 30 多年的栽植实践证明,适生于北京、河北、天津、山东、山西、内蒙古、辽宁、河南等地。西北地区陕西黄土高原区和陕北风沙区,甘肃的临夏、康乐、陇东、陇中及河西走廊,宁夏全区,青海西宁、民和、乐都、循化、贵德等地,新疆乌鲁木齐、伊犁、昌吉、喀什、塔城等地均引种栽培。

四、生态习性

群众杨耐寒、耐旱、耐瘠薄、速生、材性好。在甘肃适生于年平均气温 3～14℃,昼夜温差大 (日较差 9～16℃),无霜期 100～205 天,年降水量 400～600mm,相对湿度 49%～66%,干燥度在 1.5～2.0 的半干旱、半湿润区,在沙性大、结构差、含盐量高的土壤上也能良好生长,具有广泛的适应性。在新疆群众杨能经受 -35.6～-36.6℃的极端最低气温的考验,而极少冻害。耐盐碱能力强,最适土壤 pH 值为 5.8～7.2,适应 5.0～8.3,忍耐4.8～9.0,致死 <4.5, >9.8。在土壤含盐量达 0.675%,8 年生树高 13.2m,胸径 11.7cm,含盐量 0.2%～0.3%的土壤上,6 年生树高 10.8m,胸径 18.8cm,单株材积 0.2089m³,较小叶杨快4倍。经过晾晒2天后群众杨造林成活率在100%，晾晒4天后成活率为95%，可见群众杨是一个耐旱而且对水分利用效率高的树种。

群众杨树高生长6～13年为速生期，此后大幅度下降；胸径生长从第6年起，进入速生期，一直延续到19年，连年生长量达2cm左右，第20年下降；材积生长从第6年起逐年递增，第19年连年生长量达0.0928m³，第20年下降；在一年中速生期在6月下旬～8月中旬。

在较好立地条件下，群众杨树高生长最快时期在2～6年，胸径生长最快期在2～8年，材积生长最快期4～10年。培育速生丰产林的采伐利用年龄约在14年左右。

五、培育技术

（一）育苗技术

群众杨播种育苗和扦插育苗都行，生产上一般应用扦插育苗繁殖，其育苗技术相同一般杨树。特别强调的是要建立采穗圃，保证应用优良种条扦插，是提高苗木质量的关键。

（二）栽培技术

1. 植苗造林

营造渠道护堤林，一般单行栽植，有条件时可栽2～3行，株行距2m×3m、2m×4m，也可与紫穗槐株间或行间混交。栽植行道树和培育大径材，株距4～6m或5～7m。农田防护林一般应乔灌混交或林粮间作，混交树种以紫穗槐为佳，间作作物以低干豆科为好。初植密度可大一些，3m×4m为宜，行数以主风危害程度和土地利用条件灵活掌握，一般主林带3～5行，副林带2～3行。营造速生丰产林，要选择土壤肥沃，地势平坦，地下水位较高，1～3m为宜。采取集约经营措施，如平整土地，建立排灌系统，良种壮苗栽植，施肥灌水，加强抚育管理，使用机械作业和合理密植等。生产中径材株行距可用4m×6m，培育大径材要适时间伐，或加大株行距到5m×6m左右。栽植先期也可实行1～2年林粮、林肥（田薯等）间作。大面积干旱瘠薄土壤造林，要适当稀植，株行距4m×8m，加强抚育管理，可出小径材。为充分利用土地，消灭杂草，减少病虫害，最好实行与刺槐、紫穗槐混交，同时要及时合理修枝。

2. 插杆造林

在沙荒地造林，且插杆又易取得的情况下，采用插杆造林可收到抗旱、抗风、成活率高的效果。可分低杆和高杆两种。低杆插杆，选健壮无病虫害的2～4年生苗杆或萌条，截成50～60cm长的插杆，按栽植点插入。有风蚀的风沙地，埋入土中不露头，无风蚀的土地，可露头3～5cm。高杆插杆，选4～6cm粗，3m高的苗杆，深插到地下水位15～20cm处，砸实，可收到成活率高、生长快的效果。

六、病虫害防治

杨树溃疡病是群众杨的主要病害。常在幼树上出现，一般4月下旬至5月中、下旬，树干上出现红褐色水泡状病斑，流液汁，后下陷成溃疡斑，直径0.3～0.6cm，严重时汇合成片，造成幼树死亡。5月中旬至6月中旬危病害盛发期，7～8月停止发生，9～10月又再度危害。

防治方法：①要加强林木的抚育管理，增强树势，增强对病虫害的抗病能力，对林木溃疡病要早发现早防治。②先用刀子把溃疡面刮去烧掉，涂上浓度 1∶3 的浓碱水。还可用 0.5 度波美石硫合剂，1% 波尔多液喷树干。③或用多菌灵，抗菌素 2316 等防治均有一定效果。

　　另外，常见的病害还有杨树黑斑病、叶锈病；虫害有杨天社蛾、白杨透翅蛾、黄斑星天牛等，其防治方法见毛白杨和小叶杨。

（杨靖北）

合作杨

学名：*Populus* 'Opera'（*P. simonii* × *P. pyramidalis*）
科属名：杨柳科 Salicaceae，杨属 *Populus* L.

一、经济价值及栽培意义

合作杨是中国林科院林业科学研究所 20 世纪 50 年代用小叶杨为母本，钻天杨为父本，人工杂交培育的无性系。引种河北、内蒙古、山西、陕西等地后，在平原滩地广为栽植，表现出适应性强，树冠窄，尖削度小，材质中等，容易加工，可作建筑器具、胶合板、造纸、火柴杆、牙签、包装箱等用材；树叶是较好的饲料。合作杨繁殖容易，在较好的立地条件下生长迅速 4 ~ 5 年生能成椽，8 ~ 10 年生可成檩。它适应性强，较耐干旱，还耐轻度盐碱，抗病虫，是速生用材林、农田防护林、四旁绿化和轻度盐碱地的优良造林树种。

二、形态特征

落叶乔木，高 20 多 m，干形挺拔端直，树冠圆锥形或近似塔形；幼树皮灰绿色、光滑，大树皮灰褐色，基部浅纵裂。侧枝细，与主干约成 45 ~ 60°角，微红、具棱。长枝叶多为菱状长卵形，长宽相似，先端短尖，基部楔形；短枝叶多菱状三角形或菱状椭圆形；叶椽有钝锯齿；叶柄和叶脉微带红色，柄长约为叶片的 1/2，微扁。顶芽圆锥形，褐红色，有胶脂。雌雄异株。果序长约 9 ~ 10cm（包括长约 1.5cm 的果序梗）；蒴果长约 3 ~ 4mm，两瓣开裂。花期 4 月，果熟期 4 月下旬至 5 月上旬。

三、分布地区

合作杨引种到西北地区的陕西、甘肃、宁夏、青海、新疆等省（自治区）以后，广泛栽于沙区滩地、平原农田林网、河道川台以及四旁，都表现出了很好的生长势头。陕西主要在榆林沙区大面积栽植，低湿滩地、丘间低地、河流两岸、川台沟道、山涧坝地都是合作杨的适生区。在海拔 1300 ~ 1600m 的三边高原的丘陵涧地、原地，作为农田防护林网的配置树种，生长也很好。现在陕北风沙区和丘陵区川道所见到的杨树，大部分都是合作杨。

四、生态习性

4 月上、中旬展叶，8 月下旬封顶，10 月中、下旬落叶，生长期 140 天左右。一年里，雄株比雌株多生长 5 ~ 9 天。雄株有许多优于雌株的特性。在相同立地条件下，同龄的合作杨，雄株不仅具有抗病虫、耐旱、耐瘠薄的特点，更重要的是雄株顶端优势比雌株明显，生长迅速，主干高大，圆满通直，树干尖削度小，出材率高。在高、粗生长上，一般比雌株高出 10.2% ~ 54.8%，平均单株出材率高 39% ~ 59%。为此，在生产上选用雄株苗木造林具有其十分重要的意义。

合作杨对气候的适应性很强，耐寒、耐旱、耐瘠薄、抗风沙、抗盐碱、抗病虫害，在

-36℃的低温情况下不受冻害。在沙层较厚，条件较差的沙地上比亲本小叶杨生长好。合作杨对土壤水分条件十分敏感，在沟底川滩、台地、平原等湿土壤上，生长十分迅速。据调查，陕西定边县郝滩林场苗圃水渠边的 8 年生合作杨行道树高达 18.8m，胸径 34cm。合作杨能耐 0.5% 盐碱土。

合作杨是一个速生树种，尤其在幼龄期，其速生特性比亲本都表现突出。据树干解析资料分析，9 年生前为速生期，4~5 年生长最快，从第 10 年起，生长速度开始递减。在水肥条件好的条件下，其速生期可以延长 3~5 年，生长量也会大大提高。

在一年中，合作杨有两次生长高峰，第 1 次在 4 月下旬到 5 月中旬，第 2 次在 8 月上旬，8 月底停止生长。

五、培育技术

（一）育苗技术

合作杨播种、扦插育苗都行，播种育苗除育种、科研上采用外，一般不多用，播种育苗方法同小叶杨。生产上常用扦插育苗：

1. 建立采穗圃　为保证育苗质量，扦插育苗的采穗圃非常重要。采穗圃应选在土壤肥沃，灌溉方便的地方，深翻整地，施足底肥，用提纯健壮的实生苗栽植，每亩 2000 株左右，加强田间管理，注意抹芽除蘖，培育优良穗条。连续采条 4~5 次后，应挖桩另栽。

2. 选好育苗地　宜选在深厚肥沃的中性土壤上，土壤疏松，通气良好，溉灌方便。

3. 整地作床　圃地经深翻、耙糖、平整之后作床，床面宽 1.5m 左右，不宜太宽，宽了灌溉不易过水。亩施 2500kg 有机肥，缺磷地区亩施 50~75kg 磷肥，然后把肥料翻入土中，用齿耙搂平后扦插。

4. 扦插　春季发芽前扦插，一般 3 月下旬至 4 月中旬为宜。插前把插条先截成 16~22cm 的插穗，分粗、细按上下每百根捆成一捆，放入水中（最好是流水）浸泡 3 天或用 1%~1.5% 稀尿水浸泡 3 天，发芽生长更佳。在干旱多风区，可用浸水催根法进行催根，方法是：开挖 25~30cm 深的沟，把插穗捆好倒埋在沟里，盖上草袋，沟里灌水，每天 1 次，草袋上洒水，保持湿润，待插穗基部开始产生愈合组织，并有白色隆起的生根迹象时，开始扦插。扦插方法可用铁铣插缝或落水扦插，地面留 1~2 个芽为宜；风沙区不留芽，插穗与地取平。插后踏实，灌饱水。扦插密度，培育 1~2 年生出圃苗，每亩 5000~8000 株；培育 1 年生苗，用作移植苗的，每亩可插 1~1.2 万株；培育 2 年生以上的大苗，每亩 2000~3000 株；培育大苗最好用垄作沟灌，灌水、锄草、起苗（用犁先揭）都方便，且工效高。

5. 苗期管理　扦插后，主要是水肥管理，插后的第一水一定灌饱，使土壤有足够的含水量，发芽前一般不要灌溉，因为灌水多不利于地温上升，通气不好，不利发芽。发芽后要适时灌水，并在灌后松土。6~8 月份是合作杨的速生期，要加大水肥量，需追施 2~3 次，前期多氮，后期多磷。8 月底苗木封顶，因此 8 月初应停止水肥管理，以促进苗木木质化。苗期要及时抹芽除蘖，以减少养分的浪费，促使苗木主干的生长。

6. 起苗、包装、运输　一般春季造林前起苗，为了提早腾出苗圃地，也有秋季起苗的。起苗要保证根系的完整，1 年生扦插苗挖深 25~30cm，根幅 30~40cm 以上。对于过长的主根和侧根及劈裂部分要进行修剪。秋季起苗后，要松捆、分层假植，干旱多风区要苗株全埋，并灌足封冻水。起苗后要认真分级、过数、打捆，并用草袋包扎根部，运输时用蓬布盖好，当天运到造林地假植，严防根系失水。

（二）栽培技术

1. 林地选择 沙区宜选在平坦下湿滩地、沙丘落沙坡角、丘间低地；黄土区宜选在河流两岸、沟道川台、山涧坝地、原区四旁，这些都是合作杨的适宜栽植区。营造农田防护林和速生丰产林，宜选在土层深厚、肥沃、地下水位较高的地方。

2. 造林方法 在造林前一季要认真整地，消灭杂草，蓄水保墒。无风蚀平缓地可全面整地；易风蚀沙地可带状或块状整地；如果沙地杂草不多可不整地。黄土区以穴状整地为主，挖坑大一些，60cm 见方，最好先年秋季整地，以积蓄雨雪水，增加造林坑湿度。

合作杨以植苗造林为主。植苗以春季为好，一般 3 月下旬到 4 月上旬栽植。栽植时采用旋坑栽植法，深栽抗旱。栽植时特别要做到苗根不被风吹日晒，根系不失水。干旱地区截干造林能提高造林成活率，但带干造林发芽早，生长快。

农田防护林和速生丰产林要大苗、大坑（1m 见方）、深栽、施肥，有条件的要灌水。

在干旱地区水位高的地方，可采用钻孔深栽的方法，把粗 4~6cm、高 3m 的合作杨苗干或萌条深栽到地下水位以下 15~20cm 处，能收到成活率高、生长快的效果。

3. 造林密度 一般防护林每亩 200~300 株；用材林 100 株左右；四旁单行栽植株距2~4m；农田防护林栽植的行数以主风危害程度和土地利用情况灵活掌握，一般主带 3~5行，副带 2~3 行，株行距2m×3m 或3m×4m。并应乔灌混交和林粮间作，混交树种以紫穗槐为好，间作作物以矮干豆科植物为好。

4. 幼林抚育 造林后前 3 年主要是松土除草，按年份每年分别进行 3、2、1 次。对 4~5 年以后的幼林可适当修枝，第 1 次修枝高度为树高的1/3，5~7 年的为树高的1/2，10 年以上的为树高的2/3。

六、病虫害防治

常见的病害有杨树烂皮病、叶锈病、黑斑病；虫害有杨天社蛾、白杨透翅蛾、黄斑星天牛、杨干透翅蛾等，其防治方法可参见毛白杨、小叶杨等。

（杨靖北）

黑　杨

别名：欧洲黑杨、欧亚黑杨、卡拉铁列克（维吾尔语）

学名：*Populus nigra* L.

科属名：杨柳科 Salicaceae，杨属 *Populus* L.

一、经济价值及栽培意义

黑杨干形通直，材质细致，纹理通直，用于建筑、造纸、火柴和家具用材。适宜城镇绿化。在新疆额尔齐斯河两岸和乌伦古河河谷区，生长着天然黑杨林，具有重大的研究利用值价。

二、形态特征

落叶乔木，树高 30m，树干通直，树冠宽阔或椭圆形。树干上部皮灰绿色，光滑，基部皮粗糙、纵裂、皮暗灰色。侧枝分枝多，粗大，向上伸展或平展，1 年生枝细长、圆形、光滑、具光泽、淡黄色。刚出叶，正面绿色，具光泽，背面黄绿色，柄有疏毛。长 6.5 ~ 11cm，宽 4 ~ 8cm，先端通常具长尾尖或渐尖。雌雄异株，罕见雌雄同株。冬芽为多数红褐色鳞片包被，花芽向外反曲、叶芽直立，雄花芽长 1 ~ 1.6cm，雌花芽长 1cm 左右，叶芽较小。果穗长 9 ~ 13cm，有蒴果 18 ~ 58 个，蒴果球形或卵圆形，每果内有 4 ~ 18 粒种子，灰白色。花期 4 月上旬，果熟期 5 月下旬。

三、分布区域

我国黑杨天然林分布于新疆北部额尔齐斯河及乌伦古河流域。垂直分布海拔 300 ~ 600m。新疆北疆、南疆地区，甘肃、宁夏、黑龙江、吉林、辽宁等省（自治区）引种栽培。在欧洲南部、西部、亚洲西部、中部、北非有分布。

四、生态习性

额尔齐斯河流域及乌伦古河流域天然林分布区，年平均气温 3 ~ 4℃，1 月均温 -16℃（-25℃），极端最低气温 -50℃，年降水量 150 ~ 250mm，年蒸发量 1500 ~ 2200mm，土壤为草甸土。黑杨天然林多呈片状分布或散生，常与银白杨、银灰杨、白柳混生。黑杨喜光，耐大气干旱，对土壤要求不苛刻，适宜生长在较湿润或较干旱的沙土、沙壤土上，适应性强。黑杨在额尔齐斯河谷是杨树中生长最快的一个树种，单株材积平均生长分别大于银白杨、银灰杨、额河杨。在玛纳斯林场，生长在相同立地条件上，黑杨人工林单株材积平均生长大于箭杆杨 53%，银白杨 21%。

黑杨生长迅速，寿命也长，在天然林中，40 年树高达 30m 以上，胸高直径 85cm 以上，50 年后趋向衰老，在条件较好的地方可活百年以上。玛纳斯林场黑杨人工林 23 年生优良单株胸径达 56cm，在很少灌溉的条件下，40 年生树高达 22m，胸高直径达 50cm，枝叶茂密，生长旺盛。黑杨在新疆北疆地区，无论是天然林还是人工林，生长都比较迅速。

五、培育技术

（一）育苗技术

1. 播种育苗

（1）采种 选择10～15年生健壮母树采种，果实在5月下旬成熟，及时采集果穗，当蒴果变黄色，较少蒴果开裂，上树采摘果穗，阴干筛选后，及时夏季播种。出种率4%，种子千粒重0.9g，发芽势89%，发芽率98%。

（2）播种 在细致整地作好的苗床上播种，播种前用30～40℃温水浸种，芽根显露，即播种。也可干播后及时灌水。床面宽1～1.2m，开浅沟，沟宽5cm左右，播种行宽20～25cm，便于间苗、松土除草，播种量200～300g/亩，若土质板结，可增加播种量。经抚育管理，1年生苗高0.9m，根径0.7cm，2年生换床苗高2.5～3.0m，根径1.7～2.1cm。

2. 扦插育苗 整地作床，一般床面宽3～5m，长10～20m，按40～50cm行距，15～20cm株行扦插育苗，插穗长15～18cm，天山北麓秋季扦插为好，10月下旬扦插后灌水，11月上、中旬降雪、积雪覆盖，翌年春季早出苗，有利苗木秋季木质化，省工，减少开支，好处较多。春季扦插，提前采条贮藏种条，切穗，4月上旬扦插，经松土除草、灌溉等项抚育管理后，1年生苗高2～3m，根径1.5～2.5cm。

（二）栽培技术

1. 林地选择 在有灌溉条件下，可利用土层厚度在80cm以上的荒地、荒山造林，或城镇绿化。

2. 造林方式 植苗造林，采用2年生实生苗或1～2年生扦插苗木，秋末或早春栽植，用材林造林株行距2～5m×5m，有利拖拉机耕作、间作、间伐等作业。

3. 混交造林 可与不同杨树品种或紫穗槐、樟子松营造混交林，可减少病虫害，增加土壤肥力，提高造林效果。

六、病虫害防治

黑杨的病虫害主要是食叶害虫，杨叶甲等。防治方法同毛白杨。

（张宝恩）

欧美杨

（沙兰杨、意大利 214 杨及波兰 15A 杨）

欧美杨亦称加杨，1949 年以前我国即有引种，从长江下游到华北、西北均有推广栽培。加杨（*P. ×canadensis* Moench）为欧洲黑杨与美洲黑杨杂交种的统称，我国早期引进的这一杂交品种已经混杂。1950 年国际杨树委员会建议，并经 1952 年 9 月第十三届国际园艺会议接受，废弃加杨（*P. ×canadensis*）这一名称，采用欧美杨［*p. ×euramericana*（Dode）Guier］这一集体名称。但有些植物分类学家认为这不符合国际植物命名法规，仍继续采用原有拉丁学名（见《中国树木志》第二卷）。

20 世纪 50 年代以来，我国先后引进多批欧美杨优良无性系，早期引进的品系中表现较好的如沙兰杨、意大利 214 杨、波兰 15A、健杨等，在适生地区得到推广。

一、沙兰杨

欧美杨

学名：*Populus × euramericana*（Dode）Guier cv.'Sacrau – 79'

（一）经济价值及栽培意义

沙兰杨是 20 世纪 30 年代德国人温特斯坦选育的欧美杨优良无性系。我国先后从德国（1954）、波兰（1959、1960）引进。20 世纪 60 年代在河南睢杞林场栽植，生长良好。70 年代中期在河南发现该树种极为速生，很快得到推广。黄土高原亦相继引进，各地用作人工片林、丰产林、林网及"四旁"植树。

沙兰杨木材淡黄白色，年轮明显，晚材带宽，较松软，容重为 0.376g/cm³。纤维长 1.201 mm，宽 22.9μm，长宽比 52.4，分布较均匀，含量较多，易漂白，是造纸和人造纤维工业的原料。木材纹理直，结构细，刨切面光滑，易干燥加工，油漆和胶结性能良好，亦可作家具、包装箱板、胶合板、刨光板、纤维板及建筑用材。

（二）形态特征

落叶乔木，树干通直，有时微曲。树冠大，卵圆形或圆锥形。树干基部树皮灰褐色，有浅而宽的条状纵裂纹；上部树皮灰绿色或褐色，光滑，皮孔菱形，大而明显，灰白色，零散分布或 2 至多数横排成行。侧枝角度大，轮生，较稀疏，灰白色或灰绿色，短枝黄褐色。叶卵状三角形，先端长渐尖，基部宽楔形，两侧偏斜，两面均为绿色，具黄棕色黏液。长枝叶大，三角形，基部截形，具 1 ~ 4 个棒状腺体，叶缘具圆锯齿。雌株。果序长 20 ~ 25cm，蒴果卵圆形，浅绿色，长约 1cm。花期 3 月底 4 月初，果 4 月下旬或 5 月上旬成熟。

（三）分布

沙兰杨引入我国后，东北、华北、西北、华东、华中各地均有引种。经区域试验，其适生区以辽宁的铁岭为其北界，湖北潜江为其南界，华北、中原一带为其最适宜发展区。黄土高原各地有栽培，以山西南部、陕西关中一带平原地区生长最好。

（四）生态习性

沙兰杨为喜光树种，其蒸腾作用、光合作用强，对光能要求高，生长季节内要求充足光照，不耐荫，不宜密植。对日照长度反应明显，在长日照条件下延长封顶期，反之则提前封顶。但偏北地区延迟封顶，削弱了茎干木质化及越冬准备，成为冻害、风干的间接因素。

沙兰杨喜温暖湿润，耐寒性较差。在年平均温度6.9℃，极端最低温度−31.4℃处（赤峰）常遭受冻害，在年均气温9℃以上，年降水量500 mm以上地区可正常生长。对水肥条件要求较高，在深厚肥沃湿润，地下水位适中，中性至微碱性的沿河沙壤上、轻壤土，最能发挥其速生特性。如山西洪洞曲亭一株10生沙兰杨，高23m，胸径56cm，单株材积2.5492m³；山西临汾、夏县生长在农地里的沙兰杨林，树高年生长2～4 m，胸径3～4cm。沙兰杨丰产林生产水平很高，单株材积年均生长量可达0.1m³，为相同立地条件下加杨生长量的2～2.5倍，为泡桐的2倍。沙兰杨喜水但不耐水湿，土壤含水量在15%以上生长很快，持续干旱对生长影响较大，林地过湿或有积水时生长不良，往往产生根腐。沙兰杨在干旱瘠薄的地方生长较差。无灌溉条件时，降水量是速生丰产的重要前提，但降水不足而有灌溉条件亦可速生。沙兰杨生长与气温、雨量有明显关系，据观察，在辽宁其树高生长高峰与降水同时出现；在河南洛阳，其胸径生长曲线与降水量曲线一致。

沙兰杨有一定耐盐能力，耐盐碱程度比加杨强，轻度盐渍化土壤对其生长影响不大。在土壤含盐量3%以下，pH值8～8.5以下，水肥中等的土地上可以丰产，10年生胸径可达30cm。山西夏县苗圃土壤pH值8.7以下，4年生沙兰杨平均高10.9 m，平均胸径12cm，单株材积0.0505m³。

沙兰杨侧根发达，根的垂直分布常随地下水位和土壤层次结构不同而发生变化。地下水位高（2 m）、土壤紧实条件下，主根垂直分布一般小于2 m，土壤疏松，主根垂直分布较深。侧根主要分布在离地面1 m范围内。

沙兰杨的生长规律，据对山西洪洞华林苗圃12年生树树干解析资料，其胸径生长初期较慢，5～8年较快，连年生长量为4.4～5.0cm，9年后递减，12年时仍达1.8 cm；树高生长8年前较快，最大连年生长量可达4.0m，9年后骤降；材积连年生长量6年后增幅较大，12年生为0.12997 m³，生长率15.2%。此时连年生长量与平均生长量尚未相交，仍处于速生阶段。山西临汾市东离村1980年营造沙兰杨丰产林，造林后前2年胸径年生长量3.1cm，树高生长量1.7 m，第三年起进入速生期，胸径年生量5.3cm，树高2.5 m，第四年胸径年生量4.4cm，树高4.4 m。每公顷蓄积生长年增长量第三年19.089 m³，第四年为20.0025 m³。

沙兰杨生长期较长，从芽萌动到新梢停止生长，随各地气候而有差异，但都在150天以上。据在甘肃庆阳徐阳沟（子午岭西缘）进行物候观察，于4月14日萌动，19日开始展叶，23日全展，9月3日封顶，26日落叶，10月24日全落，生长期164天。在该地生长过程总趋势为：胸径连年生长在3～7年为一高峰期，树高3～5年进入高峰期，材积从第三年起直到第九年均处于增长趋势（观察树龄为9年）。

（五）培育技术

沙兰杨主要用扦插育苗，多用1年生苗干作种条。宜建立采穗圃，培育壮苗。

选土层较厚、肥沃湿润的地方造林，以发挥其速生特性。宜于春季植苗造林，其生长快，树冠大，不宜密植。造林密度，四旁植树株距2～5 m，用材林初植密度3 m×3 m至5 m×5 m。由于苗木髓心大，含水量高，起苗、栽植均应注意苗木保护，不使其失水，不然成活率会大大降低。

造林后适时施肥灌水、中耕除草，前2～3年可间作豆类作物。注意合理修枝，适当疏除竞争枝及徒长枝。

（六）病虫害防治

1. 杨树烂皮病 （防治方法见青杨）

2. 芳香木蠹蛾东方亚种（*Cossus cossus orientalis* Gaede） 幼虫蛀食树干基部和根部，致弱树势，并易感染真菌，引起树木腐烂。

防治方法：①7～8月间在干基幼虫侵入孔附近涂50%杀螟松乳剂或50%磷胺乳剂40～60倍液毒杀幼虫；②灯光诱杀成虫；③伐去被害严重的树木，劈开作燃料，消灭其中幼虫。

3. 杨树透翅蛾 防治方法见毛白杨。

4. 杨干象（*Cryptorrhynchus lapathi* Linnaeus） 幼虫蛀食韧皮部及木质部，造成林木枯死。

防治方法：①4月底到5月底，用50%杀螟松乳油、50%辛硫磷乳油30～50倍液，或40%乐果乳油150倍液，点涂幼虫排粪孔和蛀食的坑道，毒杀幼虫；②7月初到8月初，每7～10天喷1次50%杀螟松乳油、50%辛硫磷乳油1000倍液，毒杀成虫；③在发生面积不大而劳力许可时，可利用成虫的假死性于早晨摇动树干，捕杀掉落的成虫；④加强检疫；⑤加强经营管理。

二、意大利214杨

学名：*P. euramericana* （Dode） Guiner cv. ‘I-214’

（一）经济价值与栽培意义

原产意大利，由卡萨勒·蒙菲拉多杨树研究所从野生苗中选育的自然杂种，其亲本为卡珞琳尼黑杨与欧洲黑杨。我国于1958年从德国引入，1965年、1972年又先后从罗马尼亚、意大利引进。在原产地生长极为迅速，9年生单株胸径可达107cm。世界上主要杨树造林国家列为主要造林品种。其木材松软，材质较差，气干容重0.33g/cm³，综合纤维含量较高。

（二）形态特征

大乔木，树干略有弯曲。树冠长卵形，浓密，树皮灰褐色。叶三角形，基部心形，有2～4个腺点，叶长度略大于宽度，叶柄扁平，叶质较厚，深绿色。1年生扦插苗基部有棱，顶端呈红色。据国内外多年比较研究，I-214杨和沙兰杨虽由德、意分别育成，但其形态、物候、生长、材质等特性和特征很难区分，都属黑杨派欧美杨，只有雌株。我国各地往往将二者混同。

（三）生态习性

I-214杨是欧美杨中抗寒性较差的品种，适于黄河下游及长江中下游以北温暖湿润地区。但在黄土高原向西已栽培到甘肃临夏大夏河下游海拔 2000 m 以下河谷地带，仍极速生，在河滩地土层仅 30cm 的沙滩土渠垄上，5 年生树胸径年均生长量达 4cm。

发叶早，落叶晚。插条生根快，愈伤力强。但苗木汁液多，髓心大，保护不好时易失水影响造林成活率。对水肥条件要求较高，特别对水分反映敏感。喜生于湿润肥沃深厚的沙壤土上。宜在河岸低地、河漫滩、旧河床和"四旁"栽植，在干旱、瘠薄处及盐碱地上生长不良。

对杨树烂皮病、杨树天牛等有较强抗性，对锈病不敏感。抗根腐。

据在甘肃庆阳徐阳沟观察，该地 I-214 杨于 4 月 12 日萌动，19 日叶出现，26 日叶全展；9 月 3 日封顶，10 月 3 日开始落叶，27 日叶全落，生长期 175 天。在该地，其树高、胸径、材积生长第五年同时进入速生期，凡能生长 I-214 杨的地方，除高度喜温喜湿型树种外，一般欧美杨品种和无性系均可栽培。

三、波兰 15A 杨

学名：*P. × euramericana*（Dode）Guinier cv. 'Polska15'

（一）经济价值及栽培意义

属欧美杨无性系之一，中国林业科学研究院于 1959 年、1960 年从波兰引进，随即引入西北各省（区）。在温暖半湿润区表现良好。

（二）形态特征

落叶乔木，高 20～25m。树冠倒卵形，侧枝轮生。树干通直，树皮灰白色，基部色深，浅纵裂。小枝黄褐色，长枝具棱。芽圆锥形，先端钝。短枝叶三角形或三角状卵形，先端渐尖，基部楔形，具 1～2 腺体或无，叶柄扁长。雄株。花期 4 月。

（三）生态习性

为最喜光树种，适宜于中温带、暖温带气候，在黄土高原各地大多生长良好。速生，栽后头 5 年速生特性尤为明显。在银川 1 年生苗最高达 4.5 m，地径 4.2cm，相同条件下箭杆杨最高 3.41 m，地径 2.50cm。10 年生树平均高 16 m，胸径 23cm，分别比相同条件下小叶杨快 30.3% 和 41.5%。喜肥，不耐盐，在盐渍化灰钙土上生长不如箭杆杨。但该树种对水肥条件的要求不像北京杨、沙兰杨那样高，凡水肥条件尚好处均可栽植。

在甘肃庆阳徐阳沟，波兰 15A 杨于 4 月 14 日萌动，20 日叶出现，25 日叶全展，9 月 3 日封顶，10 月 2 日开始落叶，25 日叶全落，生长期 171d。在该地对 9 年生树观察，胸径生长 2～7 年为一高峰期，树高生长 2～6 年为一高峰期，第九年又进入高峰生长，材积生长从第三年开始到第九年仍保持增长的趋势。

波兰 15A 杨生长快，树冠大，不宜密植。用材林初植密度常为 4 m×4 m、5 m×5 m，或更小，可不经间伐一次成材，缩短主伐期。造林时尤应注意苗木不可失水。

意大利-214 杨、波兰 15A 杨培育技术同沙兰杨。各类欧美杨在黄斑星天牛危害区均不宜发展。

（李嘉珏、李仰东）

健　杨

学名：*Populus* × *euramericana* cv. 'Robusta'

科属名：杨柳科 Salicaceae，杨属 *Populus* L.

一、经济价值及栽培意义

健杨 1958 年从欧洲引进，并广泛推广。健杨木材为杨树中较好的一种，干燥容易，不翘曲，胶粘和油漆性能好。原木通直可作矿柱材，民用建筑材，纤维工业、火柴工业、胶合板、造纸工业原料，也是家具和箱板用材。

健杨早期速生，生长量高于其他欧美杨。树皮粗糙纵裂，牲畜不易啃吃。树叶含蛋白质，秋季落叶是喂养羊的过冬好饲料，可放牧至降大雪，羊的粪便，剩余的落叶大部分成为肥料还田，对畜牧业促进很大。

健杨树形高大，树干通直，枝叶茂密，树姿优美，病虫害较轻，雄性无性系植株不飞絮，不污染环境，是新疆地区用材林、防护林、城镇绿化中广泛栽培的优良杨树品种。

二、形态特征

落叶乔木，树干通直，树冠塔形，侧枝呈 45° 角斜伸，轮生状，分布均匀。上部树皮灰绿色，光滑，老树干基部灰褐色，纵裂。短枝圆形，萌条枝有 4～5 条棱线，早春刚出叶红褐色。叶三角形或扁三角形，两面绿色，光滑，边缘具粗锯齿和半透明的边，叶基截形或浅心形，叶基常有 1～2 个腺点。叶柄扁平。雄花序长 8.7～14.5cm，每花序有小花 70～121朵，每小花有雄蕊 20～50 枚，花药红色。花期 3 月下旬，果熟期 4 月。

三、分布区域

健杨在新疆地区广为栽植。甘肃、宁夏、陕西、辽宁、黑龙江、北京、河北、山东、四川等省（自治区、直辖市）也有栽培。在欧洲，尤以多瑙河沿岸地区种植较多。

健杨在海拔 1000m 以下平原地带，生长发育良好。

四、生态习性

健杨适应性强，是喜光树种，生长期需要充足的水分，足够的光照和热量。具有较强的抗寒性，能忍耐 -43℃ 低温，抗夏季大气干旱。抗风力较强。病虫害较轻。对土壤要求不严，适生于沙质壤土。在光照充足，适宜的温度和水肥条件好的立地条件下，生长迅速，特别是在幼龄期生长非常快。

3 月下旬芽膨大，9 月中旬叶片变色，停止生长，生长期 170 天之多。树高速生期 2～7年，胸径 2～6 年生长很快，7～9 年生长较快，10 年后生长较缓慢，材积在 1～3 年生长较慢，4～14 年生长量显著增加。健杨在适宜的立地条件下速生特性突出，在土层较厚、灌溉条件较好的立地条件下，株行距 4m×5m，林龄 10 年胸径生长量可达 36cm。

五、培育技术

（一）育苗技术

1. 扦插育苗

（1）采条 健杨为雄株，采用无性方式繁殖，用良种采穗圃种条，在秋末或春季采条扦插育苗。

（2）切穗扦插 秋末扦插育苗，在 10 月下旬，采条，切穗，扦插育苗，扦插后灌水 1~2 次，11 月上旬积雪覆盖，翌年比春季扦插育苗提前 15 天生根，在 8 月份以前，高生长多 50~70cm，有利苗木提前木质化。秋末扦插育苗省力、省工、节省费用。春季扦插一般情况下要提前贮存种条、插穗，扦插时间在 3 月下旬至 4 月中旬。用种条 2/3 的基部段切穗，插穗长 15~18cm，在翻耕整平做好的苗床上扦插。株行距 0.2m×0.5m，扦插后及时灌水。

（3）幼苗的抚育管理 全年灌水 10~12 次，灌水量 800~1.000m³/亩·年。松土除草 3~4 次。出芽长 5~10cm 定苗，摘芽 3~4 次，主干上的嫩侧枝在 10cm 左右抹芽，健杨嫩侧枝较少。生长期经每日测定，苗木生长高峰期是 6~7 月，每日高生长量 3~5cm，这时要进行集约化管理。1 年生苗木高生长量 2.0~3.7m。

（二）栽植技术

1. 林地选择 在灌溉条件下，土层深厚盐碱轻的可利用的土地均可造林。

2. 造林方式 植苗造林。用 1~2 年苗木营造用材林、防护林。城镇绿化林多采用胸径 5cm 左右的大苗。造林株行距为 2~5m×5m，方便农机耕作、间作、间伐、运输等。

3. 混交造林 可与 I-45/51 杨、俄罗斯杨、黑杨、桦树、樟子松、沙枣、柽柳等乔灌木树种混交。

4. 幼林抚育 造林后 1~2 年间作西瓜、黄豆等，3~4 年可至皆伐前 2 年，每年春季或秋季利用圆盘耙切地一次。采用密植造林，应适时间伐。

六、病虫害防治

健杨病虫害较轻，主要是叶部害虫。防治方法同毛白杨。

（张宝恩）

欧美杨107、欧美杨108

欧美杨107等属黑杨派欧美杨杂交品种，起源于意大利，我国于1984年开始引进。"十五"期间，中国林业科学研究院张绮纹等从17个国家引进的331个无性系中选出6个优良品种，其中欧美杨107、欧美杨108、欧美杨109、欧美杨110等可在包括西北在内的地区推广。

一、欧美杨107

（一）经济价值及栽培意义

欧美杨107是营造工业用材林和生态防护林的优良树种，其木材木素含量低，纤维质量好（长1145μm），木材密度小（0.395g/cm³），是良好的新闻造纸材原料，也是良好的中密度纤维板原料。直径30cm以上（5~6年生）可旋切成单板，是良好的胶合板用材，也可用作细木工板及包装用材。重组木是近年开发的新型材料，该品种两年生以上即可作优良的重组木原料。在适生地区，欧美杨107七年可作一个轮伐期，每亩蓄积量18.76m³，经济效益显著。

（二）形态特征

落叶乔木，树干通直。树冠窄，树皮较粗，灰色。分枝角度小，侧枝较细，叶片小而密，满冠。雌株。

（三）分布范围

该品种适于淮河、黄河、海河流域及辽河流域南部栽植，现新疆、甘肃、内蒙古等地引种栽培。

（四）生态习性

欧美杨107喜光，速生。胸径年平均生长量为3.5~5.0cm，树高年平均生长量3.2~4.0m，3~4年间伐可作纸浆材及中小径级民用材，7~8年主伐可作干径材。抗寒，在最低温度-31℃时仍可安全越冬。抗风力强，不易风倒、风折。较抗病虫害，尤其对光肩星天牛有明显抗性，并优于I-214杨。

（五）培育技术

1. 育苗 苗圃应选在地势平坦，排水良好，具备灌溉条件，土壤疏松肥沃，交通方便的地方。土壤质地以沙壤最好。秋季深翻土地，亩施农家肥3000kg。翌春扦插前作床，长5~10m，宽3m。将插条剪成长15cm，有3个芽的插穗，上端剪成平口，距最上端芽1.5cm，下口靠近最下芽1cm，剪成斜度为45°的剪口，每50根一捆，标记好品种。上口平，下口斜以防扦插时倒置。入冬前剪下的插穗应在沟内用湿土或湿沙埋藏越冬。也可将种条埋土越冬，翌春扦插前再剪成插穗。开春地温上升到15℃后即可扦插。插前将接穗下部浸水（5cm）半天到1天。先用铲子将土翻开，然后将插条按45°角放入，上端与地面平齐，埋好，压实，浇水，覆膜保温。株行距50cm×33cm，或60cm×27.5cm。苗木扦插成活，幼苗长到 10~15cm 时少量施肥促长，1 个月后增量施肥。应多次施肥，9 月以后增施磷钾肥，少施氮肥，促进木质化，提高苗木抗性。

为了便于来年出圃，上冻前可就地起苗假植。假植坑深 70~90cm，坑底灌水，然后将苗木斜放，一层苗一层土，使根部与土壤充分接触，以免抽干。苗木长途运输时，应特别注意保水，用塑料布将苗木全部裹好，避免运输途中风吹抽干苗木水分。到达目的地后立即假植或定植。若发现失水时应在水中浸泡半天以上，直到完全恢复后再定植。

2. 造林技术　（同其他欧美杨）

二、欧美杨 108

（一）经济价值及栽培意义

品种来源与欧美杨 107 相同。该品种是美洲黑杨和欧洲黑杨人工杂交后选育而成，是优良的工业用材树种，如纸浆材、板材等，并且是良好的防护林树种。在干旱、半干旱地区防护林建设中，将替换病虫害严重的群众杨、合作杨等。

（二）形态特征

落叶乔木。为树干通直，尖削度小的窄冠树种。雌株。

（三）适生范围

新疆乌鲁木齐以南、甘肃东北部、陕西、宁夏大部分地区及内蒙古包头以东地区可大面积种植。

（四）生态习性

欧美杨 108 喜光，速生。其胸径年生长量 4cm 左右，高出对照 I-214 杨 131%，材积生长量比 I-214 杨增长 63%。3 年生林每亩产材达 3m³ 以上，出材达 45 m³/hm² 以上，种植 5 年便可成材。水肥条件好时年均胸径生长量 4~4.5cm，年均高生长量 3~3.5m；条件较差时，年均胸径生长 3.5cm，年均树高增长 2.5~3.0m。4~6 年，每亩每年增产 1.5m³，适宜作短周期纸浆材工业林的高产量采伐。其抗风能力强，较耐干旱和低温，在年降水量 498.9mm，最低温达 -30.6℃ 的辽宁阜新地区，年胸径生长量近 3cm。其生长量与 107 杨相近，但更抗寒、抗病虫（抗溃疡病，试区未发现蛀干害虫侵害），更适于西北地区种植。

（五）培育技术　（同欧美杨 107）

（李仰东）

天演杨

学名：*Populus evramericana* × *P. nigra*

科属名：杨柳科 Salicaceae，杨属 *Populus* Linn.

一、经济价值及栽培意义

天演杨是天演生物技术有限公司对引种到新疆的利用欧美杨品种 69 号杨为母本、欧洲黑杨及其变种为父本杂交培育出的中林 46 号杨等品系，经选择、繁殖并以"天演杨"为商品名推广使用的杨树新品种，是集成活率高、生长快、产量高、用途广、效益好、繁殖易等特点于一体的优良杨树品种。经新疆维吾尔自治区林木良种审定委员会审定，良种编号为新 S—SC—PE—017—2004。它的木材不仅可以作为工业纸浆材，也是制造中密度板、包装板、纤维板、火柴梗、包装箱、民用建材的良好原料。该树种叶片肥厚、不涩不苦、适口性好、营养丰富，蛋白质含量 12.97% ~ 13.56%，仅次于苜蓿和刺槐叶，而高于麦秸、野干草、甘薯蔓和玉米秸秆，有较高的饲用营养价值。

该树种生长特别迅速，1 年生苗高 3 ~ 6m，地径 3 ~ 6cm，胸径 3cm；2 年生苗高 8 ~ 9m；3 年生高 10m 以上，胸径 15cm；5 年生造林地树高 14m，胸径 22 ~ 26cm；7 年生胸径可达 32 ~ 35cm，其生长量比 I ~ 72 杨、I ~ 69 杨、I ~ 214 杨等提高 15% ~ 30%。采用高密度超短期定向集约培育技术，其木材产量可达 4 ~ 5m³/亩·年。若营造 75000 亩纸浆林，即可满足年产 10 万 t 纸浆厂的原料需求。可见天演杨是营造短周期工业用材林、防风固沙林、饲料林、农田林网、"四旁"绿化的优良速生树种之一，可作为短、平、快项目经营。

二、形态特征

天演杨属黑杨派，树干通直，枝条斜展密集，树冠圆形或卵圆形；树皮灰褐色或灰绿色，皮孔条形；芽苞细长，约 1.2 ~ 1.5cm，上部呈红色，下部褐色，紧贴树干，生长时顶端芽液乳白色；叶在小枝上互生，呈淡绿色，边缘为锯齿状，叶背脉上有细毛，苗期叶片圆而肥大，叶长 21 ~ 30cm，叶宽 23 ~ 31cm，成年树叶片长 10 ~ 15cm，宽 8 ~ 13cm。

已选育出的新品系：

(1) 天演 98 杨（良种编号：新 R - SC - PE - 006 - 2004）　树干通直圆满，树皮青绿色。表皮光滑，树冠窄小，侧枝角 30° ~ 40°，芽苞下棱线不明显。叶背面主脉 8 ~ 10。生根率高，侧根数比中林美荷杨高出 15% ~ 20%。比新疆健杨高出 20% ~ 25%。

(2) 天演 99 杨（良种编号：新 R - SC - PE - 007 - 2004）　树干通直圆满，树枝幼时红色，老时灰褐色，侧枝 40°轮生，芽苞红色下棱线不明显。叶背面主脉 6 ~ 8。生长速度快，3 年生生物量较俄罗斯杨高 30%。

(3) 天演 2000（良种编号：新 R - SC - PE - 008 - 2004）　树干通直圆满，树枝灰白色，老叶基部褐色；侧枝平均 45°角，叶背面主脉 5 ~ 6，芽苞下棱线明显。生长速度快，3 年生树高和胸径较中林美荷杨大 20% ~ 25%，较新疆箭杆杨大 36%。

三、分布区域

在西北地区的新疆、青海、宁夏、甘肃、陕西等地广泛栽培。东北、华北、华东、西南等地栽培也较普遍。

四、生态习性

天演杨抗逆性强，生态适应性广，能耐绝对最低 -36℃ 低温，在气候极端干旱的新疆荒漠地带年平均气温 6 ~ 8℃，年降水量 100 ~ 150mm，蒸发量为 1500 ~ 2360mm 条件下，有水即活，有土即长。对土壤要求不严，在 pH 值 7 ~ 9，可溶性盐在 1.1% 以下，有机质含量 1% 以上的壤土、黏土、轻壤土、沙壤土、沙土上均能生长。抗风力强，可抵御 10 级大风；抗病虫能力强，对林木季节性病虫害表现出显著的抗虫性。

五、培育技术

（一）扦插育苗技术

1. 育苗地选择 选择地势平坦、具备灌溉条件、交通方便的地方作苗圃。土壤以疏松的沙质壤土，轻壤土为宜，土壤过于黏重，通气不良，排水不畅，沙质过多以及盐碱地不利于育苗。长期种过庄稼如棉花、玉米、马铃薯（洋芋）、蔬菜等作物的土地，容易招致病虫危害，必须先进行土壤消毒，然后再行育苗。

2. 整地作床

（1）整地 深耕细整育苗地，是获得壮苗丰产的重要条件之一。可用机械或畜力翻耕，深度要达 25 ~ 35cm。冬前翻耕效果更好。结合整地施足底肥，每亩施有机肥 3000 ~ 5000kg，并施过磷酸钙 15kg。

（2）作床 春季在翻耕过的圃地作床，在气候比较干旱的地方宜作低床，床面宽度 1.2m、1.7m、2.2m 均可，床长 10 ~ 20cm，床（畦）埂（步道）宽 30 ~ 40cm，高 15 ~ 20cm，作床后要打碎土块，耙磨均匀，清除杂草、树根、石块等杂物。为防止病虫害发生，在整地时每亩应施入硫酸亚铁（黑矾）10kg，还可每亩用 2.0kg 代森锌制成毒土，进行土壤消毒处理。

在地下水位高（1.0 ~ 1.5m）、土壤较湿之处，可作成高床，床高 15 ~ 25cm，宽 1.0 ~ 1.2cm，长 10 ~ 20m，步道宽 30cm。

3. 选条剪穗

（1）选条 采用 1 年生苗干或选用无病虫害，生长健壮，水分充足，冬芽饱满的枝条，秋季落叶后翌春萌动前均可采条。

（2）制穗 用作插穗的苗干或枝条要求截去顶梢粗度小于 0.8cm 的部分，基部截去粗度大于 2.5cm 以上的部分，裁取后的中间部分作为插穗材料。人工或机械切条，刀具要锋利，切勿使穗端劈裂伤害侧芽。插穗长度，湿润地区 15cm，干旱条件 18 ~ 20cm。上下切口剪成平口（有的下切口亦可剪成 45° 的斜面）。切口应平滑。插穗上端第 1 个侧芽应完好，上切口与顶端第一个侧芽相距 1.0 ~ 2.0cm，下切口距芽 0.5cm。截制插穗应在阴处进行，截成的插穗应用水浸泡 7（2 ~ 3 天）或用沙培待用。插穗还应按苗干或枝条的上、中、下部位分成三类，每 30 根或 50 根捆成一捆并标记，分床扦插。

4. 扦插密度　天演杨生长快，叶片较大，扦插密度不宜太大。株行距为 25cm×50cm（每亩 5333 株）、30cm×40cm（每亩 5555 株）、40cm×40cm（每亩 4000 株），如培育插干深栽所需截杆苗，株行距应大些，可采用 0.5m×0.8m，即 1666 株/亩。

5. 扦插时间　春插宜早，在芽萌动之前，当北方土壤解冻后，即可进行扦插。在冬季较暖的地区，在秋季落叶后随采随扦插，省去贮藏插穗。

6. 扦插方法　一般情况下直插，如土壤黏重，插穗偏长或需避开土层下部低温时，也可斜插（与地面成 45°角，穗顶部向北倾斜）。在定好的行距上拉线，用开沟器或铁锨开沟，沟内勿大土块，再按株距扦插，入土后从两侧封土，踏实土壤，使插穗与土壤密接，插穗入土深度，一般春插后上切口露出地面 1~2cm。立即灌水。

7. 苗木管理

（1）灌水　扦插后为提高地温，促进快发芽，可用塑料薄膜覆盖床面，必须及时灌足第 1 水，以后第 5~7 天灌水 1 次，共 2~3 次（每次灌透）。待芽子萌动时，随即在穗上端破膜，使幼芽顺利发出。进入幼苗和速生期后，逐渐增加灌水量并可延长灌溉间隔，每 15~20 天灌水 1 次，初步观测天演杨具有前期速生的特性。因此，6~7 月灌水十分重要。生长后期应控制灌水。8 月以后停止灌水，防止苗木徒长，促进苗木木质化，以利越冬。对留床越冬苗木（或根）进入休眠期后，在土壤封冻前，要及时灌 1 次封冻水。

（2）施肥　苗木生根后，进入幼苗期和速生期，应适时施肥。当苗木高度达 40~60cm 时，追施 1 次尿素，每亩 10kg，苗高 1.2~1.5m 时施 1 次，每亩 20kg，苗高 2m 以上时施 1 次，每亩 15kg，也可施复合肥。后期可追磷、钾肥。施肥方法应沟施，即在行间开 5~6cm 深的沟，将肥料施在沟内用土覆盖，切勿将肥料洒在叶片上，同时不同肥料不要随意混合施用，以降低肥效。

（3）松土除草　插穗生根灌水施肥后，要进行松土除草。初期掌握株间应浅松、行间深松的原则，深度 5~8cm，以后可增到 8~10cm。全年松土除草 4~5 次。

（4）选芽留干　一般一个插穗要发 2~3 个芽或更多，当幼芽长到 10cm 高时，要选留 1 个健壮芽子作主干，将其余芽子剪除，不要用手掰以免伤害主芽影响生长。

（5）培土摘芽　当幼芽长到 20cm 高时，要将行间的碎土刨到根际旁，埋住插穗上端，以利于生根并可防止风折。在苗木生长过程中，几乎每个叶腋都能长出侧芽形成侧枝，茎部也可能发生萌条，因此应及时剪除侧芽和基部萌条，如木质化后再剪除，既费工、伤树，又消耗养分。

8. 种条或插穗的贮藏　秋季树苗落叶后采条，对不立即扦插的种条（插穗）要进行贮藏。贮藏方法，先将苗干剪成 60cm 长的插条，按以下数量（50 根或 100 根）捆成一捆，大小头方向一致，选背风、背阴、地势平坦、土质疏松的地段挖深 1.0~1.5m 的坑，长、宽 1.5~2.0m，贮藏时，要注意小头朝上，分层隔湿沙埋藏，沙子湿度 60%，先在下层铺一层湿沙，厚 20~30cm。如插条数量多时，可在上面再放一层。在最上面再覆一层 30cm 的湿沙。在坑的四角竖直插入一束玉米秸秆，露出地面 30cm 作为通气孔，要经常检查，保持插条处在 0℃ 左右，最低不超过 -4℃~-5℃ 的温度和适宜的湿度。翌春解冻后，在圃地准备好后，可以在育苗时即开挖取出剪穗扦插。

（二）栽培技术

（1）林地选择　在西北地区可选择河流两岸、沟道两侧、塬面四旁、冲积平原、山涧台地作造林地。整地规格长、宽、深为 0.5m×0.5m×0.8m 或 0.6m×0.6m×0.8m 或 1m×1m×1m。

（2）栽培模式 经在新疆呼图壁、石河子、小地窝堡、库尔勒、三坪农场、陕西杨凌及北京、重庆、辽宁、江苏天演公司基地分别多点营造速生丰产林示范林，探索提出了多种栽培模式（表1）。

表1 天演杨速生丰产林栽培模式

序号	材 种 规 格	密度（株行距） （m）	密度 （株数/hm²）	间伐期 （年）	主伐期 （年）	目标径 （cm）	备注
1	小径纤维材	（1×1）×5	6600	2	5	20～25	扦插
2	中小径纤维材	（1×1）×4	3900	2	5～6	25～30	扦插
3	中径材	（2×3）×6	1650	5～6	5～6	30～35	栽植
4	大径材	1×8	1275	—	6～7	35～40	栽植

采用扩大宽行、缩小窄行和株距的配置方式，这种模式有利于缓解群体与个体之间的矛盾，推迟封行年限，可有效改善林间通风透光条件，促进林木生长，同时扩大了间作套种的空间（间套农作物、饲料、瓜菜、药材等），可有效提高土地利用率和生产率。

扦插造林插穗规格：径 0.8～2.0cm，长 20cm。也可采用 60～100cm 插干钻孔深栽。2000 年在陕西杨凌示范区黄家堡用插干（长 60cm、粗 1.5～2.5cm）钻孔深栽的小片试验示范林（塬面旱地，林下一直间作李苗），4 年生平均树高 9.12cm，平均胸径 9.12cm，最大树高 9.6m，最粗胸径 13.1cm，冠幅 3～4m。

（3）幼林管理模式 经多年栽培的经验总结提出幼林管理模式如表2。

表2 天演杨速生丰产林管理

年 份	1	2	3	4	5	6
浇水次数	5～6	4～5	4	3	2	3
施肥次数	3	3	2	2	2	1
松土除草次数	3	2	2	1	1	1

4. 修枝 栽植当年基本不修枝，也不抹芽，尽量保持较多的叶量，第 2 年只修去梢头竞争枝，保持树冠长度占树高的 2/3 以上，第 4～5 年可修去下部 1～2 轮粗大枝和竞争枝，保持树冠长度为树高的 2/3～1/2。修剪后在伤口处涂上索利巴或用石灰刷涂，以免病虫害入侵。

六、病虫害防治

苗木生长期，如发现杨扇舟蛾、潜叶蛾等害虫，危害树叶，前者可用 90% 敌百虫 800 倍液或 50% 马拉硫磷乳油 800 倍液喷雾防治；后者可喷洒杀螟松、氧化乐果 1000 倍液防治幼虫。其他病虫害，防治方法同毛白杨、小叶杨。

（唐天林、李海军、肖　亮）

泡　桐

别名：桐树

学名：*Paulownia* spp.

科属名：玄参科 Scrophulariaceae，泡桐属 *Paulownia* Sieb. et Zicc.

一、经济价值及栽培意义

泡桐是我国特产的速生用材树种，材质优良，生长迅速，栽后 7~8 年即可利用。泡桐材质轻韧，结构均匀，不翘不裂，耐腐耐磨，易于干燥和加工，不易传热，不遭虫蛀，声学性能好，隔热绝缘性强，是制做家具、农具、乐器、胶合板、建筑和航空模型的优良用材，也是我国传统的出口物资。泡桐的叶、花、果、皮均可入药，有消炎止咳利尿降压等功能。叶和花营养丰富，是良好的饲料和肥料，种子含油，可制肥皂。

泡桐适应性强，对土壤要求不严，耐旱，胁地少，是理想的"四旁"绿化和农田间作树种，加之繁殖容易，深受广大群众喜爱。

二、形态特征

泡桐属至今已确定的有 9 种 4 变种 4 变型。

西北地区分布和栽培的泡桐主要有毛泡桐［*Paulownia tomentosa*（Thunb.）Steudel.］、光泡桐［*P. tomentosa* var. *glabrata*（Rehd.）S. Z. Qu］、兰考泡桐（*P. elongata* S. Y Hu）、楸叶泡桐（*P. catalpifotia* Gong Tong）和白花泡桐［*P. fortunei*（Seem.）Hemsl.］。

生产上除上述各种泡桐外，还有毛泡桐和白花泡桐杂交培育的桐杂 1 号、桐选 2 号、陕桐 1 号、陕桐 2 号及由河南培育的豫杂 1 号和豫选 1 号等新品种。

1. 毛泡桐　乔木，树皮暗灰色，幼枝、叶、花、果多长毛。花序为广圆锥形，花冠钟状，淡紫色或苍白色，花柱约与雄蕊等长。蒴果球状卵圆形或长卵圆形，长 3~5cm，直径 1.5~2.5cm。种子连翅长 3mm，宽 2.5mm。花期 4 月中旬或 5 月中旬，果熟期 10 月中下旬。

2. 楸叶泡桐　乔木，树冠近圆形或长卵形，主干明显，叶较长约 18~28cm，宽 13~16cm，叶色浓，小枝红褐色或黄褐色。花冠细长漏斗形，微

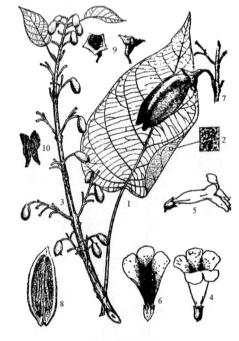

白花泡桐

1. 叶　2. 叶背之一部（放大，示毛）　3. 花序及花蕊　4. 花正面观　5. 花侧面观　6. 花纵剖面　7. 果枝一部　8. 果瓣　9. 果萼里面及外面　10. 种子

曲，外部淡紫色，蒴果椭圆形或小纺锤形。带翅种子长 5 ~ 7mm，花期 4 月中下旬，果熟期
10 月下旬至 11 月上旬。

3. 白花泡桐　乔木，树皮灰褐色。幼枝、嫩叶被枝状毛和腺毛。叶基心脏形，先端尖，
全缘。花枝圆筒形，圆锥状聚伞花序，花冠白色或淡紫色，花萼浅裂，裂片先端毛脱落。蒴
果椭圆形，果皮木质较厚。花期 4 月上旬至 4 月下旬，果熟期 11 月。

4. 兰考泡桐　乔木、树干直，树冠宽阔，小枝节间长，叶卵形或宽卵形，先端尖而有
锐头。花序狭圆锥形，花大，长 8 ~ 10cm，花萼钟状，倒圆锥形，基部尖，花冠钟状漏斗
形，浅紫色。蒴果卵形或纺锤形，长 3 ~ 5cm，宽 2 ~ 3cm。种子椭圆形，连翅长 5 ~ 6mm。

5. 豫杂 1 号泡桐　是以毛泡桐为母本，白花泡桐为父本，通过人工杂交选育出来的一
个优良杂交组合。具有早期速生，抗病性强，人工接干容易等特性。

6. 豫选 1 号泡桐　是从山东泰安白花泡桐天然杂交种中选育出来的泡桐新品种。具有
生长快，接干性强，适应性强的优良特性。

7. 桐杂 1 号、桐选 1 号泡桐　是西北植物研究所等单位选育出的两个泡桐新品种。桐
杂 1 号泡桐是以毛泡桐为母本，白花泡桐为父本人工杂交组合中选出的单株无性系；桐选 1
号泡桐为白花泡桐与兰考泡桐或毛泡桐天然杂交种，经过单株选择的无性系。共同特点是：
生长迅速，适生范围广，适应性强，抗病力较强，接干性能好。

8. 陕桐 1 号、陕桐 2 号泡桐　是陕西省林科所以毛泡桐为母本，白花泡桐为父本的人
工杂交组合中选出的无性系。具有生长快，干形好，适应性强，感染泡桐丛枝病和大袋蛾较
轻的特性，陕桐 2 号泡桐还具有一定的抗盐性。

三、分布区域

在西北地区主要分布在陕西，北自延安以南、南至秦岭南北坡，东自晋陕交界的黄河，
西至甘肃东部天水、平凉、庆阳均有分布，该区地形复杂，气温和降水量各地差异较大，其
分布和种类，大致沿山间、河川平地延伸。黄土高原以兰考泡桐为主，浅山丘陵，渭北黄土
高原以楸叶泡桐为主，高寒山地，秦岭南北麓以毛泡桐为主，关中中部渭河阶地以白花泡桐
为主。此外，各地都相继引种了人工选育出来的豫选 1 号、豫杂 1 号、陕桐 1 号、陕桐 2 号
等新的泡桐优良品种。甘肃东南部平凉、庆阳地区、宁夏南部也有分布与栽培。

四、生态习性

泡桐原产我国温带喜温暖气候，但耐大气干旱的性能较强，在年平均气温 12 ~ 22℃，
年降水量 400 ~ 1200mm，大气相对湿度 60% 以上，背风向阳处，生长良好，最低气温在 -
25℃时，易受冻害，气温在 38℃ 以上，生长受阻。泡桐为喜光树种，不耐庇荫。不宜与其
他喜光性速生树种混交。据山西省夏县康家坪的调查材料：泡桐在光照充足的条件下，年平
均高生长 1.05m，胸径 2.42cm；在只有树冠顶部受到光照的条件下，年平均高生长 0.53m，
胸径 0.93cm。

泡桐林郁闭早，但郁闭破裂也早。纯林 20 年生左右，郁闭就开始破裂，林地阳光直射，
林下杂草丛生，将使地力衰退。

泡桐具有明显的喜肥性，对土壤肥力十分敏感，在土壤疏松，加强肥水管理的条件下，
才能发挥其速生特性。陕西省武功坳涝林场，对毛泡桐进行施肥与不施肥试验，施肥比不施

肥的树高增长72%，胸径增长50%。

泡桐喜土壤疏松，湿润，怕积水和地下水位过高。地下水位3m以下，生长正常，1.0~1.5m，生长势差。泡桐地积水，往往造成严重根腐，一般积水10天左右，泡桐的叶片即出现萎蔫、变黄、脱落，以致死亡。根据各地试验，北方地区营造泡桐林应在地下水位1.5m以下，保证有足够的土壤深度供根部发育。

泡桐对土壤酸碱度很敏感，土壤pH值6~8的范围内生长正常，pH值6~7.5生长最好，pH值8以上生长不良。

泡桐根系发达，主根不明显，在土壤表面以下30~40cm处，分成几个一级侧根和支根，向四周成水平状或斜向延伸，在地下50~60cm处，又分出很多二级侧根，根系相互交织，组成强大的根网，根系主要分布在20~70cm深的土层内。所以泡桐适宜在土层深厚、肥沃、疏松、湿润、排水良好的沙质土壤上生长。

泡桐大多数顶芽生长势极弱，易遭冻害，常由侧芽发出的新枝，代替顶芽向上生长。故需采取接干抚育措施，才能培育成通直良材。

泡桐生长迅速，7~8年即可成材。但因各地区立地条件和抚育管理措施不同，生长快慢各异，在相同的立地条件下，泡桐种类不同，生长也有差异。

泡桐一般树高生长高峰在1~3年，胸径生长高峰在5~7年，材积生长高峰在7~13年之间，这时一年的材积生长量相当于5~6年的材积的总和。由于气候和经营管理措施不同，材积连年生长量曲线呈波浪式，一般14~15年达到数量成熟，所以伐期龄以14~15年为宜。种子繁殖的泡桐比无性繁殖的后期生长快，生长高峰持续时间长。

五、培育技术

（一）育苗技术

泡桐育苗有播种育苗和埋根育苗两种，生产上以埋根育苗为主。

1. 播种育苗　泡桐播种培育的苗木，抗丛枝病能力强，但泡桐种子细小，幼苗娇嫩，易染炭疽病，技术要求高，管理应细致。

（1）采种　选干形通直、生长健壮、无病虫害，10~20年生的采种母树。9~11月蒴果由绿色变为黄褐色，尚未开裂，及时采集。蒴果采回后，晾5~7天，果皮开裂，种子脱出，除去杂质，装袋干藏，出种率5%~6%。

（2）整地作床　泡桐种子细小，幼苗嫩弱，床面要求平整，土壤要细碎。土壤若黏重，应加入适量沙子改良土壤。宜采用高床或高垄，结合作床，施足底肥，并进行土壤消毒。

（3）播种前种子处理　播种前用0.2%的赛力散加0.2%五氯硝基苯浸种40min，再用冷水冲洗，以消灭种子带菌，减少炭疽病，丛枝病危害。

常用的催芽方法，有日光催芽和温水浸种催芽两种。

日光催芽是将消毒后的种子，洗净药液放在盘中，置于日光下催芽，控制温度在25~30℃之间，并注意保持种子湿润，经常翻搅种子，待有5%左右种子萌动时即可播种。

温水浸种催芽是把种子放进35~40℃的温水中，冷却后，再继续浸种24h，然后捞出放入蒲包或瓦盆内，置于温暖处，每天用温水冲洗1~2次，并翻动，3~5天有部分种子萌动时即可播种。

此外，也可采用混沙和马粪催芽方法。

（4）播种 播种期一般在3月下旬至4月上旬，若用薄膜温床育苗，播种期可提早到2月底或3月初进行。播种前要灌足底水，将种子与细沙或草木灰混拌，趁墒播种。条播或撒播均可。条播时行距30～40cm，播幅5～10cm。播种量每亩0.75～1.0kg，播后覆土以微微盖住种子为宜，再用稻糠皮，谷壳或锯末覆盖防晒保墒，大量出苗后，分两次将覆盖物揭除。

（5）苗期管理 幼苗在长出2对真叶以前，根系很浅，若表土干旱，就会造成苗木死亡，应少量勤浇水，经常保持床面湿润；在苗木长出3～4对真叶时，为避免苗木烂根，可在床面均匀覆盖细土2～3次，停止浇水，进行蹲苗，促进根系生长，为避免日灼，可根据需要，适当遮荫，结合间苗，进行带土移栽，株行距60cm×60cm，移栽最好在阴天或傍晚进行；一般在7月份开始，在苗木生长旺盛期，每隔20天追肥1次；并结合追肥进行灌水。8月下旬停止追肥灌水，防止苗木后期徒长。雨季注意排涝，防止苗床积水，苗木受淹；5～6月间，及时防治炭疽病和地老虎为害。

（6）芽苗移栽 芽苗移栽育苗技术是陕西省林科所试验提出的一种先进育苗技术。具有节省种子，生长快，效益高的优点。每亩用种仅0.5～0.6kg。当年苗高可达4m，地径5cm以上。

具体方法有两种 一种是用种子光照发芽箱，将消过毒的种子置于25～30℃的发芽箱中，10天左右即可培育出芽苗。另一种方法是将种子放在恒温箱中催芽，待种子萌发后再置于有光照条件的培养间继续培养。芽苗以1cm左右子叶展开为宜。

移栽芽苗时，应先用营养土作成高10cm、直径7cm的营养钵，并洒水使表面潮湿，用镊子将芽苗放入营养钵，轻轻将根压入土中即可，每钵栽1～2苗。陕西关中以3月上旬为宜，营养钵放在临时搭设的塑料小拱棚内，注意控制温、湿度，超过36℃要揭膜降温。幼苗第2对真叶长出后，每钵保留1株健壮苗。

当苗高5cm左右时，即可将营养钵苗移栽于苗圃。苗床垄高15cm～20cm，宽60cm。移栽株行距为1m×1m。芽苗移栽苗木的速生期开始和结束较一般播种苗早。6月下旬至8月上旬，加强水肥管理，每亩施尿素10kg，追肥2～3次，后期控制浇水。

2. 埋根育苗 泡桐根萌蘖力强，埋根育苗技术简单，是泡桐育苗的主要方法。

（1）采集种根 种根最好用1～2年生苗木出圃后留下的残留根或修剪下的根，也可选择生长健壮，无丛枝病的大树，距树干1m以外，挖取0.5～2cm粗的树根作为种根。采根时间，从落叶后到发芽前均可进行。一般多在春季随挖随埋，也可在秋季挖根，稍加晾晒，用层积法贮藏越冬。

（2）埋根时期和方法 埋根时期，在春季2月下旬到3月上中旬为宜，也可在11～12月，土壤结冻前进行。种根的长度和粗度，对埋根成活率和苗木生长，均有一定的影响。据试验种根长度以15～20cm，大头粗度2cm左右为好。

埋根方法有直埋、斜埋和平埋3种，以直埋为好。按一定的株行距（0.8m×1.0m或1.0m×1.0m），将种根大头向上，直立穴内，上端与地面平，填土踏实，顶部封一个碗大（15cm左右）的土包，以防冻保墒，种根较细（0.5～1.0cm）分不清上、下头的根条，不必截成小段，可用镢在床面上开成宽3cm左右的浅沟，将种根一根接一根平埋在沟内，覆土1～2cm，踏实即可。旱地育苗，以平埋成活率最高，斜埋次之，直埋最差。

（3）苗期管理 春季埋根后20天左右，即开始发芽出土，发芽前扒去土包，提高地温，晒土催芽，芽高约 16cm 左右时，抹去多余萌蘖条，每株留 1 壮条，同时在基部培土。出土前一般不需灌水，以后视天气情况适当灌水，除草松土，促使生根。

6 月底到 8 月下旬，为苗木旺盛生长期，是培育壮苗的关键时期，应每隔 15 ~ 20 天追肥 1 次，结合施肥进行灌水，以充分发挥泡桐的速生特性。8 月下旬以后，不再浇水施肥，以防苗木后期徒长。

3. 地膜育苗　在春季低温、干旱地区，为提高地温，减少土壤水分蒸发，抑制杂草，提高出苗率，缩短育苗周期，可采用地膜育苗。

（1）埋根覆膜方法：①大垄埋根覆盖条状地膜。3 月上旬，按行距 1m 趁墒起垄，垄高 10 ~ 12cm，宽 60cm，垄沟宽 30cm。3 月中旬按株距 1m，在垄中间挖穴埋入种根，并在埋根部位放草木灰一把，作为查苗标志。随即将地膜紧贴垄面拉开，四边用土封严，不漏空隙。②平地埋根覆盖方块地膜。当种根埋入圃地，随即在每一根穗上覆盖 40cm 见方的地膜，其他同大垄覆盖处理。

（2）苗期管理　覆膜后 7 ~ 8 天发现幼芽出土，应及时划破地膜，将苗放出膜外，并随即用湿土封严苗孔。出一苗，划一孔，随出随划，待出苗过半后（埋根后 20 天左右），剩余的一次划破，并注意在幼苗出膜后，及时封严苗孔。

地膜覆盖的泡桐苗，在整个生长期内不必松土除草。苗木速生期应适时追肥灌水。

（二）栽植技术

1. 适生范围　除宁夏北部、青海、新疆北部以外的延安、平凉以南，秦岭南北山麓以北，晋陕交界的黄河以西至甘肃东部均可栽植。

2. 林地选择　泡桐喜光、喜肥、喜土壤深厚疏松通气良好，怕盐碱，怕水淹，造林地最好选择土层深厚、湿润、肥沃，地下水位低，排水良好，无风害的壤土或沙壤土的"四旁"或缓坡。亦可农桐间作。

3. 整地　"四旁"植树，一般是随整地随造林，多采用穴状整地方法，深、宽、长为 50cm×60cm×80cm。条件好的地区可采用 60cm×80cm×100cm 的大穴整地。农桐间作的农耕地上，经过全面整地和施肥，造林时，可按穴状整地规格，挖穴造林。

4. 栽植密度　以林为主的株行距以 5m×5m，每亩 26 株为宜；林粮并重的株行距 5m×10m，每亩 13 株；以粮为主的株行距为 4m×30m，每亩 6 株。

在路旁、渠旁成行栽植时，单行株距以 3 ~ 5m 为好，双行的株距可采用 3m×3m 或 3m×5m 的三角形排列。

在村旁，宅旁可因地制宜进行带状或块状栽植，一般株行距为 3m×3m 或 4m×4m，5 ~ 6 年后，可间伐，提供农用材。

5. 栽植方法　植苗造林和埋根造林均可，以植苗造林为主。造林季节，从秋季落叶到翌春发芽前均可进行。一般以 2 月下旬到 3 月中旬为宜，栽植所用的苗木，为 1 年生苗或 2 年根 1 年干的平茬苗，一般苗高在 4cm 以上，地径在 5cm 以上。为了提高造林成活率和培育通直高大的树干，可采用截干造林方法，据试验，截干比不截干的树高生长量大 1.0 ~ 1.5 倍。泡桐不宜栽的太深，以埋至距根颈深 10 ~ 15cm 为好。把树苗垂直放入穴中，填表土埋根，并使根系与土壤密接。

在农耕地上栽植泡桐，实行农桐间作，具有防风，防沙、防干热风、防晚霜等自然灾害和调节农田小气候的作用，可以促进农业高产稳产。同时，各种农业技术措施对泡桐的生长也有很大的促进作用，达到桐粮双丰收。

6. 幼林抚育 幼树每年进行松土、除草 2~3 次，在早春修去树干 1/2~1/3 以下的侧枝。

泡桐在幼年时期，易受冻害或日灼为害。冻害多发生在早春后，日灼多发生在高温干旱时期，于初冬或早春，在树干涂刷石灰或捆草把，都是行之有效的预防措施。

泡桐高干培育方法 培育泡桐高大树干，是加速泡桐生长，培育通直高大树干的有效措施。

（1）平茬法 这种方法应用普通，一般进行 1 次平茬，在较好的经营管理水平下，可连续平茬两次。方法是：由于苗木太小，或者苗干弯曲，或者感染了病虫害，生长不良，无继续培养前途，于萌芽前，在靠近地面处，用利刀截断，截面越平越好，防止劈裂，随即用土埋好，待萌芽条长至 10~15cm 时，选留 1 株生长最好的萌条作为主干培养，其余全部除去。平茬的泡桐，树干通直，基部没有明显的弯曲，提高了泡桐的利用价值。

（2）抹芽法 泡桐栽植后，当年春季常从苗干上萌生很多侧芽，待侧芽生长到 3~5cm 时，在靠近苗木的顶端，保留 1 个健壮的侧芽，作为培育主干的对象，下部留 1~2 对侧芽，使其形成侧枝，制造养分，抹去其余侧芽，同时剪去冻枯的顶梢，使保留芽向上生长。第二年春，在前 1 年留芽的对面顶端，再选 1 个健壮的主干培养。经过两年抹芽，主干高度一般可达 6m 以上。

（3）目伤接干法 栽后 3~5 年幼树上常生长出大量徒长枝，消耗养分，影响树干生长，降低出材率。幼树如有 5 个以上的主枝，可靠近树枝基部环剥其中 2 个主枝，剥皮宽 2~3cm，长为粗枝的 2/3，深达木质部，以促使萌条生长。第 2 年修去经过环剥的树枝，再环剥另外 2 个主枝，这样顺序剥、修下去直到修成新的树冠，修除下部全部主枝为止。

六、病虫害防治

1. 丛枝病（M. L. O） 又称扫帚病，病原为类菌质体。发病多在主干或主枝上部，密生丛枝小叶，形如扫帚或鸟窝。对苗木和幼树的生长影响极大，轻者生长缓慢，重者引起死亡。

防治方法：①培育无病苗木。选择无病母树的根，埋根育苗。种子育苗，不易发生丛枝病。②幼树枝初发病时及时修除烧毁。③选择、培育抗病品种：据调查，白花泡桐、毛泡桐较抗病。④药剂防治。带病根插穗用 50℃ 温水浸泡 10min，用石硫合剂残渣埋在病株根部土中，采用 0.3°Be 石硫合剂喷洒病株能抑制病害发展。⑤对 1~3 年生病株，6~7 月上、中旬，结合修除病株注射 1 万单位盐酸四环素，用量为 50~100ml 药液，注射孔应在靠近病位处的节间下部。

2. 炭疽病（*Colletotrichum kawakami*（Miyabe）Sawada） 危害泡桐苗木的叶片，叶柄、嫩茎，5~7 月多雨和苗木细弱过密时容易发生。病部产生黑色小病斑，在潮湿天气并在病斑上形成粉红色分生孢子堆，以后病斑不断扩大汇集成片，使茎叶枯死。播种苗受害严重，常引起大量死亡，大树上也常发生，使树叶早落。

防治方法：①培育壮苗，提高抗病力，播种苗留苗密度要适当，出苗后要及时间苗，施肥、排水、中耕，促进生长。②染病苗圃在育苗前每亩用硫酸亚铁 5~7.5kg，和 100kg 细土混合后均匀撒在土表，然后翻入土中消毒。③出苗后每隔 10~15 天左右喷 1 次 1:1:200 倍的波尔多液或50%退菌特800～1000倍液或1500倍液的托布津液。

3. 泡桐灰天蛾（*Psilogramma menephron* Cramer）　　成虫体和翅均灰白色，混杂霜状白粉。前翅散布灰黑色斑纹，顶角有半圆形斑纹，中部有两个纵形的灰黑色斑纹，呈长棱形极为明显。幼虫绿色或绿色上有褐色斑块。在陕西关中地区，1年2代，以蛹越冬，次年4月初开始羽化，趋光性较强。

防治方法：①结合冬耕把蛹翻到地面，让鸡、鸟啄食，或风干冻死。②人工捕杀幼虫。③幼虫初发期喷洒90%敌百虫800倍液。④保护天敌螳螂等。⑤设置黑光灯诱杀成虫。

（雷开寿）

臭 椿

别名：椿树、白椿、恶木、樗树

学名：*Ailanthus altissima*（Mill.）Swingle

科属名：苦木科 Simaroubaceae，臭椿属 *Ailanthus* Desf.

一、经济价值及栽培意义

臭椿木材黄白色硬度适中，纹理通直，容易加工，打光，胶合性能良好，去皮圆材在干燥条件下坚硬耐火，可作建筑、家具、农具、车辆、一般器皿、木凳齿板和运动器具（如球拍等）用材，木材含纤维量占木材总干重的40%左右，是上等胶含板、造纸纸浆和纤维工艺源材。臭椿籽含油量为30%～37%，是一种半干性油，可食用，也可供工艺用作精密器械（如钟表）润滑油，还可制肥皂和防腐剂，油饼是很好的肥料，并兼用杀蝼蛄、蛴螬等地下害虫的作用，叶和果实捣汁（每份加水3份）能治蚜虫。树皮，树根和果实入药。翅果主治大便下血，清热利尿，洗头明目；树皮含臭椿酮及臭椿苦内脂等苦木苦味素等成分，具抗癌活性。树枝对痢疾杆菌和伤寒杆菌有抑制作用，能治慢性痢疾、遗精、白带、功能性子宫出血，宫颈癌和肠癌；对失音患者声亮恢复疗效显著。树叶可养椿蚕也叫樗蚕，椿丝绸经久耐牢。其树体高大，树姿优美，根深耐旱，抗烟尘，耐盐碱，吸收有害气体能力强，不仅是干旱阳坡，石质山地营造防护林的先锋树种，也是城市、工矿区及盐碱地栽植的优良树种。被誉为陕西关中"四大金刚"之一，深受群众喜爱。

二、形态特征

落叶乔木，树高可达30m，胸径达1m，树冠阔卵形，老树树冠为倒卵形，树皮平滑有直的裂纹，灰白色；小枝粗壮，新枝黄色或赤褐色，密生细毛。奇数羽状复叶，复叶长可达45～60cm，小叶互生常13～25，长7～12cm，宽2.0～4.5cm，卵状披针形，近小叶基处有1～3对粗锯齿，其上有腺点，具臭味。雌雄同株，花杂性，圆锥花序顶生，雄花有雄蕊10，子房心皮，柱头5裂。翅果矩圆状卵形，长3～5cm。花期5～7月，果期9～10月。

臭椿
1. 叶 2. 花 3. 翅果

在长期栽培中受自然条件的影响，臭椿发生变异，形成以下变异类型：

白椿（白皮臭椿） 树皮灰白色，较平滑而薄，生长较快，适应性稍差，材质较好；

黑椿（黑皮臭椿） 树皮黑灰色，皮厚而粗糙，生长较慢，适应性较强，材质不如白椿。

千头椿（千层椿） 分枝较密，开张角度小，树冠如伞，荫凉好，叶较一般臭椿为小，小叶茎部的缺齿及腺点也明显，材质细致；多雄株，极适宜城乡四旁栽培。

三、分布区域

臭椿原产我国北部和中部，现分布很广，北至辽宁、河北，东达江苏、浙江滨海，南达广东、云南；西至新疆。水平分布在北纬 22°~43°，垂直分布 500~1500m。在国外，美、英、德、意、法、印度和新西兰等国都引种，主要用作行道树和护堤树种。

西北地区分布普遍，陕西秦岭南北和关山各地都有，汉中、榨水等地较多。关中宝鸡、陇县、扶风、周至、咸阳、长安、临潼等地农村大量栽培，到处可见，海拔多在 400~1500m，陕北黄龙、桥山及延安各县也多分布与栽培，海拔 1600m 以下山坡沟边及四旁。甘肃产小陇山及康县、武都，文县、庆阳、平凉、天水、兰州等地栽培，海拔 1800m 以下；宁夏六盘山及银川平原有分布与栽培；青海产孟达林区，黄河下段多栽培，或逸为野生，多生于海拔 1900~2400m 的崖坎、地埂、路旁；新疆各地已引种栽培。

四、生态习性

臭椿耐寒、抗旱力强，分布区的年平均降水量 400~1400mm，年平均气温 7~18℃，在西北能耐极端最高气温 47.8℃和极端最低气温 −35℃。且耐干旱瘠薄，在黄土丘陵，瘠薄沙地，甚至悬崖绝壁均能正常生长；臭椿能适应微酸性土、中性土和石灰性土，在含盐量为 0.3% 的盐碱土上生长正常；在陕西渭河滩地土壤含盐量达 0.6% 时，栽植成活率仍达 80.4%，而且能持续生长。

深根性树种，主根深达 1m 以上，侧根发达，与主根构成庞大根系群，水平伸展达 6m 以外，抗风倒、抗风沙。根蘖力强，寿命可达 100~200 年。

臭椿抗污染力强，1kg 干叶能吸硫 30g。含铅量可达 152mg，还能滞留粉尘，据测定叶片滞尘量 5.98g/m²。

臭椿是极喜光树种，在有散生母树时或疏林内，很易进行天然更新，通常有 50~60 株/hm²，生长苗壮，但在密林内，光照弱，不能进行良好的更新。臭椿林分结构不稳定，成林性差，少有大面积人工纯林生长。

臭椿在不同立地条件下，生长速度快慢有差异。陕西省淳化县，生长在薄层贫瘠的冲积石砾土上，27 年生的臭椿树高仅 10.4m，胸径 13.2cm，单株材积 0.0550m³，在深厚疏松较肥沃的塌积黄土上 26 年生时，树高 15.4m，胸径 21.8cm，材积 0.2469m³。山西永济县，湿润沙壤土，8 年生树高平均 10.2cm，胸径 11.9cm 树高年平均生长量 0.31~1.28m，胸径年平均生长量为 0.47~1.66cm。臭椿在低洼积水地生长不良。

五、培育技术

（一）育苗技术

1. 播种育苗

（1）采种贮藏　选择 20~30 年生健壮母树采种。9~10 月将成熟翅果连小枝剪下，或用手摘取，翻晒 4~5 天，除去杂物，装袋干藏待用，也可低含水量的种子，使用 1~3℃的温度，采用密封容器贮藏。种子千粒重 28~32g，数量为 30000~43000 粒/kg，果实出种量为 30~90kg/100kg，净度和优良度约为 88%，发芽率可达 70% 以上。

（2）种子处理 采用温水（40℃）浸泡 1 昼夜，或用凉水浸泡 3～4 天，也可以用温水浸泡后捞出种子，置于避风向阳处催芽，每天用水冲 1、2 次。种子发芽适宜的温度为 9～15℃，春天一般催芽 10 天左右，待种子有 30% 裂嘴后播种。也可湿沙层积催芽，在 5℃ 条件下层积 60 天，在 0℃ 条件下层积 30～45 天有利于发芽。

（3）作床播种 整地作成畦或低床，采用开沟条播，行距 40cm，沟深 3cm，播幅 4～6cm，每米播种沟约播 60 粒种子，播种量 5～7.5kg/亩。覆土 1～2cm，再覆一薄层草木灰，轻加镇压，播后 4～6 天开始出苗，10～15 天苗可出齐。如用干籽播种，播后约需 12～15 天开始出苗。

（4）苗期管理 苗高 3～4cm 时开始间苗，留苗株距 5～7cm，苗高 8～10cm 定苗，株距 20cm；5～6 月进行两次施肥（硫铵），施肥量 7.5～10kg/亩，7 月施过硫酸钙，用量 10kg/亩。施肥或雨后及时松土除草，8 月以后停止灌水施肥。播种苗，主根发达，侧根细弱，6 月中、下旬可进行截根促进侧根发育，深度 10～15cm 为宜。

幼苗生长较快，1 年生苗高达 1.0～1.5m，地经 0.6～0.8cm，粗者达 1.0cm 以上。当年可出圃栽植。

2. 插根育苗 臭椿根蘖能力很强，可以利用根多的特点进行插根育苗。早春挖取 1～2cm 粗的侧根，剪成长 15～20cm 的插穗，先在苗床开沟，然后将根插穗大头朝上，直插入沟内，埋土踏实，随即灌水，促进发芽。此外还可进行分蘖繁殖。

（二）栽植技术

1. 林地选择 臭椿适生于平原"四旁"，田埂地埝，阳向缓坡，山间台地，沟谷河滩等立地条件，不宜上山，特别是山顶风口更是不宜造林。

2. 造林方法 植苗和直播造林均可，以植苗造林的效果优于直播造林，前者生长量超过后者的生长量。植苗造林春、秋均可进行。春季带干造林宜迟不宜早，这是与其他树种在生物学特性上的不同之处，群众经验是"椿栽暮蓿，椒栽芽"，即椿苗上部壮芽膨大成球状时栽植成活率高。带干造林需深栽，陕西合阳县合阳村在黄土沟坡植苗造植，埋土深度超过根颈 15～18cm，成活率能达到 90% 以上。

在干旱多风地区多采用截干造林，春季截干宜早栽和深栽，土壤解冻后立即进行，埋土深度超过 15～20cm，上端与地面平齐或露出 1cm。栽后 20～25 天幼芽普遍发芽，萌条高 10cm，选留 1 个健壮的萌条加以培育，当年苗高一般 20～40cm。植苗造林可采用穴状和带状整地。

直播造林以阴坡、半阳坡成活率高，春、雨、秋三季均可进行。春季直播一般雨季出苗，不经催芽的种子容易成活（避免烧芽）。穴状整地，每穴播 20～30 粒种子，覆土 1.5～2.0cm，稍加镇压，播量 0.5kg/亩。

3. 造林密度 臭椿喜光，造林密度不宜过大，用材林适宜株行距为 2m×3m，石质低山缓坡水土保持林可采用 2m×2m 株行距，椿农间作的方田林网，株行距 4～6m×10～25m。

4. 混交造林 臭椿自然生长多呈团块状或是星散分布，人工纯林往往因斑衣蜡蝉危害而生长逐渐衰退。笔者 20 世纪 70 年代初在陕西合阳伏六乡调查黄土沟坡的成片臭椿人工林，当时长势旺盛，9～10 年生，林分已郁闭，平均株高 9m，平均胸经 8cm，但到 80 年代中期，这片人工林长势明显萎缩，不少植株开始干枯逐步死亡。因此，臭椿不宜大面积成片栽植，可与辽东栎、麻栎、白蜡、栾树、合欢、杨树、黄连本、荆条、胡枝子、紫穗槐等乔灌木树种进行块状或片状混植，促进其健壮生长。

5. 幼树抚育　栽植后 1～2 年内，对生长不良的幼树，秋季或春季可离地面进行平茬，促进根系发育萌芽后选留 1 个健壮萌条培育成主干，当年树高可达 2～3 cm。陕北地区采取顶部留 1 健壮侧芽，摘去其余侧芽，培育无节良材。实行椿粮间作，可起到以耕代抚的作用。据山西河津县林业局调查，马家堡椿麦间作，臭椿放叶较杨、柳晚 10～15 天，加之整枝强度大，空隙大，同时臭椿主根粗壮，深达土层 3m 以下，侧根集中分布在 20～60cm 土层内，根幅为 0.8～1.6m，（种麦前常被拖拉机翻耕切断）。对小麦在整个生育期内所需要的光照条件和地温影响小，椿麦争水争肥矛盾不大（株行距大），小麦产量较空旷地略有增加，获得椿粮双丰收。

六、病虫害防治

1. 臭椿皮蛾［*Eligma marcissus*（Cramer）］　　只危害臭椿。幼虫危害叶片，食量大，数量多时将叶片吃光，仅剩短的叶柄，对林木尤其对苗木危害甚大。

防治方法：①用 50% 马拉硫磷乳油 500～800 倍液或用 90% 敌百虫 800 倍液喷洒，毒杀之；②人工捕捉虫茧，灯光诱杀成虫；③喷施苏云金杆菌或青虫菌（1 亿～2 亿孢子/ml），生物防治幼虫。

2. 斑衣蜡蝉（*Lycorma delicatula* White）　　危害臭椿枝干。成虫、若虫吸食幼嫩枝干汁液形成白斑，同时排泄糖液，引起煤污病，使枝干变黑，树皮干枯或全树枯死。

防治方法：①5 月间喷洒 40% 乐果乳液 2000 倍液或 50% 敌敌畏乳油 2000～4000 倍液或40% 杀螟松乳油 800～1000 倍液，均有较好的杀虫效果；②剪除产卵密度大的枝条挤压产卵处，以减少虫源；③冬季刮去树枝上的卵块，并注意保护天敌，栽时挑除带越冬卵块的植株或杀卵后再植；④营造混交林，可减轻或防止其危害。

（罗伟祥、土小宁）

白 榆

别名：榆树 家榆

学名：*Ulmus pumila* L.

科属名：榆科 Ulmaceae，榆属 *Ulmus* Linn.

一、经济价值及栽培意义

白榆是我国北方各省的主要"四旁"绿化树种，已有两千年的栽培历史。白榆生长快，材质优良，适合一般用材要求。木材坚硬耐腐，适用于车辆、造船、建筑、农具制作，特别是在作梁柱、龙骨、车架等耐湿、耐撑等材料方面具有独特的性能，可百年以上不折不腐，深受群众欢迎。

白榆适应性强，耐干旱，在轻盐碱地上能良好生长，是防护林和盐碱地造林的重要树种。枝叶繁茂，树姿优美，吸附毒气烟尘性能好，是净化空气，保护环境，绿化"四旁"的好树种。白榆叶、果可食，也是很好的猪饲料，树皮及根皮也可以磨面，种子可以榨油，是开展多种经营的好树种。随着造林事业的发展，白榆在西北地区防护林体系建设，盐碱地造林，营建速生丰产林，"四旁"绿化和环境保护等方面将会发挥更大的作用。

二、形态特征

落叶乔木，树高可达25m～30m，胸径1m左右。树冠呈卵圆形或近圆形，枝条开展，树皮灰色或暗灰色，幼龄树皮较平滑，老龄树皮粗糙。叶互生，羽状排列。叶椭圆状卵形或椭圆状披针形，叶缘具不规则复锯齿或单锯齿，叶两面均较光滑，老叶质地较厚。花为两性花，簇生，春季先叶开放。果实为翅果，倒卵形或近圆形，长 1.0～1.5cm，光滑无毛，果翅膜质，种子位于果实中央，4～5 月果熟，千粒重 5.0～8.2g，每千克果实约 12 万～20万粒，发芽率70%～90%。

白榆有以下几种类型

1. 钻天白榆 树干通直圆满，树冠内有明显主干，侧枝较细且分布均匀，树冠较窄，顶端优势强，是营造丰产林和农田林网的好类型。

2. 细皮白榆 树皮裂沟较浅。裂纹规则而较细。树干通直，冠内有一段主干。树皮暗

白榆
1. 果枝 2. 花枝 3. 果

灰色或褐灰色，侧枝较细，斜伸，树冠倒卵形，小枝灰白色较光滑，叶卵形或长卵形。细皮白榆生长快，主干高大，通直圆满，尖削度小，出材率较高，材质中上等，适应性强，是平原地区营造用材林的优良类型。

3. 粗皮白榆　树冠开阔，小枝斜伸，树冠为阔倒卵形，树皮较厚而粗糙，质地较硬，裂沟较深，裂片宽大，为长块状或块状隆起，有时裂片微卷，侧枝粗大，干形较直。树皮灰褐色或浅褐灰色。粗皮白榆生长较快，树干较直，材质中等，干部害虫较少，适应性较强，是营造用材林、防护林比较优良的类型。

4. 密枝白榆　以枝条在大枝上密集着生，节间短，树冠浓密为密枝白榆的主要特征。树干通直，树冠内常无明显主干，侧枝多而密，枝条发枝力和成枝力均强，枝叶稠密，树冠为长椭圆形或长倒卵形。树皮浅灰色或灰褐色。该类型主干通直，树冠浓密，粗生长快，是营造用材林和防护林的优良类型。

5. 小叶白榆　树干通直，树冠卵圆形，叶披针形，长2～4cm，宽1.5cm左右，适应性强，耐旱，抗病虫力较强。

6. 垂枝白榆　树干稍弯，主干不明显，树冠伞形，树皮灰白色，较光滑，2～3年生枝常下垂，适应性强，生长较快，可用于园林绿化。

7. 龙爪榆　树干稍弯、树冠圆球形。侧枝卷曲状开展或伸平，小枝卷曲下垂。抗病力较强，但生长稍慢，可供园林观赏用。

三、分布区域

我国是世界上白榆分布面积最广的国家，自然分布范围几乎遍及我国北方各省。黄河流域是我国白榆的主要分布区，西北地区的甘肃、宁夏、青海、陕西的平原，河流两岸，河谷滩地，黄土高原丘陵的山麓等处都有白榆的分布，新疆准葛尔盆地，吐鲁番盆地及南疆塔里木盆地的内陆河谷和山麓冲积扇等处也有白榆生长。垂直分布一般在1000m以下，天山北麓白榆天然林分布高达1400m，陕西秦岭可达2400m，西北各省已把白榆作为一个主要的造林树种，广泛用于营造防护林、用材林、盐碱地造林和绿化"四旁"。

四、生态习性

白榆适应性很强，对恶劣的气象因子和土壤条件具有较大的忍耐力。耐寒性强，在冬季极端最低气温达-48℃的严寒地区也能生长。抗旱及耐旱性强，在年降水量不足200mm，空气相对湿度50%以下的荒漠地区，能正常生长。但喜土壤湿润、深厚、肥沃，也能在干旱瘠薄的固定沙丘和栗钙土上生长。耐盐碱性较强，在含盐量0.3%的土壤上，pH值9.0时尚能生长。白榆不耐水湿，地下水位高或排水不良的洼地，常引起主根腐烂。此外，对烟尘和氟化氢等有毒气体的抗性也较强。

白榆根系发达，深根性，主根明显，侧须根强大，纵横交错，盘结土壤，抗风固土能力很强。

白榆为喜光树种，幼年时期，侧枝多向阳排列成行，承受阳光，中年巨大枝条伸向四方，形成庞大树冠，但枝叶较为稀疏。

白榆生长快，寿命长，一般20～30年成材。由于立地条件和管理水平的不同而有差异。据调查冀、鲁、豫平原"四旁"白榆生长最快，树高年平均生长量为1.5m，胸径年平均生长量为 1.5～1.8cm。黄土高原向阳梁坡上部树高年平均生长量为 0.5m，地径年平均生长量为 0.11cm，在侵蚀沟头，山脚及谷底的白榆，树高年平均生长量为 0.21～0.46m，胸径年平均生长量为 0.59～0.96cm。

五、培育技术

（一）育苗技术

以播种育苗为主，但为了繁育白榆的优良品种或建立无性系种子园，也可进行插条育苗。

1. 播种育苗

（1）采种 采种以 15～30 年生的健壮母树为好。4～5 月果熟，当榆钱（果实）由绿色变为黄白色，并有少量榆钱落地，即可将果枝采下。或在无风天将其击落收集或从地面扫集。采收的果实阴干，不宜曝晒。果实容易丧失发芽力，应随采随播。如果当年不播，应密封干藏或在低温（5℃以下）条件下贮藏。种子空粒较多，发芽率为 65%～85% 左右。每千克翅果约 12 万粒。

（2）种子处理 对种子一般不作催芽处理。但最好搓去果翅，可使种子撒播均匀。经长途运输调入的种子或隔年贮藏的种子，播前可与湿沙混拌，每天翻动 2～3 次，2～3 天后，待有 1/3 的种子出现白色根点时，立即播种。白榆种皮含大量淀粉，浸水后种子易粘结成团，播种时不易分散。因此，切忌种子浸水时间过长。

（3）整地作床 育苗时应选择排水良好，肥沃的沙壤土或壤土作为苗圃地，播种前一年秋季整地，深翻 20cm 以上，每亩施基肥（腐熟的厩肥）2000～3000kg。翌春作长 10m，宽 1.2m 的苗床以备播种。灌足底水，趁墒播种。

（4）播种 开沟条播，沟深 1cm，宽 3cm，沟间距离 15～25cm，覆土厚度 1cm，并轻轻镇压，每亩播种量 5.0～7.5kg。

（5）苗期管理 播后 5～10 天出苗，种子出土力弱，如因地面板结，影响出苗时，可浇 1 次小水，促进出苗。出苗后要适时除草松土，小苗长出 2～3 个真叶时间苗，苗高 5～6cm 时定苗，每亩均匀留苗 3 万株左右。间苗后应及时灌水。6～7 月间追肥较好，每亩施人粪尿 100kg 或硫铵 4kg，每隔半月追肥 1 次，8 月初停止追肥，以利幼苗木质化。苗高 30～40cm 时，可修剪苗木下部侧枝，以促进苗木粗壮生长。1 年生苗即可出圃造林，若培育大苗，可翌春移植，每亩 6000 株为宜。

2. 扦插育苗 在春季萌芽前，选 1 年生健壮充实，直径 0.5cm 的枝条，剪成 20～25cm 长的插穗，直插苗床，上露 3cm，插后踏实灌水，以后每隔 10～15 天灌水 1 次，促进插穗生根。苗高 10cm 时可适当减少灌水次数。6 月中旬和 7 月下旬追肥 2 次，促进生长。白榆萌芽力强，扦插后萌发快，萌芽多，在苗高 5cm 时，即抹去侧芽，留一健壮顶芽，苗高 50cm 时，进行第一次修枝，修至苗高的 1/2；7 月下旬进行第二次修枝，修至苗高的 2/3。

（二）栽培技术

1. 适生范围 西北地区的平原，河流两岸，河谷滩地，黄土高原，丘陵的山麓，盆地等均可栽植。

2. 林地选择 造林地宜选择土层深厚、肥沃、水分充足的壤土或轻黏土。在沙地应选用蒙金地、间层地和粉沙地等。

白榆不耐涝，常年地下水位在1.5m以下为宜。地下水位过高或排水不良的低洼地，容易烂根。如地表水是常流水，在生长季节，白榆根系若较长期浸泡在水中，仍然生长良好。

3. 栽植技术 白榆多采用植苗造林，营造大面积速生用材林时，宜选择土壤湿润、深厚、肥沃的沙壤土，用1年生苗穴植，一般行距3m，株距2~3m。"四旁"植树多采用2~3年生大苗造林。植树坑50~60cm见方，深50cm，剪去苗木过长的主根，栽时将苗木放在穴中，填入细土踏实，然后浇水，并培土。

白榆盐碱地造林，应在雨季前采用挖50cm见方的大穴，疏松土壤，围埝蓄水，洗盐脱碱，穴内盐分含量可下降30%~50%。第二年春或秋季造林，成活率可达90%以上。重盐碱地造林，可采取挖深沟，修窄台田的办法，先灌水洗盐或蓄淡水压碱，使土壤含盐量降至0.3%以下，然后挖大穴栽苗，效果很好。白榆一般不用播种造林，只是在土壤深厚、湿润、肥沃的条件下，可进行穴播或条播造林，穴播株行距为1.0m×1.5m，每穴播种子20~25粒，覆土厚度1~1.5cm。

4. 混交林营造 营造混交林，可以充分利用光能和地力，促进林木生长，减少病虫害。

据报道，白榆与刺槐带状混交（刺槐3行，白榆2行）8年生时，混交林中的白榆比白榆纯林平均高、径分别提高10.5%和23.2%。白榆与刺槐行间混交效果也很好。此外，在辽宁省还有白榆与杨树混交林生长也可以。

5. 幼林抚育 造林后的2~3年内要除草松土，结合培土还可用混交的紫穗槐嫩叶对白榆栽植穴进行压青增肥，效果较好。

榆树幼龄期枝杈较多，要注意干形培育。下面介绍天津市武清县东洲村总结的"冬打头，夏控制，轻修枝，重留冠"抚育方法。具体做法是：

冬打头是在落叶后至发芽前，剪截延续树干高生长的当年生主枝头。要掌握强树轻打，弱树重打的原则。对春季新栽的幼树要随栽随打，剪去当年生主枝高度的1/2，同时将剪口以下的3~4个侧枝从基部剪除以促进萌发壮枝，对在下边的其余枝条均需剪截其长度的2/3左右。栽后1~3年冬季剪去其主枝长度的1/3左右，并将剪口下的3~4个侧枝从基部剪除，其余侧枝不再剪截。一般幼树栽后连打3~4年后，即可达到成材高度。

夏控侧是在夏季幼树生长期间，剪截直立强壮的侧枝，控制其生长。要掌握强枝重控，控强留弱的原则，一般全年进行2~3次。第一次是在5月上、中旬定头控侧，在春季剪口处萌发的3~4个壮枝长到30cm左右时，选留1个直立健壮的枝做主干，其余的几个壮枝均剪去其长度的2/3，控制其生长。第2、3次分别在6月中、下旬和7月中、下旬。重点控制直立的强壮侧枝，剪去其长度的1/2左右。原则上是将全树侧枝的粗度都控制在着生该枝处主干粗度的1/3以下，以免与主干竞争，并可使主干上下粗细均匀。

轻修枝，重留冠是随着幼树树龄的增长，要不断调整树冠和树干的比例。栽后第1年树高在3m以内，树冠要占树高3/4以上；2~3年生的幼树（树高3~6m以上），树冠要占树高的2/3以上。幼树达到成材高度以后，要根据培育材种确定树干高度。如培育檩材，可固定干高4m；培育梁材，可固定干高5m以上。干高固定后，不再疏剪侧枝，尽量扩大树冠，以加速成林。

六、病虫害防治

1. 榆蓝叶甲（*Pyrrhalta aenescens* Fairm.） 成虫和幼虫均危害树叶。

防治方法：①早春当成虫上树时，在成虫产卵时，震动树干，捕杀成虫。②喷洒90%敌百虫 800～1000 倍液，毒杀幼虫和成虫。

2. 黑绒金龟子（*Maladera orientalis* Motschulsky） 幼虫啃食苗根，成虫危害嫩芽和叶片。

防治方法：在成虫出现盛期。可震动捕杀或设灯光诱杀；或用 50% 敌敌畏乳剂 800～1000 倍液毒杀。

3. 黄掌舟蛾（*Phalera fuscescens* Butler） 幼虫危害叶片。

防治方法：①秋后在树干周围挖蛹。②利用幼虫受惊时吐丝落地的习性，震动树干，捕杀幼虫。③在幼虫群集时，喷洒90%敌百虫 800～1000 倍液毒杀幼虫。④成虫有较强的趋光性，夜间用灯光诱杀。

4. 榆毒蛾［*Ivela ochropoda*（Eversmann）］ 幼虫危害叶片，严重时能吃光，对树木生长威胁很大，1 年 2 代，以小幼虫在树皮缝里群集越冬。4 月间开始活动、取食，6 月中旬化蛹，7 月初羽化。成虫趋光性强。

防治方法：①4 月底向树冠上喷洒 25% 敌杀死 3000 倍液或敌百虫 1000 倍液毒杀幼虫。②7 月间灯光诱杀成虫。

5. 芳香木蠹蛾（*Cossus cossus* L.） 幼虫蛀食树干基部和根部，削弱树势，并易感染真菌，引起树木腐烂。

防治方法：①7～8 月间在干基幼虫侵入孔附近涂 50% 杀螟松乳剂或 50% 磷胺乳剂 40～60 倍液毒杀幼虫。②灯光诱杀成虫。③伐去被害木作燃料，消灭其中幼虫。

（雷开寿）

楸　树

别名：金楸、槐楸、黄楸、桐楸、梓桐

学名：*Catalpa bungei* G. A. Meyer

科属名：紫葳科 Bignoniaceae，楸树属 *Catalpa* Scop.

一、经济价值及栽培意义

楸树原产我国，材质优良，用途广泛，素有"木王"之称，是著名的珍贵优质用材树种，楸树木材质地坚韧致密，纹理直、细腻，软硬适中，边材较窄，为浅黄褐色，心材常为灰褐色而略带金黄色，优点是不翘裂、不变形、易加工、易雕刻、绝缘性能好、纹理美观，不易虫蛀、容易干燥、耐磨、耐腐、隔潮、导音性能良好，是建筑、高级家具、地板、门窗、造船、雕刻、乐器、工艺、军工和科学仪器等方面的优质良材。

楸树树姿雄伟，高大挺拔，枝叶繁茂，花色艳丽，其花形若钟，白色花冠上红斑点缀，如雪似火。每至花期，随风摇曳，令人赏心悦目，是名贵园林观赏树种，自古人们就把楸树作为园林绿化佳木，广泛栽植于皇宫庭院、古刹、庙宇、胜景名园之中。

楸树茂密的树冠，犹如巨大的绿色"壁毯"，垂挂于天地之间，有较强的消声、滞尘、吸毒能力。对二氧化硫抗性强，可以净化空气，美化学习、工作、生活环境。果实中含有枸橼酸和烟碱，可提取 Bigsin 作利尿剂，是治疗肾脏病，湿性腹膜炎，外肿性脚气病的良药。根、皮煮之汤汁，外部涂洗可治瘘疮及一切毒肿；花可用于提取芳香物质，是生产食品及化妆品的重要原料。

树皮含鞣质可提制栲胶，纤维可制绳索。树叶营养丰富，可用饲料。花可炒食，也可烫食。种子入药，主治热毒和种疮疥，也有利尿的功效。总之楸树是综合利用价值很高的经济树种和观赏树种。

近年来，楸木奇缺，供不应求，使得一些需要特殊用材的生产项目受到影响，楸树栽培得到了广泛关注，不少地方已列为重点栽培树种。陕西淳化县 2002～2003 年在方里、秦庄等乡镇，营造方田林网，总计长度达 44km，栽植良种楸树近 3 万株（王宏海，2004）。2007年 3 月下旬淳化楸树还被优选 50 株栽入北京奥林匹克公园。

二、形态特征

落叶乔木，高达 30m，胸径达 1m。树干通直，树冠长卵形，狭长，树皮灰褐色或黑褐色，浅纵裂。小枝灰绿色，无毛。叶对生或三叶轮生，单叶长卵状椭圆形或三角状卵形，先端渐尖，基部圆形、楔形或平截；全缘或有裂齿，表面深绿色，背面浅绿色，基脉三出。总状花序，顶生，长 5～10cm，有 3～12 朵小花组成；花两性，花冠白色，内有红色斑点或条纹。蒴果长 25～42cm，径 5～6mm，果皮灰褐色，略有光泽；种子多数，矩圆形扁平，两端具灰白色长毛，种子连毛长 3.5～5.0cm。花期 4～5 月，果熟期 9～10 月。

近年来，在开展楸树研究工作中，选育了很多优良类型。应用于栽培的优良类型有以下

4 个。

1. 金丝楸 树冠狭窄,圆锥形,侧枝开张角度小,约 30°~40°。树皮暗灰色,纵裂较深,并有许多横裂纹。叶较大,叶为三角状心形,长宽略相等,先端渐尖有长尖,幼嫩叶片多为 3~5 裂,黄褐色,略透明。心材黄色,心边材交界处有一条金黄色的环带,木材刨光后,纹理如金丝,由此命名为金丝楸。周楸一号:为金丝楸优良单株无性系,生长快,是目前推广树种之一。年平均胸径生长量 3.5~5.0cm。

2. 长果楸 树冠卵形,侧枝开张角度大,约为 40°~70°,有的稍平展或下垂。叶基楔形,长约为宽的 1.5 倍,表面绿色,背面粉绿色,全缘。花形较大,花期较心叶楸晚 7~10天。蒴果特长为 80~120cm,粗 0.45~0.5cm,种子带毛长 5.7~7.2cm。木材灰褐色。

3. 心叶楸 树冠长圆形或倒卵形,侧枝分枝角度大,大枝疏生,下部侧枝略下垂,似成层分布。叶三角状心形,全缘,长宽相似,色浓绿。树皮皮孔横长,纺锤形。花期早。蒴果长 50~70cm。种子连毛长 1.1~1.9cm。

4. 光叶楸 树冠长卵形,侧枝细而开展。叶面光亮无毛,3 裂或 5 裂。花冠初放时淡黄色。喉部无黄色线条或斑点。蒴果隔膜略呈方形,易与它种区别,较耐干旱、瘠薄。

三、分布区域

楸树原产于黄河流域和长江流域,在我国分布很广,北至长城,南到云、贵西南边境,东抵黄海之滨,西达青藏高原以东均有楸树分布,东部分布海拔 500m,最高可达 1200m,西南(云、贵高原)垂直分布海拔 1800~2400m。

西北地区主要分布陕西秦巴山地、关中平原、渭北黄土高原(尤以淳化分布多,生长好)、黄龙山、桥山、关山等地海拔 1000m 左右。甘肃分布于陇东南部文县一带海拔 800~1500m,和陇中南部渭河两岸丘陵山地及河谷平原、小陇山的天水、庆阳海拔 1180m 等地,兰州有栽培。宁夏分布于宁南地区,新疆南疆也有分布和栽培。

四、生态习性

楸树为喜光树种,播种苗刚出土时能耐庇荫,但长到 20~30cm 高后,即需要较多的光照,否则生长不良,林分郁闭后,如不及时间伐,因林内光照不足,致使林分分化严重,阻碍林木生长。

楸树喜温暖湿润气候,不耐寒冷,适生于年平均气温 10~15℃,年降水量 500~1500mm 的地区。在年平均气温高于 20℃,低于 7℃,降水量 1800mm 以上,400mm 以下的地区和积水低洼地以及在地下水位高于 0.5m 的地方不能生长。绝对最低气温 -20℃,楸树即受冻害。楸树对土壤水分很敏感,能耐短期(24 天)积水,比泡桐耐水湿。

楸树喜生于深厚肥沃疏松的中性微酸性和钙质土壤,对土壤要求不严,能在石灰性轻盐碱(含盐量 0.10% 以下)等多种土壤上生长。在干燥瘠薄的砾质土和结构不良的死黏土上生长不良,甚至呈小老树状态。

楸树没有大片的天然林,自然分布多呈散生或团状和小片零星分布,但在江苏连云港云台山林场有千亩以上 30 年生的楸树人工林,郁闭度 0.4。河南省新野县有 20 亩 18 年生的人工楸树片林,郁闭度 0.8~0.9,最大胸径 39cm,这些人工片林生长很好,说明楸树有很好的成林性。

楸树属深根性树种，主根明显。据陕西省林业科学研究所在淳化屯庄苗圃试验，苗高 1m 左右的 1 年生楸树苗，主根深达 1.89m，侧根细根密集范围 0～30cm 土层内，平均根幅 1.77m，在土层深厚的豫西黄土丘陵崖边生长的楸树，主根明显，粗 11.3cm，垂直向下伸展达 4.8m。

楸树幼苗生长比较缓慢，1 年生播种苗高 50～100cm，2 年生播种苗高 2.0m 以上；埋根苗高 1.2～1.6m，地径 1.5～2.0m，当年可造林。地径生长进程：6 月前生长缓慢，6 月下旬至 8 月中旬为生长盛期，总生长量为 1.02cm，占全年生长量的 64.2%，此后生长逐渐下降直至停止。据树干解析资料，楸树的树高速生期在 8～10 年以后，一直延续到 15～20 年，连年生长量 0.5～1.5cm，生长最快时的连年生长量为 1.0～1.5cm，胸径速生期出现在 4～7 年以后，一直延续的 15～25 年以后，连年生长量 1.0～1.3m，12～20 年为生长高峰期，连年生长量达 2.1～3.1cm。材积生长盛期出现在 11～30 年间，连年生长量 0.0121～0.02488m³，30 年仍处于稳定阶段，40 年以后下降。

楸树根蘖和萌芽能力都很强，寿命长。

五、培育技术

（一）育苗技术

1. 播种育苗

（1）结实母树的培育　楸树是异花（或异株）植物，单株或来自同一母本的无性系生长在一起，往往自花不孕，不能结实（但在陕西渭北黄土高原结实比较普遍）。楸树栽后 10 年左右开花，花两性，每花有一个雌蕊，两个发育的雄蕊和三个退化雄蕊，花筒底下有蜜腺。开花时木蜂、蜜蜂、蚂蚁等昆虫飞舞爬行于花间传播花粉，因此楸树是虫煤花植物。但楸树子房却极少能发育成果实，开花数天后就与花筒同时脱落，形成花而不实现象。实行异花授粉，即种间杂交，配置授粉树，即二株实生树或不同无性系的单株生长在一起，经过昆虫传粉，可使楸树结实，培育出具有杂交优势的人工杂种和自然杂种。利用滇楸×楸树、灰楸×楸树、楸树×滇楸、楸树×灰树等组合，即将滇楸、灰楸的花粉分别授粉给滇楸、楸树和灰楸的柱头上都能获得种子（刘玉莲，1980）

（2）采种　选择 15～30 年生健壮母树，果实由黄绿色变为灰褐色，顶端微裂时，即可采种。剪下果枝，摘下果实，摊晾晒干，敲打脱粒取得种子。楸树的出种率一般为 10%～15%，种子净度 75%～80%，发芽率 40%～60%，千粒重 4～5g。

（3）种子处理　据陕西省林业科学研究所试验，楸树 3 月中下旬开始播种，播前用 0.5% 的高猛酸钾溶液浸种 2h，用清水冲洗后晾干，然后采用温水浸种方法催芽处理，先用 35℃温水浸泡一昼夜，倒尽水，置于温箱内，温度控制在 25～30℃，以后每天早晨用 30℃温水淘洗 1 次，待 30% 种子裂嘴时即可播种，如无温箱，播前用温水浸种 4h，捞出晾干，再用 3～5 倍湿沙混合均匀，堆在室内进行催芽，定期洒水、翻动，经 10 天后有部分种子发芽时播种。

（4）播种方法　①开沟点播：按 30cm 行距开沟，在沟内每隔 8～10cm 点播 4～5 粒种子；②开沟条播：沟深 1.0～1.5cm，顺沟条播种子，播种成行。播种量 1～2kg/亩。③落水条播：床面先浇水，落水后按规定株距播种成行，播后用过筛细土或细沙土覆盖种子，厚度 0.5cm 左右。并及时轻轻镇压，使种子与土壤密接。

（5）苗期管理 为了防止太阳曝晒，保持土壤湿润，减少鸟兽危害等，播种后，床面要用塑料薄膜或苇帘覆盖，幼苗出齐后逐步撤掉覆盖物。当幼苗长出 2～3 轮真叶时，及时间苗或补苗，保持株行距 20cm×30cm，每亩留 8000～10000 株，播后到出苗前，用喷壶喷洒床面，保持土壤湿润，幼苗期可以小水浇灌，少量多次。当苗木进入速生期（6 月下旬至 8 月上旬），可采取量多次少，一次灌透的方法。苗木生长后期，减少并停止浇水，苗期施肥 2～3 次，可施发酵稀释的人粪尿（粪与水 1:7）或追施化肥（硫铵）每 10kg/亩次。同时及时松土除草。

（6）塑料小拱棚播种育苗 即在一般播种育苗的基础上，在床面架塑料小拱棚，用树枝或竹干（长 1.5～2.0m），弯曲成半圆形拱架，中间高 50cm，两端高 25cm，然后将塑料薄膜覆盖于支架上，四周用砖头压实，即成塑料小拱棚。据陕西省林科所和淳化县林科所试验，塑料小拱棚，4 月份以前增温明显，较苇帘覆盖能提高气温 3.57℃，提高地温 2.1℃，因此塑料小拱棚能提前出苗，能促进苗木生长提高苗木质量。

2. 扦插育苗 楸树落叶后，采集母树上的根蘖条和 1 年生苗干作种条，冬藏春插最为理想，截成长 18～25cm 分段后，每 50 根或 100 根捆成一捆，竖立在露天沙坑中，一层插穗，一层湿沙，至坑口 20cm 后盖土，天冷时要加厚土层，坑中每隔 1m 竖立一个草把，以便通气，早春要勤检查，防止地温升高，插穗腐烂，插穗长度为 18～25cm 的生根率为中穗（长度为 10～15cm）的 1.1 倍，为短插穗（8cm）的 1.4 倍，插穗以 1cm 左右粗度为宜，低于 0.6cm，粗于 2.0cm 的插穗生根率均低。硬枝扦插以 4 月上旬为好，嫩枝扦插以 6 月中、下旬为好；硬枝插穗用 100μg/g 萘乙酸钠处理 24h 效果最好。夏季嫩枝扦插，100μg/g 萘乙酸钠浸泡 6h，成活率高达 97.2%。株行距 20cm×30cm，当年苗高可达 1.0～1.5m。

3. 埋根育苗

（1）选好根条 选择 1～2 年生的无机械损伤和无病虫害的苗根，粗度 1～2cm 为宜，剪成长 16～20cm，上平下斜的根穗。

（2）筑床催芽 催芽床选在避风向阳、地势高燥的地方，东西走向宽 100～120cm，深 30cm，长度视种根数量而定。苗床砌成南低（15～20cm）北高（70～80cm）的土墙，在东西两侧留好通风孔。

种根催芽与管理 3 月下旬在催芽床底部铺一层 10cm 的湿沙，将种根并排在湿沙上，然后填满细沙，超过切口 2～3cm 勿留空隙，立即灌透水，盖好塑料薄膜。种根上床后，严格控制温湿度，温度控制在 25～30℃，相对湿度控制在 70%～80%，温度高时，要开通风孔，催芽期 15～20 天，发现有生芽的立即选出，进行大田移栽，没有生芽的继续催芽，以后每隔 5～7 天检查 1 次，这样分期将生芽的种根埋入大田。

（3）埋根时间和方法 一般从 4 月上旬开始，并根据出芽的种根分期分批移栽。将种根垂直放入沟或穴内，株行距 20cm×30cm，覆土厚度以埋过幼芽 2cm 左右即可，然后浇 1 次透水，出苗后少浇水，及时松土保墒。苗高 10cm，除蘖定苗，6 月上旬至 8 月下旬，分 2～3 次追肥，每亩施尿素 30～40kg，同时浇水，苗期要防治楸螟危害。

未经催芽的种根，辨别不清极性的根插穗用平埋法。先开沟，将根插穗按株行距平放入沟内，覆土 1.0～1.5cm，踩实。

4. 嫁接育苗 常用的嫁接方法有劈接、袋接和单芽接 3 种。用梓树作砧木，以 3 月下旬至 4 月上旬树液开始流动，芽子膨大时进行，以清明节前后为最好。劈接成活率可 90%

以上，嫁接培育的 1 年生苗木，高 3.5～4.0m，地径 3.5～4.2cm，最高可达 5m 以上，地径超过 6cm。

5. 埋条育苗　埋条育苗就是将整个枝条平埋于土中，使其发芽，生根成苗。该法多采用 1 年生的苗干作种条，为了有利于楸树苗干生根，用 1 年生苗干带根平埋，效果较好。

6. 留根育苗　楸树萌蘖力强，苗木出圃后，土壤中留有大量根系，如加强管理，即可培育成造林用苗。

7. 组织培养　选择外植体为 20～30 年生、干形好、生长快、无病虫害的楸树萌条或 3～4 年生的楸树嫩茎。消毒灭菌后，截成长 0.5cm 大小带腋芽的茎段，接种到 MS、1/2MS、SH 和 N6 等培养基上，4～5 天内茎段上的腋芽生长，将腋芽切下转培到附加 6BA1.5～2.0μL/L、NAA0.0005～0.01μL/L 的 N6、B5 培养基上，腋芽在 1 个月内即形成包含 20～40 个小芽的丛生芽。丛生芽如在原分化培养基上，1 个月后可形成丛生枝，将此作为插穗，也可作为继代培养的材料，扩大繁殖，将无根楸树小苗先在 1/2MS（或 N6）+ NAA1μL/L 的生根培养基中培养 10 天。再转移到 6BA0.5～1μL/L 的 1/2MS（或 N6）培养基中，4～5 天即开始生根，10 天内可全部生根。

（二）栽植技术

楸树适应性强，适生范围广，是"四旁"绿化，尤其适宜行道树栽植，农楸间作，成片造林的主要优良树种。

1. 植苗造林

（1）林地选择　楸树宜选择在低山丘陵土层深厚、湿润肥沃的山坡中、下部及沟谷两侧以及塬面营造小面积片林或速生丰产林。采用大穴整地，反坡梯田整地。尤宜在庭园、花坛、景点栽植。

（2）造林季节　春秋两季均可进行，温暖地区可在 10 月中下旬和 11 月上旬带叶栽植，（河南康县成活达 97%）春季 3 月上旬至 4 月上旬，西北地区以春季楸树发芽前 20 天为宜。无论春季或秋季都要用 1～2 年苗造林，"四旁"栽植或速生丰产林要用 3～4m 高的大苗。

（3）造林密度　楸树是假二岐分枝，顶芽萌发力较弱，为了培养优良干形，提高出材率，初植密度宜大些，林分郁闭后及时间伐，调整密度，但也要根据立地条件和经营目的来确定。其株行距，早期间伐型为 1.5m×2.0m，2m×2m，2m×3m；以林为主为 4m×5m，农楸间作型为 5m×10m，3m×4m，"四旁"植树一般株距 3～4m，2～4 行。

（4）混交造林　"四旁"植树：楸树与杨、柳、榆、椿、楝、槐、竹等树种混交；道路林：楸树与杨树、泡洞、柳树、榆树等行间混交，楸树作为主林行；护渠林：干渠楸树与小叶杨、沙兰杨、柳树等混交；支渠楸树与杞柳、白蜡乔灌株间混交。用材林：楸树与胡枝子、紫穗槐进行株间或行间混交，亦与黄连木、漆树等混交，楸树 5 行一带，经济林 3 行一带；农楸间作：楸树与泡洞、杨树、柿树等行状混交，行内再与紫穗槐、花椒、白蜡等混交。

2. 分蘖造林　我国古代人民就有的楸树分蘖造林的丰富经验，《齐民要术》、《三农纪》（1760）等古书记，"楸即无子，可于大树四面，掘坑取栽之"，"于树下，取傍生者植之"。陕西渭北黄土高原楸树产区的群众，早春在大树周围约 2m 处，挖放射形的沟，沟宽、深各为 30cm 和 50cm，切断侧根，加强水肥管理，当年萌发出大量根蘖苗，来年春季掘苗造林或移植，掘苗时每株小苗附带老根一段，以利成活。

六、林木抚育管理

栽植后要浇定根水，提高成活率，促进生根，郁闭前每年松土除草2～3次，如系速生丰产林，每年4～8月追施化肥2～3次，每株每次施标准肥0.1～0.2kg；10月中旬树木封顶后每株施有机肥40～50kg，磷肥0.5～1.0kg。每年3、5、6、7、8月份一般应各浇一次水，新栽幼树要及时剪梢抹芽，即在造林后第一年春季发芽前，将木质化程度的芽子密集的梢段剪去，待新芽生长2～3cm时，在顶端选留1个壮芽，将第1和第2轮其余芽子全部抹掉；当新抽枝条30～40cm长时，对所有侧枝进行摘心，抑制其生长。修枝应采取"保留长冠、去大侧枝、修竞争枝"的方法，做到少修（年修枝长不超30%）、渐修（3年内修定）、疏枝、去竞争枝、卡脖枝、禁止过量修枝。整个幼林阶段树冠应占树高的2/3。经过精细管理，楸树可以达到速生丰产的目标（表1）。

表1 楸树速生丰产林生长情况

地 点	树种	密度（株行距）	树龄	平均树高（m）	平均胸径（cm）	最大树高（m）	最大胸径（cm）	蓄积（m³/亩）
山东莱西县店埠乡米州村	金丝楸	3m×4m	7	10.2	17.5	11.0	24.0	7.4
河南新野县新甸林场	滇楸	—	18	17.0	34.0	—	—	—
河南陕县菜园河川地	长果楸	—	18	9.0	21.6	12.3	30.6	—
陕西淳化县贯村	楸树	—	38	15.1	31.7	—	—	0.53142（单株）

七、病虫害防治

1. 楸螟（*Omphisa plagialis* Wileman） 又名楸梢螟，属鳞翅目，螟蛾科。陕西、甘肃有分布，幼虫蛀食楸树嫩枝新梢，被害部呈腐状突起。造成枯梢、干形弯曲，易被风折，降低木材工艺价值。

防治方法：①结合冬季整枝，彻底剪除虫瘿枝条；第1～2代幼虫发生盛期（5～6月，8～9月），应及时剪去被害枝梢，所剪虫枝均应烧掉或深埋销毁。②成虫羽化期，进行灯光诱杀。③幼虫孵化期（7月）喷1000倍液敌敌畏或马拉硫磷防治；初龄幼虫，用40%乐果乳油喷洒，效果较好；幼虫为害期，可用50%久硫磷母液至10倍液涂干，能杀死枝内幼虫，或采用氧化乐果涂干，效果更佳。成虫羽化前用毒泥堵塞虫孔，将其毒死。④加强苗木检疫工作，营造混交林。

2. 根结线虫病（*Meloidoggne morionl* Cornu） 该病由原虫类马氏异皮线虫引起，为一种细小的蠕虫动物。3～4月孵化成幼虫，2龄幼虫从根尖侵入根内为害，引起细胞增生变大，形成瘿瘤，影响根的吸收机能及采根繁殖，严重时苗木凋萎枯死。

防治方法：①严格苗木和种根调运检疫，培育无病苗；②育苗前，圃地用呋喃丹2～3kg/亩进行土壤消毒。同时拣除土内残留病根，集中消灭，育苗地不重茬；③用80%二溴氧乳剂配成100～150倍液，每亩用药2～3kg，施于病苗行间，覆土耙平；④苗期每株用0.8～2.4g15%铁灭克处理，根结减退率达92.9%～95.6%。

（刘广全、罗伟祥）

灰　楸

别名：法氏楸、线楸
学名：*Catalpa fargesii* Bureau
科属名：紫葳科 Bignoniaceae，梓树属 *Catalpa* Scop.

一、经济价值及栽培意义

灰楸分枝点高，主干通直高大，干形圆满、树势雄伟、材质坚实、纹理略粗、加工容易、耐腐力强，是优良的珍贵用材树种，又因花色紫红，艳丽美观，也是庭园绿化的好树种。其他价值与用途同楸树和梓树。

二、形态特征

落叶乔木，高 20～30m，胸径 80～90cm，树冠长卵形，树皮暗灰色，深纵裂。叶卵形，全缘无裂、叶片基部脉腋间有两个暗紫色腺斑，小枝被有枝状毛或星状毛，后脱落。总状花序伞房状，由 7～15 朵小花组成；花梗、花蕾绿褐色，花冠紫红色，花筒内侧白色，有紫红色条纹和斑点。果长 25～55cm，种子带毛长 7～9cm。花期 5 月，果熟期 9～10 月。

经过楸树良种选育研究，已选出灰楸优良类型，主要有：

1. 线灰楸　树冠长卵形，皮暗灰色，纵裂较深。叶卵形，常三裂，下垂，长 7～11cm，宽 5～8cm；花冠紫红色，总状花序，由 6～12 朵小花组成。蒴果长 27～42cm，种子带毛长 4.3～5.8cm，花期 5 月上旬，果熟期 9～10 月，是西北黄土高原造林的优良类型。

2. 密毛灰楸　树冠卵圆形，大枝疏而开张，小枝密集，花冠紫红色、花长 3.5～4.0cm，蒴果长 20～47cm，种子带毛长 3.0～4.8cm，与灰楸的主要区别是：小枝、序梗、叶柄、苞片、萼片、叶密被黄锈色枝状毛，宿存数年；叶三角状卵形，花序为总状花序伞房状。花期 4～5 月，果熟期 9～10 月，材质好，花序顶生较大，花色鲜艳美观，可作园林、工矿绿化之用。

3. 细皮灰楸　树冠卵形或圆形，树皮片状浅纵裂，小枝灰绿色，叶长宽略相等，长 5～13cm，宽 4～12cm，全缘无裂，叶基具 2～4 个绿褐色腺斑。花序总状，花蕾紫红色，花紫红色或黄褐色。花瓣整齐，花筒内有大而稀疏的红褐色斑点。蒴果长 30～70cm，种子带毛长 4.0～4.7cm，千粒重 7.1g。花期 4～5 月，果熟期 9～10 月，生长速度稍慢，干形亦差，但花序顶生鲜艳，颇具观赏价值。

三、分布区域

灰楸在西北的分布较楸树普遍，主要分布在甘肃子午岭（中段及南段，海拔 1200～1500m），天水（车岔，海拔 500～1500m）小陇山可达 1800m，文县及舟曲等地；陕西主要分布于渭北黄土高原的淳化、永寿、长武、白水、蒲城、陇县、黄龙、桥山等地，海拔 800～1600m。在秦岭灰楸较楸树 分布高，可达 1600m（楸树在 1600m 以下）；山西分布于中条山（垣曲、翼城、运城、闻喜等地，海拔800～1490m）吕梁山，晋西北也有分布；河南西部分布亦多。其他北京、河北、山东、湖北、湖南、四川、安徽、贵州、云南等地亦有分布与栽培。

内蒙古乌兰察布盟清水河喇嘛湾乡院内（当时为一古庙），200年前引种的灰楸，现该树高19m，胸径82cm，已成为内蒙古的珍稀树木。

四、生态习性

灰楸与楸树的生物学生态学特性相近，为异花授粉植物。在其它地区结实很少，但在陕西、甘肃的渭北和陇东黄土高原，结实比楸树更为普遍，而且种子纯度高，质量好。

灰楸虽喜深厚、肥沃湿润土壤，但耐干旱瘠薄性能较楸树强。

灰楸主根明显，在干燥瘠薄土壤中，侧根水平伸展范围广，具有耐旱、耐寒特性，在绝对最低气温－25℃的地方亦能生长。

据陕西省林科所在淳化进行的灰楸树干解析材料，38年生树高16.25m，胸径31.4cm，材积0.5381m³。

不同立地条件下，灰楸生长差异较大。如沟道土层深厚的黄绵土上，31年生平均树高16.5m，胸径21.1cm，单株材积达0.3840m³；沟坡下部次之，沟边、崖旁最差，53年生树高11.85m，胸径19.7cm，单株材积仅0.1630m³。

河南内乡县西家沟村的一株灰楸，44年生胸径44.8cm，从15年到44年间一直旺盛生长，胸径连年生长量最大为1.38cm，最小为0.63cm，到44年生时胸径连年生长量仍为1.24cm，并无下降趋势。

五、培育技术

（一）育苗技术

灰楸开花结实的特性与楸树相近，19万～20万粒/kg，发芽率可达80%以上。

种子采集处理和育苗方法同楸树。

（二）栽培技术

灰楸适宜在西北地区东南部栽培，新疆南疆亦为适生区，北疆可试种。造林宜选在海拔较低、土层深厚、肥沃湿润的塬面、川道、沟谷两侧及四旁空隙地，也可在庭院栽植，青海西宁、甘肃兰州引种栽培效果好。整地造林和幼林抚育管理与楸树同。

六、病虫害防治

主要病虫害为根结线虫和楸螟。防治方法见楸树。

（杨江峰）

梓　树

别名：梓楸、桑楸、黄花楸

学名：*Catalpa ovata* G. Don

科属名：紫葳科 Bignoniaceae，梓树属 *Captalpa* L.

一、经济价值及栽培意义

梓树栽培历史悠久，古代印刷刻板非楸、梓木而不能用，因此书籍出版就叫"付梓"。木材纹理通直，略具光泽，气干快，不干裂翅曲，耐腐耐湿，抗虫力强，切削易，表面光滑。韧性和硬度较楸木为大。

木材宜作枕木、桥梁、电杆、车辆、船舶、坑木和建筑、高级地板，家具（箱、柜、桌、椅等）、水车、木桶等用材。还宜作细木工、美工、玩具和乐器用材。古人珍爱梓木，用桐木（泡桐）为琴面板，用梓木作琴底，叫做"桐天梓地"，视为琴中上品，古人爱植桑梓，且以桑梓代表家乡。

树皮、叶可作药用、农药和饲料。《群芳谱》记载："梓以白皮者入药，味苦寒无毒、治毒热、去三虫，疗目疾、吐逆及一切温病。"树皮和叶煎汁可治稻螟、稻飞虱等农作物害虫。叶能治猪疮。种子、果实均入药，有利尿、治胃病、肾脏病、湿性腹膜炎和浮肿等症的功效。梓树还是嫁接楸木（包括优良类型无性系）的最佳砧木。以上足见梓树栽培开发利用价值之大。

二、形态特征

落叶乔木，高 15m 左右，胸径 30～50cm，树冠卵圆形，树皮灰色至灰褐色，浅纵裂。叶对生，广卵形或卵圆形，长 10～25cm，宽 7～25cm，基出脉 3～5，叶柄及嫩枝有毛，并带黏质。圆锥花序，长 10～25cm，花淡黄色至黄白色，花冠内具黄色条纹及紫色斑点。花数在本属中是最多的，每个花序有小花 100～130 朵。蒴果长 20～35cm，种子长 8～10mm。花期 5～6 月，果熟期 9～10 月。

三、分布区域

梓树分布很广，比楸树和灰楸分布更北，黑龙江、吉林、辽宁较普遍，河南、山东、河北、北京、天津、江苏、安徽、湖北、四川、云南、贵州等省海拔 1000m 左右有野生和栽培。

西北地区分布于陕西秦巴山地，陕北黄土高原和丘陵海拔 800～1600m 之间的山麓、沟谷、塬面等处；甘肃的天水、陇南（文县、舟曲）、庆阳、兰州等地。青海西宁、新疆乌鲁木齐、石河子、玛纳斯、喀什、和田等地有栽培。

四、生态习性

梓树喜光，宜温暖气候，但耐寒力极强，能耐 -45℃的极端低温，在过于暖热气候条件下生长不良，亦耐干旱瘠薄土壤。抗烟、抗灰尘能力强，根系深、直根发达、侧根伸展范围广。在陕西境内常见于河滩，往往自成群落，惟因人为破坏关系多呈灌木状，幸免者多生长良好。

梓树育苗栽培技术及病虫害防治与楸树相同。

（罗伟祥、刘广全）

枫　杨

别名：麻柳树

学名：*Pterocarya stenoptera* C. DC.

科属名：胡桃科 Juglandaceae，枫杨属 *Pterocarya* Kunth.

一、经济价值及栽培意义

枫杨是我国重要的用材树种。生长快，木材纹理顺直，轻质，易干燥，不劈裂，供建筑、家具、胶合板、火柴杆材等，用途很广，深受人们喜爱。树皮纤维质量高，可制人造棉和纺织品、造纸；树皮含单宁，可提取拷胶；树皮煎水可治疗疥癣和麻风溃疡；叶汁能毒杀多种农业害虫，还可防治血吸虫病，杀死钉螺。

枫杨树冠开张，浓荫如盖，果穗优美，用于绿化，做庭院树和行道树；根系发达，耐水湿，是固堤护岸、拦洪挂淤的优良防护林树种。也是嫁接核桃的主要砧木。

陕西宁强县水田坪分水田坪村一株华西枫杨，500 年生，树高 46.9m，胸围 8.41m，树冠覆盖面积 572m²。

二、形态特征

落叶乔木，高达 30m，胸径 1m，小枝初具柔毛或几光滑，髓心片状，裸芽，无芽鳞，数个叠生，密被褐色毛；奇数羽状复叶，有时顶端小叶不发育呈偶数，长 13 ~ 40cm，叶轴常具叶翅；小叶 5 ~ 23，卵状长圆形或狭长圆形，先端急尖或钝，基部常歪斜，上面几光滑，常有乳头状突起，脉上稍被疏柔毛，背面脉上被短柔毛，脉腋具簇毛，叶缘具细锯齿；小叶长 4 ~ 10cm，宽 2 ~ 4cm，无柄；花单性，雌雄同株；花和叶同时开放，雄花荑荑花序生于叶腋，每花具 1 ~ 4 裂，6 ~ 18 雄蕊，雌花荑荑花序顶生，花被 4 裂，子房 1 室，花柱 2 裂；果序下垂，长 20 ~ 40cm；坚果近球形，两边具翅，翅为长圆状披针形，近直立，无毛，果翅连果长 1.5 ~ 2cm。

分布陕西、甘肃，同属另有三种外形与本种相似，交叉分布：①湖北枫杨（*P. hupehensis* Skan.）芽叠生，叶轴无叶翅，果翅宽卵圆形；②华西枫杨（*P. insignis* Rehd. et Wils.）芽具 2 ~ 4 脱落性大芽鳞，单生，果序和果实有稀疏毛或近无毛；③甘肃枫杨（*P. macroptera* Batal.）芽具 2 ~ 4 脱落性大芽鳞，单生，果序轴密被毡毛，果实及果翅多，少有毛。

三、分布区域

主要分布在陕西南部和甘肃东南部海拔 1500m 以下的河谷地带，陕西关中和渭北地区也有栽培。我国华中、华北、西南等省均有分布和栽培，辽宁也有栽培。

四、生态习性

枫杨是亚热带和暖温带低湿地树种，但分布较广，适应性较强，可耐 −14℃ 低温。喜光，不耐庇荫，在阴湿杂木林中常居上层；耐水湿，但不宜长期积水地，常见溪流两岸；喜肥沃湿润土壤，能耐轻度盐碱；属深根型树种，侧根发达，树桩萌芽力强，多次砍伐能萌生成林，萌芽林比实生林生长快，3 年生萌生苗高可达 5m 以上。

枫杨树干圆满通直，生长迅速，江汉平原群众称为"土杉树"。据秦岭南坡枫杨树干解析木材料：树龄 38 年，树高 25.2m，胸径 33.7cm，去皮 32.6cm，材积 0.8539m³，10 年树高 3.85m，去皮胸径 2.9cm；20 年树高 7.6m，去皮胸径 13.8cm；30 年树高 16.27m，去皮胸径 25.3cm。人工林生长超过上述指标，如湖北潜江县美的大队 8 年生枫杨林平均高 12.8m，胸径 16cm。

枫杨 8 年后开始结实，每年 4~5 月开花，9~10 月种子成熟，每千克种子 0.8 万~1 万粒。

五、培育技术

（一）育苗技术　枫杨种源丰富，结实量大，通常采用种子育苗。

1. 采种　选择生长健壮，干形通直，无病虫害的植株，年龄应在 15 年以上，作为采种母树。当种子由绿变为黄褐色时，将果穗采下或扫集散落在地上的种子，去翅弃杂晒干，袋藏或混砂贮藏备用。

2. 播种和管理　可随采随播，来年出苗早，但易遭鸟兽危害；一般在春季 3 月份播种。苗圃地要求背风向阳，有灌溉条件的砂质壤土为宜，整地作床。袋贮种子播前用 50~60℃ 的温水浸种，冷却后换清水浸泡 1~2 天，捞出摊放在席上，勤洒水和翻动，种子萌动即可下种；砂藏种子不再进行浸种催芽处理，直接播种；采用条播，行距 30cm，播幅 5cm 宽，每亩播种 8~10kg，覆土厚度 2cm，稍加镇压，保持表土湿润；当幼苗长至 15cm 左右，进行间苗，株距 10~15cm，进行除草、松土、施肥和灌排水常规管理，当年高可达 1m，地径 1cm 以上，即可出圃造林。若用作"四旁"植树，采用大苗，应扩圃移栽，再培养 1~2 年。

（二）栽培技术

1. 适生范围　西北地区陕西南部和中部，宁夏南部，新疆南疆地区，甘肃东南部和东部。

2. 林地选择　山坡下部溪流两岸，河滩、水库周围，道路和水渠两旁及房前屋后地皆宜，但常期积水地则不宜。

3. 造林技术　造林季节一般在春季发芽前进行；为防止枯梢，干旱多风地区可以进行截干造林，留干高 15~20cm；进行穴状整地，穴面规格 50cm×50cm，深 40cm，栽时做到穴底垫表土，根系舒展，埋实，深栽，有条件时可浇水，以确保成活；造林密度株行距 1.5m×2m 或 2m×2m；卵石多的河滩地可客土造林，道路两旁栽植 2~3 年生的大苗，株距 3~4m。

土壤条件好的地方可进行直播造林，每穴播种 3~5 粒种子，最后保留 1 株，经过精心抚育管理也可成林。

4. 幼林抚育管理　新造幼林第一至二年生长季节，至少每年松土除草 2 次，并结合进行除萌，每穴只留 1 株主杆苗，有条件的栽后 1~2 年可间种豆类、花生等低矮作物，以耕代抚，更有利于幼林生长；枫杨发枝力强，必须及时适当修枝，才能形成通直高大良材。修枝宜在冬季进行，前期应全部修去侧枝，主杆形成后，修枝强度减小，修枝高度不大于树高的 1/2，修枝切口要平，尽量不伤树皮，以免干腐病发生，修枝后，主杆易萌芽，应及时抹去。

六、病虫害防治

（1）黑跗眼天牛（*Chreonoma atritarsis* Pic）　成虫取食嫩枝皮层，幼虫蛀害枝干，重者可使幼树致死。

防治方法：在产卵刻槽上涂 15~20 倍 40% 氧化乐果或 50% 的硫磷乳剂液，杀死幼虫；在虫孔塞氧化乐果或敌敌畏乳剂棉球，毒杀幼虫。

（2）圆蚧类蚧虫　以刺吸式口器吸取叶片营养，使枝枯叶黄，严重的可致幼树枯死，蚧虫分泌蜜露诱发烟煤病。可在幼虫发生期喷洒 1000 倍 50% 马拉松乳剂防治。

（3）鹰翅天蛾　幼虫食害叶片，影响树木生长。

防治方法：可在幼虫初期喷洒 90% 敌百虫 800 倍液防治。

（鄢志明）

核桃楸

别名：胡桃楸、山核桃

学名：*Juglans mandshurica* Maxim.

科属名：核桃科 Juglandaceae，核桃属 *Juglans* L.

一、经济价值及栽培意义

核桃楸为优良珍贵用材和木本油料干果等多用途的经济树种，现已被列为我国三级保护植物，它的木材优良、坚硬致密、纹理通直、花纹美观、材具光泽、加工容易、钉钉不裂、刨面光滑、不翘不裂、耐腐耐湿、富弹性、耐冲击、油漆性能好、用途广泛、经济价值高。木材可供军工（枪托，飞机，船舰）、建筑、机械、车辆、木模、木工板、胶合板等用材。也是珍贵的家具及运动器具、细木工、雕刻的材料。尤其是在风琴、钢琴、提琴等乐器制造中是不可多得的原料。核仁可食，营养丰富，含脂肪55%、蛋白质19.5%、糖15.1%，出油率达40%～63%，可榨油，为高级食用油类。种仁可制糖果糕点。果壳可制活性炭，树皮和外果皮可提制褐色染料及烤胶。树皮纤维为造纸和人造丝原料，还可制绳索或织物。叶、果皮，树皮，果肉可制生物农药。核桃楸还可作嫁接良种核桃的砧木。还可入药，可治慢性阑尾炎，高血压，腰腿疼痛，止咳消肿等病症。枝条煮鸡蛋可治食道癌。

二、形态特征

落叶乔木，高达20（30）m，胸径80～100cm，最粗可达1.5m；树冠宽卵形，树干通直，树枝灰色或暗灰色，纵裂，小枝粗，髓心片状分离，密被绒毛，奇数羽状复叶，小叶9～17（19），椭圆形或卵状椭圆形，有锯齿，长6～18cm，雌雄同株，雄荑黄花序长约10cm，雌花序具5～10花，柱头面暗红色，果序短，常具4～7果，核果卵形或近圆形，长4～6cm，先端锐尖，基部尖或窄圆，有8条纵脊及横脊，花期5月，果期8～9月。

三、分布区域

产于东北小兴安岭海拔500m以下，长白山海拔300～1000m，以500～800m最为集中，辽宁东部与水曲柳、黄波罗共称东北著名的三大阔叶珍贵树种。内蒙古哲里木盟大青沟、山西、河北、河南、山东散生。前苏联远东地区、朝鲜、日本也有分布。

西北地区分布于延安以南的黄龙、桥山林区的大岭、腰坪、黄陵新村、上畛子、店头海

核桃楸

拔 800~1300m 间；新疆从东北引种，在乌鲁木齐、石河子等地有栽培。甘肃产于武都，康县，文县海拔 600~2300m，舟曲及小陇山 1800~2000m、子午岭 1240~1500m。

四、生态习征

核桃楸是中生型喜湿树种，适宜生长在湿润、肥沃、土厚、排水良好山腹下部或溪谷两侧。喜光，且耐庇荫，在林冠下天然更新不良，深根性，根系发达，抗风，根蘖性和萌芽力强可进行萌芽更新。核桃楸耐寒性强，能而 -40℃ 严寒，在分布区西端北缘的气候条件是：年平均气温 7.2~8℃，1 月气温 -5.5~-7.9℃，无霜期 156~194 天，年平均降水量 500~662mm。土壤有山地褐土、黑垆土、灰褐土、淤积性草甸土。

在硬阔叶乔木林中核桃楸是一个速生的珍贵树种，生长常常处于优势地位，在较好的立地条件下，20 年生，树高 14.3m，胸径 13.3cm，120 年生树高 25.6m，胸径 45.9cm，材积 1.7668m³。人工林，7~8 年后生长加快，10 年生时胸径连年生长量最高可达 0.95cm，树高连年生长量可达 1m。核桃楸高、径生长变异均随年龄增大而增大，达到一定峰值会有所下降，变异增长率由剧烈分化到相对平稳的转折点分别为 12 年（以胸径为因子）和 14 年（以树高为因子）。

五、培育技术

（一）育苗技术

1. 采种与种子处理 于 9 月间选生长健壮母树，当果皮由绿变黄或褐色时采种，采后堆置于温暖、潮湿处 4~6 天，堆厚不超过 70cm，然后除去腐烂果皮，摊开晾干，即可贮藏或播种。果实出种率为 40%~50%。种子千粒重 8.3~11.0kg。可用水选或粒选，得到种仁饱满种子。为防止病害，用 0.5% 高锰酸钾进行消毒，并用清水冲洗。

种子催芽处理方法有：①混沙堆藏，播种前一年秋结冻前，将种子与湿沙按 1：3 的比例混匀，然后堆放阴凉通风处，高度不超过 50cm，四周用砖块围堵，上覆 20cm 湿沙，注意种沙湿润，并 3~5 天翻动 1 次常检查。第二年春，播前一周筛出种子，堆放翻晒，待种子多数裂嘴时播种。②水浸催芽，播前 10~15 天将种子装入袋内或用冷水浸泡，注意经常换水，待种壳充分吸水后，取出摊晒，大部分裂嘴后播种；③火炕催芽，按 1 份种子 2 份湿沙拌匀，放在炕上，温度保持 30~40℃，每隔 2~3h 翻动 1 次，已裂嘴的种子另放低温处，50% 种子裂嘴时播种。

2. 播种与管理 播前用 0.125% 的多菌灵溶液对土壤进行消毒，播种采用床式点播，行距 30~40cm，每隔 4~5cm 放 1 粒种子，把裂嘴的种子尖朝下放好。每亩播种量 75~100kg，覆土 5cm 左右，进行镇压，覆草苇帘，及时浇水。保持苗床湿润，当幼苗生出 2~3 层叶时，用切根机切断主根，留主根长 10cm，切根后灌足水，幼苗期要进行松土，除草，浇水，保持田间无杂草，6~7 月追施氮肥，8 月中旬叶面喷施 0.3% 磷酸二氢钾肥 1 次，促进木质化。当年苗高可达 20~30cm，产苗 40~50 株/m²。

（二）栽培技术

选择土层深厚，水肥条件较好的山谷沟旁是营造用材林最适当的地方，园林绿化中用核桃楸作庭园林，绿地及公园行道树，树冠荫浓，幽雅壮观，效果甚佳。栽植前进行带状或穴状整地，沿等高线设带，宽 1m 左右，穴状整地，规格长×宽×深分别为 50cm×40cm×

30cm。用材林株行距 2m×3m，密度 1660 株/hm²，适当密植可减轻幼年树干的冻裂，也有利于形成通直树干，培育良材。

植苗和直播造林均可在春秋进行，秋播造林时，种子不必催芽处理，但是注意防鼠害，3 月中下旬至 4 月下旬播种，深 20cm，每穴播种子 3 粒，覆土厚 5～8cm，

核桃楸可与辽东栎、椴树、白桦、山杨、杜梨、茶条槭、桵木、拐枣、秋胡颓子、胡枝子、水枸子等乔灌木混交。带状混交核桃楸 8～10 行，其他树种 6～8 行。

幼林抚育主要是松土除草，4 年 6 次，即第三年时每穴选留 1 株健壮苗木，其余除掉，10 年左右清除断头、弯曲、病腐的树木，并适当间伐出生长衰弱木，使郁闭度保持在 0.6～0.7，以促进林木快速生长。

六、病虫害防治

1. 枯枝病（*Melanconium oblongum* Berk） 先在树梢、侧枝感染，渐蔓延到主干，严重时整株枯死。

防治方法：①及时剪除病枝，减少侵染来源。②主干发病时，可涂药防治，见杨树腐烂病防治法。③加强管理，增强树势，提高抗病力。④营造混交林。

2. 四点象天牛 [*Mesosa myops*（Dalm.）] 成虫和幼虫危害，幼虫 5 月初开始活动，取食核桃楸嫩皮。5 月末，6 月初新孵幼虫，在树皮下韧皮部和边材之间钻蛀虫道为害。

防治方法：①尽快伐除严重的被害木，及时抚育整枝，防机械损伤，增强树势。②用邻位二氯苯乳剂 6 倍液或杀虫脒 100 倍液喷刷树干的被害处。③人工捕杀成虫。

（罗伟祥、张伟兵）

麻 栎

别名：大橡子树、柞树、黄麻栎

学名：*Quercus acutissima* Carr.

科属名：壳斗科 Fagaceae，栎属 *Quercus* L.

一、经济价值及栽培意义

麻栎是我国著名硬阔叶树，材质优良，较栓皮栎更坚实，纹理美观，是建筑、车厢、枕木、造船、纺织工业的梭子、纱绽等的良材。还可经营矮林，放养柞蚕，生产柞蚕丝织绢绸。种仁含淀粉 51.66%、单糖 5.25%、鞣质 13.88%、蛋白质 3.16%、脂肪 7.99%、纤维素 3.50%，经退涩后可酿酒，提取淀粉及作饲料。树皮含鞣质 7%～26%，壳斗含 19%～29%，均可提取栲胶，干、枝可培养香菇、木耳、天麻，枝桠是上等薪材，树枝和叶煎汁治急性菌痢，效果良好。又因根系发达，萌芽力强，耐干旱瘠薄，抗风、抗火，具有很好的防蚀、护坡堤、保持水土及防火的作用。也是重要的优质生物质能源树种。

二、形态特征

落叶大乔木，树高 25～30m，胸径达 1～2m。幼枝被黄色柔毛，逐渐脱落。叶片椭圆状披针形，长 8～9cm、宽 3～6cm，先端渐尖，基部阔楔形或圆形，缘具刺芒状锐锯齿，侧脉 12～18 对，直达齿端，叶下面仅沿侧脉有细毛；雄花为葇荑花序下垂，雌花序有花 1～3。壳斗杯状，包 1～2 坚果，卵球形。花期 4～5 月，果熟期翌年 9～10 月。

三、分布区域

麻栎在西北地区分布于陕西的黄龙、桥山林区，海拔 1000～1400m 的低山丘陵地带，关山林区生长在海拔 500～600m 的山坡，秦岭南坡和巴山北坡中低山海拔 400～2100m 地段，在秦岭北坡呈块状分布。甘肃的武都、成县、康县、文县、徽县等地及子午岭（西坡林场）有分布和栽培。

麻栎
1. 叶枝 2. 雄花序 3. 雌花序 4、5. 坚果

此外辽宁南部，河北、山西、山东、河南、安徽、江苏、浙江、湖北、江西、福建、云南、四川、西藏东南部及广东、广西都有分布，在海拔 200～2500m 的平原、丘陵山地组成落叶阔叶混交林，或形成纯林。

四、生态习性

喜光、不耐庇荫，在混交林中能形成良好干形。深根性抗风力强。麻栎对水、热条件的要求比栓皮栎要严格一些。分布区的气候条件，年平均气温 8～16℃，1 月平均气温 -4～4℃，极端最低气温 -10～-19℃，极端最高气温 30～36℃，年降水量 500～1500mm，生长期 150～240 天。耐火，抗烟力强，在湿润、肥沃、深厚、排水良好的土壤上生长最好，也能在干旱瘠薄的山地生长。麻栎适生于中性至微酸性的轻壤、中壤、重壤及部分黏土的森林土壤、山地褐土、黄棕壤，在土层厚度 50cm 的粗骨质土上虽能生长，但由于长期干旱瘠薄，林木生长缓慢。

五、培育技术

（一）苗木培育

一般用种子育苗，通常随采随播，也可春播。种子贮藏时应防止受热、发霉、生虫及过分失水。每千克种子约 340 粒，每亩播种量 150～250kg，每产苗量 30 万株/hm² 左右。具体方法参阅辽东栎、栓皮栎育苗部分。

（二）栽培技术

麻栎不耐水湿，宜选择地势高燥的阳坡、半阳坡、半阴坡造林。直播造林秋季和春季均可进行，以秋季随采随播为好。植苗造林多在春季进行，也可在晚秋苗木落叶后进行。

麻栎幼龄阶段需要充足的上方光照。侧方庇荫可促进树高生长和培育良好干形。适宜与其它喜光的针阔叶树种混交。在幼林时期内保持较大的林分密度和郁闭度（0.7～0.8 以上），对林木生长有利。干形优良的林木株数占林木总数的 60% 以上。

萌芽林的密度 20 年以下的每公顷保持 3000 株左右，30 年保持 2250 株，实生林的密度还要增大。

（三）混交造林

麻栎适宜与油松、侧柏、栓皮栎、辽东栎、槲树、槲栎、尖叶栎（*Q. oxyphylla*）、岩栎（*Q. acrodonta*）杜梨、椴树、栾树、山杏、多花胡枝子、白刺花、虎榛子等乔灌木混交，以块状、带状混交为宜。

六、病虫害防治

同辽东栎。

（罗伟祥）

椴 树

别名：华椴

学名：*Tilia chinensis* Maxim.

科属名：椴树科 Tiliaceae，椴树属 *Tilia* L.

一、经济价值及栽培意义

椴树材质优良，群众喜爱。长期以来，多为天然生长，人工栽培较少。随着林业生产的发展，椴树培育工作迅速展开，造林面积不断扩大，目前一代椴树人工林在全国各地茁壮成长。

椴树生长较快，木材轻、软、细、白，纹理致密，不翘不裂，富于弹性，易于加工，可供胶合板、建筑及火柴杆、铅笔用材，也是制作家具的优质板材。树皮纤维柔韧，可制人造棉、麻袋、绳索，也是造纸的好原料。叶可作饲料。花清香，是良好的蜜源植物；也可入药，有促进发汗，镇静及解热之效。树冠稠密耐荫，改良土壤效果好，是良好的混交树种；枝条纤细、萌发力强，便于修剪整形，又是庭园绿化的理想树种。椴树内含物提取物对光肩星天牛卵和幼虫具有一定的抑制和毒杀作用，可以开发生物杀虫剂。

二、形态特征

落叶乔木，高达 20m，胸径 1m。树干灰绿色，树皮纵裂，皮孔大。当年生小枝密被淡黄色或灰色丝状毛。冬芽卵圆形，钝头，淡紫色。叶膜质，互生，卵形或宽卵圆形，长 9 ~ 12cm，宽 7 ~ 10cm，先端短渐尖，缘具刺状锯齿，上面黄绿色，叶基倾斜，心形或截形，下面密被灰白色星状毛，脉腋有淡褐色簇毛，侧脉 7 ~ 9，隆起，柄长 4 ~ 7cm。顶生或腋生聚伞花序，总花梗粗壮，披星状毛，与舌状苞片相连，苞片有显著网状脉。花两性，黄色或白色，萼片 5 枚，花瓣 5 片，覆瓦状排列。雄蕊多数，与花瓣对生；子房上位，柱头 5 裂。小坚果球形或梨形，有 1 ~ 3 个种子，淡褐色。花期 6 ~ 7 月，果期 9 ~ 10 月。

三、分布区域

椴树共有 30 多种，分布在北半球温带地区。我国有 20 余种，分布很广。从东北到广东，从海拔 100m 到 3000m 均有生长。东北多生长在潮湿的阳坡，华北多在海拔 1500m 左右湿润的阴坡，而南方则多生于山坡、山谷的林下及低山丘陵。

华椴主要分布于云南、四川、陕西、甘肃等省，多见于海拔 1600 ~ 2200m 之间的阴坡和沟谷杂木林内。

四、生态习性

椴树对土壤要求较严，喜生于肥沃湿润、排水良好的壤土或砂土上，耐荫耐寒，怕涝怕旱，根蘖性强，是山区营造针阔混交林或阔叶混交林的好树种。

椴树内含物的存在，使天牛成虫产生的黏液不能充分腐蚀树体，致使椴树中天牛卵室内的内含物极少，严重制约了初孵幼虫的生长发育。椴树内含物提取物对天牛抑制作用的试验表明，它能抑制天牛卵和幼虫的生长发育和存活，卵的孵化期延长，幼虫延长了脱皮时间，甚至不能脱皮。喷洒提取物样品，45 天后幼虫开始死亡，60 天大量死亡，90 天仍有部分卵未孵化，表现出抑制天牛发育和渐进毒杀作用。

五、培育技术

（一）播种育苗

1. 采种 椴树一般孤立木 15～20 年，林木 30～40 年开始结实。要选树干通直，无病虫害，生长健壮的中龄树作采种树。9～10 月种子成熟，采种期可延续到 11 月。完全成熟的小坚果呈棕褐色，可以较长期贮藏。如立即进行秋播或进行春播，则当小坚果开始由绿变褐时就立即采集播种，这样，种子能缩短休眠期，提高发芽势，出苗整齐，如采种较晚，虽经催芽，春天出苗也不整齐，常可持续一年之久。采种用高枝剪剪取小果枝，摘取果穗，日晒使之发脆，揉搓敲打，风选除杂，晾干后用麻袋或木箱存放即可。

椴树种子秕粒较多，据测定，最高饱满度 78%，最低仅 32.6%。椴树种类多，种子大小差异大，椴树每千克种子约 15000～20000 粒，发芽率 60% 左右。

2. 育苗

（1）苗圃选择 椴树较耐荫，苗期则更喜荫。因此圃地应选在阴坡、半阴坡土壤肥厚的壤土或砂壤土。先一年伏、秋耕翻二次，播前施入底肥，同时进行土壤消毒，整平后作床播种。

（2）种子处理 椴树种子皮厚，结构致密，透水性差，属于较难发芽的种子。催芽的方法是：先用 50℃ 的温水浸种，充分搅拌后，在浸种容器里轻压筐盖，防止种子浮在水面，浸两昼夜后捞出，按 1 份种子 3 份过筛小于种子的沙子混合，放在避风阴湿的地方进行冷藏，并盖上 10cm 左右的湿砂。冷藏也可用一层沙子一层种子，共铺 4～5 层，上覆湿沙10cm。混沙冷藏或层积冷藏，均可用箱式或坑式。要保持一定的湿度，温度在 5℃ 以下，时间在 100 天以上。催芽期间要加强管理，防止鼠害。也可用浓硫酸浸种（时间 1～2min，捞出立即用清水冲洗干净）或机械损伤种皮等方法。

（3）播种 播种时间，春播 4 月中旬，秋播 11 月，均采用床式条播。播幅 10 cm，行距 30 cm，覆土 2～2.5cm，播后轻轻镇压。每亩播种量 12～15 kg。春播应用处理过的种子播种，如不处理，当年发芽率仅 20%～30%。秋播最好随采随播，若种子采集较晚或从外地调入种子太迟，春播前来不及进行层积催芽，可将种籽干藏到 6～7 月，如伏旱不严重的地区，即可进行复播，也有良好的效果。

（4）抚育管理 春播 15～20 天，苗即出齐。秋播要比春播出苗提前几天而且整齐，刚出土的幼苗掌状 5 裂，可进行覆草或遮荫网遮荫。但椴树苗生长缓慢，根系小，要常洒水，保持圃地湿润。幼苗生长期间，要及时松土除草，适时追肥，分期间苗，每亩保留合格苗木 20 000～25 000 株。

椴树除用种子培育实生苗外，也可用 1 年生枝条，经 500ml/kg 的萘乙酸溶液处理后扦插育苗，效果也好。

（二）栽培技术

椴树造林地应选在阳坡、半阳坡、山麓和沟谷地带。造林前一年伏秋进行整地，穴状或水平台均可。造林一般用 2 年生苗。春秋两季都可造林，但以春季为好。椴树可与华山松、云杉、落叶松进行带状、行间混交，发挥针阔混交林抗病、防虫、改土、防火以及充分利用地力的作用。在适宜的地段亦可与漆树、冬瓜杨等阔叶树混交或营造小片纯林。每亩以 220 株为宜，如为了提早郁闭，密度亦可适当加大。

（三）抚育管理

椴树栽植初期生长较慢，必须加强抚育，进行松土除草，以后每年松土或割草 1 次，连续 3～5 年，直至树高 2m 左右。严禁在林内砍柴、放牧。如有幼树萌条过多，要及时定苗，促其生长。

（于洪波）

紫 椴

别名；椴树、籽椴、小叶椴

学名：*Tilia amurensis* Rupr.

科属名：椴树科 Tiliaceae，椴树属 *Tilia* L.

一、经济价值及栽培意义

紫椴是一个优良的阔叶用材树种和园林观赏树种。木材轻软，文理致密，有光泽，不翘裂，富有弹性，加工及油漆性能良好，用途十分广泛。是制作高级家具，细土工、绘图板、房屋装饰、特殊机械制造的良材。也是胶合板，造纸，火柴等轻工业的上等原料。用它制作的蓄电池木隔板经久耐用。又因木材无特殊气味，故常用作木桶，蒸笼，箩筐的佳料。紫椴是优良的蜜源植物，椴花蜜，淡白色，味芳香，为特级质优蜂蜜，深受国内外市场的欢迎。蜜含糖量高，其化学成分：葡萄糖 36%、果糖 39%、蔗糖 2.1%、酶值 10.9%。树皮纤维柔韧，可制作绳索。花可入药，有发汗，镇静和解毒之功效。果实可供工业榨油。紫椴树姿优美，花白色，繁而密，盛开时，满树紫花，清香喷鼻。秋季叶变红，十分美丽。加之抗烟抗毒性强，虫害少，是理想的行道树和庭园绿化树种，更适宜工矿区绿化。紫椴及其他椴树，砍伐利用多，很少人工栽培，资源日趋枯竭，今后应积极发展椴树栽培。

二、形态特征

落叶乔木，高达 30m，胸径达 1m。树冠卵圆形，幼年树枝黄褐色，老年时灰色或暗灰色。深纵裂，呈片状剥落。内皮多纤维含黏液。小枝常曲折成"之"字形。叶宽卵形或卵圆形，长 3.5 ~ 8cm，宽 3.5 ~ 7.5cm，基部心形，先端凸尖。边缘有粗锯齿。下面脉腋具簇生毛，叶柄长 2.5 ~ 3cm，无毛。雌雄异株，复聚散花序，长 4 ~ 8cm，具有 3 ~ 20 朵花。带状苞片，下部与苞片贴生，花白色，极香，雄蕊多数，无退化雄蕊。坚果椭圆状卵形或近球形。长 5 ~ 8mm，密被灰褐色星状毛层，无纵脊，果皮薄，花期 6 ~ 7 月，果熟期 9 月。

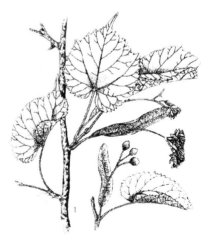

紫 椴

小叶紫椴 [*Tilia amurensis* Rupr. var. *taquetil* (Schneid.) Liou et Li] 叶较小，基部近平截，果常有 5 条棱。花期比紫椴早些。

三、分布区域

产黑龙江、辽宁、吉林、华北等地，其中以长白山和小兴安岭林区为最多。垂直分布在长白山林区海拔 500 ~ 1200m，以 600 ~ 900m 之间分布最多。小兴安岭林区分布在 200 ~ 1100m 之间，以 300 ~ 800m 最为普遍。

西北地区主要分布于陕西中北部，尤以黄龙、桥山林区海拔 800～1400m 最为集中，宁夏六盘山有分布。新疆系从东北引种，乌鲁木齐、石河子等地有栽培。

四、生态习性

紫椴喜光，稍耐侧方庇荫，较耐寒，主要分布区年均温 2～6℃，冬季极端最低气温，一般在 -30℃ 以下，极端最高气温 35℃ 以上，≥10℃ 积温 2200～2600℃，平均降雨水 350～1000mm。紫椴喜生长于湿润、肥沃深厚的山腰，山腹的阴坡，半阴坡，阳坡也有生长。在山地棕壤上生长良好，也能在褐土、灰褐土和黄土性土上稳定生长。但在沼泽，盐碱地上不能生长。

紫椴在我国东北 4 月至 5 月上旬芽开始膨大，4 月下旬至 5 月中旬开始放叶，5 月下旬至 6 月中旬形成花蕾，6 月下旬至 7 月中旬逐渐开花。8 月至 9 月果实成熟。叶片变黄，9 月下旬叶片全部脱落，进入休眠。15 年开始结实，80～100 年生时结实盛期。200 年后还能结实。紫椴生长中庸，2 年生幼苗可达 0.9m 左右，3～10 年生幼树每年高生长 0.5～0.6m，胸径生长约 0.5cm。70 年后，平均树高 14.9m，平均胸径 18.6cm，蓄积量 168m³/hm²，寿命长，可达 280 年以上。能培养成大径材。

五、培育技术

（一）育苗技术

1. 播种育苗

（1）采种　当坚果变为紫褐色即可采收，直接摘果，或用采种刀勾取或在树下铺布单或塑料布，用木棍击落下果枝，收集种子，清除杂物，放在阴凉通风处阴干再贮藏或运输。

（2）种子处理　优良的紫椴种子千粒重 40g，发芽率可达 80%～90%，一般种子27800 粒/kg，发芽率为 65% 左右。种子休眠期长，未经催芽处理，当年很难发芽。种子催芽处理的关键是要有 5℃ 左右低温阶段，比较理想的办法为采后即行混沙，进行室外露天埋藏，经常保持湿润，当种子有 30% 裂嘴时，筛出播种，另外，种子经 50～200μg/g 赤霉素溶液处理并进行高温（20～28℃）沙藏 30 日，然后低温 120 日的变温处理，可解除其休眠，提高发芽率（杨建平，1981）。罗丽芬等提出紫椴种子快速催芽的方法：①机械去果皮＋酸蚀（浓 H_2SO_4）25～30min＋低温（4～7℃）层积沙藏 20～25 天；②用 150μg/gGA_3（赤霉素 A_3）、Et（乙烯利）处理去果皮和酸蚀的种子，沙藏半个月；③种子去果皮＋酸蚀种皮后不用 GA_3 处理，适当延长低温层积沙藏时间 25～30 天，均能获得满意的发芽率。

（3）作床播种　在整好的苗床上，可采用垄播或床播，垄式条播，每亩播种量 13kg，覆土 2cm；床面条播每 10m²0.3～0.4kg，覆土 1.5～2.0cm。以春播为宜，3 月～4 月进行。

（4）苗期管理　出苗前保持床面湿润，小苗出齐 20 天后应进行间苗，6 月末以前定苗，垄播每米长苗数 40 株左右。间苗时要浇水，并进行移植，补苗。苗期除草松土 3～5 次，施肥 2～3 次，7 月下旬施氮肥，以后施磷肥、钾肥。

出圃规格要求：木质化良好，顶芽饱满，无病虫害，苗高平均 20cm 以上，地径平均0.4cm 以上，主根长 20cm，5cm 长的侧根在 10 条以上。

2. 扦插育苗

（1）硬枝扦插　秋季选取地表萌芽的 1 年生健壮萌芽条，剪成长 18～20cm 的插穗，沾

上浓度为 $200\mu g/g$ 萘乙酸钠拌成的泥浆，进行越冬沙藏，翌年春天扦插在塑料大棚内的营养土（杯）上，可提高成活率。

（2）嫩枝扦插　6月份采取当年生嫩枝，剪成插穗，并以浓度 $100\mu g/g$ 萘乙酸沾湿其下端，然后扦插在具有一定湿度和温度的塑料大棚内，并加强管理，可获得好的效果。

（二）栽植技术

1. 造林地选择　紫椴适于在湿润，深厚，肥沃的土壤条件上栽培，山地应选在缓坡的中、下部，如系杂灌木林地，可割带清除低价值的灌木，带宽 1~2m，带与带之间保苗 0.5m 杂灌木。庭园四旁、公园广场是最适宜栽植的场地。

2. 整地栽植　穴状整地，山坡地穴的大小，长宽深分别为 $50cm \times 40cm \times 30cm$，外高里低，庭园四旁平原地区，挖直径 40cm，深 30~40cm 的坑。春季3月至4月上旬栽植。

3. 密度与混交　山地缓坡用材林，初植密度，株行距 $1.5m \times 1.5m$、$1.5m \times 2m$、或 $2m \times 2m$，园林绿化行植株距 3~4m，片植株行距 $3m \times 4m$。

东北林区椴树红松林是生产力较高的林型之一，其中紫椴枯枝落叶分解块，具有改良土壤，提高土壤肥力的作用。培育人工林时，利用紫椴与针叶树种混交，可以起到防病、防虫、提高林地生产力的效果。适宜与紫椴混交的树种有：红松、油松、鱼鳞云杉、水曲柳、核桃楸、枫桦、辽东栎、蒙古栎等。

六、幼林抚育

造林后要加强管理，及时进行松土除草，裸地上新栽的紫椴幼苗易受霜冻危害，冻后发出许多萌枝，使主干不明显，生长呈灌木状，需要及时定干，摘除多余萌条，留1个健壮条培育成主干，在紫椴生长的疏林地，当种子成熟前，在母树附近块状整地，待种子落下，再用耙子将种子翻入土中。并及时进行抚育管理，促进更新。

七、病虫害防治

1. 椴毛毡病（*Eriophyes titiae*）　病原为四足螨，在芽鳞过冬，次年春放叶后开始危害，夏末秋初最厉害，寄生在紫椴叶上，产生毛毡状病斑，淡黄白色，或淡土黄色，凹陷，被害严重时，叶片雕萎卷缩早落。

防治方法：①发芽前喷 $5°Be$ 石硫合剂杀死越冬螨。②6月生幼螨时，喷 0.3~0.4°Be 石硫合剂，或50% 克6451（螨卵脂）可湿性粉剂 1500~2000 倍液；③带螨的苗木，出圃时，用50℃水浸 10min 或用硫磺熏蒸。④采集苗圃中的落叶，消灭侵染源。

2. 紫椴吉丁（*Lampra amurensis*）
防治方法：可喷洒敌敌畏 500 倍液防治。

（罗红彬、罗伟祥）

毛　竹

别名：楠竹、茅竹、孟宗竹

学名：*Phyllostachys heterocycla* var. *pubescens*（Mazel）Ohwi

科属名：禾本科 Gramineae，刚竹属 *Phyllostachys* Sieb. et Zucc.

一、经济价值及栽培意义

毛竹为大型竹，材壁厚，韧性强、材质好，用途广泛，作梁、柱、椽等历史悠久；现用作棚架、脚手架、竹筏、帆船的撑篙撑风、捕鱼浮筒及雕刻美术工艺品等；制作和编织各种用具及造纸、竹胶板等用材。竹枝作马鞭、扫帚；竹箨可作包裹、垫衬材料。竹笋分冬笋和春笋，既鲜用，又可加工成笋干、罐头等，是我国传统出口商品之一。毛竹常绿，生长迅速，成林快，产量高，是西北地区南、中部造林、绿化、美化的优良经济竹种。

二、形态特征

毛竹地下茎单轴散生；秆直立，稍微弯曲。秆高达 20m 以上。径 18cm，节间短。新秆绿色，密被白粉及细柔毛，秆环平，箨环微隆起，环上具脱落性毛圈，环下具厚粉环；箨革质，棕褐色，密生棕褐色毛及黑褐色斑点；箨耳小，肩毛发达；箨舌宽短，弓形两侧下延；箨叶绿色，长三角形或披针形。小枝着生叶 2～4 片，叶片较细小，披针形。花期 5～8 月，穗状花序；果形似雁麦，褐色或深褐色，顶端有芒。

三、分布区域

陕西汉中、安康原有零星栽培。20 世纪 60 年代，林业部在陕西省楼观台实验林场进行"南竹北移"试验工作，在海拔 500～700m 的楼观台，引种栽培毛竹百余亩。20 世纪 70 年代，少木缺竹的陕西省，由农业局和土产公司组织引种毛竹，在渭南、西安、汉中、安康等地，海拔 1000m 以下的山坡、丘陵地带，栽培面积较大。毛竹是我国竹类植物中面积最大、分布最广，毛竹占竹林总面积的 2/3 以上，分布在秦岭汉江以南各地。

四、生态习性

毛竹喜欢温暖、湿润的气候条件。秦岭是毛竹分布的北界。经过引种秦岭南北的毛竹林情况比较：栽培在汉中南郑县的毛竹林，枝繁叶茂，每两年换一次叶，6 年后逐渐老化砍伐，生物学习性尚无变化；而栽培在秦岭北麓陕西周至楼观台（年平均温度 13.2℃，年降水量 683.3mm）的毛竹林，每年换 1 次叶，1～2 年生毛竹枝繁叶茂，3 年后逐渐叶落枯死，就需砍伐利用，生物学习性起了变化。可以看出水分条件对毛竹生长的影响远大于温度条件，毛竹的耐寒性远大于抗旱能力。另外，陕西周至楼观台垦复的毛竹林比长久不垦复的毛竹林长势好；陕西渭南毛竹林过于潮湿、积水长势很差，有的鞭根腐烂；毛竹林土壤通气性好坏和湿度大小也影响毛竹的生长。在海拔 1000m 以下的山坡、丘陵、平原、土层深厚、肥沃、湿润、酸、中性沙质土壤、排灌方便，毛竹生长良好。毛竹4月发笋，有大小年之分。花期5~8月，果8~10月成熟。

五、培育技术

（一）育苗技术

1. 种子育苗

（1）采种 毛竹为常绿多年生一次开花结果的植物，开花结实一般很少见。20世纪70年代初，陕西周至楼观台引种的一株毛竹，栽培成活，翌年换叶期，老叶脱落，枝芽抽穗开花，8~9月种子成熟，竹株死亡（竹径3cm，竹兜无鞭，带土少）。采种时剪下种穗，晒干脱粒，除去杂质，装入布袋，阴凉处贮存。据广西江口林业试验站测试：毛竹千粒重为8.7~15g，每千克种子6.66万~11.4万粒；室内种子发芽率50%~70%，圃地发芽率20%~40%。翌年播前20天，为促使种子发芽迅速整齐，催芽处理：先将种子用0.1%~0.3%高锰酸钾水消毒15min，倒出用水冲洗净，浸入12℃温水中1h，捞出放入筛子中的纱布上，再用纱布盖好，看种子干湿适时洒水，保持种子湿润为宜，种子露白时播种。

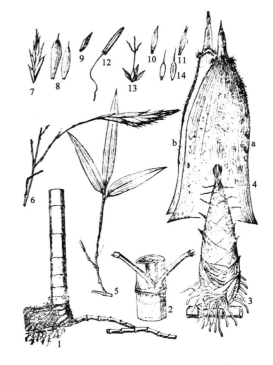

毛 竹

1. 秆茎、秆基及地下茎 2. 竹节分枝 3. 笋 4. 箨（a背面 b腹面） 5. 叶枝 6. 花枝 7. 小穗 8. 颖（右）及苞片 9. 小穗下的前叶 10. 外稃 11. 内稃 12. 雄蕊 13. 雌蕊 14. 颖果

（引自《竹林培育》）

（2）育苗 选择土层深厚、疏松、湿润、沙质土壤，pH值5~7，排灌方便的地作圃地。冬季施足底肥深翻风化。春季精细整地，作成高床，宽1m，高12cm，步道30cm，长因地而宜。3月下旬开沟条播，行距25cm，每亩播种子2~3kg，覆土3cm，床面覆草保墒，然后全面洒水。播后常看墒情洒水，保持土壤湿润，10天左右出苗逐渐揭去覆草。竹苗3片叶时，间苗移植，定苗株距20cm。

（3）苗期管理 竹苗生长期，适时洒水、松土除草、施肥及防治竹蚜等食叶害虫。竹苗经1月多时间完成高生长，开始第1次分蘖，分蘖苗经1月左右完成高生长，又开始第2次分蘖。陕西周至楼观台毛竹苗1年分蘖3~4次，每丛苗有10株左右，竹苗一次比一次高大；3~4年生留床实生苗，可以起苗造林。1年生实生苗与丛生竹繁殖习性相同，生产上将实生毛竹苗控制在丛生状态，采用实生苗分株连续育苗，可建立永久性苗圃，扩大苗源。

2. 压条育苗 是利用幼嫩实生苗，节间分生组织分化性能强，分化出生根组织，长出须根的方法繁殖竹苗。

（1）选条 在春、夏季2~3年生实生苗发笋期，选竹丛边缘发枝低的新株或叶刚展开的嫩竹压条。

（2）育苗 从母竹基部开沟，深度比侧枝略短，长、宽与竹秆和竹冠大小相同。沟底施些厩肥，深翻与土拌匀。然后把竹秆慢慢压入沟内，枝向两侧，逐个扶直侧枝覆土，轻轻压实，露出末端 1/5 的枝叶，即时洒水。

（3）苗期管理　随竹苗迅速生长，给基部及时培土（培疏松细土）和洒水，保持土壤疏松、湿润、通气良好，促进侧枝隐芽或第二代的隐芽萌发出苗、基部生根或长鞭。切忌土壤黏重透气性差，及洒水太多太勤，容易造成隐芽腐烂或烂鞭根。6～7 月份给竹苗遮荫，以防日灼幼苗枯死。陕西省楼观台实验林场，1977 年 5 月下旬嫩竹压条育苗，8 月上旬生根，11 月上旬掘苗，不足 1m 高的嫩竹压条，出苗 21 株，苗高 50cm，其中 7 株新苗生鞭（长 20cm 左右）。在生产上把压条获得的竹苗控制在丛生状态，采用分株连续育苗，可建立永久性苗圃繁殖竹苗。

（二）栽植技术

1. 林地选择　毛竹造林地选择在海拔 1000m 以下，背风、排水良好的山坡、丘陵和平原，土层深厚、疏松、湿润、酸、中性沙质土壤。

2. 栽植季节　春、秋两季均可造林，春季 2～3 月栽植，秋季 10～11 月栽植，春季栽植成活率最高。

3. 栽植方法

（1）移竹造林　①母竹标准　选 1～3 年生新竹，径 3～4cm，秆通直，节间匀称，枝叶旺盛，发枝低，无病虫害，多为浅根竹和林缘竹。竹鞭黄色，来鞭 30cm 去鞭 50cm，鞭芽饱满；竹兜带土 20～30kg 左右，留枝 3～4 盘去梢，刀口平滑秆无破裂。母竹运输搬运要轻起轻放，以免击落宿土或损伤鞭上螺丝钉；远途运输，母竹兜用塑料编织袋包扎，棚车运输，途中洒水，保持湿润。母竹栽植 每亩 60 株，株行距 3m×3.7m；栽前挖好穴，穴长、宽、深 1m×0.7m×0.5m，表心土分别堆放穴的两侧风化。栽时穴内填入 1～2 锨腐熟好的厩肥，与表土合匀。然后，母竹放入穴内，竹鞭与穴长方向一致，母竹兜低地面 10cm 左右，母竹扶直放稳，先填表土竹兜四周填实，再分层填土逐层踏实，勿伤笋芽。栽后浇水，盖土高于地面，以免积水，并盖上杂草，防止水份蒸发。秋栽时，培土成"馒头形"以防冻害，来春挖去"馒头"留土略高地面。②抚育管理　竹子有趋松、趋肥的习性。造林后 1～2 年内，远离母竹间作套种豆类、绿肥（毛苕子），遇旱浇水。以后每年松土，除草 2～3 次（5～6 月，8～9 月，10～11 月），并结合松土施肥；竹株周围松土浅，空地松土较深，肥料施氮钾化肥，每亩 3～5kg 为宜。发笋期作好护笋养竹，平时护竹养笋，5～6 年左右成林成材。毛竹成林采伐，要遵循竹子的生长规律，按照四个原则采伐，砍密留疏、砍老留幼（秦岭以南砍 7～8 年生竹子；以北砍 3～4 年生竹子）、砍小留大、砍劣留优（劣竹为断梢、雪压、畸形和病虫害竹）。采伐时间 11～12 月和翌年 1～2 月进行，伐量以当年出笋成竹量而定，伐后郁闭度保持 0.8 左右。每年进行 1 次抚育，清除灌木、杂草及劣竹子。竹林 3～4 年垦复 1 次，同时挖除竹兜、老鞭，结合垦复施肥，撒施氮、钾化肥（每亩 20kg）或有机肥，有条件的地方覆草或覆土施肥，提高产量。

（2）根株造林　母竹选择、栽植、抚育管理等与移竹造林方法相同，只是将母竹秆从基部截去，重量轻运输方便，但成林成材慢。

（3）实生苗造林　选地、栽植、抚育管理等与移竹造林方法相同；不同的是实生苗小，每亩栽 80 株，成林成材需 8～10 年左右。

六、病虫害防治

竹蚧：竹蚧固定竹枝吸食竹液，虫体小，繁殖力强，数量大，体外分泌蜡被物，防治比较困难，为竹林一类毁灭性害虫。20世纪70年代末陕西周至楼观台毛竹林遇到竹蚧毁灭性灾害。1980年陕西省楼观台实验林场与西北林学院森保系协作，在陕西已查得竹蚧7种，楼观台的优势种为白尾安蚧（*Antonina crawiickll*），危害成灾。

防治方法：①保护天敌——寄生蜂。它寄生于白尾粉蚧体内。停止化学药剂防治，保护寄生蜂的繁殖，促进竹林生态平衡，消灭竹蚧，具有深远意义。②利用竹蚧固定取食和群栖的习性，以林业措施为主。冬季结合竹林采伐，清除严重被害株，打下枝梢烧毁，控制竹蚧虫口密度。同时，加强竹林抚育、留笋养竹，秋冬季垦复、施肥，增强竹林抗虫力。

（徐　济）

淡 竹

别名：粉绿竹、青竹、红淡竹、甜竹。

学名：*Phyllostachys glauca* McClure

科属名：禾本科 Gramineae，刚竹属 *Phyllostachys* Sieb. et Zucc.

一、经济价值及栽培意义

淡竹中型散生，材质优、韧性强、劈篾佳，是上等的农用、篾用竹材。秆可作农用柄、晒竿、帐竿、烘烤竿、瓜架、棚架等；亦可编织竹帘、凉席、筐、篮、筛及日常生活用具等。淡竹的笔竹沥、竹茹、竹枝、竹叶可作药用。竹笋味美，可供食用。淡竹的适应性、耐寒性强，是西北地区秦岭以北造林、绿化、美化的笋、材两用竹种。

二、形态特征

淡竹地下茎单轴散生。秆壁略薄，高 5 ~ 14m，径达 10cm，新秆被白粉蓝绿色，无毛，具浓粉环。箨鞘淡红褐色或黄褐色，具稀疏紫褐色斑点或斑块；小秆箨鞘少斑或无斑点，有的具黄褐绿相间的纵带；无箨耳；箨舌紫色或黄绿色，先端截平或微凸，边缘具有深色短纤毛；箨叶绿色长披针形，边缘黄绿色，反转或外展。笋期 4 ~ 5 月，花期 4 ~ 10 月。

三、分布区域

淡竹是秦岭北麓、关中地区最主要的栽培竹种，陕西的华阴、华县、长安、户县、周至有大面积竹林；也有零星生长在房前屋后，沟边路旁。垂直分布海拔 400 ~ 800m；甘肃兰州市在海拔 1000m 以上，引种栽培。北京引种栽培，生长良好。淡竹分布在我国长江、黄河中下游各地。

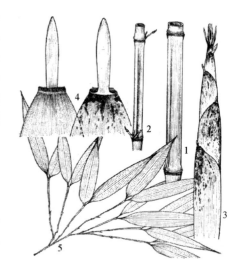

淡 竹
1. 秆茎、秆基及地下茎　2. 竹节分枝　3. 笋
4. 箨（背腹面）　5. 叶枝

四、生态习性

淡竹的适应性、耐寒性较强，喜水湿。在低山坡、丘陵、平地、河漫滩地都能生长，能耐一定程度的干燥、瘠薄和流水浸渍；在 -20℃ 左右的低温条件下及轻度盐碱土壤上，也能正常生长。淡竹笋期 4 ~ 5 月，出笋无大小年之分，主换叶期 4 ~ 7 月；常见零星开花，也有小片开花，花期 4 ~ 10 月，受粉率低，果实少，果形似雁麦。开花之后老竹死亡。又长出新竹继续开花，有的新竹长出新叶，经过 3 ~ 4 年左右，竹林复壮。淡竹节间分生组织分化性能强，淡竹属常绿多年生多次开花结实的植物。

五、栽植技术

（一）育苗技术

1. 移鞭育苗 河南南阳县园林场，利用淡竹无性繁殖力强的特点，开创了移鞭育苗方法：在淡竹林中，挖取鲜黄色竹鞭，长 40～50cm，移到圃地育苗。这种方法育苗在竹业生产中，为扩大苗源起了一定的作用。但挖取竹鞭，对竹林生长影响大，没有得到广泛的应用。

2. 移竹育苗 利用淡竹发笋多，无性繁殖力强的特点和集约经营的方法，培育竹苗。

（1）选竹 在淡竹林中，选 1～2 年生，径 1～2cm，分枝低，生长旺盛，无病虫害的竹株，双株或多株挖起，来鞭和去鞭各 15cm，带土 10～15kg，留枝 4～5 盘砍去竹梢。就近育苗不需包扎，远途运输，竹兜鞭根包好扎紧，洒水，保持湿润。

（2）育苗 在冬季选好圃地，地势平坦，土层深厚，疏松、肥沃、湿润，有灌溉条件。然后，施足底肥，深翻整地。每亩挖 80 穴，株行距 2.77m×3.00m，穴长、宽、深各 40cm，穴表心土分别堆放穴旁风化。翌年春竹子发笋前 1 个月栽植，穴内填入表土，母竹放入穴内距地面 10cm，先用表土填实竹兜周围，再分层填土逐层踏实，使竹兜与土壤密接，浇足水，盖上一层土或杂草。

（3）苗期管理 竹苗生长期，5～7 月、8～9 月、10～11 月各松土、除草、施肥 1 次；春、夏、秋和冬初，遇旱各浇 1 次水，雨季注意排涝，促进竹子的地下茎的生长和笋芽分化。发笋期护笋养竹，平时要护竹养笋，适时防治病虫害，2～3 年左右郁闭成林。可挖竹苗 600 株左右，能造林 10 余亩。每次挖苗后，圃地施土肥填穴，其管理与前方法相同。挖竹苗取大株留小株，保留竹径控制在 2cm 以下，集约经营，可建成立永久性苗圃。

3. 埋秆育苗 淡竹埋秆育苗，老秆枝节间分生组织失去分裂分化能力，不生根。陕西省楼观台实验林场科研人员，为了扩大苗源，用了 10 年时间，模索出一套散生竹埋秆育苗的方法。原理是利用埋秆技术的隐芽，在土壤湿润的条件下，发芽长成竹苗或竹苗基部隐芽长成的第二代竹苗，在节间分生组织幼嫩时，分化出生根组织，长出须根的方法育苗。这对散生竹类繁殖变型、变种苗和对竹类植物开花原因的认识，具有重要意义。

（1）选竹 埋秆选 1～2 年生，根径 1～2cm，发枝低，生长旺盛，无病虫害竹株。将选好的竹株从螺丝钉处分开挖起，竹兜带土 5～8kg，平放地上剪去竹秆各节次枝及主枝着地的侧枝，留伸向地上侧枝，再从 2～3 节短截，并将侧枝上小枝短截留 2～3 芽。

（2）育苗 选择圃地平，土层厚、疏松、肥沃、湿润的沙质土壤，排灌方便。冬季施肥深翻，翌年 3 月中旬，精心整地后，开埋秆沟，宽度与修剪过竹冠大小相当，沟深 10cm 左右，沟间距离 40cm。在沟的一端挖好栽植母竹根兜的坑穴，穴的大小 30cm×30cm×30cm。埋秆时，在穴内施适量有机肥与土合匀，将母竹根放入穴内，竹秆放入沟内，倾斜 15°左右，使主枝展平侧枝向上。再用 2% 的硫酸亚铁溶液喷雾，对母竹及土壤消毒。在竹兜四周填土分层踏实，浇足水。竹秆填土时，要扶直侧枝，露 1～2 个枝芽。最后用稻草覆盖，洒水，盖上塑料薄膜。

（3）苗期管理 埋秆后，圃地保持湿润，注意薄膜内通风，小竹苗展叶后揭去稻草和薄膜。再搭上荫棚，透光度 50%，白露拆除。当幼苗长 2cm 时，开始在基部培土，土要细、肥沃湿润，促进幼苗基部节上生根（培土是埋秆育苗的关键），入冬停止培土。幼苗生长期。浅松土常除草，防止松动苗根；干旱时要浇水，雨季排涝。并注意防治竹蚜虫危害幼叶，施放瓢虫或喷药。翌年 3 ~ 4 月份，将 1 年生丛生幼苗挖起分植，用剪刀细心分成单株或双株，每株带须根 2 ~ 3 条以上，沾上泥浆，剪去 1/2 枝叶，运往圃地栽植（圃地选择，整地与埋秆方法相同），株行距 25cm × 25cm，栽后管理除松土、除草、施肥外，注意培土埋鞭。每株苗当年繁殖新竹 4 ~ 5 株，长成混生型。然后将混生苗挖起分植，带鞭苗与丛生苗分开栽植。带鞭苗经 2 ~ 3 年可间苗造林。丛生苗分株连续育苗，可建成永久性苗圃。

（二）栽植技术

1. 林地选择   淡竹适宜海拔 1000m 以下，平原、丘陵和山坡，土层深厚，土壤肥沃、疏松、湿润，pH 值 5 ~ 8，排水良好的地段生长。

2. 栽植季节   春季 2 ~ 3 月，秋季 9 ~ 10 月，都可造林，以春季造林最好。

3. 栽植方法

（1）移竹造林   ①母竹标准，选 1 ~ 2 年生，径 2 ~ 3cm，竹秆通直，生长旺盛，发枝低，无病虫害竹。单株或双株挖起，鞭成黄色，来鞭 15cm 去鞭 25cm，带土 15 ~ 20kg，留枝 4 ~ 5 盘，砍去梢部。就近造林随挖随栽；远途运输，竹兜要包扎好，洒水，保持竹兜湿润。②母竹栽植：每亩 60 株，株行距 3m × 3.7m。栽前挖好穴，穴长、宽、深 50cm × 50cm × 40cm；栽时，穴内填适量有机肥与土合匀，再放母竹距穴地平低 10cm，竹秆扶直鞭根舒展，用表土将母竹兜周围填实，再分层填土逐层踏实，浇足水，填松土保墒。秋季栽植培土成"馒头"形。抚育管理，新造竹林全面垦复，间作套种豆类、绿肥 1 ~ 2 年，以耕代垦。此后，每年 3 ~ 4 月，6 ~ 8 月，9 ~ 10 月各松土、除草、施肥一次，遇旱浇水，但不能浇水太勤，雨季排涝，防止腐烂鞭根。发笋期作好护笋养竹，平时要护竹养笋，不能随意砍伐。经营好四年左右成林成材。成林抚育，淡竹零星换叶，发笋无大小年之分。抚育采伐，遵循竹子的生长规律，砍密留疏，砍老留幼（砍伐 3 ~ 4 年生竹），砍小留大，砍劣留优（劣竹为畸形、风折、雪压、有病虫害竹）。这四个原则要灵活运用，总结为：在密林中砍老竹、小竹、劣竹。采伐时间，每年 10 ~ 11 月或翌年 2 ~ 3 月，即发笋前一个月进行。采伐后，竹林郁闭度保留在 0.8 左右。结合采伐割除杂草、灌木。每隔 3 ~ 4 年，全面垦复，挖除伐根、老鞭，勿伤新鞭根。

（2）竹苗造林   淡竹移竹苗造林和淡竹移竹造林方法相同。埋秆苗造林与移竹造林大同小异，因竹苗小，每亩栽植 80 株。

六、病虫害防治

1. 竹笋夜蛾（*Atrachea zulgaris* Butler）   又叫笋蛀虫。每年发生一代，幼虫蛀食竹笋，以卵越冬。20 世纪 60 年代，陕西周至楼观台娘娘庙淡竹林竹笋夜蛾大发生，60% 以上竹笋遭虫蛀。

防治方法：①冬季或春季竹林抚育清除杂草，运往林外烧毁。消灭冬卵和幼虫。②虫蛀笋，脱落笋尖及时挖除和检拾烧毁，很有效。

2. 竹笋泉蝇（*Pegomyia riangsuensis* Fan）   每年发生 1 代，幼虫蛀食竹笋，以蛹在土中越冬。

防治方法：①发现竹笋虫蛀及虫退笋适时挖除烧毁。②虫口密度较大竹林，用灭蝇药剂喷或熏杀。

3. 竹螟（*Algedonia coclesalis* Walker）　　又称竹苞虫、竹卷叶虫。每年发生 1~2 代，幼虫吐丝卷叶取食，以老幼虫做土茧越冬。

防治方法：①秋冬季加强竹林抚育垦复，清除林内灌木杂草，消灭越冬幼虫。②5~6 月发现虫卷叶时，摘除虫苞。

③虫口密度大的竹林，喷 90% 敌百虫 500 倍液或 50% 敌敌畏 1000 倍液杀虫。5 月底成虫出现时，可用灯诱杀。

4. 竹蚜（*Oregma bambusicola* Takahashi）　　危害各种竹类，群集于叶背面吸食竹液，易引起煤污病。

防治方法：①利用竹蚜群集习性及时清除被害竹叶烧毁。②保护、施放竹蚜天敌瓢虫杀灭。③喷射灭蚜药剂杀灭。

5. 竹丛枝病（又称雀巢病、扫帚病）　　病源为真菌中一种子囊菌〔*Balansia talae*（Miyalke）Hara〕，寄生竹子小枝而发生。

防治方法：①加强竹林抚育管理，按期砍伐老竹、病竹调整竹林郁闭度，并进行松土除草、施肥，促进竹林生长旺盛。②发现病株及早砍除。

6. 竹秆锈病（又称竹褥病）　　病原：真菌中一种锈菌〔*Stereostratum corticioides*（Berk. et Br. Mang〕，陕西省周至楼观台有较大面积竹林。

防治方法：①竹林喷 0.5~1°Be 石硫合剂或喷 0.4%~0.8% 氨基苯磺酸。每周一次，连喷三次。②及早砍除病株，烧毁病节。

（徐　济）

美　竹

别名：白皮淡竹、岩金竹、加水竹、火竹

学名：*Phyllostachys mannii* Gamble

科属名：禾本科 Gramineae，刚竹属 *Phyllostachys* Sieb. et Zucc.

一、经济价值及栽培意义

美竹秆通直，材质坚强柔韧，篾性好，经久不裂，为上等农具用竹和篾用竹。用作家具、钓鱼竿、晒竿、帐竿及编织凉席、筛、筐等。美竹茹、竹枝、竹叶可以作药。笋味略涩，可食。美竹的适应性、抗逆性强，耐寒耐旱，是西北地区中部，造林、绿化、美化和水土保持的优良竹种。

二、形态特征

美竹地下茎单轴散生。秆直立，节间细长，长节达 40cm，梢端微弯曲；秆高 4～10m，径粗达 7cm，新秆深绿色，秆环、箨环紫绿色均隆起，环下具白粉圈，节间初被及短稀疏倒向白硬毛；箨鞘光滑无毛，淡褐棕色或淡棕绿色。上部具稀疏褐色细斑或暗褐色纵条纹；边缘紫褐色；箨耳通常发达与边缘繸毛均为红紫色；箨舌微凸，红紫色，边缘具短纤毛，背面贴生长繸毛；箨叶黄绿色，三角形或披针形，反转，扭曲微皱。笋期 4～5 月，花期 5～8 月。

三、分布区域

美竹分布于西北地区汉江、渭水流域。海拔 1000m 以下的山坡，丘陵地带，平原的村、宅旁有小片美竹栽培。在海拔 1500m 左右处，多为人工林。甘肃兰州等地引种栽培，生长良好。我国美竹分布在长江流域至黄河流域各地，西藏亦有栽培。

四、生态习性

美竹的适应性强，耐寒耐旱。多生长在山坡、丘陵，土层深厚、疏松、湿润的各种土壤；也能在干燥瘠薄的土壤、石粒土壤及山崖上正常生长。能耐 -20℃ 左右的低温及短时间流水的浸渍。美竹无性繁殖力强，地下鞭根纵横交错盘居土壤，发笋成竹多，耐砍伐，复壮快。一但造林成活，不容易毁灭，是水土保持的优良竹种。美竹发笋期 4～5 月，无明显大小年之分；主换叶期 6～7 月。花期 5～8 月，果实很少，形似雁麦。陕西周至楼观台见有零星开花；开花后老竹死亡，又长出新竹继续开花，连续 2～3 年竹林复壮。从美竹开花复壮过程及埋秆、扦插育苗生根观察，美竹节间分生组织分化性能较淡竹强。美竹是常绿多年生多次开花结实的植物。

五、培育技术

（一）育苗技术

1. 移竹育苗

（1）选竹　美竹移竹育苗选竹和淡竹移竹育苗选竹基本相同。

（2）育苗　美竹移竹育苗方法与淡竹移竹育苗方法相同。

（3）苗期管理　美竹移竹育苗苗期管理和淡竹移竹育苗苗期管理相同。

2. 埋秆育苗　美竹埋秆育苗技术和淡竹埋秆育苗技术相同。陕西省楼观台实验林场在美竹埋秆育苗的同时，试验了美竹扦插育苗，已取得成功。扦插育苗应用于生产，有待于今后再试验研究。

（二）栽植技术

1. 造林地选择　美竹造林地条件比淡竹低。

2. 栽植季节　秋季10月至翌年3月均可造林。

3. 栽植方法　美竹栽植方法与淡竹栽植方法基本相同，不同之处，美竹采取2～3株为一兜挖起造林。

六、病虫害防治

美竹病虫害防治与淡竹病虫害防治相同。

（徐　济）

五月季竹

别名：桂竹、刚竹、五月班竹、五月竹

学名：*Phyllostachys bambusoides* Sieb. et Zucc.

科属名：禾本科 Gramineae，刚竹属 *Phyllostachys* Sieb. et Zucc.

一、经济价值及栽培意义

竹秆较粗，中型竹之最。竹材坚韧、篾性好，用途广，仅次于毛竹。可作竿用、棚架、农具柄、伞柄等；编织制作各种农具、家具生活用具等；也适宜造纸，为优良的材用竹种。秆箨可作药品、食品包裹材料。笋味微淡涩，可供食用。五月季竹竹冠常年碧绿，是西北地区南、中部造林、绿化美化的优良竹种。

二、形态特征

地下茎单轴散生。竹秆高 6~13m，径 3~12cm；新秆绿色，无毛，略被白粉。箨鞘黄褐色或淡黄绿色，有紫褐色斑点或斑块，疏生直立脱落性白刺毛；箨耳紫黄绿色，镰刀形或倒卵形，常不对称，边缘有流苏状繸毛；箨舌截平或微凸，紫黄绿色；箨叶披针形或带形，边缘乳白色，向里紫黄绿色，微皱。笋期 5~6 月，花期 5~7 月。

三、分布区域

一般分布在秦岭南坡和巴山北麓，海拔 1000m 以下的丘陵、盆地。陕西汉中、安康、商洛地区有大面积竹林。20 世纪 60~70 年代，陕西省楼观台实验林场两次引种五月季竹，栽植在海拔 800m 以下的楼观台虎豹沟和竹类品种园。五月季竹在全国南至广东、广西、福建，西至四川、云南，北至河南、河北、陕西等省（区）均有分布。

五月季竹
1、2. 秆　3. 叶枝　4. 笋（部分）　5. 笋箨
（引自《中国主要树种造林技术》）

四、生态习性

抗性较强，适生范围大，能耐 -20℃ 低温，多生于山坡下部、盆地、丘陵和平地，土层深厚、疏松、肥沃、湿润的沙质土壤；黏重土壤透气性不良，五月季竹生长较差。同时，五月季竹抗病虫害能力强。陕西周至楼观台引种的五月季竹，20 世纪 90 年代分别开花，授粉率低，果实少；开花后老竹死亡，林地又长出新竹继续开花，翌年又长出新竹开花，有的长出新叶，3~4 年后竹林复壮。五月季竹节间分生

组织分化性能较强，是常绿多年生多次开花结实的植物。

五、培育技术

（一）育苗技术

1. 移竹育苗　①选竹，与淡竹移竹育苗选竹相同；②育苗，与淡竹移竹育苗方法相同；③苗期管理与淡竹移竹苗苗期管理相同。

2. 埋秆育苗　五月季竹节间分生组织分化性能较强，可以用埋秆育苗的方法获得五月季竹丛生型和混生型小竹苗，可分株连续育苗建立永久性苗圃，扩大苗源。其方法与淡竹埋秆育苗技术相同。

（二）栽植技术　与淡竹相同

六、病虫害防治

陕西周至楼观台引种的五月季竹，30 多年未发生过病虫为害。尤其是 1980 年楼观台毛竹林竹蚧大发生，遇到毁灭性灾害，但与毛竹林一路之隔的 8 亩五月季竹林生长良好。五月季竹抗病虫害能力很强。如果五月季竹在异地病虫害发生，其防治方法与淡竹相同。

（徐　济）

白哺鸡竹

别名：白竹、象牙竹

学名：*Phyllostachys dulcis* McClure

科属名：禾本科 Gramineae，刚竹属 *Phyllostachys* Sieb. et Zucc.

一、经济价值及栽培意义

白哺鸡竹发笋力强，笋出满地，如母鸡带小鸡，故得哺鸡竹之名。哺鸡竹系列竹种有：白哺鸡竹、乌哺鸡竹和黄秆乌哺鸡竹（乌哺鸡竹的变型）。白哺鸡竹，笋味鲜美，为优良的笋用竹。1980 年引种在陕西周至楼观台竹类品种园，20 多年生长良好。可在西北地区的南、中部大力发展，绿化、美化环境，竹笋也给广大群众生活中增添美食。

二、形态特征

白哺鸡竹地下茎单轴散生，秆高 5 ~ 8m，径 5 ~ 7cm，秆基多微弯曲，节间常见不规则极细的乳白色或淡黄绿色纵条纹。新秆绿色被白粉，节具白粉环。箨鞘淡黄白色，顶端浅紫色，具稀疏褐色斑点，被白粉和细毛；箨耳和繸毛发达，黄绿色；箨舌红褐色或黄绿色较发达，先端凸起，具短细须毛；箨叶长矛形或带状颜色多变，反转，强烈皱折。笋期 4 ~ 5 月。

白哺鸡竹系列竹种还有：

1. 乌哺鸡竹（*Phyllostachys vivax* McClure）　与白哺鸡竹形态不同的是秆高 6 ~ 12m，径可达 10cm，秆节间具明显的纵脊条纹，箨鞘密被稠密黑色云斑或斑点；无箨耳和鞘口繸毛；箨舌短。竹叶大。为优良的笋用和材用竹种。

2. 黄秆乌哺鸡竹（*Phyllostachys vivax* f. *aureocdulis* N. X. Ma）　乌哺鸡的变型，区别是全秆为硫黄色，节间有不规则绿色纵条纹，为优良的观赏及笋用两用竹种。

三、分布区域

白哺鸡竹分布在浙江、福建、江苏。1980 年被引种在陕西周至楼观台竹类品种园，历经 20 多年。在西北地区干旱、寒冷气候条件的驯化，生长良好。

四、生态习性

白哺鸡竹多生于亚热带，喜温暖湿润的气候。引种在北纬 34°06′的楼观台，年平均温度 13.2℃，极端低温 -20℃，年降水量 683.3mm，相对湿度 72.4%；海拔在 500m 左右，土层深厚，土壤为沙质淋溶褐色土，pH 值 5 ~ 7，疏松湿润，无灌溉条件，白哺鸡竹生长良好。笋期 4 ~ 5 月，主换叶期 5 ~ 7 月，未见开花。

五、培育技术

（一）育苗技术　可采用移竹育苗的方法，扩大竹苗。其选竹、育苗和苗期管理都与淡竹移竹育苗技术相同。

（二）栽植技术　造林地的选择，造林季节，造林方法与淡竹造林技术相同。

六、病虫害防治

白哺鸡竹北移以来，未发生病虫危害。如果发生病虫害，防治方法与淡竹病虫害防治相同。

（徐　济）

白 皮 松

别名：白骨松、三针松、白果松、虎皮松
学名：*Pinus bungeana* Zucc.
科属名：松科 Pinaceae，松属 *Pinus* L.

一、经济价值及栽培意义

白皮松是我国特有树种。树形优美，苍翠挺拔，皮色奇特，别具一格，是城市园林绿化最理想的树种之一。白皮松老树，碧叶白干，宛如银龙，被誉为树种的白雪公主，美化景点，具有化龙点睛的作用。木材含油脂，抗腐力强，纹理均匀，清晰美观，边材黄白或黄褐色，心材黄褐色，木材具松脂，气味芳香，花纹美丽，加工容易。适于做家具，文具，建筑用材。白皮松对二氧化硫，氟化氢等抗性较强，植后可减少烟尘污染，也是工业区营造环境保护林的特有树种。白皮松叶可提取挥发油，种子可食和榨油，其含油率达 25% 左右，是很好的食用油，球果有效成分为挥发油，皂甙，酚等，有平喘、止咳、祛痰、消炎等功能，种子能润肺通便，对老年慢性气管炎有一定疗效。

白皮松的花粉与其他松类（如油松，华山松）一样，具有很高的营养价值和医疗保健作用。花粉的蛋白质含量高，氨基酸种类齐全，且脂肪含量低，矿质元素和维生素丰富，特别具有一定量被称为"生命火种"、"抗癌之王"的硒。用松花粉作为人体硒的外源补充尤其重要。

二、形态特征

松科松属常绿乔木，高可达 30m，胸经达 2m，幼树树皮光滑，灰绿色，稍微发白，老树树皮淡褐色，不规则鳞片脱落后，露出粉白色内皮。树冠呈阔圆锥形或卵形。叶 3 针 1 束，长 5～10cm，雌雄同株。基部叶鞘早期脱落，球果圆锥状卵形，熟时淡黄褐色，暗绿细硬，花期 4～5 个月，果期翌年 9～10 月。

三、分布区域

白皮松在我国分布很广，地理位置北纬 29°55′～38°25′。陕西、甘肃、山西、辽宁、山东、河北、北京、河南、湖北、江苏、浙江、四川等地均有分布。主要集中在陕、甘、晋、冀、京等地区。陕西省蓝田有成片白皮松林，在桥山、黄龙山林区，秦岭、巴山林区都

白皮松
1. 雄花枝　2. 球果枝　3. 种鳞腹面　4. 种子

有天然次生林，总面积 50 余万亩，其中 90% 多分布在秦岭林区的蓝田、华县、潼关、洛南、商州、榨水等地海拔 500～1500m，巴山分布于西乡县午子山 450～900m，黄龙山林区分布于雷寺庄林场、白马滩林场，宜川县分布于海拔 600～1200m，甘肃分布于关山、小陇山（麦积，观音，太白，大河店一带海拔 1850m 以下）及天水，两当、甘谷、微县、成县、礼县、武山等地。山西分布于吕梁山海拔 1200～1800m，中条山、太行山及河南西部海拔 500～1000m。

四、生态习性

白皮松适应性极强，非常耐干旱瘠薄，天然林多分布在气温较低的酸性石山上，常傲然挺立于悬崖峭壁之处的岩石裂缝中，但在土层深厚，肥沃的钙质及黄土上生长良好。耐低温，在最低 -30℃ 的干冷气候条件下，及石灰岩地区也能生长，pH 值 7.5～8.0 的土壤也能适应。不耐水湿。甘肃省白皮松分布的年平均气温为 9～12℃，陕西为 7～8℃，山西为 7～9℃。1 月份平均气温 0.7～3.5℃，7 月份平均气温 21～23.4℃，极端最低气温 -15～-25℃，极端最高气温 32～38℃，≥10℃ 积温 2500～3000℃，年降水量 500～800mm，最低为 470mm（甘谷）。空气相对湿度 66%～75%。

喜光树种，仅幼年稍耐荫，深根性，寿命长，可达数百年，陕西凤翔有 300 年以上的大树；甘肃成县红川有 1 片树龄 1000 年以上的白皮松林，平均胸径 1.0～1.5m，平均高 23～32m，至今仍郁郁葱葱，生气蓬勃。天水县街子乡曾有 1 株 500 年以上的大树，高达 30m，胸径近 2m. 至今仍枝繁叶茂，长势旺盛。

白皮松生长较缓慢，1 年生苗高约 3～5cm，4～5 年苗高 40～50cm，有的 10 年生仅 1m。10～15 进入高生长旺盛期，一直持续到 40 年，这个时期的连年高生长量一般 30～40cm，最高可达 50cm 以上；直径生长 20 年起急剧上升，20～60 年平均连年生长量为 0.5～0.6cm，60 年以后生长缓慢；材积生长旺盛期亦出现在 20 年以后，其高峰在 50～60 年连年生长量为 0.02153m³，60 年后生长放慢。但从陕西省的白皮松不同类型条件下的生长情况看，其生长速度与产地条件的关系密切。在土层深厚，肥沃，光照条件好的生境中，白皮松生长速度很快。如蓝田县辋川安家山村生长的 1 株白皮松，37 年生，树高达 12.8m，胸经 18.7m，立木材积 0.18200m³，而在几乎相同的地块上，由于土层浅薄肥力差，35 年生白皮松，胸经 6cm，树高仅 5.8m，单株材积 0.00997m³。

白皮松结实良好，种源充足，有较强的更新能力。林冠下天然更新中等或良好，每公顷有幼树 5000 株以上，多者达 10000～15000 株，甚至达 32000 株，加之它对土壤要求不高，适应力比较强，可以形成稳定的林分。

五、培育技术

（一）育苗技术

1. 播种育苗

（1）采种与调制　白皮松种子 9～10 月成熟，当球果由绿色变为黄褐色时，即可采收。采回的球果应放在通风良好的地方摊开晾晒，每天翻动 1～2 次，待果鳞开裂后，轻轻敲开，种子即会脱出，经风选，去杂，装入麻袋或木箱内放在通风、干燥、低温处贮藏，白皮松种子千粒重 160～170g，每 100kg 球果可得净种 5～8kg，每千克种子 6000～7200 粒。

（2）种子处理　白皮松种子种胚具有休眠特性，播前种子需处理，方法有沙藏及浸种等多种。沙藏法将精选的种子于上冻前按种沙比 1:2～3 比例混拌，堆入在背风向阳、地势平坦，排水良好的地方，沙藏深度 0.5～1.0m，即在冻土层以下，注意检查，防止发霉，第二年播种前，选背风向阳处，将种沙混合物摊成 10cm 厚一层，上面盖膜或湿麻袋催芽，每天翻动 1 次，经 7～10 天，当种子有 20%～30% 裂嘴露白时即可播种。温水浸种则是播前用 40～50℃温水加入 0.5% 的高锰酸钾浸泡种子 12～24h，捞出换清水继续浸泡 1～3 天，每天换 1 次清水，然后捞出堆放在向阳背风处，覆盖催芽，待种子部分发芽时播种。

（3）整地播种　因白皮松怕涝又极易感立枯病，因此，圃地应选在地势平坦，排水良好的沙质壤土上，切忌前茬是菜地、白薯地、棉花地，整地作床视土壤质地而定沙壤土宜采用平床，轻壤或黏壤土采用高床，结合整地，每亩撒 10～12.5kg 硫酸亚铁进行土壤消毒。

白皮松一般在土壤解冻后 10 天，即土壤地表温度达到 10℃以上进行。采用条播，一般播幅 5～10cm，行距 20～25cm，每亩播种 25～30 kg，覆土 1～1.5cm，稍加镇压，为了防止土壤过湿又能保墒，床面上再覆 1cm 厚的锯末，或用草帘或稻草覆盖，浇水时用喷灌办法，等苗木基本出齐后，逐渐揭去覆盖物。

（4）苗期管理　播种后要加强苗期管理，及时防治病虫害及鸟兽类（方法见油松）和除草松土，在杂草未出土前，每亩喷洒 25% 的除草醚 0.5～1.0kg 或 50% 的西马津 150kg（应兑水 60～150kg），经 2～3 次即可达到除草的目的。其次要经常喷水，保持土壤湿润，高温天气每天 1 次，喷水最好在早、晚进行。

（5）幼苗移栽及大苗培育　为城乡园林绿化需要移栽培育大苗，选择 2 年生苗木进行第一次移栽，株行距为 10cm×20cm。待 5 年后进行第二次移植，株行距 20cm×60cm，或 60cm×120cm，第一次移植苗主要用于山地造林，第二次移植苗到 10 年左右，主要用于城乡园林绿化。

白皮松宜用容器育苗，方法见油松育苗部分。

2. 扦插育苗　插穗可从白皮松天然林及人工林中采集 1 年生枝条，其生根率后者为 57.5% 高于前者 20% 以下。且随插穗年龄的增大，生根率显著下降，最好从人工林 4～5 年生母树上采 1～2 年生硬枝作插穗。插穗长 15～20cm，要求剪口平滑，流水脱脂 24～48h，扦插密度为 10cm×10cm，入土深度为插穗长的 1/2～2/3，插后浇透水，插壤以蛭石为宜，用吲哚丁酸 100μg/g 处理 12h 和 50μg/g 处理 24h 效果为佳。扦插时间以 1、2、3 月为优，5、6 月份不宜扦插。白皮松扦插至 90 天左右部分插穗下切面出现突起愈合组织逐渐形成，120～420 天为生根期，该树扦插生根期长，一般插穗 8 月下旬开始明显分化，已生根者叶子发亮，呈蓝绿色，未生根者子叶发黄，顶芽呈褐色，逐渐死亡，8 月下旬至 10 月上旬是插穗生根期，10 月底苗木封顶。白皮松是在插穗下切面的愈合组织上生根。侧根 1～5 条不等。根毛繁多，有的多达 57 条。由于扦插育苗生根期长。苗期需要特别精细管理，应搭棚遮荫，透光度 50%，每天喷雾，保持棚内湿度 80% 左右。

3. 嫁接繁殖　采用嫩枝嫁接技术，采集白皮松当年生粗度 0.5cm 以上嫩枝嫁接到 3～4 年生油松砧木上，由于亲合力强，无位置效应，一般成活率可达 85%～95%。

（二）栽培技术

1. 林地选择　白皮松多在西北地区东南部的公园、庭院、街心及道路作为观赏和行道树栽植，在山地可选择具有石灰性反映的土壤作为造林地。

2. 细致整地 造林前应细致整地，山地造林多采用水平阶，水平沟，鱼鳞坑等方式。城市庭园采用大坑穴整地，规格视苗木大小而定，在特殊的风景区的多石坡地可用爆破整地。

3. 造林密度 白皮松生长缓慢，郁闭成林时间长，初植密度宜大一些，如营造白皮松与其它针叶树混交林。每亩株数以 220 株左右为宜，如营造白皮松纯林，以每亩 330 株左右为宜。庭园绿化，如系团状小片林，株行距 4m×5m，行道树株距 4～5m。

4. 认真栽植 白皮松以植苗造林主为，也可直播造林，造林时选择 3 年生以上顶芽饱满，无损伤和无病虫害的苗木，随起随栽，长途运输必须保持苗根湿润、完整，栽植时切忌窝根、伤根现象发生。城乡园林绿化栽大苗务必带土球，如栽植胸径 10～12cm 的大树，其坨高 120cm，直径 100～150cm，直径 12 cm 以上的大树应做木板夹进行移植。栽后要灌水，以保苗木和大树根系吸收和生长发育。

5. 混交造林 白皮松常与乔木油松、侧柏、槲栎、栓皮栎、锐齿栎、辽东栎、黄连木及灌木榛子、黄栌、白刺花、荆条、多花蔷薇、连翘、胡枝子等树种混生。人工造林以带块状混交为宜。

6. 抚育管理 白皮松在幼林期，要注意松土除草，根际周围要保持土壤疏松。20 年前较耐荫，生长缓慢，应保留树冠，20 年后生长加速，可适当进行修枝，只宜修去基部 2～3 轮侧枝。幼树易出现多头现象，及时疏去中央的竞争枝。特别是城市庭园的白皮松应保持优美的树形。干燥条件下，要适时浇水，但要控制水量，因白皮松怕涝，水分过量易引起根腐而死亡。

六、病虫害防治

1. 立枯病 防治方法见油松

2. 枯萎病 据观察引起白皮松植株枯萎的有 3 种类型：①突然萎蔫病态型，此病发生突然，时间短，发病快，叶子变色失绿，枝条表皮逐步下陷干缩，最后主干皮层下陷干缩软化，上部枝条及全株叶片干枯，这时根部腐烂。皮易脱离，皮下有螨虫。②逐年针叶枯死型，发病初期当年有 30%～80% 的针叶叶尖变黄变褐，发现叶部病原有交链孢属（*Alternaia* sp.），镰刀菌属（*Fusarium* sp.），赤壳菌属（*Nectria* sp.），多毛孢菌属（*Pestalotia* sp.）。这种病态发展与早春雨量多少有关，雨量多，发展快，落针叶多，反之则少。死亡时间 1～3 年；③根腐枯死型，病叶上有壳大卵孢属（*Sphaeropsis* sp.）存在，根部腐烂。病根由镰刀菌属浸染，生满白色菌丝。1～2 年后全株死亡。

防治方法：控制灌水，雨季注意排水。

3. 松大蚜（*Cinara pinea* Mordwiko） 危害苗木嫩芽和大树针叶，一般以卵在松针上越冬，次年 4 月上旬为孵化盛期，一直为害到 10 月。易招致黑霉病影响苗木生长，造成树势衰弱，甚至死亡。

防治方法：①可在为害初期喷 50% 辛硫磷乳剂 2000 倍液（即每千克药加 2000kg 水）。②春季若虫孵化盛期可喷洒 50% 乐果乳油；50% 马拉硫磷乳油 4000 倍液，或 50% 敌敌畏乳油 4000～5000 倍液。

（罗伟祥、刘广全）

杜　松

别名：刚桧、崩桧、刺松、棒儿松、鼠刺
学名：*Juniperus rigida* Sieb. et Zucc.
科属名：柏科 Cupressaceae，刺柏属 *Juniperus* L.

一、经济价值及栽培意义

杜松材质坚硬，纹理通直，边材黄白色，心材淡褐色，致密，富香气，耐腐力强，可供建筑、家具、小工艺品、雕刻等用材和作檀香代用品。枝叶家畜不宜食。种子可榨油，供药用，内含挥发油及树脂，内服有发汗、利尿、驱虫之效，其焦油外敷可治疥癣。

杜松在我国少部分地方可见少量成片块状天然林外，其余多为零星散生，是一个濒危珍稀树种。保护好这一资源，对于研究植物地理分布和演替规律，改善生态环境，建设我国山川秀美的西北地区具有十分重要的意义。杜松适应性强，极耐干旱瘠薄、抗寒、抗病，是很好的水土保持和固沙树种。由于其树姿优美、易栽植，也是很好的庭园绿化树种，如再加人工修剪造型，更具观赏价值。特别在我国西部地区，庭园绿化树种资源奇缺的情况下，杜松具有独特的优势地位。

二、形态特征

常绿乔木，高 15m，径 50cm，树皮深纵裂，灰褐色。枝条可分为硬枝和软枝两种，硬枝直立，密度大而紧密；软枝下垂和半下垂，枝叶较稀疏。枝冠按硬、软两种枝条可分为硬枝塔形、柱形、卵形，软枝柱形、塔形、伞形。叶针状刺形、质硬而直，3 枚轮生，先端具刺尖，长 10~25mm，宽 1mm，表面沟槽具一细白气孔节，背面具一丛脊。花雌雄异株，腋生。球果圆形，径 6~9mm，熟时由紫褐色变为蓝黑色，被白粉，不开裂，种子 1~3 粒，近卵圆形，长约 6mm，先端尖，有 4 条钝棱。花期 4~5 月，种子翌年 10 月成熟。

三、分布区域

在我国东北海拔 500m 以下和西北、华北地区海拔 1400~2200m 的地带有杜松零星天然林分布。陕西省府谷县海拔 800~1400m 有较集中成片的杜松天然林分布，并建有杜松自然保护区。新疆有杜松人工栽培。

四、生态习性

杜松为喜光树种，在光照充足的情况下，生长良好；光照差则有早落叶现象。它适应性很强，抗寒、抗旱、抗病虫、耐瘠薄。对土壤要求不严，在中性、微酸性乃至向阳山坡、干燥沙地，甚至石灰性土壤上可以生长，即使在燥瘠的岩石裂缝也能生长。主根浅细，侧根发达，萌芽力较强，采伐后的根株多能萌发成苗。幼树生长缓慢，10 年后生长加快。寿命较长，陕西有 170 多年的大树。

五、培育技术

（一）育苗技术

1. 播种育苗 杜松授粉率低，结实量少，空粒多，种子休眠期长，发芽困难，出苗不整齐，有些种子播种后，当年不发芽，到第二年才出苗。其果实两年成熟，第 2 年成熟的球果为蓝黑色，采种时要严格区分。球果采回后，凉晒多天，用石碾滚压，使果肉破碎，种子即可出来。杜松种皮坚硬，且具油脂，透水性差，不易发芽，应在前冬进行沙藏。沙藏前先用高锰酸钾进行种子消毒，再用 80℃ 的热水烫种（注意搅拌）0.5h 后，兑凉水至 40℃ 温水，浸种 7 ~ 10 天（每天换水）。浸泡后的种子捞出后用草木灰反复揉搓，直到种子缝沟槽内的油脂去净为止。再与 3 倍湿沙混合，在背阴通风的地方挖坑埋藏。开春播前挖出堆积在向阳处，盖上湿草或湿麻袋，并注意翻动，待种子有 1/3 的裂咀时，即可播种。播种时间以 4 月中、下旬为宜。播种方法和油松、侧柏相同。

杜松

2. 嫁接育苗 培育嫁接苗是陕西榆林地区繁殖杜松的主要方法之一。由于杜松的繁殖比较困难，且生长慢，把它嫁接在适应性较强，繁殖容易，生长较快的灌木树种 叉子圆柏（也叫臭柏）上，培育出既成活率高、适应性强，而且价值又高的乔木树种 杜松苗木来，真是相得益彰。其方法是：在 3 月下旬至 4 月上旬，以叉子圆柏为砧木，采集杜松 1 ~ 2 年生枝条，剪成长 10 ~ 15cm 的接穗，用髓心形成层贴接法嫁接。嫁接时砧木主干不用截掉，过长的可打掉顶梢，嫁接部位的针叶摘掉，用利刀沿韧皮部和木质部之间切开，露出白色形成层，下端形成一尖齿状切口。接穗切到髓心，再纵切长 2 ~ 3cm，下端切一楔形，正好和砧木切口贴合，对贴时把接穗的形成层和砧木的形成层贴紧，然后用塑料带扎绑紧，到第二年剪去砧木上部枝条即可。这样嫁接成活率可达 80% ~ 90%。

3. 扦插育苗 杜松生根困难，为促进插穗生根，陕北采用高温催根法。即选 15 ~ 25cm 的杜松当年生侧枝正头，去掉下部 1/2 的叶片。在温室苗床内，铺好增温电热丝。然后按株行距 6cm × 10cm 插入插穗。为保证温度、湿度稳定，上面搭设塑料薄膜小拱棚，保持 20 ~ 25℃ 的地面温度，生根后再移入苗圃地培育，一般成活率可达 70% ~ 80%。为了促进插穗生根，提高成活率，扦插前可用 50μg/g 的 1 号 ABT 生根粉溶液浸泡 2h，成活率可提高到 90% 以上。

利用杜松的嫁接条进行扦插，也可提高成活率。其方法是：将杜松 2 年生枝条剪下，剪时应带一段砧木原条，其长度为接条的 1/3，呈倒 "T" 字形，然后用清水浸泡 2 ~ 4 天后扦插，扦插深度是接条的 1/4。

（二）造林技术

1. 整地　固定、半固定沙地植被覆盖度大，应进行带状或块状整地，清除杂草，带宽1.5m，深25cm；块状整地，可按规划的株行距挖长宽各1m，深50cm的坑，以消灭杂草，松土保墒。在丘陵坡地，可沿等高线水平带状整地，带宽1～1.5m，带间距2～3m。造林整地应在造林前一季进行，以熟化土壤，保持水分。

2. 造林时间　在冬季没有冻害的地方可进行秋季造林，即9月中、下旬至10月上旬，因此时是雨季后期，土壤墒情好，也无风蚀现象，虽树木地上部分已停止生长，但根系还在生长，有缓和及缩短栽植初期苗木根系吸水与枝叶蒸腾水分的供求矛盾，开春后，缓苗期短，气温一旦回升，即可发芽生长。春季造林可在土壤解冻后，即3月底4月上旬就能栽植。

3. 苗木质量　杜松前期生长缓慢，易受杂草的压抑，为此，应选用大苗壮苗造林。要求4年生以上、苗高40～50cm、地径0.8cm以上，顶芽饱满，苗色正常的健壮苗木。

4. 造林方法　杜松树冠小，一般采用1.5m×1.5m或2m×2m株行距栽植。造林时应做到随起苗、随包装、随运输、随栽植，严防苗根失水。采用旋坑栽植法，坑大、深栽、分层填土，提苗舒根，扶正踏实，保护顶芽无损。

5. 庭园栽植　多选用10年生以上的大苗栽植，选苗时应注意冠形的搭配。以冬季冻土栽植为好。起苗时，先在大苗周围开沟，切断侧根，灌饱冻水，使土块充分冻结，然后带土起苗。带土块大小根据苗木根系状况决定，一般0.8～1m为妥。如运距较长，为防止根部冻土松散，就用草袋捆扎或用木板包装订牢。栽植坑要在地面封冻前挖好，苗运到后随栽随灌水。开春土壤解冻后要及时捣实根部，扶正苗木。有风袭的地方，还应用塑料布、席子等搭棚挡风。

6. 幼林抚育　栽后前3～4年，要特别防止杂草丛生，防碍幼林生长。一般第1年松土除草3次，第2年2次，第3年1次，以后年份视幼林生长和杂草情况，酌情进行。如遇连年干旱，应翻松土壤，以保蓄雨雪水分，提高幼林成活率和促进生长。

六、病虫害防治

1. 侧柏毒蛾（*Parocneria furva* Leech）　1年2代，幼虫危害嫩芽和针叶。4月中旬1代幼虫基本孵化毕，这时幼虫小，抗药力弱，是防治的最佳时机。防治方法见侧柏虫害部分。

2. 黑绒鳃金龟（*Maladera orientalis* Motsch.）　幼虫啃食根系，成虫危害嫩芽和叶片。1年1代，生活史很不一致，以成虫或幼虫越冬，越冬成虫3月下旬出土，多于傍晚活动，群集树上为害嫩叶幼芽，白天潜伏根部、草丛或土中。越冬幼虫一般在4月中、下旬化蛹，5月下旬羽化，6月下旬至7月中旬成虫交尾产卵。

防治方法：捕捉成虫，挖掘越冬幼虫。

（杨靖北）

红皮云杉

别名：红皮臭、虎尾松、白松、朝鲜鱼鳞松、塔松

学名：*Picea koraiensis* Nakai

科属名：松科 Pinaceae，云杉属 *Picea* Dietr.

一、经济价值及栽培意义

红皮云杉树姿优美，终年翠绿，引人入胜，是园林绿化及用材林的珍稀优良树种。红皮云杉木材淡黄褐色，纹理通直，材质轻软，干燥容易，抗腐力强，是建筑、桥梁、枕木、电杆、矿柱、造船、家具、胶合板、包装箱、航空器材的优良用材。由于声学性能良好，也是制造乐器的理想材料。纤维素长，是造纸的良好原料，树皮含单宁量高，可提制栲胶。松塔可入药。

二、形态特性

常绿乔木，高达 35m，胸径 80cm。树冠尖塔形，干形通直圆满。树枝淡红褐色或灰褐色，裂成不规则薄条片脱落，裂缝常为红褐色；1 年生枝淡红褐色或淡黄褐色，无白粉；叶锥形或四棱状条形，微弯，长 1.2 ~ 2.2cm，宽约 1.5mm，四面有气孔线。冬芽圆锥形，微有树脂，雌雄同株，雄球花单生叶腋，雌球花单生枝顶。球果卵状圆柱形，长 5 ~ 8cm，熟前绿色，后成绿黄色或褐色，种鳞薄木质，露出部分有光泽，常平滑，苞鳞极小；种子上端有木质长翅，倒卵形，黑褐色。花期 5 ~ 6 月，果期 9 ~ 10 月。

据对引种栽培的红皮云杉幼中龄林的自然变异研究表明，红皮云杉有 3 种变异类型：

（1）宽冠类型　冠径在 180cm 以上，冠型为塔型及圆锥形，针叶颜色为绿色，叶幕较厚；

（2）中冠类型　冠径在 120 ~ 170cm 之间，冠形以塔形或卵形为主，亦有圆锥形，针叶颜色为黄绿、深绿；

（3）窄冠类型　冠径在 110cm 以下，冠形为圆锥形，针叶颜色以黄绿色为多。

三、分布区域

红皮云杉在我国主要分布在大兴安岭、小兴安岭、张广才岭、完达山脉、老爷岭、长白山区。内蒙古大多伦及锡盟也有分布。在东北西部昭乌达盟白音敖包林区海拔 1100 ~ 1300m 地带沙漠边缘微酸性的沙土地上，有大面积天然林，林相完整，分布集中，为我国沙地上最好的一片红皮云杉原始林，也是很好的母树林基地。

垂直分布大兴安岭、小兴安岭海拔 300 ~ 700m，张广才岭 400 ~ 950m，长白山 500 ~ 1800m 之间。

现西北地区多处引种栽培，陕西延安树木园 1981 年定植的红皮云杉，长势十分旺盛。新疆 70 年代引种，乌鲁木齐、石河子有栽培。

四、生态习性

红皮云杉是亚寒带的针叶树种，也是第三纪古老的稀有种。原始生境多寒冷阴湿（冷湿型气候），自然分布区（大兴安岭）年平均气温 -5℃左右，1 月最低气温 -32℃以下，7 月最高气温 17℃，≥10℃积温 1400℃左右，年降水量在 480mm 以上，年平均相对湿度大于 70%，湿润指数 1.0 以上。但在内蒙古白音敖包沙地的红皮云杉林气候则趋向"冷干"型，年平均气温在 -1.6 ~ 0.2℃以下，1 月平均气温低于 -21.6℃，极端最低气温 -45.5℃，年降水量 360 ~ 440mm，蒸发量 1526.8mm，为降水量的 3.8 倍，湿润系数远小于 0.7，无霜期 75 天。红皮云杉耐寒性特别强，能耐 -70℃的绝对低温。耐荫性和耐湿性也较强，幼年耐庇荫，中年后喜光。

红皮云杉是浅根性树种，在固定沙丘条件下，大量根系集中分布在土壤表层 40cm 之内。据测定，根颈和粗根约占全部根系生物量的 92.6%，而只有 7.4% 左右的中根与细根专营吸收土壤营养物质，以供树体生长发育机能上的需要，因此，根系有异乎寻常的适应能力。红皮云杉抗火能力弱，由于树皮薄，不耐火烧，又无萌芽能力，1 次火灾容易全林毁灭，幼树受害严重。

红皮云杉生长缓慢，在东北林区 50 年生，树高 3.5 ~ 5.0m，胸径 4.5 ~ 6.0cm；100 年生，树高 10m，胸径 12cm；150 年生，树高 22m，胸径 23cm；225 年生，树高 32m，胸径 52cm。在优良立地条件下生长较快，40 年生树高 20m，胸径 30cm，长白山海拔 1270m 的林分内，180 年生红皮云杉平均胸径为 40cm，最粗可达 52cm，平均树高 30m，最大树高 33m，平均单株材积为 $1.67m^3$，100 年生的原始林分，蓄积量 $400m^3/hm^2$。其森林群落现有总生物量为 $109.31t/hm^2$，红皮云杉总生物量 $97.68t/hm^2$，全林年净生产量为 $1t/hm^2 \cdot a$。

五、培育技术

（一）育苗技术　红皮云杉主要采用播种育苗。

1. 种子贮藏催芽　红皮云杉种子细小，1kg 种子数达 14 万 ~ 20 万粒，千粒重 5 ~ 7g。发芽率高，一般达 80% 以上。为使发芽整齐，提高出苗率，播前需先进行雪藏，后混沙催芽。选地下水位低，背风向阳的地段，于秋天挖深 80cm，长、宽视种子多少而定的雪藏坑。到翌年 1 ~ 2 月间在挖好的坑底铺 10 ~ 15cm 雪，将种子按 1:2 或 1:3 的比例混雪拌匀后放入坑内装满种子后，用雪覆盖培成土丘，上盖草帘等物。待播前 1 周左右，将种子取出混以湿沙，在 15℃室温催芽 4 ~ 5 天，保持湿润，每天翻动 1 ~ 2 次，当有 20% ~ 30% 种子裂嘴时即可播种。也可进行沙藏。

另一种方法是快速催芽，即用 30℃温水浸种 1 ~ 2 昼夜，捞出晾干，保护种子湿润，温度控制在 25℃左右，约 4 ~ 5 天即可播种。发芽率有的高达 95%。

2. 播种　因种子细小，应选平坦富有有机质的沙质壤土作圃地，整地应细致，作成高床或平床，低床效果不好。土壤要消毒（每平方米用 40 ~ 60ml 浓硫酸 +6kg 水喷床面），使床面湿润 5cm 左右。撒播和条播均可，以条播为好，行距 25cm。播幅宽 5 ~ 7cm，播种量每亩 3 ~ 4kg，播后用森林腐殖质土覆盖厚度 0.2 ~ 0.6cm，上面再盖一层薄草，或覆盖地膜，可提前 5 ~ 7 天出苗。

3. 苗期管理　红皮云杉幼苗不耐高温，易受日灼危害，需设荫棚遮荫。以中度遮光

50%好，每平方米产苗数324株，而全光育苗为264株/m²。播后约15天幼苗可出齐，出齐后撤除覆草。在水源充足，灌溉方便的地方可进行全光育苗，但必须注意及时并充足灌水，每天2~4次，以少量多次为宜。6月中、下旬后雨季来临可减少灌水次数。适时松土、除草。幼苗应覆土防寒过冬，第二年春季旱风之后，撤去覆土，继续加强水肥管理。

红皮云杉幼苗生长缓慢，1年生苗高仅2~4cm，2年生约6~8cm，3年生苗高12~15cm，可出圃造林。园林绿化需培育大苗，株行距40cm×50cm。

（二）栽培技术

1. 林地选择 目前红皮云杉在西北主要是用于庭园及风景绿化栽植。成片造林应选择湿润的沟谷两侧及山腹下部的平台地或缓坡地为宜。要求水分充足，但不能积水。

2. 整地栽植 一般穴状整地（50cm×50cm×30cm），大苗栽植坑口直径60cm，坑深50cm。如果低湿地应做高垄，垄面高出地面30cm，垄宽以栽1~2行为准，垄长不限，同时挖好排水沟。红皮云杉均采用植苗造林，以春季最好。山地造林以3年生苗为宜。大苗栽植，苗高1.0~1.5m，少量可选1.5~2.0m的苗木，达到一次栽植一次成型，好管理，绿化效果好。大苗栽植应带土坨，保证有完整的根系，装卸车时，应轻拿轻放，苗木要站立装车，株间靠紧。做到随起苗随栽植。要栽正、踩实、坑内填土最好是湿润的好土。栽完后马上浇透水，以后每隔5~6天浇1次水，一般情况下，栽后浇水2~3次即可。

3. 造林密度 山地造林可采用1.5m×2.0m或1.0m×1.5m的株行距，即3300~6600株/hm²。庭园绿化，6m宽的树带，如栽3行，株距2.5m，行距4~5m，品字形栽植；8m宽的树带，株距可4m，行距3m。

4. 混交造林 可与油松、鱼鳞云杉（*Picea jezoensis* Carr. var. *microsperma*）、紫椴、白桦、水曲柳等混交，不应与落叶松混交，因其在虫害上有转主关系。

5. 幼林抚育 红皮云杉生长较慢郁闭较迟，造林后1~3年内应及时松土除草，带状割灌，每年6月下旬至7月上旬抚育，第一年以带状割草培土踏实为宜，第四年以后根系已深入扩展，需增加透光量，扩大割灌除草带。庭园栽植应做好浇水围坑。

红皮云杉树冠发达，侧枝紧密粗壮，使形成金字塔形，以提高观赏价值，不宜修枝，特殊用途可剪成球形或其他多种姿形。但自然整枝不良，如培育用材林，10~15年后，可进行第1次修枝，保留树冠长度是树高的4/5。30年生的红皮云杉林，树冠长度是树高的2/3。当枝下高超过8m时，可停止修枝。如初植密度为4400株/hm²，植后14~15年进行第1次间伐为宜，40年生以前间伐强度以株数百分率计占40%较好，间隔期7~10年。采用下层抚育法，伐除被压木，干形不良林木，以增加林内光照。

红皮云杉天然更新良好，如采取人工促进更新的措施，如块状或带状清除地被物，效果会更好。如幼苗幼树分布不均匀或单位面积株数不足时，可就近移植多余的野生苗。

六、病虫害防治

1. 云杉球果锈病 为害云杉球果。受害球果多不结种子，即有少数种子但萌发力很低，严重影响种子产量和天然更新。

防治方法：见云杉病虫害防治。

2. 云杉八齿小蠹（*Ips typographus* L.） 是红皮云杉的主要害虫之一，主要发生在东北林区。1年发生1代，以成虫在树干基部或根际土内越冬，5月下旬开始活动，6月初为产卵盛期，在树干中、下部的韧皮层内蛀坑道繁殖、取食。

防治方法：①清理伐区注意林分卫生，及时伐倒并运出衰弱木、风倒木。②夏季采伐的木材如不能剥皮或不能及时运出林外，应在头 10 天归成大实楞（不小于 $12 \sim 15m^3$，高度不低于 15m，不用垫木），最上面两层剥皮，并喷洒西维因粉或甲敌粉。③在有水源的地方，可将伐倒木带皮浸泡水里 20 天，将皮下小蠹全部杀死。④选择带新鲜树皮的风倒木，衰弱木作饵木诱杀，饵木放置时间以 3 月中、下旬至 4 月上、中旬为宜，放置高度 1m 为好，放置地点在林缘或林中空地，每亩放 2~4 组，可诱杀八齿小蠹。

（3）红皮云杉球蚧（*Physokermes inopinatus* Dantzig）　属同翅目蚧总科蚧科。该虫以雌成虫在树木的针叶和表皮上吸食，树体上有黏液流出，重者滴于地面，枝叶布满灰尘，还招致大量苍蝇、蚂蚁。

该虫 1 年 1 代，以 2 龄若虫在针叶上越冬，翌年 3 月下旬，越冬雌若虫开始迁移到 1、2 年生小枝基部，5 月上旬进入成虫期，6 月下旬至 7 月上旬若虫大量孵出，从母体内爬出，在叶上大量吸食叶汁。

防治方法：①可在 5~6 月成虫期，应用内吸型杀虫剂（如吡虫啉、乐果、氧化乐果等），在树干基部打孔注药进行防治效果最好；②在成虫及若虫期，可用拟除虫菊酯类杀虫剂喷洒。

（罗伟祥）

雪　松

别名：喜马拉雅杉、喜马拉雅雪松

学名：*Cedrus deodara*（Roxb.）G. Don

科属名：松科 Pinaceae，雪松属 *Cedrus* Trew

一、经济价值及栽培意义

雪松树体高大，干形通直，树姿优美，苍翠挺拔，雄伟壮丽，既是优良的珍贵用材树种，也是世界著名的观赏树种，是全球三大公园树种之一。材质优良，木材硬度适中，木材边材黄白色，心材黄褐色，有油脂，味芳香，抗腐力强，经久耐用，容易加工，可供建筑、桥梁、枕木、造船、屋顶、家具等用材，还可提取芳香油。其油涂皮革上可防水浸，涂牲畜上可防虫咬。我国 1912 年开始引种，已有 80 多年栽培历史，在适生地区广泛作为庭园及城市绿化树种栽培，在南京、杭州、昆明已用作山地造林树种，生长良好。从目前形势看，雪松绿化造林必将有一个快速的发展。

二、形态特征

常绿针叶大乔木，原产地高达 50 ~ 72m，胸径 2 ~ 4m，幼树树皮淡灰色不开裂，老树树皮深灰色，鳞片块状开裂；树冠塔形，大枝不规则轮生，平展，小枝微下垂。叶针状，切口多呈三角形，质硬，先端尖，长 2 ~ 5cm，幼时有白粉，灰绿色，在长枝上螺旋状散生，在短枝上簇生。多为雌雄异株，稀雌雄同株，花单性；成熟球果大，直立，卵圆形，宽椭圆形或近球形，长 7 ~ 12cm，径 5 ~ 9cm，顶端平，成熟前淡绿色，微被白粉，成熟时深褐色、栗褐色或棕色，果鳞木质，重叠闭合，盾形，基部有一柄状的爪，每果鳞含 2 粒种子，种子顶端具宽的膜质翅，翅长数倍于种子，子叶 9 ~ 10 枚。花期 10 ~ 11 月，翌年 10 月成熟。

雪松

雪松属有 4 个种，我国原产 1 种。其中大西洋雪松（*Cedrus actlantica* Manetti.）在杭州及陕西南五台有引种；黎巴嫩雪松（*C. libani* Loudon.）在江西芦山有少量栽培；短叶雪松［*C. brivefolia*（Hooder fil）Henry］，原产我国西藏。栽培最广泛的是雪松，由于长期栽培，形成了不少栽培变种类型，已往记载的多达 11 种，主要根据针叶长度及颜色，树形和分枝状况等的变异分类。在西北常见的有以下 2 种：

1. 垂枝雪松　枝条下垂，为促进主梢向上生长，幼树期常需立桩扶持，针叶最长，平均 3.3 ~ 4.2cm，树冠尖塔形，生长较快。

2. 翅枝雪松　枝条斜上，小枝微下垂，针叶长 3.3 ~ 3.8cm，树冠突塔形，生长最快，数量最多。

三、分布区域

原产喜马拉雅山西部从阿富汗至印度的特里加瓦尔。在印度、尼泊尔、阿富汗分布于海拔 1200 ~ 3300m 的山地，在海拔 1800 ~ 2600m 地带常组成纯林，或与乔松、喜马拉雅云杉、西藏柏及一些硬阔叶树混生，组成混交林。

我国引种雪松主要在亚热带、暖温带地区的城市栽培，北起辽宁的大连，向南到江苏、浙江、湖南、湖北、云贵等省均有引种栽培。

西北地区西安、延安、汉中、兰州、天水、陇东、陇南等地多用于观赏树种栽培。垂直分布海拔 300 ~ 1600m。

四、生态习性

雪松性喜温暖、湿润气候，最好的雪松林生长在年降水量为 1000 ~ 1700mm，主要是夏季降雨，冬季也有大量积雪的地区。雪松抗寒性较强，大苗可耐 −25℃ 的短期低温，但对湿热气候适应能力较差，常常生长不良。雪松喜光，幼年稍耐庇荫，大树要求充足的上方光照，否则生长滞缓或枯萎。对土壤要求不严，较耐干旱瘠薄，能在黏重的黄土或岩石裸露地上生长。对酸性土、微碱性土均能适应。但以土层深厚肥沃、疏松、排水良好的酸性土生长最好。不耐水涝，在低洼积水或地下水位过高的地方生长不良，甚至死亡。

雪松抗烟能力较差，如空气湿度大，幼叶受二氧化硫的污染迅速枯萎至死。

雪松为浅根系树种，主根不发达，侧根多分布在 40 ~ 60cm 土层中，水平分布可达数米。

雪松 30 年开始结实，但自然授粉比较困难，因为我国栽培的雪松雄球花常于第 1 年秋末抽出，次年早春较雌球花约早 1 周开放，南京、西安、青岛等地采用人工授粉获得质量较高的种子。

雪松是速生树种，陕西长安南五台 1963 年栽培的 1 株雪松雄株，系插条苗起源，树龄 25 年，树高 20.1m，胸径 50.3cm。据观察，雪松播种苗及插条苗，最初 4 年地上部分生长较慢，1 年生实生苗高 13 ~ 15cm，插条苗当年很少发新梢，2 年生插条苗高 30cm，但地下部分生长较快，扎根深，约为地上部分的 1.3 倍，甚至更大，因此雪松比较耐旱，不易风倒。在长安，雪松 5 年后高、径生长都很快，年高生长 60 ~ 70cm，年径生长 0.8 ~ 1.2cm，最大胸径生长量可达 2.3cm，30 年以后生长开始下降，但每年仍有 0.6cm 的径生长，8 年后材积生长开始增快，14 年生时，单株材积可达 0.1709m³，以每亩 167 株计，木材蓄积量为 18.3215 m³，每亩每年材积生长 1.3072 m³，因而它是一个优良的速生常绿针叶用材树种。西安有小片人工林。雪松寿命长可达 600 ~ 700 年，具有较强的减噪，防尘和杀菌能力。缺点是夏季遮荫降温效果差，抗污吸毒能力低。

五、培育技术

（一）育苗技术

1. 扦插育苗 因种源不足，主要靠进口，扦插繁殖是当前雪松育苗的主要方法。

（1）插穗采集 从 3～5 年生的幼壮龄树的树冠上、中部采集有顶芽的 1 年生枝条作插穗最为理想。母树年龄对成活率影响很大，年龄愈小，成活率愈高。实生起源的母树又高于插条起源的母树，10 年生以上的大龄树不宜采条。插穗长 15～20cm，粗枝可以短，细枝应稍长，剪去侧枝。试验表明，硬枝扦插育苗以保留入土部分针叶为好，成活率为 99%，较去掉入土部分针叶的高 9%，30～50 根一束捆好，最好随采随插，否则应放置阴凉处，经常洒水。

（2）插穗处理 插前将插穗放入浓度为 500μL/L 的 a－萘乙酸钠或吲哚乙酸水溶液或酒精溶液快浸 5s，可以促进生根。甘肃省林业科学技术推广总站主持的 ABT 生根粉及增产灵示范推广项目试验结果：用 ABT 3 号生根粉，浓度为 100μL/L 溶液灌根，成活率达 96%，对照为 84%，处理比对照高 14.3%，如用 ABT 1 号生根粉，以 80μL/L 浸泡 2h、50μg/g 浸泡 5h，处理插穗基部，成活可达 90%～93%。

（3）扦插时间及方法 雪松一年四季均可扦插。春插可于 2～3 月进行，尤以 3 月上、中旬扦插最佳；夏插可在 5～6 月，秋插在 8 月中旬进行；晚秋或初冬扦插，往往当年只有部分生根或不生根。为了提高成苗率，将黄土 5 份，细沙 3 份，蛭石 2 份混合成插壤，用 2% 的硫酸亚铁溶液消毒后备用。在圃地面按内径宽 1m，长 8m 的大小作成插床，然后按株距 4～6cm，行距 8～12cm，插入苗床，深 5～6cm，插后及时灌水，有利于插穗与插壤密接。

（4）苗期管理 扦插后在插床上及时架设荫棚或塑料小拱棚，防止蒸腾失水。雪松扦插生根时间较长，春插实生母树插穗约需 40～50 天形成愈合组织，80～90 天开始生根，4 个月后大量生根，因此插后管理非常重要，管理不当，插穗就会枯萎。最初 2 个月，每天早晚要用喷雾器喷水 1 次，使插穗处于湿润状态，而又不能有积水，以免插穗腐烂。如棚内温度超过 30℃，中午要揭开塑料薄膜，通风降温，傍晚封闭，生根后减少喷水次数，以免烂根，并随时拔除杂草，9 月中旬以后荫棚及薄膜可以除去，但冬季严寒到来以前，应盖薄膜防冻。扦插当年不抽新梢，需要留床继续培育 1 年，2 年生苗高可达 30～40cm 或更高，再分床移植，培育大苗。

2. 播种育苗

（1）制种与采集 据西安植物园观察，西安地区可用人工辅助授粉的办法制种，在 10 月中旬当雄花基部开始散粉时采集雄花，平铺于塑料薄膜或纸上，经常翻动，催散花粉，然后用细筛筛去杂物，将花粉阴干 1～2 天，装入纸袋或塑料袋中，每袋 0.5kg，置于阴凉通风处备用。雪松雄花开放约在 10 月下旬至 11 月中旬，授粉最适期，从 10 月下旬～11 月上旬，前后约 10 天左右。授粉时将花粉装入用 4 层纱布缝制的小袋中，绑于 2～3m 长的竹秆一端，沿具有雌花的侧枝轻轻振动，花粉即落于雌花上，每株应重复授粉 3 次，每次相隔 2～3 天，翌年 9 月底～10 月及时采收已经成熟的棕色球果，摊开在苇帘上曝晒，脱出种子，每 35～45kg 球果，大约可得 4kg 纯净种子，装入布袋干藏。因雪松种子富含油脂，不宜久藏，必须在来春播种。

有少数雌雄同株的个体，在自然条件下能正常结实。如西安光学仪器厂雌雄同株雪松结有大量球果，自然脱落后在树冠下发芽生长，存苗 100 余株。因此，可以采用已经开花的雌雄同株枝条作接穗，在雪松幼树上进行高接换头，建立雪松母树林或种子园，为今后大量栽培雪松提供种源。

（2）种子处理　播前将种子用温水浸泡 1 昼夜，用两层纱布将种子包好置于背风向阳处催芽，经常翻动并撒水保湿，待种子刚裂口露白时即可选出播种。

（3）播种时间与方法　雪松不耐水湿，圃地须选择排水通气良好的沙质壤土，播种可在"春分"前进行。精选的种子千粒重 124～180g，每千克种子约 8000 粒。每亩播种量 4～5kg，为节省种子，开沟点播，行距 12～15cm，株距 4～5cm（点播），播后覆土 1cm 左右。浇水，盖草，经 3～5 天种子开始萌幼，15 天相继出土，持续 1 月余，发芽率可达 90% 左右。为培育壮苗，并可提早播种，延长幼苗生长期，将来带土移栽，还可提高造林成活率，可以采用温棚容器育苗，容器宜采用蜂窝状连体营养杯。内装由山地森林腐殖质土 3 份，细沙 2 份，黄土 5 份混合而成，并经 2% 硫酸亚铁消毒的土壤。容器成畦状排列于塑料温棚内，以便管理，2 月下旬至 3 月上、中旬播种，每袋播种 1 粒，覆细土 0.5～1.0cm，并用洒壶喷 1 次透水，如用日光温室育苗，不仅可提前播种，而且可培育出壮苗。日光温室三面土墙，东西长 30m，南北跨度 8m，净面积 200m²，室内设 3 排立柱，脊高 2.8～3m，后墙高 1.8m，厚 1.0m，东西两侧墙厚 0.6m，棚面角度 23°～25° 以降低反射率，增强室内光照强度，棚面用 8 号铁丝和细竹杆塔设，棚面用无滴膜和草苫保温，可提前至 1 月播种，容器育苗，方法同塑料温棚，这种方法育苗，成苗率可达 98%，当年苗高可达 30cm 以上，形成 3～5 个分枝。

（4）苗期管理　播种后可在容器上覆草，保湿，出苗后再揭去。在经常洒水，保持土壤湿润的条件下，可以不搭荫棚，全光育苗。6 月及 7 月中旬各施淡人粪尿 1 次，或施尿素 2.5～5.0kg/亩，撒于容器内，随即浇水。5～7 月每半月喷 1 次 1% 的波尔多液防治立枯病，或在刚发病时用 2% 硫酸亚铁喷洒苗木，半小时后用清水洗苗。经常拔除杂草。1 年生苗高 10～15cm，需留床继续培育 1 年，2 年生苗高可达 50～60cm，即可出圃造林或分床移栽，培育大苗。如培育树高 2.5m～3.0m，冠幅 2.5m 的雪松大苗，移植密度为每亩 300 株为宜。

（二）栽培技术

1. 林地选择　雪松树体高大，树姿优美，与金钱松、日本金松、南洋杉、巨杉为世界五大著名观赏树种。在西北地区的东南部，最适栽植于花坛中央，庭园入口及高大建筑物两旁，公园干道及街道两侧（列植）、草坪中央或边缘（弧植或丛植），亦可用于风景名胜区的山地造林。在立地条件较好的地方可以营造用材林。青海西宁 20 世纪 90 年代中期首次引种栽培雪松获得成功，认为选背风向阳即小气候条件比较好的地方栽植，不要选在迎风面，通风口最为重要，避免冬季干冷风而遭冻害。云南林业科学研究所造林试验表明，从海拔高度看以 1700～2400m 为宜，超过了 3200m 有冻害。具体造林地宜选择阳坡、半阳坡和缓坡台地。

细致整地　成片造林在山地可用反坡梯田或大坑整地，一般株高 50～100cm 苗木，坑穴规格 40cm 见方即可，青海师大的经验，栽植前挖大穴，换上松软微酸性的腐殖质土最宜。

2. 栽植密度　由于侧根发达，树冠庞大，成片造林密度宜采用 3m×3m 或 2m×4m 的株行距，如系主干道两侧可按株距 5m 单行布点，或按 10m×5m 的株行距双行布点。

3. 栽植季节 成片造林宜在早春土壤解冻后进行，每年除最炎热和最寒冷的期间外，均可栽植，用高 1m 以上的大苗，起苗后要用泥浆蘸根，坑底要平，使根系舒展，分层踏实土壤。庭园绿化栽植大苗或移植大树时，务必带土球，并用草绳捆扎，苗高 2.5m 大苗，土球直径 40～50cm，放入大坑穴（80cm 见方），应将雪松圃地土印深埋 10cm，但不可栽植过深，定植后立即浇水并用支架固定，每株雪松用 3 根木棍或竹杆，按 120°夹角支撑或用麻绳（尼龙绳）按 120°夹角斜拉固定，以防风吹摇摆，影响成活。

六、幼林抚育

雪松幼树生长较慢，须经常松土除草，去蔓扶苗，在蒸发强烈的高寒山区城镇栽后每隔 10～15 天浇水 1 次，高温季节每天在枝叶上洒水 2～3 次，同时，每半月浇洒液肥 1 次。作为用材林培育的成片林木，10 年后可进行修枝，修去基部 1/5 侧枝，以后随着树龄增大，可修去下部 1/3 的侧枝，以培育良材，庭园绿化的雪松应加强管理，少修枝，应注意保护好地面枝条，保持优美的树形。在高寒地区栽植初期的冬季要打桩搭架，在桩架上用草袋或稻草缠扎，形成密闭风障，翌春解除防寒设施后，要用水冲洗枝条，如此进行 2～3 年之后，逐步适应气候条件，即可在自然条件下安全越冬。

七、病虫害防治

1. 猝倒病（立枯病） 为害情况和防治方法见油松。

2. 蛴螬（*Polyphylla gracilicornis* Blanchard） 为金龟子幼虫，咬断或咬伤苗木，幼树的根或嫩茎。

防治方法：①冬季深翻冻岱，可消灭部分幼虫；②在播种前半个月，在苗床均匀撒施敌百虫 30～38kg/hm^2，立即翻入土中；③苗期浇灌 50% 的马拉松 800 倍液。

3. 大袋蛾（*Clania variegata* Snell.） 在陕西关中 1 年发生 1 代，以幼虫在袋囊内越冬，来年 4 月开始活动取食，以 7～9 月为害最烈。

防治方法：①掌握幼虫孵化期，在 3 龄以前使用 80% 敌敌畏乳油 1000～1500 倍液、90% 敌百虫 800～1000 倍液，杀虫率可达 90% 以上；②用 5% 高效氯氰菊酯 5000～7000 倍液或青虫菌稀释液（1 亿孢子/ml）喷雾；③也可在树干茎部注射久效磷乳油原液，每株用量：2～3 年为 2ml，4～5 年生 3ml，6～7 年生 5ml，8 年生以上为 7ml，死亡可达 100%，且成本低，方法简便，注射孔当年可愈合，效果很好；④人工喷洒大袋蛾 NPV、白僵菌、Bt 等生物农药进行防治。

4. 松梢螟（*Dioyctria rubella* Hempson） 又名钻心虫，危害雪松幼树顶梢，使主干弯曲，严重影响雪松高生长和形状。1 年 1 代，以幼虫在枯梢内越冬，1 条幼虫可危害数梢，成虫夜间活动，有趋光性，飞翔迅速，卵产在嫩梢针叶或叶鞘基部，也可产在被害枯梢针叶或被害球果上。

防治方法：①冬季和早春幼虫活动前，剪掉被害枯梢，消灭越冬幼虫。②成虫羽化盛期和幼虫初孵期用 50% 敌敌畏 1000 倍液或 90% 敌百虫 1000 倍液喷树梢和主干，每隔 10 天左右喷 1 次，连续 2～3 次。③用 40% 乐果乳剂加 25% 辛硫磷涂刷伤口部位。

（罗伟祥、土小宁）

圆　柏

别名：桧柏、红心柏
学名：*Sabina chinensis*（L.）Ant.
科属名：柏科 Cupressaceae，圆柏属 *Sabina* Mill.

一、经济价值及栽培意义

圆柏木材坚硬致密，耐腐力强，有香气，为建筑、工艺品、室内安装等优良用材。燃烧可带檀香，能驱蚊。木材和叶子可提取芳香油，作化妆品和药用。种子可榨取脂肪油，果实含葡萄糖、芳香油可酿酒、作果汁和制糕点。随着近年来环保产业的迅速发展，圆柏已成为绿化山川、美化环境的首选树种。无论城镇、机关、工矿、绿化、美化，还是旅游景点，公路两旁，均为主栽树种。

二、形态特征

圆柏叶有 2 型，新枝的叶呈针状，有 2 条白色气孔线，老枝的叶，呈鳞片状，又往往针叶与鳞叶混生，刺叶通常 3 叶轮生，排列疏松，鳞形叶交互对生或 3 叶轮生，排列紧密。花单性，雌雄异株，球果浆质，成熟成紫黑色，被有蜡粉。雄花呈鲜黄色，雄蕊 8 对，果为木质球形，外被白粉，内藏种子 2~3 粒。干易分歧，树冠圆锥形，枝叶密生。全株多为鳞片叶，叶对生或轮生，色灰绿，叶覆瓦状排列，枝下部少数为针叶形。树皮深灰色或暗红褐色，成狭条纵裂脱落；近基部的大枝平展，上部逐渐斜上。以观叶为主，属于观叶植物。

圆　柏

三、分布区域

圆柏分布范围较广，东至辽宁，北至内蒙古、河北，南至云南、广东、广西等省区；西北地区主要分布于甘肃、陕西，青海、新疆也有栽培，垂直分布多在 500~1000m 间。常呈小片纯林或与栓皮栎、侧柏等混交。

四、生态习性

圆柏为长绿乔木，高可达 18m，株型高大，枝叶丛密，耐修剪，喜光也较耐荫、耐寒、耐旱、耐瘠薄。其为弱度喜光树种，幼时喜荫，中年后能在全光下稳定生长，在低湿庇荫处也能生长。根系较深，主根较明显，侧根极发达，对土壤要求不严。

五、培育技术

（一）育苗技术

圆柏育苗的方法分为播种和扦插两种。

1. 播种育苗

（1）采种　圆柏种子 10 ~ 11 月间成熟，选择 30 龄以上的健壮母树采集当年种子，要求种子籽大饱满，成熟好，有光泽，用剪刀剪开，种仁呈白色，种皮种仁分明。

（2）育苗地选择　育苗地应选在地形开阔，背风向阳，排灌条件良好的中性或微酸性（pH 值 5.5 ~ 7.5）沙壤土为宜。低湿地和土层小于 50cm 的地均不宜作育苗地。

（3）整地作床　一般可依地形而定，但一般以南北向为最好。苗床大小一般以宽 1m，最高不超过 1.2m 为宜，苗床长以 4m 为宜，最长不超过 10m。圆柏喜欢肥水丰足，整地时每亩可施纯猪羊粪 3000 ~ 5000kg。

（4）种子清洗　圆柏种子富含油渍，种皮坚硬且含蜡质，因此必须对种子进行仔细清洗。现用温水浸种 36h，并搅拌数次，捞出漂浮的空秕种子，在用洗涤液水（水∶洗洁净）浸种 5 ~ 8h，然后将种子在洗涤液中反复搓洗，直至种皮无油渍、蜡渍，无脱落的种壳，颜色发红发亮为止。

（5）种子催芽　将清洗好的种子与粗沙、马粪按 1∶1∶1 的比例拌合均匀，加入适量的水，装入瓦盆或瓦罐内压实，表面距容器上口留出 20cm 的空间，然后将容器密封，置于阴凉背风处。每隔 1 月翻晾 1 次，若种子过干，可适当加入水，催芽时间约 180 天

（6）播种时间及方法　3 月底至 4 月初，将整好的苗床浇水，待水渗到土壤里时，将有 30% 种子萌芽的种沙马粪均匀地撒播到苗床内，1m×4m 的苗床，撒播 0.5kg 种子，而后覆土盖沙，厚度不得超过 2cm。覆土后即使有塑料薄膜将苗床覆盖，四周压实。同时撒播防虫、防鼠药物，保证种子不受伤害。

（7）苗期管理　苗床保湿是保证圆柏出全苗的重要措施。幼苗出土前要求棚内温度控制在 25 ~ 30℃，幼苗出土后 10 ~ 20 天，棚内温度要求控制在 20 ~ 25℃。棚内温度超过 30℃ 时要及时通风降温。若发现苗床过干要及时浇水，晚霜过后随着气温进一步升高，可将塑料拱棚逐渐撤掉。

2. 扦插育苗

在整好的苗床上，按行距 30cm 的行距开沟，沟深 25 ~ 30cm，在把插穗按株距 20cm 放入沟内，在开第二道沟的同时，将刨出的土顺便盖在第一道沟内并踏实、踩平，埋土深度以插穗 3/4 插入土中为宜。插后立即灌水，水量要足。使水能下渗到插穗的下切面。

（二）栽植技术

1. 整地　圆柏在绿化中常采用带土球的大苗，整地方式多为穴状，规格可采用 100cm×80cm×50cm（长×宽×深）。

2. 栽植时间　在道路和园林布景中，圆柏四季均可栽植，但在荒山造林中则宜春季。

3. 苗木要求　健壮无病虫害，根部土球不破损。

4. 栽植密度　道路绿化中，可采用 2m 一株，园林布景中，则应因地制宜，荒山造林中可采用 3m×4m 的株行距。

5. 栽植技术　栽植时应做到随起随栽，长距离运输，则应做好苗木根系保水及土球保

全工作。栽植时务必做到"三埋两踩一提苗"。

6. 抚育管理　　由于圆柏苗木较昂贵，目前很少用于荒山造林。在园林绿化中，主要是抓好肥水管理，在夏天光照最强的时候，宁夏和甘肃北部地区应注意在树冠上加遮阳网，以防日灼。

六、病虫害防治

危害圆柏的虫害主要有松梢螟、侧柏毒蛾、红蜘蛛等，可使用 1000 倍的久效磷、50% 的甲胺磷混合进行防治。具体防治方法同侧柏和叉子圆柏。

（侯　琳）

龙 柏

别名：火炬柏、绕龙柏

学名：*Sabina chinensis*（Linn.）Ant. cv.‘Kaizuca’

科属名：柏科 Cupressaceae，圆柏属 *Sabina* Mill.

一、经济价值及栽培意义

龙柏为常绿针叶树种，侧枝环抱树干螺旋上升，宛似"游龙"，故名龙柏。因树形优美、奇特、壮丽，抗二氧化硫、氯、氟化氢等有害气体，吸滞粉尘能力都较强，在园林绿地的树种配置中多被采用，是一个优良的园林观赏树种。

二、形态特征

常绿乔木，树冠柱状或柱状塔形。树姿瘦削直耸，树皮色黄黑。枝条向上直展或略有绕抱树干之势（梢端扭转上升）。枝幼嫩时绿色，老时灰绿色。小枝在枝的先端略呈等长的密簇。叶密生，全为鳞形叶，无刺形叶。球果翠绿色，果面具蜡粉。它是桧柏的一个变种。雌雄异株，4 月开花，第二年冬以后果熟。

三、分布区域

原产我国，甘肃有野生。在华北南部、华中、华东、西南各省有栽培，陕西、甘肃不甚寒冷地区的园林、机关、学校栽培较为普遍。

四、生态习性

龙柏喜光，喜高燥，不甚耐寒，在北方寒冷地区多栽植于背风向阳处。对土壤适应性较强，既可在微酸性土上生长，也可在中性或石灰性土上生长，而最宜在深厚、肥沃、排水良好、较湿润的沙壤土上生长。最忌低洼积水地（如遇积水，鳞叶发黄、长势减弱）。一般幼时生长较慢，而当生长到 1m 高以后，生长加快，一年可达 50～60cm，当树高超过 3m 后，又逐步减缓。如果冬季施足有机肥可加快次年的生长。龙柏对烟尘的抗性差，故厂矿附近不宜栽植。

五、培育技术

（一）育苗技术

龙柏主要用扦插方法繁殖，其次用嫁接、播种方法繁殖。

1. 扦插育苗 可以在早春 2、3 月进行，也可在 6、7 月进行。

插条均为侧枝的正头，长 15～20cm，剪取后去掉插条下部 1/2 的鳞叶；插壤宜选用纯净河沙或用硫酸亚铁灭菌的黄土皆可，最好用消毒的黄土搅和成泥团，给每根插条基部裹上泥丸，之后挖小坑埋入沙床或苗床，埋入深度以去叶部分全在地面以下为度，株行距为 5cm

×15cm，插后搭棚遮荫、浇水、保持插床湿润。龙柏扦插生根很慢，需 1～2 年时间，插后第 2 年春掘出，对生根苗进行移植，对未生根而已愈伤的插条，再行第二次扦插，待其生根后再分床移殖。

2. 嫁接育苗 接穗以生长强壮的侧枝正头为好，砧木可选用 2 年生的桧柏或侧柏实生苗。为便于操作，2～3 月将砧木掘出，选粗度在 0.8cm 以上的植株，在近根部进行切腹接，塑料条绑缚。嫁接操作毕，将嫁接的植株根部沾泥浆，株头朝北、根部向南排在开挖好的沟槽内，倾斜程度以接穗能直立向上为限，覆土至嫁接部位之上，栽后浇足水，第 2 年春季对嫁接成活株，剪去接口上部砧木的枝，并扒去覆土，在 5～6 月解绑，并开始追肥。

3. 播种育苗 春秋季均可播种，但必须对种子进行层积催芽处理。

（1）采种 春季 4～5 月采集成熟果实，经浸泡揉搓漂洗后，用三倍容积的净河沙拌种，埋于 50cm 深土沟内或在室内用砖围砌一个深 50cm 的空间。将混沙种子堆于其中，上盖覆沙 10～20cm，每月检查 1 次，保持沙子的潮润度。

（2）播种 秋季 10～11 月播种时，取出层积种子过筛后下种。次年春季播种时，在播前 2～3 周将层积种子取出堆放于向阳处上盖草帘，每天喷水 1～2 次保湿，待有 30% 左右种子裂嘴时即可播种。覆土后床面盖草，出苗后揭去盖草。幼苗生长较慢，入冬时应覆草防寒或加拱罩盖草帘防寒。

4. 苗期管理 无论扦插、嫁接或播种苗，初期只须除草、松土，天气干旱时，适时灌水。龙柏苗一般在苗圃阶段要经 3～4 次移植，每次移植的株行距应视苗木大小确定，并注意带土坨移植、浇水，以减轻缓苗。

（二）栽植技术

（1）龙柏在园林中多为行植、对植，用小苗作花坛的绿带、行车道隔离带。行植的株距应在 3m 以上。对植一般是在建筑物旁侧、庭院门侧种植。绿带内的株行距约 20cm × 30cm。车道隔离带，单行，株距 1.5m。

（2）定植时要带土球、栽端扶正，行植、对植的植株应设立支架，在每一栽植穴内施入 50kg 堆肥或 1kg 氮磷复合肥，与土混匀填入坑内。栽植当年注意除草、浇水，入冬浇封冻水封穴培土，防寒越冬。对一般行植龙柏，在生长季节内及时剪除影响树形的旺枝。如果盆栽，冬季应放置在 0～5℃ 以上地方。

（3）整形修剪 龙柏树形常因繁殖材料来源的部位不同而有变化。通常利用侧枝正头扦插或嫁接得到的植株，其侧枝紧贴主干螺旋状向上生长，树姿较好，而用侧枝正头以下部位小侧枝作材料得到的植株，一般枝条松散，顶枝长势不强，易形成松散形树冠，树姿不美。所以造型时应注意分别对待。如对紧凑形树冠的植株，可整修成狭圆柱形，对松散形的植株则可整修成球形或飞跃形树冠。

圆柱形树冠的特点是主干明显、主枝数目较多，每年修剪时将主枝适当短截（在生长期内当新枝长到 10～15cm 时进行）。飞跃形树形整形的方法是，在苗木主干中上部均匀保留少量主侧枝，让其突出生长不进行修剪，其余的主侧枝一律进行短截。在维持修剪中，对全树新梢不论长短一律进行类似的短剪，每年约 5～6 次。需要注意的是使突出树冠的主侧枝长度要保持在树冠直径 1～1.5 倍长，以形成"巨龙"飞跃的树冠状态。

六、病虫害防治

1. 梨桧锈病 防治方法：①种植梨、海棠类树种时远离龙柏；②3 月上旬春雨前在龙柏树上喷 1∶1∶100 的波尔多液或 1°Be 的石硫合剂或 25% 粉锈宁可湿性粉剂 2500 倍液 3～4 次。

2. 红蜘蛛（又称叶螨） 幼虫危害树叶，取食叶肉，使树叶焦枯。

防治方法：①越冬螨出蛰盛期，喷洒 0.3～0.5°Be 石硫合剂或 40% 三氯杀螨醇 1000 倍液，7～10 天 1 次。②若螨活动期喷 0.05°Be 石硫合剂混加 40% 三硫杀螨醇乳油 2000 倍液或混加 20% 三氯杀螨砜可湿性粉剂 800～1000 倍液。

3. 牡砺蚧 若虫和雌成虫刺吸林木枝条、叶汁，导致林木生长衰弱，生长不良。

防治方法：若虫孵化期喷洒 40% 乐果乳油 1000～1500 倍液或 25% 亚胺硫磷乳油 800～1000 倍液，每 7～10 天一次，连喷 2～3 次。

（刘新聆、刘克斌）

洒金柏

别名：撒金柏、沙金柏

学名：*Platycladus orientalis* cv. 'Beuerleyensis'

科属名：柏科 Cupressaceae，侧柏属 *Platycladus* Spach

一、经济价值及栽培意义

树形优美，常绿，群植或作绿篱，是很好的园林绿化树种。

二、形态特征

常绿丛生灌木，枝密，上伸，树冠卵圆形或球形，高约 1.5m，嫩枝叶黄色。

洒金柏

三、分布区域

适生于陕、甘、晋南部以南地区。年均气温 12～20℃，最热月均温 24～28℃，最冷月

均温 -4~12℃，极端最低温 -20℃、年均降水量 600mm~1600mm。喜光。大连、熊岳有栽培。

四、生态习性

阳性树种，不耐荫，喜温暖湿润气候。在微酸性土壤中生长良好，适生于肥沃而排水良好的土壤，江南一带多有栽培。适应性强，耐热，能耐一定程度的寒、旱、瘠薄。在北京地区，1~2 年生小苗，不能露地安全越冬，3~4 年后，大苗木在小气候条件好的情况下可露地越冬。

五、培育技术

洒金柏的育苗方法有播种、嫁接及扦插繁殖。

1. 播种育苗 10 月份其种子成熟后，采收，晒干，选出纯种，翌年春播前一个月，将种子用温水浸种，然后混砂促芽，种子发芽时，即可播种。幼苗出土后，由于遗传分离，小苗有暗绿的，也有叶梢金黄的，可结合间苗，把暗绿色叶子的小苗拔掉，保留叶梢带有黄色的小苗。然后进行正常的肥水管理。苗木当年高度可达 25~30cm，秋季结冻前埋土防寒，翌年春可移植。

2. 嫁接育苗 主要为了提高洒金柏的抗寒能力。用侧柏作砧木，用腹接法枝接，接活后，1、2 年内用侧柏砧木的枝叶进行蒙导，以后再剪砧。这样培育的小苗，抗寒能力很强，但工序较繁，不易大量繁殖。

3. 扦插育苗 一般在 5~6 月份进行嫩枝扦插，但其成活率不及其他柏类，生根时间较长，成活后，生长不旺盛，一般不采用此法。

其他培育方法同龙柏等。

六、病虫害防治

病虫害较少。防治方法见侧柏。

（崔铁成、张爱芳、张 莹）

大叶黄杨

别名：冬青卫矛、正木、冬青

学名：*Euonymus japonicus* Thunb.

科属名：卫矛科 Celastraceae，卫矛属 *Euonyimus* L.

一、经济价值及栽培意义

冬青卫矛枝叶茂密，四季长青，经冬不凋，叶色亮绿，且有许多花叶、斑叶变种，是美丽的观叶树种。叶色光泽洁净，新叶尤为嫩绿可爱。它耐整形扎剪，园林中多作为绿篱材料和整型植株材料，亦可丛植于门旁、草地，或列植于园路两旁；作大型花坛中心点缀。若加以修剪成型，更适合用于规则式对称配植。同时，亦是基础种植、街道绿化和工厂绿化的好材料。

其栽培变种叶色斑斓，可盆栽观赏，用于室内绿化及会场装饰等。

它对多种有毒气体抗性很强，抗烟吸尘功能也强，并能净化空气，是污染区理想的绿化树种。树皮含硬橡胶，提炼后供工业用。根、树皮可供药用。

二、形态特征

常绿灌木或小乔木，高可达 8m。小枝青绿色，稍呈四棱形。冬芽绿色，纺锤形，秋后长 7 ~ 12mm。叶革质而有光泽，叶对生，倒卵形或狭椭圆形，长 2 ~ 7cm，宽 1 ~ 4cm，先端钝或渐尖，基部广楔形，边缘具钝锯齿，表面有光泽。叶柄长 5 ~ 15mm。聚伞花序，腋生，总梗长 2 ~ 5cm，1 ~ 2 回二歧分枝，每分枝顶端有 5 ~ 12 朵花的短梗小聚伞花序。花绿白色，4 数，直径 6 ~ 8mm。萼片半圆形，长约 1mm。花瓣椭圆形，花丝细长，花盘肥大，花柱与雄蕊近等长。

大叶黄杨

蒴果，扁球形，长 6 ~ 8mm，直径 8 ~ 10mm，淡红色。种子卵形，长约 6mm，熟时 4 瓣裂；假种皮橘红色。花期 6 ~ 7 月，果期 9 ~ 10 月。

本种久经栽培，栽培变种很多，常见有以下几种：

（1）金边大叶黄杨（cv. OvarusAureus）　叶边缘金黄色。

（2）金心大叶黄杨（cv. Aureus）　叶中脉附近有金黄色魔块，有时叶柄及枝端也变为黄色。

（3）银边大叶黄杨（cv. Albo – marginatus） 叶缘有窄白条边。

（4）银斑大叶黄杨（cv. Latifolius Albo-marginatus） 叶阔椭圆形，银边甚宽。

（5）斑叶大叶黄杨（cv. Ducd'An-jou） 叶较大，深绿色，有灰色和黄色斑。

三、分布区域

原产于日本。我国北京和全国各地均有栽培，供观赏或作绿篱。

四、生态习性

阳性树种，喜光，但也能耐荫；喜温暖湿润的气候及肥沃湿润土壤，适应性强，也能耐干旱瘠薄，耐寒性不强，温度低达 – 17℃左右即受冻害，极耐修剪整形；生长较慢，寿命长。对各种有毒气体及烟尘有很强的抗性。

五、培育技术

（一）育苗技术

繁殖主要用扦插法，嫁接、压条和播种法也可。硬枝插在春、秋两季进行，嫩枝插可夏季进行。以 6 月中、下旬扦插发根快，生长好。而插后初期蔽荫要严，要保持苗床湿润，待愈伤组织形成后逐渐增加光照。30 天左右发根。成活率很高，90% 以上，翌年可分栽培。培育 2~3 年即可供绿篱使用。

如欲培育成小乔型单株，可用丝棉木作砧木进行高接。

压条宜选用 2 年生或更老的枝条进行，一年后可与母株分离。至于播种法，则较少采用。

（二）栽植技术

移植宜在春季 3~4 月进行，小苗可裸根移，大苗需带土球。大叶黄杨适应性强，栽植后一般不需要特殊管理。按绿化上需要修剪成形的绿篱或单株，每年要在春、夏两季各进行一次修剪，去除过密及过长枝。

六、病虫害防治

1. 大叶黄杨白粉病 ［*Oidium euonymijaponicae*（Arc.）Sacc.］ 每年春秋季节发病，嫩枝发病后扭曲变形，上覆一层白粉，叶片上为圆形白粉斑，严重时整叶白粉，病叶枯黄，提早脱落。病害迅速发生期在 3~6 月份，8 月份达发病高峰期。

防治方法：①加强管理，控制种植密度，注意通风透光，以增强树势，降低小环境的湿度；结合修剪整形及时除去病梢、病叶，以减少侵染源。②药剂防治：粉锈宁 3000 倍液和 47% 仙乐 3000 倍液交替使用，每周 1 次，连续 3~4 次。发病初期喷撒保护剂，用 40% 多菌灵胶悬剂 1000 倍液、70% 托布津可湿性粉剂 1500 倍液、20% 粉锈宁可湿性粉剂 1000 倍液、70% 代森锰锌可湿性粉剂 800~1000 倍液等药剂。注意药剂的交替使用，以免病菌产生抗药性。

2. 大叶黄杨斑蛾 越冬幼虫于三月下旬孵化，初孵幼虫群集大叶黄杨新叶取食。

防治方法：灭幼脲 1000 倍或敌百虫 800~1000 倍喷雾。

3. 日本龟蜡蚧（*Ceroplastes japonicus* Green） 属同翅目，蚧科。

防治方法：①结合修剪，剪除虫枝。②早春用5%～10%机油乳剂或柴油乳剂喷杀越冬雌成虫。③在6月底、7月初1龄若虫孵化和活动期，喷40%氧化乐果乳油1200倍液、2.5%功夫菊酯乳油2500倍溶液或20%灭扫利乳油2500倍溶液。④创造通风透光的环境条件，不过于密植，适当剪除密枝，可减少该虫的发生。

（崔铁成、张　莹、张爱芳）

锦熟黄杨

别名：黄杨木、千年矮
学名：*Buxus sempervirens* L.
科属名：黄杨科 Buxaceae，黄杨属 *Buxus* L.

一、经济价值及栽培意义

锦熟黄杨枝叶茂密而浓绿，经冬不凋，又耐修剪，观赏价值甚高。宜于庭园作绿篱及花坛边缘种植，也可在草坪孤植、丛植及路边列植、点缀山石，或作盆栽、盆景用于室内绿化。黄杨盆景树姿优美，叶小如豆瓣，质厚而有光泽。杨派黄杨盆景，枝叶经剪扎加工，成"云片状"，平薄如削，再点缀山石，雅美如画。

俗话说：千年难大黄杨树。说明黄杨树生长缓慢，但黄杨木质紧密、坚韧，是一种理想的雕刻材料。木材坚硬致密，做美工制品等；茎枝入药，能治风湿疼痛、牙痛、胸腹气胀、跌打损伤等症。

二、形态特征

常绿灌木或小乔木，高可达 6m，最高 9m。小枝密集，四棱形，具柔毛。叶椭圆形至卵状长椭圆形，最宽部在中部或中部以下，长 1.5～3cm，先端钝或微凹，全缘，表面深绿色，有光泽，背面绿白色；叶柄很短，有毛。花簇生叶腋，淡绿色，花药黄色。蒴果三脚鼎状，熟时黄褐色。花期 4 月；果 7 月成熟。

该属还有雀舌黄杨（*Buxus bodinieri*），叶匙形或倒披针形，表面深绿色，有光泽；树姿优美，为制作盆景的珍贵树种。

锦熟黄杨在欧洲园林中应用十分普遍，并有乔木状、金字塔形、垂枝、尖叶、平铺、圆叶、宽卵叶、暗蓝绿叶、银斑叶、金黄斑叶、金边、亚灌木、多叶等栽培变种。其变种变色金叶黄杨，叶金黄色，十分美观，在兰州、北京地区已试种成功。

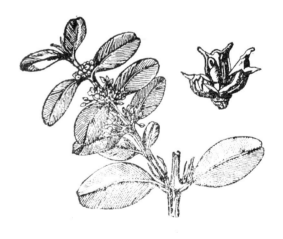

锦熟黄杨
（引自陈有民《园林树木学》）

三、分布区域

原产南欧、北非及西亚；长江流域及其以南各地普遍栽培；华北、西北园林中有栽培。

四、生态习性

喜光，较耐荫，阳光不宜过于强烈；喜温暖湿润气候及深厚、肥沃及排水良好的土壤，能耐干旱，不耐水湿，较耐寒，在北京可露地栽培。生长很慢。萌生性强，耐修剪。

五、培育技术

（一）育苗技术

可用播种和扦插繁殖。

7月播种或沙藏至10月秋播，也可到翌年春天3月播种，干藏种子易失去发芽力。幼苗怕晒，需设棚遮荫，并撒以草木灰或喷洒波尔多液预防立枯病。幼苗在较寒冷处要埋土越冬。2年后移植1次，移植需在春季芽萌动时带土球进行。

一些黄杨品种不开花结籽，只能以扦插方式繁殖。插条选用刚木质化的枝条，一般1个月即可生根。苗床用土应反复翻晒后，加上1/3的砻糠灰搅拌均匀。扦插时间一般从3月份到10月份均可进行。插后加盖遮阳网，以防嫩枝失水而影响成活。越冬苗床要加盖塑料薄膜。

（二）栽植技术

黄杨喜光，耐荫，不耐水渍。若长期积水会引起部分根窒息而死，叶片变为枯黄色，影响观赏效果。因此有积水的地方不宜栽植，栽植技术同大叶黄杨。

六、病虫害防治

黄杨绢野螟（*Diaphania perspectalis* Walker）　　1年发生3代，以低龄幼虫粘叶结苞越冬，3月底至4月初开始危害，在新叶上吐丝蚕食叶片边缘或食去表皮，使叶片呈透明薄膜状。

防治方法：可用灭幼脲1000倍液或敌百虫1000倍液喷雾。

（崔铁成、张爱芳、张　莹）

女 贞

别名：大叶冬青、大叶女贞、蜡树、虫树、桢树、桢木。

学名：*Ligustrum lucidum* Ait.

科属名：木犀科 Oleaceae，女贞属 *Ligustrum* Linn.

一、经济价值及栽培意义

女贞为常绿小乔木，也有高达 20m 的大树，树叶经冬不凋，四季常青，如女之贞洁，因而得名。现在庭院、园林、行道树栽植女贞较为普遍。在园林中孤植、丛植皆可。木材致密、灰白色，为细木工用材；枝、叶可放养白蜡虫生产白蜡；在陕南也有用叶饲养蓖麻蚕的；花可提取芳香油，果实含淀粉 26.3%，可酿酒；女贞子（果实）甘、苦、微寒，有滋补肝肾、乌发明目作用，是常用的一味中药；根可散气血、止气痛；叶有祛风明目、消肿、止痛作用。女贞还可做嫁接桂花和丁香的砧木，也有用小苗密植成行经修剪做绿篱的。女贞抗有害气体如二氧化硫、氟化氢、氯气、铅蒸汽的能力较强，滞尘能力也较强，能忍受较高的粉尘、烟尘污染，净化空气和环境。所以它是一种优良的经济树种和庭园观赏树种，又是工矿区绿化的一个主要树种。

二、形态特征

女贞树冠卵形至广卵形，树皮灰色，平滑不开裂。枝条开展，平滑无毛，为假二叉分枝，具明显隆起的皮孔。叶对生、革质、卵形或卵状披针形，先端尖，基部楔形或近圆形，长 6~12cm，全缘，两面均光滑，表面深绿色有光泽。顶生圆锥花序，花白色，芳香，几乎无梗，花冠钟状，均四裂。浆果状核果长椭圆形，长约 1.0cm，成熟时呈蓝黑色。种子浅褐色，具纵沟，长约 0.5~0.6cm。花期 5~7 月，果期 7~12 月。

女贞

三、分布区域

女贞原产我国和日本。在华东、华中、西南地区广有分布。陕南栽培及野生都较普遍，关中地区及甘肃南部天水、山西、河北也都有栽培。

四、生态习性

女贞喜光、稍耐荫。适生于年水量 500mm 以上的温暖湿润气候区域及排水良好的酸性至微碱性土壤，不耐严寒及干旱瘠薄的土壤。但是在华北地区（北京，河北）均可露地越冬，关中至渭北多有露地栽培。女贞萌芽力强，即使冬季寒冷使其落叶，次年春又可绿叶满树。它耐修剪。须根发达，移栽易成活。8～12年生开始结实，15年生后正常结实。

五、栽培技术

（一）育苗技术

主要采用播种方法育苗。

1. 采种 用高枝剪采收果穗，将果实浸泡、揉搓、冲洗取得纯净种子，阴干后袋藏，次年春播种。果实出种率为25%左右，千粒重约36g，发芽率50%～70%。

2. 育苗 育苗地宜选用肥沃、排水良好的沙壤土，经施底肥、翻耕、耙糖后做成苗床。在苗床内开沟条播。播前将干藏的先年种子用60℃温水浸种1天后装筐，每天用50℃温水淋洗2次，4～5天后即可播种。在关中地区于3月底至4月初播种，播后覆土2cm，并覆草保墒，出苗后，撤除覆草（播后约1个月出苗）。

3. 苗期管理 育苗地撤去覆草后要及时松土、除草、间苗、定株（株距5～10cm），适时追肥、灌水（1年追肥2次），当年苗高可达80～100cm。

培育大苗，1年生苗移栽应在春季土壤解冬后及早进行，可不带土坨，移植后立即浇透水，以提高成活率，株行距30cm×50cm。2年后第二次移植株行距为1m×1.5m，并注意每年春季修枝，枝下高为苗高的1/2，培育好中心主干，按造林要求确定干高。

（二）栽植技术

1. 按不同栽植目的选用苗木 园林、庭院、行道树均用大苗栽植，并根据需要选用不同苗龄的苗木，大苗一律带土球挖掘，土球直径一般为苗木地际直径的10倍，挖掘时先用绳拢住苗冠，挖下的土球用草绳缠绕，运输途中严防折断、损伤树枝和震落根部土坨（未缠草绳苗木）。作绿篱用的1年生小苗可裸根栽植，但在起苗后，应用蒲包、薄膜等包装物，包好苗木根部，不使失水干枯，尽量做到随起、随运、随栽。

2. 大苗栽植 行道树株距5～6m。栽植穴一般比苗木土球直径大20～30cm。放置苗木时，以土球表面与栽植地面相平为适当。填好土后浇足水，以保成活。如果不带土球，可将地上部分大枝短截，不带叶栽植，栽后连浇3次水，以后再视干旱状况浇水，成活率也很高。

作绿篱用的女贞苗，开挖沟槽，深宽各30cm，栽正扶直，浇水保活，每年进行2～3次修剪，以保持良好的形状。

六、病虫害防治

1. 女贞卷叶绵蚜 以干母生于叶背，引起卷叶，受害株早秋大量落叶。

防治方法：①在3月中、下旬干母全部孵出后，喷洒80%敌敌畏乳油或40%氧化乐果乳油1000倍液毒杀。②发生数量不多时，人工摘除卷叶，集中深埋。

2. 女贞尺蛾［*Naxa（Psilonaxa）seriaria* Motschulsky］ 在亚热带地区1年2代，寒温带1年1代。食叶害虫，幼虫7龄前食量不大，被害叶留下网壮脉，8龄时，被害叶被食光，少有残留，老熟后悬在丝网上化蛹。

防治方法：①随时摘除寄主植株上的丝网，消灭蛹、卵和幼虫；②在幼虫发生期喷80%敌敌畏乳液1000～1500倍液毒杀。   （刘新聆、刘克斌）

小叶女贞

别名：水蜡树、小叶水蜡树、小叶冬青、冬青，小蜡

学名：*Ligustrum quihoui* Carr.

科属名：木犀科 Oleaceae，女贞属 *Ligustrum* Linn.

一、经济价值及栽培意义

落叶或半常绿灌木，常做结构紧密的绿篱栽于园林、庭院、宅旁四周，也可培育球形冠形植于建筑物前、草地边缘，还是嫁接桂花的优良的砧木。由于耐寒性较女贞强，所以在我国中、西部地区的园林绿化中是一个可选用的树种。其花有香味，可提取芳香油。

二、形态特征

小叶女贞树高 2~3m，枝坚硬而开展，小枝被短柔毛，叶对生、薄、近革质、椭圆形至倒卵形或倒卵状长圆形，长 1.5~5cm，全缘、光滑，先端钝或微凹，基部楔形，两面光滑，叶柄长 1~3mm，几光滑或微被短柔毛；圆锥花序，白色，有香味；果实球形、浆果，紫黑色。

三、分布区域

小叶女贞主产于我国中、东部的河南、湖北、四川、江苏、浙江、云南、广东等省。在陕西分布在平利县、汉滨区、商南、丹凤、旬阳、洋县、佛坪、宁强、镇安、勉县及关中的户县、眉县等地。北京、兰州都有露地栽植。野生于海拔1000~1300m 的山地中，在安康深滩河生长在海拔 340m 地方。

四、生态习性

小叶女贞喜光、喜温暖湿润环境，但也比较耐寒耐旱。对土壤要求不严，却在深厚、肥沃、排水良好的土壤上生长最佳。性强健、萌芽、成枝力强，故耐修剪，可形成多种造型。花期 7 月，果熟期 10~11 月。主要为种子繁殖后代。根部易生萌蘖，适应性强。

小叶女贞
1. 花枝　2. 花

五、栽培技术

（一）育苗技术

主要是播种育苗，其次也可扦插、分株繁殖。

1. 采种　于 10～11 月用高枝剪剪取成熟果穗，去果梗后晒干，去杂质、袋藏。采后即播，种子发芽率高。秋播宜在土壤结冻前进行，不可早播。

2. 播种　关中地区 3 月底、4 月初，播种前 3～4 天用 50～60℃ 水浸种 12h，捞出装筐，以后每半天用 50℃ 温水淘洗 1 次，3 天左右种子即可开始萌动。将育苗地撒施底肥，翻耕、做床后开沟条播或低床灌透水，水下渗后立即撒种，覆土、盖草（覆土厚度为 1～1.5cm），幼苗出齐后揭去覆草。

扦插育苗可在 3 月中、下旬或 8～9 月进行。春插需在先年 11～12 月剪取 1 年生枝条，截制成 18～20cm 插穗，开沟沙藏，到次年春季 3 月，愈伤组织已经形成，插后成活率较高。扦插的方法是泥浆法，即先在低床内灌水，搅成泥浆之后扦插，扦插深度为插条的一半，以后经常浇水保湿，插后 1 个月即可生根。培育嫁接桂花的砧苗，宜在土壤解冻后选用 1 年生较粗壮的枝条（0.5～1.0cm）截制成 25～26cm 长的插穗，按株行距各 30cm 扦插，当年就可生根成活。生长 1 年后即可用于嫁接。由于 1 年生粗壮枝条少，故采用也较少。秋季 8～9 月可以剪取 1 年生枝密插之后灌足水，保湿，一般当年只形成愈伤组织，次年春才能生根。如果在 10 月份加盖塑料薄膜拱罩，并在冬季最寒冷时期加盖草帘防寒，部分插穗在冬季也可生根，次年春就可分别移植和继续埋插（对未生根插穗）。

3. 苗期管理　由于小叶女贞多做绿篱用苗及培养球状孤植用苗以及它适应性强的特性，一般管理都较粗放，但是松土、除草、灌水和追肥等常规管理仍需要认真操作。

（二）栽植技术

（1）绿篱用苗为 1 年生苗，开沟深宽各 30cm，苗木在沟内两壁呈三角状排列，株距 30～40cm，填土、扶正苗木、浇透水、保湿保活。成活后每年春、夏季各修剪 1 次，以保持绿篱冠形。

（2）对培养球形树冠的植株，一是在栽植 2 年生以上大苗上修剪造型，但须逐年完成，即每年 2～3 次修剪培育成球形树冠，二是在苗圃中通过 1～2 次移植和每年 2～3 次修剪，培育成绿化需要的苗木。对球形苗冠的苗木定植应带土球，土球直径大小约为 20～30cm，草绳缠绕，栽植穴 50cm 见方，要求苗扶正、土砸实、水浇足。

六、病虫害防治

（1）女贞卷叶绵蚜　防治方法同女贞。
（2）女贞尺蛾　防治方法同女贞。

（陈　红、刘克斌）

石 楠

别名：千年红、扇骨木

学名：*Photinia serrulata* Lindl.

科属名：蔷薇科 Rosaceae，石楠属 *Photinia* Lindl.

一、经济价值及栽培意义

石楠的叶、花、果皆美，均可供观赏。3 月初，嫩叶萌发呈紫红色，月底转绿，10 月上旬又有一部分叶片变为赤红色。4 月间，白花盛开。到 11 月上旬，则红果累累，状若珊瑚。树形端正美观，枝条横展，树冠圆整。如用人工进一步修剪枝条对树冠造型，可修剪成球形或圆锥形。可孤植、列植、群植、大片栽植，亦可作绿篱，沿院墙栽植，或修剪成球形，置于大型花坛中心。或与金叶女贞、红叶小檗、扶芳藤、黄栌等组成美丽的图案，可获得优良的绿化美化效果。

木材致密，制车轮及工具柄；种子油制肥皂；根含鞣质，提制栲胶；叶含乌苏酸、皂苷、挥发油，有小毒，入药有利尿、补肾、解毒、镇痛作用；又可作土农药，治棉蚜虫，并对马铃薯病菌孢子的发芽行抑制作用；为常见绿化观赏树种，是一种抗有毒气体能力较强树种，可在大气污染较严重地区栽植；在苏州光福一带多用作批把的砧木，当地群众认为用它做砧木可以增强树势，延长树龄，并能耐旱、耐瘠，但果味稍淡。

石楠寿命很长，历史悠久，山东曲阜古城，有春秋时孔子弟子颜回的墓，墓上有石楠 2 株，须 4 人才能合围，相传是颜回手植。唐杨贵妃曾以其树形的美观端庄而命名石楠为"端子木"。

二、形态特征

常绿灌木或小乔木，树冠球形，枝繁叶茂。通常高 4 ~ 12m；幼枝棕色，贴生短柔毛，后紫褐色，老时灰色，无毛；树干、枝条有刺。叶片革质，长椭圆形、长倒卵形或倒卵状椭圆形，长 5 ~ 22cm，宽 2.5 ~ 6.5cm，顶端急尖或渐尖，有短尖头，基部宽楔形至圆形，边缘稍反卷，有带腺的细锯齿，近基部全缘，幼时自中脉至叶柄有绒毛，后脱落，两面无毛；叶柄长 1 ~ 4cm。复伞房花序花多而密；花序梗和花柄无皮孔；花白色，直径 6 ~ 12mm；花瓣近圆形，内面近基部无毛；子房顶端有毛，花柱 2 ~ 3 裂。梨果黄红色近球形或卵形，直径 7 ~ 10mm，红色，后变紫褐色。花期 4 ~ 5 月，果期 10 月。

同属植物我国约有 40 种，常见栽培的有：

光叶石楠（*P. glabra*（Thunb.）Maxim.） 叶柄较短，叶片较小。果实多红色鲜明耐寒性强，果实在 11 月上旬至翌年元月中旬能保持很好的色彩。

椤木石楠（椤木）（*P. davidsoniae* Rehd. et Wils.） 树干枝条上有叶刺，革质，耐修剪。

红叶石楠 近期流行的红叶石楠是蔷薇科石楠属杂交种的统称，为常绿小乔木，叶互生，革质，长椭圆形，边缘有细锯齿，表面绿色，幼叶红色，鲜艳可爱。初夏开花，白色，复伞房花序。小梨果球形，熟时红色，缀满枝头，极为美丽。因其新梢和嫩叶鲜红而得名。常见的有红罗宾和红唇两个品种，其中红罗宾的叶色鲜艳夺目，观赏性更佳。春秋两季，红叶石楠的新梢和嫩叶火红，色彩艳丽持久，极具生机。在夏季高温时节，叶片转为亮绿色，在炎炎夏日中带来清新凉爽之感觉。

石楠

三、分布区域

石楠为亚热带树种，我国分布于安微、浙江、江西、福建、台湾、河南、湖北、湖南、广东、广西、陕西、甘肃、四川、云南、贵州等省区。印度尼西亚也有。生于海拔 1000 ~ 2500m 的杂木林中。

四、生态习性

石楠性喜温暖、湿润及阳光充足，但也较耐寒，能耐荫、耐旱，忌渍水，对有害气体有较强的抗性。遇 -15℃ 的低温，不会落叶。对土壤要求不严，深根性，在肥沃排水良好的沙壤中生长良好，黏土中往往生长不良。西安、杨凌用于园林绿化，生长很好，景色美丽。

在直射光照下，色彩更为鲜艳。石楠生长速度快，且萌芽性强，耐修剪，可根据园林需要栽培成不同的树形，在园林绿化上用途广泛。

五、培育技术

（五）育苗技术

石楠可用播种、扦插或用压条法繁殖育苗

1. 播种育苗

（1）采种　因果实多，所以种源广泛。10 ~ 11 月采收。

（2）种子处理　11 月份种子采收后，用清水浸泡，堆放发酵后搓去种皮，漂洗取得种子，将新采收的种子拌少量的草木灰，晾干，按种子与河沙 1∶3 的比例混合，放入 5℃ 左右的室内沙藏，保持种子湿润。

（3）播种　翌年春 2 ~ 3 月播种，宽幅条播，行距 15cm，覆土 1cm，播后覆盖稻草保墒。约 30 天发芽，种子发芽后，及时浇以薄肥水，年内可高达 30cm，翌春即可定植。

2. 扦插育苗　在 4 ~ 8 月间，选生长健壮的 1 年生木质化枝条作插穗，长约 10 ~ 12cm，保留顶端 2 ~ 3 片小叶，叶片剪掉一半，插入河沙为基质的苗床内，深度为 5 ~ 7cm，株行距为 5cm×5cm，插入后浇透水，遮上塑料薄膜，以后每天上下午各喷 1 次水，经常保持苗床湿润，约 30 天既能生根，成活率可达 85% 左右。秋后可将成活的植株移于花盆或苗圃中，培育大苗，4 ~ 5 年即可出圃。

（六）栽培技术

1. 适生范围　在西北地区除新疆北部和青海高寒地区须试栽外，大部分地区可栽植。

2. 林地选择　石楠适应性强，各种立地条件均可造林，可耐低湿盐碱地，是荒山荒地造林的先锋树，也可作为防护林树种，是西北优良的观赏树种。

3. 苗期管理　可于早春或晚秋移植，移植时须注意，以防损折枝条，球形苗木起苗时需用绳收捆。移植一般在 3 月份进行，小苗可留宿土移植。大苗在挖掘时一定要带土球，土球的大小根据主干的粗细而定，并修剪部分枝叶。

4. 混交林营造　在河谷、沟地、土壤潮湿疏松、通气良好、空气相对湿度大的地方，可用于行道树、孤植，可成纯林；常伴生有竹类、小叶女贞、荚蒾、青檀等；下部可用麦冬、鸢尾、蕨类种植。

5. 幼林抚育　1～2 年生的石楠可修剪成矮小灌木，在园林绿地中作为地被植物片植，或与其他彩叶植物组合成各种图案；也可培育成独干不明显、丛生形的小乔木，群植成大型绿篱或幕墙，在居住区、厂区绿地、街道或公路绿化隔离带应用，非常艳丽，极具生机盎然之美；石楠还可培育成独干、球形树冠的乔木，在绿地中孤植，或作行道树，或盆栽后在门廊及室内布置。

六、病虫害防治

1. 褐斑病

防治方法：①及时修剪烧毁病枝落叶；②发病时喷波尔多液、代森锌或百菌清，或甲基拖布津药剂，每 10 天喷 1 次。

2. 介壳虫

防治方法：介壳虫大量孵化时，可用杀螟松乳油、马拉硫磷药剂防治。

（崔铁成、张　莹、张爱芳）

海　桐

别名：水香、七里香、山矾、宝珠香

学名：*Pittosporum tobira*（Thunb.）Ait.

科属名：海桐科 Pittosporaceae，海桐属 *Pittosporum* Banks ex Gaertn

一、经济价值及栽培意义

海桐为常绿灌木或小乔木，叶片密布且浓绿光亮；通过修剪可形成球形，枝繁叶茂，风姿婆娑，色彩四时多变。它的花、果、叶均有观赏价值，且四季各有特色：春季新叶嫩黄；初夏繁密而又稍带黄绿色的小白花发出阵阵幽香；秋结累累蒴果，成熟开裂后露出的红色种子，与绿叶相映，别有一番情趣；在寒风凛冽、万木凋零的严冬，海桐仍能重翠叠碧，傲霜斗雪，别有一番景致。

在园林配置上或孤植、丛植于草坪、花坛边缘或林缘，或列植成绿篱，植于建筑物入口两侧、四周，均有较高的观赏价值。亦可以自然式穿插于草坪、林缘。在园路交叉点及转角处、台坡、大树附近、桥口两端，如各群植数株，甚为美观。若成丛成片种植在树丛中作下层常绿基调树种，能起到隐蔽遮挡和分隔空间的效果。

海桐对二氧化硫、氯气、氟化氢等有毒气体有较强的抗性，且能耐盐碱，所以又是工厂矿区和沿海地区优良的绿化树种；又是城市隔噪音和防火林的下木。

盆栽海桐多作为大型观叶植物，可作为会场主席台上的背景材料，也可在大厅长期摆放，每月轮换 1 次。

其木材可作器具，其叶可代矾染色，故有"山矾"之别名。

二、形态特征

常绿灌木，高 2～6m；其枝叶茂密，树冠呈球形，单叶互生，有时近轮生状，叶倒卵椭圆形或倒卵形，厚革质，长 5.5～10cm，全缘，叶边常往下翻卷，基部楔形，表面浓绿色而有光泽。新叶嫩黄，随后转深绿色。顶生伞房花序，小花白色或带绿色，有清香，蒴果蒴果卵形，初为绿色，有棱角，成熟时变黄三裂，露出红色有黏液的种子。花期 4～6 月，10 月蒴果成熟。

三、分布区域

海桐产江苏、浙江、安徽、福建、江西、山东、台湾、河南、广东、广西、海南、陕西。朝鲜、日本也有分布。陕西关中地区在通常年份气候下生长良好，华北地区中北部不能露地越冬。

四、生态习性

海桐喜温暖湿润的海洋性气候及肥沃湿润土壤，喜光照，略耐荫，耐盐碱，能抗风防海潮，对土壤要求不严，惟以偏碱或中性壤土生长势最盛。耐 –10℃ 低温，耐寒性稍差。萌芽力强，分枝力强，耐修剪。在北方地区可作盆栽，冬季保持零度以上。对土壤条件要求不严，黏土、沙土及轻盐碱土壤均能适应。

海桐

五、培育技术

（一）育苗技术

海桐通常播种繁殖，亦可行扦插。

1. 播种繁殖

（1）采种 10～11 月果实由青转黄开裂时即可采种，种子外有黏汁，采收后用草木灰或碱水浸泡，搓去黏胶。

（2）种子处理 秋末，将新采收的种子拌少量的草木灰，晾干，按种子与河沙 1：3 的比例混合，放入 5℃ 左右的室内沙藏，保持种子湿润。可在秋后播种，越冬温度应保持 10～12℃，经常保持盆土湿润，翌年出芽，二年即可定植。

（3）播种 早春 2～3 月用细筛将种子筛出，即可播种，种子均匀地点播在苗床内，70～80 天发芽。种子发芽后，及时浇以薄肥水。播种形式以开沟点播为好，行距 20～25cm，株距 5cm，覆土 1～1.5cm，播后覆盖稻草保墒、防冻，秋播翌春可发芽。一般 5 月前后出土，及时揭草。幼苗期喜荫，需搭棚遮荫，注意间苗及其他管理，9 月停止施肥，并拆除荫棚。

（4）苗期管理 当年苗高可达 15cm，留床或分栽。冬季撒草防寒，如培养海桐球，应自小苗开始即整形。2 年生苗高 30cm 以上，3～5 年可出圃定植。移植一般在 3 月份进行，也可在 10 月进行。海桐枝条硬脆，移植时须注意，以防损折枝条，球形苗木起苗时需用绳绑捆。且挖掘时一定要带土球，土球的大小根据主干的粗细而定。小苗可以裸根蘸泥浆移植，但也要及时。

2. 扦插繁殖 在 4～8 月间，选生长健壮的 1 年生木质化枝条作插穗，长约 10～15cm，保留顶端两轮小叶，其余叶片全部摘掉，插入河沙为基质的苗床内，深度为 5～7cm，株行距为 6cm×6cm，插后浇透水，遮上塑料薄膜，以后每天上下午各喷 1 次水，经常保持苗床湿润，约 20 天即能生根，成活率可达 85% 左右。秋后可将成活的植株移于花盆或苗圃中，培育大苗，4～5 年即可出圃。

（二）栽植技术

海桐分枝力较强，耐修剪，开春时需修剪整形，如欲抑其生长，繁其枝叶，应于长至相应高度时，剪其顶端。保持优美的树形，亦有将其修剪成各种形态者。北方一般为盆栽，在沿海地区背风处可地栽，盆栽的在寒露前要移入室内越冬。

六、病虫害防治

海桐主要有吹绵蚧和龟蜡蚧、白星病、枝枯病。防治方法：①清除病枝叶，烧毁。发病初期喷洒波尔多液或多菌灵等药剂。②害虫幼虫或若虫期喷洒敌敌畏、敌百虫、辛硫磷、溴氰菊酯等任一种药剂。其主要虫害有红蜘蛛和介壳虫，可分别喷洒 20% 的三氯杀螨醇和氧化乐果。

（崔铁成、张莹、张爱芳）

南天竹

别名：天天竺、栏笋竺
学名：*Nandina domestica* Thunb.
科属名：小檗科 Berberidaceae，南天竹属 *Nandina* Thunb.

一、经济价值及栽培意义

南天竹为优美的园林观赏树种，花白素雅、果实鲜红、叶色艳丽，很受人们喜爱，特别是北方冬季许多花木都已落叶，而南天竹却满树红叶（丛）配以形如玻璃的红艳果穗缀于枝头，晶莹剔透，更是美不胜收。木材坚实，可制作小器具。叶煎汁液洗眼可治眼疾和蜂蜇伤。根、茎、叶、果均可入药，根、茎含有小檗碱，有收敛、镇静及消炎之功效，根煎汁内服可治颈疾、痰咳、脚气等症。树皮和枝叶煎汁能防治棉蚜。果实为镇咳药。

二、形态特征

南天竺为常绿灌木，直立、干丛生、少分枝、高 1～2m；小叶常带红色，3 回羽状复叶互生于枝顶，长 30～50cm，小叶几无柄，椭圆状披针形，先端渐尖，叶边缘及叶轴多带红色，先端渐尖，基部广楔形，长 3～10cm，光滑；雌雄同株，圆锥花序顶生，初夏开白色小花；浆果圆形或球形，鲜红色，罕白色。花期 5～7 月，果期 8～10 月。

玉果南天竹（f. *alba* Rehd.），果实成熟时淡黄色或乳白色。

三、分布区域

在西北地区分布于陕西秦巴山地海拔 540～1500m 的阔叶林下及林缘，常自成群落；甘肃分布于文县、康县、武都。

多产于长江流域各地。日本也有分布。

四、生态习性

对光照要求不强烈，在强光下叶色变红，但花后难以结实。喜温暖湿润气候在半阴条件下生长良好。对土壤适应性强，在酸性、中性土壤上均能生长，尤以钙质土壤 pH 值 7.0～8.0 最为适宜，故为钙质土壤指示植物。干燥土壤和积水之地生长不良。

五、培育技术

（一）育苗技术

1. 播种育苗　秋末果实呈现红色，手捏发软时采下，搓去果皮，随即播种。由于种子有较长的后熟期，不经 120 天放置难以发芽，因此需要进行砂藏处理。幼苗前期（50 天）要适当遮荫，切勿暴晒。

2. 扦插育苗　早春新芽萌发前和夏季新梢停止生长时，均可剪条扦插。

（二）栽植技术

1. 园地选择　在黄河流域可露地栽植，近年北京在小气候条件下避风向阳处，能安全越冬，但少有结实。在陕西渭北黄土高原结实较好。宜选择院落门口、假石山旁、花坛草坪，林荫道旁或常绿树丛中，单植或丛植，不宜选太阳直晒或积水之处。

2. 栽植季节　春、秋季均可栽植，以春栽为好，大苗移栽需带土球。

3. 后期管理　栽后要立即浇水，干旱季节也要注意灌水，但花期不要浇水过多，以免造成落花。当坐果后再增加浇水次数。春季及果期可施 1 次薄肥。

西北地区气候寒冷，可行盆栽，在室内越冬。但要注意浇水这个环节，故从入室至出室期间，浇水次数不宜过多，水量亦不要过大。必须干透后浇水，并要浇透，换盆时可进行分株繁殖。

冬季还可剪取果穗，配以蜡梅、银柳插入花瓶，可欣赏月余，以增春意。

（罗伟祥、吕　茵）

棕 榈

别名：棕树

学名：*Trachycarpus fortunei*（Hook. f.）H. Wendl

科属名：棕榈科 Palmae，棕榈属 *Trachycarpus* H. Wendl.

一、经济价值和栽培意义

棕榈为我国特用经济林树种，主产品棕片为我国出口商品之一。棕片是一种性柔韧，耐水湿，抗腐耐用的纤维，可制船缆绳、地毯、棕垫、沙发、扫帚、刷子、机井滤网等；棕叶加工可制绳索、扇子；心叶可制帽、鞋、提包等精美手工艺品；果皮含蜡 16.3%，可制复写纸、地板蜡，也可代替蒙旦蜡，用于国防和工业；棕籽含丰富淀粉和蛋白质，可做饲料；木材边材坚硬，心材柔软，可做水漕、亭柱、小建材；棕灰为止血药。

棕榈树干挺直，叶形优美，四季常青，是"四旁"绿化和城市园林的优良树种。

二、形态特征

常绿乔木，树干圆柱形，端直不分枝，高可达 10m，干径达 20cm；为单子叶植物；叶圆扇形，掌状分裂，至中部以下，裂片 20 以上，叶簇生于树干顶端，叶长 40～80cm，叶柄长 50～100cm，两缘具刺；基部苞片呈纤维状鞘，包围茎干，基部棕苞褐色，苞痕在树干上形成环状节；花单性，雌雄异株，为分歧肉穗花序腋生，萼片及花瓣各 3，雄蕊 6，子房 3 室，基部合生，花黄色；果实核果状，蓝黑色有白粉，球形或肾形，富胚乳。

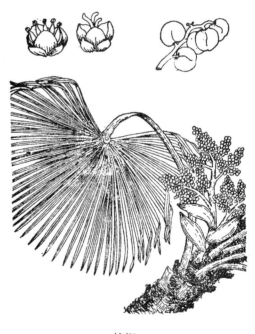

棕榈

在长期栽培中，形成不同品种。四川雅安县等地群众根据叶形，棕片性状，干节长度等差异分为 3 种：①大木棕：干节较短，长 2.2～2.5cm，棕片 5 层，紧密均匀，棕心味微甜，棕片褐色，花枝较疏；②小木棕：叶较小，棕片 4 层，棕心味微苦，干节短，长 1.0～1.5cm，花枝密，种子圆形，耐寒性较弱；③竹棕：干节较长，干形细瘦，干节长 3.3～3.8cm，高生长快，叶较小，棕片黄色，3～4 层，棕心味甜。

陕西汉中在绿化用苗中，将棕树分为长柄型和短柄型，长柄型叶柄细长，成叶叶柄一般 1m 左右，树冠疏散；短柄型叶柄粗短，成叶叶柄一般长 60～70cm，树冠紧凑，短柄型是园林绿化的优良类型。

三、分布区域

主要分布在陕西南部和甘肃东南部,陕西关中也有栽培。我国长江中下游华中、西南、华南和华北地区南部均有天然分布和人工栽培。

四、生态习性

棕树喜温暖湿润气候,较耐荫,尤其是幼年,常分布在海拔1000m以下的山坡下部、沟槽等土壤潮湿地带,林冠下天然更新良好,形成复层林;在强酸性土壤上能生长,但以中性、微酸性或石灰质土壤为宜;大树有一定抗寒性和耐旱能力;对烟尘、二氧化硫、氟化氢等有害气体忍耐能力较强,病虫害较少。

棕树无主根,须根发达,主要分布在土壤表层30～40cm范围,爪状延伸深可达1.5m;生长缓慢,1～2年生苗期,基本上无主干,仅有披针状叶,3年生掌状叶,4年后树干高和粗生长开始,每年可长8～12片叶,8年后高生长明显加快;10年高达1m以上,粗度基本稳定,进入生长旺盛期,每年可剥12～18片棕;20年后生长速度下降,干节渐密,棕片变小,不分枝,无萌发能力。

棕树2月中旬萌动,3月下旬抽叶,4～5月进入旺盛生长期,8月以后生长渐慢,10月以后生长停止。10年后棕树开始结实,花期5月,11月种子成熟。每千克种子2400～2800粒。

五、培育技术

（一）育苗技术

棕树结实量大,种源丰富,采用实生育苗。

1. 种子采集　选择生长健壮、品质好的类型做为采种母树,为产棕应选棕片大而密的类型,用作园林绿化应选短柄型。当种子外皮变褐色附白粉,果粒坚硬时,表明已经成熟,可连果枝剪下,凉晒脱粒,选择粒大饱满、无病虫的做育苗之用。

2. 种子处理和播种　采收的种子随即用草木灰浸泡3～5天,捞出洗去蜡质,洗净后可冬播或砂藏。冬播种子易受鸟兽鼠害。沙藏种子第2年春季,待种子裂嘴即将发芽时,即可播种。苗圃地应选择在排水良好,比较肥沃的土壤,先年秋季深耕风冻土壤,翌春施入有机肥料,浅耕耙糖,筑高床,床宽1m,步道沟宽25cm,床面土壤细碎平整,在床面上开浅沟条播,行距25cm,播幅5cm,每亩播种40～50kg,覆土厚度2～3cm,盖草保墒,半月左右即可出苗,及时揭草,进行拔草,施肥和干旱时灌水等管理,第2年进行间苗,株距10cm,并及时拔除杂草和水肥管理,第3年继续进行拔草和水肥管理,即可出圃造林。绿化用苗一般要求桩高1m左右的大苗,为节省土地,需进行2～3次扩圃,倒床移植。

（二）栽培技术

1. 适生范围　陕西南部汉中、安康、商洛和甘肃成县各地市低山区;陕西关中和甘肃天水地区可作城市绿化栽植。

2. 造林地选择　宜在阴坡下部、山谷、沟槽土壤湿润肥沃地段、房前屋后、溪河堤岸、池塘沟边、城镇街道、花坛草坪地皆可,但积水地不宜。

3. 栽植技术

（1）城镇园林绿化栽植　采用带土球大树苗，一般在春季发芽前为宜，生长季节栽植必须带大土球，并剪去大部分下部叶片，土球直径30~40cm。做到栽植穴要大，坑底垫肥土，浅栽植，适当浇水；生长季节移植后，应经常向植株喷水降温；一般北方绿化用不剥棕的大树苗，以增强抗寒性。

（2）成片植树造林　采用3年生苗，坡地尽可能进行水平阶整地。地坎零星栽植采用穴状整地。栽植穴面规格40cm×40cm，深30cm；株行距1.5m×2m或2m×2m，定点挖穴，表层肥土垫底，务使苗根舒展，分层填土踏实，栽植覆土深度与原来基本一致，苗的嫩尖应露出地面。

4. 抚育管理　因棕树根系浅，幼苗期一般只拔草和割草不松土，以免伤根，影响生长，并追施肥料和进行病害鼠害防治；初期成片造林可进行间作，种豆类、花生等低矮农作物，以耕代抚。

一般10年左右，棕树干粗基本稳定，即可开剥棕片，可春秋两次剥，也可集中在秋季9~10月一次进行，切忌夏季或冬季采剥。剥棕时用剥刀沿棕板两侧各竖划一刀，再沿棕片着生的基部横向环割一刀，棕片与树干脱离，并切下棕板，至少保留10~12片叶，干基不露白，同时注意不能环割太深，不伤树干，以免树干变形，粗细不均。

六、病虫害防治

（1）烂心病和干腐病　前者危害幼苗幼树，使植株腐烂致死，后者危害成年树，致叶枯直至植株死亡。病原菌从根尖、叶尖、幼叶基部或树干伤口侵入，气温高湿度大利于发病和蔓延。采用500倍50%退菌特或50%甲基托布津或25%多菌灵液喷洒或涂干进行防治。

（2）鼠害　松鼠田鼠在冬春缺食时咬食棕树嫩芽和剥棕后的嫩干皮，还偷食棕籽。用人工捕杀或毒饵等方法防治。

（鄢志明）

垂　柳

别名：倒栽柳、水柳、垂枝柳、倒挂柳
学名：*Salix babylonica* L.
科属名：杨柳科 Salicaceae，柳属 *Salix* L.

一、经济价值及栽培意义

垂柳适应性强，生长快，很耐水湿，发芽早，落叶迟，树姿优美，枝柔下垂，随风飘荡，别具风情。长安"灞柳"久负盛名，观赏价值很高。木材红褐色，纹理通直，轻软坚韧，可作矿柱、家具、农具、箱板、胶合板及小型建筑用材，枝材是造纸和人造纤维的原料；叶和嫩枝可作肥料、饲料；花期早而长，为早春蜜源植物；柳叶能饲养柳蚕；树皮含鞣质7.5%，可提制栲胶；枝条柔软，可供编筐、篮笼；叶及皮含有水杨糖甙，可作医药上的解热剂。根和须根入药，祛风除湿，治筋骨痛及牙根肿痛。垂柳抗尘、抗烟、抗毒、抗污染力强。根系发达，容易繁殖。不仅是"四旁"、城市和庭园绿化的优良树种，而且是农田防护林、水土保持林、水源涵养林和防浪、护岸、固堤的好树种。在我国西北山川秀美建设和绿化美化生态环境中具有重要作用。

二、形态特征

落叶乔木，高达 10～18m，胸径可达 60～80cm。枝条细长下垂，褐色，淡褐色或淡黄褐色。叶披针形或线状披针形，长 8～16cm，宽 0.5～1.2cm。先端渐长尖，基部楔形，叶缘具细锯齿。雌雄异株，柔荑花序，雄花序长 2～4cm，雌花序长 1～2cm。蒴果内有种子 2～4 粒，种子长约1.3mm，宽0.7mm。种子成熟时由绿渐变黄，外披白色柳絮，种子细小，千粒重0.1g。花期 4 月中旬，果熟期 5 月。

垂柳的变异较大，根据枝条皮色，可分为青皮柳、黄皮柳和红皮柳 3 种类型。

垂柳

三、分布区域

垂柳原产我国，亚洲、欧洲、美洲的许多国家都有引种栽培。我国以江南水乡分布最多，西南温暖河谷垂直分布可达海拔 2000m。

西北地区陕西南北各地，甘肃兰州、平凉、天水、文县，宁夏全区，青海湟水和黄河下段的河谷海拔 2500m 以下地段，新疆乌鲁木齐、伊犁、喀什、和田等地有分布与栽培。

四、生态习性

阳性树种，喜光不耐庇荫。适宜生长在中性偏酸的沙质壤土或壤土上，重壤沙土和碱性土上生长不良。以深厚肥沃湿润的土壤生长为宜，特别喜生长在土壤通气条件良好，氧气含量较高的河边、池畔流水旁。垂柳能吸收二氧化硫，净化空气。1hm² 垂柳在生长季节每月可吸收 10kg 二氧化硫。抗氟化氢的能力也比较强。

垂柳适应性很强，能耐一定程度的干旱，但它最耐水湿，能忍受长期浑水淹没，就是短时期的水淹过顶也不会死亡。枝干形成不定根的能力很强，在水中 10 天左右便长出不定根。因此，它既可在阴雨连绵、潮湿炎热的水乡江南生长，也可在千里冰封、万里雪飘的塞外北国安家。

五、培育技术

（一）育苗技术

垂柳扦插、播种育苗都可行，生产上常用扦插育苗。

1. 扦播育苗 插穗春秋两季都可采集。采条母树应为 10～15 年生，生长健壮，发育良好的优树，选无病虫害的壮条，或 1 年生苗干作为插条。插穗粗 0.8～1.5cm，截成长 15～20cm 插穗。秋冬采条可先不截穗，整条分层埋入土中，或窖藏越冬。开春后，于 3 月份截穗成捆，泡水 3 天后扦插。春季采条，随采随截成穗，打捆泡水。或用浸水催根法催根。用稀尿水泡 3 天扦插有利发芽和生长。春季扦插在 3 月中旬发芽前进行。株行距 10～20cm×40～50cm。庭院绿化用的大苗，一般行距 0.8～1m，株距 30～50cm，2～3 年甚至 4 年出圃栽植。苗期要及时松土、除草、浇水、施肥。在生长旺盛的 6 月份施用矿质肥料，将氮、磷、钾配合使用，效果明显。1 年生苗高可达 1～2m，即可出圃造林。

2. 播种育苗 除育种、科研上采用播种育苗外，生产上很少用播种育苗，但实生苗能提高生活力，克服长期无性繁殖给林木带来的早衰现象，且寿命较长，抗病虫力较强，所以，近年来播种育苗有新发展。播种育苗应抓好以下几点：

（1）及时采种 成熟的果实变为黄绿色，部分果实裂嘴，刚刚露出白絮时，就要抓紧采收。

（2）种子调制 果穗采回后，摊放在室内竹帘或竹箔上，每日翻动 5、6 次，2～3 天后，蒴果全部裂嘴，用柳条抽打，种子即可脱落，收集待播。

（3）适时播种 随采随播，出苗整齐，幼苗生长旺盛，新采种子发芽率达 95% 以上，常温下放置 20 天以后，发芽率降 60% 以下，且出苗慢而不整齐，长势不旺。

（4）播种方法 垂柳种子小，千粒重仅 0.1g。播种床面要仔细整平，施足底肥，灌饱底水。播种方法有：滚筒播种法、落水播种法、摆枝落种法等，播后即用"三合土"（细土、细沙和腐熟的厩肥各 1 份，再加少量的 5406 细菌肥料）覆盖，使种子约隐约现为度。每亩播量 0.25～0.5kg。

（5）苗期管理 要保护床面湿润，每日或隔日洒水 1 次，水要细，防止冲出种子或因水大、水急把种子聚集低洼处，造成出苗不均匀。当苗高 3cm 时，进行第 1 次间苗，苗高 8～10cm 时第 2 次间苗，一般间苗 3～4 次定苗。留苗 180～200 株/m²，每亩可出苗 7 万株。为防苗木发病，每隔 1 周喷波尔多液 1 次。当年苗高可达 1m 以上。如需培养大苗可移植或间苗稀疏通风透光，加强水肥管理。

（二）造林技术

1. "四旁"绿化　特别适宜栽在河流、水渠、池塘四周和庭院。"四旁"绿化要采用2~3年生的大苗，苗高2.5~3m，地径3.5cm以上。或者用高插干，干高3m以上，粗4~6cm，单行栽植，株距4~6m。埋干前先在流水中（没有流水条件的可换水）浸泡半月至20天，干旱多风区可泡30天左右。3月底到4月底插干。插干宜深埋，砸实，深1m左右。在地下水位高的地方应采用钻孔深栽的方法插干，把插干插到地下水位15~20cm以下，捣实即可。

在公园、城市及居民点栽垂柳，宜选择雄株，避免雌株在春天开花结果时带来的柳絮飞纷，影响环境卫生。

2. 滩地造林　在大面积沙滩地或河滩地成片造林，宜选1~2年生苗木，也可采用2~3年生粗壮无病虫害的枝条进行插干造林；插干长50~60cm。造林密度2m×2m，2m×3m，或2.5m×4m。造林后，生长期要及时除蘗。造林后3年内可间作低干豆科农作物；混交紫穗槐、沙棘等，都利于幼林生长。在低洼滩地或造防浪林时，要选用大苗或高插干。

六、病虫害防治

1. 柳瘿蚊［*Rhabdophaga salicis*（Schrank）］　成虫产卵于嫩枝或幼干的树皮裂缝或皮孔中，孵化后幼虫为害枝干，形成肿大瘿瘤，材质受影响，严重的造成枝干死亡。

防治方法：①3月上、中旬在瘿瘤外糊1层泥，泥外缠上1层稻草，这样成虫羽化后就飞不出来；②用小锤将瘿瘤外层组织锤破，也能锤死里面的幼虫，或者用刀削去瘿瘤外的薄皮，由于瘤内温湿度的变化，使幼虫不能化蛹，蛹也不能羽化，最后干瘪而死；③保护和利用天敌。

2. 烂皮病　防治方法见小叶杨。

3. 柳毒蛾　防治方法见旱柳。

（杨靖北）

夏　栎

别名：橡树、夏橡、英国栎、都普（维吾尔语）

学名：*Quercus robur* L.

科属名：壳斗科 Fagaceae，栎属 *Quercus* L.

一、经济价值及栽培意义

夏栎原产欧洲。新疆引种百年。木材坚重，供建筑、桥梁、车辆、农具、家具、地板、滑雪板等优良用材。夏栎皮内含单宁物质达 10%，加之树形高大，枝叶茂密，树姿优美，是新疆地区用材林、防护林、城镇园林绿化中有发展前途的优良树种。我国新疆的伊犁、塔城、乌鲁木齐等地已引进该树种，生长良好，其中塔城有近百年的大树，极为抗寒耐旱。

二、形态特征

落叶乔木，高达 40m。树冠多圆锥形。树皮褐灰色，开裂；幼枝光滑，红褐色，嫩枝被毛，后脱落。叶倒卵形或倒卵状长椭圆形，叶长 6~20cm，先端圆钝，基部近耳状，具 4~7 不整齐圆钝齿，下面粉绿，侧脉 6~9 对；叶柄长 0.5~1cm。雌雄异花，雄柔黄花序呈灰色，雌花序浅红色、灰色或绿色。雌花和果实生长在 6~8cm 的长梗上，果 2~4，卵圆形或椭圆形等，光滑，栎果大小和形状具多样性，壳斗钟形，包果基部约 1/4~1/5，灰黄色。花期 4~5 月；果期 8~9 月。

夏　栎
1. 果枝　2. 叶基　3. 壳斗（放大）

三、分布区域

夏栎在新疆北疆分布与栽培在伊犁、塔城、乌鲁木齐、昌吉、石河子等地区。欧洲分布很广。

四、生态习性

夏栎在平均气温 6℃ 以上，年降水量 300~1000mm，无霜期 120 天以上，土壤深厚肥沃、排水良好沙壤土、壤土和褐色森林土的地区，生长发育良好。

夏栎喜光。耐寒性强，能忍耐 -43℃ 低温。耐大气干旱，亦耐高温，在年降水量 200mm 左右，蒸发量 1500~1600mm，7 月份最高气温高达 40℃ 的石河子、玛纳斯、乌鲁木齐地区生长良好。夏栎较耐盐碱,适应性强,对土壤要求不苛,在干旱的石质坡地,盐碱土,土层瘠薄的土地上能正常生长。根深,主根粗壮,20 年生深达 5m,抗风力强。

夏栎寿命长,可活百年以上,甚至千年之久,在夏季降水量少,大气干旱,较少灌溉条件下,夏栎亦能很好生长,高耸挺立,40 年生胸径达 50cm。

五、栽培技术

(一) 育苗技术

1. 播种育苗

(1) 采种 栎实通常 8～9 月成熟,陆续自落。选择 30～80 年生,干形通直,生长健壮和无病虫害的优树采集栎实。在建立母树林、种子园的地方,可选择优树、优良无性系采种。一般种子千粒重 3.6～3.8kg。

(2) 播种 夏栎种子无休眠期,宜在秋末随采随播,秋播可减少贮藏,且发芽率高苗壮,生长量高,整齐一致。栎实含水率较高,易发生霉烂,难以贮藏,沙藏或秋末初冬流水(流水渠下袋框包装)贮藏种子,待翌年春季播种,发芽率往往下降到 40%～50% 左右。种子必须保持足够的水分,否则含水率下降为 30%,发芽率降为 10%,掌握适宜的贮藏温度,对保持种子的生活力也十分重要,夏栎种子适宜的贮藏温度是 0～5℃。

大田育苗要选择土层深厚、肥沃、湿润,排水良好的沙壤土,壤土或森林土作圃地,夏末秋初落底水,施基肥,待土壤稍干,合墒深翻耙平。进行土壤消毒,整地作床,长宽度根据地势和工作方便而定。

开沟条播,行距 40～50cm,株距 5～10cm,沟深 5～6cm。考虑种子含水量,土地利用率等因素,稍微加大播种量,每亩播种量为 65～125kg。

苗期加强抚育管理,2 年生苗木高 1.2～1.8m,3 年生苗木高 1.7～3.9m。2～3 年生苗木可换床培育大苗。

(二) 栽植技术

1. 造林地选择 选择土层深厚、肥沃、有灌溉条件,光照充足的立地条件造林,可在城镇营造绿化林。

2. 栽植方式 植苗造林,采用多年生大苗最好于秋末或早春 3～4 月栽植。造林株行距,用材林为便于机械化耕作,间作,行距 4～5m,株距 2～3m,密植育干。

3. 混交造林 可与针叶树樟子松等营造针阔叶混交林,或与生长较慢、较耐荫的树种新疆云杉、天山云杉、天山花楸、心叶椴、天山槭等营造混交林,加速天然整枝,促进主干生长。

4. 幼林抚育 灌溉农业区造林后每年灌溉 8～12 次,年灌水量 800～1000m³/亩。幼林期要适时松土除草,为培育大径材,适时隔株间伐。

六、病虫害防治

见辽东栎病虫害防治。

(张宝恩)

新疆大叶榆

别名：欧洲白榆、大叶榆、欧罗巴哈里牙阿西（维吾尔语）

学名：*Ulmus laevis* Pall.

科属名：榆科 Ulmaceae，榆属 *Ulmus* L.

一、经济价值及培育意义

环孔材，边材淡黄色，心材淡褐至黄褐色，硬度中等；供建筑、车辆、细木工、农具、家具等用材。枝条红色美观，供编制筐篮。翅果含油率达 27.7%，供医药及工业用。

树干通直，枝叶茂密，树冠圆满优美，适应性强，生长快，抗病虫害能力较强。枝、叶、皮，含单宁，味苦，树皮粗糙，牲畜很少危害，是新疆地区营造用材林、园林绿化的好树种。

叶大美观，红叶迎秋，1989 年定为乌鲁木齐市市树。自花不育，可采用优良单株嫁接无性系苗木，营建城市行道树，有利城市街道卫生，市容美化。

二、形态特征

落叶乔木，高达 30m。树干通直，树冠浓密半球形，树皮淡灰褐色，不规则纵裂。大枝淡灰色，小枝绿色，后变红褐色。叶倒卵形、倒卵状椭圆形或卵形，长 6~18cm，先端短尾尖或急尖，基部甚偏斜，重锯齿整齐，齿端常内弯，上面光滑，下面幼时被柔毛，后脱落；叶柄长 0.5~1cm。簇生状短聚伞花序，着生 20~30 朵花，具细长梗长 6~20mm。翅果广椭圆形长 12~16mm，边缘密生睫毛，凹缺被柔毛，种子扁圆，黄白色，位居翅果上或下部，花期 4 月上、中旬；果期 5 月上、中旬。

三、分布区域

我国西北、东北、华北各地有栽培，以新疆较多，垂直分布在海拔 1000m 以下的平原地区。原产欧洲。青海、宁夏、甘肃、陕西引种栽培。

四、生态习性

喜光、耐寒、抗高温。在新疆夏季绝对最高气温达 45℃，冬季绝对最低气温 −43℃，日温差达 30℃，年降水量 195mm 的地方，生长旺盛。深根性，对土壤要求不严，喜生于土壤深厚、湿润、疏松的沙壤或壤土上，在 pH 值 8 的沙壤土上生长良好。新疆伊犁地区 21 年生行道树平均高 21.2m，胸径 25.6cm。在较少灌溉条年下玛纳斯平原林场人工林 20 年生高达 17m、胸径 16cm。

五、培育技术

（一）育苗技术

1. 播种育苗

（1）采种　选择 10～25 年生健壮优良母树或在嫁接无性系母树林中待种子成熟及时采种。种子千粒重 10～11.5g，优良种子发芽率 85%～97%，种子饱满度 65%。应随采随播在准备好的苗床上。每亩播种量约 4kg。

（2）播种　新疆大叶榆在沙土或沙壤土上可采用干播，种子不必催芽处理，干播后立即灌水，连续 2～3 次，直至种子发芽出土后，逐渐减少灌水次数，群众称之"水打滚播种法"。

（3）苗期管理　苗期每次灌水后适时松土除草，次数依土壤湿度、杂草蔓生程度而定，一般当年灌水 7～8 次，松土除草 5～6 次；2 年生苗木灌水 5～6 次，松土除草 3～4 次，经过抚育管理后，1 年生苗木高度达 50～80cm，2 年生苗木高度达 1～1.5m，每亩产苗量 15000～20000 株。

2. 嫁接育苗

用于建立无性系母树林或高等级城市绿化用苗木。采用枝接或芽接，枝接用腹接，间或也用劈接。砧木用大叶榆的实生苗（白榆不亲合）接穗采自优树树冠中、上部当年新枝，1 年生嫁接苗枝条最为理想，一般 3 月上旬采条，并在窖内冷藏。"清明"到"立夏"（4 月上旬至 5 月上旬）为嫁接时间，最迟可延至 6 月底，砧木已发芽而接穗尚未萌动时嫁接，效果较好，成活率多在 80% 以上。嫁接苗生长迅速，1 年生苗木高 1.4～2.63m，平均高 1.5m，地径 1.4cm。

（二）栽培技术

1. 林地选择

新疆大叶榆喜深厚湿润、排水良好的土地，造林地沙壤土为好。为便于灌溉，采用机械推土整平，翻耕，打埂作大畦，或开沟，沟植，便于灌溉。株行距一般为 1.5～2.5m×4～5m，以利拖拉机行间机耕。多采用春季栽植。

2. 抚育管理

幼林抚育主要是灌水，培土扶直，松土除草。一般每年灌水 7～8 次，灌水后适时松土除草。郁闭后只适时灌水，或行间用圆盘耙切地。

六、病虫害防治

病虫害防治同白榆。

（张宝恩）

连香树

别名：五君树、山白果、杜里树、紫荆叶树

学名：*Cercidiphyllum japonicum* Sieb. et Zucc.

科属名：连香树科 Cercidiphyllaceae，连香树属 *Cercidiphyllum* Sieb. et Zucc.

一、经济价值及栽培意义

连香树其味芳香，百米可闻，若是大树，则越摇越香，故名"连香"。连香树为单科属树种，落叶大乔木，树高可达40m，胸径可达2~3m，四川西部龙安、松潘间最大1株，树干胸径5.8m，为世界之最。连香树是第三纪孑遗的古老植物，第四纪冰川遗留下来的"活化石"。为古生物学、历史植物地理学的研究提供了可贵的资料，在科学研究上具有很高的价值，为国家二级保护树种。连香树材质优良，木材为淡紫褐色至浅红褐色，久置空气中颜色转深。

连香树材质优良、纹理直、结构细、质地坚韧、硬度适中、容易干燥、易于切削、切口光滑、不翘不裂，是精工雕刻的好原料。也是图板、乐器、文具、造船、建筑和高级家具的上等用材。树叶含麦芽醇，是香料工业上的重要定香剂，用于食品、化妆品和医药工业等方面。根、茎、果与叶可入药，民间用于治小儿惊风抽搐肢冷，特别是树皮煎水饮服，对治疗感冒、痢疾有特殊疗效。树枝与叶均含鞣质，可提取栲胶。

此外，树姿古雅、枝叶浓密、叶色奇特、庄重而秀丽、春天嫩叶紫红、夏叶翠绿、秋叶金黄、冬叶深红、四季鲜明，是典型的彩叶树种之一，也是很好的庭园绿化观赏树种。在产区用作更新树种，具有较大的经济价值。保护和发展连香树，对科学研究，生产和美化环境都具有重要意义（谢濒，1992）。

二、形态特征

落叶乔木，树体高大，树冠塔形，幼树树枝淡灰色或灰棕色，老树灰褐色，纵裂，呈薄片剥落，小枝褐色，皮孔明显，髓心小，圆形，白色。短枝在长枝上对生。芽卵圆形，紫红色或暗紫色。单叶，生于长枝者对生，叶扁圆形、肾形或卵圆形，长3.0~7.5cm，宽3.5~6.0cm，叶基心形，楔形，边缘有圆钝锯齿，齿端凹处有黄褐色腺点。两面无毛，下面灰绿色带有粉霜，基出脉3~7条，短枝上只在枝端芽的外侧生1叶。花，单性，雌雄异株，先叶开放，雄花通常单生或数朵（通常为4朵）簇生于短枝顶端叶腋，雌花腋生，具梗，花柱线状，长1.0~1.5cm。骨突果2~4个，圆柱形，微弯，长0.8~1.5cm，暗紫褐色，花柱残存，果梗长4~7mm，种子数个带翅长5~6mm。花期4月中旬至5月上旬，果期8月。

三、分布区域

连香树分布于山西（中条山海拔1500m），河南、安徽（大别山，海拔820~1450m），江西、浙江（天目山450~650m）、湖北（神农架900~1350m）、湖南、四川、贵州（海拔

1000~2800m）。

　　在西北地区，连香树主要分布于秦巴山地、关山林区。秦岭南坡的镇巴、南郑、镇坪、岚皋、平利、宁强、旬阳、凤县、佛坪等地；秦岭北坡的户县（崂峪）、眉县（太白山汤峪）、太白县（黄柏原）、宝鸡（大王岭），陇县（苏家河）等地。周至（楼观台）厚畛子，垂直分布海拔 1100~1850m，散生；甘肃主要分布于陇东、小陇山（麦积、百花、车岔海拔 1600~2500m）等地。

四、生态习性

　　连香树要求温凉，湿润，雨水充沛，日照少的气候环境，但对气温适应性则较强，适生区的年平均气温 7.2~14.7℃，极端最高气温 27.7~35.5℃，极端最低气温 −13.2~−4.2℃。年平均降水量为 1269.9~1427.1mm，相对湿度 85%，日照时数 800~

连香树
1. 叶枝　2. 雌花　3. 雄花　4. 果实

1000h，无霜期 250 天以上。分布最北端的山西中条山，垣曲，翼城一带年平均气温为 8~10℃，极端最高气温 36~42℃。极端最低气温 −25~−14℃，年平均降水量 600~720mm，无霜期 130~190 天。日照时数 2500h，表明连香树对气候适应比较广。

　　连香树生长的土壤多为酸性或微酸性的山地棕壤和山地黄壤，也能在中性或微碱性的山地淋溶褐土上生长。连香树对光照要求高，惟幼龄期能耐庇荫，萌蘖性特别强，根桩直径 27~62cm，可生 61~67 根萌条，可利用这一特点培育萌生条，作为无性繁殖材料。

　　连香树多呈星散分布，但在陕西平利县千家坪林场的四叉河及宁陕县宁西林区菜子坪林场白云沟，尚保存有完好的连香树自然林分。在河南济源市（太行山和王屋山南段，海拔 1500m）黄楝树林场的蚂蚁创沟有株连香树，树龄 140 年，树高 18m，胸径 76cm，这是连香树在我国分布的北缘地带（最北为山西的翼城和垣曲）。甘肃康县店子厂河坝有小片连香树林，其中 1 株，树龄 70 多年，树高 23m，胸径 55cm，地径 70cm，结果累累。陕西宁陕林区大南沟最大 1 株连香树，树龄约 570 年，树高 42m，胸径 107.5cm，单株立木材积 15.25m^3，生长仍很旺盛，确是老而不衰。连香树生长较快，据在四川雷波和宝兴测定，树龄 24 年，高达 17m，胸径 23cm，选作更新树种营造的 15 年生幼林，平均胸径 10.2cm，最粗的达 18.00cm，平均树高 10.2m。

五、培育技术

（一）育苗技术

　　1. 种子采集与处理　连香树是雌雄异株，一般雄株很少，种子难得，要掌握好种子的成熟期，10 月上、中旬果实成熟，骨突果由青色变为黄褐色，应及时采收，否则种子飞散，很难采到，连果枝一起采回，放阴凉通风处 2~3 天晾干，切勿曝晒，种子连果壳装入布袋干藏备用。待来年春播时，用 0.3% 的高锰酸钾溶液消毒 2min，再用温水反复冲洗，放在 30℃ 的温水中浸泡 24h，然后装入纱袋进行催芽，催芽期间，每天早、晚各洒温水 1 次，并翻动种子 2～3 次，以保持种子湿润均匀，气温应保持在 10℃ 左右，经 11～12 天，待有 1/3 种子胚芽开始萌动时即可播种，种子千粒重 0.7～0.8g，种子优良度为 50%～70%。

2. 作床播种　经过细致整地，作成长 10m，宽 1m，床高 10cm 的低床，床面均匀铺厚 6cm 的腐殖质土一层，并喷施敌克松杀菌消毒。在苗床上横开深 3cm，宽 8cm 的浅沟，沟间距 30cm，将种子均匀撒入沟中，播种量 1.0～1.5kg/亩，用过筛的腐殖质土覆盖，厚度 0.5cm，覆土越薄越好，也可用锯末和草木灰覆盖，或用切碎的苔藓覆盖，然后盖草，保湿防晒，再用塑料薄膜覆盖，薄膜距床面 30cm 高，空气湿度不小于 60%。播后用洒壶洒湿覆草。需要注意的是播种气候（即温度），要在清明以后，即温度在 18℃ 以上，同时预计在 10 天内不会有低温或寒流袭击时进行。发芽时间为 7～10 天，此间不得失水（苗地）（陈仲平，2004）。据观察 4 月 18 日播种，5 月 6 日基本出齐，由播种到苗木出土约需 18 天左右，5 月下旬真叶出现，6～9 月为速生期，10 月底封顶，11 月底苗木落叶进入休眠期。

3. 苗期管理　连香树幼苗喜湿，耐荫，怕日灼，苗木出土后，撤除塑料薄膜时应及时搭好荫棚，或用遮阳网遮荫，随着苗木的生长，遮荫时间可以逐渐缩短，至 8 月中旬荫棚全部撤除，在苗木速生期，即从 6 月份开始，经常除草松土，并应在行间沟施肥料，并每隔半月进行一次叶面喷肥（用 0.3% 的尿素），以保证苗木速生期所需的充足营养，苗木真叶明显形成后（6 月上旬）应及时间苗，留苗株距 10cm 左右，9 月底停止施肥灌水，霜冻前要在苗木基部覆盖 3cm 厚的锯末，以防冻害。苗期要勤喷敌克松防病。当年苗木平均高 10.6cm，平均地径 2.2mm，优苗一般高可达 23cm，最高可达 60cm，地经可达 0.4cm，有 10～11 对真叶，据调查，苗木高度为 14cm 的 1 年生苗，根系长达 18cm，根幅 8cm，且很发达。

为培育大苗可将 1 年生苗移栽，按株行距 12cm×18cm 定植，2 年生苗地径可达 0.6cm，株高 1.2m 以上。

（二）栽培技术

连香树喜阴湿环境，但只要地下湿润，土层深厚，生境荫凉，海拔高低均宜，在 650m～2600m 海拔周围长势均好。表明，既可在低山栽植，也可在中高山地造林。连香树不仅是珍贵优质用材树种，也是园林绿化、景观配置的优良树种，随着城市绿化多元化需求的日趋旺盛，连香树已被许多沿海发达城市广泛引种用于绿化栽培，成都和重庆（歌乐山）海拔 500m，生长很好，重庆市林科所培育的 1 年生苗木，平均苗高 110.5cm，最高的 160cm，平均地径 1.06cm，最粗的 1.5cm 比原产地生长快，上海，杭州，深圳等植物园均已引种栽培。

选择湿润，肥沃，深厚疏松而又排水良好的缓坡地。采用横山水平带状整地，在带内按长、宽、深分别为 40cm×40cm×30cm 规格挖穴，株行距 2.0m×3.0m 或 3m×4m，利用 60cm 以上的苗木春季栽植。当年成活率可达 100%，3 年后保存率达 95% 以上（陈仲平，2004）。庭园栽植应选大苗，整地规格 0.8m×0.8m×0.6m（长×宽×深）带土掘苗移栽，随即浇透水，要加强管理，注意施肥灌水，在阳光直射的空旷地栽植，盛夏之时，要搭设遮阳网遮荫。9 月以后撤除。又据湖南新宁县山地造林试验，20 年生人工林，平均树高 10.6m，最高 13.5m，平均胸径 18.1m，最粗 22.0m。

（罗伟祥、罗红彬）

牡　丹

别名：木芍药、洛阳花、百两金

学名：*Paeonia suffruticosa* Andr.

科属名：芍药科 Paeoniaceae，芍药属 *Paeonia* L.

一、经济价值与栽培意义

牡丹为我国传统名花。早在两千年前，牡丹即以药用而载入《神农本草经》，东晋始作观赏栽培，迄今已 1600 余年。唐宋两代为中国牡丹栽培鼎盛时期，并奠定了牡丹"国色天香"、"花中之王"的重要地位。清代曾被定为国花。

牡丹品种繁多，色彩艳丽，有着很高的观赏价值。全国重点产区，如山东菏泽、河南洛阳、甘肃兰州、四川彭州等地，都建有大型牡丹园，每年举行盛大的牡丹花会，使牡丹观赏活动与地方经济发展紧密结合。牡丹可广泛应用于园林绿化，孤植或丛植于山石旁、树丛边，单独或与芍药结合配植成专类园。此外，牡丹也可作切花或盆栽观赏，还可冬季催花满足春节等重要节日活动的需求。

牡丹也是重要的药用植物。牡丹根的加工品即为中药"丹皮"，有清热凉血、活血行瘀之功效，常作镇痛、镇静药，亦治高血压等症。

二、形态特征

落叶灌木，高 0.5~2.0m。二回三出复叶，顶生小叶宽卵形，长 7~8cm，3 裂至中部，裂片不裂或 2~3 浅裂；侧生小叶窄卵形或长圆状卵形，不等 2 裂至 3 浅裂或不裂，近无柄；叶柄长 5~11cm，和叶轴均无毛。花单生枝顶，径 10~17cm；花梗长 4~6cm；单瓣、半重瓣或重瓣，白、粉红、红紫至玫瑰色，先端不规则波状。雄蕊多数，花丝紫红或粉红色，有时上部白色；花盘革质，杯状，多为紫红色，完全包住心皮；心皮 5 或更多，密生柔毛。蓇葖果长圆形，密生黄褐色硬毛。花期 4~5 月，果期 8~9 月。

三、分布区域

牡丹（*Paeonia suffrutcicosa*）是栽培种，参与该种形成的野生种有矮牡丹（*P. jishanensis*）、紫斑牡丹（*P. rockii*）、杨山牡丹（*P. ostii*）等。矮牡丹分布于陕西、山西、河南，紫斑牡丹见于甘肃、陕西、河南、湖北，杨山牡丹分布在河南、安徽。另有卵叶牡丹仅见于湖北西部及河南西南部。此外，在四川西南部、云南中、北部、西藏东南部及贵州西部分布的紫牡丹（*P. delavayi*）、黄牡丹（*P. lutea*）和大花黄牡丹（*P. ludlowii*）则由法、美等国科学家引种国外，并与中国、日本的栽培牡丹杂交，育出一系列黄色、褐色、紫红色或其他色彩的品种。

中国牡丹栽培分布已遍及除华南以外的广大地区。其中中原品种群以山东菏泽、河南洛阳为栽培中心，主要分布于黄河中下游，各地都有程度不同的引种栽培。

四、品种类型

中国牡丹按起源及生态习性的不同可分为中原、西北、西南及江南四大品种群。另有延安亚群及鄂西（湖北襄樊、保康、建始一带）亚群两个小品种群。目前，中国牡丹品种总数在 1000 个以上，其中中原牡丹品种已超过 600 个。中国牡丹引种国外，经风土驯化或远缘杂交，形成日本牡丹品种群，欧洲牡丹品种群，美国牡丹品种群。近年来，这些牡丹品种国内多有引种栽培，部分品种已引到西北地区。

牡丹品种通常按花型、花色分类。基本花型有单瓣型、荷花型、菊花型、蔷薇型、千层台阁型、托桂型、皇冠型、绣球型、楼子台阁型等。按花色可分为白、粉、红、紫、蓝、绿、黄、黑及复色九大色系。

五、生态习性

对于栽培牡丹的习性，曾有"性宜寒畏热，喜燥恶湿，得新土则根旺，栽向阳则性舒"，开花时"最忌热风炎日"（王象晋《群芳谱》）等精辟总结。但随着栽培范围的扩大，不同品种群间由于种的起源不同以及对不同气候、土壤条件长期适应的结果，其生态适应幅度已有一定差别。就中原品种群而言，其中心产区海拔 50～350m，气候具暖温带特征，光照充足，夏季高温多雨，冬季严寒晴燥。这一带年平均温度 13.0～14.5℃，极端最低温度 −18～−21℃，≥10℃积温 >4000℃；年降水量 500～800 mm；土壤以黄土性土为主，pH 值 7.0（洛阳）～8.3（菏泽）。从总体上看，该品种群属温暖湿润生态型。在北京－呼和浩特一线以北，大部分品种越冬困难；在年降水量 1000 mm 以上夏季湿热地区，大多数品种亦不能适应。在西北地区中原品种适于甘肃兰州至陕西延安一线以南。

牡丹成年植株的芽多为混合芽，具有休眠特性，即入冬后芽体进入休眠状态，并需达到一定的低温要求（需冷量）才能正常萌发生长。但据观察，花芽原基与叶原基对低温的要求有所不同，前者需冷量低，后者需冷量高。这是牡丹冬季催花时往往能开花而叶片发育不好的重要原因。牡丹花芽所需有效低温处理为 0～10℃。此外，牡丹枝条仅在中下部叶腋有芽的部位木质化，而上部无芽部分入冬后枯死，当年枝条（花枝）实际长度仅为年生量的 1/3－1/2，这种"枯枝退梢"现象是牡丹亚灌木特性的表现。

六、培育技术

（一）繁殖技术

牡丹可用播种、分株、嫁接及压条等方法繁殖，通常以分株、嫁接为主，播种繁殖则用于育种或培养嫁接用根砧。

1. 播种繁殖 牡丹种子一般在 8 月中下旬成熟，应及时采收，种子采收后应立即沙藏，不使过度失水，种皮干燥，否则种子秋播后当年不易萌动。种子沙藏，待大部分种子露白时应及时播种。牡丹种子有上胚轴休眠习性。胚根伸出后的种子仍需经过冬季的低温处理，第二年春天才能萌芽生长。播种后注意保持土壤湿润。入冬前苗床覆以塑料薄膜，上盖薄土，以利越冬。播种苗第二年秋季移植，一般 5～6 年可以开花。然后进行选种，不能入选的植株应予淘汰。

2. 分株繁殖 用于分株的植株为 4～5 年生健壮母株。宜于根际易于分离处劈开，幼株有 2~3 个小枝及相应的根系即可。分株宜在 10 月间进行。如为采收丹皮或取粗根用于嫁接，也可提早于 8 月下旬开始。分株法简单易行，惟繁殖系数较低。

3. 嫁接繁殖 牡丹虽可枝接，但通常多用牡丹根或芍药根进行根接。由于牡丹根细而硬，操作上难度大些，因而多用芍药根作砧。但近年来，山东菏泽等地采用药用品种'凤丹白'根作砧木，效果较好。作根砧的芍药根宜粗 2cm 左右，长 10~15cm，嫁接时间在 9~10 月，太晚不利于伤口愈合。通常在分株移栽时取得适宜的根砧，也可用 2~3 年生实生苗养成根砧。嫁接时如芍药根水分太大，可阴干 2~3 天，使其稍萎蔫以便操作。接穗通常从植株基部萌蘖条上剪取，每一接穗上有 1~2 芽。根接多用嵌接法。接后栽植于苗床中，深度以接口深于地表 6~10cm 为度。栽植后再于其上覆以细土，并须高出顶芽约 8~10cm，以保持土壤湿润并借以防寒越冬。嫁接后一个月内不能浇水。翌春转暖时，逐渐将覆土去掉。嫁接 2~3 年后，大部分品种接穗下部能长出自生根，在移植时可将芍药根切除。

（二）栽培技术

1. 露地栽培

（1）栽植 牡丹宜秋季栽植，且不宜栽植过晚。栽植前，土壤应深耕，施入腐熟粪肥、厩肥、堆肥作基肥。基肥也可以在栽植时施入植穴下部。并可加施油饼、腐熟鸡粪等。植穴依植株大小而定，一般深 30~40cm，穴径约 30cm。栽植深度与原深度相同，要求根系舒展，土壤分层踏实。定植株行距可用 1.5m×2.0m。

（2）整枝修剪 每株主枝数以 5~6 枝为宜，并使分布均匀。植株基部的萌蘖应在春季发生时及时摘除，以避免枝干过密影响开花，花后剪去残花，秋季落叶后剪去枯枝。

（3）水肥管理 牡丹地要求排水良好，但干旱季节也应注意灌溉。牡丹喜肥，一年最好施肥三次：第一次在新梢迅速抽出，展叶现蕾之际，施肥有助于花朵增大，以速效肥为主；第二次在花谢后，以补充营养，促进花芽分化，仍以速效肥为主；第三次在秋冬，补充基肥，有助于次春生长开花。如原有土壤肥沃且植株生长强健时，施肥次数或数量可适当减少。

（4）中耕除草 适度的中耕有利于保墒，也可适时清除杂草。春季牡丹萌动抽梢后，以及浇水或下雨后，均应及时中耕松土。一般深以 5cm 为宜。

（5）其他管理 牡丹较耐寒，一般不加防寒可以露地越冬，但为避免冬春干旱，常培土越冬。在西北引种中原牡丹，大部分地区仍应培土越冬。

2. 促成栽培 使牡丹于春节开花的促成栽培应用广泛。选择开花较早，花大色艳，易于催花的品种如'洛阳红'、'胡红'、'赵粉'等，于春节前 60~70 天起苗，放空气流通处待根软时栽植于径 40cm，深约 60cm 的花盆中，浇透水。若入冬后气温较高，催花植株应提前置冷室中低温处理 2~3 周，以解除休眠。然后根据品种催花所需时间（约 45~50 天）分批搬入温室。除注意湿度、光照外，关键是温度的调节。应按先低后高的原则逐渐升温，由白天温度 10~14℃，晚上 6~8℃逐渐升高，在春节前 10 天左右，升温至 18~25℃，每天加光 4h，追肥一次，保持空气湿润，春节即可开花。

六、病虫害防治

牡丹常见病害有灰霉病（*Botrytis paeoniae* Oudem 和 *B. cinerea* Pers. ex Fr. ）、红斑病（*Cladosporium paeoniae* Pass）、褐斑病（*Cercosporae paeonia* Tehon et Dan. ）及（*C. variicolor*

Wint.）、白粉病（*Erysiphe paeoniae* Zheng Chen）、枯萎病（*Phthophthora cactorum*（Leb. et Cohn）Schrot）、炭疽病（*Colletotrichum* sp.）、根腐病（*Fusarium solani*）及北方根结线虫病（*Meliodogyne halpa* Chitwood）等。常见虫害有金龟甲幼虫蛴螬、吹绵蚧（*Icerya purchasi* Mask）等。各地害虫种类及为害程度不一，应注意采用综合防治措施。首先应加强管理，园地通风透光，促使植株健壮生长，提高抗性，秋末冬初彻底清园，减少病源。其次是采取适当的化学防治措施：3月下旬每亩用呋喃丹或甲基异柳磷3～5kg掺细土撒在牡丹根际，防治根腐病，结合中耕防蛴螬、根结线虫。4月底5月初喷一次等量式波尔多液，防叶斑病，多年生园喷一次速克灵防灰霉病。5月中旬喷菊酯类杀虫剂加甲基托布津防金龟子成虫，兼治叶斑病。6～8月每10～20天喷一次多量式波尔多液防叶斑病，8月下旬喷施多菌灵800倍液，防治杂食性鳞翅目幼虫，兼治叶斑病。

（李嘉珏、姬俊华）

紫斑牡丹

学名：*Paeonia rockii*（S. G. Haw et L. A. lauener）T. Hong et J. J. Li

科属名：芍药科 Paeoniaceae，芍药属 *Paeonia* L.

一、经济价值及栽培意义

紫斑牡丹是野生牡丹中分布范围较广的一个种，甘肃中部及其相邻地区的栽培牡丹主要由该种演化而来，故称之为紫斑牡丹品种群。因甘肃中部为其主产区，故亦称甘肃品种群，后来改称为西北品种群。这些品种的特点是花瓣基部有明显的色斑，花有浓香，抗寒、耐旱，适应性强，在我国三北地区有着良好的发展前景，在国际市场上也很受欢迎。现已有品种 300 余个，是中国牡丹第二大品种群。

紫斑牡丹既是观赏植物，又是重要的药用植物。其根皮供药用，亦称丹皮，能清热凉血，活血散瘀，又为镇痛、通经药。

二、形态特征

落叶灌木。茎皮灰褐色。二至三回羽状复叶，叶柄长 10~15cm，小叶 15~33（59），卵状披针形，长 2.5~11cm，基部圆钝，先端渐尖，多全缘，顶小叶常 2~3 深裂。叶背面多少被白色长柔毛。花单朵顶生，花瓣通常白色，稀淡粉红色、红色，但栽培品种有多种颜色，花瓣基部具紫黑色或紫红色斑块；雄蕊多数，花丝黄白色；花盘杯状，全包心皮，黄白色；心皮 5，密被绒毛，柱头黄白色。蓇葖果长椭圆形。花期 4 月下旬至 5 月中旬，果期 8 月。

亚种太白山紫斑牡丹（subsp. *taibaishanica*），小叶卵形或宽卵形，大多有裂或有深缺刻。

三、分布区域

紫斑牡丹原种在整个秦岭山脉，包括甘肃境内的西秦岭，河南境内伏牛山均有分布，亦见于大巴山及其东延余脉神农架林区，垂直分布在海拔 1100~2800m 的山坡丛林及灌丛中。太白山紫斑牡丹分布于秦岭以北，陕西太白山、陇县、甘泉，甘肃天水及合水。紫斑牡丹的栽培分布以甘肃中部兰州、临洮、临夏、陇西一带为其栽培中心，向西到青海东部、甘肃河西走廊，东至陕西西部，北到宁夏中部、南部。华北、东北、西南及江南各地引种栽培。

四、生态习性

紫斑牡丹耐寒、耐旱、适应性强。主产区处于温带，地跨半干旱、半湿润区。这一带年平均气温 5~12℃，极端最低温度 -29.6℃（临洮），≥10℃积温为 1584.2~3824.8℃，年降水量 300~600℃。从各地引种情况看，紫斑牡丹部分品种可在年平均气温 2.3℃，绝对最低温度 -44.1℃的黑龙江尚志市正常越冬。

紫斑牡丹喜光，亦耐半荫，适应于黄土母质上发育的各种土壤，稍耐碱（pH 值 8.0 ~ 8.5）。其生态类型属高原冷凉干燥生态型。

紫斑牡丹树性较强，经适度修剪，树高可达 3m 以上。寿命较长，甘肃各地常见有百年以上老树，仍然开花繁盛。

紫斑牡丹的其他特性同牡丹。

五、培育技术

繁殖与栽培技术基本同牡丹。但由于西北地区气候、土壤条件与中原一带有较大差别，仍需注意以下几点：

（1）秋季嫁接时间较短，需注意掌握。如果入冬前降温较快，则嫁接苗可在温室内用湿沙覆盖，提高温度，促进伤口愈合，然后下地栽植，保护越冬。嫁接时，如当地空气干燥，芍药根砧含水量不高，可不必晾根。

（2）栽植地宜通风向阳，排水良好，土层深厚，尤以较肥沃的沙壤土较为适宜。西北各地光照强烈，常使深色花朵中的雄蕊瓣化瓣很快焦干，因而栽植地宜半荫，否则花期需采取遮荫措施以延长花期。

（3）牡丹栽植宜于秋季，但当地生长期短而冬季漫长时，也可春植。为保证成活并尽快恢复树势，栽植前应适当重剪及疏枝，这对老株尤为重要。

六、病虫害防治

西北各地牡丹病虫为害并不严重。但从中原各地引种牡丹时，要注意严格检疫，尤应注意根结线虫病等传入。其他常见病虫害有：

1. 牡丹根腐病　在温暖的河谷平原见有发生。染病植株长势衰弱，甚至整株死亡。病源主要为腐皮镰刀菌（*Fusarium Solani*），另有其他镰刀菌和蜜环菌（*Armilariella mellea*）的复合侵染。蛴螬等地下害虫为害造成的伤口有利于病菌感染。一般 4 月初牡丹展叶后即显症状。

防治方法：实行轮作，避免重茬；加强金龟甲成虫及幼虫的防治；翻地前每亩施呋喃丹或甲基异柳磷颗粒剂 3 ~ 5 kg，或栽植前每穴施用 5g；染病植株挖出后晾两天，剪去伤残根，全株放入甲基托布津（600 ~ 800 倍）＋甲基异柳磷（1000 倍）混合液中浸泡 2 ~ 3min，捞出晾干后栽植。

2. 蛴螬　为金龟甲幼虫的统称。为害牡丹的金龟甲有多种，1 ~ 2 年发生一代，幼虫成虫均在土中越冬。春季 10cm 土层地温上升到 10℃时，幼虫（蛴螬）即集中到 20cm 深以上根部取食，常造成大量伤口，导致根腐病严重发生。

防治方法：利用成虫假死性人工振落捕杀；设置黑光灯锈杀夜行性金龟子成虫；成虫发生盛期喷洒 40% 氧化乐果、50% 马拉硫磷 1000 ~ 1500 倍液；园地使用腐熟有机肥，或用能杀死蛴螬的农药与堆肥混合施用。植株受害时，打洞浇灌 50% 辛硫磷乳油、25% 乙酰甲胺磷等 1000 ~ 1500 倍液。

（李嘉珏）

小　檗

别名：黄刺花
学名：*Berberis thunbergii* DC.
种属名：小檗科 Berberidaceae，小檗属 *Berberis* L.

一、经济价值及栽培意义

西北地区小檗属植物种类很多，资源丰富，分布广泛。小檗属植物树姿优美、叶形奇特、花果艳丽、体态典雅，观赏价值极高。它的花、果、枝叶在形态、色彩、芳香等方面丰富多彩，令人赏心悦目。其根皮含小檗碱，是制作黄连素的原料，有清热解毒、消炎抗菌的功效。主治赤痢腹泻、咽喉肿痛、湿热黄疸、跌打损伤、口靡口疮等症。树皮含黄色素，可制作染料。种子含油量 16.23%，可榨油用于制肥皂和润滑油。

小檗属植物生态防护作用也很明显，因枝叶茂密，树冠截持降雨作用强，截留降水率在 25.0% ~ 57.1% 间；4 ~ 12 年生小檗林，枯枝落叶干物重 0.57 ~ 1.47t/hm²，吸水量为 0.68 ~ 3.92t/hm²；林地透水性较无林地高 29.7%；土壤有机质比无林地高 3.88 个百分点，改良土壤作用十分显著；6 ~ 12 年生小檗林，其总生物量为 4.81 ~ 11.1t/hm²；枝叶的热值为 20043.1 ~ 20603.2kJ/kg，每百千克干柴相当于 68 ~ 70kg 原煤；嫩枝的蛋白质和粗纤维含量分别较苜蓿高 8.09% 和 21.1%。因此，合理开发利用小檗属观赏植物资源，对丰富西北地区和城镇园林绿化植物的多样性，提高绿化质量，改善自然环境和生态景观具有重大意义。青海有小檗（黄花刺）3.7 万 hm²，其中可开发利用的 1.3 万 hm²，湟中、大通、乐都、互助等 4 县 1993 年开始开发利用，引进加工生产工艺，提取黄连素粗、精产品，已获成功。1993 ~ 1994 年共开发利用黄花刺资源 360hm²，生产黄连素粗产品 26.1t，黄连素含量在 60% 以上，符合要求产值达 355 万元。1994 年湟中县建立黄连素精产品加工生产线，黄连素含量达 98%，其他指标也均符合国家药典标准。

二、形态与分布

小檗为落叶灌木，枝条丛生直立，暗红色有角棱，老后变灰色，角棱消失，内皮鲜黄色，短枝及叶下常有 1 或 3 叉刺。单叶在长枝上互生，短枝上几簇生，全缘或上部有 2 ~ 3 带刺尖小齿。总状花序着生多数黄色倒垂馨状小花，花瓣边缘常有红色纹晕。浆果熟时红色，经冬后始脱落。

原产于我国东北南部、华北地区。日本亦有分布。西北分布与栽培的同属植物主要还有以下几种：

1. 红叶小檗（*Berberis thunbergii* DC. var. *atropurpurea* Chenault.）　又名紫叶小檗，叶色紫红。为小檗的一变种。叶

小檗

红枝美，是城市、园林绿化植物造景的重要材料，西北各省区城市园林绿化多采用。

2. 细脉小檗（*B. dictyoneura* Schneid.） 落叶灌木，高达 2m。老枝灰色，具棱角，稍开展，节间长 1.6 ~ 2.3cm；叶（果枝）7 枚一簇，膜质，卵形或椭圆形，先端近急尖，基部渐狭成柄，叶片长 1 ~ 3cm，宽 5 ~ 14mm，两面颜色略同，较光滑，具显明细网脉，缘具细密刺齿，刺长约 1mm，最长者达 2mm。果序总状或簇生总状，长 2 ~ 3cm，常具 3 ~ 6 果，光滑，浆果长圆形，熟时粉红或淡红色，长约 7 ~ 8mm，径约 3 ~ 5mm，柱头无柄，种 2，花期 5 ~ 6 月，果期 8 月。

分布于陕西秦岭南郑、石泉及凤县海拔 1500m 左右，甘肃产于文县海拔 1400m 左右，小陇山天水海拔 1000 ~ 1400m。

3. 阿穆尔小檗（*B. amurensis* Rupr.） 又名黄芦木、刺檗，落叶灌木，高 2 ~ 3.5m。小枝黄灰色；短枝基部均生独刺，刺常 3 叉，长 1 ~ 3cm。单叶互生，纸质叶椭圆形或倒卵状长圆形，长 3 ~ 10cm，宽 3 ~ 6cm，边缘密生细刺状齿，先端急尖或钝，具网状脉，两面鲜绿色，背面稀被白粉。总状花序长达 10cm，着生短枝叶丛中，具花 10 ~ 20 朵，下垂；花黄色，径约 5mm，萼片、花瓣、雄蕊各 6。浆果椭圆形，长约 1cm，鲜红色，被白粉。花期 5 ~ 6 月，果期 8 ~ 9 月。

分布于我国东北、华北、山东及河南等省。日本、朝鲜和前苏联亦有分布。西北地区产于陕西秦岭眉县太白山、户县崂峪海拔 1100 ~ 2030m 的山坡，关山、黄龙、桥山海拔 1250 ~ 2850m 的山坡，路旁或林木丛中。甘肃产于子午岭、小陇山海拔 1250 ~ 2850m 及渭源、徽县、两当、成县、舟曲等海拔 2000 ~ 3000m。宁夏贺兰山、六盘山海拔 1500 ~ 2800m。

4. 鲜黄小檗（*B. diaphana* Maxim.） 又名黄花刺，落叶灌木，高 1 ~ 3m。小枝灰黄色，有槽及疣状突起；刺 3 叉，坚硬粗壮，淡黄色，长 1 ~ 3cm。叶倒卵形，长 1.5 ~ 3.5cm，宽 5 ~ 18mm，顶端钝，基部楔形，叶缘有 4 ~ 14 刺状细锯齿，网脉不明显或略显；花 2 ~ 6 朵族生，鲜黄色，花瓣倒卵形。浆果卵状矩圆形，长 10 ~ 12mm，径 6 ~ 7mm，红色，花柱宿存。花期 6 ~ 7 月，果期 8 ~ 9 月。

西北地区分布于陕西秦岭太白山、宝鸡玉皇山 1500 ~ 2600m；甘肃产于陇南临夏、舟曲（海拔 2400 ~ 3700m）、小陇山、兴隆山、祁连山（海拔 2400 ~ 2800m）；宁夏六盘山（海拔 2000m 左右）；青海分布于民和、乐都、大通、湟源、湟中、玉树等地（海拔 2400 ~ 3700m）的山地灌木丛中。

三、生态习性

小檗较喜光，尤以红叶小檗为甚，光照不足，叶会退化变为绿色，绝大多数种类能耐荫，喜湿润，既能在光照充足的立地生长，也能在阴坡、半阴坡、沟谷、林缘繁茂生长；耐寒、耐瘠薄，在年平均气温 6 ~ 9℃，极端最低气温 –23℃，年降水量 400 ~ 500mm 的甘肃兰州南部山区可安全越冬。有的种类如分布于新疆阿尔泰山的西北利亚小檗（*Berberis sibirica* Pall.）和黑（蓝）果小檗（*B. heteropoda* Schrenk），能耐 –42℃ 的地面极端低温。适生于疏松肥沃的褐土、山地灰褐土、山地棕色森林土上，在有机质为 0.5% ~ 1.5% 的灰钙土和石质土上也能正常生长。

小檗主侧根明显。根系总长度 165.3 ~ 591.4km/hm²，根重量 4.104 ~ 14.12t/hm²。萌蘖

力强，耐平茬，平茬当年可萌发枝条为原来枝条的 1 ~ 2 倍，高生长可达 0.7m 以上。

小檗通常 3 月下旬叶芽开始萌动，4 月上旬发芽，4 月中旬展叶，6 月中旬现蕾，6 月下旬至 7 月初开花，7 月上旬开始结果，8 月下旬果熟，9 月下旬落种，10 月初落叶，10 月下旬至 11 月初树液停止流动。

四、培育技术

（一）育苗技术

1. 播种育苗 8 ~ 9 月采种，揉搓淘洗除去果皮、杂质，即得种子，晾干贮藏。秋播和春播均可，春播种子宜冬季沙藏 60 天，春天清明前后，气温 15℃时，整地作床，按 15 ~ 20cm 的行距开沟，顺沟条播，覆土 1.0 ~ 1.5cm，轻压，随即覆草，以保持土壤湿润。当年苗高 30cm 左右，经 1 次移植，3 年生苗可供园林栽培。

2. 扦插育苗 这是主要的繁殖方法，以红叶小檗为例，于 10 月下旬或早春尚未萌动时剪取 1 年生枝条。剪成长 6 ~ 8cm 左右的插穗，除去下部余刺与叶片，上口剪平，下口削成 45°斜面，捆成捆（30 ~ 50 根），放在 ABT_1 号生根粉 100×10^{-6} 的溶液中浸泡 3 ~ 6h，浸泡基部深度 4cm 左右。

整地作床：选背风向阳处，挖长 6m，宽 1m，深 0.5m 的南北向扦插床，床底铺一层厚 1cm 的炉渣土，再铺 20cm 厚的过筛沙质壤土，施腐熟有机肥 20kg，混施呋喃丹 0.2kg，硫酸亚铁 0.5kg，整细耙平。分干插和湿插两种方法进行。

（1）干插 直接将插穗按株行距 5cm×5cm 密度插入土中，扦插深度为 3 ~ 5cm，插完后立即浇透水 1 次。

（2）湿插 苗床先灌足水，待水下渗后，立即将插穗按上述密度直插，插后可根据情况数日后再灌 1 次水。

插后在苗床搭设塑料小拱棚，四周压实，保温保湿。加强管理，及时除草松土。插穗在苗床上越冬。翌年 4 月中旬，气温升高，插穗开始萌芽，5 月上旬 90% 以上的幼苗已开始放新叶。中午时分可揭膜通风，下午 4：00 时盖膜，此时可浇 1 次透水，5 月下旬撤膜。6 月上旬待扦插幼苗长至 12cm 高时，即可移植于大田。株行距 25cm×60cm，移植前在苗床浇 1 次透水，使苗床湿润，以便带土移栽，移栽后立即浇 1 次透水。待地表稍干时即可松土除草。6 月中下旬结合浇水施 1 次氮肥，施肥量为 10 ~ 15kg/亩。这样当年苗高可达 40cm，基部分杈 3 ~ 4 枝，可出圃栽植。

（二）栽植技术

小檗可选择较湿润的阴坡，半阳坡，营造水土保持护坡林，株行距 1.0m×1.0m，或 1.0m×1.5m，春季栽植。造林后，每年松土除草 2 ~ 3 次，并进行封育，成林后每 3 ~ 4 年平茬 1 次。红叶小檗多用于城镇园林绿化，常配置于建筑物门口，窗下或荫前，丛植于草坪、池畔、花坛、岩石假山间，或作花刺篱或作盆景。可与水栒子、黄刺玫、黄蔷薇、金叶女贞、陕甘花楸、华北卫矛等混植。

（罗伟祥、杨江峰）

玉 兰

别名：白玉兰、玉树、迎春花、望春花
学名：*Magnolia denudata* Desr.
科属名：木兰科 Magnolicea；木兰属 *Magnolia* L.

一、经济价值与栽培意义

玉兰为我国著名观赏植物，因其"色白微碧，香味似兰"，故称玉兰。因其开花时无叶，故又称"木花树"。最宜列植堂前，点缀中庭，常有"玉兰堂"之称谓。民间传统宅院配植中讲究"玉棠春富贵"，玉即玉兰、棠即海棠、春即迎春、富为牡丹、贵为桂花。早春玉兰花开，犹如雪涛云海，气象万千。在纪念性建筑前配植，亦有"玉洁冰清"，象征品格高尚之意。丛植于草坪前并以常绿树烘托，能形成春光明媚的意境。1986 年，上海市将玉兰花定为市花。

玉兰对二氧化硫、氯气和氟化氢等有毒气体抗性较强，并有一定的吸收能力，宜于工矿区绿化。亦可作桩景盆栽观赏。其木材黄白色，边材、心材区分不明显，纹理通直，结构细，加工容易，是良好的建筑与家具材。花蕾入药可作辛夷的代用品，其药效与辛夷相同。花蕾含挥发油量 1.5% ~4.5%，较其他玉兰高。花含香料成分 1.0% ~1.6%，可提花香油（市场上称玉兰花油）或制膏作化妆品香精，花瓣糖渍或裹面油煎食用。玉兰叶含油0.04% ~0.05%，市场上称玉兰叶油。

二、形态特征

落叶乔木，高可达 25cm。树冠卵形或近球形。冬芽密被淡灰绿色长毛。叶倒卵状长椭圆形，长 10 ~18cm，先端圆宽，具短突尖，中部以下渐狭，楔形，全缘，幼时背面有毛。花先叶开放，直立，钟状，有芳香，径 10 ~16cm；花萼、花瓣相似，共 4 片，偶有 12 ~15 片，碧白色，有时基部红晕；花丝紫红色。聚合果圆柱形，长 12 ~15cm，通常部分心皮不育而弯曲。种子心形，黑色。花期 3 ~4 月，果 9 ~10 月成熟。

变种有紫花玉兰（var. *purascens*），花瓣背面紫红色，里面淡红色，浓淡有致，美丽动人。栽培品种约有 6 ~11个类型，如花色有纯白、粉红之分，花瓣有 9、12 ~15 或20 瓣等。

玉兰

三、分布范围

原产安徽南部及西部（大别山海拔 1200m 以下）、湖北及河南西部、浙江（天目山 500～1000m）、江西（庐山 1000m 以下）、湖南（衡山 900m 以下）及广东北部（800～1000m），在常绿阔叶与落叶阔叶混交林中有野生。西北地区见于甘肃武都、康县，陕西蓝田、长安、周至、陇县、太白、兴坝、勉县、汉中、宁陕、紫阳、岚皋、商南。现北京及黄河流域以南至西南各地广为栽植。

四、生态习性

玉兰分布区为暖温带南部到中亚热带气候区，中生树种。产区年平均气温 9～17℃，极端最低气温 -5～-2℃；年降水量 500～1750 mm，相对湿度 68%～80%。玉兰性喜温暖湿润侧方有庇荫的环境，稍耐荫，成年大树则喜光。上方遮荫往往有树无花，而侧方遮荫，尤其是西面遮荫，成年树着花数量往往多于不遮荫的同龄树。根系发达，但主根不深，侧根较多。喜肥。肉质根，受伤后愈合期较长，且不耐涝，亦不耐干旱。宜酸性、富含腐殖质且排水良好的土壤，但微碱性也可。喜空气湿润，不耐土壤与空气过于干燥。喜肥，尤喜氮肥。对温度敏感，故南北花期相差较大，即在同一地区，每年花期早晚也相差较大。喜暖，但对低温有一定抵抗力，能耐短期 -20℃低温。寿命长，可达千年以上。

五、培育技术

（一）繁殖技术

1. 播种繁殖 应掌握种子成熟期，9 月下旬当蓇葖转红绽裂时及时采收。早采不发芽，迟采易脱落。采下蓇葖后经薄摊处理，将带红色假种皮的果实放入冷水中浸泡搓洗取出种子，在室内晾干，切忌日晒。种子千粒重 150～170g。层积沙藏，早春密播于温室内沙床上，密度以种子互不重叠为准。上覆沙 2cm，经常保持湿润。3 月中旬大部萌芽后，将芽苗移于纸质容器中培养，定根，1 个月后移于大田。盛夏时节应予适当遮荫，不可曝晒过度。北方入冬后应予防寒。次春移植时，适当截切主根，重施基肥，控制密度，经 4～5 年，即可培育出株高 3m 左右的绿化用大苗。实生苗一般 5～6 年始花。

2. 嫁接繁殖 常用紫玉兰或其他木兰属植物的扦插苗、实生苗为砧木。方法有切接、腹接、靠接或芽接等。山东菏泽多在立秋后（8 月上中旬）用方块芽接法，河南鄢陵多在秋分前后（9 月下旬）切接。接后培土将接穗全部覆盖，次春转暖后除去。但此法用于早春则很难成活。现在庭园中栽植的玉兰都经过嫁接，花大而色较纯白，是经过长期人工选择的栽培类型。

（二）栽培技术

在北方栽植玉兰要注意选择避风向阳的小气候环境，以两侧有庇荫最为理想。

玉兰宜于春季开花前或花谢后未展叶时移植。较温暖的地方也可于秋季移植，但不宜过晚，过晚则根系伤口愈合缓慢。栽时要挖大穴，深施基肥，适当深栽。移栽时无论苗木大小，都应带土团。一年生嫁接苗在长途运输时，如无法带土球，应将根部沾足浓黄泥浆，然后用草包扎，运到即种，欲使定植的玉兰花大香浓，应注意水肥管理。花前花后施以速效液肥，秋季落叶后施基肥，多用磷肥。玉兰枝干愈伤能力较差，一般不进行修剪，必要时应在开花后大量萌芽前进行，剪去过密枝、并列枝、徒长枝。注意剪口要平滑。随时注意除去萌蘖。

六、病虫害防治

玉兰是抗性较强的树种，除因种植不当而致根腐外，罹病率不高。一般在苗期应防立枯病，还有蛴螬等地下害虫，干部偶有钻心虫为害，盛夏时要防治红蜘蛛。但只要加强管理，增强树势，适当用药，即不会形成较大危害。

（李仰东）

广玉兰

别名：洋玉兰、大花玉兰、荷花玉兰

学名：*Magnolia grandiflora* Linn

科属名：木兰科 Magnoliaceae，木兰属 *Magnolia* L.

一、经济价值及栽培意义

广玉兰树冠庞大，叶厚而有光泽，花大而香，树姿雄伟壮丽，其聚合果成熟后，蓇葖开裂露出鲜红色的种子也颇美观，是珍贵的园林观赏树种之一。开旷的草坪上孤植或配植成观花的树丛，也可作行道树。其木材黄白色，材质纹密坚实，可作装饰用材、运动器具及箱柜等；叶可入药，主治高血压；种子含油率 42.5%；花、叶、嫩梢可提取芳香油，亦是室内装饰插瓶和提炼香精的良好材料。

二、形态特征

常绿乔木，高可达 30m。树冠阔圆锥形。芽及小枝有锈色柔毛。叶倒卵状长椭圆形，长 12~20cm，革质，叶端钝，基楔形。叶表面有光泽，叶背有铁锈色短柔毛，有时具灰毛，叶缘稍稍微波状；叶柄粗，长约 2cm。花杯形，白色，极大，径达 20~25cm，有芳香，花瓣通常 6 枚，少有达 9~12 枚的；萼片 3 枚，花瓣状；花丝紫色。聚合果圆柱状卵形，密被锈色毛，长 7~10cm；种子红色。花期 5~6 月，果期 9~10 月。

变种有披针叶广玉兰（var. *lanceolata* Ait），叶长椭圆状披针形，叶缘不成波状，叶锈色浅淡，毛较少，耐寒性稍强。

广玉兰

1. 花枝　2. 雄蕊和雌蕊群　3. 聚合果纵剖　4. 心皮

三、分布区域

广玉兰原产北美东部，中国长江流域至珠江流域可见栽培。现栽培范围北移至黄河以南。在甘肃武都，陕西南部、中部有栽培。

四、生态习性

广玉兰喜光，亦颇耐荫，是弱荫性树种。喜温暖湿润气候，亦有一定耐寒力，能经受短期 -19℃ 低温而叶部无明显伤害。但在长期 -12℃ 低温下，叶会受冻害。喜肥沃湿润而排水良好的沙壤土，不耐干燥及石灰质土。土壤干燥时生长趋缓且叶易变黄，在排水不良的黏性土和碱性土上也生长不良。适应性较强，对各种自然灾害有较强抵抗力，对二氧化硫、氯气、氟化氢等有害气体抗性较强，亦能抗烟尘。根系深大，颇抗风，但花朵大且带肉质，故花朵不耐风害。

广玉兰幼年期生长缓慢，10 年后逐渐加速，年高生长 0.5m 以上。

五、培育技术

（一）育苗技术

广玉兰以播种和嫁接繁殖为主。其种子发芽容易，发芽率 80% ~ 90% ，但发芽保存能力较低，故宜采后即播。或层积沙藏，次春播种。幼苗生长缓慢，播种可适当密些，播后第二年移植。培育 2 ~ 3 年后可逐渐抽稀分植。

广玉兰亦常用嫁接方法繁殖。春季进行枝接、切接。选花大，叶厚的壮年母树上 1 年生枝作接穗，用紫玉兰作砧木。杭州用天目木兰（*M. amoena*）作砧，成活率可达 98% 。

（二）栽培技术

广玉兰移植时需带土球，成活率较高。春植可于 4 月下旬至 5 月进行，秋植不可迟于 10 月。移时适当疏剪枝叶，定植后要及时立支柱。

生长健壮，很少病虫害侵袭。

（李仰东）

紫玉兰

别名：木兰、辛夷、木笔
学名：*Magnolia liliflora* Desr.
科属名：木兰科 Magnoliaceae，木兰属 *Magnolia* L.

一、经济价值及栽培意义

紫玉兰为我国传统花木，庭园珍贵花木之一。其花蕾形大如笔头，故亦称"木笔"。早春开花，花色红紫，十分可爱。适宜配植于庭园，或丛植于草地边缘。其花可提制芳香浸膏，含丁香酚、黄樟油素、柠檬醛等，可供调配香皂和化妆品香精等用；花蕾入药，商品名"辛夷"，主产河南、安徽、四川等地，是治鼻炎的特效药；亦用作镇痛剂；树皮含辛夷箭毒，有麻痹运动神经末梢作用，可治腰痛、头痛等症。此外，该种亦常用作玉兰、二乔玉兰等之砧木。

二、形态特征

落叶大灌木或小乔木，高 3~5m。大枝近直伸，小枝紫褐色，无毛。叶椭圆形或倒卵状长椭圆形，长 10~18cm，先端渐尖，基部楔形，背面脉上有毛。花大，花瓣 6，外面紫色，内面近白色；萼片 3，黄绿色，披针形，长约为花瓣的 1/3，早落；果柄无毛。花期 3~4月，先叶开放，果 9~10 月成熟。

变种有多瓣紫玉兰（var. *multiplex* Law.），花瓣较多，达 17 片。

三、分布区域

紫玉兰分布于河南、湖北、安徽、江西、四川、云南等省。西北地区见于甘肃康县，陕西山阳及秦岭各地。垂直分布海拔 300~1600m。现长江、黄河流域各地多有栽培。

四、生态习性

紫玉兰分布区为暖温带南部至中亚热带气候区。分布区年平均气温 10~16℃，极端最低气温 -20~-10.5℃；年平均降水量 600~1700 ㎜，相对湿度 60%~83%。紫玉兰喜光，幼树亦稍耐荫。喜温暖湿润气候，亦较耐寒，在甘肃兰州等地小气候条件下可安全越冬。不耐旱，不耐碱，要求肥沃、排水良好的沙质壤土。肉质根，怕涝。分蘖性强。

五、培育技术

用播种繁殖，种子千粒重 130g。亦可用分株、扦插、压条等方法。其中扦插法较为常见。扦插需选择当地适宜的时期（北京宜 6~7 月）。用幼龄树当年生枝作插穗成活率最高。一般用沙床，上方遮荫，每日喷水保湿，一般 15~25 天生根。插前插穗用 50mg/L 萘乙酸浸泡基部 6h 或 100mg/L 浸泡 3h，生根率可大大提高。西北地区宜于春季栽植。移植时中小苗需带宿土，大苗需带土球。如需培养成乔木树形，必须随时进行整枝、除蘖和抹芽。

（李仰东）

望春玉兰

别名：望春花、华中木兰
学名：*Magnolia biondii* Pamp.
科属名：木兰科 Magnoliaceae，木兰属 *Magnolia* L.

一、经济价值及栽培意义

望春玉兰是木兰属中在西北地区东南部有野生分布的种类。其木材可供家具、建筑等用。花蕾药用，可作辛夷代用品；据河南省生物研究所等 11 单位的系统研究，认为望春玉兰的花蕾是辛夷中最好的一种。花制浸膏或提取香精，但树皮不能代替厚朴。望春玉兰花有芳香，也是优良的庭园绿化树种。

二、形态特征

落叶乔木，树皮淡灰色，平滑。小枝较细，无毛。顶芽卵形，密被淡黄色长柔毛。叶长圆状披针形或卵状披针形，侧脉 10～15 对。花先叶开放，径 6～8cm，芳香，白色，外面基部带紫红色。花期 3～4 月，果期 9 月。种子千粒重约 65g。

三、分布区域

望春玉兰产于甘肃南部小陇山、西秦岭，陕西南部秦岭、大巴山、河南伏牛山，四川、湖北、湖南亦有分布，生于海拔 400～2000（2400m）山坡中下部山谷沟旁。

四、生态习性

望春玉兰分布于暖温带南部至中亚热带北缘气候区。年平均气温 9～16℃，极端最低气温 –25～–10℃，年降水量 600～1500 mm，年蒸发量一般小于降雨量，年均相对湿度68%～82%。土壤 pH 值 4.4～6.5，水肥条件较好。望春玉兰喜光，喜温凉湿润气候及微酸性土壤。

五、培育技术

望春玉兰培育技术同紫玉兰。

在西北地区东南部野生分布的木兰属植物还有武当木兰（*Magnolia sprengeri* Pamp.）。亦称湖北木兰、望春树。分布于甘肃康县，陕西宁陕、石泉以及湖北西部、四川、贵州等地。生于海拔 1300～2000 m 山地常绿阔叶和落叶阔叶混交林中。该树种花先叶开放，有芳香。花粉红色或紫红色，大而美丽，为优良庭园观赏树种。欧美各国引种栽培。其花蕾可代用辛夷，四川江油已有 300 多年栽培历史。

（李嘉珏）

二乔玉兰

别名：二乔木兰、朱砂玉兰
学名：*Magnolia soulangeana*（Lindl）Soul. – Bod.
科属名：木兰科 Magnoliaceae，木兰属 *Magnolia* L.

一、起源与形态特征

二乔玉兰为法国人于 1820～1840 年间将玉兰与紫玉兰杂交育成的种间杂种。落叶小乔木，高 6～10m。小枝无毛。叶倒卵形，宽倒卵形至卵状长椭圆形，先端宽圆，1/3 以下渐窄成楔形。花大呈钟形，内面白色，外面淡紫，有芳香，花萼似花瓣，但长仅达其半，也有形小呈绿色者。叶前开花，花期若玉兰。

二、品种类型

二乔玉兰有较多类型与品种，如大花二乔玉兰（cv. Lennei），灌木，花外侧紫色或鲜红，内侧淡红，比原种开花早；美丽二乔玉兰（cv. Speciosa），花较小，外面白色带紫色条纹；塔形二乔玉兰（var. *niemetzii*），树冠柱状；红白玫瑰玉兰（cv. Lombardyrose），花瓣里面紫玫瑰红，表面白色，花期长；白花玉兰（cv. Alba）、深紫红玉兰（cv. Lenne）等。还有'常春二乔'玉兰（cv. Semperflorens），为浙江嵊县王飞罡从二乔玉兰芽变枝选出的一年多次开花的新品种，已在北京等地开花。大部分每年开花 3 次以上，单株最多开花 4 次，叶前花最多达 68 朵/株。'红运'玉兰，也是从二乔玉兰芽变枝上选出的新品种，已于北京、天津、河南、山东、河北、陕西和长江流域一带开花。花被 6～9 片，鲜红色，花瓣内侧色浅，1 年开花 3 次以上。第 1 次 3 月上旬至 4 月下旬先叶开放，第 2 次 6 月中旬至 7 月中旬，第 3 次 8 月中至 10 月初。'长花'玉兰，是从天目木兰（*M. amoema*）自然芽变中选出的，叶片较窄，1 年开花 2 次，春花 3～4 月，秋季 9 月中旬始花，花期长，花色粉红。其引种栽培地同'红运'玉兰。

除上述品种外，西安植物园曾引种栽培玉兰和武当木兰（*M. sprengeri*）等 12 个种，从中选出 11 个品种、类型，如'长安玉灯'，为多瓣玉兰，花瓣 12～20 瓣，洁白，清香。

三、生态习性与培育技术

二乔玉兰习性、培育、应用等均与玉兰相近而较玉兰抗寒、耐旱，尤抗晚霜。可在陕西南部、甘肃东南部较温暖湿润地区栽培。

（李嘉珏）

马褂木

别名：鹅掌楸、鸭脚木、九层皮、枫荷树

学名：*Liriodendron chinense*（Hemsl.）Sarg.

科属名：木兰科 Magnoliaceae，鹅掌楸属 *Liriodendron* Linn.

一、经济价值及栽培意义

马褂木生长快，树干通直圆满，纹理美丽，质软较轻，收缩，结构细致，强度适中，干燥容易，不变形；加工方便，刨切口光滑，油漆后光亮性好，胶粘易结，可供建筑、家具、细木工和造船等用，还可用于制造胶合板。马褂木皮中韧皮纤维丰富、柔韧，不易折断，是良好的纤维材料。马褂木速生易长、抗性强，生产管理成本低，在目前纸张供应日趋紧张、纸浆价格暴涨的形势下，用其营造纸浆林，可大大缩短其生产利用周期，同时为中小径材和枝条利用找到了新的途径。马褂木叶、根、树皮均可中医入药，树皮可治因受水湿风寒所致的咳嗽、气急、口渴、四肢微浮肿、风湿关节痛。有强筋壮骨之功效。

马褂木是非常难得的用材树种，但因过度采挖移栽，加上繁殖缓慢，它已被列入国家二级珍稀濒危保护植物。呼吁有关部门加强保护，使之免致灭绝。

马褂木树体高大，冠形端正，花美丽，叶形奇特，秋叶金黄，颇能增加秋色，与常绿树混植，更增情趣。因此是著名的观赏树木。马褂木树冠浓郁，病虫害少，对有毒气体二氧化硫和氯气有较强的抗性，是城市绿化树种及行道树种的最佳树种。通过杂交培育的杂种马褂木，生长速度快，树体挺拔，是良好的工业用材树种，可大量营造速生丰产林。

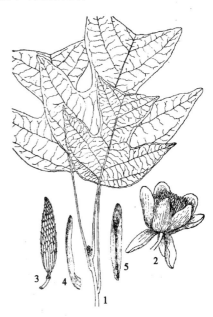

马褂木

1. 叶枝 2. 花 3. 花托 4. 雄蕊 5. 雌蕊

（引自《陕西树木志》）

二、形态特征

落叶大乔木，树冠圆锥形或长椭圆形，干直挺拔，高可达 42m，胸径 1.5m，冠幅 16m，其木材淡黄色；树皮灰色或灰褐色，平滑或交叉纵裂，小枝灰色。叶具细长柄，柄长 4～10cm，互生，常羽状深裂，几达中部，先端平截或微凹，基部圆形或浅心形，侧边缘中部凹入形成 2 裂片，裂片先端尖或钝尖，形状酷似马褂，"马褂木"由此得名，叶长 4～18cm，宽 5～20cm，渐尖，面绿色，背淡绿或苍白。萼片 3，渐尖；两性花，单生枝顶，花大，钟状，外面绿色，内面黄色，花瓣 6，大而秀丽，长 3～4cm，花丝长 5mm，花期 5～6 月，果期 9～10 月。聚合果纺锤形、黄褐色，果序长 7～9cm，由具翅的小坚果组成，含种子 1~2 粒。

我国学者叶培忠于上世纪 60 年代初，用中国马褂木与美国鹅掌楸杂交，培育成一种杂交马褂木（*Liriodendron chinense* × *L. tulipifera*）。它干直挺拔，叶形古朴，花色有金黄、橙色、橘黄及浅绿诸色，形大色艳，繁花缀枝，观赏价值极高，可作庭院风景树和城市行道树，被当今园林界一致看好，抗性与生长速度均优于原种，极具开发潜力。

三、分布区域

星散分布在长江流域以南，海拔 500~1700m 的中、低山地。散生于落叶或常绿阔叶林中。分布区的东界为浙江省青田县（120°17′E），西界为云南省金平县（10°15′E），北界为陕西省紫阳县（32°38′N），南界位于云南省金平县（22°37′N）。自然分布区内年降水量为 780~2267mm，年均温度 11.5~17.8℃，极端最低气温为 -15.3~0.4℃，土壤以山地红壤与黄壤为主。我国的 11 省 84 县都有天然分布，包括四川、贵州、云南、广西、湖南、湖北、陕西、安徽、江西、浙江、福建等省。分布区可分为东、西两个亚区，其西部区的种群分布相对比较集中，中南部和东部的种群分布相对较为分散。在大地理空间上，马褂木呈聚集分布，在小空间范围内多呈均匀分布，个别地方种群呈聚集分布。

四、生态习性

为中性偏阴树种，适宜于湿润肥沃的酸性或微酸性土壤（pH 值 4.5~6.5），喜温暖潮湿避风的环境，有一定的耐寒性，-15℃低温下不受伤害，在北京地区小气候良好的条件下可露地过冬。抗病虫害能力强。

中国马褂木是速生树种。5 年生前的幼龄期，胸径连年生长量为 0.54cm，树高连年生长量为 0.69m。6~8 年生胸径生长最快，连年生长量可达 1.0cm 以上。15 年生以前树高生长最快，连年生长量可达 0.69m。30~50 年生树干材积增长量最大，连年生长量可达 0.0118m³，50 年生以后，材积连年生长量开始下降。

五、培育技术

（一）育苗技术

马褂木繁殖以播种育苗为主，但发芽率极低，约 10%~20%。也可进行扦插繁殖。

1. 播种育苗

（1）采种及贮藏 据经验，高海拔林分中马褂木种子品质优于低海拔林分、群体明显优于孤立木及小群体林分。通过人工授粉或花期放蜂传粉，可大大提高马褂木种子品质。因此应选树势健壮的丛植林和片植林，最好是鹅掌楸与北美鹅掌楸混生的壮龄母树，10 月下旬至 11 月上旬，种子成熟时采收聚合果。采下的果枝在室内阴干 7~10 天，再摊晒数日，待小坚果自行脱落后，取净干藏。种子 9000~12000 粒/kg。

（2）苗圃地的选择和处理 马褂木属肉质深根性树种，圃地应选择避风向阳、土层深厚、肥沃湿润、且水源充足、排水良好的沙质壤土。秋末冬初深翻圃地，并施足焦泥灰 45000~75000kg/hm²。初春时做到浅耕带耙，做成苗床宽 1~1.5m，床高 25~30cm，步行道宽 30~35cm 的高床，畦面略带龟背形，四周开好排水沟，做到雨停沟不积水。

（3）种子催芽及播种 种子贮藏、催芽的好坏，是直接影响马褂木育苗能否成功的关键因素之一。具体做法：将干种子在播种前 30～40 天用一定湿度的中砂（手捏成团，放开即散）分层混藏，底面各铺一层 35cm 厚的湿砂，面上再盖麻袋之类的覆盖物，以利透气和减少水分蒸发，隔 10～15 天适量洒水和翻动 1 次，保持相应的湿度。播种前，选晴天筛出种子待播，播种时间 2 月下旬至 3 月上旬为宜，施进口基肥复合肥 750kg/hm² 或饼肥 750kg/hm²，做畦时施入。采用宽幅条播，条幅宽 20cm，深 3cm，条距 20～40cm。播种量根据种子发芽率高低确定，一般为 150～225kg/hm²。播种时拌适量钙镁磷肥，有利发根。播种要求下种均匀，覆土宜薄，一般盖种以焦泥灰为好，厚度以不见种子为度。播种后要加强苗圃田间管理，及时做好雨天清沟排水和干燥天气的洒水保湿工作。出苗期 40 天左右（4 月中旬），平均气温达 15℃左右开始发芽出土，当 70%～80% 的幼苗出土后，可在阴天或晴天傍晚揭除覆盖物。揭草后第二天傍晚，可用敌克松 0.1% 溶液喷洒苗床，预防病害发生。

（4）苗期管理　马褂木在生长初期（出土以后至 6 月中旬）苗木生长缓慢，抗逆性强，应及时做好除草、松土和适量的施肥工作，每隔半月施浓度为 3%～5% 稀薄人粪尿，以后用 1% 过磷酸钙或 0.2% 的尿素溶液沤浇苗根周围，溶液尽量不要浇到叶片。5 月上旬应及时做好移苗补缺工作，使苗木分布均匀。苗期用 50% 乙草胺 50ml/亩和 12.5% 盖草能 40ml/亩进行化学除草，间隔 1 个半月交替喷雾，可防除 1 年生禾本科和阔叶杂草，有效率可达 95% 以上。梅雨季节做好清沟排水。

当苗木进入生长盛期（6 月中旬），此时的气温高、天气灼热，应及时灌"跑马水"，步道中灌足水，待苗床湿透后立即放水。分期分批间苗，7 月下旬做好定苗工作，每 m² 留 25～30 株，产合格苗 15 万～18 万株/hm²。当苗木进入生长后期（9 月中旬至 11 月），应停施氮肥，每隔 7～10 天喷 1 次 0.3%～0.5% 的磷酸二氢钾溶液和 0.2%～0.3% 的硼砂溶液，交替喷施 2～3 次，可促使苗木提早木质化，保证安全越冬。

（5）大苗培育　第二年在苗木落叶后或早春萌芽前，可分床培育大苗。选土层肥厚湿润、排水良好、背风、酸性的培育地，合理规划，穴状整地，规格 50cm×40cm×40cm，株行距 1.8m×2.0m。"品"字形配置，每亩 185 株。山区也可选用林缘地。栽植时间以 3 月上旬为主，栽植时一定把好质量关，苗木要正，不窝根，回填表土，施基肥。

（6）整形出圃　1 年生苗高一般 40cm，2 年生苗即可造林。培育的大苗长至 3 年时应在冬季进行适当修剪整形，培养适宜的干形和冠形，4～5 年生即可出圃移植。

2. 扦插育苗　温暖地区可在秋季落叶后扦插，较寒冷地区可行春季扦插。春插可在 3 月上至中旬进行。以 1～2 年生粗壮枝作插穗，穗长 15cm 左右，每穗应具有 2～3 个饱满的芽，株行距 20cm×30cm，插入土中 3/4，扦插时配用 ABT 生根粉 3、7 号，可促进不定根形成，提早 10～15 天生根，提高扦插成活率 25% 以上。对于优良的无性系可用全光雾扦插。

杂种马褂木扦插育苗必须掌握 3 个环节：①全光照、间隙喷雾育苗；②选择嫩枝或半木质化嫩枝为插穗；③适当的生根剂处理，配之以 300mg/kg 的木质素酸钠 83008 处理 6h，生根率可达 86%。

3. 组培繁殖　由于马褂木自身繁殖能力差，自然结实率低，因此，采取组织培养手段实现快速繁殖，可满足市场需求。以马褂木春季萌动芽为外植体，通过诱导丛生芽实现鹅掌楸的快速繁殖。适当降低矿质元素的 1/2MS 培养基，附加 0.1mg/L IBA 生根效果较好，同时，使用活性炭既能够有效提高组培苗的生根率，又能有效抑制外植体的褐变现象发生。组培苗移栽在主要由蛭石组成的基质中，成活率高达 85% 以上。

4. 嫁接繁殖　杂交马褂木（F₁）的杂种优势很强，是优良的观赏和速生用材树种。为了克服种子奇缺和杂种优势衰退，对杂交马褂木可采用切接、劈接、硬枝撕皮嵌接、嫩枝撕皮嵌接等方法进行嫁接繁殖，并以春季硬枝撕皮嵌接和夏初、秋末嫩枝撕皮嵌接效果最好，成活率高达 85%～90%。

（二）栽培技术

阔叶树种在改良林地土壤，提高土壤肥力，改善生态条件等方面有着针叶树种无法比拟的优点。因此营造混交林是发展阔叶树种的一种方式。马褂木常与油松进行混交造林，可取得较好的效益。

（1）造林　不同的造林密度对马褂木树高、胸径及单株材积有显著性的影响。在目前的造林生产中，2.5m×2.5m 的造林密度，树高、胸径及单株材积量最大，经济效益也最高。造林初植密度马褂木为 336 株/hm² 或 3.0m×3.0m；株间和行间各栽 2 株油松，2694 株/hm²；合计植树 3030 株/hm²，其中鹅掌楸株距 5.45m，油松株距 1.82m，分别都呈正方形，形成星状混交林。在江南自然风景区还可与木荷、山核桃、板栗等混交种植。庭园绿化宜用大苗，株行距 3.0m×4.0m，或行植株距为 3～4m。

（2）抚育　造林 1～3 年内，每年全面松土除草 1 次。马褂木不间伐，油松于 11 年生时进行第一次抚育间伐，伐除被压木，间伐强度 15%～25%。造林后 20～25 年时，对油松实行主伐利用，保留马褂木，继续培育到 35 年以上，形成大径级良材。

六、病虫害防治

鹅掌楸叶蜂（*Megabeleses liriodendrovorax* Xiao）　是危害马褂木的主食叶害虫。马褂木人工林的大量叶片常被吃光，造成很大的损失。马褂木树体高大，当虫害大发生时，喷雾给药困难较大。

防治方法：以 50% 甲胺磷乳油和 40% 氧化乐果乳油涂干，对幼虫进行防治，可取得理想的杀虫效果。在便于操作的部位以毛刷蘸取药液涂刷于树干周围，宽度 15cm 左右，药量以涂湿并略有下流为度，害虫死亡率达 96.9% 以上。同时应注意防治日灼病和根腐病。

（郭军战、陈铁山）

蜡 梅

别名：黄梅花、香梅、香木、腊梅、蜡木

学名：*Chimonanthus praecox*（L.）Link

科属名：蜡梅科 Calycanthaceae，蜡梅属 *Chimonanthus* Lindl.

一、经济价值及栽培意义

蜡梅为落叶丛生灌木，花被外轮蜡黄色，中轮有紫色条纹，基部紫色，呈半透明状，有浓香，于寒月早春，傲霜斗寒，先叶开放，乃寒中艳品。蜡梅为冬季园景重要花木，又恰逢元旦、春节开放，因此深受人们喜爱。

蜡梅栽培的历史悠久，园林中可植于茶室，饭馆附近，也可群植于山坡、水旁，散点式栽植子桥头、亭际。常与南天竹、沿阶草和山石配景；与青松、翠竹、桂花等常绿植物配置更可体现冬季景色；如与红梅混植，则姣黄嫩红，遥相辉映。黄花、红果、绿叶，是中国园林特色的冬季典型花木。庭院中可栽植于建筑物入口，南向窗前，内庭之中。蜡梅寿命可达百年，愈老愈奇，愈为珍贵。园艺造型上可整成屏扇形、龙游形及单干式、多干式等多种形式。蜡梅因其花色蜡黄又称之"黄梅花"；其花多寒冬腊月盛开，故又称之为"腊梅"。

亦适宜作盆栽、盆景。蜡梅花经久不凋，花枝是切花的上等材料，春节期间，插于室内，可平添几分春意。

蜡梅花含有挥发油（为1.8－按叶素、龙脑、苄醇、乙酸苄酯、芳樟醇、金合欢花醇、蜡梅碱、异蜡梅碱、胡萝卜烃、黄色素）。花可食用或提取芳香油，全株可供药用，用于暑热心烦、口渴、百日咳、肝胃气痛、解毒生津，花蕾油治烫伤，又能解暑生津、顺气止咳。根茎制镇咳止喘药。

二、形态特征

落叶丛生灌木。高可达3m。芽具多数复瓦状的鳞片。小枝近方形，棕红色，有椭圆形突出皮孔。单叶对生，半革质，叶片椭圆状卵形至卵状披针形，先端渐尖，基部圆形或阔楔形，长7~15cm，全缘，上表面深绿粗糙，有硬毛，背面淡绿。花两性，单生于1年生枝叶腋，花蕾圆形、长圆形、卵形，直径4~8mm，长0.6~1cm。花梗极短，带鳞片。花被片膜质迭合，卵状椭圆形，黄色，内部的较短，有紫色条纹且带蜡质，复瓦状排列。花开于叶前，着生于叶腋，直径约2.5cm，花期11月至翌年3月，先叶开放。有浓香。雄蕊5~6；心皮多数，分离，着生于一空壶形的花托内；花托随果实的发育而增大，成熟时呈蒴果状，半木质化，长约4cm；形成坛状，口部收缩，内含褐色种子数粒。瘦果栗褐色、有光泽。果期次年8~9月。根颈部发达，呈块状。染色体数目2n＝22。

有以下变种：

1. 馨口蜡梅（var. *grandiflorus* Mak.）叶大，长达20cm；花大，径3~3.5cm，花蕾浑圆，凋谢时仍半开，形似佛寺中的铜馨而得名。它的花鲜亮，香气浓郁，居诸珍品之首，叶

及花均较大，外轮花被淡黄色，内轮黄色，上有浓红紫色边缘和条纹，香味浓，

2. 素心蜡梅（var. *concolor* Mak.）：内外轮花被均为纯黄色，有浓香。为蜡梅中名贵品种。

3. 小花蜡梅（var. *parviflorus* Turrill）花朵特小，花径约 0.9cm，外层花被黄白色，内层有浓红紫色条纹。香气浓。栽培较少。

4. 狗爪蜡梅（狗牙蜡梅、狗蝇梅、红心蜡梅）　（var. *intermedius* Mak.）叶比原种狭长而尖。花较小，

蜡梅

花被狭而尖，外轮黄色，内轮有紫斑，淡香。抗性强。

5. 绿花蜡梅（var. *viridiflorus* T. B. Chaoet Z. Q. Li）花绿色或淡绿色。

6. 紫花蜡梅（var. *purpureiflorus* T. B. Chao et Z. B. Lu）花紫色或淡紫色，极为珍贵。

同属有簇花蜡梅、柳叶蜡梅、安徽蜡梅。此外赵天榜等人根据蜡梅变种或栽培品种在花色、花香、花期、及花型等特点。将蜡梅分为 A、蜡梅品种群，B、白花蜡梅品种群，C、绿花蜡梅品种群，D、紫花蜡梅品种群共四个蜡梅品种群，12 个蜡梅品种型、165 个蜡梅品种。

三、分布区域

蜡梅原产我国中部，分布于我国北纬 23°1′～33°1′、东经 102°4′～119°7′之间，以河南西南部、陕西南部、湖北西部、四川的东部及南部、湖南西北部、云南北部及东南部以及浙江西部为主要分布地，而以湖北、四川、陕西交界地区为分布中心。在鄂西常见野生，近年来在湖北神农架发现大面积野生腊梅林，包括保康等几个县，海拔高度 1000～2700m。陕西省岚皋县也有大量野生分布。现全国各地已广泛引种于庭园栽培，尤以黄河以南地区最为普遍。为早春观赏树种。但以河南鄢陵的最著名，素有"鄢陵蜡梅冠天下"之称，鄢陵县姚家花园为蜡梅苗木生产传统中心。

四、生态习性

蜡梅性喜阳光，稍耐荫，较耐寒，可在 -15℃以上的环境中安全越冬。花期遇 -10℃低温，花朵受冻害。对土质要求不严，但以排水良好的轻壤土为宜。喜排水良好富含腐殖质的微酸性沙质壤土。耐旱忌水湿，有"旱不死的蜡梅"之说，但以适润的土壤为好。蜡梅寿命长，生长势强、发枝力亦强，修剪不当则常易发生徒长枝，应注意控制徒长，以促进花芽的分化。蜡梅花期长且开花早，故应植于背风向阳地。寿命可长达数百年。

五、培育技术

(一) 育苗技术

蜡梅繁殖常用播种、分株、压条、嫁接等方法。播种多用于砧木的繁殖及新品种的选育。但近年来实生蜡梅苗,也较多地直接用于园林栽植。

1. 播种育苗 6~7 月间,蜡梅瘦果外壳由绿转黄、内部种子呈棕黑色时,即可采收。种子处理:7~8 月间果实成熟时即播,新种子出苗快,播前种子需用温水浸种催芽 24h,冬季要覆盖防冻,当年发芽成苗;或取出种子,阴干后湿沙贮藏,翌年 3 月下旬播种于苗床。播种量 52.5~75.0kg/hm²,行距 50cm,株距 10~15cm,覆土 2~3cm。1 年生苗高达 20cm 左右,培养 3 年即能开花。

2. 分株繁殖 在秋季落叶后至春季萌芽前进行,将蜡梅掘出,剥去根上泥土,用利刀或枝剪分开成若干小株,每小株需有主枝 1~2 根,并将其留 10cm 短截,然后栽种。到秋季,施 1 次薄肥,当年即可开花。分株繁殖方法简便,缺点是繁殖系数低。

3. 压条繁殖 可分普通压条,堆土压条和空中压条等,于 5~6 月,以砻糠灰作介质,进行空中压条,并及时盆栽或地植,当年就能开花。但生根困难,成活率较低。

4. 嫁接繁殖 蜡梅主要的繁殖方法,砧木用狗牙蜡梅或品种较差的实生苗。方法有三:

①切接 切接可在 3 月当芽萌动时进行,接穗选 1 年生粗壮枝条,砧木选粗 1~1.5cm 者为宜。宜于春季蜡梅叶芽开始萌动时进行,过早过晚均难以成活。最佳期仅 1 周左右,截取 6~7cm 长、带 1~2 对芽作接穗。最高成活率可达 80%~90%。

②靠接 春、夏、秋三季都可进行,而以 5 月最宜。以狗牙蜡梅作砧木,夏季 6、7 月份先将砧木顶部剪去,再将砧木的接穗的树皮各削去 3~5cm,木质部去掉⅓,再将两个切口面紧紧贴在一起,用塑料薄膜条捆紧,用泥浆将接口处全部封严,保湿润,1 个半月之后,将接穗的下部和砧木的上部剪去,即成为一个新的植株。为了延长嫁接时期,可以将母树上准备作接穗的芽抹掉,约经 1 周左右又可发出新芽,待新芽长到黄米粒大小时即可采作接穗。

③腹接 夏秋间均可进行,以 6 月中至 7 月中为最适期。选用根径 0.5~0.8cm 的 1~2 年生实生苗为砧木,在距地面 3~5cm 处斜切一刀,深达木质部,然后将事先准备好的、具有 2~3 对芽的、半木质化 1 年生优良品种接穗,于基部两侧各削一刀,一长(2~3cm)一短,将长的一面向内,插入砧木切口,对准形成层,缚以塑料带。而后用 10cm×15cm 的长方形塑料薄膜,在接口处围成筒状,上下绑紧,20~25 天伤口愈合,去除塑料薄膜筒,于接口上部 1~2cm 处剪砧,新枝展叶后去除绑缚物。新梢每长 5~7cm 摘心 1 次。9 月停止施肥、灌水。当年可形成高 50cm、有 4 个分枝的带花植株。

5. 组织培养 近年来,我国科研人员通过对蜡梅茎段组织培养,育苗繁育成功。

6. 苗期管理

为了促进分枝并获得良好的树形,在嫁接成活后,应及时摘顶。花谢后亦应及时进行修剪,每枝留 15~20cm 即可,同时将已谢的花朵摘除,以免因结实消耗养分。

在肥沃、湿润适合蜡梅生长的环境下,5 年生平均株高 4.8m,地径 6.71cm.

(二) 栽植技术

1. 适生范围 陕西延安地区栽培过冬有冻害。极端最低气温 -25.4℃。

2. 林地选择 蜡梅在多种土壤上均能正常生长和良好发育。不适应重盐碱地及长期积水的土地。蜡梅应种在避风处，或加挡风的设施。同时还要避免煤烟等的污染，才能有利于蜡梅的生长。蜡梅在肥沃，疏松，排水良好，微酸性的沙质壤土中生长健壮，开花多，香味浓。

3. 栽植技术

①混交林营造 栽植适期为秋冬落叶后至春季叶芽萌发前进行。大树移植应带土球、幼苗可裸根栽植，但露根时间不可太长。在河谷、沟地，土壤潮湿疏松，通气良好，空气相对湿度大，蜡梅可成纯林，常伴生有竹类、小叶女贞、荚蒾、青檀等。下部可用忽地笑、鸢尾、蕨类种植。

②幼林抚育 蜡梅是深根性植物，耐旱怕涝，生长期水分过多，会使其生长不良而导致落花；若水分过少则花开不整齐。秋后要适当地控制浇水，破土应偏干些，以防徒长与落蕾。花后休眠期停止浇水。蜡梅喜肥，栽植前应施足经过充分腐熟的有机肥，生长期中每半月施1次稀薄的液肥，促其生长旺盛。在花芽分化期，每隔10天左右施1次以磷钾为主的肥液，现蕾后再补充1次，为今后发育生长奠定基础。蜡梅是灌木类丛生树种，生长力强，耐修剪（宜在花后发芽前进行）。修剪时，将病枯枝，交叉枝，过密枝，根蘖枝等全部剪掉，对于保留枝也要进行短截，促其腋芽萌发，形成更多的花枝。对于多年生的老树应进行截顶，以使其多开花并保持株形优美，匀称。蜡梅根颈处具有很强的萌蘖性，栽种后根据不同要求进行截干，也可在2~3年后，植株落叶后至翌春发芽前平茬，根据需要，可连续多次进行，以增强树势，扩大树冠。为了培养优美树形，幼龄期应进行整形修剪。枝条长度可控制在15~20cm之间，则枝粗，花繁，观赏价值有所提高。露地栽培管理较简便，每年于花后施肥1次，雨季要注意排水；如遇久旱，应适当灌水。要根据树冠形状进行修剪。蜡梅有两种树冠形状，即实生苗的丛生型及嫁接苗的单干型，前者分枝多开花多，通风透光差，有杂乱感，宜适当疏枝整形；后者开花少，通风透光好，姿态美观，修剪时则需注意保持树冠原有的特点。

六、病虫害防治

叶面易患枯叶病、叶斑病、白粉病。发病前及时喷0.5度石硫合剂，预防病菌感染和蔓延，清除病叶，拔除受害严重的苗木烧掉或深埋。

虫害主要有蝼蛄、金龟子、地老虎等地下害虫危害，大蓑蛾、黄刺蛾叶面害虫；日本龟蜡蚧危害枝干，吸食汁液并排出粘液致霉污病发生，可在早春树木发芽前喷洒5°Be石硫合剂，数量少时人工用钢刷刷除。蜡梅偶而发生蛀干害虫初夏有蛾食叶，可结合修剪将受害枝叶连同害虫一齐剪去，烧掉，或用乐果乳剂1500倍液喷杀。

（崔铁成、张　莹、张爱芳、王亚玲）

悬铃木

别名：二球悬铃木、法国梧桐、槭叶悬铃木、英国梧桐
学名：*Platanus hispanica* Muenchh.
科属名：悬铃木科 Platanaceae，悬铃木属 *Platanus* L.

一、经济价值及栽培意义

本种树干高大，枝叶茂盛，遮荫面广，生长迅速，容易移栽成活、萌发力强、耐修剪，树皮斑驳可爱，寿命长，也为速生用材树种；近年来科研人员针对悬铃木球果多毛，落地后污染环境的弊病进行选育改良，现已育出基本无果或球果不发育的少球悬铃木。生长速度快，深受园林界欢迎。

木材坚实，纹理美观，结构中等，均匀，略硬重，干缩颇大，较难干燥，旋切良好，切削面平滑，不耐腐；作家具、玩具、细木工、胶合板等用材。

抗化学烟雾、臭氧、苯、苯酚、乙醚、硫化氢等有害气体的能力较强，抗二氧化硫、氟化氢中等，抗氯气、氯化氢较弱。

悬铃木树冠广展，夏季降温效果极为显著。适应性强，又耐修剪整形，是优良的行道树种，广泛应用于城市绿化，在园林中孤植于草坪或旷地，列植于甬道两旁，尤为雄伟壮观，具有极强的抗尘和吸附苯、乙醚、硫化氢、氟化氢等有毒物质的功能。据测定，每平方米叶片能吸附粉尘 20～30g，作为街坊、厂矿绿化颇为合适。是世界上栽培广泛的行道绿化树种，有"行道树之王"的美称。

二、形态特征

悬铃木属落叶乔木，高可达 35m；枝条开展、枝叶密茂，树冠广阔呈钟形。树皮灰绿带白，不规则片状剥落，剥落后呈粉绿色，光滑。叶片三角状，长 9～15cm，宽 9～17cm，3～5 掌状分裂，边缘有不规则尖齿和波状齿，基部截形或近心脏形，嫩时有星状毛，后近于无毛。4～5 月开黄绿色小花，单性，雌雄同株，雌雄花各自集成头状花序。花长约 4mm；萼片 4；花瓣 4；雄花有 4～8 个雄蕊；雌花有 6 个分离心皮。聚合果球形，直径 2.5～3.5cm，一串偶有 1～3 个，

悬铃木

通常 2 个一串，果柄长而下垂，状如悬挂着的铃。花期 4～5 月，果熟期 10～11 月。

三、分布区域

悬铃木为三球悬铃木（*Platanus orientalis* L.）和一球悬铃木（*Platanus occidentalis* L.）的杂交种，在英国伦敦育成，广植于世界各地。相传为晋代引入我国，在华东、华南、西南、华北、西北东部的陕西、甘肃等地栽植。

四、生态习性

喜温暖湿润气候，在年平均气温 13～20℃，年降水量 800～1200mm 的地区生长良好。在北方，春季晚霜常使幼叶、嫩梢受冻害，并使树皮冻裂。阳性速生树种，抗性强，能适应城市街道透气性差的土壤条件，但因根系发育不良，易被大风吹倒。对土壤要求不严，以湿润肥沃的微酸性或中性壤土生长最盛。微碱性或石灰性土也能生长，但易发生黄叶病，短期水淹后能恢复生长，萌芽力强，耐修剪。悬铃木具有喜光、发芽早、生根迟、木质硬、吸水能力强等习性。

五、培育技术

（一）育苗技术

1. 播种育苗

（1）采种　种子 10～11 月果实成熟。结实丰富，无明显的丰歉年。球状果穗由多数（600～1400 个）小坚果组成，成熟后果穗悬挂枝上，经冬不落，可在 12 月间采集，适当摊晒干燥后，在通风室内贮存，翌春播种前取出搓碎，坚果所附的绒毛具有保护种子免致过度失水的作用，不妨碍种子发芽，不必去除。种子（小坚果）千粒重 1.4～6.2g，每千克 160000～200000 粒。单性结实现象很普遍，空粒可达 60%～90%。种子发芽力保存不到半年时间，需采后翌春播种。

（2）育苗　春季撒播，种粒细小如针，整地需非常细致，种子多空粒，场圃发芽率仅 2%～3%，需适当密播，每亩播种量 10～15kg，以薄薄铺满床面为度，覆土厚约 0.5cm，盖草。种子萌发阶段对外界条件的要求是湿润的土壤和较高的空气湿度，最好趁阴雨天播种，连绵阴雨则 3～5 天即可发芽。晴天，播种前苗床应充分灌水湿透，种子也可事先浸水，播后要经常充分浇水。幼苗出上后对不良环境的抵抗能力很弱，最好及时设置荫棚，到形成 4 片真叶，苗基已渐趋于木质化时可撤去，在此期间仍要经常浇水。苗高 8cm 许，已形成 5～7 片真叶时定苗，留苗 20～30 株/m²，这一时期也可带土分床移植。1 年生播种苗高可达 1m，翌春移植，供行道树栽植的，一般需培养 2～4 年。

2. 扦插育苗　采用随剪截随扦插的方法进行繁殖，具体方法如下：

（1）选择种条　选择生长旺盛、芽眼饱满、无病虫害当年苗作种条为最佳。因条件限制，也可以从 2～3 年生树上选择，但必须是经过当年修剪后萌发的壮枝条，选择时应注意区别当年条与往年枝。

（2）采条剪穗　采条剪穗时间宜在 12 月初进行。剪穗时应比其他树种稍长，长度在 15～20cm，至少有 3 个芽，上端剪口在芽上约 0.5cm，避免受伤组织伤害芽眼，并注意剪口平滑。

（3）贮藏种条　由于悬铃木生根速度慢，故种条须贮藏，时间应在 2 个月左右。方法是将剪好的种条按上下、粗细的顺序过数均匀打捆，采用挖窖沙藏法贮藏，挖窖深度一般50～70cm，过浅易损耗水分，过深会使地温增加，提前发芽。沙土应用建筑沙，沙质应达到95%以上。种条剪截受伤后，本身具有恢复生机、保护伤口形成愈合组织的能力，且愈伤刺激素具有极性，易于向伤口流动和积累，因此，贮藏时应颠倒种条极性，使之根基部朝上，以便达到种条基部形成不定根，控制发芽的目的。

（4）选择圃地　悬铃木的生根速度慢，因此，选择圃地时应选择灌排方便、土壤肥沃、土质疏松的田块，创造有利于根系伸展的土壤条件、土壤的酸碱度范围宜在 pH 值 7.0～8.0左右。

（5）扦插方法　悬铃木种条经过贮藏一定时间，待根基部发胖，达到形成不定根程度时，可进行扦插。传统的方法扦插，虽作业简单，节约工本，但"假活"现象较为普遍，从而降低成活率，其原因是因为悬铃木发芽快、生根慢、养分供应不足。因此，根据生物学原理及悬铃木特性，在传统方法扦插的基础上进行地膜覆盖，能使扦插时间提前 1 个月，可于 3 月初进行。作业时，按传统方法扦插完成后，首要的任务是灌水，首次水一定要灌足，再依据湿度状况（圃地能踏进人）进行地膜覆盖。因地膜覆盖具有保温保湿等特点，使悬铃木发芽快，生根迅速，成活率可达到95%以上。

（6）加强管理　地膜覆盖前期管理极为重要，破膜露苗时应尽量避免触动种条，以免影响根系发育。作业时，在芽顶土后先捅破薄膜，俗称"放风"，待芽形成叶后，再破膜露苗。破膜露苗一切完成后，应及时灌水，以后时常观察圃地湿度安排灌水，始终保持圃地湿润。树苗成活后，初期宜采用叶面追肥，并注意防治病虫害。为增加土壤的通透性，促进根系发育，增强吸肥吸水能力，中、后期可去掉薄膜进行中耕松土，清除杂草及追加肥料。

（7）圃地秋栽　主要目的是培育大规格苗木。采用裸根穴栽。根据悬铃木的特性，栽植前应截去三分之一的根系。大规格苗木除了进行根短截之外，还必须按理想的高度定干，并注意整形修剪，截去⅔，保留⅓。苗木经过上述处理后可进行秋栽。种苗应选择当年生优质苗，如少球悬铃木。若栽植高 2m 以上的大苗，则可按 60cm×60cm 的株行距定点，挖穴体积应达到 50cm³，穴底施肥 10cm 厚，再覆盖 5cm 左右厚的熟土后栽植。要想留床培育大规格苗木，供园林绿化用，按"隔行去行，隔株去株，留大去小，保强去弱"的原则定苗。

（二）栽植技术

秋栽应选择在 11 月份左右，苗木完全落叶后，土壤封冻之前。无论是道路绿化还是庭园孤植，都应选择胸径在 5cm 以上的大规格苗木。为考虑绿化整体效果，选择苗木应注意胸径、高度以及树干是否通直。栽植深度应比春植深 5～10cm。

少球悬铃木与普通悬铃木相比除了少球少毛外，还具有以下显著特点：一是生长速度快。适应 pH 值在 7.0～8.0 左右、有机质含量在 3% 以上的土壤。采用无性繁殖，合理密植，当年株高达 3.4～4.5m，地径可达 2.5～3.0cm。二是树干通直，耐修剪，易整形。按理想的高度定干后（定干高度一般在 3.5m 左右），当年可萌发 3～5 条壮枝。由于该品种芽眼饱满，极耐修剪，短截修剪使枝条开展，培养主侧枝，整形成冠，即可达到理想效果。提倡越冬修剪，若每年越冬修剪（主侧枝修剪分明），不仅冬季可以观看造型，而且夏季可以达到枝繁叶茂的效果。三是叶片大，落叶时间集中。该品种叶片硕大如盘，掌状三裂，叶面积是普通悬铃木的二倍。该品种当受到数次霜冻后，落叶较为迅速，落叶期约 10 天左右，深受环卫工人欢迎。四是抗病虫能力强，适应性广。该品种由于每年修剪，未发现锈病、天牛及食叶害虫，而且耐寒、耐高温，在我国目前已种植地区未发生干梢、冻死、灼伤等生理病害。

六、病虫害防治

有星天牛蛀食树干，吉丁虫蛀食树皮及木质部，介壳虫吮吸树液并诱发烟煤病，大袋蛾、樗蚕严重危害树叶。

防治方法同毛白杨和核桃。

（崔铁成、张　莹、张爱芳、王亚玲）

梅 花

别名：春梅、干枝梅

学名：*Prunus mume* Sieb. et Zuce.

科属名：蔷薇科 Rosaceae，李属 *Prunus* L.

一、经济价值与栽培意义

梅花为我国传统名花，已有 2000 余年栽培历史。其栽培简易，花期较长，品种多，寿命甚长，因而自古以来即受到重视。在适生地区，最宜植于庭院、草坪、低山、石际及园林、风景区，孤植、丛植、群植或成片栽植均宜。而以"梅花绕屋"及松、竹相配最为适宜。其枝干苍劲，花芽易分化，适作桩景盆景，又是催延花期的好材料。切花观赏期长，是瓶花、花篮、花束等花卉装饰的良好素材。果实可加工食用，如制陈皮梅、话梅、青梅、梅干、梅醋及酸梅汤等。梅子中乌梅入药为收敛剂，又有制菌作用，可用于治理慢性泄泻、痢疾与白痢等病，果实是调味品和催熟（肉、鸡等）剂。梅花干花亦有医疗价值。梅木坚韧硬重，色泽好，是优良的手杖和雕刻等细木工用材。

二、形态特征

落叶小乔木，高达 10m。干呈褐紫色，多纵驳纹。小枝绿色或以绿色为底色，无毛。常见枝刺。叶广卵形、卵形至阔卵圆形，长 4~10cm，宽 2~5cm，先端长渐尖或尾尖，边缘具细锐锯齿，基部阔楔形或近圆形，幼时两面被短柔毛，后多脱落，成长的叶仅背面脉上有毛，以腋间为多；柄长 1~1.5cm。花多每节 1~2 朵，无梗或具短梗，淡粉红色或白色，径 2~3cm，有芳香，先叶开放；花瓣 5；萼片 5，多呈绛紫色；雄蕊多数，离生；子房单生，密被柔毛，罕为 2~5（离心皮）或缺如。核果近球形，径约 2~3cm，黄色或绿黄色，密被短柔毛，味酸；核果具小凹点，与果肉粘着。长江流域花期 12~3 月，果熟期 5~6 月。

梅花
1. 叶枝　2. 花枝

梅花是由果梅演化而来的一个分支，它有以下几个野生变种：①刺梅（var. *pallescens* Franch.），多刺，叶背苍白色。产云南大理；②曲硬梅（var. *cernua* Franch.），果梗长而曲，亦产云南大理；③毛梅（var. *goethartiana* Koehne），叶背及花梗、花托、萼片、子房等均有毛。产福建南平；④台湾野梅（var. *formosana* Masamume），叶柄长至 10cm，花淡粉红，梗极短。产台湾中部北部山区。

三、分布区域

梅原产我国，梅是家梅一大分支，而家梅又由野梅演化而来。梅野生于西南及长江流域以至台湾省的山区。川、滇两省是野梅分布中心，并东延至鄂西，次中心为鄂南、赣北、皖南、浙西的山区一线。垂直分布在西藏波密等地海拔 2100～3300m，滇西北 1800～2600m，川西 1300～2500m，鄂西为 300～1000m。

梅花栽培分布主要在长江流域，向南延至珠江流域，最南到海南岛海口市，向北达黄淮一带，并到达北京。西北以西安为限，部分耐寒品种可在兰州越冬。

四、品种类型

梅花有品种 300 多个，根据其种系起源分为两大类：①杏梅系。为梅与杏（或山杏）的种间杂种，枝、叶均似杏，抗寒、耐涝力强，有时花亦似杏，但果核表面有小凹点（梅的典型特征）。杏梅系内有"单杏型"、"丰后型"、"送春型"几类品种，均生长势旺，适应性强，花繁色艳，宜于大量推广应用。其中送春型品种花期晚；②真梅系。由梅的野生原种或变种演化而来。根据枝态可分为直枝梅类（枝直上）、垂枝梅类（枝下垂）、龙游梅类（枝扭曲）。直枝梅是梅花中最为常见，品种最多，变化幅度最广的一类，其出现也最早，可按花型、花色、萼色等标准分为七型："江梅型"、"宫粉型"、"玉蝶型"、"朱砂型"、"绿萼型"、"洒金型"、"黄香型"。垂枝梅和龙游梅是枝姿奇特而富有韵味的两类梅花，品种不多。垂枝梅又可分为"单粉垂枝型"、"残雪垂枝型"、"骨红垂枝型"、"白碧垂枝型"四型；龙游梅仅有"玉蝶龙游"型一个型一个品种。

五、生态习性

梅喜温暖气候，是对温度很敏感的树种。以年平均气温度 16～23℃的地区生长发育最为良好。有一定抗寒力，并需冬季一定低温的刺激。一般品种不耐 –20～–15℃低温（直枝梅中的玉蝶、宫粉、绿萼等型品种有此抗寒力），仅"杏梅系"品种可抗 –30～–20℃的严寒。能在北京越冬的品种有'送春'、'丰后'、'淡丰后'及'单瓣杏梅'等，有些品种如'淡丰后'、'美人'梅、'燕杏'梅和'送春'梅，业已在沈阳安全越冬。喜空气湿度较大，但花期忌遇大雨。不耐涝，涝渍三日即可致死。在年降水量 1000mm 或稍多处生长良好，但又具有一定的抗旱性。对土壤要求不良，较耐瘠薄，但以黏壤土或壤土较为适宜。土壤宜中性至微酸性，微碱性亦可。忌在风口栽植。阳性树种，最宜阳光充足，通风良好。

梅萌芽发枝力甚强，较耐修剪。潜伏芽寿命很长，受刺激后极易萌发，因而老树易于复壮。浅根树种，在平地，根系主要分布于表面 40cm 土层中，而山地则较深。其开花及生长起始季节早，花果年发育期短，树体休眠期长，树势易于恢复，栽培较易成功。长寿树种，有存活千年的古树。

六、培育技术

1. 繁殖方法　梅花繁殖方法甚多，最常用的是嫁接、扦插，压条次之，播种又次之。

（1）嫁接繁殖　梅的砧木，南方多用梅或桃，北方常用杏、山杏或山桃。桃与山桃种子易得，嫁接梅花易活，故应用普遍，但这种梅花寿命缩短，且易生病虫害。杏和山杏是梅的优良砧木，嫁接成活率还好，且耐寒力强。梅共砧的表现良好，尤其对于用老果梅树作砧嫁接成的古梅桩景极为相宜。嫁接方法通常用切接、劈接、舌接、腹接或靠接，于春季砧木萌动后进行，腹接还可以在秋季进行。也可利用冬闲，用不带土的砧苗在室内进行舌接，然后沙藏或出栽。靠接多用于果梅老桩与梅花幼树，时期春（2～4 月）夏（6～8 月）均宜。芽接多于 6～9 月进行，多用盾状芽接法。长江流域一带接芽带木质部较厚，成活率可在 80% 以上；北京气候干燥，可带极薄的木质部或完全不带。也可用方块芽接（"单开门"等），成活率很高。

据李振坚（2004）对抗寒梅花适宜砧木亲和力试验结果，用毛樱桃、毛桃和山杏作砧木嫁接梅花品种时，接口愈合良好。以毛桃为砧的嫁接苗较以山杏为砧的嫁接苗生长快，但成苗后，后者抗性强于前者。但榆叶梅和欧李、麦李都不能用作梅花砧木。

（2）扦插繁殖 长江流域一带应用较多，因冬季潮湿而不太冷，可保证一定成活率。选 1 年生长 10～15cm 粗枝作插穗，大部分插入土中，外露一芽，床土应疏松而排水良好。露地扦插，插后浇透水一次，不必覆盖。因品种不同，成活率差别较大，一般以'素白台阁'等成活率最高。插前用吲哚丁酸 500～1000mg/L 快浸处理（5～10s），可提高成活率。

播种主要用于培育砧木和新品种。约于 6 月收成熟种子，清洗晾干，实行秋播。如行春播，应混湿沙层积。育种用的以夏播为好。

此外，梅花亦可用组织培养法繁殖。

2. 栽培 梅花有园林露地栽培、切花栽培、盆景栽培及催延花期栽培等方式。

（1）露地栽培 在园林绿地中作露地栽培，首先要做到适地适树，以满足其正常生长发育的基本需求。布置时应注意突出梅花主题，最好有松、竹等常绿树作背景。北方宜于春植。一般用 2～5 年生大苗，并对地上地下部分作适当修剪。小苗裸根移植，大树务必带土球移植。大面积栽植时应选背风向阳、排水良好的阳坡、半阳坡，株距 3～5m，疏密有致，配置自然。经掘树穴，施基肥后，再定植和浇透水，加强管理。梅树萌芽力强，易抽发过多枝条，需适当整形修剪。树形以自然开心形为宜，修剪宜轻，以疏剪为主、短截为辅。夏初辅以抹芽、摘心，以调节长势，加速树冠形成。日常管理除注意灌溉、排水、除草及病虫害防治外，应追肥 3 次，即秋季至初冬施基肥（饼肥、堆肥、厩肥等），在含苞前尽早施催花肥（速效性肥和腐熟人粪尿、尿素等），新梢停止生长前（约 6 月底 7 月初）适当控制水分，并施花芽肥以促进花芽分化（速效性完全肥料，如粪干、过磷酸钙等）。

（2）切花栽培 在露地成片栽植，母株株行距 3m×3m，主干分枝点留低（约 30cm），并适当重剪。多施肥料，促发花枝，供瓶花及其他花卉装饰之用。适作切花的品种要求其长势健旺，年年着花繁密。以"宫粉型"品种为主，"绿萼型"、"玉蝶型"次之。

（3）盆景培养 梅花耐整形修剪，发枝力强，花芽形成容易，特别适宜盆景培养。先将经多年栽培的苗木于年底上盆。盆土宜疏松肥沃，最好是微酸性，盆底加施底肥。栽前栽后均需加以整形和修剪。制作盆景时，可对梅株进行较强的修剪，必要时用刀切，用棕绳扎，用铁丝绑，甚至用斧劈、用火烧，总以"疏、欹、曲"和苍劲自然为原则。梅桩修剪宜较露地梅花为重，疏剪、短截并举。灌水要及时，且以"间干间湿"为原则。因梅对土壤水分敏感，太多易落黄叶，太干易落青叶。当新枝已长至所需长度（约 30cm）时，约在 6 月间，则要适当控制水分，增施追肥，以促进花芽分化。花前先置于冷室向阳处，含苞待放时移至室内观赏。花后强度短截，仍移至露地培养，以恢复元气，增强生长势。

（4）催延花期栽培 梅花对温度变化很敏感，易于打破休眠，促使提前开花。要使它在元旦、春节开花，可于节前一个月，将经过秋冬低温、花芽已充分休眠的盆景、盆栽或大枝切花置于温室。室温 10℃ 以上（不可太高），经常洒水保持空气湿润，给予充足阳光。花蕾露色后移至低温处，即可维持 10 ~ 20 天不开；若给予 15 ~ 20℃温度，则经一周左右即可开花。梅花初开后，宜将室温调节至 10℃左右，以使花期延长。欲使梅花于"五一"节开花，可将盆梅置于略高于冰点的冰室中，延至翌年 4 月上中旬逐渐移出室外。欲使提前于国庆节开花，则要在新梢长至 30cm 后及时"扣水"（控制水分），重施追肥，并摘除全部叶片，然后依次给予低温和增温处理，以促使新形成的花芽提前于"十一"节开放。

七、病虫害防治

梅为较抗病虫害的树种，绝少有毁灭性病虫害。其抗根癌、抗线虫危害的能力尤为强。但产区常见有几种病虫害，如梅白粉病、梅炭疽病（*Colletotrichum mume*）、天牛（主要为红颈天牛 *Aromia bungii*）、桃蚜（*Hyaloptesus arundinis* 等）、介壳虫类（*Pseudaulacaspis pentagona* 等）、蓑蛾类（*Ccania variegata*）、刺蛾类及卷叶蛾等。各地引进苗木时要严格检疫。应注意勿栽培过密，注意通风和排水，加强日常抚育管理，预防病虫滋生。如发生病虫为害时，须及时根治。药物防治中须注意勿使用乐果，以免引起早期落叶。白粉病、炭疽病发生时，可喷洒退菌特 500 ~ 800 倍液或托布津 800 倍液；红颈天牛可于 6 ~ 7 月捕捉成虫，孵化后钩杀幼虫，或用敌敌畏 200 ~ 300 倍液拌泥塞虫孔毒杀之。

（李嘉珏）

美人梅

别名：紫樱李梅

学名：*Prunus mume* 'Meiren'（*Prunus × bliriana* 'Meiren'）

科属名：蔷薇科 Rosaceae，李属 *Prunus* L.

一、经济价值及栽培意义

'美人'梅是梅花的重要栽培品种之一，属樱李梅种系樱李梅类美人梅型。该品种于1895年在法国育成，是远缘杂交育种的成果，母本为紫叶李 *Prunus cerasifera* 'Pissardii'，父本为宫粉梅 *P. mume* f. *alphanaii*。我国于1987年由美国加州 Modesto 莲园引进，后在全国推广，南起广东梅州，北至辽宁沈阳，均生长开花良好。它叶色三季保持亮丽的紫红色，且花大而繁茂，株型优美，作为新型彩叶植物甚受欢迎。

二、形态特征

落叶小灌木。树干灰褐色，大枝直上及斜出，小枝中粗，暗褐色。花繁，常1~2朵着生于长、中及短花枝上；花朵大，花径约3.2cm，有香味。花蕾阔椭圆形，顶圆，中心无孔，淡紫粉红色，常略下垂，花近碟形，花瓣层层疏叠，瓣边起伏，花色极浅紫至淡紫，反面略绿。萼片5，略扁圆形，边缘有细锯齿，强烈反曲；花梗长0.4~1.0cm；雄蕊远短于花瓣，花丝淡紫红，花药大黄至鲜红色；雌蕊，普遍洒紫晕，花柱下部及子房有毛。北京花期4月中旬，花叶同发，新梢常洒紫红晕，秋叶常呈紫红色。

'美人'梅现已形成品种系列，除早期从法国引进的'小美人'外，我国专家还从引进的杂交后代中选出'醉美人'、'俏美人'等品种，并有洒金类型品种问世。

三、分布范围

'美人'梅适应范围较广，能在沈阳、兰州、延安、太原等地露地越冬、开花，向南至武汉、梅州亦表现良好。在山东及北京等地均可结果，果色红艳可赏。

四、生态习性

'美人'梅适应性很强，抗寒，能在 -30℃下露地越冬。有一定抗旱性，但极不耐涝，水淹3日以上即可致死。

五、培育技术

1. 繁殖技术 '美人'梅主要采用嫁接方法繁殖。宜用山杏或杏、李为砧木嫁接。芽接、枝接均可。也可用山桃为砧木，但略现不亲和，接合部位易生瘤状物。

2. 栽培技术 在西北地区，'美人'梅宜于春植。定植时要重度修剪，以保证成活。栽植后前几年，应注意整形。定干后，树木逐渐成型，修剪宜轻，浇水、施肥及病虫防治需要及时进行。

'美人'梅叶色受栽培环境影响较大。据试验，施用磷肥对其叶色影响最为显著，并且随着施用量增加，叶片中花色素苷含量提高，从而使叶色更鲜艳；而氮肥和钾肥对花色素苷含量影响不显著。磷肥可用过磷酸钙，施用量 100mg/株即有明显效果。

'美人'梅除在园林绿地中露地栽培外，还可盆栽，或制成盆景。也可用于促成栽培，人工催延花期。

病虫害防治同梅花。

（陈俊愉、李嘉珏）

贴梗海棠

别名：贴梗木瓜、皱皮木瓜、铁角海棠、木瓜、木瓜花、楂子

学名：*Chaenomeles lagenaria* Koehne

科属名：蔷薇科 Rosaceae，木瓜属 *Chaenomeles* Lindl.

一、经济价值及栽培意义

贴梗海棠为花果皆美的花灌木，被誉为"占春颜色最风流"之名花。其植株形态优美，常先叶后花或伴有少量嫩叶，花色猩红至粉红少有白色。花朵成簇贴附在老茎枝上，姿态古色古香。成熟的果实黄绿色，气香味甜。枝密多刺的品种可作花篱、花坛栽植，是园林绿化中一个常见树种或重要的基础绿化材料。老树桩又可加工成盆景。因贴梗海棠对空气中臭氧最敏感，故可作环境监测树种。其果实也称木瓜，为中药材中木瓜正品，有通气活血、去痰止痢的功效，制成的木瓜酒有舒筋活络、镇痛消肿的作用。在城镇园林绿地、村旁院落栽植贴梗海棠，既是环境绿化美化的需要，又可增加收益。

二、形态特征

贴梗海棠为落叶灌木，高 1~2m，枝条开展，光滑无毛，枝干上有枝刺，单叶互生、叶卵形或椭圆形，长 3~8cm，先端尖，叶缘有锯齿，叶表面光滑有光泽；托叶大，卵形或披针形；花单生或数朵簇生，绯红色或粉红及白色。花径 3.5~5.0cm，花梗极短。花期 3~4 月，10 月果熟。果实球形或卵形，长 3~5cm，成熟时黄绿色有香气。

三、分布区域

原产我国中部地区，现在南北各省均有栽培。西部地区在陕西延安以南，甘肃南部、东部、宁夏南部的黄土地区及新疆南部均可栽培。栽培范围北可达辽宁，南可到广东。

四、生态习性

贴梗海棠喜阳光，稍耐荫，喜温凉湿润的环境，有一定的抗旱耐寒能力；喜肥沃、深厚、排水良好的微酸性至中性土壤；耐瘠薄，不耐涝湿和盐碱。成枝力较强，耐修剪，易造型、整形。

在陕西关中地区，每年 3 月下旬至 4 月上旬展叶，同时开花，果熟期 10 月，11 月下旬至 12 月初落叶，果熟后脱落。根部有萌蘖能力。

贴梗海棠

五、培育技术

（一）育苗技术

贴梗海棠虽有果实种子，但繁殖苗木多用扦插、分株、压条和嫁接方法，播种苗变异大，开花较迟，对优良品种不适宜。但播种苗可作嫁接优良品种砧木使用。

1. 播种育苗　10月上中旬采集果实，切开，掏取种子，阴干，11月下旬或12月初进行沙藏催芽，次年3月下旬至4月上旬播种。也可阴干后干藏，次年2月下旬温水浸种2天，再播种。苗高10cm左右时开始少量追施氮肥，次年春移栽培育大苗，苗高30cm时打头定干，增施肥水，促发新枝，5年生即可开花，作砧木的宜用2年生苗。

2. 扦插育苗

（1）嫩枝扦插　一般在7~8月进行。剪取1年生健壮枝（包括徒长枝），剪制成15cm左右长插条、随采条、随剪穗、浸水、随扦插，插后立即灌透水，遮荫，保持床面湿润，约20~30天生根成活，次年春分床移植，培育大苗。

（2）插根育苗　在11月中下旬，从大株下挖取0.5~1.0cm粗的根条（每株大树下不可多取，只宜轮换挖掘半边的根兜部位采根），将根条剪制成10cm长根段，大头（上部）剪平。小头（下端）剪斜。20根一捆（不可上下颠倒）。在向阳处挖50cm深沟槽，下部先填10cm厚净河沙，再将根段逐捆竖直（大头朝上）放入，之后填沙埋住根段。最后在沟槽上面棚以树枝苫盖草帘，次年春3月中下旬取出，在苗床上开沟埋插，株距10cm，行距25cm。苗高10cm以上时，追肥灌水，并进行常规苗木管理。

3. 其他繁殖方法　如压条法（在早春，选健壮长枝，在树冠外开沟，将长枝扳倒横卧沟中，培土5~6cm厚，盖草保湿，待萌条生根后，于秋末或次年春剪离母体）；分株法（在春季、结合移栽，将多主干母株挖起用刀分割成2~3个主干为一株分别移栽，也可在大株下，挖掘跟蘖苗移栽），这些方法虽可繁殖新株，但繁殖数量太少。

（二）苗木整形

对插条、插根、压条等苗木均应在苗高30cm左右时于早春打顶，促发侧枝，并培养成主枝，即是第一次打顶后萌发的侧枝为骨干主枝。再将骨干主枝上萌发的枝适当短截，形成圆头形苗冠。

（三）栽植技术

1. 栽植地的条件　贴梗海棠主要为园林绿地的花篱、花坛材料。如果土壤条件太差，应换客土，以符合其生态要求，忌涝湿地和盐碱地。

2. 株行距　栽植花篱，一般为单行，株距1.0m，栽植穴大小视苗木大小，一般为30cm见方。单株栽植应选大苗（已经开花的），采取大穴（50cm×50cm×40cm）栽植，应做到栽得端正，踩得实在，先施底肥后栽植，栽后应即浇足定根水，并保湿成活。

3. 栽植季节　春秋季均可栽植，但以春季效果较好。

4. 控型与催花　贴梗海棠栽植成活后，每年冬季应开沟施有机肥1次，使来年旺盛生长，在生长季节，于花后追施1~2次复合肥，以补足营养，促进果实发育及花芽分化。注意旱季灌水。控型修剪可在落叶后进行，剪除所有枯枝、交叉重叠枝、弱枝、徒长枝；对隔年开过花的花枝从基部25~30cm处短截，以便集中营养多发花枝。对花篱应控制篱高和篱宽；单株的应控制高度和冠径。冬季修剪时，剪去过长枝条，保持要求的冠幅。

贴梗海棠催花的方法是：春节前 45 天，将盆景放在室内阳光充足，且通风良好地方，室温应能调整。当室温 10～15℃时，2 天喷 1 次水；室温 20℃时，每天早晚各喷 1 次 30℃温水。花蕾显现后，把室温降至 5～8℃，4～5 天后再提高室温至 20℃，1 个月后即可开花。开花的适宜温度为 18℃。

六、病虫害防治

常见的有梨桧锈病，应在 3～4 月间对附近中间寄主（桧柏）喷洒 1°Be 的石硫合剂或 3% 石灰水，以防止冬孢子传播。贴梗海棠展叶后到 4 月下旬，每隔 15 天喷 1 次 200 倍石灰倍量式波尔多液，防止病原菌侵入。

生长季节常有红蜘蛛、蚜虫、刺蛾等为害叶片，发现后可喷 1500～2000 倍敌杀死或 1000 倍敌敌畏灭杀。

（刘新聆、刘克斌）

月　季

别名：月月红　四季花
学名：*Rosa chinensis* Jacq.
科属名：蔷薇科 Rosaceae，蔷薇属 *Rosa* L.

一、经济价值及栽培意义

月季是我国非常古老的一种观赏花卉，在南方四季都开花，因此叫月季，俗称月月红。

月季花色艳丽，花期长，是主要的园林观赏植物，适宜布置于花坛、花境、花带，可建立专类月季园，也可配置于草坪、庭园、假山等处，又适合盆栽或切花。此外，是香料、食品的原料。根、叶、花均可药用，有活血祛淤，拔毒消肿之功效。

月季在当今西方园艺界的地位堪称举足轻重，它在西方被誉为"花中皇后"，栽培的品种多达 2 万余种。

二、形态特征

常绿或半常绿直立灌木。常有钩状皮刺。叶为奇数羽状复叶，小叶 3 ~ 7 枚，花单生或几朵集生成伞房状，重瓣。花期 5 ~ 10 月。常见变种变型有：

1. 月月红（var. *semperflorens* Koehne.）　茎较纤细，有刺或近无刺。小叶较薄，略带紫晕。花多单生。紫花至深粉红色，花梗细长而下垂。

2. 小月季（var. *mininla* Voss.）　植株矮小，多分枝，高一般不超过 25cm，叶小而狭。花小，径约 3cm，玫瑰红色，单瓣或重瓣。

3. 变色月季（f. *mutabilis* Rehd.）　花单瓣，初开时硫磺色，继变橙色，红色，最后呈暗红色。

月季品种约有 15000 个，其主要类群有：

（1）杂种香水月季　主要由杂种长春月季和杂种香水月季杂交培育而成。这类月季生长强健，花多重瓣。丰满硕大，花色齐全，品种最多，是目前栽培最广的品种群，耐寒性强，花有芳香，花色变化多。除白、粉、黄、桃红、大红、紫红外，还有粉红、橙红、两色镶嵌、变色等。

（2）杂种长春月季　主要由月月红同突蕨蔷薇、法国蔷薇等杂交培育而成。耐寒性强，植株高大，生长势旺，枝条粗壮，叶大而厚，常呈暗绿而无光泽。花蕾肥圆。花大，多呈紫、粉、白等色。

（3）丰花月季　主要由小姐妹月季与杂种香水月季杂交选育而成。丰花月季分枝多，植株较小，花多而大，聚集成球，花期长，花色美，耐寒，耐热，品质仅次于杂种香水月季

月季

的新品系。

（4）杂种藤本月季　这一品种群是由我国原产的光叶蔷薇与香水月季、杂种香水月季、杂种长春月季等反复杂交选育而成。其特点是枝条长，可以牵引上架。由于亲本不同，其花形、花径、花色和大小差异很大。耐寒力强，生长旺盛。

（5）微型月季　以我国的小月季作为主要杂交亲本繁育而成，品种有"拇指"，"红袄"，"粉裙"等100多个，主要表现在植株矮小，高仅30cm，非常适合盆栽。

（6）树状月季　露地栽培中，用嫁接培育而成，在国际上很流行。先选好砧木，然后在离地面1.5～2.0m处嫁接多个品种，开出五颜六色的花，各式花型聚集一树，艳丽美观。砧木可选伞房蔷薇、花旗藤等和其他枝条粗状的种类，先用枝架绑缚，到一定粗度后能自然直立时即可嫁接。

三、分布区域

原产我国，现国内各地普遍栽培。西北地区西安、银川、兰州、西宁、乌鲁木齐等地多栽植于庭院广场，生长很好。

四、生态习性

月季喜光耐寒、耐旱，对土壤要求不严，在微酸、微碱性土壤上均能正常生长，但在土层深厚肥沃疏松，排水良好处生长最好。萌芽力强，耐修剪。

五、培育技术

（一）育苗技术

多采用扦插，嫁接法繁殖，也可用分株和播种繁殖。

1. 扦插育苗　多在春季或雨季进行。春季扦插，选生长健壮腋芽饱满的1年生枝条，也可埋入沙中贮藏越冬，春季3月份取出扦插。插穗长12～15cm，插前用500mg/kg萘乙酸速蘸，可提高生根率。插后浇透水，温度保持20～30℃左右，相对湿度90%左右，一般一月后就可生根。当腋芽开始萌动时，可带土定植移栽。雨季扦插，选不开花的枝条或弱花的短花枝扦插为好。取条时多半带踵，修去下部叶片，插穗顶部保留2～3个叶片，长度为10～15cm，插入蛭石，珍珠岩，沙土等扦插基质中，插入深度为穗长的1/2～2/3，插后立即浇水。温度保持在20～30℃左右，相对湿度保持在90%左右。生根成活后及时移栽。近年来，深秋结合修剪，采条剪穗长度10～15cm，顶部留2～3个叶片，密插于塑料小拱棚内浇透水，提温保湿，翌年春成苗率也很高。

2. 嫁接繁殖　芽接、枝接均可，目前主要采用芽接法繁殖。萌芽前采用嵌芽接，7～8月采用"T"形芽接最好。以蔷薇品种劣种月季作砧木。选取1～2年生长健壮的枝条，保留第3个以下腋芽作接穗，剪去叶片，保留叶柄。接芽萌发后，注意及时抹除砧木萌蘖和顶枝，促使接穗生长旺盛，一般两个月左右就能开花。秋季嫁接成活的，一般不剪砧，到第二年春季剪砧。

（二）栽植技术

1. 栽植地选择　月季为园林绿化的重要材料，以观赏为主，条件相对较好，适宜在土层深厚肥沃，排水良好处配置。

2. 定植　在休眠期栽植，可用裸根苗或沾泥浆，但根系应较完整，侧根不得短于20cm，在向阳，排水良好，肥沃的土壤上挖穴，用厩肥等有机肥做基肥，再覆土5cm～10cm盖住基肥，以免灼根。栽植时将地上枝条适当强剪，修去过长根，劈裂根。栽后将土踏紧实，使根系舒展，并与土壤结合紧密。其他季节栽植均要带土球，但夏季不宜移栽。

3. 定植后的管理

（1）肥水管理　施肥对月季的生长，开花影响很大。月季枝条生长很旺，一年内可多次抽梢，即春梢，夏梢与秋梢，每次抽梢后都可在枝条顶部形成花芽开花。由于抽枝多，开花次数和开花量多，需要消耗大量的养料。因此，及时补充肥料是月季生长、开花的重要措施。除冬季施1次基肥外，在5～6月份第1次盛花期之后，用含氮磷钾三要素齐全的腐熟豆饼水追肥，保证夏、秋梢的生长及夏、秋季开花的需要。如条件许可夏花后再施1次肥料，这样国庆节开花既大又美。但秋季施肥不能过迟，防止秋梢生长过旺，既影响开花，又不能及时木质化，不利越冬。如早春施肥，当月季新梢叶发紫时，表明根系已大量生长，而且幼嫩，不能施浓肥，以防烧伤根系。灌水可结合施肥，即施肥后立即灌水，以利根系吸收。同时也可在花前或干旱缺水时，及时补充土壤水分。

（2）修剪　修剪是促使月季不断开花的主要措施。

①休眠期修剪　即在休眠期进行。在寒冷地区11～3月在需堆土防寒的地区宜早剪。对当年生枝条进行短剪或回缩强剪，枝上留芽10个左右，修剪量不能超过年生长量，修剪过强，枝条损失多，叶片面积数量减少，光合作用削弱，降低体内碳水化合物的水平，春季发枝少，树冠不能迅速形成；修剪过弱，枝条年年向上生长，开花部位逐年上升，影响观赏和管理。同时把交叉枝，病虫枝，并生枝，弱枝及内膛过密枝剪去。寒冷地区，月季易受冻害，可进行强剪，将当年生枝条长度的4/5剪去，保留3～4个主枝，其余枝条从基部剪除。必要时应埋土防寒。

做母树的植株，为了年年采集大量的穗条，冬季也应重剪，春季才能抽出量多质好的枝条供繁殖使用。当月季树龄偏大，生长衰弱时，可进行更新修剪，将多年生枝条回缩，由根颈萌蘖强壮的徒长枝代替，回缩更新效果与水肥管理关系密切。

②生长期修剪　月季花朵开在枝条顶部，每抽新梢一次，可在枝顶开花，利用这一特性，一年内可多次修剪促其多次开花，若不是为留种或育种工作需要，花后不必结果，立即在新梢饱满芽处短剪，（通常在花梗下方第2～3芽处）。剪口芽很快萌发抽梢，形成花蕾开花，花谢后再剪，如此重复，每年可开花3～4次。从剪梢到开花需40天左右。生产上常用修剪法控制花期。如欲国庆节参加评展，应于7月中旬剪梢，配合肥水管理，届时百花怒放。

杂交香水月季，当花蕾过多时会影响花色与花朵大小，应及时摘去过多的侧蕾，保留顶部一个花蕾，对健花品种可适当多留，易萌蘖的品种应及时除蘖。如黄和平易从根部萌发粗壮徒长枝，不开花且消耗大量营养物质，对植株生长极为不利，应及时除蘖。对病虫枝、枯枝、伤残枝发现后也应立即剪除。

4. 盆栽　盆栽用土宜疏松肥沃，肥水管理比露地栽植要细致，每半月施肥1次，以鱼腥水催花效果最好。丰花品种花蕾过多时应剥蕾，每枝顶留1个花蕾开花大，花后及时对枝条进行短剪，留饱满芽作剪口芽，才能多抽壮梢多开花。盆花冬季修剪比露地栽为重，一般将当年生枝留2～3个芽短剪，并疏去病虫枝、弱枝、交叉枝等。越冬盆花应放在0℃左右处，防止温度过高提早萌芽，影响植株长势和第二年开花。

5. 催花　要求月季冬季不休眠继续开花，应在气温降低前移入10℃以上温室，可照常开花不断。要求国庆节开花，应于开花前40天对夏梢短剪，剪口芽应饱满，并加强肥水管理，使抽出的新枝孕蕾开花。

六、病虫害防治

主要有蚜虫（*Macrosiphrum rosivrum* Zhang）、红蜘蛛（*Tetranychus urticaeokoch*）等，用1:1000的敌敌畏喷杀。在通风不良处，易发生白粉病和黑斑病，发病后可连续喷2～3次3～5°Be的石硫合剂，并疏剪树冠，加强通风透光效果较好。其他防治方法见毛白杨。

（雷开寿）

玫 瑰

别名：徘徊花、刺玫花、刺玫菊

学名：*Rosa rugosa* Thunb.

科属名：蔷薇科 Rosaceae，蔷薇属 *Rosa* L.

一、经济价值及栽培意义

玫瑰是名贵的香料植物和观赏花木，具有多种经济用途。鲜花香味浓郁，含玫瑰精油 0.04%，为各种高级香水、香皂及化妆香精的原料，也是调制各种花香型香精和食用香精的主剂。其价格昂贵，1986 年每公斤玫瑰精油价值 1.6 万美元。花还常用于熏茶、制酱、制糖果，加工露酒和食品染色剂等。根与花苞入药，有理气活血通络之效，治关节炎、小便失禁、月经不调等症。花能清暑、解渴、止血，叶子外用可治疗肿毒。根皮可提取黄色染料和栲胶。果实富含 Vc（579mg/100g），供食用和药用；种子含油约 14%；玫瑰花艳丽芳香，是重要的绿化美化树种。其花期长，花朵大，是良好的蜜源植物。

玫瑰具有良好的水土保持和改良土壤功能，充分利用适生区山地、向阳埝埂、山坡沟谷种植玫瑰，是这些地区发展经济，增加群众收入的有效措施之一。

二、形态特征

落叶丛生灌木，高 0.8 ~ 2.0m。茎密披绒毛、刚毛及细刺。奇数羽状复叶，小叶 5 ~ 9 枚，椭圆形或椭圆状倒卵形，长 2 ~ 5cm，宽 1 ~ 2cm，先端短尖或微钝，边缘有锯齿，质厚，上面暗绿色，光亮，多皱、无毛，下面灰绿白色，有柔毛及腺体，网脉明显；叶柄及叶轴披绒毛，疏生小皮刺和腺毛；托叶附着于叶柄上。花着生于新梢顶端，单生或 3 ~ 6 朵聚生；紫、红或白色，具芳香，单瓣、半重瓣或重瓣，花径 6 ~ 8cm；萼 5 枚，披针形，具刺毛；花梗具绒毛和腺体；雌雄蕊多数，包在瓶状花托内；花托平滑无毛，成熟后为橙红色；重瓣型花雌蕊聚生呈盘状，雄蕊部分演化为小瓣，无结实能力；单瓣型花雌雄蕊完整，具有结实能力。蔷薇果扁球形，桔红色，平滑，具宿存萼片。花期 5 ~ 9 月，果期 9 ~ 10 月。

玫瑰

有较多栽培变型或品种，如紫玫瑰（f. *typica* Reg.），花玫瑰紫色；红玫瑰（f. *rosea* Rehd.），花玫瑰红色；白玫瑰〔f. *alba*（Ware.）Rehd.〕花白色，单瓣；重瓣紫玫瑰（f. *plena* Reg.），花玫瑰紫色，香气馥郁，品质优良，各地栽培最广；重瓣白玫瑰（f. *alba-plena* Rehd.），花白色。另外还有玫瑰与杂种长春月季、法国蔷薇、野蔷薇及小花月季之杂交种，为一类杂种玫瑰。多年来，山东平阴玫瑰研究所搜集了各地玫瑰品种资源，用玫瑰与现代月季、蔷薇杂交，育成一批抗寒、抗病而多季开花的玫瑰新品种。据李玉舒等（2005）

调查，共有品种 36 个。其中高度重瓣的有'半花'，花瓣达 45 枚；浓香品种有'平阴四号'、'精华'；二次开花品种有'平阴一号'、'平阴二号'等，在 5 月花期过后，9 月又第二次开花。

三、分布区域

玫瑰原产于中国北部，珲春图门江流域沙滩有大面积野生。现各地栽培。目前，面积较大的产区有山东平阴，江苏江阴、铜山，山西清徐，北京妙峰山，甘肃兰州龚家湾等地。朝鲜、日本、俄罗斯有分布。

四、生态习性

玫瑰喜光，日照充足时花色艳，香味浓；生长季节日照少于 8h 即徒长而不开花。耐寒，但在极端低温达 -30℃ 以下时易受冻害，极端高温达 37～40℃ 时生长不良。较耐干旱贫瘠，但喜深厚肥沃、质地疏松、排水良好的土壤，对微酸性、中性、微碱性土壤都能适应。开花期对水分要求比较严格，土壤含水量 14% 最为适宜，低于 11% 则对产花数量与质量影响很大。不耐积水，遇涝则下部叶片黄落，甚至全株死亡。

玫瑰无明显主根，侧根发达，纵横交错，可形成较大网络固持土体。据调查，黄土高原塬面 5 年生玫瑰，每公顷根系总重量 6.54t，总长度 2119km。其根系主要分布于 0～40cm 土层内，占总根量的 80.2%，直径 <1mm 的根长度占总根长的 81.5%，其重量占总根重的 3.5%。

玫瑰根萌蘖力很强，其水平伸展的侧根，通常在地表 10～20cm 土层内萌蘖较多。枝条直立丛生，有较强的发枝能力。5 年生玫瑰每丛枝条多达 40～50 根，每公顷生物总量为 7.58t，其中枝叶占 24.9%，根系占 75.1%，地上部分与地下部分之比为 0.33:1。寿命短，易更新。根系寿命一般为 20～30 年，枝条寿命为 6～10 年。当年形成花芽，一般新梢长至 6～10 节后现蕾。3～5 年生枝条开花量最高。及时整形修剪可保持开花优势。对当年枝不宜短截，以免影响产花量。

玫瑰物候期，在山西隰县 3 月中旬芽萌动，4 月中旬展叶，5 月上旬至 6 月中旬开花，11 月中旬落叶。

五、培育技术

（一）育苗技术

玫瑰主要采用分株法繁殖，也可采用其他营养繁殖方法育苗。仅单瓣玫瑰可采用播种育苗。

（1）分株法　秋季落叶后或早春发芽前进行。其方法有两种：①将整个株丛挖起，依自然生长状况分成若干株后栽植；②刨株丛附近地上部具有两个以上枝条，茎基已发生较多侧根的 2 年生根蘖苗移栽，栽后截干，地面上留 20cm 左右。

（2）压条法　6 月下旬，在灌丛四周挖约 20cm 深的沟，将萌条压于沟内，覆土踏实，使枝梢露出地面 10～15cm。保持土壤湿润，秋后或翌春断枝分栽。

（3）埋条法　选择干燥、向阳、排灌方便、土层深厚肥沃的地段挖沟，沟深、宽各 50cm，沟间距 1～5m。挖沟时，表土和下层土分别放置，沟底撒施过磷酸钙，与沟底土壤掺匀。秋季落叶后，将株丛中 5 年以上的（开花量已开始下降）过密枝条齐地面剪下，首尾相接铺于埋条沟内，覆土 3cm，灌透水。越冬前，在沟内盖一层马粪以防表土干裂，同时起保温作用。开春后及时灌水，松土除草。

（4）埋根法　在开花后结合施肥于 7 月沿灌丛周围 50 ~ 60cm 处挖开，将直径 0.5cm 以上的根截下，剪成长 15 ~ 20cm 的小段；在整好的畦内开沟深约 10cm，沟间距 20cm；将根段以首尾相距约 10cm 的距离平放于沟内，覆土 20cm 左右，踏实后灌透水。雨季埋根，8、9 月每米根可长 3 ~ 5 个新苗。秋季落叶后埋根，翌春出苗。春季埋根则需将去年秋季预先深埋于沟内的根条挖出截短，植于苗床上，当年可出圃定植。

（5）扦插法　7、8 月或落叶后至第二年萌芽前进行。选择直径 0.3cm 左右的健壮侧枝剪成长 8 ~ 15cm 的插穗，每个插穗带有三个饱满芽，下端切口在芽下 1cm 剪成斜面，涂抹浓度为 50mg/L 的 2，4 - D 液剂催根，顶端切口距芽 0.2 ~ 0.5cm，剪成平面。夏季扦插时，插穗入土 2/3，入土部分去掉叶及叶柄，外露部分则去叶留柄；株行距 10cm × 15cm，边插边压实土壤，插完浇透水。苗床上覆盖塑料罩或荫棚，保持通风透气，炎热天气可在苗床周围喷水降温。25d 以后插穗即可生根，1 个月后逐渐打开上面覆盖的塑料薄膜，使植株适应露地环境。翌春出圃定植。

（二）栽植技术

1. 栽植地选择　丘陵山地应选择光照充足，排水良好，坡度小于 30°，土层厚度在 50cm 以上的阳坡、半阳坡栽植。平原地区，应选择地下水位较低，排水良好的沙壤土地段。

2. 整地方法与栽植密度　整地前每亩施堆肥约 1000kg，若土壤疏松，则施腐熟牛粪或堆肥即可；过于黏重，则须施驴马粪，以增加土壤养分并改良土壤。穴状整地，穴径不小于 50cm，深 30 ~ 40cm，施厩肥、骨粉或饼肥做基肥，基肥上部再覆土 5 ~ 10cm。栽植密度：地埂栽植时株距为 0.6 ~ 0.8m；成片栽植时，株行距 1 ~ 1.5m × 2 ~ 2.5m。

3. 栽植季节　春、秋均可。春季移栽要就地育苗，就地移栽，苗木不宜远距离运输。栽后要及时灌溉。一般秋季移栽成活率较高，但西北地区也适宜于春季栽植。

4. 栽植方法　采用植苗造林。栽植时要保持根系舒展，分布均匀，填土踏实，浇透水。等水下渗后，再次覆土 1 ~ 2cm 以保持土壤湿度，栽植深度较原土印深 2 ~ 3cm。

（三）抚育管理

1. 土肥水管理　栽植后要及时中耕除草与根际培土，清除杂草及落叶。结合施肥，在行间进行浅刨，株丛基部培土。在秋季施肥的基础上，3 月中下旬结合浇水，每亩追施氮肥 15kg。另外，从 3 月下旬到 4 月下旬追施微量元素，对减少落蕾、增加单花重量具有明显的作用。入冬前施基肥并进行冬前灌水。

2. 修剪与枝条更新　玫瑰修剪量主要根据修剪时期和株丛的生长情况而定。花后将丛内及下部的弱枝、病枝剪去，但修剪量不宜过大。过高的枝条也可短截，树形修成圆头形，既便于管理，又增加开花数量。

六、病虫害防治

1. 玫瑰锈病［*Phragmidium mucronatum*（Pers.）Schlecht］　该病危害幼芽、叶片、叶柄、花托、花萼，地下茎等部位。

防治方法：加强管理，增强树势，提高抗病能力；剪除病枝叶和病株集中烧掉，消灭杂草；花后采用 75% 百菌清 800 倍液或 50% 百菌清 600 倍液喷雾，从 7 月上旬起，每 10 天 1 次，连续 3~4 次。在无花期喷 1% 波尔多液，每半月一次。

2. 白粉病［*Sphaerotheca pannosa*（Wallr.）］ 该病主要危害新梢和嫩叶，发病时间 5~9 月。

防治方法：加强管理，增强植株抗病能力；疏除、烧毁病枝、病叶；休眠期喷施 3 度石硫合剂，发病期可喷 0.3°Be 石硫合剂或波尔多液，非采花期可喷波尔多液、50% 代森锌 800~1000 倍液或多菌灵，每周一次，连喷 3 次。

3. 黑斑病［*Actinonema rosae*（Lib.）Fr］ 该病在 5 月份开始发生，危害叶片及花蕾基部。

防治方法：秋后清除并销毁落叶、残枝及杂草，减少病原菌；越冬前翻地，喷石硫合剂于地表和植株上，春萌动前再喷一次；三月下旬起喷 1∶1∶100 波尔多液保护，每周一次，连喷 3 次，发病季节采用相同方法处理。非采花期喷甲基托布津 800~1000 倍液，每周一次，连续 3 次。

4. 金龟甲 该虫危害严重，是重点防治对象。4 月底到 6 月上旬为其活动盛期，危害嫩叶、花蕾和花瓣等。在成虫活动时，利用其假死习性震落捕杀；为防止农药污染鲜花，可采用土壤处理和烟雾剂毒杀，也可用植物枝条浸药诱杀。

5. 蓑蛾 多发生于 7 月份，蚕食叶片和未开放的花瓣。可于花期人工捕捉；花期可用 90% 敌百虫 1000 倍液，连续喷洒两次。

6. 介壳虫 如玫瑰白轮蚧（*Aulacaspis rosae* Boucke）等。该虫吮吸植物汁液致使叶片黄萎，提前脱落，甚至全株枯死。

防治方法：可用加水 150 倍乐果或加水 150 倍 20 号石油乳剂喷洒，在卵孵化初期用对硫磷 800~1000 倍液喷杀，或用 80% 敌敌畏 2000 倍液喷杀。注意检查，在虫口密度小时用竹片刮除。

7. 红蜘蛛（*Tetranychus urticae* Koch） 主要在花后危害。高温干旱天气发生危害严重。

防治方法：清除杂草，消灭越冬虫卵；利用瓢虫和草蛉虫捕食。用烟草 1 份加 30 倍水浸渍一昼夜，另用石灰 1 份加水 30 倍溶解后去渣，将二者混合后立即喷洒；用鱼藤精 800~1000 倍液喷杀。未展叶前也可喷洒 3°Be 石硫合剂，株丛、地面要喷遍；花后采用二氯杀螨醇 600~800 倍或 50% 三硫磷等药防治。

8. 蔷薇颈蜂 防治方法参看苦水玫瑰。

（李嘉珏、姬俊华）

苦水玫瑰

学名：*Rosa sertata* × *Rosa rugosa* Yu et Ku

科属名：蔷薇科 Rosaceae，蔷薇属 *Rosa* L.

一、经济价值及栽培意义

据俞德浚教授鉴定，苦水玫瑰是钝叶蔷薇和中国玫瑰的杂交种，主要分布于甘肃省永登县苦水镇一带庄浪河两岸，因而得名，是独树一帜的地方品种。其适应性强，产花量高。玫瑰花及提炼的玫瑰油、玫瑰浸膏、晒干的花蕾广泛应用于新型化工、医药、食品、保健医疗、化妆品等产业。甘肃永登及相邻地区苦水玫瑰种植面积发展很快，2001 年达 827.4 hm^2，对当地农村经济发展有着重要意义。但需注意品种提纯复壮，防止品种退化和品种单一的问题。

二、形态特征

落叶灌木，高 1.5 ~ 2.0m。其枝条细弱，拱形下垂，具白粉；2 年生以上枝条红褐色，嫩枝灰绿色，披白绒毛。皮刺较疏，尖端下弯。奇数羽状复叶，平展；小叶 5 ~ 9，多 7 枚，叶轴无刺，小叶叶背有稀疏白毛，叶缘密锯齿。一次开花，着花较密，花红紫色，花径约 5.6cm，有玫瑰香味。萼径 5 枚，短于花瓣，宿存。萼片及花托上密披浅红色针状小刺。花为半重瓣，花瓣多者可达 19 枚。雄蕊花丝白色，有瓣化现象。雌蕊聚合体较集中，黄色。花开放时雌雄蕊外露，偶见结实。花期 4 ~ 6 月。见有'小叶'玫瑰品种，形态特征同苦水玫瑰，仅花色稍淡。

三、生态习性

苦水玫瑰喜光，不耐荫，抗寒，耐旱，较耐瘠薄土壤，但仍喜疏松肥沃的壤土或沙壤土，中性至微碱性均可。其萌蘖发枝力强，分枝多，开花密，花朵较小，但产花量高，被称为"多枝小花玫瑰"。根系发达，以侧根居多，主要分布在 50 cm 土层内。幼苗定植后第 2 年便分蘖，形成具有 10 个茎干的株丛，并开始见花；第 3、4 年茎枝陆续增多，树冠迅速扩大，第 5 年每丛主茎多达 20 个左右，植株可高达 2.4m，水平冠幅纵横各 2.0m 以上，各级侧枝多达 400 个，形成强大的的开花基础。进入盛花期，一般每株丛开花约 2500 朵，采花 2.25kg。在相同栽培条件下，苦水玫瑰较中国玫瑰产花量高 1 倍以上。苦水玫瑰亩产鲜花一般在 500kg 以上，试验地可成倍增长（韦国忠，2002）。

四、培育技术

苦水玫瑰主要采用分株繁殖，也可采用扦插、压条、埋条等方法繁殖。

苦水玫瑰要注意栽培地选择，栽植后要加强管理，集约经营。只要措施得当，即易于丰产。但如果管理不善，也易发生大小年现象。其栽培技术要点如下：

1. 栽植

（1）栽培地的选择和整地　在甘肃永登一带苦水玫瑰应在海拔 1800～1900m 以下河谷川地和背风向阳的山谷地或坡脚地，地势平坦，土壤肥沃，有灌溉条件。建园前应做好种植设计。在建园前一年夏季全面深翻整地 1 次，秋季浅翻 1 次，深度 30cm 以上。如零星栽植，要开挖深、宽各 80cm 栽植穴，促进土壤熟化。

（2）苗木选择　苦水玫瑰各种营养繁殖苗木的出圃标准为主枝基径 0.5cm 以上，有长 15cm 以上的主侧根 3～4 条和 2～3 个长 12～15cm 的分枝。经长途运输的外购苗木要及时用石硫合剂或波尔多液等药物消毒，浸根 15min，后用清水冲洗并在水中浸泡 2～3h，取出假植备用。

（3）定植　光热条件较好、海拔较低的地区可以秋植。冬季寒冷，风大而多的地方，秋栽易发生冻害和冻旱抽条，故以春栽为好。栽植密度要适当。一般中等肥力的园地，株行距 1.4m×2.5m 或 1.2m×2.8m 的长方形栽植，170～200 株/亩比较合适。秋季栽植前在深翻好的园地里挖较大的植树穴，将 25kg 有机肥料加磷肥 1kg 与熟土拌匀后填入穴内，然后植苗。如在春季定植最好于头年秋季挖穴施肥，回填熟土，灌足冬水，翌春在树穴中心挖小穴定植。定植后 1～2 年内可在行间种植豆类等矮杆作物，以增加收入并促进生长。

2. 抚育管理

（1）适时灌溉　苦水玫瑰要求较好的水分条件。干旱地区一般全年浇水 5 次：发芽展叶前灌春水，此时气温还低，灌水量要适中；第二次在开花前，正值第一次生长高峰和始花前期，水要灌饱灌透；6 月末开花后 灌第三次水，以补充植株因花期损耗的水分并有利于花芽分化，水量要足；第四次进入雨季，视降雨情况，灌水量要适中；最后 1 次冬水要灌足灌透。水源缺乏处也应保证浇 3 次水，即花前水、花后水和冬水，注意树盘地膜覆盖或覆草保持土壤水分。

（2）合理施肥　第一年秋末结合圃地深翻，施入菜籽饼 50kg/亩，磷肥 50kg/亩。第二年开花前后结合灌水全面撒施追肥 2 次，花前施尿素 10kg/亩，花后施硫酸铵 10kg/亩，以使植株迅速扩大树体；秋末结合深翻扩穴，每株施农家肥 15kg，菜籽饼 0.5kg，为翌年萌芽抽梢储备营养。第三年花前结合浇水施催花肥 2 次，第一次树冠外沿环沟状株施 0.5kg 氮、磷复合肥，均匀撒入沟中覆土；第二次用 2～3g/L 的磷酸二氢钾和硼酸、硫酸锰等微量元素溶液叶面喷肥；秋末结合深翻扩穴每株施农家肥 15kg，加菜籽饼 0.5kg。从第四年起进入盛花期，施肥量适当增加。土壤为红胶土的玫瑰园除注意改良土壤外，应在 5～7 月叶面喷 2g/L 的硫酸锰，以补充锰元素。

（3）整形修剪与更新　苦水玫瑰能较快形成树冠，但下部侧枝和灌丛中心部位枝条常因光照不足而死亡，树冠开花部位外移，降低了鲜花产量。可通过整形修剪加以调节，使形成立体生产。定植 2～3 年内，植株处旺盛生长时期。这一阶段对主茎基部较多的萌条和徒长枝一律剪除，一般每丛干茎保持 15～20 个左右；同时在主茎上部外向饱满芽处短截，使萌发侧枝。4～5 年后树体相对稳定，主要剪去干枯枝、重叠枝、病虫枝、外围下部垂地枝，修剪后每个干茎上一级侧枝保留 5～7 个，二级侧枝总共 300 个左右，并均匀分布。对株丛上生长的旺枝长放成花，削弱生长势，弱枝在饱满芽处短截，促发强壮枝条，复壮树势。

盛花后期，树体逐渐衰弱，产花量减少，可予以更新。主要采用一次更新法，即在霜降前后在离地面 4～6cm 处将枝条全部剪去，再用细湿土培成馒头形。第 2 年春，根颈处长出许多新枝，待新梢停止生长，剪去过密枝条，加强肥水管理。第 3 年春即可恢复鲜花生产。此外，也可采用逐年更新法，长枝、开花两不误。

（4）土壤管理　每次浇水后应及时松土除草，全年 5～6 次。中耕松土一般深 5～10cm，秋末株、行间深翻 25～30cm。

五、病虫害防治

苦水玫瑰常见病害有白粉病、月季黑斑病等。

防治方法：白粉病可在发芽前喷 3～5°Be 石硫合剂或 70% 甲基托布律 1000 倍液，及时清除病叶、落叶并烧毁，注意保持园地通风透光。月季黑斑病发病期间喷 1000 倍 50% 多菌灵可湿性粉剂或 200 倍等量式波尔多液。

常见虫害有蚜虫、红蜘蛛、白粉虱等。

防治方法：7 月上中旬用 40% 乐果乳剂 1500～2000 倍喷雾，防治效果很好。此外还有蔷薇茎蜂（*Neosyrista similis* Moseary），亦称月季茎蜂。该虫一年发生一代，以幼虫在被害枝干内越冬。

防治方法：生长期发现枝梢枯萎时，可在产卵痕下 2cm 处剪除烧毁，以除去其中虫卵；幼虫活动期可向蛀孔内注射敌敌畏 50 倍液 2ml 以上。此外，在成虫羽化期，喷 40% 乐果 1500 倍液。

（李仰东）

榆叶梅

别名：小桃红、单瓣榆叶梅等

学名：*Prunus triloba* Lindl.

科属名：蔷薇科 Rosaceae，李（梅）属 *Prunus* L.

一、经济价值及栽培意义

榆叶梅枝叶茂盛，花团锦簇，花朵艳丽，早春盛开，宜栽于公园草地、路边、庭园和街道两侧，组成花丛、花带，或与其它花灌木搭配成为百花园材料，或与乔木搭配组成行道树种，也可孤植观赏或作边界花木和花篱植物，是北方主要的 早春观花灌木。此外，榆叶梅还可盆栽或用作切花材料。

二、形态特征

落叶灌木，高达 3~5m。小枝红紫色或褐色。有顶芽。单叶互生，叶宽椭圆形至倒卵形，长 3~5cm。花 1~2 朵，粉红色，径 2~3cm；萼筒钟状，萼片卵形，先花后叶或花叶同时开放。核果球形，径 1~1.5cm，红色。花期 4 月。果 6~7 月成熟。榆叶梅实生苗多为单瓣，浅粉色，其具有观赏价值的变种，变形有：

榆叶梅

1. 重瓣榆叶梅（var. *plena* Dipp.）花大，径达 3cm 或更大，深粉红色，花瓣很多，萼裂片常在 10 枚以上，花梗比萼筒长，花期较迟。

2. 鸾枝榆叶梅（var. *atropupurea* Hort.），小枝紫红色，花单瓣或重瓣，紫红色。

3. 蓝枝榆叶梅［var. *petzoldii*（K. Koch）Bail.］花瓣 10 枚或更多，深粉红色。

三、分布区域

全国各地公园、庭园常见栽培，主产我国东北及华北地区，分布于河北、河南、陕西、内蒙古、山东等地。西北各省（自治区）均可栽植。江苏、浙江、江西也有少量分布。垂直分布海拔 400~1000m。

四、生态习性

喜光，不耐荫，耐寒（-35℃），根系发达，耐适度干旱，不耐涝，适生于深厚肥沃的中性至微碱性土壤。萌芽力强，枝叶茂密，耐修剪。

五、培育技术

(一) 育苗技术

1. 播种育苗

(1) 采种　榆叶梅栽培品种较多,有些品种结实率较高,选择生长健壮,无病虫害植株做采种母树,当果实成熟(果实由绿色变为红色)时采收,果实去除果肉和其他杂质后获得纯净种子。

(2) 播种育苗　春季播种的种子需经沙藏层积催芽。播前 2 个月,先用 80℃的温水浸种,自然冷凉后换水,再浸 2~3 天,每天换水 1 次,然后混湿沙层积催芽。待种子有部分开裂或微露胚根时便可播种。一般采用高垄点播方法,垄距 70cm,种子间距 8~10cm,覆土厚度 2cm 左右,当年苗高可达 1m 左右。落叶后起苗假植越冬,翌年春季移栽。

2. 嫁接育苗　砧木为山桃、山杏和毛樱桃等蔷薇科樱桃属耐寒树种的实生苗,芽接、枝接均可。芽接在秋季用当年生芽进行;枝接在春季进行,嫁接后及时剪除砧木基部的萌条。若选用山桃大苗作砧木,在离地面 2m 左右处高干芽接,可培养成乔木状单干观赏树。

3. 扦插育苗　6~8 月份剪取树龄 2~4 年生当年嫩枝(半木质化)作插穗,插穗长 15cm 左右,将剪好的插穗基部用 500mg/kg 的萘乙酸溶液浸 0.5h,或用 500mg/kg 的吲哚丁酸溶液蘸 10s,插于露地遮荫覆膜苗床上,20~30 天即可生根,成活率 80%以上。

(二) 栽培技术

春秋均可栽植,栽植前结合整地作垄施足基肥,栽后及时浇水。垄宽 60~70cm,株距 50cm,植后 1~2 年开花,可出圃定植。定植前每穴施足基肥,定植后及时浇水,成活后每年春季开花前浇 2~3 次水,雨季注意排水,越冬前灌 1 次防冻水。翌春挖坑施追肥(腐熟堆肥)每株 10~15kg。

榆叶梅生长旺盛,枝条密集,易生蚜虫等害虫,要进行疏剪,即生长后将残留的花枝留 3~5 芽剪去,并疏除病弱枝,促进新枝生长到 100cm 时,每枝留 2~3 个芽,余者剪去。

六、病虫害防治

榆叶梅由于枝叶繁茂密集,夏季常有蚜虫危害树木,防治可用 40%乐果乳剂 1000 倍液或 70%灭蚜松喷杀。

(刘翠兰、罗红彬)

桃　花

别名：花桃

学名：*Prunus persica*（L.）Batsch

科属名：蔷薇科 Rosaceae，李属 *Prunus* L.

一、经济价值与栽培意义

桃花，即以观赏为主的桃树。我国最早的民歌集《诗经·周南》篇，就有"桃之夭夭，灼灼其华"句，描写桃树开花的盛况。园林中最早应用的是果桃，在长期栽培过程中逐渐分化出以观花为主的观赏桃类。桃花芳菲烂漫，妩媚动人，可植于石旁、路旁、园隅、草坪边缘，也可成丛成片植于山坡、溪畔，形成桃园、桃溪、桃峰、桃花源等美景。桃花与柳树间植水边，可形成桃红柳绿的春日佳景。

桃树木材坚实致密，也是良好的工艺用材。

二、形态特征

落叶小乔木，高达8m。小枝红褐色或褐绿色，无毛；芽密被灰色绒毛，并生，中间多为叶芽，两侧为花芽。叶椭圆状披针形，长7~15cm，先端渐尖，基部阔楔形，缘有细锯齿，两面无毛或背面脉腋有毛；叶柄长1~1.5cm，有腺体。花单生，粉红色，近无柄，萼外被毛；栽培品种花有各色，半重瓣至重瓣。核果近球形或长卵形，表面密被绒毛。花期3~4月，先叶开放；果6~9月成熟。

三、分布区域

桃原产中国，在陕西、甘肃、西藏东部、云南西部、河南南部都发现有野生桃树。栽培品种分布全国各地。

四、栽培类型及品种

常见桃花纯属桃（*Prunus persica*）血统的有以下4大类型：①直枝桃类：为小乔木，枝直立或斜出，节间较长。单瓣品种有'单白'、'单粉'；复瓣（花瓣10~40枚）品种有属梅花型的'白碧桃'（'Alba Plena'）、'绛桃'（'Camelliaeflora'花绛红色，瓣基白色）、'紫叶'桃（'Atropurpurea'叶紫色，花暗红色），属月季型的'人面'桃（'Dianthiflora'花粉色和深粉色跳枝）、'红碧桃'（'Rubro-plena'，花鲜红色）、'二色桃'（外瓣粉红色，向中心变红）、'晚白桃'；重瓣（花瓣40枚以上）品种有属牡丹型的'绯桃'（'Magnifica'，花红色，瓣基白色）、'碧桃'（'Duplex，花粉红色'）、'五宝桃'（花红色、粉色或粉色花上洒红条纹）、'洒白桃'（粉红色上洒白色纹）、'洒红桃'（白花或白花上洒粉色条纹）、'绿花桃'（花深绿色），属菊花型的'菊花桃'（花型似菊花，粉红色或粉与深粉相间）。②寿星桃类：枝条节间短，株丛紧密，呈矮灌木状。属单瓣的有'单瓣寿白'、'单瓣寿粉'，属复瓣的有'寿白'、'寿粉'、'寿红'、'狭叶寿红'及'塔形桃'（'Pyramidalis'，树冠窄塔形）。③垂枝桃类：树体小乔木状，树冠伞形，枝拱形下垂。有'单瓣垂枝'及属复瓣的'朱粉垂枝'、'红白垂枝'、'鸳鸯垂枝'（一枝上开白、粉二色花）、'五宝垂枝'等。此外，还有桃与山桃（*Prunus davidiana*）间的天然杂种，品种有'白花山碧'桃。1976 年，北京农林科学院一直努力培育花果两用型品种，目前已获得 6 个优良品系（王虞英等，2005）。

五、生态习性

喜光，较耐旱，但不耐水湿，水渍 3~5 日，轻则落叶，重则死亡。喜肥沃而排水良好的土壤。碱性土及粘重土均不甚适宜，黏重土壤上易发生流胶病。喜夏季高温，有一定的耐寒力，但北方地区仍以背风向阳处较为适宜。开花时节怕晚霜，忌大风。根系发达，但分布较浅。寿命较短，一般为 30~50 年。

六、培育技术

（一）繁殖技术

桃花主要用嫁接繁殖，一般用山桃（*Prunus davidiana*）作砧木。也可用杏作砧木，其寿命长而病虫少，惟嫁接操作费力，初期生长稍慢。而用榆叶梅或麦李（*P. glandulosa*）、郁李（*P. japonica*）等为砧，则可使植株矮化。切接或芽接。切接在春季芽萌动前进行，芽接在 8 月下旬至 9 月上旬进行。

（二）栽培技术

1. 露地栽培　移栽、定植宜在春季进行。种植穴内要施足基肥，栽植不宜过深。幼龄苗可裸根蘸泥浆水移栽，大苗、大树、名贵品种必须带土球移植。可密可稀，视品种习性及配景要求而定。成活后注意整形修剪。一般整成自然开心形、自然杯状形或自然圆头形。每 2~3 年回缩一次，以控制树高。

2. 盆栽　盆栽用苗要求根系发达，应于前一年 7 月对地栽小苗进行断根处理，促发较多须根。盆栽植株除一般管理外，要着力于整形，可整成各种桩景造型。6~7 月随着新枝生长，可将枝条扎缚弯曲成栽培者所需形状。对于未整形的一年生以上枝条可在 3 月用刀刻至木质部而弯成各种姿态，然后用绳子绑牢，待定型后再解除。为使新枝短而着花密，可在芽的下部每隔 6~7cm 用刀刻伤或剥去部分皮层，使枝条积蓄养分，促进花芽分化。

3. 促成栽培　桃花是春节催花的好材料。可于每年 12 月将盆栽桃花移入温室，温度 5~10℃。两周后升温至 20~30℃，保持良好光照，适度浇水、喷水。从增温到开花约需 30~45d。如需延迟开花，可将休眠植株移入冷室，室温略高于 0℃，待用花前分批移出，即可供节日用花。

七、病虫害防治

桃花常见病害有细菌性穿孔病（*Bacterium pruni*）、真菌性穿孔病（*Taphrina deformans*）、桃炭疽病（*Gloeosporium laeticolor*）和桃流胶病（*Gummosis* sp.）等；虫害有桃蚜（*Myzus persicae*）、桃粉大尾蚜（*Hyaloptera amygdali*）、朝鲜球坚蚧（*Didesmococcus koreanus*）、桃红颈天牛（*Aromia bungii*）、山楂叶螨（*Tetranyclus viennensis*）等。各地发生及危害程度不一，应分别情况进行综合防治。

（李仰东、姬俊华）

花 楸

别名：百华花楸、绒果树、绒花树、山棉子
学名：*Sorbus pohuashanensis*（Hance）Hedl.
科属名：蔷薇科 Rosaceae，花楸属 *Sorbus* L.

一、经济价值及栽培意义

花楸树形丰满，树姿优美，春夏之交，满树银花，枝叶翠绿，美丽可爱，入秋红果累累，挂满枝头，光彩夺目，久时存留，美不胜收。所以世界上许多城市都把花楸作为道路，街心，庭园，花坛广场主要树种栽植。

花楸木材心材棕褐色，边材黄紫色，纹理直，质坚硬，具光泽，色泽美丽，可作小型工艺材及高级家俱材。果食含糖分，柠檬酸，$V_甲$ 8mg/100g，$V_丙$ 40~150mg/100g，可食，尤其在初霜后，富含胡罗卜素，营养价值很高，果亦可酿酒、制果酱、果汁、又可药用，有止咳化痰、补脾生津、健肺保胃等功效。抚烟尘，耐污染，改善和美化环境作用显著。

二、形态分布

落叶乔木，高 8~10m。小枝粗，幼枝被绒毛，后渐脱落。花圆锥形，密被灰白色绒毛，长约 10~20 mm；奇数羽状复叶，连叶柄长 10~20 cm，小叶 5~7 对，卵状披针形或椭圆状披针形，长 3~5 cm，宽 1.4~1.8 cm，侧脉 9~16 对。伞房花序，顶生，径达 12 cm，总梗及花梗密被白色绒毛，花瓣白色，雄蕊 20，花柱 3。梨果近球形，径 6~8mm，红色或桔红色，萼片宿存，花期 5~6 月，果期 9~10 月。

分布黑龙江、吉林、辽宁、内蒙古大青山和乌拉山；河北、山西、山东，生长于海拔 600~2500m 山沟、沟壑杂木林内。

西北分布较多的有：

1. 石灰花楸[Sorbus *folgneri*（Schneid.）Rehd.] 叶卵形或椭圆卵形。果椭圆形。花期 4~5 月，果期 7~8 月。

分布于陕西秦岭南北坡，甘肃小陇山、文县、徽县，宁夏六盘山，青海海拔 800~2000m 山坡、山谷、阔叶林内或灌丛中。

2. 陕甘花楸（S. *koehneane* Schneid.） 小叶片 7~12 对，叶长圆状披针形，果红色。

分布于陕西秦巴山地、关山林区海拔 1700~2800m；甘肃舟曲，卓尼海拔 2000~3500m、兴隆山、祁连山 2500m 以下，宁夏六盘山 2000m 以下；青海互助，循化，尖扎 2400~3000m 的林下及林缘灌丛。

3. 水榆花楸 [S. *alnifalia*（Sieb. et Zucc.）K. Koch] 叶卵形或椭圆状卵形。果红色或黄色，萼片脱落，花期 5 月，果期 8~9 月。

分布于陕西秦岭南北坡、关山海拔 1200~2000m 的山坡及杂木林中；甘肃小陇山、成县、文县、康县海拔 600~2300m。

4. 太白花楸（*S. tapashana* Schneid.） 落叶灌木或小乔木，小叶片 4～8 对，总花梗、叶轴和小叶片中脉上被白柔毛。果红色，花期 6 月，果期 9 月。

分布于陕西秦岭太白山放羊寺至大爷海西梁海拔 2200～3400m 林中；甘肃文县、临夏、天水海拔 1900～3500m；青海循化、同仁海拔 2200～2900m 的林下或林缘灌丛中。

三、生态习性

花楸耐寒力强，能忍耐极端最低气温 −50℃，据国外报道，甚至能耐 −70～−60℃ 的极端最低气温。喜生于湿冷环境，并能耐干燥瘠薄土壤，中等喜光和耐荫树种，在全光下生长良好。是阴暗的"泰加型"云冷杉典型伴生代表种。多混生于椴、槭、桦及杂木林内。

四、培育技术

（一）育苗技术

花楸种子可于 9～10 月采收，放置室内或装框，使果肉腐熟变软后进行调制，捣碎果实，用水漂出果皮和果肉，晾干，去杂质即得纯种。果实出种率为 1%。种子千粒重 3.51g。

种子催芽处理，冬前将种子用 30～40℃ 温水浸种 24h，捞出搓洗去掉种皮的黏稠物，用 0.5% 高锰酸钾溶液消毒 2h，然后按种沙 1：3 混合后置于 0～5℃ 条件下露天堆藏，保持湿润。70 天后陆续发芽。3 月中下旬至 4 月中旬播种。秋播可于 9 月随采随播，减少贮藏。

采用床面条播，覆土 1cm 左右，播种量 9～24kg/hm²。15 天后陆续出苗，每天浇水 2 次，以防幼苗受旱。6 月末开始，每 10 天施追肥 1 次，以尿素为主，7 月底或 8 月初停止追肥，花楸树在苗期不易感染病虫害，但苗木过密易得白粉病。应加强中耕除草，及时间苗，适宜留苗密度为 80～100 株/m²。从 5 月末开始，每隔 10 天喷施 1 次波尔多液，防治效果好。进入 7～8 月幼苗叶部易受蚜虫危害，可用 1‰ 乐果喷洒。

当年苗高 10～20cm，2 年生苗可出圃栽植，园林绿化应培育大苗。

（二）栽培技术

花楸春季白花朵朵，芳香四溢，夏季树叶翠绿，秋季果穗累累果实金黄，挂满枝头，冬季宿存果鲜红艳丽，在瑞雪中，耀眼闪亮，美丽景色，引人入胜。因此，多被用作城市街道、庭园、花坛广场的绿化树种和珍贵观果树种。

以植苗为主，多在春季孤植或行植，点缀景致。株行距 3m×4m。整地规格视苗木大小而定，苗高 2m 以下的苗木坑穴 40cm 见方。

（罗伟祥、杨江峰）

红叶李

别名：紫叶李

学名：*Prunus cerasifera* Ehrh. var. *atropurpurea* Jacq.

科属名：蔷薇科 Rosaceae，李属 *Prunus* L.

一、经济价值及栽培意义

红叶李树形美观，叶色紫红，尤以春、秋季叶色更艳，花期长，花色粉红，凡栽植有红叶李的地方，春天花团锦簇，呈现出一片生意央然的景象，很有观赏价值，是城镇园林绿化观叶、观果的优良品种，深受人们喜爱。

二、形态特征

红叶李为欧亚李的变种，小乔木，高 1.5～10.0m。形态近似李。小枝光滑无毛，芽单生叶腋，幼叶在芽中席卷。叶卵圆形或椭圆形，长 2～7cm，宽 1～4cm，先端渐尖，基部宽楔形至圆形，边缘有锯齿（单锯或重锯），中脉羽状，侧脉 5～7 对，表面无毛，背面沿中脉有短毛，紫红色；花多单生，稀 2 朵簇生，粉红色，花瓣卵形或匙形，雄蕊略短于花瓣。果长椭圆形或扁球形，暗色，有光泽。

三、分布与习性

红叶李在东北南部、华北、华东、西南等地区均有分布与栽培。西北地区的陕西、甘肃、宁夏，青海、新疆五省（区）大中城市亦多栽培供观赏。

红叶李耐寒、抗旱，适应性强，在陕西全区宁夏南部生长很好，也能在乌鲁木齐、西宁等地安全越冬，在栽培区西端气候条件是：年平均气温 5.5～6.5℃，7 月平均气温 24～36℃，1 月最低气温 -21～-17℃，年降水量 115～450mm。

对土壤要求不严，能在嵝土、黑垆土、褐土、灰钙土、棕钙土、沙土上生长。但不耐积水，低洼潮湿地生长不良。

树冠多直立性长枝，生长旺盛，萌枝力较强。3 月中、下旬花期，3 月下旬展叶，11 月上、中旬全部落叶（陕西杨凌地区）。

四、培育技术

（一）育苗技术

红叶李不易采到种子，很少采用播种育苗。扦插育苗是常用的方法，应注意以下各个环节：

1. 细致作床 选择背风向阳、地势平坦、土层深厚的沙壤土或壤土地段作苗圃。苗床可作成平床或低床，西北地区较干旱以低床为宜。床面低于地面 10～15cm。东西方向作床，床面宽 1.0～1.5m，长度视育苗多少而定。在床面施腐熟有机肥 1～2kg/m²，深度为 25～

30cm，整细耙平。然后进行土壤消毒，即用 50% 多菌灵可湿性粉剂 0.125% 溶液喷洒床面。

2. 插穗选取　选择生长健壮，无病虫害的 4~5 年母树或成年树剪取木质化好，芽眼饱满，粗 4~10mm 的 1~2 年生优质萌条或枝条。剪成长 10~16cm 的插穗，上部离芽 1cm 处平剪，下部剪成斜面，每 50~100 根一捆。用 ABT1 号生根粉 50×10^{-6} 溶液处理 10~12h 或用奈乙酸 50×10^{-6} 溶液处理 2h，取出晾干即可扦插。

3. 扦插季节　过去一般是冬采春插或春季随采随插，成活率不高。试验与实践表明，以 9 月间（秋分前后）采条较为适宜。这一时期降雨多，温度稍低，蒸腾小，扦插容易保持体内水分平衡，同时还可愈合生根。在陕西关中扦插的适宜温度为 15~22℃，也有待红叶李正常落叶达到 50% 以上时，直到土壤封冻时采条扦插。在整好的苗床上，按株行距 15cm×25cm 或 5cm×8cm 扦插，深度为插穗长的 3/4，上露 1~2 个芽，踏实土壤。

4. 苗期管理　扦插后立即浇水 1 次，同时在苗床上架设塑料小拱棚，棚高 50~80cm，当中午棚内温度达到 30℃ 时，揭棚通风，下午 4 时后放下薄膜。当冬季 11 月以后温度下降到 -1~-2℃ 时，加盖草帘，以提高温度，防止冻害。翌年 3 月间，红叶李随着温度的升高而发芽、发根，苗期要及进松土锄草，施肥灌水。掌握好棚内温度不要超过 30℃，注意通风透气。4 月中、下旬开始每天揭膜炼苗，炼苗 7~10 天左右，5 月份即可全部揭膜。每隔 50~60 天施氮肥 1 次，并浇透水；每 15 天左右用 0.3% 尿素、磷酸二氢钾溶液喷洒叶面。如此管理，成活率可达 85% 以上，当年苗高可达 0.5~1.0m。

园林绿化需用大苗，可换床移植，株行距 40cm×50cm，培育 2 年，苗高可达 2~3m。定干高度以 1.5m 左右为宜，在其上让萌生从生枝条。

也可用嫁接和压条法繁殖苗木。

（二）栽植技术

一般可在庭院、广场、草坪、街道和道路两旁及建筑物附近栽植。视苗木规格确定植穴大小，2m 以上大苗，挖穴 80cm×60cm×40cm，苗木要带土移栽，保持苗木根系完整湿润。栽后立即浇 1 次透水。以后要适时松土除草。待栽植 2~3 年后，为保持树冠紧凑匀称，可修去内膛枝和上部竞争枝以及病虫枝。

（杨江峰）

棣棠花

别名：黄度梅

学名：*Kerria japonica*（L.）DC.

科属名：蔷薇科 Rosaceae，棣棠花属 *Kerria* DC.

一、经济价值及栽培意义

棣棠花花色金黄，鲜艳夺目，枝干翠绿，秀丽可爱。花期初夏，重瓣棣棠更陆续有花直至入秋，开花时，翠绿的叶丛，金黄的繁花，光彩夺目，是栽植花篱和建筑物基础的优良花木，或丛植于水池岸边，假山石旁，草地一隅，或庭院四旁，中庭筑台栽植，夏赏金花，冬观翠枝，怡然自得，美不胜收。为园林观赏理想花木。在园林中，和深红的贴梗海棠、桃红的郁李、白色的山梅花、以及绣绒菊、麻叶绣球之类种成灌木树坛，颇具特色。宋代诗人范大成《道旁棣棠花》诗云："乍晴芳草竞怀新，谁种幽花隔路尘？绿地缕金罗结带，为谁开放可怜春"。写出了此花楚楚动人的神态。枝条中的髓心捅出后泡茶饮，有催乳、利尿的功能；全株入药有止咳、止痛、消肿、助消化等功效。因此，国外广泛引种并培育出不少不同花、叶的栽培品种。

二、形态特征

落叶灌木，枝直立丛生，小枝条绿色常有棱：单叶互生，卵形至椭圆状卵形，表面有皱折；花单生小枝顶端，花瓣黄色，5 片；瘦果黑色，有宿存萼片，花期 5~6 月，果熟期 7~8 月。

变种重瓣棣棠（*Kerria japonica* var. *pleniflona* Witte） 花重瓣，花金黄色，更为美观，花期更长，可延至 9 月。

三、分布区域

原产我国秦岭以南，分布于河南、江苏、浙江、江西、湖北、湖南、四川、云南等省。

西北地区，陕西分布于秦岭南坡辛家山、南郑黎坪海拔 1500~1760m 左右山地、北坡厚珍子、万泉沟 900~2000m 山坡、林下及林缘，关山林区生于山坡灌丛中或杂木林内；甘肃分布于甘南、迭部、小陇山海拔 2500m 以下林下或林缘。北京、西安、杨凌、青海西宁有栽培。

四、生态习性

多生于海拔 1000m 左右的中山带河谷的乱石坡岸、平缓荒坡灌丛中或林缘，能自成群落，喜温暖、湿润和肥沃条件，变种重瓣棣棠尤喜肥沃、湿润环境。

五、培育技术

　　棣棠主要采用扦插繁殖。秋末或春初采集粗 0.5~0.8cm 的茎条，剪成长 15~20cm 的插穗，在经过细致整地作床的圃地上扦插，株行距 10cm×20cm 或 15cm×30cm，上露 1~2cm，踏实土壤，插后浇 1 次透水，以后保持土壤湿润，土壤干燥时，立即浇水，同时施肥，硫酸铵或尿素 10~15kg/亩，结合施肥进行松土除草。经过细致管理，当年苗高可达 30~50cm，亦可用播种和分株繁殖。重瓣棣棠不结实，只能用无性繁殖。

　　棣棠花宜选向阳避风处，春秋均可栽植，以春植为主。植后第二年春应修剪 1 次，剪除过密弱枝、枯干枝，促进更新，秋季可施 1 次有机肥。寒冷地区盆栽 3 年应换 1 次盆，结合修根、分株，促进老弱枝干更新复壮。

（罗红彬）

枸 子

别名：红枸子、枸子木、水枸子

学名：*Cotoneaster*（B. Ehrh.）Medik. sp.

科属名：蔷薇科 Rosaceae，枸子属 *Cotoneaster* B. Ehrhart.

一、经济价值及栽培意义

枸子是西北地区优良的保持水土和防风固沙灌木，枝叶茂密，截持降水作用强，其树冠截留降水率为 25%，林地枯枝落叶能吸收降水量 0.65 ~ 2.98t/hm²。枸子林地土壤入渗速度较无林地高 2.85 倍，林地土壤有机质含量较无林地提高 3.88 个百分点。据观测 9 年生和 13 年生的水枸子生物量（干重）分别为 3.54t/hm² 和 10.45t/hm²，其枝干热值为 19311.6 ~ 20084.9kJ/kg，每 100kg 水枸子干枝柴相当于 72 ~ 75kg 原煤。枸子嫩枝叶是营养价值很高的家畜饲料。枸子干形通直，材质坚硬，木材可作镐、斧等农具把柄和背斗、筐角筋架；枝条柔韧是编制抬筐、背斗及牲畜圈棚、栅栏、篱墙、篷盖屋顶的绝好材料。有些种类可作苹果矮化砧木。枸子（水枸子）还是国外称为永远泌蜜的蜜源植物。

枸子树形优美，姿态舒展，花叶艳丽（有白、红、粉红等色），秋季鲜红的果实缀满枝头，经冬不凋，像一把巨大的红伞，点缀绿地十分壮观，是一种优良的观赏植物。

二、形态特征

落叶灌木，树高 2 ~ 3m，芽小，具覆瓦状排列的鳞片。单叶互生，具短柄，全缘。花白色、红色、粉红色；少数或多数伞房花序，有时单生，常顶生短侧枝上；花瓣上升或不展，雄蕊约 20，子房下位或半下位，心皮多少合生，每心皮具 2 颗胚珠。果实小，梨果状，红色、褐红色或紫黑色，先端有缩存萼片，果核 2 ~ 5，小核骨质，通常具 1 粒种子。

西北地区枸子属灌木约有 21 种，通常用于栽培的有 6 种。

（1）水枸子（*Cotoneaster multiflorus* Bunge） 树高 2 ~ 3m，最高达 4m，冠幅 4m；幼枝无毛，红褐色或棕褐色，花白色，小而繁，花期 5 月，果期 9 月，鲜红色。

（2）匍匐枸子（*C. adpressus* Bois）匍匐灌木，茎不规则分枝，平铺地面或岩石上。花粉红色，花期 5 月。果红色，大而圆，果红期 8 ~ 9 月。因其枝叶匍匐，枝条伸展，耐修剪，红果长挂不落，是极好的盆景材料，亦可配置假山等景点。

（3）灰枸子（*C. acutifolius* Turcz.） 树形秀丽，落叶灌木，高达 4m，花期 5 ~ 7 月，花朵粉红色，果期 8 ~ 9 月，果色黑，作为园林观果植物，价值很高。

（4）西北枸子（*C. zabelii* Schneid.） 该树种枝条纤细柔软，花朵下垂，花色粉红，花期 5 ~ 6 月，果深红色，鲜艳夺目，是庭院、绿地中极好的观赏树种。

（5）平枝枸子（*C. horizontalis* Decne.） 落叶匍匐灌木，枝条水平状开展，呈整齐的两行分枝，给人以飘柔之感。花期 6 月粉红色，果期 9 月，红色。该树种花繁果艳，树形独特，不仅是制作盆景的好材料，也是良好的庭院观赏植物。

（6）小叶栒子（*C. microphgllus* Wall.）　常绿矮生灌木，高1m左右，叶片草质，花单生，5~6月开白花，8~9月结红果，是点缀园林假山的优良树种，也是极好的绿篱材料。

三、分布区域

栒子属植物分布于亚州（除日本外）、欧洲、北非温带地区。主产我国西部及西南部，约50余种。

栒子是西北地区分布十分广泛的优良乡土灌木之一。陕西产9种1变种，分布于秦岭、巴山南北坡，关山、黄龙、桥山林区，及陕北（甘泉）一带，海拔1000~2300m；甘肃有21种1变种，分布于小陇山、兴隆山、祁连山、子午岭，海拔1400~3700m；宁夏约有17种，分布于贺兰山、六盘山、罗山海拔1000~2500m；青海约有11种1变种，以孟达、互助、大通、黄南、玉树等林区分布为多，生长于海拔1800~4100m的高寒、干旱地区。西宁植物园20多年前（1983年）开始引种栽培，效果很好，新疆约有5种，分布于阿尔泰山西南坡、天山西部、伊犁谷地、准噶尔西部山区，海拔1400~2800m。

四、生态习性

栒子较喜光，也耐一定庇荫，既可在阳光充足处繁茂生长，又能在林缘、沟谷等荫蔽处正常生长。栒子耐寒、耐旱、耐瘠薄，对土壤要求不严，适生于疏松肥沃的山地褐色土和山地棕色森林土，但在有机质含量少（0.6%~2%）的中性土和钙质土上也能生长。能忍耐-37.0℃的极端低温。在年均气温为6~9℃，最低气温-23.7℃，年降水量400~500mm的兰州南部山区均可生长。在青海西宁年降水量368.2~460mm，年蒸发量为1612mm，平均相对湿度56%，极端最低气温在-30℃左右，pH值为7.5~8.5栗钙土条件下生长良好。

栒子主侧根明显，水栒子9~13年生植株的根系，每公顷根总长度为154.3~228.27km，根量重达4.0~8.2t。其中84.79%分布于0~40cm土层中，15.29%分布于40~60cm土层中。萌芽力强，耐平茬，平茬后可萌发出多于原枝数2~3倍的萌芽条，当年高生长可达0.7m以上，丛幅1.1m×1.4m；不平茬的9年生植株冠幅0.8m，丛高1.1m，地径1.6cm。

栒子通常3月下旬芽膨大，4月上旬发芽，4月下旬展叶，5月上旬现蕾，6月上旬开花，6月中旬结果，9月中下旬果熟，9月下旬落果，10月中旬落叶，11月上旬树液停止流动。

五、培育技术

（一）育苗技术

1. 播种育苗

（1）采种　9~10月采收种子，去除果肉，洗净，用5%高锰酸钾溶液浸泡60min，捞出种子用清水洗净，阴干备用。种子千粒重88g，每千克种子11000粒。

（2）种子处理　种子不经催芽处理，第二年至第三年才能发芽，先将种子用45℃温水浸泡24h，充分搅拌后再用冷水浸泡3~5天，每天换水，捞出混3倍湿沙放于10~25℃室内，经1月拿出室外冷冻1次并就冰茬磨搓，催芽3~4月方可发芽。或将种子放入2~7℃条件下沙藏5~6个月，即可打破休眠。经低温处理的种子，播后30天左右即可发芽，出苗率可达 87% 以上，而干藏的种子出苗率只有 14%。

（3）播种与管理 在西宁地区以 4 月中旬播种为宜，开沟条播，行距 30cm，播后覆土 1.0~1.5cm，稍加镇压，每亩播种量 45kg。

2. 扦插育苗

（1）剪取插穗 6 月下旬至 7 月下旬，选择成熟而有弹性的枝条剪取插穗。

（2）插穗处理 ABT1 号生根粉 100×10^{-6} 的溶液，浸泡插穗茎部 3h，而后扦插，40 天后即可生根，生根率可达 72% 以上，不用生根粉处理的插穗，生根率只有 8%~32%。

（3）扦插时间 当插床底部温度为 23~27 ℃时，扦插最为适宜。应用全光喷雾技术效果更佳。

（二）栽植技术

1. 植苗造林 营造水土保持、水源涵养和防风固沙林，应选择光照土壤水分条件好的阴坡、半阴坡，采用水平阶、鱼鳞坑和反坡梯田整地。在造林时开挖栽植穴，穴径 40cm，深 40cm，株行距 1.0m×1.0~1.5m。春季栽植。

庭园绿化可选择庭院道路两旁，街道彩花带、草坪空地、绿色广场等处孤植、列植、对植和丛植。亦可点缀园林假山。

2. 分根造林 兰州水土保持科学试验站，1989 年在榆中县进行分根造林，取得了良好效果。枸子根分布较浅，毛细须根发达。这一特性特别便于分株繁殖和移栽。在西宁地区以 4、5 月和 10、11 月分根挖掘移栽成活率较高，可达 90% 以上，最佳期为当枸子属植物芽将要萌动时。

3. 合理混植 枸子可与银露梅、矮卫矛、珍珠梅、黄蔷薇、绣线菊、甘肃小檗、陕西花楸以及丁香属、忍冬属、荚蒾属中的一些种混植。因花期相同，可以在园林中形成不同色彩和造型的花丛，以丰富园林景观。

六、抚育管理

枸子栽植后应及时进行松土除草。分根造林成活后，第一年每丛保留 4~8 根萌条；植苗造林后的首次平茬应在栽植后的第三年进行，以后每 2~3 年平茬 1 次。一般 20~30 年后，根株衰老，应早更新。

枸子属植物的虫害主要是糖槭蜡蚧。

防治方法：用 40% 氧化乐果乳油配制成 0.125% 的溶液，或用 5% 高效氯氰菊酯乳油配制成 0.056%~0.067% 的溶液，在 4 月中旬喷洒效果很好。

（罗伟祥、白立强）

黄刺玫

别名：黄玫瑰、马茹子
学名：*Rosa xanthina* Lindl.
科属名：蔷薇科 Rosaceae，蔷薇属 *Rosa* L.

一、经济价值及栽培意义

黄刺玫是优良的珍贵观赏绿化灌木，花大色黄，艳丽可爱，与红玫瑰、白玫瑰、粉玫瑰搭配栽植，五彩缤纷，特别喜人。花可提取芳香油。果实富含 V_C（1000～2800mg/100g）V_E（1010mg/100g），还含 V_K、V_P、类胡萝卜素、黄酮甙类成分、葡萄糖、果糖多种糖类、柠檬酸、苹果酸、奎宁酸等多种有机酸和十多种氨基酸和矿质元素。用野果加工制成的果酱、果汁、果酒，营养丰富，风味独特，是良好的保健食品和饮料。

鲜花含有黄花甙和芳香油（玫瑰油）0.03%，可作食物调味品和药用。种子含油脂，营养价值高；树皮含鞣质，可提制栲胶。

黄刺玫花、果、根、茎皆可入药，果名营实，花名刺莉花，又名白残花。据《食物本草》记载，其性干辛而温、具有理气活血、降郁润脾、散瘀清热、解渴止血的功效，能治疗肝胃气痛、吐血咯血、风痹肿毒等病症。树根能治疗关节痛、小便失禁、白带和月经失调等症。此外，茎皮含纤维素 32.51%，叶含 14.84%，是制纸浆及纤维板原料。黄刺玫也是优良的蜜源植物。茎干和嫩叶还是良好的燃料和饲料。

黄刺玫水土保持作用也很显著，因其枝叶繁茂，人工林郁闭度达 50%，树冠能截留降雨，栽留率为 23.2%～28.9%；枯枝落叶量达 0.056～2.5t/hm²，吸水量达 0.13～11.0 t/hm²，吸水率为 440.9%。能大大延缓地表径流，防止地表冲刷。黄刺玫改良土壤的作用也很明显，0～20cm 土层土壤有机质含量较无林地高 115.02%。

二、形态特征

黄刺玫为落叶灌木，高 1～3m，小枝紫褐色，光滑，刺粗壮。奇数羽状复叶，小叶 7～13 片，宽卵形或近圆形，罕椭圆形，先端钝，基部近圆形，边缘有钝锯齿，表面绿色，背面淡绿，疏被长柔毛，侧生小叶无柄，顶生小叶柄长 2～3mm。花单生，黄色，半重瓣或单瓣直径约 4cm，无苞片，花梗长 1～2mm，无毛；萼裂片披针形，全缘，宿存蔷薇果近球形，直径 1cm 左右，红褐色。花期 6 月，果期 8 月。

重瓣黄刺玫（*Rosa xanthina* Lindl 'Plena'）为一栽培变种，花黄色，单生枝顶，花重瓣不结实，花期 4～5 月。

三、分布区域

我国东北各地、河北、山东、山西、河南有分布和栽培，一般生长在海拔 1100～3000m 之间。

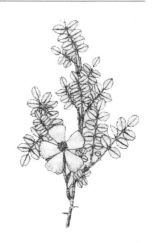

黄刺玫

西北地区分布于陕西秦岭北坡、西安地区、眉县等地海拔400~2100m，关山、黄龙、桥山林区及陕北各地海拔800~1200m干旱的沟坡和林下。甘肃文县及子午岭（中段及南段海拔1200~1756m）、小陇山（海拔2000m以下）、兰州地区有栽培。宁夏贺兰山、六盘山。青海西宁及海东各地也有栽培。新疆分布于天山、昆仑山，阿尔泰山800~2600m。黄刺玫被选为乌鲁木齐市花，已在全疆各城市种植。

四、生态习性

黄刺玫耐寒、耐旱、耐瘠薄，适应性强，喜光稍耐荫，通常生长在向阳的山坡沟谷的灌丛中。在西北地区新疆的北端，塔城巴尔鲁克山，黄刺玫分布区的气候条件为：年平均气温5.0~6.5℃，7月平均气温20~22℃，极端最高气温40℃，1月平均气温 -10℃左右，极端最低气温 -37.0~ -34.5℃，≥10℃积温2800℃左右，年降水量400~600mm，土壤为暗栗钙土和淡栗钙土。黄刺玫甚至能在年降水量300mm的地方生存，在较湿润的黄土沟坡，河滩地上生长茂盛，在干燥的土石山阳坡及红土沟坡上也能生长。

黄刺玫耐平茬，萌芽力强，平茬能从基部萌发大量新枝，自然更新作用明显，老枝被新枝更替后形成一个大根桩（圪垯），构成稠密的丛状形态。根系发达，根系粗壮，大多分布在0~60cm的土层中，其根量为总根量的93.4%，在总根量中，根径大于10mm的占87.9%

黄刺玫生物产量高，根测定，9年生植株平均株高1.6m，地径1.2cm，冠幅2.5m，每丛约8个枝条。单株生物量（干重）约1847.67g。其中地上部分1197g，根系650.67g，地上部分与地下部分生物量之比为1.8:1。

黄刺玫（山西离石）3月下旬芽萌动，4月中旬展叶，5月中旬开花，7月下旬果熟，10月下旬以后落叶。

五、培育技术

（一）育苗技术

1. 播种育苗　9月下旬种子成熟，随即采下，脱粒去杂，晾干袋藏，每公顷可产种子2850kg，就鲜混3倍湿沙，置15~20℃室内1月，后移至室外自然冻结，翌春转暖，常翻动，保持湿润，待部分种子萌芽适时播种。若为干种子，需用70~80℃温水浸泡，搅拌至常温后置12h，然后捞出放置室外冷冻2~3天，反复揉搓，至种子变色，再放入80℃水中刺激，充分搅拌，捞出倒入凉水中泡5~7天，每天换水2次，再捞出混湿沙堆藏。种子千粒重25g，1万粒/kg，播种量2.5kg/100m²。开沟条播，行距30cm，覆土1.0~1.5cm，再覆草保湿。

2. 扦插育苗

（1）硬枝扦插　选用2~3年光滑青色枝条，截成25~30cm长的插穗，扦插时露出地面2~3cm，株行距20cm×30cm，春季土壤刚解冻时扦插为好。

（2）嫩枝扦插　7月份从1~2年苗当年生半木质枝条剪成长8~10cm插穗，保留顶部

2 枚叶片，在全光间歇喷雾条件下，以蛭石作基质最宜。兰州地区 7 月中旬的生根率最高，可达 98%（扦插不经任何处理），插穗以嫩枝条中段效果最好，生根率达 98%，生长调节剂尤以 IBA100mg/L 进行 0.5h 处理为优，愈伤组织形成较早，根系繁茂而易于移栽，成活率可达 93%。

也可进行压条繁殖，方法同玫瑰。

（二）栽植技术

可选择 1800m 以下的阳坡，半阳坡，阴坡，半阴坡或梁峁顶部营造水保持和水源涵养林。黄刺玫花密鲜黄，花色艳丽，沁人心肺，是 6 月的主要观赏花木，宜栽于小环境好的向阳庭院、公园、城市街道、绿色广场、旅游风景区或住宅小区，与乔木间隔栽植，也可丛植或单株点缀。以植苗为主，春季 2～4 月进行。也可直播造林，春、雨、秋三季均可进行。春季、雨季直播，种子需进行沙藏处理或浸种催芽处理，秋季随采随播，出芽整齐，成活率高，一般 9000 穴/hm²，每穴 10～15 粒种子，覆土 2～3cm。埋根造林是在 3 月份挖取黄刺玫的嫩根，截成 10～20cm 长的根段，埋深 5～7cm，随挖随埋，容易成活。

黄刺玫可与西北栒子、北京丁香、秋胡颓子、鼠李、虎榛子、沙棘和绣线菊等混植。

黄刺玫生活力强，管理容易，新植幼树前 2 年可松土除草抚育 2～3 次，3～4 年平茬 1 次，以增加枝条数量。

（罗红彬）

珍珠梅

别名：华北珍珠梅

学名：*Sorbaria kirilowii*（Reg.）Maxim.

科属名：蔷薇科 Rosaceae，珍珠梅属 *Sorbaria*（Ser.）A. Br. ex Aschers.

一、经济价值及栽培意义

珍珠梅树型美观、花色素白，是庭园栽培观赏和城市绿化的优良花灌木。

珍珠梅枝条可入药，治骨折、跌打损伤、风湿性关节炎，但过量有恶心、呕吐症状，轻症服甘草水可解毒。

二、形态特征

落叶灌木，高达 2～3m，枝条开展；小枝圆柱形，稍弯曲，幼时绿色，老时红褐色。冬芽卵形，先端急尖，红褐色。奇数羽状复叶，互生，小叶 13～21，对生，披针形至长圆状披针形，长 4～7cm，宽 1.5～2cm，先端渐尖，基部圆形至宽楔形，边缘有尖锐重锯齿。顶生圆锥花序，长 9～18cm，宽 8～17cm，无毛。花径 5～7mm，白色，雄蕊 20。骨突果短圆形，长约 3mm，有反折宿存萼片，果梗直立。花期 6～7 月，果期 9～10 月。

珍珠梅品种有 9 种，我国有 4 种。

珍珠梅

三、分布区域

珍珠梅原产我国华北、西北、华中等省区。朝鲜、日本、俄罗斯西伯利亚亦有分布。

四、生态习性

性强健、喜光，极耐荫、耐寒。对土壤要求不严，但在深厚、肥沃的沙质土壤中生长更佳，生长快，适应性强。根萌蘖力很强，耐修剪。适生海拔高度 1200～2000m，生长在山坡林下或山谷林缘。

五、培育技术

（一）育苗技术

珍珠梅繁殖以分株、扦插为主，播种也可，由于种子小，播种操作管理要求特别精细，所以较少采用。

（1）分株繁殖　一般在落叶后至发芽前进行，结合苗木移栽，从母株根部掘起根蘖苗，2～3枝束，栽植在挖好的穴中即可，分蘖栽成活率高。

（2）扦插繁殖　早春3月进行硬枝扦插，选1年生的健壮枝条，剪成长15～20cm左右的茎段，速蘸500mg/L，α-萘乙酸，以株行距10cm×20cm，插入沙床内，搭塑料薄膜拱棚，并遮荫喷水保湿，在20～25℃温度下，约20天左右即可生根，第二年春天再行栽植。

扦插后一般不需要特殊管理，只需要1～2周浇1次水，及时松土除草。

（二）栽培技术

1. 移栽定植　在春、秋或雨季进行均可。栽植时施足基肥，以后一般不需追肥。栽后要浇透水2～3次，以后每周浇1次水，直至发芽成活。生长季节注意浇水，保持土壤不积水，不过干，入冬前浇1次越冬水。

2. 整形修剪　珍珠梅萌蘖性强，生长较快，花后花序宿存，锈褐色，对不采种的植株宜及时剪除残留花枝，以减少水分及养分消耗，保持株形。落叶后冬剪应疏除老枝、病弱枝、虫枝等，促使来年花繁叶茂，对多年生老枝可4～5年分栽更新1次。树形多用于自然形，圆锥球形以及几何树形。

为了促进植株生长，可以在秋季施入腐熟的厩肥，或在早春追施一次复合肥，效果更好。

六、病虫害防治

珍珠梅无严重病虫害，夏季发生红蜘蛛为害时，可用25%三氯杀螨醇800～1000倍液喷杀。

（罗红彬、姚立会）

八仙花

别名：绣球花、紫绣球

学名：*Hydrangea macrophylla*（Thunb.）Seringe

科属名：绣球科 Hydrangeaceae，八仙花属 *Hydrangea* Linn.

一、经济价值及栽培意义

八仙花为落叶灌木，因花色多变，形似绣球，惹人喜爱，赏心悦目。自古文人墨客多有赞誉，宋代杨巽斋有诗云："琢玉英标不染尘，光含月影愈清新。青黄宴罢呈余枝，抛向东风车转频。"明朝谢榛也有诗咏："高枝带雨压雕阑，一蒂干花白玉团。怪杀芳心春历乱，卷帘谁向月中看。"都是对八仙花美丽多彩，淡雅宜人的景色出自肺腑的抒怀，可见八仙花可算是园林绿化的珍品，各地普遍栽培，早为国外引种，很受国际园艺界的重视。花干后可炮制入药。

二、形态特征

八仙花属落叶灌木，高 0.8~1.5m，枝干丛生，老干暗褐色，枝皮条片状剥离；小枝及芽粗壮，小枝绿色，光滑或稍有柔毛，皮孔明显。叶卵状椭圆形至椭圆形，对生，大而厚，表面绿色而光亮，背面灰绿而粗糙，多少有点反卷，缘具锐锯齿。花序顶生，伞房状近球形，径可达 20cm 以上，花有二型，不孕花特别发育，花被 4 枚，多散生于花序外缘，高出可孕花，粉红色，淡蓝色或白色，可孕花花瓣早落，开花期自夏至深秋。蒴果有宿存花柱，种子多数细小。花期 6~8月，果期 9~10 月。同属的还有其他种：

1. 东陵八仙花（*H. bretschneideri* Dipp.） 落叶灌木，叶两面有毛，柄紫色，伞房花序，不孕花少，白色，后变为紫红色，可孕花完整。

2. 圆锥八仙花（*H. paniculata* Sieb.） 又名水亚木，与八仙花近似，但叶稍小，具毛。花序圆锥形花丛，花米白色，后变淡玫瑰红色，与可孕花参差相间，花芳香。蒴果近球形，直径约 3~4cm，顶孔开裂，种子周围有翅。花期 5~6 月，果期 7~8 月。其变种大花水亚木（var. grandiflora Sieb）花序大，不孕花多。长 30cm，径 20cm。

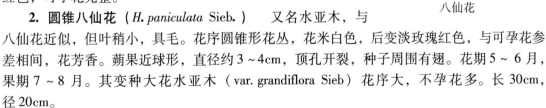

八仙花

三、分布区域

八仙花原产长江中下游一带，各地栽培较普遍。东陵八仙花分布于西北地区的陕西南郑、宁陕、平利等县 1500m 以下的山地丘陵；甘肃的夏河卓尼、临潭、迭部、舟曲（海拔1200~1500m）、兰州（麻家寺、天都山、兴隆山）；青海的民和、乐都、互助、循化、尖扎等（海拔 2400m 以下）的山坡、林下或者林缘。圆锥八仙花（水亚木、变种大花水亚木）在沈阳、呼和浩特市可露地越冬，生长良好。

八仙花在日本、朝鲜也有分布。

四、生态习性

八仙花在温暖的亚热带地区可成常绿树种，冬季不落叶。性喜温暖，湿润和肥沃而又排水良好的土壤，不耐暴晒，喜荫蔽，忌干旱亦不耐水浸。淮河流域以南均可露地栽植。淮河以北的黄河沿线，有时强寒流易造成冻害，但春季修剪后萌芽仍可开花。而华北及以北寒冷地区，常因受冻后养分积累不够，虽能萌芽，但不易着花，故多用盆栽，冬季室内越冬。八仙花为短日照植物，其花芽形成需有每天 10h 以上的黑暗 42 天；另外它还有 50～60 天低温（5～8℃）休眠期，缺乏休眠期很难形成花芽。东陵八仙花和圆锥八仙花抗寒性强，能适应青海东部循化、头扎等地区年平均气温 5.2～8.6℃，极端最高气温 34℃，极端最低气温 -23.8℃的气候条件。此外八仙花之花色有随土壤化学性质变化而变更的特征。碱性土（pH值 7.5～8.0）为红色，中性土（pH值 6.5～7.5）为粉红色，酸性土（pH值 5.5～6.5）则为蓝色。银边八仙花的叶缘有一圈白色。花期较长，6～9 月。

五、栽培技术

（一）育苗技术

八仙花多采用扦插、压条或从老株上分株等方法繁殖。扦插有分硬枝扦插和嫩枝扦插两种。嫩枝扦插初夏开花前剪嫩枝，切成长 15～20cm 的插穗，每个插穗上端带 3～5 片叶片，扦插于荫棚下湿润沙床上，行距 30cm 左右，株距 10～15cm，经常保持床面湿润，约经 20 天左右即可生根。生根后半月即可移出栽植。为得到健壮苗木，亦可继续留床培育一年。要注意苗期管理，适时施肥灌水、防治病虫害。硬枝扦插，一般秋季落叶后春季发芽前采条，剪成长 15～20cm 的插穗，每 50～100 根捆成一捆，挖坑进行湿沙埋藏，注意检查，防止发霉腐烂。春季扦插，方法同嫩枝扦插。

（二）栽培技术

栽培地宜选在荫蔽而湿润的地方，淮河以南可在庭院树荫下及房屋北面阴处露地栽植，无论丛植或单植均可，大型山石阴处栽植，更可显出秀丽，北方盆栽，冬季不要放过高温暖处，只要不结冻即可。圆锥八仙花及其变种大花水亚木及东陵八仙花耐寒性强，在西北大多地方均可培植。栽植挖好植穴，其规格为 40cm×30cm×30cm，将带土苗木放入穴内，立直根展，踏实土壤。栽后、浇 1 次透水。

注意保持土壤湿润，适时松土、除草，夏季高温，高湿宜徒长，可适当摘心或剪梢抑制，促其分枝，减缓长势。花前可施 1 次速效追肥，花后剪掉残花再施 1 次慢性有机肥即可。过分拥挤的老植株应于春季分株以滞弱长势，促进花芽分化。交叉纷乱枝条，宜于冬初齐地剪掉，次春萌发时，将过多萌蘖也剪掉，保留向外延伸的健壮枝条。

如在温室栽培，可于早春开花，花色水红，如在土壤中加铁质，花变蓝色，亦可作大盆栽，供园林重点摆设。

（李　峰）

山梅花

别名：太平花、太平瑞圣花、丰瑞花
学名：*Philadelphus incanus* Koehne
科属名：山梅花科 Phidelphaceae，山梅花属 *Philadelophus* L.

一、经济价值及栽培意义

山梅花为落叶灌木，花繁、洁白、而芳香，花期长，经久不谢，多朵聚生颇为美丽，适应性强，且正值春花已过的初夏开花，因而园林中应用很广，适宜种植于草地、林缘、园路转角和建筑物前，也可作自然绿篱和大型花坛的中心栽培点缀材料，塑造赏心优美的景观，满树白花，芳香四溢，枝叶茂盛，令人陶醉。山梅花为香料植物，花含芳香油，可提浸膏，为神经系统的强壮剂和利尿剂。材质中等硬度，可做手杖、伞柄。嫩叶可代茶。根入药，治痔疮。枝入药，祛风湿。

二、形态特征

山梅花

落叶灌木，高 2.0~3.5m，1 年生枝疏生柔毛，2~3 年生枝灰色或褐色，不开裂或开裂缓慢。皮片状脱落，叶对生，卵形、椭圆形，长 2.3~7.5cm，宽 2~4cm，在 \ 嫩枝上者长达 10cm，宽 6cm，表面疏被刚毛，毛直立，背具粗伏长柔毛，毛平卧，缘具锯齿。叶柄短，长仅 5mm。花为总状花序具花 7~11，花序梗具短柔毛，花梗长 5~10cm，具灰柔毛；花托和花萼密被灰白色贴伏的密柔毛，萼片卵形，长 4~5mm，宽 3.0~3.5mm，先端急尖或渐尖；花冠近钟状盘形，径 2.5~3.0cm，花瓣 4 白色倒卵形或几圆形；雄蕊多数长约 1cm，子房下位，4 室，花柱无毛，上部 4 裂，柱头棒状。蒴果倒卵圆形，长 7~12mm，密被短柔毛，种子尾极短，扁平，长圆状锤形。花期 5 月底~7 月，果期 6~9 月。

同属其他种有：

北京山梅花（*Ph. pekinensis* Rupr.） 灌木，高 1~3m，1 年生小枝紫褐色，2 年生枝栗褐色，枝皮剥落；叶卵形或椭圆状卵形，长 3~6cm，先端长渐尖，基部宽楔形或圆，具锯齿，两面无毛或背面脉腋被簇生毛，5 出脉。总状花序具花 5~9，花序轴长 2~4cm，花梗长 3~6mm，花冠盘形，花瓣倒卵形。蒴果倒圆锥形或近球形，径 5~7mm.。花期 5~6 月，果期 9~10 月。

甘肃山梅花［*Ph. kansuensis*（Rehd.）Hu］ 灌木，高达 5m，1 年生小枝近无毛，2 年生枝灰褐色。叶卵形或卵状披针形，营养枝之叶长达 11cm，花枝之叶长 2~5cm，先端渐尖基部宽楔形或圆，上面背刺毛，下面沿叶脉被毛。总状花序，具花 5~7（11），花冠盘形，花瓣近圆形。蒴果倒卵形，长 6~8mm，径 4~8mm，宿存萼片上位。花期 7~8 月。产甘肃洮河流域（海拔 2240~3050m）及陕西（海拔 1300~3100m）针叶树混交林林缘。

三、分布区域

西北地区，山梅花在陕西秦岭南北坡习见，巴山也有分布，户县崂峪山，宁陕腰岭关，以及黄龙、桥山、关山等海拔 2100m 的林缘、山坡、溪谷常见；甘肃产于卓尼，临潭、迭部、丹曲（海拔 2000~2800m）、陇南（海拔 600~2300m）及小陇山兰州（麻家寺、天都山、兴隆山）、祁连山（连城，海拔 2100m）。青海产民和、乐都、互助、大通、门源、果洛、黄南等地，生于海拔 1420m 以下的山坡、沟谷、溪边、林缘灌丛中。

其他地区江苏、江西、湖北、河南、四川等省也有分布。欧洲、澳大利亚、美国有引种栽培。

四、生态习性

山梅花为半阴性树种，但能耐强光。较耐寒，耐旱，但怕水湿。对土壤要求不苛，能在中性至微酸或微碱性等各种土壤上生长。能适应较寒冷地区的气候条件。分布区西端在青海大通一带，海拔 2567m，年平均气温 2.8℃，极端最高 29.3℃，极端最低气温 -33.1℃，年均降水量 513.8mm。

五、培育技术

（一）育苗技术

山梅花可用播种、扦插、分株等法繁殖，以播种为主。

1. 播种育苗

（1）种子处理处 9 月间当果实由绿色变为黄绿色或褐色即可采集，一般 10 月上、中旬果实落尽，应注意采收期。将采收果实放在阳光下（无阳光时亦可阴干），使果皮自然张开，也可用木棍敲打或搓揉，使种子脱出，然后拣出果皮和果枝，清出细碎的杂质，即得净种。种子千粒重 0.5g，每千克 198 万粒。播种前于 4 月中旬将种子在始温 40~50℃ 的温水中浸泡 2h 后，捞出混于 2 倍湿润河沙（沙的湿度以手握后不出水，松后即散），在背风向阳的地方挖坑，深 80cm，长视种子多少而定，宽 1m，做成北高南低的斜面，然而将种沙盛于花盘内，放入挖好的催芽坑内。坑上覆盖草帘，每天翻动检查，约 10 天左右种子开始萌动，即可播种。

（2）播种技术 按一般树种的方法先选好苗圃地，整地作床，床宽 1m，长 10m，播种时可行落水播种法，即在预先作好的苗床内，灌足底水，等水即将渗完时，将种沙均匀撒入床内，然后覆盖一层厚 2cm 的锯末，其上再覆塑料薄膜。也可采用条播，行距 20cm，播种量每 50g/10m²，覆土 0.3cm，稍加镇压。

（3）苗期管理 播后保持苗床湿润，7~8 天开始出苗，20 天可出齐。随即揭除薄膜，出苗后一般不需要特殊管理，只需及时间苗，防止过度密集，可行 3 次间苗，出苗 20 天后可进行第一次间苗，最后一次间苗可按株距 20cm 留苗，将间出的苗移栽于空床上。当年秋季苗高 20~30cm 可出圃，或留床第二年春季出圃，如需培育大苗，可按 30cm×40cm 株行距移苗定植。作好施肥灌水等管理工作。

2. 扦播繁殖 于花前 4 月份采穗，穗长 25～30cm，带顶芽 1～2 年生枝条，插入沙床中，深度为插穗 1/3，插后浇透水，扣塑料棚，搭好遮荫棚，保持高湿度 90%，低气温（棚内温度 20～30℃），高地温（20～35℃），地温不低于 15℃，气温不得高于 40℃，湿度不小于 75%。成活率可达 75% 以上。当年 6 月成活后就开花。

（二）栽植技术

可作庭园及风景区绿化观赏材料，宜丛植，成片栽植于草地、山坡及林缘，若与建筑、山石、路边、花坛等配置也很合适，或作花篱也很理想。

栽植技术同八仙花。

（李 峰）

火　棘

别名：救兵粮、红果、水刷子

学名：*Pyracantha fortuneana*（Maxim.）Li.

科属名：蔷薇科 Rosaceae，火棘属 *Pyracantha* Roem.

一、经济价值及栽培意义

火棘是优良的花卉植物和庭院绿化树种。适应性强，耐修剪，春季花多而美丽，冬季果繁色鲜红艳，经久不凋，枝叶茂盛，四季常青，盆栽地栽皆宜；果实含淀粉和糖可食用，磨粉和酿酒；根皮含鞣质10%～17%，可提取栲胶。根药用，主治跌打损伤及筋骨疼；种子治痢疾及白带；叶入药治痘疮。

火棘根系发达，保水固土力强，可做为防护林树种和观赏树种。

二、形态特征

常绿灌木，高达3m，小枝密被锈色短柔毛，先端成尖刺；叶倒卵形或倒卵长圆形，先端圆钝，有时具小短尖，基部楔形，长1～6cm，宽0.5～2cm，中部以上最宽，边缘具圆钝锯齿，齿尖向内弯，基部全缘，面暗绿，光亮，背淡绿，光滑无毛；叶柄长2～4mm，复伞房花序，总花梗和小花梗均光滑；花白色，两性，花序径3～4cm，单花径约1cm；萼筒钟状，无毛，裂片5，三角形；花瓣5，圆形，开展；雄蕊20，花药黄色；子房下位，心皮5；梨果圆形，径约5～7mm，橙红色，萼片宿存；果核5枚。

三、分布区域

天然分布在西北地区陕西南部和甘肃东南部，陕西关中和甘肃东部有人工露地栽培；我国华中、西南、华南等省也均有天然分布，盆栽比较普遍。

四、生态习性

性喜光，稍耐荫。喜温暖湿润气候和肥沃深厚的土壤，中性和酸性皆宜，在较贫瘠和干燥地方也能生长，不宜在积水地生长；不耐严寒，北方寒冷地带宜盆栽，冬季在室内越冬。

枝条萌芽力强，耐修剪，适宜各种造型。作为盆景和庭院美化栽培应经常修剪，能促进枝条粗壮，叶片繁茂，株植矮化，多开花结实。花期4～5月，果熟10月，果至第二年春不凋落。

属主根型，侧根少。盆栽应剪短主根，多次移植，促进侧须根生长，大苗移植应带土球。

五、培育技术

(一) 育苗技术

1. 播种育苗

(1) 种子采集 10月后，果实变红，即可采收，用清水浸泡淘洗揉搓果实，去掉果肉和杂质，分离出种子，阴干干贮或拌砂贮藏。

(2) 整地作床和播种 宜选择背风向阳，排水良好的沙质壤土做苗圃。火棘种子较小，每千克约20～30万粒，发芽率一般20%～30%，每亩下种量2～3kg，必须细致整地，筑高床，条播或撒播。砂藏种子待第二年春季裂嘴时下种，干贮种子播前应消毒和浸种催芽，待即将发芽时下种。播后稍盖细砂，并稍镇压，床面用新鲜稻草或草帘覆盖，保持床面湿润。

(3) 苗期管理 种子出苗后，及时揭去覆盖物，可喷0.2°Be的石硫合剂液，预防病虫害发生，每周1次，连续2～3次；待苗高达10～15cm时应及时间苗，株距10～15cm；要经常拔除苗床杂草，防止荒苗，并追施0.2%的尿素和磷酸二氢钾液，以促进苗木生长。第二年进行扩圃，倒床移栽，栽时注意剪断主根，以促进侧根生长。为满足园林绿化需要，要多次扩圃移植，逐步扩大株行距，移植苗圃地宜选用比较粘重的土壤，以便起苗带土球；应经常进行整形修剪，一般修剪为圆球状，庭院孤植大树苗修剪成果树状。

2. 扦插育苗 可采用硬枝扦插和嫩枝扦插。

(1) 插条准备 硬枝扦插用1～2年生的主枝和粗壮侧枝，在早春发芽前采集，嫩枝扦插用半木质化当年生主枝和粗壮侧枝，在7月份进行。均应选择生长健壮，发育良好的植株的中上部枝条，细弱枝和即将开花的短枝不行。插穗长度15～20cm，剪去叶片。嫩枝扦插条可保留上端1～2片叶，采集的插条基部用100～200μg/g的吲哚丁酸或萘乙酸或ABT生根粉液浸泡约10h，然后用清水洗净待用。

(2) 插床准备 扦插基质要求通气透水和保水性好，可用蛭石或珍珠岩或素黄砂，防止病菌侵染，基质经过日光曝晒，并用0.2%的高锰酸钾或福尔马林液喷洒，拌匀，用砖围砌成床面，床下面用垫砂或砾石，基质厚20cm，床宽1m。

(3) 扦插及管理 硬枝扦插在春季进行，嫩枝扦插在7月份进行，将处理好的插条直插入插床，株距2～3cm，床上用塑料拱棚搭盖。嫩枝扦插在拱棚上再架遮阳棚遮荫，透光度50%；初期应勤洒水，保持床面湿润，棚内温度25～30℃；若发现温度过高，应揭开拱棚两端通风降温，当苗根生长至5cm以上时，可趁阴天移入大田进行培育，栽后初期注意及时洒水和适当遮荫，苗成活后进入常规的苗圃除草和水肥及扩圃移栽，修剪整形等管理。

过去常采用挖火棘野生苗和树桩，进行培育，随着资源逐渐减少，人工繁育是必然趋势。

(二) 栽培技术

1. 适生范围 西北地区陕西南部和甘肃东南部。陕西关中和甘肃东部可露地栽培，西北其它地区可盆栽，冬季在室内越冬。

2. 栽培技术

(1) 地栽 常用作庭院和草坪孤植，街道和公路两旁与其他树配栽。采用大规格树苗或修剪成形的圆球苗，均带土球，用草绳绑扎土球，栽植季节以春季为好，栽后进行水肥管理，经常进行整形修剪，提高观赏效果。

（2）盆栽　分为一般盆栽和盆景。

①一般盆栽　用在苗圃培育多年，树冠球形的苗上盆，盆土要求疏松肥沃，透水性好，保水力强的土壤，常以腐叶土、砂土、腐熟的有机肥料和过磷酸钙，按 5:3.5:1:0.5 的比例混合，用大盆，带土球入盆，进行细致管理和经常修剪；每 1~2 年换 1 次盆土，才能保证火棘枝叶茂盛，花果繁多。

②盆景　属于园林艺术珍品。火棘树桩盆景，花果繁多，果色鲜艳，果期长，四季常青，加上别致的艺术加工，观赏价植极高。盆景造型有直干式、斜干式、曲干式、露根式等，用金属丝或棕丝绑扎造型；通过修剪截干，控制芽的方向和枝条长短；经多次移栽浅栽，形成众多短须根，经多年培养，栽在石、瓷、陶等质地讲究的盆中，精心护养，适量适时浇水施肥、修剪等。

（鄢志明）

稠 李

别名：臭李子

学名：*Prunus padus* Linn.

科属名：蔷薇科 Rosaceae，李属 *Prunus* L.

一、经济价值及栽培意义

稠李是一种蜜源及观赏树种。稠李木材优良，呈黄褐色，材质坚重，边材白色，心材红棕色，纹理细，创、切面光洁，耐水湿，耐腐力强。可做建筑、优质家具及工艺美术雕刻用材；树皮可提炼单宁；叶、花、果、树皮均可入药；稠李子含鞣质，具有涩肠止泻功效且无毒副作用；果可食用，种子含油量达 20.4%。

稠李是生产木耳的最佳原料，作为培养基，比柞木出木耳量提高 50% ~ 80%，且质量上乘。目前林区稠李资源枯竭，已直接影响木耳的生产。

二、形态特征

落叶乔木，高达 15m。嫩小枝被细短柔毛或几光滑。叶卵形或长圆状卵形，先端突渐尖，基部圆形或近心形，上面暗绿，光滑，下面灰绿，光滑或脉腋具簇毛，缘具尖锐细锯齿；叶长 6 ~ 15cm，光滑，顶端常具 1 ~ 2 腺；花白色，径约 1 ~ 1.5cm，具香味，成下垂总状花序，基部具叶，连花序梗共长 8 ~ 15cm，光滑，花梗长 0.5 ~ 1.3cm，萼管外面几光滑，内面被短柔毛，萼片短，钝三角状，脱落；花瓣椭圆形，长 0.6 ~ 0.8cm，长约为雄蕊的两倍；花柱较雄蕊短。果实圆形，径约 0.6 ~ 0.8mm，黑色，核具显著皱褶，花期 4 月下旬。

三、分布区域

我国分布于辽宁、河北、山西、陕西、内蒙古、甘肃等地。朝鲜、日本和欧洲亦有分布。

四、生态习性

喜光且耐荫，喜湿润土壤，耐旱性较强，

稠李（仿《陕西树木志》）

在河岸沙壤土上生长良好。

五、培育技术

（一）育苗技术

1. 播种育苗

（1）采种及果实处理　稠李种子成熟期在9月下旬～10月上旬，待核果成黑色后采集为宜。核果采回后，用水浸泡，搓去黑色外种皮和中种皮，核（坚硬的内种皮及种仁）晾晒干，作育苗种子待用。

种子处理：种子内种皮坚硬，结构致密，透水性差，如果不进行催芽处理，春季直接播于圃地，当年仅有少量发芽，多数要到翌年才能出齐，因此一般沙藏一个冬季再播种，出苗效果比较好。用于春播的种子，在有充分积雪的地方，可采用雪藏法，种子与雪拌匀后，堆放在背阴暗面，保持低温下贮藏至次年春播；一般冬季无长期积雪条件下，采用（种子:湿沙 =1:3）湿沙贮藏催芽，方法简便，效果好。

（2）播种时间　春季一般可根据天气情况而定，当日平均气温接近10℃时为最佳播种期，约在4月下旬至5月上旬。秋季播种一般在土壤封冻前（约10月下旬至11月上旬），播后土壤能够及时封冻，减轻鸟兽危害。

（3）整地作床　床高10～12cm，床面宽1m，长10m，每公顷约720床。（折合每亩播种面积为480m^2）。

（4）播种方法　多采用条播，播幅5～10cm，条距20cm，覆土厚2.0～2.5cm。播种量每公顷225～270kg，每米播种沟内播100粒左右。有条件的地方进行覆盖，有利于保墒和防治病虫害。

（5）苗木生长状况　稠李种子播后到苗齐需1个月左右。从出苗时间看，均在5月20日左右开始出苗，5月底至6月初出齐。幼苗生长缓慢，9月上旬开始封顶，当年高10～15cm，地径0.2～0.3cm，第2年高达50～60cm，地径0.5～0.7cm。第3年可以上山造林。

2. 扦插育苗

（1）扦插

①插穗的选择：利用稠李根蘖能力很强的特性培育根蘖苗。其方法是10月份选择优树，在优树的树冠外围挖开宽10～20cm，深10～20cm的环状沟，切断所有的根，然后覆盖少量的湿土，使其翌年春季长出根蘖苗。每株优树上可获得健壮的根蘖苗10～15株。

在1年生根蘖苗中，选择超过平均高度10%，超过平均地径15%，且苗干通直、无病虫害、根系发达、侧根数在6条以上的入选母树，其根用于建立采穗圃，其茎做插穗。

②扦插时间和方法：扦插时间为4月25日至5月5日。从剪取插穗到扦插不超过24h，扦插密度根据试验要求而定，扦插深度为5cm。

③插床准备：采用低床，每床10m^2（长10m、宽1m、床高比步道低10 cm）。插壤基质可为粗沙、煤渣和草炭，插壤厚度为25cm，地温控制在18～22℃之间。

④插穗的处理：插穗采取后，剪成长度为8cm的茎段，用手术刀或小果刀将插条基部切割，并进行插穗消毒，采用NK$_4$、生根剂浓度2000×10^{-6}mg/ml、处理24h，其生根率可达到89.5%，有推广应用价值。

⑤塑料罩棚：于插床上设60 cm高的拱形柳条塑料薄膜罩，并于插床上方120cm高处搭

置木架遮荫棚。

（2）扦插后的管理

温、湿度控制：地温控制在 18～22℃，气温控制在 20～25℃，相对湿度控制在 85% 以上。

通风和消毒：当塑料薄膜内温度超过 28℃ 时，应立即打开塑料薄膜通风、浇水，当温度降到 15℃ 左右时再扣上塑料薄膜；6 月 15 日将塑料薄膜换成纱网；7 月 25 日后将纱网全部揭开；7 月份之前每隔 5 天喷洒 1 次营养液和杀菌剂。

遮荫和水分管理：扦插后塑料棚内用喷灌设施 1 天浇 5 次水，具体时间分别为 8、10、12、14 和 16 时，用遮荫棚将全光量控制在 35%～45%。

（3）生根后的管理 当年 7 月 15 日至 7 月 25 日根系已完全形成，为了培育壮苗，将遮荫棚撤掉，8 月至 9 月全光下正常管理，翌年上山造林。

（二）栽培技术

1. 直播造林 用于秋季造林的种子，只在播种前用 0.3%～0.5% 高锰酸钾水溶液泡种 0.5h 进行消毒，即可播种。

2. 植苗造林 稠李宜选择海拔 700m 以上避风向阳、土壤肥沃的山麓、沟谷地带栽植。进行坑穴整地，规格为 50cm×40cm×30cm。株行距 2m×2m。由于稠李冬芽春季萌动较早，所以春季造林宜早（2 月底、3 月初）进行。稠李苗木根系发达，栽植成活率可达 95% 以上。造林后 3～4 年内要进行松土、锄草抚育，4 年后对幼树要进行适当修枝，保持树冠占树高的⅔。

六、病虫害防治

稠李苗期叶面易受炭疽病危害，6～7 月苗木叶面出现褐色小病斑，逐渐扩展使叶片大部组织死亡，引起落叶。

防治方法：见毛白杨炭疽病防治。

（郭军战、陈铁山）

木　香

别名：七里香、木香藤
学名：*Rosa banksiae* Ait.
科属名：蔷薇科 Rosaceae，蔷薇属 *Rosa* L.

一、经济价值及栽培意义

木香为攀缘灌木。藤蔓细长。春末夏初白花（或黄花）盛开，香气扑鼻。有较高的观赏价值。用作垂直绿化别有情趣。是作花篱、花架、花廊、花墙、花阁、花亭、拱门、墙垣的常用树种。还可植于池畔、假山、石旁形成别样景致。木香花芳香，可提取芳香油，用以配制化妆品及皂用香精；花也作薰茶，作糖糕（用白糖腌渍制成木香花糖糕）；鲜花可作簪花、襟花及切花插瓶。根皮可入药。木香对有害气体抗性强。城镇园林绿地、家庭院落、机关、单位、学校、厂矿等地均可种植，对生活环境有美化、香化的作用。

二、形态特征

木香是半常绿树种，其干皮红褐色，老树皮薄条状剥落，小枝绿色，近无刺（偶有疏刺）。光滑，奇数羽状复叶，小叶 3~5 枚，罕 7 枚，椭圆状卵形，边缘有细锯齿，两面均光滑，仅叶背中肋基部被稀疏长柔毛，小叶柄极短或无，中轴有微少的短柔毛。因品种不同，花有重瓣、单瓣，白色、黄色之分，花朵大小也有所不同。花序为伞状，生于枝顶，花梗细，长 1.5~2.5cm，光滑。果实近球形，径 0.6~0.8cm，红橙色或橙色。花期 5~6 月，果熟期 9~10 月。

栽培种多属重瓣白木香（var. *alboplena* Rehd.），花白色，香气最浓；重瓣黄木香（var. *lutea* Lindl.），花乳黄色重瓣，香气浓。另外，还有毛叶山木香（*Rosa cymosa* Tratt. var. *puberula* Yu et Ku.），落叶灌木，茎具钩刺，暗紫色或绿褐色，被短柔毛。小叶 3~7 枚，椭圆形，倒卵状椭圆形。或卵状披针形，先端渐尖，具短柄。叶柄和叶轴微被短柔毛和稀疏细钩刺。花小、白色、花柱突出被短柔毛，果小，0.3~0.5cm，花期 4~5 月。

木香

三、分布区域

在我国自然分布江苏、浙江、江西、湖北、四川、湖南、福建、贵州、云南、广东、陕西的巴山等省区。而栽培范围则在黄河流域以南。西北地区陕西关中、陕南、陇南和陇中、陇东（兰州、天水）、宁夏、新疆和田、喀什等地均可露地越冬。

四、生态习性

木香原产我国西南部，喜温暖和阳光充足的环境。大树较耐寒，喜排水良好、土层深厚、肥沃的沙质壤土。不耐积水和盐碱。虽喜湿润，但也较耐干旱。萌芽力、成枝力均较强，因而耐修剪。在黄河以南大多园林绿地中有栽培。

五、培育技术

（一）育苗技术

用播种、插条、压条方法均可，还可用蔷薇作砧木进行嫁接繁殖。园林中多使用重瓣木香（花冠大），但这类变种不结实或结实很少。再者，用种子繁殖变异较大，故多用插条和压条法繁殖。

1. 插条育苗 在陕西关中地区于 9 ~ 10 月进行。选用当年生健壮枝条。剪成长 15 ~ 20cm 插穗，带 2 片叶。注意采条、剪穗时随时将条、穗放入水中，不使失水。在向阳处做低床，施足底肥、耙平床面，按株行距 8cm×15cm 扦插，插后立即灌透水，并在床四周插竹或（树）枝作成拱罩，覆严薄膜，12 月上中旬检查并补充浇水，次年春即可生根成活。成活后按常规育苗进行松土除草、浇水、追肥、病虫防治等措施的管理。

2. 压条繁殖 具体做法是在春末至初夏（4 月中旬至 5 月中旬）选近地面的 2 年生枝，在准备埋入土中的部位用刀刻伤（为促进愈伤组织生根）。埋土 10cm 左右深。待 9 ~ 10 月扒开埋土检查，生根后，即可切断与母株连系。

另外，也可用 2 年生野蔷薇或十姐妹作砧木，在 3 ~ 4 月砧木萌芽后切接木香。

（二）栽植技术

1. 栽植地选择 木香常作绿化树种，在园林中造景及家庭院落、机关、学校厂矿等单位内美化、香化环境使用，所以应选择光照充足、土层深厚肥沃地块栽植。以便取得满意效果，不宜选用积水洼地和盐碱地，蔽荫之处栽植。

2. 栽植密度 木香蔓虽长，但多作垂直绿化材料，也多成行或单株栽植，成行的株距为 1.5 ~ 2m。

3. 栽植技术 木香栽植应在休眠期进行，苗木应带宿土，坑穴大小以 50cm×50cm×40cm 较适宜。坑穴挖好施入足量底肥后再栽植。栽后将枝蔓作强修剪（即从根部起留 2 ~ 4 个去梢的主蔓），并随即浇定根水，可提高成活率。

4. 培植树形 栽植后，在穴旁栽引杆（木、竹、铁质的均可）使其茎蔓攀附上架。初始枝蔓攀附能力差，应人为辅助牵引或绑扎。成架、成形后，每年冬季或春季萌芽前剪除树冠内枯枝及疏除过密枝。在生长期内，于 5、7 月各施 1 次复合肥并灌水，促进枝叶生长发育。

六、病虫害防治

危害木香的病虫害很少，如果每年注意剪除病虫枝、细弱枝，增强树冠、藤架的通风透光，一般都不会发生病虫危害。

（刘新聆、刘克斌）

金叶皂荚

别名：彩叶皂荚

学名：*Gleditsia triacaanthos* cv.‘Sunburst’

科属名：豆科 Leguminosae，皂荚属 *Gleditsia* L.

一、经济价值及栽培意义

金叶皂荚叶形秀丽，叶色金黄鲜艳夺目，具有极高的观赏价值，在树种色调单一的西北地区，彩叶树种尤其是彩叶乔木树种十分缺乏，繁殖推广这一树种，将大大丰富这一地区景观效果。金叶皂荚 是点缀庭院的优良树种，也宜作行道树栽植，还可栽植于草坪或山坡。

二、形态特征

阔叶落叶乔木，与皂荚的主要区别在于无枝刺，幼叶金黄，成熟时叶浅黄绿色，至秋季又变为金黄色，枝条舒展，树姿优美，不结实。

三、生态习性

耐旱、耐寒适应性强，喜光而稍耐庇荫，在温暖湿润及深厚肥沃土壤生长更好，但对土壤要求不苛，也能在石灰质及轻盐碱土上生长。深根性，病虫害少。

四、栽培区域

在西北地区东南部可广泛栽培，在西北部高寒地带可试栽。

五、培育技术

用皂荚作砧木进行嫁接繁殖。其他培育技术同皂荚。

（罗伟祥）

中 槐

别名：国槐、槐树

学名：*Sophora japonica* L.

科属名：豆科 Leguminosae，槐树属 *Sophora* Linn.

一、经济价值及栽培意义

中槐为优良的用材树种，我国自古就有栽培，尤其是寺院、村庄都有中槐古木大树存在。陕西省临潼县晏寨胡王村小学有一株汉槐，树高 13.8m，胸径 236cm，树龄约 2000 年，据传汉武帝刘秀曾在树上拴过马。边材窄狭，带白色，心材黄褐色，结构较粗，略重，稍硬，富有弹性，耐水湿，为建筑、车辆、农具的良材。槐木是农村中不可缺少的木材，群众说："家有寸槐，不可烧柴"。"槐米"（花蕾）及其肉质果荚均可入药，也常用作黄色染料。槐叶可作土农药。种子可榨油、酿酒、制酱等，并可提取龙胶，供纺织、印染、造纸及矿冶用。

中槐具有冠大荫浓，寿命长，抗二氧化硫和有害气体及烟尘等特性，是我国北方城市工矿绿化的重要树种，深受群众喜爱。

二、形态特征

落叶乔木，高达 25m，胸径达 3m 左右，树冠圆形，树皮黑色，纵裂。幼树枝干平滑、深绿，渐变黄绿色。奇数羽状复叶，总柄长 15 ~ 25cm，基部膨大呈马蹄形，小叶 7 ~ 17 枚，卵圆形、全缘，色浓绿而有光泽，叶下面淡绿色。花顶生，圆锥花序，蝶形，黄白色，花期 7 ~ 8 月。荚果肉质，于种子之间缢缩，呈串珠状。10 月果熟，经久不落，种子深棕色呈黑色。

栽培的变种变型有：

（1）龙爪槐（var. *pendula* Loud.） 小枝弯曲下垂，树冠呈伞状，园林中多有栽植。

（2）紫花槐（堇花槐）（var. *violacea* Carr.） 小叶 15 ~ 17 枚，叶背有蓝灰色丝状短柔毛，花的翼瓣和龙骨瓣常带紫色，花期最迟，宜庭园绿化。

中槐

（3）五叶槐（蝴蝶槐）（f. *oligophylla* Franch.） 小叶 3 ~ 5 簇生，顶生小叶常 3 裂，侧生小叶下侧常有大裂片。宜作庭园绿化。

（4）金枝槐　侧生小叶下部常有大裂片，叶背有毛，枝条及叶片为金黄色，宜作庭园绿化。

此外，群众将其自然变异分为青槐、糠槐等，外部形态，生长速度及材质均有差异，注意选择优良类型栽培。

三、分布区域

中槐原产我国北部，北自辽宁，南至广东，东自山东，西至甘肃均有栽培。集中分布于华北平原及黄土高原地区，西安、兰州、银川、武威、酒泉、敦煌、西宁及新疆喀什、和田等城市多用于城市绿化。垂直分布高达 1500m。

四、生态习性

中槐为中等喜光树种，耐旱、耐寒，喜干冷气候，但在高温多雨的华南地区也能生长。喜深厚、肥沃、排水良好的沙质壤土，但在石灰性、酸性及盐碱土（含盐量 0.27% 左右）上也能正常生长。在过于干旱、瘠薄、多风的地方，难长成高大良材。在低洼积水处生长不良，甚至落叶死亡。对二氧化硫、氯气、氯化氢及烟尘抗性较强，能适应城市街道环境。根深，萌芽力强，耐修剪，寿命长，是城市街道绿化的优良树种。

中槐生长速度中等偏快，但只要栽植在适宜的立地条件下，也可以达到速生丰产。据陕西省林科所在长武县巨家乡常村调查材料，1 株 110 年生中槐伐根，地径达 1.72m，年平均地径生长量为 1.56cm，又如在该村解析 1 株 34 年生的中槐树，树高 15.9m，平均年高生长量为 0.47m，胸径 47.4cm，年平均胸径生长量为 1.39cm。

五、培育技术

（一）育苗技术

1. 采种　中槐为肉质荚果，成熟后由青变黄，种粒呈黑褐色。30 年以上生长健壮的母树出种率高，种仁饱满。果实采摘后，放入水中浸泡，待发软后搓去果肉，用水淘洗，捞出种子，阴干贮藏。出种率约 20%，每千克有种子约 6800 粒。

2. 种子处理　春播前需对种子进行催芽处理，播前 20~25 天用 80~90℃ 热水搅拌浸种 4~6h，捞出后掺沙两倍拌匀，置于室内堆积催芽或在沙藏沟中（沟宽 80cm，深 50cm，长度据种子多少而定）摊平，厚 20~25cm，上面撒些湿沙盖严，避免种子裸露，再覆塑料薄膜，以保温保湿，并经常翻动，使上下层种子温湿度保持一致，发芽整齐。待种子有 1/3~1/4 开裂后即可播种。

3. 育苗方法　选择有灌溉条件的沙壤土作育苗地。育苗前 1 年秋或早春整地，深翻 20~25cm，播种前碎土耙平作床，床宽 1.5m，长 10m。播前灌足底水，待土壤湿度适宜时播种。播种时间多在春季（4 月上中旬），秋季也可播种。每亩播种量 10~15kg，覆土 1.5~2cm，出苗前保持土壤湿润，在条件好的苗圃培育 1 年可出圃，亩产苗 6000~8000 株左右。在城市及"四旁"绿化中，常需大苗，可以留床或移植培养。

为了培育根系发达，发育健壮，苗龄较大的中槐苗木，可以在第二年春（3 月中、下旬），土壤解冻、芽萌动前将 1 年生苗崛起按 30cm×60cm 的株行距移入预先整好的苗床内，并及时灌 1 次水，勤养护，多施肥，促使根系生长。秋季落叶后平茬，并施堆肥越冬，第三年春注意水肥管理，除草及去掉多余的萌条，只留长势旺盛的萌蘖条作为主干进行培养，对侧枝生长过强者摘心促进主干向上生长，养干期间防止虫害损伤顶芽，4～6月及时防止尺蠖幼虫和蚜虫危害，入秋后停止施肥灌水，使主干充分木质化以利安全越冬。

中槐幼苗期，顶端优势不明显，且枝条柔软细弱，不易形成良好主干。西安市园林处苗圃的经验是"密植截干"，播种后生长1～2年后截干，然后再在苗圃密植培育1年，将有良好干形的苗木移植培育成大苗后，再栽植。截干一般在3月中下旬进行，截干高度在根颈以上3～5cm处，以利萌发新枝条。

4. 苗期管理 中槐截干苗的苗期管理，除中耕除草，灌水追肥外，还要注意及时修枝抹芽。

（1）松土除草 中槐截干后1月左右就能从基部萌发出1～3个萌条，5月中旬留作主干的萌条高达30～40cm，开始进行第1次松土除草，以后每月1次，直至8月中旬为止。

（2）灌水追肥 6月中、下旬气温高，雨量少，土壤干燥，要适当灌1～2次水，7月上旬在雨后结合松土除草，每亩追尿素5kg。

（3）修枝抹芽 修枝抹芽从5月开始，一直到8月为止。需3～4次，第1次要选择1个健壮，并与所留主干夹角小的萌条留下，以便培养成直立苗壮的主干，其余全部抹去。修枝抹芽要掌握抹早、抹小、抹了的原则，这样伤口小，养分消耗少，易愈合。

播种苗，幼苗期间发现种蝇为害时，及时喷洒1000～1500倍的敌敌畏溶液防治。幼苗出齐后，4～5月间分2～3次间苗，按株距10～15cm定苗，5～6月按每亩5kg追施3～4次尿素。5～8月每30～40天中耕除草1次。同时，撒除草醚、毒土（每亩用除草醚0.75kg，掺湿润细土15kg），可保持30～40天不生杂草。

（二）栽植技术

1. 适生范围 西北各省（自治区）城市均可栽植，但多集中用于"四旁"及庭园、城市绿化。

2. 林地选择 中槐适应性强，多栽植于四旁、城市街道及工矿区绿化，各种立地条件均可栽植，但建筑灰渣地应客土栽植，在干燥、贫瘠山地及低湿地、盐碱地上生长不良。

3. 造林技术 中槐植苗造林，春秋季均可，多用3～4年生以上大苗栽植，根系大，整地规格要大，一般整地深度为60cm左右，株距3～4m，行距4～5m均可，栽时要保持填土细碎，根土密接，踏实土壤，灌足底水。当年雨季前灌水3～4次并适当追肥，冬季封冻前要灌水封土，使之安全越冬。

六、病虫害防治

1. 烂皮病（*Valsa sordida* Nit） 危害树皮。

防治方法：①树干涂白防治。用生石灰5份、硫磺粉1.5份、食盐2份、加水36份搅匀即可用于树干涂白。②病重木可行截干，使再萌新条。

2. 蚜虫（*Aphis robiniae* Macchiati） 是养干期间的重点防治对象。

防治方法：可喷40%乐果或50%马拉硫磷2000倍液防治。

3. 槐尺蠖（*Semiothisa cinerearia* Bremer et. Grey） 主要危害叶片。

防治方法：喷洒杀螟松1000～2000倍液，或松毛虫杆菌500～1000倍液，或80%敌敌畏1500倍液。

4. 山楂红蜘蛛（*Tetranychus viennensis* Zader）　　刺吸叶片，致使叶片脱落。

防治方法：喷洒杀螟松 700 倍液，或三硫磷 1500 倍液。

（雷开寿）

金枝槐

别名：黄金槐、黄枝槐、黄茎槐
学名：*Sophora vilmoriniana*（Dode）Wanger
科属名：豆科 Leguminosae，槐属 *Sophora* L.

一、经济价值及栽培意义

金枝槐系由韩国引种，生长期枝干为黄绿色，幼芽及嫩叶为淡黄色，5 月上旬转为绿黄，秋季落叶后通体金黄，生长速度快于中槐。金枝槐对腐烂病抗性强，抗寒抗旱，耐涝，适应性强，树干端直，枝条粗壮，节间短，分枝多，树冠浓密，遮荫面积大。适应范围广，栽植成活率高。是园林绿化、环境美化的优良树种，也是良好的蜜源植物。

二、形态特征

1 年生茎、枝为淡绿黄色，入冬后渐变黄色，2 年生的树茎，枝为金黄色，树皮光滑；叶互生，6 ~ 16 片小叶组成羽状复叶，叶椭圆形，长 2.5 ~ 5.0cm，光滑、淡黄绿色，树干端直，树形开张，树态苍劲挺拔，树叶繁茂。

三、生态习性

槐树系温带树种，适于湿润，深厚、肥沃，排水良好的沙质壤土，石灰性及轻度盐碱地（含盐为 0.15% 左右）也能正常生长。在过于干旱、瘠薄、多风的地方，难成高大良材。在低洼积水处生长不良，甚至落叶死亡。生长速度稍快，为深根系树种，根系发达。

四、培育技术

（一）繁殖技术

（1）嫁接繁殖 采用中槐作砧木，当中槐长到 0.5m 高时，进行嫁接金枝槐。也可利用 3 ~ 5 年生中槐幼树作砧木，并将砧木上的粗、壮枝留 10 ~ 15cm，截断作砧木用。选生长壮、发育好、无病虫害的 1 年生金枝槐发育枝，粗 1.0 ~ 1.5cm 枝条中下部作接穗为宜，可于春季树液流动时随采随接。

（2）嫁接方法 ①枝接：枝接包括切接、劈接、舌接、皮下接等方法，将金枝槐的 1 年生枝条，剪成长 5 ~ 8cm 带有两个芽的茎段，每段作为一个接穗，进行嫁接，接后封蜡或套袋，以防抽干。西北地区通常采用简单易行的劈接法，成活率可达 90% 以上。②芽接：此法是在夏季至秋季落叶前进行，包括"T"字形芽接法和带木质部芽接等，接穗随采随用，这样可省穗。成活率可达 98%。

当金枝槐长到 1.5 ~ 2.0m 高干，再在其上嫁接香花槐，可让香花槐的观赏价值更上一个档次。嫁接后的管理 枝接在接后 20 ~ 30 天、芽接在接后 10 ~ 15 天，检查成活情况。完全成活后可解绑，未成活的应及时补接，芽接成活后可于翌年春季发芽前剪砧，在"T"字形上方 2cm 处剪去砧木上部。接芽（苗木）生长后应及时抹掉砧木萌芽，并加强水肥管理和病虫防治。

（二）栽植技术

西北地区陕西、甘肃、宁夏以及新疆的南疆可普遍种植，青海和新疆的北疆可试种。可孤植、丛植、行植，通常采用 0.6m×0.6m×0.4m 大穴整地，用 5 年生嫁接或大树苗栽植，栽时剪去幼树或大苗主干上部分侧枝。株距 4～6m，做到分层填土，根系舒展，浇足定根水，并封土堆，侧枝截口封漆，用草绳缠绕主干，并设架柱支撑。

林木管理及病虫害防治参见中槐。

（罗伟祥、土小宁）

龙爪槐

别名：垂枝槐

学名：*Sophora japonica* L. var. *Pendula* Loud.

科属名：豆科 Leguminosae，槐属 *Sophora* L.

一、经济价值与用途

为落叶乔木，其枝条弯曲下垂，树冠成伞状，是很好的绿化树种，宜作庭园树及行道树。天水南郭寺在大雄宝殿庭院东北角，长有一株"龙爪槐"，高10多m，胸围1.8m，据测定已有300多年的树龄，据称它是这一树种生长年代最长的一株，为全国第一。龙爪槐是槐树的一个变种植物，特点是树身不高，树冠呈伞形，自然弯曲下垂，它遍布全国各地。而这株龙爪槐却与众不同：它躯干高大，枝条在盘曲中飘逸而上，长成巨龙形，并且一年四季呈现出不同的景观。每当盛夏及初秋季节，树叶茂密，枝杆潜隐，游人看到的是巨龙的一鳞半爪，而且时隐时现，摇曳不定，如同龙在云雾中游动，游人称它"龙游云中"；到了冬天，黄叶落尽，枝杆裸露在外，则像一群苍龙在盘曲缠绕，游人称它为"群龙聚舞"；冬日雪霁时，往常盘来绕去的苍龙披上银装，互相依侵，瑟缩成团，变成了无数"银蛇"，尤其是南侧的一枝，你若细细观察，就会发现，上部有椭圆形弯曲树杆，长有下垂细枝，有如小鹿含草受惊之状，人们又称它为"鹿含草"。这棵龙爪槐如此富于诗情画意，令人百看不厌。

二、形态特征

落叶小乔木，小枝深绿色，向地生长。叶互生，奇数羽状复叶，小叶7~17枚，背面灰绿色。顶生圆锥花序；花蝶形，淡黄绿色，长约1cm。荚果肉质，种子间缢缩呈串珠状，种子黑色。

三、分布区域

除部分高寒地区外，大部分省区均能种植。园林中常见。灵台县独店乡中庆村中庆社关帝庙前，有1株400龄的龙爪槐。树高6.5m，胸围1.75m，冠幅33m²。主干粗壮弯曲，

龙爪槐

树皮规整如鳞，皮纹流畅清晰，其躯形似腾龙。主干在2.0m处分枝，侧枝均匀地向四面延伸，树冠圆满顶部平整如盖，细枝扭曲下垂，近及地面，状若龙爪，相传此树为明代修建关

帝庙时栽植，因与人们信仰相关，世代保护，至今长势良好。

四、生态习性

喜光、耐寒、耐旱，亦耐热。

五、培育技术

（一）繁殖技术

多采用嫁接法繁殖。用中槐作砧木，在生长季节进行芽接。具体方法是：一般在5月初立夏节气前后，采龙爪槐健壮的枝条，利用枝条基部的隐芽作接芽，再选已基本形成树冠的3~5年的中槐苗木作砧木，然后将接穗芽片嫁接在砧木主枝的基部。为早日形成树冠，砧木的每一主枝上，都可接一芽片，节后可将砧木枝梢顶尖剪掉，如此可提高成活率。待接活后，将中槐树冠枝条全部剪掉。要加强修剪剥芽等管理工作，以形成要求的树形和丰满的树冠。

（二）修剪方法

要使龙爪槐的伞状造型达到理想的形状和大小，修剪至关重要，其中包括夏剪和冬剪，1年各1次。夏剪在生长旺盛期间进行，要将当年生的下垂枝条短截2/3或3/4，促使剪口发出更多的枝条，扩大树冠。短截的剪口留芽必须注意留上芽（或侧芽），因为上芽萌发出的枝条，可呈抛物线形向外扩展生长。到了冬季，龙爪槐的叶子落掉，交错的枝条可以看得更清楚，这时要进行一遍仔细的修剪。首先要调整树冠，用绳子或铅丝改变枝条的生长方向，将临近的密枝拉到缺枝处固定住，使整个树冠枝条分布均匀。然后剪除病死枝以及内膛细弱枝、过密枝，再根据枝条的强弱将留下的枝条在弯曲最高点处留上芽短截。一般是粗壮枝留长些，细弱枝留短些。短截时一定要注意剪口芽的方向，剪口芽是离剪口最近的芽，它的方向就是将来萌发新枝的方向，因此剪口芽应在枝条的斜上方，不然，会影响树形美观。

道路两边的龙爪槐在定植后的前几年，可在路面上搭设棚架，将临近路径两侧的枝条引到棚架上，让其相向生长。几年之后，当枝条交织固定在一起时将搭设的棚架撤掉。这时，路上会出现一条绿色长廊，形成一道美观别致的风景。还可以在道路入口两侧各植1株龙爪槐，依上述方法整形修剪，也是一种很好的造型。

另外，还可以将龙爪槐的伞面修剪成波纹状，方法是：第1年将顶留的枝条在弯曲最高处留上芽短截，第二年将下垂的枝条留15cm左右将外芽修剪，再下一年仍在1年生弯曲最高点处留上芽短截。如此反复修剪，即成波纹状伞面。若下垂的枝条略微留长些短截，几年后就可形成一个塔状的伞面，应用于公园、孤植或成行栽植都很美观。

六、病虫害防治

龙爪槐的病虫害不多，主要有苗木腐烂病、槐尺蠖、蚜虫、红蜘蛛等。腐烂病多发生在幼苗枝干上，先出现溃疡病斑，逐渐扩大以至死亡。

防治方法：为加强水肥管理，提高树势，增强抗病能力；树干涂白，保护伤口；药剂防治用1∶10~12碱水或苛性钠水溶液，或70%甲基托布津200~300倍液涂溃烂处，效果很好。

蚜虫危害嫩枝及叶，可用40%氧化乐果2000倍液喷洒，效果极佳。

槐尺蠖为槐树主要食叶害虫。防治方法是用40%氧化乐果2000倍液喷洒，效果极佳。红蜘蛛危害叶片，宜用90%敌百虫800倍液喷杀。

（崔铁成、张爱芳、张　莹）

紫 藤

别名：藤罗、藤花、朱藤、绞藤

学名：*Wisteria sinensis*（Sims）Sweet.

科属名：豆科 Leguminosae，紫藤属 *Wisteria* Nutt.

一、经济价值及栽培意义

紫藤是我国著名的攀缘上架和观赏棚架植物，花大而美丽，芳香馥郁。紫藤植于花架是中国传统，紫藤架下是夏季纳凉之处，春季先叶开花，满架垂挂紫花，并有清香，置几架下，几盏香茗，阖家围几而坐，欢声笑语，其乐无穷。夏日炎炎，此藤架下部清凉一片，朋友三五围坐小几品茗，既可免去闹市尘嚣，又可相聚叙旧，在家门口休闲甚为惬意。院落较大，紫藤架还可起分割作用，院中山石峭立，往往稍觉枯燥，若植紫藤攀附，可赋以山石活力，显现生气。园中古老树木枯死，立显废颓，植一紫藤令其缠绕，可立使枯树"复苏"，更新园容（龙雅宜、董保华等，1997）。

紫藤鲜花含芳香油 0.6%～0.95%，茎皮、种子和花可入药，有解毒、驱虫止吐泻的功效，也治食物中毒、腹痛。种子有防腐作用；茎皮纤维洁白，韧性强，有丝光，可作纺织原料；叶是良好饲料；花瓣用糖渍制糕点或烙饼，名为藤萝饼，为北京名点之一。木材是很好的薪材。

二、形态特征

紫藤属落叶大藤本，茎长达 20m 以上，径可达 30cm 以上，右旋缠绕；树皮灰褐色；奇数羽状复叶，小叶 7～13 枚，顶端 1 枚较大。总状花序，顶生，长达 20～30cm，下垂，花密集，紫色或堇紫色，稍早于叶或与叶同时开放，花瓣 5 枚，旗瓣大，反曲，龙骨瓣先端钝圆；荚果线状倒披针形，10～20cm，密被灰色或黄色柔毛，具喙、木质、开裂，内含 1～5 粒种子，种子长圆形，扁平，长约 12mm，深褐色。花期 4～5 月，果期 8～10 月。

同属用于栽培的品种还有：

多花紫藤［（*Wisteria filoribunda*（Willd.）DC.］，花序较紫藤为小，先叶后花，小叶 13～19 枚，堇紫色。

白花紫藤（银藤 *W. sinensis* cv.'Alba'），花白色，芳香。

重瓣紫藤（*W. sinensis* cv.'Violaceaplena'），花重瓣，蓝紫色。

葡萄紫藤（*W. sinensis* cv.'Macrobotrys'），长序长达 1m，紫蓝紫色。

三、分布区域

原产中国，西北地区分布于陕西秦岭南北坡、关山林区（陇县）、黄龙、桥山林区及渭北黄土高原；甘肃文县及小陇山等地海拔 500～1000m 的低山沟谷山坡上。兰州、宁夏银川、新疆乌鲁木齐有栽培。产于辽宁、内蒙古、河北、北京、天津、河南、山西、华东、华中、华南以及四川、云南、贵州等省、自治区、直辖市，各地庭院久有栽培。

四、生态习性

耐旱、耐寒、耐瘠薄，在土壤含水量8.3%的条件下，生长旺盛，喜光稍耐荫，多生于阳坡、林缘、溪边、旷地、灌丛中。深根性，根系发达，垂直根系主要密集分布于0~60cm土层内，亦有大量的水平根系，根幅比冠幅大1倍。生长快而寿命长，陕西三原县东里靖国小学栽培的紫藤，茎高20m，地径37cm，树龄300年，仍生机逢勃；在湖南武冈市双牌乡太源村，1株同龄的紫藤，长达15m，地径42cm，盘旋缠绕于黄连木、三角枫、黄檀等10余株古树间，被当地群众敬称为"千年藤龙"。能适应各种土壤，微酸性土、中性土、石灰质土均可生长。忌水湿，浸水1周即枯死。实生苗第六年即可开花结果。

五、培育技术

（一）育苗技术

1. 播种育苗

（1）采种　8~10月，荚果由灰绿色变为黑褐色即可采集，采回后放在通风干燥处阴干，用木棒轻击脱粒，取出种子干藏，据从陕西合阳15~25年生母树采集的种子，其纯度为95.6%，千粒重727g，每千克种子约1370粒，发芽率91%。

种子处理方法，播前用40℃左右的温水浸种1昼夜，捞出置于温暖的地方，每天翻动并洒水1次，经4~5天，种子裂嘴露白时即可播种。试验表明浸种催芽比不浸种催芽的种子提前10天出苗，前者苗高和地经分别较后者大71.6%和67.8%。

（2）育苗　经整地作床后，采用低床条播，3月上、中旬进行，行距30cm，覆土深度以2.0~2.5cm为宜，在15℃以上温度10日可发芽，4月下旬间苗，保留株距10cm左右，7月中旬施尿素1次，施肥量105kg/hm^2，适时松土除草，保持床面无杂草。

2. 扦插育苗　扦插育苗可分硬枝扦插和嫩枝扦插，硬枝扦插春季剪取成熟硬枝，长15~20cm，直插入苗床内，踏实土壤。嫩枝扦插，夏季进行，剪取半成熟的嫩枝扦插，在20℃气温下，15~20天开始生根。为防止暴晒，夏季要遮荫。

此外，紫藤还可用压条或分株繁殖，方法同一般树种。

（二）栽植技术

1. 林地选择　紫藤不仅广泛用于园林、庭院绿化及盆景布设，而且还因易于萌蘖、枝繁叶茂，根系发达，匍匐成灌木状生长，密密扎扎地覆盖地表，具有很好的水土保持、水源涵养作用，护坡固堤效果也好，并具有见效快，防护期长，适应性强的优点。可选择山坡、沟谷、地埂、堤畔、滩地等处造林。园林绿化可在庭院、长廊、山石旁、街心花园、住宅小区等处栽植。

2. 整地　如系修建道路（公路、铁路）形成的边坡，丘陵沟壑侵蚀活跃地段，可采用30cm×30cm×30cm的小穴整地；一般山坡地、地埂、堤畔，可采用40cm×40cm×40cm穴状整地，成三角形排列。庭院园林、四旁整地规格可扩大到60cm×60cm×60cm见方，若是大树移植，坑穴大小1m见方为宜。

3. 密度　坡地成片造林，株行距2.0m×3.0m或1.5m×2.0m，庭院园林栽植株距1.5m~2.0m。

4. 栽植　紫藤主根明显，较长，侧根相对较少，对较长主根应进行短截，保护好侧根；短截苗干可促使萌发条健壮生长，地径 1cm 的苗条，可保留 60cm 苗干；栽前适当浸根 4～5h。经处理后的苗木及时造林。提苗顺坡面斜植于穴内，茎干与坡面保持一定角度，不要紧贴坡面，既利于萌条攀缘，又利后期茎干对枯枝落叶的截留。栽时根系要舒展，并踏实土壤，最好浇定根水。还要注意栽时不要碰掉茎条上附着的萌发芽。堤坡还应边栽边平整坡面，减少因栽植造成的暂时性破坏引起水土流失。

5. 管理　第一年定植后，主要是做好坡地和植株的保护。对于防护性坡地可以任其自然生长。堤埂坡面对"反头"的幼茎可给予人为辅佐措施，以其攀长，对上缘的植株，可适当剪茎、摘心控制生长，或任其越埂生长，或立柱攀缘生长、形成缘墙，翌年对未成活植株应及时更换补植。植后第二年，藤茎就可相互连接成网，形成覆盖层。

庭院园林绿化，栽植紫藤要立花架（水泥架、木架等），或墙垣旁、山石边，以便有所依附，攀缘生长。初植时要适当人工牵引，伺其攀附牢固后即可让其自然生长。北方干旱春季，解冻后浇 1 次水可促使早发芽和延长花期，如遇涝应及时排水。

紫藤病虫害少，如发现病虫害，应及时防治。

（罗伟祥、温　臻）

葛 藤

别名：葛条、野葛、葛麻藤、粉葛藤

学名：*Pueraria lobata* Ohwi

科属名：豆科 Leguminosae，葛属 *Pueraria* DC.

一、经济价值及栽培意义

（一）经济价值

葛藤全身都是宝，根、茎、叶、花、果（种子）等均具有较高的实用价值、药用价值和经济价值。

1. 食用 葛根富含淀粉，鲜根含淀粉20%～35%。根龄以3年生为佳。经一系列加工程序后便可得成品葛粉。葛粉含淀粉75%～85%、水分10%～15%、粗纤维0.3%～0.4%、灰分1.0%～1.8%、蛋白质0.1%～0.2%，是一种优质的淀粉。用葛粉制作凉粉、粉丝和特种糕点食品，是除燥清热的上等保健药膳。鲜葛根可用于制作葛汁饮料和酿酒，每百千克可出65°的酒12～16kg，若用干葛根酿酒，则为37～40kg。美国20世纪70年代以来就开展了利用葛根生产酒精作为可再生燃料的研究。用葛米和白糖做成的稀粥自食其果黏甜可口，葛藤还可制作其他风味独特的保健食品。

2. 药用 葛藤的根、叶、花、果均可入药。葛藤的根入药名葛根，含有黄酮类化合物和生物碱，对解痉、降血糖、增加脑及冠状血管血流有效；是升阳解肌、透疹止泻、除烦消渴之良药。用于血管神经性头痛、高血压、高血脂、腹泻、痢疾、口渴痰多、食积不化、气滞腹痛等消化系统疾病；对糖尿病、迟发性运动障碍、食道痉挛、外感发热、内脏下垂等内科病，颈椎病、跌打损伤等外科病，皮肤瘙痒等皮肤病，神经性耳聋、嗅觉失灵等五官科疾病及对小儿秋季腹泻、落枕，急性乳腺炎、酒精或食物中毒等均有疗效。葛根所含淀粉可制成医用葛粉，也是一种传统的中药材，具有解热生津，升阳透疹，发表解肌等功效。

现代药学研究表明，葛花、茎中具有黄酮类化合物和多种生物碱，其主要成分为葛根素。葛根素对由β受体激动所造成的心律失常有明显的对抗作用。葛叶，性甘、无毒，内服保健去毒，外用主治止血。葛花，用于解酒醒脾，治头晕、不思饮食、发热烦渴。葛谷（种子），含7—谷氨酰基苯和丙氨酸，有止痢、补心、清肺解毒的作用。

3. 饲料 葛藤叶可作饲料。葛藤不仅适应性强，再生性好，生长速度快，枝叶繁茂，一季可长30m左右，每年可割2～3次。产草量高，加强人工管理，产鲜草可达75000kg/ hm²，干草11250～15000kg/hm²。葛叶含粗蛋白质20%～38%、粗脂肪2.5%～4.2%、无氮物35%～43%、粗灰分4%～9%，氨基酸含量占全氮的16%，其中精氨酸氮8.8%、赖氨酸氮2.0%、组氨酸氮4.63%，还含洋槐甙0.17%～0.35%，为天然优质饲料，多数牲畜可食用。马较为喜食，可青饲，也可干后粉碎冬贮饲用。

4. 工业 葛藤茎皮纤维好，单纤维长约0.95～4.2cm，宽0.01～0.02cm，茎柔软坚韧，可作绳索、编织、纺织和造纸原料。近年来将葛藤纤维（葛麻）用于地毯生产，可与蚕丝产品媲美，其色泽、牢固度、弹性、耐磨性均超过丝织地毯，也可织成葛布，其经济及实用价值更高，具有良好的市场潜力。

种子含油率15%，可提取工业用油；葛根、茎、叶经发酵可提取甲烷和酒精。

葛藤众多的用途，一直为人们所重视。目前，世界上已用葛根制成多种保健食品。我国在20世纪90年代后制出了葛根口服液、葛根冲剂、葛根晶、葛根保健凉粉、葛奶等为数不多的几种产品。随着科学技术的发展，葛藤在医药、食品、轻工业、环保等方面将有更广泛的应用。

（二）栽培意义

葛藤根系发达，是很好的改良土壤和水土保持植物。葛藤花大、红色，花期长，且为木质藤本，枝叶繁茂，可作垂直绿化和花廊、花架等园林绿化树种。

1. 保持水土　葛藤是良好的覆被植物，可用于绿化荒山荒坡、土壤侵蚀地、石山、石砾地、悬崖峭壁、复垦矿山等废弃地。葛蔓茎节落地生根，形成新植株，伏地蔓延或缠绕它物，在一个生长季蔓长可达10~15m，1年生葛藤能覆盖地表4m²。蔓叶繁茂，葛条重叠，交错穿插，能形成厚达1m以上的活地被物。因而可以很好地降低地表径流。另外，葛藤的垂直、水平根系都很发达，纵横交错在土壤中，根茎可深入地下3m以上，1年生根径可达2cm，因而具有很强的固结地表土壤，防止雨水冲刷和表土流失能力。在国外常用葛藤进行土壤侵蚀和冲刷沟的治理，或在路边渠旁栽植葛藤，起加固作用。我国内蒙古、山西和甘肃从日本引进了少量种子应用于沙漠地区和荒山绿化。

2. 改良土壤、提高土壤肥力　葛藤作为豆科植物，具有很强的利用氮素的能力。茎叶含大量肥分。如鲜叶含氮0.67%、磷0.14%、钾0.93%、有机物20%，葛藤每年的枯枝、落叶层可达2~3cm厚，能增加土壤中的有机质和氮肥，可有效地改良土壤。据调查，种过葛藤的土壤，玉米产量比没种过的增加70%。

3. 美化环境　由于葛藤具有很强的攀缘性，所以利用它可以进行城市的立体绿化和工程创面的美化，如栽植于围墙旁及公园内，既可供游人观赏、遮阳蔽暑，又可实现绿化、美化环境的目的。此外，葛藤叶面和茎表皮密布粗毛，可吸附空气中大量的灰尘，以降低颗粒物对人居环境的污染。

二、形态特征

多年生藤本植物。茎为蔓性向右旋转缠绕生长，坚韧，富含纤维，有褐色长硬毛，缠绕茎细长，可达20m以上，铺地或缠绕于它物。全株各部分密生黄棕色粗毛。根有两种，一种为吸收根，须根状，呈水平状生长；另一种是贮藏根，块根肉质肥大，呈棒状或纺锤状，表皮有较多皱褶，黄白色，肉白色富含淀粉。叶互生，三出羽状复叶，顶生小叶菱状宽卵形，侧生两小叶呈斜阔卵形，上面疏被平伏柔毛，下面密被柔毛，小托叶芒状长圆形或盾形。叶柄基部肿大，两边各着生一对小托叶，秋季，紫红色蝶形花总状花序腋生。蝶形花冠，紫色，气味芳香。荚果条形，扁平，密被黄色硬毛，花期8~9月，果期9~10月。

三、分布区域

原产我国及日本，现分布于美国、日本、俄罗斯、东南亚地区，在我国除新疆、西藏外，各省区都有分布。

葛藤既是一种有用的植物，同时又是一种严重的杂草。葛藤于 1896 年作为水土保持作物引入美国，由于气候适宜和本地天敌的缺乏以及葛藤本身具有发达根系和固氮能力，因而在美国东南部扩展迅速，目前已达 284 万 hm^2，并以每年 4.8 万 hm^2 的速度扩展，造成了严重的为害。

四、生态习性

喜温暖湿润气候，耐寒、耐旱、耐瘠薄，适应性强，对土壤要求不十分严格，可在微酸性的红壤、黄壤、砂砾土及中性的泥沙土、紫色土等土壤中生长。常生于草地灌丛、疏林地和林缘，也能在石缝、岩石裸露的喀斯特岩溶上生长。因其有强大的深根系，有较强的抗旱能力，苗期土壤含水量在 15% 以上可正常生长。但不耐水淹。葛藤可在最高气温 39.1℃，最低气温 −23.1℃，年降水量 329.4mm 的气候条件下生长。不耐霜冻，地上部分遇霜死亡，幼苗在 −7℃ 时即失去抗冻力，但地下部能安全越冬。因而适合我国大部分地区生长。另外，葛藤根系发达，4 年生葛藤根幅 4.0m、根深 1.7m、根粗 5cm，根系盘根错节在土壤中穿插。葛藤的生命力很强，在火烧地，其他植物都被烧死，而葛藤却从块根长出繁茂的藤蔓。葛藤还具有生长快的优势，在温暖的地方，1 年之内藤蔓可伸长 15 ~ 30m，刈割后有较强的再生力，1 年可刈割 2 ~ 3 次。

葛藤在美国被称为生长最快的植物、绿色的机器。1 棵葛藤可以分出 60 个枝以上，呈放射状伸展，每个枝 1 天可伸长 33cm。并且它们的枝蔓可发出新的根扎向地下，又开始新一轮的伸展和攀缘。在我国，葛藤在 3 ~ 4 月萌发。随着温度的升高而迅速生长。在高温多雨季节，主枝平均每天可生长 5cm。

五、培育技术

（一）育苗技术

1. 播种育苗 将葛藤种子用 60 ~ 70℃ 的水浸种 3 ~ 4 h，将吸胀的种子捞出，然后用 0.5% 的高锰酸钾水溶液消毒 2h，用清水冲洗后即可播种。播种应对苗床灌好底水，土壤湿度以潮湿而不粘为宜。每穴播种 3 ~ 5 粒，覆土 0.5cm 左右。出苗前保持湿润，避免干燥。一般 5 ~ 7 天出苗。出苗后要及时浇水，除草，间苗，加强苗期管理。

2. 压条繁殖 使葛藤的藤蔓均匀分布，隔节用土埋住踏实，茎节处可生出不定根，秋后或春季即可将藤蔓按茎节切断挖出，用于栽培。另一种压条方式是截蔓压条：将 2 年生的藤蔓裁成 60cm 的茎段，挖坑 30cm，将藤蔓两端露出地面 5cm 左右，中间湿土踩实即可。

3. 扦插繁殖 插条选用 2 年生藤蔓，剪成长 15 ~ 20cm 的插穗，每段插穗要有 2 个节芽，不同处理的发根率、根长、根数、根重的变化趋势是一致的，通过分析得出：葛藤扦插用 NAA 处理效果好于 IBA；100μL/L 的 NAA 和 100μL/LIBA 效果比其它浓度好。另外，用高锰酸钾处理插条也可以提高其发根率。

（二）栽培技术

葛藤栽植前首先要清除地里的杂草、灌丛，酌情施入底肥、灰渣以改良土壤。然后挖种植穴，种植穴宽、深各 30cm，两穴间距 1.0m。可栽植 9750 ~ 10500 株/hm^2，栽好后浇定根水。栽植期因地区不同而异，一般以 2 ~ 4 月为宜。生长期内可根据实际需要进行 1 次中耕除草和培土。以后因其生长迅速，枝叶茂盛，固氮力强，一般无需再中耕除草和施肥。如葛藤的栽培是用于荒山绿化，固土护坡等改善环境目的，则应因地制宜，适当调整种植密度等栽培措施。

六、病虫害防治

粉葛拟锈病：该病主要危害叶片、叶柄及葛藤，形成黄色泡状隆起，最后破裂散出黄色粉末，病叶早落，后期造成病藤呈肿瘤状。据调查，粉葛拟锈病每年5月份开始零星发生，到翌年1月收获期内都有发生，病害严重田块，病株率达90%～100%。国内外曾有该病在野葛（*Pueraria lobata* Ohwi）上发生的记载。中性偏碱性条件利于孢子囊萌发，在田间适当施用一些酸性肥料，以改良土壤酸碱度，对孢子囊萌发会有一定的抑制作用。

在已发现的110种取食葛藤的昆虫种类中，以紫茎甲、豆突眼长蝽、筛豆龟蝽、斑鞘豆叶甲、豆芫菁、烟粉虱、花蓟马、棉红蜘蛛等为主。但都不足以造成大面积危害。

在栽培初期，兔子最喜啃食葛藤的幼芽和嫩茎，可能造成严重灾害。

防治方法：用鱼汤或鱼内脏沤水3～5天，然后将其喷洒在幼芽或嫩茎上，每周1次，可有效防治兔子啃食。

（陈铁山、郭军战）

红花槐

别名：毛刺槐、江南槐

学名：*Robinia hispida* L.

科属名：豆科 Leguminosae，刺槐属 *Robinia* L.

一、经济价值及栽培意义

红花槐花大色美，鲜艳夺目，花期长，是园林绿化、庭园草坪良好的观赏树种，宜于行道树、绿色广场丛植或孤植，抗烟尘能力强，有利于改善环境。

二、形态特征

灌木，高2m左右，茎、小枝、花、根均有红刺毛，托叶变为刺状，奇数羽状复叶，小叶7～14对，广椭圆形近圆形，长2.0～3.5cm，叶端钝而有小尖头，花粉红色或紫红色，长2.5cm，2～7朵成稀疏的总状花序，荚果长5～8cm，具腺状制毛，夹果多不发育，结籽少，花期5～6月，荚果9～10月成熟。

三、分布

红花槐原产美国东部弗吉尼亚洲，肯塔基州，佐治亚州及阿拉巴马州。我国青岛、北京、辽宁熊岳等地作为园林绿化树种栽植，西北东南部栽培较普遍，凡是适宜刺槐生长的地方，都可栽培。

阳性树种，耐寒耐旱耐瘠薄，在各种土壤上均能生长，但在低洼积水地生长不良，侧根发达，浅根性，风大易倒伏。耐修剪，萌芽力强。

四、培育技术

红花槐主要用嫁接方法繁殖，以刺槐作砧木，使成为乔木状，接穗在头年11月下旬在红花槐枝条上采集，埋入湿沙中贮藏，保持湿润。3月底至4月初，用切接法或腹接法，嫁接在1～2年生的刺槐砧木上，嫁接成活后当年苗高可达3～4m，干径2～3cm，次年即能开花。开花前剪去部分长枝，减少花的数量，以保持树冠完整。

（张　琪）

合　欢

别名：夜合、绒线花、绒线树、夜合花、夜合树、夜关门、马缨花

学名：*Albizzia julibrissin* Durazz

科属名：豆科 Legumionsae ，合欢属 *Albizzia* Durazz.

一、经济价值及栽培意义

合欢树形美观，花色艳丽，开化如绒球，又值盛夏时节，花期亦长，是优美的庭园及行道绿化观赏树种。木材为散孔材，边材淡黄褐色，心材红褐色，结构细，干燥易开裂，比重约0.6，耐久用；供农具、家具、枕木、车轮、车厢等用材。树皮（合欢皮），甘、平。煎剂，内服有强壮镇痛，利尿及驱虫等功效，其浸膏外敷治骨折、痈疽肿痛等；树皮及花入药，能安神、活血、止痛及理气解郁；根能清热、利湿、消积、解毒。树皮及叶含鞣质，可提制栲胶。茎皮纤维可作人造棉及造纸原料。种子含油量10%左右，可炸油。嫩叶可食。

二、形态特征

乔木，高16m，胸径50cm；树冠伞形，冠幅6~8m；树皮褐灰色或淡灰色，平滑，不裂至浅纵裂。小枝褐绿色，具棱，无毛，皮孔黄灰色。2回羽状复叶，复叶具羽片4~12（20）对，每羽片有小叶10~30对，小叶镰状矩圆形，两侧极偏斜，长6~12（15）mm，宽1.5~4.0mm，先端急尖，微内弯，基部平截，中脉近上缘，叶缘及下面中脉被柔毛；托叶条状披针形，早落；叶柄具1腺体，小叶在夜间闭合，总叶柄长3.0~3.5cm；头状花序排成伞房状，腋生或顶生，总花梗长2.0~6.5cm，有毛及腺点；花短有梗，花萼与花冠疏生短柔毛，花丝淡红色，丝状，长约25~40mm。荚果带状条形、扁平，长8~17cm，宽1.2~2.5cm，褐色，边缘有较厚棱，幼时有毛，果皮薄，淡黄褐色，种子10粒左右。花期6~8月，果期9~10月。

三、分布区域

西北地区：陕西分布于秦岭南北坡及武功县、兴平县、西安市、周至县、户县、眉县、陇县等地，在渭北高原以南地区的"四旁"和庭园常有栽培；甘肃天水及武都、文县等地有分布与栽培；宁夏生于南部一带；青海西宁、尖扎有栽培；新疆南疆喀什、和田等地已引种栽培。

其他地区分布于华东、华南、西南及辽宁、河北、台湾等省（自治区、直辖市）。我国南方有野生。朝鲜、日本、越南、泰国、缅甸、印度、伊朗及非洲等地也有分布。

四、生态习性

合欢属喜温暖树种，分布区多在温带、亚热带及热带地区，低温是向北、向高海拔处分布的限制性因子。冬季-20℃以下的低温，可使1年生枝冻枯，在分布区的北部边缘，常因

低温及生长季节较短等原因呈灌木状，相反，在分布区南部常长成高大乔木。合欢为强阳性树木，喜光，不耐庇荫，能耐干旱气候，在年降水量 200 ~ 300mm 的地区，相对湿度低的内陆地区，能正常生长，但在降雨较多、土壤湿润之处生长较快，干形通直，病虫较少。在干燥瘠薄，冲刷严重的粗骨质土、沙质土和黏重的高岭土上均能正常生长，但在石灰岩上生长不良。分布与栽培西端，青海尖扎地区的气候条件：年平均气温 5.2 ~ 8.6℃，极端最低气温 -23.8℃，极端最高气温 34℃，≥0℃积温 2546.6 ~ 3510℃，年降水量 254.2 ~ 361.5mm，湿润系数 0.34 ~ 0.48，无霜期 183 ~ 197 天。

合欢根深材韧，抗风力强，根系发达具根瘤，能固定大气中游离氮，可改良土壤，提高地力，是水土保持、土壤改良的优良树种。萌芽力强，多次砍伐后仍能萌蘖，可作优质生物质能源（薪炭）林树种经营。

合欢生长较快，在水肥条件较好的立地环境，生长表现是先快后慢，3 ~ 10 年前树高生长可达 1m 左右，胸径生长 1.0 ~ 1.5cm，以后转慢，高生长增长甚微，故只能长成高 10m 左右的小乔木，径生长每年 0.5 ~ 1.0cm，20 年后趋于停止，故少见大径级材。合欢实生苗 8 ~ 10 年后开花结实，结实无大小年现象。华北地区露地栽培。陕西关中地区每年 4 月中旬发叶，6 ~ 7 开花，10 月下旬落叶。

五、培育技术

（一）育苗技术

合欢多采用播种方法育苗

1. 采种 合欢种子成熟后，荚果较长时间不会自行脱落，也不会自然开裂，冬前可以随时组织人力采收。荚果采回后摊晒，用棍棒击落种子，经风选或水选，得饱满种子，装入布袋内，置于通风处干藏备用。每千克种子约 3400 ~ 12300 粒，发芽率 50% 左右，发芽力可保持 2 ~ 3 年。

2. 种子处理 播前约 10 天，先用 80℃ 水浸种，不断搅拌，自然冷却至 30 ~ 40℃，每日换水，种子吸水膨胀，然后用湿沙层积催芽，待 10 天左右约有 25% 的种子露白时即可播种。

3. 整地作床 选阳光充足，排灌方便的沙质壤土地作苗圃，土壤 pH 值应小于 7。前一年秋深翻，翌春浅耙施入基肥，每亩约 2000kg 有机肥，并施入硫酸亚铁 1 ~ 2kg/亩进行土壤消毒。湿润地区可作高床，干旱地区作低床，床宽 1.2m 左右，长 6 ~ 10m。

4. 播种 于 3 月中下旬至 4 月上旬即可开沟条播，行距 20 ~ 30cm，沟深 3 ~ 4cm，将种子均匀撒入沟内，每亩播种量 4 ~ 6kg，覆细土 2 ~ 3cm，稍加镇压，使种子与土壤紧密接合。播后 10 ~ 156 天，即可发芽出土。

5. 苗期管理 播后需覆一层薄草遮荫，出苗前根据土壤干湿情况用洒壶洒水，保持床面湿润。当幼苗开始出土时，逐步揭去覆草。在苗高 7 ~ 8cm 时间苗，株距 8 ~ 10cm，每亩留苗 20000 株左右，幼苗初期，生长缓慢，7 ~ 8 月生长速度加快，可结合松土除草和灌水施入人粪尿或尿素化肥。8 月以后要控制灌水施肥，以提高苗木木质化程度。当年苗高可达 0.5 ~ 1.0m，地径 0.8 ~ 1.2cm。1 年生苗主干常不挺直，次春可齐地截干，留 1 壮芽成长，可使树干变直。为了培育大苗，第二年可移床定植，每亩定苗 10000 株左右，苗高 1.5 ~ 2.0m，可出圃栽植，城市园林绿化需要大苗，可继续移植培育，株行距 40cm × 60cm，第

三、四年苗高 3~4m 可出圃用于绿化。

（二）栽植技术

1. 林地选择 合欢多用于城市园林绿地及社区名胜景点栽植，或供行道树、庭荫树用，或配置于山坡、丘陵及平原。

2. 整地栽植 栽植前进行穴状整地，规格长×宽×深分别为 60cm×60cm×40cm 或 80cm×80cm×60cm，成片造林，栽植密度（株行距）为 1m×2m 或 2m×2m，亩植 140~330 株，行道树株距 6~8m，庭园可孤植或群团状配置，株行距 3m×4m 或 4m×6m。春秋季均可栽植，秋季落叶后春季发叶前进行。为了促进生长，可在穴底施入有机肥料，肥料要用 3 倍表土掺和拌匀，以免发热烧根。栽植时注意根展、苗直并要分层踏实土壤。栽后浇一次定根水，促进成活。栽植最好用大苗，起苗时最好带些宿土。

3. 幼树管理 为使幼树保持通直树干，植后可行截干，待萌发后选留 1 个健壮萌条做主干或采用容器带土栽植。对幼树应加支撑物给以保护。在寒冷地区定植后三年内应于秋末及时束草防冻，夏季遇干旱时需及时浇水，并要适时松土除草。

合欢侧枝粗大，主干低矮，为养成高大通直良材或保持良好的树形，必须注意修枝，也可仿照苦楝"斩梢抹芽"法培植高大主干。作为行道栽培，更应使主干有一定高度，以便利公路和行道上车辆通行，一般高度应达到 5~6m。

六、病虫害防治

1. 天幕毛虫 幼取食嫩芽及叶片，有时能将叶片全部吃光，严重影响树木生长。

防治方法：①人工捕杀丝幕内的幼虫；②喷 90% 敌百虫 800 倍液，或 25% 敌杀死乳剂 2000 倍液，或施放烟雾剂毒杀幼虫。

2. 合欢双条天牛（*Xystrocera globolsa* Oliv.） 以幼虫危害树木及木质部，将边材蛀成不规则的蛀道，老龄幼虫蛀入边材或心材形成孔洞，轻则抑制树木生长，重则造成风折或死亡。

防治方法：①用 3% 呋喃丹颗粒剂涂干；②保护天敌跳小蜂等。

3. 豆荚螟 幼虫蛀食种子。

防治方法：①幼虫出荚前，采集受害荚果烧毁；②荚果形成初期喷 50% 杀螟松乳剂 500 倍液，以毒杀卵或初孵幼虫。

（罗伟祥、王俊波）

紫 荆

别名：满枝红、满条红、紫金盘

学名：*Cercis chinensis* Bunge

科属名：豆科 Leguminosae，紫荆属 *Cercis* L.

一、经济价值及栽培意义

紫荆是早春主要观花树种之一。紫荆心材黄色，边材淡褐色，质坚重，比重约 0.6，可供建筑业或家具业用。树皮、根皮、木质部以及花、果均可药用，具有活血、通淋、解热毒消肿之功效，紫荆木入药主治妇女痛经、淋病；紫荆皮可治喉咙痛肿、跌打损伤及蛇虫咬伤。紫荆花具有清热凉血，去风解毒的功效，可用于治疗风湿筋骨痛，鼻中疳疮等症。种子可制农药，有驱杀害虫之效。紫荆花中含有大量的黄酮类化合物，已明确的有阿福豆甙、山萘酚、松醇、槲皮素 $-3-\alpha-L-$ 鼠李糖甙（Quercetin $-3-\alpha-L-$ rhamnoside，IB）、杨梅树皮素（Myricetin $-3-\alpha-L-$ rhamnoside，IC）等有效成分，还含有丰富的钾、钙、镁、铁、锌、铜、锰，并含有一定量的钴、镍、锂，这些元素均具有突出的造血、生血机能。用紫荆的成熟花瓣还可提取天然食用红色素，据估测，紫荆年产花量可达 100t 以上，具有很大的开发潜力。这些为紫荆的开发应用提供了科学的依据。

早春叶前开花，无论枝、干都布满紫花，艳丽可爱，是优良的观赏佳品。

二、形态特征

落叶灌木或小乔木，一般高 2～4m，有的可长成大树，高达 15m，胸径 50cm。在栽培情况下多呈灌木，幼树皮暗灰色而光滑，老则粗糙而成片裂。小枝常无毛，具皮孔。叶互生，叶形大，心形或近圆形，全缘，表面光滑，长 6～14cm，宽 5～12.5cm，基部深，心形，顶端短渐尖，成熟时近革质，两面无毛，叶脉掌状 5 出，叶柄红褐色；托叶矩形，顶端有软毛。花梗长 0.6～1.5cm；萼齿 5，齿宽三角形，先端钝，无毛；花冠红紫色，长 1.5～1.8cm，花期 3～4 月，4～10 朵簇生于 2～4 年生枝上，短总状花序，先花后叶或花叶同放，紧贴老茎枝，十分艳丽。荚果扁平，长 6～13.5cm，宽 1.3～1.5cm，沿腹缝线有狭翅，具明显的网脉，有种子 1～8 个，9～10 月果熟。种子扁圆形，近于黑色，直径约 0.4cm。常见栽培的还有其变型白花紫荆。

三、分布区域

原产我国中部，在川东、鄂西三峡一带山地天然林中长成乔木，现全国各地均有栽培。黄河流域、长江流域和珠江流域集中栽培。除我国外，在美洲北部、亚洲东部以及欧洲南部也有紫荆分布。

四、生态习性

温带树种，但有一定耐寒能力，喜光喜暖，耐寒耐暑热，但忌烈日直晒，在北京背风向阳处可安全越冬。对土质要求不高但喜肥沃土壤，在 pH8.0 的碱性土壤上生长良好。它有一定耐旱能力但不耐潮湿，尤忌积水湿涝。紫荆根系发达，适应性强，其根延伸很远，故而耐旱；其根部有根瘤菌寄生，能固定游离氮素，因而除栽植初期外一般不需施肥。西北大部分地区可露地栽植。

五、培育技术

（一）育苗技术

以种子繁殖为主，也可进行分株、压条繁殖。

1. 播种育苗　于上年 10 月前后，当种荚由黄转紫黑色时连同荚果一齐采收。采种的母树要求生长健壮，无病虫害，前后左右无高大乔木及建筑物挡光。种子剥出后，立即用 2 倍的干净湿沙混合，堆在室外进行 80 天左右的层积沙藏处理，再行播种。播种前 10 天将种子用温水（60 ~ 80℃）浸种 3 ~ 4

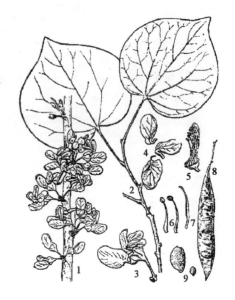

紫荆
1. 花枝　2. 叶枝　3. 花　4. 花瓣　5. 雄蕊和雌蕊　6. 雄蕊　7. 蕊　8. 果实　9. 种子
（仿中国树木志）

天，然后放到温暖处催芽，待种子裂嘴后再播入事先备好的苗床里；或者在 3 月中旬将冷藏种子用 1% 的高锰酸钾浸泡 5min. 后清水冲洗干净，在畦面上开沟条播，行距 20cm，沟深 3cm，种上盖土 1cm 厚，并盖草保湿。约 20 天左右种芽出土，将覆草清除。早春将育苗畦制成龟背形，在土中加入杀虫杀菌剂，畦与畦之间挖 30cm 深、30cm 宽的沟，用于排水降渍。1 个月左右便可出苗，当年苗高可达 50cm 左右。

2. 扦插育苗　扦插分为硬枝扦插与嫩枝扦插。

（1）硬枝扦插　于 3 月初选取无病虫害的 1 年生健壮枝条，剪成 15cm 长。将龟背式插床深翻浇透水，盖地膜，用竹签钉洞，插条后再浇水，插条仅留 1 芽在外，盖地膜，可以提高地温并保持湿度。直至插条生根基本不要浇水。

（2）嫩枝扦插　一般在 6 ~ 8 月中旬均可进行，取当年生半木质化的枝条，剪成长约 12cm 左右（保留 3 个芽）的插穗，上端在离最上面芽 2cm 处剪成平口，下端近节处剪成长 1.5cm 的斜口，以便增加形成愈伤组织的面积，产生更多的根系。插入深度为穗长的 2/3。有全光照喷雾扦插控制仪的则要保留每根插穗上有 1 ~ 2 叶片，否则尽量不保留叶片，插床上面及四周要遮荫，每天中午喷雾水，天气炎热要增加喷雾次数。30 天左右检查生根情况，每个插穗有 1 ~ 2 条根后，才可逐步见光。越冬用稻草覆盖防寒。翌春移栽，成活较高。紫荆小苗期间易受蚜虫危害，要及时防治，并控制杂草，防止与苗争水争肥，引起苗徒长，抗寒性下降。禾本科类杂草可每亩田用 10.8% 高效盖草能乳油 30ml 加水 50kg 稀释，在杂草 3 ~ 4 叶期喷雾，应注意施药后 20 天不宜中耕松土。

3. 分株繁殖　在春季植株发芽前进行，分株时将全株掘出，抖掉根土，用刀劈成每墩

3～4根枝干的新植株进行栽培，这样当年即能开花。还可以从母株周围掘取有根的萌蘖枝先在苗圃培养2～3年，再移植到园中。

（二）栽培技术

西北地区3年生苗可出圃定植，定植后当年或次年即可开花。移植应在春季萌芽前进行，大苗应带土球。定植前施适量腐熟有机肥作基肥，以后可不再施肥。每年开花期间，可浇水2～3次，天气干旱时及时浇水，雨季要注意排水防涝，秋季切忌浇水过多。秋后霜冻前就充分浇灌越冬水，以防根系受冻。3年生以上的植株必须埋土防寒，

定植后的幼苗，为使其多生分枝，发展根系，应进行轻度短剪。生长期可适当摘心、剪梢，促进多分枝。每年秋季落叶后，应修剪过密的和过细的枝条，有利于通风透光，促进花芽分化，保证来年花繁叶茂，植株安全越冬。开花后，对树丛内的强壮枝摘心、剪梢，要注意剪口下留外侧芽，以利株形开展和树丛内部通风透光。避免夏季修剪，以防减少花芽的产生。紫荆的花都开在3年以上的老茎枝上，从茎顶到露土的根上都可着花。因此整形修剪时要注意保护老茎枝，对交叉枝、平行枝、重叠枝，宜用铁丝拉扎拉弯，改变枝条走向，尽量少剪。如不繁殖新植株，对根部萌蘖宜剪掉，以免分散养分。秋季控制水分，入冬前浇1次封冻水。

在园林绿化中紫荆可布置在建筑物前，或作草地丛栽，或与常绿乔木配置，若管理良好可达到"满条红"的效果。

六、病虫害防治

幼苗易患立枯病，可喷洒1%波尔多液或硫酸铜溶液防治。夏秋生长盛期常有刺蛾、大蓑蛾、金龟子等危害叶片，应及时喷洒50%辛硫磷乳剂1000～1500倍液，或用50%杀螟松乳剂1 000倍液防治。

（郭军战、陈铁山）

红叶臭椿

一、品种来源

红叶臭椿是苦木科（Simaroubaceae）苦木属（*Ailanthus*）臭椿〔*Ailanthus altissima* (Mill.) Swingle〕的一个变种。由山东泰安市林业科学研究所 1991 年选育成功，1992 年获山东省科技进步二等奖，并通过了良种审定。

二、经济价值及栽培意义

红叶臭椿树姿优美，叶色艳丽，春季全树叶片呈紫红色（自萌芽开始至 5 月下旬或 6 月上旬，整个树冠的羽状复叶全部为紫红色）可谓满树皆红，十分壮观。夏秋季节，枝条顶部的新生叶片仍呈鲜艳的紫红色，簇簇红叶，仿佛花枝簪头，如此美景，一直保持到 8 月中下旬的封顶期。直立顶生圆锥花序，花淡黄色，在红叶的衬托下，颇为醒目，花为单性雄花，花而不实，冬季枝头翅果宿存，枝干更加清晰宜赏，是一种观赏价值很高的彩叶树种。

三、形态特征与习性

落叶乔木，树干通直高大，树冠宽卵形或半球形，树皮光滑，单数复叶互生，叶卵状披针形，长 7 ~ 15cm。自春季展叶至 7 月新梢均为红色，秋季整体变为红色，季相变化明显。

抗寒、耐旱耐瘠薄，能适应较干冷的气候，耐 −30℃ 的极端低温，对土壤要求不严，微酸性、中性、石灰性土壤上均能生长。喜光，根系深广，萌蘖力强，生长快，抗烟、防尘。

四、培育技术

（一）繁殖技术

可采用插根和嫁接的方法繁殖，试验表明，还可用组织培养法繁殖。利用 1 年生带芽茎段作组培外植体，经过消毒处理催芽培养，切下已长出的幼芽，经灭菌，再利用适宜培养基，激发生根，再诱导萌芽，炼苗，培育成组培苗。

（二）栽培技术　同臭椿。

（杨江峰）

苦 楝

别名：楝树、楝子

学名：*Melia azedarach* L.

科属名：楝科 Meliaceae，楝属 *Melia* L.

一、经济价值及栽培意义

苦楝生长快、材质好、用途广、繁殖易、病虫少，深受群众喜爱，是西北地区东南部优良的用材和园林四旁绿化的重要树种，木材纹理美观，边材灰黄色，心材黄色或红褐色，坚韧适中有光泽，不曲不裂不生虫，为家具、建筑、农具、船舶、军工和乐器良材；也可用于建筑装修、箱、笼及水桶材料。树枝（可提取苦楝素）、根皮、叶、果入药有驱虫（蛔虫及蛲虫）、止痛（治肛痛）、祛湿热之功效；最新研究表明，苦楝对星天牛（*Anoplophora chinensis*）成虫具有较强的引诱能力，这是因为苦楝树中具有活性的引诱成分为醇类和芳香族化合物，据此可用苦楝引诱喷施农药（50％甲胺磷 400 倍液，40％氧化乐果 400 倍液，每半月喷施 2 次）毒杀天牛。从树皮分析出有 7％的单宁，主要成分为多元酚，对病菌（杨树溃疡病）有明显的抑制作用，可制生物农药。果实含岩藻糖，可酿酒，皮肉每百斤可出酒 8.18kg（60°），酒精（90°）4.61kg，其渣可制肥料，果核出油率 17.4％，种子含油率 42.17％~50％，可榨油，用作油漆、滑润油、肥皂的原料，也可制作增塑剂；种子含全 N2.15％、全 P0.82％、全 K0.41％，可制作优质饲料；树皮含鞣质 7％，叶亦含鞣质，均可提取栲胶，树皮纤维可用于制人造棉及造纸；花鲜艳，有香气，可提芳香油。树叶可吸收烟、粉尘、氯化氢、氟化氢等，能净化空气、美化环境、增强人体身心健康。群众有："苦楝全身都是宝，广泛栽植效益好"的称颂。

大力发展苦楝，不仅可以促进园林"四旁"绿化，改善和美化环境，而且对于发展生物农药产业都具有重要的意义。

二、形态特征

落叶乔木，胸径可达 1m，树高 20m，树冠宽阔而平齐，树枝灰褐色，纵裂，幼枝绿色，有星状毛；老枝暗紫色，光滑，具褐色皮孔；叶 2~3 回羽状复印，长 20~40cm，小叶卵形或椭圆形，长 2~7cm，宽 1.4~3cm，边缘有细锯齿；花蓝紫色，圆锥花序疏散，长约 1cm。核果几球形，淡黄色，径约 1.5~2.0cm。花期 4~5 月，果熟期 10~11 月。

三、分布区域

分布较广，北到河北、山西省，南至台湾省，西至四川、云南等省。西北地区分布于陕西秦岭南北坡，关山林区各县多在海拔 900~1300m 村庄栽培，关中平原和渭北高原种植普遍。甘肃产于天水、庆阳以及文县、成县、武都、舟曲、康县（海拔 800m）。

四、生态习性

苦楝为阳性树种，不耐庇荫，喜温暖、湿润气候，不甚耐寒，苗木及幼树遇霜冻低温易受害，第二年春天，主梢下部成熟的部位再发新芽生长，形成分枝多主干低矮的特性。对土壤要求不严，在酸性土、中性土、钙质土上均能生长，较耐盐碱，在含盐量 1% ~2% 的土中能正常生长，抗风力强。在肥沃湿润土壤上生长极快，为陕西速生树种之一。在西北农林科技大学农科院校区，20年生苦楝，胸径 31.2cm，树高 18.5m；在甘肃天水地区招待所栽植的 23 年生苦楝，高达 10cm 以上，胸径 28cm。河北石家庄 5 年生树高 8.7m，胸径 11.1cm。

苦楝

苦楝在西北地区适生范围的气候条件：年平均气温 9.4 ~ 14.0℃，极端最高气温 45.2℃，极端最低气温 - 21.3℃，年平均降水量 500 ~ 760mm，无霜期 180 ~ 210 天。

五、培育技术

（一）育苗技术

1. 播种育苗

（1）采种　果实立冬成熟，长久不落，采种时间比较充裕。当果皮由绿变黄略有皱纹时均可采集。10 ~ 20 年生树所结果实质量较好，可培育出壮苗。采种后需浸水沤泡，捣去果皮，洗净阴干，室内干藏。发芽力可保持 1 年以上，果实出籽率 25% ~45%，每千克种子 1400 ~ 1600 粒，种子千粒重 580 ~ 800g，发芽率 80% ~ 90%。处理方法：将种子在阳光下曝晒 2 ~ 3 天后，浸入 60° ~ 70° 热水中，随倒随搅拌，直至不烫手为止，浸泡 1 昼夜，取出坑底铺一层厚 10cm 的湿沙，再混湿沙贮藏，选排水良好向阳处，挖深 30cm 的土坑穴，坑的大小视果核多少而定，坑底砸实平整，将种混以 3 倍的湿沙，堆放坑内，上覆一层塑料薄膜，坑的四周插一草束。经常翻动，待有 1/3 种子萌动（露芽）时进行播种。

（2）播种　冬播或春播均可，精细整地作床，施足基肥。开沟条播，条距 30cm，株柜 15 ~20cm，冬播每公顷需种子（带果肉）525 ~ 750kg，春播每公顷需净种 225kg，覆土 2 ~3cm。

（3）苗期管理　"小满"前后幼苗出齐，每个果核内有种子 5 ~6 粒，发芽后幼苗簇生，当苗高 10 ~12cm 时间苗，每簇选留 1 株健壮幼苗，其余可用作补植移栽。早期加强水肥管理，6 月下旬开始，每隔 15 ~20 天开沟施入尿素 6 ~8kg，同时灌溉，促进旺盛生长，至 8 月后，要控制水肥，提高苗木木质化程度。1 年生苗高 1.0 ~1.5m，地径 1.5 ~2.0cm，即可出圃造林，定植育成大苗，苗木产量 12 万 ~15 万株/hm^2。

2. 埋根育苗　可在播种苗起苗后，选径粗在 0.6cm 以上的主、侧根，剪成长度为 13 ~ 16cm 的根穗，直插入已整理好的苗床内，上端切口与床面平齐，踏实土壤，使根穗与土壤密接。萌芽后，每穗选留 1 个健壮芽培养成主干，其余剪除。肥水管理同播种苗。当年苗高可达 1.5~2.0m，并具发达的侧根。

3. 扦插育苗

选直径在 0.6~1.0cm 的 1 年生苗干，剪成长约 15cm 的插穗，直插入土中。其方法同埋根育苗。为培育优良无性系苗木造林，以保持优良特性，可采用嫩芽扦插育苗，嫩芽用根生芽，扦插前用 100μL/L 萘乙酸钠 +0.2% 多菌灵处理，移栽后成活率达 96.6%，6 月中旬以前移栽较好，根径 2.3cm，可出圃造林。

（二）栽植技术

1. 植苗造林

（1）造林地选择　苦楝多用于四旁绿化，也可营造片林，立地条件应选择低山丘陵，平原滩地等湿润肥沃之处，在干旱瘠薄或水湿地上以及冲风地带生长不良。西安市崇业街、经纬路、白马道巷和公园南路等多条街道以及蓝田县西兰路等采用苦楝作街路树，挺拔秀丽，十分别致。

（2）造林季节　春季土壤解冻后进行，冬季较暖和的地方也可在 11 月下旬，12 月上旬栽植。

（3）造林密度　植树的株行距，"四旁"绿化株距为 3~4m；成片造林株行距为 2m × 3m、2m×4m 或 5m×6m，大穴整地，穴径 60cm，深 40~50cm，穴内施入底肥。

2. 直播造林　在立地条件较好的地方，可采用直播造林。播前将种子用温水浸泡 24h，在事先整好的地上挖穴播种，每穴播 2 粒种子，覆土 3cm 左右，踏实土壤。

3. 分根造林　在距树干 60cm 处挖取粗壮侧根，切成长 20cm 的根段，直插入土中，踏实土壤，在发芽出土后选留 1 个健壮芽条长成新株。在新采伐根桩上，对新萌发的芽条，留优去劣，使健壮株长成新株，在根部进行培土，加强管理。

4. 幼林抚育管理　苦楝自然生长分枝低，树干矮，为了培育通直高大良材，可行"斩梢抹芽"的科学方法以达此目的。用 1 年生苗造林可实行截干造林，用大苗造林后，在 2~3 月新芽没萌发前，斩去地上部分的 1/3~2/3。5 月当不定芽萌发至 10cm 长时，选留 1 个靠近切口的粗壮新枝培育为主干，剪去其余萌枝，第二或第三年再斩去梢部不成熟部分，在上年留枝的相反方向留选 1 个新芽，如此进行，直至主干达到需要的高度为止。然后任其自然分枝，充分发展树冠，促进迅速生长。斩梢需用利刀削除，切口要平滑，切勿劈裂和拉皮。结合斩梢抹芽，应分别松土除草 1~2 次，追施 1~2 次有机肥，同时可进行林粮（瓜、菜）间作，以耕代抚。总之通过加强管理，使其长成通直大树。

六、病虫害防治

1. 丛枝病　系由类菌直体浸染引起。先由 1 个枝条或几个枝条顶端簇生大量细小枝条、密集成丛，小枝叶小而黄，然后遍及全株，一般得病 2~3 年全株枯死。

防治方法：据研究，叶蝉类（苦楝斑叶蝉、大青叶蝉、白翅叶蝉，黑尾叶蝉）是丛枝病的主要传播者。

防治方法：可在叶蝉的初孵若虫期喷洒 40% 的乐果或 50% 的马拉硫磷 2000 倍液。同时，对刚发病的植株用 1.0 万~1.5 万单位的四环素或土霉素进行根施或注入髓心，有一定抑制作用。其防治方法见泡桐病虫害防治。

2. 溃疡病（*Fusicoccum sp.*）　危害幼龄苦楝枝干，严重影响生长。

防治方法：入冬用利刀刮除溃疡病斑。加强抚育管理，使其通风透风，促进健壮生长。喷 70% 的托布津 200 倍液控制危害。

3. 介榆牡蛎蚧（*Lepidosaphes ulmi* Linnaeus）　　为害苗木或幼树。

防治方法：可喷 1∶1500 倍或 1∶1000 倍的乐果乳剂防治，入冬在树干上涂石硫合剂，可防治介壳虫的危害。

2. 锈壁虱（*Fefranychus uienensis*）　　危害枝叶，轻则使生长停滞。该虫 1 年多代，5～10 月为害，7～8 月气温高，繁殖快，为害最严重。

防治方法：可用 65% 代森锌可湿性粉 600 倍或 40% 乐果乳剂 1000 倍液防治，喷药时应将全叶及嫩梢喷湿，7 天后再喷 1 次，可收到较好效果。

（罗伟祥、辛占良）

黄 栌

别名：红 叶、欧（洲）黄栌

学名：*Cotinus coggygria* Scop.

科属名：漆树科 Anacardiaceae，黄栌属 *Cotinus* Mill.

一、经济价值及栽培意义

黄栌为落叶灌木或小乔木，分布于我国很多地方的中低山区。其叶深秋全部变红，艳丽可爱，是北方极为重要的秋季红叶观赏树种，有"霜叶红于二月花"的美誉。另外花后残留满枝的不孕花，花柄成紫色羽毛状，留存很久，犹如青烟缭绕树间，十分引人注目，是很美的观赏部位。著名的北京香山红叶即由黄栌构成，吸引着无数游人。

黄栌干虽曲，材质硬、耐久似柏，所以是建房、农具、薪柴、烧炭的优良材料。并可用作雕刻、制作器具的原料。其材色黄，可提取黄色染料，枝叶和树皮含单宁，可提取栲胶，为鞣料工业原料，叶含芳香油为调香原料，枝叶根皮可入药，能消炎清湿热，主治妇女产后劳损，此外，黄栌还可用作嫁接红栌的砧木。因此，具有很好的经济价值。

黄栌喜光也略耐荫，抗旱耐瘠薄，稍耐寒，能适应各种恶劣自然环境，在岩石裸露的干旱阳坡或无土的石缝里都能生长，其造林保存率高，根系发达，落叶量大，既能遮盖地表，减少径流，又能增加腐殖质、改良土壤。萌芽力强耐平茬，是西北地区水土保持、水源涵养、农田防护林的理想树种，种植在山坡上或常绿树丛前，夏季可赏紫烟（缀满枝头的不孕花序），秋季可观红叶，形成一道亮丽的景色。

二、形态特征

树冠圆形，一般高 2 ~ 8m。单叶互生，全缘，具长柄，无托叶。叶长 3 ~ 10cm，宽 2.5 ~ 8.0cm，无毛或枝下面有短柔毛，侧脉 6 ~ 11 对，顶端常分叉，叶柄长约 1.5cm。圆锥花序顶生，花杂性，淡黄色，披针状卵形，萼片、花辩及雄蕊各 5；子房 1 室上位，花柱 2 ~ 3 侧生。果序长 5 ~ 20cm，有多数不孕花的紫绿色羽毛状细长花梗宿存；核果小，肾形或斜倒卵形，红色，直径 3 ~ 4mm。黄栌属另有 3 种：

1. 美洲黄栌（*Cotinus obovatus* Raf. ）。

2. 四川黄栌（*C. szechuanensis*） 树高 2 ~ 5m，分布于四川西北部，垂直分布于海拔 800 ~ 1900m。

3. 矮黄栌（*C. nana*） 为矮小灌木，高 0.5 ~ 1.5m，分布于云南西北部，垂直分布于海拔 1500 ~ 2500m。

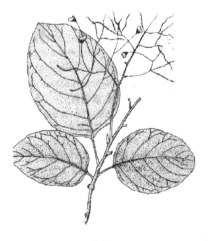

黄栌

三、分布区域

黄栌分布于西北地区东南部中低山地。灰毛黄栌（红叶）分布于陕西、甘肃、北京、河南等地，垂直分布在海拔 70～1620m。毛黄栌分布在陕西．甘肃、山西、河南、山东、浙江、江苏、四川等地，垂直分布 800～1500m。粉背黄栌分布于甘肃、陕西、四川、云南等地，垂直分布于海拔 620～2400m。

2004 年在山西太行山南部晋城市泽州县晋庙铺镇大山河村柿树常掌组发现一株堪称世界之最的（毛）黄栌王，树龄逾千年，其胸围 1.88m，茎干 5m，原树有 4 主权，树高 10m 以上。然而，陕西蓝田县王顺山国家森林公园也有胸径超过 40cm，树高 11.62m 的黄栌。

四、生态习性

黄栌极耐干旱，在北京西山地区 4 月份土壤含水量只有 8%，黄栌生长正常。黄栌稍耐严寒，能忍受 –20℃ 的低温。黄栌能适应各种恶劣自然环境，对母岩和土壤要求不严，在石灰岩、页岩、硬沙岩、花岗岩等母质发育的棕壤、褐土和多石砾的薄土以及无土的石缝里都能生长。黄栌能适应中性和石灰性土壤，也能适应酸性土壤，适生于 pH6.5～7.5 的沙壤土。

黄栌主根不明显，垂直根虽短，但水平根很发达。一株天然林黄栌植株，树高 3m，胸径 3.4cm，垂直根深 35cm，在 15cm 深土层上下着生水平根多达 14 条，在 30cm 土层又生有 4 条水平根，平均长 1m 左右，最长 1.6m，发达的水平根是黄栌耐旱性强的主要原因之一。黄栌可形成纯林，但多与其他树种混生。在甘肃小陇山林区，黄栌是华山松、油松林下组成灌木层的植物之一（毛黄栌），在陕西黄龙山、桥山林区，油松林下也多有灌木黄栌混生。

黄栌可通过种子和萌芽两种方式更新。北京黑龙潭黄栌人工林下由种子更新的幼苗幼树以黄栌数量最多，每公顷 1500 株以上，而其他树种如山桃、山楂、油松、侧柏、臭椿、槲树总计约 100 株左右。

黄栌的物候期在北京西山地区（年平均气温 11.1℃，极端最低气温 –14.5℃，极端最高气温 32℃，大于 0℃ 的年积温 4329.7℃，年降水量 512.6mm）3 月 22 日前后芽始膨大，4 月 4 日芽开放，4 月 11 日现花序，4 月 12 日展叶，4 月 25 日始花，4 月 28 日花盛，5 月 3 日花末，5 月 31 日果实成熟，9 月 29 日叶始变秋色，10 月 27 日叶全变红色并始落叶，11 月 21 日叶落完。

五、培育技术

（一）育苗技术

1. 播种育苗

（1）采种　黄栌人工幼林 3 年即可开始结实，种子成熟期因种类不同而异，毛黄栌在华北一般 6 月成熟，在秦岭果熟期为 5 月下旬～6 月上旬，灰毛黄栌（红叶）在华北花期 4～5 月，果熟期 5 月底。陕西杨凌果熟期 5 月底 6 月初。选壮龄母树采种，要掌握果实成熟期适时采集，避免过早采集，因种子尚未成熟，降低出苗率，如果因采种过晚果穗干枯，种子容易脱落采不到种子。

（2）种子处理　可采用混沙贮藏和温水浸种两种方法处理种子，混沙贮藏可分坑藏和堆藏，坑要在背风向阳处挖掘，坑的大小视种子多少而定，挖好坑后，将湿沙与种子拌匀倒入坑内，上覆一层湿沙，在坑的四周竖一草把，以便通风。温水浸种催芽宜在播前 20 ~ 30 天处理种子，先用 45℃温水浸种 24h，捞出后摊在向阳处，用草帘和湿麻袋覆盖催芽，待 30% 种子吐白时即可播种。

（3）播种　黄栌春、秋两季均可播种，春播种子从 12 月沙藏至翌年 3 月播种。低床条播，播种量 75 ~ 90kg/hm²。覆土 1.0 ~ 1.5cm。

（4）苗期管理　播后 7 ~ 10 天即开始出苗，待苗高 10cm 以上可间苗移栽，亩留苗 1.2 ~ 1.8 万株较宜，苗木生长迅速，抽梢快少分枝，易倒伏，可适当修剪，苗期施肥浇水 2 ~ 3 次，松土锄草 3 ~ 4 次，注意防治立枯病和排水。经在陕西杨凌、泾阳育苗，1 年生苗平均高 1.07m，平均地径 1.29cm，最大株高 2.32m，最粗地径 2.00cm，亩产苗 17000 株左右。

2. 扦插育苗

据国外资料，黄栌可于 6 月初扦插，使用 1000μL/L 的萘乙酸钠处理插穗。

（二）造林技术

1. 适生范围　在西北地区除新疆北部和青海高寒山地需试栽外，大部分地区均可栽植。

2. 造林地选择　黄栌适应性强，各种立地条件均可造林，但低湿地和盐碱地生长不良，不宜选作造林地。既可选做荒山造林的先锋树种，也可用作防护林树种，尤其宜作风景名胜游览地的观赏树种大力造林，对改变西北单调的生态景观作用显著。

3. 造林技术　黄栌一般多在春季造林，3 月 4 月进行，造林保存率高，北京西山林场截干造林保存率在 80% ~ 97% 之间。陕西北部，定植成活率亦达 96% 以上。栽植时，对过长的侧根要适当修剪，保持 30 ~ 40cm 根幅，同时可对地上部分适当短截。根据不同的目的，确定造林密度，防护林可采用 1.0m × 2.0m 株行距，混交林 2.0m × 3.0m 株行距，风景林和母树林株行距为 2.0m × 4.0m 或 3.0m × 4.0m。

4. 混交林营造　黄栌可以建群种形成天然矮林，亦可与多种树种如油松、华山松、侧柏、元宝枫、栎类，刺槐、合欢、臭椿、胡枝子、紫穗槐、酸枣、胡颓子、连翘，荆条等进行混交。黄栌与油松混交，能起到很好的侧方庇荫、抑制杂草和护土作用，促进油松生长，黄栌落叶中灰分含量达 9.03%，显著高于油松落叶中的灰分含量（3.2%）。混交方式以带状混交较好，即 3 ~ 4 行黄栌与 2 ~ 3 行其他树种混植。

5. 幼林抚育　黄栌幼林期间需要进行松土扩穴，增强蓄水保墒。可根据不同培育目的，保持不同的树形，如系风景林可对下部侧枝进行适当修剪，促进主干生长，并形成圆满的树冠，如系水土保持水源涵养林，可在造林后 3 ~ 5 年进行平茬，平茬高度与地面平齐，这样可形成稠密的枝叶，以覆被地表。同时通过平茬可获得相当数量的薪柴。

六、病虫害防治

立枯病：防治方法见油松。

（刘广全、罗伟祥）

丝棉木

别名：明开夜合、桃叶卫矛、白杜
学名：*Euonymus bungeanus* Maxim.
科属名：卫矛科 Celastraceae，卫矛属 *Euonymus* L.

一、经济价值及栽培意义

初开小白花，昼开夜闭，故名明开夜合。为常见的良好庭园观赏树种；木材洁白，有光泽，坚实而细韧、不翘不裂，供雕刻、制帆杆或滑车等。种子含油率在40%以上，是一种很有价值的工业用油。树皮、根含橡胶达18%。种子及根药用，主治腰膝关节酸痛。根皮、花、果浸液可防治玉米螟、菜青虫、蚜虫、稻苞虫。

本种适应性强，不择土质，喜湿润肥沃土壤，但干燥、瘠薄地方也生长良好。

用丝棉木作砧木嫁接的北海道黄杨，树冠形成早，嫁接苗抗寒能力强。

树冠卵形或卵圆形，枝叶秀丽，入秋蒴果粉红色，开裂后露出桔红色假种皮，在树上悬挂长达2个月之久，很具观赏价值。园林中无论孤植、或栽于行道，皆有风韵，宜植于林缘、草坪、路旁、湖边及溪畔；也可用作防护林及工厂绿化。

二、形态特征

落叶小乔木，树高4~8m。树皮灰色或灰褐色；小枝常四棱形细长，灰褐色，无毛、无栓翅。叶片椭圆状.卵形或椭圆状披针形，边缘细锯齿常较深而锐；长4~8cm，宽2~5cm，顶端渐尖，基部近圆形，边缘有细锯齿，叶柄细长1~3.5cm。聚伞状花序1~2次分枝，有花3~7朵；花4数，黄绿色；花药紫色，花瓣分离；花盘肉质平坦。蒴果粉红色，倒圆锥形，3~5裂，直径约1cm；种子淡黄色或淡红色，有桔红色的假种皮，稍露出种子。花期5~6月，果熟期9~10月。

丝棉木

丝棉木的树皮其性状与杜仲不同，外表灰黄色，板片状，折断时有白色橡胶丝，但拉之即断。

三、分布区域

分布于辽宁、河北、河南、山东、山西、陕西、甘肃、安徽、江苏、浙江、福建、江西、湖北、四川。我国各地庭园多栽培作观赏树木。

四、生态习性

喜光，稍耐荫；耐寒，对土壤要求不严，耐干旱，也耐水湿，以肥沃、湿润排水良好的土壤生长最好。根系深而发达，能抗风；能长出萌蘖枝；能在含盐量0.7%以上的盐碱土壤上生长良好；对二氧化硫的抗性中等。

五、培育技术

（一）育苗技术

丝棉木繁殖用播种或扦插，也可插根育苗。以播种育苗为主。

1. 采种 丝棉木果实10月成熟。10月中下旬即可采种，采后先日晒，果皮开裂后，收集种子并阴干，待翌年1月初，将种子用30℃温水浸种24h，然后混沙处理，种、沙体积比1：3，沙子湿度以手捏成团，松手即散为宜，过湿种子易腐烂。然后将混沙后的种子堆置背阴处，上覆湿润草帘防干。3月中旬土壤解冻后，将种子倒至背风向阳处，并适当补充水分催芽。待种子有1/3"露白"即可播种。

采用平床育苗。将土壤于秋末深翻，整地时施入有机肥4.0万~6.0万 kg/hm²，翌春耙平、整平、作畦，然后浇水1次，水渗后搂平耙细。一般播种时间在3月中下旬至4月上中旬，常规用量在150kg左右/hm²。采用条播，用犁开沟，沟深3~5cm，行宽20~25cm。将种子均匀撒入沟内，覆土厚度约1cm，覆土后适当镇压。墒情适宜，20天左右出苗。

2. 管理 间苗一般在子叶出现后，长出1~2对真叶时进行，过迟造成苗木细弱。一般按三角形留苗，即群众所说的"拐子苗"，株距约15cm。结合间苗进行补苗。一般在浇水后或雨后土壤松软时间苗，拔除生长势弱或受病虫为害者，操作时注意勿伤邻近苗，同时除去杂草。然后适当镇压、灌水，使幼苗根系与土壤密接。根据土壤墒情适时灌溉。在地上部分长出真叶至幼苗迅速生长前，适当控水，进行"蹲苗"。蹲苗后灌水2~3次，雨季灌溉视降雨情况而定，生长后期减少灌水次数，防止苗木秋季贪青徒长，11月初灌1次防寒水。结合浇水可追肥2~3次，苗木生长前期追氮肥，促进苗木生长；后期追磷、钾肥，增加苗木木质化程度。适时中耕除草，能防止杂草滋生及土壤板结，增加土壤透气性。雨后和浇水后要及时松土保墒。一般当年苗高可达1m以上，2年后可用于园林绿化。

（二）栽培技术

1. **适生范围** 在西北地区除新疆北部和青海高寒地须试栽外，大部分地区可栽植。

2. **林地选择** 丝绵木适应性强，各种立地条件可造林，可耐低湿盐碱地，是荒山荒地造林的先锋树种，也可作为防护林树种，是西北优良的观赏树种。

3. **混交造林** 栽植适期为秋冬落叶后至春季叶芽萌发前进行。大树移植应带土球，幼苗可裸根栽植，但露根时间不可太长。在河、谷、沟地，土壤潮湿疏松，通气良好，空气相对湿度大，可用于行道树、孤植、可成纯林，常伴生有竹类、小叶女贞、荚蒾、青檀等。下部可用忽地笑、鸢尾、蕨类种植。

六、病虫害防治

1. 丝棉木金尺蠖　又名黄杨尺蠖，主要危害：幼虫群集叶片取食，将叶吃光后则啃嫩枝皮层，导致整株死亡。宁波1年发生3～4代。全年以第2代危害最重。据测报，灯下诱蛾观察，第1代成虫高峰出现在6月10日，田间可查到大量卵块，预计低龄幼虫高峰在6月20日左右。

防治方法：6月20～25日可选用40%新农宝（毒死蜱）乳油800倍液；25%快杀灵2号1000倍液；22%除虫净乳油800倍液进行防治。

2. 丝棉木金星尺蠖　6～8月份是为害盛期，幼虫吐丝下垂。可喷洒Bt乳剂500倍液防治。

（崔铁成、张　莹、张爱芳、王亚玲）

南蛇藤

别名：南蛇风、蔓性落霜红、白娃藤、棉条子、合欢花、黄果藤
学名：*Celastrus orbiculatus* Thunb.
科属名：卫矛科 Celastraceae，南蛇藤属 *Celastrus* L.

一、经济价值及栽培意义

南蛇藤分布较广，适应性强，枝繁叶茂，能有效地控制水土流失，是优良的防护林树种。秋季叶片经霜变红变黄，蒴果裂开露出红色假种皮包裹的种子，似如红花，引人入胜，是很好的观赏植物，剪下果枝插瓶，观赏时间很长。又可作棚架、墙垣、岩壁的攀缘材料，溪河、池塘岸边种植不立支架，养成灌木，映成倒影十分别致。根、茎、叶、果均可入药，性酸而带腥、凉，有治血行气、消肿解毒之功效，可治疗牙痛、风湿病、腰腿痛，跌打损伤等病症。亦为杀虫农药，通称萝卜药，它可用于防治农林食叶害虫，对菜青虫、杨树卷叶蛾等防治效果好，无残毒不污染环境，枝条纤维可作高级呢料混纺原料，其热值为18128kJ/kg，是原煤的 62%，枝干是很好的燃料。种子含油率 50% 左右，供工业用。

二、形态特征

落叶藤本，长达 10～12m。枝红褐色，具 孔。单叶互生，近圆形，或倒卵状椭圆形，缘具齿，长 6～10cm，宽 5～7cm。冬芽长 1～3mm。雌雄异株。花为聚伞花序约与花梗等长，顶生或腋生，在雄株上除腋生外同时具顶生。蒴果近球形，径 7～9mm，鲜黄色。种子褐红色，卵形或 圆形。具红色肉质假种子。花期4～5月，果期9～10月。同属的还有：

（1）大芽南蛇藤（*Celastrus gemmatus* Loes.） 又名哥兰叶 藤状灌木，长 5～6m，枝褐色，无毛，冬芽深褐色，圆锥状卵形，长 4～12mm，叶椭圆形或窄长圆状椭圆形。花期4～9月，果期8～10月。

（2）苦皮藤（*Celastrus angulatus* Maxim.） 藤本，长 5～10m。小枝常有 4～6 角棱，皮孔明显；冬芽短卵形，长 2～5mm。叶大宽卵形或近圆形，长 10～18cm，宽 5～12cm，叶缘具有不规则钝锯齿，聚伞花序顶生，宽大圆锥状，花淡白色。蒴果近球形，黄色，径 0.8～1.0cm，果皮内面具紫褐色斑点。种子椭圆形。花期5～6月，果期8～10月。

三、分布区域

西北地区陕西分布于秦巴山区海拔 600～1800cm 山坡，关山、黄龙、桥山林区及延安海拔 400～1800cm 浅山丘陵区，关中武功有栽培；甘肃分布于小陇山天水，子午岭和文县、舟曲海拔 1200～1700m 山坡林缘。

此外，东北、华北、华东、江西、湖南、湖北、四川、云南、广东、广西等地海拔 600～1500m 亦有分布。

四、生态习性

南蛇藤为中性树种，喜光耐庇萌，多生于阴坡，疏林灌丛中或林缘，自成群落。平均高1.25m，盖度90%~100%（纯林）或60%~85%（混交林），抗寒耐旱，在阳坡也能生长良好，不择土壤，无论黄土、棕壤、山地褐土、灰褐土、黄沙土、石质土都能适应。既抗寒也能耐高温，在冬季 −21.2℃低温都能安全越冬，夏季最高温41.0℃也不致受害。萌蘖力很强，每丛少则5~6根萌条，多的有22~25根萌条。3年生幼林枯落物重量为4.30~10.28t/hm²，其蓄水量为16.28~25.06t/hm²（苦皮藤）。

五、培育技术

（一）育苗技术

1. 播种育苗 9~10月假种皮呈橘红色时采种，采回的果实放在清水中揉搓脱粒，摊开晾干，装袋置室内通风处贮存。种子千粒重8g，数量12.5万粒/kg。由于种壳较硬，需要混沙催芽，12月选向阳背风处将种子混入3倍湿沙中，堆积于坑内，盖沙4~5cm，覆土10cm，每半月检查1次湿度。翌年3、4月份大部分种子已膨胀，即可播种。开沟条沟，行距30cm，覆土1~2cm，盖草保墒。播种量8~10kg/hm²。苗出齐后，按10cm株矩间苗，加强田间管理，当年苗高可达30~40cm，即可出圃栽植。

2. 扦插育苗 落叶后选取1年生健壮条，剪成长15~18cm的插穗，用萘乙酸20μg/g溶液浸泡2h，然后湿沙堆藏至翌年3~4月，取出扦插，要保持插穗湿润，避免过湿腐烂和过干失去发芽力。扦插数量16.6万株/hm²。

3. 插根育苗 入冬后或翌年1~2月份挖取1~2cm粗的种根，截成15cm长的根穗，混湿沙堆藏于背风向阳处，每天洒水保持根穗湿润，使其产生愈伤组织，3~4月取出，大头朝上，直埋入苗床，上面封1小土堆，株行距20cm×30cm，插根数量160000株/hm²，加强田间管理，及时施肥灌水，当年苗高可达50~80cm。

（二）栽培技术

园林绿化栽培须备攀附场，或墙垣、山石或立支架，可丛植，单植或与其他花木（黄栌、胡枝子、荆条、黄蔷薇等）混植。如欲营造水土保持防护林，可选阳坡、半阳坡，上年秋季穴状整地规格40cm见方，株行距1m×2m或1.5m×2.0m，栽植时根蘸泥浆，分层踏实，筑高外沿，以利蓄水，促进成活。

如建药园，需选地势平坦、土层深厚、排水良好的地段，大穴整地长宽深各为50cm，选壮苗栽植，株行距0.5m×1.0m，栽后浇1次透水。

（三）抚育管理

栽后注意管护，生长2年开始平茬，3年开始采根，以后反复进行。间隔期视林木生长状况而定，一般每隔1年进行1次平茬或采根为宜。平茬和采根宜在树木休眠期进行。采根量每次不宜超过根系的1/3，采后随即填土踏实，整修填穴，蓄水保墒，严防水土流失。药园必须施肥灌水。南蛇藤病虫害很少，如发现，容易防治。

（罗伟祥）

茶条槭

别名：华北茶条
学名：*Acer ginnala* Maxim.
科属名：槭树科 Aceraceae，槭树属 *Acer* Linn.

一、经济价值及栽培意义

茶条槭具有极高的经济价值。木材可供细木加工；树皮含纤维，为造纸和人造棉的重要原料；树皮、叶和果实均含鞣质约 13.44%，可提制栲胶或作黑色染料；嫩叶可加工成茶，具有生津止渴、退热明目之功效，故名"茶条槭"；更主要的是其树叶可提取大量的没食子酸（Gallic acid），即 3，4，5-三烃基苯甲酸。干叶含没食子酸 200g/kg 左右。没食子酸广泛应用于医药、化工、食品、轻工、印染、军工等方面，目前销售价格为 8 万 ~ 10 万元/t。茶条槭籽油属高不饱和植物油脂，籽油中不饱和脂肪酸含量为 88.61%，其中亚油酸、γ-亚麻酸和 α-亚麻酸等人体必需脂肪酸含量分别为 34.39%、6.99% 和 1.31%。可见其经济价值极大，有广泛的开发前景。

茶条槭树干通直，树形优美，叶形清秀，花有清香，夏季果翅红色美丽，秋后叶色鲜红艳丽，极具观赏价值，宜植于庭园观赏，点缀园林及山景。

茶条槭的开发前景广阔。但长期以来，茶条槭并没引起人们的足够重视，还没有大片栽培历史，现基本处于野生状态，分布零散，未有形成独立稳定的森林群落。这些给茶条槭的开发利用带来了诸多不便，同时目前的这种掠夺式采叶方式已使茶条槭基因资源遭到了很大浪费和破坏，原料的质量和数量很难得以保证。因此，选择优良的种源或单株，大量繁殖并营造速生丰产林已成为茶条槭开发利用的惟一有效途径。

二、形态特征

落叶灌木或小乔木，高达 10m。树皮灰色、粗糙；嫩枝绿色或紫绿色、光滑，后变褐色及灰褐色；单叶，纸质，叶 3 ~ 5 裂，基部近心形或截形，长 4 ~ 8cm，宽 3 ~ 6cm，基部 2 侧裂极短，近三角状卵形，中间裂片极长，卵状长圆形，缘具不整齐复锯齿，暗绿光亮，光滑或幼嫩时脉上被短柔毛，柄长 1.5 ~ 4cm，光滑，初呈粉红色；花淡黄色，具香气，雄花和两性花同株，伞房状圆锥花序，微被疏柔毛或几光滑，连花序梗长 3.5 ~ 6.5cm，花序梗长 2 ~ 3cm，光滑或被疏柔毛；萼片和花瓣几等长；雄蕊 8，着生花盘边缘内侧；子房被长柔毛，花柱上部 2 裂。坚果连翅长 2.5 ~ 3cm，翅红色，近直立，光滑。花期 6 月，果熟期 9 ~ 10 月。

三、分布区域

分布于我国东北、内蒙古及华北山地，在西北主要分布在陕西（秦巴山地、黄龙、桥山及延安、安塞）、甘肃（小陇山、陇东）等地，多生于海拔 500 ~ 1200m 的山地。俄罗斯西伯利亚、朝鲜和日本均有分布。

四、生态习性

喜温凉湿润，在烈日下树皮易受灼害；耐寒，喜深厚而排水良好之沙质壤土。深根性，抗风雪及烟害，较能适应城市环境。

五、培育技术

（一）**育苗技术** 主要用播种育苗。

1. 种子处理 秋季采果后从翅果中取出种子。2 月中旬，将种子用 40℃ 的温水浸泡 48 h（60℃24 h），换水两次，捞出控干，混沙下窖，进行层积堆藏。或将种子与雪混拌贮于室外背阴处，春季融雪后转入窖内贮藏。还可以进行快速催芽，于 4 月上旬，将干种子用 1% 过氧化氢溶液浸泡 2 h，然后再用清水浸泡 3 天，每天换 3 次水，3 天后混沙入窖贮藏。茶条槭种子宜用冷湿处理，窖混沙层积的快速催芽法效果最佳，成苗可达 220 棵/m^2，当年生苗地径达 0.40cm。

2. 播种及管理

（1）**播种** 当催芽处理的种子有 20%～30% 的胚根顶破种皮时便可播种，作床条播，播幅宽 4～6cm，间距 6～8 cm，覆土不宜过厚，1.0～1.5 cm 即可。

（2）**播后管理** 播完立即浇透水，隔 1 日施除草醚灭草，用药 1g/m^2，拌细土撒施。施药后 10h 内不许浇水，否则药效不佳。床面要保持湿润，以保证种子发芽出土。在某些情况下，苗床需要用忌避剂处理，以防鸟雀和鼠害；灭菌处理以防止猝倒病。

3. 苗期管理 保持苗床湿润不积水；适时松土除草，做到除早除小；间苗时留苗密度以 150～200 株/m^2 为宜，在此期间可适时喷施叶面肥，促进苗木生长，但 8 月中旬之后要停止施氮肥，以防徒长，可施磷钾肥或其他促进苗木木质化的肥料，从而提高抗寒能力。

（二）**栽培技术**

一般春季造林，可用密植或稀植法造林，视其栽培目的而定，密植密度可达 600 株/亩以上。可采用穴栽，为了管理方便也可采用带状栽植。

茶条槭树龄在 12 年以下时，叶部没食子酸含量较高，树龄在 16 年以上其含量明显下降。因此茶条槭经济林的树龄应控制在 16 年以内，这一树龄的经济林无论是在树高上，还是在树形上都便于经营管理。

修枝能够起到调整枝干比例、增加分枝数量，从而达到增加产叶量的目的。当剪梢强度占全株长的 1/3～1/2 时，增产效果最佳。但修枝强度在茶条槭经济林中应如何掌握，尚需在今后的工作中进行更深入的研究。

（郭军战　陈铁山）

复叶槭

别名：白蜡槭、糖槭、梣叶槭

学名：*Acer negundo* L.

科属名：槭树科 Aceraceae，槭树属 *Acer* L.

一、经济价值与栽培意义

复叶槭枝叶茂密，入秋后叶色金黄，颇美观，可作庭荫树、行道树及防护林树种。对有害气体抗性强，亦可作防污染绿化树种。其木材乳白色，材质致密，轻软，纹理细，有光泽，可作家具及细木工用材，亦作纸浆用材。

二、形态特征

落叶乔木，高可达 20m。小枝粗壮，绿色，无毛，有白粉。奇数羽状复叶，对生，小叶 3～5，稀 7～9，卵形或披针状长椭圆形，长 5～10cm，顶端稍尖或长尖，叶缘有粗锯齿，顶生小叶有时 3 浅裂，叶背脉腋疏生有毛。小枝对生，雌雄异株，雄花为伞房花序，花梗细长下垂；雌花为总状花序，下垂，无花瓣，亦无花盘。翅果有柄，两翅成锐角开展，黄白色。花期 4 月至 5 月上旬，叶前开放；9 月中下旬果熟。

近年引进的花叶复叶槭（*A. negundo* 'Variegatum'）为落叶灌木，复叶对生，小叶 3～5，春季萌发时小叶卵形，呈现黄、白、粉色、红粉色，甚为美丽。成熟叶为黄白色与绿色相间的斑驳叶色。

三、分布区域

原产北美，目前世界各国均有引种。19 世纪末引入中国，20 世纪 20～30 年代，北京、南京、上海、山东、江苏、河南、陕西均有少量引种，20 世纪 50 年代初在东北大量推广，随后在内蒙古、山西、新疆、甘肃一带引种栽培。

花叶复叶槭适于东北、华北等地推广，西北适生地区亦可引种。

四、生态习性

复叶槭在原产地地跨亚热带、暖温带、中温带及寒温带，温度变化幅度很大，如美国佛罗里达州南部最热月平均温度为 32℃，而加拿大安大略州则仅为 18℃，相差 14℃；而与最冷月相差 12～20℃。降水量则由安大略州约 500mm 南到佛罗里达州增至 2000mm。土壤情况也较复杂，主要生于沿河流的冲积土，也见于贫瘠、干旱立地。由于生态条件不一，有较多的变种和类型，其适应性应与其种源有关。

复叶槭为喜光阳性树种，适应性强，耐寒、耐旱。喜生于湿润肥沃土壤，稍耐水湿，但在较干旱的土壤上也能生长。

复叶槭为早期速生树种，寿命较短。播种苗当年高生长可达 1m，以后年生长量不低于

0.8 m，可连续生长 20 年，以后逐渐减退。结实早，一般 5 年生开始开花结实，种子饱满，发芽率高。

复叶槭引种中国后表现较好，但 20 世纪 70 年代后在北京、沈阳等地发现有光肩星天牛、桑天牛严重为害，以后又发现有吉丁虫、柳毒蛾为害。目前仅黑龙江、内蒙古及甘肃河西地区未见天牛大发生而生长良好，其他温暖地区已无大树生存。

花叶复叶槭生长健壮，耐旱、喜光、耐寒、耐干冷、耐轻度盐碱，亦耐烟尘。

五、培育技术

（一）育苗技术

复叶槭主要用种子繁殖。果实成熟后长期挂在树上，落叶后采种很方便。新采翅果含水量高，应及时摊晒。干后装袋或装箱置通风干燥处，可保存 2 ~ 3 年。

一般于春季 3 月下旬至 4 月上旬播种，播前用 60℃ 温水浸种，次日捞出换凉水再浸，连续 4 天，每日换水一次，待翅果吸水膨胀，果皮发软，然后捞出置 25℃ 温暖处，下垫旧麻袋，上盖一层麻袋进行催芽。种子堆放 20cm 厚，每日上下午各洒水一次并全面翻动，4 ~ 5 天约有 30% 发芽，摊薄待晾干表面水分即可播种。每亩播翅果 5 ~ 7.5 kg，产苗量 1 万株。也可秋播，在土地封冻前进行，种子可不加处理。条播，浅播，行距 30 ~ 40cm，覆土 1 ~ 2cm。

复叶槭亦可采用扦插、分蘖繁殖。

（二）栽植技术

复叶槭一般用作园林绿化和四旁绿化。栽培地注意选土壤湿润肥沃，排水好的地方。中小苗裸根移植，大苗或大树移栽要带土球。

复叶槭枝条多，如要树干通直高大，需加强修剪和管理。干旱季节要适当浇水，秋季应保持土壤稍为干燥些，以控制秋梢徒长。

六、病虫害防治

复叶槭易遭天牛幼虫蛀食树干，在有天牛危害的地方应注意及早防治，并宜与柳、榆等营造混交林。复叶槭适于在气温较低虫害较少的地区发展。

防治方法：参见毛白杨。

（李仰东）

鸡爪槭

别名：红叶槭

学名：*Acer palmatum* Thunb.

科属名：槭树科 Aceraceae，槭树属 *Acer* L.

一、经济价值及栽培意义

鸡爪槭为世界著名的观叶树种，树姿优美，叶形秀丽，秋叶变红胜似红火，包括栽培变种都是观赏佳品，无论栽置何处，无不引人入胜，树、叶可入药。

二、形态特征

落叶小乔木，亦或灌木，高可达 13m，胸径 60cm。树冠伞形或扁圆形，树枝平滑，灰褐色；小枝纤细开展；单叶交互对生，通常掌状 5 ~ 9 深裂，裂缘有重锯齿，嫩叶青绿色，秋日叶变红，灿烂似朝霞。伞房花序顶生，花杂性，由紫红小花组成，花瓣黄色。果小，紫红色，花期 4 ~ 5 月，果期 10 月。变种有：

细叶鸡爪槭（var. *dissectum* Maxim.），又名羽毛枫，叶片深裂可达基部，裂层数可达 12 层。

金叶鸡爪槭（var. *aureum* Nichols），又名黄枫，叶全 金黄色。

三、分布区域

西北地区陕西栽培于陕南、关中、西安、咸阳、宝鸡、延安等地；甘肃产于文县及小陇山等地；宁夏银川有栽培，海拔 350 ~ 1200mm。此外产河北、北京、山东、河南及长江中下游地区。日本、朝鲜也有分布。

性喜温凉湿润气候，耐荫，在有树遮荫或背荫之处，且土壤又肥沃湿润，排水良好的立地环境生长矫健速度快，能适应酸性土、中性土及石灰质等各种土壤，但对盐碱土反应敏感，生长不良易黄化。阳光暴晒之处孤植，夏季易受日灼、旱害。在北京幼苗期冬季需加以保护，成年期可露地越冬。

鸡爪槭能适应的气候条件：年平均气温 9 ~ 12℃，极端最高气温 37℃，极端最低气温 - 20℃，≥10℃积温 3000 ~ 3500℃，年降水量 450 ~ 850mm。

四、培育技术

（一）育苗技术

1. 播种育苗 10 月采种，晾晒去翅、除杂，可得净种，即行秋播。如翌年春播，需将种子与湿沙层积埋藏，春季 2 ~ 3 月取出种子，开沟条播，行距 15 ~ 20cm，覆土厚 1cm，其上盖草，播种量 4 ~ 5kg/亩，3 月下旬发芽出土，苗高 5 ~ 6cm 时即可间苗定苗，适宜留苗数 150 ~ 200 株/m²。7 ~ 8 月幼苗需短期遮荫，以防止日灼，同时应浇水防旱，8 ~ 9 月相应施追肥,促进生长。当年平均苗高可达 30～50cm。

园林绿化需培育大苗,翌年春季换床移植,株行距 30cm×40cm。2 年后再按株行距 1.0m×1.5m,继续培育大苗。

2. 嫁接繁殖

(1) 砧木培育 利用槭树属的复叶槭、青榨槭(*Acer davidii* Franch.)、元宝枫等作砧木,育苗技术同复叶槭及元宝枫。

(2) 嫁接方法 采用腹接、切接、劈接、芽接法进行嫁接。选用 1～2 年生地径 0.5～0.8cm,苗高 50cm 的砧木苗,春季 2～4 月嫁接为宜。嫁接时,选取鸡爪槭或红枫母株树冠外围中上部充分成熟、健壮、芽眼饱满的 1～2 年生枝条为接穗。砧木离地面高度 4～5cm,接穗与砧木的形成层至少要有一边吻合,接穗底部和切口底部不可留有空隙,需及时用宽 1cm 的塑料带从接口处自下而上捆扎紧实,使穗砧紧密结合,并外套小薄塑料袋,防止失水干枯。春接在接后 15～20 天检查成活率,秋接 30 天检查,如发现接穗枯死,可在原嫁接处分别进行补接。当接穗成活后,须及时剪除芽接或秋季腹接部分以上的砧木枝条,并及时抹去砧木抽发的萌条和芽。

(3) 苗期管理 为了加快嫁接苗的生长,培育壮苗。苗期除了及时松土除草外,需适时施肥,3～4 月份,以氮肥为主,其中氮磷钾比例为 6:1:3,采用薄肥勤施,每 7～10 天撒施或浇灌 1 次,5～8 月以腐熟的有机肥为主,适当施入磷钾肥,以改善土壤结构和提高抗旱防涝能力。10 月份开始施豆饼、油饼或复合肥,采用根基环状施入,其中基肥、氮磷钾比例为 2:3:5。

(二) 栽培技术

鸡爪槭树姿优美,叶形秀丽。最适配置在苍松翠柏间,在草坪、花坛、溪边、池畔、庭园等处点缀一二,红叶招展,实有自然淡雅之趣,无不令人愉悦。

由于鸡爪槭或红枫苗期生长缓慢,以红枫干径(干高 30cm 处)粗细大小为度,栽植密度可根据苗木大小确定。其株行距如下表:

干径大小(cm)	株行距(m)
<1	0.8×1.0
1～2	1.1×1.2
2～3	1.4×1.6
3～4	1.8×2.2
4～5	2.0×2.3
>5	2.2×2.8

栽植时,需先对树苗进行修剪,剪去顶端徒长枝、过密的旺发枝,同时剪去根系,保持根幅 40～60cm,移栽 2cm 以上的苗木,必须带土球。

幼苗期易被杂草挤压,争夺水肥,影响生长,甚至死亡,需要对幼树周围 1m 直径范围内的草类除去,增加光照,密植 2 年后的苗木为节省用工,可采用草甘膦等除草剂除草,喷洒时,不要沾在树叶上。

五、病虫害防治

危害鸡爪槭的害虫有蛴螬、蝼蛄等,咬食幼苗根茎,易造成苗木枯死,可用 50% 的辛硫磷乳油或乐斯本质量分数为 0.1% 的溶液浇根或拌细土撒施。危害枝叶的害虫有金龟子、刺蛾等，严重影响苗木生长。可用阿维菌素、氧化乐果质量分数为 0.1% ~0.125% 的溶液进行喷雾。危害大树的蛀干害虫如天牛等，造成枯枝甚至整株死亡，可用杀灭菊脂、绿色功夫等 0.033% ~0.05% 的溶液进行喷雾，或在虫道口向枝干注射甲胺磷、敌敌畏原液，外用泥土封口，能达到较好的效果。

（杨江峰）

红　枫

别名：红叶鸡爪槭

学名：*Acer palmatum* var. *atropureum* Schwer.

科属名：槭树科 Aceraceae，槭树属：*Acer* L.

一、经济价值及栽培意义

红枫较鸡爪槭，叶终年紫红色或红色，树姿更加优美，叶色鲜艳，亦是世界最著名的观叶树种，是重要的园林红色叶多的佳品，广泛用于公园、小区绿化美化，亦可上盆出口荷兰等国家，栽培与开发意义重大，前景十分广阔。

二、形态特征

红枫为鸡爪槭的栽培变种，树冠近圆形或伞形，惟叶片终年紫红色或红色。

生态习性和培育技术同鸡瓜槭。

（罗红彬）

栾 树

别名：灯笼花、摇钱树

学名：*Koelreuteria paniculata* Laxm.

科属名：无患子科 Sapindaceae，栾树属 *Koelreuteria* Laxm.

一、经济价值及栽培意义

栾树叶含鞣质 24.43%，纯度 53.13%，属水解类鞣质，可提制拷胶。栾树枝叶具有很强的抗菌作用，对 11 种致病菌抗菌试验表明，其抗菌作用高于临床通用的抗菌消炎药黄连、紫花地丁和千里光。

栾树花稠密、花期长，蜜蜂酿造的蜂蜜色泽清澈、清凉醇美，是蜂蜜中的上品，其花的糖值（每朵花 24h 内的产糖量）为 0.065 ~ 0.558mg，平均为 0.162mg。栾树种子含油 38.59%，灰分 3.61%，粗纤维 10.17%，蛋白质 23.59%，非氮物质 24.04%，油为不干性油，含可溶性脂肪酸 0.68%，不溶性脂肪酸 92.3%，可制润滑油和肥皂。

栾树耐瘠薄、干旱、水涝、盐碱和风沙，易栽培，管理省工，树形端正，枝叶茂密而秀丽，春季嫩叶多为红色，夏季开花满树金黄，入秋叶色变黄，黄褐色果奇特酷似灯笼，是理想的绿化、观赏树种。也可用作防护林、水土保持林及荒山绿化树种规模栽培。在养蜂生产上，栾树是繁殖越冬蜂的优良蜜源之一，对提高城市养蜂的经济效益至关重要。

二、形态特征

落叶乔木，高达 15m；树冠近圆球形。树皮灰褐色，细纵裂；小枝稍有圆棱。奇数羽状复叶，有时部分小叶深裂为不完全的 2 回羽状复叶，长达 40cm，小叶 7 ~ 15 枚，卵形或卵状椭圆形，缘有不规则粗齿，近基部常有深裂片，下面主脉有毛。顶生圆锥花序宽而疏散；多黄色。蒴果三角状，卵形，长 4 ~ 5cm，成熟时橘红色或红褐色。花期 6 ~ 7 月，果期 9 ~ 10 月。

三、分布区域

产我国北部及中部，而以华北较为常见。西北地区主要做城市、道路、公园绿化用。在陕西、甘肃分布较多。

四、生态习性

为温带及亚热带树种，喜温暖湿润气候，喜光，稍耐半荫，耐寒，耐干旱瘠薄。对土壤要求不严，在微酸与碱性土壤上都能生长，并能耐短期的水涝。根系深长，萌蘖力强，生长速度中等。有较强的抗烟尘能力。

五、培育技术

（一）育苗技术 以播种繁殖为主，分蘖或根插亦可。

1. 种子处理 种皮坚硬，不易透水，因此最好在秋季随采随播，经过一冬后，第2年春天发芽整齐。也可用湿沙层积埋藏越冬春播：种子用水浸泡3天，每天换1次水，然后进行低温层积沙藏，沙藏时间从11月中旬至次年3月中旬，于3月中下旬将层积处理后的种子进行催芽，待种子1/3露白时即可播种。

2. 整地 深翻过的地块在土壤化冻后开始整地，按垄距60~70cm作垄。施有机肥3kg/m²，复合肥0.5kg。每平方米用硫酸亚铁0.06kg、50%多菌灵可湿性粉剂0.38g和3%辛硫磷颗粒剂3.0g进行土壤处理，以杀灭病原菌、防治地下害虫。

3. 播种 一般采取垄播，行距60cm。播种时间为3月中旬，在垄上开沟，浇水后进行

栾树
1. 花枝 2. 花 3. 果

播种，用种量30~50kg/亩，覆土厚度为3cm，然后按垄覆盖塑料薄膜，以保墒增温，促发芽整齐，5~6周苗即可发芽，此时，要选择时机及时去膜，以防烧苗。

4. 苗期管理 幼苗出齐后，要及时松土、除草，视土壤干旱情况适量喷水；5月下旬当幼苗高5~10cm时间苗，间苗宜在阴雨天进行，结合间苗进行小苗移栽，成活率达90%以上，间苗后每10m²留苗120株；于苗木速生期6月和7月上旬各追施1次尿素，每次每平方米0.03kg，8月中旬追施N、P、K复合肥0.04kg/m²。生长后期（9月下旬以后）控制肥水，促使苗木木质化，防止徒长，以利安全越冬。

（二）栽培技术

苗木在苗圃一般要经过2~3次移植，最好在早春萌芽前进行。每次移植时适当剪短主根及粗侧根，可以促进多发须根，使出圃定植后容易成活。播种苗在苗圃培养3~4年，当胸径达到4~5cm时，即可出圃，用于园林绿化。

栾树定干后，于当年冬季或翌年早春，在分枝点以上萌发出的枝条中，选留3~5个生长健壮、分布均匀的主枝，短截留40cm左右，其余全部疏除。到夏季主枝上萌出的新芽及时剥芽，第一次剥芽每个主枝选3~5个芽，第2次定芽留2~3个，留下的芽方向要合理，分布要均匀，目的集中养分促侧枝生长。第二年进行疏枝短截，每个主枝上的侧枝选方向合适、分布均匀、2~3个侧枝短截，其余疏掉，全树共留6~9个侧枝，短截长度60cm左右。这样短截3年，树冠扩大，树干也粗壮，冠形也基本形成。以后每年可作一般性修剪，剪除干枯枝、病虫枝、内膛交叉细弱枝、密生枝。如果主枝的延长枝过长应及时回缩，继续当主枝的延长头。对于主枝枝背上的直立徒长枝要齐基疏掉。

六、病虫害防治

栾树病虫害较少，主要是蚜虫，危害嫩梢、嫩叶，导致受害枝梢弯曲。

防治方法：4 月下旬和 5 月份危害最重。采用 20% 吡虫啉 2000 倍或 40% 氧化乐果 1000 倍喷雾防治，即可控制该虫危害。

黑球孢（*Nigrospora sphaerica*）对栾树有危害，壤土中生长的苗木，立枯病浸染程度最高，砂质石灰性土中最低。

防治方法：用生长调节剂赤酶素（GA）、激动素（Kinetin）和矮壮素（cycocel）浸泡种子可以减少立枯病发生。

（郭军战、陈铁山）

鼠 李

学名：*Rhamnus davurica* Pall.
科属名：鼠李科 Rhamnaceae，鼠李属 *Rhamnus* L.

一、经济价值及栽培意义

鼠李为优良的用材树种和庭院绿化树种，而且是优良的盆景树种。木材坚硬，结构细致，纹理美观，可供家具和雕刻用。果肉供药用，解热、泻下，树皮、叶可提取栲胶，树皮、果实可提取黄色染料，并且树型美观。鼠李耐干旱瘠薄，对扩大观赏树种和用材树种资源有很大价值。

二、形态特征

灌木，株高 3~4m。树皮暗灰褐色。小枝粗壮，近对生，灰褐色，光滑，顶端无刺，有大形顶芽。单叶，在长枝上对生，在短枝上簇生，长圆形、卵状椭圆形、长圆状椭圆形或宽倒披针形，长 3~12cm，宽 2~5cm；先端渐尖，基部楔形或近圆形，边缘具钝锯齿，上面绿色，无毛或疏生短柔毛，下面淡绿色，无毛，侧脉 4~5 对；叶柄长 1~3cm，无毛，花单性，3~5 朵簇生于短枝叶腋，黄绿色，花梗长 1cm；萼片 4，披针形，具 3 脉，无毛；花瓣和雄蕊退化成丝状；子房近球形，柱头 3~4 裂。核果，球形，熟时紫黑色，径 5~6mm。种子 2 粒，卵圆形，背面有沟，不开口。花期 5~6 月，果期 8~9 月。

鼠李
1、5. 果枝 2. 叶上面 3. 叶下面
4~6. 种子（引自中国植物志）

三、分布区域

鼠李分布于黑龙江、吉林、辽宁、河北、湖北等地。西北地区鼠李分布于陕西秦岭南北坡旬阳、凤县、略阳、眉县、太白山、户县海拔 840~900m 山坡，关中、延安黄龙山、桥山林区、安塞海拔 400~1800m 的山地林区。甘肃分布于白龙江林区、小陇山、天水等地，海拔 1000~2200m；宁夏六盘山、青海海北、海东、贵南、称多、玉树各林区，生于海拔 2100~3500m 山谷灌丛或林下路旁。

四、生态习性

鼠李性喜阴湿，常生于海拔 900~2100m 林下阴湿处及溪流两岸灌丛中。一般 8 月下旬至 9 月上旬种子成熟，成熟时果实由绿变黑，然后自然落下。在幼苗期，鼠李忌积水、怕干旱、怕高温，易感病，极为娇嫩，加之种皮薄，易失去发芽力，故天然下种成苗率极低，幼苗易感染立枯病。

五、培育技术

（一）育苗技术

1. 种子采集与调制 采集种子要在果实落地前，将母树四周地面上的杂草石砾清除净，以便收集种子。调制种子时，将收集到的种子放入缸内浸泡，果肉腐烂后经搓洗，便得到纯净种子。

2. 苗圃地选择 选择地势平坦，沙壤土，保墒性能好，具备灌溉条件的地方作苗圃地。

3. 整地 土壤解冻后立即整地。在整地前要浇足底水，施足底肥，底肥用腐熟的农家肥，然后细耕整平。

4. 种子贮藏 种子必须经过混沙贮藏低温催芽，否则大部分种子会失去生活力。经过沙藏的种子不但发芽率高，而且出苗快，出苗整齐，发芽率可达91%。

5. 播种 采用低床育苗，开沟条播，播幅6~7cm，幅距20cm，沟深1cm左右，覆土1cm，每亩用种5 kg。播种在春分后进行，播种时土壤要保持湿润。由于覆土薄，播种后至出苗前应覆土、盖草，以利于保墒。

6. 管理 经过沙藏的种子播种后25天出苗整齐，从第一株苗出土到出苗终止仅有15天。没有沙藏的种子出苗晚，出苗不整齐，无明显的出苗高峰，苗木大小参差不齐，苗木质量较差。

播种后要保持床内土壤湿润。出苗前不要大水漫灌，大旱时可以喷水。幼苗期间要注意遮荫。定苗分两次进行，当大部分苗木出现真叶和苗高5 cm时各1次。定株后适时浇水，除草，施肥，土壤要保持湿润，忌积水。全年追肥2次，第1次在6月下旬，每亩用硫酸铵10kg，第2次在7月下旬，每亩施硫酸铵15 kg。

（二）栽培技术

选择山地阴坡、半阴坡、半阳坡立地造林，按一般灌木树种的造林技术造林，造林密度每公顷3000~4800株。最宜在园林绿化中栽培，亦是制作盆景的佳木。

六、病虫害防治

鼠李幼苗易感染立枯病，病害发生时立即喷洒高锰酸钾1000倍液，喷洒后立即喷水洗苗，以防药害。其他防治方法见油松。

（王乃江）

木　槿

别名：朱槿、鸡肉花、篱障花、木棉等

学名：*Hibiscus syriacus* L.

科属名：锦葵科 Malvaceae，木槿属 *Hibiscus* L.

一、经济价值及栽培意义

木槿传统多作为园林植物种植，在园林中可作绿篱、孤植、丛植均可，为夏、秋季重要观花灌木。刚开放的木槿花花朵可供食用，是一种含花蔬菜，发展前景较广。木槿花花微香，味甘，滑如葵，具有清热、凉血功效。每 100g 食用部分含蛋白质 1.68g、脂肪 0.19g、粗纤维 1.40g、干物质 10.3g、还原糖 2.10g、维生素 C24.6g、铁 0.8mg、钙 60.66mg、锌 0.30mg，并含有黄酮、多种皂甙及黏液质等。花入药，治痢疾、痔疮出血、白带；外用治疮疖疼肿、烫伤。木槿种子入药，称"朝天子"，治咳嗽痰喘、偏头痛。木槿又可抗氧化氢等有害气体，可净化空气，是城市、工矿区园林绿化、净化环境的好树种。木槿的根部伸展旺盛，对水土保持可起到良好的作用。

二、形态特征

落叶灌木，高 3 ~ 6m，茎多分枝，树皮灰棕色，幼枝密被黄色星状毛及茸毛，后变光滑；叶卵形或菱状卵形，长 5 ~ 10cm，先端三裂，裂缘缺刻状，基阔楔形或圆形；叶柄长 5 ~ 10mm；花单生，具短梗，通常有红、紫、蓝诸色，钟形；雄蕊不甚超出花冠；蒴果卵圆形，先端具尖嘴，密被星状茸毛，熟时 5 瓣裂。种子多数稍扁，黑色。花期 7 ~ 10 月，果期 9 ~ 10 月。

变种重瓣白花木槿（*H. suriacus* var. *albus - plenus* Loudon）产甘肃文县碧口，天水、兰州等地有栽培。

三、分布区域

木槿原产于我国中部和印度，现在我国各地均有栽培，以华东地区较为常见。陕西全省、甘肃兰州、天水、庆阳、武都、文县等地栽培较多。

四、生态习性

木槿对环境的适应性很强。耐热、耐寒、较耐干燥和贫瘠，不择土壤，尤喜光照充足和温暖、湿润的气候。

五、培育技术

（一）育苗技术

木槿生长势强健，扦插、压条、分株均可成活。生产上多以扦插繁殖为主。

扦插方法　在冬春季枝条开始落叶至枝条萌芽前进行较适宜，选取 1~2 年生径 1cm 以上健壮不带病虫害的枝条，剪成 15~20cm 长的插穗，留 3~5 个芽，下端剪成斜口或平口，用水浸泡 4~6h，在晴天下午或阴天进行扦插。在预先准备好的苗床上按行株距 5~8cm×5cm，由苗床一端开始，顺序扦插，把插穗的 1/2~2/3 插入土中，然后浇水，盖草，保持湿润。插条萌芽后，注意追肥、除草，加强管理，当年幼苗可以长至 80cm 以上，落叶后或第二年春发芽前移栽定植。

木槿

（二）栽植技术

1. 整地　选择酸性或微酸性土壤，排水良好的向阳地，种植前挖穴并施足基肥，每穴施腐熟有机肥 10~15kg，株距 60cm，行距 80cm，每亩种植 1500 株左右。

2. 幼林抚育　木槿管理较为粗放，春、夏干旱季节注意浇水，生长期可视其情况适当追肥，木槿花开繁茂，老株可离地 15~20cm 剪断，可萌发新枝继续开花，生长过密植株应适当修剪，以求通风透光。

六、病虫害防治

在高温高湿的雨季，幼树易发生立枯病、根腐病、枯萎病，应及时排水，病株根部增施草木灰加石灰粉，降低土壤湿度，防止发病。对炭疽病、叶枯病、白粉病等病害初发时，可用 50% 托布津 800 倍液，或 75% 百菌清 800 倍液，也可用 50% 退菌特 1000 倍液喷雾，每隔 7~10 天喷 1 次，连喷 2~3 次，防治效果良好。虫害主要有跳甲、蚜虫、红蜘蛛和多种介壳虫等，为害枝叶，发生时可用 40% 乐果 1000~1500 倍液，或用 40% 的氧化乐果 1500~2000 倍液进行喷雾，可以兼治多种害虫。

（罗红彬、刘翠兰）

地 锦

别名：爬墙虎、爬山虎、红葛、红葡萄藤

学名：*Parthenocissus triuspidata* Planch.

科属名：葡萄科 Vitaceae，爬山虎属 *Parthenocissus* Planch.

一、经济价值及栽培意义

地锦（爬墙虎）为落叶大藤本植物。分枝多，卷须短，具有气生根（即卷须顶端的吸盘，它具有碰到坚硬的物体能分泌一种胶液的特点）。爬墙能力极强，能从墙基一直爬到顶端。爬墙虎植株近似葡萄，茎褐色，夏季叶绿色，秋末变为红色和黄色，十分艳丽，分枝分布均匀，很少重叠，不留一点空隙，夏季满墙碧绿如壁毯，秋季彩色艳丽如锦被，故名地锦。

地锦是圆林绿化中很好的垂直绿化材料，既能美化墙壁，又有防暑隔热的作用。对二氧化硫等有害气体有较强的抗性，适宜在宅院墙壁、围墙、庭院入口处、桥头石块等处配置。藤茎可入药，具有破淤血、消肿毒、祛风活络、止血止痛的功效。果实可食或酿酒。

二、形态特征

地锦卷须短且有分枝，顶端有吸盘，借以吸附它物，其茎蔓粗壮、褐色。叶广卵形，长 10 ~ 20 cm，宽 8 ~ 17 cm，常三裂，基部常为亚心脏形，裂片渐尖，叶缘具粗齿；在下部枝条或幼苗上，叶形较小，并且有 3 片有柄的小叶，中间小叶为倒卵形，侧生小叶为斜卵形，有时成单叶、广卵形，不分裂或微具裂片；叶表面光滑，叶背脉上具柔毛；叶柄长 4 ~ 8cm。伞形花序，常着生在具 2 叶的短枝上。果实蓝黑色，径 6 ~ 8 mm。花期 6 月，果熟期 9 ~ 10 月。在我国，地锦属内还有异叶爬山虎、川鄂爬山虎、绿爬山虎。而供栽培观赏的同属植物有东南爬山虎、三叶爬山虎、红叶爬山虎、粉叶爬山虎，同时，我国还引种栽培了原产美国的五叶地锦［又名美国地锦 *Parthenocissus quinquefolia*（L.）Planch.］

三、分布区域

地锦分布区域广泛。在亚洲主要是中国和日本。在国内主要分布于河北、山东、河南、甘肃、山西、四川、浙江、江西、湖北、湖南、江苏、广东等省，在陕西境内自然分布在秦岭巴山地区。在园林绿化中我国南北方都广为应用。

四、生态习性

地锦在天然情况下常生于岩石旁，爬在岩石上。原产我国东北至华南地区，性喜阴湿，耐旱，耐寒，冬季可耐 -20℃低温。对气候、土壤的适应能力很强，在阴湿、肥沃的土壤上生长最佳，对土壤酸碱适应范围较大，但以排水良好的沙质土或壤土为最适宜，生长较快。也耐瘠薄。

五、栽培技术

（一）育苗技术 地锦的繁殖可采用扦插、压条、播种等方法，以插条方法运用最多。

1. 播种育苗 于10月种子成熟后采集，在冬季较温暖的地区可冬播，也可春播。成苗后的移植应在落叶后的晚秋和早春。

2. 插条育苗 插条可在落叶到萌芽前采集，插条长为20～30cm，在整作好的床畦上插深10～15cm，也可开沟压埋。插后立即灌水，保持床土湿润，成活率较高。成活后即抽生新蔓，1年生新蔓可达1m以上。

（二）栽植技术

1. 栽植地选择 西北地区环境治理作用显著。在园林绿地中按设计配置定位，地锦虽对土壤条件要求不严，酸、碱、肥、瘠都可适应，但仍应注意土层厚度、排水状况，肥沃状况。并可在黄土高原的塬、梁、峁的边缘地带种植以及风沙地和沙漠种植。

2. 株行距 一般为单行栽植，株距2m，如要更早见效，株距可为1.0m。墙基栽植的应距墙根50cm以上，既可增大根部营养面积，又可保护墙基。栽植穴不宜有灰渣，否则应换土。栽植穴50cm见方，分层踏实土壤。

3. 栽植时间 多在春季发芽前进行。

4. 栽后管理 栽植后立即浇足定根水。成活后，先要采取立竿搭桥措施，诱导植株上墙、柱石、假山。栽后2～3年内，每年可追施氮肥1～2次，以加速生长。

六、病虫害防治

（1）主要病害有叶炭疽病、叶斑病、白粉病、霜霉病。

防治方法：可采取清除落叶、杂草改善环境卫生状况，在发病期喷洒等量式波尔多液或多菌灵，对白粉病可喷洒粉锈宁或退菌特等药剂。

（2）主要虫害有葡萄斑叶蝉、葡萄天蛾、刘氏短须螨、吹绵蚧等。

防治方法：在螨期喷洒三氯杀螨醇杀灭刘氏短须螨，在其他害虫的若虫或幼虫期喷洒氧化乐果、敌敌畏、马拉硫磷、久效磷等任一种药剂，都可治疗。

（陈 红、刘新聆、刘克斌）

梧 桐

别名：青桐、耳桐、桐麻、榇梧
学名：*Firmiana simplex*（L.）W. F. Wight
科属名：梧桐科 Sterculiaceae，梧桐属 *Firmiana* Mars.

一、经济价值及栽培意义

梧桐是我国名贵的庭园观赏树种，其树姿雄伟，叶翠多荫，干高通直，皮绿光亮，波纹亮丽，有令人赏心悦目之效。历来多植于风景名胜及园林中，与亭台楼阁相互辉映。自古咏于诗歌，且有"凤凰非梧桐不栖"的传说，足见我国人民对其喜爱之深。梧桐树生长快，材质轻软，不翘不裂，色白，适于制作家具、箱柜、琴、瑟、琵琶等乐器。材内含有黏液，可制泡花，用于理发。种子炒食味香，也可榨油食用，一般含油率52%，出油率41%。其根、叶、花、种子均可入药，有清热解毒、祛湿健脾之功效；叶片投放厕所能防蝇、蛆的繁殖。树皮富含纤维，为造纸及制绳网之原料。寿命可长达百年之上。于炎夏可浓荫遮地，在深秋则叶落透干，可孤植或丛植，亦作行道树，是适于城乡绿化美化的好树种。

二、形态特征

落叶乔木，高20～30m，胸径70～100cm。树冠半圆形，树皮翠绿色，光滑。叶互生，叶柄与叶片等长，叶基部心脏状圆形，宽可达30cm，掌状3～5深裂，裂片阔卵形，先端渐尖；叶脉网状，全缘；上面鲜绿色，无毛，下面淡绿色，密生灰褐色细绒毛。顶花芽饱满，形如荷花状，五瓣；叶芽较小，椭圆形，均棕色，有绒毛。雌雄同株。花单性，黄绿色，无花瓣，顶生圆锥花序；蓇葖果成熟前开裂，纸质。种子如豌豆状，黄褐色，有皱纹，结于心皮的两边缘。6～7月开花，10～11月果熟。

三、分布范围

梧桐原产于我国亚热带，北自河北、山东、陕西、甘肃，南到广西、云南、贵州都有分布。陕西、甘肃南部海拔600～1100m地带多有零星栽培。

四、生态习性

梧桐喜温暖湿润气候，耐寒性稍差。在甘肃南部栽培区年平均气温为12.5～15.6℃，绝对最高气温为37.3～39.9℃，绝对最低温度为－14～－4℃，年均降水量488～1000mm，无霜期207～280天。梧桐为阳性树种，喜光照，但幼年时能耐庇荫。较耐干旱，对土壤要求不严，在中性、微碱性或微酸性的黏壤土、砂石土上都能生长，而以肥沃湿润的土壤上生长较快。甘肃成县抛沙镇中坝院边35年生胸径达40cm。武都城郊曹家坡寺庙院内有高20m，胸径50cm的大树。

梧桐为深根性，直根粗壮，肉质，不耐涝，高温季节积水3～5天即可烂根死亡。侧芽萌发力弱，不耐修剪。生长尚快，寿命较长，能活百年以上。春季展叶较迟而秋季落叶很早，故有"梧桐一叶落，天下尽知秋"之说。对多种有害气体有较强抗性。

五、培育技术

（一）育苗技术

梧桐主要用播种繁殖。9月蓇葖果开裂，裂片两侧的种子由绿色变为黄褐色且有皱纹时即已成熟，应抓紧时机采收。采回后摊室内晾干，除去杂质，即可秋播或混沙贮藏。每千克种子6400~7000粒，发芽率70%~85%。

秋季10月或春季2~3月播种。播前圃地耕耙细整，施基肥，灌底水，晾晒数天后作床条播，条距25cm，沟深3cm，每隔2~3cm播种一粒，覆沙厚1.5~2cm，上盖草保墒，以防地面板结。秋播的次年4月下旬出苗，春播的约35天出苗，出苗后于阴天或傍晚揭去覆草。每亩播种量12~15kg。幼苗期及时灌水，除草松土，施追肥。5~6月结合除草进行间苗，移稠补稀。翌春芽萌动前移植或留床1年，2年生苗高1m左右，即可出圃定植。每亩产苗量2~3万株。

梧桐从第三年起生长速度加快，可根据城乡绿化要求，培养大苗。此外，梧桐也可在秋末冬初，剪成长40~50cm的枝条进行插条繁殖。

（二）定植与造林

梧桐一般作观赏树种栽植，定植株距4~5m，挖穴栽植，穴径60cm，深50cm。晚秋落叶后或春发芽前栽植均可，穴内施腐熟有机肥并与底土拌均。栽苗要端正，横竖成行，根系要舒展，埋土踏实。栽后及时浇水保墒。大树易栽，也易于成活。

成活后每年进行必要的抚育管理。

梧桐很少成片造林。如为生产乐器用材，可成片栽植，营造乔木林；如为生产纤维原料，可利用其萌芽性而进行矮林作业。林木郁闭后，及时间伐透光。30年生以上可采伐利用。

六、病虫害防治

梧桐病害较少。虫害见有刺蛾、卷叶虫、介壳虫及梧桐木虱（*Thysanogyna limbata* Enddeyein）等。木虱在陕西武功一年发生2代，以卵越冬。其成虫和若虫均有群集性，在梧桐叶背或幼枝嫩干上吸食树液。若虫会产生白絮状分泌物，飞落时会沾污衣物，可在若虫期用40%乐果1500倍液或杀螟松1000倍液喷治。并注意保护和利用天敌。

（李仰东）

瑞　香

别名：睡香、风流树、露甲、千里香、蓬莱花
学名：*Daphne odora* Thunb.
科属名：瑞香科 Thymelaeaceae，瑞香属 *Daphne* L.

一、经济价值及栽培意义

瑞香为我国传统名花，其树姿潇洒，四季常绿，早春开花，香味浓郁，因此而得名"瑞香"，颇受人们的喜爱，被誉为"上品花卉"。出生佛门的瑞香花立春吐出了花蕊，散发出馥郁的芳香。

瑞香花芬芳浓烈，株形、叶色俱美，因而深受家庭青睐。传说庐山有位僧人昼寝于盘石之上，睡梦中被浓香熏醒，后寻到花株，并命名为"睡香"。又由于它在严寒的春节前后盛开，人们以为祥瑞，便改称"瑞香"。瑞香的花期，正值群芳消歇，而它的香味又属混合香型，旧时被人称之为"夺香花"。在林下、路缘丛植或与假山、岩石配植均宜。

瑞香不仅是一种美丽花木，而且还具有多种的经济价值，根可入药，有活血、散瘀、止痛等功效；花可提芳香油；皮纤维可造纸。

二、形态特征

瑞香为多年生常绿小灌木，高 1.5~2m，多分枝，小枝平滑无毛，表面略带紫色，皮部富含纤维，强韧。单叶互生，叶长椭圆形至倒披针形，质厚，顶端钝。长 5~8cm，叶表面深绿而有光泽，背面淡绿无毛，叶柄粗短。2~4 月开花，花密生成簇，花被筒形，端 4 裂，径约 1.5cm，白花或杂淡红紫色，香气浓烈。开放有如丁香花状，顶生头状花序。核果肉质，圆球形，成熟时红色，花期 2~4 月，果期 7 月。

目前园林广泛栽培的主要有以下几个变种：

白花瑞香（var. *leucantha* Makino）　是常绿小灌木，花纯白色，芳香。

毛瑞香（var. *atrocaulis* Rehd）　又叫八爪金龙。花被外侧有灰黄色的绢毛，花朵白色，芬芳；果熟时橙色；枝深紫色。

蔷薇瑞香（var. *rosacea* Makino）　又叫水香瑞香，花被裂片里面为白色，表面带粉红色。

金边瑞香（var. *marginata* Thunb.）　叶缘金黄色，花瓣先端 5 裂，白色，叶缘金黄色，基部紫红，香味似丁香，1 月底~2 月初开花，是春节摆设之佳卉。瑞香品种，以金边瑞香最佳。

三、分布区域

瑞香原产我国江西、湖北、浙江、湖南、四川等省。它在我国的栽培历史有近千年。性喜疏松肥沃、排水良好的酸性土壤（pH 值 6~6.5），忌用碱性土，可用山泥或田园土掺入

40％的泥炭土、腐叶土、松针土和适量的煤球灰、稻壳灰、城市垃圾等为培养土栽培。

四、生态习性

它喜散光，忌烈日，盛暑要蔽荫。北方冬季需入室养护，不低于5℃，此外还须注意它的避忌；忌盆土太湿、忌浓肥生肥、忌碱性土、忌淋雨、忌盆里有蚯蚓、蚂蚁等虫。瑞香已近花期，尤须注意上述各点，以免落蕾落花。

瑞香及其他品种大多地栽为主，株形优美，开花繁密，芳香四溢，因不喜阳光直射，最适合种于林间空地，林缘道旁，山坡台地及假山阴面，若散植于岩石间则风趣益增。日本人在庭院中也十分喜爱使用瑞香，多将它修剪为球形，种于松柏之前供点缀之用。

五、培育技术

（一）育苗技术

瑞香多采用压条和扦插法繁殖，也可嫁接或播种。

扦插多在清明、立夏前进行，也可在秋季。剪瑞香顶部粗壮枝8～10cm，留2～3片叶，经促根剂浸泡后扦入沙床中，深度为总长1/2～1/3，随即遮荫，大约40天生根。瑞香扦插时民间常将插穗下端割裂，夹入一米粒大小的石子，增加接穗与基质接触面，以利生根。立秋扦插时，可在插床上覆膜增温。扦插繁殖，因皮部形成层组织发达，扦插易生根。用种子繁殖的可在5月中旬采种，洗去外果皮，稍晾干，沙藏或随即播种，翌年3月中、下旬萌发，当年苗高可达20cm以上，秋季即可上盆。利用高压繁殖，则易形成树形，一般高压2～3年枝生根快。高压季节以夏秋两季为好。

（二）栽植技术

瑞香生于山坡间的杂木林下及林缘，性喜阳光不直射又排水良好的酸性沙质壤土，栽植时应选半阴半阳、表土深厚、湿润地种植。为避免阳光直射，而在冬季又能晒到阳光，常常采用与落叶乔、灌木混植的办法。春秋两季都可进行移植，但以春季开花期或梅雨期移植为宜。成年树不耐移植，移植时务必尽量多带宿土，还要加以重剪。栽植后的管理，露地栽培比较粗放，天气过旱时才浇水；越冬前在株丛周围施些腐熟的厩肥。

瑞香较耐修剪，一般在发芽前可将密生的小枝修剪掉，留一定的空隙，以利通风透光。如要培植矮化瑞香，可在花后剪除去年枝条一部分，以促发新芽。忌花芽形成后修剪。

六、病虫害防治

瑞香病虫害很少，在盆土过湿或施用未经腐熟的有机肥时，极易引起根腐病的发生，应每隔10～15天喷洒1次50％多菌灵800倍液，或70％甲基托布津1000倍液等杀菌药剂。

（崔铁成、张 莹、张爱芳、马延康）

紫　薇

别名：百日红、满堂红、痒痒树

学名：*Lagerstroemia indica* L.

科属名：千屈菜科 Lythraceae，紫薇属 *Lagerstroemia* L.

一、经济价值及栽培意义

紫薇是主要的园林树木之一，栽培广泛。花期长达4个多月，花色通常为紫红色，也有白、蓝、桃红等色。在园林栽培中将它配置在常绿树丛中，能防止园林色彩单一；在草坪上散植数株，也可造成色彩柔和的景观与气氛。古时紫薇多栽于皇宫、宫邸作"耐久且烂漫"的象征。宋代诗人杨万里在咏紫薇诗中说"谁道花无百日红，紫薇长开半年花"。紫薇树干皮脱落后树干光滑，用手轻轻抚摸，就会发现全树枝叶在轻轻摇动，因此又叫痒痒树。紫薇多植于园林、庭院、地畔、河边，其枝条较柔软，可以任意盘曲造型，萌芽力较强，耐修剪，是园林观赏佳品。紫薇抗污染能力较强，能吸收空气中有害气体，据测定每千克干叶中含硫达 10g 左右；也能吸滞粉尘，因而又是净化空气的优良树种。另外紫薇树皮及根可治咯血、吐血、便血；根段水煎服用能治赤白痢疾；枝条水煎服，可治小儿百日咳。在庭院、宅外、村旁、路旁、渠旁种植紫薇，对美化环境、增进人民身心健康都有着积极的作用。

二、形态特征

落叶灌木或小乔木，高 3～7m，小枝常具四棱，光滑或被短柔毛。叶几乎无柄，椭圆形、倒卵形或长圆形，先端急尖或钝，基部广楔形，光滑或仅背面肋上被柔毛。花色有淡红、紫红、紫色或白色等多种，花径约 3～4cm，圆锥花序。蒴果广椭圆形，长约 1～1.2cm。变种有：银紫薇（var. *alba* Nich.），花白色；翠薇（var. *rubra* Lav.），花堇紫色，花期 6～10 月，果期 10～11 月。

三、分布区域

原产大洋洲北部及印度、马来西亚和我国的中部、南部（长江流域及其以南）。在湖南、湖北、四川等地常见野生。西北地区产陕西秦岭南坡和巴山北坡，西安、兰州栽培较多。主要分布于华东、华南、西南、华中地区，各地园林有大量栽培。

四、生态习性

紫薇主要生长在亚热带地区，性喜光照充足和温暖湿润的气候，有一定的耐寒、抗旱能力，华北多数地区可露地栽培。适宜在深厚、肥沃、排水良好的微酸性至中性土壤生长，怕涝，在黏土上生长较差。可以在石灰质和微碱性土上生长。它不惧烈日暴晒，也有一定的耐荫能力。枝的萌芽能力强，也容易发生根蘖。

紫薇在陕西关中地区，每年4月上中旬发芽展叶，5月底至6月初开花，直至10月停花。果熟期 10 ~ 11 月，11 月下旬落叶，蒴果在枝上不会自行脱落。

五、栽培技术

（一）育苗技术

可以采用播种和扦插方法育苗。

1. 播种育苗 待蒴果由绿色变成褐色后及时采摘。将采回的蒴果晾晒、脱粒，去杂后的净种子装袋干藏。果实出种率为 10% ~ 12%，千粒重 1.8 ~ 2.6g，发芽率 85% 左右。

紫薇

1. 花枝 2. 花

育苗地宜选肥沃、排水良好的沙壤土，多用播种方法育苗。紫薇播种育苗多在春季进行。播前将种子用 40℃ 温水浸种 12h 之后，换清水再浸，让种子充分吸水后捞出，摊晾阴处，待种粒离散时或拌以细沙播种。行距 30cm，播幅 5cm，覆细土，且宜薄，之后覆草保墒，10 ~ 15 天后出苗。

2. 扦插育苗

紫薇扦插育苗有硬枝、嫩枝扦插两种。硬枝扦插在 3 月上、中旬进行，插条可在插前剪取，也可在先年冬季采条贮穗，插条以 1 ~ 2 年生为宜，粗 0.5 ~ 1.0cm，穗长 20 ~ 25cm，插后立即灌水，保湿至生根成活。扦插株行距为 20cm×30cm。嫩枝扦插在秋季 8 月下旬至 9 月中旬进行。用当年生枝，剪制 20cm 长插穗，随剪随插，插后立即浇透水，保湿。当年可生根成活。在寒冷地区，冬季应覆草防寒。一般为密插，株行距 4cm×6cm，次年春分床移植，当年或第二年开花。

3. 苗期管理 对播种苗，苗出齐时及时撤去覆草，之后洒 1 次水。当苗高 10cm 左右时定苗，株距为 10 ~ 15cm。一般当年苗高可达 50 ~ 80cm，有的植株当年秋还可开花。定苗后适时追肥、灌水、松土、除草。对开花的苗木，可将不同花色植株进行标记，次年春移植，培育大苗。

另外，还可在 4 月上旬芽萌动时，将徒长枝或幼枝压埋土中进行压条繁殖；也可将根蘖苗进行分株移植培育。

（二）栽植技术

1. 栽植地选择 紫薇除在城镇园林中配置外，机关、厂矿、学校、医院、农村皆可种植。种植地宜选土层深厚、排水良好、光照充足的地方，多为成行栽植，在园林中也成丛或零星散植。

2. 株行距 单行株距 3 ~ 4m，双行株行距 3m×5m，丛植株距 2 ~ 3m。栽植穴规格可视苗木大小，1 ~ 2 年生苗，穴的规格可采用 40cm 见方，3 年生以上大苗视土球大小，一般为 60cm 见方。栽植时保证行端树直、分层填土捣实，栽后浇足水，保湿、保活。

3. 栽植季节 春秋两季均可，但在干旱寒冷西北地区以春季 3 ~ 4 月较为适宜。

4. 整形修剪 紫薇在园林栽培中主干高一般为 1.5m 左右，自分权以上没有中心主枝，而由 3 ~ 5 个长势大致平等的主枝向四周展开，每年只对主枝顶端生长的 1 年生枝进行极重修剪，骨架近于自然开心形，所以培植主干及选留主枝应是培育大苗的重要工作。

其方法是，第一年对1年生苗冬剪时，先剪去先端，并剪去剪口下部主干上3~4个侧枝，下部其余小枝暂留作辅养枝；第二年春萌芽后，将剪口下30cm整形带内新芽保留，剪去整形带下部的枝与芽，待新芽长成20~30cm长新枝时，在上部选1健壮、直立枝作主干延长枝，其余新枝一律剪去1/2，控制生长。第二年冬剪时，在1.5m高处短截主干，并剪除剪口以下的二次枝和原来的辅养枝。第三年春，剪口下部长出很多新芽，只留顶端3~5个芽任其生长，对下部的其他新枝进行短截，增加叶量积累养分，以利主干、主枝加粗生长。在6~7月，对主枝进行摘心，第3年冬剪时，依各主枝开张角度确定其长度，开张角小的宜短；开张角大的稍长。将各主枝剪口下的小枝全部剪去，第四年春将主枝上萌发的新芽除顶端3~4个保留外其余全抹去。以后每年只对主枝顶端部分进行修剪整形。在高楼林立的街心花园或绿化带内，应使保留的主枝向上生长，形成高耸的树冠，观之慰为壮观，西安西开发区高新路的紫薇即属此类型。

六、病虫害防治

1. 紫薇煤污病 此病由蚜虫或介壳虫传播，故应及时防治蚜虫和介壳虫。

防治方法：①用40%氧化乐果乳油1000倍液或50%三硫磷乳油1500倍液喷杀。②防治介壳虫用10~20倍松脂合剂溶液（宜在若虫大量孵化时进行）。

2. 黄刺蛾

防治方法：①摘下越冬虫茧深埋。②在幼虫大量孵化后喷25%亚胺硫磷乳油或50%辛硫磷乳油或80%敌敌畏乳油的1000~1500倍液杀灭。③在成虫发生期可设黑光灯诱杀。

（刘新聆、刘克斌）

花石榴

别名：月季石榴、安石榴、若榴、丹若

学名：*Punica granatum* L.

科属名：石榴科 Punicaceae，石榴属 *Punica* L.

一、经济价值及栽培意义

石榴既可观花又可观果，且可食用。在花卉装饰中作立体陈设或作背景材料。花石榴喜光耐旱，是阳台和屋顶养花的适宜花卉；石榴老桩可制作高雅的树桩盆景；地栽石榴宜于阶前、庭间、亭旁、墙隅种植；小型盆栽的花石榴可用来摆设盆花群或供室内观赏。

石榴传入我国后，因其花果美丽，栽培容易，深受人们喜爱。它被列入农历 5 月的"月花"，称 5 月为"榴月"。石榴对二氧化硫抗性较强，每千克干叶可净化 6.33g 二氧化硫，而叶片不受害。对氯气也有一定抗性。适宜于有污染源的工厂和干旱地带栽植。花石榴既可观花又可观果，小盆盆栽供窗台、阳台和居室摆设，大盆盆栽可布置公共场所和会场，地栽石榴适于风景区的绿化配置。

果可生食，有甜、酸、甜酸等品种，Vc 的含量比苹果、梨均高出 1～2 倍，还富含钙质及磷质。可入药，有润燥和收敛功效。果皮内含单宁，可作工业原料，入药可治泻痢；根可除绦虫；叶煮水可洗眼。

二、形态特征

落叶灌木或小乔木，在热带则变为常绿树。树冠丛状自然圆头形。树高可达 5～7m，一般 3～4m，但矮生石榴仅高约 1m 或更矮。干灰褐色，上有瘤状突起，干多向左方扭转。树冠内分枝多，嫩妓有棱，多呈方形。小枝柔韧，不易折断。一次枝在生长旺盛的小枝上交错对生，具小刺。芽色随季节而变化，有紫、绿、橙三色。叶呈长披针形，长 1～9cm，尖端圆钝或微尖，质厚，全缘，在长枝上对生，短枝上近簇生。花两性，依子房发达与否，有钟状花和筒状花之

花石榴

别，前者子房发达善于受精结果，后者常凋落不实；一般 1 朵至数朵着生在当年新梢顶端及顶端以下的叶腋间；萼片硬，肉质，管状，5～7 裂，与子房连生，宿存；花瓣倒卵形，与萼片同数而互生，覆瓦状排列。花有单瓣、重瓣之分。重瓣品种雌雄蕊多瓣化而不孕，花瓣

多达数十枚；花多红色，也有白色和黄、粉红、玛瑙等色。雄蕊多数，花丝无毛。雌蕊具花柱1个，长度超过雄蕊，心皮4~8，子房下位，成熟后变成大型而多室、多子的浆果，每室内有多数子粒；外种皮肉质，呈鲜红、淡红或白色，多汁，甜而带酸，即为可食用的部分；内种皮为角质，也有退化变软的，即软籽石榴。

花石榴按株形、花、果及叶片的大小，分为一般种和矮生种：

（一）一般种（普通花石榴）

品种主要依据花色和单、重瓣分。

1. 白石榴（*P. granatum* cv. albescens），亦称"银"榴。花近白色，单瓣，每年开花1次，花期5~6月，比其他品种花略迟开半个月左右。果黄白色。

2. 重瓣白石榴（*P. granatum* cv. Multiplex），花白色，重瓣，花期长，5~7月均可开花。

3. 黄石榴（*P. granatum* cv. Flavescens）　花单瓣，色微黄，果皮亦为黄色，花重瓣者称千瓣黄石榴。

4. 重瓣红石榴（*P. granatum* cv. Pleniflora），亦称千瓣红石榴、海棠花石榴、千层红石榴。枝条较细软，叶片较小；花特大，花冠直径达8~10cm，多蕊重瓣，花瓣极多，花色鲜红至浓红，十分艳丽夺目，花期特长，单朵花可开15~20天，是观花石榴的佼佼者。

5. 大果榴（*P. granatum* cv. Macrocarpa）　又称"红石榴"，花单瓣，红色。

6. 玛瑙石榴（*P. granatum* cv. Lagrellei），又称"玻璃"石榴、"千瓣彩"石榴。花大，重瓣，花瓣有红色、白色条纹或白花红色条纹。

7. 殷红石榴　花水红色，多单瓣，亦有重瓣。

8. 楼子石榴　又称"重台"石榴。中心花瓣密集，隆突而起，层叠如台，花形硕大，蕊珠如火。

9. "并蒂"榴　枝梢生花2朵，并蒂而开，对对红铃，引人入胜。

牡丹花石榴长势旺盛，树势开张，叶片较一般石榴树种厚大，花期长，早果性强，成熟期早，产量高，在一般栽培管理条件下翌年开花，结果株率达100%，单株坐果一般30个左右，多者达50个以上。此石榴树种花大、重瓣、色大红，花如绣球，形似牡丹，有"牡丹花石榴"之称。立秋以后有白色花瓣，宛如彩霞中点点白鹭点缀其间，非常美观。花直径9~10cm，最大的15cm以上，花期5月下旬至10月上旬，长达150天左右。单株开花数百朵，多者上千朵。6~8月份是花与果的盛期，其花、果与叶相间，具有极好的观赏价值。石榴果实大，色泽鲜艳，黄里透红，单果重一般在500~700g，大者达1250g，含可溶性固形物17%~19%，味甜微酸，口感好。核半软，粒大汁多，含果汁67%，品质极佳，成熟期为8月下旬至9月上旬。

（二）矮生种（小石榴类）

植株矮小，高约1m，枝密而细软，呈上升状。叶矩圆状披针形，长1~2cm，宽3~5mm，对生或簇生。花、果皆较小。以花果不同分为：

1. "月季"石榴（*P. granatum* cv. Nana）　亦称"月月"榴、"四季"石榴、"火"石榴。花红色，单瓣，花期长，自夏至秋均有花开。果熟时粉红色。树冠极矮小，枝条细软，叶狭长（小），线状或窄披针形；花萼花瓣多为鲜红色，也有粉红、黄白、白色的变种。花瓣多数单生，花小，果亦小，成熟时，果皮粉红或红色，作盆栽，观赏用。

2. "千瓣月季"石榴（*P. granatum* cv. Nana Plena）　　花红色，重瓣，花期长，在15℃以上时可常年开花。

3. "墨"石榴（*P. granatum* cv. Nana Nigra）　　花红色，单瓣，果小，熟时果皮呈紫黑褐色。此外，还有粉红、白花等品种。

三、分布区域

我国黄河流域及其以南地区均有栽培，为亚热带及温带花果木，已有两千余年的栽培历史。今天在伊朗、阿富汗和阿塞拜疆以及格鲁吉亚共和国的海拔300～1000m的山上，尚有大片的野生石榴林。云南以海拔1300～1400m处栽培石榴最多，垂直分布位于热带和温带果木之间。重庆巫山和奉节地区，石榴多分布在海拔600～1000m处。陕西省临潼石榴，多在海拔400～600m处。山东省峄城石榴多生长在海拔200m左右的青石山阳坡上。石榴是人类引种栽培最早的果树和花木之一。现在中国、印度及非洲、欧洲沿地中海各地，均作为果树栽培，而以非洲尤多。美国主要分布在加利福尼亚州。欧洲西南部伊比利亚半岛上的西班牙把石榴作为国花，在50万 km^2 国土上，不论是高原山地、市镇乡村的房舍前后，还是海滨城市的公园、花园，石榴花栽种特多。

现在我国南北各地除极寒地区外，均有栽培，其中以陕西、安徽、山东、江苏、河南、四川、云南及新疆等地较多。京、津一带在小气候条件好的地方尚可地栽。在年极端最低温平均值 –19℃等温线以北，石榴不能露地栽植，一般多盆栽。

四、生态习性

喜光，喜温暖气候，有一定耐寒能力，但枝干经 –20℃左右之低温则冻死；喜肥沃湿润而排水良好之石灰质土壤，但可适应 pH 值4.5～8.2的范围；有一定的耐旱能力，栽平地和山坡均可生长。生长速度中等，寿命较长，可达200年以上。在气候温暖的江南地区，一年有2～3次生长，春梢开花结实率较高。夏梢和秋梢在营养条件较好时也可着花。

石榴喜阳光充足和干燥环境，耐干旱，不耐水涝，不耐荫，对土壤要求不严，以肥沃、疏松的沙壤土最好，过于黏重的土壤会影响生长和果实品质。喜肥。石榴对于城市高层建筑阳台及屋顶空气干燥的环境尤其适应。

温度是石榴栽培最主要的外界因素之一，叶芽萌动时要求气温在10℃以上，生长期内有效积温要在3000℃以上。喜温喜光，在年有效积温5000℃、日照1100h以上环境生长较好。冬季休眠期能耐短期低温，但在 –18～ –17℃时，即有冻害。不同品种中，酸石榴要比甜石榴耐寒些。

果实成熟以前，以干燥天气为宜，尤其在花期和果实膨大期，空气干燥、日照良好最为理想。果实近成熟期降雨，易引起生理性裂果或落果。

喜阳光，在阴处开花不良。

五、培育技术

石榴的繁殖方法很多，实生、分株、压条、嫁接、扦插皆可，但以扦插应用最广。

（一）繁殖技术

1. 扦插繁殖　石榴主要产地皆以扦插为主要繁殖方法。扦插，春季选2年生枝条或夏季采用半木质化枝条扦插均可，插后 15～20 天生根。

（1）母株和插条的选择　母株宜选择品种纯正，生长健旺，20 年生以内的健壮植株。插条选择树冠顶部和向阳面生长健壮的枝条。

（2）扦插时期　四季均可进行，但各地应结合自身的实际，保证扦插时的适宜温湿条件。北方多在春、秋季，取已木质化的 1～2 年生硬枝进行扦插。

（3）扦插方法　有长条插和短条插两种。北方干旱地区及园地直栽，采用长条插。插穗长 100cm 左右。陕西省临潼县采用挖长 50～70cm、深 30～50cm 沟的方法，每穴插 2～3 条。要求深插，入土约 2/3～3/4，踏实。大面积培育苗木多采用短插。硬枝插穗长 15～20cm，嫩枝插穗长 4～5cm，并保留顶部数片小叶。嫩枝扦插特别要注意遮荫、保温，温度控制在 18～33℃ 之间，湿度保持在 90% 左右。无论采用哪种方法扦插，插穗的上部切口都要平，下部切口均应剪成马耳形。扦插时为保证成活率，务必要做到随采随插。为促进插穗早日愈合生根，插前亦可用生长激素处理。

2. 分株繁殖　可在早春 4 月芽萌动时，挖取健壮根蘗苗分栽。压条，春、秋季均可进行，不必刻伤，芽萌动前用根部分蘗枝压入土中，经夏季生根后割离母株，秋季即可成苗。石榴根部萌蘗力强，可在早春芽刚萌动时，选择强健的根蘗苗，掘起分栽定植，方法简便，成活容易。

3. 压条繁殖　可在春、秋两季进行，芽萌动前将根部分蘗枝压入土中，经夏季生根后，割离母体，秋季可成苗。但一般翌春移植，更容易成活。亦可采用堆土压条，可取得较多新株。

4. 嫁接繁殖　常用切接法，多选用 3～4 年生酸石榴作砧木，江苏省吴县洞庭山常用此法。

在春季芽将萌动时，从优良母株上取接穗，长 10cm，接于砧木基部 10～15cm 处，切接后约需培育 5～6 年。陕西省临潼县改良品种，亦有采用高头换接法的。

5. 播种育苗　一般在选育新品种或大批量培育矮生花石榴时采用。播种可冬或春播，多采用点播和条播方式。冬播可免于种子的储藏，但苗床要盖罩越冬。春播的种子如冬季已经河沙埋藏，可直接播入圃地。干藏种子应在播前用温水（一开对一凉）浸泡 12h，或用凉水浸 24h，种子吸水膨胀后进行播种。播后覆土厚度为种子的 3 倍，半月左右即可出苗。

石榴的组织培养是多快好省的捷径，现尚处于探索阶段。

（二）石榴花果园的建立

1. 苗木标准　1 年生树苗，高 0.8m 以上，旺株底部直径 1cm 左右。

2. 园地选择　石榴树幼苗怕冻，选择地势背风，冬季光照充足地块。长江以南无冻害地区可随意种植，而冬季气温常在 -17℃ 以下的地区不宜栽植。

3. 栽植时间　北方最好在春季化冻后栽培，这样可免去冬栽防冻的工序，也可在早夏栽培；南方地区春、秋，冬季均可栽植。

4. 栽植方法　以南北、东西向栽植为宜，株行距为 2m×4m，每亩栽植 84 株；株行距为 2m×3m，每亩栽植 110 株。根据根系大小挖出稍大的坑，用化肥、土杂肥、腐土混合掺匀。填在坑内 30cm 下，上边再填土栽植。

5. 栽培要点　春季或早夏栽培，移栽时树苗需带泥浆，栽前从树苗的上端剪掉 1/3，栽后需要遮荫 1 周以上，连续浇水以保持土壤湿度，直至叶子舒展，浇水后 2～3 天注意松土

1 次。

6. 栽后追肥　成活后，每年春、夏各追肥 1 次，追施复合肥、美国二铵等，追施深度以低于地面 20cm 以下为宜。

7. 采果后的管理

（1）合理施肥，增强树势　采果后的石榴园，每隔 10 ~ 15 天，叶面喷洒 0.5% 的尿素，配以 0.2% ~ 0.4% 的磷酸二氢钾。根据树势及当年结果的状况合理施肥，2 ~ 3 年生的石榴树施用果树专用肥及土杂肥 2 ~ 3kg，可用环状沟、放射沟、穴等追肥方法。

（2）耕翻除草，清理树盘　由树盘向外耕深 20cm 左右，然后由内向外逐步清除树盘内的杂草及枯枝落叶，进一步增强土壤的通透性，活化根系生理功能，越冬前浇 1 次封冻水。

8. 牡丹石榴树整形修剪

（1）单干形　留一个强枝为主枝，长到高至 1.8m 时，使上梢长出侧枝分布四周，结合剪枝拉枝，呈柳树状，则完成整形。

（2）多干形　任其自然生长 1 年，再选留 2 ~ 3 个作主干，其余的全部剪掉，以后在每个主干上留存 3 ~ 5 个主枝，向四周扩展，要求均匀通风透光。

六、病虫害防治

病虫害防治方法见石榴。

（崔铁成、张　莹、张爱芳、王亚玲）

珙　桐

别名：鸽子树、水梨子、汤巴梨。

学名：*Davidia involucrata* Baill.

科属名：珙桐科 Davidiaceae，珙桐属 *Davidia* Baill.

一、经济价值及栽培意义

珙桐系我国特产，它的花色艳丽奇特，形如飞鸽，盛花之际，紫蓝色头状花序似鸽头，淡黄色花柱如鸽嘴，两片宽大的乳白色苞片如鸽翅，宛如群鸽栖立树上，点头扇翅跃跃欲飞，栩栩如生，绝妙之极，故游人对此赞叹不已，因而得名鸽子树，是我国独有的名贵观赏树种，欧美誉为"中国鸽子树"。珙桐是第三纪古热带植物区系的孑遗种、"活化石"。珙桐的发现，引来欧美植物学和园林学者来华考察，收集标本和种子，"中国鸽子树"已成为欧美各国植物园、公园和庭院驰名的观赏树木。1954 年 4 月周恩来总理在瑞士日内瓦见到作为庭园观赏树种，珙桐花盛开的美景，赞叹不绝，并了解是从我国引种的时候，就叮嘱林业工作者重视珙桐的研究和发展。1975 年列为国家一级保护树种。

木材纹理细致，不翘裂，有光泽，是制造精密木制品和珍贵家具的优良材料，也可供雕刻、乐器、玩具及美术工艺品等用。积极繁殖栽培珙桐，对于保护和发展珍稀濒危树种，开展科学研究，开发利用珍贵树种资源，丰富美化人民生活环境均有着重要意义。

二、形态特征

珙桐树体高大，高可达 30m，胸径可达 1m；树形端庄，枝条平滑，向上斜生，树冠圆锥形，叶广卵形，先端渐尖，基部心脏形，侧脉发达，整齐明晰，叶长 7～16cm，边缘有锯齿，先端突尖或渐尖，表面鲜绿色，初有毛，终为平滑，叶柄长 4～5cm；两性花与雄花同株，顶生头状花序（似鸽头），着生于嫩枝的顶端，基部具长圆卵形或长圆卵形花瓣状的苞片 2～3 枚，长 7～15cm，宽 3～5cm，初为淡绿色，继变为乳白色，终变为棕黄色而脱落。雄花无花萼及花瓣，有雄蕊 1～7 枚；雌花或两性花具下位子房，6～10 室，与花托合生，形如鸽嘴的花柱粗壮，分成 6～10 枚，柱头向外平展，每室有 1 枚胚珠，常下垂。果实为长卵圆形核果，长 3～4cm，直径 1.5～2.0cm，外果皮很薄，中果皮肉质，内果皮骨质具沟纹；种子 3～5 粒。染色体数目：$2n = 10$。花期 4 月中旬至 5 月上、中旬，果熟期 10 月。

变种光叶珙桐（*Davidia involucrata* var. *vilmoriniana*）叶下面无毛或幼时沿叶脉疏被毛，有时下面被白粉。

三、分布区域

珙桐在我国呈星散分布，产于四川中部及南部海拔 1300～2400m 的宝兴、天全、峨眉山、马边、峨边等地，常生于常绿、落叶阔叶混交林中，以卧龙地区分布数量最多；云南的贡山、维西、镇雄，彝良等地海拔 2700～3000m；贵州梵净山及绥阳宽阔水林区海拔 1000～

1800m；湖南西部张家界、桑植、慈利海拔1000m左右的部分山区，湖北种农架自然保护区也有较大面积的珙桐林。

西北地区的珙桐，主要分布于陕、甘两省的南部。陕西集中分布于镇坪县的茅坪、白家、复兴、石岩、上竹、双坪、钟宝、大河、花坪等海拔1000~1800m之间。2004年又在镇坪县城关镇文新村神洲湾发现3000亩成片珙桐林，一次性发现如此大面积的野生珙桐在我国尚属首次（余杨平、雪枫，2004）。平利、白河、岚皋、宁强也有分布。甘肃主要分布陇南文县碧口、让水河海拔1500~2200m山地。

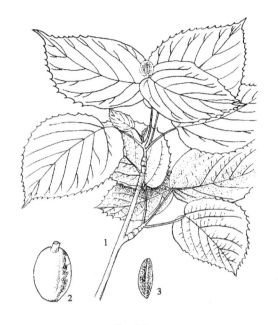

珙 桐
1. 花枝 2. 果实 3. 种子

四、生态习性

珙桐喜生于温凉潮湿的峡谷，溪沟两侧和北向或东北向的山坡。适生区地理气候指标：海拔600.0~3000.0m，年平均气温8.5~16.5℃，最冷月平均气温−5.0~−4.0℃，最热月平均气温22.0~30.0℃，极端最低气温−15.6~−3.0℃，极端最高气温27.7~35.5℃，≥10℃积温3000~4000℃，平均相对湿度85%左右，年平均降水量744.0~1580.0mm，干燥度0.5~1.6，无霜期275天上下，年日照时数1000~1549h。珙桐能耐−18℃的低温气候。珙桐生长环境的土壤为山地棕壤或黄壤。一般厚1m左右，腐殖质层厚4~5cm，轻壤质，下层重壤质，pH值4.5~5.5，甚至6.5。

珙桐对光照的要求中庸偏阳，幼年期较耐荫，但成年后仍需一定的光照。在天然林中，珙桐的成年植株大多处于林冠上层，若过度遮荫，会影响其生长发育和开花结实，稀疏林分下，光照充足，天然更新良好。试验表明，1年生苗在适当的庇荫下生长良好，则2年生时，如稍有荫蔽则植株生长细小；全光下苗高和地径生长分别比荫蔽的苗木大160%和141%。

珙桐在良好立地条件下，一般15年生，平均树高12m，平均胸径12cm，最大胸径30cm。珙桐123年生萌生林，树高为22.8m，胸径34cm，单株材积0.9953m³，树高旺盛生长期在34~45年，最大年生长量为0.2m；胸径生长盛期在20~25年，最大年生长量0.45cm；材积生长高峰在60~65年。

珙桐具有较强的萌发和根蘖能力，伐根上萌条多的有5~6株，少者3~5株，当年苗高可达60~140cm以上，如抚育得当，选留1~2株健壮条，迹地能较快恢复成林。萌发植株9年生开始开花结实，实生株12年始有开花能力，20年生时，结实量可达20kg/株。

珙桐在镇坪海拔1400m处，于4月20日（气温5.1℃，地表温度7.8℃）开始发芽；气温13℃，地表温度15.3℃时花苞开放。珙桐比光叶珙桐萌发、开花迟5~7天，花期均15天左右。

五、培育技术

（一）育苗技术

1. 播种育苗

（1）采种 果实由青变褐色，即可采收。采收后立即浸水中，使外果皮自然腐熟，再搓去外果皮，可获得种子。切忌日晒失水，降低发芽率。珙桐种子形如核桃，壳面有多条直槽，形似1粒种子，实际为6~8粒长条形种子紧密着生于共同长轴上，其中2~5粒种子种仁饱满，其余为空粒，故1粒种子常能长出2~5株苗木。因此，在发育成大树之后，往往会形成数株连生，种子千粒重4400~5500g。1千克鲜果加工后可得0.5kg干果。

（2）种子处理 珙桐种子种皮木质，外壳极坚硬，种胚不易吸水，再加上种子后熟期（休眠期）长，自然发芽需要2年，必须经过低温冷冻沙藏，来年才能正常发芽。所以，秋季采种子，搓去外果皮，应立即播种，需要春播的种子可在露地挖坑沙藏，坑宽1.0m，深0.5m，长视种子多少而定，坑底铺20cm厚的河沙，然后一层种子一层湿沙堆满为止。种子量少时，也可放在阴凉通风潮湿的地上，洒水盖草堆藏。在沙藏前或秋季播种前，用500μg/g的吲哚丁酸浸种12h，或清水浸泡24h，播后发芽率高，出苗快，成苗多。

（3）作床播种 在经过精细整地，施入基肥，经过土壤消毒的圃地，作成长10m，宽1m的苗床。珙桐秋播和春播均可。春播在镇坪地区，以3月上旬为宜，最迟不过3月下旬，待催芽的种子裂嘴露白时，开沟条播，沟深3cm，行距25~30cm，覆土厚度3~5cm，并在地面覆草保墒，种子出芽后揭去覆草，搭设荫棚遮荫。

为克服数株苗木成簇生长，造成部分苗木被压死亡的缺点，可先将种子播在沙床上，待出苗后，趁幼苗处于子叶期，3月下旬立即按20cm×25cm株行距进行芽苗移栽，移后及时浇水。

（4）苗期管理 珙桐子叶未出地面，上胚轴弯曲突出地面易受鸟兽危害，应注意看护。幼苗出土前后，切忌苗床干旱，要适时灌水。子叶出土20天后，需防立枯病。苗期及时松土，除草。6~8月为苗木速生期，每月可用0.5%尿素液进行根外追肥1次，9月上旬施草木灰1次，1年生苗高10.5~22.0cm，地径0.34~0.40cm，2年生苗平均高33cm，最高达89cm，地径平均为0.8cm，最粗1.2cm，相当于林内3~4年生苗木。即可出圃栽植。

2. 扦插和埋条育苗

插条以2~3年生的萌生枝为最佳，如采树上枝条，宜选2年生枝的中下部，条粗1.0~1.5cm，剪成长20~25cm并具2~3个芽的插穗，用50μg/g萘乙酸浸泡40min，或在清水浸泡20h，立即扦插或埋条。扦插时，插穗按30°~50°斜插入土，插穗上端离地面1.5~2.0cm，露出1~2个芽或不露均可。扦插株行距为10cm×30cm。埋条育苗时，将插条（穗）全部斜埋入土中，斜度15°~20°，扦插、埋条后要踩实土壤，并及时浇透水，立即覆草保墒。插后50天即可萌发，同时开始生根（从插条上生出幼苗的基部长出）。需搭棚遮荫，避免阳光曝晒，珙桐苗木生长的最适气温25~30℃，应采取措施调控，适时灌水，施肥。

还可以在5~7月用半木质化的嫩枝，用50~100μL/L的吲哚丁酸或萘乙酸处理24h，在高温环境下的沙床中扦插，成苗率可达50%左右，并有用萌生苗进行整株扦插，成活率高达95%（谢濑，1992）。

（二）栽培技术

1. 林地选择 珙桐原产中山地带，性喜温凉湿润气候，要求肥沃、深厚，疏松土壤，加之幼树喜庇荫，宜选择符合前述有其他树种遮荫的林间小块空地，郁闭度在 0.2~0.4 的疏林灌丛或阴坡、半阴坡的小环境，坡度较缓的沟谷两旁，以排水良好的微酸性土或中性沙壤土（至黏壤土），栽植珙桐。西安植物园和郑州引种栽培，迁地保存已获成功。

由于珙桐树体高大，花形奇特，宜植于庭院、公园、风景名胜及旅游景点，装点景色，吸引游人。

2. 整地与栽植 秋季进行条状与穴状整地，整地规格为 60cm×50cm×30cm（长×宽×深）。翌年 3 月上、中旬起苗，勿伤根系，随起苗随栽植。园林绿化栽植大苗，要带土坨，栽后浇透水。同时需架设荫棚遮荫。

3. 混交树种 珙桐可与连香树、光叶珙桐、野核桃、香果树、青榨槭、椴树、花楸等树种混植。

4. 幼林抚育 据西安植物园研究，珙桐的抗旱性比较差，气温达 60℃ 时，整叶死亡。幼树较耐荫，随着树龄增加趋于喜光，对周围的树木应保持一定距离。并要注意松土，锄草，施肥灌水，以促进幼树生长。

（罗伟祥、刘广全）

刺 楸

学名：*Kalopanax septemlobus*（Thunb.）Koidz.

科属名：五加科 Araliaceae，刺楸属 *Kalopanax* Miq.

一、经济价值及栽培意义

刺楸树形高大，分布广泛、寿命较长。材质致密、坚硬、耐腐力强，风干后剥皮，木材不易割裂，是造船、车辆及家俱良材。树皮含鞣质，可提制栲胶；种子可榨油；树皮药用，治霍乱、赤白痢、风湿、腰膝痛等症，有收敛和镇痛作用；根能散血、清热和治跌打损伤等。树干具皮刺，幼年期有自护能力。叶、树形美观，可作四旁绿化树种。刺楸根系具有根蘗能力，在汉中市的南郑、勉县，一些群众在房前、屋后栽植原变种刺楸，一次种植多年受益。根据刺楸不同变种的不同生态特性选择适宜造林地，扩大栽植范围、面积，对丰富西北地区绿化树种和满足人民群众生产及生活日益需求有一定意义。

二、形态特征

落叶大乔木，高可达 30 余 m，胸径 35cm 以上，枝条稀疏、粗壮，枝干具宽扁刺。幼年杆上皮刺尖锐，5~7 年后变得秃钝。单叶互生，在枝顶丛生；叶纸质，掌状，5~9 裂，裂片广三角状卵形至长圆状卵形，叶缘具细锯齿，面暗绿、光滑或近光滑；叶柄 8~50cm 长不等；在叶背、叶脉侧及叶裂深度方面、各个变种表现不同，也是识别标志。

刺楸为两性花，花序由小伞形花序集成圆锥花序，生于小枝顶端。果实为核果或浆果状核果，近圆形，果径约 0.4cm，成熟时呈蓝黑色，花柱宿存顶端，每果实有两粒种子。种子背面隆起，腹面偏平，侧面具两沟。原变种花期为 9~10 月，果熟期 11 月底至 12 月初，其余变种花期约 7~8 月，果熟期 9 月下旬至 10 月上旬。

三、分布区域

刺楸分布的中心区域为华中山区。在西北地区分布在陕西的秦岭、巴山、关山、乔山、黄龙林区、甘肃的天水。毛脉刺楸还在辽宁的凤城有分布，而原变种刺楸分布范围较狭窄，偏于低海拔的浅山丘陵。四川的峨嵋山、湖北咸丰、浙江的天台山、广西大苗山都有分布。根据原陕西林业学校对原变种刺楸和新变种毛脉刺楸的栽培情况调查，陕南川道、浅山、关中平原南部、甘肃南部可栽植原变种刺楸，在气候较寒冷地区可栽植新变种毛脉刺楸。

四、生态习性

刺楸原变种生长较快，高生长属全期生长型。主要生长在华中地区的浅山、丘陵（包括陕南），这些地区降水量均在 700mm 以上，年平均气温在 14℃ 以上。而在年平均气温14℃ 以下的陕西杨凌等地，虽可较正常地营养生长，也开花结实，但果实不能成熟。在苗期高生长较快，根蘗苗栽植第二年最高可长到 2.8~2.9m。10 年生后开始开花结实，在原陕西省农业学校栽植 10 年生高达 10~15m。胸径 20~25cm。新变种毛脉刺楸生长较慢、高生长属前期生长型。在条件好的地方，1 年高生长可达 1m 以上。

原变种或新变种刺楸多生于林内，天然更新主要靠根蘖。小苗、幼树皆在大树或林下渡过，因而幼年期较耐荫（在眉县下庙村密生的竹林内，原变种刺楸根蘖苗也可长出竹林林冠）。刺楸落叶期与生长环境条件有关，原变种刺楸在汉中，从 11 月下旬到 12 月上旬落叶，在 3 月上中旬发芽，下旬展叶，而生于较寒冷地区的毛脉刺楸等则有不同，落叶稍早，发芽展叶也较迟缓。

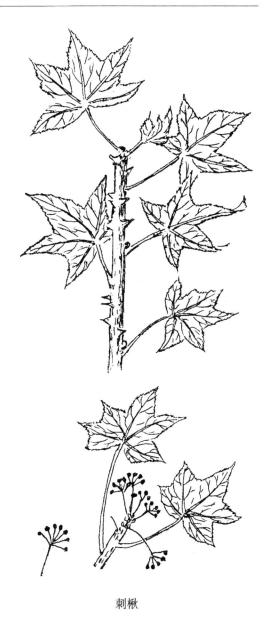

刺楸

五、培育技术

（一）育苗技术

刺楸可采用种子繁殖和根蘖繁殖育苗。

1. 播种育苗

（1）采种 原变种刺楸 11 月底至 12 月初采集果穗，毛脉刺楸等于 9 月底至 10 月中旬采集果穗，过迟果实脱落。将采集的果穗摘取小伞形果序，放于缸或桶内，用 1%~3% 石灰水浸泡 5~7 天，然后反复揉搓，待果皮与种子分离后用清水漂洗，将取得的纯净种子阴干，装袋放入干燥室内。原变种刺楸种子千粒重 1.8~3.6g，寿命较短，次年春可用于育苗；新变种毛脉刺楸，种子有明显的生理休眠现象，阴干后若次年育苗，即可进行混沙湿藏，次年 4 月播种。如果暂不育苗，阴干种子可贮放 1~2 年（密封），种子千粒重 4g 以上。

（2）育苗 刺楸育苗以播种育苗为主。育苗地应选地势平坦、水源方便、疏松肥沃的沙壤土地，黏土地不宜选用。经撒施底肥、深翻细整后，做成低床，陕南、甘南雨水多的地区宜做高床、高垄。

原变种刺楸种子无生理休眠特性，可在播前 1 个月进行室内混沙催芽（沙子以潮为宜），也可在播前用 30℃ 左右温水浸种 1~2 天后混沙播种。毛脉刺楸种子形态成熟后，需较长时间完成种胚生长发育，如不经催芽，播种后隔年才可发芽，催芽宜采用变温方法，即混以三倍河沙后，先在 10~20℃ 环境中（室内）催芽 60~90 天，再转入 0~5℃ 环境下（室外）60 天左右，种子即可萌动。用于播种，沙子湿度仍然以潮为宜。

刺楸播种育苗，可以露地播，也可覆膜扎孔下种，还可进行容器育苗，播后覆土厚度

0.5cm 左右。播种后防止播种地土壤干燥。

2. 埋根育苗　埋根育苗不如播种的产苗量高。用于埋根育苗的种根应是 1 年生新根，粗度 0.3 ~ 1.5cm，无论从苗木上修根或从大树下挖取，采根时间宜在埋根育苗前 30 ~ 40 天。埋根育苗多在春季进行。对采集的种根应剪成单条，0.5cm 粗以上的可剪制成 15 ~ 20cm 的根穗，粗度在 0.5cm 以下的不截制根穗。将根穗或根条在向阳温暖处用湿河沙一层层堆埋，上覆塑料薄膜。经 30 ~ 35 天种根上即可分化出不定芽。将有不定芽的根穗或根条在苗床上以行距 30cm，株距 20cm，竖埋或横埋（根条）。之后盖草洒水保湿，经 10 ~ 15 天出苗。

3. 苗期管理　除开沟条播的需要间苗外其他埋根移栽方法育苗的都不需间苗，5 ~ 9 月份生长期内，结合灌水，追施氮肥 3 次（第一次 6 月上旬，5kg/亩尿素，第二次 7 月中旬 10kg/亩尿素，第三次 8 月中旬，15kg/亩尿素），生长期内每月至少松土除草 1 次。

（二）栽植技术

1. 林地选择　原变种刺楸耐水湿而不耐低温干旱，在陕西关中地区 1 ~ 3 年生幼树有轻微冻梢，4 ~ 5 年生后不再受冻，对土壤要求不严，可选海拔 1000m 以下平原、川道的四旁、浅山、丘陵、河滩地、疏林地栽植。而毛脉刺楸等耐寒耐旱，在较干旱寒冷的高纬度、高海拔（2000m 以下）地区选择水湿条件好的地块栽植。

2. 栽植密度　刺楸直干性强，接干能力好，5 ~ 8 年生前高生长迅速，在土壤肥力中等的条件下，可以有 5 ~ 6m 的枝下高，故可稀植。成片造林的株行距一般为 2m × 3m，单行栽植株距 2 ~ 3m。在荒坡、荒地、荒滩栽植穴的大小为 40cm × 40cm × 30cm，在疏林地内为 60cm × 60cm × 40cm 以上，造林方法均为植苗。要求干直立，根舒展，栽后有条件的应浇定根水。

1 ~ 2 年生播种或根蘖苗木均可用于造林，但必须做到起苗，栽植紧密衔接，对挖出的苗木宜立即采取护根措施，如修根、蘸泥浆、草袋包装，运至造林地立即栽植或假植。对苗干 1m 以上苗木也可栽后截干覆土，让其重新萌枝。

3. 栽植季节　植苗时间以春季土壤解冻后至萌芽前进行为好，不宜秋植。

4. 幼林抚育　造林当年松土除草 2 ~ 3 次（即 5 月中旬，7 月上旬，8 月下旬各 1 次），以后每年 5、7 月各 1 次，栽培速生丰产林的可结合松土除草移挖根蘖苗，一般情况下，将根蘖苗作扩大造林的材料。

为了培养无节良材，应注意造林后 5 年内始终保持一个中心主干，若顶端有枯梢现象，次年从下部萌条中选一直立健壮枝代替，其余萌枝掐去生长点，不使其成枝，当主干有 6m 以上高度时，任其萌发侧枝。

六、病虫害防治

1. 幼林阶段禁止在林内放牧，并防止鼠、兔危害幼嫩枝叶。
2. 对危害苗木叶部的蚜虫、金花虫，发现后及时喷洒 40% 乐果 1000 倍液或 1000 倍敌敌畏液均可杀灭。

（刘克斌、陈　红）

四照花

别名：凉子、青皮树、石楂子、石枣、羊婆奶、山荔枝、黑椋子、野油树、荔枝果

学名：*Dendrobenthamia japonica*（DC.）Fang var. *chinensis*（Osborn）Fang

科属名：山茱萸科 Cornaceae，四照花属 *Dendrobenthamia* Huth.

一、经济价值及栽培意义

树形整齐，初夏开花，总苞片色白如蝶，盛开时如满树的蝴蝶在上下飞舞；核果聚生成球形，红艳可爱，味甜可实，还可酿酒；叶片光亮，入秋变红，红叶可观赏近1月。我国很早就将其栽培于庭院中以供观赏，常以常绿树为背景栽植于公园、宅旁、路边。孤植、丛植或栽成行道树。果实有甜味可生食及酿酒用。

（1）油用 果实含油率达40%左右，除供食用外，可作化工用油制造高级香皂，还可作机械、钟表机件的润滑油和油漆原料等。

（2）果用 果实酸甜可口，营养丰富，果实内含有维生素丙、有机酸、脂肪、醣类和有机物及无机盐类，是良好的鲜食野果。可以加工成各种果脯及高级饮料或食品。

（3）药用 花果药用可补肺、散淤血、防暑降温、提神醒脑、增进食欲。一些因棉、麻和铅、磷、苯等加工而引起的职业性中毒疾病患者，坚持到四照花园食果饮料者，对健康显示出独特的效果。

（4）木材 材质呈红褐色，坚硬，纹理细致，经久耐用，可供建筑和精雕材料。

（5）其他 花朵华达、白色艳丽，供观赏。是蜜源植物，花粉营养丰富，可作多种食品添加剂。叶可代茶；可作饲料。可作净化空气的环保植物，排污除尘能力与构树近似。

二、形态特征

落叶小乔木，高5～9m。单叶对生，厚纸质，卵形或卵状椭圆形，长6～12cm，宽3～6.5cm，叶柄长5～10mm，叶端渐尖，叶基圆形或广楔形，弧形侧脉3～4（5）对，脉腋具黄褐色毛或白色毛。刺楸均可采用种子繁殖和根蘖繁殖。头状花序近球形，生于小枝顶端，具20～30朵花；花序总苞片4枚，长达5cm，花瓣状，卵形或卵状披针形，乳白色。花萼筒状；花盘垫状。雄蕊4，子房2室。果球形，紫红色；总果柄纤细，长5.5～6.5cm，果实直径1.5～2.5cm。

四照花

花期 5 ~ 6 月，果期 8 ~ 10 月。

三、分布区域

产于长江流域诸省及陕、甘、豫等地。年平均气温 12 ~ 20℃，最热月均温 24 ~ 28℃，最冷月均温 −12 ~ −4℃，极端最低温 −20℃，年均降水量 600 ~ 1600mm，喜光，地形条件沟谷。北京小气候可正常生长。在秦巴山区分布极为普遍，多散生于山谷溪边的杂灌林丛中，海拔 600 ~ 1800m 的山地。

四、生态习性

喜温暖气候和阴湿环境，喜光，生于半阴半阳的地方，可见于林内及阴湿山沟溪边。适生于肥沃而排水良好的土壤。适应性强，耐热，能耐一定程度的寒、旱、瘠薄。能忍受 −28℃ 的低温和 43.4℃ 的极端高温。在年降水量 350 ~ 1000mm、无霜期 150 ~ 210 天的条件下生长良好。

一般 5 ~ 6 年开花结果，株产果可达 50kg。目前多采用灯台树、毛梾（油树）等作砧木，进行嫁接繁殖，结果期较实生苗提前 1 ~ 2 年，结果期较野生者增产近 1 倍，10 年后株产量可达 110kg。

五、培育技术

（一）育苗技术

以播种繁殖较好，可扦插成熟枝条或压条，也可行分株繁殖。

1. 播种育苗

（1）采种　9 ~ 10 月果实成熟采摘或收集地上落果，存放，待果肉变软将种子洗净阴干，用湿砂低温储藏。

（2）种子处理　四照花种子为硬粒，普通播后须 2 年方可发芽，故应特殊处理：低温层积 120 天以上翌年春播，拌粗砂揉搓使其油质种皮磨损，切忌损伤种胚。播前用温水泡 24h。

（3）播种　地播于 4 月进行，采用多行播种繁殖，覆土为种子大小的 3 ~ 5 倍，约 6 ~ 8mm 厚，覆土后可在其上覆盖草帘、松针等加以保墒遮荫。

（4）苗期管理　苗期需加强田间管理，注意及时浇水、松土、除草和施肥，促使幼苗旺盛生长。移植可于早春裸根或雨季带土球移植，坑内施基肥，种植后及时浇足定根水，雨季需排除积水；栽植应选半阴或南侧有遮荫条件，以防日灼叶焦。至 3 龄即可用于定植，约 6 ~ 7 龄可开花结实。

2. 扦插繁殖　扦插可在春秋两季进行，选取健壮枝条，截为 10cm 长插穗，插于整理好的苗床，灌透水，保持土壤湿润，稍加遮荫。扦插繁殖能使其很快开花成型。

3. 嫁接繁殖　一般用山茱萸种子繁殖的实生苗作砧木嫁接，也可用本科灯台树、狭叶四照花等作砧木。砧木茎粗 0.7 ~ 1cm 时，于早春枝接；芽接可在 7 月中旬；嫁接后注意适时浇水、松土，及时抹芽，接活后及时松绑。

（二）栽培技术

1. 栽植　山地造林选 1 年生壮苗，挖宽 60cm、深 50cm 的穴，施足底肥，春季栽植，刮山坡腐殖土培压，栽植密度为 $3m \times 4m$。

2. 修整树冠　栽植 2~3 年，修枝整形，首先修去根部萌生条。以结实为主的树在主干距地面 2m 处均匀地留 4~5 个侧枝，形成开心形树冠，以增加结实量；材实兼用树，可在主干距地面 4m 处留侧枝；以环保、观赏花卉为主者，在主干距地面 50cm 处截断，留 6~8 个侧枝，以利花繁叶茂，"红果"累累。

3. 修剪方式

①连年接穗整枝法　使树冠上的枝条 1/2 结穗，结合采收从果枝基部剪掉，待次年长出新果枝，这样把整个树冠分成两半轮换修剪，能稳产高产；

②不整枝先摘穗 1/3，这样保持连年结果，则产量不高；

③隔年整枝剪穗法　秋收后将结果枝全部剪掉，次年长出新果枝，第三年结果，这种方法影响连年结实，不宜提倡，但对衰老树更新较好。

六、病虫害防治

病虫害较少，主要病害有叶斑病，可喷洒苯菌灵或代森锌防治。

（崔铁成、张爱芳、张　莹、王亚玲）

灯台树

别名：瑞木

学名：*Bothrocaryum contreversum* Pojark.

科属名：山茱萸科 Cornaceae，灯台树属 *Bothrocaryum*（*Koehne*）Pojark.

一、经济价值及栽培意义

树形美观、主干高大、枝叶清秀、层次分明、宛如灯台，更似倒挂的伞，枝条紫红、白花素雅、秋叶美丽，为珍稀的园林绿化观赏（观树、观叶、观花、观果）树种；又因木材纹理直，结构细，质轻软，韧性强，干燥易，不变形，耐磨损，易加工，刨削面光滑，油漆、胶粘性能良好，是一种上等的用材树种，适于用作胶合板、建筑器具、家具、农具、雕刻材料。种子可榨油，含油率为30%左右，供食用、药用和工业用（润滑油），树皮含鞣质14.37%～30.02%，可提取栲胶。抗二氧化硫和氟化氢污染能力强。

灯台树由于树姿优美、奇特、叶形秀丽，白花清雅，被誉为园林中绿化珍品，枝、叶、花、果独具观赏价值，是一种极具发展前景的绿化树种。

二、形态特征

落叶乔木，一般高 5～7m，最高达 15～20m，胸径达70cm。树皮暗灰色，枝条紫红色、光滑；单叶互生，广卵形或宽椭圆形，长 6～13cm，宽 3.5～9cm，叶面深绿色；花两性，伞房状聚散花序顶生，径约 6～12cm，被褐色疏柔毛，花白色；核果球形，初为紫红色，成熟时蓝黑色，鲜艳夺目，直径 6～7mm。花期 5～7 月，果熟期 8～9 月。

三、分布区域

西北地区产陕西秦岭南北坡，海拔 1600 左右，关山林区生长于 1000～1800m 山坡，甘肃陇南、陇中山地 1300～1500m。分布于辽宁、山东、浙江、河南、湖北、四川、云南、贵州、广西等省区，垂直分布海拔 520～1600m 的山坡上。

灯台树

四、生态习性

灯台树为阳性树种，喜温湿，较耐寒，抗性较强。在酸性，中性及各类土壤上均能生长，以土层深厚、疏松、肥沃的土壤上生长最好。据调查，生长在中等立地条件下，海拔 1920m，天然阔叶混交林中 30 年生的灯台树，树高

16.1m，胸径 28.0cm，单株材积 0.44129m³。

灯台树在西北地区东南部生长区气候条件：年平均气温 5.0~11.0℃，极端最低气温 -17.5℃，绝对最高气温 40.3℃，年均降水量 530~750mm，无霜期 120~175 天，平均相对湿度 60%~75%。

五、培育技术

（一）育苗技术　灯台树以播种育苗为主

1. 播种育苗

（1）采集种子　9~10 月果熟，果皮由紫红色变为兰黑色时，应及时采集，因果熟易落，否则采不到种子，采种母树应选择 15~40 年生的壮龄孤立木或林缘木，生长发育良好，无病虫害，可在树干周围铺上采种布，用竹（木）杆轻击树枝，拾缀果实。将采回的果实堆沤 2~3 天，待果皮软化，捣去外皮脱取纯净种子，干藏种子易失水，降低发芽率，影响出苗，种子含水量应保持在 14% 左右。放于通风室内阴干备用，如需春播，冬季必须沙藏或低温处理，沙藏时可使种子和湿沙按 1：2 的比例混合堆放，沙的含水量以 15%~25% 为宜。可在通风室内或露天背风向阳处堆放，高度不超过 30cm，每隔 10 天翻动 1 次，注意调剂沙湿度，提高种子发芽率。

灯台树出种率 30%~50%，种子纯度为 90%，千粒重 71~120g，净种 8000~10000 粒/kg，一般发芽率 40%~60%。

（2）播种方法　育苗地应选在土层深厚，水源方便，土壤肥沃、湿润、疏松，排水良好的酸性或微酸性沙质壤土上，如系碱性土，需要混入山林腐殖质土。整地要精细，匀碎耙平，施入有机肥 3000~5000kg/亩，然后作床，床高 15~20cm，床宽 1.0m。条播，播种沟宽 15~20cm，深 3~4cm，条距 20cm，亦可宽行至 50~60cm。每亩播种量 6~7kg。

播种时期，冬春均可。冬播 10~11 月进行，翌春"清明"前后可出土，春播在 2 月下旬~3 月上、中旬进行，覆土厚度 1.0~1.5cm，踏实土壤。

2. 扦插育苗　分硬枝扦插和嫩枝扦插两种方法，前者秋末剪取健壮的 1~2 年生枝条，冬季经沙藏后，春季露地扦插；后者即在 6~7 月间剪取嫩枝，扦插后用塑料小拱棚遮荫，成活容易。

3. 压条繁殖　雨季前拉下枝条，堆土压埋，秋季便可断离母株，掘下假植，以备翌年春季栽植，一株母树一般可压出小苗 10 余株。

4. 分根繁殖　可在秋季苗木落叶后或早春在母株下挖掘有须根的分蘖枝，进行移栽，同时进行抹头修剪，促使其分枝，加强管理，当年可抽发新条 4~7 根。

5. 苗期管理　播种后需要覆盖遮荫，保持圃地湿润，当苗高 6cm，并出现次生侧根时，要进行间苗、补植和移栽，最好在阴天或晴天傍晚时进行，移栽株行距 20cm×20cm，20cm×30cm，30cm×30cm，每亩移栽 5500~12500 株苗，当年苗高 0.7~1.0m，可出圃栽植。

（二）栽植技术

1. 栽植地选择　灯台树适应性强，在海拔 1600m 以下的山地、平原、川道、沟谷和"四旁"均可生长。由于树形美观，用作庭荫树和园林绿化尤为理想，北京、西安在园林绿化中有栽培，为城市绿化美化增添了色彩。

2. 整地方法　在造林前，采用穴状或带状整地，穴的规格长×宽×深分别为 50cm×

50cm×40cm，带宽 0.8~1.0m。

3. 栽植密度 如营造片林，株行距 2m×3m 或 3m×3m，行状栽植，其株行距为 2m×2m，2m×4m。

4. 混交造林 可与桦木、杨树、柳树、女贞、樱花、四照花、鸡爪槭等乔灌木混植，混交比例不宜过大，一般 20~30 株/亩为好。

5. 栽植季节 以春季栽植为主，2~3 月，土壤解冻后，趁墒栽植，栽时应做到苗正根展，细土埋根至原土印 2~3cm，栽紧踏实。

6. 幼林抚育管理 栽植后，要注意保持土壤湿度，干旱时要浇水，做好蓄水保墒。成活后要在生长期进行除草、松土、施肥，并保持树冠长度占树高的 2/3，只修剪萌生徒长枝，成林后每年冬季要垦复林地，并进行适当间伐。

六、病虫害防治

大青叶蝉 [*Cicadella vilidis* （L.）] 秋季有大青叶蝉为害枝皮。

防治方法：可喷乐果 1000 倍液杀灭，效果较好。

（罗伟祥、刘铭汤）

红瑞木

别名：红瑞山茱萸、凉子木
学名：*Cornus alba* L.
科属名：山茱萸科 Cornaceae，梾木属 *Cornus* L.

一、经济价值及栽培意义

红瑞木皮鲜红，花乳白或淡黄，果乳白如珠，成熟时稍带蓝紫色，密而繁，越是寒冬季节越显红艳，在青松、白雪之间，红装素裹，更显得妩媚多姿，春观花，夏观果，秋赏红叶，冬享红枝，其乐融融。是乡土优良的观赏树种。深秋之后，树叶凋零，在皑皑白雪之中，傲然挺立着鲜红的枝干，使冬季景观显得格外有生机。种子含油率30％，可榨油供工业用。

二、形态特征

落叶灌木，高2～3m，干直立丛生，嫩枝橙黄色有蜡粉，后变为红紫色、血红色，秋季经霜变红。花序顶生，伞房状，花乳白色至淡黄白色，花瓣4枚，径2.5～5.0cm。核果长圆形，微扁，乳白或兰白色。花期6～7月，果期8～10月。

园艺品种有：

银边红瑞木（cv. Argenteo-marginata），叶边缘白色；

花叶红瑞木（cv. Gonchanltii），叶黄白色或有粉红色斑；

金边红瑞木（cv. Spaethii）叶缘有金黄色边。

三、分布区域

西北地区陕西秦岭眉县太白山、西安、延安、榆林等地海拔350～1600m有分布与栽培；甘肃分布于祁连山（东段，大通河下游，海拔2200m）及文县、小陇山等地海拔600～2700m；宁夏六盘山、青海 民和、循化等地 海拔2200～2500m的林缘或灌丛中；新疆乌鲁木齐、石河子等大中城市引种栽培。

此外，分布于东北、内蒙古、华北、江苏、江西、浙江海拔600～1700m山地溪边、阔叶林及针阔混交林内。朝鲜、前苏联也有分布。

四、生态习性

红瑞木，耐寒、抗旱、耐瘠薄、生活力强、适应性广，喜湿润、半阴及肥沃土壤。抗水湿，稍耐盐碱，在pH值8.0～8.5的情况下生长亦好。

分布区北界气候条件为：年平均气温5～10℃，1月平均气温－16.9～－4.6℃，7月平均气温22～25℃，极端最低气温－38℃，极端最高气温40℃，年降水量400～700mm。可见红瑞木对气候适应性很强。

五、培育技术

(一) 繁殖技术

1. 播种育苗 红瑞木种子于 8 ~ 9 月采收,采收回堆放。待腐熟变软后捣碎,用水搓洗,除去果皮和果肉,晾干、去杂后可得纯种。种子千粒重18g,其数量5.6万粒/kg。

浸种催芽方法春播前 20 ~ 30 天将种子水浸 1 天,混湿沙置于 10 ~ 20℃温度下,保持60%的水分,20 ~ 30 天即可发芽播种。另一方法是变温处理,先一年冬天用50℃温水浸24h,随倒水随搅拌,降至自然温度,换凉水浸泡 4 ~ 6 天,每天换 1 次水,捞出用 0.5% 高锰酸钾溶液消毒5h,捞出晾干,用 2 倍于种子的湿沙与种子混匀,保持湿润,进行低温冷湿变温处理,温度控制在 0 ~ 10℃,经 2 个月后约有 1/3 种子裂开即可播种。在床面开沟条播,播种量33kg/亩,覆土 1.0 ~ 1.5cm,按一般苗木管理,勿需特殊要求。当年苗高 20 ~ 40cm,2 年生苗可出圃栽植。

2. 扦插繁殖 硬枝和嫩枝扦插均可,硬枝扦插于秋末剪健壮的 1 ~ 2 年生枝条,冬季沙藏后翌春露地扦插。夏季嫩枝(绿枝)扦插,生根容易,成活率高,9 月间剪取当年半木质化枝条,截成长 8 ~ 10cm 的插穗,用 ABT1 号生根粉溶液浓度 1000μL/L,浸 5h,2,4-D20μL/L 速蘸5s。开沟顺行扦插,保持苗床湿润,架设小塑料棚,控制温湿度(温度25 ~ 30℃)湿度(80% ~ 90%),生根率可达87% 以上,苗木生长 2 年即可定植。

3. 分根繁殖 秋末或春初在母株基径周围挖掘有须根的分蘖枝,或在出圃时,剪取部分带有须根的枝条,进行移栽,加强苗期管理。

4. 压条繁殖 采用堆土压条法,于雨季前压条至秋季即可断离其母株,掘取假植,以备来年春季栽植,1 株母体 1 次可压出小苗 10 余株。

(二) 栽植技术

红瑞木在西北各地均可栽植,可选潮湿的河边、湖畔、堤岸上栽植,可收到护岸固土之效果,最适植于庭院草坪、公园、校园、建筑物前或常绿相间,或是栽作自然式绿篱,或点缀于乔木根际周围,观赏其红枝、白花、白果。

以植苗为主,栽培中老株生长衰弱,皮色苍老,以栽 1 ~ 2 年生苗较好,长势旺盛,小苗与新萌枝条冬季更鲜红和艳丽,对老株可于基部选留 1 ~ 2 个芽,其余全部剪去,新枝萌发后适当疏剪,当年即可恢复树势,新栽植株 4 年后可平茬再萌新枝。

除植苗外,还可分株栽植,即从母株掘取带根的植株移栽,植后夏季进行抹头修剪,促其分枝,加强管理,当年可萌发新条 4 ~ 7 根。

病虫害极少,惟秋季时有浮尘子发生,伤及枝皮,影响观赏,可喷 1% 或 0.5°石硫合剂防治。

(罗红彬、罗伟祥)

石岩杜鹃

别名：石岩、山岩、锦光花、夏鹃、满山红、日本杜鹃

学名：*Rhododendron obtusum*（Lindl.）Planch.

科属名：杜鹃花科 Ericaceae，杜鹃花属 *Rhododendron* L.

一、经济价值及栽培意义

石岩杜鹃在绿地中适宜于片植、丛植，其植丛卧地，盛花期间似花毯般的艳丽，一片花海会给庭园绿地增添景观。石岩杜鹃喜半阴环境，最适于林缘栽培。排水良好的岩石园及假山石缝间均适于种植。

石岩杜鹃株形紧凑，自然成形，耐重度修剪，自阳历 4 月下旬进入初花期，直至 7 月份仍繁花不断，石岩杜鹃抗逆性强，管理粗放，繁殖容易。盛花季节里，花叶并茂似铺地锦锈，是理想的矮生灌木地被植物种类。

二、形态特征

常绿或半常绿（在寒冷地区）灌木，高 1~3m，有时呈平卧状，分枝多，幼枝密生褐色毛，植丛高度和蓬径约 40~80cm，枝开展，分枝密。单叶互生，幼苗期叶为淡绿色，春叶椭圆形，秋叶椭圆状披针形或狭长倒卵形，质地厚，有光泽，边缘及两面有毛，成株叶渐转为深绿色。花生于当年新梢的顶端，2 至数朵簇生，花径 2.5~5cm，有单、重瓣之分。花色有粉红，朱红，纯白，青莲，复色等色系，花朵大，瓣形变化多。盛花期 5~6 月。蒴果卵形。

石岩杜鹃

著名的变种变型有：

（1）石榴杜鹃（山牡丹）［var. *kaempferi*（Planch.）Wils.］ 花暗红色，重瓣性极高。

（2）矮红杜鹃（f. *amoenum* Komastu） 花朵顶生，紫红色有二层花瓣，正瓣有浓紫色斑，花丝淡紫色；叶小。

（3）久留米杜鹃（var. *sakamotoi* Koniatsu） 日本久留米所栽的杜鹃总称。品种繁多，按其叶形、花色及花形分类，多达数百种。

三、分布区域

本种原为日本育成的栽培杂交种，有多数变种和大量的园艺品种。我国各地已有栽培，其中青岛栽培历史较久、栽培种类较多。

石岩杜鹃的引进与应用，填补了我国长江以北地区园林绿化中的一项空白。作为一种抗干旱、耐严寒，生长快、无病虫害、既可观花、又为常绿的杜鹃优良品种，在园林造景中不但可以作为绿篱、花篱的上等用材，还能单株剪形，或修剪成球，或修剪成方，作为一种全新绿化用材，石岩杜鹃目前已在我国许多绿化工程中被大量使用，在西安地区已应用于园林建设，比较适应。在我国"三北"地区具有一定的发展应用前景。

四、生态习性

石岩杜鹃极耐严寒，在 -25℃ 低温状态下表现突出，仍能保持常绿特性；对极端高温高热的环境适应性强，抗旱性能超乎想象，耐瘠薄，盐渍土壤，经国内分区栽培试验，在我国北纬45°以南地区，即辽宁、北京、河北、山西、内蒙古、宁夏、甘肃以南地区可正常露地栽种，开花越冬。经各区域栽培观察发现，石岩杜鹃在微酸性与偏碱性土壤中生长良好，因其根细若蚕丝，耗水量少，生长迅速，1年生移栽苗冠径可达30~40cm，花期4~7月。

五、培育技术

(一) 育苗技术

1. 播种育苗　石岩杜鹃结实率较高，一般于春分至清明节在温室内用播种盆进行播种繁殖。杜鹃种子细小，需浸盆吸透水后，盆口盖上玻璃，置于10~15℃条件下，20~30天即出苗，1~2年后移栽，一般经3~5年可以开花。

2. 扦插繁殖　石岩杜鹃以扦插法繁殖最普遍，在户外常温环境下，每年5月下旬至6月底，秋季8月下旬至9月间均可进行，床土选砂质壤土扦插成活率高达95%以上。一般多用带叶半成熟嫩枝扦插，冬季温室内扦插，包括当年粗壮小枝。插穗长5~8cm，留顶叶3~4片，插在预先准备好的酸性培养土（腐叶土）或河沙的播种盆或木箱里，扦插的深度为插条的一半，保持湿度，约40~50天开始愈合，60~70天逐渐生根。如插穗用0.2%吲哚丁酸溶液浸蘸基部1~2s，可提高生根率。也可插在温床内，采用全光照喷雾扦插方法，则成活率较高。

3. 压条繁殖　于4~5月进行，用高空压条法。选择2~3年生成熟枝，在离顶端15~20cm处用利刀进行环状剥皮，环宽1.5cm，用塑料薄膜包扎，用苔藓或腐叶土填塞，并保持湿润，约4~5个月愈合生根，根系多剪下可直接盆栽。

4. 嫁接　一般用生长势旺的1、2年生毛杜鹃为砧木，接穗用生长健壮、当年萌发的石岩杜鹃嫩枝为好。以枝接为主，切口长3cm，取接穗8~10cm，留顶端2片叶，并剪去一半，削成楔形，长3cm，插入砧木，绑扎保湿，50天后愈合，成活率高。采用者较少，一般不用此法。

(二) 栽培管理

石岩杜鹃比一般杜鹃耐干旱，但在久旱不雨时，应注意适当浇水。

石岩杜鹃比一般杜鹃适应性稍强，在人工栽培中亦应注意以下几点：

（1）改良土壤，调节 pH 值，提高有机质含量，首先深翻土地 20～30cm，将枯落的树叶、木屑拌上硫酸亚铁（施入量 4～5kg/亩），均匀撒入表土约 10cm 厚，然后浇上人粪尿、河泥，入冬后再翻 1 次，将上述腐烂的枯叶、木屑等翻入土中，翌年春季即可整地种植。以后仍需不断地通过施肥来改良土壤，使土壤 pH 值下降至有机质含量由原来的 1.5% 上升至 2.3%。采用的是落叶松的松针稍加腐熟后用来做栽培土，这种土不再填加任何其他土质，采用这种土栽培的杜鹃花，可四季随时移栽而不缓苗，这种土 pH 值在 5.5～6.5 上下。栽培土可结合本地的具体情况用松针土和园土为 1:1 栽培效果也很好。

（2）为了使石岩杜鹃花栽培地的土质保持微酸性，每年应适量增施磷酸二氢钾（KH_2PO_4）和腐熟的豆饼、青草、硫酸亚铁混合液，最好是交替喷施。

（3）石岩杜鹃施肥十分重要，宜薄肥勤施。一般在早春花前施，花后 6～7 月每半月施肥 1 次，连续施 2～3 次，9～10 月杜鹃孕蕾期，再连续施肥 3～4 次，则杜鹃花盛叶茂。

石岩杜鹃要求排水良好、半阴的环境，应因地制宜栽培。

六、病虫害防治

（1）注意防止黄化病发生，叶色变黄没有绿色，这是杜鹃得了黄化病，可用硫酸亚铁按 1:1000 的比例在周围环境不超过 23℃ 时进行。

（2）防止军配虫和红蜘蛛发生，其主要病状为新尖叶变小、变黄、变红，向后卷曲，生长不旺，在每年 5～9 月之间，每隔 25 天左右喷药防治，主要喷叶尖的背面，此病易发生在高温、干旱季节。可喷洒 1:1200～1500 的乐果稀释液防治，也可用三氯杀螨醇、狼毒等一些杀红蜘蛛的农药。

（3）黑斑病　杜鹃花的主要病害多发生在 6～9 月之间，叶面产生黑斑并导致叶片由下往上脱落，直到叶尖，主要防治方法为喷药防治。目前，以可杀得、百菌清、甲基硫菌灵、疫霜锰锌、代森锰锌等一些杀菌性农药，可较好地防治。其使用方法是在 6 月份开始进行喷药预防，每半月喷 1 次。

（崔铁成、马延康、毕　毅、张爱芳）

大叶白蜡

别名：亚生（新疆维吾尔、哈萨克语）
学名：*Fraxinus pennsylvanica* var. *subintegerrima*（Vohl）Fern.
科属名：木犀科 Oleaceae，白蜡属 *Fraxinus* L.

一、经济价值及栽培意义

大叶白蜡繁殖容易，生长快，寿命长，树干通直，木材坚硬而有弹性，纹理通直，耐朽力强，是建筑、桥梁、车辆、农具和工具把的优良用材树种。它的枝叶茂密，树形美观，又是防护林和城镇绿化的好树种；叶子肥厚而柔软，秋季落叶后，是牛、羊等牲畜喜食的好饲料，有利西部地区牧业发展。大叶白蜡的根系分布广而密，在水土流失地区，也是营造水土保持林的优良树种。

二、形态特征

落叶乔木，高达 25m，胸径 40cm 以上。树冠阔卵形。树皮棕褐色。枝条棕色有白色斑点，小枝幼时稍有柔毛，初绿褐色后暗灰色，光滑。冬芽大部黑褐色。叶对生，奇数羽状复叶，长 30cm，小叶 5～9 个，通常 7 个，卵形或卵状披针形，长 4～15cm，宽 2～5cm，顶端渐尖，基部宽楔形或圆形，边缘有钝锯齿或近全缘，上面暗绿色，下面浅绿色，沿叶脉处着生白绒毛。雌雄异株，圆锥花序，生侧枝上，无毛；花萼宿存。翅果长 2.4～4cm，果翅平直，黄褐色，果实长圆筒形，翅矩圆形，顶端钝或微凹。花期 4 月上旬，果期 9 月中、下旬。

三、分布区域

在我国主要生长在新疆天山南北，北疆伊犁及准噶尔盆地南缘和乌鲁木齐地区生长较好，广为栽培，东疆的哈密、吐鲁番地区，南疆塔里木盆地的库尔勒、阿克苏、喀什、和田地区也有生长。

大叶白蜡
1. 果枝　2. 雄花　3. 果

从地理范围看，在我国适生于北纬 35°～48°之间，垂直分布在海拔 1000m 以下平原地带，但以海拔 400～700m 范围内生长旺盛。

大叶白蜡原产北美，欧洲、亚洲引种广泛。

四、生态习性

大叶白蜡属喜光树种，适生于深厚肥沃及水分条件较好的土壤上。根系发达，抗寒性较强，对气温适应范围较广，年平均气温 5.5 ~ 14.4℃，7 月极端最高气温 47.6℃，1 月极端最低气温达 -40℃ 以上的条件下，都能生长。但耐大气干旱能力较差，当 7 ~ 8 月份相对湿度为 45% 左右，气温在 38℃ 以上，叶色发黄甚至脱落。当土壤含盐量低于 0.5% 时仍能生长。

在土壤深厚肥沃、灌溉好的条件下，年高生长量最高达 1m 以上，胸径生长量超过 1cm。7 年生幼树开始结实，在新疆伊犁地区 10 年优树高 13.8m，胸径 12.5cm，冠幅 2.8m。在 10 年前生长较慢，年高生长为 0.6m，径生长为 0.6cm；10 年后生长加快，年高生长可达 1m，径生长达 1cm，30 年后长势渐缓。玛纳斯林场 45 年生大叶白蜡胸径达 40 ~ 50cm。大叶白蜡幼苗 生长缓慢，1 年生播种苗高多在 0.6m 左右，5 ~ 6 月份是苗木地下部分生长旺期，7 月份则是地上部分生长最快的时间，8 月下旬高生长停止。嫁接苗生长快，1 年生苗高达 1.5 ~ 2.4m，径粗 2cm 以上。

五、培育技术

（一）育苗技术

（1）采种 选择 10 ~ 12 年生健壮母树采种，或在种子园、母树林中采种。9 月中、下旬，当翅干燥，果皮由黄绿色变为黄褐色时，选择生长健壮、结实良好，无病虫害的树木作为母树进行采种。新鲜种子含水率约 30% 左右，应充分晾干，装入麻袋备用。

（2）催芽与播种 播种前翻耕土地，平整作床，床面宽 3 ~ 5m，长度 10 ~ 20m。播种时间分秋季播种或春季播种。秋播，采后即可播种，播后灌水，11 月份降雪覆盖，翌年春季出苗整齐。若春播，提前在 2 月初将种子水浸 1 ~ 2 天混湿沙催芽或混雪催芽。当种子 30% 裂嘴时，即可播种。按 50cm 的行距，开沟 5 ~ 6cm，撒播种子。种子千粒重 71g 左右，一般种子发芽率 80% ~ 85%，每亩播种量 4 ~ 5kg。按株距 5 ~ 10cm，每亩保苗 15000 ~ 20000 株。经抚育管理 1 年生苗高达 0.6 ~ 1m。

大苗培育 当今造林或城镇绿化都需大苗。营造用材林需 2 ~ 3 年大苗，1 年生苗木换床，按 0.5m×0.5m 株行距栽植。多采用 2 年生苗或 3 年生换床苗造林。城镇绿化用苗，多采用苗木胸径 3.5 ~ 8cm 的大苗，造林后立竿见影。培育 2 年生换床苗时，株行距 0.6m × 0.6m，培育胸径 3.5 ~ 5.5cm 大苗。若培育胸径 8cm 以上大苗，苗木生长到 3.5cm 以上时进行第 2 次换床定植，株行距 1.0m × 1.2m 带土球换床定植，在每年秋季或春季 4 ~ 5 月换床，苗木移栽成活率达 99% 以上。

（3）嫁接育苗 为城镇绿化或营建种子园、母树林，可嫁接育苗，培育雄性无性系苗木或优良单株无性系苗木。

（二）栽植技术

大叶白蜡对土壤要求不苛刻，但喜生于深厚的湿润沙土、沙壤土上。土壤无盐碱，地势平坦，土层深厚的宜林地，造林前全面整地，深耕 25cm，配置灌溉渠系，坡地应沿等高线，作畦或开沟，沟底挖坑栽植，株行距 2m×3m 为宜，有利干直，形成良材。因大叶白蜡生长较慢，宜植纯林或与紫穗槐混交造林，既能割条编筐，又能改良土壤。如营造防护林应选择大叶白蜡 3 年生大苗和 1～2 年生窄冠杨树（新疆杨、箭杆杨等），行间混交，收效较好。春秋两秋均可造林，造林时做到边起苗，边栽植，边浇水，第一次灌水后将苗木扶直。

幼林抚育在灌溉农业区要及时灌水、松土除草。第 1 年灌水 8～11 次，灌水总量 800～1000m³/亩，松土除草 3～4 次，确保造林成活率。加强抚育管理工作，将大叶白蜡培育成材。

六、病虫害防治

大叶白蜡病虫害及防治方法同小叶白蜡。

（张宝恩）

小叶白蜡

别名：欧洲白蜡、艾力木冬（维吾尔、哈萨克语）

学名：*Fraxinus sogdiana* Bge.

科属名：木犀科 Oleaceae，白蜡属 *Fraxinus* L.

一、经济价值及栽培意义

木材坚硬，结构细致，是建筑、纺织、车辆和家具的优良用材。树皮光滑，侧枝较细，枝叶茂密，树冠圆形，是城镇绿化的优良树种。适应性强，抗寒，耐大气干旱，较耐盐碱，根系发达，抗风力强，与新疆杨或黑杨混交的 2~4 行农田防护林带，防风范围可达树高的 35 倍，减低风速 37.6%。在很少灌溉的同一干旱的立地条件下，小叶白蜡、白榆行间混交林小叶白蜡成材白榆因干旱而弯曲不成材。引种浙江省，成为沿海防护林的优良树种。树叶柔软而富有营养，是羊、牛等牲畜喜食的好饲料，从秋季落叶开始，可放牧到 11 月中旬降雪为止，多数落叶变为肥料还田。

二、形态特征

落叶乔木，高达 25m，树冠圆形。树皮灰褐色，纵裂；小枝灰棕色或棕色，芽黑褐色。奇数羽状复叶，对生，小叶 7~11 枚，长卵圆形，卵状披针形或狭披针形，光滑，边缘有不整齐锐尖粗锯齿，叶长 3~6cm，宽 1~4cm。雌雄异株或杂性花，无花被，先叶开放，总状花序生于去年生枝叶腋。翅果狭窄扭曲，果翅下延至基部，披针形或矩圆状倒卵形，长 3~4cm，先端钝或微凹。花期 3 月下旬至 4 月上旬，果熟期 9~10 月。

三、分布区域

小叶白蜡是新疆珍贵的第三纪温带落叶阔叶林残遗树种，在国内仅产于新疆天山西部伊犁山区喀什河、特克斯河和巩乃斯河下游河谷、河弯及河滩地带，海拔 700~1600m。乌鲁木齐、昌吉、奎屯、石河子、库尔勒、阿克苏、喀什等地区有栽培。青海、甘肃、浙江及东北各省有引种。中亚地区也分布。

四、生态习性

小叶白蜡适应性强，抗寒，耐大气干旱，较耐盐碱，对土壤要求不严，耐干燥瘠薄的土壤，根系发达，抗风力强。

小叶白蜡天然分布区内，气候温暖而较湿润，年平均气温 8~9℃，1 月份平均气温 -7.5℃，7 月份平均气温度 23℃，极端最低气温 -30℃，极端最高气温 36℃，年平均降水量 350~400mm，年蒸发量 1300~1750mm，无霜期 160 天左右。

在石河子、乌鲁木齐地区能忍耐 -40℃以上低温，无冻害。能在南疆塔里木盆地西南缘年蒸发量达 2500mm，海拔 1170m 麦盖提县生长良好。行道树 10 年生树高 12.5m，胸径

18.3cm，玛纳斯平原林场小叶白蜡、白榆人工混交林，土层厚度0.8~1.2m，很少灌溉条件下45年生胸径达42cm，而白榆因干旱等原因弯曲不成材。

五、培育技术

（一）育苗技术

1. 播种育苗

（1）采种　小叶白蜡种子9月下旬~10月上旬成熟，当翅果干燥，色泽由黄绿色变为土黄色时，选择10~20年生，干形通直，生长旺盛，无病虫害的母树采种。用钩梯上树，用修枝剪或直接采摘果枝收集种子，采收后晾干，存放干燥通风的室内备用。

（2）播种　多采用秋季播种，在选地翻耕作床后，进行秋播，播后秋灌，翌年出苗整齐，每亩播种量4~5kg，当苗高5~10cm时，进行间苗，每苗产苗15000~20000株。

2. 扦插育苗

采用雄株当年萌条，利用全光照喷雾育苗技术，ABT生根粉浸插穗，得到优良无性系苗木，用于城镇绿化林。

3. 嫁接育苗

为建立无性系母树林或无性系种子园，选择壮苗作砧木，在选好的优树上采集接穗，用劈接、腹接或芽接方法育苗。

（二）栽植技术

小叶白蜡栽植技术同大叶白蜡。

六、病虫害防治

1. 水木坚蚧（*Parthenolecanium corni* Bouche）　危害嫩枝叶，树木被害后，生长不良，枝条枯死。

防治方法：①造林地不能过于干旱，否则易发生糖槭蚧，灌溉农业区要定期灌水。②造林密度不宜过大。保护好黑寄生蜂、蚂蚁、瓢虫等天敌。③化学防治是6~7月份用50%害朴威乳油有一定效果，注意用药安全措施。

2. 青叶蝉

防治方法：在产卵和孵化盛期的4月和9月，喷洒50%敌敌畏2500~3000倍液，或喷洒40%乐果乳剂2000倍液，均可收到较好的防治效果。

（张宝恩）

丁 香

学名：*Syringa* spp.

科属名：木犀科 Oleaceae，丁香属 *Syringa* L.

一、经济价值与栽培意义

丁香是我国特有的花木，已有 1000 多年栽培历史。广义的丁香泛指丁香属中的所有种类；狭义的丁香则指丁香属中某一个种。自古以来，较普遍的认为丁香是指分布及栽培广泛的华北紫丁香 *S. oblata* 及其变种白丁香 *S. oblata* var. *attinis*。

丁香属植物除少数种类应用于山地造林兼观赏外，其余主要应用于观赏。因其具有硕大繁茂的花序，优雅调和的花色，独特浓郁的芳香，而在观赏花木中享有盛名，成为园林中不可缺少的花木。可单独丛植于路边、草坪或向阳坡地，或与其他花木搭配栽培于林缘；既可在庭前孤植，也可多种丁香配植丁香专类园。适宜盆栽，也是切花插瓶的良好材料。

丁香对二氧化硫、氟化氢等多种有害气体有较强抗性，可用于工矿区绿化。其木材坚韧，可供制作小农具柄。暴马丁香的枝条及干可供药用，有止咳去痰之效。

二、主要种类及其分布

丁香属植物约有 32 种，中国产 27 种，其中特有种 22 种，另有不少变种、杂种和品种。中国不仅是丁香的自然分布中心，同时也是丁香的栽培起源中心。就西北而言，绵延于陕甘的秦岭山脉及其以西山地分布有丁香属 15 种，如秦岭丁香（*Syringa giraldiana*）、紫丁香（*S. juliana*）、四川丁香（*S. sweginnozowii*）、辽东丁香（*S. wolfi*）、小叶丁香、花叶丁香、羽叶丁香、巧玲花、华北紫丁香、北京丁香、暴马丁香及甘肃丁香（*S. buxifolia*）、朝鲜丁香（*S. dilatata*）、红丁香（*S. villosa*）、川西丁香（*S. potanini*）等。除花叶丁香及华北紫丁香外，以下种类也值得重视：

1. 暴马丁香（暴马子、荷花丁香、阿穆尔丁香）*Syringa amurensis* Rupr. 落叶灌木至小乔木，高 4 ~ 8（20）m。枝上皮孔显著。叶卵形至宽卵形，膜质或薄纸质，顶端突然渐尖，背面侧脉隆起，网状。圆锥花序长 20 ~ 25cm，花冠白色或黄白色，筒短；花丝细长，雄蕊几乎为花冠裂片 2 倍长。蒴果矩圆形。花期 5 月下旬至 6 月上旬，9 月果熟。该种花期较晚，春末夏初，花繁叶茂，花序大而密集压枝，甚受人喜爱。分布于我国东北、内蒙古、河北、山西、陕西、甘肃。多生长在海拔 1200 ~ 1700m 山坡混交林或林缘。朝鲜、日本、前苏联亦有。

2. 北京丁香（臭多罗、山丁香）*Syringa pekinensis* Rupr. 落叶灌木或小乔木，高达 5m。叶卵形至卵状披针形，纸质。顶端渐尖，背侧脉不隆起或略隆起。圆锥花序大，长 8 ~ 15cm；花冠白色，辐状；花冠筒很短，和花萼长度相同；花丝细长，雄蕊短于或等于花冠裂片。蒴果矩圆形。花期 5 月下旬至 6 月初，可延续 12 ~ 20 天；9 月果熟。分布于河北、河南、山西、陕西、甘肃、青海及内蒙古。多长于海拔 600 ~ 700m 之间向阳山坡及山沟。

3. 小叶丁香（四季丁香、野丁香、二度梅）（*Syringa microphylla* Diels） 落叶灌木，高达 2~5m。幼枝被柔毛。叶卵形至椭圆状卵形，两面及叶缘有毛，老时仅背脉有毛。圆锥花序长 3~10cm，疏松；冠筒长圆柱形，裂片卵状披针形。淡紫色或紫红色，雄蕊 2，花药紫色。蒴果圆柱形。花期春季 4 月下旬至 5 月上旬，夏秋间为 7 月下旬至 8 月上旬。9~10 月果熟。分布于河北、河南、山西、陕西、甘肃、青海及辽宁，湖北等省（区），多生于海拔 800~2000m 谷地、山坡灌丛中。本种枝条柔细，树姿秀丽，花色鲜艳，且一年两次开花。

4. 毛叶丁香（巧玲花、小叶丁香、雀舌花）（*Syringa pubescens* Turcz.） 落叶灌木，高 1~3m。叶卵形、圆卵形或椭圆形、菱状卵形，叶背沿叶脉有柔毛，叶全缘，具缘毛。圆锥花序密集，长 5~10cm。花冠紫或淡紫色，冠筒细长，花药紫色。蒴果圆柱形。花期 4 月中下旬至 5 月上旬，8~9 月果熟。本种花具浓香，盛花时节，花繁色灿，芳香袭人，常常吸引游人驻足欣赏。分布于辽宁、河北、河南、山西、陕西、甘肃、青海等地，多生于海拔 800~2000m 的山坡、山沟灌木丛中。

5. 羽叶丁香（*Syringa pinnatifalia* Hemsl.） 落叶灌木，高 3m。小枝纤细无毛。奇数羽状复叶，总叶轴具窄狭翅，小叶 7~9（11），卵形至卵状披针形，最上面一对小叶基部下延，背面中脉略凸起。圆锥花序长 4~7cm，花白色或淡粉红色，花药黄色。蒴果细圆柱形。花期 4 月中下旬或 5 月，果期 8~9 月。见于秦岭北坡（陕西户县、太白山）、南坡（佛坪都督河）、青海（循化），四川亦有分布。本种是丁香属中稀有珍贵的种类。变种有贺兰山丁香（var. *alashansis*），小叶 5~7，小叶叶基一边偏斜。

此外还有：①蓝丁香（*S. meyeri*），花紫蓝色，为本属植物中的矮生种类，且花繁色艳，是作盆景栽培，催育切花的好材料；②欧洲丁香（*S. vulgaris*），原产欧洲，有许多栽培变种；③匈牙利丁香（*S. josikaea*），原产欧洲，园艺品种丰富；④什锦丁香（*S. chinensis*），为红丁香与花叶丁香的杂交种，1777 年由法国里昂植物园育出，品种多，颜色丰富，鲜艳而美丽。此外，中国科学院植物研究所北京植物园 1985 年前后育出一批新品种如'紫云'、'罗兰紫'、'香雪'、'春阁'、'长筒白'、'晚花紫'、'波峰'等，还有从欧美引进的品种如'康果'、'康德赛特'、'奈特'等，均可引种试栽。

三、生态习性

丁香属植物自然分布区地跨亚热带、暖温带、温带甚至寒温带边缘，垂直分布变动在海拔 500~4000m 之间，从而形成不同的生态环境。但分布在亚热带的种类多生长在高海拔地区的林缘或林下，分布在暖温带、温带地区的种类，其分布的海拔高度也相应降低。这些地区的年平均气温大多在 0℃以上或 −1℃，最低极端气温为 −30℃至 −16℃，极端最高气温为 25℃至 30℃，年降水量约为 500~700 mm，均属温带气候类型。虽然各个种之间表现出适应性的差异，但总的看，丁香属植物为温带树种，具有以下一些共同的特点：

（1）喜温暖湿润，但不少种类也具有一定的耐寒力，如暴马丁香等能耐 −35℃的低温。本属植物花芽多生长在枝梢顶端第 1~6 对芽处，当 1~3 对花芽受到寒害时，并不影响整株观赏效果。

（2）耐旱性较强，对土壤要求不严，且较耐瘠薄。除强酸性土外，在各类土壤上均能正常生长，但以土壤疏松的中性壤土为宜。忌低洼地种植，积水会引起病害或全株死亡。

（3）属阳性树种，喜生长在阳光充足的地方。在荫处或半荫处常开花稀少。但少数种类如暴马丁香等亦稍耐半荫。有些生长在高山的种类对空气及土壤湿度有一定要求。

本属大部分种类播种 3～4 年后，实生苗即可开花。而北京丁香、暴马丁香等少数种类播种后 4～5 年才开花，但扦插、嫁接苗 1～2 年即可开花。生长势以 5～20 年最旺。暴马丁香等寿命可达百年以上。

丁香花序着生在头一年枝条顶端，由侧顶芽抽出成对的圆锥花序。单花在花序上由下而上依次开放，每朵花可开 3～7 天，每个花序可延续 8～12 天，单株花期 12～15 天。大部分种类每年开花 1 次，个别种类如四季丁香有 1 年 2 次开花的特性。萌芽发枝力强。当老株丛茎干下部枝条干枯脱落，树冠下空时，可进行截干更新。

四、培育技术

（一）繁殖技术

丁香可用播种、扦插、嫁接以及压条和分株法繁殖，而以播种、扦插应用最多。

1. 播种繁殖 可于春、秋两季在室内盆播或露地畦播。西北宜于春播（3 月下旬至 4 月上旬），播前最好将种子在 0～7℃ 条件下沙藏 1～2 个月，可使种子播后半个月出苗。未经处理的种子往往出苗较晚，需 1 个月或更长时间。一般开沟条播，沟深 3cm，株行距 2cm×10cm。幼苗怕涝，雨季应注意排水。当年生幼苗入冬前用风障或埋土防寒，二年生幼苗可不再防寒。

2. 扦插繁殖 花后一个月选当年生木质化健壮枝条剪成长 15cm 左右（具 2～3 对芽）的插穗。插穗剪好后，用 50～100mg/L 吲哚丁酸处理 15～18h，然后插入沙床，上覆塑料薄膜。1 个月即可生根，生根率 80%～90%。此外，也可秋剪插条，埋土贮藏越冬，翌春扦插。

3. 嫁接繁殖 可用芽接或枝接。芽接一般在 6 月下旬至 7 月中旬进行。用当年生健壮枝上的休眠芽。用不带木质部的盾状芽接法，接到离地面 5～10cm 高的砧木之干茎上。也可在秋冬采条，经露地埋藏，翌春枝接。枝接成活后，当年可生长 50 余 cm，但新枝很少形成花芽，应在第二年萌动前将枝干离地面 30～40cm 处短截，促发侧枝，使枝条正常开花结实。

嫁接所用砧木有欧洲丁香或小叶女贞。实践证明，欧洲丁香、匈牙利丁香或华北紫丁香比小叶女贞嫁接亲和性好，而小叶女贞在西北较寒冷地区亦不甚适宜。

（二）栽培技术

栽植地宜选择土壤疏松而排水良好的向阳处。宜于春季裸根栽植，株距 2～3m，或根据配植要求进行安排。选用 2～3 年生苗。栽植穴直径 60～70cm，深 50～60cm，穴施 1 kg 有机肥及 100～150g 骨粉，与土壤充分混合后作基肥。栽后每 10 天浇一次透水，连续 3～5 次。浇后松土保墒，以利提高土温，促进新根长出。若使用大苗栽植，可从离地面 30cm 处截干，既有利成活，长出的健壮枝条很快使树冠丰满，开花繁茂。

日常管理较为简单。一般在春季萌动前修剪，合理保留更新枝。如不留种子，花后剪去残留花穗。一般不施或少施肥，更忌施肥过多引起徒长。必要时花后施些磷钾肥（75g/株）及氮肥（25g/株），或施些充分腐熟的厩肥、堆肥（500g/株）。视天气及土壤干湿情况适度浇水，雨季注意排水防涝，入冬前灌足冬水。

五、病虫害防治

西北各地引种的丁香病虫害较少，而华北、华东及华中一带由于夏季高温多雨，则危害丁香的病虫时有发生。常见病害有萎蔫病（*Verticillium albo-atrum*）、花斑病（*Pseudomonas syringae* Van Hall）、白粉病〔*Microsphaera alni*（Wallr.）Salm〕、褐斑病〔*Cercospora lilacis*（Desmaz）Sacc.〕及立枯病、病毒病等。虫害有豹蠹蛾（*Zeuzera pyrina*）、丁香叶卷叶蝇（*Gracillaria syringella*）、大胡蜂（*Vespa crabro germana*）及介壳虫等。危害丁香的介壳虫种类较多，如吹棉介壳虫、卫矛介壳虫等，在苗木引种时需加以注意。

（李仰东、姬俊华）

花叶丁香

别　名：龙背花

学　名：*Syringa persica* L.

科属名：木犀科 Oleaceae，丁香属 *Syringa* L.

一、经济价值及栽培意义

花叶丁香是黄土高原上具有较好水土保持特性同时具有一定经济价值及观赏价值的树种。其枝叶茂盛，能较好拦截天然降水；林龄 4 年的林地每公顷有 17.23t 林地枯落物，持水量 22.22t，一般不发生水土流失。花叶丁香萌芽力强且持久，耐平茬，生物产量高，燃烧值达 19.213kJ/g，与标准煤比值为 0.66∶1。据调查，5 年生花叶丁香每公顷可产鲜枝条 13800kg，折合干柴 8932.5kg，相当于 5.89t 标准煤。作为燃料特点是火力旺，灰分少（灰分仅 10%）。枝叶可以沤肥，嫩梢和叶可作饲料，霜打后的秋叶羊尤其喜食。据甘肃省畜牧研究所饲料分析室化验，其粗蛋白稍低，而粗脂肪为 5.13%，高于柠条（3.69%）、沙棘（4.51%）、白刺花（3.05%）和刺槐（4.00%）。枝条坚韧，耐磨程度高于紫穗槐、杞柳等灌木，是编织箩筐等生产工具的好材料。其花繁色艳且花期很长，是很好的蜜源植物，也是人们普遍喜爱的观赏种类之一。种子可提炼芳香油。此外，还是绿化裸露红土层的重要树种。

花叶丁香早在 1620 年前后即已通过丝绸之路传往波斯。过去被误认为是波斯原产，故称波斯丁香。1915 年后查明该种原产中国。

二、形态特征

落叶灌木，高达 3m。小枝灰褐色，具四棱，无毛。叶形变化较大，有椭圆形、卵形、矩圆状椭圆形至披针形，无毛，背面有微小黑点，全缘，稀 1~5 浅裂至 3~8 羽状深裂。圆锥花序，长 4~8（15）cm，花冠淡紫色、粉红色或白色，直径 8mm 左右；花筒细长，约 1cm，裂片卵形至矩圆状卵形，顶端尖或钝，花药着生于花筒中部偏上。蒴果略呈四棱状，顶端钝或有短喙。花期 4 月中旬或 5 月上旬，9~10 月果熟，10 月中下旬落叶。

该种因枝条上常出现不同形状的叶片，其貌似花，故名花叶丁香；又因其叶片镶嵌排列在细枝上，犹如龙的脊背，故又名龙背花。20 世纪 50 年代用于园林栽培，主要变种有白花花叶丁香（*S. persica* var. *alba*），矮丁香（亦称裂叶丁香，*S. persica* var. *laciniata*），全叶丁香（*S. persica* var. *integrifolia*）。以矮丁香栽培普遍。

三、分布区域

该种分布于甘肃、青海、四川西部至西藏。甘肃省平凉市的白水乡、花所乡有明朝万历年间人工栽植后自然繁殖的群丛，虽多次遭到破坏，但仍延续至今。此外，平凉市土谷堆、崇信县新密、赤城等地 天然次生林缘也有广泛分布。

四、生态习性

花叶丁香喜阳，喜温暖湿润，也较耐寒、耐旱、耐瘠薄。适应性强，对土壤要求不严。在黄土区沟坡或梁峁坡的黄土、黄绵土、黑垆土等土壤上均能良好生长；在石质山区的沙岩、沙页岩风化的坡积土上亦能正常生长；更为突出的是能在红土母质的悬崖面上形成生长良好的群丛。在土壤含水量 5.5% ~7.3% 情况下，山杨普遍有黄叶、干梢现象发生，甚至死亡，而处于同一条件下的花叶丁香仍能生长良好。

花叶丁香根深叶茂，萌蘖力强且持久。据实测，在由 2 ~9 年生花叶丁香组成的林分中，平均每公顷有鲜枝叶 17.385t。其根的穿透能力强，能穿透红黏土和红土母质，根深可达5 ~ 6m。其萌蘖力随树龄增大而增强。一般三年以后侧根增多，萌蘖力增强，越砍越发，一株 10 年生的植株可有 240 个萌条。

甘肃平凉一带花叶丁香物候期：3 月下旬至 4 月上旬萌动，4 月上中旬发芽，4 月中下旬展叶，4 月下旬现蕾，4 至 5 月开花，5 月结果，9 月上中旬落种，10 月下旬至 11 月下旬落叶期。

五、培育技术

(一) 育苗技术

1. 种子繁殖　花叶丁香主要用种子繁殖，其果实成熟期在 7 ~9 月间，应随熟随采，脱粒去杂后晾晒保存。圃地应选在造林地附近通风向阳的平整地块，然后深翻施肥，做成苗床，春季条播育苗，沟深 5cm，播种后覆土 2 ~3cm，稍稍镇压即可。播种量 2 ~2.5kg/亩。若遇春旱，要及时灌溉，最好再覆盖麦草，以保证种子发芽快出苗齐。待苗出齐后进行中耕除草，并防治病虫危害。1 ~2 年即可出圃造林。

2. 分株繁殖　花叶丁香可采用分株繁殖，选择生长旺盛且分枝多的群丛作为母株，进行挖根分株，一株有 3 ~4 个枝条即可，挖时应少伤根，保持根系的完整。

(二) 栽植技术

栽植前一般应先整地。根据具体地形可整成水平阶（台）、反坡台、鱼鳞坑等，然后挖穴栽植。一般株行距以 1m×1m 或 1m×1.5m 为宜，因其自身分蘖萌生力强，故造林密度不宜太大。

花叶丁香幼树生长快，2 ~3 龄林即可郁闭，此时可在 3 ~4 龄林内进行间隔平茬，带状间隔、块状间隔均可，但绝不可一次全部平茬。

（李仰东）

紫丁香

别名：丁香花、鸡舌香

学名：*Syringa oblata* Lindl.

科属名：木犀科 Oleaceae，丁香属 *Syringa* Linn.

一、经济价值及栽培意义

紫丁香枝叶繁茂，姿态秀丽，叶形优美。紫丁香具有硕大的圆锥花序，花朵细小如丁，花有白、淡黄、淡紫、蓝紫、紫红、淡红各色，花期由春至夏，盛开不绝，并有优雅的香气，芳香袭人。随着欧美各国及我国北方均广泛栽种，丁香已成为国内外庭园中不可缺少的春季观花终年观叶的花木。在我国北方的一些佛教寺院中因多植紫丁香而又生长茂盛，从而成为佛教寺院的象征之树，因此，又被混称为"菩提树"或"西海菩提树"。紫丁香不仅是山区保持水土的先锋树种，而且经济价值也较高。

紫丁香平茬后，萌蘖力强，生物产量高，火力强，耐燃烧，是一种理想的燃料树种。据测定，其枝条热值高达 19065kJ/kg，是当地原煤的 0.71 倍，与其他几种燃料树种相比均较高。

紫丁香嫩枝、叶含有较高的养分，可在始花、盛花期压青或沤肥，紫丁香风干嫩枝叶含氮 0.95%～0.99%、磷 0.16～0.37%、钾 0.5%，每百克相当于硫酸铵 4.5～4.7g，过磷酸钙 1.3～3.0g，硫酸钾 1.1g。

紫丁香嫩枝、叶含粗蛋白 3.19%～4.88%、粗脂肪 2.02%～3.22%、粗纤维 16.2%～24.35%，具有一定的饲料价值。

由此可见，开发利用紫丁香资源，对山区，特别是对"三料"俱缺的严重水土流失区来说，有着不可低估的作用。

常见的丁香有十多种，一般分为两大类，供观赏的称为北丁香，供药用的称为南丁香。南丁香根、皮、果、花皆可入药。尤其花蕾含有丁香油，油中含有丁香油酚、乙酰丁香油酚，以及甲基正基酮、水杨酸甲脂、苯甲醛等，故其花蕾制成的挥发油具抗菌、驱虫、健胃、止牙痛等功效。丁香油还有暖肾壮阳的作用。丁香叶具有广谱抗菌和抗病毒的作用，是一味极具开发潜力的中药。

从丁香花提取芳香油则可用于化妆品工业和牙膏、香皂中。丁香的花香气中，含有丰富的丁香酚，对人有兴奋作用，杀菌能力比石炭酸高 5 倍，因此，种植丁香有清新空气促进健康之效。

紫丁香抗逆性强，须根及侧根发达，其能耐荫的性能为乔灌混交创造了条件，是治理水土流失、配置沟头防蚀林、地埂、崖边固土防护林、绿化荒山荒坡、开发山地资源的先锋树种之一，宜在黄土高原大面积推广。同时，紫丁香的生物产量高，"三料"及其他经济价值较高；木材纹理致密、坚硬，具气味，有防虫、防潮、祛暑保恒温的功能，是制作高级箱柜及柄把的好原料。

二、形态特征

落叶灌木或小乔木，高 4～5m，树皮暗灰色或灰褐色，有沟裂。假二叉分枝，小枝光滑，灰色。单叶对生，圆形或肾脏形，宽常大于长，先端锐尖，基部心脏形，全缘。叶柄长 1.5～3cm。花冠钟状，先端 4 裂，许多小花密集组成顶生圆锥花序或侧生，花序长 6～12cm。蒴果长圆形。4～5 月开花，9～10 月蒴果成熟。

紫丁香
1. 花枝　2. 花　3. 花冠展开　4. 雌蕊　5. 果实　6. 种子（引自《秦岭植物志》）

三、分布区域

原产我国东北、华北和西北山地。朝鲜也有分布。垂直分布在海拔 800～1500m 河谷、沟头，但以 1200m 以下生长良好，人工栽培在海拔 350m 左右也能正常生长。同属 30 种，多在我国分布，全国各地均有栽培。

四、生态习性

抗逆性强，对气候、土壤等立地条件要求不严，在砂页岩钙质紫色土、石灰岩土壤、花岗岩黄棕壤或黄壤、冲积土等碱性、中性和酸性土壤以及沟谷陡坡、悬崖、岩石缝隙、梁峁、路边均能正常生长。据调查，在荒山荒坡，采取自然封禁后，丁香是较早出现的几种灌木树种之一，其优势度仅次于沙棘、虎榛子和胡枝子。紫丁香在黏性土中生长较差，在疏松肥沃、排水良好的中性至微碱性土壤中生长最好、阴坡生长好于阳坡。

性喜光，稍耐荫。耐寒，耐干旱瘠薄，怕水涝，渍水后易烂根，致使植株死亡。不耐高温、潮湿。萌蘖力强，耐修剪。

五、培育技术

（一）育苗技术

可用播种、扦插、嫁接、分株等方法繁殖。

1. 播种育苗　于 9～10 月果实开始变色即可迅速采集，以防止蒴果开裂，种子散失；采时连同果枝一起剪下，在通风干燥的室内阴干后脱粒，得纯净种子，果实出种率 20%，种子千粒重 8g 左右，干藏到翌春 3 月下旬到 4 月初播种。苗圃地选在排水良好，较干燥的地块，做成长 10m、宽 1.5m、高 15～20cm 的高床，底肥施碳铵 150～225kg/hm²、农家肥 30000～45000kg/hm²，并用 150kg/hm² 的硫酸亚铁或 150～225kg/hm² 的退菌特进行土壤消毒。一般发芽率可达 65%，每公顷播种量 10～12.5kg。播种前将种子在 0～7℃ 的条件下层积沙藏 1～2 月，开沟条播，盖草帘保湿，20 天左右出苗。若不沙藏，也可于播种前用 40～45℃ 温水浸种 1～2h，捞出后混拌两倍湿沙，在向阳处催芽 6～7 天。约 20 天出苗，当年苗高 40～50cm。苗木产量保持 75 万株/hm² 左右，第 3 个春季即可出圃，用于绿化和环境美化。但因播种育苗易产生变异，难于保持母树特性，故一般多用扦插和嫁接。

2. 扦插育苗 以夏季嫩枝扦插效果较好。在开花后 1 个月左右，选当年生带叶的半木质化健壮枝条，剪成长 10~15cm 左右具 3 个节的插穗，剪去下部叶片，保留顶端 1~2 片叶。插穗基部用 0.1％吲哚乙酸处理的扦插生根数多且长，其生根能力比对照提高 220％。取出后经清水冲洗附着在插穗表皮上的药液，插入沙床 2/3，浇透水，用塑料薄膜覆盖保湿并搭棚，以后每天多次喷雾，保持插床内相对湿度 90％左右，控制棚内温度 25~30℃，30 天后即可生根。若在早春进行硬枝扦插，需在前一年秋季落叶后，采集成熟枝条，并沙藏一冬，否则不易生根。

3. 嫁接育苗 多以小叶女贞或水蜡做砧木，采用芽接或枝接。芽接在 6~7 月，选当年生健壮枝上的饱满芽做接穗，用"T"形芽接法；枝接在春季即将萌芽时进行，接穗冬季采集，沙藏至翌年春季使用，采用切接或劈接法。

4. 分株繁殖 宜在春季进行，将每株整株挖起，保持根系完整，用利刀劈成 2~3 根枝条一丛，分栽即成。

（二）栽培技术

在园林中，紫丁香可植于建筑物附近，散植于建筑小品周围、园路两旁；丛植于草坪一隅；配植于常绿树前亦很相宜。在机关、工厂、居民区、庭院内，可配植于建筑物的南窗前。丛植于花坛、草坪之中，均很得宜。还可搜集不同品种，建立专类丁香园。

栽植时，林地一般选择排水良好的壤土或沙壤土，按株行距 lm×2m，树穴 30cm 见方的规格提前进行穴状整地，以 1~2 年生苗木栽植为宜。

幼苗冬季需掘起假植，埋土防寒，翌春栽植。嫁接苗成活后要及时去除砧木萌蘖。移栽应于春季 3 月上中旬进行，可裸根移植，栽植穴施腐熟有机肥 5kg 左右。栽后连续浇 3 次透水，每次间隔 7~10 天，及时松土保墒。每年春季从芽萌动至开花期间，浇水 2~3 次，夏季干旱时及时灌水，秋季追施有机肥，入冬前浇防冻水。对成龄后的紫丁香一般可不施肥。

栽植 3~4 年生以上大苗时，可先行重剪，将植株基部 30~50cm 以上枝条剪去，以减少蒸腾，并促发新枝，使树冠丰满。当幼树的中心主枝达到一定高度时，根据需要剪截，留 4~5 强壮枝作主枝培养，使其上下错落分布，间距 10~15cm。短截主枝先端，剪口下留一下芽或侧芽。主枝与主干角度小则留下芽，反之留侧芽，并清除另一个对生芽。过密的侧枝可及早疏剪。当主枝延长到一定程度，互相间隔较大时，宜留强壮分枝作侧枝培养，使主枝、侧枝均能受到充分阳光。逐步疏剪中心主枝以前所留下的抚养枝，随时剪去无用枝条。花后剪去前一年枝留下的两次枝，促使新芽从老叶亮度长出，花芽可以从该枝先端长出。花后若不留种子，可剪除残花，以积累养分，则来年花繁叶茂。

六、病虫害防治

紫丁香的嫩枝及叶常有蚜虫、刺蛾和大蓑蛾危害，可用 40％氧化乐果 1000 倍液除治。

（郭军战、陈铁山）

桂　花

别名：木犀、岩桂、山桂

学名：*Osmanthus fragrans* Lour.

科属名：木犀科 Oleaceae，木犀属 *Osmanthus* Lour.

一、经济价值及栽培意义

桂花是我国传统园林绿化树种，为十大名花之一，其树姿优雅，四季长青，香气清芬，飘香数里，沁人肺腑。是庭院、街道、公园、风景区、工矿区绿化的优良树种。许多地方保存历史悠久的古桂花树和营造的桂花树林成为人们向往的旅游胜地；中秋赏桂是我国桂花产区人们的传统习俗。非产区的北方盆栽桂花亦比较盛行。

桂花又是我国重要的香料植物，花内含癸内脂、紫罗兰酮、芳香醇和橙花醇等多种芳香物质，可提取桂花浸膏，是我国特有的高级香精，用于食品、香皂、化妆品，还大宗出口；桂花含22种氨基酸和多种维生素、微量元素，在食品中配入桂花，有顺气、开胃、健身作用，已开发各种桂花糕点、饮料50多种，畅销各地。

桂花用于医药，有较高价值。《本草纲目》中记载：桂花具有清凉、润肺、生津、止渴功效。可治喘咳、血痢、牙痛、胃痛、风湿麻木、筋骨疼痛等病患。

二、形态特征

常绿灌木或小乔木，高达10m，树冠呈椭圆形或疏散圆柱状，分枝性强，树皮暗黑色，小枝灰白色、光滑，微具棱，嫩枝黄绿色；芽为叠生芽，被鳞片，着生于枝条顶端或叶腋；叶为单叶、对生、革质、全缘、幼时上部有细锯齿，椭圆形或长椭圆披针形，基部楔形，绿或深绿色，光滑，具光泽，叶上面脉下凹，下面脉隆起，新生叶绛红或乳黄色，叶片寿命1～3年；聚伞花序，簇生叶腋，花两性，白色，富香气，着生在1年生枝上，罕2、3年生枝；花萼4裂齿，花冠4裂，长2～3mm，花冠筒长1～1.5mm，雄蕊2、花丝短，花柄细长，约4mm；核果椭圆形，蓝紫褐色，长1.8～2.3cm，种子椭圆形，顶端尖。

由于长期栽培选育和杂交，形成众多品种，主要分为4类品种群。

1. 金桂品种群：有金桂、早金桂、晚金桂、大叶金桂、大花金桂、球桂、柳叶苏桂、圆叶金桂、齿叶金桂等，花金黄色、黄色到淡黄色，香气一般或甚浓，除晚金桂和大花金桂外，一般不结实，产花量高；有乔木、小乔木和大灌木型。

2. 银桂品种群：有早银桂、晚银桂，早黄白洁、柳叶桂、九龙桂、籽桂等品种。花乳白、洁白或乳黄色，香气郁浓，产花量高，除籽桂外其余不结实；有乔木、小乔木、灌木型。

3. 丹桂品种群：有籽丹桂、小叶丹桂、软叶丹桂、硬叶丹桂、大叶丹桂、大花丹桂、柳叶丹桂、宽叶红等品种，花橙红色、橙黄或橘红色，香味一般较浓，着生牢，主要用于园林绿化观赏，除籽丹桂外，一般不结实，为小乔木或灌木。

4. 四季桂品种群：有四季桂、月月桂、佛顶珠、日香桂等品种，均为丛生灌木，适于盆栽。花淡黄或银白色，除日香桂花极香（胜过金桂和银桂）外，其余香气淡，月月桂除炎夏外均有花，其他三种花期 9 月至第二年 4 月；月月桂和日香桂耐寒性较强。

三、分布区域

天然分布和集中栽培在我国秦岭和淮河以南各省，江苏吴县、湖北咸宁、浙江杭州、广西桂林和四川新都为我国五大桂花产区，其中咸宁有桂花树 150 余万株，年产鲜花 40 万 kg。我国陇海铁路沿线一些城市公园和冬季背风向阳地段，露地栽培可正常开花。西北地区主要分布和栽培在陕西南部和甘肃东南部，西安、宝鸡、天水等城市亦有露地栽培，陕西长安县杜公祠有 2 株百年以上的大桂花树。

四、生态习性

桂花为亚热带树种，喜温暖，耐高温，但不很耐寒，年均气温在 14℃ 以上，极端温度不低于零下 15℃，气温低于上述局部地带，优良小气候下可以生长，如青岛市三面环山的崂山风景区桂花可正常生长，但在青岛市的街道桂花露地栽培则难以成功。

桂花为中性偏阳性树种，幼年需一定庇荫，但成年树应有充足的光照和通风条件，尤其是花期，若长期处于遮荫状态，则生长不良。

桂花喜湿润，但不耐涝渍，忌积水，平缓坡地最为理想。宜在土层深厚、质地疏松，土壤微酸性或近中性土壤，不耐盐碱。

桂花寿命长，生长慢。陕西汉中圣水寺桂花树相传是西汉初（公元前 206 年），萧何亲手所植，故称"汉桂"，距今 2100 多年，现仍枝叶繁茂，香飘数里，是我国年龄最大的桂花树。

桂花树对氯气、二氧化碳、氟化氢等有害气体的抗性较强，1kg 叶片可吸收 4.8g 氯、3.6g 硫及一部分汞蒸气而不受害，还有较强的吸滞粉尘的能力。但抗烟尘性差，在空气严重污染处生长不良。

五、培育技术

（一）育苗技术

1. 嫁接育苗

（1）砧木选择与准备 常用砧木有：

小叶女贞（*Ligustrum quihoui* C.）：成活率高，亲合力强，但后期因砧木生长慢，出现"小脚"现象，可采取低接和培土，使接穗生根补救；

女贞（*L. lucidum* Ait.）：成活率高，生长快，但亲合力差，后期受风吹接穗易掉离；

流苏树（*Chionanthus. retusus* L.）：接苗生长快，生命力强，抗寒耐碱，无上述两砧木弊端，是理想的砧木。

上述砧木均可采用种子育苗和扦插繁殖育苗。种子经砂藏，第二年春播种；扦插育苗可取春季硬枝扦插或夏季嫩枝扦插。当苗高 0.5m 以上，地径 0.5cm 以上，即可进行嫁接；

（2）嫁接 方法很多，有切接、腹接、皮接、劈接、靠接等。陕西汉中一般苗圃通常采用切接和腹接。

①单芽切接 在春季3、4月进行。在已开花的优良品种植株上剪取芽发育饱满的1年生枝条，做接穗，随采随接或提前1个月采条，提前采的接穗需砂藏贮藏，防止失水。嫁接方法：先在砧木基部距地面5cm处剪断，削平断面，在树皮光滑的一侧，稍带木质部向下直切约长2cm；在接穗芽上方0.5cm处稍带木质部垂直向下切2cm，在芽下方斜切，取下接芽，长削面向内，插入砧木切口，务必使接穗和砧木形成层对齐，若砧木较粗，至少一面对齐，用塑料薄膜袋绑扎密封接口，芽上薄膜只缠一层，以利出芽。

②单芽腹接 在秋季8月下旬至9月上旬进行。接穗选用当年生春梢中下部芽。嫁接方法：在砧木基部距地面5cm高处向下稍带木质部直切长约2cm一刀，在其下斜横切一刀，深达木质部，取掉上半部；在接穗接芽上方0.5cm处，稍带木质部向下直切一刀，在芽下斜横切一刀，取出接芽，插入砧木切口，使接穗和砧木形成层对齐，用塑料袋紧绑切口，芽上薄膜只缠一层，以利出芽。

接后管理：一是及时抹去砧木萌生芽，对未剪砧木的腹接苗，在第二年春季接芽萌动时，在芽上方2cm处剪去砧木；二是接穗芽长至20cm以上高时，用木桩插在砧苗附近，支撑固定接穗芽苗，防止风吹接口劈裂；三是及时拔草和水肥管理，1年生苗一般可达70cm。

2. 扦插育苗 常采用嫩枝扦插。6月中旬剪取健壮母树上部当年生粗壮枝条，长度10cm左右，上端留一对叶，下端从节下2mm处截断，剪口要平滑，并剪去顶梢，捆成小捆，下端用100μg/g吲哚丁酸（IBA）或萘乙酸（NAA）液浸泡10h，插入黄砂插床，直插，每平方米插200条，插入深度2/3左右，插后即浇水；插床上用塑料薄膜棚覆盖，保持棚内湿度80%～90%，温度20～25℃；为避免棚内温度过高和阳光直射，塑棚上再用透光度30%～40%的遮阳网棚遮阳，掌握适时适量洒水，棚内温度超过28℃以上，应揭开塑棚两端透风降温，经过细致管理，约两个月，插穗相继产生愈合组织，陆续生根。有条件可采用全光照喷雾法，效果更好，不搭塑棚和遮阳棚，晴天不间断喷雾。插穗根系5cm长后，可移栽入大床，初期进行遮阳和洒水，1月后苗木成活，可去掉遮阳，使幼苗直接受到阳光照射。

3. 大苗培育 嫁接和扦插成活的小苗，第二年后均应进行倒床，扩圃移栽。为节约土地，可逐步扩大株行距，育成大苗。

（二）栽培技术

1. 适生范围 陕西南部、甘肃东南部和陕西关中局部地段可露地栽培。西北其他地区可以盆栽，冬季在室内越冬。

2. 林地选择 宜在背风向阳，土层深厚疏松，排水良好的缓坡地栽植，平川地带城镇、街道绿化地在背风向阳处也可栽植。

3. 栽植技术

（1）露地栽培 成片栽植或四旁绿化栽植，采用胸径2.0cm以上多年培育的大苗，苗木需带土球，土球直径为根径的8～10倍，用草绳绑扎，在春季发芽前进行，穴状整地，坑较土球直径大0.5m，坑底垫熟土，坡地栽植深度与原土印一致，平地只埋土球一半，需堆土培植，根底砸实后浇水。桂花大树移植后适当修剪掉部分枝叶，并用3根木干支撑，防止风吹摇晃，影响扎根。坡地产花园栽植密度株行距4m，观花园宜稀植。

（2）盆栽 选用花味香的优良品种，采用大盆，盆土用腐殖土、园土和砂土混合，栽后浇透水。以后进行精细管理，适量适时浇水，追施肥料，防治病虫害等，并进行修剪，形成低矮树冠，促进开花。北方寒冷地带，冬季移入室内或温室越冬管理。每年春季换盆土。

六、病虫害防治

主要是叶部病害如褐斑病、叶斑病、炭疽病等，叶部害虫主要有螨虫、粉虱、盾蚧、大蓑蛾等，采用常用药剂进行防治。

（鄢志明）

迎 春

别名：金腰带
学名：*Jasminum nudiflorum* Lindl.
科属名：木犀科 Oleaceae，茉莉属 *Jasminum* L.

一、经济价值与栽培意义

植株铺散，枝条嫩绿，强光及背阴处均能生长，黄花满枝，是非常好的早春花卉，在北方装点晚冬早春之景观很有风味。全国很多地方都有栽培。南方可与蜡梅、山茶、水仙群植一处，构成新春美景。与银芽柳、山桃、柳树可同植，或早报春光，或为波光生色。可植于路旁、山坡及窗下墙边；作花篱密植，作开花地被，岩石园中，效果极佳。多年生老树桩可做成盆景；可盆栽于室内观赏枝条；可作插瓶切花。

花、叶、嫩枝均可入药。也是优良的水土保持树种。

二、形态特征

落叶灌木。老枝灰褐色，嫩枝绿色，四菱形。叶对生，小叶 3 枚或单叶。花着生叶腋，黄色，花冠 6 裂，先叶开放，具清香。花期 2～4 月。浆果黑紫色。

迎夏与迎春同是木樨科茉莉属半常绿小灌木。迎夏又名黄素馨、探春，有时不易与迎春区分，但可从以下几方面进行辨别：①迎春为三小叶，对生，幼枝基部有单叶；迎夏羽状复叶互生，3 或 5 片；②迎春花期 2～4 月，单生于 1、2 年生枝叶腋处；迎夏花期为 5 月中旬至 6 月上旬，先生叶，后生花，花序成聚伞状，着生在新梢顶端。另外，迎春干皮有绿红晕；迎夏干皮灰褐无晕。

三、分布区域

产我国北部、西北、西南各地。陕西各地普遍野生，甘肃分布也很广泛。

四、生态习性

性喜光，稍耐荫；较耐寒，西北很多地方可露

迎春
1. 花枝　2. 花

地栽植；喜湿润，也耐干旱，怕涝；对土壤要求不严，耐碱，除洼地外均可种植。根部萌发力很强，枝端着地部分极易生根。

五、培育技术

每年花后和入冬时各施 1 次粪干或复合肥作基肥,生长季根据长势情况再泼几次液肥;花后要修剪去残花梗,对旺盛生长的枝梢应适当短截,以促进枝条发育充实。地栽的应在地势较高、排水和通风良好的地方,盆栽的雨季要防止盆中积水,浇水要间干间湿,勿使太干。盛夏要放到树荫或半荫处,避免强光直射,否则经受高温干晒,叶尖会出现干枯。冬季要放在背风向阳处,保证不让盆土太干就行。

极少有病虫害。

(崔铁成、张　莹、张爱芳、马延康)

探 春

别名：迎夏、牛虱子、长春
学名：*Jasminum floridum* Bunge
科属名：木犀科 Oleaceae，茉莉属 *Jasminum* L.

一、经济价值及栽培意义

探春株态优美，叶丛翠绿，4~5月开花，花色金黄，清香四溢，除适用于园景布置和盆栽以外，瓶插水养可生根，花期可持续月余。也是盆景的理想材料。

探春花可供药用，主治咳逆上气、喉痹等症；嫩花炒食，其味甘甜。

二、形态特征

木犀科缠绕状半常绿灌木，高1~3m；干皮灰褐无晕，幼枝有棱角。羽状复叶互生，3或5片，无毛，椭圆状倒卵形。花期为5月中旬至6月上旬，花瓣5，黄色。先生叶，后生花，花序成聚伞状，着生在新梢顶端。

同属可供观赏的除迎春（*J. nudiflorum*）外还有：

云南黄素馨（*J. mesnyi*）：别名云南迎春、大叶迎春、南迎春。常绿藤状灌木。不耐寒，北方只能盆栽，也是3小叶，但花为重瓣，花期3~5月；长势比前二者旺，但耐寒性较差，在-8℃以下低温时叶易受冻。

素馨花（*J. grandiflorum*）：常绿灌木。枝柔弱下垂。叶对生，羽状复叶。花白色，芳香。浓香探春又名香迎夏，原产我国。喜温暖湿润和阳光充足环境，适应性强，较耐荫，耐寒，在肥沃、疏松和微酸性土壤中生长最好。

三、分布区域

产我国北部及西部，江浙一带也有栽培；陕西分布于秦岭南北坡，巴山北坡；甘肃产于小陇山等地海拔750~1200m的山坡、平原、沟谷。

四、生态习性

探春忌涝，宜排水良好、肥沃土壤。探春花喜阳光，耐半荫，性较耐寒，在华北地区对土壤适应能力较强。

五、培育技术

（一）育苗技术

常用压条、扦插和分株繁殖。压条：在梅雨季节进行，将拱形下垂的枝条作"S"形埋入土中，30~40天后抽出新枝条。扦插：春季进行，选取成熟健壮枝条10~15cm，插于沙床，一般30天左右可生根。对枝条茂密的株丛在早春可分株繁殖。

（二）栽培技术

生长过程中，应注意防止积水和过分干旱，需保持土壤湿润，并每隔 2 个月施肥 1 次，促使多发枝条。

探春适应性强，栽培也较为容易；它喜温暖湿润的向阳之地，半荫处生长也很好，枝茂花繁，盆栽地栽均宜。每年花后和入冬时各施 1 次粪干或复合肥作基肥，生长季根据长势情况再追几次液肥；花后要修剪去残花梗，对旺盛生长的枝梢应适当短截，以促进枝条发育充实。地栽的应在地势较高、排水和通风良好的地方，盆栽的雨季要防止盆中积水，浇水要间干间湿，勿使大干。盛夏要放到树荫或半阴处，避免强光直射，否则经受高温干燥，叶尖会出现干枯。冬季要放在背风向阳处，保证不让盆土大干就行。

冬季适当修剪，去除密枝、枯枝和截短徒长枝。

六、病虫害防治

有时发生叶斑病和根瘤病，叶斑病用 65% 代森锌可湿性粉剂 600 倍液喷洒；可在苗木栽种前用 1% 硫酸铜溶液浸 5min 来防治根瘤病。虫害有介壳虫和粉虱危害，用 40% 氧化乐果乳油 1500 倍液喷杀。

（崔铁成、张　莹、马延康、张爱芳）

凌 霄

别名：紫葳、女葳花

学名：*Campsis grandiflora*（Thunb.）Loisel.

科属名：紫葳科 Bignoniaceae，凌霄花属 *Campsis* Lour.

一、经济价值及栽培意义

凌霄是一种优良的庭园绿化树种，常爬生岩石上或攀缘乔木上。凌霄的花是一种很好的中药材，名为凌霄花，它为一行血去瘀药。凌霄花主要用于治疗经闭症、产后乳肿、风疹发红、皮肤瘙痒、痤疮等病。根可治风湿痹痛、跌打损伤、骨折、脱臼、急性胃肠炎。用凌霄根注射液治疗风湿和类风湿性关节炎也有较好疗效，对腰痛或因感冒引起的四肢疼痛亦有效。

凌霄干枝虬曲多姿，翠叶团团如盖，花大色艳，花枝从高处悬挂，柔条纤蔓，碧叶绛花，花期甚长，为庭院中棚架、花门、假山、墙垣之良好的藤本观赏花木。

二、形态特征

落叶攀缘灌木，枝长达 10m，具少数气根或无。树皮灰褐色，呈细条状纵裂。枝干虬曲多姿，橙色，微被短柔毛。奇数羽状复叶对生，小叶 7～9，卵状披针形，先端渐尖或尾状，基部楔形，长 3～7cm，宽 1～3cm，两面均光滑，缘具不整齐锯齿 7～8 对，两面无毛；侧生小叶柄极短，长 0.1～0.2mm，中央小叶柄较长，约 1cm，两小叶柄间具白色簇毛。花成大而疏松的顶生聚伞花序或圆锥花序，顶生；花冠深红色，漏斗状钟形，短而宽，径 6～8cm，花冠管微超出或不超出披针状萼片，冠檐直径 7～8cm。花期 6～8 月，花期甚长。蒴果先端钝，长如豆荚，果熟期 10～11 月。

三、分布区域

原产我国中部和东部，现在各地均有栽培。主要分布于河北、陕西、山东、河南、江苏、江西、广东、广西、福建、四川、湖北、湖南等省。日本也有分布。

凌霄
1. 花枝　2. 花冠展开　3. 花萼及雌蕊
（引自《秦岭植物志》）

四、生态习性

性喜光稍耐荫，幼苗宜稍庇荫；喜温暖湿润气候，耐干旱，忌积水，不耐寒，在寒冷地区栽培幼苗冬季宜加保护。喜微酸性和中性沙壤土。萌芽力及萌蘖力均强。

五、培育技术

（一）育苗技术

1. 播种育苗　种子繁殖用的较少。可随采随播或干藏至次年春播，因种子较小，覆土以见不到种子为宜。约 7～10 天发芽，苗高 12～15cm 时可移植，并立支柱引缚枝条。

2. 扦插育苗　扦插生根容易，春夏均可。

（1）硬枝扦插　于 11 月份采剪插条，制成长 15～20cm 的插穗，沙藏后，翌年春季 3～4 月插于 16～21℃ 冷床内；扦插深度为插穗的 2/3，苗床要深翻、细耙、整平浇水，水渗后扦插，5～6 月份即能生根。成活率达 90% 以上，如果剪取具有气生根的枝条作插穗成活率更高。

（2）嫩枝扦插　可在 7～8 月进行，插于插床后入冬前可生根。也可把枝条弯入土中进行压条繁殖，埋深 8～10cm 左右，保持湿润，极易生根。另外，也可以进行分株繁殖，即将植株基部的蘖芽带根掘出，短截后另栽。

（二）栽培技术

凌霄移植在春秋两季进行。栽植前，可在栽植穴内施入腐熟的有机基肥，植株通常需带宿土，栽植后连浇 3～4 遍透水，立支架，使枝条攀缘其上。每年春季需视墒情浇水，保持土壤湿润。发芽后施 1 次稍浓的液肥，并及时浇水，促进枝叶生长和发育。由于凌霄苗期耐寒性较差，需要防寒越冬。

每年冬季或春季萌芽前进行 1 次修剪。定植以后修剪时，首先选一健壮枝条作主蔓培养，剪去先端未死老化的部分，剪口下的侧枝疏剪一部分，以减少竞争，保证主蔓优势。然后牵引使其附着在支柱上，主干上生出的主枝只留 2～3 个作辅养枝，其余的全部疏剪。夏季对辅养枝摘心，抑制其生长，促使主枝生长。第二年冬季修剪时，中心主干可短截至壮芽处，从主干两侧选 2～3 个枝条作主枝，同样短截留壮芽，其他枝条留部分作辅养枝，选留侧枝时要注意留有一定距离，不留重叠枝，以利于形成主次分明、均匀分布的枝干结构。

六、病虫害防治

凌霄的病虫害主要是蚜虫，可用 40% 氧化乐果 1500 倍液或三硫磷 1200 倍液喷雾防治。

（郭军战、陈铁山）

猬 实

学名: *Kolkwitzia amabilis* Graebn.

科属名: 忍冬科 Caprifoliaceae, 猬实属 *Kolkwitzia* Graebn.

一、经济价值及栽培意义

猬实为我国特有的单种属植物,为国家三级保护树种。其树干丛生,植株紧凑,花色多变,粉红色至紫而白,艳丽多彩,盛开时花团锦簇,极富观赏价值。现时已有引种栽培者,在栽培条件下,花开远比野生状态下更为繁茂,满树皆花,几不见叶,丛栽成片,极为壮观,已引起园林界的极大关注,被公认为中国西部的特色花木。猬实花密色妍,开花期正值初夏百花凋谢之时,故更感可贵。夏秋全树挂满形如刺猬的小果,作为观果花木,亦属别致。上世纪初引入美国栽培,被誉为"美丽的灌木",现在世界广为栽培。是一种前景非常广阔的观赏植物。猬实又是秦岭山地植物区系的古老子遗成分,这对研究秦岭山地植物的分布,地史变迁,古气候的变化,植物演化历史以及与邻近植物区系的关系都具有极为重要的科学价值。

猬实随着森林植被的砍伐破坏和自然环境的日益恶化,已处于濒危状态,如不加强保护将有灭绝的可能。因此,扩大猬实的繁殖栽培具有巨大的现实和历史意义。

二、形态特征

落叶灌木,高达3m左右,直立。幼枝被柔毛及粗毛,红褐色,老枝光滑,茎皮剥落;冬芽具鳞片,外被柔毛。单叶对生,叶椭圆形或卵状长圆形,长3~8cm,宽1.5~2.5cm,尖端尖或渐尖,基部钝圆或宽楔形,全缘或具不明显的锯齿,叶缘具睫毛,表面深绿色,背面浅绿色,两面疏被柔毛,侧脉4对,下面中脉密被长柔毛;叶柄长1~2mm。花为由聚伞花序组成的伞房状圆锥花序,总花梗长1.0~1.5cm;一朵着生于另一朵花萼的中部,两花的花萼筒下部常紧贴,稀分开单生;花近无柄;苞片2,披针形,紧贴子房基部;萼片合生,萼筒椭圆形,在子房以上缢缩,外面密被刺刚毛;花瓣合生,花冠粉红色至紫红色,钟形,长1.5~2.0cm,内面带黄色斑纹;花柱被柔毛;果为核果状瘦果,2个合生,卵形,长约6mm,外被黄色刚硬刺毛,先端具伸长5个宿存萼齿。花期5~6月,果期8~9月。

猬实

1. 花枝 2. 花 3. 花的切面 4. 子房横切面
5. 花图式 6. 幼果

三、分布区域

在全国分布于内蒙古、河北、山西、河南、湖北、四川及安徽南部,生于海拔 350 ~ 1340m 山区灌丛中,各地均呈小片星散分布。北京地区可露地栽培,能安全越冬,并有自播更新苗生长。西北地区分布于陕西秦岭南坡山阳县石佛寺、旬阳县神河区、秦岭北坡华阴市华山北峰至中峰间,长安石砭峪海拔 450 ~ 1500m 的山谷及山坡灌丛中,陕北黄龙、桥山林区海拔 1200m 左右的山地;甘肃陇南山地及小陇山(天水)等地海拔 500 ~ 1500m 的林间及林缘。

四、生态习性

喜光稍耐荫,抗寒、抗旱,避高温,能适应的气候条件为:年平均气温 8.0 ~ 11.6℃,极端最高气温 40.6℃,极端最低气温 - 27.3℃;年降水量 403 ~ 624mm,年蒸发量 1489 ~ 2010mm;年平均相对湿度 56% ~ 61%;无霜期 177 ~ 203 天。对土壤要求不严,能在褐土、褐色森林土、棕色森林土、黄绵土、石质土上生长,但以湿润肥沃排水良好的沙壤土生长最好。喜生于林缘,林间或灌丛内,但也能忍耐瘠薄干燥的环境。在阳光充足的条件下生长良好,在林下遮荫处不能经常开花结实或更新。

五、培育技术

(一)育苗技术

猬实播种、扦插、分株、压条均能繁殖,以播种和扦插繁殖较为常用。

1. 播种育苗 当果实呈灰褐色时,9 月下旬至 10 月上旬即可采种,将采回果实放在阳光下晒干,使果皮自然开裂,也可用木棍敲击,或用脚踩踏,使种子脱出,然后清除果梗、果皮及杂物,即得净种。置于通风干燥处装袋干藏。播种前 40 ~ 50 天将种子倒入 80℃ 的热水中,搅拌 2 ~ 3min,然后倒入冷水中继续搅拌,直到不烫手为止。以后每天换温水浸泡,4 天后将种子捞出,混于种子 3 倍的湿沙中,置于背风向阳处催芽。此间经常翻动,每天浇 1 ~ 2 次水,保持湿润,并用湿沙把种子埋严,4 月上、中旬当种子约有 30% ~ 40% 裂嘴时播种。

在已整好的苗床上,开沟条播,覆土 1.5 ~ 2.0cm,可用洒壶洒水,1 个月后苗可出齐,出苗期间,不宜松土除草,以防机械损伤幼苗。当苗出齐半月后,即可小水浸灌 1 次,6 月施肥 1 次,7 月再追 1 次化肥。同时加强松土除草,促进苗木生长。

2. 扦插育苗 扦插以嫩枝生根较快,50 天即可生新根。应选花色浓艳植株,6 月中、下旬剪取当年生半木质化枝条作插穗,插穗长 10 ~ 15cm,开沟顺行扦插,株行距 20cm × 30cm,1 个月后萌生新根。8 月下旬将生根小苗掘起上盆移栽,冬季放背风向阳处护养,翌春移植于大田。亦可进行容器扦插。

(二)栽培技术

猬实在园林绿化中多植成花篱,或于草坪、角隅、山石旁、园路交叉口、亭廊近侧丛植,或专筑花坛种植,任枝铺放,花期尤如花球托于盘上,景观极为壮丽;也是制作盆景欣赏或作切花的珍品。

栽培容易,也好管理,在半荫条件下,花期可延长 5 ~ 7 天。由于生长较慢,一般不需要每年都修剪整枝,只需早春萌动前将干梢及枯枝加以修剪即可,花后适当剪去部分残花枝条，促进萌发新枝；过老枝条要酌量去老更新，秋季施 1 次有机肥，有利于促进翌年开花和新芽分化，干旱季节应浇足水，使之茁壮生长。

（罗伟祥）

金银花

别名：双花、忍冬、二银花、忍冬花、通灵草
学名：*Lonicera japonica* Thunb.
科属名：忍冬科 Caprifoliaceae，忍冬属 *Lonicera* Linn.

一、经济价值及栽培意义

金银花的花、藤均可入药。花蕾中含有黄酮类化合物、肌醇、皂甙、单宁和绿原酸等有效药用成分，鲜藤及叶中含有单宁及黄酮类化合物，这些有效药用成分使金银花具有清热解毒、疏散风热的功效和广谱抗菌作用，在临床上主要治疗扁桃体炎、咽喉炎及肺炎等呼吸系统疾病和痢疾、疮疡等症。

金银花花蕾及茎叶中还含有多种氨基酸（总含量约8%）、碳水化合物（在18%以上）和8种人体必需微量元素（铁、锌、锰、铬、铜、镍、钴、硅），具有较高的营养价值和加强肌体防御肌能的作用，同时由于其具有抗菌、抗病毒等有效药用成分，目前已被广泛地应用于生产各种保健品，如金银花茶、金银花酒、饮料、糖果、牙膏等。

金银花为多年生半常绿小灌木，根系发达，须根多，据调查其根系沿山体岩缝下扎深度可达9m以上，向四周伸长可达12m以上。其茎叶密度大，郁闭覆盖能力强，具有强大的护坡、固土、保水和持水能力，是优良的水土保持植物。据研究，金银花枝叶截持降雨率为27.9%～37.4%，每公顷枯落物蓄水12.2～39.2t。又因花色美丽，常栽培供观赏。

二、形态特征

金银花为多年生缠绕藤本，茎枝长达8～9m，嫩枝密生短柔毛和腺毛，老枝无毛，皮层常呈剥裂状，中空。叶对生，单叶，叶片卵形或长卵形，长3～8cm，宽1～5.5cm，先端短尖，基部圆形或近于心形，叶边无缘，叶两面均有短柔毛。花成对生于叶腋，故有二花、双花之称，花初开时白色，2～3日后变金黄色，黄色花和白色花并存，故名金银花。萼筒无毛，5裂，裂片外面和边缘及顶端有毛。花冠长管状，外面有柔毛和腺毛，长3～4cm，2唇形，上唇条形，下唇4浅裂。雄蕊5枚。果实近球形，直径约6mm，成熟时黑色。花期4～6月，果期8～11月。

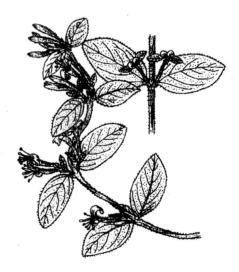

金银花

三、分布区域

金银花主产于山东、河南、湖南、甘肃、陕西

等省。目前我国各地均可栽培，但以山东省产品质量为最佳；日本、朝鲜也有；垂直分布于海拔400～2000m。

四、生态习性

金银花对气候、土壤适应性都较强，耐涝、耐旱、耐盐碱，山坡地堰、沙滩、瘠薄的丘陵地都能生长。喜温暖、湿润气候，抗逆性强，耐寒不抗高温。花芽分化适温为15℃左右，生长适温20～30℃，一般低温不低于5℃，有一定湿度，一年四季均能生长。

种子发芽需较低温度，如在冰箱中置80天，发芽率可达80%左右。种子寿命为2～3年。

五、培育技术

（一）育苗技术

1. 播种育苗　秋季种子成熟时，8～10月从生长健壮、无病虫害的植株或枝条上采收充分成熟的果实，采后将果实搓洗，用水漂去果皮和果肉，阴干后去杂，将所得纯净种子放在0～5℃下层积至翌年3～4月播种。播种前先把种子放在25～35℃温水中浸泡24h，然后在室温下与湿沙混拌催芽，待30%～40%的种子裂口时，即可插种。苗床播种时以每平方米100g为宜。

2. 扦插育苗　扦插可在春、夏和秋季进行，雨季扦插成活率最高。扦插时，取1年生健壮枝条（或花后枝）截成长30cm左右枝条作插穗，每插穗上要留有3～4对芽，摘掉下部叶片，将下端切成斜口，扎成小把，用植物激素IAA500ml/kg（500μg/g）浸泡一下插口，趁鲜进行扦插。株行距150cm×150cm，挖穴，每穴扦插3～5根，地上留1/3的茎，至少有1个芽露在土面，踏紧压实，浇透水，1个月左右即可发芽。插后2～3周即可生根。春插苗当年秋季可移栽，夏季苗可于翌年春季移栽。

3. 压条繁殖　6～10月间，用富含养分的湿泥垫底，取当年生花后枝条，将其用肥泥土压上2～3节，上面盖些草以保湿，2～3月后可在节处生出不定根，然后将枝条在不定根的节眼后1cm处截断，让其与母株分离而独立生长，稍后另行栽植。

4. 分株繁殖　可在早春或晚秋进行。由于分株后会使母株生长受到一定程度的抑制，应只在野生优良品种少量扩繁时采用。

（二）栽植技术

金银花栽植应选在春季3月上中旬，秋季8月上旬至10月上旬。

1. 整地　选择土壤疏松、排水良好，靠进水源的肥沃土壤。每亩施厩肥3000kg，深翻30cm以上，整成平畦。

2. 栽植　按株行距0.8m×1m或1.5m×1.5m挖穴。穴宽大小视苗子大小而定，一般直径30cm、深25cm左右的圆坑，穴底施肥土拌匀，半年至1年的幼苗每穴5～8株分散穴内，按圆形栽种。2年生大苗每穴1～3株分散穴内，按半月形栽种，填土踏实，浇足水，注意保持湿度。

3. 幼林抚育

（1）中耕除草、培土　移栽成活后，每年要中耕除草3～4次，中耕除草时，先浅后深，勿伤根部。3年以后，藤茎生长繁茂，可视杂草情况而定，减少除草次数，每年早春和秋后封冻前，要进行培土，防止根部外露。

（2）追肥 常结合培土进行。方法是在花墩周围开一条浅沟，将肥料撒于沟内，上面用土盖严。肥种可以农家肥为主，配施少量化肥，施肥量根据花墩大小而定。

（3）整形修剪 金银花生长1~2年的植株，藤茎生长不规则，杂乱无章，需要修枝整形，有利于树冠的生长和开花。具体整形修剪办法：栽后1~2年内主要培育直立粗壮的主干。当主干高度在30~40cm时，剪去顶梢，促进侧芽萌发成枝。第2年春季萌发后，在主干上部选留粗壮枝条4~5个，作主枝，分两层着生，从主枝上长出的一级分枝中保留5~6对芽，剪去上部顶芽。以后再从一级分枝上长的二级分枝中保留6~7对芽，再从二级分枝上长出的花枝中摘去勾状形的嫩梢。通过这样整形修剪的金银花植株由原来的缠绕生长变成枝条分明、分布均匀、通风透光、主干粗壮直立的伞房形灌木状花墩，有利于花枝的形成，多长出花蕾。金银花的整形修剪对提高产量影响很大，一般可提高产量50%以上。

六、病虫害防治

（1）褐斑病 7~8月间发生，尤以高温高湿时发病严重，为害叶部。

防治方法：经常清除病枝落叶；增施磷、钾肥，提高植株抗病能力；发病初期用1:1:200倍的波尔多液或65%的代森锌可湿性粉剂500倍液喷杀。

（2）咖啡虎天牛 5~6月始发，以幼虫蛀食枝干，尤以5年生以上的植株受害严重。

防治方法：于4~5月在成虫发生期和幼虫初孵期用80%敌敌畏乳剂1000倍液喷雾，用糖醋液（糖:醋:水:敌百虫=1:5:4:0.01）诱杀成虫，7~8月释放天敌天牛肿腿蜂防治。

（3）银花尺蠖 6~9月发生，以幼虫咬食叶片。

防治方法：冬季清洁田园，发现幼虫，即用80%敌敌畏乳油1000倍液或95%晶体敌百虫800~1000倍液喷施。

七、采收与加工

适时采摘金银花是提高产量和质量的主要措施。当花蕾下部青绿，上部膨大，略乳白颜色鲜艳而有光泽时，采收为宜。采的过早，花蕾青色，嫩小，产量低，过晚花蕾开放，产量质量下降。一般在5月中下旬采摘第1茬花，隔1个月后陆续采摘第3、4茬花。采收时要选择晴天上午9~12h，否则花晒时，花蕾易变成红黑色。采摘时必须按标准，将达到采摘标准的花蕾，先外后内，自下而上采摘，采回后尽量少翻动，保持花的颜色，立即干燥。对于枝株过盛者，结合修剪，采收部分金银藤入药。

加工方法有两种：烘干、晒干，以烘干为好。

晒干：采摘小花放在席上或盘内，厚度3~6cm为宜，晒时切勿翻动，否则变黑，以当日晒干为好，如果当日不能晒干，上面要盖上，防止露水，也易变黑，曝晒2~3天后，用手握有声，说明已干。遇阴雨天，将花全部移到室内，晾起，天晴移外晒干为止。

（刘翠兰、罗红彬）

锦带花

别名：五色海棠、文冠花

学名：*Weigela florida*（Bunge）A. DC.

科属名：忍冬科 Caprifoliaceae，锦带花属 *Weigela* Thunb.

一、经济价值及栽培意义

　　锦带花枝长，花密，盛开时花枝繁茂，一束束的花枝鲜艳夺目，令人陶醉。一枝伸出，枝长花茂，灿如锦带而得名，成片或成群栽植，盛花季节，一片火红，艳丽壮观。是一种美丽的观赏植物。宋代王禹诗句："何年移植在僧家，一簇柔条缀彩霞……"形容锦带花枝条柔长，花团锦簇。宋代杨万里诗句："天女风梭织露机，碧丝地上茜栾枝，何曾系住春舨脚，只解萦长客恨眉，小树微芳也得诗。"形容锦带花似仙女以风梭露机织出的锦带，枝条细长柔弱，缀满红花，尽管花美却留不住春光，只留得像镶嵌在玉带上宝石般的花朵供人欣赏。

　　锦带花枝叶繁茂，花色艳丽，花期长达两月之久，是很好的花灌木。常植于庭园角隅，群植于公园湖畔，也可在林缘、树丛边植作自然式花篱、花丛，点缀在山石旁，或植于山坡上也相宜。还可以密植为中型花篱，也可栽为盆景。

　　锦带花对氯化氢抗性强，是良好的抗污染树种。花枝可供瓶插。

二、形态特征

　　锦带花属温带植物，落叶开张性直立灌木，高可达 3m；幼枝有 2 列短柔毛。单叶对生，长 5 ~ l0cm，顶端渐尖，具短柄或无柄，叶椭圆形至倒卵状长圆形，先端渐尖，基部圆形，边缘有锯齿。叶面深绿色，上表面仅中脉上有毛，背面脉上有柔毛或绒毛，背面青白色。

　　花 1 朵至 4 朵组成伞房花序，生于短枝叶腋间和顶端；蕾期为玫瑰红或黄白色，后变紫红至淡粉红色，萼筒长 12 ~ 15mm，裂片 5，长 8 ~ 12mm，下部合生；花冠漏斗状钟形，

锦带花

花径约 3cm，长 3 ~ 4cm，外生疏微毛，裂片 5；雄蕊 5，着生于花冠中部以上，柱头膨大。花期 4 ~ 6 月，9 ~ 10 月结果，蒴果柱状，长 l.5 ~ 2.0cm，2 瓣室间开裂；种子微小而多数。

　　近百年来经杂交育种，选出百余园艺类型和品种。常见同属栽培植物有 10 余种：繁花

锦带、双色锦带、美丽锦带花，花浅粉色，叶较小。白锦带花，花白色。变色锦带花，初开时白绿色，后变红色。花叶锦带花，叶缘为白色至黄色。紫叶锦带花，叶带紫晕，花紫粉色等。海仙花，别名文官花，与锦带花极相似。其花初开白，次绿、次绯、次紫，很耐观赏。路边花，小枝细有短毛，花深红色，花期5月和8月一年两度开花等。

红王子锦带近几年引种于美国，系锦带花的一个园艺品种，高1.5~2.0m，冠幅1.5m，嫩枝淡红色，老枝灰褐色。当年苗即可开花，花朵稠密，色泽艳丽，为红色。花色鲜艳，花期长达一月之久，从5月初始花，可延续到6月上中旬，红王子锦带抗寒、抗旱适应性强，被评为迎绿色奥运的优良品种。繁殖方法同锦带花。可孤植于庭院的草坪之中，也可丛植于路旁，树形格外美观。

三、分布区域

原产中国东北、河北、山西、江苏（北部）。朝鲜、日本也有，多生于海拔1000~1450m的杂木林下、林缘或灌丛中。西北地区广为栽培。

四、生态习性

生态幅度大，抗性强，耐寒、耐旱。生长旺盛，可耐-45℃低温，是西北地区优良的观赏绿化树种，性喜温暖湿润气候，阳性树种，喜光照充足，也稍耐荫，耐瘠薄，对土壤要求不严。喜深厚、湿润而腐殖质丰富的沙质土壤，忌积水。萌蘖力强，生长迅速。栽于避风向阳处，花数增多。

五、培育技术

（一）育苗技术

通常分株或扦插繁殖。为选育新品种可采用播种繁殖。

1. 分株繁殖 在早春萌动前将株丛起出，每4~5枝分成1株，裸根栽植在庭院土层深厚、不低洼积涝地段。

2. 扦插繁殖 在春季2~3月用1年生的成熟枝条，于露地扦插；或于6~7月采用半木质化的嫩枝，长约15cm作插穗，在荫棚下扦插。去掉下部入土的叶片，插在细沙、蛭石或草炭土中，扣膜、遮荫、保湿，生根发芽后分栽。为提高夏插成活率，可速蘸500mg/L的吲哚丁酸（或其他类型的生根粉，使用时按说明进行）。插床最好用辛硫磷进行土壤消毒，床面温度保持在27~29℃，20余天陆续生根。翌年春按30~50cm的株距移植。

3. 压条 可全年进行，将植株下部匍匐枝压入土中，注意埋入土中的枝条须用刀割伤皮层，以便产生愈伤组织、迅速生根，待到翌年早春萌芽前，生根后与母株分离，另行栽植。

4. 播种育苗

（1）采种 锦带花种粒细小，应于10月果实成熟后及时采收，随采随播；或风干后净种收藏。

（2）种子处理 翌年春4月下旬，用冷水浸种2~3h后，混入2~3倍的湿沙，平铺于背风向阳处催芽，6~7天后即可播种。整地做床时，床面要平，床土要细碎。

（3）播种 播种适温为25℃左右，可在春季室内盆播，播后约15天出苗。播前灌足底水，种子和沙子同撒于床面，覆土 0.5cm 左右，播后盖稻草或覆膜，以保持土壤湿润，直到苗出齐后撤去。种子千粒重 0.3g，每 85 万粒/kg，发芽率 50%，每 10m² 播种 0.025 ~ 0.04kg，每平方米留苗 100 ~ 150 株。当年苗高 30 ~ 50cm。

（4）苗期管理　平时浇水不宜太多，春夏秋干旱时节，每月适量浇水 1 至 2 次。雨季还需排水防涝，以防根腐病。结冻前灌透水越冬以提高其抗寒的能力，或起苗假植越冬，防风干抽条。冬季不再进行施肥和浇水。

盆栽苗用加肥培养土植于内径 13 ~ 20cm 筒盆，整形修剪保持新枝匀称丰满，冬季入温室养护，春节即见繁花似锦。

（二）栽植技术

锦带花宜选择阳光充足的地方，于早春萌动前行裸根栽植。秋季均需带宿土，夏季需带土球。锦带花树势强健，栽培管理简便。地栽定植时施入适量腐熟的有机肥，以后每年入冬时在根际周围再开浅沟施一次腐熟堆肥，生长季节一般可不再追肥。每年花后修剪，以保持良好的株型和开花繁茂，入冬浇防冻水 1 次。由于花芽主要着生在 1 ~ 2 年生枝条上，早春修剪须特别注意，一般只需剪去枯弱枝条，2 ~ 3 年进行一次更新剪枝，去除 3 年生以上老枝，以促进新枝的生长。如不留种子，宜在花后摘除花序，既美观，又利于枝条生长。

六、病虫害防治

主要害虫有刺蛾。防治方法同杜仲。

（崔铁成、张　莹、张爱芳）

金银木

别名：金银忍冬、鸡骨头、马氏忍冬

学名：*Lonicera maakii* Maxim.

科属名：忍冬科 Caprifoliacae，忍冬属 *Lonicera* L.

一、经济价值与栽培意义

树势旺盛，枝叶丰满，初夏开花芳香，秋季红果满树，可作庭园主要观花、观果植物，适于林缘、草坪、水边孤植或丛植。

二、形态特征

落叶灌木，高 3 ~ 5m，树皮灰褐色，细纵裂；嫩枝有柔毛，小枝髓黑褐色，后边中空；单叶对生，叶卵状椭圆形至卵状披针形，长 4 ~ 12cm，宽 2 ~ 6cm，先端渐尖，全缘，两面疏生柔毛；花成对腋生，花冠二唇，花色先白后黄，故名金银木，有芳香味，花期 5 ~ 6 月；浆果球形，合生，直径约 5 ~ 6mm，成熟时为鲜红色，9 月果实成熟，可宿存至翌年早春。

变型有红花金银木（f. *erubescens* Rehd.），花较大、淡红色，嫩叶也带红色。

金银木

三、分布区域

产于我国华北、东北、陕、甘、宁南、青东、川、鄂西、皖大别山区，生于林缘、沟谷地带、山坡阴湿处或杂木林中。朝鲜北部、前苏联西伯利亚东部、日本有分布。

四、生态习性

喜光，稍耐荫。耐寒，耐旱，可耐 -40℃低温；对土壤要求不严，对城市土壤适应性较强，生长强健。金银木株形紧凑，枝叶丰满，春夏枝头花色白黄 相映，花含芳香；坐果率高，深秋枝条上红果密集，晶莹可爱，是优良的观赏花木。又因 其耐荫性强，在郁闭度为 0.5 的树冠下仍能开花、结果，正常生长，是难得的耐荫性观花观 果树种，可作为疏林的下木或建筑阴面场地的绿化材料。喜光，多生长于海拔 1000～3000m 之林缘、溪沟的灌丛中。耐瘠薄，能生长在贫瘠的砂砾土上。但喜湿润、肥沃深厚的土壤，有较强的萌芽和萌蘖能力。为落叶灌木。由于金银木花果俱美，又较耐荫，在城市园林、庭院绿化中越来越得到重视。

五、培育技术

（一）育苗技术

1. 播种育苗　10～11 月种子充分成熟后采集，将果实捣碎、用水淘洗、搓去果肉，水选得纯净种子，阴干，干藏至翌年 1 月中、下旬，取出种子先用温水浸种 3h，捞出后拌入 2～3 倍的湿沙，置于背风向阳处增温催芽，外盖塑料薄膜保湿，经常翻倒，补水保温。3 月中、下旬，种子开始萌动即可播种。苗床开沟条播，行距 20～25 cm，沟深 2～3 cm，播种量为 50g/10m^2，覆土约 1 cm，然后盖农膜保墒增地温。播后 20～30 天可出苗，出苗后揭去农膜并及时间苗。当苗高 4～5cm 时定苗，苗距 10～15 cm。5、6 月各追施 1 次尿素，每次每亩施 15～20kg。及时浇水，中耕除草，当年苗可达 40cm 以上。

2. 扦插繁殖　一般多用秋末硬枝扦插，用小拱棚或阳畦保湿保温。10～11 月树木已落叶 1/3 以上时 取当年生壮枝，剪成长 10cm 左右的插穗，插前用 50×10^{-6} 的 ABT1 号生根粉溶液处理 10～12h。扦插密度为 5cm×10cm，200 株/m^2，插深为插穗的 3/4，插后浇 1 次透水。一般封冻前能生根，翌年 3～4 月份萌芽抽枝。成活后每月施 1 次尿素，每次每亩施 10kg，立秋后施 1 次 N－P－K 复合肥，以促苗茎干增粗及木质化。当年苗高达 50cm 以上。也可在 6 月中、下旬进行嫩枝扦插，管理得当，成活率也较高。

3. 大苗培育　第 2 年春天，及时移苗扩大株行距，可按 40 cm×50 cm 株行距栽植。每年追肥 3～4 次，经 2 年培育即可出圃。或者隔 1 株去 1 株，变成 50 cm×80 cm，继续培养大苗。若培养成乔木状树形，应移苗后选 1 壮枝短截定干，其余枝条疏除，以后下部萌生的侧枝、萌蘖要及时摘心，控其生长，促主干生长。

（二）栽植技术

金银木生性强健，适应性强，栽培管理简便。春秋季均可栽植。定植时每株施 2～3 锹堆肥作底肥，生长期一般 不需再追肥，可每年入冬时施 1 次腐熟有机肥作基肥。从春季萌动至开花可灌水 2～3 次，夏季天旱时酌情浇水，入冬前灌 1 次封冻水。秋季落叶后可适当疏剪，疏去一些过密枝、病枯枝、徒长枝，使枝条分布均匀。经 3～5 年生长后，可利用徒长枝或萌蘖枝进行重剪，促长出新枝代替衰老枝，同时将衰老枝、细弱枝、病虫枝疏掉，以便更新复壮。

（崔铁成、张　莹、张爱芳、毕毅）

七叶树

别名：梭椤树，猴板栗

学名：*Aesculus chinensis* Bunge.

科属名：七叶树科 Hippocastanaceae，七叶树属 *Aesculus* Linn.

一、经济价值及栽培意义

七叶树是世界著名的行道树和庭院园林树种，树姿优美，花美花繁果大，抗性强，寿命长。在德、法、日、瑞士等国的街道和庭园广为栽植，相传释迦牟尼是在七叶树下"圆寂"的，故有"佛门宝树"之称，被僧尼奉为"神木"、"圣树"。

七叶树又是经济价值高的药用植物。据药典记载：每日煎服树皮 5～10g，可治荨麻疹、腹泻、白带、子宫出血、痔血；树皮液敷患处，可治粉刺、汗疱；生叶揉搓敷患 处可治刀伤、虫螫；种子入药有散郁闷，安心神之功效；种子粉末涂患处，可治肩肌僵硬、跌伤、风湿病。

其木材黄白色，质轻软，易加工，是优良的家具、工艺品用材，又是造纸原料；嫩叶芽可做蔬菜用食或代茶饮；种子含油36.8%，淀粉36.1%，纤维14.7%，可榨油、提取淀粉，用于工业。

二、形态特征

落叶乔木，高达25m，树皮深褐色或灰褐色，小枝圆筒形，光滑或初具柔毛，1年生枝灰黄色，皮孔小，圆形，掌状复叶，对生，无叶托，小叶 5～7，膜质，长圆状披针形或倒卵状长圆形，长 9～16cm，宽 3～3.5cm，叶脉 13～17 对，基部楔形，稍歪斜，叶缘具不整齐尖锐或微钝细锯齿尖，雄花与两性花同株，不整齐，成顶生圆锥花序，含花梗花序长25cm，总轴微被柔毛，小花序常 5～10 花，被微毛，长 2～2.5cm，雄蕊常 6，长 20～30mm，花丝丝状，雌蕊在雄花中不发育，子房上位，3 室，各具 2 胚珠，花柱和柱头各 1；蒴果圆状倒卵形，顶截形，常微凹，径 3～4cm，果皮厚 5～6mm，淡黄灰色，密被疣体，种子常 1～2 粒，几圆形，径 2～2.5cm，暗栗褐色，无胚乳，种脐白色，约占种子1/2，每千克约 40 粒。

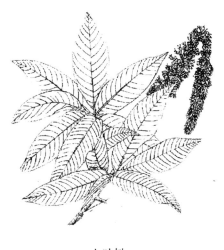

七叶树

我国同属植物中另有三种：

1. 天师栗（*A. wlsonii* R.） 分布在湖南、湖北、四川、贵州等省，果壳占种子1/3以下，与本种相区别。

2. 云南七叶树（*A. wangii* H.）　　分布在云南东南部，叶脉 20～22 对，幼叶具密柔毛，蒴果大，扁球形，径 6～7.5cm，果顶尖锐，果壳薄，种脐大，占种子 1/2 以上，常 3 裂等与本种相区别。

3. 日本七叶树（*A. turbinata* Bl.）　　原产日本，我国上海、杭州、青岛等城市有引种栽培，小叶无柄，较长达 30cm，花黄白色，较大，花瓣有一红色斑点，蒴果大，径约 5cm 等与本种相区别。

三、分布区域

本种七叶树主产华北各省，西北地区天然分布主要在陕西南部和甘肃东南部，海拔 1500m 以下的山区。陕西关中有人工栽植，长安县南五台弥佗寺、周至县楼观台、陇县火烧寨、宜君县高楼瓜、铜川市金锁关均有几百年至千年古七叶树。

四、生态习性

弱度喜光树种，深根型，喜深厚肥沃湿润疏松土壤，较耐寒，抗病虫性强，抗大气污染。生长快，寿命长，冬眠芽肥大，发芽早，初生芽叶为紫红色。在陕西汉中 2 月底萌动，3 月放叶，5 月上旬开花延至月底，9 月底果实成熟，10 月下旬开始落叶。

五、培育技术

（一）育苗技术

常采用种子育苗。

1. 采种　种子成熟应及时采收，做育苗用种，可不去果皮，尽快拌砂贮藏，防止种子失水变干，丧失发芽力。通常拌 2～3 倍湿砂，堆放在高燥的地方砂藏或堆放室内（降雨多的地区），经常翻动，防止发热，发现有变软霉烂的，就拣弃，防止污染其他种子，待种子裂口露芽即播种。

2. 圃地　应选择排水、灌水条件好的耕地做圃地，秋季深耕不糖，使土块风冻，第 2 年春，施粪肥每亩 2000kg，然后翻耕，耙糖，拉线做床，床面宽 1m，长短不限，筑高床，步道沟宽 30cm，床面平整后即可播种。

3. 播种和管理　七叶树发芽较早，2 月底可播种，每亩播种量约 300kg，在床面上开浅沟摆放种子，行距 30cm，株距 15cm，种脐向下，覆土厚度 3cm，稍镇压，然后覆盖塑料地膜，四周用土压封，3 月中旬即可出苗，及时划破地膜，使苗露出地膜，用土压封破口，5 月后可撤除地膜，以后进行松土除草和水肥管理。当年苗可达 50～70cm，亩可产苗 1 万株，即可出圃造林。若做绿化用大苗，应在第 2 年早春发芽前进行扩圃，倒床移栽。

培育大苗的圃地应为黏土，以便带土球。移栽时应剪断主根，以促进侧根生长，移栽密度，株行距 0.5m×1.0m，苗高 2m 时，应摘去顶芽，促进树冠发育。经 3～4 年培育，胸径可达 3cm 以上，即可出圃，出圃苗需带土球，用草绳绑扎，运往造林地。

（二）栽培技术

1. 适生范围　甘肃兰州以东，陕西延安以南的黄土高原和秦岭巴山地区海拔 1500m 以下的适宜地段，均可栽植。

2. 林地选择　背风向阳的山坡下部、川道、城镇、道路、水渠等绿化用地皆宜，但土壤干燥瘠薄地段和积水地不宜。

3. 栽植技术

（1）城镇、道路、街道、院落园林绿化造林　因其树冠大，宜稀植，与其他乔木、灌木树种搭配混栽，孤植应与建筑物保持一定距离，栽植时间以落叶后秋季或发芽前春季为好；若在生长期移栽，必须带好土球，并修剪去部分枝叶，注意经常给树冠喷水，栽植穴要大，坑底垫肥土，砸实后浇透水，多风处大树栽植，应用木杆支撑树干。

（2）成片造林　按一般经济林要求，进行水平阶整地，用1～2年苗，在落叶后或发芽前进行栽植，株行距4m，栽植时注意穴底填肥土，踏实浇水，水渗完后，穴面覆松土。以后要进行松土除草，施肥等管理，最好前期套种豆类作物，以耕代抚，促进幼树生长，开花结果。

（鄢志明）

苏　铁

别名：铁树、凤尾蕉、番蕉、避火蕉
学名：*Cycas revoluta* Thunb.
科属名：苏铁科 Cycadaceae，苏铁属 *Cycas* L.

一、经济价值及栽培意义

苏铁叶气派壮观，常作为优良盆栽观叶植物，供庭园中心花坛、花堆中心装饰，或作为室内大型会场门厅，入口处布置作背景材料或列摆以作气派之气氛，枝叶苍翠，美观大方；叶子还可作切花配材配置花篮、花圈、绿笠等；欧洲、美国等地应用苏铁嫩叶加工成色彩鲜艳的干叶，作为插花材料，很受欢迎。

苏铁的成熟种子橘红色，外表被白霜，含大量淀粉，煮熟可食用；茎含淀粉；花、叶和果亦入药；有治痢疾、止咳和止血的疗效。

二、形态特征

常绿小乔木，在原产地高可达 8m，室内盆栽 1~3m，茎为粗圆柱状，没有分枝，有粗大的菱形叶痕螺旋状排列，形成鱼鳞状。叶簇生于茎顶，为大型羽状复叶，长 1m 左右；羽片可达 100 对以上，条形，革质，坚硬，长 9~18cm，宽 3~5mm，浓绿色，具光泽，叶缘反卷，叶背被疏长毛；每年春天生 2~3 轮，老叶则相继脱落。花单性，生于茎顶，雌雄异株，雄花呈螺旋状排列，花序形似菠萝，圆柱形，长 30~70cm，直径 10~15cm，被生茸毛，初开时鲜淡黄色，成熟后变成褐色；雌花较大，具多数掌状鳞片，花序形状为半球状的头状体，逐渐分裂形成松塔状。苏铁难得开花，二三十年的老树能开

苏铁（盆栽）

花，故称之为"千年铁树一开花"，花期 6~9 月。种子卵圆形，微扁，成熟后朱红色，长 2~4cm。

三、分布区域

原产我国中南部，浙、赣、湘、川等地广为栽培。华北、西北等地作盆栽植物，供室内观赏。印度、日本及印度尼西亚有分布或栽培。

四、生态习性

苏铁性喜温暖、干燥和光照比较强、通风良好的环境，不耐寒，喜富含腐殖质的沙壤土栽培，越冬温度应在5℃以上。生长缓慢。

五、培育技术

(一) 育苗技术

苏铁主要用分蘖枝繁殖，也可播种或扦插繁殖。

1. 播种育苗

(1) 采种　10月间采收苏铁种子或不超过两年的饱满种子。种子处理：用50℃左右温水浸泡24h，再用稀盐酸或稀硫酸浸泡10~15min，然后用清水冲洗干净，浸种时每隔1天换清水1次，待种皮完全吸水膨胀变软后，人工剥去外种皮，洗去果肉，将种子晾干，然后贮放好。到12月前后进行种子沙藏处理。因其种子皮厚而坚硬，可用变温方法处理，最后进行沙藏。

(2) 播种　用清洁沙壤土、河沙、珍珠岩等保水、透气良好的材料做播种床，厚度不低于40cm，浇透水。将准备好的种子以5cm×20cm的株行距播入床中，深3cm左右即可。随即覆盖厚度为3cm的河沙，视床上土壤及覆盖细沙的干燥程度控制浇水量，浇过水后再覆盖塑料薄膜进行保湿保温，每周择晴天上午揭开薄膜透气1次，土壤干燥时应浇水保持湿润，下午日落时再盖薄膜，一般苏铁沙藏要4~6个月时间，这期间要保持沙藏的温湿度，要求适温18~25℃，相对湿度80%~90%，要做好冬季保温，不得低于12℃。

(3) 苗期管理　第2年5~6月种子萌动破壳而出，7~8月发芽长出一片真叶。

2. 分株繁殖　分株繁殖应在夏季，从母株茎干上分出子株（称作吸芽），插入露地或盆中，埋土一半，分株繁殖成活率可达80%~90%，吸芽生长较慢，最好取3年后的吸芽分出，吸芽伤口小的易活，切割时尽量少伤茎皮，切口稍干后，栽于粗沙、培养土各半的盆内，放半阴处养护，温度为27~30℃。也可将干部切成15~20cm的茎段，埋在沙质土壤中，使其在干部周围发生新芽，再进行分栽培养。

(二) 栽培技术

苏铁适宜在阳光直射或明亮散射光下生长，夏季最好半遮荫，温度维持在15~20℃，土壤和空气湿度要大些，应经常给叶丛喷雾。该植物没有休眠期，冬季温度以12~16℃为宜，植株具有相当程度抗寒力。3~9月间，每月应施1次液体肥料，栽培基质以等量有机质土、泥碳和细沙混合物为宜。盆栽时盆底多垫瓦片，以利排水。春夏季生长旺盛，应多浇水，并早晚喷水数次，保持叶片清新翠绿。每月施腐熟油渣饼水1次。每2~3年换1次盆土，加入新土与基肥以助生长。夏季可施液肥数次，并加入硫酸亚铁溶液，能使叶色更加浓绿，入秋后减少浇水量，3~5天浇水1次。冬季浇水间隙更长一些，低温加湿容易烂根。

苏铁生长缓慢，从小至开花需时几十年，每年一轮叶丛，新叶成熟时，剪去下部老叶。

六、病虫害防治

苏铁的病虫害以介壳虫为害叶片最为普遍，首先应保持通风良好，发现介壳虫后，在孵化期喷石硫合剂防治。

（崔铁成、张爱芳、张　莹、王亚玲）

秦岭冷杉

别名：朴松、陕西冷杉、秦枞、枞树（秦岭）

学名：*Abies chensiensis* Van Tieghem.

科属名：松科 Pinaceae，冷杉属 *Abies* mill.

一、经济价值及栽培意义

秦岭冷杉为我国特有植物，属国家三级保护植物。分布地区狭窄，数量较少，可能是一种较古老的裸子植物，特别是它较集中分布于秦岭高山（海拔 1350～2300m）的宁陕、佛坪一带，在植物的系统演化及区系的研究上具有一定的科学意义。又因本种为秦岭森林上限惟一的速生树种，在积极恢复迹地更新和营造速生丰产林方面有着更为重要的意义。

秦岭冷杉干形通直圆满，生长较快，心材和边材区别不明晰，材色黄白略带微红，无正常树脂道，纹理通直，均匀细微，材质松软，易于加工，切面光滑，不具气味，木材气干较快。但板材常见有轻度的干裂或翘曲变形现象，耐腐性差，是建筑、电杆、板材、家具等以及造纸的上等材料，应当作为高山优良针叶树种重视发展。

秦岭冷杉树冠塔形，姿态挺拔美观，枝壮叶浓，常年翠绿，观赏价值很高，是很好的庭园绿化树种，已引起城市园林工作者的高度重视。西安植物园栽植的秦岭冷杉即引自秦岭，至今数年，株高 5m，生长良好。

球果入药称为"松墨子"，有平肝息风调经活血、止血、安神定志等功能，树皮和叶含芳香油，可提取冷杉油。

秦岭冷杉分布多系江河支流的源头，在涵养水源方面起着相当重要的作用，应当列入重点保护对象，保持原始景观，开展科学研究。

二、形态特征

常绿乔木，高 30m；枝粗壮、开展，1 年生枝淡黄灰色，无毛，2～3 年生枝黄灰色；芽黄褐色，卵圆形，先端微尖，稍具树脂。叶线形，不等长，长 1.5～4.8cm，宽 3～5mm，近二裂状水平开展；果枝上叶先端尖或钝，树脂道中生或近中生；营养枝及幼树上叶先端二裂或微凹，树脂道边生，基部收缩成短柄，边缘反卷，上面光亮，深绿色，中脉凹下，背具两条灰绿色气孔带（当年生新叶为粉白色），中脉隆起。花雌雄同株，单生叶腋，雄球花下垂，花药黄色；雌球花卵状圆柱形或近圆柱形，长 7～11cm，径 4～5cm，熟前绿色，熟时褐色，近无柄，端平截，基部圆形，中部种鳞肾形，长约 1.5cm，宽 2.5cm，基部爪状，背部露出部分密生短毛；苞鳞近圆形，长为种鳞的 3/4，顶端微缺，具啮细尖，边缘具啮蚀状细齿，不外露或尖部微外露。种子倒三角状椭圆形，长约 8mm，种翅倒三角形，上部宽约 1cm，连同种子长约 1.3cm。花期 5～6 月，果期 10 月。

三、分布区域

秦岭冷杉分布于我国北亚热带及暖温带过渡地带中山及高中山。在河南省内乡，湖北省房县、巴东、神农架，甘肃省小龙山、白龙江林区的舟曲、天水、文县、迭部海拔2000m以上有分布；主要分区在陕西省秦岭华阴、长安、镇安、宁陕、石泉、周至、留坝、佛坪、略阳、眉县、太白等地；其中又以宁陕及佛坪分布数量最多；巴山林区的宁强、南郑（黎坪）、岚皋等地也有分布。秦岭垂直分布在海拔1350~2300m范围内，一般在冷杉林带下缘，也有和巴山冷杉混生在一起的。

四、生态习性

秦岭冷杉为耐荫树种，性喜湿润而凉爽的气候，年平均气温在6℃以下，≥10℃积温不足1700℃，最热的平均气温15℃以下，极端最低气温在-18℃以下。土层深厚（70~90cm）而肥沃，并含腐殖质的棕壤土或暗棕壤土上生长良好。通常喜生于阴坡、沟底或溪旁，很少生长在阳坡，但在较高海拔分布者则对坡向要求不十分严格，常与红桦、槭、椴、鹅耳枥、湖北枫杨、野核桃、连香树、水曲柳、华山松、铁杉、云杉等多种树种构成复层混交林，秦岭冷杉一般不占据优势地位。

秦岭冷杉每隔2~3年有一次丰年结实，球果成熟后种子随种鳞一起离轴脱落飞散，种子具翅，传播能力较强，天然更新一般尚好。

秦岭冷杉在20年生以前，生长比较缓慢，40年生后，材积生长猛增，比华山松大2.4倍，比巴山冷杉大1.5倍，比臭椿大2.9倍，到70年生时与华山松、巴山冷杉的差距更大，比华山松大3.5倍，比巴山冷杉大2.9倍。80年时仍在上升阶段，到110年以后，连年生长量仍在上升。由此看来，秦岭冷杉40年以后生长潜力是很大的，应注重多培育大径材。立地条件的差异，对秦岭冷杉的生长影响非常明显。例如生长在山坡下部，靠近溪旁的比生长在山坡上部靠近山脊处的要快得多。前者84年生的材积2.4396m³，而后者110年生时，材积才达到2.2416m³。

五、培育技术

（一）育苗技术

主要采用山地播种育苗。

1. 采种　选50~60年生的健壮母树采种。种子成熟期为9~10月。种子成熟后，种子随种鳞一起离轴脱落飞散，因此，必须抓紧时机，待球果变成浅褐色时，及时采摘。球果采回后，暴晒脱粒，收集种子。如遇阴雨天气，可在室内摊开阴干，经常翻动，以防种子霉烂。种子含油脂多，不宜水选，风选后装入袋中，放置在通风干燥处贮藏。每个球果一般有种子120~150粒，最多可达170粒。

2. 圃地选择　冷杉属于高山树种，育苗地应选在海拔1500~2000m的山地，否则小苗成活不好，生长缓慢。以阳坡半阳坡，土质疏松的沙壤、并富含有机质、酸性、排水良好为宜，切忌盐渍土；在苗圃地中最好选前作为松、云杉、冷杉等针叶树或杨柳科、壳斗科树种的育苗地播种秦岭冷杉；种过玉米、棉花、豆类、马铃薯等农作物和蔬菜的土地不宜育秦岭冷杉。

除苗圃地育苗外，应广泛采用条件较好的林中空地，进行山地育苗，简便、省工、病虫害少；而且就近起苗造林，能提高造林成活率，降低造林成本。鼠类活动猖獗之处要注意防鼠。

3. 整地作床 先一年秋季深翻土壤，清除草根、石块等杂物，整平床面，留好排水沟。降雨多的地方，可筑成高床，床高 10~15cm。结合整地每亩施基肥 4000~5000kg。并用 1%~3% 硫酸亚铁液 2.5kg/亩，进行土壤消毒。山坡应沿等高线整成带宽 1m 左右的小块梯田，并注意排水沟的配置。

4. 种子消毒 为了预防幼苗发生病害，播前应对种子进行消毒。用硫酸铜和高锰酸钾消毒，以 0.3%~1% 的溶液浸种 4~6h，用 3% 的浓度则浸种 30min。但胚根已突破种皮的种子，不要用高猛酸钾消毒。

5. 种子催芽 其主要方法有：

（1）**温水浸种法** 播前把消过毒的种子放入木桶、缸或盆中，加入 45~60℃ 的温水，充分搅拌，使水自然冷却为止，浸泡 1~2 昼夜，每昼夜换水 1 次，待 30% 种子裂嘴时方可播种。

（2）**热水烫种法** 播前把消过毒的种子用 80℃ 的热水烫 10~15min，然后加冷水一半，再浸 6~10 天，每天换水 1~2 次，捞出后晾干后播种。

（3）**混沙堆积法** 消过毒的种子，拌沙或锯屑堆积，每隔 12h 用 50~60℃ 温水浇 1 次，约 7~10 天，种子裂嘴后播种。

（4）**土坑浸泡法** 在河沟旁挖一土坑，下垫席子，种子放入坑内后引水入坑，经常搅拌，种皮开始破裂，即可播种。

（5）**草袋流水浸泡法** 在有流水的条件下，将种子装入草袋，浸入流水中，经 15~20 天，种子吸水膨胀，个别种子裂嘴时，即可播种。

（6）**混沙冬藏法** 种子有休眠习性，冬季用 1:3 的比例混沙埋藏，经过一冬，种壳软化，开春播前挖出堆积，用湿麻袋盖上浇水催芽，种子裂嘴时播种。

6. 播种时间及方法 秋播及春播均可。秋播来春发芽早，但易受寒、霜害，主要用于积雪多且融雪迟的地区。春播时间随播种地的海拔高度而异，海拔 1500m 左右，4 月中旬播种，海拔 2000m 左右，4 月下旬播种。撒播和条播均可，覆土厚度 0.5~1.0cm。每亩播量 50kg，每亩产苗 30 万~40 万株。播后用塑料薄膜搭上高 30cm 的拱型棚。播后 20 天左右可出苗。

7. 苗期抚育管理

（1）幼苗出土后应及时撤除薄膜，另搭树枝荫棚，8 月底逐步撤除遮荫棚。在云雾多、温度低的地方可以不搭荫棚，实行全光育苗。

（2）及时清除杂草，幼苗期根浅，除草时谨防伤根，最好雨后拔草。全年中耕除草 5~6 次。幼苗出土 1 个月左右，每亩可施化肥 4~5kg 和稀释粪水 500kg，再 1 个月后可施人粪尿，两周后施硝酸铵 7.5kg/亩。

（3）当年苗高仅达 2.5cm，抗寒、抗旱能力都差，越冬时应在苗床覆草 5~8cm，开春后 4 月中、下旬陆续撤除。

（4）秦岭冷杉幼苗主根长，侧根须根少，为了促使根系发育，培育大苗壮苗，应将 2 年生的原床苗换床移植，行距 15~20cm，株距 3~5cm，在全光下再培育 2~3 年，加强苗期管理，待苗高 30～40cm、地径 0.5～0.7cm 时出圃造林，可使造林质量得到明显的提高。

（5）一般不易发生病虫害，有时在 5 月下旬到 6 月上旬发生立枯病，应在幼苗出土后，每隔 10 天喷 1% 等量式波尔多液，或喷 0.5%～1.5% 硫酸亚铁溶液。施用硫酸亚铁后应喷清水洗苗，以防药害。

山地育苗病害较轻，但易遭受鸟害和鼠害。从播种后到幼苗出齐，种壳脱落，应加强防鸟和防鼠。除人工看守外，可投放毒饵，药物拌种；灭鼠还可采用架设暗箭的办法，加以捕杀。

（二）栽植技术

1. 砍灌、除草、整地 造林地应按等高线水平带状砍灌割草，带宽 1～1.5m，带间距 2～3m。在已砍灌割草后的带上挖坑，坑大 50cm×50cm×30cm 或 40cm×40cm×30cm，如土壤黏重，应适当深挖。有条件的春季造林，前秋挖坑为好。秋冬蓄水（雪）保墒，熟化土壤，利于林木成活生长。

2. 栽植时间 高山造林冬季易受冻害，以春季栽植为好。春季视土壤解冻情况，越早越好，应按先阳坡后阴坡，先沟外后沟里的顺序进行。

3. 苗木要求 高山造林地条件差，灌草丛生，抚育困难多，应把功夫下在苗木质量上，采用大苗壮苗造林。造林苗木应做到用 4 年生以上，苗高 30～40cm，地径 0.5cm 以上，顶芽饱满，叶色正常壮苗。

4. 造林密度 为早日郁闭，应适当密植，行距 2～3m，株距 1～1.5m，每亩 200 穴左右，每穴栽苗 2～3 株丛植。

5. 栽植技术 做到随起苗、随包装、随运苗、随栽植，保护苗根不失水。栽植时苗根舒展，不窝根，适当深栽，分层填土，栽端踏实，保护好顶芽和枝干不受损。

6. 幼林抚育管理 这是成林的关键，苗木生长超出草被层前，每年都要抚育。前 3 年每年 3 次，以后每年 1 次。抚育以除草、砍灌、松土、培土为主，抚育时间应在植物生长旺盛以前进行。在有冻害地区，结冻前应覆草、培草皮防冻。

六、病虫鼠害防治

1. 松叶蜂（*Neodiprion fengningensis* Xiao et Zhou） 以幼虫取食针叶，严重者可使树木枯死。此虫 1 年 1 代，以老幼虫在表土层中作茧越冬。翌年 5 月中旬开始化蛹，6 月上旬为化蛹盛期。6 月上旬始见成虫，中旬为羽化盛期，7 月上旬羽化结束。6 月下旬为幼虫孵化始期，7 月上旬为盛期，下旬孵化结束。

防治方法：①加强检疫，严禁带虫苗木出圃造林；营造混交林；②幼虫期喷洒 25% 溴氰菊脂 4000～6000 倍液、灭幼脲Ⅲ号 40～60μL/L；③成虫羽化盛期，用敌马烟剂熏杀。

2. 花鼠（*Eutamias sibiricus* Laxmann） 体长 10～12cm，背部有 5 条明显的暗黑色纵纹。颊下边，四肢和足为淡黄色，尾毛基底棕黄，中间黑色，尖端白色。栖息于针、阔叶林中，一般均在树根或岩石洞隙间作巢，并在洞穴中冬眠。杂食性，以坚果、浆果为食，危害种子。

防治方法：①1.5%～3.0% 磷化锌拌种，浸种催芽至大部分裂嘴后播种；②增加播种深度，覆土厚度 4～5cm 为宜；③鼠类过多的地方可用捕鼠笼、捕鼠夹捕杀。

（杨靖北）

岷江冷杉

别名：柔毛冷杉、塌板松

学名：*Abies faxoniana* Rehd. et Wils.

科属名：松科 Pinaceae，冷杉属 *Abies* Mill.

一、经济价值及栽培意义

岷江冷杉是青藏高原边缘地带亚高山针叶林中的主要树种，其在保持水土、涵养水源、维护生态平衡等方面，有着极其重要的作用。其木材白色，轻软，纹理通直，可作建筑、板料及包装箱等用材，又为造纸和纤维工业原料。松针含干物质 47.5%，粗蛋白 0.5%，粗纤维 7.7%，是良好的配合饲料原料。

二、形态特征

常绿乔木，高可达 40m，胸径 1.5m。树皮深灰色，裂成不规则块片。大枝开展，主枝通常无毛，侧枝密生锈色毛，稀无毛。1 年生枝淡黄褐色或淡褐色，2~3 年生枝淡黄色或黄灰色，稀灰褐色。冬芽卵圆形，紫红色，富树脂。叶长 1~2.5cm，宽 2mm；主枝之叶先端钝或有短尖头；营养枝的叶先端凹，树脂管边生（稀中生）；果枝的叶先端尖，树脂管中生（稀边生）。雌雄同株；雄球花下垂，单一，腋生；雌球花单生叶腋，直立，几无梗，有多数螺旋状排列的苞鳞与珠鳞，苞鳞大，每珠鳞腹面基部有 2 枚胚珠。球果卵状椭圆形或短圆柱形，长 3.5~10cm，直径 3~4cm，熟前紫黑色，熟后深紫黑色，微被白粉。种子倒三角形，上端木质翅与种子等长。花期 4~5 月，球果 10 月成熟。

三、分布区域

主要分布于四川省岷江、大渡河流域及甘肃省洮河、白龙江流域上中游。生于海拔 2500~4000m 山地的阴坡、半阴坡。组成大面积纯林，或与粗枝云杉、紫果云杉、川西云杉、麦吊云杉等混生，林下灌木有金背杜鹃、箭竹、唐古特忍冬等。

四、生态习性

岷江冷杉是耐寒、耐荫性强的树种，喜冷凉湿润的高山、高原地带环境，它对生态环境的要求既严格又苛刻。年平均温度 0~5℃，≥10℃活动积温 100℃以上，年相对湿度 80% 以上，年降水量 700~1100mm，无霜期 70~100 天，年日照 1000h 以上地带，是岷江冷杉生长比较适宜的气候条件。主要适生土壤为酸性棕色灰化土及山地草甸森林土。

岷江冷杉天然林木生长较慢，在甘肃洮河流域生长良好的林分，50 年生，平均树高 16m，胸径 17cm，100 年生，平均树高 24m，胸径 44cm。在岷江流域林分生产力高的是分布于海拔 3400m 一带的高山栎类—岷江冷杉林，120 年生林分，平均树高 24m，每公顷蓄积量 350~400m³。林分生产力较低的是分布海拔 3600~4000m 的杜鹃—岷江冷杉林，250~

280 年生林分，平均树高 21m，每公顷蓄积量 334m³。

岷江冷杉枝叶较嫩，抗雹能力较弱，易遭虫害。且易发生病害侵染，中幼龄林主要为炭疽病，成、过熟林普遍发生干基褐腐病，染病率为 20% ~ 40%，有的林分高达 70%。根系较浅，易发生风倒。材质纹理通直，但极易劈裂。

近、成熟林每公顷年落籽量 300 万粒左右，但种子发芽率一般只有 15% ~ 20%。在庇荫条件较好的情况下，天然更新良好，而在庇荫条件较差的环境下，天然更新能力较云杉差。采伐迹地更新与采伐方式关系密切。据调查，采取皆伐作业的迹地，基本上都成为高山灌丛，一般要经过漫长的演替阶段，才能由阔叶林、针阔混交林（有岷江冷杉母树下种），逐渐恢复为岷江冷杉纯林；而采取择伐作业，保留 0.5 ~ 0.7 的郁闭度，20 ~ 30 年后即可较快恢复岷江冷杉纯林。

五、培育技术

（一）育苗

1. 苗圃地选择　冷杉属阴性树种，幼苗期间耐荫，喜湿润环境。苗圃地最好选择在半阴坡、半阳坡，或地势开阔平坦、阳光充足、排水良好、水源充足、交通方便、离造林地较近的地方。土壤以疏松肥沃的壤土、沙壤土为宜，pH 值 5 ~ 6。有条件的地方应用森林土改良土壤和菌根自然接种。

2. 整地作床　细致整地是育苗成功的重要环节。整地要及时，全面均匀，整平整细，清除树根、草根、石块等杂物，整地深度为 20 ~ 25cm。整地以秋季为好，使土壤疏松，冬天便于吸收雪水，同时还能消灭、减轻病虫害。虫害较多的地方，结合翻地，撒施灭虫剂。

春季作床，作床方向多采用东西向。林区内水分充足，应采用高床育苗，床高 20 ~ 25cm，床宽 1m。坡地作成梯田，床面成水平状。基肥用农家肥料或堆肥，播前可用福尔马林或赛力散进行土壤消毒。

3. 种子处理　岷江冷杉种子中含松节油，影响种子萌发，种子处理是育苗的关键措施。种子处理的主要方法有：用流水浸种（用麻包装种子放在河水内）7 ~ 10 天，或用 40 ~ 50℃温水浸一昼夜，然后用 0.5% 的高锰酸钾溶液浸种 2h；或 0.2% ~ 0.5% 的硫酸铜溶液浸种 4 ~ 6h；或 0.15% 福尔马林浸种 20min 消毒，再用清水冲洗，室内催芽，待 5 ~ 7 天种子裂口时进行播种。有条件的地方可采取种子雪藏处理，可明显提高出苗率。

4. 播种　采用横床南北向条播，行、幅距为 7 ~ 8cm，播种深度 1.5 ~ 2cm，播种量每亩 40 ~ 50kg，覆土 1 ~ 1.5cm，覆土要均匀，覆后稍镇压，用草帘子覆盖。种子发芽期间如遇天旱，要适量浇水，经常保持土壤湿润。出苗后要除去覆盖物，搭 45 ~ 50cm 高的荫棚，防霜冻和日灼。

5. 田间管理　除草要做到除早、除小、除了。追肥用化肥，适当增施磷肥。第一个冬天苗木越冬要防寒，用玉米秸秆或小箭竹覆盖床面，如覆麦草厚度为 7 ~ 10cm，春天萌动前 7 ~ 10d 除去覆盖物。如发生冻拔，应及时进行覆土镇压，平时要做好间苗、补苗工作。对 2 年生的苗木，应进行分床移植，移植行距 15cm，株距 1 ~ 2cm。苗木生长 4 ~ 5 年即可出圃造林。

6. 病害防治　岷江冷杉育苗常见病害为立枯病。具体防治方法：出苗期每 7 天喷药一次，苗出齐后每 10 ~ 15 天喷药一次。可用 0.5% ~ 1.0% 的硫酸亚铁溶液，或 0.5% 高锰酸钾溶液，或 0.5% 的福美双或退菌特溶液防治。每次喷药要均匀，喷药液后半小时，要用清水冲洗苗木。

7. 起苗和运输 起苗前做好苗木调查，以便安排生产和起苗数量，起苗可分秋、春两季，秋起苗要有苗窖，便于越冬贮藏。起出苗后要经选苗、分级，选择苗高 20cm 以上的健壮苗木，50 株一把捆好，苗高 20cm 以下的可移床培育。选苗时要搭好荫棚，在棚内选苗，以防阳光晒根，影响成活率，做到随起、随选、随假植。近距离运输可用车散拉，远距离时，必须捆包（用苗袋或席子等），并经常洒水保持苗木不失水。

（二）栽植

岷江冷杉是甘肃南部海拔 3000～3600m 垂直带内惟一的针叶造林树种。造林地以选择阴坡、半阴坡为好，不宜用于阳坡造林。

1. 整地 整地时间分秋季整地和春季整地，春季整地在土壤解冻后为最好。一般采取穴状整地，规格视苗木大小与植苗方式而定。一般植树穴规格为 30cm×30cm×30cm 或 40cm×40cm×40cm，穴的底部与上部同大。整地时，先清理地表地被物，然后分别挖出表土和心土分置堆放，并拣净石块和草根。除妨碍作业外，一般可不砍灌。如经营强度和质量要求较高，也可实行水平窄带状割灌。

采伐迹地更新造林前，应先进行迹地清理，将采伐后的树枝、压倒木等，按一定距离沿水平带堆放，然后再进行整地。

2. 栽植 主要为植苗，栽植季节春、秋均可，以春季为主。苗木规格一般 4～5 年生，苗高 20～25cm，基径 0.3cm 以上。根系发达，顶芽饱满，生长健壮。

栽植不宜过深，要求超出原土印 2～3cm，根系舒展，埋土时先表土，后心土，踏实。在土层深厚、石砾较少、水分条件好和提前整地的情况下，亦可采用窄缝栽植，栽后踏实缝隙，也能保证造林成活率。

（三）抚育

春季造林后，于 5 月下旬或 6 月上旬，进行培土、扶苗和踏实，7 月下旬可进行一次小面积除草，只限穴的周围，不须全面除草，以防苗木日灼。

成林前要坚持抚育，每年两次，连续三年，每年抚育工作必须在 8 月中旬完成。抚育措施主要为除草、砍灌、培土和松土等。冻拔危害是影响岷江冷杉造林成效的重要原因，易发生冻拔的地区，在结冻前，要采取覆草、扣草皮等办法防寒。初春发现冻拔现象，在苗木开始生长前，要将苗根埋好压紧、踏实。缺苗应逐年补齐，促使全面成林。

（于洪波）

新疆冷杉

别名：西伯利亚冷杉、臭松

学名：*Abies sibirica* Ledeb.

科属名：松科 Pinaceae，冷杉属 *Abies* Mill.

一、经济价值及栽培意义

新疆冷杉是新疆北部阿尔泰山西北部亚高山带山地泰加林的建群种之一。常绿乔木，树体高大，干形端直，材质轻软，纹理通直，木材灰白色、美观，纤维长，不易劈裂，是制作家具、装修和器具的良好材料。主要用于新疆冷杉火烧迹地、林中空地的造林。

二、形态特征

长绿乔木，一般树高 15~20m，胸径 20~30cm；在良好的生境下，树高可达 30m，胸径 50cm，。树冠塔形，树皮平滑，灰白色，1 年生枝淡黄色或淡灰黄色，密生细毛，具光泽。叶楔形，长 1.5~4cm，宽 1.5mm，下面微被白粉。球果直立，圆柱形，长 5~9.5cm，熟时绿黄色；种鳞倒卵状楔形，长大于宽或等于宽，中部通常收缩，两侧呈耳状，苞鳞三角形，长为种鳞的 1/3~1/2，先端突尖，下部渐窄。种子小，长 7mm，上端有膜质种翅，翅长为种子的 1.5~2 倍。种子成熟度和发芽率，与早霜来临时间密切相关，一般 4~5 年出现种子年，种子成熟度较好，发芽率可达 60%~70%，一般年份种子发芽率仅为 20%~30%。

三、分布区域

新疆冷杉在国内仅产于新疆，主要分布于新疆北部阿尔泰山西北部克朗河上游、布尔津河上游、卡纳斯河和霍姆河流域，垂直分布于海拔 1900~2400m、气候湿润的中山森林带阴坡。原苏联、蒙古也有分布。

四、生态习性

新疆冷杉年生长期较短，分布区无霜期约 90~100 天，通常 5 月中、下旬开始萌芽，8 月下旬至 9 月上旬停止生长。花期 5 月，9 月上、中旬果熟。15 年前生长缓慢，中期生长迅速，20 年生树高 6m，50 年生树高 15m，寿命 200 年以上。耐荫性强，是泰加林中最耐荫的树种，在稠密林分的树冠下，幼树仍然生长得十分健壮。喜凉爽气候，抗寒性强，在阿尔泰山 -50℃ 极端低温条件下而不受冻害。对土壤和水分条件要求严格，适宜于湿润、肥沃，排水良好的壤质土壤上生长。根系发达，具有明显的主根，抗风能力强。

五、培育技术

（一）育苗技术

1. 种子采集　采种母树选择冷杉中心分布区高地位级的疏林，树龄 40～80 年，树干通直，生长势强，无病虫害的植株。采集球果后，置于通风、干燥的晒种场地摊晒，待果鳞开裂脱种时，及时脱粒、筛选、净种，待含水量达到 10% 时即可装袋入库。千粒重 4.5～5g。

2. 播种　播种前种子催芽方法同天山云杉。圃地结合秋翻亩施厩肥 1500～3000kg，翌春合墒进行浅耙作畦，播前灌好底水。采用发芽率 60%～70% 的种子，亩播种量 30～40kg；发芽率 20～30% 的种子，亩播种量 50～60kg。播带宽 10cm、带距 10～15cm，播后用过筛的土、沙、腐熟马粪各三分之一拌匀覆土 0.5～1cm，轻踏镇压。

3. 苗期管理　基本同天山云杉。由于新疆冷杉较天山云杉苗期更喜遮荫，故苗木出土后，要全天用用透光度为 30%～40% 的遮荫网遮荫，直到生长期结束。

（二）栽培技术

同天山云杉。

（刘钰华、刘　康、王爱静）

云 杉

别名：麦氏云杉、粗枝云杉、粗皮云杉

学名：*Picea asperata* mast

科属名：松科 Pinaceae，云杉属 *Picea* Dietr.

一、经济价值及栽培意义

云杉是我国西北、西南高山原始森林主要树种之一。云杉材质较好，纹理直，结构细致，较轻软，富弹性，易加工，为优质建筑材料，家具、矿柱等亦多采用。此外，采伐和加工后的大量剩余物，如梢头木、边材、锯末等，可通过再加工制成纤维板、纸浆、木粉等。叶芳香油含量 0.1% ~ 0.5%；树皮含单宁 6.9% ~ 21.4%，可提取栲胶；树皮粉可作尿醛树脂胶合性增量剂。云杉为常绿乔木，其树形美观，树冠圆锥形或卵形，孤立木多成塔形，城市庭园绿化亦常采用。

二、形态特征

常绿大乔木，高可达 45m ~ 50m，胸径达 1m，最大可有 2m。树干挺直，枝条平展。树皮灰褐色，常有不规则鳞块状剥落。冬芽卵形或圆锥形，黄褐色，有树脂。小枝黄色，有钉状叶枕，并生短柔毛。叶四棱状条形，微弯，长 1 ~ 2cm，先端尖，四面有白色气孔线。球果圆柱状长椭圆形，长 6 ~ 10cm，初为黄褐色，最后为栗褐色，成熟后约半年开始脱落。种子倒卵圆形，长约 4mm，连翅长约 1.5cm。花期 4 ~ 5 月，球果 9 ~ 10 月成熟。

三、分布区域

云杉分布较广，但以甘肃迭部、舟曲、卓尼、夏河及四川汶川、灌县、南坪、松潘、若尔盖等县较为集中，在高山阴坡、半阴坡多有成片纯林，远望浑然皆白，如云栖止，因此得名。低山阳坡、台地亦偶见散生或孤立木，但生长不良。其垂直分布在岷山一带多在海拔 2200 ~ 3200m，在四川西北部海拔 2400 ~ 3600m 的山地，常与紫果云杉、岷江冷杉、紫果冷杉混生或单独为纯林。

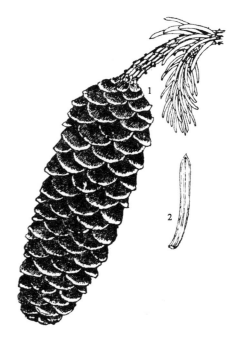

云 杉
1. 球果枝 2. 叶

四、生态习性

云杉是适宜在温带湿润气候条件下生长的树种，是一个典型的耐荫、耐寒、喜湿、喜肥的树种，但也较耐干冷的环境条件。云杉的耐荫程度以幼年表现突出，在全光条件下基本上不能天然更新，即使在苗圃全光育苗也极为困难。而在潮湿、肥沃的阴山灌木丛中，则多见有天然更新生长正常的幼树。随着年龄的增长，对光照的要求也逐渐提高，但稍有庇荫，仍对生长有利。云杉对水、肥的要求也很敏感，低山、阳坡水肥条件较差，即使幼年有庇荫条件，仍生长不良。分布区年平均气温 2~12℃，极端低温 -26~-10℃，极端高温 29~36℃，1 月均温 -8~1℃，7 月均温 14~22℃，≥10℃积温 1200~3800℃，降水量 550~850mm，平均相对温度 61%~70%，最大可达 75%~80%。土壤 pH 值 5.0~7.0。

云杉在气候凉润，年降水量 600~800mm，土层深厚，排水良好的微酸性棕色森林土上生长良好。在甘肃洮河林区，云杉直径生长量 40 年前缓慢，40~120 年间较快，连年生长量为 0.3~0.61cm，此后下降；树高生长幼年期连年生长量 0.12~0.18cm，最高峰在 50 年左右，100 年以后缓慢。材积连年生长量与平均生长量在 110 年相交，数量成熟龄为 120 年。在该林区，一般 50 年生高 12m，胸径 27cm；100 年生高 24m，胸径 50cm；150 年生高 28m，胸径 65cm。树龄可达 400 年。

云杉林在其分布区内是一个稳定的群落，这是由于云杉强烈的建群作用形成了特殊的生态环境；同时基于云杉的耐荫性和具有自身更新的能力，这样不仅使它经常居于林冠上层的绝对优势，而且又具有林冠下天然更新的潜在优势使之世代繁衍，成为该分布区演替的顶极群落。

五、培育技术

（一）育苗

（1）采种　种子 10 月开始成熟，球果由绿色转黄褐色、栗褐色即应开始采收。宜选 30~50 年生健壮母树或在母树林、种子园中采种。球果采回后摊开晒干，敲打脱粒，风选去杂，装入麻袋，置阴凉、通风干燥的贮藏室内备用。种子千粒重 4.5~5.5g，每千克纯种 18.6 万~23.2 万粒。

（2）播种　宜于造林地附近就近育苗。圃地应较平坦，土层较厚（活土层 30cm 以上），pH6~7，以肥力较高的沙壤土和轻黏壤土为宜，并有灌溉条件。播种前一年的雨季杂草未结籽前进行深翻，秋末再翻动耙平，开春解冻，立即整地作床。多雨地区宜用高床，床高 15~20cm，较干旱处宜作平床，床宽 1.1m，长为 10m，步道 50cm；床向以南北向为宜，以使夏天苗木免受日灼之害。春播。当表层土温日均达到 8℃左右即可播种，此时约在 4 月上旬至 5 月上旬。播前种子用 45℃温水浸泡 24h 后，用 0.5% 高锰酸钾溶液浸泡 0.5~1.0h，再用清水冲洗。然后堆放在室内用麻袋盖上，保持种子湿度，进行催芽。待种子裂嘴吐白即可播种。条播，条向东西，条宽 10cm，条间距 20cm，覆土厚度 0.5~1cm，覆土最好是经过筛和消毒的森林土。应分床定量下种，每亩播种量 15~20 kg；播后稍加镇压，立即用竹帘或麦秸覆盖，半月左右即可出土。

（3）管理　云杉播种后要加强管理以培育壮苗。①当种子发芽出土 60% 以上时，要分次撤除覆盖物。撤草应在阴天或晴天傍晚进行；②遮荫。在年降水低于 900mm，夏季地表温度超过 45℃地区，幼苗需适当遮荫，搭荫棚高 40~50cm，透光度 0.25~0.5。此外，早霜降临前要搭盖霜棚，次春晚霜结束后撤除。如再发生霜害，可用熏烟、喷水等法防之；③防病。云杉幼苗易染立枯病，故苗木出土后，每 7~10 天，喷洒一次 0.5% 波尔多液或

0.5%硫酸亚铁溶液，也可用 800～1000 倍退菌特液喷洒，要持续 2～3 个月；④追肥。苗木生长期适时适量追肥。追肥以化肥为主，也可用腐熟人粪尿或厩肥汁。前期可用 1%尿素液或铵态、硝态氮肥液，生长高峰期用磷酸二铵水肥，苗木封顶前追施一次磷酸二氢钾；⑤除草。苗床杂草应及时拔除。面积大时可使用化学除草。在播后幼芽出土前，使用 0.5%～1.0%扑草净药液喷洒床面，每亩每次 0.4～0.5 kg；草甘膦用于茎叶处理，浓度 0.5～1.0%，每亩每次 0.3～0.4 kg；⑥防寒。秋季幼苗可能木质化，但入冬前仍需防寒。11 月中旬揭掉竹帘，覆以麦草，其厚度以盖住幼苗为宜，而后将竹帘盖上。次年 3 月中下旬，逐渐揭帘去草。注意去草宁迟勿早以防春寒。第二年尚需适当遮荫，注意灌溉、防病、除草，但越冬不再防寒。第三年后可以全光育苗。四至五年出圃，每亩产苗 15 万～20 万株。有条件的圃地每培育一茬苗（约 5 年）后应休闲、轮作。但轮作不宜种植蔬菜和粮食，而以改良土壤性状，提高肥力为目的。

（4）移植苗的培育 云杉应以培育移植苗为主，移植苗龄一般 2～3 年，林间苗圃以 3～4 年为好。一般宜春移，在土壤解冻后，苗木顶芽未萌动前进行（3 月下旬至 4 月下旬）。选用优质壮苗移植，密度 350～400 株/m²（行距 12cm，株距 2.0cm）。单株排列。随起苗随栽植，栽正踏实，防止窝根、露根、埋叶等现象，栽后浇水定根。

（5）塑料大棚育苗 林区宜选避风向阳、南面开阔、地势平坦处建拱形大棚，每栋棚占地 0.5～1 亩，主要培育移植苗。在棚内作床撒播，春秋均可，春播比露地早 20～30 天。亦宜秋播（7 月下旬至 8 月中旬），以保证新播幼苗出土后能木质化形成顶芽为原则。苗木春移、秋移均可。注意温度调节，看天气状况灵活掌握通风时间，夜间棚外温度稳定在 6℃以上时可全天放风或撤除覆盖薄膜。适时适量浇水，使土壤保持湿润。春播幼苗出土时正值高温到来，应用竹帘覆盖遮荫，待苗木半木质化时撤除。

（6）容器苗培育 使用塑料薄膜圆柱状容器袋，直径 4～5cm，袋高 16～18cm。营养土可用森林腐殖土或草炭土、腐熟堆肥、苗床土按 4:4:2 或 3:3:4 的比例混合。亦可加 10%～20% 蛭石，过筛混匀消毒后使用。作床，床面低于步道 7～10cm，床宽 1～1.1m。直接播种或移栽幼苗均可。大田培育宜在春季进行，大棚育苗以秋季为好。营养土装袋后每平方米约放 350 个，播种量 10～15 粒/袋（紫果云杉 15～20 粒）。播后覆土，浇水，覆盖（遮荫）。如移栽苗木，每袋移栽 1 年生合格苗 1 株。除其他管理外，凡采用无底容器的需在播种或移植后第二、三年分别在苗木生长季节进行切根处理，促进侧根生长。此外，直播容器苗第二年间苗，每袋留苗 2～3 株，第三年内每袋保留一株。

（二）栽植技术

首先要考虑在分布区内选择适宜于云杉生长的地形部位造林。在干旱的低山地区，应选择阴坡、半阴坡造林。为了培育大径材林，应在主要分布区的采伐迹地、火烧迹地、林中空地造林，或用于次生林改造。在有条件的地区可以考虑与杨桦混交。采用人工植苗造林。造林密度视立地条件而定。在低山地区造林密度应当大一些，每亩 450 多株；采伐迹地立地条件较好，行距 1.5～2m，株距 1～1.5m，每亩保持 300 株以上。造林季节春、秋均可，以春季为主。容器苗亦宜雨季造林。在春天为了抢墒和保证适时造林，在天然林区内，应本着先低山、后高山，先沟外、后沟里，先阳坡、后阴坡的顺序进行造林。

云杉植苗造林宜用 3～5 年生苗，高山需 4～5 年生苗。也可采用 3 年生壮苗。一般要求苗高 15～20cm，基径 0.3cm 以上。一级苗苗高 30cm，地径 0.6cm 以上。

采用穴植法，穴面大小应因地制宜。整地规格采用 40cm×40cm 或 30cm×30cm，深 20～30cm。栽植不宜过深，要求超出原土印 2～3cm。另外在土层较厚，石砾较少，水分条件好和提前整地的情况下，亦可采用窄缝栽植，但根系必须伸展，缝隙必须踏实。

云杉造林后缓苗期较长，幼苗生长缓慢，在幼树高度未超过杂灌层前应坚持抚育。抚育管理主要是土壤管理和除草，此外还有间苗定株、修枝、施肥等。当年栽植后，于 5 月下旬或 6 月上旬，进行培土、扶苗和踏实。7 月下旬可进行一次小面积除草，只限穴的周围，不必全面除草，以防苗木日灼。至少连续抚育三年，后两年主要是松土除草，同时妥善解决林牧矛盾。

六、病虫害防治

1. 云杉幼苗立枯病　亦称猝倒病。此病发生于苗圃地，幼苗出土不久即倒伏而死，或苗根腐烂导致死亡。

防治方法：加强育苗技术管理，要求建好圃地并细致整地，注意土壤消毒等。播种前在圃地施用敌克松 1～1.5kg/亩，施用前用 30～40 倍干燥细土混匀后撒于播种沟内。幼苗发病期用 500～800 倍敌克松液，或 1%～3% 硫酸亚铁液喷洒。

2. 云杉枯梢病　危害云杉幼树枝梢，病部皮层黑褐色坏死，引起枯梢落叶。

防治方法：防止枝梢发生机械伤口，杜绝病菌侵入途径。冬季或早春剪除病枝烧毁。发病初期喷洒 1:1:150 波尔多液。

3. 云杉球果锈病　危害球果，受害球果不结种子，或有少量结实但种子萌发力很差。病原有两种，一种为 *Thekopsora areolata*（Fr.）Magn，病果鳞片向外反卷，鳞片内侧密集生长锈孢子器，小米粒大小，由橙黄色转紫褐色，转主寄主为稠李属植物；另一种为 *Chrysomyxa pirolae*（DC.）Rostr.，病果鳞片反卷，鳞片外侧有 1～2 个锈孢子器，浅黄色。转主寄主为鹿蹄草属植物。

防治方法：①选择适宜地点建立云杉母树林进行采种。云杉采种区 2000m 内清除稠李、鹿蹄草等转主寄主；②摘除病果烧毁；③营造混交林；④加强幼林抚育，增强树势，提高抗病力。

云杉锈病危害针叶，可喷洒 0.5% 敌锈钠溶液防治。

4. 松梢螟（*Dioryctria splendidella* H.-S.）　又名云杉球果螟，分布范围较广，西北见于陕西、甘肃。幼虫蛀食各种松树及云杉主梢，引起侧梢丛生，树冠畸形，不能成材。该虫每年发生 1～2 代，以幼虫在被害枯梢及球果中越冬，部分幼虫在树干伤口皮下越冬。常有世代重叠现象。

防治方法：营造混交林，修枝留桩要短，刀口要平滑。越冬代成虫出现期或第一代幼虫孵化期，可在树梢上喷洒乐果乳油 400 倍液，或 50% 杀螟松乳油 500 倍液，10 天一次，连续两次。

（李嘉珏）

天山云杉

别名：白松（哈密）、天山喀力盖（维吾尔语）

学名：*Picea schrenkiana* Fisch. etmey. var. *tianschanica*（Rupr.）Cheng et S. h. Fu

科属名：松科 Pinaceae，云杉属 *Picea* Dietr.

一、经济价值及栽培意义

天山云杉是新疆天山山脉分布最广的常绿乔木，树体高大，干形端直，材质轻软，纹理通直，结构细腻，为建筑、桥梁、车辆、枕木、矿柱、电杆、家具、器具和造纸的良好材料。天山云杉是山区水源涵养和保持水土的主要树种，为了更好地得到发挥其生态功能，2001 年新疆天然林保护工程启动后，已全面禁伐。由于四季常青，叶色碧绿，小枝密集，塔形树冠，极具观赏价值，也是城市绿化的一个优良树树。

二、形态特征

常绿乔木，树高达 70m，胸径 1.7m 左右。树冠尖塔形或圆柱形，树皮浅灰色，老龄时上部暗灰色，下部棕褐色，呈片状开裂；1~2 年生枝淡黄色或姜黄色，具叶枕。芽圆形或卵圆形，芽鳞背面或边缘有毛。叶锥形，4 棱，长 2~3.5cm，先端锐尖，横切面菱形，四面有气孔线。球果下垂，椭圆状柱形，长 8~10cm，宽 2.5~4cm；成熟前紫红色，成熟后深褐色；种鳞顶端圆，基部宽楔形，全缘，内有两枚种子；种子长，具翅，种子与翅均为倒卵圆形。花期 5~6 月，果熟期 9~10 月。

三、分布区域

天山云杉在我国仅产于新疆，主要分布于天山。较为集中的分布于天山北麓西部伊犁山区和中部的博格达山、喀拉乌成山，准噶尔西部山地、天山南坡和昆仑山西部也有少量分布。垂直分布于海拔 1300~3000m 的中山带和亚高山带，多生长在气候湿润的阴坡、半阴坡河谷、山谷和坡地上。哈萨克斯坦共和国境内西天山也有分布。

四、生态习性

天山云杉幼龄耐荫性强，在一定庇荫下天然更新良好，但林冠过度郁闭，天然更新不良。3~5 年以后需光量逐渐增加，15 年前生长缓慢，20~80 年为速生期，要求全光照条件，以后生长渐缓，250 年进入衰老阶段，寿命可达 400 年以上。树龄 30~35 年时开始结实，60~100 年为结果盛期，约 4~5 年出现一次种子年，球果成熟后种子可借风力传播到母树高 2~3 倍处。喜湿润气候，在年降水量 600~800mm 的亚高山下部和中山生长良好，可忍受一定的干旱，但生长不良；抗寒性强，可耐 -40℃的低温。喜酸性或微酸性较肥沃的褐棕色森林土，在土壤瘠薄条件下生长迟缓。根系通常分布于 40~60cm 土层内，5~10 年主根尚明显，以后侧根逐渐发达，主侧根难以分辨。

五、培育技术

（一）育苗技术

1. 播种育苗

（1）种子采集　采种母树选择云杉中心分布区高地位级的疏林或林缘，树龄40~80年，树干通直，生长势强，无病虫害的植株。采集球果后，置于通风、干燥的晒种场地摊晒，待果鳞开裂脱种时，及时脱粒、筛选、净种，待含水量达到10%~11%时即可装袋入库。千粒重5~7g。

（2）播种　播种前种子要进行催芽，有两种处理方法。雪藏法：冬季封冻前，选择背阴、排水良好的地方挖坑，坑深80cm，大小视种子量而定，待降雪后，将种子混以3~4倍的雪装入木箱或麻袋置于坑内，雪埋后周围踏实，翌春取出播种；硫酸亚铁溶液浸种：播种前5~6天，用0.5%硫酸亚铁溶液浸种3~4h，当种壳变黑铁色时，捞出用温水25~30℃浸泡24h，捞出混以两倍湿沙搅拌均匀，堆置于

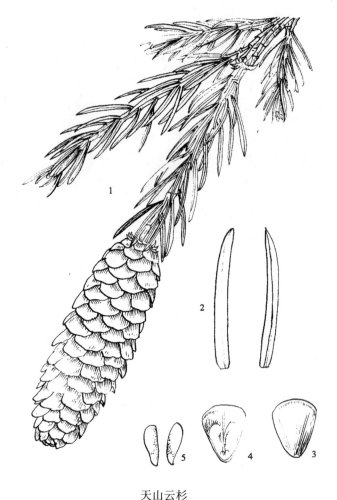

天山云杉
1. 球果枝　2. 叶　3. 种鳞背面　4. 种鳞腹面　5. 种子及种翅

18~22℃室内，每天用30℃温水喷洒、搅拌两次，1~2天后，待40%~50%的种子吐白时即可播种。

圃地结合秋翻苗施厩肥3000kg，翌春合墒进行浅耙作畦，畦长4~5m、宽1m。山区一般在5月初至5月中旬播种，播前灌好底水。采用发芽率80%~90%的种子，亩播种量25~30kg。播带宽10cm、带距10cm，播后用过筛的土、沙、腐熟马粪各三分之一拌匀覆土0.5~1cm，轻微镇压。

（3）苗期管理　播种后用薄膜覆盖苗床，以保水、提高地温，防鸟害。苗木出齐后，小水漫灌1次，撤掉薄膜，用透光度为30%~40%的遮荫网进行8~19h遮荫。苗木生长前期3~5天浇1次水，后期5~7天浇1次水，8月中旬开始控制灌水，入冬前灌好冬水。6月中旬用浓度1%的过磷酸钙溶液喷洒2~3次，7月用0.5%的尿素喷洒2~3次，8月上旬用1%钾肥喷洒1次，以促进苗木根系、茎叶的生长和越冬。云杉幼苗采用人工除草费时、费工，应广泛采用24%氟乐灵750ml/亩（苗前期用）、24%果儿20ml/亩（苗前期用）、50%丁草胺150ml/亩、12%恶草灵100ml/亩、45%拉索250ml/亩、40%阿特拉津250ml/亩等除草剂除草，喷洒次数视杂草情况而定。2年生苗按行距25~30cm、株距8~10cm开沟

移苗换床，培养 3~4 年，苗高 15~25cm、根颈粗 0.3~0.5cm 时，即可出圃造林。冬季降雪后，人工铲雪埋苗，堆雪厚 40~50cm，保护苗木安全越冬。

2. 扦插育苗 选择透水透气性好的壤质土，搭设高度为 1.5m 左右的塑料拱棚。扦插前施足基肥、深翻、进行土壤消毒。5 月上、中旬树液开始流动时，采集长 10~12cm 的 1 年生硬枝，去掉下部 1/2 的针叶，用生根粉蘸根处理后扦插。扦插深度 3~5cm，密度 250~300 株/m²。用微喷或人工洒水控制温湿度，湿度要保持在 90% 以上，气温在 28℃ 以下。根据温湿度情况，进行通风换气。2~3 年苗高可达 30cm 以上，成苗率 80% 左右。

（二）栽植技术

1. 植苗造林

（1）林地选择 根据天山云杉天然分布特点及其生物学特性，采伐迹地、火烧迹地、林中空地，以及有灌溉条件并适于天山云杉生长的林缘缓坡地带，均可植苗造林。

（2）整地 一般多在造林前一年夏、秋季进行。以穴状整地为主，长、宽、深规格为 40cm×40cm×30cm。在坡度较缓，杂草纵深的地段，也可采用水平阶整地。

（3）栽植季节 在 4 月下旬至 5 月下旬，土壤尚未解冻或刚刚解冻时，即可开始造林。

（4）栽植密度 由于天山云杉幼林生长缓慢、喜遮荫，栽植密度宜密而不宜稀，火烧迹地和林间空地 300~400 株/亩，可单株栽植或 2~3 株丛植。

（5）大苗造林 在天然更新良好的幼林地，选择苗高 60~100cm 的健壮苗，在土壤刚结冻时，沿待移苗四周开沟断根后，再回填断根沟，春季造林时，带土坨移植于夏秋季挖好的栽植坑内。虽然带土坨的大苗搬运较为费工，但造林成活率高，造林即成林，易于管护。

城市绿化多采用树高 0.8~1.0m 左右的幼树，选择生境较好的绿地和庭院，带土坨栽植，除适时灌水外，栽植当年夏季要适当喷水以增加空气湿度。

（6）幼林抚育管理 栽植 1~3 年的幼林冬季要适当覆土，以防止抽梢和冻拔害。松土除草应根据幼林生长情况和杂草繁茂程度而定。一般栽植当年 1 次，2~3 年 2 次。

2. 直播造林

（1）林地选择 仅限于年降水量在 600mm 以上的天山云杉中心分布区。

（2）造林季节 春秋季均可。春季在 5 月下旬至 6 月初，种子需经催芽和消毒处理；秋季 9~10 月大雪覆盖地面以前。

（3）密度和播量 根据天山云杉具有丛生的特性，直播造林宜密不宜稀，林中空地和小块状皆伐迹地，亩开穴 300~450 个。每穴下种 20~30 粒，覆土 1~1.5cm，稍镇压，再撒薄层浮土。

六、病虫害防治

1. 立枯病 防治方法见油松。

（刘钰华）

青海云杉

学名：*Picea crassifolia* Kom.
科属名：松科 Pinaceae，云杉属 *Picea* Dietr.

一、经济价值及栽培意义

青海云杉是我国青藏高原东北边缘特有树种，在这一带常组成高山地区大片针叶纯林，在保持水土、涵养水源方面起着非常重要的作用。木材黄白色，有弹性，纹理直，结构细，可供建筑、桥梁、飞机、家具及造纸等用材。树皮可提取单宁，叶可提松针油。它生长较快，适应性较强，是西北高山林区主要更新树种之一。其树形美观，也可于城市园林中用作行道树、观赏树。

二、形态特征

常绿乔木，高达 25m，胸径 30~60cm。1年生枝初淡绿色，后呈粉红黄色或粉红褐色，有毛或近无毛，2~3 年生枝粉红色，老枝淡褐色、褐色或灰褐色。冬芽圆锥形，通常无树脂。小枝有木钉状叶枕。叶较粗，四棱状条形，长 1.2~3.5cm，宽约 2~3mm，先端钝，横切面菱形。花单性，雌雄同株。雄球花单生于枝端叶腋，由多数苞鳞组成；雌球花单生于枝顶端，暗紫色，由多数珠鳞组成。球果下垂，圆锥状圆柱形或长圆状圆柱形，长 7~11cm，径 2~3.5cm；球果成熟前种鳞上部边缘紫红色，背部绿色，中部种鳞倒卵形，先端圆；种翅倒卵形。花期 4~5 月，球果 9~10月成熟。

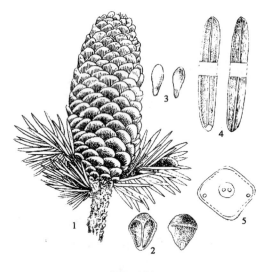

青海云杉
1. 球果枝 2. 种鳞背腹面 3. 种子 4、5. 叶及其横剖

三、分布区域

青海云杉分布于青海、甘肃、宁夏及内蒙古等省（区），水平分布范围约为东经 98°40′~112°30′，北纬 32°40′~41°30′。其中青海分布范围较广，从祁连山东段、青海湖周围到柴达木盆地东缘，以及与川、藏相邻的青南高山地区都有。在祁连山、贺兰山、大青山等山地中，以甘青两省交界的祁连山为分布中心，尤以祁连山北坡面积最大（11.86 万 hm^2），蓄积量最多。垂直分布在海拔 1750~3550m 之间，以 2200~3200m 较为集中，有愈向西分布愈高，垂直带愈西愈窄的特点。甘肃兰州及河西走廊各地，陕西西安及杨凌一带用于城市园林绿化，表现良好。

四、生态习性

青海云杉属高原亚寒带树种，主要生长在中高海拔山地的阴坡、半阴坡及半阳坡。在祁连山地垂直气候带上为森林顶极群落。在其分布区西部海拔 2900m 以上有少数与祁连圆柏混交，东部 2900m 以下少数与山杨、白桦、红桦混交。较耐寒、耐旱、耐瘠薄。其集中分布的祁连山中山区（海拔 2600～3200m）年平均温度 -0.7～2.0℃，≥10℃ 积温 200～1130℃，绝对最低温度 -32℃，7 月平均气温 10～14℃，年降水量 330～500mm，年日照时数 2830h。在土层深厚肥沃的山地棕褐土、山地褐色土上生长良好，在沼泽或冷湿黏土上生长不良。能适应微酸、中性至微碱性（碳酸盐褐色土）土壤。青海云杉耐荫性中等，但随年龄增长而有变化。其幼时很耐荫，能在其他树种林冠下生长，并逐渐排挤其他树种而稳定生长，5 年生以后喜光性渐增，能在全光照下生长。浅根性树种，1～4 年生有主根，随着年龄增长，主根逐渐停止生长，转向侧方发展，同时开始大量生长侧根和水平根。大树根系一般入土仅 40cm 左右，在土层较薄或有冰冻层的地方根浅，因此强度择伐后保留木易风倒。

青海云杉在侧方庇荫的条件下天然更新良好，小片火烧迹地上及面积不超过 400m² 的林窗内也能天然更新。但在稠密的林冠下天然更新不良。据调查，林分郁闭度 0.4～0.7，林下苔藓层厚度在 5cm 以下，林下苔草覆盖度 25% 以下时，更新良好。此外，坡度 25° 以下的阴坡、半阴坡，山地的中部、中下部更新良好。

幼苗幼树时期生长缓慢，在苗圃一般当年高 2cm，第三年 8cm，第四年 16cm。天然更新幼树 5 年生时通常高不到 10cm，10 年生不超过 1m。立地条件好时，15 年后生长逐渐加快，20～60 年高生长旺盛，年生长量达 50～70cm；40～80 年直径生长旺盛，年生长量可达 1～1.5cm。100 年后生长逐渐下降，140 年以后树干腐朽率明显增高。在生境优良地区，40 年生树高达 14m，胸径 25cm；50 年生的林分，每公顷蓄积量高达 150m³。寿命可达 450 年。

五、培育技术

（一）育苗

1. 采种 青海云杉孤立木、散生木 20 年左右便能结实，在密生林分中 40～60 年时开始结实，60～80 年生方能大量结实，300 年左右丧失结实能力。即在结实期内，种子产量亦不稳定。种子年约 4 年一个周期。10 月份采种，每 100 kg 球果可出种子 2～3 kg，种子发芽率 85% 左右，可保存 4～5 年，种子纯度 50%～70%，千粒重约 4.5g。今后应逐步采用种子园生产的种子。

2. 播种与苗期管理 提前整地，播前作床。一般作高床，改漫灌为浸灌。4 月下旬至 5 月上旬播种，种子发芽的最低温度为 7℃，半个月左右出土。种子可在播前用 0.5% 硫酸铜溶液浸泡半小时，以防根腐型立枯病，捞出后清水冲洗晾干即可播种。但如用温水浸泡催芽处理后再播，可促使发芽快、出苗齐。条播，条向东西，播幅 10cm，行间距 20cm，播后覆土 0.5～1cm，最好用森林腐殖土覆盖。上面再覆草或用竹帘铺在苗床上。每亩用种量 5～10kg。

为避免幼苗霜害及日灼，要及时用竹帘或灌木枝条搭荫棚，1 年生苗透光度 35%，2 年生时 50%～75%，3 年生可在 75% 以上，也可在全光下生长。苗木出土后，每 7～10 天喷洒一次 0.5% 波尔多液或 0.5% 硫酸亚铁溶液，要持续 2～3 个月，以防立枯病。其他浇水，追肥、松土、拔草和防治鸟兽等管理工作，要及时、精心、全面作好。为保护幼苗越冬，11月中旬用麦草、苔藓或马蔺草覆盖，或覆盖塑料薄膜上盖竹帘。次年3月中下旬野草返青时逐渐除去，一般宁迟勿早，以防春寒。苗期施用菌根土的幼苗根系健壮。圃地宜于轮作，但不宜与黄豆地换茬，因易引起病虫害发生。

此外，也可采用塑料大棚容器育苗，苗木根系发达，生长快，能缩短育苗周期，起苗容易，定植后成活率高。

青海云杉亦可扦插育苗，生根成活率较高，并比同龄实生苗生长快。

（二）栽植技术

首先要细致整地。林中空地、皆伐迹地或老采伐迹地或灌丛地，可采用小块或窄带整地，近期择伐迹地可采用大块或穴状整地；土壤潮湿的地方可用扣草皮高垄整地。在植被覆盖度中等、土壤湿润肥沃的火烧迹地，林缘灌木和疏林地，可采用窄缝植苗，不必整地。灌木茂密的迹地和森林草原地区，可采用宽带、大穴、丛植的造林方法。有冻拔的地方，可不整地或把穴地整成斜面，靠穴的上沿适当深栽，但不要超过第一轮枝叶，栽后可覆草。造林密度每亩以 200～300 株为宜。立地条件较好的地方，可营造混交林。

青海云杉适于春季造林，带土苗在雨季或秋季造林亦可提高成活率。一般采用人工植苗造林，穴植，每穴一株。局部造林地也可采用丛植，小苗 3～5 株，大苗 2～3 株。较干旱地区可用靠壁栽植造林。即栽植穴要求一壁垂直，栽苗时使苗根紧贴垂直壁，从一侧覆土培根，栽植工序同穴植。此法使部分苗根与未破坏毛细管作用的土壤密接，能及时供给苗木所需水分，利于苗木成活。造林后抚育管理同云杉。

六、病虫害防治

据调查，为害青海云杉的虫害有 45 种，病害 6 种。其中危害较为严重的有叶锈病、嫩梢锈病、嫩梢小蛾类、云杉球果小卷蛾、阿扁叶蜂、小蠹虫、蟓虫、松大蚜等。

1. 叶锈病　该病由祁连金锈菌（*Chrysomyxa qilianensis* Wang，Wu et Li）引起，主要危害当年新叶。7月初发病，8月病叶变为灰黄色而逐渐脱落。

防治方法：①控制抚育间伐强度，间伐后郁闭度保持在 0.7 以上；加强幼林抚育，使尽快郁闭；②苗圃用塑料拱棚隔离；③6月中旬喷洒 20% 粉锈宁乳油或 25% 粉锈宁可湿性粉剂 500 倍液对幼林、幼苗进行防治。

2. 云杉球果小卷蛾　[*Cydia strobilella*（Linnaeus）]　为云杉球果重要害虫，在祁连山林区一年或两年发生一代，以老熟幼虫在被害球果内越冬。翌年5月中旬为化蛹盛期，5月下旬、6月上旬羽化、产卵，6月中下旬为孵化盛期，8月老熟幼虫开始进入果轴内越冬。

防治方法：①保护益鸟、寄生蜂等天敌；②采种时应将球果采净，调制出种子后将果轴烧毁；冬春季成虫羽化前将落地球果收集烧毁；③虫口密度大时，在成虫羽化盛期，施放烟剂熏杀。

3. 云杉梢斑螟　[*Dioryctria schutzeella*（Fuchs）]　为青海云杉重要害虫，常同异色卷蛾（*Choristoneura diversana*）、松点卷蛾（*Lozotaenia coniferana*）等混同为害。该虫在祁连山一年一代，以1龄幼虫在新梢基部芽鞘和针叶中越冬。翌年5月上旬开始活动，蛀食针叶，5月底转移为害新芽，6月上旬化蛹，7月上旬为羽化高峰，7月中旬为产卵盛期，7月下旬为孵化盛期。9月上中旬进入越冬状态。

防治方法：①注意保护利用天敌（蛹期有黑青小蜂、姬蜂、寄蝇等，幼虫期有白僵菌及红蚂蚁、蜘蛛、鸟类捕食）；②气温较高处用苏云金杆菌（$3 \sim 4 \times 10^8$ 孢子/ml）防治 3 ~ 4 龄幼虫，防效 75% 左右，可加微量溴氰菊酯；③新芽萌发时，喷洒 50% 杀螟松乳油、50% 辛硫磷 $2000 \sim 3000 ml/km^2$；2.5% 溴氰菊酯、20% 杀灭菊酯 $60 \sim 100 ml/km^2$。低容量或超低量喷雾均可。

4. 云杉尺蛾（*Erannis yunshanvora* Yang） 为云杉林主要害虫之一。在贺兰山、祁连山东端（连城）一年一代，以卵在树缝隙和枝条上越冬，5 月中下旬幼虫孵化，为害嫩芽新叶，6 月下旬至 7 月上旬幼虫陆续老熟，钻入地表土中化蛹，8 月下旬至 9 月上旬成虫羽化交配，产卵越冬。

防治方法：①初龄幼虫用 80% 敌敌畏 1000 倍液防治；②幼虫 3 龄前用飞机超低容量喷洒苏云金杆菌乳剂（B. T 乳剂，含孢子量 $120 \times 10^8/g$）原液，$4.5 kg/km^2$，如加 10% 敌马油剂，效果更好。

5. 云杉阿扁叶蜂（*Acantholyda piceacola* Xiao et Zhou） 1983 年在甘肃山丹大黄山林场发现，2 年一代，青海云杉为惟一寄主。

防治方法：①成虫羽化期，在郁闭度较大林分施放敌对、敌马烟剂，每公顷 $15 \sim 30$ kg；②$2 \sim 3$ 龄幼虫用 80% DDV$800 \sim 1500$ 倍液树冠喷雾。

6. 云杉大小蠹（*Dendroctonusmicans* Kugelann） 该虫主要为害衰弱木树干基部或裸露粗根韧皮部，亦直接侵入健康木。入侵坑道环绕树干一周，切断形成层，使树木逐渐枯死。该虫在祁连山林区一年 1 代或三年 2 代。成虫在侵入坑道内越冬，多雨季节或年份多在干基阳面为害，反之，则在阴面或裸根的贴地面为害。

防治方法：①注意卫生抚育，及时消除虫害木，运出林区进行剥皮处理。②根据该虫繁殖迁移较慢、聚居树干基部及具有凝脂管等易识别判断的特点，人工捕杀成虫、幼虫、卵、蛹等。注意保护天敌。③树干基部喷硫酰氟等药物。

7. 云杉四眼小蠹（*Polygraphus polygraphus* Linnaeus） 该虫为祁连山常见蛀干害虫，主要为害青海云杉、青杆等。喜栖于衰弱木枝干韧皮部，从干基厚树皮及枝梢均可寄居，使林木加速死亡。该虫在祁连山林区一年发生一代。越冬前多数成虫在边材上咬蛀深 $0.5 \sim 2.2$ mm 盲孔，并在其中越冬。

防治方法：①及时消除虫害木、衰弱木、林内梢头、枝丫，及时运出林区加以处理，严禁林内堆放带皮原木。②虫害严重地段用衰弱木设置饵木，每亩 $1 \sim 2$ 段以诱集幼虫，集中消除。③对堆集木在成虫入侵期用 20% 速灭杀丁 $1000 \sim 1500$ 液喷洒。对带虫原木用磷化铅 $4 g/m^3$，或硫酰氟 $20 g/m^3$，帐幕熏蒸 3 昼夜。④保护利用啄木鸟等天敌。

（李仰东）

紫果云杉

学名：*Picea purpurea* mast.

科属名：松科 Pinaceae，云杉属 *Picea* Dietr.

一、经济价值与栽培意义

紫果云杉是甘肃南部及相邻地区高海拔地带重要森林更新树种和荒山造林树种。其树体高大，树干通直，天然整枝良好。其材质在云杉属中最为优良。木材淡红褐色，坚韧细致，纹理直，有弹性，耐久用，可供作航空器材、乐器、体育文化器具、建筑、上等家具以及造纸、人造丝的高级原料。

紫果云杉分布在云杉、冷杉针叶林带的中上部位，林内动植物资源丰富，对于研究森林群落的分布规律和森林生态系统具有重要意义。

二、形态特征

常绿乔木，高达 50m，胸径 1m。树皮深灰色，裂成不规则较薄的鳞状块片。大枝平展，小枝节间短，1 年生枝黄至淡褐黄色，密生短柔毛，具短叶枕。冬芽圆锥形，有树脂。叶多为辐射状伸展，扁四棱状条形，直或微弯，长 0.5 ~ 1.2cm，宽 1.5 ~ 2.0mm，先端微尖或钝，上两表面各有 4 ~ 6 条气孔带，下两面无明显气孔线。球果圆柱状长卵形或椭圆形，成熟前后均为紫黑色或淡红紫色；种鳞排列疏松，中部种鳞斜方状卵形，自中部以上渐狭成三角形，边缘波状。种子成熟飞散后，球果可在树上保留一、二年，然后整果脱落。花期 4 月，球果 10 月成熟。

三、分布区域

产于青海东部果洛、黄南、西倾山北坡（海拔 2000 ~ 3800m），甘肃南部白龙江、洮河林区（海拔 2800 ~ 3200m），四川西北部阿坝藏族自治州、岷江和大渡河上游（海拔 2600 ~ 3800m）。

四、生态习性

紫果云杉是云杉属中分布海拔最高的种类，是耐高寒、喜阴湿肥沃生境的树种，主要生长在山体中上部的阴坡、半阴坡及沟谷。在甘肃南部山地，其垂直分布界限基本与冷杉一致。幼龄树耐荫性很强，但它对光照和温度的需求比冷杉稍强。在四川松潘黄龙寺山谷中，海拔 2600 ~ 3200m 地带常与岷江冷杉、云杉、红杉等组成混交林；在甘肃洮河林区基本上与苔藓冷杉林垂直分布界限一致，并混生于该林型中，而在山脊和沟谷附近则往往形成优势树种或构成小片纯林。在郁闭的各种类型林木下，天然更新良好，是其分布区内最稳定的顶极群落。

紫果云杉属生长中庸树种，幼年期生长缓慢，中年以后生长加快。据树干解析资料，其树高、胸径速生期在 40~50 年，120 年后生长衰退，140 年进入数量成熟期。其生长好坏与立地条件关系密切。生长慢的 50 年生树高不足 8m，胸径不足 10cm，100 年生树高 19m，胸径 41cm；生长快的林木，50 年生，树高达 17.3m，胸径 21cm；100 年生树高 28.4m，胸径 49cm；150 年生树高 37m，胸径 65cm；214 年生，高 44m，胸径 79cm。其高生长 10 年生前较慢，此后加快，速生时期为 25~30 年生；直径最速时期约 20~25 年生。寿命可达 500 年。

五、培育技术

(一) 育苗

1. 采种 紫果云杉适宜采种的母树年龄约为 50~80 年，年内种子成熟期约在 10 月中旬，略迟于云杉属其他种。成熟时球果由紫红色转紫黑色。采种应选壮龄母树。球果采集后在场院中经反复曝晒，大部分种子可从种鳞中自然脱出。数量大时应建球果干燥室，人工加热使之脱粒，但温度应低于 45℃。脱粒后经筛选去翅，装麻袋置低温、通风、干燥处贮藏。其球果出种率 3%~5%，种子千粒重 3.4~3.6g，每千克 28 万~30 万粒，发芽率 30%~50%。

2. 育苗 在更新造林区域内选海拔较低，地形开阔向阳处作苗圃，土层应在 30cm 以上，中性（pH 值 6.6~7.2）砂质壤土或轻黏壤土。圃地在上冻前深翻一次，翌春解冻后再深翻一次，并施以腐熟有机肥和磷肥，进行土壤消毒。整平后作床。高山林区宜用高床，长 5~10m，宽 1~1.2m，床高 15cm 以上。播前 10~15 天内进行种子处理。先经风选去掉瘪子，再用温水浸泡 24h 后进行药物消毒。可用 1% 高锰酸钾溶液浸种 0.5~1h，然后用清水冲洗。消毒后的种子堆放室内用麻袋盖上，经常保持湿润，待种子裂嘴露白，即可播种。一般采用开沟条播，沟深 3cm，覆土 0.5~1cm，播幅与间距分别为 8 和 10cm，每亩播种量 20~25 kg。播种时种子拌以干沙，最好拌上适量种肥。

为防止土壤干燥和雨水冲刷，播种后床面要立即用箭竹或柳条覆盖，不要太厚；也可覆以塑料薄膜。当有一半幼苗出土时，撤去覆盖物，进行遮荫，此时最好抓紧除草一次。遮荫材料可用箭竹或柳条。荫棚高 40~50cm（低棚）或 1.5m（高棚），后者管理操作方便。透光度要适中，第一年 30%~50%，第二年增加到 75% 以上，第三年起可在全光下育苗。

一般播后 20~40 天幼苗基本出齐。当幼苗直立时，每 7~10 天喷一次 0.5% 波尔多液。6 月苗木开始发侧根，可施一次氮肥，注意及时除草。高山地区无霜期短，最后一次晚霜可能出现在 6 月下旬，须注意防霜。7~8 月份苗茎逐渐变为棕色，可施一次钾肥，以促进木质化。从 10 月初开始，对苗床进行覆盖。覆盖物最好用林中落叶（须消毒，翌春揭去晒干贮存，可用 3 年）。其他材料如野草、麦草等混有草籽且招引老鼠，不如落叶好。覆盖厚度以超出苗高 1~2cm 为宜，次年 4 月全部撤去。在整个育苗过程中，都要注意防止感染立枯病，防止牲畜践踏和鸟兽为害。

一年生苗木每亩产量可达 50 万~60 万株。为促进根系发育，第三年应换床移植。要在早春树液流动前随起随栽，栽正、踩实并及时灌水，防止窝根、露根或埋叶、埋苗，株行距分别为 4 和 10cm。高山地区一般以 5 年生（部分 4 年生）苗木出圃造林，产苗量宜为每亩 15 万株以内。出圃裸根苗必须高 20cm 以上，地径 0.4cm 以上，顶芽完整，苗干挺直，细根较多。起苗分级后，不合格的苗木可继续留圃培育。

紫果云杉塑料大棚育苗及容器育苗同云杉。

（二）栽植技术

紫果云杉宜在苔藓冷杉林分布区内的皆伐迹地、火烧迹地、林中空地、沟谷地带和灌木林地造林。迹地造林必须先彻底清理林场。

采取穴状整地，规格视苗木大小与植苗方式而定。一般单植穴为 30cm×30cm，丛植穴（每穴栽 2~3 株）为 50cm×50cm，深 30cm，穴的底部应与上部同大。除妨碍作业处外，一般可不砍灌；但如经营强度和质量要求较高，也可实行水平窄状割灌。栽植穴密度，一般单植穴每亩 200~300 个，丛植穴每亩 130~170 个。

高山适宜春季造林（秋季造林因冻拔严重不易成功）。但往往春季苗木已开始萌动，而造林地尚未解冻。为此，应实行秋季整地，秋季起苗假植（注意做到深埋、单排、实踩）或窖藏，以便来春适时开工，延长苗木栽植时间，提高成活率。从起苗、运苗、假植到栽植的各个环节，都要注意保持苗根湿润。造林时，要把苗木放在筐内加以覆盖，随栽随取。栽植时，要做到苗正、根展，用表土填穴，分层填土，分层踏实。栽植时根颈可低于穴面 2~3cm。

云杉类树种的直播造林，因幼苗生长极慢，鸟兽害和冻拔严重等原因，往往陷于失败，一般不予采用。但对缺少天然下种条件且尚未生草化的新迹地，也可采用穴播造林的方法。

造林后 5~7 年内，每年抚育 1~2 次，主要是清灌、除草和松土。抚育要抓紧在植物旺盛生长或将旺盛生长的 5~6 月份，或杂草结籽未成熟前进行。植株周围草要锄尽，土要锄松，但要掌握树小浅锄、树大深锄的原则，以免损伤幼根。随着幼树需光量的增加，逐年清除一部分灌木。此外，还要做好扶苗、培土、补苗等工作，并加强封山育林和对山火、病虫害等的监视和防治。丛植幼林，当丛内郁闭时，及时间伐，以保证林木正常生长发育。

六、病虫害防治

除常见云杉病害外，虫害见有青缘天蛾（*Bupalus mughusaria* Gmphg）等。青缘天蛾幼虫食害紫果云杉、青海云杉和冷杉针叶。见于青海省黄南藏族自治州及甘肃省白龙江林区。在青海黄南 2 年 1 代。以幼龄幼虫和蛹越冬。凡虫株率达 50%，受害针叶达 25%，天敌（卵寄生蜂、蛹寄生蝇）寄生率不足 30% 的林分，可用 "621" 烟剂防治。施药量视林相和虫龄大小而定。若林相整齐、密度大，虫龄小，用药量宜小，反之宜加大药量。一般每亩施药 1~2kg。应在晴天日出前 2h，风速 <1.5m/h 时，效果最好，林冠受烟时间可长达 40~60min。放烟宜在 9 月上中旬（入蛰前）或翌年 5 月中下旬（出蛰后）进行。6~8 月天敌昆虫羽化期不宜用烟剂防治。

对粗皮云杉危害严重的云杉球果锈病，紫果云杉却表现出较强抗病力，这可能与紫果云杉球果小，鳞片较紧密，并且球果上有大量树脂包围鳞片有关。

（李仰东）

青 杆

别名：魏氏云杉、白杆松、杆儿松、刺儿松、细叶云杉
学名：*Picea wilsonii*mast
科属名：松科 Pinaceae，云杉属 *Picea* Dietr.

一、经济价值及造林意义

青杆是其分布区内的荒山造林树种及森林更新树种。其木材淡黄白色，纹理直，结构略粗，较轻软，比重 0.45，耐久用，可供建筑、土木工程、枕木、电料、家具、包装箱用。青杆适应性强，枝叶秀美，亦用作城市庭园绿化，很受欢迎。

二、形态特征

常绿乔木，高可达 50m，胸径 1.3m。树皮淡黄灰色或暗灰色，浅裂成不规则鳞状块片脱落；大枝近平展或微斜上伸展。冬芽卵形，无树脂。叶四棱状条形，直或微弯，长 0.8～1.3（1.8）cm，宽 1～2cm，四面各有气孔线 4～6 条。球果卵状圆柱形或椭圆状长卵形，顶端钝圆，长 5～8cm，径 2.5～4cm，熟时黄褐色或淡褐色；中部种鳞倒卵形，种鳞上部圆形或有急尖头。种子倒卵圆形，长 3～4mm，连翅长 1.2～1.5cm。花期 4 月，球果 10 月成熟。

三、分布

产于内蒙古、河北、山西、陕西、湖北、甘肃、青海、四川等省（自治区）。山西见于五台山、管涔山、关帝山、霍山海拔 1700～2300m，陕西南部海拔 1600～2200m，甘肃中部兴隆山及南部洮河、白龙江流域海拔 2200～2800m，青海东部海拔 2700m 左右有分布。常组成纯林或与白桦、黑桦等针阔叶树混生成林。

四、生态习性

青杆是云杉属中分布海拔最低的种类，在甘肃中部，一般位于海拔 2200～2800m 的阴坡、半阴坡及河滩阶地。适生于温凉润湿的生态环境。其集中分布的兴隆山林区年平均温度 4.1℃，年降水量 621.6mm，最热月平均气温 15.6℃，最冷月平均气温 –9.2℃。林下土壤为淋溶褐土，pH 值 6.3～6.8。青杆在甘肃黄土高原西南部有零星栽培，生长良好。据李嘉珏等 1980 年前后调查，甘肃临夏州东乡县城（海拔 2400m）几株 200 年左右的青杆，树高 25.7m，胸径 79.58cm。和政县新庄乡海拔 2410m 山地阴坡下部，4 株 90 年树龄的大树，平均树高 25.33m，胸径 55.11cm（年均生长量约 0.61cm），单株材积 3.3758m^3。

天然林生长缓慢。白龙江林区青杆林平均年龄 150 年，平均胸径 35cm 左右，平均树高 22m 以上。据兴隆山羊道沟树干解析资料，其树高、胸径速生期分别在 40～50 年（连年生长量 0.22～0.26m）和 40～80 年（连年生长量 0.32～0.38cm），120 年以后材积生长量下

降，进入数量成熟期。树龄最高可达 400 年。青杆在立地条件较好时生长稍快。山西宁武 50 年生树高 11m，胸径 18cm；四川理县 164 年生高 38.5m，胸径 55cm。

林木 60 ~ 70 年结籽，林缘木约 24 年结籽。

五、培育技术

青杆播种育苗及造林技术基本上与云杉相同。除青杆分布区外，也适于在黄土高原东南部半干旱、半湿润地区海拔 2100m 以上土石山区阴坡、半阴坡造林。

宜将青杆幼苗从林区山地苗圃移至城市郊区苗圃培育大苗，用于西北主要城市绿化，效果良好。

六、病虫害防治

在各类云杉病虫害中，主要危害青杆的食叶害虫有云杉尺蛾（*Erannis yunshanvora* Yang）。该虫分布于祁连山东段天祝夏玛林区、永登连城林区，以及宁夏贺兰山林区。其发生期早、危害期短、食量大，严重时，一二年生针叶全被食光，仅存枯梢。应注意在初龄幼虫阶段进行药物防治。此外，云杉瘿纹（*Rhabdophaga* sp.）幼虫食害云杉嫩芽生长点，使受害芽膨大发红形成虫瘿。该虫见于甘肃中部岷县、漳县、渭源、靖远林区。还有云杉四眼小蠹（*Polygraphus polygraphus* Linnaeus）、光胸断眼天牛 [*Tetropium castaneum*（Linnaeus）] 等青海云杉的蛀干害虫，亦危害生长衰弱的青杆林木。防治方法参见青海云杉。

（李仰东）

新疆红松

别名：西北利亚红松、新疆五针松、果松、西北利亚巴力喀力盖（维吾尔语）
学名：*Pinus sibirica*（Loud.）Mayr.
科属名：松科 Pinaceae，松属 *Pinus* L.

一、经济价值及栽培意义

新疆红松是新疆阿尔泰山西北部山地南泰加林的主要树种之一。树干端直，材质较软，结构均匀，纹理通直、美观，抗压力较强，是建筑、车辆、枕木、家具和造纸的重要原料。新疆红松也是山区水源涵养和保持水土的重要树种，为了更好地发挥其生态功能，2001年新疆天然林保护工程启动后，已全面禁伐。主要用于落叶松火烧迹地、采伐迹地、林中空地和林缘坡地的造林。

二、形态特征

长绿乔木，树高达30m，树冠广卵形，树皮灰色，小枝被黄色密毛。针叶较粗硬，5针1束，长7~10cm，宽1~2mm；树脂管3，中生。雄球果锥形，雌球果卵圆形，长5~10cm，熟时紫褐色。种子长约1cm。

三、分布区域

新疆红松在国内仅产于新疆。主要分布在阿尔泰山西北部布尔津河上游的卡纳斯河和霍姆河、哈巴河上游得白哈巴河等地，海拔1600~2300m气候冷湿的亚高山带和中山带上部阴坡、半阴坡平缓坡地。原苏联和蒙古也产。

四、生态习性

新疆红松性喜冷湿，对热量要求不高，需较高的大气湿度，抗寒性强，在年降水量为700~800mm、海拔2300~3300m的亚高山平

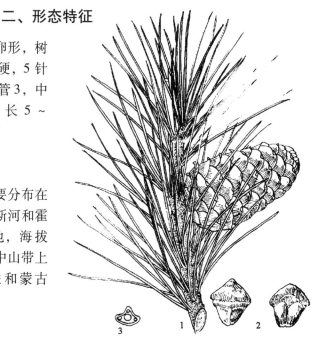

新疆红松
1. 球果枝　2. 种鳞背复面（放大）　3. 叶的横切面（放大）

缓坡地上，能忍耐-40℃低温，但不耐干旱。较耐荫，在中山带与新疆落叶松组成的混交林中，落叶松构成稀疏的上层林，红松退居第二层，随着树龄的增长，喜光性不断增加。对土壤要求不苛，可在砾土薄层土壤上生长，但最适宜生长在中山带湿润、平缓的壤土的坡地上。年生长期90~100天，生长较慢，特别是幼苗幼树期间生长十分缓慢，2年生苗高仅

6~8cm，15 年左右生长开始加快，30~40 年开始结实，100 年后进入结果盛期。种子 5~6 年有一次丰产年。

五、培育技术

（一）育苗技术

1. 种子采集 采集种子应在立地条件较好，郁闭度 0.5~0.6，树龄 100 年以上，树干端直，生长势强，无病虫害的植株上采集。采回的球果摊在晾种场，经常翻动，任其自然风干。待种子自然脱出后，过筛净种。当种子含水量达 10%~12% 时，即可装袋室内贮藏。千粒重 220~230g。

2. 播种 育苗要择肥沃、湿润、排水良好的壤土作圃地，施厩肥 2000~3000kg/亩，经耕翻、耙平，作畦。秋季播种，种子可不作处理，直接播入苗床。春播种子需经雪埋，或播种前 30 天左右，用 30~40℃温水浸种 10 天左右，1~2 天换 1 次水，当种仁发白时，将种子捞出，均匀拌 2~3 倍湿沙，置于 18~22℃的室内，每天洒水、搅拌 2~3 次，待 50% 左右的种子吐白时即可播种。灌好底水，开沟条播，沟深 5~7cm、播幅宽 5~10cm、沟距 30~40cm，播后覆土、镇压。亩播量 50~60kg。

3. 苗期管理 播种后用薄膜覆盖苗床，以保水、提高地温，防止土表板结。幼苗出土后，及时去掉薄膜，以免灼伤幼苗。根据季节的不同，2~7 天喷洒 1 次水，以保持苗床湿润为度。及时松土、除草、间苗。7 月上旬每亩追硫酸铵 4kg，7 月中旬亩追硫酸铵 6kg。8 月上旬逐渐减少灌水，促进苗木木质化。入冬前灌好越冬水，降雪后，人工铲雪覆苗，厚度超过苗梢即可。留床苗两年，第 3 年换床移栽，再培育 3~4 年，待苗高达到 20~25cm 时，即可出圃造林。

（二）栽培技术 同天山云杉。

（刘钰华、刘 康、王爱静）

新疆落叶松

别名：红松（哈密、阿勒泰）、西北利亚落叶松、西北利亚喀力盖（维吾尔名）
学名：*Larix sibirica* Ledeb.
科属名：松科 Pinaceae，落叶松属 *Larix* Mill.

一、经济价值及栽培意义

新疆落叶松是新疆天山地区最主要的针叶树种之一。树形高大，干形端直，材质优良，纹理通直，结构较粗，抗压力较强，是建筑、桥梁、车辆、造船、枕木、矿柱、电杆、家具等优良材料。新疆落叶松也是山区水源涵养林和水土保持林的主要树种，为了更好地发挥其生态功能，2001 年新疆天然林保护工程启动后，已全面禁伐。主要用于落叶松火烧迹地、采伐迹地、林中空地和林缘坡地的造林。

二、形态特征

落叶针叶乔木，树高达 40m，胸径 0.8m。树冠尖塔形，树皮暗灰褐色。1 年生枝淡黄色或黄色，有光泽；2～3 年生枝灰黄色；短枝顶端叶枕间密生白色长柔毛。叶线形，柔软，长 2～4cm。雌雄同株。球果卵形和长卵形，长 2～4.8cm；种鳞三角状长卵形或卵形，先端圆，背面密生淡紫褐色柔毛；苞鳞三角状长卵形，先端微尖，不露出或微露出。种子黄白色，有褐色斑点，连翅长 1～1.5cm。新疆落叶松有红果、绿果和红绿果 3 种自然类型。

三、分布区域

新疆落叶松在国内仅产于新疆。主要分布在阿尔泰山、天山北麓东端的巴尔库山和哈尔雷克山中段的博格达山、北塔山及准噶尔西部山地北部的沙吾尔山、天山南麓山区也有零星分布。根据分布区域生态环境条件的差异，垂直分布在海拔 1700～2900m 之间的阴坡、半阴坡和山谷、河谷地带。原苏联和蒙古也产。

四、生态习性

新疆落叶松具有较长的年生长期，在阿尔泰山区和天山东部山区，通常 4 月中、下旬开始萌芽，5 月上旬吐叶，枝条于 5 月中旬开始生长，在条件较好的地区，可延续至 8 月。花期 5 月，果熟 9 月中、下旬。生长较快，1 年生幼苗高 7～15cm，10 年幼树高达 3m 左右，30 年生树高 10m 以上。树龄 20 年时开始结种，50～80 年进入盛果期，寿命长达 300 年左右。新疆落叶松是个强阳性树种，不耐庇荫。具有极强的抗寒性，可忍耐 −40℃ 极端低温。抗旱性较强，在年降水量 300mm 的哈密山地，仍然生长较好。耐土壤瘠薄，但不耐盐碱。主根不明显，侧根发达，多分布在 30～60cm 土层之间，因此抗风力较差。

五、培育技术

（一）育苗技术

1. 种子采集　采集种子应在立地条件较好，郁闭度 0.3~0.5，树龄 50~100 年，树干通直，生长势强，无病虫害的植株上采集。采回的球果摊在晾种场，经常翻动，任其自然风干。待种子自然脱出后，过筛净种。当种子含水量达 10% 时，即可装袋室内贮藏。当年或隔年均可播种。千粒重约 7g。

2. 播种　圃地前作忌用菜地。种子可采用雪藏法或温水浸种催芽。为了杀灭种子上的病菌，先用 0.3%~1% 的硫酸铜溶液浸泡 2h，捞出用清水洗净，再用温水 30~40℃ 侵泡 24h，摊于 18~22℃ 的室内，厚 4~5cm，上盖麻袋，注意洒水翻动，待种子 40%~50% 吐白时，即可播种。为避免秋播翌春晚霜，多采用春季播种。春季整地时，要施足底肥（厩肥 2000~3000kg/亩），灌好底水，做成长 5m、宽 1m 的畦床，然后用浓度 3% 的敌百虫粉（1~1.5kg/亩）喷洒畦面，进行土壤消毒。采用发芽率 40%~60% 的种子、亩播种量 15~21kg，播幅宽 5~7cm，行距 10~15cm，覆土 4~5cm，覆土后略加镇压。

2. 苗期管理　播种后用薄膜覆盖苗床，以保水、提高地温，防止土表板结。幼苗出土后，及时去掉薄膜，每两天洒水 1 次，6 月以后可采用小水勤灌，并及时松土、除草、间苗。7 月上旬每亩追硫酸铵 4kg，7 月下旬亩追硫酸钾 6kg。8~10 月逐渐减少灌水，促进苗木木质化，灌好越冬水。降雪后，人工铲雪覆苗，厚度超过苗高。第 2 年移植换床，行距 25~30cm；株距 5~7cm，亩移植 4~5 万株，培养 2~3 年，苗高 25~30cm，即可用于造林。

（三）栽植技术

1. 植苗造林

（1）林地选择　造林地以采伐迹地、火烧迹地为好，林中空地次之。在一些立地条件较好，适合新疆落叶松生长的林缘缓坡地带，也可植苗造林。

（2）整地　春季造林，在造林前一年秋季进行；秋季造林，夏季整地。采伐迹地和火烧迹地采用水平阶整地，林缘缓坡地带，也可以采用大块状整地。

（3）栽植季节　春季造林在 4 月下旬至 5 月下旬，土壤刚刚解冻时；秋季造林，在 9 月下旬至 10 月下旬，土壤开始结冻前进行。

（4）栽植密度　在土层薄、土壤水分条件差的地段，以密植为好，600~700 株/亩，以利幼林提前郁闭，减少补植和抚育管理用工；在土层较厚、肥沃、湿润的地段，400~500 株/亩为宜。

（5）幼林抚育管理　栽植当年一般不宜松土，以后要酌情松土除草。栽植后第 2 年春季，发现苗木发生冻拔，要及时培土。

2. 直播造林　新疆落叶松的直播造林，仅限于土层肥厚、土壤水分条件较好的火烧迹地和采伐迹地。夏季穴状整地，深秋或初冬直播造林。每穴 3~5 粒种子，覆土 5~10cm，踏实。

六、病虫害防治

1. 落叶松立枯病　防治方法见油松。

2. 新疆落叶松落针病　　由真菌 *Hypodermella laricis* 感染引起，受感染的针叶变黄卷曲，后变成桔红色，严重成褐色，病叶较早脱落。

防治方法：加强抚育管理，及时伐去被压木和病树。刚发病时，7月份可用二号烟剂或西力生放烟1次，亩用量0.67kg，严重时每周施放1次，连续几次；或用50%代森铵600~800倍液喷洒树冠。

3. 西伯利亚松毛虫　　卵期可施放赤眼蜂；幼虫期可喷洒青虫菌或苏云金杆菌悬液1亿孢子/ml。

4. 落叶松八齿小蠹（*Ips subelongatus* Motsh.）　　加强卫生伐，及时清除林内受害活立木和风倒木；4~5月成虫尚未入侵树干前，设置诱木，集中消灭；或采用化学方法防治。

（刘钰华、刘　康、王爱静）

太白红杉

别名：太白落叶松

学名：*Larix chinensis* Beissn.

科属名：松科 Pinaceae，落叶松属 *Larix* Mill.

一、经济价值及栽培意义

在中国的乡土落叶松种类里太白红杉属于价值较高的一种，为中国所独有。其木材轻，纹理直，心材灰色、边材黄色区别明显，结构细微而均匀，晚材约占 40.4%，气干密度 0.530g/cm³，膨胀系数 0.398%，抗弯强度 658kg/cm³，顺纹抗压强度 377kg/cm³，加工性能好。因其坚固耐用常被用作建筑用材，也用于做嵌板、家具和桅杆等。

太白红杉林在高山和亚高山区极端气候和立地下具有极其重要的生态价值，对于涵养水源、保持水土、塑造景观和稳固山石、改善环境起着重要作用，对研究秦岭植物区系、古生物、古气候、多年冻土、冰缘地貌的发生发展都有重要的科学价值。

二、形态特征

太白红杉为落叶乔木，高达 20~25m，胸径 50~60（80）cm。树干通直，树冠宽椭圆形；树皮灰色至灰褐色，粗糙，薄皮状剥裂；小枝下垂，有长枝和短枝之分，1 年生枝淡黄褐色、淡黄色或淡灰黄色，有毛或近无毛，老枝灰黄色或灰褐色；叶细瘦，倒披针状窄条形，长 1.5~3.0cm，宽约 1.0mm，先端尖或钝，在长枝上螺旋状散生，在短枝上簇生，中脉凸起，上面中部以上或先端每侧各有 1~2 条白色气孔线，下面两侧各有 2~5 条白色气孔线，短枝叶枕间具密生的淡黄色短毛。球花雌雄同株，均单生于短枝顶端，与叶同时开放；雄球花长圆形，黄色；雌球花近圆形或长圆形，苞鳞淡紫红色；球果卵状长圆形，长 3.0~4.5cm，初红色，后渐变为紫蓝色，成熟后为暗褐色，种鳞张开，常与中轴成 70°~90°角；中部种鳞扁方圆形或倒三角状圆形或近圆形，长宽几乎相等或宽大于长，长约 1.0cm，背面中部密被平伏长柔毛；苞鳞较种鳞为长，长方形，直伸不反曲，下部较宽，先端平截，具有中肋延伸成长急尖头；种子斜三角状卵圆形，褐色，长约 3.0mm，连翅长约 6.0mm。花期 4 月底至 5 月初，果期 10 月。

三、分布区域

太白红杉分布区位于中国 10 个乡土落叶松分布区的中部，主要分布于秦岭海拔 2700－3500m（北坡）及 3440m（南坡）亚高山区，东经 107°04′~108°36′，北纬 33°42′~34°08′，中心分布区在秦岭太白山，太白红杉由此而得名。在陕西户县、佛坪县和长安县的光头山、兴隆岭、玉黄山、首阳山、牛背梁等有零星分布，在光头山海拔 2500m 处，太白红杉已成林。

太白红杉北部和华山落叶松接壤，南部和西南部与红杉（*Larix potaninii* Batal）相邻。

很多树木学家将红杉与太白红杉作为一个种类看待，因为他们的许多特征相同。但红杉可通过银白色、渐尖和较明显的种鳞及长灰色的幼枝与太白红杉区别开来。两者的分布区互相分开而并不重叠。

四、生态习性

太白红杉喜光，耐寒，耐瘠薄，抗风力强，能在山顶风口、岩石裸露、土层浅薄、冰啧石和具有岩泽化半冻土层的土壤表面生长。它是亚高山林线的原生裸地，或者由于森林火灾，采伐利用和病虫害危害形成的次生裸地上的先锋树种。通常情况下，太白红杉垂直分布的上限为林线高度，上接亚高山的灌丛，下接冷杉林。太白红杉幼苗喜光，耐霜冻，一旦侵入稀疏的冷杉林分时，在"林窗"很容易更新成林。因此在上坡土层较厚，坡度缓和而下坡和溪谷陡峭乱石林立时，太白红杉林分偶尔也出现在冷杉林之下，这种冷杉林居上太白红杉林居下的所谓垂直分布的倒置现象，在太白山南坡的玉皇池、南天门、老庙子、灵光台等地和西太白山北坡娘娘池、千人湾一带沟坡上均有发生（朱志诚，1980）

太白红杉林定居在冰川石河上，母岩有花岗岩、片麻岩和石英岩等。在原积和坡积物上发育的初级土壤，土层浅薄，养分贫乏。其分布范围气候寒冷，风力强劲，每年约有 251 天被冰雪覆盖，无霜期仅有 121 天，虽然最暖月份的平均气温为 11.5℃，湿度 83%，但夜间温度常在零下。其气候特点是冬季常达 9 ~ 10 个月，年平均气温均在 -5℃ 左右，7 月平均气温 5 ~ 6℃，6 月中旬至 9 月中旬平均气温 10 ~ 14℃，≤0℃ 日数 150 ~ 200 天，极端最低气温 -20 ~ -25℃，土壤结冻期 7 ~ 8 个月。年降水量 800 ~ 900mm。强劲的冷风几乎常年吹拂不止，太白红杉却都能忍受和适应。位于迎风面、梁脊或林线的太白红杉常呈灌木状，弯曲的树枝在背风面形成旗杆，80% 的顶梢由于霜打、雪折和风折而枯死。太白红杉正是分布在这些古代和现代的冰缘堆积物上，成为这里的先锋，也是唯一的乔木树种。

太白红属于慢生树种，树高年平均生长量为 2.6 ~ 13.2cm，胸径年平均生长量为 0.08 ~ 0.29cm。生长情况取决于立地质量特别是土层厚度。在垂直分布的下部 120 年生的太白红杉个体平均高 13.4m，胸径 26.4cm，而位于林线的 150 ~ 200 年生的太白红杉个体平均高仅 2.0 ~ 4.0m，胸径 10.0 ~ 18.0cm，最大年龄在 310 ~ 400 年之间。位于冰川石滩上的 283 年生的太白红杉林，其平均高为 12.8m，胸径 26.4cm，蓄积量 80.0m3/hm2。30 ~ 50 年生的林分开始自然整枝。

除在垂直分布的下沿地带混入有巴山冷杉和牛皮桦（*Betula utilis*）外，一般为太白红杉纯林。

五、培育技术

（一）育苗技术
太白红杉主要采用播种繁殖，也可用嫁接繁殖。

1. 播种育苗

（1）采种　太白红杉种子 10 月成熟，成熟后随即脱落，要做好准备，适时采集。在"寒露"前，球果由紫蓝色变为暗褐色时，即可采集。采收时，要选择 30 ~ 80 年生长旺盛，通直无病虫害的健壮母树。球果采收后，除去枝叶杂物，选择干燥、向阳的场地摊开曝晒，每天翻几次，晒至鳞片开裂，使种子全部脱出，然后筛去鳞片和杂物，充分晾干，置于干燥通风的室内贮藏。在常温下，贮藏 1~2 年，低温可贮藏 3 年，发芽率几乎不受影响。要经常翻动检查，以防虫蛀及发热霉烂。

（2）种子处理　太白红杉种子千粒重 3.6~4.8g，每千克种子 220000~291000 粒，种子发芽率在 45.0%~70.0% 之间，为使种子迅速发芽，出苗整齐，播种前 8~10 天，应进行种子处理。其方法是先经过风选或水选，将种子放入温水中浸泡 24h 后，除去浮在上面的秕粒和杂质，捞出下沉的种子，用 0.3%~0.5% 的高锰酸钾溶液或硫酸铜溶液浸种消毒 1~2h，捞出并洗净药剂残液。经过浸种、消毒的种子可进行沙藏催芽。用 2 倍于种子的湿沙与种子混拌均匀，如种子量少可放入花盆，其上罩以塑料薄膜，置于背风向阳处。若种子量大，可将种沙拌匀后，放在背风向阳的催芽坑内（坑应作成南低、北高），坑深 30~50cm，宽 1m，长视种子多少而定。每天翻动种沙，补足水分，5~7 天后大部分种子开始露白即可播种。

（3）整地作床　选择地势平坦、开阔向阳、土壤结构良好，表土深厚的沙壤土或轻黏壤土，pH 值 6.6~7.2 的中性土壤较好。切忌排水不良，土质黏重，尤其不能在低洼易涝的土地上育苗。先年秋季深翻整地，育苗前再深翻 1 次，结合整地每亩施入硫酸亚铁 12~15kg 或石灰粉 10kg 进行土壤消毒，同时施入有机肥 2000kg/亩作基肥，整地时应做到全面碎土，播前镇压，下层要湿润紧密，没有暗垄，以利种子发芽扎根。然后作成高床（床面高出步道 15cm 左右），床面长 5~10m，宽 1m。作床时可先作成平床，再将步道上的土翻到床上搂平压实，并保持床面平整，以免积水，影响种子发芽及幼苗生长。

（4）播种　播种期宜在 4 月中旬至 4 月下旬，寒冷地区可延到 5 月上旬。一般采用开沟条播，沟深 3cm，播幅宽 3~5cm，行距 10~20cm，覆盖 0.3~0.5cm 经过消毒过筛的森林腐殖质土，播种后可覆盖地膜，以利增温保墒，加速出苗。覆盖地膜后要勤加检查，当有 70%~80% 出苗后，就可揭去。

（5）苗期管理　太白红杉幼苗非常嫩弱，进行细致管理是培育优质壮苗的关键。为防止日灼、暴雨、风吹，保持床面湿润，应搭设塑料小拱棚防除并遮荫，荫棚高度以离床 30cm 为宜，生长期内要经常洒水，以防苗床干裂，当床面温度达 35℃就有日灼危害，当温度达到 30℃时就要揭棚通风降温，或洒水降温。到 7~8 月间，高温高湿时，要注意防止立枯病，每隔 7 天左右喷 1 次波尔多液，每亩用药液 150kg 或硫酸亚铁 250kg，喷后要浇水洗苗。幼苗出土 20 天后就要进行松土除草。二轮针叶形成时，以施氮肥为主，促进营养器官的生长。如采用化肥，浓度要低（硫酸铵 0.5%，硝酸铵 0.3%，尿素 0.3%，三者任选一种，并掺以 1.0~1.5kg 磷肥，每亩肥液 500kg 左右。8 月中旬前，可继续施用低浓度氮肥，人畜粪不超过 20%，化肥不超过 1.5%）。以便在幼苗木质化期继续积累干物质。追肥一般 3~4 次，8 月底 9 月初应停止施肥。1 年生苗高通常情况下 10~15cm。需要留床继续培育 1 年，或换床移栽，苗木换床在秋季落叶后和春季新芽萌发以前沟植。一般行距 10~20cm，株距 5~10cm，每亩可移栽幼苗 30000~80000 株，2~3 年生苗高可达 50~60cm，即可出圃造林。

太白红杉还可进行容器育苗，容器规格直径 4cm，高 12cm，土质为 100% 的森林腐殖质土。其方法同油松容器育苗。

2. 嫁接繁殖　太白红杉通过嫁接方法繁殖苗木，嫁接砧木以不超过 2 年生为宜。

（二）栽植技术

1. 林地选择 太白红杉宜在自然分布区内的半阴半阳坡，选择采伐迹地、林中空地、火烧迹地以及撩荒地。气候温凉的高原地区可引种栽培，甘肃天水小陇山林业科学研究所已引种培育苗木进行栽植。1985年陕西省林业科学研究所延安树木园从小陇山林业科学研究所引种苗木，定植于延安杨家湾树木园内黄土台地上，生长表现很好。

2. 整地方式 迹地造林必须先全面清林整地，在杂灌生长茂密的造林地上，整地前必须全面割灌，以保证幼树通风透光。整地方式以带状和穴状均可。整地深度至少保证苗木根系处在松土层内不窝根为宜，一般为30~40cm，要注意将表土填入穴内，并拣尽石块、草根。通常穴的规格长×宽为40cm×40cm（单植穴），50cm×50cm（丛植穴）。

3. 栽植密度 高山地区栽植密度单植穴为每亩167~234株，丛植穴为每亩140~170株，其株行距前者为2.0m×2.0m~1.6m×1.6m，后者为2.0m×2.5m~2.0m×2.0m。

4. 栽植技术 太白红杉多以植苗为主，宜在春季进行，最好用3年以上合格苗木。苗木从起苗到栽植要严密保护，不受日晒、风吹。要带土起苗，包装运输。栽植时，必须放在竹篮或柳框内，并加以覆盖，以保持苗根湿润。为了解决高寒地区造林地解冻迟，苗圃苗木萌动早的矛盾，应提早起苗，进行假植，随栽随取。栽植时要做到苗正、根展、踏实，使土壤和苗根紧密结合。为防止太白红杉纯林易遭虫害，宜与冷杉和牛皮桦营造混交林。

5. 幼林抚育 栽植若发现新土下沉，以及开春后苗木发生冻拔，要及时培土。栽后一年内一般不宜松土，以后要酌情松土除草。太白红杉栽植后到成林郁闭，约需10~15年时间，从第二年开始进行松土除草，每年2~3次，清除萌蘖的灌木，但不要砍除天然生长的乔木幼树，以后重点是砍掉地上的全部灌木和亚乔木，充分保留天然更新的乔木幼树。幼林抚育一般应在每年林木开始旺盛生长前进行。培育作母树林或种子园的幼林，要结合松土除草进行施肥。所造幼林应封山育林，严禁放牧。

六、病虫害防治

太白红杉由于生境严酷，虫害较少。已发现的病害有两种：

1. 锈病 病原菌为落叶松杨栅锈（*Melampsora lari - populina* Kleb.）。夏孢子叶背生，多散生，黄色，孢子堆附近组织变为灰褐色，孢子堆近圆形、长圆形、粉状，侧丝头状，少棒状，多无色；夏孢子椭圆形、长圆形或近似梭形，少棒形，表面刺分布不均厚、壁不均匀增厚，孢子顶有无刺光滑区。

防治方法：参见毛白杨。

2. 落针病 病原菌为（*Lophodermium Laricinum* Duby），落叶针叶上密生黑色小粒点——分生孢子器。分生孢子器扁平球形，黑色，埋生或外露，分生孢子长椭圆形或杆状，单胞无色。

他们均危害针叶，造成针叶脱落，影响林木生长。

防治方法：参见华北落叶松和日本落叶松。

（彭 鸿）

侧　柏

别属名：扁柏、香柏、柏树

学属名：*Platycladus orientalis*（L.）Franco

科属名：柏科 Cupressaceae，侧柏属 *Platycladus* Spach（Biota Endl.）

一、经济价值及栽培意义

侧柏在我国栽培历史悠久，自古即作为绿化美化环境和庭园寺庙的主要树种种植。陕西黄陵县黄帝陵古柏，闻名于世，已有 5000 年的历史，为世界柏树之父。其树高 19.3m，胸径 2.48m，基径 3.58m。当地谚云："七搂八柞半，二十四个疙瘩不上算"即指此。

侧柏木材致密坚实，不翘不裂，耐腐力强，是建筑、车船、家具、枕木、桥梁、雕刻、细木工、文具的珍贵用材。木材干后性质固定、切削容易、切面光滑、油漆和胶粘性能良好，钉着力强。种子、根、枝、叶、树皮均可药用。侧柏种仁列于《神农本草经》上品，实味甘平、主惊悸、安五脏、益气、除湿庳、镇咳劫痰能滋补强壮、养心安神、润肠通便、止汗，久服令人悦泽美色、耳目聪明、不饥不老、轻身延年。综合开发利用价值大，种子含油量约 22%（出油率 18%）可榨油，供制肥皂、油墨和食用，种仁氨态氮含量可达 223mg/100g，氨基酸含量为 17 种氨基酸总量达 39.27%，广泛用于医药工业和香料工业原料，前景十分广阔。侧柏叶有良好的收敛、止血、利尿、健胃、解毒散痰作用，鲜叶的粗制总黄铜含量为 1.72%，有抑癌作用，枝叶含柏精油，常用作化妆品配料，还是效果很好的驱除剂，晒干磨粉可制农药能有效防治蛴螬、稻螟、棉蚜。侧柏抗污染能力强，对氟化氢、乙烯、臭氧、二氧化氮、二氧化硫均有较强抗性。

侧柏根系发达，固土力强，枝繁叶茂，对降雨截留作用大。既是干旱荒山沟壑，困难立地的先锋树种，亦是园林四旁绿化的优良树种，还是营造防护林和用材林的理想树种。

20 世纪 50 年代初以来，特别是近 20 年来，人们已从实践中认识到侧柏栽培价值，不少地方极为重视，已将侧柏列为西北的主要树种，大力发展；仅陕西黄土高原 1985～1990 年 5 年间就发展 30 多万亩，就是在西北新疆的伊犁、喀什、和田、吐鲁番和甘肃敦煌等地也广为种植，可以说侧柏是西北困难立地造林的首选树种之一。

二、形态特征

常绿针叶乔木，树干端直，高达 20 余 m，胸径达 1m 以上；幼树树冠多为尖塔形，老树树冠为广圆形。树皮薄，淡褐色、灰褐色或浅灰褐色，纵裂成条片状，枝条向上伸展。生鳞叶的小细枝扁平，向上直展或斜展，排成一个平面；鳞叶形小，长 1～3mm，先端微钝、交互对生、小枝中央的叶露出部分呈倒卵状、菱形或斜方形，背面中央有条状腺槽。雌雄同株，雄球花长卵形，被白粉，有雄蕊 6 对，各具 2～4 个花药，雌球花具 4 对珠鳞，仅中间的 2 对珠鳞各着生 1～2 枚直立胚珠。球果近卵圆形，长 1.5～2.5cm，成熟前近肉质，蓝绿色，被白粉，熟后褐色或红褐色，木质化、开裂，4 对种鳞。种子卵圆形或椭圆形，顶端微尖，长4~8mm，宽2~3mm，灰褐色或紫褐色，无翅，基部稍偏、斜而尖，稍有棱脊。花期3~4月，球果8月底到10月初成熟。

常见的栽培品种有：

千头柏（cv. 'Sieboldii'）灌木丛生状，无主干，高3~5m，叶绿色，树冠卵圆形或球形，多用作庭院绿篱栽培。

金黄球柏（cv. 'Semperaurescens'）矮形灌木，树冠球形，叶全年为金黄色。

金塔柏（cv. 'Beverleyensis'）小乔木，树冠窄塔形，叶金黄色。

窄冠侧柏 树冠窄，圆锥形，枝向上伸展，分枝角度一般在45°以下，树干通直圆满，出材率高，适于密植。是一个优良的用材栽培变种，其材积增长较普通侧柏高2倍。

垂枝侧柏 树冠呈伞形，枝条柔软细长，单枝簇状下垂，树形独特美观，是优良的观赏栽培变种。

侧柏
1. 球果枝 2. 花枝 3. 小枝放大 4. 雄蕊背腹面 5. 球果

三、分布区域

侧柏原产中国和朝鲜，是我国针叶树种中分布最广的树种，从内蒙古南部、东北南部，经华北向南达广东、广西、海南（栽培），西南到四川、云南、贵州，均有分布。陕西、甘肃、宁夏等地有大小不等的天然林。新疆乌鲁木齐、伊犁、喀什、和田、石河子、哈密、吐鲁番地区均有人工林。青海的西宁、民和、乐都、循化、尖扎以及西藏、拉萨、日喀则、林芝、德庆、达孜等地均有栽培。目前栽培范围遍及全国各地。

侧柏垂直分布，陕西、甘肃在350~1800m之间，以500~1300m最为集中，宁夏分布于1000~1700m，西藏在1700~2100m以下，青海在1800~2300m，新疆在770~1900m。

四、生态习性

抗逆性强适应生态幅度广 侧柏耐寒、抗旱，能忍受45℃的极端高温和－35℃的极端低温，在年降水量200~300mm，年蒸发量2000mm左右的天山前山带冲积平原或砾质土残丘上生长较好。

对土壤要求不严在砾质土、砂土、沙壤土、壤土和黏壤土上均能生长，在岩石裸露的山地，甚至在石缝中也能生长和繁衍，表现出强大的生命力。在晋、陕黄河两岸和秦岭北坡的悬岩石缝中生长的侧柏，它以灌木的形态适应这种恶劣的生境，形成了这一地带特有的自然景观。栽培实践表明，在石质山地、干旱阳坡，侧柏是难以被取代的树种，别的树种难以生存，而侧柏却能苍郁成林。侧柏具有一定的抗盐能力，在含盐量 0.2% 的土壤上能良好生长。侧柏对土壤 pH 值适应范围为 5~8，pH 值为 7~8，侧柏生长很好。

生长稳定寿命长百年侧柏，随处可见，千年侧柏，也较普遍。陕西省林业科学研究所在清涧对一株生长在黄土坡上的 197 年生侧柏的树干解析可以看出其大周期生长规律，树高 20 年前生长较缓，连年生长量为 8~14cm，20~40 年生长较快，30 年生时达高峰，连年生长量达 21cm，50 年后生长下降，50~90 年间，连年生长量 5~7cm，直到 197 年，连年生长量 3~4cm。胸径生长 30 年前较缓。年平均生长量不足 0.1cm，30 年后加快，30~90 年生长最快，连年生长量 0.14~0.19cm，90~100 年为第一次高峰，连年生长量为 0.2cm，此后生长趋缓，150 年后复又加快生长，180~190 年出现第二次高峰，连年生长量为 0.22cm。材积生长速生期在 150 年左右，180~190 年为高峰期，连年生长量为 0.0053m³。190 年以后为 0.0043m³。据观测侧柏幼林（11~15 年生）年生长规律，4 月上旬开始年高生长，6 月上旬出现第一次高峰，月平均生长量达 0.15~0.45cm，胸径 0.008cm，7 月下旬高径生长出现第二次高峰，日平均高生长量为 0.005cm，胸径 0.016cm，6、7 份是侧柏生长旺期，此期的生长量占全年总量的 52.8%。8 月中旬以后高径生长逐渐下降。当年新梢生长量平均为 50.4cm，最低为 36.0cm，最高为 67.5cm（陕西淳化，年平均气温为 9.6℃，土壤为厚层黏黑垆土，年降水量为 550mm），可见侧柏在较好的立地条件下是可以速生的。

侧柏幼苗和幼林能耐庇萌，在林下更新良好。但随年龄增大，对光照要求强烈，15 年以后的侧柏林郁闭度保持在 0.7 左右。

五、培育技术

（一）育苗技术

1. 播种育苗

（1）选树采种　选择 20 年生以上的壮龄树木作为采种母树，以单株、或林缘木、或密度较小的林分最好。当年 9~10 月球果变为黄褐色，鳞片微裂时，开始采收。可用击落法或采摘法采种，切忌折枝采摘，以免伤害母树。将采回球果摊晒 4~7 天，稍加打击，种子即可脱出。约 12kg 新鲜球果可得纯种 1kg。需要贮藏的种子经水选或风选处理后干藏。每种子约 45000 粒/kg，千粒重 21.3g，经过 3 年贮藏的种子，发芽率仍达 78%，但经 5 年贮藏的种子，则完全失去发芽力。为长期保存种子，可将容器密封低温（-5~5℃）贮藏，种子含水量为 7%~10%。

（2）选地作床　侧柏各种土壤均可育苗，但不宜选过于干旱瘠薄、地势低洼积水和返碱严重的土壤（pH 值>8.5）育苗。应提前整地，每亩施入有机肥 0.2~0.5 万 kg，过磷酸钙作基肥一般每亩 7~14kg。深翻 20~30cm，每亩撒入硫酸亚铁粉末 20kg，或每亩喷洒五氯硝基苯 3~4kg 或代森锌 3kg，以防立枯病。

旱地育苗可作成低床，床面比步道低 15~20cm，以能保蓄降水为原则。有水灌溉的地方作成畦式床，长 10m、宽 1m、畦高 20cm，或作成垄式床，垄底宽 70cm，垄面宽 30 ~ 35cm，垄高 12 ~ 15cm，垄距 70cm。

（3）种子处理 播前先用 30 ~ 40℃温水浸种 12 ~ 24h，捞出浮在上面的空粒种子后，再捞出好种子用 0.5%高锰酸钾浸泡 15 ~ 30min 消毒，经清水冲洗后，置于蒲包、筐篮或苇席上，放在背风向阳的地方，覆盖湿麻袋催芽，每天用清水冲洗 1 次。并经常翻倒，当种子有一半裂嘴吐白时，即可播种。

（4）播种方法 床播时顺床条播每床播 4 行，行距 20 ~ 25cm，开沟条播，播幅宽 5 ~ 8cm；垄播时可在垄面双行或单行条播，双行条播播幅 5 ~ 7cm，单行条播播幅 10 ~ 12cm。横行条播播幅 5 ~ 10cm，行距 10 ~ 15cm，每亩播种量 10kg 左右。

（5）播种季节 以春播为主，春播宜早，3 月中、下旬到 4 月上中旬以前。近年来，亦有一些地方采用秋播，即 9 ~ 10 月随采随播。

（6）苗期管理 从播种到发芽终止需要 10 ~ 25 天。当苗出齐后，开始松土除草，苗期一般松土除草 4 ~ 5 次。有水源的地方要适时灌水，保持土壤湿润。6 月上旬第一次追肥每亩施硫酸铵或尿素 3 ~ 4kg，7 月上旬第二次追肥，每亩施 10kg 硫酸铵或尿素。若追施腐熟的人粪尿，每次每亩可施 100kg。生长后期，停止追氮肥，应增施钾肥，以促进苗木木质化。侧柏幼苗喜侧方庇荫，群体生长较好，一般不必间苗。但过分稠密，影响通风透光，致使生长不良，苗木纤细，亦可在 5cm 高时进行间苗，留苗密度每米播种沟 100 株左右为宜，亩产苗量 16 万 ~ 20 万为宜。

（7）苗木出圃 为了减轻侧柏根系损伤，也便起苗，起苗前 3 ~ 4 天灌 1 次大水。起苗时最忌用手猛力拔苗。尽量减少和避免苗木根系被风吹日晒，丧失水分、丧失生活力，降低移值造林成活率。据孙时轩试验，侧柏随起苗随造林成活达 86%；晒苗 1h，成活率为 67%；晒苗 4h，成活率仅 3.1%。

（8）大苗培育 一般大田 1 年生苗高 5 ~ 15cm，容器苗高 10 ~ 20cm，2 年苗 20 ~ 40cm，容器苗高 40 ~ 80cm，地径 0.3 ~ 0.8cm。以 2 年生苗造林效果较好。但庭院、城市园林、四旁绿化需要移植培育大苗，移植后培育 1 年苗木株行距 10cm×20cm；培育 2 年苗株行距 20cm×40cm；培育 3 年以上大苗株行距 30cm×40cm；培育 4 年生大苗株行距为 50cm×100cm；培育 5 年以上，株行距为 1.5m×2.0m。

2. 容器育苗 容器苗培育的种子处理、播种方法及管理措施同播种育苗，具体操作技术见油松容器育苗。

3. 扦插育苗

（1）播穗的选取 扦插育苗有利于保存和推广使用优良的变异类型的特性。应从生长健壮的幼龄母树树冠中部采集当年生或 1 年生枝条作插穗，穗长 10 ~ 20cm，剪去基部鳞叶。用侧柏当年生嫩枝，剪成 10 ~ 18cm 插穗，夏季在电子叶喷雾条件下扦插，40 天后生根率达 60%，60 天后生根率 93.3%，单株生根数达 4.3 条，根长平均 4.8cm（王涛，1980）。

（2）扦插季节 侧柏可在春、夏、秋三季扦插，春季扦插可用 1 年生枝条作插穗；夏季可用当年生嫩枝扦插；秋季扦插因气温低，可在塑料温棚或电温床上进行。

（3）插穗处理 采用生根剂处理能显著提高扦插生根率。试验表明以 ABT500μg/g 粉剂、NAA500μL/L 粉剂和生根素原液速蘸效果最好，生根率分别达 73.3%、66.7% 和 66.7%（梁荣纳、沈熙环，1988）。王涛等曾以 500μL/L IBA 和 NAA 溶剂速蘸法做侧柏嫩枝扦插试验。结果表明 500μL/L IBA 处理插条后生根率达 93.3%，500μL/L NAA 处理后，生根率达 80.0%。

（4）插壤的选择　侧柏扦插育苗应选择饱和含水量较高的材料作插壤。不同插壤与生根的关系分别如下：蛭石为 93.3%；蛭石 + 细沙为 80.0%；蛭石 + 膨体沙为 80.0% 和泥炭 + 细沙为 33.3%（王涛，1980）。日本报道，采用森林腐殖质作侧柏插壤效果很好。

（5）扦插及管理　扦插深度 5～8cm。插后挤实插壤，每扦插 200 支左右/m²。插后充分洒水，棚内保持 80%～90% 湿度，温度控制在 23～25℃，注意防治病虫害。

4. 嫁接育苗　嫁接育苗的重要意义，在于它是营建侧柏无性系种子园的必要手段，也是繁殖千头柏、窄冠柏、黄金柏和金塔柏等侧柏变种和变异类型的方法之一。1.5～5 年生、地径 0.4cm 以上的侧柏播种苗均可作砧木。留床苗的密度以 200 株/m² 为宜。移植苗需定植 1 年。接穗应从树冠中上部采集 1 年生或当年生枝条较好。梢顶枝作插穗成活率可达 97% 以上，当年平均抽梢长达 45cm，最高可达 90cm。嫁接季节以春夏之交的 3 月底至 4 月底为最佳（3 月 20 日以前嫁接成活率平均 52%，3 月 25 日～3 月 30 日提高到 70%，4 月 1 日～4 月 15 日成活率最高达 93%，6 月初为 61%），此时期平均气温达 15℃（塑料和塑料棚内平均温度 20～25℃）。嫁接方法，采用劈接、切接、腹接和皮下接（高位皮下接、低位皮下接）均能成功，其中以低位皮下接成活率最高为 96%，其次是腹接达 82%，劈接、高位皮下接成活率相近，约 70%（河南郏县林场，1988），低位皮下接操作简便，成活率高，成本低，是目前侧柏优树嫁接的好方法。用此方法以侧柏为砧木，嫁接其他柏科珍稀优特植物，如龙柏、圆柏等，效果极好。

嫁接苗的管理，如 4 月初嫁接，20～25 天后开始产生愈伤组织，40 天后完全愈合，并开始抽梢，因此，50 天后可去掉塑料袋，8 月初可松绑。嫁接后立即浇 1 次水，以后保持经常湿润，适时松土除草和培土。

（二）栽培技术

1. 林地选择　除了低洼积水、冲风之地和返碱严重的盐碱地不要用作造林地外，各种立地条件均可营造侧柏林，以选阳坡、半阳坡为宜。干旱瘠薄石质山地，可以营造水土保持防护林。立地条件较好，可以营造风景林或用材防护林。

2. 整地　整地对侧柏造林有重要作用，可因地制宜采用反坡梯田、水平沟、水平阶、鱼鳞坑等多种方法整地，提前在雨季或秋季进行，先整地后造林。在旅游盛地的石质山坡，可采用爆破整地，陕西省林业科学研究所曾在蒲城用此种方法整地，穴径 40cm，深 30cm，成活率达 94%。

3. 栽植季节　侧柏春、雨、秋三季均可栽植，但以春季较好，雨季也适宜，1.5 年生容器苗最佳。

4. 栽植密度　侧柏幼龄期喜侧方庇荫，应适当增大初植密度，在土壤瘠薄的石质山地和干旱的黄土地区，株行距为 1.0m×1.5m，在平原、山麓或山间缓坡台地，采用 1.5m×2.0m 或 2m×3m 的株行距，每亩 100～200 株，在土层深厚、水分较好的立地上，可以通过间伐抚育培养中、大径材。作绿篱时，单行式株距 40cm，斜双行式株距 40cm，行距 30cm。

5. 栽植方式

（1）植苗造林　植苗造林分布均匀，便于抚育管理，是当前主要的栽培方式，也适于各种造林地。春季气温低，蒸发量低，在水分充足，春旱不严重的地方可于春季造林；雨季降水集中，地温较高，有利新根生长，这是雨季造林的优点。春季造林生根需 30～35 天，而雨季造林只需 8 天（郁菊初，1988）。保护好苗木根系是提高造林成活率的关健措施，裸根苗起苗深度不少于 0.2m，且要求随起苗、随蘸泥浆随栽植，尽量减少苗木失水。如不能及时栽植，应在庇荫处假植，栽植要精细，每穴栽 1～2 株苗，要求根系舒展、不窝根、深栽。分层埋土，分层砸实，使根系和土壤密切结合。采用容器苗造林能保持根系完整的自然舒展状态，成活率达 95.3%，而裸根苗成活率仅为 51.6%（陕西省宝鸡市林业站，1992）。王九龄等 1984 年对 1 年生侧柏苗，每株用日本产吸水剂 lgetagelp 与土壤的混合物 500g，装入已放好苗木的纸袋内，加水至饱和，栽植于穴内，结果表明以 2% 吸水剂处理的侧柏苗效果较好，成活率为 86.2%，对照仅为 52.1%。山西方山用 25μg/gABT3 号生根粉溶液浸侧柏侧 0.5～2h，然后造林，其成活率达 97.0%，较对照（75%）提高 22%。

（2）飞机播种造林 侧柏种子具有吸水快、需水量少、发芽迅速、幼苗较耐旱的生物学和群落学特性，可适宜飞播造林。据观测侧柏种子落地只需 7 天阴雨天就能保证发芽成苗，萌动的种子具有一定的抗旱性，咧嘴的种子在停止供水 10 天的情况下仍能发芽出苗，且根伸扎快，根系生长比地上部分生长快 3 倍多。

飞播区应选择在年降水量 550mm 以上，年平均气温 8℃ 以上，海拔 1200m 以下的低山丘陵地区进行。播区植被覆盖度 0.4 以下的草坡，灌木坡或疏林的阳坡地段为宜。

播期最好与当地降水相吻合，侧柏飞播种子需要 100mm 以上的降水量和 12～14 日的降水过程，在雨季选择播前有透雨，播后有阴雨的时期，如陕西黄土高原地区以 6 月下旬到 7 月上旬为宜。侧柏纯播时每亩播种量应在 0.5～0.75kg，侧柏与油松混播时，还可以克服阳坡苗多、阴坡苗少、低山有苗、高山无苗的现象，种子在播前要进行拌药处理。

6. 混交造林

侧柏与其他树种混交，能受到侧方庇荫，因而比纯林生长快而健壮，宜多造混交林，如陕西永寿马莲滩，不论哪种立地条件，8 年生侧柏与沙棘混交林，侧柏的生长均优于侧柏纯林表 1。

表 1 不同立地类型侧柏、沙棘混交林及侧柏纯林生长量比较（8 龄）

立地类型	林分	树种	平均树高 （m）	平均胸径 （cm）	平均冠幅 （m）	单株材积 （m³）	蓄积量 （m³/hm²）
沟坡上部台地	侧柏、沙棘混交林	侧柏	3.32	2.96	1.23	9.12×10^{-4}	1.9152
	侧柏纯林	侧柏	2.09	1.18	0.76	9.14×10^{-5}	0.2065
梁顶缓坡地	侧柏、沙棘混交林	侧柏	2.38	1.80	0.85	2.42×10^{-4}	0.5082
	侧柏纯林	侧柏	1.89	0.97	0.72	5.58×10^{-5}	0.1261
峁坡上部坡地	侧柏、沙棘混交林	侧柏	2.32	1.56	0.75	1.77×10^{-4}	0.3894
	侧柏纯林	侧柏	1.75	0.78	0.53	3.34×10^{-5}	0.1002

注：1994 年 11 月 24 日调查。

侧柏与沙棘可采用带状 3～4 行侧柏，1～2 行沙棘混交。侧柏、油松混交林的侧柏，其高生长比纯林侧柏高 11%～158%，胸径生长可高 5%～59%，总生物量比纯林高 31.3%。侧柏与油松可实行窄带状（2～3 行为 1 带）或行间混交。侧柏、刺槐混交的侧柏，20 年生材积连年生长量比侧柏纯林大 142.2%，平均生长量大 178.5%，混交林内每年每亩凋落物为 112.5~187.5kg（风干重），是侧柏纯林的 1.5~1.8 倍。可采用带状（侧柏 3~4 行，刺槐 1~2 行）或块状混交，混交林林地土壤有机质含量达 2.67%，而侧柏纯林仅 1.5%。

侧柏还可与元宝枫、栓皮栎、麻栎、臭椿、黄连木带状（侧柏 6~8 行，其他树种 3~4 行）混交或与黄栌、紫穗槐等树种行间或株间混交。

（三）幼林抚育

在干旱阳坡，松土除草可以蓄水保墒。侧柏 1 年中有 2 次生长高峰，第一次在 6 月上、中旬，第二次在 7 月下、8 月上旬，除草松土可分别在 5 月及 7 月中旬进行。

侧柏不宜过早修枝，造林 7~8 年后开始第一次修枝，只修去基部的粗大侧枝，保留树冠长度占整个树高的 4/5，修去部分占 1/5。随着树龄增大至 15~20 年生时，保留树冠长占整个树高的 2/3。

六、病虫害防治

1. 紫色根腐病［*Helico basidium purreum*（Tul.）Pat］　　又名紫纹羽病，其病源是担子菌纲银耳目的卷担菌或桑卷担菌。此病多危害侧柏幼苗，病害先从幼嫩新梢开始，逐步扩展到侧根及主根。初期病根表面出现淡紫色疏松棉絮状菌丝体，此后变为深紫，引起病根腐烂，极易剥离。病株地上部分表现为不抽顶芽、叶发黄严重时枝条干枯，最后全株枯萎死亡。

防治方法：①消除病源，严格检查，去除病株。②根部消毒处理，用 20% 的石灰水浸根 0.5h 或以 1% 硫酸铜溶液浸渍 3h 或以 1% 波尔多液浸根 1h，处理后用清水冲洗根部，然后栽植。③用 0.3% 的敌克松溶液浇灌根部。④用赛力散、敌克松、五氯硝基苯、六氯苯处理土壤，每亩 1.5~3.5kg。

2. 立枯病　　见油松部分

3. 侧柏毒蛾［*Parocneria furva*（Leech）］　　为侧柏及千头柏主要害虫。初孵幼虫咬食鳞叶尖端和边缘成缺刻，3 龄后取食全叶，受害严重的植株树冠枯黄。此虫 1 年发生 2 代（河南、北京），2~3 代（徐州）和 4 代（西安）。

防治方法：①因地制宜营造混交林，加强林分抚育管理，合理间伐，使林分通风透光，促进林木健壮生长；②在幼虫危害期喷 50% 磷胺乳剂，50% 杀螟松、15% 杀虫畏乳油、50% 久效磷，均有良好效果；③可用 80 倍 80% 晶体敌百虫药液飞机喷洒毒杀幼虫，杀虫率可达 92.27%~98.67%；④幼虫期用动力喷粉机地面喷洒 5% 敌百虫粉，每亩 3~4kg，杀虫率在 90% 以上；⑤灭幼脲防治，用 25% 灭幼脲 3 号胶悬剂，超底容量喷洒防治侧柏毒蛾，效果显著，有虫枝率由 76.7% 降低到 7.5%，枝均虫口密度由 2.4 头降低到 0.12 头，用灭幼脲 1 号 10μg/g 浓度喷雾，林间每亩用原药 1g，施药 10 天后杀虫率达 92.41%。⑥幼虫期在树干基部钻孔后，注射入氧化乐果 5 倍液、乐果原液，每株用药 2ml，10 天后杀虫率达 96.93%~100%，此法适于城市行道树及庭园绿化树木；⑦冬季在树的向阳面采集卵块，集中消灭，在 5、7、8 和 10 月集中采蛹，予以消除；⑧成虫趋光性强，可用黑光灯诱杀；⑨微生物防治，幼虫期用青虫菌粉，稀释成每 2 亿孢子/ml 的菌液加 0.1% 洗衣粉地面喷雾，杀虫率为 95%。

4. 双条杉天牛［*Semanotus bifasciatus*（Motschlsky）］　　幼虫蛀食树干基部边材及韧皮部。被害树木，长势衰弱、叶色青枯或发黄，远看似火烧状，引起植株逐步死亡。成虫体长

9~15mm，体型扁，黑褐色；幼虫乳白色。陕西1年1代，5月中旬开始蛀入木质部内，8月下旬在木质部内化蛹，9月上旬开始为成虫进入越冬阶段。3月中旬开始产卵，下旬幼虫孵化，随后蛀入皮层危害。

防治方法：①在6~8月捕捉成虫，伐除被害濒死木或枯立木，剥皮捕杀幼虫；②越冬成虫未出孔前，在前一年虫害林地用涂白剂涂刷2m以下的树干，以防成虫产卵并毒杀初孵的幼虫；③可在树干喷施滴滴畏、40%氧化乐果、20%益果乳剂毒杀初孵幼虫；④用40%磷胺乳油或50%杀螟松乳油40倍液，蘸在棉花上，塞入虫孔内毒杀幼虫；⑤放养天敌柄腹茧蜂、肿腿蜂、红头茧蜂等防治，效果良好；⑥招引和保护啄木鸟和棕色小蚂蚁。

5. 柏肤小蠹（*Phloeosinus aubei* Perris） 是西北地区危害侧柏、桧柏的主要害虫之一。危害侧柏树干。

防治方法：①采用先进的营林技术，提高侧柏林木的树势，增强侧柏抗虫能力；②在成虫出现期喷80%敌敌畏乳油1000倍液，对树干中的成虫、幼虫及蛹，可用80%敌敌畏乳油500倍液熏蒸。③在侧柏林内放养天敌赤眼蜂等。

6. 侧柏松毛松（*Dendrolimus suffuscus* Lajonguiere） 是侧柏林区的主要害虫之一，1971年以来在陕西宜川大量发生，侧柏受害损失大。

防治方法：在害虫产卵初期8月间，每亩放养5~7万头松毛虫赤眼蜂（*Trichogramma dendrolimi* mats），可使虫口密度下降47%~75%。

7. 东方蝼蛄（*Gryllotalpa orientalis* Burmeister）、**华北蝼蛄**（*G. unispina* Saussure） 以成虫、若虫危害侧柏苗的幼根皮嫩茎，因在其苗圃地下乱打隧洞，常使侧柏幼苗缺苗断垄，危害很大。

防治方法：①毒饵诱杀，用1份59%的敌敌畏和20份煮熟的谷子拌匀，在灌水后的当天晚上撒在苗床上进行毒杀；②人工捕灭，在3~4月中旬至8月下旬，人工挖洞、窝，灭卵杀虫；③马粪鲜草诱杀，在苗圃每隔20m挖一小坑，然后将马粪和鲜草放坑内，白天集中捕杀；④在苗圃周围设灭虫灯进行灯光诱杀。⑤用中药狼毒、百部根、半夏、苦参各1份混磨成粉，施入苗床，杀虫效果很好。

（刘广全、罗伟祥）

祁连圆柏

别名：柴达木圆柏、柴达木桧、祁连山圆柏、蒙古圆柏
学名：*Sabina przewalskii* Kom.
科属名：柏科 Cupressaceae，圆柏属 *Sabina* Mill.

一、经济价值及栽培意义

祁连圆柏为多用途树种。材质坚硬，耐腐力强，为农具和模具的良好材料；木材细脆，有光泽，车旋、刨切性能优良，气干密度属中等，干缩性很小，宜作工艺品、高档家具、室内装饰、建筑等用材，也是香料资源；叶药用，能止血、镇咳；根系发达，适应性强，为优良的水土保持、水源涵养林树种之一。其树冠尖塔形，树形美观，为西北地区优良的常绿观赏树种。

祁连圆柏是我国特有的古老树种，寿命长，年龄愈千年，在科学研究方面具有重要价值。张齐兵建立了祁连圆柏公元前 326 ~ 2000 年的年轮序列表。通过树木年轮研究有助于了解该地区气候变化、生态环境演变的时空特征和预测未来环境变化趋势。

二、形态特征

常绿乔木，稀灌木，高可达 16m，胸径达 1m。树干直或稍扭曲，树皮灰色或灰褐色，条片状脱落。枝红褐色或灰褐色，一年生枝的一回分枝圆，二回分枝较密，近等长，四棱状或近圆柱形，微呈弧状弯曲或直。叶有鳞叶与刺叶，幼树的叶通常全为刺叶，壮龄树上兼有鳞叶与刺叶，大树或老树几乎全为鳞叶。鳞叶交互对生，菱状卵形，长 1.2 ~ 3mm，背面多少被蜡粉，腺体位于叶背基部或近基部；刺叶三枚轮生，长 4 ~ 7mm，三角状披针形。雌雄同株。雄球花卵圆形，长约 2 ~ 2.5mm，雄蕊 5 对，各具花药 3。球果卵圆形或近圆球形，长 8 ~ 13mm，成熟前绿色，微具白粉，熟后蓝褐色、蓝黑色或黑色，微有光泽，有 1 粒种子。种子扁方圆形或近圆形，具或深或浅的树脂槽，两侧有明显凸起的棱脊。花期 5 ~ 6 月，翌年 10 月上中旬果熟。

祁连圆柏

在青海西倾山海拔 2500 ~ 2900m 地带见有垂枝祁连圆柏（*Sabina przewalskii* f. *pendula*），小枝细长下垂。

三、分布区域

祁连圆柏产区沿祁连山山脉自西北向东南延伸至岷山山地，包括甘肃西南部（祁连山脉的东段和中段）、青海东部和川西北岷江上游的松潘、红原、阿坝、若尔盖等地。这一带地势北低南高，在甘肃境内海拔为 2600 ~ 3300m，青海为 3200 ~ 3500m，川西北部为 2800 ~ 3800m；以祁连山东、中段分布较为集中，多见于海拔 2600 ~ 3300m 的阳坡、半阳坡，青海

云杉（*Picea crassifolia* Kom. ）林上线。现已引种至河西走廊及兰州等地作为城市绿化树种。四川北部、陕西、宁夏、内蒙古西部、青海、新疆等地也有引种栽培。延安树木园引种栽培的祁连圆柏，生长很好，树形十分优美。

四、生态习性

祁连圆柏为祁连山亚高山暗针叶林带中惟一分布在阳坡或半阳坡的森林树种，也是该分布区的顶极群落。该区主要气象指标为：年平均气温 -0.7 ~ 2.0℃，1月平均气温 -11.0 ~ -14.0℃，7月平均气温 9.0 ~ 13.0℃，极端最高温度 26 ~ 29℃，极端最低温度 -27 ~ -31℃，生长期 90 ~ 120 天，≥10℃积温 330 ~ 900℃，≥0℃的积温 1863 ~ 1327℃，年平均降水量 400 ~ 630mm，7 ~ 9月平均降水量 240 ~ 330mm，年均蒸发量 800 ~ 1600mm，年平均相对湿度 49% ~ 61%。极耐寒冷。为喜光树种，在高海拔山地阳坡、半阳坡散生，或为郁闭度 0.2 ~ 0.4 的疏林，多为纯林且结构简单。耐干旱瘠薄，对土壤要求不严，多生长于碳酸岩灰褐土或山地棕褐土上。pH 值 7.4 ~ 8.4，土壤上层碳酸钙含量 0.49%，下层可达 9.75% ~ 11.77%，适于中性和微碱性钙质土壤上生长。抗病虫为害，耐牲畜啃食。

由于生境条件恶劣，祁连圆柏生长速度缓慢。其 1 ~ 2 年生幼苗为全期生长型，3 龄后变为前期速生型，年生长高峰出现在 6 月中旬至 8 月中旬。祁连圆柏直径和树高生长量 40 年前较小，60 年左右生长较快，以后又逐渐减缓，120 年林分平均树高 7 ~ 9m，平均胸径 14 ~ 20cm，蓄积量仅为 80m³/hm²，180 年后生长接近平稳，200 年左右达数量成熟。但林木低矮，郁闭度小，尖削度大，枝密多节，出材率低。垂直根系发达，深可达 1.2m，无明显主根，根系密集深度 0 ~ 30cm（占总根量的 76.66%），根量为 17.35t/hm²。

祁连圆柏在较低海拔的绿洲区栽培，幼树生长速度加快，且移栽成活率也高。4 年生或 8 年生苗移栽后 4 ~ 6 年高生长年平均 24 ~ 28cm，并呈现逐年增长的趋势。

祁连圆柏结实有大小年，2 年有一丰年。5 ~ 6 年时开始结实，约 80 年时进入结实盛期。自然状态下祁连圆柏只能进行种子繁殖。其种子寿命长，发芽率低，幼苗多集中分布在大树周围蔽荫处，天然更新差。

五、培育技术

（一）育苗技术

祁连圆柏多采用播种育苗，也可扦插繁殖。

1. 播种育苗

（1）采种 祁连圆柏种子 2 年成熟，在 10 月中旬球果由绿色变为蓝褐色或蓝黑色时，选择树干通直、树冠圆满、生长健壮的中龄至成熟单株，采摘饱满无虫害的成熟球果，摊平碾压，并经冲洗去除残留果肉后阴干，除去杂物、秕粒、虫粒后，在阴凉通风或低温下干藏或沙藏（种子含水率 10% ~ 13%）。

（2）播种

催芽处理：祁连圆柏种胚有休眠特性，且种皮致密、坚硬，透水性差，多在播种前进行低温冰冻、变温层积（湿沙和种子比例为 1:3）、混沙层积（湿沙和种子比例为 3:1）催芽 5 ~ 6 个月或化学药剂（95% 的硫酸或 50% 的高锰酸钾）处理 5 ~ 15min，打破种子休眠，破坏种皮使种子吸水。低温冰冻、变温层积催芽效果较好。于 11 月上旬结冰时，选择通风背阴、地势平坦的地方，将祁连圆柏种子摊平，厚 6 ~ 9cm，浇水结冰，冰层达 40 ~ 50cm 厚时，覆盖秸秆保温。变温层积：8 月上旬选通风干燥空旷地挖深 60 ~ 80cm，宽 90cm 的坑，将湿沙和种子以 1 : 3 的比例混合藏于坑内，厚度 50cm 以下，上覆 10cm 的湿沙、10 ~ 20cm 湿胡麻杆，然后培土封顶成屋脊形，中间插几把草束。经催芽后种子的发芽率可达 52% ~ 61%。

育苗：育苗地以中性或微碱性沙壤土较好，经催芽的种子，在土壤表层解冻 5 ~ 10cm 时，采用条播方式播种，播幅宽 5 ~ 10cm，播种量 47 – 67g/m²。播后均匀覆土或河沙 2 ~ 3cm，镇压，苗床要经常保持湿润，无积水；用秸秆覆盖苗床，厚度以苗床不裸露为宜。播后 30 ~ 50 天开始出苗，出苗时分 2 ~ 3 次撤除覆盖物。

2. 扦插育苗

（1）插穗采集与处理 5 ~ 6 月份祁连圆柏开始生长前，选 3 ~ 5 年生生长健壮的实生苗，取基部直径 0.2 ~ 0.3cm 的 2 ~ 3 年生顶芽饱满的侧枝，剪成长 12 ~ 15cm 的插穗，基部放入 100mg/L 的 ABT1 号生根粉溶液中浸泡 1 ~ 2h，浸泡深度 3 ~ 4cm。

（2）扦插 用细沙或菌根土作 20cm 的高床，镇压后用竹签打孔扦插，压实；扦插深度 2 ~ 3cm，插穗露出苗床 9 ~ 12cm，扦插密度 120 ~ 150 株/m²，插完后浇透水。

（3）幼苗抚育管理 出苗期间经常洒水，保持苗床土壤湿度。高温时注意遮荫降温，气温 15 ~ 25℃ 时有利于苗木生长。一般插后 45 天左右开始生根，100 天左右生根率可达 70% ~ 85%。苗木停止生长后至土壤开始结冻时，进行冬灌，浇足冬水。祁连圆柏针叶由绿色变为暗褐色时，对 1 ~ 2 年生幼苗用秸秆覆盖，厚度以不见幼苗为宜；晚霜后分 2 ~ 3 次撤除覆盖物。

（二）栽植技术

1. 林地选择及整地 造林地选择在小于 35° 坡的东、西、东南或西南向的宜林地上。整地方式宜采用反坡梯田或水平沟，一般反坡梯田规格为 0.8m × 0.6m × 0.4m，水平沟为 0.5m × 2.5m × 0.4m 或为 0.4m × 0.4m × 0.4m 的穴状整地。以头年整地，翌年栽植为宜。

2. 栽植时间与方式 早春土壤解冻 30 ~ 40cm 时，在上年秋季整好的造林地上，用 3 ~ 5 年生、苗高 20cm 以上、发育良好，根系完整的 1、2 级苗，带土坨常规造林。营造防护林和用材林均宜密植，以提高幼树的整体抗性；纯林采用 0.5 ~ 1m × 2 ~ 3m 的株行距，与灌木混交时可采用 2m × 1m 的株行距。栽植密度为 3330 ~ 9000 株/hm²。

3. 幼林抚育 造林地应进行封育。据调查，封育区苗木年平均高生长量可达 14.5cm，保存率达 90% 以上，未封育区苗木平均高生长量仅 5.8cm，保存率 57% 左右。每年松土除草 2 次。有条件的地方提倡雨前或浇水前施肥，可促进幼树生长。冬季采用埋土、插风障等保护措施能提高保存率 37% ~ 49%。人工林林龄 30 ~ 40 年时进行隔株间伐，80 年时抚育间伐，促进林木树高、胸径生长；180 ~ 200 年时可进行主伐。祁连圆柏林极易遭受火灾危害，对其人工林和天然林均需加强护林防火，杜绝火灾。

六、病虫害防治

（一）病害

祁连圆柏有侵染性病原物 5 种，均为零星发生，不发生灾害。当生长不良或有虫害时，易受叶锈病 [*Gymnosporangium clavariiforme*（Jacq.）DC.]、瘤锈病（*Puccinia* sp.）、干腐

病 [*Fomitopsis annosa*（Fr.）Karst、*Ischnoderam resinosum*（Schard. ex Fr.）karst] 侵染和松萝（*Usneadiffracta* Vain.）寄生危害，以干腐病最为严重，120 龄林分的干腐病可达 40% 以上。

（二）虫害

祁连山林区祁连圆柏林内的主要害虫有柏大蚜 [*Cinara tujafilina*（delguercio）]，严重为害苗圃苗木；云杉多露象（*Polydrosus* sp.）重度危害针叶；圆柏大痣小蜂（*Megastigmus sabinae* Xu et He），中度危害种实。

防治方法：病虫防治应以营林措施为主，提高林分质量，增强林分抗病虫能力；积极开展生物防治，保护天敌，控制虫口密度；对集中、大面积发生的害虫可进行化学防治。对圆柏大痣小蜂用敌对烟剂 30kg/hm² 的供热剂和 45 支主剂进行烟剂防治，72h 后的死亡率可达 100%；用 40% 氧化乐果乳油和 50% 的马拉硫磷乳油 500 倍液，常规喷雾防治效果可达 63.2% ~ 64.1%。在柏大蚜春季若虫孵化盛期用 50% 乐果乳油、50% 马拉硫磷乳油 4000 倍液，或 50% 敌敌畏乳油 400 ~ 500 倍液喷雾防治。

（王继和）

叉子圆柏

别名：沙地柏、双子柏、爬地柏、新疆圆柏、天山圆柏、臭柏

学名：*Sabina vulgaris* Antoine

科属名：柏科 Cupressaceae，圆柏属 *Sabina* Spach.

一、经济价值及栽培意义

叉子圆柏（沙地柏）是我国西北及北方地区惟一的常绿针叶匍匐灌木树种。抗干旱、御严寒、耐高温、生态幅度大，适应性极强，分枝多，耐修剪，根系发达，冠丛茂密，伸幅庞大，功能多，用途广。主要用于防风固沙、涵养水源、保持水土、改良土壤、护坡固提、布设盆景、建造绿篱、铺覆绿毯、塑造景观、美化环境、提供三料、生物药物等方面。因其自然繁殖方式主要是靠自身的匍匐枝被沙埋后，生长不定根或不定芽长成新的植株，新植株的茎枝再经沙埋后又长出新的植株，如此继续下去，形成了群丛或天然叉子圆柏林，所以能抵抗风蚀、固定流沙、涵养水源。叉子圆柏灌丛郁闭度大，枝叶繁茂，树冠截留降雨作用很强，树冠栽持降水率在 36.4% ~ 50% 之间，平均为 43.2%；保持水土：根系纵横交错，盘根错节，密如蛛网，抗冲能力强，0 ~ 80cm 土层内，根的抗拉力达 17840.31（N）。造林 4 ~ 5 年后即可基本控制坡面水土流失；改良土壤：据测定，叉子圆柏林地土壤有机质含量较流动沙地增加 20.5 倍；护坡固提：据在公路、铁路两侧边坡和河提、水库坝面等处栽植能很快起到护坡固提作用；铺覆绿毯：因其匍匐而生，植株低矮，贴近地表伏生，株丛紧密，颜色蓝绿色，在城市空地铺覆，形如浓密的绿色绒毯，且耗水量少；塑造景观：叉子圆柏叶色绿至翠绿，四季常青，景色优美，一经植树造林很快使荒凉的生态景观得到改变，使环境得到美化；制作盆景，因其树姿优美，挺拔苍劲，寿命长，枝条柔软，易于造型，是制作盆景的良材，用于主体绿化，观赏价值大；提供三料：用作燃料，其热值是 118 种灌木中最高者，介于 20314.8 ~ 21719.28kJ/kg 之间，每 100kg 叉子圆柏干柴相当于 71.5kg 标准煤。用作饲料，羊和骆驼可食少量叶子，能刺激牲畜食欲，食后能杀死肠内寄生虫；用作肥料，肥效也很好；生物制药：叉子圆柏枝叶含挥发油，可供药用，具有祛风湿、止痛活血的功效，树皮可提炼抗肿瘤的化学物质，从组织中提取精油和非精油，可制作无公害生物农药。净化空气，因其抗污染能力强，吸尘、减消噪音效果好，能有效地吸附一氧化碳等有害气体，其柏香浓郁，有益人体健康。

可见叉子圆柏（沙地柏）是一种抗逆性极强的珍贵优良的常绿乡土灌木，是西部干旱半干旱地区自然环境植被建设、各项林业生态工程，退耕还林工程及山川秀美工程以及再生生物质能源应当首选的先锋树种，发展前景非常广阔。

二、形态特征

常绿匍匐灌木，或直立灌木，稀为小乔木，高 0.5 ~ 1.5m。枝皮灰褐色，方块薄片状裂，小枝绿色，1 年生枝的分枝圆柱形，径约 1mm。叶 2 型，鳞形叶交互对生，着生于壮龄

树上，先端钝或略尖，长 1~2mm，背面有椭圆形或卵形腺体；刺形叶常生于 1~2 年幼株上，3 叶轮生，排列紧密，向上斜伸不开展，长 3~7mm，上面凹，下面拱圆，中部有长椭圆形或条状腺体，有时壮龄植株亦有少量刺形叶。雌雄异株，稀同株。球果生于下弯的小枝顶端，呈不规则倒卵形或扁圆状近似心形，幼果皮鲜绿色，有白粉，长 5~8mm，径 5~9mm，熟时褐色，紫蓝色或黑色。种子 1~4（~5）粒，多为 2~3 粒，种子卵圆形，常无定形，具棱脊，有小量树脂槽。花期 5~7 月（因海拔而异），果熟期第 3 年 10 月。

叉子圆柏

三、分布区域

　　天然分布于新疆天山、阿尔泰山、准噶尔西部山地及北塔山，海拔 2000~3500m；青海化隆白加林区及海晏、柴达木盆地尕海等地，海拔 2700~3500m；青海湖东北岸，希里沟林区边缘和木格滩沙区中，海拔 3300~3350m；宁夏贺兰山，海拔 2000~2400m；内蒙古浑善达克沙地，海拔 1100~1300m；甘肃祁连山北坡，昌岭山（古浪）、寿鹿山（景泰）、哈思山（靖远）等地，海拔 1100~2800m；陕西毛乌素沙地（神木、榆林、横山等）海拔 1000~1400m。山西太行山，海拔 800m。

四、生态习性

　　（1）耐干旱瘠薄　叉子圆柏喜光，稍耐荫，多分布于阳坡，具有水势低，保水力强、蒸腾速率低等抗旱特性。叉子圆柏根系如蛛网一般盘绕在地表（30cm）。侧根长超过 2.6m，主根深 3.6m，7 年生和 17 年生林地每公顷根系总长分别为 771.25km 和 1273km，每公顷根量分别为 4.06t 和 13.0t，其中 80.3% 分布于 0~60cm 土层中。研究表明，根面积指数随生境中水分可利用性的降低而减少，相反可以通过增大根系深度来补偿土壤水分的降低，从而适应干旱、半干旱缺水的环境，增强其抗旱力。因而能适应年降水量为 200mm，干燥度为 1.6~2.0 的气候条件。另外在贫瘠的石质化裸岩阳坡，也能顽强地生长。

　　（2）抗严寒耐高温　分布在西北部及北部，生长期 90~130 天，年平均气温 3~8℃，1 月平均气温 -19.0~-16.0℃，≥10℃ 积温仅 1500℃，最高气温 35℃，最低气温 -35℃，能忍受 -40℃ 极端低温的袭击，耐热性极强，在气温变化骤烈的情况下，在毛乌素沙地，即使地表温度达到 60~70℃，也不受害。

　　（3）对土壤要求不严　分布区土壤多为沙砾化或石质化的坡地薄层土，亦有分布于固定沙地、流动沙地上。在沙质、砾质、石质荒漠土或栗钙土、灰钙土、棕色森林土、灰色森林土、黄土母质上均能生长。

　　（4）生长稳定，寿命长　叉子圆柏在阿尔泰山、天山一带生长很慢，2~3 年生幼苗高不足 10cm，5 年生树高 20~30cm，20 年生灌丛高达 1m。在毛乌素沙地生长稍快，1 年苗高 8~10cm，2 年生苗高 20~25cm，最高可达 44.7cm，7 年生植株平均株高 115cm，垂直高度 32cm，地径 2.9cm。而在引种区的关中渭河平原，3 年生幼苗年生长量可达 60cm 以上，在沙盖黄土和黄土丘陵沟壑山地及水肥条件较好处生长良好，灌丛茂密。11 年生冠幅可达204cm～242cm，1 根长 127cm 的匍匐枝上可生 1～4 次小枝 13885 个，表现出生长十分稳定。寿命长，通常可活 200 年，在良好的条件下，可达 500 年以上。

五、培育技术

（一）育苗技术

可采用播种育苗与扦插育苗，以扦插育苗为主。

1. 播种育苗

（1）采种与调制　叉子圆柏因其雄花败育，雌花受精不良，产地自然条件通常十分恶劣，授粉率很低（约 23.6%）。雄球花 8 月中旬出现，次年 5 月中下旬才能扬粉，雌花坐果后翌年（实际第三年）10 月成熟。坐果率一般 70% 左右，优良度 30%～40%，发芽力仅18%～30%。当球果变成紫黑，即示形态成熟，便可采种。采回后，用石磙将球果压烂，放入 40～50℃温水中搓洗，漂去果皮、果肉和秕粒，即得纯种，凉干即可。据测定，叉子圆柏种子千粒重 19.87g。

（2）种子处理　种子皮厚而坚硬，且含蜡质，休眠期长，从播种到发芽需 220～350天，甚至需 2 年才能出苗，所以播种前需进行种子催芽处理。用 60～80℃的温水浸种，每天换水 1 次，浸种 4～7 天，发芽率可达 66%～77%。

（3）播种期　实践表明适宜播期为 7 月上、中旬至 8 月底，平床条播，行距 15～20cm，覆土 1.0～1.5cm，每亩播量 7.5kg 左右。翌年 4 月上旬开始出苗，4 月中旬大量出苗。

（4）苗期管理　播种后立即灌 1 次透水，以后要经常保持圃地湿润，出苗前要小水浸灌，成苗后可适当减少灌水。6 月份小苗易受灼伤，应及时搭设荫棚，透光度以 60% 为宜。8 月份可撤出荫棚，施追肥 1 次，亩施尿素 5kg。一般每个月松土除草 1 次，保持床面土壤疏松无杂草。播种育苗幼苗生长缓慢，需培育 2～3 年才能出圃造林。

2. 扦插育苗

（1）整地作床　圃地选择条件较好的黄绵土或沙质壤土，如土壤黏重，要结合整地作床，掺粗沙或锯末，改善土壤透气性，作床前细致整地，结合整地施 5% 的辛硫磷颗粒剂2～3kg/亩和 10～15kg/亩的硫酸亚铁，将药和土拌匀撒入圃地，或者用 5% 西维因粉剂 1～3kg/亩，加细土施入土壤消毒，作成宽 1.0～1.5m，长约 10～20m 的苗床。

（2）插穗选取与采集　选 1～3 年，长 30～40cm，粗 0.4～0.8cm 的侧枝作插穗均可，但以 3 年生插穗成活率最高可达 97%，1 年生仅 40%，但如采用 1 年生，长 15～20m 的幼嫩短侧枝，并带 1 段 2～4cm 的老枝（踵），亦可提高扦插成活率。随着扦插技术水平的提高，利用 1 年生短枝（约 7～10cm）扦插成活率可达到 80% 以上。

（3）插穗处理　将剪好的插穗用水浸泡 6～7 天，即可提高成活率。应用 ABT1 号生根粉，浓度为 50～200μL/L，前者浸 2～3h，后者浸 1～2h，成活率达 88%～92%，对照为 57.4%。

（4）扦插时期　试验表明，春秋皆可扦插，春季扦插土壤解冻后至 5 月中旬为宜，延安以 4 月初最佳，寒冷地区，秋插以 9 月上旬至 10 月初（'白露'至'寒露'）进行，温暖地区可延迟至 11 月进行，此时地上部分生长基本停止，气温低，蒸发量小，相对湿度增大，有利于生根成活。

（5）扦插方法　扦插可用铁锹插缝或平床落水扦插，株行距一般 10cm×20cm 或 20cm×30cm，每亩扦插 1.1 万～3.3 万株，扦插时，将插穗基部针叶剪除，插入土 1/3～1/2，踏实土壤。扦插时必须踏实土壤，使穗土密结。

（6）苗期管理　叉子圆柏扦插育苗以皮部生根为主，愈伤组织亦能生根，插穗生根缓慢，4 月中旬扦插后，直到 7 月才产生根原始体和部分小根，部分插穗插后 40～50 天开始生根，8 月大量生根，因此必须保持苗床湿润和土壤的通透性，一般 3～4 天小水灌 1 次，生根后 7 天灌水 1 次。在透水性强的沙漠土壤要特别注意灌水，否则，会因土壤干燥缺水而造成大量死亡，灌水后要及时松土。为了提高地温和减少失水，扦插后应搭设塑料小拱棚或用苇帘覆盖遮荫，棚高 70cm，5 月中旬后，天气变暖，可揭去温棚。在 6～7 月可施追肥，每亩 5kg 尿素。

扦插的 1 年生苗虽可当年出圃造林，但根系不发达，抗性弱，不如 2 年生苗成活率高。园林绿化需培育大苗，可将 1 年生苗移床定植，株行距 30cm×50cm 或 40cm×60cm，培育 4～5 年移栽。

3. 埋条育苗

早春土壤解冻后，选取健壮的 2～3 年生枝条，剪成 50～60cm 长的茎段，平放埋入土中，覆土 3～5cm，以不露茎条为宜，踏实土壤后浇 1 次透水。经常保持土壤湿润，当土温达 15～20℃时，1 个月后即可生根，针叶返青，成活率可达 90% 以上。

4. 容器育苗

据榆林地区试验，塑料薄膜容器，营养土用沙壤土和厩肥混合制成，将插穗插入容器中，每 4～5 天洒水 1 次，成活率可达 95% 以上。容器育苗，可利用 5～10cm 小（短）枝扦插，节省圃地，1 亩地可育 40 万袋。当年移后或翌年早春分床移植，培育大苗。

（二）栽植技术

1. 林地选择　叉子圆柏在干旱荒漠的石质、沙砾质的阳坡坡地上，半干旱地区的固定沙丘，半固定沙丘，黄土丘陵沟壑的阳坡，梁峁顶均可造林。但在阴暗潮湿的河滩、河谷以及草甸土上往往生长受到抑制，甚到引起死亡。

我国西安、延安、兰州、北京、承德、保定、呼和浩特、大连、丹东、长春、沈阳、抚顺、鞍山、哈尔滨、昆明、杭州、洛阳等许多大中城市，栽植于中心广场，假山石旁，水池岸边，草地一隅，街心花园，庭园四方，四季常青，摇曳多姿，景色宜人，别有情趣。早在 20 世纪 70 年代美国等西方国家就已将此树种用于普通草坪或公路两旁的高级替代品，绿化效果十分令人满意。

2. 栽植方法　叉子圆柏以植苗造林为主，因其根系细小，吸吸根多，起苗时要特别注意根系完整。最好是随起苗，随运输，随栽植，如长途运输需用塑料袋包装根系以免根系失水。切忌在阳光下曝露，栽时蘸泥浆或带土。植苗穴 30～40cm 见方，植株放入穴内分层填土、踩实，修筑蓄水坑。北京市果林所在北京山地阳坡，荒滩，采用 1 年生苗带土坨和半年生容器苗春季造林，其成活率均在 90% 以上，第二年保存率达 85% 以上。此外还可采用埋条，分根造林。

3. 造林密度　叉子圆柏的葡匐枝被沙土埋后其不定根和不定芽再生能力强。贴近地面易生新枝，故能独苗成林，形成群丛。据调查，在石质山地 4.5 年生时冠幅达 6.16m²，据笔者调查：在延安黄土丘陵台地 11 年生冠幅达 44.55m²，在永寿县黄土高原沟壑半阳坡同龄达93.09m²。可见造林密度不宜过大,沙地一般初植密度以2m×3m或1.5m×4.0m为宜;黄土区以2m×3m或3m×4m为宜。

4. 混交方式　叉子圆柏可与针阔叶树种混交,原陕西省林业科学研究所在延安和永寿等地,将其与侧柏、刺槐疏林内混植,形成繁盛乔灌混交林,效果很好。在庭园内栽植于弧植或丛植的观赏乔木下,也别具一格。

六、幼林抚育

在风沙区,造林后应采取培草压沙措施防止风蚀,对缺损的植株要补植。由于叉子圆柏对杂草具有极强的竞争能力,可以减少除草次数,栽植后的头3年每年松土除草1次。为了防止牛羊等牲畜践踏,应封禁保护。

七、病虫害防治

侧柏毒蛾(*Parocneria furva* Leech)是危害叉子圆柏最严重的害虫,幼虫取食叶尖,轻者影响树木生长,重者造成大片死亡。陕西神木县的叉子圆天然林,曾于1976年和1986年、1987年多次连续发生侧柏毒蛾危害。由于害虫群居性强,迁移飞散能力差,加之生态条件单纯,天敌资源贫乏,一片林地一旦发生虫害,往往造成毁灭性破坏。

该虫在沙区1年发生2代,以卵在植株小枝、树皮裂缝中越冬。翌年4月上、中旬越冬卵孵化出幼虫,开始取食为害。初孵幼虫有群集性,白天藏于枝条背面,遇有惊忧能吐丝下垂。幼虫昼夜为害嫩枝、芽、叶。5月下旬、6月上旬是为害盛期。6月下旬孵化出第2代幼虫,7月下旬、8月上旬为第2个为害盛期。

防治方法:①4月下旬至5月上旬,用40%乐果800倍液喷雾,效果显著。②飞机超低容量喷雾:可用杀虫快加柴油(1:1)或杀虫净(1:1)混合防治,死亡率均可达100%;或用苏脲三号和氧化乐果,防治效果可达97.8%,效果明显。

(罗伟祥、杨江峰)

新疆杨

别名：新疆铁列克（维吾尔语）、窄冠杨
学名：*Populus alba* var. *pyramidalis* Bge.
科属名：杨柳科 Salicaceae，杨属 *Populus* L.

一、经济价值及栽培意义

新疆杨生长快，树形挺拔，干形端直，窄冠，适于密植，单位面积产材量和出材率高。木材文理通直，结构细致，可供建筑、家具、造纸等用；落叶可喂牛、羊，是南疆农区牧业冬季重要饲料。为农田防护林、速生丰产林、防风固沙林和四旁绿化的优良树种。

二、形态特征

落叶乔木，高达 30m，胸径 50cm。窄冠、圆柱形或尖塔形，树皮灰白或青灰色，光滑少裂，基部浅裂。芽、幼枝密被白色绒毛。萌条和长枝叶掌状深裂，基部平截；短枝叶圆形，粗锯齿，侧齿几对称，基部平截。叶阔三角形或阔卵圆形，表面光滑，背面有白绒毛。仅见雄株，雄花序长达 5cm，穗轴有微毛；苞片膜质，红褐色。

新疆杨

三、分布区域

新疆杨原产中亚，在新疆引种历史悠久，南疆栽培普遍，已成为新疆的乡土树种。甘肃、陕西、内蒙古、宁夏、河北、辽宁等省（自治区）也有栽培。在中亚、西亚、巴尔干、欧洲等地均有分布。

四、生态习性

喜光，不耐庇荫，幼树在庇荫条件下，树势衰弱。窄冠，可密植，速生性好。喜土层深厚、透水透气性好的沙壤土和风沙土。抗大气干旱，在吐鲁番盆地极端最高气温达 47℃、空气相对湿度为零的条件下，仍能正常生长。抗风沙，抗烟尘，抗柳毒蛾。较耐盐碱，但在土壤含盐量 0.6% 以上的盐碱地、沼泽地、黏土地、砾土质戈壁等均生长不良。抗寒性较差，在北疆地区树干基部西南方向常发生冻裂，在极端最低气温达 -30℃ 以下时，苗木冻梢严重。根系发达，可抗 8～10 级大风。寿命可达 70～80 年。

五、培育技术

（一）育苗技术

1. 圃地选择　育苗地应选择质地沙壤、地下水位 1.5m 以下、含盐量轻的熟耕地，忌用生荒地和土质黏重的土地作苗圃。

2. 插穗的制备　新疆杨扦插成活率较低，严格选择种条十分重要。育苗多在春季，种条随采随插。一般多采集 1 年生苗的平茬条，留茬苗培育 2 年根 1 年干的大苗。采集种条后，用利刀将种条切成长 18～22cm、粗 0.6～2cm 的插穗；上切口距第一个芽 1cm 左右，下切口成马耳形，50～100 根绑扎成捆。

3. 整地　结合耕翻亩施厩肥 4000～5000kg，耙平作畦。畦长 15～20m，宽 3～4m。

4. 扦插　扦插前灌好底水，地膜覆盖苗床，插穗用浓度为 1500～2000μg/g 的抗旱龙浸泡 30min。扦插行距 50～60cm，株距 10～15cm，亩插插穗 8888～10000 个。扦插时先用插锥插孔，将插穗插入孔内，顶芽外露，踏实，立即灌水。

5. 苗期管理　年灌水 8～10 次，灌水后及时松土除草。抹芽 2～3 次。在 6 月底和 7 月中旬追施尿素两次，亩次用量 15～20kg。

当年苗高 2～3.3m，地径 1～2.5cm，成苗率 90%～95%。

（二）栽植技术

1. 林地选择　首选土层深厚，含盐量轻（0.3% 以下），地下水埋深 1.5 以下，透气透水性好的壤土和沙壤土；其次为土层厚度 60～80cm，含盐量 0.6% 左右，透气透水性好的沙荒地、砾土质戈壁。土质黏重，土层厚度小于 60cm，未经改良的盐碱地，不宜栽植新疆杨。

2. 造林季节和方法　春、秋季均可进行。秋季造林入冬前，灌好越冬水。风沙土和沙质土造林，深埋 5～10cm。为防止树梢抽干，树木栽植后，多用利刀削去梢头，用塑膜包扎。在风大地区采用截干造林，截干高度 1.2～1.5m。

3. 整地方式和造林密度　根据地形和林种的不同，有沟状和畦状两种整地方式。沟状整地（1 沟 2 行树）。行距 1～1.5m，株距 1～1.5m，沟距 4～20m。畦状整地．，2～4 行窄林带，行距 1～1.5m，株距 1～1.5m；4 行以上宽林带，行距 1.5～3m，株距 1～2m。

4. 幼林抚育管理　1～3 年幼林年灌水 6～8 次，以耕代抚，林内可间作豆类、西甜瓜、小麦、苜蓿等作物。发现病虫害及时防治。

六、病虫害防治

1. 立木腐朽　由木紫芝菌、粗毛栓菌和毛栓菌等病菌入侵发生，心材变黑腐朽，多出现在过熟林中。

防治方法：不要从大树上采集种条。对成、过熟林及时进行采伐新更。防治蛀干害虫。

2. 烂皮病　树木受冻、机械损伤、牲畜啃伤后，腐烂病菌入侵引起。

防治方法：加强林木保护，防止机械损伤和牲畜啃吃树皮。清除病树。早春在树干基部涂刷石硫合剂。发病初期，可在患部纵横相间刻成 0.5cm 的刀口，深达木质部，用 1:10 碱水或 70% 托布津等喷涂杀菌。

3. 破腹病　病因是寒冷地区，早春昼夜温差大，致使西南面树干基部开裂，木质部裸露，常自裂口流出红褐色液汁，俗称"破肚子病"。

防治方法：在向阳面栽植灌木，减少阳光直射增温。冬季树干涂白防冻裂。

4. 吉丁虫　有十斑和五斑两种吉丁虫，蛀干害虫。受害植株木质部密布虫道，易遭风折，木材质量下降，严重时会导致植株死亡。

防治方法：营造混交林，加强林木抚育管理，适时灌溉，增强林木抗性。4月中、下旬，对尚在皮下蛀食的幼虫，在侵入处涂刷40%乐果乳剂、50%马拉松乳剂，或注射亚胺硫磷乳剂20～30倍液，可取得较好的防治效果。

（刘钰华）

河北杨

别名：串杨、印杨、椴杨、混杨、银杨

学名：*Populus hopeiensis* Hu et Chow

科属名：杨柳科 Salicaceae，杨属 *Populus* L.

一、经济价值及栽培意义

河北杨属杨柳科白杨组山杨亚组。分布广，适应性强，生长迅速、根系发达、根蘖力强，是西北黄土丘陵、高原沟壑、滩地、沙丘和荒山荒地营造水土保持林、防风固沙林、速生用材林的优良乡土树种，是杨树中少数能上山进沙的树种之一。又因树姿优美，干形通直，叶芳香，也是城市（公园、庭院）绿化及农村四旁绿化的优良树种。

河北杨木材轻软、柔细，致密富弹性，材质优良，色泽洁白，不翘不裂，类似椴木，易加工，用途广泛，可供建筑、家具、农具、箱板、蒸笼等用材。发展河北杨对于恢复和重建西北森林植被和改善自然环境，治理沙荒和黄土高原具有极为重要的意义。

二、形态特征

落叶乔木，高 15～30m，树皮黄绿，青绿至灰白色，光滑，枝开展树冠广圆形，小枝圆柱形，微有棱，灰褐色，光泽无毛。芽长卵形或卵圆形，被柔毛，紫褐色，先端尖，无胶质。长枝叶或萌枝叶三角状卵形，较大，长 3～9cm，宽 3～10cm，短枝叶卵圆形或近圆形，长 2～6cm，宽 1.5～5cm，先端急尖或钝齿，基部截形，圆形或宽楔形，具波状锯齿，齿端锐尖，内曲，上面暗绿色，下面淡绿色或灰白色，幼时下面叶被绒毛，后脱落；叶柄扁，初被毛，长 2～5cm。雄花序长约 5cm，花序轴被白柔毛，苞片褐色，掌状分裂，边缘具白长毛；雌花序长约 3～8cm，序轴被长毛，苞片红褐色，子房卵形，光滑，柱头 2 裂。萌果长卵形 2 瓣裂，有短柄。花期 4 月，果期 5～6 月。

河北杨

由于河北杨分布广，生境差异大，种下已有变异，形成了不同类型的河北杨。陕西省治沙研究所根据实生苗叶形变化，分为大锯齿形和小锯齿形，前者叶三角形，叶缘重锯齿大而明显；后者叶卵圆形，叶缘锯齿均匀细小。同时还划分出 3 个特异型：一为间性现象与雄枝，二为树液特多，三为叶片特大形，其叶片长宽均在 10cm 以上。甘肃农业大学将河北杨分为青皮型、灰皮型、疏冠型、密冠型 4 个类型。并选出优良无性系河北杨 8403（cv. Hopeiensis 8403）其树干通直，树皮光滑，皮孔菱形，小而散生，短枝叶近圆形，雌株。具有抗病、抗寒、抗旱、耐瘠薄的特性，很有发展前途。

三、分布区域

河北杨分布范围在北纬 34°~42°，东经 101°~118°之间。南自甘肃徽县，陕西渭北一带，北至内蒙古大青山，东起河北承德，西到青海民和。以陕北、宁南、陇东、陇中为主要分布区。其中以陕北榆林一带为中心分布区，沿长城风沙区各县均有，而以黄土丘陵区的吴旗、横山、定边、靖边、米脂、佳县、清涧最多。南至渭北黄土高原南缘的凤翔、永寿、旬邑、耀县、蒲城、白水、黄龙也有分布与栽培；甘肃分布于庆阳、镇原、平凉、华亭、崇信、庄浪、定西、甘谷、秦安、张家川，而以华池、环县、泾川、灵台、静宁栽培较多。陇东有河北杨天然林 1.78 万亩，占全省的 62%。20 世纪 90 年代以来甘肃向西推进到武威、张掖、酒泉、敦煌，生长亦良好。宁夏的固原；青海民和县湟水沿岸冲积阶地和黄土丘陵，西宁、乐都、大通均有零星栽培；北京妙峰山、房山；天津蓟县盘山；河北的丰宁、承德、青龙、涿鹿西灵山；山西的中阳、兴县、临县、保德、河曲、离石等地也多有生长。河北杨分布的南缘正好与毛白杨分布区的北缘相衔接。

河北杨垂直分布于海拔 300~2400m，以 900~1500m 较为集中。

四、生态习性

（一）抗旱耐寒，适应性强

河北杨叶表面具有较厚的角质层，栅栏组织排列紧密并较海绵组织发达，叶片主脉侧脉具有黏液细胞，气孔较大，对干旱和低温适应能力强。且对生长期内较大的温差（日较差 20℃以上）也有较强的适应性。河北杨在整个分布区内年平均气温 3.4~10.5℃，极端最低气温 -27.8℃（引种区可达 -40~ -30℃），极端最高气温 40℃，年降水量 300~600mm（引种区为 50~200mm），分布不均，夏季降雨占全年降雨的 50%~80%，蒸发强烈，一般为降雨的 3 倍以上，据调查，河北杨林地土壤含水量一般在 2%~16.3%，而以 3%~10% 居多，在土壤含水量为 5.1%~12% 河北杨可正常生长。中心分布区的吴旗、横山、定边、靖边一带，干燥度在 1.5~2.0 以上，在引种区气候更为恶劣，干燥度超过 3.0，且在地下水位低于 50m 以下的沙丘上仍生长较好。

（二）根系发达，萌蘖性强

河北杨不仅水平根系发达，一般 8 年生侧根可达 6.3m，10 年以上根幅可达 20m 以上，也有健壮的垂直根系。据测定生长于平缓沙地 23 年生河北杨人工林，根系生物量 18.39t/hm²，相当于乔木层生物量的 62.38%。且串根能力特别强，山西河曲县曲峪村道黄沟支岔上，沙覆黄土坡上有一小片 14 年生河北杨，向坡上串根距母树达 23m 远，相邻处十株 22 年生河北杨母树周围，萌生幼树 141 株。陕西横山雷龙湾苗圃 1 株 19 年生优树伐除后，次年萌生根蘖苗 283 株，75% 高达 1.5m，最高达 3m。内蒙古乌审旗河南乡三岔河原有几十亩河北杨，经过 10 多年多次抚育间伐，已串根扩大形成 200 多亩片林。甘肃皋兰咸水沟每亩河北杨林地上有 1~2 年生根蘖苗 1200 株。

（三）耐贫瘠土壤，但喜湿润生境

河北杨是干草原和森林草原区的适生树种，对土壤要求不严，在各种土壤上都能生长，甚至能在红黏土和轻盐碱土、沙土上生长。据调查，土壤十分贫瘠，肥力低，速效氮在

0.0003% ~0.0031%，速效磷 0.0001% ~0.0055%，有机质低于 0.5%，pH 值 7.5 ~8.5，河北杨亦能正常生长，表明河北杨是一个大陆性旱生发育型的寡养树种。在杨属树种中，河北杨生长速度居中，但在贫瘠干燥土壤条件下，生长快于青杨、小叶杨、合作杨、旱柳等树种。河北杨对水分有一定要求，在年降水量 400mm 左右方可稳定成林，在 400mm 以下地区，只有水分条件较好时，才能正常生长。甘肃在引黄灌区 22 年生河北杨行道树优株，平均高 18.72m，胸径 33.24cm，单株材积 0.7063m³。在有灌溉条件的立地，则表现出强大的生产潜力。

（四）生长稳定，寿命长

据调查，陕西定边 1 株树龄约 150 年的河北杨古树，生于梁峁顶，树高 26m，胸径 85.6cm，材积 4.455m³，为全国之冠。甘肃灵台、环县多已有 100 年大树，如灵台百里乡新庄生长于河畔田边的百龄大树高 24.5m，胸经 84.5cm。在干旱黄土坡地（无灌溉条件），河北杨较小叶杨，合作杨、旱柳等生长稳定，生长量大 2 倍以上。河北杨是黄土丘陵，沙漠地区唯一能上山造林，生长稳定的可以成材的杨树。

河北杨年生长规律：据陕西延安的观察，该地 4 月 4 日芽膨大，4 月 19 日叶开展，4 月 25 日开始抽新梢，5 月下旬至 6 月上旬树高生长出现第一次高峰；6 月中旬少雨干旱，生长下降；6 月下旬至 7 月上旬树高生长出现第二次峰值，生长最速；随后 7 月下旬至 8 月上旬出现第三次峰值；此后生长下降，8 月下旬以后，雨少气温渐低，径生长开始减缓；10 月初胸径停止生长。这种生长起伏与当年降雨过程密切相关。

据树干解折资料，河北杨大周期生长规律树高速生期在 5 ~10 年，连年生长量 0.93 ~1.87m；胸径速生期在 15 ~20 年，尤以 15 年后生长最快，连年生长量在 1.0 ~2.0cm；材积生长盛期在 20 ~25 年生，连年生长量 0.02898m³。在较好立地条件下，30 年生以上仍呈上升趋势。但以后有的大树出现心腐，需加强管理及时采伐利用。同一条件下，河北杨的雄株高生长速度较雌株快，18 年生雄株高 12.0m，胸经 24cm。

五、培育技术

（一）育苗技术

河北杨是杨树中繁殖（生根）较为困难的树种之一，又因很少雄株，种子极缺，故以无性繁殖方法为主。

1. 扦插育苗　此法生产上广泛采用，但插穗生根迟缓（发芽后大多需要 50 ~60 天才生根），如处理不当极易引起插穗腐烂以致成片幼苗死亡。20 世纪 80 年代以来，经反复试验研究，大面积育苗成活率已稳定在 90% 以上。

（1）种源与采条　不同产地（种条源）河北杨生长有差异。据在陕北进行的种条源苗期试验，取自陕西榆林、靖边、佳县、神木、吴旗、横山（对照）、宁夏西吉、甘肃皋兰、临夏、青海西宁、民和等 11 个产地的苗木，以吴旗、西宁、西吉、皋兰的生长较好，苗高生长高于对照（横山），其中吴旗所产河北杨苗高、地径均居第一。据过氧化酶同工酶谱分析，吴旗、西宁所产河北杨的酶谱活性强，一级带较其他产地多 10 条，苗期生长亦优于其他产地与对照。但据甘肃农业大学的试验，植 3 年后的青海西宁种源河北杨生长量已下降至第三位，其原因尚待观察。

在了解优良种（条）源的基础上，宜采用发育充实的 1 年生根蘖苗条，当年扦插苗条和 1 年生平茬苗条；不宜用多年生苗条。种条宜于落叶后采集，然后窖藏（方法同毛白杨）。研究表明河北杨根萌条、1 代的扦插成活率高，可用作种条来繁殖苗木最理想。

（2）插穗剪取 将 1 年生种条的中下部剪成 10~20cm 长的插穗，剪口要平滑，无毛茬、无劈裂。如大田裸根扦插，其插穗长度要 20cm，采用地膜育苗，容器扦插育苗技术，穗长可缩短至 10~15cm，种条繁殖系数可由 4.1 提高到 5.1~5.4。

（3）插穗处理与催根 其方法有：①浸水催根：可将插穗置清水（流水或池内）浸泡最短为 3 天，延安试验以 6~8 天为佳，西宁以 10 天为最好，并及时换水，以溶解插穗中所含抑制物质并提高含水量，可使扦插成活率提高 15%~20%，最高可达未浸水的 5.6~7.3 倍。②沙藏催根：将经过水洗的湿沙，用 0.5% 的高锰酸钾溶液消毒后曝晒 1h，将成捆插穗直立分层埋入沙中，沙藏地选在无阳光直射阴凉处，沙藏温度在 5℃ 以下，湿度 90% 以上，时期 20 天左右。随时检查，如见发霉，立即用 0.2% 多菌灵或 0.5% 退菌特，0.2% 新洁尔灭消毒。③阳畦催根：东西开槽，南低北高做阳畦，插穗倒置 1 层覆 1 层沙，类似沙藏，最后覆盖地膜，催根 3~5 天，待切口露白出现愈伤组织即可扦插。④药剂催根：用 ABT1 号生根粉 100μg/g 浸插穗下部 2h。也有试验认为浸泡 7h，效果好；入冬前剪好插穗用 NAA 和 NAA+HA 的滑石粉浆液处理后置于 2~4℃ 低温窖中贮藏；或用奈乙酸 50 倍液（原液 1000μg/g）浸插穗下部 2h，效果均好；⑤防腐剂处理：用 0.05% 多菌灵、0.1% 甲基托布津、0.1% 退菌特浸泡切口，成活率可达 81%~91%。

（4）地膜扦插 作床方式有平床、宽垄和窄垄 3 种，成活率均可达 90%，而以窄垄覆膜效果好。垄距 60cm，在垄的两侧各插 1 行，株距 20cm，插穗插入土中时上口低于垄面 1~2cm，压实土壤。覆膜顺序以先覆膜后扦插效果较好，薄膜紧贴地面，开孔要小。窄垄加覆膜可提高地温，使展叶提前 10 天出现，成活率较对照提高 31%。

（5）容器扦插 在风沙干旱严重的地区，可以利用温室、塑料小拱棚或阳畦等培养床进行容器育苗。由于免受大风、干旱的危害，土壤湿度、气温、土温、空气湿度得到控制，育苗成活率稳定。

容器育苗最适于嫩枝扦插，容器插壤配方可用黄土与腐殖质土及河沙以 4:4:2 的比例混合效果好；用平茬苗和埋根苗萌条嫩枝（用锋利刀片从萌条茎部切下）扦插，插穗长 8~10cm，保留 4~5 个叶片，用 ABT1 号或 2 号生根粉 100μg/g 液处理 0.5~2h，或用清水浸泡 24h，效果均好。

（6）扦插时间 插穗自养阶段是扦插成活的关键时期，各地试验表明，当 5~10cm 地温达 10~20℃（或 10cm 处 10~15℃）时扦插成活率最高，在陕北、西宁、陇中等 地的 4 月中旬较宜，温暖地区可提前至 4 月上旬，寒冷地区可稍延至 4 月下旬扦插。

2. 根蘖繁殖 河北杨造林 3 年后即可生根蘖苗，10~20 年生为产生根蘖苗盛期，可选健壮母树培育根蘖苗，12 年生母树林，每亩可产根蘖苗 500 余株（弱树仅 48 余株）。为促进根蘖发苗，可于初秋或早春距大树 3~5m 处挖宽 0.3m、深 0.5m 的沟，或全面深耕，以切断或切伤 2~3 级侧根，促其形成愈伤组织并形成根蘖苗。当沟两侧长出新株后回填表土，按一定株距选留壮苗。

3. 嫁接繁殖 可选用易扦插成活的其它杨树进行繁殖，但不同种或品种间的砧木嫁接成活差异较大，如合作杨为 96%，小叶杨为 76%，箭杆杨很少成活。方法有芽接和劈接。在陕北芽接在 8 月；劈接在 4 月中旬。芽接成活率稍高于劈接。甘肃永靖县林业科学研究所赵新，采用芽接壅土促根育苗技术，即将行内的土壅向内侧河北杨苗茎部，使苗根埋入土中10cm，形成苗垄，以促进新根生长。接芽成活率达99.4%，当年苗高1.83m，地径1.30m。同时根系强大，侧根条数为同龄不壅扦插苗的206%。

4. 播种育苗

（1）雄株培养　河北杨为雌株，未见雄株。1958年原榆林地区林业试验站，发现雌株个别花穗上有少量雄花的间性现象，1959年在米脂姜新庄村涧畔2株雌株采到少量蒴果，同年育出9株实出苗，然后植于该站。1965年4株实生苗开雄花，同年将已进入花期的雌株栽在旁侧并采得种子。将实生雄株加以繁殖，现榆林林业科学研究所河北杨母树林内有30株，佳县打火店林场亦栽有雄株。

（2）采种与种子处理　陕西榆林一带，河北杨雄株4月上旬初花，4月10日落花，初花4天后大量散粉。雌花并于同期开放，授粉后，花序伸长，子房发育，形成蒴果。5月初蒴果皮由缘变黄，个别蒴果开始裂口，应及时采收。否则2~3天后蒴果大量开裂，带絮种子飞散，难以采到。

塑果在室内阴干经调制取得纯种子。种子千粒重0.21~0.32g，每千克种子480万粒，室内发芽率75%~85%，此时需及时播种。如需贮藏，种子含水量应在8%以下（以4%~5%最好）。低于3%对发芽不利播前需浸种12h催芽，过长种皮易破裂，亦可尿素和磷酸二氢钾500μg/g浸种，或用硫酸铜100μg/g液、代森锌50μg/g液浸种，经浸种可提前24h发芽。

（3）播种方法

①播种碗播种法　播前灌足底水，待表土稍干后，耙平耧碎床面，然后用播种碗播种，覆细沙2~3mm。宽幅条播效果好，播幅3~5cm或8~10cm，条距20~30cm，播种量0.5~1.0kg/亩。为使播种均匀，可在种子中掺入细沙，种沙比1:8~10，干旱地区播后需覆盖遮荫。

②落水播种法　播前先灌水，水快渗完时将种子播于床面，然后用过筛的"三合土"（用细土、细沙和腐熟厩肥掺和而成）覆盖床面，以稍见种子为度。

（4）苗期管理　当日均气温达15~20℃时，播后2~3天种子开始发芽出土，3~5天幼苗出齐。此时应保持床面湿润，需勤洒水，但要防止湿度过大引起烂根。逐步揭除覆盖物，幼苗长到5~7片真叶时，根系已达1cm以上，需增大浇水量而减少次数。此时用1%硫酸亚铁和600倍代森锌交替喷洒以防立枯病。喷药后要用清水冲洗，以免药害。苗高5cm左右时间苗，株距5~10cm，留壮去弱。此期苗木生长加速，应注意精细管理，追肥2~3次，除草3~4次。8月上旬后停止水肥以加强木质化。

5. 组织培养　此法可加快河北杨优良类型和单株的繁殖系数。1979年以来，中国林科院和甘肃农业大学等单位，先后利用花枝上营养抽生的生长枝和伐根萌蘖枝为外植体的材料（枝切段、叶柄切段或带芽茎段），在MS和HP培养基中不经转移可直接分化出芽。转移到生根培养基中12天就已发出健全的根，形成完整的植株。经1月锻炼移植成活。

6. 其他方法　经表型测定中选的河北杨优树，其取材的年幼性和一致性是无性系改良的必备基础。鉴于河北杨根蘖性强的特点，采用挖根蘖条，进行幼枝扦插来获得幼年性和一致性的初繁材料，克服成年树难繁的困难，使育种生产的遗传增益变得直接和迅速。

（二）栽植技术

1. 林地选择 河北杨具有广泛的生态适应性，各种立地条件类型都可能生长，但以河流两岸的淤土（冲积土），潮土、沙壤土，沟谷两侧塌积土、坡积黄绵土、黑垆土及塬地上生长最好。地形部位以沟坡中下部的阴坡，半阴坡最适宜。土薄石多的干旱阳坡及梁峁冲风口不宜造林。

2. 精细整地 人工营造的河北杨，根系恢复时间长，再生能力弱，造林前应精细整地。栽植穴宜大，规格为 60cm×60cm×60cm，缓坡上采用反坡梯田整地。

3. 造林季节 河北杨多在春季采用植苗造林，榆林、延安、永寿等地春季 3 月中、下旬栽植，成活率都在 90% 以上。

4. 造林密度 河北杨天然林及人工萌生林，由于根蘖强，常形成异龄复层林，其株行距很不规则，一般 0.5~2.0m×1.0~3.0m，密度极不均匀，每公顷为 111~1330 株，对这类河北杨应调整其株行距，促使其正常生长。河北杨适宜的造林密度，其株行距为 3m×3m 或 4m×4m，如系速生丰产林，以 5m×5m 或 6m×6m 为宜。

5. 混交方式 与河北杨混交的树种有柳树、榆树、刺槐、沙棘、紫穗槐、柽柳、乌柳等。乔木可用块状或带状混交。在黄土高原缓坡地，可采用等高带（行）状栽植。株距 5~6m，在其上下两带之间，栽植紫穗槐、沙棘或乌柳等。

6. 幼林抚育管理 河北杨栽植当年应及时松土除草、扩穴连带、培土壅兜。以后每年抚育 1~2 次，连续 3~4 年。栽后 1~2 年内不宜修枝，从第三年开始修去树干下部侧枝和上部的强竞争枝，保留树冠高度是树高的 2/3。

六、病虫害防治

1. 白杨叶锈病（*Melampsoramagnusana* Wagn） 危害河北杨冬芽及嫩梢、受害程度严重时，使树叶早落，影响其生长。

防治方法见毛白杨病虫害防治。

2. 青杨天牛 [*Saperda populnea*（Linnaeus）] 以幼虫蛀食苗木、幼树枝干，特别是枝梢，被害处形成纺锤形瘤，严重时造成幼树死亡。

防治方法：①严格检疫，禁止带虫瘿的苗木、枝条外运。②进行抚育和卫生伐，结合冬季修枝，剪除虫瘿集中烧毁。③成虫期和初孵化幼虫期，用 40% 乐果或 80% 敌敌畏 1000~1500 倍液喷树冠及枝干。④幼虫期释放管氏肿腿蜂。

（土小宁、罗伟祥）

胡　杨

别名：胡桐、梧桐、异叶杨、变叶胡杨（新疆）、塔勒托乎拉克（维吾尔语）

学名：*Populus euphratica* liv.

科属名：杨柳科 Salicaceae，杨属 *Populus* L.

一、经济价值及栽培意义

胡杨生长快，材质轻软，结构较细，耐腐蚀，是供建筑、桥梁、农具、家具等好材料；木纤维平均长 1.14μm，也是造纸的好原料。鲜叶和落叶是喂养家畜的好饲料。胡杨抗逆性强，是防风固沙林、农田防护林、盐碱地、沙荒地造林和荒山绿化的优良树种。

二、形态特征

落叶乔木，树高 10~15m，胸径达 100cm。树冠开阔。树皮淡灰褐色，下部条裂；小枝黄色或灰棕色，苗期和萌枝叶披线状披针形，全缘或有稀疏齿牙缘；大树叶宽椭圆形、卵圆形、或肾形，长 2~5cm，宽 3~7cm，基部楔形、阔楔形或截形。叶柄微扁，约与叶片等长。雌雄异株。雄花序长约 1.5~2.5cm，雄蕊 23~27 枚；雌花序长约 3~5cm，柱头宽阔，6 裂，紫红色；果穗长 6~10cm。蒴果长椭圆形，长 1~1.5cm，2 裂。花期 5~6 月，果期 7~9 月。

三、分布区域

国内产内蒙古西部、甘肃、青海、新疆。国外分布蒙古、原苏联（中亚部分和高加索）、埃及、叙利亚、印度、伊朗、阿富汗、巴基斯坦等地。我国的胡杨林主要分布在新疆，即北纬 37°~47°之间的广大地区。多生于盆地、河谷和平原，在准噶尔盆地生于海拔 250~600m，在伊犁河谷 600~750m，在天山南坡上限为 1800m，在塔什库尔干和昆仑山上限为 2300~2400m，集中分布于塔里木河沿岸。

四、生态习性

胡杨是个喜光、生长快，抗逆性极强的荒漠树种。在南疆 48.1℃的极端高温和空气湿度为零的大气干旱条件和北疆 -41.5℃的极端最低气温条件下，仍能正常生长。对土壤要求不苛，在沙壤土、风沙土、砾土质戈壁土、黏壤上均可生长。耐盐碱，在土壤含盐 1% 时，生长正常；含盐 2%~3% 时，生长受到抑制。根系发达，耐风蚀、沙埋和水淹，可抗 8~12 级大风。

五、培育技术

（一）育苗技术

1. 采种　由于胡杨类型和立地条件的不同，种子成熟期其长短不一。当蒴果由绿变黄时，即可选择健壮母树采种。采回的蒴果，在地面覆薄膜的干燥、通风的室内晾干，经常翻动，待蒴果全部开裂后，放在铁纱架上，用枝条反复抽打，种子漏下，过筛，量大时可用风车净种，每百公斤果穗可得纯种子 2～3kg；胡杨种子很小，千粒重 0.08～0.10g，每千克约有种子 1200 万粒。净种后的种子，在室内摊晾 1～2 天，待种子含水率由 12%～15% 下降至5%～6% 时，装入布袋待播。由于胡杨种粒小、种皮薄，极易失水，采种后 30 天就会完全丧失发芽能力，故多为随采随播。

2. 整地 胡杨育苗对圃地的要求较为严格，应选择土壤肥沃、含盐轻、透水透气性好的沙壤土作圃地。结合耕翻施足底肥，耙糖整平，随灌溉方式的不同有以下两种整地方式：①高垄整地：垄长 15～20m，高 30～40cm，底宽 50～60cm；垄距、垄底高差不要超过 5cm，灌沟相连，从一个灌沟入水，采用渠水灌溉。②畦床整地：畦长 4～5m，宽 1～1.2m。采用微喷灌溉。

3. 播种 ①高垄整地：播种前灌足底水，播种时沿垄沟水线播种，播幅宽 2～3cm；②畦床整地：播种前灌足底水，条播或撒播。条播时播幅宽 10～15cm，间距 30～40cm。播种后取渠沙覆盖，以不见种子为度。采用发芽率 87%～93% 的种子，亩播量 250g。胡杨播种育苗宜早不宜迟，播种至早霜来临前，必须有 60 天的生长时间，使播种当年幼苗高 6～8cm、着生 6 枚真叶，才能木质化安全越冬。

4. 苗期管理 胡杨播种后 2～3 天即可齐苗。胡杨种子出土后，主要生长根系，子叶阶段 30～40 天，在这个期间地表始终要保持湿润，在夏季高温、强光照的气候条件下，地表一旦干燥，幼苗就会因灼伤而成片倒伏死亡。待幼苗出现 2～3 枚真叶、茎开始木质化后，可适当减少灌次，3～10 天灌 1 次水。南疆 9 月中旬控制灌水，9 月底停止灌水，北疆 9 月上旬停止灌水，入冬前灌好越冬水。结合灌水进行间苗和松土除草。第一次间苗在长出 2 枚真叶时，第二次在长出 3～4 枚真叶时进行，米留苗 25～30 株，亩产苗 4 万～5 万株。第二年春季换床移栽，移床前灌 1 次水，使圃地保持湿润，亩移栽万株左右，移栽后再灌 1 次水，使根系与土壤紧密结合。7 月初和中旬各追施尿素 1 次，亩用量 15～20kg。秋季苗高 60～120cm，可出圃造林。

（二）栽植技术

1. 林地选择 除重盐碱地和春季返浆期地下水位小于 1m 的盐碱下潮地外，风沙土、砾土质戈壁、龟裂土等均可植苗造林；南疆水稻种植区，条田边积盐区经种植 1～2 年水稻压盐也可造林。

2. 栽植季节 春、秋季均可进行，春季在土壤解冻后，秋季在土壤解冻前。

3. 造林密度 依林种的不同而异。农田防护林株行距 1～1.5m×2～3m，148～222 株/亩；防风固沙林和荒山绿化株行距 1.5～2m×3～4m，111～148 株/亩。

4. 幼林抚育管理 新造幼林南疆年灌水 8～10 次，北疆 6～8 次；年松土除草 2～3 次。2～3 年生幼林，年灌水可酌情减少 1～2 次，松土除草 1～2 次。为促进林木的高生长，1～3 年生幼林冬季修枝，修枝高度为树高的 1/3～2/5。

六、病虫害防治

1. 褐斑病 苗木密度大、阴湿、施氮肥过量的苗圃易发病。发病严重时，全部叶片变成黑褐色或黑色，苗木生长势衰弱，影响苗木生长。

防治方法：合理密度，加强抚育管理，增加通风透光。采用波尔多液或 800~1000 倍的 50% 可湿性退菌特，加少量洗衣粉，从发病起连喷 3 次，病情就可得到有效控制。

2. 锈病　病菌在芽内和病斑内越冬，可造成苗木和幼林地大面积死亡。

防治方法见毛白杨。

3. 立枯病　由土壤中立枯病丝核菌和镰刀霉菌引发。严重时使苗木成片死亡。

防治方法见油松。

4. 春尺蠖（*Apocheima cinerarius* Erschoff）　取食树叶，影响苗木和树木生长。

防治方法：灯光诱杀雄蛾。在树干基部束塑料环带，阻止雌蛾上树产卵。大面积危害时，可用飞机喷洒敌百虫粉剂，或 80% 敌敌畏乳剂 60 倍液防治。

（刘钰华、刘　康、王爱静）

山 杨

别名：黑皮杨、火杨

学名：*Populus davidiana* Dode

科属名：杨柳科 Salicaceae，杨属 *Populus* L.

一、经济价值及栽培意义

用材树种，干形通直，材质松软，易气干，木材富弹性，供箱板、火柴和民用建材等用，又是造纸和纤维板的原料；树皮含鞣质可提取单宁，入药有驱蛔虫，治腹痛和肺炎咳嗽之功效。

山杨适应性强，耐寒耐旱耐瘠薄，成林快，是恢复西北森林植被的好树种。

二、形态特征

落叶乔木，树冠圆形或近圆形，树皮光滑，灰绿色，老树呈黑色，基部沟裂；小枝圆筒形，叶芽卵圆形，无毛，细尖，稍具树脂；叶卵圆形或三角状圆形，长 3~8cm，先端具尖，基部近圆形，边缘波状浅锯齿，幼时微具柔毛，老时光滑，初展叶红紫色；叶柄扁平细，与叶等长；雌雄异株，花单性，花芽圆钝粗大，每花具一苞片，无花被；雄花序长 5~9cm，苞片浅裂，花序轴被柔毛，雌花序长 3~8cm，柱头近 4 裂，红色，果序长 12cm，蒴果椭圆状纺锤形，2 瓣裂，种子基部具长丝状毛，极小，无胚乳，子叶扁平。

山杨

新疆天山、阿尔泰山林区河谷地带分布的杨桦次生林中的山杨为山杨变种，称欧洲山杨 ［*P. tremula* Linn. var. *davidiana* (Dode) Schneid.］，与本种相似，仅叶缘具细齿，叶圆形等相异。

椐报道：1936 年瑞典发现三倍体山杨，其叶色深，树体大于一般山杨。1955 年美国用欧洲山杨和美洲山杨杂交，得到大量三倍体杂种山杨，造林对比试验表明，其蓄积生长量为一般山杨的两倍，木材纤维长度提高 30%，20 年皆伐后的 15 年萌生林年蓄积生长量 14~17.5m³/hm²，与前茬林相近。

三、分布区域

西北地区各省区均有分布，我国东北、华北、华中、西南林区广泛分布。

四、生态习性

属暖温带、温带落叶阔叶林带森林树种，在寒温带针叶林带也有分布。耐寒，耐旱，适应性强，在年平均气温 0℃ 以下，年降水量 200mm 的青海甘肃祁连山林区大通河流域仍有较大面积的山杨、桦木天然次生林，能耐极端最高温度42℃，极端最低温度 -40℃。

山杨根系发达，为浅根性树种，侧根主要分布在 20~30cm 的表土层，不怕沙埋。对土壤要求不严格，酸性，中性和碱性皆可，宜在棕色森林土上生长，但草甸土、栗钙土和垆土、黄绵土、河谷沙土均可生长，比较耐旱，可在炎热干旱地带生长，但对水分有一定要求，不宜在干燥的石质土、黄土高原梁峁、沙漠和沼泽地、盐碱地和高山草甸地上生长。

为强阳性树种，极度喜光，为皆伐迹地、火烧迹地天然更新的先锋树种，原有森林破坏后，常与桦树块状混生，形成杨桦次生林，山杨天然更新极好。椐陕西黄龙山林区调查：山杨成熟林皆伐迹地 1 年生幼苗达 9000 株/hm²，15 年时为 3350 株，平均高 8.3m，平均胸径 5.4cm，从该林区山杨林立地指数表可知，优等山杨林 20 年林分优势木平均高为 13m，中等为 9m，最差的为 5m 高。

山杨林属于森林自然演替进程中的初级过渡类型，当林地条件改善，逐步会被其他较耐荫的树种更替，尤其是在水热条件好的地带，更为明显。

山杨易感染心材腐朽病，普遍而严重，使山杨难成大材。椐东北林区调查资料，山杨心腐病与年龄呈正相关，10 年为 0%~34.7%，20 年为 1.5%~43.7%，30 年为 10.5%~52.7%；相同立地条件下，23 年生实生林心腐病率 20%，萌生林为 36.7%；同龄山杨纯林为 40%，混交林为 18.9%。

山杨抗烟尘力弱。雄株比雌株生长快，抗性强。

五、培育技术

（一）育苗技术

1. 种子育苗

（1）采种　选择生长健壮、未感染心腐病的优良母树，适时采种，一般山杨种子在 5 月中、下旬成熟。因地理、立地条件和个体差异，成熟期提前或推后，当果实由绿变黄，蒴果尚未裂开时，即可连同果枝一齐采回，摊放在室内席上，翻动和用细棍抽打，种子即会飞散，用细筛筛出种子，每千克约 110 万~150 万粒，应立即下种，否则数日就失去发芽力。

（2）苗床准备和播种　选择背风向阳、排水良好的沙质壤土地，细致整地作床，先灌足底水，趁湿用筛子筛播混沙种子，力争种子均匀，每亩下种 1~2kg，用细砂稍盖，保持床面湿润，5 天左右即可出苗。

也可采用插枝落水播种：在整好的苗床上灌透水，插上采收的果穗枝，距离 1m 左右，待种子自然落入苗床，保持床面湿润即可。

（3）苗期管理　出苗后，用 1% 的硫酸亚铁或 600 倍代森锌液交替喷洒床面，每周 1 次，连续 2~3 次，用硫酸亚铁液喷后 0.5h 内须用清水冲洗苗，以防药害。苗高 10cm 以上应进行间苗，株距 10cm，并进行拔草、施肥等常规管理。当年生苗高一般 20cm 以上，第二年春进行换床扩圃移栽，株行距 30cm×40cm，进行除草和水肥管理，苗高 1m 以上，地径 1cm 以上即可出圃造林。

2. 埋根育苗

（1）种根的采集　春季可在起过苗的山杨圃地收集残根，也可选择生长健壮无心腐病的优良山杨单株，在周围 1m 外处，挖取粗 0.5~2.0cm 的侧根，剪成长 15~20cm，剪去过细的毛根，捆成小梱，备用。

（2）埋根　春季土壤解冻后，在整好地的苗床上埋种根，大头朝上，直埋，株行距 25cm×40cm，不露根头，踏实，为防止伤口腐烂，不浇水，半月后即可出芽，进行除草和水肥管理，当年苗高可达 1m 以上，即可出圃造林。

3. 扦插育苗　山杨为难扦插成活树种，突破扦插育苗关，对良种繁殖是有价值的。山西杨树育种中心采用山杨根蘖幼苗（带白化茎）插入普通农耕土，精心管理，成活率达 80% 以上。

（二）造林技术

1. 适生范围　西北地区各省区天然林区和其他适宜地段。

2. 造林地选择　林区除沼泽地、高山草甸和乔木上限的灌丛地外，其他宜林荒山荒地、皆伐迹地、火烧迹地、林中空地皆宜；非林区丘陵沟坡，河谷两岸等水分条件较好的地段也可，但极度干旱的沙漠、黄土高原梁峁、盐碱地城镇绿化和农田防护林则不宜。

3. 造林技术　秋季或春季造林皆可，干旱地区以春季较好，采用地径 1cm 以上的壮苗，穴状整地，穴面 50cm×50cm，深 40cm，穴底填一层表层肥土，做到深埋，根系舒展和砸实；水土流失严重的黄土丘陵坡地宜采用水平沟整地方式，造林密度株行距 2m×2m。

4. 幼林抚育管理　一是松土除草扩穴，防止草荒，二是防治病虫害和禁止放牧和人为破坏。

六、病虫害防治

（1）心材腐朽病　由干腐菌假木紫芝等引起，通过立木伤口侵入，又经根系传播给下一代萌蘖苗。

防治方法：一是选育和推广抗病优良品种；二是清除侵染病源，减少感染途径，创造有利于林木生长的环境条件。

（2）黑斑病　危害叶片，病叶背产生透明小点，后扩大成黑斑，严重时全叶、全株枯死。防治方法：发病初期喷等量式波尔多液或 65% 代森锌 250 倍液进行防治。参见毛白杨。

（鄢志明）

旱　柳

别名：柳树、河柳、江柳、噢答
学名：*Salix matsudana* Koidz.
科属名：杨柳科 Salicaceae，柳属 *Salix* Linn.

一、经济价值及栽培意义

旱柳木材具有坚（钉难入）、韧（弯而不折）、细（材质细致）、耐（不朽）的特点，是建筑房屋的檩、柱、椽、门窗和小农具的优良用材；还可用作桩木、矿柱、把杖等。材质洁白，纹理通直，气干快而不裂，容易胶粘，油漆性能好，宜制作家具；为胶合板、造纸的原料；无异味，是制作包装箱、盆、桶、勺、锅盖、案板、菜板、肉墩、笼圈、蒸笼圈、笼筐帮、簸箕舌等生活用具和炊具的理想材料；用作旋工材料也很好；作井盘和水下材料具有长期不沤的特点；枝条柔韧，是编织和作笼系、篮把的好材料；树皮可提取栲胶；花为蜜源；叶是很好的饲料，陕北、内蒙古一带秋冬扫柳叶，或把修下的枝梢架在树杈上，是冬季羊子补充的好饲料。旱柳分布广，适应性强，易繁殖，生长快，根系发达，耐寒冷、耐水湿、抗风沙、较耐干旱、较耐盐碱，不仅是重要的农家速生用材树种，也是护岸固堤、防风固沙、水土保持的优良树种。旱柳树冠开阔，树姿美观，春天发芽早，吸收空气中二氧化硫的能力强，可净化空气，减少污染，是"四旁"和庭园绿化的重要树种。

陕北、晋西北、内蒙古靠陕边界一带，旱柳头木作业的经济效益十分可观，群众有"家有百棵柳，坐在炕头喝烧酒"的美言。旱柳在我国西部地区建设山川秀美，实行退耕还林以及生态环境建设中，具有十分重要的作用。

二、形态特征

落叶乔木，高达 15～20m，胸径可达 1m 左右。树皮深灰色，纵裂。枝直立或开张，幼时淡黄色或绿色。叶披针形，长 5～10cm，宽 0.8～1.5cm，先端长渐尖，基部楔形或近圆形。边缘具明显的细锯齿，叶柄长 2～8mm。雌雄异株，雄花序长 1.5～2.2cm，花序轴有毛；雌花序长约 1.2cm，花序轴具柔毛。蒴果 2 裂，种子极小，暗褐色，花期 4 月，果期 5 月。

由于旱柳长期的无性繁殖，形成了形态差异十分明显的不同类型。

1. 馒头柳（*Salix matsudana* f. *umbraculifera* Rehd.）树冠半圆形，形如馒头。

2. 绦柳（*Salix matsudana* Koidz. f. *pendula* Schneid.）枝条下垂。

3. 龙须柳（*Salix matsudana*moidz. cv. 'Tiortuosa'）

以上三变型，均为庭院绿化树种。

20 世纪 70 年代西北林学院王幼民教授等把陕北定边一带旱柳分为大叶线柳、小叶线柳、柴柳三个类型；80 年代榆林地区林科所曹耀莲等则把榆林地区的旱柳分为黑皮柳、黄皮大叶柳、黄皮小叶柳、柴柳四个类型。此外，陕北群众习惯从干形上将旱柳划分为线柳、箩圈柳、扭丝柳、羊角柳等。

三、分布区域

旱柳分布很广，以黄河流域为中心，北界可达北纬45°，南至淮河流域，遍布于华北、东北、华东诸省，垂直分布可达海拔1600m。在分布范围内，除有些河流两岸的滩地、低湿地可见到小片天然林外，一般多为人工林。

在西北地区，陕西的陕北、关中和陕南均有分布，但以陕北榆林地区为最多（有旱柳人工林超过35691.47hm²），垂直分布于海拔1000m以下；甘肃分布于子午岭、文县、祁连山（海拔2300m），各地普遍栽培；宁夏分布于六盘山，全区栽培；青海北达门源，南达玉树州，西到柴达木盆地的格尔木市，最高海拔可达3730m，全省各地广为栽培，新疆乌鲁木齐、石河子、伊犁、喀什、和田等地有栽培。

旱　柳
1. 叶枝　2. 雄花　3. 雌花

四、生态习性

旱柳属极阳性树种，喜光不耐庇荫；耐寒冷，在年平均气温1~2℃，极端最低气温-42℃，无霜期120~130天的内蒙古锡林格勒草原能正常生长；对土壤的适应性较强，沙土、沙壤土、壤土、黏土及轻、中度盐渍化的土壤都能生长，但以湿润肥沃的沙壤土生长最好，过于黏重或贫瘠的沙土以及中度以上碱土上生长缓慢，枝梢发黄，形成"小老树"。抗旱力较强，虽不及刺槐和小叶杨，但在年降水量仅有100~150mm、年蒸发量为降水量16~26倍的甘肃河西走廊可正常生长。

旱柳极耐水湿，可水淹不死。根系发达，尤其是实生苗根健壮，侧根发达；无性繁殖的旱柳无明显主根，但侧根特别发达，伸展可长达10m以外，垂直分布在30~100cm的土壤里，根毛多交织成网，盘结土壤，固土力极强，为此，旱柳是理想的护岸固堤树种。

旱柳萌芽力很强，修枝平茬后，极易由不定芽萌生多数枝条，因而具有极强的无性繁殖优势。

旱柳生长规律，据树干解析资料：10年前高生长最快，10~15年胸径生长最快，10~20年材积生长最快，一般20年以后生长逐年下降，25年后生长趋于停滞。但在立地条件较好的地方，旱柳的寿命还是很长的，通常60~80年，也有百年乃至200年以上的大柳树。

五、培育技术

（一）育苗技术

以扦插育苗为主，也有用播种育苗的，旱柳种子千粒重0.167g，每亩播种量0.25~0.5kg。扦插和播种育苗方法同小叶杨。

（二）栽植技术

1. 林地选择及整地　旱柳可以在下湿滩地、丘间低地、盖沙滩地、河漫滩地、河流两岸、沟道川台、山涧坝地以及渠旁、路旁、宅旁、沟壕地广泛栽植，但切忌栽在干旱沙地、流动沙地和高山岭脊。

整地方法同小叶杨。在下湿盐碱地栽柳，开壕排碱十分重要，其方法是：于栽柳前一年，在盐碱地开壕，口宽 1.5m，底宽 1m，深 1m，挖出的土堆在壕边，排出碱水，树栽在壕两旁，距壕边 1.0～1.5m。

2. 栽植方法

（1）植苗造林　主要在河滩、四旁栽植，可选用 1～2 年生的苗木栽植，以春季发芽前栽植为宜，挖坑 40～60cm 见方，旋坑栽植、分层填土、提苗舒根、扶正踏实。

（2）插干造林　可分低干和高干两种

低干造林　选 2～4 年生健壮无病虫害的萌条或苗干，截成 50～60cm 长的插干，按栽植点栽入，砸实。无风蚀地露头 3～5cm，易风蚀地，与地取平，不露头。

高干造林　选粗 4～6cm，高 3m 的萌条或苗干，按栽植穴深栽（80～100cm）、砸实。在地下水位高的地方，用钻孔深栽的方法，把高干插到地下水位以下 15～20cm 处，砸实，可收到成活率高，生长快的效果。

插干造林前，把插干在水中（最好是流水）浸泡半月到 20 天，能提高成活率。

"前挡后拉"造林是陕北沙区群众固沙造林的一种创举。"前挡"就是用旱柳高干在沙丘落沙坡角，沿坡角线栽高干柳，阻止沙丘前进；"后拉"是在沙丘迎风坡 1/3 以下进行旱柳短干埋干造林或植苗造林，或用沙柳或旱柳条、沙蒿、紫穗槐等沿等高线搭设障蔽，起到削平沙丘顶，拉住沙丘的作用。这样连续 3～5 年，一段一段的往上栽，一个大沙丘即可拉平（或降低高度）固定。为尽快起到固沙作用，采用大密度造林，株行距 1.5m×1.5m 或 1m×2m，或与紫穗槐混交或用紫穗槐搭设活障蔽，可收到较好效果。

3. 幼林抚育　栽后前三年要做好中耕除草，防止杂草丛生，防碍幼树生长。作为用材林，要培育主干，在幼树期要注意摘芽和修枝。实行林粮间作有利于幼林的生长。柳林常因立地条件的变化发生枯梢和生长不良。如长期干旱，地下水位下降，可间伐一些，调正密度，并翻耕林地，保蓄水分，可恢复树势。降雨多，地下水位上升，土壤盐渍化，可在树行挖排水沟，排水、排碱。

4. 旱柳的头木作业　旱柳头木作业是陕北群众培育柳椽的一种独特方法。它既符合旱柳的生长发育规律，非常科学，又能获得显著的经济效益。多在"四旁"、河谷等零散地，采用单行栽植的高杆旱柳，选留 5～7 个壮芽，培养成骨干枝，抹掉多余的芽子，使骨干枝苗壮成长，5～7 年后即可收获第一茬柳椽；以后继续循环培育，5～7 年砍一茬椽，一茬比一茬产椽数目多，40 年后，每株树可产椽百根左右，效果十分可观。

六、病虫害防治

1. 杨树烂皮病　防治方法见小叶杨。

2. 春尺蠖 ［*Apocheima cinerarius* Erschoff］　　以幼虫危害树叶，常暴食成灾，轻者林木生长衰弱，重则枯梢死亡。1 年发生 1 代。

防治方法：①3 月底至 4 月中旬，向树干上喷洒 50% 杀螟松乳剂 100～500 倍液，杀死卵块；②大面积柳林可在 4 月底到 5 月初，用飞机喷洒 50% 敌百虫乳油 50 倍液或杀螟松，毒杀幼虫；③单株或疏林可在晴天中午摇树或击落幼虫，以 45℃ 以上的沙地烫死幼虫；④冬季挖蛹，并保护天敌。

3. 蓝目天蛾（*Smerinthus planus* Walker）　幼虫食叶，严重时树叶全被吃光。1 年 2 代，以蛹在树干周围土中越冬，来年 5 月成虫羽化；第 2 代成虫 7 月底至 8 月初羽化。成虫趋光性强。

防治方法：①人工挖蛹、捕杀幼虫；②灯光诱杀成虫；③喷洒 2.5% 的敌百虫粉剂毒杀初龄幼虫；④大面积发生可用飞机喷洒 0.1 亿孢子/ml 青虫菌液或 1 亿孢子/ml 苏云金杆菌液，使幼虫感染死亡。

4. 柳毒蛾（*Stilpnotia salicis* Linnaeus）　幼虫天亮时下树潜伏，黄昏时又上树为害，严重时能在短期内将整株林木叶子吃光，并啃食嫩枝，对林木生长影响极大。1 年 2 代，以幼虫在枯枝落叶层中越冬。

防治方法：①秋季在树干基部束草，以诱杀幼虫；②灯光诱杀成虫；③用 90% 的敌百虫 1500 倍液喷杀幼虫；④4 月下旬在树干基部用溴氰菊脂毒笔画环毒杀上、下树的幼虫，或用 50% 敌敌畏乳油 100～200 倍液涂抹树干，或在树干基周围喷洒毒杀幼虫；⑤喷洒青虫菌剂 400～800 倍液或苏云金杆菌 600 倍液。

5. 柳蓝叶甲（柳蓝金花虫）〔*Plagiodera versicolora*（Laichart.）〕　成虫、幼虫均吃柳叶，致使枝上仅剩些网状叶脉或无法生长的叶片。有的林分因遭为害而生长衰弱，甚至逐渐枯萎死亡。

防治方法：①在 4 月或 10 月间，利用其群集于地表的习性，收集灭之；②或喷 2.5% 敌百虫粉，或杀螟松 1500 倍液，毒杀成虫及幼虫。

6. 柳干木蠹蛾（*Holcoerus vicarious* Walk.）　幼虫危害树干幼虫孵化后先在树皮下蛀食，然后深入边材钻蛀成粗大的纵行不规则蛀道，往往一处有几条甚至几十条幼虫，使林木千疮百孔，逐渐死亡或风折。

防治方法：①7～8 月在干基幼虫侵入孔附近涂 50% 杀螟松乳剂或 50% 磷胺乳剂 40～60 倍液毒杀幼龄幼虫；②灯光诱杀成虫；③清除衰弱木和受害严重的树木，消灭其中幼虫，改善林分卫生条件；④卵孵化期间，在树干喷洒 40% 乐果乳剂。

（杨靖北）

沙　柳

别名：西北沙柳

学名：*Salix psammophylla* C. Wang et CH. Y. Yang

科属名：杨柳科 Salicaceae，柳属 *Salix* L.

一、经济价值及栽培意义

沙柳抗逆性强，较耐旱，抗风沙，耐一定盐碱，耐严寒和酷热，喜适度沙压，繁殖容易，萌蘖力强，越割越旺，插条极易成活，生长迅速，枝叶茂密，根系发达，固沙保土力强，是我国沙漠地区（包括部分黄土地区）造林面积最大的树种之一。

沙柳利用价值高，其枝条绵、软、细长，去皮后洁白并具有光泽，为编织和出口柳编的优良原料，颇负盛名，远销国外。沙柳嫩枝鲜叶，营养价值高，是牲畜好饲料；叶亦可供压绿肥，枝干易燃，是干旱地区良好的薪材。枝条可用于筑篱，编排柳栅，挂淤防洪，结扎风墙，建筑简易房屋及牲畜栅圈等。沙柳适应范围较广，生长迅速可作为木材奇缺的西北沙区发展纤维板的良好原料，其皮可提取鞣料制革，皮根皆可入药。

二、形态特征

沙柳属杨柳科柳属大灌木，一般高 3～4m，最高达 6m。小枝幼时具绒毛，以后渐变光滑。树皮幼嫩时多为紫红色，有时绿色，老时多为灰白色，茎表层角质层较发达。叶长 5～8cm，宽 3～5mm，萌条上的叶长达 10 余 cm，边缘有腺点，锯齿，互生。花芽较大，前一年夏末秋初形成，并分化完毕，菜黄花序无柄，具有 3 个长圆形的全缘四小叶，长 2～4cm，雄蕊 2 本，合生，子房具毛无柄，花柱明显，柱头 2 裂。蒴果长圆形，果序长约 2～4cm。沙柳在长期自然选择下，发生形态及性状的差异，初步发现沙柳有四个类型，即波状沙柳、白毛沙柳、大序沙柳和小序沙柳。

三、分布区域

沙柳主要分布于毛乌素沙地、库布齐沙漠、宁夏河东沙地（灵武）、陕北等地，引种至甘肃河西走廊沙地（民勤）、古尔班通古特沙漠（新疆精河）等，在这些地区地下水较浅的沙地上生长良好，在干旱流沙上则生长不良，在湿润丘间低地常与毛柳和芦苇伴生，在地下水较深的沙地上则常与油蒿组成群丛。

四、生态习性

沙柳多采用插条造林，通常第二年即可开花结实，物候从东（榆林）向西（灵武）约差 10 天左右，一般 4 月上旬萌芽，先花后叶，花期 3 月下旬至 4 月上旬，果期 4 月上旬至 5 月中旬，果熟期 5 月中下旬。叶期 4 月下旬至 11 月上中旬。

沙柳主根发育不明显，水平根系极发达，沙柳插条当年水平根即可达 1m 左右，4～5 年生即可达 10m 左右，主根虽不明显，但一般可深入沙层 1～2m，细根及须根极多，特别是表层（0～50cm）根层密布如网，起着极好的固沙作用，同时扩大根系吸收面积，使贫瘠沙地中的有限养分、水分，保证供给个体的繁茂生长。

沙柳种子萌发力强，在水分条件较好的地方，天然更新良好，其插条生根及发芽力强，故扦插造林极易成活，扦插头 2 年生长最快，3 年后生长逐渐减退，故以 3 年平茬 1 次为好，平茬后萌条增多，当年高生长达 1～2m。

沙柳虽比较耐旱，但不如花棒、柠条等沙生植物，其生长量与根层土壤含水率相关显著（r = 0.747），不过，随着沙柳年龄的增加，抗旱性能亦随之增强。沙柳一般在黏重的土壤上生长不良，当 pH 值 > 9.0 时，沙柳生长困难，甚至死亡。

五、培育技术

（一）栽植方法

沙柳造林，因种条来源广，生根及萌芽力强，故一般不育苗，直接扦插造林。造林时选 2～3 年生插条，随采随插，造林穴宽 20～30cm，深 50～60cm，直插使上切口与地平，每穴插 2～4 根，分层填土踏实，一般成活可达 70% 以上。

若在流动沙地造林，宜选在地下水深约为 1～2m 的丘间低地，不宜在风蚀严重、水分差（含水量 2%～3%）的沙丘上造林。丘间地造林后，沙丘移入沙柳林中，越压越旺，形成"块状造林，顺风推进"的造林法，只要坚持年年春季在新吹出的丘间低地造林，5～7 年流沙即可固定。

若在沙地湖盆周围的丘间低地造林时，地下水位不宜过高（高于 50cm），否则因地下水过高，影响沙柳根系的呼吸或将插条下部浸腐，而这些地类常有较重的盐渍化，使造林失败。

若在固定、半固定平铺沙地造林时，则需要细致整地，提高沙地含水率。整地时要避免不合理的全面整地，以免破坏植被，引起流沙再起。一般应采用带状整地，带与主风向垂直。整地带宽 2～4m，保护带宽 4～6m。整地时间，一般以雨季（6～9 月）为好，通常两遍，造林季节，与流沙区相同，一般以春季为宜，但在风蚀较轻地段，亦可进行秋季造林。造林后应及时抚育管护，每年在整地带内锄草 2～3 遍，待沙柳成林后（约 3～4 年），可犁去保护带，扩大沙柳根系吸收范围，减少杂草对水分、养分的竞争，以促进沙柳生长。

沙柳造林还有"埋条断根造林法"：即在春秋造林时，一般选 3 年生沙柳，在其周围挖 30～40cm 深的坑，将沙柳枝条 2～4 根合成 1 束，压入坑中，枝稍露于坑外，填土踏实，待翌年新根生长成活后，砍断与母树连接的枝条，即由一穴繁殖成数穴，一般成活均在 95% 以上。

此外，在土壤湿润的地方，沙柳亦可天然下种成林，并可移植其野生苗造林。

（二）平茬更新

沙柳高生长主要集中在前 3 年，以后生长变慢，但一经平茬又会重新旺盛生长，萌条数亦增多，因此，及时平茬更新，不仅提供种条、燃料及编织材料，还可促进生长，加大灌丛，增强固沙效果，一般以 3 年平茬 1 次为宜，在平茬时应注意以下几点：

（1）平茬应在沙柳停止生长后或在翌春萌动之前实施。

（2）流沙地区沙柳平茬，切忌成片进行，应采用隔行或隔丛平茬，逐年交替进行，这样既不影响固沙效果，又能达到更新的目的。

（3）沙柳配置于防护林两侧时，应隔年交替进行一侧平茬，避免两侧同年进行。

六、病虫害防治

1. 沙柳网蝽　属半翅目一种微小昆虫，1年发生2~3代，成虫和幼虫在叶背为害，吸食汁液，使叶片提前黄枯脱落，7~8月危害最盛。

防治方法：在4月下旬沙柳展叶后及幼虫期，各喷洒1500倍乐果乳油液1次。

2. 柳天蛾、柳尺蠖等

防治方法：在幼龄期喷洒80%敌敌畏和40%乐果各200倍混合液，即可消灭柳天蛾、柳尺蠖幼虫，兼杀金花虫幼虫及成虫。

（李会科）

红皮柳[1]

别名：红柳、杞柳

学名：*Salix sino-purpurea* C. Wang et Ch. Y. Yang

科属名：杨柳科 Salicaceae，柳属 *Salix* L.

一、经济价值与栽培意义

红皮柳是良好的水土保持树种，其生长迅速，根系发达，固土保水能力强，可用于巩固堤岸、沟谷防冲。据调查，红皮柳林每公顷枯落物约 1.14t，吸水量 6t，并有一定的改良土壤的作用。枝干热值高，1kg 干柴热量相当于 0.65～0.68kg 原煤热量，是很好的薪材；入秋后 1 年生枝叶含粗蛋白 8.44%，粗脂肪 6.83%，粗纤维 27.32%，是营养成分含量较高的灌木；嫩枝叶含多种肥分元素，与常用农家肥比较，除磷略低外，氮、钾均高于农家肥。

红皮柳有广泛的经济用途，其枝条通直柔韧，耐磨性能好，是用于编织的好材料，可用于编织筐、篮、箱、簸箕等用具和其他工艺品，销路广泛。此外，红皮柳韧性强，可以条代木，以条代竹，作建筑和包装材料。柳条皮部含水杨酸，可供药用。

二、形态特征

落叶灌木，高 1～3m。小枝细而韧，幼时带紫，后变灰色或灰绿色，光滑无毛。芽红褐色，常对生，无毛。叶互生或近对生，倒披针形或线形，长 3～13cm，宽 8～15mm，全缘或上部具尖锯齿，幼叶下面微被柔毛，老叶无毛。雌雄异株，雄花花序长 1.5～2.5cm，雄蕊 2，花丝合生；雌花序长 2cm，子房有丝毛，花柱 2 裂。蒴果无梗，被长柔毛。花期 3～5 月，果 4～6 月成熟。

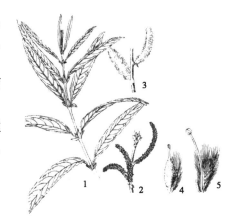

红皮柳
1. 叶枝 2. 雌花枝 3. 雄花枝 4. 雌花
5. 雄花

三、分布范围

红皮柳分布于辽宁、吉林、内蒙古、河北、山西、河南、山东、江苏、陕西等省（区），河南开封至郑州间沙质地上，陕西渭河两岸及河北永定河下游沙质地上分布最多。甘肃等地引种栽培。其垂直分布为海拔 100～1000m 左右。

四、生态习性

红皮柳为喜光树种，较耐干旱、瘠薄，在 0～20cm 深土壤含水率仅 1.2%～1.7%，

---

[1] 关于红皮柳，以往不少文献称为杞柳，拉丁学名 *Salix purpurea* L. 本书根据《中国树木志》第 2 卷改用现名。

20~60cm 深土壤水分不足 5% 时仍能正常生长。也耐水湿。喜生于平坦的石灰性冲积土的细沙地上，在上层沙土较薄，底层为粉沙壤土或细沙淤土的河滩湿地上生长特别好。稍耐盐碱，可在土质较好的轻碱地上生长，如甘肃中部祖厉河流域，滩地 pH8.0 左右，1 年生萌条 1.5m 以上。在定西峧口，农田地埂、水渠边、侵蚀沟底、河滩盐碱地均生长正常。

红皮柳根系非常发达，生长迅速，萌芽力萌蘖力均强，生物产量很高，据在甘肃榆中韦营乡梁峁顶水平台地上调查，5 年生植株根长可达 6.1m，根幅 7.6m，侧根须根盘根错节，形成网络，每公顷根量 10.75t，根系总长达 971.03km。8 年生未平茬单株干重生物量 1505.60g，其中枝占 36.1%，叶占 3.4%，根占 60.5%，每公顷达 15.04t。耐平茬，几乎年年都可平茬，平茬后生长迅速。3 年生植株平茬后每年萌生枝条 10~20 个，6 年生达 50 多个。据山西省水土保持研究所测定，春平茬后，秋季每公顷产枝叶鲜重 4857.0kg，合风干生物量 2238.0kg；同时测定，每公顷可产去皮干条 1183.5kg。

红皮柳以人工栽培为主，多形成条带状或长块状纯林，以及梯田地埂林，组成单优群落。

在山西离石地区，红皮柳芽萌动期为 3 月下旬，开花期 3 月下旬至 4 月上旬，4 月中旬至 5 月上旬果实成熟，新梢生长期为 5 月上旬至 8 月下旬，落叶期 10 月中下旬。

五、培育技术

（一）栽植技术

红皮柳主要采用插条、压条等方法繁殖，并直接用枝条扦插法造林。一般选用粗 1cm 左右健壮一年生枝作插条，剪截成长 25~35cm 的插穗。要求剪口光滑，不要劈裂。

红皮柳造林宜选在水分条件较好的农田地埂，作经济栽培时可在农田内与农作物带状间作。此外，在年降水量 400mm 以上荒山阴坡、侵蚀沟底、沙荒地造林也很适宜。沙荒地、退耕地造林前宜全面整地，深耕 15~25cm。山地阴坡宜修成反坡梯田或鱼鳞坑，沟底修成台地，梯田埂宜修成条带状水平阶，四旁植树可边挖坑边栽植。

雨季或秋季插条造林。带状栽植，每带 4 行，行距 0.5m，株距 0.3~0.5m。带距 2~3m（纯林）或 4~6m（林粮间作）。四旁挖坑栽墩，墩距 1m，坑 30cm 见方。扦插时可用四股叉插孔，每穴 4 根，稍部露地面 3~4cm，扦插后踏紧土壤。秋冬坑穴造林后应封墩防寒越冬，土墩高约 10cm，翌春插条可自行破土出芽。宜适当密植，密度大时，柳条质量好。

（二）抚育管理

1. 平茬 以采条为主的红皮柳林，需加强抚育管理。造林后连续 3 年培养根茬。第三年入冬后地刚上冻时，予以平茬，即用快镰擦地皮将红皮柳枝干全部割去，注意不要割裂根茬。

2. 拿杈 次春萌条长到 1m 时开始发叉分枝，应及时拿去，从 5 月下旬到 6 月上旬，要拿杈 2~3 次。拿杈时不能在萌条上留下疤痕。操作时一手捏住条身与枝杈基部连接处，另一手横向将杈掰掉。切勿将杈往下连叶一起掰掉，不然会留下伤痕，影响柳条质量。拿杈要"早拿、勤拿、拿净"。此外，每年雨季应松土除草 2~3 次，以免杂草争夺水分养分。

3. 采条 从"头伏"到"立秋"（7 月上旬到 8 月上旬）为采条季节，一般在"二伏"晴天的早晨进行，这样采后去皮的白条可在当天中午及时晒干，以免变色或发霉。入冬后应将剩下的细条及新发的嫩条全部平茬，留茬口 2~3cm。

4. 养茬复壮 每年伏天采柳条后，根部还会萌生很多新条，称为"柳毛子"。若连年如此，根茬长势很快减弱，萌条质量变差。在连续采条 2 ~ 3 年后停止伏天采条，留到秋后打青柳，以便养茬，恢复树势。如此进行多次后，根茬逐渐提高，出条少，长势弱，须削茬复壮。一般在入冬封冻后，用锋利的刨斧齐地面将根茬锛掉，要求切口平滑。一般 7 ~ 8 年一次。

5. 更新造林 红皮柳根茬将逐渐老化，老化的早晚与地力、品种有关，更与经营管理的好坏有关。管理细致时，根茬能正常长柳条 20 ~ 30 年以上。管理粗放，地力单薄时，10 余年就会老化。老化的根茬需刨掉后重新造林。

六、病虫害防治

红皮柳上有多种虫害，危害较严重的有小象鼻虫，还有卷叶蛾、金龟甲及刺蛾等。小象鼻虫在夏至（6 月中旬）前后专吃柳尖，严重影响柳条质量。可在成虫为害期于早晚用西维因 400 ~ 500 倍液或亚胺硫磷 400 倍液喷杀。卷叶蛾幼虫浅绿色，在谷雨前后啃食幼嫩的顶尖，可用敌百虫 800 ~ 1000 倍液喷杀。此外，春夏之交感染蚜虫，可用乐果、敌敌畏等农药防治。

（李仰东、姬俊华）

乌 柳

别名：筐柳

学名：*Salix Cheilophila Schneid.*

科属名：杨柳科 Salicaceae，柳属 *Salix* L.

一、经济价值及栽培意义

乌柳为干旱半干旱地区的先锋生态树种，其在水土保持、防风固沙等方面有着举足轻重的作用，因其具较强的适生性及抗逆性，大力营建防护林，将有效地改善脆弱的生态环境，抑制荒漠化的进程；此外，乌柳的枝条是很好的编织材料，可依此树种资源，发展编织业，从而推动当地经济的发展。

二、形态特征

灌木或小乔木，高达 5.4m，枝初被绒毛或柔毛后无毛，灰黑色或黑红色。芽具长绒毛，叶线形或线状倒披针形，先端渐尖或短尖，基部渐窄，上面密被柔毛，下面灰白色，密被绢毛，长 2.5 ~ 3.5（5）cm，宽 3 ~ 5（7）mm，叶脉显著凸起，边缘外卷；花序与叶同时开放，近无梗，基部具 2 ~ 3 小叶；雌花序长 1.3 ~ 2cm，粗 1 ~ 2mm（果序可达 3.5cm），密花，花序轴密被长毛，果序长 1.6cm，雄花序长 1.5 ~ 3cm，雄花具 1 腺体，雄蕊 2，花丝全部合生，花药黄色。花期 4 ~ 5 月，果期 5 月。

三、分布区域

产于河南、河北、山西、陕西、甘肃、青海、四川、云南、西藏；分布于海拔 750 ~ 2800m 的山区溪边，在沙区湿润地方常与沙柳、芦苇混生。

四、生态习性

乌柳喜湿润的土壤条件，适生于河谷、溪边、湿地；可成林也可呈散生状态；其芽具较强的萌生性，人为砍伐或取枝后，自然更新能力较强；乌柳根系发达，为护堤固沟、防风固沙的良好树种。此外，其枝条柔韧，可用于编织筐篮。

五、培育技术

（一）育苗技术

主要采用扦插繁殖，5 ~ 8 月份为较好的繁殖时间，选择 3 ~ 6 年的生长势较强且无病虫害的树为母株，将选好的半木质化的健壮枝条，剪成 12 ~ 15cm 长的插穗，保留 2 ~ 3 个叶子，上剪口距芽约 1 ~ 2cm，口平剪，50 根一捆泡在 100μL/L 的 ABT 生根粉溶液中，浸插条基部 1 ~ 2h；选背风向阳，地势平坦，排水良好的苗圃地。做宽 1.2m、长 4m、高 20cm 的高床。床内铺较大粒的干净河沙 15cm，可施入适量（亩施 5000kg）充分发酵并经过严格消毒的厩肥，床面搭设高40cm的拱棚盖塑料膜，必要时可覆盖遮阳网；按8cm×15cm扦插。适时浇水，插床温度保持20~25℃，相对湿度为80%~90%，30~40天后可逐渐撤去遮盖物，成活率可达85%以上。

（二）造林技术

考虑到乌柳特定的生态习性，所以应选择土壤较湿润的区域为造林地，主要采用鱼鳞坑整地，可在秋冬季进行造林，造林密度为6m×8m，若造林时较干旱，可适当浇水提高造林成活率。

六、病虫害防治

1. 杨柳腐烂病　见毛白杨

2. 杨柳溃疡病　见毛白杨

3. 柳吉丁虫　鞘翅目，吉丁虫科，主要危害树干，可在被害树木木质部过冬。

防治方法：①于成虫羽化前进行树干涂白，防止产卵；②于幼虫刚孵化时在树皮涂抹滴滴畏煤油混合液（25%的滴滴畏乳剂1份、煤油1份混合）以杀灭刚孵化的幼虫。

4. 柳毒蛾、柳天蛾　防治方法见旱柳。

（康　冰）

筐　柳

别名：杞柳、蒙古柳、长托叶柳、簸箕柳
学名：*Salix linearistipularis*（Fraach.）Hao
科属名：杨柳科 Salicaceae，柳属 *Salix* L.

一、经济价值及栽培意义

筐柳枝条柔软，韧性强，用于编筐、簸箕、柳箱、安全帽和一些手工艺品等。生长迅速，萌蘖力强，3 年生灌丛有萌生条 10 ~ 20 个。多年生筐柳根系发达，主根粗大，侧根和须根在地下形成网络，固结土壤，是优良的水土保持和固沙造林树种。

二、形态特征

落叶灌木或小乔木，树皮黄灰色。小枝细长，芽卵圆形，淡褐或黄褐色，无毛。叶披针形或条状披针形，长 8 ~ 15cm，宽 0.5 ~ 1cm，幼叶被绒毛，具腺齿；托叶条形或条状披针形。先叶开花或花叶近同放，花序无梗，基部具 2 长圆形全缘鳞叶；雄花序长 3 ~ 3.5cm，雄蕊花丝合生，近基部被杂毛；雌花序 3.5 ~ 4cm，子房被柔毛，无柄，柱头 2 裂。花期 5 月上旬，果期 5 月中下旬。

三、分布

主要分布在黄河流域，包括河北、山西、河南、陕西、甘肃等地。陕西渭河两岸及河北永定河下游分布最多，多生于平原低湿地、江湖岸边、盐碱地，山地少见。

四、生态习性

喜温好湿，河道、滩地、低湿地及沟坡广为栽植。耐寒、耐盐碱、耐旱抗涝，在黏重土壤及湿润型风积沙丘地上也能生长。根系发达，萌蘖力强。

在渭河沿岸，4 月初开始萌芽生长，先花后叶，6 ~ 7 月为高生长速生期，8 月中旬封顶，9 月下旬叶子逐渐脱落，高径生长基本停止。在土层深厚肥沃、水分条件好的地方，生长特别迅速，而且 20 ~ 30 年生长正常；在土壤干旱或盐碱地上，生长缓慢，寿命短。

五、培育技术

筐柳可用播种繁殖，但通常多采用扦插繁殖，选 1 年生粗健壮枝条剪作插穗，成活率在 90% 以上。

适宜栽植在表层为细沙土，下层为黏土的地方。造林前可局部整地，也可边挖穴边栽植。

筐柳萌芽力强，一般都采用插条造林。选用当年生健壮、无病虫害，径粗 1 ~ 1.5cm 的条子，截成长 40 ~ 50cm 插条，进行插条造林。春、夏（雨）、秋三季均可造林，但以雨季最好，成活率高，生长快。陕北群众结合修梯田，在梯田埂中间弓形压筐柳条，既保护梯田减少塌坡，也增加经济收入，是林粮间作的好方法。

筐柳栽植第三年即可平茬，健全根系，次年即可生长出直立而健壮的柳条，可以割条利用。每年秋季割条后，翌春新萌枝条长到1m时，必须及时打杈，以保证条身光滑无疤。

为了培养优质编织用条，筐柳林地每年应进行2～3次松土除草。筐柳正常生长20～30年，若地薄，管理粗放，根茬10年多老化死亡。应刨掉老根，重新造林。

（李仰东）

白 桦

别名：粉桦、桦木、臭桦、桦皮树

学名：*Betula platyphylla* Sukat.

科属名：桦木科 Betulaceae，桦木属 *Betula* L.

一、经济价值及栽培意义

白桦是广布亚欧大陆的世界性树种，也是我国西北次生林区的主要建群种和用材树种之一。其生长迅速，适应能力强，在恢复植被、保持水土、涵养水源、维护生态平衡方面都有着重要作用。白桦木材黄白色，纹理直、结构细，用途广泛，可供胶合板、造纸、建筑、车辆、板箱、矿柱等用材。木材干馏，醋酸获得率占干木材量的 7.08%。树皮含鞣质 7.28% ~ 11%，可提取栲胶，还可提取桦皮油。种子含油量 11.43%。桦树汁富含多种营养成分，可制做饮料。叶可作黄色染料。树皮药用，可解热、防腐，治黄疸病。

"八五"期间，白桦被列为国家科技攻关研究树种，有关研究人员开展了以胶合板、纸浆材为育种目标的白桦种源优树选择、扦插繁殖等方面的研究工作。

二、形态特征

落叶乔木，树干挺直，高可达 27m，胸径 80cm。树皮灰白色，常成薄片剥落，内皮淡褐色，含有油脂。幼枝有时疏被毛和树脂粒。1 年生枝条有蜡质白斑点，皮孔明显。叶在长枝上互生，在短枝上则两叶聚生，三角状卵形、菱状卵形，长 3 ~ 9cm，宽 2 ~ 7.5cm，先端尾尖或渐尖，基部平截或宽楔形，无毛，下面密被树脂点，重锯齿，侧脉 5 ~ 7 对，先端直达锯齿。叶柄长 1 ~ 2.5cm，无毛。果序单生，圆柱形，长 2 ~ 5cm，柄长 1 ~ 1.5cm，无毛，果苞中裂片三角状卵形。小坚果椭圆形或倒卵形，膜质翅与果等宽或稍宽。花期 4 ~ 5 月，果期 8 ~ 10 月。

白 桦
1. 果枝　2. 小坚果　3. 果基

三、分布区域

白桦是寒温带、温带和亚热带山地广泛分布树种，在我国从东北、华北、西北到西南分布于 14 个省、市、自治区，并集中分布于东北三省及内蒙古林区的大小兴安岭、长白山山地，经河北、山西、陕西、河南、甘肃、宁夏、青海、四川等省区，南至云南的丽江、中甸，西至西藏的太昭。在我国东部分布海拔多为 1000 ~ 2000m，西部地区为 1500 ~ 2800m，西南最高可达 4000m。俄罗斯、朝鲜、日本、蒙古也有分布。

四、生态习性

白桦喜光，也耐一定的蔽荫。耐旱和耐严寒性优于红桦，垂直分布一般低于红桦，而水平分布纬度明显高于红桦。耐土壤贫瘠，喜酸性土壤，如山地棕壤、山地褐色土等。适应性较强，在沼泽地、干燥阳坡及较湿润的阴坡均能生长。林木结实能力强，几乎无大小年之分，种子轻，具翅，能随风传播到较远距离；萌蘖力亦强，天然更新良好。在采伐和火烧迹地上常形成纯林或与山杨、柳类、栎类、华山松等混生，为森林恢复过程中的先锋树种。深根性，幼年生长比较迅速，树高速生期 10～30 年间，连年生长量 0.80～0.45m；直径速生期 20～55 年间，连年生长量 0.7～0.4cm；30 年生树高可达 12m，胸径 16cm。其早期高径生长均超过红桦，数量成熟期比红桦到来的早。寿命较短，一般 60～70 年即开始衰老。

朱翔等进行的白桦种源地理变异研究发现，幼树树高与纬度呈负相关，与经度呈正相关，温度与无霜期是影响地理变异的主要气候因子。初步判断，白桦的地理变异符合经纬向双重渐变的模式，反映了冷-暖的气候生态模式，但并未反映干-湿的气候生态模式。

五、培育技术

（一）播种育苗

（1）采种期　一般在 9 月初，当果序轴由绿变黄，果穗即将开裂时选择生长健壮的壮龄母树采种。摘下的果穗放在阴凉通风的晒席上晾晒，每隔 1～2h 翻动一次，5～7 天果穗干裂时，揉搓，通过风选和筛选净种。种子可边采边育，如需第二年育苗时，净种后晾 3～5 天，装入麻袋，放在干燥通风处备用。亦可雪藏处理。

（2）育苗　育苗地以阴坡或半阴坡坡度平缓、排水良好，肥力较高的沙质壤土或轻黏壤土为好。育苗前一年伏天进行整地，深翻 30cm。播前用硫酸亚铁、赛力散进行土壤消毒，每亩施腐熟有机肥 1500～2500kg 作底肥。然后作床。床宽 1.2m，步道宽 30cm，长可因地形而定。

春秋两季均可育苗，在没有晚霜危害的前提下可采用秋季育苗。10 月下旬～11 月上旬，边采种边育苗，翌春能提早出苗，延长生长期，促进苗木木质化。春季育苗在 4 月下旬或 5 月上旬进行。未经雪藏的种子，于播种前 7 天将种子用 0.5% 的硫酸铜溶液浸种 4h，进行消毒，再用 45℃ 的温水浸泡 2 天，捞出后放在 25℃ 左右的温箱或屋内进行催芽。催芽时要经常检查、翻动，使保持适宜的温度和湿度。等到种仁膨胀并有 1/3 以上扭嘴时将种子放入缸内加水搅拌，去掉漂浮的秕籽和杂质，捞出后放到背阴处，掺入干净的细沙，即可播种。条播，播幅 10cm，行距 15～20cm。亩播种量 1～1.5kg。要特别注意覆土厚度，用筛子将细沙土均匀撒于播种沟内，以不见种子为宜，并轻轻镇压，使种子和土壤密接。播种后要进行覆盖并及时洒水，使床面保持一定的湿度。播种后 7～8 天即可出土。幼苗极易遭受旱风和日灼危害，应进行遮荫，床面透光度 40% 左右。待苗木长出 3～4 个真叶时可不再遮荫。及时松土除草，拔草要细致，避免拔草时带出幼苗。白桦一年生苗高约 2cm，冬季要注意覆盖预防冻害。苗高 30～45cm，地径 0.3～0.5cm 的白桦苗就可以出圃造林，每亩留苗以 4 万～5 万株为宜。

由于桦树幼苗前期生长慢，露地育苗须经 2～3 年才能出圃，因此可采取塑料大棚育苗。据试验，塑料大棚育苗 1 年即可出圃，苗木平均高和平均根长分别为露天苗的 6.95 倍和

2.56 倍，且根系数多，产苗量提高 42%，缩短育苗周期 1~2 年。

近年来，白桦扦插繁殖试验取得了突破性进展。试验表明：插穗种类对生根率有显著影响。来源于幼树的材料生根最好，从扦插成活苗上取穗再扦插，生根率较高。如对白桦扦插苗连续几代的扦插复壮，能逐步提高插穗生根率。吲哚丁酸、抗坏血酸和 VB_1 可以明显地促进生根，IBA 以 4000mg/L 和 6000mg/L 处理插条成活率最高。基质配方以珍珠岩＋泥炭为最佳，且 15cm 深优于 5cm 深，有利于根系后期的生长发育，生根率最大。扦插繁殖时应进行遮荫，遮荫度应在 40%~50%。生根插条的移栽时间选在 8 月末最好，此时已长出新叶，主根数量多，根系呈黄褐色，已有一定程度木质化。

（二）栽培技术

白桦造林地应比红桦海拔低，选择阴坡、半阴坡或阳坡的中下部土壤潮湿肥沃的地方，也可以用于灌木林、疏林地的改造造林和采伐迹地的更新造林。可以造纯林，也可以与云杉、冷杉等针叶树种或与椴树、槭树等阔叶树种一起营造混交林。据李桂兰等研究，有 6 种真菌与白桦幼苗根系存在共生关系，能形成外生菌根。这对白桦人工林的培育具有重要意义。

1. 植苗造林 最好是先一年整地，次年造林。穴状整地 40cm×40cm×30cm，带状整地带宽 80cm，带长依地形而定，沿等高线排列。春季造林较好。每亩 400~500 株（即株行距 1m×1.2m 或 1m×1.5m）。密度太小不利于白桦的生长，影响木材质量。

2. 直播造林 在整好的造林地上播入白桦种子，或结合林粮间作进行全面整地，然后撒播白桦种子。

对采伐迹地也可采用人工促进天然更新的方法，即根据小区地形复杂的特点，采用带、块、楔三结合的小面积皆伐方式，采伐带宽度和保留带宽度均为 50~100m，伐区面积在 1~3hm^2 之间。采用火烧法清理林地，在烧过的林地上撒播春油菜或苦荞麦，利用作物抚育破坏枯枝落叶层，并抑制杂草的生长。当年 9~10 月白桦种子成熟下落，第二年即长出大量幼苗。这种林粮间作方式在采伐迹地更新上可以推广。

（三）抚育管理

白桦幼林抚育每年伏天进行一次，连续进行 2~3 年，主要割除杂草，防止草压。人工促进天然更新的白桦幼林可于 5 年后进行间伐抚育，割除杂灌，调整树种组成，砍除过密和生长不良被压树，每亩均匀保留生长健壮的桦树 400 株左右。更新不均匀或太稀达不到更新要求的地方，可用云杉、冷杉大苗进行补植，营造混交林。

（于洪波）

虎榛子

别名：棱榆，胡榛子

学名：*Ostryopsis davidiana* Decne.

科属名：榛科 Coryaceae，虎榛子属 *Ostryopsis* Decne.

一、经济价值及栽培意义

虎榛子是一种经济灌木，幼嫩的枝条和叶片是良好的饲料，灌丛可作为放牧场。种子可榨油，供制皂。树皮和叶可提取栲胶。枝条供编织农具，亦可作薪材。

虎榛子能以建群种形成单优灌木群落，亦可与丁香、黄蔷薇、小叶锦鸡儿等形成杂灌丛，灌丛在植物群落演替中占重要位置，灌丛郁闭度可达 75% ~ 95%，所以，贴地面 2m 层内枝叶十分密集，地下根系交织如网，地面基本没有土壤侵蚀现象，因此，虎榛子是一种优良的水土保持植物。

二、形态特征

虎榛子属落叶灌木，高达 4m。根际多生萌条；树皮淡灰色，芽鳞被毛或仅边缘有毛。小枝密被粗毛及细短毛，或杂有腺头毛。叶卵形或椭圆状卵形，长 2 ~ 8cm，先端尖，基部心形或圆，上面被毛，下面被半透明褐黄色树脂点，沿叶脉被毛，近基部脉腋被簇生毛，具粗钝重锯齿，侧脉 7 ~ 9 对，叶柄长 0.3 ~ 1cm，密被毛或杂有树脂点。雄花序单生叶腋，短圆柱形，苞片宽卵圆形，先端有小尖头，边缘密被毛，果 4 ~ 多数集生枝顶，长约 2cm，果序柄长 1 ~ 5cm，被毛；果苞厚革质，长圆形，尖端成颈形，有纵纹，密被粗毛及短毛，或疏半透明褐黄色树脂点；小坚果扁球星，暗褐紫或黄褐色，被直立毛。花期 4 ~ 5 月；果期 6 ~ 7 月。

虎榛子

三、分布区域

分布于青海的互助、化隆、乐都、湟中和大通等地海拔 2100 ~ 2500m 的林下、林缘；宁夏贺兰山海拔 2300 ~ 2500m 山顶灌丛、油松林下及六盘山；甘肃兴隆山、通渭、渭源、天水、秦安海拔 1400 ~ 2600m 荒地、疏林、平凉崆峒山 1450 ~ 1650m 的山坡；陕西延安地区黄龙、延长等海拔 500 ~ 1600m 的阴坡，构成建群灌丛群落类型，在延安地区顺次演替将到达辽东栎或油松顶极群落。

此外，虎榛子亦分布于辽宁、吉林、内蒙古、黑龙江、河北、河南、山西和四川等地。俄罗斯、朝鲜和日本也有分布。

四、生态习性

虎榛子能在开敞无林地、林间隙地和森林采伐迹地形成大片茂密灌丛，也能在林冠下生长，成为山杨林、白桦林、侧柏林、辽东栎林和油松幼林下的优势灌木之一，虎榛子为耐荫植物。主要分布在阴坡、半阴坡或林下，在半阳坡以至阳坡均能生长，且多见于坡度很陡的陡坡地或破碎陡崖地，具有比较强的抗旱和耐瘠薄能力。

五、培育技术

（一）育苗技术

1. 扦插育苗　硬枝扦插采用常规技术。除了枝插外，可利用根容易产生不定芽的生物学特性，进行根插或埋根繁育苗木。根插一般在春季较好，根茎要求 0.5cm 以上，根长12cm 左右，可将插穗完全插入土中，插后要灌足水；埋根繁殖秋季和春季均可，为了充分利用断根，根长适度，埋根深 10cm 左右。埋根繁殖要特别注意在出芽以前疏松表层土壤。

2. 播种育苗　虎榛子为风媒传粉植物，开花受粉物候早，6～7 月份果实成熟，结实量很大。延安地区 6 月下旬可收获种子。所以，当年成熟的种子经水选后或来年春季常规法育苗，发芽率 95% 以上。但要特别注意苗期需适当遮荫，这对保苗和促进苗木快速生长很重要。

（二）栽植技术

天然虎榛子杂灌丛群落处于阴坡，其演替的下一阶段为油松或辽东栎群落，所以造林可选择在阴坡与油松混交构成混交林，提高林分稳定性和水土保持效益。

采用油松和虎榛子行状混交、或株间混交。春季和雨季造林成效很好。在黄土丘陵沟壑区采用油松 1 行、虎榛子 2 行混交，造林密度：油松株距 2m，行距 4m；鼢鼠对油松形成灾害性危害，所以，在造林前和造林后必须作好防治工作，防治方法有鼢鼠洞穴投药法、造林坑穴投药法等。虎榛子株行距各 2m；造林时用西沃特保水剂蘸根技术，其技术要点是西沃特保水剂与土按 1∶25 比例搅拌混匀，然后加水 200 份混合搅拌，静止溶液 2h 成浆状后蘸根。

油松造林可按"88542"标准，搞隔坡反坡水平沟整地，"等高线、沿山转、宽 2m、长不限，死土挖出来，活土填回去"，即沿等高线开挖宽 0.8m，深 0.8m 的水平沟，拍实外坝，坝高 0.5m，宽 0.4m，将坝内侧上方表土回填，作成 10～20 反坡田面，田面宽 2m 左右，带间距离 6～8m。虎榛子采用截干技术，并在不破坏坡面植被的条件下采用鱼鳞坑栽植。

（薛智德）

辽东栎

别名：辽东柞、柞树、柴树、杠树
学名：*Quercus liaotungensis* Koidz.
科属名：壳斗科 Fagaceae，栎属 *Quercus* L.

一、经济价值及栽培意义

辽东栎木材致密、坚硬、耐腐耐湿力强，不论大小径级材都可利用，可供建筑、器具、枕木、矿柱、车轴、船舶、船坞以及地下建筑等方面用材；也宜作高级家具、胶合板、室内装饰、酒桶和其它液体盛器用材，特别是作地板材堪称上等材。种子的淀粉含量为50.43%，可作浆纱和酿酒原料，也可制作凉粉、粉条和酱油。其枝叶和壳斗鞣质的含量分别为15.26%和7.33%，可提制烤胶。其杆枝是优良的木质生物能源，具有发热量高、火力强、耐燃烧、污染小的特点。其热值为19330kJ/kg，如以材积计算发热量，据测定，栎木每立方米大体等于松木 $1.5m^3$、杨木 $1.7m^3$。如以松木每立方米发热量为100，栎木相当于146，落叶松为133，桦木为128，云杉为90，红松为88，冷杉为83。栎木的发热量为6500~7500kcal/kg，实属优良薪柴。

辽东栎虽然生长缓慢，干形亦不理想，但对防止水土流失、改良土壤、抗风防火，保持生态平衡，改善自然环境具有重要作用，是防护林、用材林、经济林和能源林的优良树种。

陕西省仅木耳、香菇、天麻、木炭生产4项，每年消耗栎类立木蓄积量200多万 m^3，相当于砍伐3.3万 hm^2 栎类资源。已使安康和汉中地区的栎林资源面临危机，因此，大力营造栎林，并对现有次生林进行抚育改造，已成为当务之急。

二、形态特征

落叶乔木，高达 10~15m。树冠卵圆形。树皮深灰色，深纵裂，老枝灰褐色，无毛，皮孔圆形，淡褐色；单叶互生，倒卵状长圆形或倒卵状披针形，长 5~10cm，宽 1.5cm，边缘具 5~7 对波状锯齿，侧脉一般 5~7 对。花单性，雌雄同株，雄花柔黄花序，长 5~8cm，雄蕊 8 枚，着生于当年生枝叶腋；雌蕊通常 3 朵簇生于当年生枝叶腋；花被 6 浅裂，子房 3~4 室，花柱 3。壳斗碗状，覆瓦状排列紧密，坚果卵圆形或长椭圆形，1/3 为壳斗所包被，果径 1.0~1.3cm，花期 5~6 月，果熟期 9~10 月。

三、分布区域

辽东栎是暖温带落叶阔叶林北部地区分布较广的森林树种。产于黑龙江、吉林、辽宁、内蒙古（大青山1700m）、河北、山东、山西、四川等省自治区海拔 300~2500m。

西北地区分布亦广泛，陕西产秦岭北坡（海拔1900~2300m）、黄龙山、桥山、关山林区，陕北的宜君、甘泉、安塞、榆林、宜川、延安南泥湾，海拔 1100~1900m 的阴坡和半阴坡；甘肃产于迭部、舟曲（2000~2700m）、成县、文县（1500~1800m）以及小陇山、子午岭（1300～1700m）、西秦岭至兰州附近。宁夏六盘山分布于海拔1700～2300m的阴坡、半阴坡，少见于阳坡；青海产循化孟达林区及民和杏儿沟林区，生于海拔1900～2200m的山坡、林缘。

四、生态习性

辽东栎是一种喜温凉湿润环境的树种，也是北方落叶树种的代表种。分布区的生物气候条件为：年平均气温5～10℃，最冷月平均气温为-12～-10℃。极端最低气温为-26℃，极端最高气温为38℃，年平均降水量300～650mm。辽东栎耐寒性强，能忍耐-38℃极端低温。但对水分反映敏感，在陕北黄土高原土层深厚湿润的阴坡的62年生，树高12.7m，胸径19.7cm，而在干燥瘠薄的阳坡57年生树高4.8m，胸径12.9cm。

萌生的辽东栎具有早期生长快，数量成熟早的特点。据六盘山资料，树高速生期出现在10年间，直至30年仍保持旺盛生长，树高连年生长量0.20～0.28m；50年生 高生长仍未停止，但生长缓慢。胸径10年生开始上升，生长高峰出现于35年，胸径连年生长量0.4～0.5cm，而后生长趋缓，50年后仍继续生长。材积生长，25～50年为其生长旺期。辽东栎分布区土壤为褐土、普通灰褐土、碳酸盐灰褐土、山地褐色森林土、栗钙土、灰钙土、石质土等。

五、培育技术

（一）育苗技术

1. 采种　一般萌芽林4～5年开始结实，实生林10年左右即可结实，当种壳由绿色变为灰褐色，有光泽，即可采种，种实采回后不能曝晒和烘烤，需要阴干，防止因含水量高而发芽、发热和霉烂，可将种实摊在苇蓆上，厚度10～15cm，每日翻动2～3次，经过1～2周即自然阴干。

2. 种实贮藏　秋季随采随播，不需贮藏，亦可防止虫蛀。准备翌春播种的种子需要贮藏，其方法有：

（1）流水贮藏　用筐篓装满种子（约25～30kg），放在流水缓慢的河水或溪流中，用木桩固定筐篓，防止被流水冲走。并要经常翻动检查，避免霉烂和散失。

（2）混沙堆藏　选干燥，通风的室内或棚内，先铺1层6～8cm厚的湿沙，然后一层种子一层湿沙，层积堆藏，堆高0.7m，也可按种沙比1：2的比例将种子和湿沙拌均堆藏，此法应将种沙埋入坑内，应经常检查。

3. 播种　在作好的苗床上开沟条播，行距20～25cm。发芽率95%的种子，每播种量2000～2500kg/hm²，覆土厚2～3cm。秋播和春播均可，以随采随播为好。

4. 苗期管理　播后要加强管理，初期松土宜浅，锄深2～3cm即可，苗木生长期需松土除草4～5次。当幼苗5cm高时间苗，按10～15cm株距留苗。由于栎类主根发达，垂直主根生长很快，而侧根往往很少。因此当苗木生长2～3月后应行切根，用利锹斜插入土中即可切断主根，促进苗木多发侧根和须根，造林容易成活。

（二）栽培技术

1. 直播造林　辽东栎生产上多采用直播造林。也是主要造林方法之一。秋季正是雨季后期土壤水分条件好，气温高，发芽快，易发根。技术也比较简单。不需贮藏种子和育苗，省功省时，比较经济。

如营造防护林、能源林、防火林带，对立地条件要求不严。除盐碱地、低洼（易积水）地外，各种地形和土壤均可直播。如培育用材林，应选择土深厚湿润的阴坡、半阴坡和半阳坡。

2. 植苗造林 造林地选择同直播造林。根据地形、土壤条件，进行鱼鳞坑、水平阶、水平沟和块状整地。为了使根系舒展，不致窝根，应将过长的主根修剪，保留 20 ~ 25cm 长度为宜。以 1 年生苗造林最好。

3. 造林密度 用材林的初植密度，株行距 1.5m×2.0m 或 1.0m×2.0m，每亩 200 ~ 300 株，防护林、能源林初植密度每亩 300 ~ 400 株，株行距 1.0m×2.0m 或 1.0m×1.5m。

4. 混交造林 辽东栎宜与油松、华山松、侧柏、白桦、杜梨、栎、山杨、茶条槭、山楂、虎榛子、水栒子、北京丁香、胡枝子等多种乔灌木混交。以块状和带状混交为宜。

5. 幼树抚育

造林后的抚育管理主要是松土除草和扩穴连带，当年的 6 ~ 7 月间进行 1 次。第 2 年和第 3 年，分别在 5 ~ 6 月和 7 ~ 8 月各进行 1 次，增加营养面积。如培育用材林，可在 4 ~ 5 年后进行平茬，以培育良好干形。对能源林，可每隔 4 ~ 5 年轮伐一次，每穴（丛）可保持 5 ~ 6 根健壮萌条。要及时除去病腐木、被压木、弯曲木。

六、病虫害防治

1. 栗实象（*Curculio davidi* Fairm.） 幼虫在种子内蛀食，外面不易发现虫孔，仅能见一小黑点，受害种子往往早落，如有 3 头以上幼虫为害，种子即失去发芽力。特别是种子堆藏时温度升高，幼虫蛀食最严重，被害率达 90% 以上。

防治方法：①温水浸种，将种子放在 50℃ 温水中浸泡 15 ~ 30min，杀虫效果极好。②浸泡后捞出凉干后沙贮。③溴甲烷熏蒸，将种子放在密闭容器内，温度 23℃，每立方米用药 37.4g，熏蒸 40h，杀虫率可达 100%。也可用二硫化碳熏蒸，25℃ 时每立方米用药 30ml 处理 20h，杀虫率 95%。④成虫盛发期可用 90% 敌百虫 1000 倍溶液，或 2.5% 溴氰菊酯 6000 倍溶液，75% 辛硫磷 1000 ~ 2000 倍液喷树冠。连续喷 2 ~ 3 次即可控制成虫危害。

2. 栎掌舟蛾 [*Phalera assimilis*（Bremer et grey）] 是危害栎类的食叶害虫，幼虫群食叶片，大发生时可将叶片食光，严重影响树木生长和栎实产量。也危害柞蚕生产。

防治方法：①灯光诱杀成虫，秋季挖蛹灭虫；②幼龄幼虫群栖为害期，喷洒 90% 敌百虫原药 800 溶液，或 50% 敌敌畏乳油、50% 马拉硫磷乳油、50% 杀螟松乳油 1000 ~ 2000 倍液防治③喷杀螟松或苏云金杆菌等制剂，亦可应用赤眼蜂防治，每亩放蜂量 5 万头左右。

3. 栎黄枯叶蛾（*Trabala vishnou gigantina* Yamg） 危害栎类叶片，轻者吃成缺刻，重者能整株吃光。

防治方法：①应用栎黄枯叶蛾细胞核多角体病毒。可将收集到的感病幼虫捣碎，加水稀释喷洒，可取得一定效果。②保护天敌。蛹期寄生蝇寄生率可达 24%，捕食性天敌食虫椿、金小蜂、姬小蜂，对幼虫均有一定的抑制作用。③用 90% 敌百虫 800 ~ 1200 倍液或 5% 高速氯氰菊酯 5000 ~ 7000 倍溶液喷雾，防效可达 90%。④8 月底 9 月初用灯光诱杀成虫，人工捕杀幼虫，剪除茧蛹。

（罗伟祥、杨江峰）

蒙古栎

别名：柞树、小柞树、小叶槲、青吉子、蒙栎

学名：*Quercus mongolica* Fisch.

科属名：壳斗科 Fagaceae，栎属 *Quercus* Linn.

一、经济价值及栽培意义

蒙古栎是栎属中最耐寒和耐旱的树种，为栎属在中国分布最北的一个种。材质坚硬，比重大（平均 0.734），耐水湿，抗腐力强，木材花纹美观，可供作枕木，造船，车辆，胶合板，木炭和细木工用材，特别是制作酒桶板和高级地板的珍贵材料。橡籽含淀粉 50% ~ 75%，可作饲料或酿造白酒和酒精。出酒率 25% ~ 50%，亦可用于纺织工业浆纱。橡碗（壳斗）和树皮含单宁，可作染料，橡叶为北方养蚕的主要饲料，同时用蒙古栎的枝干也可培养木耳、香菇、猴头等食用菌类。蒙古栎林的蓄水保土涵养水源的作用，也很显著，它的有效蓄水（1469.8t/hm^2），它饱和蓄水量（3565.0t/hm^2），渗透速度（3.2mm/min）均高于落叶松林、红松林、油松林等。其 N 素的年归还量为 8.85kg/hm^2，对改良土壤有特殊贡献，又因枯枝落叶层厚，有机质含量丰富，土壤结构疏松，落入林内的雨水 91% 可直接渗入土中，地表径流只有 66.4%。

由于木材用途广，质量优良，所以价格昂贵。据 1993 年统计，每立方米柞木的产值已达到 1440 元，是松木的 3 倍。

栎木制地板价格为云杉的 4 倍，目前资源锐减，供不应求。黑龙江伊春林区从 1986 ~ 1992 年的 6 年间，蒙古栎活立木蓄积量由 1146.5 万 m^3 降到 406.5 万 m^3，减少了 64.54%。因此，大力发展蒙古栎林，具有极为重要的意义。

二、形态特征

落叶乔木，高可达 30m，胸经 60cm，树皮深灰色，具深槽，小枝无毛，叶常簇生于小枝端，卵形至倒卵状长圆形。长 10 ~ 20cm，宽 4 ~ 7cm，先端钝，基部窄而有耳，缘具波状粗钝齿。下面沿叶脉有毛或近无毛。坚果卵圆形，至椭圆形，长约 2cm，包果约 1/3，花期 6 月，果熟期翌年 9 月。

三、分布区域

蒙古栎广泛分布于寒温带，温带和暖温带，北自黑龙江边，向南达连云港附近的云台山，西至山西、陕西、甘肃等地，黑龙江主要分布于大兴安岭东麓，黑龙江江边，乌苏里江左岸，海拔 400 ~ 1000m；内蒙古集中分布于大兴安岭北部山地。蒙古栎以其抗逆性强的特性不断扩大其分布范围。甘肃分布于子午岭，陕西北部延安有栽培。据笔者调查，新西兰引种的蒙古栎长势十分旺盛，36 年生，树高 23.9m，胸径 62.0cm，生长超过原产地。

四、生态习性

蒙古栎对环境有广泛的适应力，能适应南由华中地区直至东西北利亚 $-60 \sim -56℃$ 的极端低温。在中国分布的气候条件为：年平均气温在 $-3℃$ 以下，年降水量 $400 \sim 500mm$ 及以上。能忍耐干燥贫瘠土壤极端条件，因此，在一些干旱瘠薄的向阳山坡，其他树种不能生存的条件下可以单独成林。蒙古栎具有森林草原性质，有草原化蒙古栎林之称。

蒙古栎适应多种土壤类型，多生长在酸性或微酸性较肥沃的暗棕色森林土和棕色森林土上，又可生长在具有石灰反映的灰褐土或栗钙土上。人为破坏严重的山地，蒙古栎能在干燥阳坡，土体发育不全的粗骨土上成林，但其地位级甚低。

蒙古栎萌芽能力很强，40 年为其高峰，持续到 300 年以后，仍能行萌芽更新。

五、栽培技术

（一）育苗技术　参见辽东栎、栓皮栎育苗部分。

（二）栽培技术　与蒙古栎混生的树种乔木有辽东栎、槲树、赤松、白桦、黑桦、山杨、色木槭（Acer mono）、蒙椴、黄榆、大叶朴（Celtis koraiensis）、花楸（Sorbus pohuashanensis）等；灌木有胡枝子、圆叶鼠李、绣线菊、锦带花等。其他技术参见辽东栎，栓皮栎栽培部分。

六、病虫害防治

见辽东栎病虫害防治部分。

（罗伟祥）

槲栎、槲树

槲栎别名：大叶青冈、细皮栎、白皮栎

学名：*Quercus aliena* B1.

槲树别名：大叶槲、元柞

学名：*Quercus dendata* Thunb

科属名：壳斗科 Fagaceae，栎属 *Quercus* L.

一、经济价值及栽培意义

槲栎、槲树种仁成分丰富，含有淀粉、单糖、鞣质等多种成分，可提取淀粉沙浆和酿酒原料，鞣质可提制栲胶，枝干是上等薪材，叶子饲养柞蚕，槲栎和槲树是营造水土保持林、水源涵养林、能源林、饲料林和防火林的优良树种。

二、形态特征

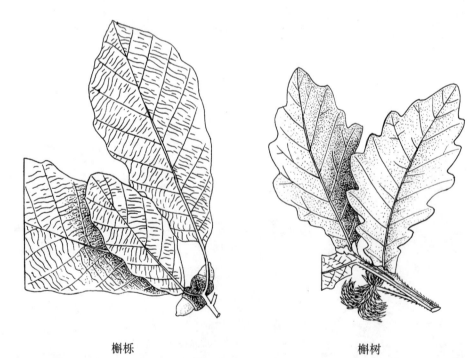

槲栎 　　　　　　槲树

槲栎是落叶乔木，高达 20m，树皮暗灰色，深裂；小枝粗，无毛，具圆形皮孔，淡褐色。叶椭圆状倒卵形或倒卵形，长 10 ~ 20（30）cm，宽 4.5 ~ 10cm，先端钝或尖，基部楔形，边缘具波状大粗锯齿，下面密被淡黄色绒毛；壳斗杯状，包果约 1/2；果卵形或圆筒形，长 1.5 ~ 2.0cm。花期 4 ~ 5 月，果熟期 10 月。

槲树为落叶乔木，高达 25m，胸径 50 ~ 60cm，树枝暗灰色，粗糙；小枝粗壮，有灰色细毛。叶倒卵形或倒卵状长圆形，长 10~20cm，宽 6~13cm，先端钝，基部楔形，边缘具 5~10 对波状大圆点，上面深绿色，主脉有毛，下被灰色茸毛；果族生，近无梗，坚果球形至椭圆形，长 1.5~2.5cm，下部一半被壳斗所包。花期 4~5 月，果熟期 9~10 月。

三、分布区域

槲栎分布在陕西桥山（富县、黄陵），黄龙山大岭以南及渭北黄土高原其他各地海拔 1000~1400m，秦岭南坡 1400~1900m，北坡 1200~1800m，关山林区生长在 1100~1600m 的山坡。甘肃分布于武都、康县、成县及小陇山海拔 700~2000m。河北、河南、山东、山西以及南方各省（区）100~2400m 山区也有分布。

槲树在陕西渭北黄土高原分布比较普遍，韩城、宜君、耀县、延安均产；生长于黄龙山、桥山林区海拔 1000~1300m 的山地，关山林区 1100~1600m 的山坡，秦岭大巴山低山丘陵地带 800~1300m。甘肃分布于小陇山及武都、文县 1600m 以下山地。全国产于东北南部及东部、华北、华东、华中及西南各地海拔 2700m 以下山地阳坡。

四、生态习性

槲栎喜光稍耐庇荫，喜温暖湿润环境，也较耐旱，往往生长在向阳和土壤较干燥瘠薄，坡度较陡的地方。分布区内，年平均气温 7~20℃，年降水量 500~2000mm，极端最低气温 -32℃，极端最高气温 40℃的条件下，槲栎在山地棕壤上生长良好，而在褐色土上生长缓慢。为荒山造林的优良树种，以阳坡生长最好，半阳坡次之，阴坡最差。

槲树喜温暖，耐干旱，对土壤要求不严，在多砂礓的褐土与土层浅薄的粗骨土上均能生长。但不耐庇荫，要求充足的光照条件。

五、培育技术

（一）育苗技术

参见辽东栎、栓皮栎育苗部分。

（二）栽培技术

槲栎可与辽东栎、栓皮栎、槲树、白桦、油松、山杨、青皮槭（*Acer hersi*）、白刺花、毛黄栌、胡枝子、多花胡枝子、黄蔷薇、小叶悬钩子、南蛇藤、秋胡颓子、灰栒子等混交。

槲树可与槲栎、栓皮栎、漆树、青麸杨、刺柏、侧柏、胡枝子、杭子梢、栒子、忍冬等混交。

槲栎、槲树的栽培技术参见辽东栎、栓皮栎栽培内容。

六、病虫害防治

参见辽东栎、栓皮栎病虫害防治部分。

（罗伟祥、杨江峰）

梭 梭

别名：梭梭柴、琐琐、梭梭树、盐木

学名：*Haloxylon ammodendronc.*（A. M.）Bge.

科属名：藜科 Chenopodiacea，梭梭属 *Haloxylon* L.

一、经济价值及栽培意义

梭梭的材质非常坚硬，气干比重大于 1，能沉入水中，燃烧时火力很强，有"沙漠活煤"之称，北京林业大学在磴口测得的热值为 18647kJ/kg，在民勤测定的热值为 18910kJ/kg，是最好的薪炭材。梭梭树干弯曲，质坚而脆，可供牲口圈棚和固定井壁之用；嫩枝无毒，粗蛋白含量 9.10%，粗纤维 24.71%，是骆驼、羊的好饲料。梭梭嫩枝内，可溶盐阴离子中，重碳酸根占 33.1%，硫酸根占 20.8%，碳酸根占 5%；阳离子中钾和钠占 26.5%，镁占 2%，钙占 1.4%，是重碳酸钾（或钠）含量很高的优良绿肥植物，枝干可作为碳酸钾工业原料。梭梭树根寄生的肉苁蓉是名贵中药材。

梭梭适应性强，适应沙土、砾质戈壁等立地条件，固沙效果明显。可用于营造薪炭林、防护林，是干旱、半干旱区优良造林树种。

二、形态特征

灌木或小乔木，高 3~8m，最高达 10m，茎部干径可达 70cm。树皮灰白色，干形扭曲，具节瘤和纵向条状凹陷。当年生嫩枝绿色多汁，具关节。叶退化为鳞片状，贴生于节上。花两性，黄色，单生于 2 年生短枝的叶腋，具阔卵形苞片，花被膜质，5 片宿存，上部稍内曲成穗状花序状，雄蕊 2~5，有花盘，心皮 2~5 枚，柱头很短几乎无柄。果期自背部横生半圆形膜质翅，果实扁圆，饼状，顶部凹陷如脐，暗黄褐色。种子横生而小，径 2~3mm，种皮黑褐色而薄，易吸水膨胀。胚弯曲成螺状或环形，无胚乳，子叶 2 片，线状绿色而紧卷曲居于螺旋的中心，胚根早已形成，黄褐色向左或向右盘绕于外围。种子内已有发育完全的胚根和子叶，只要吸水胀破种皮，胚根即伸出种皮外而发芽。花期 4~5 月，果期 8~9 月，种子成熟 10~11 月。

三、分布区域

梭梭分布在东经 60°~111°，北纬 36°~48°之间的干旱荒漠地区。在新疆准噶尔盆地、塔里木盆地东北部、东天山山间盆地，甘肃的河西走廊、北山戈壁以及宁夏、内蒙古的腾格里沙漠、巴丹吉林沙漠、乌兰布和沙漠等地均有分布，形成大面积天然梭梭林。青海的柴达木盆地中部和北部沙漠戈壁地区也有少量的分布。梭梭一般分布在海拔 800~1500m 之间，在准噶尔东山海拔 150~520m 和柴达木盆地 2500m 也有梭梭生长。

四、生态习性

梭梭是极阳性的沙生植物，是盐生超旱生型树种；适生于干旱荒漠区地下水位较高，有一定含盐量的湖盆地、河床边缘、固定半固定沙丘和丘间低地，在砾石沙质戈壁上也能生长。梭梭耐严寒、抗高温、耐盐碱。梭梭分布区的年平均气温 6～8℃，极端最高气温43.1℃，极端最低气温 -47.8℃；年平均降水量 120～200mm。在气温 -40℃ 和地表温度70℃以上仍能生长。梭梭嫩枝含盐量高达 14%～17%，需在含盐量 0.2% 以上的土壤上才能正常生长，在土壤含盐量为 2% 时最为适宜，是典型积盐性植物。当土壤含盐量超过 6% 时，生长受到抑制，达 6%～7% 时，抑制种子发芽，达 8% 时发芽力丧失。梭梭抗旱性强，耐风蚀沙埋，能在年降水量仅 30～50mm，蒸发量达 3000mm 的地区生存。沙层内含水率仅为 1%～3%，仍能正常生长。其根系强大，主根可达 3～5m，侧根长也在 5m 以上，能够充分利用地下水、大气降水和沙层内的凝结水。梭梭根系对土壤水和地下水有吸水和释水的再分配功能。当干旱季节到来时，梭梭部分嫩枝自行脱落，使蒸腾水分的面积减小，以保存体内的水分。嫩枝细胞液浓度大，抗脱水力强。

五、培育技术

（一）育苗技术

梭梭当前以播种育苗为主。

1. 采种　5 年生梭梭即能开花结果，种子一般在 10～11 月成熟，当翅果由绿色变为黄褐色或黑褐色时，即可采集。新采种子要及时晒干，碾去果翅，筛选出净种贮藏于通风干燥处，经常翻动检查，防止受潮发霉。常温条件下，种子发芽力的保存期为 6～9 个月，头年采集的种子一般于当年秋、冬或次年春播种。梭梭种子千粒重为 3g 左右，每公斤去翅纯种约 30 万粒。

2. 播种

（1）播种期　一般春秋育苗均可，梭梭种子发芽对地温要求低，在白天土壤解冻，夜间又封冻的早春天气里，它能顺利发芽出土。据测定，夜间温度降至 -9℃，仅 5% 幼苗受冻致死。早春顶凌播梭梭种子发芽快，发芽能力强。在适宜的温湿度条件下，1～2h 即可发芽，3 天发芽率可达 80% 以上，一星期内发芽完毕，一般发芽率均在 90% 以上。新疆南部和吐鲁番可在 2 月底至 3 月中旬，土壤白天化冻 1cm 即可播种。秋播在 11 月初至封冻前。

（2）育苗方法

①种子处理　为了防止根腐病和白粉病的发生，播前可用 0.1%～0.3% 的高锰酸钾或硫酸铜水溶液浸种 20～30min 后捞出，晾干拌沙播种。

②播种方法　梭梭育苗宜选择含盐量不超过 1% 的轻沙壤土，播种量 8～10 kg / 亩。常采用平床或高床育苗，通常行距 25cm，开沟条播，覆沙厚度不超过 1cm，播后镇压。

③抚育管理　梭梭种子发芽快，发芽能力强。播后根据苗床干湿情况，每隔 1～3d 灌溉一次。生长季中一般不需要灌溉，需及时松土除草，保持土壤疏松，通气良好。当年苗高25cm 以上即可出圃造林。每亩产苗量 2 万～3 万株。

（二）栽培技术

1. 林地选择及整地　梭梭适于沙丘和砾质的丘间低地、平原以及盐渍化沙地上造林。

只要栽植在含水率不低于 2% 的湿沙层内，都可成活生长。在半固定沙地上造林，成活率高，生长良好。在没有沙障的流动沙丘迎风坡中下部造林，成活率也在 70% 以上，生长也很好。但不适于在干沙层很厚的沙丘，水位很高的下湿地、盐渍化重的滩地或黏土地上造林。结合沙障造林，不要将苗木栽在沙障中间，也不要紧靠沙障。栽植点应在沙障背风坡，约在障间洼地中心点与上风向沙障之间的二分之一处。在沙丘上造林可不整地，在丘间低地和平坦滩地上造林，可根据地形开沟或挖穴造林。

2. 栽植时间与方式　经甘肃省治沙研究所研究，降水量在 110mm 左右的地区，在地下水位埋深大于 14m 以下，沙丘造林密度为每亩 38～40 株；在降水量 150mm 左右的地区，适宜的造林密度为每亩 68～70 株。在此密度，林地水分收支平衡，土壤含水量稳定在 1.2% 以上，林木生长基本正常。

（1）植苗造林　梭梭以植苗造林为主。在墒情不好的土地上造林时，栽时要浇水。在流动沙丘迎风坡中部以下造林前要设置沙障。在地势较为平坦的沙地，可用拖拉机牵引植树机，进行机械化造林。造林密度一般为株距 1～1.5m，行距 8m 以上。春季造林在 3 月下旬到 4 月中旬进行，选择根长 30cm 左右，苗高 20cm 以上的 1 年生健壮苗。一般栽植在沙丘中、下部，结合沙障的间距，每 3m 左右一行。株距 2～3m，初植密度 1111～1665 株/hm²，根据造林区降水和地下水位，逐年间伐，确定适宜的林分密度，达到林地水分平衡，林木正常生长。常采用穴植，栽深 40～50cm，栽后浇水，覆干沙保墒。在秋雨季沙丘水分好的情况下，可采用窄缝栽植少浇水的方法进行造林，效果也很好。

（2）直播造林　在新疆北部地区，冬、春播种均能顺利出苗。冬播宜在降雪之前，使种子覆盖在雪下，一般在 11 月上旬进行。春播宜在积雪融化末期，一般在 3 月上、中旬。由于北方春季风多风大，播种小苗易被风吹走，因此，直播造林应在干沙层不深并设置有沙障的沙丘上进行。在降水量大于 110mm 的地区，梭梭也可作为飞播造林混播树种。

3. 幼林的抚育管理　造林第一、二年发现缺苗时要在春秋两季及时补苗，沙障损坏要及时修补。造林地如过于干旱，可在 6～7 月间浇 1～2 次水，保证较高的苗木成活率。造林的头 3 年必须严禁放牧、打柴。梭梭怕涝，浇水量过大容易涝死，旱季浇水要适当。为了使林分较早的起到防护作用，造林初期的密度较大，待梭梭林长到 5～8 年时，根据造林地水分条件，应逐渐间伐，使林分密度与林地水分平衡。

六、病虫鼠害防治

1. 梭梭白粉病（*Leveillula saxaouli*）　通常于 7～8 月间发病，由子囊菌类、白粉菌科的病原菌寄生引起。在嫩枝上由菌丝体和分生孢子形成的白色粉状物，年年浸染，严重影响林木的生长发育，造成林木衰退甚至死亡。

防治方法：用 0.3～0.4°Be 的石硫合剂或福美砷、代森铵、多硫化钡等药液，每隔 10 天喷雾一次，连续喷撒 3～4 次。为预防病害发生，在 7～8 月应喷石硫合剂一次，再隔三周左右可喷第二次。在 9～10 月，当初为黄色，后变黑褐色的冬孢子出现，可喷第三次，这样可使感染大大降低。为了预防病原菌扩散，可收集有白粉病的枯枝、残枝，采取烧毁或土埋等法处理。

2. 梭梭根腐病（*Fusarium* sp.）　多发生在苗期，常因圃地土壤潮湿或板结，通气不良而引起病原菌侵害，根部腐烂，地上部分枯死。

防治方法：育苗地应选择排水良好的沙土地，生长季中加强松土除草，不灌水。发病时应及时拔去死株，然后用 1%~3% 硫酸亚铁沿根浇灌或用退菌特 50% 可湿性粉剂的 800 倍药液喷杀，效果较好。

3. 梭梭夜蛾（*Cucullia* sp.）**和漠甲虫**（*Pterocoma* sp.） 危害嫩枝、种子和幼苗。

防治方法：可喷洒 80% 敌敌畏 1000~2000 倍液或 90% 敌百虫 1000 倍液防治。

4. 鼠害 大沙鼠（*Salpingotus crassicauda*）啃食梭梭的枝条和根系，可导致林木衰败死亡。除大沙鼠外，在梭梭育苗和造林中，跳鼠（*Dipus sagittai* 等）、子午沙鼠（*Meriones-meridiamus*）、荒漠毛蹠鼠（*Phodopus roborovski*）掏吃种子，危害苗木，可用磷化锌制成毒饵防治。

防治方法：可用石硫合剂或石灰、煤油、桐油及紫穗槐提取物拌种或涂抹枝干等。

（王继和）

驼绒藜

别名：驼绒蒿、优若藜、特日格（蒙）

学名：*Ceratoides latens*（J. F. Gmel.）Reveal etholmgren

科属名：藜科 Chenopodiaceae，驼绒藜属 *Ceratoides*（Toum.）Gagnebin

一、经济价值及栽培意义

驼绒藜为优良水土保持、防风固沙灌木，其枝叶密集、冠幅大，能有效的截留雨水。6 年生的驼绒藜人工林地，枯落物厚度可达 3.4cm，平均每公顷有枯落物干重 4.3t，吸水量可达 26.9t。并能提高土壤水分入渗速率。驼绒藜根系发达，林地土壤疏松，有机质含量较高。驼绒藜枝条无刺，叶片鲜嫩，营养丰富，为优良饲用植物，骆驼、马和羊四季喜食，羊除采食其嫩枝外，也采食花序及果实；牛的适口性较差。人工种植的驼绒藜，植株高大茂密，可在孕蕾前刈割调制干草（由于再生能力较差，1 年只能刈割 1 次）。其孕蕾期粗蛋白质含量为 18.79%，无氮浸出物 14.72%，钙 3.85%，结实期尚含粗蛋白质 11.99%。其营养成分含量与优良牧草苜蓿相近。另据郭绍祖等人测定，营养生长期，驼绒藜氨基酸总量达 23.15%，仅次于沙棘雄株叶片氨基酸总量（23.65%），赖氨酸占总氨基酸比值是目前国内记载中比较高的。据山西省水土保持研究所测定，其养分含量较高。夏季嫩枝含氮 1.27%、磷 0.205%、钾 1.75%、钙 1.02%、镁 0.19%；嫩叶含氮 2.7%、磷 0.194%、钾 2.64%、钙 2.60%、镁 0.86%；秋叶含氮 2.07%、磷 0.15%、钙 2.29%、镁 0.65%，是山区有机肥来源之一。驼绒藜 1~4 龄枝条，热值为 18914.5kJ/kg，相当于标准煤的 64.6%，亦可作薪炭灌木。此外，驼绒藜花可入药，治疗气管炎、肺结核。

二、形态特征

落叶小灌木，高可达 2m。多分枝，被星状毛。叶互生，有短柄，披针形或矩圆状披针形，长 2~5cm，宽 0.7~1.0cm，先端尖或钝，基部楔形至圆形，全缘，两面均有星状毛。花单性，雌雄同株；雄花数个成簇，于枝端集成穗状花序；花被片 4，椭圆形，膜质，背部有星状毛；雌蕊 4，和花被片对生；雌花有苞片 2，合生成管状，为倒卵形，角状裂片为管长的 1/5~1/4，果期管外两侧的上部各有 2 束长毛，下部则有短毛。果椭圆形或倒卵形，密生白色绒毛。种子直立，侧扁。花期 9 月~10 月，果期 11 月。

三、区域分布

在我国，主要分布于内蒙古、河北、山西、陕西、甘肃、吉林和新疆等省区。主要生于荒漠区戈壁、石质山地和荒漠草原区的山地、山麓、山间谷地以及河岸沙丘等处。山西野生与人工种植的驼绒藜主要分布于浑源、河曲、神池和离石县。在黄土高原，由高海拔（4000m）向低海拔（1000m）逐渐扩展。国外分布较广，在欧、亚大陆，西起西班牙，东至西伯利亚，南至伊朗和巴基斯坦干旱地区都有分布。

四、生态习性

为温带旱生半灌木,适宜于年积温 1700~3000℃、年降水量 100~200mm 的干旱与半干旱的气候条件下生长,土壤为棕钙土、灰钙土、灰棕荒漠土或棕色荒漠土。适应性极强,根系土层内含水量在 3% 时也不致凋萎;在气温 −23.7℃ 的严寒条件下,不致冻死。耐平茬,生物产量高。据测定,2 年生的驼绒藜 4 月 16 日平茬后,到 6 月 29 日再次平茬时,每公顷鲜枝叶可达 23000kg,干重 8400kg。二次平茬后的植株,在 7~8 月降雨量为 56.4mm 极为干旱的条件下,萌生的新枝平均高 29.0cm,最高达 64cm,每丛有 28 枝。6 年生植株平均丛高 1.05m,冠幅 1m,单株生物量为 1152.36g,地上生物量为 546.4g,地上部分与地下部分生物量之比为 0.9:1。根系发达,6 年生植株根深达 2m 以上,主根明显,侧根密集,几乎垂直轮生于主根上,大多集中在 40cm 以内的土层。甘肃榆中骆驼巷入达岘子后山半坡一丛骆绒藜,高 1.8m,冠幅约 1.3m。

驼绒藜播种当年一般可开花结实。年生长过程大致可分为三个时期:新梢生长期从 3 月芽萌动到 7 月底,生长高峰在 5~7 月,生长量占全年生长量的 80% 以上;生育期从 7 月下旬到 8 月中下旬,雌雄花形成,开放受粉,胞果成熟直至落叶,完成全年生长过程。

据在山西离石县观察,驼绒藜 3 月中旬至 4 月上旬发芽,4 月下旬到 7 月下旬为新梢生长期,7 月下旬到 8 月中旬开花,9 月下旬果实成熟,11 月中旬后落叶。

五、培育技术

驼绒藜结实量大,天然更新能力强。播种造林简便易行,是主要造林方法。

(一) 育苗

1. 播种育苗

(1) 采种 种子成熟后及时采收,放在通风处晾干,去杂后装袋贮藏。种子千粒重约 4g,其寿命较短,发芽力一般只能保持 8~10 个月,超过一年则发芽力较差。在温度 4℃ 左右时,土壤水分适宜,种子即很快萌动,在温度 25C 时,24 小时内发芽率可达 75.9%。

(2) 播种 苗圃地选择在土质深厚、疏松肥沃、有灌水条件的沙壤土或轻壤土上。在育苗前一年的秋季灌水整地后,精细作床,以平床为宜,床面宽 2~3m,长度随地势而定。通常于早春先将种子与湿沙混合拌匀,然后条状浅播于苗床,覆土厚度 1~1.5cm,不宜过厚。

2. 幼苗管理 在内蒙古伊克昭盟鄂托克旗,早春 4 月下旬播种,3 天后即可出苗,7 天基本上出齐。出苗后的一个月内生长迅速,当年植株高达 60~70cm,能够正常开花结实,但分枝较少。第二年株高达 80~120cm,株丛直径 60cm,形成高大而茂密的株丛。

(二) 栽植技术

1. 直播造林 造林前先进行水平阶或穴状整地,行距 1.5~2.0m,然后开沟播种,覆土厚度 1.0~2.0cm。每公顷播种量 7.5~15kg。春季播种在四月初进行,播后 10 天左右出苗,当年苗高可达 59.0cm,地径 0.45cm。在干旱地区,秋季播种效果较好。地势平坦、水分条件较好的干旱地区东部,可采用条播,行距 30~40cm,播种深度 1~2cm,亩均播种量 0.5kg,4~8 月均可播种。干旱地区直播,应趁阴雨天抢墒播种,覆土不宜过厚。

2. 扦插与分株造林 选择一年生健壮枝条,截成 46~60cm 长的插穗,直接插入适宜的造林地即可，不需要任何处理，即可成活。此外，每年春季挖掘植株的根蘖苗进行造林，按 1m×1.5m 的株行距移植到造林地，可提早成林，加速郁闭。

3. 植苗造林 水土保持林、防风固沙林要求造林当年见效，多采用植苗造林。造林密度为 333～444 株/亩。

（三）抚育管理

新造幼林要及时除去杂草，以免影响幼苗生长。造林当年松土除草次数不少于 2～3 次，以后逐年减少。

饲料林每年需平茬（刈割）两次，即 6 月一次，8 月一次。立地条件差的地方，每年至少平茬一次，以获取优质饲料，或压青沤肥。薪炭林，每 3～5 年平茬一次，既可获取薪材，又能起到更新复壮作用；水土保持林兼作种子基地，每 5 年平茬一次。

（朱　恭）

华北驼绒藜

别名：驼绒蒿、白柳、优若藜、大叶驼绒藜、昌回音—特斯格（蒙语）

学名：*Ceratoides arborescens*（Losinsk.）Tsien. et C. G. Ma

科属名：藜科 Chenopodiaceae，驼绒藜属 *Ceratoides*（Tourn.）Gagnebin.

一、经济价值及栽培意义

华北驼绒藜枝叶繁茂，营养丰富，是优良的饲用植物。叶片经霜后不凋落，骆驼、马和羊四季喜食，春季母畜采食其叶及嫩枝后可增加泌乳量，秋季羊喜食其果实，为重要的催肥草；牛的适口性较差。人工种植时可在孕蕾前刈割调制干草。据内蒙古畜牧科学院中心化验室分析，营养成分中以粗蛋白质和无氮浸出物含量较高，又富含钙。结实期粗蛋白质含量为16.63%，粗脂肪1.23%，粗纤维30.63%，粗灰分12.85%，无氮浸出物38.66%，钙2.19%，磷0.16%。其营养成分与苜蓿相差不多。氨基酸含量也较高，营养生长期亮氨酸含量达0.605%，赖氨酸0.481%。另据山西省水土保持研究所1989年7月20日采样测定，嫩枝含N1.27%、P0.205%、K1.75%、Ca 1.02%、Mg0.19%；嫩叶含N2.70%、P0.194%、K2.64%、Ca2.60%、Mg0.86%；同年测定秋叶，N2.07%、P0.15%、K1.15%、Ca2.29%、Mg0.65%；可作山区有机肥来源之一。其1~4龄枝条热值为18914.5kJ/kg，相当于标准煤的64.6%，是良好的薪柴。花可入药，治疗气管炎、肺结核。

华北驼绒枝叶密集，冠幅大，能有效截留雨水，对控制水土流失具有一定作用。6年生人工林地，枯落物厚可达3.4cm，平均每公顷有枯落物干重3t，吸水量可达26.9t，对减免地表径流和土壤侵蚀具有一定作用，林地较无林地提高土壤入渗速率75.9%。此外还具有改良土壤的作用。

二、形态特征

半灌木，高1~2m。根茎粗壮，多分枝，全体被星状毛。叶互生，有短柄，披针形或矩圆状披针形，长2~8cm，宽1~2.5cm，先端锐尖或钝，基部楔形至圆形，全缘，两面均被星状毛，具明显的羽状叶脉。花单性，雌雄同株。雄花数个成簇，于枝端集成穗状花序，细长而柔软，长6~9cm；花被片4，椭圆形，膜质，背部有星状毛；雌蕊4，和花被片对生；雌花有苞片2，合生成管状，为倒卵形；雌花管全卵形，长约4mm，花管角状裂片短，其长为管长的1/5~1/4，果熟时管外两侧的中上部具4束长毛，下部则有短毛。果实倒卵形或椭圆形，被白色绒毛；种子直立，侧扁。花期9~10月，果期11月。

三、分布区域

华北驼绒藜为我国特有种，分布于吉林、辽宁、内蒙古、河北、山西、甘肃、四川等省、自治区。主要散生于典型草原，有时也进入草甸草原和荒漠草原。多生于干燥山坡，固定半固定沙地，旱谷和干河床，为山地草原和沙地植被的伴生成分或亚优势成分。

驼绒藜属植物约有 6~7 种，有 2 种产于北美洲西部，其他种分布于欧亚大陆，其中以亚洲中部最多。我国产 5 种 1 变种，除华北驼绒藜外还有以下各种：①驼绒藜 [Ceratoides latans (J. F. Gmel) Revel Etholmgren] 别名优若藜、特斯格（蒙古语），分布于我国新疆、西藏、青海、甘肃和内蒙古等省区。主产于半荒漠地带，其次是荒漠，在典型草原的干燥石质坡地上也有少量生长。在国外分布较广，在整个欧亚大陆西起西班牙，东至西伯利亚，南至伊朗和巴基斯坦的干旱地区。②内蒙古驼绒藜 (Ceratoides intramongolicah. C. Fu, J. Y. Yang et S. Y. Zhao) 分布于蒙古高原的二连盆地。③心叶驼绒藜 [Ceratoides awersmanniana (Stschegl. ex Losinsk) Botsch. et konn.] 分布于我国新疆准噶尔盆地，国外哈萨克斯坦、蒙古也有。④垫伏驼绒藜 [Ceratoides compacta (Losinsk) Tsien. et C. G. Ma var. longipilosa Tsien. et C. G. Ma] 分布于甘肃青海、新疆、西藏。

四、生态习性

华北驼绒藜生态幅度较广，分布于年降水量 250~450mm，≥10℃ 活动积温 2200~3000℃ 的半干旱及干旱区，地带性土壤为栗钙土和棕钙土。耐瘠薄，除低湿的盐碱地、流动沙丘外，在有机质含量很低的各类土壤上均能生长。抗旱，发达的根系可充分吸收土壤浅层、深层的水分和养分，当沙地土壤含水量在 2% 时仍能正常生长发育。在黄土区土壤含水量持续下降到 3%~4% 仍不凋萎。耐寒、抗热性强，能耐 -27~49.5℃ 极端温度。当平均气温达 2~3℃ 时，即开始萌动返青。

生长迅速，在灌溉条件下，当年即可开花结实，但其再生能力较弱，一年仅能刈割 1 次。根系发达，为直根系植物。主根明显且入土深，侧根多，密集，几乎垂直轮生于主根上，以 40cm 土层内较集中。三年生苗平均根长 170cm，最长 190cm，根系总长 588.78cm。地上部分与地下部分生物量之比为 0.9:1。根颈较粗，二三年生植株平均地径 0.65~1.24cm，最大可达 10cm。其根颈被沙埋后能产生不能根和不定芽，形成新的植株。寿命在 20 年以上。

在山西离石，3 月中旬至 4 月上旬发芽，4 月下旬到 7 月下旬为新梢生长期，7 月下旬到 8 月中旬开花，9 月下旬到 10 月初种子成熟。入秋植株枯黄，但不落叶。雄花先于雌花开放，花期两个月，生长期 180~200 天。其年生长过程可分为以下时期：3 月芽萌动到 7 月底为新梢生长期，其中 5~7 月为生长高峰期，生长量占全年生长量 80% 以上。7 月底到 8 月中下旬为生育期，开花授粉。以后果实成熟直至落叶。

五、培育技术

（一）育苗技术

1. 播种育苗

（1）采种 种子花管上着生的四束毛已伸长并呈放射状开展，由纯白色变成淡黄色时即成熟可采收，种子成熟的时间为 9 月末 10 月初，种子干后即脱落，应及时采收。采收期通常在 15 天左右。华北驼绒藜，种皮极薄，其环形胚极易被创伤，故不宜采用割取枝条碾打的方法采收种子，应以手捋的方法较为适宜，随捋随装袋。采收后放在通风室内阴干去杂，即可装袋贮藏。华北驼绒藜种子千粒重 2.5g 左右。一般条件下，种子可保存 3 年以上。

（2）播种 华北驼绒藜种子小而轻，在荒漠草原区直播很难成功，适宜育苗移栽。苗圃地选择在土层深厚、疏松肥沃、有灌水条件的沙壤土或轻壤土上，整地作畦或平床（床面宽 2 ~ 3cm，长度随地势而定），灌足底水，待土粒稍松散时播种。撒播、条播均可，条播行距 25 ~ 35m，每亩播种量 1.5 ~ 2kg。因种子带毛不便撒种，播前将种子与等量湿沙混合拌匀。其种子细小，顶土能力弱，覆土厚度宜在 0.5cm 左右，先镇压后再覆土。播后如温、湿度适宜，4 ~ 5 天即可出土。

2. 插条育苗　于春季 4 月初或秋季 10 月初，选用直径 0.5 ~ 1.0cm 的 1 ~ 2 年生健壮枝条，剪成长 20 ~ 30cm 插穗，浸入水中或埋藏于湿沙中 3 ~ 5 天后取出扦插。

3. 幼苗管理　在内蒙古伊克昭盟鄂托克旗，早春 4 月下旬播种，3 天后即可出苗，7 天则苗可基本上出齐。在苗期要进行间苗，以使幼苗生长较为均匀。出苗后的 1 个月内生长迅速，当年植株高达 60 ~ 70cm，能够正常开花结实，但分枝较少。第二年株高达 80 ~ 120cm，株丛直径 60cm，形成高大而茂密的植丛。因此，以第二年春季移植为好。

（二）栽培技术

1. 直播造林　华北驼绒藜适宜生长在土质疏松的沙质地上，直播造林地应选择河流沿岸滩地、沟谷、丘陵坡脚、湖盆周围及固定、半固定沙地。造林前先进行水平阶或穴状整地，行距 1.5 ~ 2.0m，然后开沟播种，覆土厚度 1.0 ~ 2.0cm。每公顷播种量 7.5 ~ 15kg。春季播种在 4 月初进行，播后 10 天左右出苗，当年苗高可达 59.0cm，地径 0.45cm。在干旱地区，秋季播种效果较好。地势平坦、水分条件较好的干旱地区东部，可采用条播，行距 30 ~ 40cm，播种深度 1 ~ 2cm，亩均播种量 0.5kg，4 ~ 8 月均可播种。干旱地区直播，应趁阴雨天抢墒播种，覆土不宜过厚。

2. 扦插与分株造林　选择 1 年生健壮枝条，截成 40 ~ 60cm 长的插穗，直接插入造林地即可成活。此外，每年春季挖掘蘖生苗进行造林，按 1.0m × 1.5m 的株行距移植到造林地，可提早成林，加速郁闭。

3. 植苗造林　在营造水土保持、防风固沙林时，要求造林当年见效，多采用植苗造林。造林密度为 333 ~ 444 株/亩。植苗方法分为截干和不截干两种。土壤墒情差又无灌溉条件，宜采用截干植苗法，即将地上枝剪掉，留茬 7 ~ 10cm；反之，可用不截干植苗。一般在沙区土壤含水量达 8% 时，即可移栽成功。由于其植株含水量及持水能力较低，所起苗木要及时造林，并防止苗木失水。另外，也可培育容器苗在雨季适时移栽。

（三）抚育管理

新造幼林要及时除去杂草，以免影响幼苗生长。造林当年松土除草次数不少于 2 ~ 3 次，以后逐年减少。

直播建植的林草地，在播种后的 2 ~ 3 年内，要绝对禁止在林地放牧，但可每年刈割 1 次。饲料林如有灌溉条件每年平茬（刈割）两次，即 6 月 1 次、8 月 1 次。立地条件差的地方，每年平茬 1 次，以获取优质饲料，或压青沤肥。薪炭林每 3 ~ 5 年平茬 1 次；水土保持林兼作种子基地，每 5 年平茬 1 次。

（朱　恭）

木藤蓼

别名：山荞麦、奥氏蓼、康藏何首乌

学名：*Polygonum aubertii* L. henry

科属名：蓼科 Polygonaceae，蓼属 *Polygonum* L.

一、经济价值及栽培意义

木藤蓼又称"山荞麦"，其生长迅速，成型快，抗性强，为近年来我国北方地区垂直绿化和造型栽培的优良树种。木藤蓼既能用于墙体绿化又能用于棚架绿化，特别适用于低矮、栅栏式墙体的绿化。随着我国城市绿化正朝向色调、造型多样化方向发展，木藤蓼凭借其绿叶、白花、红果，花期、绿色期均长，生长快，抗性强等特点而得到广泛应用，发展前景很大。

木藤蓼的茎干为藏族常用药材，其性寒、味淡，具清热、祛风、去湿、利尿和补血作用，多用于肺病、感冒发烧、风湿性关节炎等症。

二、形态特征

多年生木质藤本植物，节部膨大。茎表面红紫色，无毛，实心，长达数米，右旋缠绕或近直立，初为草质，1~2 年后变为木质或近木质。叶互生或簇生，略革质，厚实，两面光滑无毛，卵形至卵状长椭圆形，长 4~9cm，先端钝圆或急尖，基部戟形，全缘或浅波状；叶柄长 3~5cm，托叶膜质鞘筒状，褐色，早落。大型圆锥花序腋生或顶生，直立。花梗细长，苞片膜质，褐色，漏斗状，上端为斜形或锐尖，背部具一脉，内含 2~8 朵小花，直径 3~4mm，两性，簇生。花被浅粉红色、白色到绿白色，芳香，5 深裂，裂片大小不等；雄蕊 8，短于花被，花丝锥形，下部有白色柔毛；心皮 1，花柱缺如，柱头 3。瘦果椭圆形，黑褐色，具三棱，平滑有光泽；果梗细弱，下垂。花期 7~10 月下旬。果期 10~11 月中旬。

三、分布区域

木藤蓼野生分布于青海、内蒙古、宁夏、云南、四川、西藏、山西、陕西及甘肃的部分干旱山区，生长于海拔 600~3000m 的较温暖、干旱的沟谷地带。我国西北、华北各省广泛栽培，主要用于城市园林绿化。东北辽宁、黑龙江引种成功，在露地可正常越冬。木藤蓼在国外有人工栽培，但无野生分布。

四、生态习性

野生木藤蓼常生于山谷路旁、水边及灌丛中，常攀附于其他植物体上部或平铺地面。喜阳光充足的环境，也耐荫；耐寒性极强，能在 -30℃ 条件下越冬。耐旱、耐瘠薄和土壤轻度盐碱。很少有病虫危害。

木藤蓼生长迅速，实生播种苗当年可长到 50cm，第二年即可长到 4~5m，以后可达到

10~15m。盆栽的年生长量可达4m。

五、培育技术

（一）繁殖技术

木藤蓼可用种子、扦插、压条或分株等方法进行繁殖。

1. 播种繁殖 于10~12月收集种子，晾干后去掉宿存花被片，干藏。第二年春季播种前，种子先用60~70℃温水浸泡，搅拌使其受热均匀，自然冷却后改用清水浸泡1昼夜。取下沉的种子进行催芽，4~5天后有1/3种子露白时即可播种，播后7天即可出苗，出苗率一般可达80%以上。6月中旬幼苗长到六七片叶时移栽定植。如在10月采种后即露地播种，虽可出苗，但幼苗难以越冬。

2. 扦插繁殖 扦插在春、夏、秋季均可进行，以春季扦插为好。夏季扦插的幼苗木质化程度不高，不能越冬。扦插时选择二年生木质化枝条采插条，每段长约10~15cm，以10cm×15cm株行距斜插于沙床，遮荫，每天早晚用喷壶洒水两次，生根后隔日浇水一次保持湿润。经20~30天插条生根，待长出六七片叶（约20cm）时即可上盆或移栽。如有条件，采用嫩枝喷雾扦插育苗效果更好。一年生枝或嫩枝扦插成活率低，不易越冬。

3. 压条繁殖 在土壤湿度及空气湿度较大时，木藤蓼二年生枝可落地生根。为扩大繁殖，在生长季节，把二年生枝条弯曲成波浪形后埋入沙土中约10cm深（即波谷覆土，波峰外露一芽），保持湿润，20天左右即可生根抽条。移栽一般在春、秋两季进行。

（二）栽植技术

木藤蓼主要用于城乡垂直绿化。一般以40cm株距成行种于被绿化的立面之下，稍加引导即可攀援而上，适当加以水肥管理即可旺盛生长。冬季落叶后可稍加修剪，以除去过多枝条。

木藤蓼在城市绿化中多用于栅栏绿化，也用于建筑墙面及棚架绿化，后者需用绳索或金属丝引导。此外，木藤蓼亦用于造型绿化。先用钢筋或其他材料做成立体造型图案，然后在其周围种植木藤蓼，人为引导绑扎，使藤蔓按造型生长，待爬满框架后，适当修剪，以保持造型轮廓的清晰。

在荒山裸露坡面特别是黄土裸露的剖面，可栽植山荞麦加以覆盖。可用30cm株距，5m左右行距。坡面较大时，可分段栽植，既向上引导，也可使自然下垂，直至覆盖整个裸露的坡面。

（于洪波、李嘉珏）

新疆沙拐枣

别名：东疆沙拐枣

学名：*Calligonum klementzii* A. Los.

科属名：蓼科 Polygonaceae，沙拐枣属 *Calligonum* L.

一、经济价值及栽培意义

新疆沙拐枣是优良的薪炭材，火力与梭梭柴相近。嫩枝、幼果是骆驼、羊的饲料。果枝内含单宁酸，可提取单宁。如果与其他饲草植物配合大面积种植，可作为沙区夏季牧场。其材质坚硬，可用来制作小型农具或纤维板；株丛枝密翠绿，花朵繁盛，色香具备，是很好的蜜源植物。果红色或褐色，甚为美观，可作绿化树种。

新疆沙拐枣生长迅速，适应性强，适应沙土、砾质戈壁等立地条件，固沙效果明显，可用于建植薪炭林、防护林，是干旱、半干旱地区固定流沙、绿化戈壁的优良树种。

二、形态特征

灌木，高 0.6~1m；老枝向上伸展，灰黄色，同化枝淡绿色；叶条形，长 1~3mm，与托叶鞘结合；叶极度退化，气孔凹陷，机械组织发达。花常 2 朵生于叶鞘内，花被近圆形，粉红色，中部带绿色，果期反折。瘦果圆卵形，红色或褐色，长约 15~20mm，具窄翅，翅表面具突出脉纹，翅末端具稀疏刺毛，刺毛基部扁平，中部以上有不规则 2~3 次分叉，顶叉短。花期 5~7 月，果期 6~7 月。

三、分布区域

产新疆（阜康、奇台、北塔山）和甘肃西部（敦煌），主要分布在准噶尔盆地。近年已引种到河西走廊、宁夏沙坡头等地。分布范围已扩展到北纬 38°~40°，东经 88°~107°的广大地区。

四、生态习性

新疆沙拐枣喜光，抗干旱、高温、风蚀、沙埋、盐碱的能力强。易于繁殖，生长迅速。浅根性树种，其侧根非常发达，幼苗根生长迅速，远远超过了地上部分的生长；成年植株的侧根水平延伸可达 20~30m，垂直根可深达 6m，这既能保证其尽快吸收沙丘深层水分、满足生长发育的需要，又能使其在沙丘上固定不至于因风蚀而倒苗或死苗；同时在根毛区有大量的管状延伸物（根毛），保证了水分的吸收。另外，成熟根的表皮脱落而代之以发达的木栓层，木栓层良好的绝热作用，是对沙漠环境温差巨变的适应。其幼茎中有发达的纤维组织，成簇状在表皮下分布成一周，以保证幼茎在大风中不被折断；成熟茎外皮成灰白或白色，可以抵御阳光照射，避免对内部组织的灼伤；枝叶表皮下有一层无叶绿素的细胞，积蓄着类似脂肪的物质，保护内部叶肉组织免受高温危害。在高温、干旱的夏季，红皮沙拐枣常会生长停滞，脱落部分当年生枝，出现"假休眠"。

据甘肃省治沙研究所对沙拐枣属 8 个种抗逆性对比试验，其抗旱风蚀性强弱仅次于红皮沙拐枣而居于第二。新疆沙拐枣年生长量大，株丛茂密，抗风蚀沙埋，扦插造林成活率高，是建植活沙障的优良树种。

五、培育技术

（一）育苗技术

1. 播种育苗

（1）采种　新疆沙拐枣果实成熟后易脱落，随风飞走，应及时采集。种子采集去翅晒干后贮存。种子耐贮藏，在干燥、透气条件下贮藏 2 年，发芽率仍在 70% 以上。

（2）育苗　沙拐枣对播种季节要求不严，可随采随播，但以春季最好。苗圃地土壤最好选择沙土和沙壤土，床面平整，灌水不宜过多。对于隔年或多年贮藏的种子，播种前要进行催芽处理。浸泡 2～3 天后，沙藏催芽，待部分种子吐白后即可播种。每亩播种量 5～10 kg，开沟条播，行距 30cm 左右，覆土厚度约 3cm。

2. 扦插育苗　

在秋冬季采一二年生枝条作穗条，沙藏。春季扦插前再在水中浸泡 3 昼夜。插穗长 15～30cm，直径 0.4cm 以上，剪口为平口。扦插时，插穗要与地表平或略高出地面。

（二）栽培技术

1. 林地选择及整地　

新疆沙拐枣适于在流动、半流动沙丘和平沙滩地上造林，不适于低湿地和盐碱地。在沙丘上造林可不整地，但应建立沙障，以保护幼苗。在丘间低地和平坦滩地上造林，可根据地形开沟或挖穴造林。

2. 造林时间与方式　

可采用植苗造林、直播造林和扦插造林。新疆沙拐枣结合沙障造林，不要将苗木栽在沙障中间，也不要紧靠沙障，栽植点应在沙障背风坡，约在障间洼地中心点与上风向沙障之间的二分之一处。

（1）植苗造林　宜用 1 年生苗，苗木根系完整，根长 30～40cm。在水分条件好，春季沙面湿润，干沙层薄的地区，挖坑深度 40～50cm；干沙层厚的地方要铲去干沙层再挖坑植苗。造林的密度一般行距 2～3m，株距 1m。

（2）扦插造林　采条时间为冬春季，插穗为 1～2 年生粗壮枝条，长不得小于 30cm，粗 0.4cm 以上，剪口应为平口；插穗采后先将其沙藏。造林前用凉水浸泡插穗 24h。造林时插穗必须完全埋入土中。在流动沙丘上扦插造林时，在插穴内可紧贴插穗放置两节（每节长约 60cm）用清水浸透的玉米秸秆保水，也可应用"干水"等保水剂，提高造林成活率。

（3）直播造林　在设有沙障的地段进行，一般是早春抢墒或雨季造林。采用穴播造林，穴深 5cm，覆沙 5cm，每穴下种 10～15 粒。造林前要进行种子催芽处理，方法同前。新疆沙拐枣实生幼苗抗风沙能力弱，直播造林宜少采用。

新疆沙拐枣也可用于飞播造林，可作为目的树种也可为保护树种。

3. 幼林抚育管理　

为了减轻风沙对幼苗的危害，提高造林保存率，在流动沙丘造林时，应建立草方格沙障；也可用树枝或芦苇等制成的草把式沙障，设置在刚栽植的苗木或插穗的迎风一侧。在造林第一、二年，发现苗木死亡要及时补苗，沙障损坏要及时修补。造林地如过于干旱，可在 6～7 月间浇 1～2 次水，以保证较高的苗木成活率。新疆沙拐枣平茬后生长迅速，可结合采穗或薪柴，进行平茬复壮。平茬在休眠期进行，平茬方式宜采用隔行或隔株平茬。

六、病虫兽害防治

（1）沙拐枣蛀虫和蚜虫　沙拐枣蛀虫主要为害一年生同化枝，特别是当年种植的沙拐枣幼树，危害严重时，可使苗木致死。在新疆，害虫4月下旬发生，5～6月最为严重。虫卵于5月初开始孵化，幼虫从节间蛀入嫩枝取食，虫粪排于枝外，8月中旬吐丝筑巢，幼虫取食后进入巢内，巢锥形，以大头粘于同化枝上。沙拐枣蚜虫对不同林龄的植株均有危害。防治方法：虫害盛期喷40%乐果乳剂2000～3000倍液，也可采用人工摘取虫巢的办法，消灭沙拐枣蛀虫成虫。在5～6月，喷40%水胺硫磷2000倍液防治效果较好。

（2）鼠类　大沙鼠（*Salpingotus crassicauda*）和跳鼠（*Dipus sagittai*）在春季危害直播造林地和育苗地。

防治方法：①参见梭梭；②设置鼠夹、鼠笼等器具消灭鼠害。

（3）野兔　春季危害刚出土的幼苗，可人工捕杀或毒饵诱杀。

（刘虎俊）

沙拐枣

别名：蒙古沙拐枣

学名：*Calligonum mongolicum* Turcz.

科属名：蓼科 Polygonaceae，沙拐枣属 *Calligonum* L.

一、经济价值及栽培意义

沙拐枣其植株高度与冠幅不及新疆沙拐枣，但在造林后 5 年内每亩可产薪材 0.5 ~ 2t。其分布范围更广，用途广泛。沙拐枣是很好的蜜源植物；嫩枝、幼果是骆驼、羊的饲料；果枝内含单宁酸，是提取单宁的原料。如果与其他饲草植物配合大面积种植，可作为沙区夏季牧场。

沙拐枣生态幅较宽，适应性较强，固沙效果明显，是固沙先锋植物之一，是干旱、半干旱区固定流沙、绿化戈壁的优良树种。

二、形态特征

小灌木，高 30 ~ 60cm。分枝短，呈"之"形弯曲，老枝灰白色，同化枝绿色。叶细鳞片状，长 2 ~ 4mm。花 2 ~ 3 朵腋生，花被粉红色，果期开展或反折。瘦果宽椭圆形，直或稍扭曲，长 8 ~ 12mm，两端锐尖，先端有时伸长，棱肋和沟不明显，刺毛很细，易断落，每棱肋 3 排，有时有 1 排发育不好，基部稍加宽，2 回分叉，刺毛互相交织，等长或短于瘦果的宽度。花期 5 ~ 7 月，果期 7 ~ 8 月。

三、分布区域

产内蒙古西部、宁夏、甘肃西部和新疆东部。蒙古也有。本种分布范围较广，形态变化也大，分布区的西部植株瘦果细长，稍扭曲，刺毛不密，有 1 排刺毛常不明显；东部植株瘦果较小，卵形，刺毛常为 3 排，密而细脆。二者区别较大，但中间有过渡类型，不易区分。

四、生态习性

沙拐枣是喜光的旱生灌木树种，生于黏土、砾质地或沙地，抗干旱、高温、风蚀、沙埋、盐碱的能力强，易繁殖，生长迅速。在高温、干旱的夏季，沙拐枣常会生长停滞，脱落部分当年生枝，出现"假休眠"。浅根性树种，根系发达，地下部分为地上部分的 3 ~ 5 倍。其对干旱荒漠区气候条件生理生态适应特性同新疆沙拐枣。在民勤沙生植物园引种的头状沙拐枣、乔木状沙拐枣、无叶沙拐枣、红皮沙拐枣、泡果沙拐枣、沙拐枣 6 种沙拐枣中，以沙拐枣的表现最好。

五、培育技术

（一）育苗技术

1. 采种　沙拐枣果实成熟后易脱落，随风飞走，应及时采集。种子采集后去刺，晒干后在干燥、透气条件下贮藏。种子生活力不易丧失。

2. 育苗　沙拐枣的育苗方式和幼苗的抚育管理与新疆沙拐枣相似，播种育苗每亩播种量 10 kg，其扦插繁殖更容易，插穗在冷水中浸泡一昼夜，成活率可提高 20%。

（二）栽植技术

沙拐枣适生造林地及造林技术、幼苗抚育及病虫鼠害防治均同新疆沙拐枣。除植苗造林和扦插造林外，在降水量 150~250mm 的地区，沙拐枣也可用于飞播造林，可作为目的树种也可为保护树种。可单播也可混播，混播较单播利多弊少。沙拐枣常常与沙蒿、草木樨等混播。飞播种子的净度应大于 90%，发芽率高于 70%。飞播在有效降水前 7~15 天进行，冬播在积雪开始融化前播种。内蒙古草原区成功的飞播组合为：沙拐枣 + 沙蒿（3:7）。单播的播种量为每亩 1.5~2.0 kg，混播的播种量为每亩 1.0~1.5 kg。在静风条件下，航高为 70~90m。第一次飞播后需要补播，一般补播量小于第一次。

（刘虎俊）

乔木状沙拐枣

别名：沙拐枣

学名：*Calligonum arborescens* Litv.

科属名：蓼科 Polygonaceae，沙拐枣属 *Calligonum* L.

一、经济价值及栽培意义

乔木状沙拐枣植株较新疆沙拐枣高大，是优良的薪炭材，也是很好的蜜源植物。嫩枝、幼果是骆驼、羊的饲料，嫩枝叶的粗蛋白含量可达 17.1% 以上。乔木状沙拐枣生长季节早，是早春重要的饲用植物。果枝内含单宁酸，是提取单宁的原料。如果与其他饲草植物配合大面积种植，可作为沙区夏季牧场。乔木状沙拐枣的材质坚硬，可用来制作小型农具或纤维板；植株茂密翠绿，花朵繁多，色香具备，果尤为美观，可作绿化树种。

乔木状沙拐枣生长迅速，树体较大，栽植 2 年即可完全固定流沙，覆盖度可达 50%～60%，固沙效果明显，是一种优良的干旱区和半干旱区造林树种。

二、形态特征

灌木，5 年生高达 3～5m。老枝灰白色或灰褐色，稍呈"之"形弯曲，分枝少，枝干近直立。同化枝灰绿色，节间长 2～5cm。花粉红色，3～4 朵生于叶腋内。瘦果阔卵形，长 2～3cm，宽 2～2.5cm，向左扭曲，先端形成圆柱状轴柱；刺毛每棱 2 排，中上部 2～3 回交叉，成熟时黄色或褐红，嫩时有红紫色和黄色的变化。花期 5～6 月，果期 6～7 月。

三、分布区域

原产中亚，20 世纪 50 年代引至沙坡头，现已扩至宁夏、内蒙古东部、河西走廊及新疆各沙区。我国西北大部分沙区现已普遍种植，在流动沙丘上栽培，生长良好。

四、生态习性

乔木状沙拐枣植株高大，喜光，易繁殖，生长迅速；抗旱、抗风蚀、耐沙埋、耐低温和高温。生于流动沙丘，极耐瘠薄。在新疆吐鲁番的生长期为 220 天。乔木状沙拐枣为浅根性树种，水平根系发达，其根生长迅速，远远超过了地上部分的生长。在沙坡头的 4 年生乔木状沙拐枣垂直根系深达 4m，根幅近 20m。地上部分第一、二年生长很快，当年生苗高可达 178cm。若无沙埋到第四年以后生长变慢。乔木状沙拐枣常形成稠密、庞大的灌丛，在新疆吐鲁番，3 年以上植株丛幅多超过 3m，最高达 5m 多。在高温、干旱的夏季有"假休眠"现象。沙埋可促其生长，沙割对它没有伤害；一般抗御风蚀，因风蚀裸露的侧根可以萌生根蘖苗，但风蚀对植株生长仍有不良影响。

乔木状沙拐枣林对流沙具有改良作用，使细颗粒成分和有机质含量增加。据测定，原来含物理黏粒（<0.01mm）不到 0.2% 的流沙，栽植乔木状沙拐枣 3 年，沙地 0～10cm 表层

中粉粒（0.05 ~ 0.01mm）和黏粒增加了 0.5 个百分点，有机质含量由 0.0605% 增加到 0.1528%，提高了 1.5 倍。

五、培育技术

其培育技术与新疆沙拐枣相似。播种育苗每亩播种量 5 ~ 7 kg。扦插更容易繁殖，当年高 1m 以上。

（刘虎俊）

红皮沙拐枣

学名：*Calligonum rubicundum* Bge.

科属名：蓼科 Polygonaceae，沙拐枣属 *Calligonum* L.

一、经济价值及栽培意义

红皮沙拐枣植株高度与冠幅不及新疆沙拐枣。据甘肃省治沙研究所张孝仁和徐先英对红皮沙拐枣、新疆沙拐枣、网状沙拐枣、白皮沙拐枣、泡果沙拐枣、头状沙拐枣、密刺沙拐枣和乔木状沙拐枣等 8 种沙拐枣抗逆性试验表明，红皮沙拐枣的抗干旱、抗风蚀性最强；另对红皮沙拐枣、头状沙拐枣、乔木状沙拐枣、小果沙拐枣、无叶沙拐枣、精河沙拐枣 6 种沙拐枣繁殖对比试验中，以红皮沙拐枣扦插最容易成活。其枝条弯曲，皮色鲜艳，果实别具一格，可作盆景观赏。

红皮沙拐枣耐干旱、风蚀、沙埋，适应沙土、砾质戈壁等立地条件，固沙效果明显，扦插造林容易成活，是干旱、半干旱区优良的造林树种。

二、形态特征

灌木，高 0.5～1m。老枝树皮紫褐色或红褐色，有光泽或无光泽，同化枝绿色，节端有短叶鞘。叶条状披针形，长 2.5～4mm，与叶鞘结合。花 2～3 朵生于叶鞘内，花梗长 4～6mm，关节在上部，无毛；花被紫红色。瘦果卵形或圆卵形，长 10～16mm，宽 9～14mm，稍向右扭曲，有棱，翅常带紫红色或红褐色，厚，硬革质，稍褶叠，先端常与花柱基部结合，表面有皱纹或稍具刺毛，翅缘有不规则的浅二重齿和钝波状齿。花果期 6～7 月。

三、分布区域

产于新疆额尔齐斯河流域和布尔津沙地，宁夏、内蒙古、甘肃河西走廊等地引种。生长在湿润沙地和流动沙地。原苏联也有分布。

四、生态习性

红皮沙拐枣特性与蒙古沙拐枣相似，是旱生喜光的灌木树种，抗干旱、高温、风蚀、沙埋，易扦插繁殖，生长迅速。在高温、干旱的夏季，红皮沙拐枣常会出现"假休眠"现象。浅根性树种，其根系发达，地下部分远远大于地上部分。扦插造林较新疆沙拐枣、沙拐枣、乔木状沙拐枣和头状沙拐枣更容易成活。

五、培育技术

培育技术及病虫鼠害防治同新疆沙拐枣。

（刘虎俊）

黄蔷薇

别名：大马茹子、红眼刺、鸡蛋黄花

学名：*Rosa hugonis* Hemsl.

科属名：蔷薇科 Rosaceae，蔷薇属 *Rosa* L.

一、经济价值及栽培意义

黄蔷薇是一种综合利用价值很高的野生经济植物。也是优良的香花观赏花木，春季繁花似锦，为蔷薇属最美丽的种类之一。其果实含有多种氨基酸与维生素，是十分有用的保健食品和饮料的原料，可制作果酱，果糕，冲剂和果汁饮料；可提取玫瑰油色素和酿酒（出酒率21％）。其鲜果的主要成份为：每100g含葡萄糖8.38g、果糖4.20g、柠檬酸1440mg、琥珀酸 1680mg、Vc26.38mg、Vp68.85mg、尼酰酸 50.80mg、脂肪酸 99.99mg、粗蛋白3.87mg。黄蔷薇的花芳香浓郁，可提取芳香油。种子可榨油，据分析其亚油酸为49.3％、油酸15.9％、硬脂酸1.1％、亚麻酸30.2％。并含有多量的 V_E 和胡萝卜素。根可药用，具有很强的抗菌消炎作用，对革兰氏阳性细菌与青、链霉素等价；对革兰氏阴性细菌与四环素效价相同，具广谱性（据昆明空军医院研究）。是值得研究开发的药物资源。黄蔷薇还是良好的蜜源植物。

二、形态特征

落叶灌木，高 2.5m 左右；枝拱形；皮刺幼时鲜红色，直立，有时平板状，常混生刚毛。奇数羽状复叶，小叶 9～11，卵状矩圆形或椭圆形，长 8～20mm，宽 5～10mm，两面均光滑，先端微尖或圆钝，基部近圆形，边缘具尖锐锯齿；花黄色，单生短枝顶端，单瓣，花柱离生，突出，被绒毛。果实扁圆形，直径 1.0～1.5cm，成熟时紫红色，萼片宿存。花期4～6月，果期8～9月。

三、分布区域

西北地区分布十分广泛，陕西分布秦岭南北坡海拔 600～2800m 的山坡林下或林缘；关山、黄龙、桥山林区及陕北各县，海拔 800～1600m 阳坡灌丛中，关中西安、咸阳等大中城市栽培较多。甘肃分布于子午岭、小陇山、陇东诸县（海拔 1000～2400m）及临泽、迭部、舟曲（海拔 2000～3400m）；宁夏六盘山海拔 2000～2700m；青海栽培于西宁、民和、乐都、平安、循化等地，生于海拔 2000～2400m 的山坡，田边、庭园。新疆分布于天山山区海拔800～2000m 的山地，喀什、和田、乌鲁木齐有栽培。此外，山东、山西、四川等地有分布。

四、生态习性

黄蔷薇耐旱性强，在黄土丘陵干旱山坡及石砾沟谷生长良好。对土壤要求不甚严，能适应微酸性土、中性土和微碱性土。在秦巴山地多生于松栎林下，与胡颓子、虎榛子，葡萄、枸子，白刺花、沙棘、丁香组成林下灌木群落，盖度达 30%～60%。在陕北黄龙、桥山林区能与耐旱性强的乔木组成特有的林型：如黄蔷薇侧柏林，黄蔷薇辽东栎林，表明对干旱贫瘠的生境有较强的适应能力。能在 500mm 降水量的地区良好生长，也能在 300mm 降水量条件下生长，能在极端最低气温 -26.6℃ 下安全越冬。

五、培育技术

繁殖和栽培技术参见黄刺玫培育技术。

（罗伟祥、土小宁）

杜　梨

别名：棠梨、酸梨、野梨、梨丁子

学名：*Pyrus betulaefolia* Bge.

科属名：蔷薇科 Rosaceae，梨属 *Pyrus* L.

一、经济价值及栽培意义

杜梨是干旱瘠薄阳坡、半阳坡和沙荒造林的先锋树种，也是改造灌木林分的理想树种，还是西北地区习用最广的梨砧木，用杜梨砧嫁接的梨树，长势旺盛、耐旱、抗寒、结果早、高产稳产、梨果风味好，经济寿命长，树龄可达 100 年以上。杜梨木材致密坚硬，纹理通直，色泽美观，黄褐色至红褐色，比重 0.73，可制作家具、文具、印板、算盘珠、细木工雕刻等各种器具，也是优良炊具案板、菜凳用材。果实含糖量 19.62%，酸甜可口，可生食或制作饮料，是人体所需的天然补品，也可酿酒，又可入药，为收敛剂。种子含油率 20% 以上，油可食用或工业用。树皮含单宁可提制栲胶及做黄色染料，供食品、绢、棉、纸等着色及染色。花是很好的蜜源，医药价值高。据城乡市场调查，消费者对杜梨有新需求，销售价格一再攀升。

二、形态特征

落叶乔木，高 10~15m。胸径 80cm 以上，树冠卵圆形。幼树枝被绒毛；枝上多棘制；单叶互生，叶片菱状，卵形至长卵形，长 4~8cm，宽 1.5~3.0cm，先端渐尖，基部楔形，边缘有尖锐锯齿，表、背两面初被绒毛，后光滑。花两性，伞形总状花序，具 8~15 朵花，径 2.5~3.5cm，花白色，花梗长 1.7~2.5cm，花柱 2~3。梨果近球形，径 5~15mm，褐色，有淡色斑点，2~3 室萼片脱落。花期 4~5 月，果期 8~9 月。

三、分布区域

分布于东北、华北、华中、华东地区，北自辽宁、内蒙古，东到浙江、南达安徽。

西北地区杜梨分布很广泛。陕西分布于秦岭北坡眉县、太白县海拔 1200~2600m，林间和林缘；关山、黄龙、桥山林区及陕北各县极为习见，分布于海拔 800~1600m 的阳坡、崖畔、林间，仅延安市的宝塔、富县、安塞、洛川、志丹、吴起等区、县就有杜梨 10 多万株，年产种子 3 万 kg。甘肃分布于子午岭（中段、北段海拔 1200~1700m）、关山（海拔 2000m以下）、小陇山及岷县、文县、宕昌等地。宁夏六盘山、贺兰山海拔 2200m 以下；青海栽培于西宁、民和、乐都、循化、贵德等地，生于海拔 1800~2450m 的河谷、山坡、滩地、阶地等。新疆乌鲁木齐、石河子等城市园林绿化中有栽培。

四、生态习性

杜梨抗逆性极强，适应多种生境。耐寒、抗旱、耐瘠薄，在极端最低气温 -30℃ 的地方，生长良好而无冻害。尤其对旱涝适应的幅度大，它喜光，能在干旱荒山阳坡、半阳坡、峁顶、沟坡甚至陡崖石缝中生长，也有很强的抗涝能力，在积水 3～4 日的洼地中或大部分根系在河水长期冲淘下仍安然无恙。杜梨为深根性树种，主根明显，可深入黄土层中达 11m，侧根发达须根多，保水固土作用强。

杜梨能在各种土壤上生长。甚至在砂砾岩母质和石灰岩母质上也能生长。

五、培育技术

（一）育苗技术

杜梨结果多，收种容易，故以播种育苗为主。

1. 采种及处理 当年 9 月果实（肉）变为褐色即可采种。采回果实堆积沤烂，10 多天后揉搓淘洗，除去果肉，淘出种子，放置通风干燥处晾干，切忌在日光下曝晒。随即将晾干的种子与湿沙混匀后堆藏于地上，使之继续完成后熟过程，同时起到了催芽的作用。种子千粒重 14g，每千克 4 万～6 万粒，鲜果出籽率 2%～3%。发芽率约 65% 左右。

秋播种子无需催芽，春播种子如未经沙藏催芽的，可用 0.005% 胡敏酸钠和 30% 尿水中浸泡 8h 左右进行播种，或将种子放在 30～40℃ 温水中浸泡 24h，然后捞出，置于背风向阳处，经常搅动，并洒水保持湿润，促进种子吸水萌动，当有 30% 的种子裂嘴露白时开始下种。

2. 播种与管理 在已整地作好的苗床上，按行距 30cm，开沟条播，播幅宽 5～8cm，将种子均匀撒入沟内，覆湿润细土 1.0～1.5cm，每亩播种量 1.5～2.0kg。在其上再覆盖一层桔杆或锯末，以保持床面湿润，防止土壤板结。

幼苗开始出苗后，要逐步揭去覆盖物，全部出苗时全部揭除。当幼苗长有 2～3 片真叶时，按株距 10cm 进行间苗，留苗株数 22000 株/亩。幼苗在整个生长期，要进行 5～6 次松土除草。6、7 月间施追肥 2 次，氮肥施肥量 10～15kg/亩。当年生苗高 40cm 左右，平均地径 0.4cm，最粗达 1cm，亩产苗 2 万株左右，即可供芽接梨苗或移栽。

（二）栽培技术

杜梨由于具有耐干旱瘠薄的特性，已被人们列入西北地区困难立地植被建设的主要先锋树种之一，营造水土保持和防风固沙林。杜梨喜光不耐庇荫，应选山地阳坡、半阳坡及峁顶等处造林。陕西吴起铁边城林场、黄陵上畛子林场以及辽宁省干旱地区造林研究所，在干瘠荒山和荒沙造林，均取得良好效果。3 年生幼林平均高 1.15m，平均地径 1.86cm，保存率达 95%。前 3 年为缓苗期，4、5 年以后，高生长进入速生期，年生长量可达 75cm 以上，5～7 年即可郁闭成林。

杜梨以植苗造林为主，多在春季土壤解冻后进行。株行距以 1.0m×2.0m 或 1.5m×2.0m。杜梨应与其他树种进行带状（2～3 行为一带）混交，不宜株间或单行混交。如甘肃 1966 年栽植的杜梨，在林缘全光下 8 年生平均高 3.83m，胸径 4.0cm，而在青杨庇荫下，平均高 2.41m，胸径 1.2cm。而杜梨与油松行间带状混交，互相之间具有互相促进的作用。吴旗铁边城林场，在杜梨幼林行间间作油料等作物，结合农作物的管理抚育了幼林，增强了蓄水保墒能力。为了促进幼林生长，造林后可进行林粮间作。避免了杂草与林木争水争肥间的矛盾。因此林粮间作的幼林地比不间作的幼林，平均高生长大 55.%～61.7%，平均地径大 42.1%～61.7%。杜梨栽植后 3～5 年要适当修枝，夏季修去竞争枝和弱枝，但树冠应保持全树高的 2/3 以上。

　　杜梨可在庭院、四旁栽植，绿冠荫浓，叶大花多，洁白如玉，果实累累，深秋红叶一片，极具观赏价值。

（罗伟祥、罗红彬）

山 桃

别名：山毛桃

学名：*Amygdalus davidiana*（Carr.）C. devos ex Henry

科属名：蔷薇科 Rosacae，桃属 *Amygdalus* L.

一、经济价值及栽培意义

山桃多为野生状态，根系发达，耐寒、抗旱。对土壤立地要求不严，耐瘠薄，萌芽力强，病虫害少。其苗木是桃、李、扁桃、红叶李等树的优良砧木。木质坚柔，枝条可以编制楼、筐和囤。山桃种仁是食用油和医药的原料。山桃核千粒重 11.6kg，出仁率为 10.6%，山桃仁用途广，含油量 45.95%，出油率为 40%，据延安市医药公司测定，山桃仁脂肪含量为 53.22%，蛋白质含量 26.28%，糖含量 0.59%，山桃仁能治跌打损伤、闭经、高血压、慢性阑尾炎、胃肠炎，外治手足冻裂。山桃花艳丽，可供庭院栽植。在"三北"地区，是营造防护林、经济林、薪炭林的优良树种之一。因而发展山桃对于改变山区面貌和振兴农村经济具有战略意义。

二、形态特征

山桃树冠半圆形，落叶灌木或小乔木，高达 4~5m。树皮暗紫色，平滑有光泽。叶单生或簇生于短枝上，有叶柄，叶片披针形或狭卵状披针形，长 4~8cm，有的长达 12cm，宽 2.5~3.5cm，基部楔形，先端长渐尖，边缘具锐利细锯齿；托叶早落，萼 5 片、卵形，无毛；花单生。先于叶开放，直径 5cm，花 5 瓣倒卵形或近圆形，淡粉红花或白花；雄蕊多至 32 枚，花柱一个长约 1cm，子房被白柔毛，柱头红色。核果球形，黄褐色，直径 3cm，先端圆钝或微尖，成熟时淡黄色，果实肉薄，干燥、离核、不可食，核近圆形，有沟纹和孔纹，内有种子 1 枚，种皮棕色。花期 3 月下旬至 4 月上旬，果实 8 月成熟。

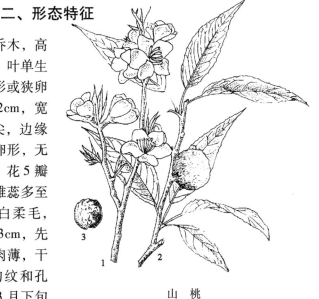

山 桃

1. 花枝　2. 果枝　3. 果核

三、分布区域

山桃主要分布在陕西、山西、甘肃、宁夏，以陕甘宁盆地分布为广，而且是优势树种。其他河北、河南、山东、湖北、四川、贵州、内蒙古和东北等地也有零星分布。

四、生态习性

山桃属阳性树种，抗旱、耐寒、怕涝。天然山桃多生长在天然林边缘阳山坡、沟谷边，在崖石上也有生长。在林内常与辽东栎、杜梨、山杏、柠条、虎榛子、沙棘、白刺花，绣线菊、黄刺玫等树种混交生长。山桃对土壤要求不严格，在黄土、石灰岩、沙岩、页岩等母质发育的土壤上均能正常生长，但栽在黏土上容易产生流胶病。山桃纯林每亩生物量336.7kg，山桃与山杏混交每亩生物量576.27kg，山桃与柠条混交每亩生物量278.43kg。在天然林边缘的山桃，25 年生山桃达 4.2m 高，全丛坐果 9250 个，折合山桃核 19kg，山桃仁2.3kg，含油 0.9kg，每亩丛产山桃油 135kg。在林内山桃产量低。

山桃耐平茬，平茬后萌芽旺。2~3 年山桃树平茬后，当年能萌生 3~5 根条，10 年生的树能萌发 25 根新条。平茬能提高生物量，同样的立地条件 10 年生的山桃平茬生物量干重 1500.8kg。

山桃是深根性树种，有明显的主根，侧根、须根发达，直播 1 年生的山桃垂直根深达145cm，为树高的 10 倍，10 年生，山桃林垂直根深 6m，水平侧根最长 5.2m。

山桃栽植或播种造林，第三年开花结果，5 年进入盛果期，平茬后萌芽条第三年进入盛果期，盛果期可以持续 25~30 年不衰老。株（丛）产桃核 2.3kg，经营好的每亩可产502.9~544.9kg。

天然山桃林和人工山桃林结果均有大小年现象。主要是气候影响和经营技术原因。

五、栽培技术

山桃在建国前多为天然野生树。建国后"三北"地区很多地方把山桃作为水源涵养林、水土保持林、薪炭林栽培，摸索和积累了一些造林经验。

1. 直播造林 山桃多采用秋季直播造林，方法简单，易成活，成本低。春也可以直播造林，但种子要经过用沙层积或用雪藏处理。在梁峁、阳坡、阴坡、沟坡均可直播营造山桃林。直播造林时可因地制宜采用反坡梯田整地，水平沟整地，整地不便的立地可以实行免耕法直接点播造林。山桃造林应适当密植。每亩 300 穴，每穴点种 3~5 粒种子，每亩播种量2kg 至 4kg。过稀生物量低效益差。适当密植缩小株距，行间提前郁闭，增强山桃林抗灾能力。

同时在黄土丘陵沟壑区和黄土高原沟壑区。可以采取人畜结合套二犁带状直播山桃法。就是沿丘陵水平用犁把造林地先犁两犁中间套一犁，进行点种，用脚踏实，再用犁套一犁。这种方法造林成活高，生长发育快，有时还可以达到直播造林附带育一部分苗，群众易于接受。

2. 植苗造林

（1）播种育苗

①采种 山桃采种应在 8 月份果皮发黄成熟时进行，不可过早掠青采收种子，以免影响种子发芽率及种仁出油率。采回的果实可放在屋角均可脱离。桃核晒干收藏于干燥通风处。

②播种 山桃育苗对苗圃地要求不严。按常规在现有苗圃地育苗。苗圃地有困难就可以在坡度平缓的半阴坡地、湾塌地、林间空闲地均可育苗。但不能在黏重土壤和积水地育苗。播种前要深翻土地 30cm，每亩施足 2000kg 农家肥作底肥，整地作床，旱地育苗，可做平床

或低床，水浇地可做高床或高垄。山桃育苗多在秋季10月下旬至11月上旬进行。春季育苗在3月中下旬至4月上旬进行，但种子要处理在12月上旬用沙层积法或雪堆藏两种方法处理种子。沙层积法就是在背风无积水的地方，挖1m宽，长根据种子多少确定，坑挖好后，将种子1份与3份沙混合拌匀倒入坑内，直倒到距坑上边10cm，在倒混沙种子时每隔1m在坑内竖1捆谷草把，以便通风。雪堆藏法就是在背风向阳、无鼠害、无积水的地方，将种子和湿沙（1份种子3份湿沙）与雪堆积，然后给堆积上沫1层泥。经常检查，有30%种子裂口即可播种。

在水浇地播种前一周灌足底水，待水渗透晾干表土松撒时在苗床上开沟播种。行距25～30cm，株距5cm，秋季播种覆土6～10cm，春播覆土5～9cm，旱地覆土稍深，水地覆土较浅。

每亩播种量50～60kg，产苗8000株至1万株。

③苗期管理　秋播和春播育苗，种子入土，管理就要加强，及时防治人、畜、鸟、兽危害；春播的种子10～15天就出土，秋播的种子比春播出苗的时间还要早。所以要加强苗期管理。按常规育苗及时进行追肥、浇水、中耕、锄草，以促进苗木加速生长。

春秋两季均可以栽植造林。秋季比春季省工成活率高。春季栽植造林应在早春3月中下旬，树液尚未流动前进行，不宜太晚。栽植密度株行距1m×3m为宜，50cm定干。栽植造林后立即灌足定根水，使苗木根舒展与土壤密切接合，有条件地方覆盖地膜保湿保温，提高成活率。秋季移植造林应在树叶落后至地封冻前进行，栽植密度株行距1m×3m或1m×4m为宜，定干50cm，整地挖穴长、宽、深为60cm×40cm×30cm。定植深度，超过原土印2cm。秋冬季栽植造林后，立即埋土防寒，春季3月中旬挖开土堆1/3，4月上旬全部挖开埋土。

山桃可以与柠条、沙棘、紫穗槐行间混交或块状混交。

栽植造林后要加强育抚管理，山桃在幼苗期生长慢，第1、2年要加强锄草松土，修复保水工程，拦蓄地表径流，防止水土流失，促进林木生长。

六、病虫害防治

山桃虫害主要有蚜虫、卷叶虫危害，病害有穿孔病、流胶病等危害。防治蚜虫在冬春季休眠期喷布4～5°Be石硫合剂，夏季喷布300倍50%的对硫磷，40%的乐果乳油进行防治，穿孔病、流胶病主要通过加强林业技术措施，促进树体生长，提高树木抗腐能力。鼢鼠可采用人工弓箭捕杀，鼠夹捕杀，毒饵诱杀等。

（刘玉仓）

山　杏

别名：野杏

学名：*Armeniaca vulagris* var. *ansu* Maxim.

科属名：蔷薇科 Rosaceae，杏属 *Armeniaca* L.

一、经济价值及栽培意义

山杏是我国"三北"地区营造水土保持林，水源涵养林，绿化荒山、荒地、沙漠、石滩的先锋树种，又是优良的木本油料树种，也是食品工业和医药工业的原料。山杏仁每100g 杏仁含蛋白质 27.7g，脂肪 51g，糖 9g，是营养丰富的食品。杏仁含油率达 50% ~ 55%，机榨油出油率达 40% ~45%。杏仁含 4% ~5% 杏仁甙，即 V_B，为众果之首；它可以防癌、治癌，缓解癌痛。也是止咳、祛痰、治支气管炎、哮喘的良药。山杏果肉可制作杏干、罐头、杏脯、酿酒、制醋和制作甘草杏出口创汇。苦杏仁出口 2250 美元/t，杏核壳 1万元/t。山杏产区群众把山杏作为主要经济收入，一般占总收入的 10% ~30%，最多的占到50%。山杏在灾年能帮助群众渡荒，山杏木材可作农具和木材烧炭可以开铁作铁农具，杏叶又是饲养牛、羊、猪的高级营养饲料，树皮可以提炼单宁、树胶等工业原料。

二、形态特征

山杏是蔷薇科野生或半野生状态。其中西伯利亚杏是灌木，一般树高 2 ~5m。东北杏和变种山杏树是乔木或小乔木，树高 5 ~10m 左右。树皮一般暗灰色，小枝是褐色或红色。叶互生具有长柄，形状为圆卵形或圆形，基部圆形、心脏或楔形，先端渐尖，叶绿色，有单锯齿或重锯齿，叶两面无毛。花单生，花瓣白色或粉红色。果圆形侧面稍扁，颜色为黄色或橘红色。果肉一般很薄，除变种山杏的果肉可作果脯外，东北杏和西伯利亚杏果肉味苦涩、食用性很差。

我国常见的山杏还有：

西伯利亚杏 [*Armeniaca sibirica* (L.) Lam.]　　主要分布在辽西、河北和内蒙古东部草原半干旱荒漠地区。

东北山杏（辽杏）[*Armeniaca mandshurica* (Maxim.) Skvortz.]　　主要分布在黑龙江、吉林、辽宁等省。

三、分布区域

山杏在我国分布较广。生长集中成片的主要在河北北部，辽宁、吉林西部，内蒙古东部等山区。陕西、甘肃、山西、河南、山东等省也有零星分布。

四、生态习性

山杏为喜光树种。具有一定的抗旱、耐寒、耐瘠薄、耐高温等特性。适生地区很广。对土壤，气候适应性强，能生长在其他树种不易生长的荒山和干旱阳坡。一般在 −30 ～ −40℃ 的低温条件下，能安全越冬生长。但是花果在 3 ～ 4℃ 时即可受冻害。同时山杏在干燥，表土层薄，甚至岩石裸露的陡坡（30° ～ 40°）也能正常生长。在 43.9℃ 的高温条件下，能正常结果。山杏根系发达，是土石山区荒山造林的先锋树种。可加速荒山荒坡绿化，保持水土。但山杏不宜在水涝、低温积水的地方生长。一般多生长在阳坡、半阳坡，阴坡很少。

萌生山杏两年开始结果，实生山杏 4 年结果。10 年进入盛果期。其寿命较长，萌生的可达 70 ～ 80 年，实生可达 100 ～ 200 年。结果一般的有隔年丰收现象，影响结果的因素是开花期的霜冻和管理。山杏每年 3 月底 4 月上旬开花，6 月底 7 月上旬成熟。

五、培育技术

（一）育苗技术

1. 种子处理 选当年生自然成熟的种子，入冬后用 40℃ 的温水浸种 72h，捞出后混以 3 倍湿沙，拌均匀堆在避风阴处或不取暖的空房内，令其自然结冻，翌春 3 月 20 日至 4 月上旬播种，播种前 10 天左右取出放到向阳的地方，继续保持湿沙的温湿度，经常翻动，检查发现种子裂口 1/3，立即播种。

2. 育苗地选择 应选择背风向阳、土壤深厚肥沃，有灌溉条件的沙质壤土地。注意不要在核果类回茬地和种过向日葵的土地上育苗，以预防重茬病。

3. 整地播种 播种前耕翻育苗地，施入腐熟的有机肥，一般每亩施 2500 ～ 3000kg，耙平后作畦或开垄，在春季土壤解冻后，将催芽的种子条播，每亩播种量 50 ～ 60kg，覆土 4 ～ 5cm，后轻压。

4. 苗木管理 幼苗长出 3 ～ 4 片真叶时，及时进行松土，幼苗长出 7 ～ 8 片真叶时再间苗，然后定苗，每亩留苗 1 万 ～ 1.5 万株，发现缺苗断垄，可将过密的幼苗带土移栽补齐。

5. 苗木管理 幼苗出土后要及时中耕、锄草，保持土壤墒情，定苗后要浇 1 次透水，在 5 月中旬每亩施追肥尿素 5 ～ 10kg，施肥后要立即浇水，松土，防止土壤板结。在 7 月下旬结合浇水，或在阴雨天对生长的山杏苗进行断主根的方法，促进多生侧根。以利提高成活率和促进生长。

6. 山杏苗木出圃标准 一级苗高 90cm，地径粗 0.8cm，侧根 5 条，侧根长 20cm，主根长 25cm。起苗的时间为秋季苗木落叶后至土壤结冻前，或春季土壤解冻后至苗木发芽前。起苗前 7 ～ 10 天，给育苗地浇 1 次水。起苗深度为 25 ～ 30cm，起苗尽量不要伤根和碰伤苗木，做到随起、随分级、随假植，防止风吹日晒，造成失水。

（二）栽植技术

1. 直播造林

（1）选用优良品种 一般应选杏核壳薄，两面鼓出，无边或边很窄的品质最佳的西伯利亚杏、辽杏核或普通山杏核。

（2）播种地选择 在阳坡或半阳坡，地势较平、坡度较缓、土壤深厚的山坡地。以砂质壤土最好、砂性土次之，黏性土最差。

（3）播种时间 秋季春季均可。春季播时杏核需经过催芽处理。秋播可随采随播，不用处理。

（4）播种方法 以穴播最好。穴状整地，穴长宽各 60cm，深 30cm，每穴 3 ～ 5 粒杏核。

一般的出土成活保存率达80%以上。

2. 植苗造林

（1）造林地选择　山杏造林对土壤条件要求不高，可在耕地、地埂、荒地、河滩、沙漠、荒坡，四旁等均可栽树造林。不要在低洼地上栽树造林。

（2）整地　整地要在造林前一季度完成。规格、穴状整地长宽各60cm，深30cm，缓坡地可用反坡梯田外高内低整地方法，宽150cm，深30cm。长大湾就势，小湾取直；陡坡地可用鱼鳞坑整地，坑为半圆形，外高内低，半径不小于60cm，并在各坑内回填20cm熟土，生土拍埂。

（3）造林密度配置　山杏林密度配置，应按用途和目的要求确定，一般的按生态林要求，株行距2m×2m，每亩栽植170株，或1.5m×2m，每亩栽植220株；按生态经济型林要求，株行距2m×3m，每亩111株。

（4）山杏造林方法　山杏实生苗造林，第一必须坚持先整地后造林，以利坑内蓄水保墒；第二必须用合格1级苗造林，适时栽植，第三栽植时用ABT生根粉50μL/L或用熟土混合成泥浆，进行沾浆栽植，栽后立即在50cm处定杆封顶，树盘覆盖地膜。

（三）幼林管理

1. 栽植后管理　一是扩大树盘，蓄水保墒。每年春、夏、秋季要各深翻树盘1次，深度20~30m，外深内浅避免伤根，生长期要及时中耕，保墒。二是施肥，落叶后，地封冻前要施基肥，每穴施5kg农家肥，春季萌芽前和坐果后，幼果膨大期，每株追施尿素0.2kg；三是灌水，萌芽前，花后坐果期，果收前半个月及土壤封冻前，要施肥进行灌水，灌水量要达到林地土壤最大持水量的60%~80%，无灌溉条件的在生长季节多锄几次，蓄水保墒。

2. 防止花期冻害　山杏树在休眠期能抗-30℃的低温，但在萌动和开花期，如-2~-3℃的低温，花就会遭受冻害，对当年的产量就有影响。防止花冻害的方法：一是选择栽植地址时不能选在低洼、密闭沟槽地、坡度较小的山谷地栽植山杏；二是选择开花较迟的山杏品种；三是在晚霜危害的地区，可采取冬季重剪，夏季摘心的办法，大量培养副梢果枝，推迟花期；四是在春季萌动期灌水降低地温，推迟开花期；五是冬季春季给树杆涂石灰乳，推迟开花期。

3. 对栽植造林生长缓慢的"小老树"和开花结实少的老树应进行平茬更新。更新平茬的方法是在秋季树落叶或春季树没有萌动前，用锯或砍刀齐地面伐去树干让他萌发新苗，加强水肥管理，生长2~3年即可开花结果。有的山杏幼林土层厚，可以林粮间作进行抚育。

六、病虫害防治

山杏在出土后主要病虫害有细菌性穿孔病、杏疗病和金龟子、蚜虫，一旦有病虫害要及时防治，一般的5~7月份喷0.3°Be石硫合剂或多量式波尔多液2000倍液，用25%的敌敌畏50倍液也可，还可以用75%辛硫磷2000倍液进行树干涂抹。

（刘玉仓）

扁核木

别名：马茹子、马茹、蕤核、蕤李子
学名：*Prinsepia uniflora* Batal.
科属名：蔷薇科 Rosaceae，扁核木属 *Prinsepia* Royle

一、经济价值及栽培意义

扁核木为蔷薇科扁核木属的落叶灌木。是适应性较强的，具有观赏和药用价值的黄土高原乡土树种。花期早，持续期长达 7 ~ 10 天，橘黄色小花生枝条上，古色古香，春风拂过，飘来淡淡清香，幽雅。秋季，其果实具有长梗悬垂于枝下，红润剔透，挂果期长达 30 余天，是北方很有发展前途的赏花、赏果、做篱笆植物，适栽于公园、高速路边坡，边境做篱笆或绿障用树。

果实可以食用。含有多种氨基酸、维生素、多种微量元素和糖类，可生食或加工成果脯、果茶、果酱等天然绿色食品，亦可酿酒。因此，它又是山区很有开发价值的野生果品资源；种仁入药，能清热明目，主治角膜炎、角膜云翳、目赤肿痛等病。

二、形态特征

灌木，高 1 ~ 2m，幼枝灰绿色，老枝多呈拱形，灰或灰褐色，无毛；具有针刺，枝条髓部呈薄片状。单叶互生或常簇生于短枝上，近无柄；叶片窄长圆形至长圆倒披针形，长 2.5 ~ 6cm，宽 3 ~ 6 罕 7 ~ 8mm，先端圆钝，稀急尖，基部狭楔形，全缘或具波状微锯齿或不明显，两面无毛，下面中脉隆起；花单生或 2 ~ 3 朵集生于叶腋，花径约 1cm；花托杯状，萼片短三角卵状；花瓣宽倒圆形，着生于花托口的花盘周围，白色具有紫色脉纹；雄蕊 10，沿花盘围着生，花药黄色，花丝扁短，较花药稍长；子房椭圆形，无毛，花柱侧生，柱头头状。果实球形，红褐色或暗褐色，具光泽，直径 8 ~ 12mm；花期 5 ~ 6 月，果期 7 ~ 8 月。

三、分布区域

西北地区扁核木分布于陕西黄龙、桥山林区、延安、安塞、甘泉、洛川、黄陵、志丹、榆林及绥德等地海拔 800 ~ 1600m；甘肃兰州、榆中、兴隆山、通渭、渭源及陇东（平凉、庆阳）海拔 1800 ~ 2300m 的山地阳坡、沟底及沟坡；宁夏六盘山、罗山、贺兰山 2200m 以下；青海产循化孟达林区海拔 2000 ~ 2500m 的山坡和林缘。

此外，内蒙古、山西、河北、河南、四川等省（自治区）也有分布。

四、生态习性

扁核木为阳性树种，喜光稍耐荫，适应性强。在相对高差 1000m 范围内，年降水量 200 ~ 500mm 的干旱、半干旱、半湿润地区，不论阳坡或阴坡，甚至悬崖绝壁，中性、碱性或钙质土壤，均能正常生长。

分布区气候条件：年平均气温 2.8～5.7℃，极端最高气温 29.5～33.5℃，极端最低气温 -33.1～-26.6℃，年降水量 368～514mm。

深根性植物，根系发达，主根深可达 5m 以上，在 20～100cm 土层中，每株侧根多达 100 余条。萌蘖力强，耐平茬。通过平茬，可使生物量提高 45%～188%（24 年生生物量为 21.3～28.1t/hm²）。

生态防护效益显著，6 年生扁核木林树冠截持降雨量 5.88～6.78 t/hm²，截持率为 31.6%～36.9%；枯枝落叶吸水量 5.9～6.78t/hm²。

五、培育技术

（一）育苗技术

1. 播种育苗　秋季，果实成熟变红而软时采摘，采后用温水沤 10～15 天，搓去果肉，晾晒 2～3 天后，进行层积处理，翌年春播种。种子亦可进行变温催芽，将晾晒后的种子用 60℃的高锰酸钾溶液浸种 10～30min 后，混 3 倍湿河沙装箱后放于室外，待落雪后移置于 0～5℃窖内贮藏 2～3 个月，立春后取出放于 10～20℃的室内，并保持湿润，随温度回升种子渐渐萌动，至种子有 1/3 以上裂嘴时，开沟点播于消过毒的苗床上，保持床面湿润，必要时可用草帘保湿，出苗后及时揭去草帘，同时要防止鼠害，喷一定量的五氧酚钠。

2. 扦插育苗　4 月初，采 1～2 年生尚未萌芽枝条，剪成 l0～20cm 长的插穗，切口平滑，下切口成马耳型．插穗上留 2～3 个芽苞，将其下端切口放人 100μg/gABT（2 号）生根粉溶液中浸泡 0.5h，取出后稍晾干，按行距 15cm，株距 10cm 插入已整好的畦面上。插穗入土深度以与地面平齐为宜，地面只露出 1 个芽，压实浇透水。

3. 组培育苗　通过组织培养育苗是快速繁殖扁核木的一种方法。取新生的嫩枝，经表面消毒灭菌处理后切成 0.5cm 长的小段，将带腋芽的茎段培养在 MS 培养基中，带腋芽的茎段在芽基部茎节上生长淡黄色疏松愈伤组织，培养 4～5 周后，当愈伤组织块达到 0.5cm 左右时，将愈伤组织切下转入 1mg/L 6－BA 和 0.5mg/L NAA 培养基内培养，3～4 周后原疏松的愈伤组织表面分化形成很多瘤状的愈伤组织。逐渐在瘤状愈伤组织上先后分化出小芽或丛生芽，继续培养在原培养基内，分化的小芽或丛生芽生长缓慢，再将小芽连同基部的部分愈伤组织单个转入 1mg/L 6－BA 和 0.05～0.1mg/L NAA 的培养基内，分化的芽迅速伸长，2 周左右可长至 2～3cm 高的小植株，将小植株转移到减半的 0.5mg/L 6－BA 和 0.1mg/L NAA 培养基内，2 周左右可生出 2～4 条 2～3cm 长的白色根，即可移栽至土壤中。

（二）栽植技术

扁核木在西北地区广大范围内均可造林。栽植方法有植苗、分根和直播 3 种。整地方法有穴状、块状和带状等。植苗和直播造林宜在早春，分根造林宜在晚秋土壤结冻前。分根造林截干留 10cm，适当深栽；直播造林每穴播种 2～3 粒，覆土 2～3cm，其上再盖草。

造林株行距 1.0m×2.0m、1.5m×2.0m 或 2.0m×3.0m。如有缺苗的，第二年春进行补植。

生长季节要清除杂草，以免与幼苗争夺土壤养分和水分，妨碍幼苗生长。在 1 年内，需要中耕除草 3 次，第一次在 5 月上、中旬，即在定苗后；第二次在 6 月中旬；第三次在 7 月下旬。松土深度，播种当年宜浅，以后宜深。所除杂草，应埋在植株根际周围作肥料。

为了提高扁核木的产量和质量，在整地施足基肥的基础上，还必须根据其需要和采收季

节情况进行追肥。第一次 4 月下旬，在植株萌发枝叶，营养物质将耗尽时；第二次 7 月中旬，

　　施肥以厩肥为主，化肥为辅。每亩施厩肥 3000kg，施复合肥 30kg，10 月份施于根际周围。

六、病虫害防治

　　主要害虫是蟋蟀（*Scapsipedes aspersus*），取食小苗叶片，可用辛硫磷防治，喷 1 次药药效为 5~7 天，成林后一般没有虫害，扁核木禁用乐果防治害虫，乐果可使叶变黄脱落，果实污染后，变形无果仁。

　　　　　　　　　　　　　　　　　　　　　　　　　　　　　　　（王胜琪）

刺　槐

别名：洋槐、德国槐

学名：*Robinia pseudoacacia* Linn.

科属名：豆科 Leguminosae，刺槐属 *Robinia* L.

一、经济价值及栽培意义

刺槐是 20 世纪初从欧洲引入我国的一种主要造林树种和城市绿化树种，木材坚韧细致，有弹性，比重 0.65～0.81，抗冲击，耐腐朽；适宜作建筑、矿柱、车辆、家具、器具等用材；树皮富纤维，含单宁，可作造纸、编织及提取栲胶的原料；种子可榨油；花可食，可提取香精，又是上等蜜源植物，著名的"槐花蜜"就是采集刺槐的花蜜酿成；同时刺槐又是农村燃料、饲料及沤制绿肥的重要来源。刺槐的引入对我国的林业建设有非常重要的战略意义，特别在黄土高原植被建设、退耕还林和荒山造林中有举足轻重的作用。

二、形态特征

乔木，高达 25m，胸径 1m；树冠近卵形；树皮灰褐色至黑褐色，纵裂；小枝褐色或淡褐色，光滑；在总叶柄基部常有大小、软硬不相等的 2 托叶刺。小叶 7～11，长椭圆形或卵形，先端圆，微凹或有小刺尖，基部楔形或宽楔形，两面平滑无毛。花序长 10～20cm，花冠白色，具清香气。荚果长 4～10（20）cm，沿腹缝线有窄翅；种子扁肾形，褐绿色、紫褐色或黑色，带较淡色的斑纹。华北花期 4 月下旬至 5 月上中旬，果 7～9 月成熟。

无刺槐（*Robinia pseudoacacia* var. *inermis* DC.）树冠紧密圆形，枝无刺。

刺　槐

1. 花枝　2. 果枝　3. 托叶刺

三、分布区域

原产美国东部的阿帕拉契亚山脉和奥萨克山脉一带，即美国密西西比河流域的 15 个州，目前已扩大分布到温带和地中海一带。20 世纪初从欧洲引入我国青岛，以后全国各地相继种植，栽培范围迅速扩大到北纬 23°～46°，东经 124°～86°的广大区域。西北地区刺槐在陕西南抵巴山，北及长城皆有栽培，集中栽培多在秦岭以北，延安以南的区域内，以海拔 400～1200m 生长最好，在渭北黄土高原海拔

1800m 以下的山地亦有刺槐栽培；甘肃庆阳、平凉、秦安、清水、临洮、康乐、陇南及兰州海拔 1800m 以下的山地亦有栽培；宁夏南部丘陵及青海东部黄河流域、湟水流域的乐都、民和、贵德、西宁等地有栽培。新疆喀什、和田等地适宜栽植。

此外，辽宁以南、河北、内蒙古、山东半岛、辽东半岛、淮河流域及长江流域海拔 400~1200m 均有刺槐分布与生长。

四、生态习性

刺槐是温带树种，干型通直，喜光、不耐庇荫，浅根性，喜干冷气候及湿润、肥沃土壤，不耐严寒及高温、高湿，怕风，忌水湿，忌重盐碱。苗期怕雨涝积水，抗风能力弱。在年平均气温 8~14℃，年降水量 500~900mm 的地方，特别是空气湿润较大的沿海地区，生长很快，生育良好。陕西渭河滩，8 年生树高平均 11.9m，胸径平均 14cm；最大单株高 15.5m，胸径 22.6cm。对土壤的适应性强，喜钙质土，耐干旱及轻度盐碱。肥水条件较好的地方，一般可达 50 年生左右。

五、培育技术

（一）育苗技术

可以用多种方法进行繁殖，常用的方法有播种、扦插、嫁接和埋根等几种。

1. 播种育苗

（1）采集与调制　采种时，应选择生长迅速，发育健壮，主干明显，高大通直，无病虫害的 10~30 年生的壮龄母树。

陕西北部、甘肃等地在 8 月下旬至 9 月上旬，荚果由黄绿色变成赤褐色，即为种子成熟。

一般用高枝剪剪下荚果，采回的荚果及时摊开暴晒，每天翻动 2~3 次，待荚果开裂后，敲打脱粒，再经风选或水选取得纯净种子。出种率为 15%~30%。种子置于阴凉处干藏，如长期保存，可密封贮藏。种子千粒重 16~25g，发芽率 70%~80%。

（2）圃地选择与整地　刺槐幼苗怕涝、怕寒、怕重碱、喜疏松、肥沃的土壤，育苗地应选择地势平坦，排水良好，土层深厚肥沃的中性砂壤土和壤土，并应具有灌溉条件。切忌选择土壤黏重、低洼地、重盐碱土作育苗地。

刺槐育苗不宜连作，否则易遭种蝇和立枯病的为害。据天水水保试验站和耀县柳林林场的试验，如前作为白榆、山杏或休闲地，连育 4 年刺槐苗，亩产苗，第一年 21000 株，第二年 15000 株，第三年 10000 株，第四年 1500 株。说明连作时间愈长，苗木质量产量逐年下降，主要原因是刺槐育苗地上每年大量的钙、钾元素被吸收，若连作就会使育苗地的钙、钾元素含量连年降低，严重缺钙、钾元素，刺槐苗木生育不良。因此，刺槐应与杨树、苦楝、臭椿等轮作，还可以与油松、侧柏和紫穗槐轮作。但前茬种蔬菜或地瓜，轮作刺槐苗生长不好，常常引起病虫害。

育苗地选好后，一般在秋季进行翻耕，深度 30cm 左右，早春顶凌耙细耙平。同时拣出草根和石块。结合整地每亩施腐熟厩肥 3000~5000kg。整地时施入 50% 辛硫磷乳油制成的毒土，防治地下害虫。

（3）浸种催芽处理　刺槐种子皮厚而坚硬，外种皮又含有果胶，不易吸水。种子中有较多的硬粒（一般约占 15%~20%），如不经浸种催芽处理，种子发芽出土很慢（约 15~

20 天左右才能发芽出土），硬粒种子有的当年不发芽，有的发芽很晚，出苗不整齐。因此，播种前一定要进行浸种催芽处理。刺槐种子催芽的方法很多，目前以逐次增温浸种催芽，分批播种较好。将种子放入缸内。倒入 50～60℃热水（2 份开水 1 份凉水），边倒边搅拌，到不烫手为止，浸泡 1 昼夜后，捞出漂浮的瘪种子、坏种子和杂质。用细眼筛子把已膨大的种子和硬粒分开，将未膨胀的种子，再用 80～90℃的热水如前法处理，这样连续 1～2 次，大部分种子都能膨胀。剩下的少量硬粒，放入铁筛内（每筛 1.5～2 kg），在开水中浸泡 10s 左右，再倒入凉水浸 1 昼夜，种子基本可以膨胀。每次选出的膨胀种子，要及时放入泥盆内或筐篓里，上面盖上湿草帘或湿麻袋，放置温暖处催芽。为防止种子发粘变质，每日用水淘洗 2 次。也可将膨胀的种子混拌 2～3 倍湿沙（湿度为饱和含水量的 60%），放置温暖处催芽，约经 4～5 天，待种子约有 1/3 裂嘴露出白色根尖时，即可取出播种，播后 3～5 天全部出齐。

（4）播种期　刺槐播种育苗可在春季、雨季和秋季进行，畦床育苗每亩播种量 2～2.5kg，垄作育苗播种量 3～4kg 较为适宜。

（5）播种方法　一般采用畦床或垄作条播，以畦床条播为好。畦长 10m，宽 1m，每畦播 3 行，纵向条播。播种前，在整好的畦内先灌足底水，待水渗下，土壤松散稍干，即可开沟播种，沟深 3～4cm，沟距 40cm（边行距畦埂 10cm），播幅 3～5cm，播后覆土约 1cm。

采取垄作条播时，垄距 70cm，采取宽幅条播，先在垄上开沟，沟宽 10～15 cm。如双行条播垄上行距 15cm，播幅 3～5cm。开沟时，沟底要平，深浅要一致。将种子均匀撒入播沟内，播后及时覆土 1～2cm，然后，用碌子轻压一遍，使种子与土壤密切接触。

（6）苗期管理　刺槐苗木喜光，要及时间苗。第 1 次间苗在幼苗高 3～4cm 时进行，间去病弱小苗。以后根据苗木生长和密度情况，再进行 1～2 次间苗，最后一次间苗可在苗高 10～15cm 时进行。每米播种沟要保留 10 株左右，每亩约留苗 1 万株为宜。

刺槐幼苗出土前不要灌蒙头水，以免引起表土板结，造成出苗不齐。出苗后要适时适量灌水，经常保持土壤湿润。北方地区全年可灌水 4～6 次。

苗期可追肥两次，在 6 月上旬至 7 月中旬进行。每次每亩追施尿素 5kg 或硫铵 7.5kg，施肥之后要灌水。8 月中旬以后应停止追肥和灌水。如秋季不起苗，越冬前要灌防冻水 1 次。育苗地要经常保持土壤疏松和干净无草，一般苗期松土除草 5～6 次。

为了促进苗木根茎的粗生长，改善光照和通风条件，苗木生长后期，一般在苗高 40～50cm 开始割梢打叶。

（7）苗木出圃　刺槐播种苗当年即可出圃造林。刺槐萌芽力强，为便于作业，起苗前可距地表 15～20cm 处割干，然后用 U 形起苗犁起苗，起苗深度以苗木主根长不小于 18～20cm 为宜。也可采取手工起苗，但要注意保持根系完整，不要劈伤苗根。随起苗随选、拣苗，及时运往造林地或进行假植。

2. 扦插育苗

（1）硬枝扦插　刺槐无性系造林是对刺槐改良的有效方法，采用优树无性系造林，无性系硬枝扦插育苗是关键。

扦插的株行距为 10cm×20cm，对插穗要适当分级，依次扦插，上剪口平于土面，插后立即浇足水，覆膜，于 4 月中旬架棚遮荫。待苗高 25cm 左右时逐步去膜，转入正常管理。地膜扦插株行距 20cm×20cm，用竹签打孔扦插，用土封住膜口，插完后从步道灌水。待新芽萌发时，要及时检查，破膜压土，防止日灼。

①种条采集与贮藏 11月底，从采穗圃中采集当年生优良无性系种条，或采集用于截干造林的当年生苗干，剪成长18～20cm的短穗，每根插穗至少留2个芽。上剪口距上芽1.0～1.5cm，下剪口剪成单马耳形。插穗剪好后50根一捆，放室外阴凉处，用干净细河沙（含水量60%）埋藏。一层插穗，盖一层沙，尽量使每根种条都见沙，顶层用河沙覆盖。也可早春随采随插。

②扦插与管理 扦插完后用脚踏实，然后浇足水。浇水后插穗上端露出地面1～2cm为宜。

扦插后15～20天后即开始发芽，发芽率达100%。为减少插穗养分消耗，促进地下生根，生根前要及时抹除插穗地上部的芽子，一般要进行2次。

当幼苗长到15～20cm时，每株保留一个长势良好、生长健壮的幼芽，其余的幼芽全部抹掉。定苗后要追肥1次，每亩施碳氨50kg，并浇水1次。

刺槐硬枝扦插，采取2次完全抹芽措施，成活率达98%以上，每亩产苗达8100余株，当年平均苗高2.5m，根径1.5cm。

（2）嫩枝扦插 挖取刺槐优树根段。根条长为20～90cm，粗1～4cm。将所挖根条及时贮藏在沙坑中。经沙藏的根条，修去霉烂部分，用0.1%的高锰酸钾消毒，摆放于细沙上，上盖2cm厚的细沙，洒足水，阳畦上盖塑料薄膜。保持畦内温度不高于30℃。15天左右嫩芽出土，待长到12cm左右时，用锋利的刀片从地面割下嫩枝，修去下部多余的叶片，保留3～5片复叶，并作必要的处理，扦插于营养杯中。阳畦上盖塑料薄膜，保持畦内相对湿度在90%以上，利用遮荫的方法，控制畦内温度不高于30℃。扦插后一周左右即开始生根，10天左右可长出2～3条3cm左右长的幼根，后可移栽于大田。移栽前细致整地，开沟带土移栽，行距40cm，株距20cm，栽后及时灌水一次。以后的一周内根据天气情况每天叶面洒水4～6次。

刺槐采用根萌诱导嫩枝扦插，一年生平均苗高为1m，最高可在达1.80m；平均地径为1.0cm，最粗可达1.7cm。比通常的种子繁殖生长要快，而且无性繁殖能保持优树的优良特性，对于优树的繁殖利用，特别对优树初繁是一个很好的方法。

4. 嫁接育苗 这种方法是将常规根颈剪砧改为地上剪砧，接后套袋，是嫁接的一种特殊方法。

选用1～2年生，粗度为1.5cm以上的实生苗做砧木，用优树无性系一年生健壮枝条做接穗。袋接套袋通常分削接穗，剪砧木，插接穗，套袋，绑扎5个步骤。

整个接穗要求有两个芽，长度大约在5cm左右。在砧木距地面6～7cm的地方，剪成45°～60°斜断面。

把接穗斜面对着砧木皮层插入袋内，直到插紧为止。

接穗插好后，用聚乙烯塑料袋套在接穗上面，塑料袋的上封口距接穗顶端3cm，注意不要碰动接穗。

用塑料条把塑料袋的开口端绑紧，绑扎后的塑料袋不要贴紧接穗和砧木。

苗期管理：嫁接后5天开始愈合，10天萌芽展叶，当新梢长到4cm左右时，将塑料袋的上封口剪开，不能一次除去塑料袋，避免新梢忽然暴露造成萎蔫，新梢长到10cm左右时，去掉塑料袋，并进行浇水、施肥、中耕除草、除蘖等抚育管理措施。

（二）栽培技术

在土层深厚的山地、平原、黄土高原梁峁坡地及沟谷地都可以进行刺槐造林。整地方法的选择要因地制宜，可采用带状或穴状整地等方法，如鱼鳞坑、水平阶、水平沟、反坡梯田等。造林时间以春季和秋季为主，春季宜植苗造林，秋季宜截干造林，截干高度不超过3cm。在一般立地条件下，造林密度以 4950 株/hm² 为宜，好的立地条件下，造林密度以 3300 株/hm² 为宜。营造速生丰产林造林密度以 2400～3300 株/hm² 为宜，薪炭林造林密度以高于 4950 株/hm² 为宜。刺槐混交林比纯林的造林效果好，一般可以与沙棘、杨树、油松、侧柏、白榆、山杏和紫穗槐等树种进行混交。

造林后前 3 年要进行幼林抚育，内容包括除草、扩穴培土、抹芽、修枝、病虫害防治等。造林后 1～3 年，松土和除草工作对造林保存率和促进幼林生长非常重要。截干造林的有及时进行留干除蘖，即在造林当年的 5～6 月，选留一个健壮枝作主干，其余除掉，并进行根部培土。

六、病虫害防治

主要的病害有紫纹羽病，可用多菌灵 300～500 倍液喷布防治，也可用其他杀菌剂防治。虫害以种实害虫为主，主要有豆荚螟、麦蛾和种子小蜂等，生长期主要以刺槐尺蠖危害最大。种子要充分干燥后保存或储藏，种实害虫可用甲醛 1∶50 或 1∶100 药液浸种后捞出后熏蒸处理；种实害虫的幼虫和食叶害虫可以用触杀或内吸性农药喷布防治。

（王乃江）

花　棒

别名：细枝岩黄蓍、花子柴、牛尾梢、花帽子

学名：*Hedysarum scoparium* Fisch. et Mey.

科属名：豆科 Leguminosae，岩黄蓍属 *Hedysarum* L.

一、经济价值及栽培意义

花棒材质均匀，细胞结构简单，纤维形态好，纤维素含量高，枝条是生产纸浆、纤维板、刨花板的优质原料。花棒枝条坚硬而脆，含有油脂，火力旺，干湿均能燃烧。北京林业大学测定的热值为 17.84kJ/g，叶的热值为 17.30 kJ/g，是良好的薪炭材。花棒新萌生枝条枝干初生皮层富含纤维，秋季呈条状剥离，拉力韧度均强，可供搓绳之用。林龄 6 年的花棒，经平茬后，次年单株（丛）可采麻 21g。花棒幼枝红黄色，1～2 年生的萌枝光滑端直，群众常编成房笆，在甘肃武威一带可保持 60 余年。据观测，林龄 6～9 年平茬采收枝条量为 2000～5000 kg/亩。花棒的嫩枝叶粗蛋白含量达 15.08%、粗纤维 28.69%，是优良饲料。一般枝叶含纤维 58.88%、磷 0.43%、钾 0.08%，亦可用作绿肥。据甘肃省民勤治沙综合试验站测定，每亩 3 年生花棒林，于 7 月间可采鲜嫩叶 1000 多 kg。花棒花繁且多，是良好的蜜源植物。种子含粗蛋白 24.4%、粗脂肪 20%～20.3%，比大豆含油量还高，可以食用，也可以做牲畜抓膘的精饲料。

花棒适应性强，生长迅速，用途广泛，可与多种树种搭配用于营造薪炭林、防护林以及特种用途林，是干旱、半干旱区优良造林树种。

二、形态特征

落叶大灌木，高 2～6m。主枝丛生，多分枝；幼枝淡绿色，密被白色柔毛，老干紫红色或褐色，皮纵裂，层状剥落。奇数羽状复叶，小叶 5～9，窄矩圆形或条形，两面均具白色柔毛，有的类型小叶退化。叶为等面叶，只有栅栏组织而无海绵组织，机械组织发达，在中肋处形成明显的"维管束帽"，气孔微凹；下表皮内有一层大形囊状细胞，叶轴表皮内亦有，其内含有淡黄色树胶物质，可提高原生质胶体的亲水性，提高渗透压，有利于吸水和存水。雌雄同花，腋生总状花序生于当年枝上，小花可多达 20 余朵。花冠紫红色，旗瓣阔卵圆形或卵圆形，顶部微凹，无耳及爪，翼瓣退化为狭矩形，有耳及爪，龙骨瓣近三角形，爪稍短于瓣片；雄蕊 10，1 个离生，9 个花丝合生，将子房包围；子房具毛，花柱细长，柱头小。花萼筒钟形，具柔毛，萼齿 5 裂，缘密具柔毛。荚果密具白色长柔毛，念珠状。种子近圆形，淡黄色或黄褐色。花期 5～10 月，盛花期 8～9 月，果期 8～10 月。

花棒大致可区分为两种生态类型：①有叶类型该类型形态特征同上，植株小叶明显。主要分布在水分条件较好的东部地区；②无叶类型全株几无小叶，以绿色叶轴进行光合作用。多分布在雨量偏少的西部干旱地区（如甘肃河西走廊西部），更耐干旱。由于只有细长的叶轴，远望似牛尾，故常称为"牛尾梢"。

三、分布区域

主要分布在甘肃、宁夏、内蒙古、新疆等省区。地理分布范围为东经 87°~105°，北纬 37°36′~50°。在新疆准噶尔盆地的古尔班通古特沙漠，蒙古乌布苏湖一带，宁夏中卫地区，内蒙古的乌兰布和沙漠均有散生，而以腾格里沙漠、巴丹吉林沙漠为其分布中心。花棒分布区年平均降水量在 150~250mm，在分布区西部，年降水量低于 100mm。花棒虽为亚洲中部荒漠和半荒漠地带的植物种，但引至干草原、草原地带的沙地，生长更为优良，甚至引至高寒的青海沙珠玉沙区（海拔 2800m）生长亦十分喜人，为我国广大风沙线上极有发展前途的优良治沙造林树种之一，在黄土高原半干旱区也有一定发展前景。

四、生态习性

花棒适生范围广，从荒漠、半荒漠至干草原、草原地带的沙地，均能正常生长。阳性树种。花棒主、侧根都极发达，枝叶茂盛，萌蘖力强，防风固沙作用大。花棒萌芽能力强而萌生力弱，作薪材可以每 3 年平茬 1 次，但不宜在 1 株上连续进行。根系一般分布于 20~60cm 的沙层中，苗圃中 1 年生花棒垂直根系可达 1m，较粗壮，贮存较多的水分和养分，对成活有利。造林后，在根伸至含水分较多的沙层后，以发展水平根系为主。成年植株根幅可达 10 余米，最大根幅 20~30m。当植株被沙压后，还可形成多层水平根系网。幼苗期生长快，年高生长 70cm，最大可达 1m 多，造林 3 年后即可郁闭，高达 2m 以上。5~6 年后高生长减缓，进入大量结实期。水分条件差时，14~20 年即衰败死亡，如立地条件好时，树龄 70 年尚生长良好。

花棒适于流沙环境，喜适度沙埋，耐严寒酷热，耐旱，耐风蚀。在含水率仅为 2%~3% 的流沙上，干沙层厚达 40cm 时，它仍能正常生长；一般 1 年生幼苗，能忍耐风蚀深度 15cm，壮龄植株可忍耐风蚀达 1m；耐沙埋，越埋越旺，一般沙埋稍头达 20cm 时，仍能萌发新枝，穿透沙层，迅速生长。花棒沙埋后，不定根的萌发特别活跃，能形成新的植株与根系。花棒抗热性强，能忍受 40~50℃ 的高温，甚至沙面温度高达 70℃ 时并不影响茎干生长。茎干皮层片状剥落，用以绝热，使基部得到保护。具散生特性，在流动沙地和半固定沙地上很少形成片林，固定沙地上则与其他沙生植物组成以花棒为主的群落。花棒适于全盐量 0.4% 以下，pH 值为 7.8~8.2 之间的低盐微碱性沙地上生长，不喜过湿和黏重的土壤。花棒发芽约 35 天，幼苗根系上就生有根瘤起固氮作用，并随根系生长而增多，因而可在瘠薄沙地上旺盛生长，并有良好的改土效果。

在陕西榆林，花棒于 3 月下旬至 4 月初叶芽膨胀，4 月下旬至 5 月初开始展叶抽梢。从当年生第一次枝节间叶腋处抽出当年生第二次枝，然后再抽第三、四次枝。花芽在当年生枝上形成，5 月下旬初花，这时仅在第一次枝上抽出花序。7 月中旬为第一次花期，此时第二、三、四次枝出现，其节间叶腋大多形成花芽，抽出花序。8 月下旬为盛花期，9 月下旬凋谢，10 月中旬种子成熟。种子成熟不一致，大量成熟的种子是盛花期所结种子；荚果成熟后易从节间断落。

五、培育技术

（一）育苗技术

1. 采种 一般在 10 月下旬至 11 月中旬，当荚果由绿色转为灰白色，果肉由绿变黄色时，即可采收。一般种子千粒重为 25～40g。花棒荚果成熟后，前 1～2 节极易断落，而基部一节常保留，应及时采摘，经敲打后去掉夹杂物，及时摊晒，然后放在通风干燥处贮藏，严防受潮。花棒种子耐贮藏，种子含水率为 7.3%，保存至第五年，发芽率还可在 80%以上。

2. 育苗 花棒为典型的沙生植物，育苗地不宜选黏重土壤，而应选沙质或沙壤质土地。此外不适于在地下水位过高或排水不良的地方育苗，否则易发生根腐病。播前应催芽，一般用冷水（或温水 40～50℃）浸种 1～2 天，捞出后即可播种。也可在浸水后掺砂堆放，每天翻动一次，并洒水保湿，待有 40%～50% 种子裂嘴后，即可播种。播期以 4～6 月为宜。每亩播种量 5～8kg，可产苗 2 万～4 万株。播时细致整地，施足底肥，混入磷肥更好。开沟播种，注意掌握播种深度，因种子萌发后子叶留土，真叶顶土力较弱，不宜深播，以 3～4cm 为宜，深于 5cm 时，常因顶土困难而失败。播前播后灌水均可，灌水不宜多，应视土壤干湿程度适当控制。适时中耕锄草，一年苗高 40～60cm 即可出圃。

在降水量较大的地区，可结合直播造林育苗。除黏湿地外，一般平坦沙地均可进行；不需施肥灌水，但要注意防治蚜虫、金龟子、象鼻虫为害；可就地起苗造林，省工、省地，成本低。

（二）栽培技术

1. 林地选择及整地 花棒在半干旱区的沙丘、丘间低地或沙滩地上均可造林。但年降水量 100mm 左右的地区，仅适宜在丘间低地和平坦滩地上造林，栽在沙丘上则不易成活。在沙丘上造林可不整地，但需建立沙障。宜于造林的沙丘部位与各地区降水量有极大关系，年雨量 200mm 以上地区，如宁夏中卫、陕北等地，在沙丘各部位造林均可生长。结合沙障造林时，栽植点应在沙障背风坡，约在障间洼地中心点与上风向沙障之间的 1/2 处。在丘间低地和平坦滩地上造林，可根据地形开沟或穴植造林。

2. 造林时间与方式 花棒造林有植苗、直播、扦插三种，以植苗造林为主。

（1）植苗造林 造林季节以春季为主，秋季造林要在风蚀较轻的沙丘部位进行，以免因强风吹蚀而失败，降水量较大的地区也可在雨季造林。花棒造林的关键是要深栽，一般深 50cm 左右，扒去干沙，把根系栽在湿沙层中。为了提高造林成活率，可以截根〈留 40cm〉或栽后截干（留 10cm 高）效果较好。花棒造林可以在沙障保护下进行，也可不设沙障直接造林。花棒造林株行距为 1～2m×2～3m，密度可根据造林目的和条件确定，薪炭林适宜密度应在 210～280 株/亩之间。

（2）直播造林 穴播、条播均可。在降水量 300mm 以上地区可直播造林，而在年水量低于 300mm 的地区直播造林则较困难。宁夏盐池直播造林试验表明，要掌握四个环节：一是播前细致整地；二是雨季抢墒早播；三是适当浅播（3～5cm）；四是防止鼠害。

（3）扦插造林 用 1～3 年生的枝条扦插成活较高。秋冬采插穗，长 30～50cm，插穗沙藏。春季解冻后取出，浸水 24h，然后扦插造林。扦插造林时，插条要插至不露或略高出地面。

（4）飞播造林 花棒是年降水量 150～250mm 地区适宜飞播造林的主要树种。在陕西榆林沙区，每平方米有 20 株左右，高 15～20cm 的花棒苗，沙面便可以由风蚀变为积沙。飞播造林一般在雨季中进行，在有效降水前 7~15 天作业，冬播在积雪开始融化前播种。在榆林沙区，降水量在 5mm 以上，即可进行飞播。可单播也可混播，实践证明混播比单播利多弊少。飞播播种量和混播比例，应依生态区域而定。花棒作为目的植物种，常常与油蒿、籽蒿、沙打旺、草木樨等混播。内蒙古草原区成功的花棒的飞播组合为：花棒 + 籽蒿 + 草木樨（1:2:1），草木樨 + 杨柴 + 花棒 + 胡枝子（2:1:1:1）。目前，花棒混播的播种量为 6~15kg/亩。飞播的播种量可用下式计算：$W = NP/1000ER（1 - F）$，式中 W 为播种量（g/亩），N 为每亩计划成苗数，P 为种子千粒重（g），E 为成苗率（发芽率×保存率），R 为种子纯度，F 为种子受害损失率。

在沙区进行飞播，种子要作大粒化处理，制成比原种子重 0.6~2 倍的种子丸。花棒飞播种子的净度应大于 90%，发芽率不低于 75%。经处理，种子的抗风吹能力可提高 1 倍。在风速 5.5~8.0m/s 时，飞播花棒胶化种子的航高为 50~60m。第一次飞播后有大面积漏播或缺苗现象时，需要补播，一般补播量小于第一次。

3. 幼林抚育

在沙丘上造林，发现沙障损坏要及时修补，防止幼林遭风蚀、沙埋。为促进幼林生长，可采用平茬复壮。平茬后当年生枝条长可达 2m，最高达 2.9m，萌条数多达 8~13 根，最多 26 根，可扩大灌丛，增进固沙防风效果，且多数可当年开花结果。造林 4 年后，部分枝梢极度下垂，易使根部折断，应即时平茬。

六、病虫鼠害防治

1. 花棒毒蛾（*Orgyia ericae* leechi） 该虫一年两代，以卵越冬，危害十分严重；6~8 月以幼虫危害嫩枝、叶、花；盛发时，能将枝叶吃光，对 8 月份的花期影响最严重。

防治方法：①摘除虫茧捕杀，或在春季卵孵化前，用 80% 敌敌畏或 90% 的敌百虫 1000 倍液喷洒消灭虫茧；②6 月中、下旬或 8 月上、中旬，可用 80% 敌敌畏 1000~2000 倍液或 90% 敌百虫 1000 倍液喷杀幼虫。

2. 金龟子、象鼻虫、蚜虫 金龟子（梭梭龟甲 *Cryptocephala* sp.）和象鼻虫（大灰象甲 *Sympieyomias leuuisiroe*）不仅啃食枝叶，还要啃食根皮。

防治方法：可用人工捕杀，或喷药防治。蚜虫（*Teraneura* sp.）可用 40% 的乐果 2000~3000 倍液，或乐果与敌敌畏混合液，或 1500 倍马拉硫磷或 3000 倍敌杀死等农药喷杀。

3. 白粉病（*Erysiphe* sp.） 危害苗木，7~9 月发生，8 月发病率最高。叶片上先出现淡绿色斑点，很快变成圆形白色粉斑，后蔓延连片。入秋后在白粉层上先出现黄褐色小球，后变黑。

防治办法，可用波美 0.3°Be 石硫合剂每隔半月喷洒一次。

4. 鼠害 直播造林以跳鼠为害最重，种类有三趾跳鼠（*Dipus sagittai*）、长耳跳鼠（*Euchoreutes naso*）、肥尾心颅跳鼠（*Salpingotus crassicauda*）、蒙古羽尾跳鼠（*Stylodipus andrewsi*）。

防治方法：经多次试验，选用氟乙酰胺防治最为理想。用毒饵或直接浸种均可。据榆林治沙所试验，用 0.1%~1.0% 各种浓度的氟乙酰胺药液浸种，发芽率降低仅 8.7%~21.4%。或播前五天撒氟乙酰胺毒饵亦可。该农药剧毒，播后要严加封禁一个时期。

（王继和）

杨 柴

别名：踏 郎、羊柴、蒙古岩黄蓍（陕西）、三花子、塔落岩黄蓍
学名：*Hedysarum laeve* Maxim. [①]
科属名：豆科 Leguminosae，岩黄蓍属 *Hedysarum* L.

一、经济价值及造林意义

杨柴具有丰富的根瘤，能提高土壤肥力，可用于改良土壤。杨柴嫩枝叶含粗蛋白13.49% ~ 20.7%，粗纤维37.94%，适口性好，牲畜喜食，群众把平茬的枝叶用作羊的精饲料。在内蒙古伊克昭盟沙区有"红花苜蓿"之称。杨柴花期长，为优良蜜源植物。其枝叶繁茂，是沤制农家肥和压绿肥的好原料。种子含油率10.3%，也是一种油料植物。

杨柴适应性强，可与多种树种搭配用于营造薪炭林、防护林。其自然繁殖很快，固沙作用极强，既可利用天然下种，又可利用串根成林，直播造林的保存率高，是优良的先锋固沙树种。

二、形态特征

半灌木或小灌木，高40 ~ 80cm。幼茎绿色，被灰白色柔毛；老枝无毛，灰白色；树皮纵裂，茎多分枝。各部叶轴上全部有小叶，小叶柄极短，叶轴被短柔毛；小叶11 ~ 19，互生，通常椭圆形或长圆形，先端钝或急尖，基部楔形，上面被短柔毛，背面密被短柔毛；托叶卵状披针形，棕褐色干膜质，基部合生。总状花序腋生，长4 ~ 7cm，具花8 ~ 12朵，花紫红色。荚果无毛，扁圆形，具1 ~ 3节，每节有种子一粒。花期6 ~ 8月，果期9 ~ 10月。

三、分布区域

主要分布在内蒙古的乌兰布和、库布齐沙漠，陕西、宁夏（灵武）等省区的毛乌素沙地、河东沙区。地理位置为东经105° ~ 117°、北纬37°04′ ~ 44°。已作为优良的固沙植物引种到华北、西北各沙区。

四、生态习性

杨柴适生于年平均气温2 ~ 8℃的地区。在日平均气温达20 ~ 24℃时生长旺盛；能耐 - 30℃低温，但幼苗茎枝易冻死；也耐40℃的高温，在沙漠中地面温度50℃时仍不受危害。耐旱性较强，但不耐水湿。在年降水量100 ~ 400mm的地方生长正常，能在极为干旱的半固

[①] 《中国沙漠植物志》将杨柴定为一变种〔*Hedysarum fruticosa* Pall. var. *laeve*（Maxim.）H. C. Fu〕，其与正种的区别为小叶条形或条状矩圆形，子房及荚果无毛。《中国植物志》记载为山竹岩黄蓍的变种，与原变种的区别在于子房及荚果无毛和刺。本变种更接近木岩黄蓍（var. *lignosum*（Trautv）Kitagawa），其主要区别在于花萼明显浅裂，萼齿短三角形，锐尖，长仅为萼筒的1/3；翼瓣片短而尖，等于或短于龙骨瓣柄。

定、固定沙地（含水量 1.47%）上正常生长；地下水位上升到 1m 时引起落叶，地表积水数天即引起死亡。杨柴适生于微碱性细沙质或轻沙壤质风积沙土地。喜适度沙埋，植株被沙压埋 20～25cm 时，仍能萌发新枝正常生长；能耐一般风蚀，风蚀超过 20cm 时，生长极不良。杨柴有地下茎，播种第三年地下茎开始萌发新株。

杨柴生长较快，一年生苗高 7.5～22.5cm，2～3 年生可达 1m 以上。浅根性树种，根系发达，主根一般深 1～2m，根系多分布在 10～40cm 深的土层中；根蘖能力强，不定根发育强大，多侧根，2 年生侧根长达 2.4m，成年植株可达 10 余 m，串根自然繁殖极快。据内蒙古伊克昭盟治沙所调查，一株高 1m、地径 3cm 的多年生植株，其水平根系上长出 212 株根蘖苗，其中当年生苗占 70%，水平根最长达 9.2m，苗高 0.3～1m，根蘖苗面积达 141.7m²，长势良好，"独株成林"。另据样方调查，其生物量可达 7.968t/hm²，其中根占 52.1%，枝占 32.4%，叶占 15.5%。

在内蒙古，杨柴通常 5 月初发芽，6 月进入生长盛期，6 月中旬开始开花，花期可延续到 9 月初。果实成熟期不一致，从 8 月底到 9 月底。9 月底开始落叶。

五、培育技术

（一）育苗技术

1. 采种　杨柴荚果 9～10 月陆续成熟，应及时采集，采后及时选净，晒干后贮藏。杨柴种子容易发霉，应予注意。种子千粒重 10～16.5g，发芽率较高。

2. 播种　杨柴为典型的沙生植物，育苗地应选沙质或沙壤质土壤。不适于在地下水位过高或排水不畅的地方育苗，否则易发生根腐病致死。春秋两季播种均可，一般在 3 月中下旬至 4 月上旬播种，播时细致整地，施足底肥，一般采用大田条播，行距 25～30cm，播深 3～4cm，播前播后灌水均可。每亩播种量 45～60 kg，产苗量 30 万～45 万株。苗高 30cm 即可出圃。在降水量较大的地区，还可采用直播造林与育苗相结合的办法，在丘间低地采用条播，行距 1～1.5m，隔行起苗，用于造林。

（二）造林技术

1. 林地选择及整地　杨柴在沙丘、丘间低地或沙滩地上均可造林，尤其适宜于沙丘背风坡造林。在年水量 200mm 以上地区，如宁夏中卫、陕北等地，在沙丘各部位造林均可生长。而年降水量小于 100mm 地区，则适宜在丘间低地和平坦滩地上造林。在沙丘上造林可不整地，在丘间低地和平坦滩地上造林，可根据地形开沟或挖穴造林。

2. 造林时间及方式　杨柴造林有植苗、直播和分株三种，尤以分株造林最具特色。

（1）分株造林　分株造林春秋均可进行。造林后应该截干，地上部分保留 10cm 左右，可以提高成活率。杨柴根蘖力极强，凡根所到之处，都可发生萌蘖，特别是受到创伤后，萌蘖更旺。一株 5 年生的杨柴，以母株为中心，在距母株 15～250cm 范围，发生大量根蘖，可形成一大片萌蘖苗，生长旺盛。利用这一特性可以母株为中心，逐渐断根扩展，使独株成林。也可挖取根蘖苗造林，挖苗时带状挖取，在所取植株 40cm 范围内切断老根，这样由残留根系萌发的苗特别健壮，当年高生长可达 1m，起到了复壮的作用。

（2）植苗造林　春秋均可进行，降水量较大的沙区可采用条带状密植造林。即从沙丘迎风坡脚开始，沿等高线开沟栽植，沟宽 50cm，沟深 30cm，沟间距 2～3m，株距 6～10cm。这种造林方法可不设沙障，造林保存率高，固沙作用大。

（3）直播造林 适于降水量大于 300mm 的沙区。杨柴种子扁平，皮粗糙，撒在沙丘上不易为风所移动。种子不易移位，能提高出苗率和保存率。在草原地区的流沙地很适宜撒播及飞机播种。直播造林要掌握好以下环节：一是播前细致整地；二是雨季抢墒早播（6 月下旬至 7 月）；三是适当浅播（3~5cm）；四是注意防止鼠害。

（4）飞播造林 杨柴是年降水量 250mm 以上草原区飞播造林的主要树种，在榆林地区的流动沙丘上飞播，其成苗率大于花棒。单播杨柴每亩用种 1 kg，在每平方米有 20 株左右，高 15~20cm 的杨柴苗，沙面便可以由风蚀变为积沙。飞播常在雨季中进行，在有效降水前 7~15d 作业，冬播在积雪开始融化前播种。可单播也可混播，但混播较单播利多弊少。杨柴常与油蒿、籽蒿、草木樨等混播。内蒙古草原区成功的杨柴飞播组合为：杨柴 + 籽蒿 + 草木樨（1:2:1），草木樨 + 杨柴 + 花棒 + 胡枝子（2:1:1:1）。杨柴飞播种子的净度应大于 90%，发芽率不低于 50%。单播的播种量为每亩 1.0~1.5 kg，混播的播种量为每亩1.5~2.8 kg。飞播的播种量也可用下式计算：$W = NP/1000ER(1-F)$，式中 W 为播种量（g/亩），N 为每亩计划成苗数，P 为种子千粒重（g），E 为成苗率（发芽率×保存率），R 为种子纯度，F 为种子受害损失率。第一次飞播后需要补播。在风速 0.5~3.0m/s 时，飞播杨柴种子的航高为 70~90m。

3. 幼林抚育 杨柴的抚育管护与花棒相似，但也有一些特点。杨柴当年生幼枝及嫩茎越冬多枯死，翌春再萌生，故可平茬，促其生长。杨柴采用封沙育林，自然繁殖很快。如内蒙古伊克昭盟城川国营治沙站南沙、宁夏盐池哈巴湖林场等地，固沙造林后加以封禁，使数千亩流沙成为一片茂密的杨柴林。此外还可采用平茬更新和掘苗更新杨柴灌丛，促其成为牧场。

六、病虫害防治

杨柴病虫害及防治方法同花棒。另据在榆林的调查，该地还有苗木立枯病。除鼠害外，还有野兔危害。鼠类危害播种后种子及其幼苗，野兔在冬季及翌年春季危害严重，应注意防治。

（王继和）

沙冬青

别名：蒙古沙冬青

学名：*Ammopiptanthus mongolicus*（Maxim. ex Hom.）Cheng f.

科属名：豆科 Leguminosae，沙冬青属 *Ammopiptanthus* Cheng f.

一、经济价值及栽培意义

沙冬青为亚洲中部特有植物，是第三纪古地中海退缩、气候旱化过程中幸存的残遗物种之一，在沙漠生长的植物中有活化石之称，对研究亚洲中部荒漠植被的起源与形成和植物干旱生理方面具有较高的学术价值。沙冬青是我国西北荒漠地区惟一的超旱生常绿阔叶灌木树种，列入我国第一批珍稀濒危和重点保护植物名录。

沙冬青有极强的耐旱性，具有防风固沙、园林绿化、药用等多种实用价值。枝叶中含有多种生物碱，可以入药，具有祛风湿、舒筋活血、散瘫、止痛的作用；外用可治冻伤、慢性风湿性关节痛等。其叶和嫩枝中黄花木素、拟黄花木素占总干重的2%，牲畜不易啃食。沙冬青姿态秀丽，叶、花、果均具有观赏价值；4月初进入花期，花冠金黄色；果期较长，荚果由淡绿色逐渐变成金黄色；进入冬季叶片仍然郁郁葱葱，是优良绿化观赏树种。沙冬青材质坚硬，发火力强，生物产量高，也是良好的薪炭林树种，属国家三级保护植物。

沙冬青成龄单株产果量1000~3000枚，产籽量75~700g，种子含油率13.4%，其中亚油酸含量87.6%，高于花生、向日葵、大豆、油菜等。亚油酸为多聚不饱和脂肪酸，对平衡人们饮食，促进身体健康有良好作用。其种子作为油料开发利用将有广阔前景。

二、形态特征

常绿灌木，高达2m；多分枝，枝条粗壮，冠幅约3m。树皮黄色，老枝黄绿色，幼枝灰白色，密被白色绢毛。掌状3小叶，稀单叶，叶柄长0.5~1.2cm；小叶菱状椭圆形、宽披针形或窄倒卵形，长2~3.8cm，宽0.6~2cm，先端急尖、圆钝或微凹，基部楔形，中脉明显或具不明显3主脉，密被白色绢毛。总状花序，顶生，有花8~10，黄色；苞片2，卵形，长5~6mm，被白色柔毛；萼长约7mm；旗瓣长约2cm，翼瓣长圆形，龙骨瓣较翼瓣稍长，具子房柄，无毛。荚果扁平大型，长圆形，长5~8cm，宽1.6~2cm，无毛。含种子2~5，圆肾形，直径5~7mm。花期4月，果期5月，果实7月成熟。

三、分布区域

沙冬青属仅有2种，一种是蒙古沙冬青，主要分布在内蒙古阿拉善左旗、阿拉善荒漠的东部、南部、鄂尔多斯西部，宁夏孟家湾、沙坡头、茶房庙、甘塘及甘肃景泰、民勤、兰州及新疆等地。兰州黄河北的白塔山、徐家山后山有沙冬青人工造林。另一种是新疆沙冬青（*A. nanus*），仅见于新疆喀什地区南部昆仑山与帕米尔交界的狭窄地带，生产上应用较少。

四、生态习性

沙冬青的分布区属典型的大陆性气候条件，气候干旱，年降水量常不足200mm。沙冬青在适应气候变化过程中形成了明显的旱生结构，因此极耐干旱。沙冬青极喜阳光，不耐庇荫。耐低温，在 -30℃ ~ -20℃，甚至在更低温度的自然环境中能正常生长发育。也耐高温，在地面温度高达60℃的条件下仍可正常生长、开花和结实。据张希明在沙坡头的研究，沙冬青和中间锦鸡儿、小叶锦鸡儿一样属典型旱生生态类群。它们的抗旱指标值较高，而且有较强的抗热能力，但生理活性都较弱。沙冬青抗旱性、抗热性高于油蒿、黄柳、花棒、木蓼等，其受伤温度为60℃。沙冬青极耐土壤瘠薄，在甘肃皋兰县中心乡的咸水沟，沙冬青能在年降水量不到300mm，坡度达45°，土层厚度仅2cm的红色沙岩风化壳上，形成盖度为54%的灌木片林。在兰州北山阳坡上，沙冬青能形成高达1m，盖度为90%的灌木片林。1980年，兰州年降水量只有189.2mm，沙冬青没有出现凋萎和死亡现象。据种子萌发期和出苗期的耐盐能力试验，蒙古沙冬青的耐盐性较新疆沙冬青强。沙冬青萌芽能力强，生命力旺盛，当茎干受到风蚀、沙打损伤时，保存下来的枝条仍能继续生长。甚至枝条被3次截断后，留下的芽仍能长出枝条；风蚀严重使根部外露几十厘米，地上部分仍能正常生长。沙冬青为深根系植物。在沙质荒漠化地区，以沙冬青为主构成的植物群落，沙冬青一般处于群落的上层，株丛高44 ~ 110cm，最高可达125cm，根深60 ~ 100cm，最深可达138cm。根深与株丛高比为1.35。冠幅一般在47 ~ 146cm之间，最大为162cm。根幅在180 ~ 350cm之间，大者超过4m，根幅直径与冠幅直径之比为2.9。10年生沙冬青分布在0 ~ 30cm深度内的根系占根系生物量的56.14%，且以大根系为主，小于1cm的根主要分布在中下部。对沙冬青实生苗进行观察，发现从种子萌芽到幼苗生长的1个月之内，地下部分的长度可达到地上部分的14倍。根部有根瘤菌，能固定空气中的氮素。此外，根部还具有 V_A 内外生菌根，可以在pH值8.7 ~ 9.6的沙土中生长。V_A 菌根一方面从土壤中吸收水分和养分，另一方面又有利于保持土壤物理结构，提高土壤肥力。

五、培育技术

（一）育苗技术

沙冬青生长地的春季温度可以满足种子萌发和生长的条件，但土壤中水分多不能满足需求，限制了沙冬青种子发芽，这是沙冬青种子自然繁殖能力弱和更新困难的原因，因此人工繁育十分必要。

1. 播种育苗

（1）采种 沙冬青6月中、下旬荚果成熟，果实成熟后不易开裂，采种期较柠条等为长。荚果采集后稍加揉搓，即能脱粒，风选除去杂质。可采后立即育苗，也可晒干贮存，来年育苗。其种子千粒重约84g，每千克12000粒左右。种子耐贮藏，密封陶罐中15年零7个月的种子发芽率仍达68%；干藏布袋中发芽力可保持5 ~ 6年。

（2）育苗 沙冬青种子吸水力强。在常温下，2天内30%的当年沙冬青种子可以吸胀，当水温增加到30℃左右时，60% ~ 70%的当年种子可以吸胀。将吸胀的种子在有灌溉条件的圃地进行露地播种，只要搞好遮荫设施，成苗率很高。一般5 ~ 6天即发芽出土，3个半月的幼苗高16.9cm，主根长34cm，侧根20余条，长12.0 ~ 21.8cm，根瘤多。沙冬青忌水湿，塑料棚内育苗土壤湿度过大时，幼苗生长过快，苗木纤细，木质化程度差，易引起幼苗烂根。

2. 无性繁殖　沙冬青可无性繁殖。何丽君等对沙冬青组织培养进行的研究，采用萌发12 天的无菌苗上的叶和胚轴接种于含不同激素成分的 MS 培养基上，经过 1 次诱导获得了再生植株，简化了培养程序，缩短了培养时间。蒋志荣等进行沙冬青茎段组织培养实验，利用含 0.2mg/L IBA 的 1/3MS 改良培养基，生根率 100%，效果良好。

（二）栽植技术

在黄土高原沙冬青可用于年降水量 300mm 左右地区造林。造林地宜选择阳坡、半阳坡。多采用雨季直播造林，造林前要深翻整地、蓄水保墒，雨季抢墒播种。播种前要对种子进行浸种处理，以 60℃的温水浸泡一昼夜为宜。播种时每穴播 10~15 粒种子，覆土深度不能超过 3cm，一般播后 10 天即能出土。种子易受雨季淤泥沉积和穴内表土受水后板结而难以出土。

植苗造林注意保持根系完整。沙冬青属直根性树种，主根粗壮而须根较少，幼苗、大苗用裸根苗移栽，造林成活率都很低，因此，生产中应禁用裸根苗造林，大力提倡容器育苗造林。沙冬青牛、羊、兔多不食，易于保护，但造林后仍要注意封禁，防止牛、羊进入林地踩毁幼苗。

沙冬青进行直播造林时，除注意整地外，最好播种后在坑穴上覆地膜，可保证树坑内土壤有良好的水分条件，有效提高造林成活率。另外，要注意防止鼠害。

六、病虫害防治

灰斑古毒蛾（*Orgyia ericae* Germar，又名沙枣毒蛾）的危害是导致天然沙冬青种群数量减少、濒危程度加剧的重要因素之一，应加强防治。

防治方法：①幼虫集中梢部易于被发现，数量少时可人工捉虫摘茧；②利用雄蛾趋光性灯光诱杀；③利用患病毒的虫体稀释喷雾，毒杀 1~3 龄幼虫；④保护和利用天敌；⑤以50% 杀螟松乳剂或 80% 敌敌畏乳油超低量喷雾等。

（于洪波）

紫穗槐

别名：棉槐、紫翠槐、穗花槐、紫花槐

学名：*Amorpha fruticosa* L.

科属名：豆科 Leguminosae ，紫穗槐属 *Amorpha* L.

一、经济价值及栽培意义

紫穗槐原产北美，20 世纪初引入我国，由于经济价值高，用途广，已在黄河流域的黄土高原及全国各地广为种植。它全身是宝，是一种优良的肥料、饲料、燃料、编织及保土固沙、改良土壤的理想树种。经分析紫穗槐茎叶含 N 3.02% 、P0.68% 、K1.81% 、每 500kg 嫩枝叶含 N6.6kg、P1.5kg，约等于 33kg 硫酸铵、7.5kg 过磷酸钙、7.9kg 硫酸钾，或 200kg 人粪干、100kg 豆饼的氮肥肥效。它所含的氮磷钾总肥量，约等于紫云英的 2.8 倍，紫花苜蓿的 2.3 倍，草木樨的 3.2 倍。陕西榆林地区横山县新开沟村曾在沙覆黄土坡上种植 5000 余亩紫穗槐，采割紫穗槐嫩枝叶施于稻田，每亩 1000kg，使水稻产量由 100kg 提高到 250kg。紫穗槐每 1000kg 风干叶含粗蛋白 23.7 ~ 25.0kg，粗脂肪 31kg，比苜蓿、玉米、高粱、红薯、麸子的含量都高。叶内含大量胡萝卜素（250mg/kg），加工后可作饲料。不但枝条柔韧性强，是农业生产中筐、篮、箕、篓和工厂用笆材的好原料，也是开展多种经营的好门路。陕西兴平县 70 年代初种植紫穗槐 75 万多窝（丛），每年采条 150 多万 kg，编织筐篓 7 万多件，收入 19 万多元。种子含油率 15%，可用来制肥皂、制漆和甘油、润滑油。荚果含芳香油（2% ~2.5%）可用于食品工业，紫穗槐还是一种重要的生物农药的好原料，茎、叶内含有甙（$C_{12}H_{20}O_{10}$）和单宁等物质，能抑制病虫蔓延。用叶和种子的提取物可以防治蚜虫、麦蛾及棉铃虫；用荚的浸出液可以驱蚊蝇和其他害虫。荚果和叶肉含有鞣质，可用于制革工艺。枝条是很好的燃料（热值为 20247kJ/kg）。还可用于人造纤维造纸。花为蜜源，蜜质良好，花粉量多，对恢复群势，采蜜期间的始终接合作用很大。紫穗槐根系发达，含有根瘤菌，1 株 2 年生的植株含有根瘤 300 ~ 400 个，能迅速改变土壤理化性质，提高林地的透水性和持水性。在盐碱地（含盐量 0.3% ~0.5%）种植紫穗槐或施紫穗槐绿肥 2 ~3 年后，可使地表 10cm 土层内含盐量下降 30% 以上。它的水土保持效益也很显著，2 年生的紫穗槐护坡林，可减少 73.5% 的径流量及 62.7% 的冲刷量。树冠能承接 20.6% 的降雨；枯枝落叶的持水量为本身重量的 3.32 倍，其枯枝落叶可阻水 6.62t/hm²；栽后 5 年能淤土 8.7 ~ 9.8cm。因此，大力种植紫穗槐，对于迅速改变西北地区的生态条件和自然环境，促进农村脱贫致富和可持续发展都具有极为重要的意义。

二、形态特征

落叶丛生灌木，高 1 ~4m，枝条直伸，灰绿色或暗灰色，幼枝密被毛；奇数羽状复叶，小叶 11 ~25 枚，卵形、椭圆形或披针状椭圆形，先端钝圆或微凹，有短尖头，幼叶被毛，后脱落，常具透明油腺点；总状花序，顶生，直立，萼钟形，常具油腺点；旗瓣蓝紫色，翼瓣龙骨瓣退化。荚果短，弯曲，长 7～9mm，棕褐色，密被瘤状腺点，不开裂，含种子 1 粒。花期 5～6 月，果期 9～10 月。

三、分布区域

紫穗槐原产北美洲（美国东部）。分布范围从宾夕法尼亚州到威斯康新州，南到佛罗里达州，西到路易斯安纳州。在原产地为野生动物提供食物和栖息地场所，也是水源林、水土保持林和绿化环境的优良树种。

紫穗槐

在我国分布范围广泛，北至东北黑龙江，西北至新疆，东至浙江，南至广西，西南至云贵高原等省区均有栽培。以黄河流域的陕西、甘肃、宁夏、内蒙古南部、河南东西部最为普遍，青海、新疆也有栽培。垂直分布 1600m 以下的各种立地条件上。

四、生态习性

紫穗槐适应性很强，抗旱耐寒，在年降水量只有 93mm，蒸发量达 2000mm 以上的新疆精河地区或地面最高温度达 74℃ 的腾格里沙漠东部边缘，也能生长。在沙层含水量约 2.7% 干沙层厚达 30cm 的生境也能适应，在 1 月最低平均气温 -25.6℃ 时，生长仍正常。在极端最低气温 -30℃，冻土层达 1.2m 时，枝条虽被冻枯，但仍能从根际萌发新株。应特别提到的是它具有很强的耐湿特性，据在三门峡库区观察，整个植株被水淹没 45 天也不死亡。紫穗槐是喜光树种。在郁闭度 0.7 以上的林分中生长不良。对土壤要求不严，抗风沙力强，在冲积沙地上种植，根系被风沙吹出一部分时，仍能成活。其耐盐幅度在 0.5%～0.8%。紫穗槐病虫害很少，并有一定的抗尘和抗污染的能力，萌芽力强，耐平茬。

五、培育技术

（一）育苗技术

1. 播种育苗

（1）采种　9～10 月当荚果由黄色变为赤褐色时，种子成熟，应及时采收。晒干去杂，即得种实。种子千粒重 10.5g，8.5～9.5 万粒/kg，发芽势（11 天）40%，发芽率（21 天）达 80% 以上。

（2）种子处理　由于含有油脂的荚果皮紧紧包裹着种子，阻碍种子吸水膨胀，影响发芽。一般可用石碾碾压去掉荚果皮效果较好，最好用打米机去荚，不过要掌握好打米机开口的大小，以不伤害种子为度。如不去果皮时，可用热水浸种处理，即用两开兑一凉的热水倒进盛有荚果的缸里浸泡 1 昼夜，捞出即可播种。如圃地墒情好时，可将经过热水浸过种的荚果装入筐内，上复一层湿麦草，置于背风向阳处，每日洒水 2～3 次，保持湿润，进行催芽，待种子裂嘴露芽时播种。

（3）播种方法　3～4 月经过细致整地后作成长 8～10m，宽 1m 左右的苗床。一般采用条播，顺床开沟，沟距 20～30cm，宽 6～8cm，沟深 3～4cm，沟底平正。然后把催好芽的种子或带荚果皮种子均匀撒在沟里，再用锄头推平土沟，覆土厚度 1~1.5cm。每亩播种量 2~4kg。

冬、春、雨季都可育苗，一般多用春播。

2. 插条育苗

在盐碱地上或土质较差的地方播种育苗，保苗率低，插条育苗可获得壮苗丰产。种条可在 3~4 月采集，用径粗 1.2~1.5cm 的 1 年生条为好。剪成长 18~20cm 的插穗，用水浸 2~3 天后扦插，5~7 天开始发芽生根。也可在先年冬季采条，挖坑贮藏，第二年春取出扦插。每亩扦插 1~2 万根。据笔者用 1~3 年生苗条扦插育苗，成活率可达 80% 以上。

3. 苗期管理　播种育苗时，播后 4~7 天，幼苗开始出土。苗高 3cm 时进行间苗，5~6cm 时定苗，每亩留苗 3 万~5 万株。对播种苗和扦插苗，5~7 月，根据墒情一般浇水 3~5 次，6~7 月间可追施化肥 1 次（氮肥 3~4kg/亩）。每次灌水或施肥后要进行松土锄草。8 月停止水、肥，以利苗木木质化。当年苗高可达 1m，即可出圃造林。

（二）栽培技术

紫穗槐造林方法很多，可因地制宜地采用植苗、插条、分根或直播等方法，一年四季都可进行。造林前应根据立地条件进行带状或穴状整地。无论黄土丘陵或沟壑在 55°~77° 的陡坡上，造林成活率达 90% 以上，生长良好。因此，它是退耕还林的好树种。

1. 植苗造林　紫穗槐适宜在西北沙区沙荒造林。在秋冬季地冻前或春季解冻后进行造林。采取截干单植或丛植。留茬 2~3cm，栽植时要注意根系舒展，填土踩实。在风沙区或易受冻害的地方，冬季栽植后要埋上土堆，以利成活。有条件时截后灌 1 次水。亦可雨季造林。

2. 插条造林　一般适用于梯田地埂、台田沟坡、渠坎、河滩等土层深厚的地方。春秋季均可进行，以秋季成活率较高。选择粗壮的干枝作插条，长 30~80cm 左右，要注意保护好芽苞。插条造林有两种方法。一是墩形插条法：即在挖好的穴内的四角分别插植 4~5 个插条，一般深度 30cm 左右，插条上端与地面平齐；二是犁沟压条法：即按 1~1.5m 的行距，一边犁沟（沟宽 10~15cm）一边斜插入长 50~80cm 的插条。

3. 分根造林　冬季或春季，选择生长健壮根盘发墩较大的灌丛，挖取一部分根蘖，分株移植，栽法同植苗造林。

在陕西，飞机播种造林也获得较好的效果。

4. 造林密度　造林密度因目的不同而异。一般每亩 300~400 株（穴），以采种、采条为目的栽植可稀些，每亩 200~300 株左右；以防风固沙保持水土，改良土壤，割取绿肥或烧柴为目的的可密一些，每亩 440 株（穴）左右。

5. 混交造林　紫穗槐能耐一定的庇荫，是优良的混交灌木树种。可与油松、侧柏、刺槐、白榆、杨树、沙柳等混交，效果良好。混交林比纯林收益早，效益高。如与杨树混交，当年每亩可收编条 300kg，5 年生紫穗槐与沙柳混交林地肥力较沙柳纯林提高 36 倍，是防止沙柳病虫蔓延，甚至造成毁灭性灾害的一种有效措施。

六、管理与利用

紫穗槐生长快、萌芽力强。枝叶茂密，根系发达，在一般条件和密度情况下，2、3 年郁闭。因此，造林后，要注意抚育管理，松土除草，以获条为目的的，栽后 1 年平茬，当年可长到 2m，每丛（穴、墩、窝）发 20～30 个萌条。丛幅宽度达 1.5m，根系盘结在 2m² 内深 30cm 的表土层。每亩收割紫穗槐枝条：1 年生可达 100kg，2 年可收 200kg，3 年可收割 500kg 以上，20 年不衰。要雍土培墩，扩大根盘，争取多萌条；以割取绿肥为目的者，可实行"一肥一条"的办法，即 1 年割 2 次，麦收前割 1 次（压青绿肥），秋季再制 1 次（编织条）。在黄土高原的丘陵坡地，应沿等高线进行隔行隔带采条平茬，以防止水土流失，在沙荒地上，采取隔带、隔行平茬轻割的方法，保留比例为 30%～50%，以增强防护效能。在果园种植紫穗槐可为果园生产绿肥，提高产量。割条或平茬时要用快镰，切口要平，不要劈根。留茬切记过高，一般以 2～3cm 为好。

七、病虫害防治

紫穗槐本身能抑制病虫害的蔓延，因此病虫害少而轻。

1. 大袋蛾（大蓑蛾、大避债蛾）（*Cllania variegata* Snellen）幼虫危害叶片。

防治方法：①苗木剔除虫袋，防止传播蔓延。②7～8 月喷 90% 的敌百虫 200～250 倍液，亦可用 5% 高效氯氰菊酯 5000～7000 倍液或青虫菌稀释液（1 亿孢子/ml）喷雾。

2. 紫穗槐豆象（*Acanthoscelides pallidipennis* Motschulsky），成虫长 2.5～3.0mm，卵圆形；幼虫体长 3.4～3.5mm，此虫 1 年发生 1 代，以老熟幼虫在种子内越冬。翌年 5 月上旬开始化蛹，5 月下旬～6 月上旬为化蛹盛期。8 月下旬在即将成熟的种子出现幼虫。成虫将卵产在嫩芽上，孵化后幼虫蛀入种子危害。取食种仁，种子失去发芽力。陕西、甘肃、宁夏、新疆均有此虫危害。

防治方法：①严格进行检疫，防止随种子调运传播。②成虫羽化盛期（6 月下旬），即紫穗槐开花期，喷洒 50% 马拉硫磷 800 倍液或 90% 晶体敌百虫 1000 倍液。③种子处理，据陕北试验，在成虫羽化前，用 80% 敌敌畏 500～1000 倍液浸种 10min，捞出阴干装袋，20 天后，幼虫死亡率可达 100%，还可每吨种子用磷化铝 15 片，密封熏蒸 10 天，杀虫率 76.4%～100%。④保护天敌螽蟖，在饲养情况下，1 头 2 龄螽蟖若虫 12h 能取食 33 头豆象成虫。⑤营造混交林及时平茬复壮，清除带虫的平茬干。

（罗伟祥、罗红彬）

胡枝子

别名：胡枝条、扫条、杏条、随军茶

学名：*Lespedeza bicolor* Turcz.

科属名：豆科 Leguminosae，胡枝子属 *Lespedeza* Michx.

一、经济价值及栽培意义

胡枝子为优良饲料、绿肥植物、观赏植物、薪炭及水土保持植物。根系发达，涵养水源，据（关秀琦1985年）报道，胡枝子一般可以减少径流20%以上；据分析，叶子含粗蛋白14.6%、粗纤维13.5%、粗脂肪2.82%，胡枝子含钾1.01%、氮2.36%、磷0.51%；具有固氮性能，是改良土壤的优良树种，也是蜜源植物，花期较长，每公顷产蜂蜜40~60kg；茎是很好的编制材料，嫩叶可以代茶饮用。胡枝子种子含油量11.34%。全株入药。中药名胡枝子。其化学成分主要为槲皮素、山奈酸、三叶豆甙及异槲皮甙等。性平，味甘，具有润肺清热、强筋益肾的功能，主治慢性肾炎、肺热咳嗽、疟疾、关节炎、中暑等症。胡枝子是配制"肾炎四位片"的主要原料。此外，具有耐修剪、耐践踏、抗污染等特性。

二、形态特征

直立落叶灌木，高达1m余。嫩枝黄褐色或绿褐色，老枝灰褐色，有细棱并疏被短柔毛。羽状三出复叶，互生；顶生小叶较大，宽椭圆形，倒卵状椭圆形，矩圆形或卵形，长1.5~5cm，宽1~2cm，先端圆钝状，基部宽楔形或圆形，正面绿色，近无毛，反面淡绿色，疏生平伏柔毛；总状花序，腋生，全部成为顶生圆锥花序；花冠紫色，旗瓣倒卵形，长达12mm。荚果有毛，倒卵形，扁平，先端有尖，弯曲，花期7~8月，果期9~10月。

三、分布区域

胡枝子分布于我国的东北、华北及山东、陕西、甘肃、宁夏、青海、新疆、内蒙古、河北、山西、河南等省。日本、朝鲜、俄罗斯也有分布。

四、生态习性

胡枝子分布在海拔1000~1400m沟坡地带。耐干旱、耐瘠薄，喜温喜阴，适应性、抗逆性强，对土壤要求不严，胡枝子具有根系发达，生长迅速、分蘖力强的特点，根系蔓延力强，根系密集分布于10~15cm的表土层内，在腐殖质层厚或水分条件好的林地根系深达100cm以上。

五、培育技术

（一）育苗技术

分播种育苗和扦插育苗。

1. 播种育苗 9 月下旬至 10 月下旬，胡枝子果实陆续成熟，当荚果呈黑色时，应及时采收。采收时，将果枝摘下摊放在簸箕内，置阴凉处 4～5 天，待荚果干裂后，轻轻拍下种子，风干，除尽杂质，切勿曝晒，以免增加种皮的坚硬度，对种子发芽不利，然后用布袋装好，悬挂于室内通风处，待用。

播种育苗主要是大田直播。胡枝子种子的种皮坚硬致密，阻碍种胚萌发，故需层积处理，才能消除不易吸水软化的坚硬果皮。层积催芽按常规操作进行，层积期间，应进行检查，每隔 1 个月检查 1 次，最后 1 个月，每 10 天检查 1 次，如果沙、种干燥，须洒水拌匀，保持种子湿润，一般可在 1 月上、中旬开始层积处理，约 60～70 天左右，3 月下旬种皮大多裂口，及时播种。

在整好的畦面上纵向开沟条播，行距 20cm，深 2～3cm，每 4 小行为 1 畦，畦间距离 40cm。将已裂口的种子连细沙（层积的沙子，切勿过筛，以免损伤芽点而影响出苗）均匀地撒在播种沟内。浇透水，然后盖上一层火土灰，以不见种子为度，最后盖草，保持土壤湿润，最好利用当地的其他作物秸秆做覆盖材料，每亩播种量 2kg 左右。播后 1 个星期左右便可出苗。

为了延长胡枝子当年播种苗的生长期，提高产量，可利用塑料小棚（塑料大棚更好）增温，早育苗早定植。其方法按常规操作进行。需先将种子随采随层积催芽。播种后，盖薄土，每天在苗床上面喷洒 2 次温水，5 天左右，便可出苗，加强管理，4 月中旬苗高 12cm 左右时便可定植。

2. 扦插繁殖 3 月上、中旬，当胡枝子还未萌动前或即将萌动时，将 1～2 年生的植株茎干在离地面 5cm 处剪下，将其截成 8～10cm 长的小段的插穗，每段应具有 3～4 个节，以 50～100 根为 1 捆，将其下端切口放入 100μL/LABT（2 号）生根粉溶液中浸泡 0.5h，取出后稍晾干，按行距 10cm，株距 6cm 插入已整好的畦面上。插穗入土深度以地面只露出 1 个芽点为宜，压实浇透水。早春气温低，应搭设小塑料棚增温，50 天左右生根。

应用 ABT 生根粉处理胡枝子插穗，不仅生根快，而且生根率高。和对照组相比，前者生根时间提前 7 天，生根率提高 20%（对照组生根率为 65% 左右）。4 月下旬可将塑料棚拆除，加大肥水管理，当年冬季或翌年春季可定植。

胡枝子不论是播种育苗，还是扦插繁殖的苗木，培育的大苗，定植大田时间最好是冬季，有利于蹲苗。种植点每畦纵向条栽，每畦宽 100cm，每畦内有 5 小条，畦间距离 40cm，小条距离 20cm，株距 15cm，种植点错开排列，成品字形栽植。这样配置有利于通风透光，便于田间管理和提高土地利用率。

（二）栽培技术

1. 选地 胡枝子是分布广泛，适应性强的树种，对土壤的要求不十分严格。一般选择不宜耕种的向阳荒山坡、撂荒地、荒地或特殊用地。

2. 整地 于播种或栽植的前一年整地，冬季深翻土壤达 30cm，促使底土风化和减少病虫危害。为了便于管理，整地时，畦面宽度由常规 1.2m 扩大到 3m，作业道宽 40cm。如果是坡地，则修成宽 50cm 的水平带或反坡鱼鳞坑。

3. 栽植管理 4 月中、下旬，当种子直播大田的幼苗长到 5～6cm 高时，就要进行第 1 次间苗，10 天以后，进行第 2 次间苗，并按株距 15cm 定苗。

在生长季节，一年需中耕除草 3 次：第 1 次在 5 月上、中旬，即在定苗后；第 2 次在 6 月上旬；第 3 次在 7 月中旬。

播种当年追肥 2 次。第 1 次施肥于 4 月下旬，在第 1 次间苗或苗木定植成活后；第 2 次于 7 月上旬，苗木生长旺盛期进行。

施肥以厩肥为主，化肥为辅。每亩施厩肥 3000kg，复合肥 30kg，施于根际周围。在追肥方面，从播种第 2 年起，每年在第 2、第 3、第 4 次施肥的基础上，每次每亩增施过磷酸钙 20kg，并在 6 月下旬 7 月上旬刚开花时，与 8 月上旬和下旬果实壮大期，用 0.3% 磷酸二氢钾进行根外追肥（每 10 天左右 1 次），促进多结果和种子饱满。

六、病虫害防治

主要病虫害有：①根腐病（*Armillariella tabescens*、*Fusarium oxysporum*、*F. solani*、*F. camptocerasde* 等）；②白粉病（*podosphaera leucotricha* Salm）；可以用 50% 的多菌灵或 70% 的甲基托布津 1000～1500 倍液喷洒；③桃小食心虫（*Carposina sasakii* Matsumura）；④蚜虫（*Aphis pomi* De Geer），可用 80% 敌敌畏 1000～1500 倍或磷胺乳油溶液 1500 倍防治。

（王胜琪）

小叶锦鸡儿[①]

别名：小柠条、柠条、牛筋条、雪里洼、小叶金雀花、黑柠条、猴獠刺

学名：*Caragana microphylla* Lam.

科属名：豆科 Leguminosae，锦鸡儿属 *Caragana* Fabr.

一、经济价值及栽培意义

小叶锦鸡儿是良好的防风固沙和水土保持灌木，同时也具有多种经济用途。据测定，小叶锦鸡儿树冠最大可截持降水量为其枝叶鲜重的 28.36%（均值），对降水的平均截持率为 54%。在黄土陡坡上营造的 4 年生小叶锦鸡儿林，其径流量较同类型自然荒坡减少 73%，冲刷量减少 86%。小叶锦鸡儿林带有明显阻风作用。在较陡坡耕地上按一定间距营造小叶锦鸡儿灌木林带，可逐渐形成坡式梯田。

小叶锦鸡儿地上部分富含营养物质，且耐啃食，耐践踏。据测定，7 月间叶含粗蛋白质 18.25%、粗脂肪 3.87%、粗纤维 19.04%；枝含量则分别为 10.81%、2.65%、33.81%。平茬后萌发的嫩枝鲜叶，是牲畜特别是羊的好饲料。小叶锦鸡儿枝叶富含氮、磷、钾，又易腐烂，是良好的绿肥植物。根部多根瘤菌，能改良土壤。产种量高，据内蒙古准格尔旗贺家湾试验场测定，平均每公顷产种 440kg。种子淀粉丰富，含油率 13%，油棕色，清亮，黏腻，可用做润滑油、照明，油渣可喂羊或作肥料。种子油中不饱和脂肪酸含量高达 90% 以上。此外，种子中蛋白质含量仅次于大豆，且氨基酸组成比较平衡，人体必需氨基酸含量超过大豆多倍，是潜在的食用蛋白质资源。枝条供编织。其木纤维较长且韧性很强，皮可做纤维原料，枝干可制作纤维板，也是造纸原料，枝条粗浆率在 75% 左右，制造的纤维板抗力大、强度高、弹性强，有消声及绝缘隔热、保暖等功能，是上等建筑用材和实惠的民用家具材料。枝条被有蜡质，干湿均能燃烧，火力强。以 4 年生枝热值最大，为 20545.1kJ/kg，是标准煤热值的 70%。每公顷枝叶相当于 5.55t 标准煤，是良好的薪炭材。花是良好的蜜源。根、花、茎及种子药用，具有滋阴、养血、通经、镇静的作用。干馏的油脂是治疗疥癣的特效药。

二、形态特征

灌木，高 1~2（3）m。老枝黄灰色或灰绿色，嫩枝被毛，长枝托叶硬化成针刺，宿存。羽状复叶，小叶 5~10 对，倒卵形或倒卵状矩圆形，长 0.3~1cm，宽 0.2~0.8cm，先端圆形，钝或稍凹，具短刺尖，幼时两面均有绢毛，后仅被极短柔毛。花单生，稀 2~3 朵

[①] 柠条常常是锦鸡儿属植物的统称，各地群众所指具体种类有所不同，但主要是指小叶锦鸡儿、中间锦鸡儿、柠条锦鸡儿这几个种。其中中间锦鸡儿又明显表现出与小叶锦鸡儿及柠条锦鸡儿之间的性状连续性或交叉。试验证明这些种间易于杂交，在大面积混植情况下，可导致杂种群形成。根据各地调查研究结果，本书柠条所指主要为小叶锦鸡儿及其近缘种中间锦鸡儿，有时也包括其他锦鸡儿。

簇生。花梗长约 1cm（有时达 2.5cm），近中部具关节，被柔毛；花冠黄色，长约 2.5cm，旗瓣宽卵形或宽倒卵形，先端微凹，基部具爪，翼瓣爪长为瓣片的 1/2，耳短，齿状，龙骨瓣爪与瓣片近相等，基部截形，耳不明显。荚果圆筒形，稍扁，长（3）4~5cm，具锐尖头。种子肾形，黄绿、黄褐或具紫黑色斑纹。花期 5~6 月，果期 7~8 月。

三、分布区域

自然分布于东北、内蒙古、山西、山东、陕西、甘肃、宁夏。尤以陕西北部、内蒙古、山西西部分布比较集中，并有大面积栽植。青海、新疆引种栽培。垂直分布海拔 500~2500m，一般多生长在海拔 1000~2000m 之间的黄土高原及半干旱草原地带的沙区等地。最高海拔可至 3800m（祁连山）。蒙古和前苏联也有分布。

四、生态习性

喜光，在荫蔽条件下生长不良。耐寒性强，内蒙古锡林郭勒盟年平均气温 1.5℃，最低气温 -42℃，最大冻土层深达 290cm，小叶锦鸡儿和柠条锦鸡儿均能正常生长。耐高温，据中国科学院兰州沙漠研究所在宁夏沙坡头试验，其叶片受伤温度为 55℃，致死温度为 60℃，但幼苗不耐高温，怕曝晒。耐干旱瘠薄，对土壤适应性强，在黄土丘陵、花岗岩、石灰岩山地、石砾地、河谷阶地、固定及半固定沙地上均能生长。但气候、土壤条件不同，生长差异很大。据在山西兴县的调查，小叶锦鸡儿以粉沙壤土、黄土上生长最好，砾质沙土、黑垆土次之，红黏土最差。另据兰州地区直播造林测定，在年降水量 406mm 地段，年均高生长量为 20cm，而在降水量 281.7mm 地段，只有 6.8cm。不耐涝，地下水位过高处生长不良。据青海农科院林业研究所测定，其凋萎系数为 4.75%，为强旱生灌木树种。

根系发达，萌蘖力和再生能力极强，耐平茬，抗风蚀耐沙埋。具根瘤，能增强土壤肥力。在黄土区根系交织如网，盘结土壤，并有较强的吸收深层土壤水分的能力。根系主要密集于 0~40cm 或更深的土层内，水平根系随树龄增加而超过主根的长度，最长侧根达 6.82m；在风沙区侧根可达 8m。被沙埋之后，能从枝上产生不定根，萌发新枝条，任凭沙压土埋，生长不衰。山西省临县程家塔乡有一株 300 年老灌丛，高 3.5m，周长达 25m，系全国柠条之王。

苗期生长较慢，至第四年少量开花结实，第五年普遍开花结实，6~7 年大量结实。平茬后枝条要到第三年才开花结实。

小叶锦鸡儿的物候期因地区而异。华北、西北地区芽膨大及树液开始流动的日平均气温为 5~7℃，叶落末期的气温约为 2~3℃。一般每年 4 月开始返青，5~7 月开花结实，10 月上旬叶子开始枯黄。其花期较早，生育期较长，内蒙古为 140~170 天，山西和陕西为 160~190 天。

五、培育技术

1. 育苗技术

①采种 7 月上旬当种子成熟后，果荚未开裂前及时采种，晒干、脱粒、去杂后播种或贮藏。千粒重约 39g 左右，当年播种发芽率 95% 以上。

②裸根苗培育技术 苗圃地以排水良好的沙壤土最为适宜。采用大床育苗。在入冬前

将苗圃地平整好，灌足冬水，翌年3月下旬到4月上旬抢墒播种。如墒情不好，可在5月初及时灌水条播。结合整地施入有机肥2000～3000kg/亩作基肥。播前对种子进行催芽处理。条播，沟深2～3cm，宽10cm左右，行距20cm，窄行距，宽播幅。播种量7.5～10kg/亩，覆土2～3cm。

小叶锦鸡儿苗期不要多灌水，仅在土壤过于干旱时适当浅灌。注意及时清除杂草，松土保墒。生长期适当追肥，前期以氮肥为主，中后期加大磷钾肥比重，亩均施肥量12～15 kg。当年生苗高30～40cm时，即可出圃造林。小叶锦鸡儿主根发达，侧根少，影响造林成活，因而在秋季要进行断根处理，以培养侧根。此外，挖苗时要2～3株苗木同时起，并适当深挖，防止根系劈裂损伤。一般每亩产苗15万～20万株，可供40亩造林用苗。

③容器苗培育技术　育苗地宜选择在水源充足，运输便利，距造林地较近的地方。基质配制应就地取材，配料粉碎、过筛、混拌均匀后，按1:20比例拌以硫酸亚铁，或者喷洒0.1%高锰酸钾溶液进行消毒处理；同时按1:200的比例施入赛力散，进行杀虫处理。适当洒水，使基质含水量达到10%～15%；塑料覆盖，以备装袋。种子纯度90%以上，播前用0.5%的高锰酸钾溶液浸泡30～60min，清水冲洗后按1:200的比例用赛力散拌种。

3月上旬至8月中旬均可播种，但以春播为主。在装好基质的容器袋上逐行逐袋点播，播种量5～8粒/袋，播后覆土1～1.5cm，立即浇透水。一周后检查进行补播。加强管理。浇水要做到量少、勤浇，采用微喷，以免把种子冲出。整个苗期土壤含水量一般不超过18%，以防烂根；高温天气应增加浇水次数；封冻前要灌足冬水，出圃前一周停止浇水进行炼苗。结合浇水进行追肥或叶面追肥。有蚜虫、食叶害虫等为害时，可喷50%乐果1000倍液，50%抗蚜威1500倍液或50%的蚜虱净1500倍液。喷药后半小时，要用清水冲洗苗木。及时除草间苗，每个容器内留苗3～5株。入秋后要进行断根处理，以促发侧根。

2. 栽培技术

（1）整地方法　黄土丘陵地区多采用鱼鳞坑、水平沟、水平阶、反坡水平沟、微坡状水平沟、隔坡梯田等。干旱荒漠地区退化草场多采用穴状、带状整地。流动沙丘多采用草网格固沙，穴状整地，或者带状整地；易积水的缓坡地多采用堆土定峁法整地。

（2）栽培方法

①直播造林　大规模造林时采用，效率高，成本低。只要土壤墒情好，春、夏、秋均可，但以雨季最好。在黏重土壤上，雨后抢墒播种，不致因土壤板结而曲芽，影响出苗。沙质土壤雨前较雨后播种好，易全苗。若为了促其迅速发芽，减少鼠害，播前用1%食盐水浸选，除去霉、虫、秕粒后，用60℃热水泡5min，再用30℃水浸种24h，捞出后用10%的磷化锌拌种。直播造林要很好掌握墒情，防止烧苗、闪苗、曲苗。土壤含水率在10%以上时直播效果最好。播深3cm，过深则影响出苗，播种量为每亩0.5－1kg。播期不要晚于8月上旬。当年停止生长前苗高达8～10cm，能安全越冬。根据立地条件和整地方式，可采用点播（或簇播）、条播、撒播等方法。很陡的陡坡、悬崖，群众用稀泥包住小叶锦鸡儿籽掷上去，也可使其出苗生长。

近年来兰州地区采用鱼鳞坑覆膜直播造林，取得一定成效，经改进后采用微坡状水平沟覆膜造林法，适于半干旱黄土丘陵区15°～35°的坡地造林。此外，宁夏南部采用反坡水平沟覆膜造林法，与上法惟一区别就是将水平沟表面整成内低外高的反坡状。

我国自1958年以来在四大沙漠、四大沙地飞播治沙，实践证明小叶锦鸡儿是盖沙黄土区雨季飞播造林较为成功的树种之一。在流动沙区新月型沙丘丘间低地，飞播治沙以 5 月上旬至 6 月中旬季风转换期、雨季前为宜。黄土高原半湿润地区，连续阴雨 5～7 天、降水量 40mm 以上的气象条件下，可以飞播柠条。据山西兴县的经验，柠条发芽容易，也容易烧苗、闪苗，特别是种子萌动后，一遇日晒就失去了生命力，因而飞播前要准确掌握天气预报，力争雨前播种，雨后出苗。

②植苗造林

裸根苗造林：一般在年降水量 350mm 以上地区采用。裸根苗造林的关键是早栽保墒。3 月下旬至 4 月初地一解冻，就起苗造林，边起苗边栽植，成活率高。要选用根系好的苗木，2～5 株栽一穴效果更好。苗木过大、根系过长的要截干和适当截根。在水分条件差的地方时，坑要深，定根水要浇透渗足，栽后最好在穴面覆干土或干沙保墒。

容器苗造林：在干旱而有集流覆膜造林条件的地区采用。在兰州等地其成活率比覆膜直播造林提高约 43.3%，高生长量提高 27.02%～38.41%，而造林成本大体相当。容器苗造林不受季节限制，但以春季和雨季为好。

（3）混交造林 小叶锦鸡儿人工林通常以纯林为主，在沙区营造防护林时，可与小叶杨、樟子松、踏郎、花棒、油蒿等树种进行带状混交造林；在黄土丘陵沟壑区营造水土保持林时，同样可采用带状混交造林。

（4）造林密度 小叶锦鸡儿造林密度因经营目的、立地条件不同而异。造林地平坦肥沃可大一些，用于薪材或编织，密度应大于放牧林，防风固沙林密度更应大一些，也可按年均降水量安排：降水量 150～300mm 地区 80～111 丛/亩，300～400mm 地区不超过 222 丛/亩，400mm 以上地区不超过 333 丛/亩。

（5）幼林抚育管理 小叶锦鸡儿造林易成活，但幼苗阶段生长较慢，易被牲口啃食时连根拔起，直播苗有时易被泥土埋没。若管理不善，也会导致失败。首先，造林地必须封禁，3 年后苗高达 1m 左右时，才能解禁放牧；其次要注意平茬复壮。一般 4 年生为平茬最适年龄，若长期不平茬，反而会引起衰退。第一次平茬，茬口应高出地面 2～3cm，以免损伤萌生枝条的发芽点，以后每次平茬可与地面平齐。以放牧和薪炭为主要经营目的，一般 3～5 年平茬一次；以水土保持、防风固沙为主要经营目的，一般 6～8 年平茬一次。在立地条件好的地方，平茬的周期可缩短。

六、病虫害防治

1. 虫害 常见虫害约 16 种，其中危害叶片及嫩芽的害虫有春尺蠖、古毒蛾、灰斑古毒蛾、东北大黑腮金龟、华北大黑腮金龟、棕色腮金龟、草地螟和芫菁等；危害茎干的有红绿天牛、杨十斑吉丁虫等；危害种苗和林木根部的有沟金针虫等。而危害较严重的是种实害虫，如柠条豆象（*Kytorrhinus immixtus* Motsch.）、种子小蜂（*Bruchophagus neocaraganae*（Liao））、刺槐种子小蜂（*B. phiorobinae* Liao）、柠条荚螟（*Etiella zinckenella*（Freitschke））等。

防治方法：开花期间喷洒 50% 百治屠 1000 倍液，或 50% 硫磷乳油 1000～1500 倍液，毒杀成虫。也可在 5 月中下旬对果荚喷洒 50% 磷胺乳油 1000 倍液，或 50% 杀螟松乳油 500 倍液毒杀幼虫或卵；利用灯光诱杀成虫；播种前用 60～70℃的温开水浸泡种子 10min，可杀死幼虫；利用昆虫天敌天牛肿腿蜂或赤眼蜂防治；受害较轻时可用风扇、簸箕选种，或用 1% 的食盐水浸选。此外，推迟播种期，营造混交林，适时平茬复壮等，也是防止虫害蔓延的有效方法。

2. 病害　病害主要有柠条叶锈病（*Vromyces* sp.）、花棒白粉病（*Leveillula legumino-saram*）、煤污病（*Capodium salicium* Mont）及柠条叶枯病（*Septoria caraganae* P. Henn）等。

柠条叶锈病防治方法：①选择好苗圃地，不要重茬育苗；②生长期间及时清除枯枝落叶集中烧毁，消灭病原菌；③作好苗木检疫工作。发现病疑苗木，应集中处理，喷一次 5°Be 石硫合剂后才能用于造林；④小叶锦鸡儿展叶后，可每隔半月喷一次 160 倍的石灰倍量式波尔多液，连续喷两次，即可预防该病的发生。若发现叶上出现锈粉时，可喷 0.4～0.5°Be 石硫合剂或敌锈钠 200 倍液，连续喷 2～3 次（间隔 10 天）。

（朱　恭）

中间锦鸡儿

别名：明条、柠条
学名：*Caragana intermedia* Kuang et h. C. Fu.
科属名：豆科 Leguminosae，锦鸡儿属 *Caragana* Fabr.

一、经济价值及栽培意义

中间锦鸡儿是优良的水土保持树种。其枝叶茂密，树冠截持降水作用强。经模拟测试，树冠截留降水率在 33.3% ~ 42.9% 之间。具根瘤，能自行固氮，改良土壤。1 年生植株根瘤重 0.032g，40 ~ 50 天的幼苗有根瘤 7 ~ 15 个，最大直径 1.0 ~ 1.5mm。据甘肃省定西水土保持科学试验站测试，地埂有中间锦鸡儿林的梯田较地埂无林的梯田有机质平均提高 50%，全氮提高 40%。在兰州地区 2 年生植株主根长达 0.8m，是株高的 4.7 倍，侧根平均根幅 0.28m^2，是冠幅的 6.6 倍。随着树龄增长，根量及长度大幅度增加。成年树主根可达 5.0m 以上，发达的根系在地下交织成网，有良好的固土作用，增加了土壤抗冲性，可防止崩塌。中间锦鸡儿枝条可作燃料，热值 19615.2 ~ 20548.8KJ/kg，相当于同量原煤热值的 73.2 ~ 76.7%。枝叶中粗蛋白、粗脂肪的平均含量均高于紫花苜蓿。据 6 月采样测定，其中含粗蛋白质 15.69%，粗脂肪 2.62%，粗纤维 11.89%，是一种优质的牲畜饲料。

二、形态特征

落叶灌木，高 1 ~ 2m。老枝黄灰色或灰绿色，幼枝被绢状柔毛。长枝上的托叶硬化成针刺，叶轴长 1 ~ 5cm，密被绢状柔毛，脱落；小叶 3 ~ 8 对，椭圆形或倒卵状椭圆形，长 3 ~ 8mm，宽 2 ~ 3mm，先端圆钝，有短尖刺，基部宽楔形，两面密被绢状柔毛。花单生，花梗密被绢状柔毛，常在中部以上具关节；萼筒管钟形，密被短柔毛；花冠黄色，长 20 – 25mm，旗瓣宽卵形或近菱形，基部具短爪，翼瓣矩圆形，爪长为瓣片的 2/5，耳齿状，龙骨瓣矩圆形，先端稍尖，爪与瓣片近等长；子房无毛。荚果条状披针形或矩圆状披针形，先端矩渐尖，无毛。种子肾形，绿黄色，有花纹。花期 5 月，果期 6 ~ 7 月。

三、分布区域

中间锦鸡儿产于宁夏、内蒙古、山西、陕西等省（区），天然分布于草原地带，西起宁夏贺兰山、盐池、同心，经内蒙古伊克昭盟，甘肃环县到陕西定边、靖边、横山、神木、府谷、米脂、绥德，山西北部到内蒙古乌兰察布盟和锡林郭勒盟西部。在草原及荒漠草原地带的固定沙丘或平坦沙地上可成为建群种，组成沙地灌丛。山西、陕西等省的黄土丘陵坡地上分布较多。在年降水量 300mm 左右，海拔 2800m 的高山上也有生长。20 世纪 50 年代引进甘肃，现已大面积种植。

四、生态习性

中间锦鸡儿喜光，不耐蔽荫，在上方庇荫下生长不良。抗严寒，耐高温，能适应 - 32.7℃的严寒及冻土层深达1.28m的环境；夏季沙面温度高达60℃，未见日灼。

幼苗期地上部分生长缓慢，幼苗出土后主要是长根，当年根系深达70cm。主根发达，侧根较少。第2年生长加快，第三年开始分枝，3~4年生长量显著增大，地下侧根增多，开始开花结实，5年后生长趋缓。由于各地自然条件不同，生长差异较大，如水分条件好的半固定沙地上，20年生地径可达12cm。寿命在70~100年。

萌芽力强，耐平茬。经平茬后生长加快，发枝增多。据甘肃省兰州东岗水保站试验调查，4年生植株，不平茬的年均高生长量24.1cm，地径0.6cm，发枝数5.5根；平茬植丛年均高生长量31.4cm，地径0.42cm，发枝数9.75根。

深根性树种，根系发达，主侧根纵横交错，构成密集的根系网络。直播出土半个月的幼苗，根长可为苗高的7~10倍；调查当年生幼苗高5~6cm，平均主根深40~50cm，最大根深达70cm，根茎比为8.14:1；4年生植株高0.7m，主根长达4m，根幅直径5m以上，根茎比为5.78:1。每公顷根系总长度359.89km，总重量2.73t；树龄8年的根系每公顷总长度1703.3km，总重量达15.18t。8年生根量是4年生的5.7倍，总长度是4.7倍。其根量的50.3%分布于0~40cm土层内，29.9%分布在40~120cm土层中。

耐干旱，在年降水量350mm以下的黄土丘陵山地，在土壤含水量6%的荒坡和含水量2%~3%的沙地上，也能正常生长。在年降水量250mm左右的荒山上只能稀疏生长，不能形成林分。干旱地区生长，因其茎具刺、叶细小，叶面积与体积比值减少，使其缩减本身蒸腾和同化面积，而更适应干旱的环境。不耐水湿，在土壤水分过多，地下水位高的地方生长不良，积水时常引起死亡。据甘肃省林科所在徐家山试验测定，其耐旱等级综合评价仅次于柠条锦鸡儿。

中间锦鸡儿的物候期因地而异。在兰州地区3月中旬叶芽萌动，3月下旬发芽，4月上旬现蕾，5月上旬开花，花期约18天。种子6月中旬至7月上中旬成熟，10月下旬落叶。在内蒙古地区4月中旬返青，5月中旬现蕾，5月下旬开花，6月上旬~7月中旬结实，7月下旬~9月底进入果后营养期，10月上旬叶片开始枯黄。

五、培育技术

采种时间为6月下旬至7月中旬，当果荚坚硬呈黄棕色，枝上部果荚内有2~3粒种子呈黄绿色或米黄色，即可采收。种子成熟后不久即开裂（片林3~7天，单株2~4天），应随熟随采。荚果晒干脱粒，去杂后袋藏备用。种子千粒重35~37g左右，每千克约2.7万~2.8万粒，发芽率80%以上。贮存三年的种子，发芽率约30%，因此最好用新种育苗造林。

中间锦鸡儿宜直播造林。其种子皮薄，透水性好，吸水容易，发芽快，但发芽需水量较多。种子发芽最适土壤含水率12%~14%，最低发芽温度为8~10℃，最适温度为20~22℃。

其他同小叶锦鸡儿。

（朱 恭）

甘蒙锦鸡儿

别名：猫儿刺、柴布日－哈日嘎纳（蒙）

学名：*Caragana opulens* Kom.

科属名：豆科 Leguminosae，锦鸡儿属 *Caragana* Fabr.

一、经济价值及栽培意义

甘蒙锦鸡儿是黄土高原上良好的水土保持树种。其适应性强，根系庞大，固土性能好，据测定，郁闭度 0.9 的林分，树冠对降雨的截持率为 45.4% 至 83.6%，并能提高对降水的渗透速度，减少地面径流。林地枯落物多，据在青海湟中土门关一带观察，每公顷枯落物干重 81.85t，吸水量 149.5t，有较大蓄水作用。根具根瘤菌，能固氮，改良土壤的性能也很显著。

甘蒙锦鸡儿枝叶营养物质含量高。据青海水保站测定，夏叶含粗蛋白质 17.98%、粗脂肪 7.35%、粗纤维 31.32%；当年枝叶含粗蛋白质 8.39%、粗脂肪 4.81%、粗纤维 51.71%。叶的三大营养成分含量符合优良牧草标准，为优良饲料。其茎干粗硬，耐燃烧，可做薪柴。其枝条热值平均 20158.6kJ/kg，相当于标准煤热值的 68.8%。据生物量测定，6 年生枝条干重 7010kg/hm²，相当于标准煤 4822.9kg。另外，不同枝龄热值测定结果说明，5~6 年枝条热值最高。甘蒙锦鸡儿叶含氮 2.52%~3.10%、磷 0.17%~0.18%、钾 1.59%~2.02%，为优良绿肥植物。

二、形态特征

落叶灌木，多分枝，高 2m 左右。老枝灰褐色，有光泽；小枝细长，带灰白色，条棱显著。托叶在长枝者硬化成针刺，宿存，短枝者较短，脱落。叶轴刺状，直伸或弯曲。小叶 4 片，假掌状，倒卵状披针形，长 3~12mm，宽 1~4mm，暗绿色，无毛或稍被柔毛。花单生，梗长 8~25mm，关节在中部以上；萼筒钟状管形，基部偏斜具显著囊状突起，无毛，齿三角状，有缘毛；花冠黄色，有时旗瓣略带红色，旗瓣宽倒卵形，先端微凹，翼瓣矩圆形，耳矩形，爪长为瓣片之半，龙骨瓣稍钝，耳齿状。荚果圆筒形，先端短渐尖，无毛。花期 5~6 月，果期 6~7 月。

三、分布区域

甘蒙锦鸡儿产内蒙古、河北、山西、陕西、甘肃（陇西、会宁、兰州、民勤、肃南、岷县）、宁夏（贺兰山、中卫）、青海、西藏、四川西部。分布于草原地带，从高寒草甸、经干草原到荒漠草原均有。散生于干旱的山坡、黄土丘陵、沟谷、沙地及荒漠滩地上，垂直分布见于海拔 2000~3600m 的地带。在贺兰山垂直分布海拔 1700~1900m，在黄土丘陵地区多见于海拔 1600~1800m 以下。

四、生态习性

甘蒙锦鸡儿为阳性树种，具有喜光、耐旱、耐贫瘠、适应性强的特点。在阳光充足的阳坡、梁峁顶分布多，生物产量大，郁闭度高，在阴坡自然分布少，生长不良。对土壤要求不严，在各类土壤，特别是在红土上均能正常生长、开花结实。据青海省农科院林业研究所测定，其凋萎系数为 3.95%，为超旱生灌木。

甘蒙锦鸡儿根系庞大，主侧根发达。一年生根可深入地下 80cm，根粗 0.8cm，多年生植株主根深达 6m 以上。侧根扩展很快，分根多，形成较大根幅，并能从侧根萌发出新的植株。根蘖繁殖与成丛性能力很强，在甘肃永登毛茨岘子有 330m^2 左右的灌丛分布。在干旱的山坡上有极强的适应性，在兰州黄河以北的砾石石质山坡有其群落分布。能在其他树种不能正常生长的干旱贫瘠阳坡上形成覆盖度达 34.3% ~ 89.48%，平均株高 0.8 ~ 2m，平均地径 0.74 ~ 2.35cm 的单种群丛。毛根上生有根瘤，具有固氮作用。耐平茬。据试验，平茬当年树高可由 10.48cm 增长到 40.97cm。

根据在青海互助县的观察，发芽期 4 月中旬，展叶期 4 月下旬至 5 月上旬，现蕾、开花期 5 月下旬至 7 月下旬，结果期 6 月上旬至 7 月下旬，种子成熟期 7 月下旬至 9 月下旬，落叶期在 10 月份。

五、培育技术

7 月下旬 85% 的荚果皮由绿色变成褐色后即应及时采收。选择生长健壮、无病虫害的植株，采下荚果，晒干除去果皮，装在布袋内，放置在干燥通风处备用。甘蒙锦鸡儿每千克种子约 68260 粒，发芽率约 77%。采用直播造林，播种量 10kg/亩。一般在 7 ~ 8 月中旬雨季播种，播种深度约 1.5cm。甘蒙锦鸡儿种子出土力强，幼苗出土后初期生长缓慢，如遇干旱高温易受日灼。应及时松土除草保墒，防止日灼和土壤板结。成林后及时平茬，促进生长。作薪炭林经营时，平茬周期可定为 5 ~ 6 年。其病虫害较少，其他参照小叶锦鸡儿。

（朱　恭）

柠条锦鸡儿

别名：毛条、柠条、老虎刺、马集柴、牛筋条、白柠条、大柠条、查干－哈日嘎纳（蒙）

学名：*Caragana korshinskii* Kom.

科属名：豆科 Leguminosae，锦鸡儿属 *Caragana* Fabr.

一、经济价值及栽培意义

柠条锦鸡儿株丛高大，枝叶稠密，根系发达，具根瘤菌，不但防风固沙、保持水土的作用好，而且枝干、种实的利用价值也较高。是我国荒漠、半荒漠及干草原地带营造防风固沙林、水土保持林的重要树种。

柠条锦鸡儿的枝干含有油脂，外皮有蜡质，干湿均能燃烧，火力强。据测定，其热值为 19799kJ/kg，为标准煤热值（29732.4 kJ/kg）的 66.59%，是良好的薪材。开花期鲜草干物质含粗蛋白质 15.1%、粗脂肪 2.6%、粗纤维 39.7%，无氮浸出物 37.2%，粗灰分 5.4%。其中钙 2.31%，磷 0.32%。产草量高，但适口性较差。春季萌芽早，枝梢柔嫩，羊和骆驼喜食；春末夏初，连叶带花都是牲畜的好饲料；夏秋季采食较少，初霜期后又喜食；冬季更是"驼、羊的救命草"。柠条锦鸡儿也是优良沤绿肥原料。结实繁多，种子产量高。据内蒙古化工研究所测定，种子中含粗蛋白质 27.4%、粗淀粉 31.6%、粗脂肪 12.28%，营养价值很高，但含有单宁（1.98%）、生物碱（0.43%）而带有苦涩味，可用来榨制非食用油，也可采用蒸煮、浸泡的办法去除苦味作饲料。枝干的皮层很厚，富含纤维，于 5～6 月采条剥皮，沤制成"毛条麻"，可供拧绳、织麻袋等。此外，开花繁茂，为优良蜜源植物。

二、形态特征

落叶灌木，稀小乔木，高 1～4（5）m。老枝金黄色，有光泽，嫩枝被白色柔毛。托叶在长枝者硬化成针刺，宿存；叶轴长 3～5cm，脱落；具小叶 6～8 对，披针形或窄长圆形，长 7～8mm，宽 2～3.5mm，先端锐尖或稍钝，具短刺尖，基部宽楔形，两面密被伏生绢毛，灰绿色。花梗长 6～25mm，密被柔毛，中上部具关节；萼筒管状钟形，密被伏生短柔毛，萼齿三角状或披针状三角形，花冠黄色；旗瓣宽卵形或近圆形，具短爪，翼瓣爪细，稍短于瓣片，耳短小，牙齿状；龙骨瓣具长爪，耳极短；子房披针形，无毛。荚果扁披针形，腹线凸起。种子肾形，黄绿、黄褐或具紫黑色斑纹。花期 5～6 月，果期 6～7 月。

三、分布区域

柠条锦鸡儿产内蒙古、山西、陕西、甘肃、宁夏、新疆、青海等省（区）。其中腾格里沙漠、巴丹吉林沙漠东南部、西鄂尔多斯、毛乌苏沙地和乌兰布沙漠分布极为普遍，并广泛栽培。

四、生态习性

柠条锦鸡儿喜光，适应性很强，既耐寒又抗高温。在年平均气温 1.5℃，最低气温 -42℃，最大冻土层深达 290cm 的内蒙古锡林郭勒，能正常安全越冬。耐高温程度与小叶锦鸡儿相同，叶片受伤温度 55℃，致死温度为 60℃。极耐干旱，既抗大气干旱，也较耐土壤干旱。据青海省农科院林研所在西宁南北两山测定，其凋萎系数为 5.28%。耐旱性比中间锦鸡儿强。据观测，在 0～190cm 根层内，沙地含水率极值为 0.3% 的情况下仍能生长，1.90%～3.04% 时生长健壮。但不耐涝。喜生于具有石灰质反应、pH 值 7.5～8.0 的灰栗钙土，土石山区可成片分布，在贫瘠干旱沙地、黄土丘陵区、荒漠和半荒漠地区均能生长。而在沙壤土上生长迅速，年均高生长量达 67cm。毛条具有根瘤菌，有固氮性能。

根系发达，防蚀保土性能强。耐风蚀，当沙地遭受风蚀根系裸露出地面 1m 时，仍可正常生长。幼苗期根系生长迅速，5～6cm 高的幼苗，主根深达 40～50cm，根深为苗高的 7～8 倍。第二年以后侧根加速生长。一般主根深长，侧根成层分布。3 年生高度不到 70cm 的植株，根系分布层深达 1.55m，上层侧根的根幅达 3.45m，成为吸收雨水的强大根系网；下层根系能充分吸收深层的土壤水分。在沙地上，其垂直根能深入 2m 以下沙层，沙埋后能从枝上产生不定根，随沙层加厚不定根增加，并从上部萌发新枝，任沙压土埋而生长不衰。另外，毛条根系有较强的吸收深层土壤水分的能力，特别是 40～160cm 的深土层，经推算，半年期间每公顷柠条锦鸡儿林地比糜子地多吸收水分 1416.7m³，相当于 141.7mm 降水量，并且主要是深层土壤水分，故有"搜水植物"之称。萌芽力强，幼林平茬可促进生长，4～5 年生植株平茬后，次年枝条丛生，当年高达 1～1.5m，成林母树平茬后的萌发更新力也强。

寿命较长。生长发育随年龄而变化，播种当年生长较慢，第二年高生长加快，第三年开始分枝形成灌丛。株高和地径生长的速度以 5 年生时最快，5～6 年生一般高 2～3m；而主干和树冠的生长则以 10 年生时为最大。天然灌丛林 3 年开始结实，在水分条件较好的丘间低地，人工林 3 年可开花结实。通常于造林 5～6 年进入分枝发棵和开花结实期，7～8 年以后，进入结实盛期，20 年后高生长停滞，干径生长趋缓。30 年后进入衰老期。立地条件较好时，树龄可达 70 年以上。

发芽早，落叶迟。一般 4 月初萌动，5 月上中旬开花，花期 20 多天，6 月中下旬至 7 月上中旬果熟，11 月中旬落叶。枝条生长的高峰期在 8 月份，秋梢生长量大，对早晚霜冻危害的抗性强。干冷的冬春季节，幼嫩枝梢未见有枯梢现象。甚至 8～9 月间直播幼苗也能安全越冬。

五、培育技术

种子成熟期比小叶锦鸡儿和中间锦鸡儿早半个月，但因地区不同而异，在甘肃沙区于 6 月中下旬成熟，在内蒙古沙区 7 月上中旬成熟。种子成熟后 4～5 天，果荚就开裂，籽粒散落，应注意适时采收，随熟随采。种子千粒重 50～60g，含水率 7.8%，发芽率约 93%，发芽势 77%。在干燥通风的条件下贮存至第三年，发芽率尚高达 91%，至第六年，则有 2/3 的种子丧失发芽率。

柠条锦鸡儿属直根性树种，主根发达，须根较少，因而裸根苗造林成活率不高，应注意在苗期入秋前进行断根处理，促进须根发育，同时，积极推广容器苗造林。

在土壤水分较好的立地条件下，柠条锦鸡儿生长优于小叶锦鸡儿和中间锦鸡儿，但在黄土山坡粗放整地或直播造林时，生长状况则不如后者，黄土丘陵地造林应以小叶锦鸡儿等为主。

其他同小叶锦鸡儿。

（朱　恭）

白刺花

别名：狼牙刺、马蹄针、苦刺
学名：*Sophora viciifolia* Hance
科属名：豆科 Leguminosae，槐属 *Sophora* L.

一、经济价值及栽培意义

白刺花有着极高的开发价值，花和种子中富含人体所需的天门冬氨酸、谷氨酸、赖氨酸等 17 种氨基酸，其含量在 0.03% ~ 1.12% 之间；P—胡萝卜素、V_C、V_{B1}、V_{B2}、V_{B6}、V_E 等多种维生素和烟酸；还含有 P、K、Mg、Ca、Fe、Mn、Cu、Zn、Na 和 B 等多种矿质元素。白刺花开花量多，蜜汁十分丰富，产上等蜂蜜。据《中国蜜源植物及其利用》记载，"白刺花每株约有花序 500 ~ 700 个，一个花序始花至凋谢需 9 ~ 13 天，全株花期 19 ~ 21 天。花期 3 月下旬至 5 月中旬，5 月中旬至 6 月上旬约 20 天左右是白刺花产蜜盛期。每群蜂每天可进蜜 2 ~ 2.5kg，整个花期每群蜂可取优质蜜 20 ~ 25kg。蜜饯琥珀色透明，较稀薄，生蜜微带苦味，易结晶，结晶后为乳白色，晶粒细腻，带清香味，为一等蜜"。

白刺花嫩枝叶是优良的绿肥，在滇东南，传统上多用白刺花做秧田和甘蔗的基肥，并且认为白刺花绿肥可以提高甘蔗的甜度和脆度；在缺林地区，白刺花也是重要的生物质能源，白刺花木质细密，燃烧发热量高。

茎、叶、果和种子都含有苦参碱、氧化苦参碱、槐果碱、槐定碱、苦豆碱等。在南方，民间常把花作为一种蔬菜食用，其风味可口独特，有的地方已把白刺花作为一种地方独特菜，在宾馆酒楼中供顾客食用，深受顾客的欢迎，特别是食用油腻的脂肪、蛋白质后，吃一点白刺花作的菜，有开胃、清肠、凉爽的感觉。在黄土丘陵沟壑区山坡、田埂均分布有大量的白刺花，为荒山的建群植物种之一。所以，白刺花在山川秀美工程建设中具有重要意义。

二、形态特征

灌木，高达 2.5m，小枝短，具刺尖，枝及叶轴被平伏柔毛. 小叶 11 ~ 21，椭圆形或长倒卵形，长 5 ~ 8（12）mm，先端钝或微凹，具短尖头，上面近无毛，下面疏被绢毛，中脉较密；托叶针刺状，宿存。总状花序生于枝顶，有花 5 ~ 14；花梗长约 4mm，被绢毛；萼杯形，紫色，被绢毛，长 4 ~ 6mm，萼齿三角形，花冠白色或蓝白色，长约 1.5cm，旗瓣倒卵形，反曲，龙骨瓣基部有钝耳，花丝下部 1/3 合生；子房被毛. 果长 2 ~ 6cm，宽达 4mm，近无毛，果皮近革质，开裂。种子数 1 ~ 5，长约 4mm，椭圆形。花期 3 月下旬 ~ 6 月中旬，果期 8 ~ 10 月。

三、分布区域

在秦岭、巴山地区、汉水流域及秦岭北麓海拔 1500m 以下有大片的、以它为优势的群落（周至楼观台、眉县等地），关山、黄龙、桥山林区以及延安、安塞、榆林等地半干旱的阳坡亦有分布；甘肃分布于兰州、定西、榆中、平凉、泾川、灵台、崇信、华亭、静宁及子午岭海拔 1000~2300m 的林缘、坡地、沟旁、路边、沙盖地；宁夏分布于六盘山、罗山、贺兰山海拔 2000m 以下的山地阳坡。

此外，华北、华东和华南地区海拔 850~2500m 的广大地区有分布和栽培。

四、生态习性

白刺花是生态适应性很广的植物，喜光，不耐庇荫，具有突出的耐干旱、耐贫瘠、耐火烧、耐践踏、耐刈割等特性，根系深而强大，具固氮能力，萌蘖能力强等一系列优良生态特性，在沙壤上生长良好，在阳坡常形成大片群落。是山区理想的水土保持、改良土壤、营造生物围栏及绿化造林的先锋树种。

白刺花生物量测定表明：总生物量（干重）为 33.4t/hm²，其中地上部分 15.32 t/hm²、地下部分 18.09 t/hm²、鲜果重 1.67 t/hm²、枝叶重 14.05 t/hm²。蓄水保土效益显著，据延安水土保持研究所测定，7 年生白刺花林地径流量比坡地减少 61.3%~70.1%，冲刷量减少 82.4%~93.3%。

五、培育技术

（一）育苗技术

1. 播种育苗

据测定结果，白刺花的出种率为 57%，种子千粒重在 13~17g 之间，白刺花种子外面有一层蜡质，对种子有较强的保护作用，能避开自然环境中的不良因素。常温下保存 7 年仍能发芽。在育苗时，需用沸开水浸泡催芽，浸种时不停搅动，直至水温降到常温，种子发胀后播种，发芽率在 58%~68% 之间，平均为 63.25%。

2. 扦插育苗

白刺花分枝多，干旱的黄土丘陵沟壑区更是如此，所以，插穗应在 1~2 年生的萌条上选择，扦插采用常规方法进行。

（二）栽植技术

1. 植苗造林

整地采用鱼鳞坑形式，避免因采用反坡梯田和水平沟整地造成新的水土流失现象发生。穴状坑的排布是沿水平线呈品字形排列，保证每个穴能最大限度地蓄水保墒。植苗造林 3 月上中旬为宜，株行距 0.5~1.0m×2m。

1998 年云南林业科学院在建水小关进行的造林试验，造林株行距为 2m×2m，成活率达 100%，保存率达 95% 以上，生长良好，2001 年 3 月调查，平均树高为 89.4cm，平均地径为 1.37cm，平均冠幅为 85.7cm，已大量开花结实，最多有 1940 朵/株，最少为 297 朵/株，平均单株开花 1091 朵，每朵花重 0.03g，平均每株产鲜花 33.0g，每亩产鲜花 5285g。

在黄土丘陵沟壑区向阳陡坡，白刺花常形成单优群落类型，土壤干旱，群落生物产量低；侧柏群落遭到破坏后，生态系统往往退化到白刺花群丛。因此，白刺花造林最好是与侧柏混交，构建稀乔灌草混交模式。水平阶上栽植侧柏株距 2m，行距 4m，造林时将容器苗浸水 5~10min 后，划破容器袋，并在坑穴内投药防治鼢鼠危害；坡面栽植 1 行白刺花，株距 1.5~2m，行距 4m，用生根粉或蘸根型吸水剂蘸根。按 1g 生根粉 3 号，0.5kg 酒精溶解，再加50kg水稀释比例配制成生根粉溶液，将苗木根系浸泡在稀释后的生根粉溶液内半小时，造林前为防止失水可蘸泥浆后再栽植。

2. 直播造林

白刺花春、夏和秋季均可直播造林，按株行距0.5m×2m挖穴，每穴播10～15粒种子，覆土厚2～3cm，每穴留苗3～5株，成林后5～6年进行第一次平茬，当年可萌发枝条23株左右，枝高可达0.92m，枝径达0.73cm，冠幅平均在1.07m。以后，每隔4～5年平茬1次。

（薛智德）

唐古特白刺

别名：白刺、酸胖、沙漠樱桃、哈尔马格（蒙语）

学名：*Nitraria tangutorum* Bobr.

科属名：蒺藜科 Zygophyllaceae，白刺属 *Nitraria* L.

一、经济价值及栽培意义

唐古特白刺因枝条粗硬、多刺、含盐量高，牲畜适口性相对较差，但其枝叶粗蛋白质含量、粗脂肪含量与无氮浸出物和粗灰分含量很高，粗纤维含量较低，人体必需氨基酸含量较丰富，骆驼、绵羊、山羊喜食。其果实被称为"沙樱桃"、"红珍珠"，味甜多汁，色泽鲜艳，营养丰富，果肉和果汁中含有丰富的糖类（占干重的26%）、微量元素（24种）和18种氨基酸，其中12种氨基酸的含量高于沙棘，5种高出2~10倍；果实中Vc含量达31.12mg/100g，是一种稀有的保健、药用和食品工业资源。研究发现果实还具有调节血糖，降血脂，降血压，显著提高人体免疫力，抗疲劳，抗寒冷，增进睡眠程度等功效，已开发出系列保健品，潜在经济价值可观，开发潜力巨大。

唐古特白刺是西部荒漠地区防风固沙的重要树种之一。近年来，甘肃省林业科学研究所在兰州市南北两山半阳坡坡积黄土上采用容器苗造林，也收到了很好的成效。

二、形态特征

落叶灌木，高0.5~2m。多分枝，弯曲或直立，树皮灰白色，小枝具贴生丝状毛，先端针刺状。单叶互生，无柄，肉质，倒卵状匙形，全缘或先端浅裂成刺状。具托叶，脱落或宿存。聚伞花序，花小，生于嫩枝顶部，直径约0.8cm，萼片5，基部连合，宿存；花瓣5，白色或带黄色，雄蕊10~15枚；子房上位，3室，每室1胚珠。浆果状核果近圆形，长5~8mm，上部渐尖，成熟时紫红色。花期5~6月，果期7~8月。

三、分布区域

唐古特白刺为中国特有种。分布于陕西、甘肃、宁夏、内蒙古、西藏、江西和新疆等省区。新疆主要分布于南疆和准噶尔盆地；宁夏主要分布于西部荒漠地区；在青海主要分布于柴达木盆地的诺木洪、香日德、小柴旦、乌兰、德令哈等地区；甘肃省主要分布于河西荒漠地区，亦见于兰州、定西一带黄土丘陵区。

四、生态习性

唐古特白刺适应干旱、盐碱的能力强，具有耐脱水、抗高温特性，保水力强。在阿拉善、河西走廊、柴达木、准噶尔、塔里木等地沙漠区，常在湖盆外围呈环形分布，并与湖盆底部的盐生草甸植物排列成同心圆式的分布格局，也出现在低山残丘间宽谷低地、坡麓地带、洪积扇缘、干河谷及其阶地上。生长地的土壤多为盐化沙土或覆沙盐化壤土、堆积风积龟裂土、结皮盐土和山前棕钙土等。在气候极端干旱,干燥度 4~60,年降水量在 100mm 以下区域能够生长和繁衍。唐古特白刺在黄土高原西部干旱区和戈壁边缘形成旱生灌木群落。在黄土丘陵常与红砂伴生,在山坡下部、沟道成片生长,形成单优群落。

唐古特白刺根系发达,3 年生植株高 30cm,根系深 150cm,多年生植株可达 4~5m。单株白刺根系总长度可达株高的 30 倍。其平卧枝上不定根非常发达,极耐沙埋,有沙子"越埋越旺"之说。沙埋后枝条遇降水能迅速地长出不定根和萌生新枝条,匍匐丛生的枝条使灌丛不断扩大,并不断积沙形成馒头状白刺包。白刺包一般高 0.5~3m,最高可达 5m 以上,丛幅常在 2~6m 之间;植株高 0.24m,冠幅 2.2m×1.3m 的白刺包,积沙量为 5.9m³;高 2m,冠幅 11.3m×10.3m 的白刺包,积沙量达 2321.3m³。在无沙埋的条件下,唐古特白刺生长将减弱或衰退。唐古特白刺喜疏松透气性好的土壤,在黄土区山坡堆积土坡面、道路填方可汇集雨水的地方造林,可较快形成被覆,保持水土。

平茬能促进唐古特白刺灌丛的生长恢复。平茬后,当年新枝高生长达 38.6cm,为未平茬植株新枝生长量的 14 倍;地上部分总鲜重量比未平茬植株平均低 113.5g/cm²,但平茬植株当年生物量可达 536.5g/m²,为未平茬植株的 4 倍。

唐古特白刺在 5 月份花期开始时,枝叶继续生长,7 月中下旬果实成熟,当年生营养枝迅速生长,8 月底生长量达到最高。此后开始进入枯萎期和休眠期。天然生长的白刺多为种实脱落入土越冬后,自行出苗。

五、培育技术

(一)育苗技术

唐古特白刺常用扦插和播种育苗,也可采用容器育苗或组织培养。

1. 播种育苗

(1)采种 果实 7 月下旬成熟,果实为浆果状核果类,果皮明显分为三层,外果皮薄,中果皮肉质多浆,内果皮由石质细胞组织形成坚硬的核,起到保护种子的作用。果实成熟后易遭鼠兔为害,应及时采收。采集的果实加水揉搓,滤去果汁和果皮,留下带有硬核的种子晒干后待种。种子千粒重平均为 46.4g。

(2)播种方法 一般于 4 月中旬播种。由于种皮坚硬,播种前应进行催芽处理。可采用沙藏,或用 60℃ 左右的温水浸泡,当切开种子,种仁吸水膨胀为止。播前圃地灌水,土壤湿度适宜时开沟条播,播种沟宽约 8~10cm,沟距 30cm。播种后覆土 2cm,灌水一次。播种量 10~12kg/亩,产苗量 2 万株。

(3)幼苗管理 播种后到苗出齐大约需要 30d。幼苗初期生长缓慢,当幼苗长出 3~4 片真叶后浇水一次,结合浇水追施适量化肥促进苗木生长。7~8 月幼苗生长加快,在浇水时结合施一次追肥。8 月下旬停止浇水,只需除草和松土管理。待苗高 30cm,根径 0.5cm,即可出圃。10 月中旬起苗、假植。

2. 扦插育苗

(1)插穗采集 唐古特白刺可采用硬枝和嫩枝(非休眠性枝)扦插,以硬枝为好。硬枝扦插时可在 3 月中旬,采集径粗 0.4~1cm 的一年生枝条,剪成 20cm 长的插穗,捆扎成捆后沙藏;嫩枝扦插时采集木质化的当年生枝条,上部留 3~4 片叶子,剪好后插穗放入清水中浸泡,扦插前用 ABT 生根粉或激素处理插穗,可提高成活率。

（2）扦插技术　硬枝扦插在在春季进行，嫩枝扦插时间比较灵活，可以在秋季进行。选光照充足，地势平坦的沙壤土作插床，前一年秋末冬初，深翻圃地，适施底肥，灌足冬水。插床内按 20cm×20cm 的株行距扎孔扦插，插深 10~15cm，插后顺孔四周踏实，并及时灌足第一次水。苗期注意及时浇水、松土和除草。

（二）栽植技术

以植苗造林为主，也可以直播造林或扦插造林。

1. 植苗造林　造林前进行穴状或带状整地，一般随整地随造林。造林多在春季进行（4月）。造林方式常采用带状或簇状造林，带状造林带距 5~6m，最大不超过 10m，株距 1~1.5m，行距 2~3m；簇状造林每穴 5~10 株，可及早起到阻沙、固沙目的。干旱沙区造林，在栽植同时进行一次灌水，一般每穴灌水 10~20kg。

2. 直播造林　在水分条件较好的丘间低地可以穴播造林，穴深 5cm 左右。每穴 8~10 粒种子，株距 1.0~1.5m，行距 2~3m。

3. 扦插造林　唐古特白刺在原生流动沙丘上可进行穴状或带状扦插造林，最好预设沙障。插条采用 1 年生硬枝，插条径粗 0.4~1cm，长度在 50cm 以上。插条在春季采集后沙藏或随采随插，但是在扦插前均要用 250mg/L ABT 生根粉泥浆处理。扦插采用挖坑埋压或扎孔均可，扦插深度 40cm 左右，外露约 10cm，扦插的同时需要灌水。插条展枝前会出现埋没或掏蚀，需进行人工处理。

六、病虫害防治

1. 白刺夜蛾（*Leiometopon siyrides*）　又名白刺毛虫、僧夜蛾，是专食白刺叶片的暴发性害虫。1 年发生 3 代，以蛹在土中越冬。

防治方法：最佳防治期应在第一代幼虫始盛期的 5 月下旬至 6 月上旬。作好中长期预测预报，以便及时防治；可利用灯光诱杀成虫；用 60% d-M 合剂 1500~3000 倍液，25% 苏灭脲 I 号 100~200ml/m³ 喷洒防治。

2. 白刺古毒蛾（*Orgyia* sp.）　为食叶害虫，1 年发生 2 代，以卵在茧内越冬。依据其生活习性以及生存环境，防治时期应选在 7 月下旬至 8 月中旬，期间是第二代幼虫孵化的盛期。用虫克灵、35% 辛氰乳油、25% 农田定乳油药物，用背负式电动喷雾器用常量喷头围绕白刺四周进行喷雾防治，杀灭率达到 99% 以上；组织人力，拣拾白刺古毒蛾的茧，以阻止翌年发生。

3. 白刺粗角叶甲（*Diorhabda rybakowi*）　成幼虫啃食白刺的叶片、幼芽、嫩枝条及果实，造成缺刻、断梢、断叶、伤果等。发生严重时可吃光整个叶片，造成白刺灌丛一片灰白。一年发生 2 代，以成虫在沙土中越冬。

防治方法：开始产卵或 5 月下旬第一代幼虫 2 龄期，采用 2.5% 溴氰菊酯（37.5ml/hm²）、20% 杀灭菊酯（150ml/hm²）、40% 氧化乐果（750ml/hm²）进行超低量喷雾，防治效果均在 90% 以上。

（满多清）

甘蒙柽柳

别名：红柳

学名：*Tamarix austro-mongolica* Nakai.

科属名：柽柳科 Tamaricaceae，柽柳属 *Tamarix* L.

一、经济价值及栽培意义

甘蒙柽柳是优良的水土保持灌木和固沙造林树种，也可营造薪炭林或作其他用途。其萌蘖力强，生长快，产柴量高。据测定，林龄 3 年生产量为 3.0 kg/丛，5 年 5.5 kg/丛，8 年 6.7 kg/丛。另据甘肃省东岗水保站在兰州窦家山实测，林龄 3 年生灌木林每公顷枝叶干重 5.02t，其热值为 17119.8 ~ 20213.8kJ/kg，相当于原煤热值的 64% ~ 75%。甘蒙柽柳嫩枝叶中含 N2.06%、P0.31%、K1.86%，除 P 含量稍低外，其余均高于常用农家肥。林地有机质及氮、钾等养分都比无林地提高。5 年生实生植株根幅 8m，深 13.5m，有良好的固土作用。其嫩枝叶营养丰富，嫩枝尤为牛羊喜食，其中 1 年生枝叶含粗蛋白质 6.19%、粗脂肪 3.63%、粗纤维 35.52%；嫩叶含粗蛋白达 17.38%。其材质坚实，耐磨耐用、抗弯，主干作建材、家具和工具，枝条是制造小型农具的优良用材。枝干是制造牛皮纸或制作纤维板、刨花板和木地板的原料。

甘蒙柽柳树形美观，枝干红色，一年开花二次，花期长，花略有香味，可供园林绿化，也可作蜜源植物；抗 SO_2、Cl_2、HF 等有害气体，吸附烟尘，用于防污绿化。耐修剪，是制作盆景的良好材料。此外，甘蒙柽柳含单宁 10%，可提取 鞣料鞣制皮革。嫩枝入药，有利尿、解热功能。甘蒙柽柳还是有"沙漠人参"美称的肉苁蓉（*Cistanche tubulosa*）的寄主。

二、形态特征

落叶灌木或小乔木，高 2 ~ 4（8）m，树杆和老枝栗红色，枝直立。叶灰蓝绿色，木质化生长枝基部的叶阔卵形，上部的叶卵状披针形，长均约 2 ~ 3mm，先端尖刺状，基部向外鼓胀；绿色嫩枝上的叶长圆形或长圆状披针形，渐尖，基部亦向外鼓胀。春和夏秋开花；春季开花，总状花序自去年生枝上发出，侧生，长 3 ~ 4cm，宽 0.5cm，着花较密，有短总状花梗或无梗；有苞片或无。夏秋季开花，总状花序直向上；花 5 数，萼片 5，卵形，急尖，绿色，边缘膜质透明；花瓣 5，淡紫红色，顶端向外反折，花后宿存；花盘 5 裂，顶端微缺，紫红色；雄蕊 5，伸出花瓣之外，花丝丝状，着于花盘裂片间，花药红色；子房三棱状卵圆状，红色，柱头 3，下弯。蒴果长圆锥形，种子顶端具芒柱，上有冠毛。花期 5 ~ 9 月，果期 8 ~ 9 月。

三、分布

甘蒙柽柳为我国特有种，分布范围约在东经 100° ~ 112°，北纬 33° ~ 42°之间。在青海（东部）、甘肃（秦岭以北、乌鞘岭以东），宁夏、内蒙古（中南部和东部）、陕西（黄河两岸）、山西（河流两岸）、河北（北部）、河南、山东（至黄河出海口）等省（区）的半荒漠区有广泛分布。主要生于盐渍化河漫滩、冲积平原及盐碱沙漠地及浇灌盐碱地区。在甘肃黄土丘陵沟壑区海拔1500～2470m地带营造的片林生长良好。该种已引种到甘肃河西走廊、新疆吐鲁番和塔里木盆地。

柽 柳
1. 花枝 2. 枝（一段放大） 3. 花序（放大）
4. 单花 5~7. 放大雄蕊、雌蕊及花盘

四、生态习性

甘蒙柽柳为阳性树种，喜光稍耐荫，苗期即对光照敏感，有遮荫死亡现象，幼树在遮荫条件下黄叶，幼林有自疏现象。据观察，苗圃内1年生苗的密度为273株/㎡，2年生自疏为118株/㎡，3年生为76株/㎡。另对兰州附近甘蒙柽柳林带观察，25龄时林带完全郁闭，植株中下部和内膛侧枝干枯，仅树冠上部和外围生长较好。

耐水湿，对温度适应幅度广。在黄土高原海拔2470m，年均温3℃处可正常生长；在年均温<3℃，≥10℃活动积温929℃，极端低温−24℃气候条件下可安全越冬。一年生枝水培60天出现新根。极耐干旱，1980～1982年，兰州地区降水量分别为186mm、200.6mm、224mm，连续无降水天数121天，土壤表层含水量不足2.0%，2m深处6%左右，仍能正常生长。甘蒙柽柳为泌盐植物，对盐碱有一定的忍耐能力，在氯化物-硅酸盐土含盐量0.649%时可以生长。插穗在含盐量0.5%的盐碱地上能正常出苗，带根的苗木在含盐量0.8%的盐碱地上成活生长，大树能在含盐量1%～1.2%的重盐碱地上生长。其适生的pH值范围为6.0～8.5。深根性，根系发达。萌枝力强，耐平茬。据对甘肃榆中县龚家盆梯田地埂林调查，经过6年连续平茬仍有2.1m的高生长量和1.95cm的地径生长，最大的一丛萌生枝条127根。其种子小，发芽快，具种毛，能随风或水传播，在侵蚀沟道、河谷漫滩依靠自然落种可进行天然更新。寿命长，在甘肃甘谷县大象山有百年大树，树高8m，胸径达60cm。

甘蒙柽柳通常4月上旬叶芽开始膨大，4月中下旬展叶抽枝，5月中下旬开花，花期可延续至10月，6月中旬至10月种子成熟，新梢10月中旬停止生长，10月下旬叶变色，至冬季进入休眠期，叶随嫩枝脱落。

五、培育技术

（一）育苗技术

1. 播种育苗 6月中旬至10月蒴果开裂微露绒毛时，即带枝采收摊晒，经12h蒴果可全部开裂。每个蒴果内含种子14～34粒，千粒重为0.045～0.095g。种子采收后应在一周内播种，发芽率为50%～89%。据试验，在室温20℃左右保存34天，发芽力全部消失，因此需随采随播。

苗圃地选在交通方便、地形平坦、避风向阳及灌溉条件良好的地段，以沙壤土、壤土为宜，0~30cm 土层含盐量小于 0.7%，pH 值 7~8。结合整地每公顷施入基肥 15~30t（重盐碱地除采用垄作或高床外，还必须进行土壤改良，可采用过磷酸钙、硫磺或硫酸亚铁与基肥混合使用），深翻 25~30cm，精细翻耕耙平做成带有防冲进水沟的平床，床宽 2~3m，长度 5~20m，畦周埂高 30~40cm；沿长边方向在床面中间开挖一条宽 30cm，深 10~20cm 的防冲沟；清水从防冲进水沟引入，然后缓慢浸漫到苗床上。利用防冲沟防淤，是播种成败的关键。

通常采用落水播种法。选择无风的日子播种。播前将水引入苗床，待床内水深达 15~20cm 时停止灌水，堵好水口。带种壳和冠毛的种子按 2~4 kg/亩的播种量，混以绵沙均匀撒播，用锹或柳枝击打水面使其浸入水中，待水全部入渗，种子附着于土表后，薄薄撒一层土，播种即告结束。每 2~3 天小水浸灌一次，保持湿润，3~5 天即可发芽，以后逐渐少灌水。此外，也可利用洪水漫地，撒种育苗。

2. 扦插育苗　　时间以春季为主，也可秋季育苗。从采穗圃或结合平茬从健壮母树采取粗 1.0~1.5cm 的一、二年生萌条或苗干作插条，并剪成长 15~20cm 的插穗（直径不小于 0.5cm），按粗细分开，每 100~200 根一捆，生根粉处理或随采随插，或埋入湿土中待用。兰州等地多秋采、沙藏、春插或秋采秋插。秋插后应在插条上端封土成堆，来春扒开；春插时，插穗露出地面 3~5cm，以免表土含盐过多，侵蚀幼芽，影响成活。吐鲁番等干旱荒漠地区多采用春采春插，即随采随插，效果同秋采春插。甘蒙柽柳插条主要是皮部生根，插前，插穗可采用 ABT 生根粉（1 号或 2 号）1000 mg/L 原液速蘸或 500 mg/L 稀释液浸泡半小时；或浸水处理 3~5 天。

3. 幼苗抚育管理　　播种育苗，播后 10~15 天内要经常保持床面湿润。3~5 天就能长出小苗，出苗后小水勤浇，一个月后每周一次，两个月后酌减。出苗后清除杂草及遮荫物（只拔草不松土），保持光照充足。当年苗高 10~15cm，越冬不需要覆盖，浇足冬水即可。苗高 3~15cm 时或翌年 4 月间苗，规格为 5cm×5cm，每公顷保留 360 万株左右。苗高 20~30cm 追施尿素一次。甘蒙柽柳为直根性树种，苗期须根少，因此，入秋前要及时断根，促发须根。秋天或次年春季出圃。开沟起苗，保持根长 40cm 以上，每百株扎一捆，蘸浆保护。一般 2 年出圃，若需 3 年出圃，应在第二年移植，株距 5cm，窄行 10cm，宽行 20cm，每公顷 133 万株左右。若建立采穗圃，定植株行距为 1m×1~2.0m 为宜。每年平茬一次。扦插育苗除基肥和灌溉条件有保证外，中耕锄草必须及时到位。扦插苗高 30~40cm 时，追施一次尿素，每亩 10 kg 左右，施后立即灌水。插穗具有先萌条后生根的特性，因此，扦插后至生根前（15~60 天）必须保证灌水。一般一周灌水一次，两个月后半月一次，越冬前灌足冬水。干旱区沙质土壤宜适当增加灌水次数。

（二）栽植技术

甘蒙柽柳主要用于营造堤防、护岸、侵蚀沟道、沟滩盐碱地水土保持林，生物地埂、薪炭林等。在海拔 1500m 以上，年降水量 300mm 以上黄土丘陵沟壑区的阴坡、阳坡及沟滩地均可造林，在沟道有流水的地方生长旺盛。由于裸根苗造林成活率不高，黄土高原半干旱地区应大力推广容器苗造林。

在无灌溉条件的黄土山地可覆地膜集水进行扦插造林。荒山可进行鱼鳞坑整地。梯田地埂或荒坡造林时，要在当年雨季以前或造林前一年整地。荒坡根据地块大小、坡度陡缓分别采用反坡梯田、水平台、鱼鳞坑等整地方法，株行距1m×2m 或0.5～1m×3m。根据条件采用植苗造林或覆地膜集水扦插造林。甘肃永靖等地群众采用简便易行的钉植法。此法利用柽柳枝条坚硬，皮层紧贴木质部的特点，又避免了翻土跑墒。造林时按株行距要求，用榔头将插穗直接钉入土中。接穗为粗 0.6cm 以上一年生枝，穗长 30cm，入土后顶端露地面 1～2cm。梯田埂离埂顶 30～50cm 钉一行，株距 0.5～1.0m，埂高 2m 以上时，行距 1.5～2.0m再钉多行。

（朱　恭）

多枝柽柳

别名：红柳
学名：*Tamarix ramosiss* Ledeb.
科属名：柽柳科 Tamaricaceae，柽柳属 *Tamarix* L.

一、经济价值与栽培意义

多枝柽柳生长快，适应性强，是沙漠地区河湖滩地、盐化、沙化土地和沙丘上固沙造林和盐碱地绿化造林的优良树种。开花繁密，花期长，亦可用于居民区绿化。其枝干坚硬，火力旺盛，是沙区群众主要薪炭来源之一。树干可做各种农具和工具把，平茬后的萌蘖枝是用来编筐、篮的好材料，嫩枝叶是羊和骆驼好饲料。幼枝含单宁 8%。

二、形态特征

灌木或小乔木状，高 3～4（7）m。老枝暗灰色，当年木质化枝枣红色。木质化生长枝的叶披针形，半抱茎，微下延；绿色营养枝上的叶短卵圆形或三角状心脏形，几抱茎，下延。总状花序，春季组成复总状花序生去年生枝上，夏秋生当年枝顶，组成顶生圆锥花序。花少数，花瓣粉红色或紫色，形成闭合的酒杯状花冠，果时宿存。蒴果三裂，三棱圆锥形瓶状；种子顶端具无柄的簇生毛。花期 5～9 月。

该种分布广，变化大，是个多型种。并因常与多花柽柳、细穗柽柳、刚毛柽柳和密花柽柳发生杂交而增加其变异。

三、分布区域

该种产于西藏西部、新疆（南北疆）、青海（柴达木）、甘肃（河西）、内蒙古（西部至临河）和宁夏（北部）。东欧、原苏联（欧洲部分东南部到中亚）、伊朗、阿富汗和蒙古也有分布。

四、生态习性

多枝柽柳为最喜光树种，不耐庇荫，在其他树种树冠下生长不良。耐高温，在最高气温可达 47.6℃ 的吐鲁番盆地正常生长；抗寒性也强，能耐 -40℃ 的严寒。对土壤要求不严，但喜疏松透气性好的沙质壤土；耐中度盐碱，当土壤表层 0～40cm 含盐量大于 2% 时，生长不良。抗沙压、风蚀，当枝条被流沙掩埋后能产生不定根，枝条迅速向上生长，并集沙而成为风积"红柳包"。因强烈风蚀而裸露的根系上能萌生新枝条。据于洪波等在兰州徐家山的造林试验，其抗旱性综合评价低于甘蒙柽柳而优于中国柽柳。

多枝柽柳根系发达，主根深长，多与地下水相接。生长较快，寿命较长，树龄可达百年以上。在较好的立地条件下，幼龄期年平均生长量 50～80cm，10 年生植株高 4～5m，地径 7～8cm。甘肃省林业科学研究所在兰州北山造林试验中，其生长量仅次于中国柽柳和甘蒙柽柳。

五、培育技术

（一）育苗

多枝柽柳可采用播种育苗和扦插育苗。其采种时间 6～8 月，由于果实陆续成熟，要边熟边采，当少数果实开裂和较多果实变黄时，抓紧采集。当年播种育苗可随采随播，当果实开裂后去掉小枝等杂物即可播种。要尽量早采早播。留作第二年育苗时可在采种后阴干或晒干，装袋置于干燥通风处。头年采的种子到第二年春播，发芽率仍在 8% 左右。其种子小，千粒重仅 15mg，1 克种子有 6 万粒。播种方法同甘蒙柽柳。

（二）造林

多枝柽柳宜在地下水位较高，土壤轻度和中度盐渍化沙地及有灌溉条件的其他土壤上造林。在年降水量 350mm 左右的黄土丘陵区也可用于荒山造林。采用植苗造林或扦插造林，通常以植苗造林为好。但育苗时应注意秋季断（主）根，促进侧根发育，以提高裸根苗造林成活率。

利用夏洪，打坝蓄水，在流沙地快速大面积繁育多枝柽柳荒漠林，是中国科学院新疆生物土壤沙漠研究所科研人员与南疆群众创造的一项引洪造林实用新技术。

（朱　恭、李嘉珏）

中国柽柳及其他柽柳

一、中国柽柳

别名：三春柳、红荆条、红柳、华北柽柳

学名：*Tamarix chinensis* Lour.

科属名：柽柳科 Tamaricaceae，柽柳属 *Tamarix* L.

（一）经济价值及栽培意义

中国柽柳枝丛繁茂，根系庞大，繁殖容易，较耐盐碱，适于黄河中下游冲积平原、海滨、河畔湿润盐碱地、沙荒地造林，亦可在黄土高原用于营造水土保持林。其木材质密而重，可作薪炭材，亦可作农具用材。其细枝柔韧耐磨，多用来编筐，坚实耐用，其枝条亦可编磨和农具柄把。枝叶纤细悬垂，婀娜多姿，一年三次开花，绿叶与粉红色花相映成趣，观赏价值高，可用于城乡绿化。甘肃陇南一带见有用作行道树的。亦用以制作盆景，秀丽美观，别具一格。此外枝叶还可药用，作解表发汗药，有去除麻疹之效。

（二）形态特征

乔木或灌木状，高 3～6（10）m。老枝直立，暗褐红色；幼枝稠密细弱，常开展而下垂，红紫色或暗红紫色，有光泽；嫩枝繁密纤细，悬垂。叶鲜绿色，从去年生木质化生长枝长出的绿色营养枝的叶为圆状披针形或长卵形，上部绿色营养枝上的叶钻形或卵状披针形，半贴生。春夏秋均开花；春季总状花序侧生于去年木质化小枝上，长 3～6cm，常数个成簇，花枝下垂，花 5 数，花瓣粉红色，果时宿存；夏秋季开花总状花序生于当年生幼枝顶端，组成顶生大圆锥花序，疏松而下弯。蒴果圆锥形，种子小，顶端有丝毛。花期 4～9 月。

（三）分布范围

中国柽柳野生于辽宁、河北、河南、山东、江苏（北部）、安徽（北部）等省；我国东部至西南部各省区有栽培。该种引种到南疆和田，生长旺盛，已成为该地区优良绿化及观赏树种。日本、朝鲜、美国也有栽培。

（四）生态习性

中国柽柳是柽柳属植物中分布与栽培最广泛的种，对气候条件有广泛的适应性。喜光，不耐庇荫。耐寒性不如甘蒙柽柳。从新疆南北引种及兰州北山造林试验结果看，本种在冬季气温低于 -25℃ 的地区不能越冬。在乌鲁木齐和北疆虽然生长茂盛，但地上部分年年冻死，在吐鲁番生长一般，而在南疆和田一带则生长特别旺盛。据在南疆策勒治沙站观测，定植 3 年，树高 4.5m，平均年生长量 1.40m，成为南疆引种定植后生长最快的一个种（次为多花柽柳、多枝柽柳及甘蒙柽柳，定植 3 年年均生长量依次为 1.27、1.25、1.17cm）。策勒夏季极端最高温度 47.6℃，沙面最高可达 83.2℃，冬季多在 -20℃ 左右；而吐鲁番夏季气温高于策勒，冬季低温可达 -25℃。于洪波等在兰州北山造林试验中，发现该种是柽柳属中生长最快，单株生物量最大的树种，但 2001 年 4 月 8～12 日，当气温下降到 -8℃ 以下时，中国柽柳受到严重的影响，而其他柽柳未受伤害。

中国柽柳对土壤要求不严，既耐干旱又耐水湿，耐盐碱性能尤为突出，可在含盐量 0.8%的盐碱地上生长。叶有泌盐功能，有降低土壤含盐量的作用。深根性树种，根系发达，生长快，萌蘖性强，抗风，耐沙埋，耐平茬。寿命较长。

（五）培育技术

培育技术与甘蒙柽柳基本相同，但应注意以下几点：①中国柽柳发芽较早，易受早春寒流影响造成冻害，在同属植物中耐寒性不如其他树种，在寒冷地区荒山造林中应在避风向阳处栽植；②中国柽柳主根发达而须根少，苗期尤为明显，因而用裸根苗造林往往成活率不高。故在育苗时应在秋季进行断根处理，促进侧根发育，同时在黄土高原干旱区推广容器苗造林；③在黄土高原干旱、半干旱区造林时，应选择较好的立地条件，植苗造林采取截干方式，以避免早春大气干旱、土壤水分不足对苗木的不利影响。在有补水或灌溉条件时，才能进行扦插造林。

二、其他柽柳

（一）柽柳属其他种类

中国柽柳属植物约有 20 种，约占世界柽柳属总种数的 20%。种类分布最多的是新疆，有 16 个种，占全国柽柳属总种数的 80%。除甘蒙柽柳、多枝柽柳及中国柽柳外，还有一些特别耐旱、耐盐的种类，可在特殊立地上发挥重要作用；而一些观赏价值高的种类，可在城镇绿化中应用。

1. 长穗柽柳（*Tamarix elongata* Ledeb.）　大灌木，高 1～5m。春 4～5 月开花，总状花序粗壮，长 12cm，有的可达 25cm。花粉红或红紫。该种可在地下水深 5～10m 的地区生长，耐土壤高度盐渍化，是荒漠区盐渍化沙地上良好的固沙造林树种，也是春季观花的优良观赏树种。

2. 短穗柽柳（*Tamarix laxa* Willd.）　灌木，高 1.5～4.0m。花期 3 月下旬至 4 月，偶见秋季二次开花。总状花序长 4cm。花粉红至紫红色。该种在荒漠地区可以不依赖潜水生活，是荒漠地区盐碱地、沙地优良固沙造林树种。

3. 紫杆柽柳（*Tamarix androssowii* Litw.）　灌木或小乔木状，高 2～5m。花期 4 月下旬至 5 月上旬。总状花序长约 3cm，单生或 1～3 个簇生，花粉白色。该种多生于荒漠区河谷沙地，生长迅速，耐沙埋沙区，可不依赖潜水而生存，是固定流沙的先锋树种。

4. 多花柽柳（*Tamarix hohenackeri* Bunge）　灌木或小乔木，高 3～5m，最高可达 10m，是新疆分布的柽柳属植物中最高大的。花期 5～8 月，春花多而夏花少。总状花序集成疏松的圆锥花序，花玫瑰色或粉红色。该种生长在荒漠地区河湖沿岸冲积平原轻度盐渍化土壤上，是这一带主要固沙造林树种及绿化树种。

5. 细穗柽柳（*Tamarix leptostachgs* Bunge）　灌木，高 2～4m。总状花序细长，可达 12cm，集成顶生大型圆锥花序。花期 6 月上旬至 7 月下旬，花淡紫红或粉红色。主要生长在荒漠地区盆地下游河湖沿岸、河漫滩和灌溉绿洲潮湿和松软的盐土上。本种花多而艳丽，是荒漠盐土上绿化造林的好树种。

6. 刚毛柽柳（*Tamarix hispida* Willd.）　灌木或小乔木状，高 1.5～6m。总状花序长 5～7cm，最长达 15cm，在枝顶集成顶生大而紧缩的圆锥花序。花期 7～9 月，花紫红或鲜红色，极美丽。该种是荒漠地区低湿盐碱化沙地固沙造林及绿化造林优良树种。

7. 密花柽柳（*Tamarix arceuthoides* Bunge） 灌木或小乔木，高 2~6m。花期 5~9 月，春花成复总状花序，夏花组成圆锥花序。花粉白、粉红至紫红色。蒴果红色，鲜艳夺目。该种是荒漠地区山地及山前开花时间最长且美丽的树种，是这一带河流两岸沙石质戈壁滩上优良造林树种。

8. 塔克拉玛干柽柳（*Tamarix taklamakanensism.* T. Liu） 大灌木或小乔木，高 3~7m。花期 8~9 月，总状花序集生成疏松圆锥花序。花粉红色，大花径 5.5cm，最大达 7cm，是柽柳属中花朵最大的一个种。该种生长迅速，不怕沙埋，是西北荒漠地区流动沙丘上最抗旱耐炎热的固定流沙先锋树种。

（二）柽柳属植物固沙耐盐特性及其培育技术

1. 柽柳属植物的固沙、耐盐特性 柽柳属植物有两大共同特点，其一，固沙能力强。该属植物几乎都是优良的固沙植物，其中一些种如紫杆柽柳（*Tamarix androssowii*）、莎车柽柳（*T. sachuensis*）和塔克拉玛干柽柳（*T. taklamakanensis*）则发展成为真正的流沙种类。据刘铭庭等在北疆莫索湾沙区的定位观察，在固定半固定沙区，不同高度的"柽柳包"平均年增高 2.4cm。而塔里木盆地流沙区和半流沙区则为 3.0cm，由此判断有些大"柽柳包"的柽柳年龄达数百年以至千年以上。柽柳能使流沙固定有以下两个因素：一是柽柳枝叶密集，秋季营养枝与叶一起脱落，在株丛周围形成厚厚的枯枝落叶层，第二年风季中，植丛挡风作用使得风沙流中的沙粒沉降在枯枝落叶上，风季后又形成一个沙层；而柽柳属植物分泌的盐分（主要是氯化钠及硫酸盐类），遇下雨或空气湿度增加时吸水返潮，变成盐溶液，与枯枝落叶、沙层交结在一起。年复一年，在"柽柳包"的纵剖面上形成所谓的"年轮"。"柽柳包"具良好的防风和固沙双重作用，应加强保护，禁止人为破坏。其二，耐盐碱性能强。柽柳属植物属泌盐植物，它能将有害盐类通过泌盐腺体排出体外而达到耐盐目的。重盐碱地造林难成活，与土壤溶液的高渗透压有关，在重盐碱地营造柽柳林，成活的关键是提高土壤湿度。据观察，柽柳对各类盐土比较适应，对碱土的适应性较差，而不同种类对不同盐类的适应情况也不同。经试验筛选出的耐盐种类有：短穗柽柳（*T. laxa*）、长穗柽柳（*T. elongata*）、盐地柽柳（*T. karelinii*）、刚毛柽柳（*T. hispida*）、甘肃柽柳（*T. gansuensis*）、异花柽柳（*T. gracilis*）和异穗柽柳。

2. 柽柳深栽技术 西北干旱荒漠区自然条件严酷，造林难度极大。中科院新疆生物土壤沙漠研究所广泛应用柽柳深栽技术，在新疆干旱区及盐土地上造林，获得重要突破。新疆流沙地、盐碱地引洪灌溉大面积恢复柽柳造林技术项目 1995 年曾获联合国环境规划署颁发的"全球土地退化和荒漠化控制成功业绩奖"。下面是几个实例：

（1）干旱石质荒山造林 乌鲁木齐市西雅玛里克山为干旱石质荒山，年降水量 200mm 左右，山麓洪积扇海拔 950~1025m，坡度 7°~11°，土壤为砾质化棕钙土、栗钙土，地下水埋深数十米。在山麓采用水平沟整地，沟距 8m，沟深 80cm，沟底宽 60cm。在春季溶雪后土壤湿润时造林，树种为密花柽柳（*T. arceathoides*）和多枝柽柳。株距 2m，深栽 60cm。3 年后保苗率 90%，株高平均 2m，沟内株间基本郁闭，植株开花结实。

（2）风蚀光板地造林 在新疆吐鲁番治沙站西，海拔 -70m，绿洲边缘大风口，为明显风蚀地貌。土壤为亚黏土，年均降雨 16mm，地下水深 8m，夏季极端高温 48℃，地面最高温度 80℃。1982 年冬利用冬闲水充分灌溉一次，1983 年 4 月初土壤解冻后造林。采用深栽造林技术，栽植坑宽40cm，深50~60cm，株行距2m×2m。造林时根系层土壤含水量10%。当年成活率93%，树高0.8~1.0m。以后10年从未灌水，但柽柳林生长稳定，防风固沙能力强，说明其根系已伸入地下水层（8m）。

（3）盐土造林 据对塔里木盆地生长柽柳的重盐碱地土壤调查，其不同剖面含盐量最低的3.017%，最高的达12.825%。分层含盐量则由表层向底层迅速递减，30~100cm土层含盐量不仅比0~10cm含盐量低得多，而且盐分含量比较稳定。

①草甸盐土深栽造林 伽师县二乡草甸盐土1m土层平均含盐量3.293%；0~10cmCl$^-$含量1.963%，SO$_4^{++}$含量3.196%；30~100cmCl$^-$含量0.219%，SO$_4^{++}$1.071%。3月初造林，深栽50cm，行距3m，株距1m。三年后调查，短穗柽柳、刚毛柽柳成活率100%，高1.7~1.8m；长穗柽柳成活率98%，高1.75m；密枝柽柳、多枝柽柳、多花柽柳90%，高2.5~3.0m。由于开沟深栽，柽柳根系接触土壤中NaCl和Na$_2$SO$_4$含量不到1.5%。这样，耐盐性较差的种类成活率也较高，且生长良好。

②结皮盐土上深栽造林 伽师县八乡属重盐土类型，表层有10cm盐结皮，1m土层平均含盐量7.632%；0~10cmCl$^-$含量0.669%，SO$_4^{++}$含量7.154%；30~100cmCl$^-$含量1.247%，SO$_4^{++}$0.810%。地下水位1.5m，原来寸草不生。开沟深栽（50cm），行距3m，株距1m。造林后灌水一次。第二年夏天调查，短穗柽柳、刚毛柽柳、甘肃柽柳成活率100%，长穗柽柳、细穗柽柳90%，中国柽柳80%。

③重盐碱地咸水灌溉造林 新疆农二师29团重盐碱地，1m土层含盐量平均3%~5%，最高10%以上。开沟造林，沟距3m，株距1m，深栽50cm，栽后立即用咸水（矿化度15~20g/L）灌溉，以后每1~2月灌咸水一次。深栽的刚毛柽柳、短穗柽柳、长穗柽柳成活率75%~80%，这在国内外尚无先例。

④结皮盐土开沟引洪育林 在伽师县铁里木乡结皮盐土上开宽1m，深50cm的沟，沟距3m，夏季引洪入沟，灌满水，人工辅助撒播耐盐的刚毛柽柳种子。第二年夏天林高已达2.0m，栽植沟郁闭。大面积育林后，地下水位由1.68m下降到2.8m，周围农田土壤返盐现象明显减轻。

3. 柽柳病虫害 柽柳属病害不多，而害虫有40余种，如柽柳谷蛾（*Amblypalpis tamaricella* Pan.）、柽柳白盾蚧（*Adiscodiaspis tamaricicolla* mal.）、黄古毒蛾（*Drgyiadubia* Tausher.）、细纹横脊象（*Ptatymycterus arimiger* Faust.）、柽柳吉丁虫（*Spenophera* sp.）、柽柳长囊（*Xylotenes* sp.）、柽柳长蟓（*Arthenis alutacea* Fieher）等。另在兰州发现朝鲜金龟甲，有翅胎生蚜虫和无翅胎生蚜虫。此外，大沙鼠有危害柽柳枝条现象。柽柳虫害较多，但大多危害不严重。目前，危害柽柳嫩枝及叶最严重的是条叶甲。在内蒙古西部、宁夏北部、甘肃河西走廊及新疆南北均有发生。该虫一年发生2~4代，每代约50天，以最后一代成虫越冬。

防治方法：①夏季、冬季引洪灌溉，淹死林下的虫蛹，破坏成虫越冬场所；②利用天敌猎蟓、螳螂捕杀；②幼虫期喷40%氧化乐果、80%滴滴畏乳油、50%马拉松、25%对硫磷800倍液。

（李嘉珏、朱　恭）

红 砂

别名：枇杷柴、红虱、乌兰一宝都日嘎纳（蒙语）

学名：*Reaumuria soongarica*（Pall.）Maixim.

科属名：柽柳科 Tamarix，红砂属 *Reaumuria* L.

一、经济价值及栽培意义

红砂是干旱、半干旱地区值得重视的极耐旱灌木。阿拉善地区的牧民有"滩地三样宝，枇杷柴（红砂）、沙葱、节节草"的说法。红砂是品质中等的饲用灌木，是营造饲料灌木林和退化草场保护培育的主要灌木树种之一。其适口性因牲畜的种类和其本身的生育期不同而异。骆驼一年四季均喜采食，也是羊冬春的主要饲草，牛不采食，马仅在干枯后少量采食。红砂植株含盐量很高，家畜食后可以代替补盐，可提高家畜的食欲，促进家畜增膘。在饲草缺乏的干旱年份，其食用价值显著提高，是骆驼和羊的度荒饲草。红砂耐牧性很强，据分析，红砂青鲜时含有较高的粗蛋白和粗脂肪，分枝期含量最高，粗蛋白占风干物质的18.26%、粗脂肪占2.21%、粗纤维占21.43%。开花期，含钙4.10%，含磷0.39%；胡萝卜素苗期最高，达204.99mg/kg。

红砂群落是荒漠绿洲与荒漠过渡带的重要植被，具有良好的防风固沙的作用。红砂嫩枝、叶用于治疗湿疹、皮炎，还可以解热发汗。

二、形态特征

多枝矮生半灌木，高20～50cm，最高达150cm。老枝灰褐色；树皮不规则薄片状剥裂。叶肉质，短圆柱形，顶端稍粗，圆钝，长1～5mm，径0.5～1mm，微弯，浅灰蓝绿色，具点状的泌盐腺体，常3～6枚簇生于短枝上。花单生于叶腋或在小枝上集生为稀疏的穗状花序，近无梗，花径约4mm；苞片披针形；萼筒钟形，5裂，下半部合生，裂片三角形；花瓣5，开张，矩圆形，长2～4.5mm，粉红色或淡白色，近中部以下有2披针形附属物；雄蕊7～12，花柱3，分离。蒴果长椭圆形或纺锤形，长5～6mm，宽3～4mm，3瓣裂。含种子3～4粒，种子全体有淡褐色长柔毛。花期7～8月，果期8～9月。

三、分布区域

红砂是我国荒漠地区分布最广的地带性及隐域性植被中建群种之一，分布于内蒙古、陕西、宁夏、甘肃、青海、新疆等省区。东自鄂尔多斯西部，经阿拉善、河西走廊、北山山地、柴达木盆地、嘎顺戈壁，西到准噶尔和塔里木盆地边缘。生于年降水量60～300mm、海拔500～3200m的荒漠、半荒漠的山麓洪积平原、山地丘陵、风蚀残丘、山前砂砾质和砾质洪积扇、戈壁等。土壤一般为灰棕沙漠土，在荒漠灰钙土上也有生长，并出现在盐化以至强盐化土上，有的还富含石膏。

四、生态习性

红砂是荒漠地区超旱生半灌木植物，生态适应幅度较大。靠种子繁殖和从茎基部胀裂进行无性繁殖；耐火烧，抗沙埋，在沙埋后如遇良好水分条件时还存在不定根繁殖方式。在黄土高原荒漠草原地带，红砂是自然更新能力较差的植物种之一，具有以落枝方式适应干旱环境的特性。红砂自然更新能力较差，与它需要在以水条件为主导的异质生境中完成其生命过程有关。其种子萌发及幼苗期需一定湿润环境，说明红砂具有在异质环境发育和更新的特性。据观察，红砂种群具有就地更新和位移更新两种更新机制。在无干扰的自然状态下，以就地更新为主；在非种植的干扰状态下以位移更新为主。

红砂植株生长缓慢，再生能力弱，6月初割去当年枝条，至秋末只能再生3～4cm。兰州地区自然状态下的实生苗，当年苗高约在1～3cm；即使在灌溉条件下，或容器育苗，其当年苗高仅5～8cm。红砂成苗的关键时期是雨季后期，苗期以根系生长为主，地上茎生长极为缓慢。幼龄期表现出明显的深根性，主根强烈发育，根长可达157cm，一般根茎比为4～7:1。实生苗通常要经过5年以上时间完成其主根生长。进入成熟期后，主根不再发育，而侧根发展到10多条，长达1～2m，多在20～40cm土层中，与地面平行伸展。在土层深厚疏松，水土条件较好时，其根茎比高达11.5:1。

红砂为泌盐性的盐生植物，也是多浆超旱生植物。其嫩枝叶和老枝叶含水量分别为46.1%和18.4%，叶片角质层厚达8.3μm，加之其气孔数少且下陷很深，使其具有极强的保水能力。红砂具有较高矿质元素和盐分含量。据对新疆呼图绿洲外缘的红砂植株元素含量、盐分含量及其他8种盐生植物脯氨酸含量分析，表明植株不同部位元素含量差异较大，叶中K、Na、Ca、Mg含量较高，老枝叶Fe、Al含量较高，而Cu、Zn在根中含量最高；元素含量有季节变化；红砂叶中全盐量平均为27.91%，有较高的Cl^-和SO_4^{2-}含量；作为植物抗逆性（旱、盐、冻等）指标的脯氨酸含量高达0.32%，明显高于同一生境的其他8种盐生植物（马茂华等，1998）。在新疆阜康绿洲，红砂群落主要分布在总盐量0.5%～2.0%、电导率1.7～5.5ms/cm。pH值7.5～9.5的微碱性中盐渍土—碱性强盐渍土生态序列上（顾峰雪，2002）。

对土壤要求不严，忌水湿。其水势之低（－60.40Pa），为沙漠植物所罕见。在荒漠区，几乎能生长在所有的土质上；在荒漠草原区见于盐渍低地。喜温暖，对热量的要求不严，在≥10℃的积温2000～4500℃的地区均能生长。

在甘肃民勤地区，红砂3月上旬萌动，3月底至4月初开始展叶，7月下旬至8月下旬开花，10月种子成熟；在内蒙古阿拉善荒漠地区，红砂一般4月上中旬芽萌动，5月上旬始叶，6月末、7月初开花，8月上旬开始结实，9月末至10初种子成熟，秋霜后叶片变红，10月末全部枯黄。在荒漠草原地区其物候期一般较荒漠地区推迟10～15天左右。

五、培育技术

（一）育苗技术

经兰州南北两山近年试验研究，红砂裸根苗移栽成活率较差，宜用容器育苗。在无灌溉条件下，容器苗雨季造林成活率达90%以上。

1. 采种 采种期阿拉善地区为9月末至10月初，兰州地区9月底至10月上中旬，最迟

11 月上旬以前。红砂果实为蒴果，种子被褐色长柔毛且具蜡质层。当果皮开裂露白（即种毛初露）时，随熟随采，稍加晾晒后带果装袋贮藏。初步试验，种子贮藏期在一年以上。种子千粒重 1.1~1.5g。带果皮播种。

2. 容器育苗　春、雨、秋季均可。据观测，黑暗较光照更有利于红砂种子萌发，其萌发最佳条件为 15~25℃变温或 25℃恒温，发芽率达 72%，适宜光温条件下 10 天累计发芽率达最大值。红砂种子在纸上、纸间、沙上发芽良好，在沙中发芽率显著降低，表明其种子属浅表层发芽类型（曾彦军，等 2000）。但红砂种子在光照条件下也可达到 51.5% 的发芽率。兰州 9 月底采种，塑料大棚内容器育苗，育苗基质及操作规程同柠条。基质和种子应进行消毒处理，播种后覆一层薄沙或锯末，以不见种子为度。当年苗高 3~5mm，11 月底停止生长。次年 3 月后期撤除塑料大棚，依靠自然降水培育幼苗。幼苗期主根强烈发育，几乎不产生侧根和须根。红砂幼苗期对水分敏感，积水或供水不当，均会导致幼苗大量死亡。红砂幼苗出土后 15 天左右应喷洒 0.5% 高锰酸钾水溶液或 0.2%~0.5% 硫酸亚铁，防止立枯病，连续喷洒 3~5 次；同时严格控制苗期水分，成活保存率可达到 70% 左右。苗期土壤水分控制在 10% 左右，连续保持土壤湿润 2 个月左右（即 3~5 片左右真叶形成），此后，必须严格控制水分，土壤湿度保持在 5%~8% 之间，有利于幼苗生长。

（二）栽植技术

由于红砂种子发芽及苗期喜欢遮荫环境，大面积直播造林不易获得成功，因而采用容器苗造林。根据 2003 年 7 月中旬雨季初期兰州北山容器苗造林试验，采用小鱼鳞坑整地，栽植时去除容器，覆土厚度超出原土面 2~3cm 左右，分层填土、分层压实，在坑下方修出高 15cm、宽度 15cm 左右的边垠。10 月底检查，成活率 95% 以上。容器苗造林后，对造林区进行封禁保护，无须人工抚育管理。红砂枝条被土掩埋后易于生根，也可采用埋条方法促进红砂繁殖。

（三）人力干预下的天然更新

截至目前，红砂分布区的灌木林培育主要依赖于自然落种，天然更新。更新状况主要受水分、植被覆盖以及土壤结构的影响，并存在地带差异和地形差异。在黄土高原荒漠草原地带红砂在平坦沙地天然更新幼苗数量为 2 株/m²，丘间低地为 3 株/m²，冲积平原为 1 株/m²，河谷漫滩为 3 株/m²。红砂种子被绒毛，受风的影响易产生位移，种子易于在下坡位、坡脚、低洼地等地势低洼处积聚。兰州北山黄土丘陵区天然更新主要集中在下坡位及坡脚，中上坡位在无干扰情况下几乎见不到更新幼苗。黄培佑等（1989）在新疆准噶尔盆地，发现红砂有明显的积水地建群现象。兰州北山红砂的天然更新同样在时空上与降水相对集中的雨季（6~9 月）相吻合，并与植被覆盖度有关。在兰州小沟某一西北坡下坡位，在红砂株丛覆盖范围内（冠幅 45cm×40cm）更新幼苗数最多，可达 25 株/丛，最少的为 2 株/丛，而无灌丛覆盖处未发现更新幼苗。在上水造林区，西坡下坡位各种植被发育良好，局部总盖度达 80%~90%，红砂幼苗密度达 38 株/m²，植被盖度在 30% 以下则未发现更新幼苗。此外，红砂的天然更新状况也与干扰因素有关。据在皋兰老虎台造林地调查，施工破土带或牲畜践踏留下的蹄穴内，均不同程度地发现红砂天然更新的实生幼苗，密度仅为 0.1 株/m² 左右；但在无人畜干扰地段却未发现更新幼苗。皋兰大砂沟南向坡人工灌溉造林地植被总盖度在 35%~45%，其中天然植被盖度 25%~30%，呈团簇状不均衡分布，红砂盖度 20%~25%。水平沟内天然更新幼苗数量为 1.33 株/m²，鱼鳞坑为 0.59 株/m²（即三穴一株），自然坡面仅为 0.14 株/m²。

其次，红砂的天然更新与人工封育有关。据对皋兰县城西两个封育区的调查，该地区年降水量 250～260mm，干燥度 5.8 左右，封育年限 20～30 年，红砂的盖度普遍在 60%～80%，最高可达 95% 以上，在不同坡向均形成红砂单优群落，密度最高达 1 万丛/亩；而同类型非封育区，阳坡天然植被盖度仅为 10%～25%，以红砂为建群种；阴坡天然植被盖度 25%～35% 左右。从红砂群落分布特征和天然更新情况综合分析，红砂的天然更新具有波幅效应，即以株丛为中心，在其枝叶覆盖的范围内易于取得更新，并向周围扩展。长期封育使得这种效应得到充分发挥，形成相对均衡稳定的群落格局。

红砂种群在不同环境条件和不同发育阶段具有不同的繁殖对策。据曾彦军等（2002）调查，位于干旱、沙化生境（阿拉善）的成熟红砂种群以无性繁殖（劈裂方式）为主；相对湿润生境（贺兰山）的幼龄红砂种群以有性繁殖为主。

六、病虫害防治

红砂的主要病虫害有黑绒金龟子、鼠害等。黑绒金龟子主要取食红砂嫩茎和叶；鼠类主要破坏红砂根系以及取食果实种子。前者在营养生长期利用 50% 辛硫磷乳油按 6.25kg/hm² 使用量拌土、50% 的杀螟松乳油 1∶1000 倍液喷雾或 80% 的敌敌畏乳油 1∶100 倍液毒杀成虫。也可进行人工捕捉。

（朱　恭）

酸　枣

别名：棘枣、圪针、山枣、野枣

学名：*Ziziphus jujuba* var. *spinosa*

科属名：鼠李科 Rhamnaceae，枣属 *Zizyphus* Mill.

一、经济价值及栽培意义

酸枣原产我国，是栽培大枣的原生种。据化石资料考证，已有1200万年的历史。酸枣适应范围较之大枣更为广泛，酸枣灌丛是我国重要的野生干果资源之一。它具有极强的耐旱力和耐贫瘠土壤的特点，甚至在石质山区，石缝间隙也可以生长。酸枣是绿化荒山秃岭，保持水土的先锋树种。酸枣果肉含有丰富的Vc及铁、钙、磷等矿质元素，还含有大量的碳水化合物、蛋白质等，是制作保健饮料的重要原料。酸枣加工产品具有开胃、健脾、解热、降压等作用。酸枣也是良好的蜜源植物。酸枣种子富含油脂，可以榨油，核壳可制活性碳，所以在干旱瘠贫的荒山丘陵，对于野生的酸枣灌丛要加强封育管护，开发利用。通过改良品种等措施，以便获得更高的经济社会效益。在造林地立地条件差的地方，也可把酸枣作为治理水土流失的先锋树种进行造林。

二、形态特征

酸枣原本为落叶乔木，由于立地条件差，反复遭人为破坏，现存酸枣多为野生灌丛，株高1~3m。酸枣树体由树干、主枝、枣头（发育枝）、枣股（结果母枝）和枣吊（结果枝构成）。老枝干树皮灰褐色，片裂或龟裂，坚硬，幼枝浅色。酸枣枣头1次枝、2次枝节间短，节部二托刺发达，一枚直立长大，一枚钩状弯曲较小。枣吊短，一股长5~12cm。叶片小，纸质，多卵形，三主脉，酸枣花小淡黄，2~3朵簇生于枣吊叶腋间，花萼、花瓣、雄蕊均5枚，为聚伞花序，核果小，近球形，果核大，两端尖，每核1~2粒种子，种仁率高，种仁扁圆饱满，鲜棕红色。酸枣类型十分繁杂，形态差别较大，当前有按果形分类的，也有按果实风味分类的。大致有栽培型大酸枣、老牙酸枣、普通酸枣等类型。

酸　枣

三、分布区域

由于酸枣对不良环境的适应能力更强，因此，酸枣的分布范围较大枣更为广泛。酸枣叶子失水慢，特别适应于干旱生境，在我国北方黄河中下游年降水量400~600mm的鲁冀晋豫陕5省，是酸枣的集中分布区。在西北地区，陕西秦岭以南，另星分布，秦岭以北广泛分布，不论浅山丘陵、沟壑、田头路旁到处可见，尤以渭北黄土高原沟壑区分布较集中，如白水、宜君、宜川、洛川等地都有数万亩的野生酸枣灌丛林。宁夏回族自治区宁南地区广有分布。甘肃省主要分布于陇中，陇东黄土高原丘陵区。新疆维吾尔自治区主要分布于天山南北浅山区，但量不大。青海省由于海拔高，酸枣分布较少。

四、生态习性

酸枣喜光，对光照要求严格，在阳光充足处，树势健壮，结果多。酸枣为喜温树种，但能适应较大的温幅，生长期能耐40℃的高温，休眠期能耐－30℃的低温。酸枣叶片角质层厚，栅栏组织发达，可减弱水分散失，并有贮水功能，所以耐旱能力很强，雨季也能耐短期积水。酸枣对土壤要求不严，无论黄土丘陵，石质山地或沙滩、黏土、轻盐碱土，都能生长，适应 pH 值 6~8。在西安南郊的汉代杜陵及北郊的汉城墙遗址都有大量的野生酸枣灌丛林。这些遗址，高出周围地面 5~20m，土壤十分干燥，酸枣能自然生长，更是其特性的佐证。在陕西白水、黄龙、蒲城、清涧、佳县等地亦有数百年的酸枣古树，树高一般在 10~15m 左右，这也充分说明酸枣寿命长的生物学特性。现有的酸枣灌丛，皆为天然野生，由于多生长在干旱瘠薄的地方，加上人为的砍伐、放牧，因此，多呈灌木状，且年龄不一，高矮不齐，密度不均，林业生产效能低下。但也不泛人工栽培的酸枣林，在佳县佳芦镇小会坪、泥河沟等地，有成片的酸枣人工林，有固定的株行距，树体一般为小乔木或大乔木，品种一般为栽培大酸枣，由于管理比较精细，株产酸枣一般在 30~50 kg 左右。

酸枣灌丛如果进行人工封育，其树体形成较快，一般 5 年左右就可长成小乔木，并形成一定经济产量，酸枣春季气温 13~15℃萌芽，17℃时抽枝展叶，22~25℃进入盛花期，7~8 月为果实膨大期，10 月上、中旬果实成熟，秋季 15℃时开始落叶。

五、培育技术

（一）苗木培育

酸枣可采用分株、播种和嫁接三种方法繁殖。酸枣树周围每年都有水平根上萌发的根蘖苗，可以直接挖苗移栽；为促生根蘖苗，可在健株周围挖沟，断根促萌；酸枣播种育苗，是酸枣苗木培育的主要方法，选用健康脱壳酸枣种子，播前 10 天催芽处理，播时开沟窝播，覆土盖膜，出苗后破膜，加强管理，当年一般可长到 50~60cm 高，7~8mm 粗，第二年即可出圃造林，播种苗根系发达，栽植成活率高；嫁接育苗，为繁育良种酸枣苗，可选用良种接穗，春季 4~5 月用播种苗作砧木，进行嫁接，或对野酸枣灌丛抚育后嫁接。

（二）栽植技术

选海拔较低，有一定土层的背风向阳坡地、沟谷平地造林建园。在酸枣资源少，气候土壤条件适合的地方，可推广直播造林，播前种子沙藏处理，挖坑点播；资源丰富的地方，可封育管护，清除杂灌，并进行清棵修剪、嫁接，刨地垄埝，加强病虫防治等措施，建立丰产酸枣片林。

（李养志）

沙 棘

别名：酸刺、醋柳、黑刺、酸不溜等

学名：*Hippophae rhamnoides* L.

科属名：胡颓子科 Elaeagnaceae，沙棘属 *Hippophae* L.

一、经济价值及栽培意义

沙棘是一种广布欧亚大陆且有很大开发价值的植物资源。研究表明，沙棘不仅具有水土保持、治沙改土的生态防护功能，而且具有多种神奇的医药保健功能。例如，对心脏功能具有加强的作用；提高机体的免疫功能；抗衰老作用；抗炎、抗辐射损伤作用。沙棘油外用和内服，治疗黄褐斑、褐青斑、慢性皮肤溃疡也取得良好效果。沙棘油能促进扁桃体炎手术后伤口愈合，它可以使患者在手术后消除疼痛、减少不良反应。许多研究工作者通过大量的动物实验与临床试用表明，沙棘油对放射性皮炎、黏膜炎，以及非放射性炎症如褥疮、宫颈糜烂、溃疡等疾病均取得了较好的疗效；表明沙棘油能抗炎生肌、促进组织再生、促进溃疡愈合。

沙棘具有优良的生物学、生态学特性及巨大的经济开发价值。把沙棘作为主要造林树种，扩大沙棘造林面积，可以为我国贫困地区的生态建设和经济振兴发挥极其重要的作用，而且是一项具有战略意义的工作和事业。

二、形态特征

沙棘属落叶直立灌木或小乔木，具刺；幼枝密被鳞片或星状绒毛，老枝灰黑色，果芽小，褐色或锈色。单叶互生，对生或三叶轮生，线形或线状披针形，两端钝形，两面具鳞片或星状柔毛，成熟后上面通常无毛，无侧脉或不明显；叶柄极短，长 1~2mm。单性花，雌雄异株；雌株花序轴发育成小枝或棘刺，雄株花序轴花后脱落；雄花先开放，生于早落苞片腋内，无花梗，花萼 2 裂，雄蕊 4，2 枚与花萼裂片互生，2 枚与花萼裂片对生，花丝短，花药矩圆形；雌花单生叶腋，具短梗，花萼囊状，顶端 2 齿裂，子房上位，1 心皮，1 室，1 胚株，花柱短，微伸出花外，急尖。果实为浆果，为肉质化的萼管包围，果核近圆形或长矩圆形，长 5~12mm，种子 1 枚，倒卵形或椭圆形，骨质。花期 3~4 月，果期 8~9 月。

三、分布区域

沙棘在我国主要分布于东经 75°32′~121°45′，北纬 27°44′~48°3′之间，主要包括辽宁、河北、山西、陕西、甘肃、青海、四川、云南八省，以及内蒙古、宁夏、新疆、西藏 4 个自治区。如果经辽宁阜新市和四川成都市划一条直线，那么我国的沙棘主要分布在此线的西北一侧。也就是说，我国的沙棘主要分布在"三北"（西北、华北、东北）及西南地区。其中，"三北"地区有沙棘林 106 万 hm^2，约占全国的 90%。从沙棘的垂直地带看，纬度越高沙棘分布的海拔越低，纬度越低沙棘分布的海拔越高。

从四个沙棘种的分布看：肋果沙棘主要分布在西藏、青海、四川、甘肃等省区海拔 3400 ~ 4300m 的河谷、阶地、河漫滩，经常形成灌木林。模式标本采自青海，其果皮与种皮几乎连在一起；柳叶沙棘主要分布在西藏南部，生长于海拔 2800 ~ 3500m 的高山峡谷、山坡的疏林或林缘处，它为喜马拉雅山地区的特有种；西藏沙棘主要分布于甘肃、青海、四川、西藏，生长在海拔 3300 ~ 5200m 的高原草地、河漫滩及岸边，一般植株矮小，海拔 5000m 以上株高仅为 7 ~ 8cm；沙棘为广布种，欧亚大陆均有分布。

四、生态习性

沙棘是喜光的植物，不能经受长期遮光，在林下不能生长。森林破坏后，沙棘可侵入生长；但当森林恢复，沙棘便迅速衰退。沙棘含油量与光照时数相关。沙棘分布区内的年日照时数多在 2400h 左右。

从分布区的生态环境条件看，沙棘具有较大的生态适应幅度。它喜欢温凉的气候条件。但是又具

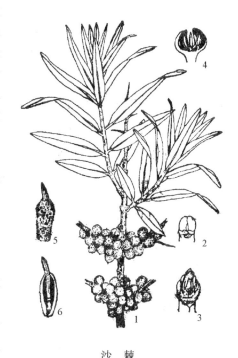

沙 棘
1. 果枝　2. 冬芽　3. 花芽　4. 雄花纵剖面
5、6. 雌花及其纵剖面

有较强的耐寒能力。它的枝叶具有旱生结构，是耐大气干旱的植物，但是它又喜欢生长在土壤水分条件较好的地方。一般生长在年水量 500 ~ 600mm 的地区，也可以生长在小于 350mm 地区的河流两岸。

沙棘在轻壤土、沙壤土上生长良好；对土壤 pH 值的要求因种类而异，滨海沙棘 4.4，中国沙棘亚种为 8.5；沙棘主根不发达，0 ~ 20cm 土层内的根系易萌发根蘖苗；根系与 Frankia 放线菌共生固氮。

沙棘具有很强的根蘖能力，1 株 3 年生的沙棘每年可以向周围扩展 2m，在沙棘稀疏分布的地方，只要封育数年即可蔓延扩展、郁闭成林。

总之，沙棘喜光、耐寒、耐大气干旱、喜欢湿润的沙质土壤、具有根瘤固氮改土能力，既可以与其它树种混交造林，也可以单独形成沙棘灌木林。

五、培育技术

（一）沙棘良种选育技术

沙棘良种培育的途径和方法是多种多样的。可以采用选择育种、杂交育种、突变育种、以及细胞工程、染色体工程和基因工程等生物技术育种。引进国外优良沙棘品种是发展我国沙棘事业的快速有效的途径。前苏联培育成了不少沙棘优良品种，其主要品种的性状见下表。

国外优良沙棘品种性状表

品种	产地	特性	鲜果百粒重（g）	产量（kg/亩）
巨人	俄罗斯	大果、无刺、丰产	80	660（2000）
卡图尼礼品	俄罗斯	弱刺、果大、丰产	50	700（1700）
金穗	俄罗斯	刺中等、丰产	52	700（2000）
阿尔泰新闻	俄罗斯	无刺、果大、丰产	57	1100（2700）
橙色	俄罗斯	弱刺、果大、丰产	61	850（2400）
优胜	俄罗斯	无刺、果大、丰产	68	550（2300）
浑金	俄罗斯	无刺、果大、丰产	68	660（2260）
楚国	俄罗斯	无刺、果大、丰产	66	550（990）

我国也选育出了‘森森’，培育出了‘红霞’、‘辽阜 1 号’、‘辽阜 2 号’等沙棘新品种，发现了众多优良单株和无性系。

（二）育苗技术

1. 播种育苗　沙棘育苗地应当选择土质疏松的砂壤土。播种量为 5～6kg/亩。春季播种为好，一般3～4月份为适宜播期。播种前用 40～60℃温水浸种一昼夜，再混湿沙催芽，待30%～40%种子裂嘴时即可播种。条播便于苗期管理，行距 20～25cm，种子覆土厚度 1～2cm，播后6～7 天开始发芽出土，15～17 天出齐。

立枯病为害严重的地区，播种前应当对育苗地进行土壤消毒，每亩施硫酸亚铁粉 2.55kg，或每平方米施用浓度为 23%的硫酸亚铁水溶液9L。既能防病，又能增加土壤中的铁，使苗木健壮生长。

播种后要及时用草帘、树枝等覆盖，防止土壤干燥和板结；幼苗开始出土时，应将覆盖物去掉一部分，待幼苗大量出土后，将覆盖物全部撤掉。出苗后，用 23%的硫酸亚铁水溶液，或 0.5%的高锰酸钾液喷苗，防治立枯病；喷药后要立即喷清水 1 次，洗掉叶上的药液，以免发生药害。间苗可分 2～3 次进行，间苗对象是病虫为害的、机械损伤的、生长不良的，以及过密影响生长的幼苗。第一次留苗数应比计划产苗量多 50%，第二次多 20%。最后 1 次间苗（定苗）时间不宜过晚，以免影响幼苗的生长。定苗后要继续做好灌溉、松土、除草、施肥、防治病虫害等各项工作。

2. 扦插育苗

（1）硬枝扦插　插条应从健壮母树上挑选发育充实、腋芽饱满、无扭曲、径粗 0.5～1.1cm 的 2～3 年生枝条进行采集，早春采条为宜，采好的插条应及时剪成 15～20cm 插穗，插穗上留 2～3 个健壮芽。上切口距芽子应保持 1cm 的距离，切口为平面，上下切口均应用快刀削光滑。剪切应在背阴处或室内进行。

插穗可放在流水或清水（每日换水两次）中浸泡 12 天，再扦插到地里。

剪切好的插穗如不能马上用于扦插，须妥善贮藏。可在阴凉的室内或地下室，也可以在室外选择高燥，排水良好的地方挖沟或坑，将插穗与湿沙（沙的湿度为饱和含量水量的 60%）间层放置贮藏。为便于通气，防止发热，应当直插通气把（用玉米秆或树枝捆扎而成）。如贮藏时间长，还应定期检查，以防霉烂或干燥。

扦插季节亦以春插为主，行距 30～40cm，株距 15～20cm。插穗与地面垂直，上端的芽子露出地面 1~2cm。插穗周围的土壤要踏实，以便使土壤与插穗密接。每插完 1 床，随即灌透水 1 次。

覆盖塑料薄膜后再进行扦插育苗，既可节省灌水次数，又能提高扦插成活率，不失为一项好的技术措施。

插后及时灌溉浇水，保持土壤湿润。沙棘插穗生根速度相当快，插后 15 天即开始生根，45 天时根系已相当完备。因此，扦插初期的管理是提高扦插育苗成活率的关键。地老虎、蛴螬等危害严重的地方，应注意防治地下害虫。

（2）嫩枝扦插 一般于 5 月底至 8 月初均可进行嫩枝扦插。

嫩枝插穗长度一般 7.5cm 左右，插穗下部的叶子要剪除，只留上部 3~4 片即可。一般认为早上采条最好，也可全天进行。最应当注意的是防止插穗损失水分，采下的插条应及时放入水盆中，然后在阴凉处剪成插穗。

用 50~100mg/kg 吲哚丁酸或 50~100mg/kg α-萘乙酸浸泡插穗基部，均能加速生根过程，7 天后即可生根。亦可用生根粉处理。

可搭设塑料小拱棚，保持 95% 以上的湿度，并通过遮荫降温保持适宜的温度。扦插 25 天左右，插穗的生根率已接近最高值，将幼苗连同容器移入过渡荫棚（其透光率为 70%）。开始的 1~3 天，每天喷水 2~3 次，以后每天喷水 0~2 次，经 7 天左右的管理后即可移栽到苗圃。

据报道，采用电子叶全光自动间歇喷雾方法进行嫩枝扦插育苗，也可取得良好效果。

（三）沙棘栽植及人工种植园

1. 播种造林 人工播种造林应当整地。穴状整地（20~30 粒/穴），带状整地或全面整地，播种量为 15~45kg/hm^2；播前消毒拌种防止鸟兽危害。4~5 月份，趁雨抢墒播种最好。亦可采用飞机播种造林方法。

2. 植苗造林 在春、秋季节，采用穴状、鱼鳞坑、带状反坡梯田法，截干植苗造林，均可取得良好效果。栽植密度为 1.5~2.0m×3.0~4.0m。可与油松、小叶杨、刺槐、山杏等混交。

其他造林方式插条、分蘖、埋根均可。

平茬更新每 5~6 年 1 次。

3. 种植园 园址应当选择质地疏松、深厚、中性土壤；地下水 1.5~2.0m；光照充足。整地栽植坑，长、宽、高尺寸为 0.6m×0.6m×0.4m，底部施基肥。

苗木区分雌雄株（雌雄比 8:1 或 5:1）；株行距为 2.5m×3.0m、3.0m×3.0m、2m×4m、2.5m×4m、1.5m×4.5m 不等。

主要管理措施包括施肥、灌溉、修剪（可结合果实采收进行）。

六、病虫害防治

1. 沙棘干枯病（*Fusarium* sp.） 症状表现有两种：一种是个别枝条叶片发黄、脱落，最后枝条死亡；另一种是整个植株叶片首先发黄，然后枯干，最后整株死亡。干枯的原因，主要是沙棘植株感染了镰刀菌属的土壤寄生菌。

防治方法：用甲基托布津和多菌灵，采取灌根、主干注射方法均可取得一定成效。

2. 蛀干害虫 红缘天牛（*Asias halaldendri* Pallas）、芳香木蠹蛾（*Cossus cossus* Linnaeus）

等，主要以幼虫危害树干基部。红缘天牛、芳香木蠹蛾已成为山西右玉县沙棘生产上的毁灭性害虫，这两种害虫对生长衰弱的沙棘为害尤其严重。

防治方法：在加强沙棘园综合管理、提高树势的同时，采用氧化乐果、对硫磷、甲拌磷、甲基硫环磷等药物，在成虫期喷雾，幼虫为害期注射的综合防治措施，防治效果可达95%左右。

（张广军）

胡颓子

别名：羊奶子、半春子、报春果

学名：*Elaeagnus pungens* Thunb.

科属名：胡颓子科 Elaeagnaceae，胡颓子属 *Elaeagnus* L.

一、经济价值及栽培意义

胡颓子果实的营养价值极高。据测定，浆果含水 85.3%、油 5.96%、蛋白质 4.26%、氨基酸总量 312.38mg/100g、糖 205mg/100g、有机酸总量 4.56%，属低糖型水果，适宜当今人们对高营养低热量水果的需要，对生产天然保健食品有重要意义；富含钾、钠、钙、镁、铁、锌等 16 种微量元素，另外 Vc 达到 2657.50mg/100g，仅次于"Vc 含量之王"的野玫瑰，是枣的 7 倍，柿子的 200 倍，香蕉和梨的 400 倍。胡颓子果实有生津止咳，消食化积等作用，入药可用于咳嗽、肺结核、胃胀、胃痛、腹泻、食欲不振和慢性肝炎等症治疗。胡颓子果汁含量及可溶性固形物含量都较高。从矿质元素看，胡颓子果实中主要矿质元素明显高于绝大多数栽培果树，其中钾的含量是现已报导过的果品中最高的一种，铁比葡萄高出 20 倍，钙高出近 40 倍，因而可以保证饮料中含有丰富的矿质元素。适用于加工制作果汁、果酒等。胡颓子果实中氨基酸含量也极为丰富．在人体必需的氨基酸含量上更为显著。所以进行胡颓子天然饮料和保健食品的加工，是对该野生资源开发利用的有效途径。

二、形态特征

胡颓子属常绿开展灌木，高达 4m，常具刺。小枝褐色，被鳞片。叶椭圆形或长圆形，先端微急尖或钝，基部圆形或楔形，长 5～10cm，宽 1.5～2.8cm，表面鲜绿色，初被鳞片，后变光亮，无鳞片，背面被银白色鳞片并杂有褐色鳞片，边缘波状，常外卷；柄长 6～12mm，被鳞片，花 1～3 朵簇生叶腋，下垂，长 12mm，富香气，银白色，杂有褐色鳞片；萼管较萼片长，在子房顶端紧缩。果实近椭圆状，长 1.5cm，被褐色，最后变为红色。花期 10 月下旬至 11 月上旬，果熟期次年 5 月。

胡颓子

三、分布区域

胡颓子在西北地区分布于秦巴山地陕西南部和甘肃南部。我国东北南部、华北、华东、西南诸省亦有分布。

四、生态习性

胡颓子在海拔 500～1000m 的山林中分布极为广泛，利用这些资源，进行驯化栽培，将对山区野生果树的开发利用具有现实的意义。

五、培育技术

（一）育苗技术

胡颓子的繁育可采用种子、扦插和嫁接等方法。

1. 播种育苗 种子繁殖应在果实成熟后及时采种，堆放后熟，用清水洗净晾干后播种。多采用秋季条播，亦可点播或撒播，整成高 30cm、宽 80cm、长 1.5~2m 的畦，施足有机肥，清除杂草残根，条播行距 30~35cm，每亩播量 2~3kg，播后覆土 2~3cm，用稻草覆盖。播种后及时浇水、松土、除草和追肥，苗高 30~35cm 即可移栽。

2. 扦插育苗 胡颓子扦插可于梅雨期进行，采当年生半木质化枝条长 8~12cm，留叶 3~5 片，直插土中 1/2，苗圃管理同上；嫁接可采用"T"形腹接或单芽切接，嫁接方法同普通果树，管理同上。

（二）栽植技术

人工引种栽培胡颓子应重视选优工作。山区野生胡颓子的选优，首先要根据选育方向与栽培目的，确定各种经济生物学性状的良性表现；其次，在规模生产时要充分考虑到胡颓子的丰产稳产性、抗逆性、适应性以及果实品质的优异性等几方面；再次对选定的胡颓子优良株系进行观察对比，并经连续 3 年以上的产量、品质、抗性等鉴定和驯化移栽观察，逐步进行良种繁育和小区试种试验，最后加以推广。

胡颓子耐瘠薄，适宜荒山坡地栽植。在肥沃，排灌条件良好的环境中生长较好。若连片开发，可适当密植，株行距采用 2.5m×3.5m 为宜。幼树为了扩大树冠，提早投产，要勤施薄肥，挂果前要加强树冠整形，促进树冠矮化，保持主干 30~40cm，培养 3~5 个主枝，及时缩剪外围枝和过长枝，疏除细弱密枝，一般繁殖苗 3~4 年可挂果，挂果树要强调疏花疏果工作，确保果实品质。施农家肥、有机肥为主，速效肥为辅，幼树施肥关键抓好芽前肥和壮稍肥。结果树要重施谢花肥和冬肥。

（薛智德）

秋胡颓子

别名：牛奶子、伞花胡颓子、剪子果、甜枣、麦粒子

学名：*Elaeagnus umbellatea* Thunb.

科属名：胡颓子科 Elaeagnaceae，胡颓子属 *Elaeagnus* L.

一、经济价值及栽培意义

秋胡颓子是集食用、药用、三料（燃料、肥料、饲料）资源、水土保持、绿化观赏于一体的优良乡土灌木树种。适应性强，分布广泛，开发利用前景十分广阔。秋胡颓子果味甜、微涩、富含糖、酸，并含有蛋白质和人体所必需的各种氨基酸，矿物元素，是一种天然饮料资源，可利用其果实制酒，配制果汁饮料，并可制果酱和制作果粉和蜜饯等。果核油富含不饱和脂肪酸、各种氨基酸，果肉中所含 V_C 高于其他栽培果树。根、茎、叶、果实均可入药，有祛风利湿、行瘀止血、止咳平喘，消食止痢的功效，能治传染性肝炎、慢性气管炎、风湿关节痛、肺结核咳血、跌打损伤、肠炎痢疾、食欲不振、疲劳乏力、月经过多、蜂蛇咬伤等病症。果核含油量高，是良好的食用油；花期长，有芳香味，是很好的蜜源，花还可提取芳香油；其枝条热值为 19984kJ/kg，每 1.0kg 枝条相当于 0.68kg 标准煤的热值。叶含有丰富的 N（2.42%）、P（0.19%）、K（0.76%）和 Ca（1.78%），是很好的绿肥。秋胡颓子各部位的粗蛋白、粗脂肪和粗纤维含量丰富（表 1），是很好的饲料。又因其枝叶扶疏，叶具银白色而有闪光性，花芳香，秋果红艳，极具观赏性，可配置于花丛或林缘，也可植为绿篱，或修剪成球形，作为美化庭院或街道的风景树种（黄森林，2004）。同时秋胡颓子还有显著的生态防护效益，10 年生树冠枝繁叶茂，能截留降雨 2.43t/hm²，截持率为 35.7%；7 年生秋胡颓子林地枯落物为 12.85t/hm²，容水量为 17.63t，容水率为 137.2%；相同条件下，秋胡颓子林地比荒坡径流量减少 17.9% ~ 49.8%，冲刷量减少 48.9% ~ 81.3%。

表 1　秋胡颓子营养成分含量

部位	粗蛋白（%）	粗脂肪（%）	粗纤维（%）
果实	9.81	5.34	22.77
叶	15.00	4.88	27.86
嫩枝	5.81	1.93	47.42
种子	13.13	8.48	37.16

引自《黄土高原水土保持灌木》

二、形态特征

秋胡颓子为落叶灌木，高达 4m 左右，枝常具刺，幼枝密被银白色鳞片。叶纸质，椭圆形至倒卵状披针形，长 3 ~ 8cm，顶端钝尖，基部楔形或圆形，上面幼时具白色毛或鳞片，下面密被银白色鳞片，侧脉 5 ~ 7 对；花黄白色，芳香，2 ~ 7 朵丛生于新枝基部叶腋，花梗

长 3 ~ 6mm，花被筒管状漏斗形，花先叶开放，长 5 ~ 7mm，雄蕊 4，花柱直立；核果球形或卵圆形，直径 5 ~ 7mm，被银白色鳞片，成熟时红色。花期 4 ~ 5 月，果期 8 ~ 9 月。

三、分布区域

产于东北南部、华北、华东、华中、西南各地，生于海拔 3000m 以下阳坡、林缘、灌丛中及沟边。日本、朝鲜也有分布。

西北地区的分布：陕西秦岭南坡石泉（海拔 1600m 左右），北坡长安南五台、户县、周至、眉县、太白山海拔 800 ~ 2000m 的山间平地、缓坡、平坦岭脊等处有秋胡颓子灌丛分布，多呈小块状；陕北延安地区广泛分布于南北各县，垂直分布于海拔 500 ~ 1000m。甘肃子午岭、关山、小陇山海拔 1200 ~ 1700m 习见及徽县、成县、武都、康县、文县、舟曲（海拔 1300 ~ 2500m）；宁夏六盘山、青海产循化孟达林区 2500m 以下半阳坡林缘及沟底灌丛中，湟中、湟源等地有栽培。

四、生态习性

秋胡颓子具有抗寒、耐荫、喜光、耐干旱瘠薄适应性强等特性。分布区西端青海孟达林区的气候条件为：年平均气温 5.4℃，1 月平均气温 -8.3℃，7 月平均气温 16.7℃，极端最低气温 -33.1 ~ -24.6℃，极端最高气温 32.1℃，≥10℃ 积温 2697℃，年平均降水量 450.0 ~ 622.67℃。对土壤要求不严，各种土壤均可生长，在黄绵土上生长旺盛。属浅根性树种，根系发达，萌蘖力强，根幅比冠幅大，灌丛发枝多（100m² 灌丛数 34 株，每丛发枝 11 ~ 18 条），冠幅大，根系具固氮根瘤菌，能显著改良土壤，提高土壤肥力。物候期（延安，海拔 1200m）为：3 月中旬芽萌动、4 月上旬至中旬发芽、4 月下旬至 5 月上旬现蕾、5 月上旬开花、6 月上旬结果、早 8 月中、下旬晚 9 月下旬至 10 月上旬果熟、11 月落叶。生物量大，据在延安杨家沟（半阳坡、坡度 36℃，土壤黄绵土，7 ~ 9 年生）调查，地上生物量（干重）达 6.81t/hm²，地下生物量达 16.73t/hm²，总生物量达 23.54t/hm²，产鲜果 3.13t/hm²，枝叶干重 6.39t/hm²。可见根系发达，0 ~ 1.0m 深土层中根重达 16.92t/hm²，总长度达 7476.6km。表明保持水土、涵养水源的作用非常显著。

五、培育技术

（一）育苗技术

1. 播种育苗 果实成熟期比较长（延安从 8 月下旬开始到 10 月上旬结束）。选果大饱满，壮龄母树采种。果实采收后捣碎果皮，加水淘洗，过滤除去杂质后晒干，即可秋播。果实出种率一般为 10% 左右。种子千粒重为 7 ~ 8g。种子小，皮厚而硬，妨碍吸水，发芽困难。播前需要进行温水浸种催芽，用 40 ~ 60℃ 温水浸泡 24h，捞出混湿沙（种沙比 1：3）堆藏，待有 40% ~ 50% 的种子裂嘴后，当 5cm 处地温达 10℃ 时即可播种。开沟条播，行距 25 ~ 30cm，覆土 1 ~ 2cm，播种量 75 ~ 90kg/hm²。然后盖草或加遮阳网，保持湿润。

一个月后发芽出土，及时松土除草，当苗高 10cm 间苗，并在 6 ~ 7 月追施速效氮肥 1 次，施用量 112 ~ 150kg/hm²。

2. 扦插育苗 秋季 9 ~ 10 月剪取 2 年生老枝长 16 ~ 20cm 的插穗，插穗上端留 1 ~ 2 短枝和叶片，将其余枝叶剪去，在苗床上开沟行距 30cm 扦插，插深 15cm，株距 8 ~ 10cm，踏实土壤，保持苗床湿润。也可用嫩枝扦插，7～8月间，取当年半木质化枝条作插穗，长10cm左右，上部留叶3～4片，直插深1/2至2/3。插后1～2个月可生根。

苗期有蚜虫和螨类危害幼苗，可用乐果0.033%溶液防治或用三氯杀虫螨醇0.1%～0.125%溶液防治。

（三）栽培技术

秋胡颓子可采用分根造林和植苗造林，因分根造林受数量限制，以植苗造林为主。在干旱山坡造林要提前整地并做好蓄水保墒工作，春秋皆可造林。苗木不宜过大，以1～2年生苗为好，将幼苗挖掘后，尽量保全细根，根长20～30cm为宜，适当深栽，也可栽后截干。栽植株行距1m×2m或2m×3m，具体情况视立地条件而定。

抚育管理 在土壤湿润、杂草旺盛的造林地，栽植当年5～9月间，要及时松土除草2～3次，秋季或次年春季进行补植。平茬在造林后5～7年开始，平茬间隔期4～6年为宜。视经营目的确定平茬方式：作薪炭的可"片砍"；采果实可隔行平茬；用作水土保持林可选砍（留强去弱）。砍时留茬要低，并保持平滑不裂。平茬当年可萌发很多枝条，生长高度可达1m。

栽植实生苗，3～4年后可坐果，扦插苗2～3年坐果。

（罗伟祥）

沙　枣

别名：桂香柳、七里香、银柳、香柳、吉格旦（维吾尔语）

学名：*Elaeagnus angustifolia* L.

科属名：胡颓子科 Elaeagnaceae，胡颓子属 *Elaeagnus* L.

一、经济价值及栽培意义

沙枣对风沙的抵抗力极强，防风固沙作用大，又极耐干旱和盐碱，萌蘖性强，生长迅速，枝叶繁茂，能有效地防止水土流失。木材橘黄而稍泛白色，纹理美观，材质坚韧，是制作农具、家具、矿柱和民用建筑的良材。沙枣果实干物质含脂肪 2.9%，蛋白质 8.5%，无氮浸出物 71.4%，磨粉后可以食用，也可酿酒、酿醋、制蜜饯、作果酱、酱油等。糟粕是优良的饲料，干叶含蛋白质 15.7%，粗脂肪 6.5%，营养价值优于刺槐而与苜蓿相当，对西北沙荒地区建立人工饲料基地，促进畜牧业发展具有重要的作用。

沙枣花味芳香，是理想的蜜源植物，每亩 8～10 年生沙枣林，可养 2 群蜂，产蜜 30kg，经济效益显著。沙枣鲜花芳香油含量 0.2%～0.4%，可提制香精、香料。其树液含树胶，可提炼沙枣胶或胡颓子胶，理化性质与阿拉伯胶、黄芪胶相近，可代替阿拉伯胶、黄芪胶使用。

沙枣的花、果、枝、叶、树皮等均可入药，对烧伤、白带、慢性支气管炎、闭合性骨折、消化不良、神经衰弱等病症疗效显著。根煎汁，可洗恶疥疮。

沙枣通过修枝抚育，出柴量很高，其热值为 19858～20013kJ/kg，是良好的薪材。沙枣耐修剪，尚可作绿篱。

可见沙枣既是优良的防风固沙、水土保持树种，又是能源林、饲料林的理想树种，因此，在西北广大地区大力发展沙枣具有重要的意义。

二、形态特征

落叶乔木，高达 15m，胸径达 1m；树干多分叉扭曲，枝条稠密，具刺，嫩枝被银白色鳞片，2 年生枝红褐色；叶互生，椭圆状披针形，全缘长 3～7cm，宽 1.0～1.3cm。花两性，银白色或黄色，直立、单生或 2～3 朵簇生，芳香，花被筒状，雄蕊 4，具蜜腺，虫煤传粉。果实椭圆形，长 0.9～1.2cm，黄色或粉红色，果肉粉质。花期 5～6 月，果期 9～10 月。

另有一种及变种：

尖果沙枣（*Elaeagnus oxqcarpa* Schlecht.）　又名黄果沙枣　落叶乔木，高可达 20m，枝刺细长；叶窄长圆形或条状披针形，长 3～7cm，宽 0.8～1.8cm；果近球形或椭圆形，熟后乳黄色至橙黄色，果核具 8 条淡褐色肋纹。花期 5～6 月，果期 9～10 月。

沙　枣

大果沙枣（东方沙枣）[*E. angustifolia* L. var. *orientalis* (L.) O. kuntze] 花枝下部叶片宽椭圆形，宽 1.8～3.2cm，边缘浅波状。上部叶披针形或椭圆形，花盘无毛；果实椭圆形，长 1.5～1.8cm，栗红色。

三、分布区域

沙枣在我国大多分布在北纬 34°以北的西北各省（区）和内蒙古以及华北西北部，分布中心为西北地区的荒漠、半荒漠地带。尖果沙枣林主要分布在新疆塔里木河上游，海拔（1000m）准噶尔盆地西部河流、玛拉斯河、奎屯河、吉尔图河、四棵树河的中下游及艾比湖、伊犁河 200～400m 等地。在额尔齐斯河和天山北麓山间河谷地带（可达 1200m）也有分布。南疆的喀什、阿克苏、和田等地的绿洲农田栽培较多，高原山区的昆仑山一带，海拔高达 2300m 亦有栽培，生长良好。甘肃河西走廊的酒泉、张掖、武威三地区分布较普遍，兰州、庆阳、天水等地有栽培。宁夏从贺兰山以东黄河两岸一直延伸到内蒙古的巴彦高勒、呼和浩特一带都有人工栽培，中卫一带营造的片状带状防沙林面积较大。青海的尼和、循化、乐都和西宁地区有分布与栽培。陕西榆林沙区引入栽培，以西部居多。前苏联中亚地区也有分布。

四、生态习性

沙枣（尖果沙枣）生态适应性强，既喜温也耐寒，一般在年平均气温 10℃条件下，生长良好，能忍受 -40℃ 的极端低温。耐大气干旱，在年降水量 20～50mm 而蒸发量高达 2500mm 的塔里木河能够成林，长势也很好。对土壤要求不严，砾质土、沙土、盐碱土、壤质土上都能生长。能忍耐盐碱土的幅度为，在硫酸盐盐土上，全盐量 1.5% 以下时尚能生长；在氯化物硫酸盐盐土上，全盐量在 0.6% 以下时才适于生长，而在硫酸盐氯化物盐土上，则全盐量超过 0.4% 时生长就受抑制。表明对硫酸盐抗性最强，对碱性土抗性弱，在 pH 值 >8 时生长差，常有枯梢。

浅根性，水平根特别发达，多分布在 30～50cm 土层中，4～10 年生幼龄林，侧根在沙壤土层伸展到 8～10m 远。

萌生力强，耐沙压沙埋，压埋后能产生不定根，顶芽发育较弱，侧芽萌枝力强，枝叶稠密，防风固沙作用强。

沙枣寿命可达 100 年以上，10 年生以前生长较迅速，10 年树高可达 8～10m，胸径 15～17cm，是荒漠、半荒漠的速生树种之一。30～40 年后生长趋于缓慢，50～60 年后生长势逐渐趋于衰老。造林后 4～5 年开始结实，10 年生时进入盛果期。新疆塔里木河上游和甘肃河西一带，3 月下旬至 4 月初，树液开始流动，4 月中旬吐叶，5 月中旬开花，9 月至 10 月初果实成熟，11 月下旬落叶进入体眠期。

五、培育技术

（一）育苗技术

1. 选用良种 沙枣品种繁多，果实品质差别极大，产量亦相差悬殊，大如红枣，小如豆粒；高产达 50kg/株以上，低产仅数千克，另外抗旱能力和木材性质亦各不相同，因此，为了克服品种混杂、良莠不分的现象，提高经济效益，须选用优良品种。

2. 播种育苗　沙枣果实 10 月中下旬采收，及时摊晒，以防霉变，干后入库堆放，厚度以 40~60cm 为宜。去杂净种，用石碾碾压，脱除果面。出种率 43%~54%，种子宜在干燥通风处贮藏堆层厚度不超过期 1m，久藏的种子须晒干，含水率在 18% 以下。新鲜的种子发芽率多在 90% 以上，保存较好的种子，5~6 年后其发芽可达 60%~70%。

播种　秋季育苗可随采随处理随播。春季育苗，播前种子需催芽处理，一般在 12 月至翌年 1 月，将取过果面后的种子进行沙藏越冬。未经冬藏催芽的种子可用温水浸种催芽。种子部分"吐白"时播种。大田式育苗，一般行距 25~30cm，或行距 20cm，带距 30~40cm，3~4 行式带状条播。新疆的经验，多采用行距 20~30cm，带距达 1.5m 左右的双行式条播，这样行间可开小沟细流灌溉，带间便于机械操作并间种冬菜，3 月中下旬~4 月中旬播种，每亩播种量 30~50kg，覆土厚度 3~5cm。

4 月下旬至 5 月中旬出苗，6 月上旬间苗，每亩成苗 2 万株左右，7~8 月分苗木进行旺盛生长期，加强田间管理。当年苗高达 50~60cm 以上，地经 0.5cm 以上，即可出圃造林。

3. 扦插育苗　能保持良种的优良特性，扦插育苗易成活，其方法与杨、柳扦插大致相同。

也可采用压条、分蘖方法繁殖苗木。

（二）栽植技术

1. 林地选择　沙枣忌水湿，宜选择地下水位高于 4m，低于 1m 的沙质壤土栽植；不宜选用通气不良的重黏质土，草甸土或沼泽土造林。

2. 整地方式　一般宜在雨季或秋季进行带状或穴状整地，耕翻深度 25~30cm，耙地深度 10~20cm。

3. 栽植方法　可采植苗造林或插干造林，造林季节以春季"清明"至"谷雨"为好；秋季"霜降"至"立冬"也可栽植。

4. 造林密度　根据立地条件和经营目的，一般株行距为 1.5m×2.0m、1.0m×2.0m、1.0m×3.0m，亩植 220~230 株，可与胡杨、梭梭、多枝柽柳、旱柳等树种营造混交林。

六、病虫害防治

1. 沙枣尺蠖（*Apocheima cinerarius* Er.）　成虫体色灰褐，腹部背面有刺，雌蛾无翅，雄蛾前翅有明显的内外横线；雄虫触角卵黄色，羽状，雌蛾触角丝状。是杂食性的食叶害虫。主要发生在河西走廊，1 年发生 1 代，3 月下旬羽化出土，10 天左右产卵于树皮裂缝，4 月上旬至 6 月上旬为幼虫在树根周围土中化蛹越冬。

防治方法：①3 月上旬，用黑光灯诱杀成虫；②5 月下旬以后，在 20~30cm 土层中挖蛹；③注意在 1~2 龄期（多在 5 月上旬），用 25% 五胺硫磷 800~1000 倍液，或 50% 杀螟松乳剂 1000 倍液喷杀幼虫，效果较好。

2. 沙棘虱（*Trioza magnisetosa* Log）　多发生在甘肃河西地区、宁夏的中卫、宁武；内蒙古的巴彦高勒等地。若虫危害沙枣叶、花、嫩枝的汁液。单位叶片上有虫多达 40~90 个，危害严重者叶、花、果雕萎脱落，影响结实和产量。

防治方法：可用 90% 敌百虫 2000 倍液，或 50% 马拉松乳剂 3000 倍液喷杀。

（罗伟祥、土小宁）

河朔荛花

别名：羊厌厌、老虎麻

学名：*Wikstroemia chamaedaphne*

科属名：瑞香科 Thymelaeaceae，荛花属 *Wikstroemia* Endl.

一、经济价值及栽培意义

河朔荛花具有喜光、耐干旱、抗寒等特性，对立地要求不严，常见于低山丘陵荒坡地带，是一种良好的水土保持灌木树种。茎叶有毒，可作农药；花入药，治水肿等症。茎皮纤维可作造纸原料。有关研究表明瑞香科植物多为药用植物，其化学成分有显著的生理活性，对皮肤和黏膜有强烈的刺激作用，含有一定的毒性。在过度放牧地区河朔荛花常保留较好，牛羊不采食。河朔荛花造林对丰富干旱地区水土保持灌木树种资源和荛花的开发利用具有一定的现实意义。

二、形态特征

落叶灌木，株高 0.5~1.0m，多分枝。枝纤细，幼时淡绿色或绿棕色，有棱，后变深褐色，无毛。叶革质，披针形至狭长圆状披针形，长 2~5.5cm，宽 0.3~0.8cm，先端急尖，基部楔形或渐狭成短柄，全缘稍反卷，上面深绿色，下面淡绿色，两面均无毛。穗状花序或圆锥花序，顶生或腋生，被灰色短柔毛；花被圆筒状，黄色，细瘦，长 8~10mm，密被黄色绢毛，裂片 4，近圆形，先端钝，长为花被筒 1/4；雄蕊 8，2 轮，着生于花被筒内面，花丝极短或无，花盘鳞片 1，矩圆形，子房卵形，被短柔毛，花柱极短，柱头头状，核果卵圆形，内有种子 1。花期 6~8 月，果期 9 月。

三、分布区域

河朔荛花常生于海拔 800~1900m 的阳坡，分布于河北、陕西、甘肃、河南、湖北、四川等地。陕西的渭北高原及黄土丘陵区均有分布，宜川、安塞等石质山和干旱荒坡分布较广。

四、生态习性

河朔荛花喜光，极耐干旱，耐瘠薄，不耐水湿。

五、培育技术

一般采用播种育苗。河朔荛花种子极少，难以采集，扦插成活率较低。

育苗栽培技术可参照互叶醉鱼草。

（王乃江）

互叶醉鱼草

别名：白芨梢
学名：*Buddleja alternifolia* Maxim.
科属名：马钱科 Loganiaceae，醉鱼草属 *Buddleja* L.

一、经济价值及栽培意义

互叶醉鱼草花色艳丽，极富观赏性，属观花树种，其观赏价值已逐渐被认识，是优良的珍稀野生花木，在呼和浩特等多个地区引种栽培成功，给本地区城市绿化、美化增添了新树种，同时也收集保护了这一珍稀物种。其适应性强，对土壤、水分条件无特殊要求，繁殖容易，播种，扦插后 2~3 年开花，绿化美化效果较快，可在城镇园林绿化中引种推广，这无疑会给缺少花灌木、尤其夏季少花的北方城市，增加新的花木品种。

二、形态特征

野生的互叶醉鱼草丛高 2~3m；多分枝，幼枝灰绿色，被星状毛，后渐脱落。单叶互生；叶披针形或条状披针形，长约 3~6cm，宽 4~6mm，先端渐尖或钝．花多出自 2 年生枝条，数花簇生或形成圆锥花序；花先叶或与叶同时开放，花萼筒状，长约 4mm，先端 4 裂；花冠浅紫色或紫红色，筒长约 6mm，雄蕊 4，无花丝．着生于花冠筒中部．蒴果矩圆状卵形，长约 4mm，种子多数，有短翅。

同属的还有大叶醉鱼草（*B. davidii* Franch.），单叶对生，叶大，花序长 40cm，花淡紫色，具香味。红花醉鱼草（*B. davidii* Franch cv. Rogal Red），花红色。

三、分布区域

分布于陕西、甘肃、宁夏、山西等省（自治区），也生长在内蒙古自治区伊克昭盟及贺兰山海拔 1 400~2 500m 的干旱山坡或砾石滩地上．近年由于分布区气候条件的变化，人类社会活动加剧，使自然生态系统趋于脆弱，种子自然成熟度差，从而导致自然条件下，种群数量锐减，更新繁殖困难，呈濒危状态，被内蒙古自治区列为三级保护植物。

四、生态习性

喜阳，尚耐荫，性强健，对土壤要求不严，耐寒、耐旱、耐瘠薄，不耐水湿。萌芽力强，极耐修剪，花叶揉碎被鱼食之可致使麻醉，固有醉鱼草之名。

五、培育技术

（一）育苗技术

1. 播种育苗

互叶醉鱼草种粒细小，不易在圃地播种，10 月将采收的蒴果置于干燥处贮藏，翌年 4

月中旬播前将其碾碎分离出种子，在温室泥盆内干播，将种子均匀撒播在泥炭、腐熟羊粪、细沙（2∶1∶1）混拌均匀，表层平整（经过筛）并已阴透的基质上，不宜密播，播后覆土0.1~0.4cm，并以塑料膜罩严，以增温保湿，置于直射光下。而后视室温每2~3天喷水1次，播后9天出苗，发芽率80%以上。幼苗高0.5~1.0cm时，揭去覆盖物，过早揭覆盖物幼苗死亡率很高。出苗后应每天喷水1次，苗高1.5cm以上时，白天放在室外荫棚下通风锻炼生长，2~3天喷水1次，2个月苗高平均长至20.3cm。6月中、下旬分株移入圃地定植培养，保苗率达100%。播种苗当年平均高87.7cm，丛幅75.0cm×82.0cm，幼苗无需特殊措施即可安全越冬。

2. 扦插育苗

（1）硬枝扦插 苗床设在温室内，基质为珍珠岩．于早春选择生长健壮、无病虫害、木质化程度好的1年生硬枝，剪成长15~20cm、小头直径不小于0.3cm的插穗。扦插前在水中浸泡24h，扦插深度4~5cm．插后每天适时喷水1~3次，40天可形成愈伤组织，50天后生根，此后要减少喷水次数。6月中旬将生根苗移入泥盆（基质同前），此时管理很关键，上盆6~7天内置于遮荫处，每天适量喷水，待缓苗后才可见直射光，并进行通风锻炼。经1个月养护，成活率达78.4%，于7月中旬扣盆移入圃地，当年平均苗高45.0cm，保苗率达96.1%。

（2）嫩枝扦插 嫩枝扦插插床可选在温室或露地，基质选用透水性强的珍珠岩、粗沙或蛭石均可．选用平床厚约10~15cm，内设自动间隔喷雾装置定时喷水，无此装置插后每天喷水4~5次，露地扦插后要及时搭塑料拱棚遮荫，扦插于6月25日至7月10日进行，插穗为当年生半本质化嫩枝，长10~15cm，顶端保留2~4片叶片，扦插密度为5cm×10cm。扦插前用生根粉激素处理。不论哪种激素（ABT1、ABT2、IBA、NAA）及浓度处理，均能不同程度地提高插穗生根率。根据试验，使用激素处理的插穗绝大部分为皮部 生根，平均根量和平均根长较对照均有大幅度增加，嫩枝扦插21~25天生根。

露地扦插苗于9月上中旬揭去塑料棚后采取临时措施继续遮荫．每天喷水1次；9月下旬减少喷水次数，10初撤除遮荫，11月初覆土在室外苗床内越冬．翌年4月中旬扒开覆土，分株起出定植在圃地，生根苗保苗率达93.4%。室内扦插生根苗于9月下旬上盆，在蔽荫处放置7~10天后见光锻炼，并保持盆内湿度80%左右。

（二）栽植技术

醉鱼草在西北东部广大地区及新疆南部、青海东部适宜栽植。以植苗为主，多在早春进行。在园林中可植于草地、墙隅、庭院、街心及装点石山，也可作切花。西北地区夏季开花植物缺乏，景观单调，而醉鱼草正值夏季开花，花色丰富且花季极长，在北京可达4~5个月，弥补了夏季开花植物稀缺的不足，起到丰富城市景观的作用。西安植物园栽植的互叶醉鱼草、大叶醉鱼草、红花醉鱼草、白花醉鱼草，开花时蓝紫色、白色、红色交相辉映，十分美观。

（薛智德）

杠 柳

别名：羊角叶、羊奶条、羊奶棵子、北五加皮、钻墙柳、羊角桃

学名：*Periploca sepium* Bunge.

科属名：杠柳科 Periplocaceae，杠柳属 *Periploca* L.

一、经济价值及栽培意义

杠柳价值很高，茎叶乳汁含弹性橡胶；茎、皮、根均可药用，其中含有的杠柳素、香树精等成分，药用价值较高，有祛风湿、通经络、强筋骨等功效，可治疗风寒湿痹、关节肿瘤、关节炎等症，根皮称"北五加皮"，功效与五加皮相似，但有毒，慎用。根皮浸液可用作杀虫剂。冷浸 48h 的杠柳根皮 50 倍浸出液对二十八星瓢虫有胃毒作用，100 倍浸出液可杀死蚜虫。有些地方，用杠柳根段直接堵塞透翅蛾虫洞，也收到了一定效果。种子可榨油，植株营养成分丰富，含粗蛋白 15.2%，粗脂肪 3.7%，粗纤维 25.5%，灰分 9.3%，无氮浸出物 37.5%。

杠柳还可作薪炭材，根茎的萌力强，又多枝丛生，可逐年连续采割或平茬。其当年萌发的新枝条，在沙地也能生长 1m 多，是很好的薪炭树种。

二、形态特征

落叶藤蔓灌木，丛生多枝，高 0.6~2m，茎粗 1~4cm，枝叶含乳白色汁液，故得名"羊奶条"。无顶芽，冬芽极小，为宿存叶柄所遮蔽。叶迹 1 个，新月形。茎皮灰褐色或浅褐色，具光泽；小枝黄褐色，常对生，具突起的圆形皮孔。单叶对生，全缘，革质，卵状披针形或长圆状披针形，全缘，上面深绿色，下面淡绿色，具光泽，均无毛；叶柄长 3~10mm。聚伞花序，腋生，有花 1~5 朵；花冠紫红色，辐状 5 裂，筒短，里面密生白绒毛，外面无毛；雄蕊 5，生于副花冠内侧，花丝短，离生，背面与副花冠合生；果实为蓇葖果，圆柱状，叉状双生，两端渐尖，长 7~12cm，径约 5mm，无毛，具纵条纹。种子多数，长圆形，两端尖，长约 7mm，宽约 1mm，黑褐色，顶端具白色绢质毛，长约 3cm。种子千粒重 7.66g。花期 5~6 月，果期 7~9 月。

三、分布区域

西北地区杠柳在陕西分布于秦岭南北坡（旬阳、宁陕、眉县太白山、长安等）海拔 900m 左右的林缘及河边，关山、黄龙、桥山林区、陕北延安南泥湾、志丹、吴起、榆林等地海拔 400~1800m 山地阴坡、路旁、沟边等处；甘肃分布于兰州十里店、甘谷、榆中、秦安、天水、平凉等地海拔 1300~1800m 的干旱山坡、地埂、河岸、石滩地；宁夏六盘山也有分布；青海西宁等地引种栽培。此外，华北、东北以及西南的一些省份也有分布，常见于海拔 400~2000m 平原、山地、沙地及林缘和沟坡、丘陵的田边、沟坡、林缘灌草丛中。

四、生态习性

杠柳喜光，根蔓生力强。一般 2 ~ 3 年开始结果，在嫩江流域，4 月下旬开始萌动，叶芽逐渐膨大伸长而变绿；5 月上旬开始吐叶，5 月中旬进入全叶期；6 月上中旬为开花期；6 月下旬结果。其生长期是 5 月上旬至 9 月上旬；9 月下旬开始落叶。果实在 10 月上旬开始成熟，成熟时果皮由绿变黄褐色。

杠柳主侧根发达，根长为植株地上部分的 2 ~ 3 倍，能吸收较深层的土壤养分和水分。杠柳由于历年连续采割枝条，可形成粗壮的根茎，根茎上有很多不定芽，每年都能重新萌发出新的枝条。茎部被沙埋时，其茎部也能萌发出大量的水平根；倒伏的茎被沙埋后，能多处生根形成新的株丛，进而构成了稠密的根系网络。

杠柳

1. 花枝 2. 花（除去花冠和花药） 3. 花萼裂片 4. 花冠裂片内面，示中间加厚和毛被 5. 蓇葖果 6. 种子

杠柳抗风沙，耐盐碱，抗风蚀，沙埋作用相当显著，一般生长在丘间地或丘间过渡地带。常成片生长自成群落，1 ~ 15 株/m²。土壤 pH 值为 9.5 左右时正常开花结实，杠柳生长迅速，成林早，郁闭快，自我更新能力强，造林 2、3 年内，林内即可萌生很多幼树。杠柳种子以风为动力传播，故林地周围常萌生很多幼树。杠柳的防风蚀作用相当显著。小沙丘上没有风蚀现象，其保护距离达 10m 左右。

杠柳抗旱性强。杠柳能在年降水量 200mm 的沙丘上顽强生长。当土壤含水量降到 3.5% 时有脱水表现，叶子发蔫；降到 3% 时，叶子大部开始卷曲下垂，下部叶变黄，少数脱落；降到 2.3% 在右时，叶子即全面枯萎，逐渐脱落。其永久萎蔫系数在 2% ~ 2.5% 之间，幼苗曝晒 4h，成活率为 70%；曝露 24h，成活率为 35%。可见，杠柳对干旱条件有极强的适应能力。

杠柳还有极强的抗涝能力。在杠柳密集的地方，每年春季还能截留大量的淤沙，厚度一般为 6 ~ 7cm，多者达 10cm。对幼苗每天多次灌水，使其处于积水状态，直到杠柳基本停止生长，高、粗生长及分枝数较正常管理的幼苗仅有微小差别。

杠柳还具有明显的改良土壤作用，1989 年 10 月，在杠柳驯化栽培试验区与对照区相比，土壤有机质增加 23.29%，全磷增加 9.09%，<0.01mm 土壤微粒增加 77.33%，田间持水量增加 24.28%。因此，种植杠柳能提高土壤肥力，增加团粒结构，改善理化性质，增加土壤的抗风蚀能力。

五、培育技术

（一）育苗技术

杠柳用播种或分根方法繁殖，一般采用播种育苗。育苗造林比较简单容易，采种时间10月份最佳，此时果皮不开裂，种子也较干，果熟后果皮开裂，种子借种毛可随风飘散。将采集的果荚去掉荚皮和种毛后放干燥处保存，也可装在麻袋内置于通风干燥处越冬，翌年播种前取出，用木棍反复敲打揉搓，使白色种毛与种粒脱离，除去种毛和杂质，即获得纯净种子。播种期5月上、中旬为宜，将种子用40~50℃热水浸泡4~5h，待种子膨胀，并有1/3露白，捞出后即可混沙播种育苗，亩播种量1kg。垄作、床播均可，覆土厚约1.5~2.5cm。种子也可不作处理，风沙干旱区可适当深播。苗期正常田间管理。关中地区在清明节前后播种，7~10天即可出苗。保留苗100~150株/㎡，每亩可产苗6万株左右。

（二）栽植技术

杠柳造林时间在4月上、中旬为宜，株行距多用0.7m×1.0m或1m×1m，7000~10000株/hm²，特别干旱的地方造林时应灌水。也可用杠柳种子直播或飞播造林，成活后基本不用管理。

六、病虫害防治

杠柳抗性极强，病虫害很少发生。在出苗前可按常规方法防治病虫。

（王乃江）

沙　蒿

别名：籽蒿、油蒿

学名：*Artemisia ordosica* krasch. （白沙蒿）

　　　Artemisia sphaerocephalla krasch. （黑沙蒿）

科属名：菊科 Compositae，蒿属 *Artemisia* L.

一、经济价值及栽培意义

沙蒿枝条匍匐生长，有利于防风阻沙，具有适应性强、耐干旱、抗风蚀、喜沙埋、生长快、固沙作用强等特点，为固沙先锋植物种。1975 年首次作为踏郎或花棒的保护植物用于飞播，其飞播成效显著。1976 年，在榆林红石峡飞播的白沙蒿，当年有苗面积率为42.7% ~ 58.2%；第 3 年有苗面积保存率为 21.6%，每平方米幼苗密度 5 ~ 24 株，株高 70 ~150cm，冠幅 70cm × 112cm。1984 ~ 1985 年，在年降水量仅 150mm 的内蒙古阿拉善左旗，采用白沙蒿与沙拐枣混播，第 2 年保存率达 57.7%，株高 30cm。

沙蒿是我国西北、华北和东北荒漠、半荒漠地区晚秋和冬春特有的济困牧草，同时也是牧区燃料来源，种子可供食用，特别是白沙蒿种子，炒熟后象黑芝麻一样清香可口，与面粉合在一起做出的面食，又香又筋道，种子亦可榨油食用，出油率 10% 左右，嫩枝叶，有止咳、祛痰、平喘的功能，可治疗慢性气管炎、哮喘、感冒、风湿性关节炎等病症。

二、形态特征

（一）白沙蒿（籽蒿）

半灌木，高 40 ~ 80cm。主茎单一，明显，直立，中上部分枝，开展；老枝灰白色，有光泽，条状剥落，当年枝淡黄色或黄褐色，有时紫红色，具纵条棱。叶 1 ~ 2 回羽状全裂，基部有条形假托叶；下部叶及不孕枝叶长 1 ~ 8cm，侧裂片 2 ~ 3 对，头状花序近球形，径3 ~ 4mm，下垂，无梗或梗长达 4mm，具条形苞叶，在枝端排列成开展的大型圆锥花序，总苞片 3 ~ 4 层，外层较短小，宽卵形，边缘膜质，内层较宽大，宽卵形或近圆形，边缘宽膜质；边花雌性，窄管状，5 ~ 10 个，结实；心花两性，7 ~ 12 个，管状，不结实；花托球形，裸露。瘦果卵形，长 1.5 ~ 2mm，黄褐色或暗黄色。花期 8 月，果期 9 ~ 10 月。

（二）黑沙蒿（油蒿）

半灌木，高 30 ~ 100cm。主茎不明显，由基部分枝，丛生，直立；老枝黑灰色或暗灰褐色；当年枝褐色、黄褐色、紫红色或黑紫色，具纵条棱。不孕枝及下部叶长 3 ~ 9cm，1 ~ 2回羽状全裂，侧裂片 2 ~ 3 对，丝状条形，上部叶 3 ~ 5 全裂或不分裂，基部有条形假托叶或缺。头状花序卵形，长 3 ~ 3.5mm，直径 2 ~ 2.5mm，具短梗，长达 4mm，或近无梗，苞片丝状条形；在枝端排列成扩展的圆锥花序；总苞片 3 ~ 4 层，边缘宽膜质，内层矩圆形或卵状披针形，边缘宽膜质；边花雌性，4 ~ 5 个，锥状管形，结实；心花两性，8 ~ 13 个，花冠宽管状，基部窄；花托半球形，裸露。瘦果长卵形，长 1.5 ~ 2mm，黑色或暗褐色，花期

7~8 月，果期 9~10 月。

白沙蒿与黑沙蒿形态区别主要是：白沙蒿种子较黑沙蒿大，长约 2mm，种壳球形，枝条灰白色，稀疏，直立，较粗状；黑沙蒿种子小，长约 1.5mm，种壳卵形，枝条暗灰色，梢端暗红色，密集，平铺，纤细。

三、分布区域

白沙蒿产于毛乌素沙地，库布齐沙漠、乌兰布和沙漠、腾格里沙漠；分布于内蒙古西部、宁夏西部、甘肃景泰，即乌鞘岭以东，内蒙古南部，生于荒漠及半荒漠带的流动沙丘及半固定沙丘。

黑沙蒿产于库布齐沙漠、毛乌素沙地、乌兰布和沙漠、腾格里沙漠、河西走廊沙地；分布于内蒙古、陕西、宁夏、甘肃，生于草原和半荒漠地带的半固定沙地。

四、生态习性

（一）白沙蒿

浅根性，无明显的垂直根系，水平根系极发达，5 年生根幅为冠幅的 7.5 倍，侧根密集分布在 10~70cm 的沙层中；极耐旱，沙土含水率低于 0.45% 时，才开始死亡。白沙蒿为流沙治理中先锋植物，沙地固定后则逐渐生长不良而衰亡。白沙蒿一般 3 月下旬萌发，7 月下旬现蕾，8 月中旬开花，9 月下旬种子成熟，种子富含胶质，遇水胶于沙粒上，种子发芽率达 81%。

（二）黑沙蒿

深根性，根株萌发力强，天然生 12 龄黑沙蒿，高 0.9m，冠幅 1.7m，根深 3.5m，根幅 9.2m，侧根密布在 0~130cm 的沙层中，因之，黑沙蒿十分适合生长于十分干旱的固定、半固定沙地，但抗风蚀沙埋性能不如白沙蒿。黑沙蒿寿命较白沙蒿长，可达 10 余年，它发叶甚早，3 月上旬萌发，11 月中旬落叶，8 月上旬开花，9 月中旬结实，11 月中旬成熟，天然更新十分良好。

五、培育技术

（一）育苗技术

1. 播种育苗

（1）采种　果实外壳呈黄灰色，种子成熟时黑褐色，种子不易脱落，采种容易。脱粒后，扬去夹杂物，可得纯种，阴干，置通风干燥处贮存，防潮。

（2）育苗　宜选沙土和沙壤土育苗，因种子较小，土地应细致整地，施足肥料，播期宜早，趁春季土壤湿润抢墒播种，播种量 2~3kg/亩，覆土以不见种子为度，不宜过深。

2. 扦插繁殖

（1）插穗采集　老枝上萌发的枝条多短小，萌发力也弱，应选 1 年生萌发条作插穗，为了促使沙蒿从根际萌发健状的茎条，以供栽蒿用，应平茬更新。

（2）扦插季节　春、秋、雨季均可。具体日期应按各地气候特点确定，同时应贯彻随割、随运、随插的原则。

（3）扦插方法，一般带状扦插，带距3～4m，每穴2束，每束6～8根，一般穴宽、深约30～40cm，这样配置1～2年后即形成条条绿蒿，在短期内即可起到防风和稳定沙面的作用。

（二）栽培技术

1. 直播

沙蒿直播以雨季最好，一般6～7月为宜，过晚不利越冬，地块宜选择平缓沙地，风蚀严重的沙丘部位保存率极低，播时用镐或耙子呈带状开沟播种，覆沙厚度以1cm左右为宜，带宽20～30m，带距3～4m，横对害风方向设带，一般直播后宜用平铺沙障保护。

2. 植苗

植苗的成活率比较高，可采用实生苗栽植，也可移植野生带根苗。植苗一般采用带状沟植，带距2～3m，栽深30～40cm。先由迎风坡下部开始植苗，待沙丘顶部逐渐被风削平，再继续栽植，生产中栽植沙蒿的目的，是实现以沙蒿保护乔、灌木在沙丘地顺利生长。

3. 抚育

（1）补栽 由于栽后死亡或因风蚀造成缺苗断条地段，应及时进行补栽。补植应在当年秋季或翌年夏季进行，最迟不能超过翌年秋季。

（2）平茬更新 栽后1～2年进行平茬更新，以保护枝条的幼嫩而又不形成果枝为好（采种除外），一旦形成果枝，结实后枝条即死亡，若是4～5年内不进行平茬，会出现枝条大量枯死情况，均不利于防风固沙。

（李会科）

荆 条

别名：黄荆条、黄荆子

学名：*Vitex negundo* var. *heterophylla*（Franch.）Rehd.

科属名：马鞭草科 Verbenaceae，牡荆属 *Vetex* L.

一、经济价值及栽培意义

荆条适应性强，分布广泛，资源丰富，是绿化荒山，保持水土的优良乡土灌木。枝叶芳香，沁人心鼻，叶和花含精油 0.1% ~ 0.15%，精油含有 36 种成分，氧化物较多，其中主要有 a - 侧柏烯、a - 松油烯、a - 蒎烯、萜品烯等。可提取芳香油，种子含油率 16.1%，可制肥皂及工业用油，茎皮含纤维可造纸和人造棉及编绳索；根叶可入药，具有清凉镇静作用，能治痢疾、流感、止咳化痰、胃肠痛，根及籽可驱蛲虫，治风湿性关节炎、慢性支气管等病症。荆条枝条柔韧，不受虫蛀，可编成各种筐篮。花繁开放期长，是良好的蜜源植物。荆条枝干热值为 19419kJ/kg，根热值为 20256kJ/kg，是原煤热值 26744kJ/kg 的 72.6% 和 75.7%，是很好的燃料。荆条枝叶含有丰富的营养，主要成分与紫花苜蓿接近，是很好的绿肥。老根株形状奇特多姿，耐雕刻加工，是理想的盆景制作材料。荆条叶型美观，花色蔚蓝，香气四溢，雅致宜人，也是优良的庭园绿化观赏树种，应大力加以发展。

二、形态特征

荆条是黄荆（*Vitex negundo* Linn.）的一个变种。落叶灌木或小乔木，高可达 2 ~ 8m，地径 7 ~ 8cm，树皮灰褐色，幼枝方形有四棱，老枝圆柱形，灰白色，被柔毛；掌状复叶对生或轮生，小叶 5 或 3 片，中间小叶最大且有明显短柄，两侧较小，长 2 ~ 6cm，叶缘呈大锯齿状或羽状深裂，上面深绿色具细毛，下面灰白色，密被柔毛。花序顶生或腋生，先由聚伞花序集成圆锥花序，长 10 ~ 25cm，花冠紫色或淡紫色，萼片宿存形成果苞，核果球形，果径 2 ~ 5mm，黑褐色，外被宿萼。花期 6 ~ 8 月，果期 9 ~ 10 月。

三、分布区域

西北地区主要分布在陕西的秦岭太白山、关山、黄龙、桥山等林区及渭北黄土高原各县，以及榆林土石山坡，沟坡，固定沙地，海拔 800 ~ 1400m；甘肃的陇南（文县，舟曲），小陇山，子午岭及宁夏六盘山海拔 600 ~ 1600m 的黄土沟壑，土石山坡，沟岸及滩地；陕西关中庭园有栽培。

此外吉林、辽宁、河北、北京、山西、河南、山东、安徽、江苏、湖北、四川等海拔 100 ~ 800m 也有分布。

四、生态习性

荆条抗旱耐寒，多生于山地阳坡及林缘，为中旱生灌丛的优势种。分布区气候条件，以陕北延安为例，年平均气温 8.8～10.0℃。1 月平均气温 -9～-7℃，7 月平均气温 22～24℃，极端最高气温 39.7℃，极端最低气温 -25.4℃，≧ 10℃积温 2800～3500℃，无霜期 150～190 天，年平均降水量 380～550mm。荆条为阳性树种，喜光耐蔽荫，在阳坡灌丛中多占优势，生长良好，更新亦佳，密林更新不良。对土壤要求不严，在黄绵土，褐土，红黏土，石质土，石灰岩山地的钙质土以及山地棕壤上都能生长。

荆条主根明显，侧根发达，穿透力强，3 年生荆条在红黏土上根深 60cm，在黄土上根深达 180cm，根的总重量为 8.03t/hm²，总长为 14352.25km/hm²，根系形成牢固的网络，起到固结土体，保持水土的作用。树冠茂密，截留（降雨）量为 5.93～9.01t/hm².3 年生荆条林内枯落物 3cm 厚，4.12t/hm²。枯落物蓄水量 7.73t/hm²。

荆条人工林生长快，能迅速形成植被，据在延安树木园调查，1981 年栽植的荆条林，5 年生树高 1.5m，冠幅 1.2m，地经 1.5cm，长势旺盛，当年新梢生长量 35cm，又据调查 3 年生荆条人工林平均高 1.0m，郁闭度 0.6，地上生物量（干重）达 4.5t/hm²。

荆条为早实性灌木，2 年生实生苗和 1 年生萌条苗即可开花结实

五、培育技术

（一）育苗技术

多采用种子繁殖，10 月份果实由绿色变为灰黑色，即可采种，产种量 400kg/hm²，采回的果穗摊于场院晒干，打下种子，除去杂物备用或干藏。

春季土壤解冻后，整地作床，施入堆肥 15～22t/hm²，打碎土块，耙平作成畦式低床，开沟条播，行距 25cm，深 3cm，3 月中旬播种，播种量 52～75kg/hm²，覆土 1.0～1.5cm。播种 1 周后可见苗，遇天气干旱时要及时浇水，松土，除草，秋后苗高可达 50cm 左右，产苗量 22.5 万～30 万株/hm²。

（二）栽培技术

1. 植苗造林 秋季穴状整地，规格长×宽×深分别为 50cm×40cm×30cm，来年春 3 月上旬栽植，水土保持防护林，株行距为 0.5m×1.0m 或 1.0m×2.0m，踏实土壤。

2. 直播造林 秋季穴状整地，规格 40cm×30cm×25cm，次年 3 月上旬播种，每穴播 15～20 粒种子，如春季土壤干燥，最好等雨后直播，覆土 1.5～2.0cm。成活稳定后间苗，每穴留苗 1～2 株健壮株，培育成林。

3. 树种混交 荆条常是其他乔木树种的伴生树种，可与侧柏，油松，山杏，酸枣，胡枝子，黄蔷薇，连翘等乔灌木成带状或块状混交。

4. 抚育管理 植苗造林后，5～6 月进行 1 次松土除草，发现苗木倾斜或扎的不实的，随时培土踏实土壤。直播造林，苗木出齐后，中耕除草，新造幼林连续抚育 3 年，并实行封禁防止人畜危害。2 年后开始平茬，一般隔年平茬 1 次，平茬时间宜在落叶以后或萌芽之前，苗茬与地面平齐，茬口光滑不劈裂。最好可结合中耕施 1 次追肥，荆条病虫害极少。一般不需进行防治。

（杨江峰）

红 桦

别名：红皮桦、纸皮桦、鳞皮桦

学名：*Betula albo – sinensis* Burk.

科属名：桦木科 Betulaceae，桦木属 *Betula* L.

一、经济价值及栽培意义

红桦是温带、亚热带山地常绿阔叶林和落叶阔叶林地带广泛分布的树种，在西北林区，红桦为主要森林建群种之一。自成纯林或与云杉、冷杉、华山松、油松等针叶树种组成混交林，在次生林区与多树种组成混交林，对涵养水源、保持水土具有重要意义。其种子数量多，体积小，轻而有翅，能靠风力飞散到 1 km 以外，在适宜的条件下可以借助天然下种，成为针叶林采伐迹地的过渡树种。其适应性强，病虫害少，容易繁殖，是中高海拔山地森林更新，以及这一带荒山造林的重要先锋树种。

红桦木材淡红褐色，材质坚韧，纹理致密，结构细，色泽均匀，有弹性，不易割裂，加工性能好，适于单板旋切，为细木工、家具、枪托、火柴、乐器等优良用材和特种用材，为胶合板工业的重要原料之一。树皮含鞣质及芳香油，可以造纸，也可提炼栲胶及蒸桦皮油。树液可以熬糖。

二、形态特征

落叶乔木，高可达 30m，胸径 1m。树干常弯曲，树皮淡红色或红褐色，有光泽，呈薄层纸片状剥落，表面有白蜡状细粉，皮孔白色。小枝紫褐色，光滑无毛，有时被树脂粒。单叶互生，长卵形或卵状椭圆形，长 4~9cm，宽 2~5cm，先端渐尖，基部圆形或宽楔形，下面沿叶脉疏被丝毛，侧脉 10~14 对直伸齿端，边缘有锯齿；叶柄长 5~15mm，疏被长柔毛或无毛。柔荑花序单生，稀成对着生在短枝先端，下垂，长 2~3cm；果序圆柱状，长 3~4cm；果苞中裂片条形或条状披针形，较侧裂片长 2~3 倍，先端 3 裂，侧裂片长圆形；小坚果椭圆形，光滑，狭翅较果宽或近等宽。花期 4~6 月，果期 8~9 月。

变种有毛红桦（*B. albo-sinensis* var. *septontionalis* Schneid），树皮橘褐色，不易脱落。小枝有明显腺点。叶背脉上密生丝状毛，脉腋有簇毛。

三、分布区域

红桦主要分布在青海、陕西、甘肃、宁夏、山西、河南、河北、湖北、云南及四川等省（自治区）。垂直分布在海拔 1400~3000m 的山地，以 2400~3000m 范围内的阴坡、半阴坡、半阳坡山地的中上部生长较为良好。在陕西关山林区，红桦在海拔 2000~2300m 山地形成纯林或以红桦占优势的混交林；秦岭林区有大面积红桦林；在巴山林区海拔 2000~2500m 山地生长在混有针叶树的落叶阔叶林中，多为混交林，少有纯林。红桦林在陕西秦岭位于桦木林带上部，海拔 2400~2800m 范围内，并在北坡形成较大面积纯林。

四、生态习性

红桦为强阳性树种，喜光，不耐庇荫，林冠下天然更新不良，林外更新能力很强。忌风，多生于山坡中下部及沟谷两侧，而迎风坡及山坡上部很少分布。喜温凉湿润生境，也较耐寒冷，经 -40℃极端低温侵袭不受冻害。喜微酸性肥沃湿润土壤，也耐瘠薄土壤，但在过于阴湿和干燥的土壤上生长不良。在我国西部可分布海拔 2000~3000m，分布下界为辽东栎林带，上界抵柳灌丛或亚高山草甸带。

苗期耐庇荫，幼苗和嫩枝梢对霜害反应较敏感。在密集的林分内树干比较通直，下部整枝良好；在稀疏的林分内则树冠庞大，分叉低而多。根系浅、须根少，在稀疏林分内易遭风倒。萌蘖力强，经多次砍伐后仍能萌芽更新。

早期生长较快，树高速生期 10~30 年间，直径速生期 30~50 年间，一般 20 年生可采伐利用，树龄一般 50~70 年，最大树龄可达 100 年。陕西秦岭南坡红桦林分一般在 40~60 年间，树高 16~18m，胸径 16~18cm。生长较好的红桦林，40 年生平均高 16m，平均胸径 24cm，蓄积量可达 152m^3/hm^2。红桦天然下种容易，常有大面积林分分布，为森林天然更新的主要树种。

五、培育技术

（一）播种育苗

（1）采种 红桦每年结实或隔年结实。成熟的果穗成黄褐色。10 月当种子成熟时，选择生长健壮，树干通直，树冠发育良好的壮龄母树采种。摘下的果穗放在阴凉通风处晾晒，每隔 1~2h 翻动一次，5~7 天果穗干裂时，揉搓，筛出种子。红桦种子可边采边育，如需第二年育苗时，净种后再晾 3~5 天，装人麻袋，放在干燥通风处备用。或用雪藏，其方法是籽、雪各半，混合埋入坑内，盖草一层，以防雪溶。春季播前十余天，将种子取出，随着雪的溶化种子即吸足水分，然后放在背风向阳的地方催芽，每天翻动一次，并不断喷水增加湿度，午后把种子堆起，盖上草袋保温 7~8 天，当发芽种子占 1/3 时，即可播种。

红桦出种率 32%，纯度 48%~73%，发芽率 30% 左右，每千克纯净种子约 300 万粒。红桦种子寿命短，发芽力只能保存半年。

（2）育苗 育苗地以阴坡或半阴坡坡度平缓，土层深厚排水良好，肥力较高的沙质壤土或轻粘壤土为好。育苗前一年伏天进行整地，深翻 30cm。播前用硫酸亚铁、赛力散进行土壤消毒，每亩施腐熟的有机肥 1 500~2 500kg 作底肥，然后作床。床宽 1.2m，步道宽 30cm，其长因地形而定。

红桦春秋两季都可育苗，在没有晚霜危害的前提下可采用秋季育苗。秋季育苗翌年春能提早出苗 1 个月左右，延长生长期，促进苗木木质化。10 月下旬或 11 月上旬，边采种边育苗，当年不出土。春季育苗在 4 月下旬或 5 月上旬进行，播种前未经雪藏的种子，用 2% 赛力散拌种，然后堆起来盖上草袋或麻袋闷一昼夜，再用凉水浸泡，种子吸足水分后捞出，放在背风向阳处催芽，当种子 1/3 发芽时进行播种。条播，播幅 10cm，行距 15~20cm。亩播种量 1.5kg，要特别注意覆土厚度，用筛子将细沙士均匀撒于播种沟内，以不见种子为度，并轻轻镇压，使种子和土壤密接。播种后要进行覆盖并及时洒水，使床面保持一定的湿度。播种后 7~8d 即可出土，苗木出土后应分几次揭去覆盖物。播种后也可搭建拱棚，覆盖塑料薄膜,以增温保湿,促进种子发芽,但晴天中午应注意通风降温,待苗木有 5~6 片真叶时将拱棚薄膜揭去。苗期及时进行松土除草。拔草要细致,避免拔草时带出幼苗。红桦一年生苗高约 2cm 左右,冬季要注意覆盖预防冻害。苗高 30~45cm,地径 0.3~0.5cm 就可以出圃造林,每亩留苗以 4 万~5 万株为宜。

(二) 栽培技术

红桦造林地应选择在中高海拔阴坡、半阴坡或阳坡的中下部土壤潮湿肥沃的地方,也可以用于灌木林、疏林地的改造造林和采伐迹地的更新造林。可以造纯林,也可以与云杉、冷杉等针叶树种或椴树、槭树等阔叶树种进行混交,营造混交林。用植苗造林或直播造林。

1. 植苗造林　最好是先一年整地,次年造林。穴状整地 40cm×40cm×30cm,带状整地 80cm 宽,带长依地形而定,沿等高线排列。春季造林较好,每亩 400~500 株(即株行距 1m×1.2m 或 1m×1.5m)。密度太小不利于红桦的生长,影响木材质量。

2. 直播造林　在整好的造林地上播入红桦种子或结合林粮间作进行全面整地,然后撒播红桦种子。甘肃小陇山桃坪林区对天然红桦林的采伐迹地采用人工促进天然更新的方法,效果很好。其作法是:根据小区地形复杂的特点,因地制宜地采用带、块、楔三结合的小面积皆伐方式,采伐带宽度和保留带宽度均为 50~100m,伐区面积在 1~3hm² 之间。借助保留带林墙侧方下种。为了使种子能接触土壤,采用火烧法清理林地,即把采伐剩余物归堆进行火烧,在烧过的林地上撒播春油菜或苦荞麦,刨打一遍耕作过程也是全面整地的过程,以破坏采伐迹地上深厚的枯枝落叶层,并借助油菜和苦荞麦来抑制杂草的生长。当年 9~10 月红桦种子成熟下落,第二年即长出大量红桦幼苗,每公顷可达 30 万株之多,形成林粮间作。而没有间作的采伐带每公顷只有 2.1 万株,而且幼苗生长不良。这样人工促进更新的红桦幼林 10 年左右可以郁闭。17 年时每公顷仍保存 8 400 株左右,平均高 7m,平均胸径 6cm,最大胸径 10cm,每公顷蓄积量 83.16m³,已能提供木橡等小规格农用材。用林粮间作促进红桦天然更新一举两得,林茂粮丰,省劳力、省投资,值得推广。

(三) 抚育管理

幼林抚育每年伏天进行一次,连续进行 2~3 年,主要割除杂草,防止草压。人工促进天然更新的红桦幼林可于 5 年后进行间伐抚育,割除杂灌,调配树种组成,砍除过密和生长不良的被压树。每亩均匀保留生长健壮的桦树 400 株左右,保持郁闭度 10.7% 为宜。更新不均匀或太稀达不到更新要求的地方,可用云杉、冷杉大苗进行补植成混交林。

六、病虫害防治

1. 桦木腐朽病 [*Polyporus betulinus* (Bull) Fr.]　该病使木材腐朽,失去利用价值。病菌不仅在立木上发育,即使在林木伐倒后仍能发育,防治困难。宜加强集材场的木材管理,减少损失;在林区应及时伐除枯立木,并及时造林。注意林内卫生,减少病菌来源;加强幼林抚育管理,促进林木健壮生长。

2. 阔叶树白腐病 [*Phellinus igniarus* (L. ex Fr.) Quuel]　病原菌由立木伤口侵入为害,使木材软腐,变色变质。

防治方法:加强幼林抚育,注意修枝方法,促进伤口尽快愈合;及时防治天牛等病虫危害;经常检查林内树干上有无子实体长出,及早摘除烧毁;对已感病的成熟林木要及早采伐利用,发病株率在 30% 以上的要实行皆伐或择伐。

3. 家茸天牛 ［*Trichoferus campestris*（Faldermann）］　以幼虫钻蛀树干危害。

防治方法：成虫羽化初期可喷 1～2 次 50% 敌敌畏乳油 1000～1500 倍液；伐去衰弱病虫木，减少扩散为害。

4. 盗毒蛾（桑毛虫） ［*Porthesia similes*（Fueszly）］　幼虫食害芽苞、叶片。

防治方法：在为害严重的树干上缠稻草把，诱杀幼虫，每隔几天将草取下，消灭其中幼虫；喷 90% 敌百虫 1000 倍液毒杀幼虫；灯光诱杀成虫；保护利用天敌等。

（于洪波、李嘉珏）

樟子松

别名：海拉尔松、蒙古赤松、西伯利亚赤松、黑河赤松

学名：*Pinus sylvestris* L. var. *mongolica* Litv.

科属名：松科 Pinaceae，松属 *pinus* L.

一、经济价值及栽培意义

樟子松为常绿乔木，是欧洲赤松的一个变种，是分布于我国东北、内蒙古的一个地理类型。在我国境内的分布范围，大致位于北纬 47°10′ ~ 50°31′，东经 118°21′ ~ 128°30′ 之间，跨越内蒙古自治区和黑龙江省的大兴安岭西麓，内蒙古自治区和黑龙江省的大兴安岭北部山地及大兴安岭西麓内蒙古呼伦贝尔草原南部沙地。

樟子松耐严寒，是我国二针松中最耐寒者。对土壤要求不严格，能在山脊、向阳坡地及较干旱的沙地、砂砾地上生长。为喜光树种。根系发达，固土能力强，是我国北方寒冷山地、沙地及草原上的用材林、防护林的优良树种。它对二氧化硫及病虫害有一定抗性。

樟子松干形通直、材质轻软、纹理直、强度大、易加工，是建筑、家具、车船、桩木、电竿等的良材；立木可割取松脂；树皮含单宁，可提制栲胶；针叶可提制芳香油。

新疆乌鲁木齐、石河子、阿勒泰地区已普遍用樟子松进行城市、街道、庭院绿化，在北京、秦皇岛等平原大中城市已开始用樟子松绿化城镇。

二、形态特征

树冠卵形至广卵形，树高 15 ~ 20m，最高可达 30m，最大胸径 1m 左右。老树干下部黑褐色，鳞片状纵裂，上部树皮及枝皮呈褐黄色，裂成薄片脱落。轮枝明显，每轮 5 ~ 12 个，多为 7 ~ 9 个，20 年生枝以前大枝上斜，1 年生枝淡黄色，2 ~ 3 年后变为灰褐色，芽圆柱状椭圆形或长圆状卵形不等，尖端钝或尖，黄褐色或棕黄色，表面有树脂。针叶 2 针 1 束，稀有 3 针，粗硬，稍扁，扭曲，长 4 ~ 10cm，内生 2 条维管束，树脂道边生，7 ~ 11 条。冬季针叶变为黄绿色。花期 5 月中旬至 6 月中旬，属风媒花，雄球花圆柱状卵圆形，长 5 ~ 10cm，聚生于新枝下部，呈穗状，雌球花淡紫褐色，生于新枝近顶端处。1 年生小球果下垂，绿色，翌年 9 ~ 10 月成熟，球果长卵形，约 3 ~ 6cm，黄褐色或灰黄色；第三年春球果开裂，鳞脐小，疣状凸起，有短刺，易脱落，每鳞片上生两枚种子，种子黑褐色，倒卵形，长 4.5 ~ 5.5 mm，种翅长 1.1 ~ 1.5 mm。千粒重随产地和植株变化很大，在内蒙古红花尔基产地 7.9g，辽宁章古台地区 10 ~ 12g，河北塞罕坝地区 5.5 ~ 6.0g。

三、分布区域

樟子松主要分布在大兴安岭北部（北纬 50°以北）向南分布到呼伦贝尔盟的嵯岗，经海拉尔西山、红花尔基、罕达盖至中蒙边界的哈拉哈河有一条断断续续的樟子松林带。吉林省的伊尔施为其分布的最南端。在小兴安岭主要分布在海拔 300 ~ 900m 的山顶、山脊或向阳

坡，在海拔 1000m 以上可见到偃松、樟子松林。在小兴安岭北端 200～400m 的低山上有小片的或与兴安落叶松等混交的樟子松林。

辽宁、河北、陕西、山西、新疆、甘肃等地均有引种栽培，生长较好。

四、生态习性

樟子松耐寒性强，能耐 −50℃ 的低温。耐旱，对土壤水分要求不严，根系发达，可充分利用土壤水分。樟子松最喜光，树冠稀少，在林内缺少侧方光照时，自然整枝很快，幼林阶段稍有庇荫即生长不良。

樟子松适应性很强，耐干旱瘠薄，在风积沙土、砾质粗沙土、沙壤土、黑钙土、淋溶黑土、白浆土上都能生长。樟子松怕过度水湿，但 3 年生幼苗被水淹没 5 天，渗水后幼苗仍正常生长。喜酸性或微酸性土壤，在微碱性土壤上生长正常。

樟子松人工林 6～7 年生时即可进入高生长旺期。立地条件不同，其生长发育状况也有差异。如辽宁省章古台试验站在丘间低地水分条件好、风蚀小的地方造林，20 年生高为 8.5m，胸径 12.7cm；在流动沙丘上，由于风蚀较严重、干燥，20 年生高为 7.45m，胸径 9.2cm。

人工林一般 15 年生开始结实，25 年生普遍结实，结实间隔期为 2～4 年。

樟子松对二氧化硫具有中等抗性。幼林易遭鼠害，在深山区往往不易成林。

五、培育技术

（一）育苗技术

1. 采种 球果在 9 月中、下旬开始成熟。球果成熟后挂在树上有 6～7 月之久，采集期较长。采种期最好在春秋两季，因冬季严寒，枝条较脆，易折断损伤母树或发生事故。摘取球果时，注意保护母树及当年幼果，以免影响今后产量。

球果果鳞厚而坚硬，短期不易开裂，可用人工露天日晒干燥和干燥室内进行脱粒。用干燥室脱粒每批种子需 5～8 天，大量生产时，采用此法。脱粒时，注意室内温湿度的调节，保持种子的生命力。种子千粒重 5～8g；发芽率 60%～90%；出种率 1%～2%。种子贮藏含水量为 9%～10%。

2. 种子处理 樟子松发芽容易，不经催芽处理也能出苗。但经催芽处理的种子出苗快，整齐。樟子松易染立枯病，播种前，应进行种子消毒。

（1）种子消毒 播种前 5～7 天，用 0.3% 的高锰酸钾浸种 0.5～1h，捞出后用清水洗净。

（2）温水浸种 消毒后的种子，用 50℃ 左右的温水浸种，不断搅拌，任其自然冷却，浸泡 24h，捞出后置温暖处用麻袋、草帘盖严，每天用 25℃ 左右温水淘洗 1 次，4～5 天后，有 20%～30% 的种子萌芽，即可播种。如为隔年陈种，浸种时间可增至 36～48h。

（3）雪藏处理 冬春积雪多的地区，可用雪藏处理。在播种前 1～2 个月，将种子与雪按 1:3 比例混合，装入麻袋或木箱中，放置在背阴处，周围用雪埋严，为防止雪融化，再加盖 40～50cm 厚的杂草。播种前 3～5 天，将混雪种子取出，放在温暖处或水中溶化，将种子淘洗干净，用 0.3% 的高锰酸钾溶液浸种 2h，再用水淘洗 1～2 次，即可播种。也可放在温暖处，进行短期催芽后播种。

3. 播种

（1）播种季节　春季播种，宜早不宜晚，过晚苗木细弱，易染立枯病。一般在表土层地温9℃以上即可播种。

（2）播种方法　樟子松育苗在干旱多风地区多用低床，播种前，床面土层应保持湿润，如干旱可灌水，等水渗后墒情适宜时，将床面耙松整平，开沟播种。播幅5~7cm，行距20cm，覆土0.5~1.0cm，覆土后轻轻镇压，以防风吹和减少水分蒸发。播种后灌水，经常保持土壤湿润。在灌水条件好，春季风速小的地区可不覆草。但干旱多风的沙质地育苗，必须覆草保墒、保湿，以利种子出苗。春播种子一般半月即可出苗。

（3）播种量　樟子松种源不足，价格昂贵，播种要掌握细匀，覆土一致，确保出苗，减少播种量，争取出苗后不间苗或少间苗。每亩播种5kg左右，每平方米播种1000~1500粒，出成苗500株左右。

4. 苗期管理

（1）设防风障　在干旱多风地区沙质土地上育苗，圃地周围要有防护林，而且还要设防风障，以防风蚀和沙打苗木。大风期过后再撤去防风障。

（2）撤覆草　当出苗50%左右时，把覆草撤去或移到播种行间，可以防止灌水、降雨时冲淤表土，并能防止地表板结，调节温度，保护土壤墒情。

（3）灌水施肥　苗木出土前，床面要保持湿润，干旱时及时灌水，以利出苗。刚出土的苗木细弱，易染立枯病及受日灼危害，应少量多次灌水，以调节地表温度和和湿度。进入6月中、下旬，苗木进入速生期，需水增加，可结合施肥，5~7天灌水1次。每10天追肥1次，每次每平方米追施硫铵5~10g，到7月下旬以后，停止施肥。

（4）防病　出苗后7~10天喷洒1次0.5%~1.0%的波尔多液，直到苗木木质化，无病症蔓延为止。

（5）除草松土和间苗　松土后下雨或灌水时，易引起泥淤现象，沙质性土壤情况好一些，1年生小苗松土次数不宜过多，只将杂草除去即可。幼苗适宜群生，如播种量适当，播种均匀即可不间苗；如播种量过大，不均匀，则应间苗。每平方米保留600株左右，有缺苗时，可在速生期到来前移植补苗。

（6）越冬防寒　樟子松耐寒，但幼苗期因冬春干旱多风，根部尚未活动，地上部失水过多，易造成生理干旱而枯死。对1年生小苗应进行埋土防寒（干旱），在土壤将要结冻时，用土将苗木埋住，超过苗梢5~10cm，第二年土层化冻20~30cm时，分2~3次把土扒掉，并及时灌水。

（7）起苗　春季随起随造林，可减少苗木越冬贮藏的麻烦。但因苗圃地化冻深度不够，影响造林进度，也可秋起春造。起苗前4~5天浇水，以免损伤根系，随起苗随选苗，必须注意保护好根系，防止风吹日晒，以提高造林成活率。外运苗木要妥善包装。

（8）苗木越冬及贮藏　秋起春造的苗木可采用露天沙埋法越冬。即在假植场挖5~10m宽，深40cm的坑，长视苗木多少而定。坑底铺砂10cm，于霜降后将每捆苗根分开，直立放在坑中，每捆苗相距8~10cm，放完一排苗，培一层厚约10~12cm的砂。如此一排苗、一层砂，直至埋完为止。埋砂时，应踩实，以免透风。埋后及时用喷壶浇水。待上冻后，再用砂将针叶及顶芽埋上，并浇透水，砂子湿度保持90%左右。上面覆盖草帘，以防春季干旱。用这种方法越冬，苗木质量好，造林成活率高。

（9）移植换床 樟子松造林，一般用2年生苗。第二年经过移植换床，可提高苗木质量，移植时间同造林，移植密度每亩7万~8万株，以每平方米120~150株为宜。

（二）栽植技术

1. 适生范围 樟子松适应性强，西北地区全区均属适生范围。

2. 林地选择 在山地石砾质沙土、粗骨土、沙地、阳坡中、上部及其他土层瘠薄的地段上均适宜栽植樟子松。尤其在排水良好、湿润肥沃的土壤上栽植生长最好。沙地应选固定或半固定沙地。不宜在阴坡、迎风沙丘、水湿地、排水不良的黏土地及含可溶性盐类达0.1%以上的土壤和林冠下造林。

3. 栽植技术

（1）整地 樟子松造林地多是立地条件较差的山地和草原沙地。在山地以穴状整地为好；在草原沙地以块状或带状整地为宜；在灌丛繁茂地，可采用带状或水平阶整地；新采伐迹地和新弃耕地杂草少，土壤疏松的地方，可随整地随造林；风蚀地可以不整地造林。

（2）造林方法 樟子松通常用苗高12~15cm、地径0.4cm以上的2年生苗木造林。栽植常用小坑靠壁栽植和缝植。在土壤条件好、杂草少的地区采用窄缝栽植法，但必须防止窝根，如苗木侧根发达最好用穴植法造林。造林时间以春季最好，尽量顶浆造林。当土层化冻深度达到栽植深度时，进行"顶凌"造林效果最好。春季多风干旱的地区，也可雨季造林，造林用的苗木应在两周前原床切根，待新根分化，即可起苗，进行雨季造林，这样造林后不缓苗，造林成活率高。

栽植密度：防护林一般每亩444株，用材林220~300株。

在流动沙丘及半固定沙丘栽植樟子松，关键是保护幼树免受沙埋、沙割及风蚀危害，首先应栽植固沙的植物用以固沙，然后再造林。沙地栽松主要用小坑靠壁栽植法及窄缝栽植法，要强调深栽。

4. 混交林营造 大面积造林时，为提高林分稳定性、增强对各种灾害的抵抗力，应注意营造混交林。山地与落叶松、油松行间或带状混交，与胡枝子行间或行带状混交；沙地与小青杨、杂种杨、花曲柳、槭类等块状或带状混交。

5. 幼林抚育 造林后前3年，要加强除草松土抚育，各年抚育次数以2、2、1为宜。山地造林，松土除草要和培土结合；沙地造林后期可割大草留草带，以防冬春起沙。在风沙干旱地区，造林当年及第二、三年冬季应给樟子松幼苗培土，以防生理干旱及动物危害。培土时间在土壤结冻之前，撤土时间可在立春萌动前进行。过早撤土时要细心撤净，使枝条全部露出，勿伤苗木。

六、病虫害防治

1. 日灼 适时早播，提前出土，是防止日灼的有效办法。当苗木茎部尚未木质化，地温达30℃以上时，易发生日灼，要进行浇水降温，在中午前后，进行床面喷水。

2. 幼苗立枯病 立枯病的防治要本着预防为主，积极消灭原则。如土壤、种子消毒，适时早播等。幼苗出土后用0.8%~1%等量式波尔多液每平方米喷洒0.25~0.35 kg，5~7天喷1次，共喷3次。也可喷1%~5%浓度的硫酸亚铁，0.5%高锰酸钾。也可用5000倍液新洁尔灭或多菌灵、灭菌净喷10min，后浇清水洗叶，以免药烧苗木。

（鲁艳华）

火炬树

别名：鹿角漆

学名：*Rhus typhina* L.

种属名：漆树科 Anacardiaceae，盐肤木属 *Rhus* L.

一、经济价值及栽培意义

火炬树属漆树科盐肤木属，我国 1959 年由中国科学院植物研究所北京植物园引种，1974 年向全国各省推广。火炬树繁殖栽培容易，生长良好，根蘖串根能力极强，水平根特别发达，林木郁闭早，防护功能发挥早而良好，是营造水土保持林、防风固沙林及薪炭林的先锋树种。又因雌花序及果穗红似火炬，自夏至秋缀于枝顶，极为美丽；秋叶变红，十分鲜艳，亦为园林风景观赏佳木。木材黄色，纹理致密美观，可作雕刻、旋制工艺品等，叶内含单宁 13%～17%，是制取鞣酸的原料，果实含有柠檬酸和 V_c，可制取饮料，在北美原产地区，传统上用于制作一种称为"印第安"柠檬汁的饮料，早已被确认无毒。种子可榨油供制肥皂和蜡烛。最新研究表明，火炬树果实能提取天然食用色素，被医学界经药理及临床应用验证，其药物的有效成分即为构成色素的花色苷。因而火炬树红色素不仅可以认为是安全无毒的食用天然色素，而且作为食品添加剂还具有一定的保健功能（抗菌消炎、保胆保肝、清瘀降脂等祛病功效）。实验证明火炬树红色素对光、盐、酸、氧和金属离子等的影响均具有很好的耐受性，是一种性质稳定的天然色素品种。其质量指标往往优于目前畅销的色素品种。适用水果饮料、碳酸饮料、酒类饮料、糖果、果酱、蛋糕及花妆品着色，特别适应高酸性食品的着色，因此火炬树的开发利用价值特别大，前景非常广阔。

二、形态特征

落叶小乔木或大灌木，高可达 10m。树皮黑褐色或灰白色；分枝少，小枝粗壮并密生红褐色绒毛；顶芽多不健全，芽包于叶柄基部，叶落后芽始现出。羽状复叶，小叶 9～27（7～31）枚，长椭圆状披针形，长 5～15cm，先端长渐尖，基部圆形或广楔形，叶缘有整齐锯齿；上面绿色，下面有白粉，两面均被密柔毛。雌雄异株，顶生圆锥花序，全被绒毛，长 10～20cm，雄株花冠极小，淡绿色，雌蕊退化，仅少量结实；雌株花亦是退化雄蕊。花后核果红色，密被红绒毛，整个果穗形同火炬。核果扁圆，径 0.6cm 左右，厚约 0.3cm；种子黑色，种皮坚硬。花期多在 5 月，6 月雌花谢后即出现红色小核果，9 月中下旬成熟。

变型深裂火炬树（*Rhus typhina* f. *dissecta* Repd）：叶型较原种小，叶细，对生，叶缘深裂，数量少（只占总数的 9%～11%）。

三、分布区域

北美为其原产地，分布范围在西经 70°～125° 与北纬 30°～48° 之间。东北自加拿大的魁北克、安达略省，南自美国的南卡罗来纳州、佛罗里达州、西北自蒙大纳州，西南至墨西哥边缘。垂直分布东部达海拔 1370m，西部可至 2134m。

我国在北京、河北、山西、陕西、甘肃、宁夏、内蒙古、新疆、山东、河南、辽宁等地均有栽培与分布，目前黄河流域以北各省区栽培较多。垂直分布东部为海拔 35～160m，西部为 300～1800m。

四、生态习性

火炬树适应性很强，能耐干旱瘠薄和极端气候。在原产地分布区内因受大西洋季风和北冰洋季风的双重影响，夏季湿热，冬季酷寒。年降水量为 800～1200mm，最高气温可达 42℃。我国栽培地区，年平均气温多在 8℃ 以上，年降水量在 300～800mm 之间，极端最高气温 35～42℃，极端最低气温 -25～-35℃ 左右，无霜期为 150～280 天。各地采取 2～3 年生苗截干平茬，栽后第一年高生长可达 4～6m，胸径可达 3～4cm，以后年高生长达 50～70cm，5 年后开始下降。北京早期引种栽植的火炬树，15 年生树高 8m，胸径 16cm，现已全部枯死，但其根蘖苗却蔓延无数。

火炬树根系较浅，一般根深在地下 50cm 左右，但水平根分布很广，无论实生苗或根蘖苗，栽后 3 年，其根幅即可达 12m 以上。一般 5 年生植株，可生出 15～20 株萌蘖苗；7～8 年生时，在母株外半径 10m 内，可形成郁闭度为 0.6 的片林。

火炬树忌水湿，根部积水不得超过 90h，否则因根系窒息而枯死。它对土壤酸度的适应幅度广，既能生长在 pH 值为 8.5～9.0 的强碱性土上，又能在 pH 值 5.5 的酸性土上正常生长。火炬树为强阳性树种，光照不足不能生存，在侧方光照每天不足 6h 以上的地段，难以生长良好。一般 15 年生自然衰败，环境条件较好，可延至 30 年枯死。

五、培育技术

（一）育苗技术

1. 播种育苗

（1）种子采收及处理 秋季 9～10 月采集果穗脱离去皮，除去杂质，可进行干藏待用。种子千粒重 8.5～11.3g，每 8.8 万粒/kg 以上。种子饱满度 80% 左右，种子发芽率 60%～90%。火炬树种子种皮坚硬，外被蜡质层。吸水较难不易发芽，需要处理。其方法是：①冬季层积沙藏催芽，需 120 天左右；②开水烫种催芽，可以融蜡及软化种皮，促进很快发芽。播前 6～8 天，将干藏种子盛于容器中，然后倒入开水，淹没种子，立即搅动种子至水温降至 30℃ 左右后，任其自然冷却，第二天倒出冷却的开水，重新换凉水浸泡如此连续浸泡 4 天，每天换水 1 次，第五天将种子捞出摊于麻袋或苇席上，堆厚不超过 10cm，上覆塑料薄膜，置于向阳避风处催芽，一般气温 15℃，经 2～3 天即有部分种子萌动露白，此时即可播种，催芽期间每天翻动种子 2～3 次，并保持湿润，切勿使种子失水；也可先用开水烫种，当水温降至 50～60℃ 时，倒入洗衣粉，进行揉搓去蜡，直至种子的表皮手感粗糙不光滑，揉搓后，用清水把种子冲洗干净，然后用清水浸种 2 天，让种子吸足水，捞出进行催芽（可混部分湿沙，种沙比为 1:2），一般 2～3 天有一半种子裂嘴时即可播种。

（2）选圃整地 火炬树喜光，背阴和有大树遮荫的地方不宜作苗圃。提前深翻，翌春施农家肥 7.5 万 kg/hm²，尿素 450kg/hm²，碎土平整后，作成低床。

（3）播种 一般春季 4 月播种，采用条播，行距 25cm，每亩播种量 0.5～1.0kg，覆土厚度 1cm，可将种子混些细沙一起播种。

（4）苗期管理　播后 1 周，苗木即可陆续出土，苗木出土前忌灌蒙头水，苗高 3～5cm 时可灌第一水，6～7cm 或 10～15cm 高时可适当间苗，每亩留苗 1 万株左右。7 月分施肥，施尿素 20～25kg/亩，施后即灌水，8 月中下旬停止追肥，少浇水。当年苗高达 1m，地径 1.0～1.5cm。

2. 插根育苗　将秋季或当年春季起苗时断留在土壤里的根和苗木上过长的粗 0.5cm 以上的根，剪成长 7～10cm 或 10～15cm 的根穗，分级贮藏。3～4 月中旬将根穗取出扦插，平埋或斜插均可，用土埋实。

3. 断根育苗　利用火炬树根萌芽力强的特性，在造林 3 年后，其根系已呈水平分布的林地内，于春季树芽萌动前，用锋利镢头在林地内每隔 15cm 左右浅刨，深度不超过 15cm，截断其水平根。随即踩实松土，以利保墒，截断后的根段迅速萌发成苗，每株火炬树截根后当年即可萌生 4～12 株火炬树苗木，平均高度可达 1m 以上，生长十分旺盛，每亩当年产苗达 5000 株以上，此法省工、省力、省土地，苗木根发达，成苗快。

（二）栽培技术

1. 林地选择　火炬树无论在碱性土、中性土或酸性土上均能生长，一般多在冲刷较为严重的塬边、沟头、干旱阳坡、固定半固定沙丘或破碎地段营造防护林，山东新汶煤矿的煤矸石山上，由于含硫量高，很多树种不能生长，但火炬树却生长苗壮，一次造林成功，火炬树造林成活率很高，一般可达 90% 以上，山西在黄河沿岸干旱阳坡大面积造林，成活率和保存率都达到 96% 以上。

2. 整地栽植　造林前穴状整地，株行距 2m×3m 或 3m×3m，春秋两季均可栽植，以植苗造林为主。

3. 混交配置　风景园林绿化可与常绿针叶林或其他树种镶嵌配置，使之点缀风景，显得更加多姿多彩，延安宝塔山搭配在松柏与刺槐之间的火炬树，秋叶红艳，成为一道亮丽的风景，吸引着游人。

4. 幼林抚育　火炬树造林 2～3 年即可郁闭，每年只需进行 1 次松土除草，在冬季极端最低气温 -25℃ 的地方，栽后头 1～2 年有轻度冻梢，第三年起则无冻害，在立地条件较差的地方，栽植后 3～5 年进行平茬，促进生长。每年可产枝干柴 4～15t/hm²。

六、病虫害防治

火炬树无严重病虫害，初夏高温，由于林分密度大通风不良，易受白粉病（*Sphaerotheca* spp.）感染，可在发病初期喷 50% 代森铵 800～1000 倍液，并注意林地通风加以预防。虫害有黄褐天幕毛虫（*Malacosoma neustria testacea* Mots chulsky）危害亦轻。根据幼虫吐丝结网，在网内集中取食的习性采用人工捕捉，特别是在形成大而明显的巢幕时，以棍棒卷取天幕，可集中消灭其幼虫。

（杨江峰、罗红彬）

美国黄松

别名：美国西部黄松、西黄松、北美黄松、美国长三叶松、旱地松

学名：*Pinus ponderosa* Dougl. ex Laws

科属名：松科 Pinacea，松属 *Pinus* L.

一、经济价值及栽培意义

美国黄松为高大乔木，主干通直、材质坚硬，是美国最主要的用材树种之一。美国黄松树姿优美，针叶较长，不仅适于荒山造林，更适于庭院绿化和文物古迹周围美化。美国黄松成熟林木能形成很厚的树皮且含 11% 的橡胶物质，绝热性好、针叶燃烧性差，因此，它不仅是抗火针叶树，也是难燃性针叶树种。美国黄松于 20 世纪 70 年代中期到 80 年代初期被引入黄土高原，黄土高原具有与北美西部接近的生态环境，有利于美国黄松的潜在适应性和高生产力的发挥。这一树种的引进对于丰富黄土高原树种资源，增加生物多样性，提高防护林体系的抗火力和综合效能，提高干旱半干旱区森林生产力，加速园林绿化，治理水土流失等有着极为重要的意义。

二、形态特征

常绿乔木，高可达 75m，胸径可达 2.5 m;，雌雄同株，叶深绿或黄绿色，针叶 3 针 1 束，也有 2 针 1 束或 5 针 1 束，叶片黑色或黄绿色，针叶长可达 10～25cm，叶形优美。树皮厚，具有很强的抗火灾能力；根系很发达，特耐干旱，种子可食用。

三、分布区域

美国黄松是北美西部分布较广的树种之一。从加拿大大不列颠、哥伦比亚南部到墨西哥北部，从太平洋海岸线的内陆到南达科他的黑山均有分布。由于分布区（产地）的不同，美国黄松形成了 3 个变种：①西黄松（*Pinus ponderosa* Laws. var. *ponderosa*）：分布于大不列颠哥伦比亚南部，南至爱达荷州中部，经喀斯喀特山脉，海岸山脉和内华达山脉至加利福尼亚南部。②亚利桑那黄松［*Pinus ponderosa. var. arizonica*（Englem.）Shaw.］：分布于新墨西哥州的最西端亚利桑那东南部，经西马德雷山至杜兰戈。③落基山黄松（*Pinus ponderosa. var. englem*）：分布于落基山脉，蒙大拿向南至新墨西哥，得克萨斯和墨西哥北部，西至内华达东部，东至布拉斯加中部。其垂直分布范围很广，从海岸线到海拔 2600m 的高山均有分布。

我国辽宁熊岳、江西庐山、北京植物园、湖南长沙、陕西延安、榆林、甘肃天水、内蒙古呼和浩特等地均引种栽培，生长良好。

四、生态习性

美国黄松适应性较强，在产地降水量 430～750mm 的范围内均有分布，其分布区的年均

气温为 5.6 ~ 10.0℃，6 ~ 8 月平均为 16.7 ~ 20.6℃，年极端最低温和最高温分别为 -40.0℃ 和 43.0℃。美国黄松适应多种土壤，在沙壤、壤土及多石砾的土壤上均能正常生长，但在过湿的土壤上生长不良。

五、培育技术

（一）育苗技术

1. 整地作床 选择地势平坦、土层深厚、湿润肥沃的沙土或壤土，提前细致整地，施足底肥，做成宽 1m，长 10m 的苗床。

2. 营养土配比 美国黄松生长对土壤要求不严，但据试验生长在腐殖质∶黄土为 1∶3 这种配比营养土上的黄松苗高、地径和根、茎、叶干重较其他配比为大。因此，在生产实践中，可推广应用之。

3. 种子处理 美国黄松种子价格昂贵且带有香味，若进行沙藏处理，易遭鼠害。将种子置于冰箱中冷藏，可起到春化作用，经过冷藏后的种子，出苗整齐且发病少。

4. 种子催芽 播前 10 天左右用浓度为 0.5% 高锰酸钾溶液中浸种 3h，然后把种子捞出，用清水冲洗干净并置于 45 ~ 60℃ 的温水中，充分搅拌，直至温水自然冷却，浸泡 1 ~ 2 昼夜，每昼夜换水 1 次，待 2/3 的种子露白时，即可播种。

5. 播种时间及方法 陕西关中地区 3 月份为美国黄松育苗最适时间，过了这段时间地表温度上升，发病率相应提高，较难防治。播量以每杯 3 粒种子为佳，每杯 3 粒种子顶土力大，一周内苗子全部出齐，且不易发生病害。覆土厚度以 1 ~ 2cm 为宜，为了保温增湿，育苗容器袋顶部可撒 2 ~ 3cm 厚的锯末。

6. 苗期抚育管理 播种后至幼苗期，应经常保持土壤湿润，3 ~ 5 天洒水 1 次。立枯病是松属树种育苗中常见和危害性最大的一种病害，该病常常会导致苗木大面积死亡，甚至苗木绝产。试验结果表明以铜大师和普力克交替使用效果更好，其防治效果可达 85.0%。这主要是由于立枯病是由 3 种病原菌混合侵染所致，混合交替用药拓宽了药剂的杀菌谱，做到了药效的优势互补，提高了防治效果。

（二）栽植技术

1. 整地 美国黄松为阳性树种，需光性强，造林地宜选在半阴坡、半阳坡或土层深厚的阳坡。根据宫胁造林法和"近自然理论"，各种类型的整地均会破坏原生植被和土壤结构，造成新的或潜在的水土流失。为将整地造成的负面效应降低到最小程度，整地方式宜选择规格为 20cm × 10cm × 10cm（长 × 宽 × 深）穴状整地方式。

2. 造林时间 造林时间以春季为宜。

3. 苗木要求 造林苗木以 2 年生，苗高 20cm，地径 0.5cm，顶芽饱满，叶色正常，无病虫害的容器苗为佳。

4. 造林密度 为尽早郁闭，初植密度宜大，每穴 2 株，3300 穴/hm^2。

5. 栽植技术 造林时应做到随起随栽，长距离运输，则应做好苗木根系保水工作。栽植时要保证苗木根部所带营养土不脱落、不窝根，务必做到"三埋两踩一提苗"，同时要保护好顶芽，为保证苗木根系与土壤紧密结合，回填的土须踩实。

6. 幼林抚育管理 为了减小工作量，为苗木生长创造良好的生境，幼林抚育时，除草仅限于目的树树冠范围以内，其他地方则不用扰动。

六、病虫兽害防治

1. 危害黄松根系的动物有达乌尔鼠兔、甘肃鼢鼠等，它们常常啃食地下根系，常造成毁灭性危害。防治方法通常有：

（1）踩盘夹子法 将鼠类来往频繁的洞道扒开，然后下好踩盘夹子，踩盘应稍低于洞道，两头洞道应无障碍，使其行动自如，夹子可用树叶伪装起来，每天检查1次，直到捕获为止。

（2）毒饵灭杀法 用一两片猪肉，中间夹2g磷化锌，也可在胡萝卜、甜菜、土豆等多汁饲料上喷0.005%的溴敌隆或0.0075%的立克命，然后将毒饵投入洞道内，把洞道封严，致使鼠类取食死亡。

2. 蛴螬（棕色金龟子幼虫）、蝼蛄、蟋蟀、地老虎是危害幼苗的地下虫，可在青草上喷50%的敌百虫乳液1000倍液，于傍晚撒于苗圃地，杀死幼虫。

（侯 琳）

奥地利黑松

学名：*Pinus nigra* var. *austriaca*（Hoess）Badoux.

科属名：松科 Pinacea，松属 *Pinus* L.

一、经济价值及栽培意义

奥地利黑松木材坚硬、根系发达、抗性强是荒山绿化和营造防护林及用材林的优良树种，也可用作庭院绿化或圣诞树。

二、形态特征

常绿乔木，在原产地高达 50m，一般 30m。树皮灰黑色，枝条展开形成尖塔状树冠。老龄有时平顶，小枝淡黄褐色；芽卵圆形或矩圆状卵形，红褐色，被白色毛，基部芽鳞常反卷，较大，具树脂。针叶二针一束，刚硬而直，长 10～17cm，深绿色，球果卵圆形，淡黄褐色，几无柄，对称，长 5～8cm，鳞被厚隆起，鳞脐微尖。种子黑灰色或黑褐色，具长翅。

三、分布区域

奥地利黑松是欧洲黑松的一个变种，天然分布于奥地利南部、意大利中北部、及南斯拉夫和阿尔巴尼亚，分布区降水量为 600～1000mm，适于各种土壤生长。

四、生态习性

奥地利黑松原产地为凉至温带气候，可耐 -30℃低温，在 -5℃时仍可进行光合作用，在 -19℃仍可见其呼吸作用，其适应多种土壤和地形，可在贫瘠、钙质、沙质或纯石灰岩土壤上生长，但需要深厚土层。

五、培育技术

（一）育苗技术

1. 营养土配制 育苗基质多数育苗采用生黄土∶腐殖质土∶沙为 5∶3∶1，也可全采用腐殖质土或黄土∶沙 ＝9∶1，每方营养土加入 250g 过磷酸钙、100g 尿素、150g 氯化钾或 500g 复合肥。

2. 土壤消毒 每方营养土用 3% 的硫酸亚铁溶液 25kg，70% 多菌灵粉 0.5kg，为防止地下害虫，再加入 200g 呋喃丹混合均匀用塑料薄膜覆盖后堆置待用。

3. 种子处理及催芽 播前种子用 0.5% 的高锰酸钾溶液浸泡 2h 进行杀菌处理，然后用清水反复冲洗干净，再用 45～50℃ 的温水浸种 24h，捞出后置于竹箔上，盖上草帘或麻袋片，放在背风向阳处催芽，每周用清水冲洗 1 次，待大部分种子露白后，即可播种。

4. 播种时间及方法 关中地区 3 月份为奥地利黑松育苗最适时间，其他地区可根据节气情况灵和掌握。播量以每杯 2～3 粒种子为佳，播后用营养土覆盖，覆土厚度为 0.5～

1.0cm，播前 1 周，苗床浇透水，播后至出苗阶段须保持土壤湿润。

5. 苗期管理　采用塑料大棚或小拱棚育苗，棚内温度应保持在 25～28℃，当温度超过 30℃时，应采取降温措施。苗木速生期，土壤含水率应保持在 15%～25%，空气湿度保持在 70%。追肥早期以 N、P 为主，后期应增大 P、K 比重。一般在 6～8 月，每隔 15 天，喷一次 0.1%～0.2% 的尿素液。立枯病是为害奥地利黑松的主要病害，苗木出土后，每隔 5～7 天，喷 1 次等量波尔多液（硫酸铜∶生石灰∶水 = 1∶1∶100），连续喷 2～3 次。

（二）栽植技术

1. 整地　同美国黄松。

2. 造林时间　同美国黄松。

3. 苗木要求　造林苗木以 2 年生，苗高 20cm，地径 0.5cm，顶芽饱满，叶色正常，无病虫害的容器苗为佳。

4. 造林密度　为尽早郁闭，初植密度宜大，每穴 2 株，3300 穴/hm²。

5. 栽植技术　造林时应做到随起随栽，长距离运输，则应做好苗木根系保水工作。栽植时要保证苗木根部所带营养土不脱落、不窝根，务必做到"三埋两踩一提苗"，同时要保护好顶芽，为保证苗木根系与土壤紧密结合，回填的土须踩实。

6. 幼林抚育管理　为了减小工作量，为苗木生长创造良好的生境，幼林抚育时，除草仅限于目的树树冠范围以内，其他地方则不用扰动。

7. 病虫害防治　同美国黄松。

（侯　琳）

日本落叶松

学名：*Larix kaempferi*（Lamb.）Carr.
科属名：松科 Pinaceae，落叶松属 *Larix* Mill.

一、经济价值及栽培意义

日本落叶松原产日本，引种到我国已有 80 余年历史。它早期速生，适应性广，不仅是良好的用材树种，而且也是防护林和绿化的好树种。干形直，侧枝细，树皮薄，出材率高，木材纹理细，重硬，耐腐，但有扭曲，钉钉易裂，多脂等缺点。从木材中可提取松香，皮可提取单宁。其水平根系发达，枝叶疏稀，林内透光，林下植物盖度大，发育好，山地造林有很强的水土保持和水源涵养作用。抗风力强，对多种病虫害抵抗力较强，因而世界各地广为引种。陕西、甘肃等省于 1972 ~ 1973 年开始引种，效果良好。

二、形态特征

落叶大乔木，树高可达 30m，胸径 1m。树皮暗灰色至灰褐色，呈鳞状或片状剥落。大枝平展，树冠塔形，灰蓝色。幼枝有黄褐色绒毛，后渐脱落。1 年生长枝淡紫、淡红褐色或棕黄色，有白粉，2 ~ 3 年生枝灰褐色或黑褐色，短枝上历年叶枕形成的环痕特别明显。叶线形，叶背中脉两侧各有气孔线（4）5 ~ 7（9）条；长 1.5 ~ 3.5cm，宽 1 ~ 2mm，先端微尖或钝。雌雄同株，雄球花淡褐色，卵圆形，雌球花紫红色，苞鳞反曲，有白粉。球果卵圆形或圆柱状卵形，成熟时黄褐色，长 2 ~ 3.5cm。种子倒卵圆形，有翅。花期 4 月下旬，球果 9 月上旬成熟。

在我国引种的日本落叶松中，还有以下变种和优良类型：①红果日本落叶松（var. *rubescene* Inokuma.）：幼果紫红色。树高生长大于原种 150% 左右；②杂色日本落叶松（f. *variegata* Lintu）：球果种鳞边缘绿色中间紫红色，或基部绿色，上部红紫色。1 年生枝短绒毛较多；③大果日本落叶松（f. *macrocarpa* Lintu）：幼果绿色或淡黄绿色，成熟时紫褐色，球果大。10 年生树平均胸径为原种的 121%，平均树高为原种 116%；④细皮日本落叶松（f. *leptodermis* J. B. Huang）：生长快，抗落叶松早期落叶病力较强，材积生长超过其他类型 25% ~ 29%。

三、分布区域

日本落叶松原产日本本州中部。原产地海拔 1320 ~ 2680m，年均气温 1.2 ~ 6.8℃，无霜期 130 ~ 180 天，年降水量 1330 ~ 2866mm，年日照时数 2000h 左右。我国早期引种主要在黑龙江林口、吉林临江、辽宁抚顺及草河口，山东青岛崂山及费县塔山，湖北建始县，北京门头沟，河南卢氏洪沼林场，四川米亚罗等地。以后各地陆续引种。日本落叶松在各地分布海拔不同，黑龙江 500m，湖北建始 800 ~ 1000m，甘肃小陇山林区 1400 ~ 2400m（最适为 1600 ~ 2000m），四川米亚罗达 3100m，陕西省秦岭北坡 900 ~ 1200m，秦岭南坡及巴山北坡

1000～1600m。低海拔的平川地带不能生长或生长不良。

四、生态习性

日本落叶松是个中高山树种，喜温凉湿润、半湿润气候，是落叶松中对热量要求较高的一种。从我国引种情况看，其生态幅度较宽，它的较适宜温度范围为年平均气温4.0℃～10℃。喜生长季节多雨，冬季较干燥，年降水量500～1400mm都很适宜。阳性树种，喜光性强，但幼龄耐侧方遮荫。对土壤水分和肥力反应敏感，喜湿但忌积水。其根系呼吸作用很强，要求土壤通气性好，在土壤黏质、排水不良、地下水位过高之处或在盐碱地上不能生长。

日本落叶松初期生长迅速。据陕西各引种点调查，最初1～3年生长较慢，4年生时开始速生，年高生长接近或超过1m。径生长最大值出现在9年生时，年生长量为1.2cm，在此前后为0.5～1.0cm。另据小陇山林区一株16年生日本落叶松解析木资料，其高、径旺盛生长期均在7～15年之间，材积生长量在11年以后加快，16年生时材积连年生长量和平均生长量均处于高峰期。在7～15年中，胸径年生长量在1.5～2.1cm之间，生长最快的一年达到2.1cm。其生长速度大大超过同属的其它种落叶松及油松、华山松等乡土针叶树种。

在长安沣峪林场几种落叶松人工幼林中日本落叶松高、径生长量最大。但随着树龄增长，生长速度日趋下降，大约20年后长白落叶松等其他落叶松有超过日本落叶松的趋势。说明日本落叶松最适于培育中小径级材。

日本落叶松生长速度与立地条件及造林密度关系极大，在干旱瘠薄条件下年高生长平均只有0.35～0.5m，胸径年平均生长量0.5cm以下，而在湿润、深厚肥沃的土壤上，树高年平均生长量在0.6m以上，甚至可达1m，胸径年平均生长量达0.7cm以上。造林密度过大，林木分化现象出现早，间伐出的林木因径级小，利用率不高。

日本落叶松具有萌动早，封顶及落叶晚，生长期长的特点。在长安南五台，每年3月上旬萌动，10月下旬封顶，11月底落叶，生长期长达220天以上。花期4月上旬，果熟期10月上旬。10年生开始结实，种子每隔2～3年丰收一次。

五、培育技术

（一）育苗

1. 大田播种育苗

（1）种子处理　日本落叶松种子细小，千粒重约2.5g，每千克有种子240万粒。种子在播前用0.3%～0.5%的高锰酸钾溶液浸泡2h，用清水洗净后，雪藏催芽过冬。在背阴处挖深30～40cm的土坑，坑底先铺草帘或席子，上铺10cm厚的雪，将按3（雪）:1（种子）或3（雪）:2（沙）:1（种子）比例混合的种子堆在雪上，上面再铺20cm厚的雪，堆成丘状，中心竖一束秸秆，最后再用草帘覆盖。温度控制以雪不融化为宜。也可于室温较低的平房内进行。雪藏时间约70天。春天雪融化后，将种子用清水浸泡12h后，在室内混沙催芽，不断洒水与搅动，待有30%的种子裂嘴露白时即可播种。

（2）播种　育苗地选择地势较平缓，土层深厚，中性至微酸性（pH5.5～6.5），排水良好的沙壤土。播前整地作成高床，进行土壤消毒。每亩用15～20 kg硫酸亚铁粉和10～15kg3%～5%的甲拌磷颗粒剂均匀拌入土壤。当土壤5cm深处日平均温度稳定在9℃左右时

（4 月上旬至 5 月初）即可下种。采用宽幅条播，播幅 15～18cm，播距 10cm。按照播幅播距作开沟耙，用开沟耙开沟，深度 2～3cm，要求种子播撒均匀，深浅一致。准确计算每床每行播种量，使出苗整齐。一般每亩播种量为 4～6 kg。选用过筛森林腐殖土或配合土，均匀覆盖于播种沟内，厚度 0.5～0.8cm。即用草帘或带叶竹梢覆盖床面，待出苗达 30%～50% 时分次撤除。

（3）苗期管理　日本落叶松幼苗易遭立枯病、日灼、蝼蛄、蛴螬、金针虫、地老虎等病虫为害，要注意实行预防保护。幼苗出土后地表温度接近 32℃ 时，要喷水降温，防止日灼。覆盖物撤除后，每隔 7 天喷洒 1 次 1：1：150～200 倍波尔多液，连续 3～5 次，预防立枯病发生。也可使用硫酸亚铁、多菌灵、退菌特等防治立枯病。地下害虫可采用 25% 辛硫磷乳剂或 20% 甲基异柳磷乳油 300 倍液，扎眼灌药防治。及时喷水、施肥与松土除草。土壤含水率应保持在 18%～25%。采用叶面追肥，前期用磷酸二铵，浓度 0.3%～0.5%；速生期用尿素，后期用磷酸二氢钾，浓度均为 0.5%。也可施用腐熟人粪尿稀释液或硝铵。

（4）苗木移植　1 年生日本落叶松苗必须进行换床移植，以促使苗木根径生长。移植宜在早春土壤解冻后进行。提前整地作床，苗木挖出后剪除过长和受损根系（保留 12～15cm），用 1% 磷酸二铵和 100mg/kg 稀土混合液或 25 mg/L 生根粉蘸根，以缩短缓苗期并促进生长。苗木要随起随栽，分级栽植，分组管理。移栽密度为 80～100 株/㎡，行距 20cm，株距 5～7cm。

日本落叶松圃地宜实行轮作。每年应有 1/3 土地种植豆科植物，于盛花期结合伏耕压青。轮作期不宜种植马铃薯、玉米、蔬菜等农作物。

2. 容器育苗　容器育苗可加快苗木生长，延长造林时间。育苗土由黄土、山地黑土、细沙按 5：3：2 的比例混合而成，先用 2% 硫酸亚铁消毒再装入塑料育苗袋内。播种期 3 月中旬至 4 月上旬，有大棚时可提前 15 天左右。播前种子经消毒处理后进行催芽，约有 5% 的种子露白时即可播种。每个育苗袋点播 3～5 粒，覆土 0.5cm，并在苗床上盖一薄层稻草，然后洒水。出苗后分 2 次除去覆草，随即搭棚遮荫。但如播种期较早，并能保证经常浇水时也可以不遮荫。苗出齐后，间苗补缺，每袋留苗 1 株。经常洒水，有草即除，全年施追肥 1～2 次。发现立枯病危害可喷 1% 硫酸亚铁液，半小时后用清水洗苗。1 年生苗高约 12cm，2 年生苗高可达 45～80cm，即可出圃造林。

（二）栽植技术

1. 林地选择　造林地要选中高山地带土层深厚肥沃处，阳坡、阴坡均可。优先选择荒山、灌丛和疏林地，也可选择低产、低价值林分进行改造。而藤蔓、箭竹密集区，常年或季节性积水区，中华鼢鼠等病虫害猖獗地，干旱瘠薄的纯阳坡，山崾风口，土壤黏重的地方，都不适宜。

2. 造林季节与方法　造林季节以春季为主，并要适时早栽，确有把握和经验的也可实行秋造。秋造要在苗木叶黄封顶后土壤上冻前进行。在干旱年份或苗木木质化程度差以及容易发生冻拔的地方，不宜秋造。陕西林区使用容器苗造林时，除最热的 7、8 月和最冷的 12 月、1 月外，其余时间均可。整地与栽植同时进行，一般用穴状整地，规格为 50cm×50cm×40cm，丰产林整地方式为块状，规格为 60cm×60cm×40cm。在黄绵土上春季造林时，要在前一年秋季提前整地。造林初植密度为 200～220 株/亩，根据立地条件和培育目的确定，栽植穴按三角形配置。

用2年生苗造林。营造丰产林的苗木需达到1级苗标准：地径≥0.6cm，苗高35~60cm，径高比0.017~0.010，且以地径和径高比作为主要衡量指标。另外还要求顶芽饱满，侧枝发达，苗干粗壮通直，色泽正常，充分木质化，根系发达。

栽植前穴面腐殖土要全部回填穴底，每穴加施100g磷肥，栽时苗木要居穴正中，深浅适度，根系舒展，不悬不窝，培土深度至苗木原土痕上2cm左右，上覆1cm腐殖土。如土壤干旱，要适当深栽。定植后穴面要平整并略成正坡，忌反坡和坑状，以利排水。

3. 幼林抚育 幼林抚育连续进行4年。第一年割草两次；第二年割草两次，追肥、松土、扩穴各一次；第三、四年割草松土、扩穴各一次。其技术要求为：割草一年两次的，分别于6月初和8月上中旬前完成，一次的于7月上旬前完成。割草的同时摘除缠绕苗木的藤蔓，对不妨碍幼林生长的乔、灌木萌条要注意保留。松土扩穴可结合割草进行，应由里向外，并渐次加深。

4. 成林抚育 日本落叶松早期速生，林分开始分化早，通常在造林后8~10年进行首次抚育间伐，3~5年后进行第二次间伐。间伐采用中等强度，15%~20%之间，伐后林木分布均匀，林分郁闭度不低于0.6，林缘不能低于0.7。

六、病虫鼠害防治

1. 早期落叶病 （*Mycosphaerella larici-leptolepislto* Sato et Oda.） 危害叶片，严重时全部叶片呈红褐色，状如火烧，落叶较正常提早50~60天。

防治方法：①营造针阔混交林，加强林木抚育管理，促进林木生长，增强林木抗性；②发病重的林分可于6月下旬至7月上旬用400~600倍的代森胺喷洒树冠1~2次。

2. 落叶松溃疡病 （*Phomopsis occulta* Trav.） 病斑主要发生在树干中上部树皮较薄的部位。树木枯死的顺序是从顶梢向下蔓延，第1年形成枯梢，第2年全株枯死。10~12年生落叶松林发病重，10年生以下幼林发病轻，纯林比混交林重，沟塘比山坡重，林缘比林内重；日本落叶松比朝鲜落叶松重。应注意病区检疫，控制病树外运；营造混交林；加强幼林抚育，施放杀虫烟剂。

3. 松毛虫 ［*Dendrolimus superans*（Butler）］ 危害针叶。

防治方法：卵期施放赤眼蜂或平腹小蜂，幼虫期喷50%敌敌畏2000倍液，成虫期用黑光灯捕杀，以及招引益鸟，捕食成虫。

4. 其他虫鼠害 幼林受到中华鼢鼠的危害时，可投放鼢鼠灵或以弓箭射杀法防治。对于落叶松球蚜（*Adelges laricis* Vall），可使用敌蚜螨600~800倍液或25%氧乐氰乳油200倍液喷雾；落叶松小爪螨可于6月上、中旬初发生盛期，利用三氯杀螨醇800~1000倍液或20%螨死净水剂2000~3000倍液喷雾防治。

（李嘉珏）

花旗松

别名：北美黄杉

学名：*Pseudotsuga menziesii*（Mirbel）Franco

科属名：松科 Pinaceae，黄杉属 *Pseudotsuga* Carr.

一、经济价值及栽培意义

世界著名的高大乔木，在原产地高达 45～60m，甚至最高达 90～100m，胸经一般 1.2～2.7m，最粗达 12m。木材纹理通直，坚实耐用，重量适中，用作强度要求大的用材，如桥梁、造船、建筑，铁路车厢、电杆、枕木及道路铺板，水桶等，容易磨光，着漆容易。又因纹理美观，可作家具，细木工，薄板，箱板，门窗，框架，并可做木浆原料。可见花旗松是世界上最有价值的重要用材树种之一。因此，世界各国都相继引种栽培。几乎所有在某个时期营造过人工林的欧洲国家都有培育花旗松人工林的试验，1827 年苏格兰植物学家杜格拉斯最先从北美引入欧洲，在白俄罗斯南部，乌克兰，克里木南高加索和远东最好的土壤上，无论是营造花旗松纯林或是混交林都很成功。德国、瑞典、新西兰引种花旗松，效果良好。新西兰花旗松人工林面积达 20641hm²，因为它干形好，病虫害少，可供销售的产量最高。

我国卢山植物园和北京植物园最先引种栽培花旗松。北京植物园栽培的 28 年生花旗松平均高 8m，胸经 14.2cm，幼树露地安全越冬，已开始结实，20 世纪 80 年代内蒙古林科院、湖南安化相继引种花旗松。

西北地区，1984 年在中国林科院林木引种室的组织下，从美国引入落基山花旗松，在延安、天水设点育苗，栽植，20 年来生长良好，表现突出。

据 1994～1999 年价格：进口新西兰和美国花旗松木材，单价为 1900～2050 元/m³。

二、形态特征

高大乔木，树干挺拔，通直圆满。树皮幼时干滑，老则鳞状深裂。1 年生枝淡黄色（干时红褐色），被毛。叶长 1.5～3.0cm，宽 1～2mm，先端钝或微尖，无凹缺，上面深绿色，下面淡绿色，有两条灰绿色气孔带。球果椭圆状卵圆形，长约 8cm，径 3.5～4.0cm，灰褐色。种鳞斜方形，或近菱形；苞鳞直伸，长于种鳞，显著露出，中裂片细长，长 6～10mm，侧裂片宽短，有细齿。

同属花旗松还有两个变种和另一种。

海岸花旗松［*Pseudotsuga menziesii* var. *menziesii*（Mirb.）Franco］　分布海拔从海平面至 2287m，比其他变种更具经济价值，生长快，长得很大。

落基山花旗松［*Pseudotsuga menziesii* var.（Beissn.）Franco］　又名蓝花旗松，分布海拔 570～3352m。较抗寒、抗风。木材材质不如海岸花旗松。

大果花旗松［*Pseudotsuga macrocarpa*（Vasey）Mayr］　分布在加利福尼亚南部，垂直分布在海拔 270～2400m。

三、分布区域

花旗松分布于美洲西部，从加拿大不列颠哥伦比亚到美国的华盛顿州、俄勒冈州到加利福尼亚州、蒙他拿州、科罗拉多州、得克萨斯州西部一直到墨西哥中部。

我国北京、江西庐山、内蒙古呼和浩特、陕西延安、甘肃天水等地有引种栽培。

四、生态习性

花旗松的典型变种生于夏季干旱的温和、湿润地区，年平均气温 7.2 ~ 12.8℃，极端最高气温 44.3℃，极端最低气温 −34.4℃，在海拔较高处冬季积雪可深达 3m。花旗松沿海分布区的降水量为 1940 ~ 3250mm，无霜期 197 ~ 230 天，在山地降水量为 965 ~ 1955mm，无霜期为 82 ~ 187

花旗松

天。花旗松在北坡、东北坡、东坡土层深厚、湿润、排水良好的砂壤上生长较好。根系生长随土层深厚而异，在浅薄的土壤上，根系很浅，易遭风倒和雪折。花旗松喜光，但耐侧方庇荫，特别在幼年时期更明显。

笔者曾在新西兰考察得到资料:生长在海拔 750m，树龄 18 年生，立木株数为 980 株/hm²，树高 14.1m，胸径 21.5cm，蓄积量 188.0m³/hm²。年平均蓄积量 10.5m³/hm²。而海拔 1040m，树龄 20 年生。立木株数为 2700 株/hm²，树高 10.7m，胸径 18.5cm，蓄积量 313m³/hm²，年均蓄积量 15.6m³/hm²。瑞典南部马尔默，花旗松 30 年生，树高 20 ~ 25m。

陕西延安树木园，1984 年育苗，1986 年栽植，5 年生平均树高 0.43m，最高达 0.78m，平均地经 1.59cm，最粗地径 2.15cm。笔者 2001 年 11 月调查，18 年生，平均树高 4.00m，最大树高 6.52m，平均胸径 6.55cm，最大胸径 12.3cm，平均冠幅 1.69m，最大冠幅 2.92m，长势旺盛。已被列入国家"948"项目，扩大推广这一优良树种。

花旗松为长寿树种，最大树龄可达 1400 年以上。

五、培育技术

（一）育苗技术

（1）种子处理　种子由美国进口，千粒重 15.8g，每千克为 63291 粒。先将种子在 0.3% 的高锰酸钾溶液中消毒 2h。捞出洗净药剂，再用 30℃ 的温水浸种（应其自然冷却至常温）1 昼夜，捞出种子，用种子与经过消毒的湿沙按 1：2 比例混拌均匀，盛于花盆内（亦应消毒）。室温控制在 8 ~ 10℃ 催芽，每天检查倒翻种子，并适当洒水，约 20 天后，约有 20% ~ 30% 种子裂口即可播种。也可在播前 2 ~ 3 个月（冬前），种子浸种消毒后，盛于花盆内置于冰箱（温度在 0℃ 以下）密闭冷冻处理，3 月中、下旬取出催芽。待种子部分裂嘴吐白时播种。

（2）播种技术　圃地土壤应加以改良，可用森林腐殖质土、厩肥（牛羊粪）、锯末按5：3：2的比例混合均匀，过筛消毒后铺于床面，耙平土壤，开沟条播，条距30cm，细土覆盖1cm左右。出苗前需搭棚遮荫，经常保持床面湿润。

也可采用塑料小棚容器育苗。选择背风向阳水源方便的地方。用蜂窝状塑料容器袋，高12cm，径4cm。营养土选用森林腐殖土，用3%的硫酸亚铁消毒，将容器袋排入在床面，将营养土装入容器袋，满足底水，约1周后播种，每个容器袋播4粒种子，覆细土0.2～0.3cm，然后架设塑料小拱棚。

（3）苗期管理　塑料棚内温度保持在20～25℃之间，如温度超过30℃以上时，需洒水降温，揭棚通风。5月以后棚温接近外界温度时可将塑料薄膜揭除。由于花旗松性喜温凉气候怕高温，仍需搭荫棚（可用树枝叶），或用遮阳网遮荫。9月中、下旬气温降低，再将塑料小拱棚搭上保温，中午棚温达到35℃时，仍需揭棚通风。苗期应及时洒水，除草、施肥，防治立枯病，幼苗出土后用1：100的波尔多液每隔3天喷洒1次，5月中旬用1：1000倍的甲基托布津全面喷洒，每隔3天喷1次，可控制立枯病。培育2年后，可出圃造林。

（二）栽植技术

1. 林地选择　花旗松属中度耐荫树种，宜选择阴坡、半阴坡土层深厚，湿润肥沃，坡度较缓，排水良好的轻壤土或沙壤土上造林。亦可在庭园栽植，以供观赏，点缀风景。

2. 栽植方法　植苗造林宜在春季进行，带状整地、反坡梯田整地均可。在带内挖穴栽植，穴的规格50cm×40cm×30cm，栽时应使根系舒展，分层踏实土壤。造林密度2m×3m，或3m×4m。

（罗伟祥）

火炬松

别名：火把松、太德松

学名：*Pinus taeda* L.

科属名：松科 Pinaceae，松属 *Pinus* L.

一、经济价值及栽培意义

火炬松为优良用材树种，生长迅速，树干通直圆满，木材纹理顺直，可供建筑、造船、车辆、纸浆等用材；富含树脂，松脂产量高，质量好，是优良的采脂树种；树冠优美似火炬，可做绿化观赏树种。

火炬松原产美国，广布美国南部和东南部，是美国最主要的建材和纸浆材来源。我国南方各省20世纪30年代开始引种，现有火炬松人工林50余万 hm^2，普遍生长良好。陕西汉中20世纪70年代引种，幼林普遍生长良好，已开花结实，繁衍后代，1989年陕西省林业厅组织专家鉴定，充分给予肯定。

陕西南部低山丘陵广泛分布和人工栽植马尾松，存在生长缓慢，干形弯曲等问题，远不如火炬松。用火炬松造林，具有重要经济意义。

二、形态特征

常绿大乔木，原产地高达54m，胸径2m，树皮暗灰褐色或黄褐色，鳞片状开裂剥落；小枝黄褐色或淡红褐色，枝条每年生长数轮，小枝幼时微被白粉，冬芽褐色，矩圆状卵形或短圆柱形，顶端尖，无树脂；针叶3针1束，稀2针1束并存，长12~25cm，近无柄，径1.5mm，硬直，有细齿，树脂道2，中生，横切面三角形；单性花，雌雄同株，雄花生于新生枝下部苞腋，无梗，雌花生于新枝近顶端；4月开花，第二年10月种子成熟，球果卵状长圆形或圆锥状卵形，长7.5~15cm，几无柄，鳞盾沿横脊隆起，鳞脐延伸成一硬三角状尖刺，种子卵圆形近菱形，有棱脊，长约6mm，熟为暗红褐色，具黑斑点，种翅长约2cm，与种子难分离。

三、分布区域

西北地区仅在陕西南部海拔500m以下地带栽植；我国华中、华东、华南、西南地区各省和华北区河南新县等地引种栽培。陕西秦岭北麓的楼观台、南五台引种，苗期受冻，成年树生长量有所下降。

四、生态习性

火炬松为亚热带速生树种，宜温暖湿润气候。原产地分布范围纬度跨11°，经度跨17°，年均气温13~19℃，1月份平均气温2.2~17.2℃，7月份气温23~37℃，年降水量1000~1520mm，我国引种成功区域，经纬度均跨25°，年平均气温14~22℃，1月份平均温度

2.1～10℃，7 月份平均温度 25.6～29℃，年降水量 800～1900mm，与原产地相近。

火炬松对土壤适应性强，赤红壤、红壤、棕壤、黄棕壤、褐色土均能生长。能耐干旱贫瘠土壤，但不耐水湿和盐碱，喜酸性土壤，含石砾土壤也可。

火炬松属喜光性树种，幼年稍耐庇荫，主根和侧根发达，抗风倒；比黑松、马尾松抗松毛虫危害能力强。

火炬松生长迅速。据陕西省林科所在汉中观测：1 年生苗平均高 21cm，最大 35cm，比同地马尾松 1 年生苗高 40%；16 年生火炬松林平均高 11.0m，平均胸径 20.2cm，平均单株材积 0.2115m^3，比同龄同地马尾松分别高 42.8%、57.8%、256%。安徽马鞍山林场 10 年生火炬松林平均年高生长 0.91m，胸径年生长 2cm。火炬松 1 年有 4 次抽梢，形成 4 轮侧枝，一般 10 年进入结实阶段。

五、培育技术

（一）育苗技术

火炬松每千克种子 3 万～3.4 万粒，可贮藏 3～4 年，发芽率 70%～80%。

育苗方法与松杉育苗类似。目前其种子奇缺，无性繁殖比较困难，可采用芽苗移植的方法。

1. 芽苗的培育　冬季用 1% 的福尔马林液或高锰酸钾液浸泡 1h，用清水洗净，再浸入温度 50℃的温水中浸种 2 天，捞出混砂或层积，在低温下贮藏；第二年春季待种子裂嘴，均匀撒播在砂床上，每平方米播量 100g，用细砂盖后洒水，再用塑料薄膜覆盖保温，温度控制在 25～30℃，并经常适量洒水保湿，当芽露出床面，晴天中午温度过高应揭膜透风降温，每隔一周喷波尔多液防治病害，当苗长至 7cm 左右时，即可移植入容器或大田苗床培育。移苗时，拔出的芽苗要用刀片切断主根，整齐立放在盛水的盘中，准备栽苗。

2. 芽苗移栽容器育苗　采用高 20cm，粗 8cm 的塑料薄膜筒状容器，营养土用黄心土、火烧土、腐殖土和松林菌根土，按 4:3:2:1 的比例，另 100kg 加过磷酸钙 1kg，均匀混合，装入容器，摆成苗床，容器间要靠紧，用砂土垫实。装备好的芽苗栽入容器，每袋 1 株，栽后即洒水，进行细致管理，1 年生苗可达高 20cm 以上，即可出圃造林。

3. 芽苗移栽大田育苗　选择背风向阳排水良好的砂质壤土地，最好前茬为育过松类的苗圃地，土壤粘重，杂草过多和种过蔬菜薯类的农地则不宜。秋季进行深翻，第二年春季进行浅耕耙糖后，拉线作床，筑高床，床面宽 0.8m，步道沟宽 30cm，床面上撒硫酸亚铁细粉每平方米 0.1kg 和 0.5kg 的松林菌土，将准备好的芽苗移入苗床，株行距 10cm×10cm，移后 10 天内经常洒水，保持床面湿润，同时每周喷 1 次等量式波尔多液或 50% 甲基托布津1000 倍液，交替进行，防止病害发生，并进行拔草和施肥，天旱时应及时洒水，经过细致管理，当年苗高可达 20cm 以上，即可出圃。

（二）栽培技术

1. 适生范围　西北地区陕西南部。甘肃南部秦岭南坡浅山和平川可引种栽植。

2. 林地选择　海拔 500m 以下，背风向阳、土壤深厚肥沃，水分条件较好的地段和平川四旁地皆宜。

3. 造林技术　采用穴状整地。穴面规格：40cm×40cm，深 40cm。造林密度：株行距 2m×2m 或 2m×3m，做采种基地可为 4m×4m。造林季节：容器苗除最热月和最冷月外，其他季节一般均可，栽时可将塑料袋下部两面划破；若采用大田苗，应尽量带些母土或苗根沾圃地土泥浆，注意保护苗根，应在春季或秋季栽植，注意栽植深度超过原土印 2～3cm，做到根系舒展、砸实。

4. 幼林抚育　栽后前 4 年，每年松土除草至少 2 次，有条件时可施追肥；6 年后开始修枝，修去树高 1/3 以下的枝条，修枝切口要平滑，不能伤干皮，每隔 2～3 年 1 次，修枝季节在深秋或早春进行。

六、病虫害防治

（1）松稍螟和小卷叶蛾　蛀食新梢和球果。

防治方法：避免集中连片大面积营造纯林，用 25% 马拉硫磷乳油或 50% 杀螟松乳油或 40% 氧化乐果等药剂，在幼虫孵化期向树冠喷雾，每亩 0.3 kg，进行防治。

（2）瘿瘤病　在枝干上形成球形瘿瘤。

防治方法：清除病株，消灭病源。

（鄢志明）

84K 杨

一、经济价值及栽培意义

84K 杨（银白杨 *Populus alba* × 腺毛杨 *P. adenopoda*）是韩国选育的一个杨柳科白杨派杂种无性系。中国林业科学研究院于 1984 年引入，2004 年 8 月通过林木良种审定委员会审定，是最新一代白杨派杨树新品种。其插条生根容易，苗期与幼树生长迅速，且材质好，抗风、抗寒、抗旱、抗病性较强，适应性广，是春季没有"飞絮"的"环保型"树种。在天牛等蛀干害虫严重为害地区，推广 84K 杨具有重要意义。其树形美观，可用来更新城市毛白杨雌株，是适生地区城乡街道、公路绿化的重要树种。

二、形态特征

84K 杨为雄性无性系，其树体高大挺拔，树干光滑，皮青灰色。叶片圆，叶面深绿色，背面密被白色绒毛，后渐脱落。其外观似毛白杨，但叶片与苗木冬态均有别于毛白杨。

三、适生范围

适生范围为北京、天津、河北、河南、山东、陕西、山西等省、市大部分地区。内蒙古、辽宁，甘肃、宁夏、青海、新疆等省区亦在试种与推广。

四、生态习性

84K 杨速生，苗期即有较大生长量。在试验苗圃，1 年生苗平均高 3.55m，平均地径 2.15m。水肥条件好时，1 年生苗高可达 4.5m 以上，长势优于欧美杨。幼树生长迅速，12 年生树高 15.11m，胸径 32.78cm。其根系发达，侧根长而粗壮，优于河北杨、新疆杨和毛白杨，因而造林成活率高。

84K 杨对气候条件有广泛的适应性，其抗寒、抗旱、抗风（雪）能力较强，克服了一些欧美杨及三倍体毛白杨无性系等风（雪）折梢现象的缺点。84K 杨抗病性强，对叶锈病是高抗的，从未感染过，对叶片黑斑病、褐斑病抗性也较强。对干部溃疡病仅有轻度感染。对天牛有一定抗性。

84K 杨侧枝较粗，幼树尖削度较大，需注意及时修剪竞争枝和影响主干生长的特大侧枝。

五、培育技术

（一）育苗技术

84K 杨主要采用扦插育苗。在白杨派中，84K 杨扦插成活率远高于毛白杨和河北杨，成活率在 60% 至 70% 以上。但仍需注意掌握各个技术环节，精细操作，才能达到预期效果。

1. 圃地选择与整地 圃地要求肥沃，土层深厚，中性壤质或沙壤质土，灌溉方便。扦插前圃地整平、整细。

2. 种条的假植或窖藏 选用 1 年生苗的苗干作种条,要求生长健壮,无病虫害,木质化程度高。入冬前挖取的苗木要带根假植沟中,沟深 70cm(寒冷地区深 90cm,以覆土后不受冻害为度),假植时苗木斜放沟中,一层苗一层土,二者紧密接触,不留空隙,以免冬季风干。寒冷地区仅留 1/4 ~ 1/5 梢部在外,然后灌水封土,必要时上部覆盖草帘。翌春挖出剪切插穗。

种条也可窖藏。在地势较高、排水便利处挖深 60 ~ 70cm,宽约 1m,长 3 ~ 5m 的土坑,坑内适当距离栽两束通气用的草把,坑底铺 3 ~ 4cm 湿润细土或细沙,再放种条,然后覆土,如此反复至离地面 30cm 时,填土封坑,堆成土堆。通气草把要露出地面。经常检查坑内土壤湿度,过干过湿均不适宜。

3. 插穗剪切 种条不同部位的插穗成活率不同,一般基部高,梢部低。这与各部位根原基数量、木质化程度与贮藏养分多少有关。扦插后由于基部芽萌动较晚,缩短了萌芽到生根的时间,避免了"回芽"现象。剪切插穗时一般只剪种条的 2/3,梢部不用,若种条不足时,可用梢部条子接炮捻。插穗长约 20cm,距项端 1.5cm 处应有一个芽。剪切的插穗按条基部、中部分别放置,分清上下,50 根一把捆好待用。

4. 插穗处理 将捆好的插穗分别放在水中浸泡,两天换水 1 次,放流水中最好。浸水可使插穗吸足水分,同时溶去插穗中的生根抑制剂。这对外地调进的种条尤为重要。经浸水处理后的插穗用溶化的矿蜡封顶,以防水分散失,基部用生根粉液处理。

5. 扦插 春季土壤解冻后即可扦插,适当早插有利提高成活率。扦插时插穗直插于苗床,因 84K 杨芽子较小,切不可将插穗颠倒。种条基部插穗和中部插穗应分别扦插。扦插后立即浇水,不得过夜。注意插穗外露 4 ~ 5cm,灌水后仅露出第二个芽即可。扦插密度一般每亩 4000 ~ 5000 株。培育 2 年生大苗时,密度要小些。

6. 抚育管理 ①浇水。插穗萌芽初期靠自身养分和下切口吸取的水分维持,待顶端长出白绒毛的叶片时才开始真正的生长,其生根期一直持续到 5 月中旬,随气温升高而水分消耗增加,此期应保证水分充足。一般扦插后连灌两次水,松土一次,以后视土壤墒情及时灌水,前期小水漫灌,避免淹没苗木,以免泥浆沾到幼叶上影响成活;②摘倒枝。苗高 50 ~ 60cm 时摘去侧枝。此前应利用侧枝光合作用之养分以促进生长;③追肥。每亩年用尿素约 30kg,并视土壤情况增施磷、钾肥。一般在 5、6 月中旬及 7 月中旬分 3 次进行;④病虫害防治与其他杨树相同,但 84K 杨受白杨透翅蛾为害后,苗干上会出现瘤状虫瘿,此处易于风折。防治方法:6 月上旬用氧化乐果连续喷洒苗干两次,或用细针在苗干下划两道竖痕,用笔(刷)蘸氧化乐果(1:1 浓度)涂于划痕处,有较好防治效果。育苗时将带虫瘿苗干剪下集中烧毁。圃地发现有虫瘿的苗木要及时除虫。

(二)栽植技术

84K 杨栽植技术同毛白杨。

(李仰东、朱 恭)

美国黑核桃

别名：黑核桃

学名：*Juglans nigra* L.

科属名：核桃科 Juglandaceae，核桃属 *Juglans* L.

一、经济价值及栽培意义

黑核桃原产北美洲，为温带落叶树种，美国东部黑核桃是世界上公认的最佳硬阔材树种之一，在美国被认为是经济价值最高的材果兼优树种，在优质木材生产中也占有重要地位。黑核桃木材结构紧密，力学强度较高，纹理、色泽美观且易加工；黑核桃可用于工业和装饰建筑；在加工黑核桃坚果时，核桃仁是制作糕点、糖果的重要配料；坚果的壳可加工成 6 种直径的颗粒，可做磨料和工业抛光的粉剂。获得的核仁与壳粉的产值相等，坚果生产可以增加早期收入，达到以短养长的目的，采用黑核桃做砧木，克服了产地土壤蜜环菌根腐、疫霉属根茎腐树干溃疡、根节线虫等病虫害的危害，也解决了土壤黏重和盐碱等问题。欧美等国对黑核桃的消耗很大，而产量远远没有达到要求，有较好的市场空间所以引进发展黑核桃具有重要的意义。

二、形态特征

美国东部黑核桃是落叶乔木，高可达 20m；1 年生枝黄绿色，2 年生枝黄棕色，3 年生枝黄棕褐色。在 1 年生枝上皮孔呈圆点状，2 年生枝上为横条状，皮开裂为菱形；3 年生枝皮孔呈横条状，皮开裂为菱形且开裂严重；小叶为奇数羽状复叶，小叶 12～23 片；小叶叶柄处簇生黄褐色绒毛，小叶对生，叶基部偏斜，叶缘锯齿状；叶较窄，叶色浅绿；芽为复芽，卵圆形。1 年生枝中，基部为隐芽。花单性，雌雄异花同株，雄花裸露呈圆锥形，柔荑花序；雌花着生在新枝顶端，多 1～3 朵，也有 4 朵以上的。雌花柱头二裂，逐步裂开成反卷状，雌雄花期成熟不一致。果实近圆形、椭圆形，果面有大小不等的突起，有些有较明显棱；果顶萼片宿存，柱头干枯呈褐色；落叶期多在 11 月上旬，发芽期多在 4 月下旬。展叶期在 5 月上旬；雌雄花期多在 4 月下旬和 5 月上旬。

三、种和品种

（1）东部黑核桃　主要分布在美国东部和加拿大东半部和南边，木材优质，为上乘的家具用材和胶合板用材；果四心室，青皮黏核。

美国东部黑核桃主要生长在美国天然林中，约 5 亿株，实生繁殖，变异大，良种资源丰富；通过实生选种，选育了材用和果用的品种表 1。

表1 美国黑核桃品种类型

类型	材用型		果用型	侧花芽结实型	抗寒果用型
	速生型	优质型			
品种	普渡1号、普渡2号、诺克斯1、劳伦斯2、提匹卡诺1、凡提1、2号	帕米尔、汤姆、浪花、布特、福森、帕米尔20、彩虹、奥奇1号	爱玛、迈尔斯、S-147、卡罗、拉兹、杰克逊、S-127、萨波、惊奇、克尔蒙、宝石、麦克、布朗努吉	S-127、戴维逊、克郎兹、贝克、菲斯特、足球、爱玛K、魁克、S-147、惊奇、桑巴、范特、海蓝、撒切尔、S-128	伯恩斯、爱德拉斯、汤姆、克郎地、明特、蒙特利、斯尼特

注：表中，速生型：生长速度快、干形好。优质型：木材纹理美观，呈水波纹状的横向纹理。果用型：出仁率在35%以上，多顶芽结实；麦克丰产性好，但果个较小。侧花芽结实型：侧芽可形成混合芽的新品种，丰产性能好。在杨凌试验过程中，撒切尔生长迅速，树干通直，早实性强，果个大。抗寒果用型：抗寒性能强，在杨凌试验过程中，明特生长迅速，异花芽结实能力强，早实性强。汤姆生长迅速，果个较大。

（2）北加州黑核桃（函滋核桃）（*J. hindsii*） 天然分布在加利福尼亚州北部，为美国栽培核桃的主要砧木种类，具有抗根系腐烂病等优良特性；木材纹理美观，可做家具用。魁核桃（*J. major*）和小黑核桃（*J. microcarpa*），分布在美国西南部，适合干旱、盐碱土壤。

四、分布区域

黑核桃主要分布在美国东部、中部和北部，20世纪80年代引进我国以后，在我国的华北、西北、西南地区都有引种栽植，其中在黄河的中下游栽植较多，生长较好。

五、生态习性

黑核桃为温带落叶树种，对土壤的适应性很强，可以在pH值4.6~8.2的各种土壤上生长，但最好是石灰岩母质发育成的沙壤土或冲积土，土壤深厚3~4m，排水良好，中性或微碱性，通气、保水、地下水位较低（3m以下）而稳定，我国黄河中下游土壤深厚、疏松，降水量在500mm以上的地区，是发展栽植黑核桃的最适地区。在高纬度、高海拔地区苗木在栽植前3年应当注意覆土防寒。

六、培育技术

（一）育苗技术

1. 播种育苗 播种分为春播和秋播。秋播是将坚果采下后带青皮或将青皮脱后的湿核桃进行播种。春播一般在3月上、中旬进行，播种时将沙藏催芽或湿锯末处理的核桃升温，待坚果裂口或胚根露出时播种，播后覆土3cm，覆膜，秋播要防止鸟兽及鼠类的危害。

2. 嫁接育苗

（1）采穗 在1~5年生优树上采集生长健壮的1年生枝条。黑核桃发芽较晚，冬初或3月上旬采穗均可，采后标记品种、日期，温度控制在-1~5℃，封蜡效果更好，放入湿锯末或小刨花中贮藏；

（2）嫁接 砧木直径在2cm以下时多采用双舌接或劈接法；在2cm以上时多采用皮下接，大树也采用皮下接；

（3）嫁接方法 多采用皮接、皮下接和双舌接。

（二）建园技术

1. 园地选择　黄河中下游地区，海拔 1300m 以下，土壤疏松、深厚，降水量在 500mm 以上地区，如降水量在 500mm 以下则需灌溉。

2. 建园密度　无性系种子园株行距 5m×6m，每公顷 333 株；无性系采穗圃株行距 3m×4m，每公顷 833 株；优质用材园株行距 4m×5m，每公顷 500 株；果材兼用林株行距 6m×7m，每公顷 238 株；果用园株行距 6m×7m，每公顷 238 株。

3. 授粉树配置　要选择雌雄花期吻合状况良好的品种做授粉树。撒莎切尔的授粉树可选择汤姆；哈尔可选择帕米尔；皮纳可选择帕米尔；名特可选帕米尔；汤姆可选择麦克；帕米尔 20 号可选择麦克；奥奇 1 号可选择帕米尔 20 号。

4. 栽植方法　同核桃部分。

（三）幼林管理

1. 土壤管理　每年秋季深耕 1 次，深度 35～40cm，树干基部稍浅，使土壤熟化，在每年春发芽前一次深耕 20cm，夏季中耕 3～4 次，深度 15cm。

2. 施肥管理（见核桃部分）

3. 灌水　降水量 500mm 以上地区，只要做好水土保持使水分不流失，基本上能保持黑核桃生长发育的需要；降水量 500mm 以下地区，需要灌水补充黑核桃对水分的需要，当田间土壤持水量低于 60% 时，则需要灌水；灌水方法：大水漫灌、沟灌、滴灌、喷灌等方法，大水漫灌，沟灌对水分浪费大；缺水地区最好采用滴灌，喷灌为好。

4. 整形修剪

无性系种子园　定干高度 1.5m，采用疏散分层形或变侧主干形，分 3 层，第一层 3 主枝，第二层 2 主枝，第三层 1 主枝，1 层与 2 层间距 1.2m，2 层与 3 层间距 60～80cm，1 层 2 主枝 2～3 个侧枝，2 层 2 主枝 1～2 个侧枝；层间主枝及侧枝间要培养辅养枝，使其辅养树体，并及早结果。黑核桃萌芽力较低，要进行短截，否则形成光杆；

（2）采穗圃　定干高度 1m，留 3 大主枝；冬季对主枝在 50cm 处剪去，第二年春季对枝条除顶部留 30cm 外，其他均于 10～15cm 处剪去，以后每年从 10cm 处剪去枝条作接穗；

（3）优质用材林　主要以生产用材树为主，一般树型为自然圆锥形，为了生长优良圆木，每年修去下部枝条，修枝量不能超过 25%，树冠高必须占树高的 2/3。

七、病虫害防治

1. 黑核桃黑斑病［*Xanthomonas juglandis*（Pierce）Dowson］　该病由细菌引起，主要危害新梢、叶和果实。

防治方法：同核桃。

2. 黄刺蛾（*Cnidocampa flavescens* Walker）　该虫是危害叶子的主要虫害。

防治方法：①人工清除虫茧。②用 90% 敌百虫 800 倍液、50% 敌敌畏 800 倍液、水胺硫磷 800 倍液，或对硫磷 2000 倍液，在成虫产卵后和幼虫期喷雾，特别是对越冬代防治一定要彻底。

3. 草履蚧［*Drosicha corpulenta*（Kuwana）］　该虫以刺吸口器插入嫩芽和嫩皮内，吸食汁液，造成枝条干枯死亡，树势衰弱，影响产量。

防治方法：①树干涂 6cm～10cm 宽黏胶带，阻杀上树若虫，配制方法是：废机油 1 份、石油沥青1份，加热溶化后搅匀应用。②若虫上树前，用6%的柴油乳剂喷根茎部表土。③若虫已上树，在发芽前喷 3～5°Be 石硫合剂，发芽后喷 40% 乐果 800 倍液。

（高绍棠、宋　立）

美国凌霄

学名：*Campsis radicans*（L.）Seen.

科属名：紫葳科 Bignoniaceae，凌霄花属 *Campsis* Lour.

形态特征

藤本，长达 10m。小叶 9～13，椭圆形至卵状长圆形，长 3～6cm，叶轴及叶背均短柔毛，缘疏生 4～5 粗踞齿。花数朵集生成短圆锥花序；萼片裂较浅，深约 1/3；花冠筒状漏斗形，较凌霄为小，径约 4cm，通常外面桔红色，裂片鲜红色。蒴果筒状长圆形，先端尖。花期 6～8 月。

分布及习性

原产北美。我国各地已引入栽培。

喜光，也稍耐荫，耐寒力较强，北京能露地越冬，耐干旱，耐水湿；对土壤不苛求，能生长在偏碱性土壤上，在土壤含盐量为 0.31% 时也正常生长。深根性，萌蘖力、萌芽力均强，适应性强。

繁殖及用途同凌霄。

（郭军战、陈铁山）

美国红栌

别名：大叶红栌

学名：*Cotinus coggyria* Scop. cv. 'Rogal Purple'

科属名：漆树科 Anacardiaceae，黄栌属 *Cotinus* Mill.

一、经济价值及栽培意义

美国红栌树冠圆形，美观大方，叶色艳丽，一年之中，叶色富于变化，初春及深秋时节呈现鲜红色，娇艳欲滴；而春夏及初秋高湿季节呈深红及紫红色，红而亮丽，盛夏开花枝条顶端花序絮状鲜红，观之如烟似雾，美不胜收。入秋后，早霜降临，叶色更加红艳美丽，是独具特色的优良的彩叶观赏树种，也是山区绿化美化的植物资源。美国红栌改变了普通黄栌经霜渐红，红叶时光短暂的状况，保持一年三季常红。对二氧化硫有较强的抗性。开发前景非常广阔。

二、形态特征

落叶灌木或小乔木，为美国黄栌的变种，叶片较黄栌大，紫红色，部分叶片具美丽的亮红色边缘，春夏叶色保持紫红或紫红色不变，秋季则变为鲜红色。

三、分布与特性

原产美国，近年来我国对其进行引种与驯化并取得了成功，西北地区开始引种繁殖与栽培，效果很好，此外，华北、华中、西南等地也广泛引种与栽培。

该树喜光，也耐半荫，抗寒耐旱，能耐 -28℃的低温；对土壤要求不严，各种土壤均可生长，尤以深厚、肥沃、排水良好的沙质壤土生长最好，但不耐水湿，低洼积水处根系易腐烂引起死亡。

根系发达，萌蘖性强，砍伐后易形成次生林。

四、培育技术

（一）繁殖技术

1. 砧木培育 美国红栌直接进口种子进行繁殖，价格昂贵，且出苗率低，目前主要采用黄栌实生苗为砧木嫁接美国红栌繁殖苗木。黄栌砧木（实生苗）的培育方法见黄栌育苗内容。

选择中、上部较饱满的红栌芽子嫁接，上部嫩梢部位虽然叶大芽大，但不成熟，因此在嫁接前 3~5 天，应先摘心促壮芽，再嫁接。可采用方块形芽接，丁字形芽接和带木质芽接。

2. 嫁接方法 3 种方法进行嫁接美国红栌。漆树科接芽削开流白乳，乳水发黏，影响操作和成活，黄栌砧木髓心粗大，含水量多，枝条粗脆，开口时，稍有不慎，便可把枝条切断，因此掌握嫁接时间很重要。3 种方法嫁接，塑料条绑扎时一定要露芽，便于成活后早萌发。另外，嫁接后 3 日内下雨应重接。

3. 嫁接时间　春季和夏季均可嫁接，以夏季嫁接效果较好，从 6 月底开始，选择黄栌砧木嫁接部位（距离地表 20cm）粗度达 0.3cm 以上即可嫁接。带木质嵌芽接芽片不受伤，自身贮存水分养分多，成活率高，且成活后萌发芽早，生长旺盛。方块形芽接片接触面积大，免除了丁字形芽接芽片皮薄插入难的麻烦，成活率也可达 90% 以上。丁字形芽接成活率也在 80% 左右。7 月 20 日前嫁接效果好。

4. 接后管理　①拧砧，在接芽部位以上两芽处拧砧，将砧苗拧成水平或下垂状，留叶养根。②抹芽，及时抹去易萌发的原始苗芽。③及时剪砧，当所接红栌新芽长到 5cm 以上时，将拧折处剪去（剪口应离接芽 2 节以上，接芽上部仍保留 1～2 片砧木大叶为宜）。④解绑，新接红栌芽长到 15cm 以上时解绑。⑤摘芽，有的红栌新接芽萌生出 2 个或 2 个以上的新枝梢，应选留 1 个生长最旺的，将其余枝梢抹除或摘心控制。⑥适时除草松土，施肥灌水，干旱时结合灌水，少量撒施尿素（2.5kg/亩）催苗，8 月后改施同量的磷、钾复合肥，促进苗木健壮生长。当年苗高可达 1.5m 以上。

（二）栽培技术

美国红栌适宜公园、机关学校、庭院草坪、山坡土丘、绿地广场、旅游风景区栽植，并可混植于其他树群，尤其常绿群中，能为园林增色添彩。

采用穴状和带状整地，栽后浇透根水。

（杨江峰）

日本樱花①

别名：东京樱花
学名：*Prunus yedoensis* Matsum.
科属名：蔷薇科 Rosaceae，李属 *Prunus* L.

一、经济价值及栽培意义

樱花主要作为观赏树种栽培，原种树体高大，姿形优美，繁花似锦；很多杂交培育的园艺品种，花大艳丽，浓郁芳香，在庭园中如以常绿树为衬托，则红绿相映，五彩缤纷，景色极佳，无数游人，无不被它那种纯洁、高雅的容姿所吸引而驻足观看，令人心旷神怡。樱花是日本的国花，被誉为"樱花之国"的日本，从南至北广为种植，每逢春光明媚之时，遍植日本列岛的樱花树，花团锦簇，多彩绚丽，人们便会成群结队地来到樱花林中，欣赏烂漫的樱花，享受日本所独有的樱花所带来的那种文化氛围。种植在北京玉渊潭公园的樱花，是日本前首相田中角荣以日本人民的名义赠送给中国人民的。现已生根开花。每年春天，樱花开放，既可在中国观赏樱花，也可赴日领略樱花的情趣。

樱花的木材，材质坚韧，纹理美观，是制作家具、漆器、图板、雕刻等上好用材；树皮煎汁可以解食鱼中毒，烧成炭可解酒醉，新鲜嫩叶可作杏仁水的代用品，具有显著的药用价值。

二、形态特征

落叶乔木，高达 4～16m，树皮灰色至灰褐色平滑，小枝幼时无毛。叶宽椭圆状卵形或广卵形，长 5～12cm，宽 2.5～7.0cm，先端渐尖或尾尖，基部圆，稀楔形，芒状重锯齿，表面绿色，光滑，下面淡绿色，叶脉及叶柄疏毛，侧脉 7～10 对；叶柄长 1.3～1.5cm。顶端具 1～2 腺体或无腺体；托叶早落。伞形总状花序，总梗极短，先花后叶；包片褐色，长约 5mm，具腺齿；花梗长 2～2.5cm，有短柔毛；萼筒管状；花瓣初开粉红色，后变为白色，微香，先端下凹；雄蕊约 32，短于花瓣，花柱基部被疏柔毛。核果近球形，径 0.7～1.0cm。花期 3～4 月；果期 5 月。

我国引种有 2 个变型：

1. 垂枝东京樱花（*P. yedoensis* f. *perpendens* Wils.）　枝长而下垂，花梗、花萼均有毛。

2. 彩霞樱（*P. yedoensis* f. *shojo* Wils.）　花大，重瓣，淡红色。

我国引种的其他樱花有：

1. 日本山樱（*P. jamasakura* Sieb et Zucc.）　落叶乔木，高 15～20m，胸径达 1m；伞形花序，花期 4 月，花叶同放，白色或微红，果实球形 7 月成熟，黑紫色。

---

① 樱花原属蔷薇科（Rosaceae）李属（*Prunus* L.），《中国植物志（38 卷）》将樱花归为樱属（*Serasus* Mill.）。《中国树木志》则列入李属（*Prunus* L.）樱桃亚属［subgen. *Gerasus*（Mill.）Focke］。

2. 日本大山樱（*P. sargentii* Rehd.）　落叶乔木，高 12～20cm，胸径 1m，叶柄通常紫红色，花单瓣，红色或淡红色，花期 4 月，花先于叶或与叶同时开放，无芳香。本种的特点是新叶、萼、花梗、苞片、芽鳞等各部位均有黏性。

3. 垂枝樱（*P. itosakura* Sieb.）　落叶乔木，树高 10～15m，胸径 1m 以上；大枝平展，小枝细而垂至地面。小枝、叶、小花柄均有毛；聚散花序，3～4 月先叶开放，有 2～5 个花，淡红白色，单层，5 瓣，5～6 月果熟。其变种东部樱（江户彼岸）（*P. itosakura* var. *assendens* Makino）乔木高 20m，胸径 1m 以上，聚散花序，3～4 月花叶同放，花淡红、白色，果实球形，5～6 月成熟。

4. 日本早樱（*P. subhirtella* Miq.）　小乔木，高 3～10m，3 月底～4 月初，花叶同开，花瓣淡红色，花蕾红色。果熟 6 月。

日本樱花

5. 日本晚樱（又名里樱）［*P. lannesiana*（Carr.）Wils.］　落叶乔木，高 10m，叶初放时红褐色，花大而芳香，重瓣，2～6 朵着生，淡红色或白色，常下垂，花瓣顶端凹形；果卵形、熟时变黑，有光泽。其变种、变型及栽培品种很多，主要有：

（1）白花晚樱（*P. lannesiana* var. *albida* Wils.）　花单瓣，白色。

（2）绯红晚樱（*P. l.* var. *hatazakura* Wils.）　花半重瓣，白色，染有绯红，很美丽。

（3）大岛晚樱（八重红大岛）（*P. l.* var. *speciosa* cv. 'Yabeniochshima'）　花大，径 3～4cm，微红，外层及边缘浓红色，重瓣，有芳香，4 月花叶同放。果实大，广椭圆形。

（4）虎尾樱［*P. l.* f. *caudate*（MIyos.）Nemoto］　在长枝的上部成丛着生短花序，有如尾状而得名。芽绿色。花单瓣，较大，径 4cm，花红色叫"红虎尾"；白色的称"白虎尾"，属樱中之珍品。

（5）四季樱［*P. l.* f. *fudanzakura*（koidz）Wilson］　芽浅红色，花单瓣，白色，径 3.0～3.5cm。可四季开花，是稀有的珍贵品种。

（6）杨贵妃樱［*P. l.* f. *mollis*（Miyos.）Hara］　芽淡褐色，花淡红色，外部较浓，花大，径 5cm，瓣约 20 枚，花密集着生。

（7）千里香樱（*P. lannesiana* cv. 'Senriko'）　花白色而带浅红，径 4.5cm，花瓣 5～8 枚，亦有 12 枚的，圆形而呈波状，芳香，很美观。易结实。

（8）牡丹樱［*P. l.* f. *Moutan*（Miyos.）Wilson］　芽浅褐色，花白而带浅红，芳香，有花瓣 15 枚，径 5cm，有旗瓣，花梗粗而短，很美丽。

（9）松月樱［*P. l.* f. *superba*（Miyos.）Hara］　花蕾及外层浓红色，花初开浅红，后变为近白色，重瓣、大花，径 5cm，瓣约 30 枚，花瓣先端凹缺较深，雌蕊瓣化为 2 枚花瓣，花梗细长，花下垂，先叶开放。

（10）紫樱［*P. l.* f. *purpurea*（Miyos.）Nemoto］　花紫红色，径 3.5cm，单瓣，亦有 5～9 瓣，称为"重瓣紫樱"。芽红色。

（11）墨染樱〔*P. l. f. subfusca*（Miyos.）Wils.〕 花白色，单瓣，较大，径3.5cm，花梗短，先叶开放。

三、分布区域

日本樱花原产日本，我国很多地方均有引种栽培，以华北及长江流域各城市居多，南京林业大学校园内生长良好，而广西林科所树木园生长稍差。

西北地区西安、杨凌等地引种栽培有日本樱花及其变型晚霞樱、日本晚樱及变形郁金樱（黄樱）〔f. *grandiflora*（Wagner）Wils.〕、关山樱〔f. *sekiyama*（koidz.）Hara〕和白妙樱〔f. *shirotae*（koidz.）Wils.〕等。生长良好，花繁叶茂。天水、兰州引种栽培有日本樱花，生长亦好。

四、生态习性

樱花为温带树种，喜温暖、湿润气候，从我国引种栽培情况看，以长江流域中下游，东南沿海一带生长良好，气候温和，年平均气温15℃左右，降水量800mm以上。樱花开花最适宜的温度为9~13℃，随着栽培地区气候的差异，开花期迟早不一，樱花在日本从南向北陆续开放。爱花者，可以从南起伴着樱花花容向北，赏花长达半年之久。大都花期不很长，约开10~20天，盛花期约6~7天。如遇恶劣天气，刮风下雨或降温，往往在盛花期后很快衰落。本种先花而在盛花前后展叶，有的则花叶同时开放。

兰州的气候条件为年平均气温5.9~9.1℃，1月平均气温-9.1~-5.3℃，极端最低气温-28.7~-17.7℃。≥10℃活动积温2798.3~3242.0℃，年降水量238.8~327.7mm。日本樱花对这种气候（加以灌水）尚能适应。由此看来，新疆南疆喀什、和田地区亦适宜栽培，北疆可试种。

五、培育技术

（一）苗木繁殖

可用播种、扦插、嫁接、分蘖等方法繁殖。

1. 播种育苗 一般在5~6月，采集成熟果实，搓去果肉，将分离出的种子混以湿沙贮藏，至次年春季播种。贮藏时控制沙子的湿度是保持种子生活力的关键，过湿（有余水）透气性差，容易引起种子霉烂；过干（沙子未湿透），使种子内胚吸不上水，导致种子失去发芽力。未经沙藏的种子，播前采用温水（40℃左右）浸种，自然冷却后换水，再浸2~3天，每天换水1次，捞出覆膜催芽。待部分种子露白时播种。春秋均可育苗，以春播为宜，3~4月间，在经过细致整地作床的圃地上，开沟条播，行距30~40cm，覆土厚度2cm左右，其上覆膜增温保湿。每亩播种量约60kg左右。

在成片的樱花林或大树下，常见有天然的实生苗，可移栽培育成苗。

2. 扦插育苗 为使樱花早日开花，又因多种重瓣品种栽培不结实，故多采用无性繁殖。樱花扦插不易生根，为了提高生根率，必须作好插穗处理。其具体作法是在1月份，即在发芽前，剪取上年生枝条，选平直处切成30cm长的插穗，30~50根捆成1束，顶端向上直埋入地里，用土封盖，以不见顶端为宜，约2个月左右，切口形成愈伤组织即可挖出，将顶端切口稍剪短些，然后插入插床，使其生根。

3. 嫁接繁殖 用育种新技术培育出来的观花品种,可用它的野生的亲本作砧木,或用扦插成活率高的种,如"山樱"、"日本早樱"、"日本晚樱"作砧木,尤其是"日本晚樱"中的"真樱"〔f. *multiplex*(Miyos.)Hara〕品种,不仅扦插成活率高,而且生长迅速,在日本一直用它作砧木,1 年生扦插苗高达 1m 以上。作砧木切接时,从上面剪下的枝条还可作插穗用。嫁接方法以切接法为宜,可地接、亦可室内枝接;芽接法可在晚夏及初秋进行。用扦插苗作砧木,1 年生苗即可,而实生苗作砧木,一般要 3 年生苗。

4. 分蘖法(或压条法)繁殖 可直接从有的品种的根颈处挖出一些萌生枝,与母体分离后,移栽于新圃培育成新株。压条法是将根颈处的分蘖(萌生)枝埋于土中,使其生根后再分植。须要注意的要分清是母株是自根树或是嫁接树,以免品种混淆。一般嫁接树采用压条法,方能获得与母株一致的品种。

(二)栽培管理

1. 栽植园地 樱花宜选择宽阔广场、道路两旁、社区庭园、旅游景点、风景名胜等处栽植。

2. 栽植季节 无论用什么方法繁殖的苗木,一般多在秋季移栽,而在寒冷的地区则以春植为宜。

3. 挖穴换土 栽植穴的规格视苗木大小而定,如栽大苗(地径粗 5cm 以上),穴径 60cm 见方,深 30～40cm。由于樱花在原产地日本土壤多属微酸性,因此在整地挖穴时需要将心土取出,换以森林腐殖质土、或微酸性土,并施有机肥改良土壤,切忌土壤过黏,影响通气性和透水性。

4. 苗根保护 对苗木长距离的引种,或引入地生态条件与原产地(或育苗地)差异较大时,对苗木的运输、贮存及对定植地区的准备、栽植,需精心管理。特别要保持苗木根系的完整湿润,需要带土球或用填充湿台藓带孔的塑料带包装。栽植后干旱时浇水。

1972 年 10 月日本赠送我国的 1000 株大山樱树苗(3 年生),苗高 1.5～1.8m,地径 1.0～1.5cm,根长 30～45cm,由于采取了上述的措施,栽植于北京紫竹院、玉渊潭、天坛公园和北京植物园及西南郊苗圃等 8 处,1973 年当年成活率达 99%。

5. 切口灭菌 定植后的管理可参照一般园林树木进行,树形有中央主枝和开心形,惟樱花不耐修剪,即在压条繁殖、切割分株或幼树整姿时,对切口均需严格消毒,涂防腐剂以免病菌侵入。

六、病虫害防治

1. 丛枝(扫帚或天狗巢)病 病原是真菌〔*Taphrina cerasi*(Fuck.)Sadebeck.〕病症为局部枝条畸形,呈短而细鸟巢状,花少而叶多,叶形小,病区逐年扩大。

防治方法:同泡桐

2. 癌肿病 病原是真菌(*Valsa japoicea* Miyabe et Hemmi)病症是患处黑褐色,凹陷,多分泌树脂,形成癌肿。本病殃及全株每个部位。

防治方法:①消除病患部位,并以焚毁;②在切口处用 0.05%～0.1% 的升汞水消毒,再涂石灰乳;③在发芽前喷 8:8 的波尔多液或 5°Be 石硫合剂;④用 500 倍的甲基托布津喷洒均有抑制作用。

3. 小透翅蛾(*Conopia hector* Butler) 成虫腹部 4～5 环节及前翅外缘黑色,8～9 月羽

化，卵产于树皮间隙，幼虫在皮下越冬，蛀食干皮内侧并导致干枝上流胶。

防治方法：①在干枝上涂抹石灰涂剂，以防产卵；②用榔头等敲打枝干上流胶部位或虫粪孔的周围，可压死皮内幼虫；③或用小刀割开干皮捕杀幼虫，然后在伤口涂焦油封杀。

（罗伟祥、土小宁）

北海道黄杨

别名：粗枝大叶黄杨

学名：*Euonymus japonicus* L. cv.'Zhuzi'

科属名：卫矛科 Celastraceae，卫矛属 *Euonimus* L.

一、经济价值及栽培意义

我国北方大部分地区冬、春季干旱、风大、寒冷，耐寒、抗旱的常绿阔叶树种极少。在干冷的早春极易受生理干旱和冻寒的危胁。而"北海道黄杨"为新一代常绿阔叶树新品种，耐寒性、抗旱性极强。在冬季树冠仍呈美丽的绿色，不发生褐变。成年大树可忍受 –23.9℃的低温，其耐旱能力优于普通的灌木型黄杨，不仅长势良好，树干高大，单干直上，而且能开花结果。入冬后成熟的果实开裂，露出红色假种皮，镶嵌于绿叶丛中，绿叶托红果，令人赏心悦目，极具观赏价值。适合于我国北方冬季寒冷、干旱的地区栽植。在城市绿化中可作为常绿阔叶大树栽植，是我国北方小城镇及城市建设中园林绿化的优秀树种。

北海道黄杨树姿挺拔、四季常青，可修剪整形，可以孤植、列植，也可以群植。树形高大。观赏价值和开发价值极大。

二、形态特征

常绿阔叶小乔木，叶片较宽，呈椭圆形至阔椭圆形，顶端钝圆。其主要特点表现为：主干明显，顶稍粗壮，约为普通大叶黄杨的两倍，顶端优势明显，单干直上，表现出优良苗木特性。长势较快，年生长量最高可达 170cm，平均生长量 70cm，5 年生苗可达 3m 以上。树冠圆柱形至卵圆形，显示出乔木性状。在冬季果实外假种皮变红，缀满树上，绿叶红果，成为冬季难得的美景。被国人誉为"申奥树"。

北海道黄杨

三、分布区域

原产日本中部，系亚热带树种，日本静冈于 20 世纪 80 年代初，从大叶黄杨中选育出比较抗寒和具有乔木性状的植株，并向北海道札幌市引种栽培，当时在日本未标明品种名称，中国林科院 1986 年引进，经多年的繁育、选优，成为适宜中国北方气候条件的优新品种。傅紫芰先生于 1995 年将其命名为

'粗枝大叶黄杨' *Euonymus japonicus* L. cv. 'Zhuzi'。其树杆端直，枝叶浓密，树冠圆柱形，非常适合作为高速公路中间的十分理想的隔光防眩绿篱树种，可大力推广。

四、生态习性

耐寒、抗旱，也耐一定的盐碱，成树能忍受 −23.9℃ 的低温，耐旱能力也优于普通大叶黄杨。吸收有害气体能力强，对二氧化硫、氟化氢等有害气体有很强的抗性。适合在北方冬季寒冷干旱的地区栽植。

五、培育技术

（一）育苗技术

繁殖容易，当年生嫩枝夏插，6 月上旬至 7 月中旬进行，10 ~ 15 天长成愈伤组织，20 ~ 30 天生根 1 ~ 3cm，可以移栽，成活率高；第二年（15 个月）在北京苗高 50 ~ 100cm，3 ~ 4 年即可培育出高 1.5 ~ 3m 的绿化大苗。在西安地区繁殖培育比北京地区略快一些。

有性繁殖周期也较短，小苗经 3 ~ 5 年，至少 50% 植株开花结实，种子有发芽力，其结实量大，繁植率高，可选优良单株。

嫁接繁殖可用丝棉木作砧木，在 6 月中旬至 7 月上旬进行靠接繁殖。

（二）栽植技术

北海道黄杨有着非常明显的主干，表现出优良的乔木性状。在城市绿化中可作为常绿阔叶大树栽植。栽植方法同大叶黄杨。

六、病虫害防治

在西安未见有病虫危害。

（崔铁成、马延康、张爱芳、张　莹）

香花槐

别名：富贵树

学名：*Robinia pseudoacacia* cv. 'Idaho'

科属名：豆科 Leguminosae，刺槐属 *Robinia* L.

一、经济价值及栽培意义

香花槐为刺槐的变种，集绿化、美化、彩化、香化于一树的园林观赏、水土保持、防风固沙、景观配置、改善环境的优良树种。花粉红色或紫红色，花朵大、花形美、妩媚动人、色泽艳丽、浓郁芳香、沁人心肺，可谓是"夏季园林赏美景，香花盛开别样红"，堪称园林绿化之珍品。东北地区每年 5 月、7 月开两次花，长江流域开 3 次花，花期长达 60 余天。树干通直，木材结构致密，富有弹性，耐水蚀，硬度适中，用途较广。其叶含粗蛋白19.5%，粗脂肪3.5%，粗纤维11.0g 等营养物质，是饲养牲畜的优质青饲料。香花槐对一氧化碳、氯气、氮氧化物、光化学烟雾抗性较强，有较强的吸附铅蒸汽及粉尘的能力。对净化城市空气、改善生态环境有显著的功效。香花槐还是优良的蜜源树种。北京园林部门根据众多专家的建议，已将香花槐确定为北京 2008 年建设绿色奥运五大主栽树种之一。

二、形态特征

香花槐落叶乔木，树冠开阔，树皮灰褐色，光滑，叶互生，7～9 片叶组成羽状复叶，叶椭圆形至卵状长圆形，长 3～6cm，光滑翠绿色。花序腋生，花粉红色或紫红色，芳香，密生成总状花序，呈下垂状，长 8～12cm，径 6cm 左右，花期 5 月、7 月。无荚果不结种子。

三、分布区域

香花槐原产巴西，20 世纪 90 年代引种我国，效果很好，在东北南部，华北，华中，华南、西南地区均能生长。最北的黑龙江海伦市（哈尔滨向北 300km），最东辽宁丹东，最南广东珠海，最西新疆伊犁均已引种栽培，安全越冬。西北大部分地区均宜种植，并已栽培。

四、生态习性

香花槐抗逆性强，耐寒抗旱，能忍受极端最低气温 -33℃的袭击，耐贫瘠，耐盐碱，抗病虫害能力强，繁殖容易，成活率高，生长快，生长速度快于刺槐，造林第三年即可郁闭成林。根系发达。2 年生香花槐，根长可达 2m 以上。固氮效果显著，每亩香花槐年固氮75～100kg。根蘖能力强，第二年能大量萌发新的植株，可达到亩栽香槐 100 棵，3 年便是一面坡的造林效果。适应生态幅度广，从平原到高山，从城市到乡村，从南方到北方（东北北部除外）均可生长，对土壤要求不高，酸性土，中性土，轻盐碱土均能栽植，在沙漠化地区也能适应。

五、培育技术

（一）育苗技术

可用埋根、扦插（嫩枝或硬枝）、嫁接等多种方法育苗，以埋根育苗为主。

1. 埋根育苗

（1）根穗选取 选取 1～2 年生香花槐主侧根，直径 0.5～1.5cm 为宜，春季萌芽前，在大树四周（距茎干 20～30cm 处），挖深 30cm，宽 100cm 的环沟，剪取根段。挖根后每株需施肥、盖土、浇水。也可在移栽大苗时，将树苗连根挖出，保留苗木根幅 30～40cm，其余用剪刀全部剪下，用湿沙贮藏备用。

（2）剪穗扦插 温暖地区（西安）3 月中、下旬，寒冷地区（锦州）4 月下旬到 5 月上中旬将已选取的根条，剪成长 5～7cm 或 8～10 cm 的根穗，用浓度为 40～50mg/L 的吲哚丁酸溶液浸泡 12～24h，在整好的苗床上开沟，将根穗平埋于沟内，根穗相距 10～15 cm，覆土 3～4 cm，踏实土壤。扦插后立即灌（或喷）透水 1 次，保持土壤湿润。

当年苗高为 2～3m，平均地径 2～3 cm；2 年生苗高 3～4 m，平均地径 4～5 cm。也可将根穗直接插入制好的营养钵或容器内，基质用腐殖质土:珍珠岩 = 3:2 的比例混匀。装入容器内，上部与基质表面平。

2. 扦插育苗 可用硬枝或嫩枝于春季或夏季扦插，培育苗木

（1）硬枝扦插 选取 1 年生苗干或侧枝，3～4 月份将枝条剪成长 10～12cm 的插穗，株行距 20 cm×30cm，将插穗 40°斜插入苗床内。扦插深度以插穗上端露出 1～2 个芽为宜。

（2）嫩（绿）枝扦插 6 月上、中旬至 8 月底，选取当年生，半木质化，芽子饱满、无病虫害的嫩枝条，剪成长度为 8～15 cm 的插穗，保留 3～4 片叶，每 50 根 1 捆，用 0.1%～0.125% 多菌灵或百菌清、甲基托布津浸泡 3～5min 消毒，再用 ABT1 号 + 2 号按 1:1 比例，配成 $1000×10^{-6}$ 的溶液，蘸插穗基部 2～3cm1～2min 即可扦插。按株行距 4cm×6cm 将插穗插入苗床，边扦插边喷雾，防止插穗失水，一周后开始愈合生根，半月后幼根逐渐伸长，老化，25～35 天后，苗木即可移栽，最好在早晚或阴天移栽，移后应搭遮阳网。经过 7～10 天，可去除遮阳网。

（二）栽培技术

香花槐在干旱山地，生长明显优于刺槐，可在山地营造水土保持林和薪炭林。也可在沙地营造防风固林林。主要用于城市园林绿化，公路，铁路，街道，公园，学校，旅游区，庭院景观绿化。

栽培方法以植苗造林为主，整地规格 50cm×40cm×40cm，春季栽植，成活率可达 95% 以上。也可采用分蘖造林，为使苗木生长健壮，苗木移栽后从地面平茬，从萌生的几个萌芽中选留 1 壮芽，培育成主干，不仅生长快，且树形亦好。

由于香花槐自然生长树冠强，树形优美，枝条疏展，勿需修剪，在生长过程中应及时松土除草，及时浇水，施肥，抹芽。

（杨江峰）

四翅滨藜

别名：灰毛滨藜

学名：*Atriplex canescens*（pursh）Nutt.

科属名：藜科 Chenopolaceae，滨藜属 *Atriplex* L.

一、经济价值及栽培意义

四翅滨藜是藜科滨藜属常绿和准常绿灌木，是美国科罗拉多州立大学农业试验站、犹他州野生动物资源局、农业部林业局、山地林业和牧场试验站、水土保持局等单位经 25 年的努力选育出的优良品种，是牧场和盐碱地改良中不可多得的优良饲料灌木。它的叶、枝、果不仅一年四季都可供家畜和野生动物采食，而且营养丰富，适口性好，枝叶量大，枝条无刺，可采食嫩叶多。据分析，枝叶含粗蛋白 8.32% ~ 21.64%，无氮浸出物分别为 24.65% 和 38.97%；生物量达 15 t/hm²，同时有积累硒的能力，是荒漠和半荒漠干旱地区利用价值极大的优良饲料灌木。在西北地区大力发展四翅滨藜，营造大面积荒山荒沙饲料林，形成牲畜过冬度春的备荒饲料基地，建立"立体牧场"，不仅能确保西北地区畜牧业生产的稳定、优质和高速可持续发展，而且在水土保持、盐碱地改良、防治荒漠化、恢复和改善自然环境、促进区域经济发展等方面将起到不可估量的作用。

二、形态特征

四翅滨藜为常绿或半常绿灌木，株高 0.9 ~ 1.8m，主干不明显，树冠圆球形，分枝尤多；叶互生，条形或披针形，叶长 1 ~ 10cm，宽 0.3 ~ 2.2cm，叶基部楔形或渐狭，叶全缘，正面绿色或砖红色，稍被白粉，背面灰绿色或红绿色，密被白粉；花单性或两性，雌雄同株或异株；胞果椭圆形或倒卵形，四翅，种子卵形，胚马蹄形，种子冬季不脱落，宿存。

三、分布区域

四翅滨藜原产美国中西部高原。我国 20 世纪 90 年代初引种成功。现西北地区陕西、甘肃、宁夏、青海、新疆等省（自治区）均有栽培与分布。北京、内蒙古、河北、辽宁等地也广泛栽培。

四、生态习性

四翅滨藜耐寒、抗旱、耐盐碱能力极强。在年降水量 350mm 以下，年平均气温 5℃ 左右，极端最低气温 -40℃ 的干旱、半干旱荒漠地带生长良好，被有些国家称之为"生物脱盐器"，据测定种植 1 亩四翅滨藜，1 年能从土壤中吸收 1 t 以上的盐分。深根性树种，根系发达，1 年生苗根长可达 3.45m，根深为植株高度的 4 ~ 5 倍。能适应各种土壤条件，在淡栗钙土、栗钙土、灰钙土、沙质盐碱土、黄绵土、山地褐土、风沙土上均能生长。

五、培育技术

（一）育苗技术

1. 播种育苗

（1）土壤灭菌 大田育苗在圃地土壤深翻前，结合整地在床面施入多菌灵、五氯硝基苯或硫酸亚铁制成的毒土或进行湿拌灭菌，同时用锌硫磷或甲拌磷等药剂毒土灭虫。

（2）种子处理 播前种子用清水浸种 12~48h，或用 ABT6 号生根粉 10~50mg/kg 浓度浸种 12~24h，待 20%~30% 种子裂嘴吐白时播种。

（3）播种方法 在苗床上开沟条播，行距 25~30cm，播种深度 1~2cm 为宜，覆土太浅表土易干燥板结而使种子烧芽，过深种芽破土困难，妨碍出苗。在青海西宁地区，大田育苗可在 3 月中、下旬播种。

（4）苗期管理 大棚育苗不需遮荫或覆膜，而露地育苗播前必须采取遮荫或覆膜，有利于提高地温、保湿、防止日灼危害。播种后一般 8 天左右开始出苗，20 天左右全部出齐。此时要揭去覆盖物。注意松土除草，施肥灌水等田间管理。

2. 扦插育苗

（1）插穗采制与处理 6~8 月份选择生长健壮的优良单株，采集中、上部当年生嫩枝，剪成 8~15cm 长的插穗，上部留 3~6 片叶片，修去下部全部枝叶。用清水浸泡插穗 1h，也可采用 50~100mg/kg 浓度的 ABT 1 号、6 号生根粉液浸泡插穗基部 2h 后及时扦插。

（2）扦插基质 苗床土壤处理同播种育苗，扦插基质以选用耕作土、腐殖质、细沙为宜；采用锯末与耕作土或河沙、蛭石与耕作土作基质更理想。

（3）扦插与管理 扦插前灌足底水，顺行扦插，行距 30cm 左右，扦插后 10 天左右需要遮荫，每日洒水 1~2 次，空气湿度保持在 85% 以上。有条件时最好采用全光喷雾扦插育苗设备进行。

3. 容器育苗
采用山西省林科院研制的蜂窝式联体塑料容器，规格为 6.5cm×12cm。种子催芽处理以清水浸种 12~24h 最宜；覆土厚度以 1.0cm 左右为佳；露地容器育苗需要搭棚或盖草遮荫，覆膜遮荫出苗率高于麦草覆盖。青海东部大棚育苗可在 3 月中旬播种，露地播种 4 月上中旬进行。播后 10 天左右出苗，20 天左右出齐，集中出苗时间为第 11~13 天。播种后每天洒水 1 次，保持容器土壤湿润；出苗期每天喷 1%~2% 灭菌灵，防止立枯病发生。

（二）栽培技术

1. 林地选择
根据青海省林业科学研究所的试验研究，1994~1997 年进行引种研究并取得成功，1998 年开始在青海省林业生产上广泛推广应用。四翅滨藜可在青海东部黄土丘陵沟壑区共和盆地海拔 2800m 以下，年降雨量 250mm 以上，年平均气温 5℃ 左右的干旱、半干旱荒山荒坡、荒漠半荒漠地带各种立地条件栽植。

2. 苗木出圃
四翅滨藜直根性强，1 年生露地苗根深达 3.4m，为植株高度的 5 倍。为了合理确定苗木出圃时间，青海省林科所根据苗高与根深的关系提出了判定植苗适宜出圃的时间。当大棚容器播种苗在出苗后 40~60 天出圃比较合适；嫩枝扦插容器育苗，当平均苗高 6.5cm 时即可出圃造林，在生产中一般采用 5~15cm 高苗木栽植。亦即根系穿过容器底部便可出圃。起苗前必须灌足底水，便于带土起苗。最好做到随起苗、随运输、随栽植。

3. 栽植时间 裸根苗在春、秋季造林。容器苗在雨季、秋季造林。5～7月3个月，造林成活率可达89.1%～95.1%。栽植密度一般为1.5m×1.5m或1.5m×2.0m。栽时扶正苗木，分层踏实土壤，使根系舒展。

4. 幼林抚育 因四翅滨藜适口性好，在造林后头2年必须对幼林地严加封禁，采取禁牧措施，防止牲畜践蚀，啃食，确保幼林成活生长，同时加强松土除草等管理，促进幼林稳产高产。

（罗伟祥）

树 莓

别名：木莓、托盘

学名：*Rubus corchorifolius* L. f

科属名：蔷薇科 Rosaceae，悬钩子属 *Rubus* Linn.

一、经济价值及栽培意义

树莓结果特早，产量高。树莓是目前世界上结果最早的果树之一，育苗当年在苗圃内就有部分植株挂果，栽植当年结果株率可达 100%，第三年进入丰产期，亩产 1000kg 左右。树莓和黑莓果实营养丰富，富含糖、果酸及多种维生素，具有防衰老和提高人体免疫力等功效，尤其是 Ve 和 SOD（过氧化物歧化酶）含量为水果之最，被称为"第三代水果"。

目前，树莓果实及其产品在我国基本属于空白，在栽培比较集中的地方，对树莓果的利用形式主要是鲜果出售和外贸部门收购加工冷冻果出口欧洲。一些加工产品全部依赖进口，而且只有在大城市的超市才能买到，如树莓的饮料、果酱、果糖、茶、甚至酸奶等系列产品全部是进口货，价格昂贵，被称为"贵族消费品"。树莓从鲜食到加工的多用途，使之具有极高的综合生产效率，加之物以稀为贵和优质优价，在我国发展树莓加工产业不但势在必行，而且潜力很大，可以带来很高的经济效益。

树莓富含多种维生素、SOD、花青色素、鞣化酸等，具有特殊保健功效和深加工潜力。目前，SOD 多来自动物血液，价格昂贵，而树莓则是优良的植物 SOD 源。我国利用树莓作为中药（覆盆子）已有上千年的历史。树莓叶片同果实一样，具有营养保健作用。用叶子生产生物制药的产业化开发还需进一步研究。

树莓籽油中 Ve 含量高，磷脂含量达 2.7%，具有抗氧化、抗炎、防晒、滋润等功能，可以用在牙膏、洗发水、口红等化妆品中。

二、形态特征

多年生灌木，茎直立、匍匐或蔓生，由 1 年生枝和 2 年生枝组成的枝丛，有刺或无刺，枝长一般 1～3.5m 左右。枝条颜色因品种不同而有区别，绿色、褐色、棕红色、紫红色等，有蜡粉或无。茎（枝）仅生活两年，第二年开花结果以后便开始自然枯老，因而没有 2 年以上的地上茎（枝）。树莓在第二年茎（枝）生长、开花和结果时，同时从根部又生长出几个茎（枝）出来，当年只生长，不开花结果，但可以越冬。叶为落叶性，三出复叶，掌状复叶或羽状复叶，小叶一般 3～5 枚。叶柄和叶脉上有钩状皮刺、针刺、刺毛或无。花为两性花，单花或成圆锥花序及伞房花序，蔷薇型花冠，雄蕊多数，心皮多数，自交可孕，花色粉红色或白色。花一般在展叶后开放，花期较长。花芽为混合芽，在叶腋内形成。果为聚合核果。椭圆形或圆头形，柔软多汁，芳香宜人，味酸甜，营养丰富。成熟时，树莓的果与花托分离，有红、黄、蓝、紫、黑等多种颜色，一般单果重 2～6g，大多数品种在 7 月中上旬成熟，一般亩产量 500～750kg。树莓小果在成熟时一般顶部果先熟，然后由基部向上依次成熟，因此多数品种果期较长，从 6 月下旬至 7 月下旬为止。双季树莓果实成熟期可到 10 月。

三、分布区域

树莓由悬钩子属野生种中选育而成。该属 700 种，广布于全球，主产地为北温带。我国约 194 种，南北均有分布，长江以南各省尤盛。树莓品种多样，特性各异，我国栽培的优良品种多由国外引进，生产上主栽品种分为红莓和黑莓两大系列。欧洲、北美是树莓栽培历史较早、面积广、产量较高的地区。据联合国粮农组织统计，世界上有 32 个国家栽培树莓。大面积栽培主要集中在波兰、南斯拉夫、美国和英国。最近几年，智利利用南半球的气候优势，发展迅速。世界红树莓栽培面积约 5 万 hm^2，总产量近 30 万 t，总产值近 6000 万美元。但美国还是树莓消费大国，每年进口量在 15000t 左右。

树莓

我国引进树莓虽然有 70 年的历史，但一直未发展起来。近几年来，中国林科院已从国外引进目前世界最好的树莓新品种 50 个，并且摸索出一套科学管理技术，从品种、繁育、栽植、管理到采收、保鲜、加工等成套技术，为中国发展树莓打下了品种物质基础和提供了系列技术。

四、生态习性

树莓较抗寒，种植红树莓的地区冬季最低气温低于 -17℃ 时要埋土防寒。据报道，大部分树莓的低温休眠期需要 700 ~ 800h，因此，在冬季应将温度控制在 2 ~ 3℃，以便完成休眠期。但根据我们的引种试验结果，在新疆、陕西等地，树莓中的抗旱品种在 -30℃ 的低温条件下，可露地安全越冬。树莓对土壤要求不严，适应性强，结果早，当年栽培即可见果，第二年大量结果，第三年进入盛果期，亩产可达 1000kg 以上，结果期长达 15 年以上；树莓果实成熟期正值水果淡季，市场售价高。因此，发展树莓会有显著的生态效益和经济效益。

五、培育技术

（一）育苗技术

1. 种子繁殖　选择交通方便、地势平坦、背风向阳，并具有防风屏障不易遭受风害和霜害的砂壤土作苗圃。苗床长短、宽窄，依地势高低和灌溉方式确定。可以腐熟的粪便作基肥 2000 ~ 2500kg/亩，同时施磷酸二铵 20 ~ 25kg/亩。开沟条播，春秋场播种，行距 25 ~ 30cm，覆土 1cm 左右。

2. 根蘖繁殖　通常用水平压根法。首先，在树莓休眠期，土壤结冻前或在早春土壤解冻后芽发前，从种植园或品种园里刨出根系，及时包装贮藏。结冻前刨出的根系喷万霉灵 65% 超微可湿性粉剂 1000 ~ 1500 倍液进行消毒，塑料布包裹后装入纸箱，再送冷库（0 ~ 2℃）贮藏。育苗量不大时可在春季随刨随育。其次，可用两种方法压根育苗。一是用平板锹开沟，按 20 ~ 30cm 的行距，将根系排列成条状平放在苗床上，然后再把备用的土均匀地撒在上面，不露根，这样出苗快，出苗整齐，生长均匀，当年可出圃合格苗木 50% 左右，但较费工。二是用克角锄开沟，沟距 30～50cm，深 7～8cm，把根系平放入沟里，覆土盖严，此法较省工，但出苗不整齐，当年出圃合格苗 30% 左右。

3. 压条繁殖 压条繁殖是将茎或枝梢部分埋于土壤中，促进枝梢生根，长出新梢，到休眠期，从母茎上分离成为独立的植株。它是一种传统的繁殖方法，新植株容易成活，成苗较快，繁殖简便。分为压顶和水平压根两种方法。压顶繁殖：有些树莓品种具有茎尖入土生根长出新梢的特性。一般 8 月下旬至 9 月上旬，在生产园栽植行两侧开沟，把枝梢压在沟中，覆土压顶，并保持土壤湿润，越冬时再覆土 15～20cm 防寒。翌年春季把生根苗移栽到苗圃培育。水平繁殖：有些树莓品种的茎顶和茎节都具有生根形成幼苗的能力，采用水平压条方法能够繁殖更多的苗木。压条时间同压顶，在母株专用繁殖苗圃，将枝条呈水平状态压入 2～3cm 浅沟中，在枝条的每个节上覆土 5～6cm。越冬时灌足冻水，苗床用树叶、草帘或塑料布小拱棚覆盖防寒。翌年春移走已生根的幼苗，当年秋季仍可继续压条繁殖。

4. 扦插繁殖 采用自动喷雾装置在全光照下扦插黑莓已在生产上应用。一般在 6～7 月份进行扦插。用泥炭掺入 1/10 的蛭石或珍珠岩。将初生茎剪成长度为 18～20cm 的插穗，上剪口下保留 2～3 片叶，插穗的下部靠近节位平剪或斜剪，上剪口在节的中间处斜切。茎条从离开母体至剪截插穗全过程中保持茎条湿润，防止插穗水分损失。用 1000～1500mg/L 吲哚丁酸（IBA）水溶液加入适量滑石粉调成糊状，把剪好捆绑整齐的插穗蘸上吲哚丁酸液，随即插入营养钵内，每钵 1 株。在全光照自动喷雾条件下 40 天左右生根。冬季将营养钵苗移到温室或地窖越冬防寒。春季移栽到苗圃培育，当年即可出圃栽植。

5. 组培繁殖 美国和加拿大树莓的组培苗约占总苗木量的 15%，预计这个比例将会越来越大。我国树莓组培也获得了很大的成功，新品种基本依靠组培技术快速大量繁殖。树莓品种不同，适用的培养基也不同，但多数茎尖培养均用 MS + KT2.0mg/L + NAA0.2mg/L 作为分化培养基，极少数品种需要补加其他物质。

（二）栽培技术

高标准的整地是树莓高产、稳产、优质的保证。一般在种植树莓前 1 年整地，平地全面深耕改土，消除杂草，种植豆科绿肥等作物，以提高土壤有机质水平和改善土壤物理性状。土壤消毒也是非常重要的一项措施。目前，还没有防治土壤病虫害的有效农药和有效的施药方法，无论对土壤使用农药拌土或熏蒸消毒，都是事倍功半。因此，种植树莓前进行细致整地，包括深翻和播种绿肥，彻底消灭杂草等，比用农药进行土壤消毒更有效。

树莓是单株栽植，1～2 年后便带状成林。树莓栽植的最佳间距要根据种植类型和品种类型而定。栽植时间为春季和秋季。为缩短栽后缓苗期，提高成活率，树苗栽植后的第 1 年要加强以下几项田间管理：保持土壤湿润；绑缚和追肥；越冬防寒。

由于树莓干性很弱，自然状态下树冠无主干，在地面以上成灌木丛状或篱形带状，不同冠形的生产功能大小和产量差异很大，为此，必须通过剪枝和棚架形成生产功能强的树冠。但整形修剪时又因品种不同而有变化。

六、病虫害防治

1. 灰霉病 是树莓的重要病害，每年生长期在高温高湿季节大量发生，以危害花和果实为主。

防治方法：开花初期和幼果形成期选用万霉敌 50% 可湿性粉剂 1000～1500 倍液喷雾 1～2 次，防治效果好。

2. 茎腐病　茎腐病病菌容易从伤口、皮孔、节间及茎的破伤处侵入。因此，应防止初生茎受伤，在修剪时选择晴天，修剪后 1 周内无雨，有利伤口愈合。

防治方法：花期喷药，可用万霉灵 65% 超微可湿性粉剂 1000～1500 倍液，0.3～0.4°Be 石硫合剂喷 1～2 次。休眠期喷药，于越冬埋土防寒前喷 1 次 4～5°Be 石硫合剂。

3. 根癌病　建园要选择无肿瘤的苗木，在 2 年前或更长的时间没有根癌寄主作物的土地才可使用。种植前地下施涕灭威或进口铁灭克，消灭地下害虫和线虫。

4. 绿盲蝽　可在树莓开花前 5～7 天或第一次采果前 10～15 天使用 20% 触击溃乳油 2000～2500 倍液喷雾，可有较好的防治效果。亦可用捕虫网捕捉成虫。

5. 桑白蚧　在危害严重的 11 月份，用石硫合剂喷布树干 1 次，第二年春发芽前再用石硫合剂喷雾树干。平茬截干，促进萌发新生茎可以预防虫害。

（陈铁山、郭军战）

紫叶矮樱

别名：紫樱

学名：*Prunus* × *cistena* N. E. Hansen

科属名：蔷薇科 Rosaceae，李属 *Prunus* Linn.

一、经济价值及栽培意义

紫叶矮樱在整个生长季节内其叶片呈紫红色，亮丽别致，叶片稠密，树形紧凑，白花飘香，十分优美，是城市园林绿化优秀的彩叶配置树种，也是世界著名的观赏树种。紫叶矮樱自新生叶至落叶始终显鲜红色，树冠整体颜色分布均匀，季节差异小，是其他紫叶植物无法比拟的优秀树种。常用做街道、公园、庭院的色带或球形彩篱。在盆栽应用方面，可用老杏树桩子多头嫁接，造型后点缀居室、客厅，显得格外古朴、典雅、新颖。

二、形态特征

落叶灌木，株高 1.5~2.5m，幼枝紫红色，通常无毛，老枝有皮孔，布满整个枝条。单叶互生，叶长卵形或卵状呈长椭圆形，长 4~8cm，先端渐尖，叶基部广楔形，中部渐宽，叶缘有无规则的细钝齿，叶面紫红色或深紫红色，叶背面紫红色更深，初生叶紫红亮丽。花单生，中等偏小，淡粉红色，花瓣 5 片，雄蕊多数，单雌蕊。花期 4~5 月。

三、分布与特性

紫叶矮樱 20 世纪 80 年代由北京植物园从美国引入，1997 年中国林业科学院对其特征、习性、繁殖栽培进行了系统研究，并进行了品种区域栽种，表明紫叶矮樱适应性强，抗寒性、抗旱性、抗热性等均较突出，初生叶片花青素含量为 $109.60\mu mol/cm^2$，成熟叶片花青素含量为 $75.08\mu mol/cm^2$，在我国南北方都表现良好，对土壤要求不严，在排水良好的砂土、沙壤土、轻黏土上均生长良好。即使在干旱、瘠薄以及矸石土等立地条件下仍可正常生长。能适应 300~400mm 降水量和 −30℃ 的低温。性喜光，稍耐庇荫，在辽宁、吉林南部可安全越冬，根系特别发达，能很好地吸收水分和养分。抗病虫能力强，很少有病虫危害，极耐修剪，可以多种造型。

四、培育技术

紫叶矮樱一般采用嫁接和扦插繁殖，嫁接砧木多用山杏、山桃，以杏砧最好。嫁接方法春秋季用皮接，夏季用芽接，效果都好，用 1 年生枝扦插，生根率可达 85% 以上，成活率可达 80% 以上。

紫叶矮樱萌蘖力强，故在园林栽培中极易培养成彩球式绿篱，管理的重点是通过多次摘心形成多分枝，冬季前剪去杂枝，对徒长枝进行重短截，使形状更优美。盆栽花谢后换盆，剪短花枝，只留基部 2~3 个芽，可以用截干蓄枝法造型，对主干枝、主导枝及时攀扎，多见阳光。6 月下旬后盆栽控制水肥，注意造型，促进枝条充实。 （罗伟祥）

四倍体刺槐

别名：大叶刺槐

科属名：豆科 Leguminosae，刺槐属 *Robinia L.*

一、经济价值及栽培意义

四倍体刺槐较一般刺槐抗旱耐瘠，适应性强，生长快，无刺或少刺，叶宽大，成林快，是防风固沙、保持水土、退耕还林的优良品种，也是四旁绿化的好树种，它在西部地区具有显著的生态意义。它的枝权易燃，火力旺，烟少热量大，是上好的生物质能源，或者粉碎装袋用于食用菌培养是很好的基质。四倍体刺槐花大，芳香，花期长，是一种较好的蜜源植物。饲用型四倍体刺槐枝多叶大，复叶及叶总干重为普通刺槐的1.5倍，叶肉肥厚，营养成分较高，与匈牙利饲用刺槐相比，其粗蛋白、粗脂肪、灰分含量分别高出18%、26%和80%，适宜作动物饲料，它是韩国畜牧业使用的主要饲料之一。用于我国西部生态经济防护林建设发展畜牧业，养植户建立饲料基地，具有重要的意义。

二、形态特征

阔叶落叶乔木，高达20m以上，树皮灰褐色或黑褐色，开裂。小枝上无顶芽，"之"字形曲折生长，托叶变为刺，饲用型无刺（或少刺），主干不明显，分枝多，常呈灌木状。叶卵圆形，较大。总状花序，蝶形花，两性，雄蕊10枚，9合1离，柱头1，子房上位，1室，胚株多数。花冠洁白，芳香，旗瓣近圆形，比二倍体花大出30%左右。速生用材型，树杆圆满通直，小叶狭卵形，较小，叶缘光滑。荚果扁平或稍扭曲，条形，表皮黑褐色，种子多数，肾形，褐色，在荚果内宿存于树上不脱落。

三、分布区域

在生物进化史中，多倍体是飞跃式产生新物种的主要途径，一般地讲，多倍体较其二倍体原始种有更强的抗逆性和更宽广的生存范围。四倍体刺槐1995年从韩国引进，至今尚不到10年，但栽植中已证实在陕西、甘肃、宁夏、青海、新疆、山西、内蒙古、河北、河南、山东等广大地区多种地形地貌和土质上都适宜种植。

四、生态习性

四倍体刺槐抗旱耐瘠，对土质要求不严格，在海拔2000m以下，降水量不低于200mm，年平均气温不低于3℃，坡度在50°以下地区均能生长。在沃土深厚温暖湿润的地方它能长成高大乔木，在干旱瘠薄寒冷地区生长呈灌木状，用于保土固沙作为饲料或薪炭材。四倍体刺槐喜光怕荫，喜湿怕涝，土壤黏重透气不良或水分过多会烂根死亡。它具有根瘤能固氮肥地。四倍体刺槐速生，1年生嫁接苗高达3m，地径3.5cm，3年生树高5~7m，胸径6~9cm。18年生树高18.5~19m，胸径24.5~29.3cm，材积0.2830~0.3904m^3，分别比普通刺槐高出 11%～13.1%，21.9%～45.8% 和 45%～106.9%。在杨凌，春栽组培苗当年苗高 2.5m；定植 2 年树高 4～5m，胸径 5～7cm。此期即开始开花，花多籽少，落荚严重。在杨凌 4 月上旬开始展叶，花期 4 月中旬～5 月上旬，果期 9 月。

五、培育技术

（一）育苗技术

1. 嫁接育苗　普通刺槐按四行畦，畦宽 1.5～1.75m，行距 20～25cm，条播，株距 10cm 左右，亩留 1.5 万～2 万苗。春播当年作砧，也可麦茬夏播作砧，3 月至 9 月初都可嫁接。砧木平茬 30～40cm，边平茬边嫁接，选四倍体刺槐饱满芽带木质芽接，一砧一芽，距地面 10cm 为宜，地上 20cm 处折去。接后 15 天检查成活率，30 天后检查愈合和生长情况，及时解绑。为了充分利用接穗，由下向上当取芽取到接穗较细时，改为枝接，将细接穗截成带 2～3 个饱满芽的短枝，削成上平下斜，外宽内窄，削面平光，劈开砧木，对好韧皮部插入接穗，上不露白，下不蹬空，最后用嫁接膜包扎好。嫁接育苗是目前四倍体刺槐快繁的主要方法，多以小苗（80～150cm）出圃。

2. 插枝育苗　落叶后选取当年生无病虫健壮枝条，粗 1cm 以上，截成长 15cm 的茎段，剪口上平下斜，50 根一捆沙藏，春季扦插前用 ABT 1 号生根粉 500mg/kg 水溶液浸泡 45min 促进生根，亩插 4000～6000 枝。硬枝扦插的优点是育成自根苗能为根繁提供四倍体种根，缺点是成活率不高，费枝条，在芽眼昂贵时多不采用。有条件的地方还可进行全光雾嫩枝扦插繁殖种苗。

3. 根繁育苗　刺槐根萌能力很强，根繁育苗既可加快良种繁殖，又能使苗木幼龄化。四倍体刺槐根繁有两种方式，一是四倍体自根苗出圃起苗时有意识地留一些侧根，操作技术就像三倍体毛白杨根繁圃一样，来年抚育宿存根萌发成苗。根繁的另一种方式是将起苗后犁出的四倍体刺槐的根和起苗修剪下来的四倍体的根（主根、侧根、毛细根）剪成 5～15cm 长的根段，按粗细分开，捆成把沙藏。4 月下旬 5 月初平摆在平整湿润的苗床上，细沙浅盖，架棚遮荫，棚内相对湿度 70%～80%，温度 26℃ 左右，约 15 天萌发出土，苗高 7～8cm 时逐渐撤棚炼苗，6 月上旬移栽，根要埋严埋实，埋不严会出现黄化苗。

4. 种子育苗　四倍体刺槐定植 2～3 年即开花结荚，随着时间的推移，种子育苗很快就会成为四倍体刺槐的主要繁殖方式，育苗技术同一般刺槐。只是四倍体刺槐在种子繁殖中不但要注意提纯复壮，还要在定植初始就要考虑安全隔离，尽管它是自花受粉植物，不同品系间隔离距离也不小于 2km。

5. 组培育苗　组织培养是一项高新快繁技术，植物体的营养体或者性器官，只要是有分生能力活细胞团，都能通过组织培养进行繁殖。只是不同植物对培养基配方要求不同，只有通过反复试验才能摸索出来。现在已知四倍体刺槐启动培养、诱导分化培养和诱导生根培养对培养基配方和环境要求。外植体经过消毒等处理后接种在启动培养基上，20 多天后长成嫩梢，切取嫩梢转入分化培养基上 6～7 天长成愈伤组织，10 天分化出不定芽，20 天分化率可达 280%，继代周期 20 天，嫩梢长到 3～4cm 时复叶展开，再转到生根培养基上诱导生根，即成瓶苗，再练苗（温室中经 2～3 周）移栽，成活率 80%～95%。陕西杨凌中富公司、山东平邑林业局都已大批培育出四倍体刺槐组培苗出售。

（二）栽植技术

1. 林地选择 四倍体刺槐营造用材林或速生丰产林，要选择地势平坦或缓坡、土层深厚土壤肥沃的地方，在过于紧实的黏土或瘠薄的砂石山地、盐碱滩上生长不好。而营造水土保持林如河流水库上游的水源涵养林、山坡和侵蚀沟的护坡护沟林，以及防风固沙林和盐碱滩造林，对地形地貌和土壤结构要求不严，只能按造林目的结合整地挖等高壕、鱼鳞坑及施肥等措施来改良土壤和生长环境。

营造混交林可行林草间作或与紫穗槐、柠条等隔带乔灌混交。亦可与松、柏、杨、柳、椿、榆等树种混交。

2. 栽植密度 用材林或四旁植树可穴栽，穴径0.5~0.8m，深0.5m，株行距3m×4m或2m×3m，3~6年每亩保持300株，7~10年每亩100~120株，11~15年每亩80~100株。营造水土保持林密度要大些，株行距1.0m×1.5m或2m×3m，每亩220~440株。

3. 栽植季节 秋季和春季都可以栽植，在冬春多风、干旱寒冷地区截干春栽成活率高，干形也好。在冬春风少的湿润地区，可以带干栽植。

六、病虫害防治

同刺槐。

（朱光琴）

参考文献

刀冯岩，黄丽华，陈健．1999．广州地区粉葛拟锈病病原鉴定．植物保护，25（1）：11～13

丁朝华等主编．2002．桂花栽培与利用．北京：金盾出版社

马润宝．2003．叉子圆柏扦插育苗．林业实用技术，（7）：28

马常耕，王思恭主编．1993．白榆种源选择研究．西安：陕西科学技术出版社

万子俊，符亚儒，何忠义．臭柏播种育苗试验．陕西林业科技，1984（4）：42～43

牛春山主编．1990．陕西树木志．北京：中国林业出版社

牛春山主编．1980．陕西杨树．西安：陕西科学技术出版社

牛广漠，盛振兴，左颖．2002．栾树播种育苗技术．河北林业科技，（4）：20

牛西午．1988．柠条的栽培与利用．太原：山西科学教育出版社

牛西午．1988．柠条的生物学特性研究．华北农学报，13（4）：122～129

卫正平，刘京建．2001．黄河沿岸干旱阳坡防护林最佳树种——火炬树．防护林科技，（3）：81

于换华．2002．北五叶子栽培技术．吉林农业，（2）

于慎言主编．1999．甘肃省志·林业志（第二十卷）．兰州：甘肃人民出版社

于志民，2000. Christoph Peisert，余新晓主编．水源保护林技术手册·北京：中国林业出版社

于绍夫主编．1997．大樱桃栽培新技术．济南：山东科学出版社

车克钧，贺红元，傅辉恩等．1991．祁连圆柏木材物理力学性质初步研究．甘肃林业科技，（2）：1～3

乐天宇等．1957．陕甘宁盆地植物志．北京：中国林业出版社

元吉山．1999．榆叶梅秋播育苗技术的研究．森林工程，（1）

毛春英编著．1998．园林植物栽培技术，北京：中国林业出版社

毛龙生主编．2002．观赏树木栽培大全．北京：中国农业出版社

王涛．2006．生态能源林——未来生物质燃料油原料基地．生物质化学工程增刊，40：1～5

王宇霖主编．1987．中国果树栽培学．北京：农业出版社

王明麻．1989．林木育种学概论．北京：中国林业出版社

王礼先等．2000．林业生态工程学（第2版）．北京：中国林业出版社

王国祥主编．1992．山西森林．北京：中国林业出版社

王占林，郑淑霞，杨文智等．1996．四翅滨藜容器育苗及造林技术研究初报．林业科技通讯，（8）：27～28

王恒俊，张淑光主编．1991．黄土高原地区土壤资源及其合理利用．北京：中国科学技术出版社

王嘉祥，王侠礼等．1999．木瓜品种调查与分类初探．北京林业大学学报，（2）：123～125

王凤香．2002．刺梨的生态生物学特性及其开发利用前景．生物学通报，（7）：45～46

王性炎. 2001. 王性炎学术论文集（中卷）槭树开发与利用研究篇. 成都：四川民族出版社

王田利. 1999. 药果观赏兼用树种三叶木通的栽培，林业科技通讯，（8）：47

王战，方振富编辑. 1984. 中国植物志（第二十卷第二分册）. 北京：科学出版社

王小平，王九龄，刘晶岚. 1999. 白皮松分布区的气候区划. 林业科学，35（4）：101～106

王文军. 1987. 济源县的珍稀植物. 植物杂志，（1）：8

王清君，王兴忠，刘力波. 2003. 胡桃楸经济用材林营造技术. 林业实用技术，（5）：14～15

王大钧. 1983. 花. 上海：上海人民美术出版社

王义凤主编. 1991. 黄土高原地区植被资源及其合理利用. 北京：中国科学技术出版社

王佑民，高保山. 1987. 水土保持优良树种河北杨扦插繁殖问题的研究. 水土保持学报，1（2）：52～60.

王建军，许旭军，2002. 园林树种——红枫. 林业实用技术，（2）：22～23

王在全，胡润学，苏玉国. 2002. 红叶李秋季硬枝扦插技术. 林业实用技术，（11）：24

王如新. 1993. 火炬树育苗技术. 林业科技通讯，（9）：封2

王九龄主编. 1992. 中国北方林业技术大全. 北京：科学技术出版社

王九龄，孙健，王起明. 1991. 吸水剂在北京低山阳坡造林中应用的系列研究—不同树种和不同方法的使用效果. 北京林业大学学报，13（增刊2）

王立成. 2002. 火炬树播种育苗. 林业实用技术，（1）：29

王福宗，许金兰. 1994. 北五味子育苗与栽培管理技术. 河北林业科技，（4）

王树芝，田砚亭，罗晓芳. 1999. 刺槐宽叶和四倍体无性系的组织培养. 植物生理学通讯，（3）：204～205

王占林，王梅. 2000. 珍珠梅育苗技术. 林业科技开发，（2）

王志荣，白翠莲. 2001. 花椒栽培技术. 青海农林科技，（2）

王兵，奚荣等. 2002. 山茱萸播种育苗技术. 安徽林业科技，（4）

王福芹，赵宝芝. 2003. 花椒丰产栽培技术总结. 陕西林业科技，（1）

王发春，安承熙，杨绪启等. 1997. 茶条槭籽油的理化常值和脂肪酸组成研究. 青海畜牧兽医学院学报，14（2）：10～14

王彦辉，张清华主编. 2003. 树莓优良品种与栽培技术. 北京：金盾出版社

王涛. 1991. ABT生根粉与增产灵应用技术. 北京：农业出版社

王俊梅. 1998. 甘肃荒漠草地爆发性虫灾成因及对策［J］. 甘肃农业. （6）：43～45

王振经. 1980. 山杨天然林立木心材腐病规律的探讨. 吉林林业科技，4

王彦娥等. 1996. 对我省开发利用红豆杉的浅见. 陕西林业科技，（1）

王发祥，梁惠波，陈谭清等. 1996. 中国苏铁. 广州：广东科技出版社

王永俊，胡筱敏，李庭义. 1979. 灭幼脲1号防治侧柏毒蛾试验. 林业科技通讯，（12）：26～27

王永俊，胡筱敏，李庭义等. 1979. 侧柏毒蛾的发生规律和防治方法. 林业科技通讯，（11）：23～25

尹祚栋，李书靖，程同浩等. 2000. 落叶松引种栽培. 兰州：甘肃科技出版社

韦兴笃，姜焕明，浓立翠等. 2003. 美国红栌速生苗培育技术. 林业实用技术，（1）：28～29

韦国忠. 2002. 永登苦水玫瑰丰产栽培管理技术. 甘肃林业科技，27（2）：46~50

田开亮. 2003. 新型常绿草坪——沙地柏. 林业实用技术，（3）：45

田家祥，褚福礼. 2002. 珍稀城市绿化树种. 林业实用技术，（4）：42

田春民，郝志成，李新会等. 2003. 奥地利黑松和花旗松引种育苗试验. 陕西林业科技，（3）：31~32.

田后谋. 1985. 沙棘开发利用技术，西安，陕西科学技术出版社

田秀英等. 1997. 沙冬青的生物学特性及开发利用. 防护林科技，（1）：43~45

龙兴桂. 2000. 现代中国果树栽培. 北京：中国林业出版社

龙应忠，吴际友，童方平等. 1995. 湖南省湿地松火炬松丰产栽培技术的研究. 林业科技通讯，（8）：8~12

卢云亭，李学东，郭学宝. 2004. 山西晋城市泽州县发现世界罕见的黄栌王. 植物杂志，（1）：9

乐天宇等. 1957. 陕甘宁盆地植物志. 北京：中国林业出版社

白光宇. 1983. 珙桐播种育苗. 陕西林业科技，（2）：24（34）.

白建萍，杨白民. 2001. 大红袍花椒的栽培技术. 北方果树，（3）

白永强等. 1996. 沙地饲料灌木林营造技术. 干旱区研究，13（3）：65~68

左春旭，丁杏苞，刘翎. 1986. 葛根非黄酮成分，中草药

宁柯等. 1989. 谈葛纤维资源开发利用问题，资源信息，317

曲泽周，王永蕙主编. 1993. 中国果树志枣卷. 北京：中国林业出版社

刘玉侠，谭希彬，赵灏. 2003. 黄金树种香花槐育苗. 林业实用技术，（11）：23

刘月英，李玉山，李晶华. 1985. 沙地柏育苗. 植物杂志，（5）：20

刘韦平，刘涛. 2000. 山茱萸实生育苗技术. 陕西林业科技，（4）

刘玉仓主编. 2001. 仁用杏引种试验研究报告. 干果研究进展（3）. 北京：中国林业出版社，

刘玉仓主编. 2004. 开发杏树资源是治荒致富可持续发展的产业. 干果研究进展（4）. 北京：中国农业出版社

刘金廊. 2002. 三倍体毛白杨试管快速育苗技术研究. 林业实用技术，（3）：13~14.

刘启慎，刘双绂主编. 1995. 太行山林业生态. 郑州：河南科学技术出版社

刘瑛心主编. 1987. 中国沙漠植物志（1—3卷）. 北京：科学出版社

刘铭庭主编. 1995. 柽柳属植物综合研究及大面积推广应用. 兰州：兰州大学出版社

刘家琼等. 1987. 我国沙漠中部地区主要不同生态类型植物的水分关系和旱生结构比较研究. 植物学报，29（6）：662~673

刘家琼，邱明新等. 1982. 我国荒漠典型超旱生植物－红砂. 植物学报，24（5）：485~488.

刘虎俊，白永强. 1993. 5种沙拐枣的水分生理特性研究. 甘肃省治沙研究所集刊

刘国钧，成彩辉. 新疆麻黄. 1992. 乌鲁木齐：新疆科技卫生出版社

刘生龙，高志海，崔建国. 1997. 唐古特白刺种源试验. 西北植物学报，17（6）：115~118

刘建泉. 2002. 甘肃民勤西沙窝唐古特白刺群落的生态特性. 植物资源与环境学报. 11（3）：36~40

刘永传等编著. 1978. 水杉. 武汉：湖北人民出版社

刘玉莲. 1980. 揭开楸树花而不实之谜. 中国林业, (1)：22～23

刘文晃. 1987. 黄连木引种试验初板. 林业科技通讯, (11)：11～12

刘钰华, 刘康. 2001. 塔里木盆地的荒漠化防治及生态工程建设. 中国林学会编. 西北生态环境论坛. 北京：中国林业出版社, 140～144

刘丽多, 李德林, 何道丽. 2003. 4 种杀菌剂防治兴安落叶松幼苗立枯病的试验. 防护林科技, (2)：23 (50)

刘合刚. 2001. 药用植物优质高效栽培技术. 北京：中国医药科技出版社

刘金理, 叶火宝, 郑贵厦. 2000. 马褂木优质苗木培育技术. 林业科技通讯, (5)：41

刘兴聪主编. 1992. 青海云杉. 兰州：兰州大学出版社

向玉英, 梁彦, 黄东森. 1996. 苦楝、银杏和梓树内含物对杨树溃疡病作用研究. 林业科技通讯, (7)：17

向红, 刘国钧, 伊秀峰. 1998. 麻黄草人工种植技术. 新疆农业科学, (6)：272～273

孙振元, 巨关升, 张毅功. 2004. 爬山虎在绿化中的应用与控制技术. 林业实用技术, (5)：38～39

孙可群, 董保华等. 1985. 花卉及观赏树木栽培手册. 北京：中国林业出版社

孙可群, 董保华, 张应麟等编著. 1998. 花卉及观赏树木栽培手册. 北京：中国林业出版社,

孙祥, 陈亚凡. 1994. 驼绒藜根系的研究. 中国草地, (4)：41～46.

孙世康. 1994. 木藤蓼的生药鉴定. 中草药, (11)

孙浩. 2003. 香花槐众香国里最鲜艳. 中国绿化, (2)：56～57

孙丽敏, 侯旭光. 1997. 核桃楸的生长变异及其测定的研究. 林业实用技术, (11)：12～15

孙时轩主编. 1992. 造林学 (第二版). 北京：中国林业出版社

孙立元, 任宪威主编. 1997. 河北树木志. 北京：中国林业出版社

孙锦, 鲁东和, 李鸿勋等编著. 1982. 园林苗圃. 北京：中国建筑工业出版社

任际晴, 赵炳华. 1983. 陕西省白皮松调查报告. 陕西林业科技, (1)：49：55

任敦峰, 刘兴成, 王守华等. 2001. 火炬树果实提取天然食用色素技术研究. 林业科技通讯. (6)：12～14

关克俭, 傅立国等, 1989. 拉汉英种子植物名称·北京：科学出版社

关清霞, 刘俊甲. 2003. 白皮松种子育苗. 林业实用技术, (4)：29～30

冯林主编. 1989. 内蒙古森林. 北京：中国林业出版社

冯天哲, 于述, 周华编著. 1992. 新编养花大全. 北京：农业出版社

冯天哲等编著. 1999. 养花大全. 北京：中国农业出版社

冯自诚, 孙学刚, 张承维. 1989. 迭部树木简志. 杨凌：天则出版社

冯国楣, 周俊等. 1966. 橡子. 北京：科学出版社

曲式曾, 张文辉, 李锦侠等. 1990. 陕南栎类资源利用调查分析. 陕西林业科技, (2)：15～18, 42

朱恭, 李正平, 王万鹏等. 2004. 红砂属植物研究进展, 甘肃林业科技, (3)：1～6

朱恭, 王万鹏. 2004. 红砂种群自然更新与人工辅助恢复机理的初步研究. 甘肃农业大学学报, 39 (4)：427～433

朱序弼. 2002. 杜松的繁殖技术. 林业科技开发, 16 (4)：58

朱之悌，林惠斌，康向阳．1995．毛白杨异源三倍体 B301 等无性系选育的研究．林业科学，31（6）：499～505

朱俊凤主编．1985．三北防护林地区自然资源与综合农业区划．北京：中国林业出版社

朱石麟等主编．1994．中国竹类植物图志．北京：中国林业出版社

朱圣和．1990．中国药材商品学．北京：人民卫生出版社

朱奎，刘少军，隋书鹏等．1990．葛黄散药理作用的研究，中草药，21（6），43

朱之力．2003．要想发大财请种香花槐．林业实用技术，（12）：封3

朱翔，刘桂丰，杨传平等．2001．白桦种源区划及优良种源的初步选择．东北林业大学学报，29（2）：11～15

朱玉伟．1996．银白杨和新疆杨杂交嫩枝扦插技术．园林技术，7～8

朱春云等．1996．锦鸡儿等旱生树种抗旱生理的研究．干旱区研究．13（1）：59～63

叶桂艳．1996．中国木兰科树种．北京：中国农业出版社

乔元伟．2001．金银花及其繁育栽培技术．林业科技通讯，（6）

乔勇进，夏阳，谢韶颖等．2003．试论楸树的生物生态学特性及发展前景．防护林科技，（4）：23～24

许元峰，李晓东，赵焕利等．2002．红叶小檗扦插育苗．林业实用技术，（10）：28～29

许海宽，王亚松，郝红等．1979．河北杨扦插育苗试验报告．陕西林业科技，（5）：21～29．

许明宪编．1994．石榴高产栽培．北京：金盾出版社

吕平会，李龙山等．1999．中国板栗生产与加工．西安：陕西教育出版社

吕增仁主编．1990．杏树栽培与加工．北京：北京科技文献出版社

杨立勤，徐友源．1986．贵洲珙桐生态特性的研究．林业科学，22（4）：426～430．

杨汝媛．1980．河北杨、毛白杨扦插育苗试验．林业科技通讯，（11）：4～6．

杨福兰，柴艺秀等．2004．无花果良种引进与栽培．山东林业科技，（2）

杨玉坡主编．1992．四川森林．北京：中国林业出版社

杨德浩，杨敏生，王进茂．2003．白桦种源及繁殖的研究现状．河北农业大学学报，第26卷增刊

杨自辉，王继和，满多清．2002．盐碱地种植麻黄试验研究．西北植物学报，22（1）：141～145．

杨永浩．2002．花椒丰产园管理技术．中国林业，（6）

杨斌．1999．杜仲主干环状剥皮再生试验．林业科技通讯，（10）：32～34

杨丰年主编．1996．枣树栽培与病虫防治．北京．中国农业出版社

杨靖北．高杆柳．1991．西安：陕西科学技术出版社

杨吉华，武善举，王鹏．1990．葛藤保持水土效益的研究，山东林业科技，77（4），37～40

杨念慈，冯钦铎主编．1987．花木与盆景手册．济南：山东科学技术出版社

张效忠，张淑茹，段二民．1991．白皮松扦插育苗试验．陕西林业科技，（3）：72～73

张俭．1984．臭柏在西安地区的引种栽培．陕西林业科技，（1）：1～2

张明中，朱序弼．1984．固沙保土的常绿灌木．林业科技通讯，（3）：21～22

张正龙，刘培华．1983．适宜北方地区的常绿绿篱树种——臭柏．陕西林业科技，（1）69～71

张文春，杨宏藩，白凡等．1997．三种松树花粉的营养分析，陕西林业科技（3）7～9

张学信．1985．珙桐的生态学特性及繁殖技术．陕西林业科技，（2）：27～28．

张学信．1986．珙桐幼苗生长过程与气温的关系．陕西林业科技，（1）：18（20）．

张清华，郭泉水，徐德应．2000．气候变化对我国珍稀濒危树种—珙桐地理分布的影响研究．林业科学，36（2）：47～52．

张文辉，李景侠．1989．安康、汉中地区栎林资源利用现状及分析．林业科技通讯，（10）：11～13

张玉霞．香花槐绿枝扦插育苗．林业实用技术，202（8）：27

张仰渠主编．1989．陕西森林．北京．中国林业出版社，西安．陕西科学技术出版社

张买玉，杨京川．2000．臭柏-奇异的沙漠卫士．林业科技通讯，（9）：43

张治明．1990．北美乔灌木植物的引种．植物引种驯化集利（第7集）．北京：科学出版社，25～32．

张加延主编．2001．杏营养成份与医疗保健作用 干果研究进展（3），北京：中国林业出版社

张玉芹，宋加录．2001．五味子栽培技术．中国林副特产，（4）

张涛主编．2003．园林树木栽培与修剪．北京：中国农业出版社

张志成，吕平会．1999．李树栽培．西安：陕西人民教育出版社

张应团．1998．杜仲二次梢抽梢母枝的研究．林业科技通讯，（9）：29～30

张玉凤，陆群，张孝文．2001．椴树内含物对光肩星天牛抑制作用的研究初报．内蒙古农业大学学报，（3）

张广军，韩玉兰．1989．如何提高沙棘育苗成活率，陕西水土保持，（1）：27～29

张俭．1980．西安地区雪松开花习性观察及人工授粉．陕西林业科技，（4）：1～7

张茂钦．1985．雪松山地造林试验·林业科技通讯，（2）：16～19

张桂川等．2002．胡枝子营造技术及其水土保持效益．东北水利水电，20（5）：

张月民等．1998．胡枝子的育苗及造林技术．中国林副特产，（2）：

张源润，王双贵，石仲选等．2003．稠李的播种育苗．陕西林业科技，（1）：88

张廓玉．葛藤．1986．山西林业科技，（1）

张军等．2001．沙棘枯萎病及防治技术研究，沙棘，14（4）：14～16

张宗勤，杨金祥，陈冲等．1996．秦巴山区红豆杉属植物资源及其利用．陕西林业科技，（3）

张炜，薛科社．1981．岷江林区冷杉植苗更新的方法．甘肃林业科技，（2）

张炜，芦明彦，李忠明．1981．冷杉育苗技术的研究．甘肃林业科技，（2）

张希明．1985．沙坡头固沙植物生态类群的数量划分及抗旱性排序初探．干旱区研究．2（4）

张孝仁，徐先英．1993．8种沙拐枣抗干旱抗风蚀性比较试验研究．甘肃省治沙研究所集刊

张敦论等编著．1984．白榆．北京：中国林业出版社

张瑞军，林万钊，王怀全等．1989．楝树嫩芽扦插育苗技术研究．林业科技通讯，（4）：11～13

张康健，孙长忠，董三孝．1990．毛白杨、河北杨多代循环繁殖方法的研究．林业科学，26（2）：110～115

张康健编著．杜仲．1990．北京：中国林业出版社

张康健主编．1992．中国杜仲研究．西安．陕西科学技术出版社

张康健，王姝清，马惠玲．1991．杜仲优树根萌苗返幼特性的研究．林业科学，27（6）：555～559

李慧卿，马文元，李慧勇．2000．沙冬青抗逆性及开发利用前景分析研究．世界林业研究，13（5）：67～71

李容辉编著．1993．杜仲栽培与加工．北京：金盾出版社

李尚德，关雄泰，徐美亦．1994．紫荆花微量元素含量测定．广东医学院学报，12（2）：142～143

李书春主编．1994．中条山树木志．北京：中国林业出版社

李家骏，赵一庆，薄颖生等．1989．太白山自然保护区主要森林植被类型考察报告．李家骏主编．太白山自然保护区综合考察论文集．西安：陕西师范大学出版社

李家骏等．1992．秦岭林区速生用材树种的研究．西安：三秦出版社

李宽胜，党心德，时全昌主编．1977．陕西林木病虫图志（第一辑）．西安：陕西人民出版社

李宽胜，时全昌，奥恒毅主编．1984．陕西林木病虫图志（第二辑）．西安：陕西科学技术出版社

李宽胜主编．1999．中国针叶树种实害虫．北京：中国林业出版社

李克家，王复华．1998．侧柏资源的利用价值及开发前景．陕西林业科技，（1）：27～29

李嘉珏主编．1999．中国牡丹与芍药．北京：中国林业出版社

李嘉珏主编．2004．中国牡丹品种图志（续志）．北京：中国林业出版社

李秉新，张断义，傅辉恩．1997．祁连圆柏大痣小蜂生活习性及防治技术的研究．甘肃林业科技，（4）：30～35

李春燕，王莉，李颖等．2002．银白杨生长势的对比分析．林业科技，28（1）：13～14

李永存，李林，刘春香等．1999．杜仲幼树的年生长规律．林业科技通讯，（6）：33～34

李鸿杰．2002．蕤核的繁殖及利用．林业实用技术，（4）：

李周歧，王章荣．2000．中国马褂木的研究现状．林业科技开发，14（6）：3～6

李明贤．1997．树莓栽培后的管理技术．中国林副特产，1（40）：28

李养志．1991．陕西红枣生产发展前景与对策．陕西林业科技，（2）

李建树主编．1998．中国三北草木繁殖与利用．北京：中国林业出版社．

李育材主编．2001．退耕还林技术模式．北京：中国林业出版社

李怀玉主编．1994．李树栽培．北京：中国农业出版社

李承彪，杨亚勤．珙桐林．吴中伦主编．2000．中国森林第3卷阔叶林．北京：中国林业出版社

李春艳，慈忠玲，王林和等．2002．臭柏的核型分析．内蒙古农业大学学报，21（3）：106～108

李根前，赵粉侠．1988．河北杨种子发芽试验．陕西林业科技，（1）：12～14．

李纪南，黎志云，王福儒．1984．连香树生态学特性及培育技术简介．陕西林业科技，（2）：24～25

李艳萍．2002．枸子属植物的引种栽培，林业实用技术，（6）：12～13

李文英，王冰，黎祜琛．2001．栎类树种的生态效益和经济价值及其资源保护对策．林业科

技通讯，（8）：13～15

李世全主编．1987．秦岭巴山天然药物志．西安：陕西科学技术出版社

李耀阶主编．1987．青海森林．北京：中国林业出版社

李耀阶主编．1987．青海木本植物志．西宁．青海人民出版社

李殿波，于春江等．1998．榆叶梅繁殖技术．中国林副特产，（2）

李八冬．2001．花椒的播种育苗．云南农业，（9）

李作轩，张育明．2000．山楂种质资源的鉴定评价研究．中国种业，（3）：43～44

祁永会．2002．茶条槭实生苗培育技术．特种经济动植物，（2）：28

祁永会，王子恒，季立新等．1999．农业系统科学与综合研究，15（3）：213～214，220

祁永会，吴晓春，张金蒙．1998．茶条槭的开发展望．特种经济动植物，1（3）：32～32

闫觉醒．1989．山杨带白化茎根蘖幼苗扦插试验．林业科技通讯，（9）：31～32

陈志恺主编．2004．西北地区水资源配置生态环境建设和可持续发展战略研究-水资源卷．北京：科学出版社

陈西仓，裴娟芳．1996．三叶木通的开发利用。陕西林业科技，（1）：78

陈俊愉，程绪珂主编．1990．中国花经．上海：上海文化出版社

陈俊愉．梅花漫谈．1990．上海：上海科技出版社

陈俊愉主编．1989．中国梅花品种图志．北京：中国林业出版社

陈俊愉主编．1996．中国梅花．海口：中国海南出版社

陈俊愉主编．1996．中国农业百科全书．观赏园艺卷．北京：中国农业出版社

陈有志，姜仁溪．1986．楸树种根催芽育苗．林业科技通讯，（3）：24～25

陈彩霞．2002．香花槐生物学特性及繁殖技术．林业实用技术，（7）：27

陈玉山，陈锐，吴明武．1999．黑穗醋栗的引种筛选试验．新疆农业科学，（2）

陈炳浩，陈楚莹．1980．沙地红皮云杉森林群落生物量和生产力的初步研究．林业科学，16（4）：269～277。

陈少波，李纯禄，潘凤梅等．2000．银白杨嫁接育苗试验．中南林业调查规划，19（1）：63～65

陈斌，王红义．2002．金枝国槐嫁接繁育．林业实用技术，（6）：28

陈植．1984．观赏树木学（增订版）．北京：中国林业出版社

陈铁山，赵英琪，张纯莉．1997．欧洲醋栗引种观察初报．陕西林业科技，（2）：4～5（3）

陈仲平．2004．连香树露天育苗技术．中国绿色时报，4.22（B3版）

陈聚居编著．1987．新疆树种育苗技术．乌鲁木齐．新疆人民出版社

陈杰飞，徐雪梅．2002．五味子育苗技术．林业科技，（4）

陈重．1995．金银花高产栽培技术．吉林林业科技，（4）

陈耀华，秦魁杰编著．2002．园林苗圃与花圃．北京：中国林业出版社

陈金慧，施季森．2002．鹅掌楸组培苗的生根及移栽技术．林业科技开发，16（5）：21～22

陈有民等．1990．园林树木学．北京：中国林业出版社，9

陈挺舫等．1992．胡枝子栽培技术及造林成效研究．林业科技开发，（2）：

陈强，王达明，李品荣等．白刺花的育苗造林技术及开发利用前景．中国野生植物资源，（21）6：20～21

陈礼清，官渊皮，邓玉林．2000．胡颓子果实营养成分分析及加工利用初研．四川林业科技，（1）

邹长松编著，1986．观赏树木修剪技术．北京：中国林业出版社

邹年根，罗伟祥，李家骏等．1979．黄土高原造林．北京：中国林业出版社

邹年根，罗伟祥等．1990．黄土高原树种资源搜集引种及树木生态研究报告．植物引种驯化集刊（第7集）

邹年根，罗伟祥主编．1997．黄土高原造林学．北京：中国林业出版社

邹年根，徐鹏程，孟韵华．1983．叉子圆柏扦插育苗试验初报．陕西林业科技，（1）：35～40

邹学忠，闫忠林，韩素梅等．1994．核桃楸、紫椴不同造林密度的试验研究·林业科技通讯，（10）：17～19

苏志才．1992．沙地两种杨树人工群落生物量和生产力的初步研究．陕西林业科技，（4）：28～30．

苏世平，李兰晓．1988．沙地柏播种育苗试验简报·陕西林业科技，（4）：68～69

苏贵兴 主编．1983．扁桃．西安：陕西省科技出版社

苏新华．1998．临潼古树调查．陕西林业科技，（2）：42～45

苏建忠主编．1992．秦巴山区土特产综合开发与利用．北京：科学技术文献出版社

宋士奎主编．2004．中国速生丰产用材林基地建设年鉴（2003）．北京：中国轻工业出版社

宋敏．2002．花椒栽培技术．林业实用技术，（10）

宋朝枢主编．1992．主要珍稀濒危树种繁殖技术．北京：中国林业出版社

宋朝枢．1975．固沙保土的好树种-河北杨．林业科技通讯．（5）：17．

余清珠，成定慧．1975．河北杨嫁接育苗试验．陕西林业科技，（3）：41～44．

余清珠．1983．刺楸属-新变种-毛脉刺楸研究初报．陕西林业科技，（1）：1～5

余海京．2002．绿化珍品-香花槐．林业实用技术，（2）：18

余树勋，吴应祥．1993．花卉词典．北京．北京农业出版社

阿拉塔，赵书元，于斌等．2000．科尔沁型华北驼绒藜．内蒙古畜牧科学，21（2）：27～28

沈光晷．1995．中国麻黄属的地理分布与演化．云南植物研究，17（1）：15～20

沈国舫，齐宗庆，王九龄等．1978．北京西山地区油松人工混交林的研究．中国林业科学，（3）12～20

沈国航主编．1994．中国林学会造林分会第三届学术讨论会造林论文集．北京：中国林业出版社

沈宗英．1997．实用家庭养花手册．上海：上海科学技术出版社

吴中伦等．1983．国外树种引种概论．北京：科学出版

吴中伦主编．1997．中国森林（第1卷总论）．北京：中国林业出版社

吴中伦主编．1997．中国森林（第2卷针叶林）．北京：中国林业出版社

吴中伦主编．2000．中国森林（第3卷阔叶林）．北京：中国林业出版社

吴中伦主编．2000．中国森林（第4卷竹林灌木林经济材）．北京：中国林业出版社

吴中能，刘德胜，吕锡德等．2001．杜仲人工林丛干对皮、叶产量影响的研究．林业科技通讯，（1）：23～25

吴永华．1999．重瓣黄刺玫嫩枝扦插育苗技术．林业科技通讯，（1）：42．

吴道周，陈连生．1980．鸽子树-珙桐．中国林业，（11）：26．

吴佐祺，周祖光．1992．大叶驼绒藜．中国水土保持，（6）：38~39．

吴妙峰，张近勇．毛白杨．1981．北京：中国林业出版社

吴建民，田俊华．2002．楝树种子育苗技术．林业实用技术，（3）：31

吴钦孝，梁一民，刘向东．1982．延安地区飞机播种造林种草试验研究．林业科学，18（1）：29~35

吴钦孝，刘向东，张健清．1980．油松飞播造林最适播带宽度的试验研究．林业科学，16（4）：304~308

吴迎福．2002．楸树的繁育与栽培·林业实用技术，（6）：25

吴运辉，石立昌．1998．鹅掌揪不同造林密度试验初报．林业科技开发，（6）：19~20

吴远举等．2002．椹果桑高科技研发．西安：西安地图出版社

杜存文．2003．紫藤的坡堤营造技术．防护林科技，（1）：73

杜韧强．2001．北五味子栽培技术．北京农业，（8）

狄维忠，于兆英．1989．陕西省第一批国家珍稀濒危保护植物．西安：西北大学出版社

庞庆荣主编．1992．中国三北防护林体系建设．北京：中国林业出版社

步殿英，王悦梅，张孝民．2000．黑龙江西部圆醋栗栽培技术．防护林科技，（2）：76

祁承经主编．1995．树木学（南方本）．北京：中国林业出版社

阿四林．1989．红皮云杉树型变异和自然类型的划分．林业科技通讯，（3）：7~9（12）

谷枫，董希文，王丽敏等．2003．红皮云杉球蚜的生物学特性及防治．防护林科技，（4）：64~65

牟甲佑等．1987．棕榈干腐病初步研究．林业科技通讯，（10）

孟好军，姚克．1991．干旱山地祁连圆柏的营造技术．张掖科技，（2）：29

邴积才，蒋志荣．1983．沙冬青抗旱指标的初步分析．甘肃林业科技，（1）：22~30

陆平，严赓雪．新疆森林．1989．北京：中国林业出版社，乌鲁木齐：新疆人民出版社

何振祥．1989．花旗松引种简报．陕西林业科技，（1）：27．

何方．2000．中国经济林名优产品图志．北京：中国林业出版社

何维明．2000．不同生境中沙地柏根面积分布特征．林业科学，36（5）：17~21

何丽君，慈忠玲，孙旺．2000．珍稀濒危植物沙冬青组织培养再生植株的研究．内蒙古农业大学学报，（4）

时富勋，周晓峰，刘小云等．2004．美国杏李的高效丰产栽培．林业实用技术，（6）：17~19

时富勋，王宜文，杨长群等．2004．栎类矮林作业法．林业实用技术，（4）：19

郑治明，赵学崇．2004．无花果引种及丰产栽培技术．林业实用技术

郑万钧主编．1983．中国树木志（第一卷）．北京：中国林业出版社

郑万钧主编．1985．中国树木志（第二卷）．北京．中国林业出版社

郑万钧主编．1997．中国树木志（第三卷）．北京：中国林业出版社

郑万钧主编．2004．中国树木志（第四卷）．北京：中国林业出版社

郑晓婷，刘丹．2000．药用及观赏植物——木槿．中国林副特产，（3）

郑世锴译．1992．三倍体杂种山杨的生产和应用．林业科技通讯，（10）：31~32

郑庆钟，蔡宗良，张风春．1998．活沙障建植树种东疆沙拐枣的生理生态特性．王继和主编．

中国西北荒漠区持续农业与沙漠综合治理国际学术交流会论文集.兰州：兰州大学出版社

麦秀兰,胡凯民.1990.珍珠梅的引种及育苗试验.宁夏农林科技,(6)

罗伟祥.1984.谈谈适地适树问题.陕西农业科学,(6)：37~41

罗伟祥主编.1992.陕西主要树种造林技术.西安：陕西科学技术出版社

罗伟祥,何振祥,杨荣慧.1986.叉子圆柏带踵扦插试验.林业科技通讯,(9)：12~13

罗伟祥,土小宁,何振祥.1992.河北杨生长发育规律初探.陕西林业科技,(1)：28~30.

罗伟祥,韩恩贤,唐德瑞等.1985.渭北黄土高原杜仲造林调查初报.陕西林业科技,(2)：
11~14

罗伟祥,刘广全,唐德瑞等.1995.渭北黄土高原杜仲人工林生长量生物量研究

罗伟祥主编.1995.黄土高原渭北生态经济型防护林体系建设模式研究.北京：中国林业出
版社

罗伟祥,韩恩贤,赵辉等.1982.楸树塑料小棚育苗试验.林业科技通讯,(11)：9~12

罗伟祥,邹年根,韩恩贤等.1984.陕西省黄土高原侧柏生长调查与分析.陕西林业科技,
(4)：25~29

罗伟祥.2002.营造速生丰产林是解决纸浆工业用材短缺的可靠途径.陕西省林学会编《林
业可持续发展与森林分类经营学术讨论会论集》·陕西林业科技,(特刊)：93~95

罗伟祥,杨江峰.2001.黄土高原防护林在生态环境建设和防灾减灾中的作用.水土保持研
究,(2)：119~123

罗伟祥,何振祥.1995.新西兰东木山树木园引种中国树种的观察.植物资源与环境,4
(2)：7~12

罗桂环.2004.从"中央花园"到"园林之母"西方学者的中国感叹.生命世界,(3)：
20~29

罗盛碧.2002.石漠化石山造林发展构树大有可为.广西林业,(2)：34

郁书君.2001.白桦容器苗栽培实验(1).北京林业大学学报,23(1)：24~28

郁书君.2001.白桦容器苗栽培实验(2).北京林业大学学报,23(2)：90~93

周嘉熹主编.1994.西北森林害虫及防治.西安：陕西科学技术出版社

周嘉喜,冯广林.1979.沙地柏大害虫——侧柏毒蛾的初步观察及防治试验2.陕西林业科
技,(1~2)：36~40

周满宏.2000.甘肃小檗科野生观赏植物资源评价及利用.林业科技通讯,(11)：44~45

周光龙.1997.杜仲嫩枝扦插育苗新技术.林业科技通讯,(3)：24~25

周政贤编著.1993.中国杜仲.贵阳：贵州科技出版社

周家骏,高林主编.1985.优良阔叶树种造林技术.杭州：浙江科学技术出版社

周映梅,王俊杰.1999.杜仲栽培技术及开发利用.林业科技通讯,(3)：38~39

林国兴.2001.林地"断根法"培育火炬树苗效果好.林业科技通讯,(11)：43

林盛秋编著.1989.蜜源植物.北京：中国林业出版社

林静芳,董茂山,黄钦才.1980.白毛派树种的组织培养.林业科学,Vol.16(增刊)
58~65

林焕章,张能唐主编.1999.花卉病虫害防治手册.北京：中国农业出版社

林静芳,黄钦才,董茂山.1980.用组织培养法获得河北杨植株.林业科技通讯,(4)：

3 ~ 4.

金万昌 . 1991. 红皮云杉播种育苗技术研究 . 林业科技通讯，（6）：13 ~ 14

金波，袁慧茹等编著 . 1995. 新编养花实用指南 . 北京：中国农业出版社

金佩华主编 . 1993. ABT 生根粉应用技术 . 太原：山西高校联合出版社

赵瑞麟等 . 1986. 沙地柏育苗技术 . 林业科技通讯，（1）：29 ~ 31

赵瑞麟，高秀岩 . 1987. 北京山地阳坡荒滩引种沙地柏试验 . 林业科技通讯，（5）：16 ~ 17

赵一宇，吕文 . 1987. 河北杨营养繁殖的生根机理与实用栽培技术 . 陕西林业科技，（1）：
18 ~ 21.

赵金荣，孙立达，朱金兆主编 . 1994. 黄土高原水土保持灌木 . 北京：中国林业出版社

赵克昌，李茂哉，周腊虎 . 2001. 河西走廊三倍体毛白杨引种造林研究初报 . 林业科技通讯，
（9）：22 ~ 24.

赵艳玲，赵强 . 2003. 绿枝扦插系列重瓣榆叶梅 . 河南农业，（5）

赵勃主编 . 2000. 药用植物栽培采收与加工 . 北京：中国农业出版社

赵树泉 . 1997. 杜仲带叶栽植效果好 . 林业科技通讯，（2）：40

赵书喜 . 1991. 杂交马褂木嫁接试验 . 林业科技通讯，（8）：21 ~ 22

赵昌民，顾姻，孙醉君 . 1994. 新兴小果类黑莓的栽培管理 ［J］. 江苏林业科技，（1）：
12 ~ 14

赵宝军 . 1997. 树莓花芽分化的研究 . 北方园艺，35（115）：35 ~ 37

赵秋雁 . 2003. 稠李挥发油化学组成分析 . 植物研究，23（1）：91 ~ 93

赵美清 . 1989. 硫酸和热水浸种提高葛藤种子发芽率的研究 . 草业科学，6（5），50 ~ 51

赵天锡，陈章水主编 . 1994. 中国杨树集约栽培 . 北京：中国科学技术出版社

赵书元 . 华北驼绒藜种子的寿命及采收贮藏 . 内蒙古草业，（3）：36 ~ 39.

赵书元 . 1985. 驼绒藜及其培育 . 内蒙古草业，（3）：26.

赵可夫，冯立田 . 2001. 中国盐生植物资源 . 北京：科学出版社

赵天榜等 . 1993. 中国蜡梅 . 郑州：河南科学技术出版社

赵世伟主编 . 2000. 园林工程景观设计-植物培植与栽培应用大全 . 北京：中国农业出版社

洪瑞芬，吴玉柱，李延平等 . 1994. 楸树根结线虫病化学防治研究 . 林业科技通讯，（4）：
15 ~ 16

谷勇 . 1989. 紫胶虫新寄主—瓦氏葛藤的研究 . 林业科学，25（6），509 ~ 514

季蒙，童成仁 . 1996. 互叶醉鱼草引种及繁殖栽培技术研究 . 辽宁林业科技，（4）：5 ~ 7

季蒙 . 1992. 珍稀野生观赏植物互叶醉鱼草 . 内蒙古林业，（2）：35

胡卫民 . 2002. 绿化彩叶树种新秀 – 紫叶矮樱 . 林业实用技术，（6）：47

胡卫民 . 2002. 紫叶矮樱引种试验初报 . 陕西林业科技，（3）：13 ~ 15

胡世林 . 1989. 中国道地药材 . 哈尔滨：黑龙江科学技术出版社

胡影，王继和，高志海等 . 2000. 荒漠化防治与治沙技术 . 兰州：甘肃人民出版社

胡松花 . 2004. 观赏苏铁 . 北京：中国林业出版社

胡忠华，刘师汉编著 . 1995. 草坪与地被植物 . 北京：中国林业出版社

愈志成 . 2000. 杜仲的价值及种子育苗技术 . 林业科技通讯，（2）：38

愈志成 . 2003. 杜仲叶产品的开发 . 林业实用技术，（3）：34

俞德浚主编.1979.中国果树分类学.北京：农业出版社

俞德浚主编.1985.中国植物志（37卷）.北京：科技出版社

郝新建，张新旭.1999.杜仲播种育苗技术.林业科技通讯，（1）：41~42

郝日明，贺善安，汤诗杰等.1995.鹅掌楸在中国的自然分布及其特点.植物资源与环境，4（1）：1~6

贺振主编.木本花卉.2000.北京：中国林业出版社

柏永耀，党桂霞.1997.石榴栽培新技术.北京：中国农业出版社

侯修胜.2002.美国红栌的栽培及开发价值，林业实用技术，（7）：14~15

侯元凯，李世东主编.2001.新世纪最有开发价值的树种.北京：中国环境科学出版社

曾庆诺.2000.雪松日光温室育苗技术.林业科技通讯，（5）：42~43

曾彦军等.2000.红砂和猫头刺种子萌发生态适应性的研究.草业学报，9（3）：36~42.

曾彦军等.2002.红砂种群繁殖特性的研究.草业学报，11（2）：66~71

龚德福主编.2002.甘肃森林.甘肃省林业厅

范仁俊等，沙棘病虫草害的发生与为害调查.沙棘文集 P164~165

范仁俊等，1994.沙棘园红缘天牛的发生特点和防治技术.沙棘，7（1）：24~27

钟鉎元编著.2000.枸杞高产栽培技术.北京：金盾出版社

屈丰安，施红.2003.北五味子育苗技术.北方果树，（3）

莫翼翔等编著.2002.实用园林苗木繁育技术.北京：中国农业出版社

骆文福.2002.红果绿叶——胡颓子.林业实用技术，（3）：39

封光伟，杨炳志.1997.山茱萸冬季管理技术.南阳农业科技，（6）

姜楠，姚周年，郑小东等.2004.百华花楸播种育苗及一年生苗的管理.林业实用技术，（4）：25~26

姜树生.1999.红皮云杉大苗造林绿化技术.防护林科技，（4）：74

姜传明，姜艳萍.1999.黑龙江省几种野生花灌木的引种栽培.国土与自然资源研究，（4）

姜海楼，董瑞音等.1997.麻黄生物学特性及生物量研究.草业学报，6（1）：18~22.

徐济等.1973.周至楼观台毛竹的引种.陕西林业科技，（9）28

徐济.1974.周至楼观台刚竹的引种.陕西林业科技，（2）29

徐济等.1975.怎样防治竹介壳虫.陕西林业科技，（3）47

徐济等.1976.周至楼观台毛竹的引种.竹类研究，（3）12

徐济等.1983.竹类介壳虫子初步研究.陕西林业科技，（4）

徐济等.1984.散生竹的几种无性繁殖育苗方法.陕西林业科技，（4）

徐开畸，未仁校.1992.木槿硬枝扦插育苗试验.宁夏农林科技，（6）

徐纬英，马常耕，焦谦之等.1959.杨树.北京：中国林业出版社

徐占广，郭玉娇.2002.木槿地膜覆盖扦插繁育技术.辽宁林业科技，（6）

徐纬英主编.1988.杨树.哈尔滨：黑龙江人民出版社

徐生旺，张有生，王占林等.2001.四翅滨藜的育苗造林技术.林业科技通讯，（10）：20~21

徐化成主编.1993.油松.北京：中国林业出版社

徐化成主编.1984.油松种源试验.林业科技通讯，（3）：1~4

徐化成主编.1992. 油松地理变异和种源选择. 北京：中国林业出版社

徐任主编. 1997. 民以食为天. 西安：世界图书出版公司

袁再富主编.1992. 北京樱桃沟自然保护试验工程论文集. 北京：中国林业出版社

唐麓君主编.1990. 宁夏森林. 北京：中国林业出版社

唐克丽主编.1990. 黄土高原地区土壤侵蚀区域特征及其治理途径. 北京：中国科学技术出版社

郭应星. 1983. 侧柏毒蛾生活规律观察及防治试验. 陕西林业科技，(1)：66～68

郭玉生，安学增.1999. 三倍体毛白杨引种试验初报. 林业科技通讯，(9)：27～29.

郭怀林. 2001. 金银花高产栽培技术. 中国林副特产，(3)

郭传友. 1981. 丘陵山地野生麻栎、枫香的利用. 林业科技通讯，(5)：6～9

郭志平. 2002. 花椒树的管理. 山西农业，(1)

郭宋鹏. 1999. 高寒地区引种栽培雪松的探讨. 林业科技通讯，(9)：22～23

郭兆元主编.1992. 陕西土壤. 北京：科学出版社

高世良编著.1998. 百种花卉养赏用. 北京：北京科学出版社

高尚武，马文元. 1990. 中国主要能源树种. 北京：中国林业出版社

高志海，崔建国. 1994. 唐古特白刺非休眠枝扦插繁殖研究. 园艺学报，21（3）：299～301

高居谦主编. 1989. 陕西省农业自然资源. 西安：西安地图出版社

施献举. 1992. 榆叶梅种子快速育苗方法. 绿化与生活，(1)

施德祥，李开祥，郭应星. 1988. 飞机喷洒灭幼脲Ⅲ号大面积防治侧柏毒蛾试验. 陕西林业科技，(4)：42～44

施玲玲，本建林，王少军等. 1998. 影响雪松硬枝扦插成活生长的因素研究. 林业科技通讯，(8)：10～13

钱正英主编.2004. 西北地区水资源配置生态环境建设和可持续发展战略研究-综合卷. 北京：科学出版社

钱开胜.2002. 野生胡颓子的开发利用与驯化栽培. 广西园艺，(5)

翁俊华，李周歧.1987. 河北杨嫩枝扦插试验. 陕西林业科技，(1)：26～27.

鲁向平，张永平主编. 1993. 黑穗醋栗茎尖分离培养的研究. 西安：西安地图出版社

秦桂林，王谦. 2000. 花椒栽培技术. 西南园艺，(3)

崔洪霞，王晶等编著.1999. 木本花卉栽培与养护. 北京：金盾出版社

崔友勇. 2000. 构树育苗技术. 中国林副特产，(3)：33～34

崔玲，李英，丛建军. 2001. 垂直绿化的优良植物-山荞麦. 石河子科技，(4)

夏训成，李崇舜，周兴佳等编著.1991. 新疆沙漠化与风沙灾害治理. 北京：科学出版社

闻子良，闻荃堂编著.1988. 花木栽培与药用. 北京：中国农业科技出版社

查振道等编著.1987. 泡桐生产技术问答. 西安：陕西科技出版社

段旭昌，杨荣慧，李平等. 1997. 黑醋栗果汁加工与贮藏保鲜技术研究. 陕西林业科技，(2)：1～3

段新玲，任东岁.1999. 金叶红瑞木嫩枝扦插繁育试验. 林业科技通讯，(7)：41～42

梁山. 2000. 珍稀园林绿化树种-香花槐. 林业科技通讯，(2)：43

梁仰贞. 1996. 金银花的人工栽培技术. 中国土特产，(5)

梁立兴编著. 1995. 中国当代银杏大全. 北京：北京农业大学出版社

梁立兴，李少能. 2001. 银杏野生种群的争论. 北京：林业科学，(1)：134～135

秦红岩，王建平，张琨等. 1997. 紫荆花金属元素含量研究. 山东中医药大学学报，21
　　(3)：226～227

蒋冬梅. 2000. 白刺花未成果实生物碱成分的提取. 海南医学院学报，6 (3)：161～162.

蒋永明，翁智林. 2002. 园林绿化树种手册. 上海：上海科学技术出版社

蒋建平主编. 1990. 泡桐栽培学. 北京：中国林业出版社

蒋志荣，王立，金芳等. 1996. 沙冬青茎段组织培养技术. 甘肃林业科技，(1)：70～71

黄枢，沈国舫主编. 1993. 中国造林技术. 北京：中国林业出版社

黄金祥，李信，钱进源主编. 1996. 塞罕坝植物志. 北京：中国科学技术出版社

黄振才. 2003. 食用花卉-木槿及其栽培技术. 江西农业科技，(2)

黄剑波. 1997. 太源村古紫藤. 植物杂志，(3)：33

黄金水，何学友，叶剑雄. 2001. 苦楝引诱防治星天牛研究. 林业科学，37 (4)：58～64

黄庆文，高映志，洪建源等. 1998. 北方园艺，20 (123)：20～21

黄庆文，洪建源，刘凤君. 1992. 树莓丰产性状的研究. 中国果树，(3)：23～25

黄丕振，陈洪轩. 1997. 沙拐枣的特性及其栽培技术. 林业科技通迅，19～20，16～18

贾恢先，赵曼容. 1985. 荒漠地区的新油源-沙冬青. 甘肃林业科技，(3)：32～33

贾丽等. 2001. 豆科锦鸡儿属植物研究进展. 植物研究，21 (4)：515～526

曹基武，唐文东，朱喜云. 2002. 珍稀树种连香树的森林群落调查及人工栽培. 林业实用技
　　术，(4)：7～8

曹志，郑琴，涂礌等. 2003. 三倍体毛白杨丰产措施. 林业科技通讯，(6)：14.

曹冠武等. 1998. 珍贵的经济树种－七叶树. 国土绿化，(1)

曹耀莲等. 1898. 旱柳类型划分及优良类型选择研究简报. 陕西林业科技，(4)：31～33

曹德伟，秦勇，姜士友等. 2002. 稠李硬枝扦插技术. 林业科技，27 (4)：5～6

褚福侠，李明贵. 2004. 美国杏李新品中及其栽培技术. 林业实用技术，(1)：32

惠彦文. 1992. 白皮松枯株类型观察. 陕西林业科技，(4)：4

傅紫芰，李建文，王本明等. 1995. 粗枝大叶黄杨在北京的引种驯化的研究. 植物引种驯化
　　集刊. 第十集. 北京：科学出版社

靳振宁，刘新占. 1998. 杜仲秋季带叶栽植试验. 林业科技通讯，(5)：37

顾姻. 1992. 悬钩子属植物资源及其利用. 植物资源与环境，1 (2)；50～60

顾万春，张英脱，周士万等. 1982. 臭椿种源的苗期试验. 林业科技通讯，(12)；1～2

裕载勋，郝近大. 1994. 药用树木栽培与利用. 北京：中国林业出版社，5

温太辉编. 1957. 竹类经营. 北京：中国林业出版社

傅坤俊主编. 1992. 黄土高原植物志（第二卷）. 北京：中国林业出版社

章稻仙，史忠礼，薛金才. 1991. 冷杉育苗技术调查研究. 白龙江、洮河林区综合考察论文
　　集，上海：上海科技出版社，

董铁民，陈晓阳，张雪敏等编著. 1990. 侧柏. 郑州：河南科学技术出版社

程忠生，方金香，程荣亮等. 1997. 马褂木有性繁殖试验. 浙江林业科技，17 (6)：18～21

雷颖，任继文. 1997. 山丹神柳（旱柳）. 植物杂志，(5)：4

董丽芬，肖斌，曹翠萍．1987．白皮松种子休眠原因的初步探讨．陕西林业科技，（1）：15～17

董丽芬，邵崇斌，张宗勤．2003．白皮松种胚的休眠萌芽特性研究．林业科学，39（6）：47～54

董启风总主编．1998．中国果树实用技术大全．北京：中国农业科技出版社

慈龙骏主编．1981．新疆防护林体系的营造．乌鲁木齐：新疆人民出版社

臧德奎编著．2002．攀缘植物造景艺术．北京：中国林业出版社

熊大胜，曹庸，朱金桃．1994．三叶木通根尖秋水仙素诱变芽期根尖性状及抗旱性变异研究．林业科技通讯，（7）：20～21

熊文愈，汪计珠，石同岱，李又芬．1993．中国木本药用植物．上海：上海科技教育出版社

湛漠美等．1974．林木果树病虫害防治．呼和浩特：内蒙古人民出版社

满多清，杨自辉．1995．河西地区的麻黄资源及其保护．植物资源与环境，（3）：64

鄢志明．1981．黄龙山林区山杨立地指数表的编制．陕西林业科技，（4）

谭鸣鸿，张照荣，秦红岩．1990．紫荆花化学成分的研究（Ⅰ）．中草药，21（6）：6～8

谭鸣鸿，李振广．1991．紫荆花化学成分的研究（Ⅱ）．中草药，22（2）：54～56

腾崇德，周玉亭．1990．中国特有植物-翅果油树．运城高专学报

腾人贵主编．1997．大樱桃栽培技术问答．北京：中国农业出版社

潘玉兴，蒋秀丽．2002．金银花的育苗与栽培技术．林业科技开发，（11）

潘志刚，游应天等．1994．中国主要外来树种引种栽培．北京：北京科学技术出版社

潘文明主编．观赏树木．2001．北京：中国农业出版社

潘庆凯，康平生，郭明编著．1991．楸树．北京：中国林业出版社

韩恩贤．1989．野生紫藤的水保效益调查及繁殖试验．陕西林业科技，（4）：34～35

韩恩贤．2004．西北主要木本经济植物栽培与利用．杨凌：西北农林科技大学出版社

燕飞．2002．金银花高产栽培技术要点．四川农业科技，（1）

漆建忠．1998．中国飞播治沙．北京：科学出版社

詹亚光，杨传平．2001．白桦愈伤组织的高效诱导和不定芽分化．东北林业大学学报，29（6）

魏守鹏，侯星田．2002．山茱萸快速育苗技术．落叶果树，（4）

衡德张，郭建设．2000．金银花栽培技术．河南林业科技，（2）

薛守纪，汤光佑编．1986．花卉栽培．北京：解放军出版社

薛允连．1998．椿芽冬季塑料大棚保护栽培技术．林业科技通讯，（9）：41

藏淑英，刘更喜．丁香．1990．北京：中国林业出版社

M．E．特卡钦柯著．北京林学院翻译室译．1959．森林学．北京：中国林业出版社

［美］H．T．哈特曼，D．E．凯斯特著．郑开文，吴应祥等译．1985．植物繁殖原理及技术．北京：中国林业出版社

上海市林学会科普委员会、上海市园林管理局绿化宣传站主编．1984．城市绿化手册，北京：中国林业出版社

山东省林业研究所．山东农学院园林系编．1975．刺槐．北京：农业出版社

山东经济植物编写组．1978．山东经济植物．济南：山东人民出版社

中国林学会主编 . 1998. 木本花卉栽培 . 北京：中国林业出版社

中国科学院《中国自然地理》编辑委员会 . 1985. 中国自然地理 . 总论 . 北京：科学出版社,

中国科学院《中国自然地理》编辑委员会 . 1985. 中国自然地理 . 气候 . 北京：科学出版社

中国科学院植物研究所主编 . 1985. 中国高等植物图鉴（第一册）. 北京：科学出版社

中国树木志编委会主编 . 1978. 中国主要树种造林技术 . 北京：农业出版社

中国科学院中国植物编辑委员会 . 1984. 中国植物志（第二十卷）. 北京：科学出版社

中国养蜂学会、中国农业科学院蜜蜂研究所、黑龙江省牡丹江农业科学研究所 . 1993. 中国
　蜜源植物及其利用 . 北京：农业出版社

中国科学院植物研究所 . 1972. 中国高等植物国鉴第二册 . 北京：科学出版社

中国科学院南京土壤研究所 . 1978. 中国土壤［M］. 北京：科学出版社

中国医学科学院药用植物资源开发研究所 . 1991. 中国药用植物栽培学 . 北京：中国医药科
　技出版社

中国农业科学院蚕业研究所 . 1985. 中国桑树栽培学 . 上海：上海科学技术出版社

中国饲用植物志编辑委员会 . 1989. 华北驼绒藜（赵书元）. 中国饲用植物志（第二卷）.
　北京：农业出版社, 283 ~ 288

中国科学院兰州沙漠研究所 . 1985. 中国沙漠植物志（1 - 3 卷）. 北京：科学出版社

中国科学院植物志编辑委员会 . 1978. 中国植物志（7 卷）. 北京：科学出版社

中国科学院中国植物编辑委员会 . 1984. 中国植物志（第二十卷）. 北京：科学出版社

中国科学院中国植物编辑委员会 . 1983. 中国植被 . 北京：科学出版社

中国农学会遗传资源学会编 . 1994. 中国作物遗传资源 . 北京：中国农业出版社

中国林学会编 . 2001. 西北生态环境论坛—西北地区生态环境建设研讨会专辑 . 北京：中国
　林业出版社

内蒙古农牧学院林学系编著 . 1997. 文冠果 . 呼和浩特：内蒙古人民出版社

天津市静海县农林局, 河北省廊坊地区农科所 . 1978. 1978 年杨家园大队在盐碱地上科学造
　林的经验 . 北京：中国林业科学, (2)：27 ~ 28

宁西林业局林科所 . 1985. 水青树、连香树山地育苗技术介绍 . 陕西林业科技, (2)：25 ~ 26

四川省中医药研究院, 南川药物科技研究所编 . 1988. 四川中药材栽培技术 . 重庆：重庆出
　版社

甘肃省林业局主编 . 1980. 主要树种造林技术 . 兰州：甘肃人民出版社

北京林学院城市园林系编著 . 1981. 花木栽培法, 北京：农业出版社

北京绿卡经济林开发有限公司 . 2001. 抗寒、抗盐碱、耐干旱贫瘠, 可改良牧场的速生饲料
　灌木 . 林业实用技术, (5)：2

华北树木志编写组编 . 1984. 华北树木志 . 北京：中国林业出版社

河北省林业厅主编 . 1990. 实用工程造林 . 北京：中国林业出版社

陕西省陇县林业局主编 . 1989. 关山树木志 . 西安：陕西科学技术出版社

陕西省林业厅等 . 1997. 荒漠奇迹-榆林治沙实录 . 西安：陕西人民出版社

治沙造林学编委会 . 1981. 治沙造林学 . 北京：中国林业出版社

林业部林业区划办主编 . 1987. 中国林业区划 . 北京：中国林业出版社

国家外国专家局培训中心 . 1998. 大果沙棘繁育技术（培训教材）. 沈阳：辽宁大学出版社

枸杞研究编写组．1982．枸杞研究．银川：宁夏人民出版社

南京林产工业学院林学系竹类研究室编．1974．竹林培育．北京：农业出版社

南京林业学校主编．1991．园林植物栽培学．北京：中国林业出版社

南京林产工业学院主编．1982．林木遗传育种学．北京：科学出版社

南京中山植物园．1982．花卉园艺．南京：江苏科学技术出版社

南京林产工业学院《主要树木种苗图谱》编写小组．1978．主要树木种苗图谱．北京：农业
　　出版社

湖南林业学校主编．1984．造林学．北京：中国林业出版社

榆林地区林业局科研组．1974．河北杨种子繁殖试验初报．陕西林业科技，（5）：12～14.

新疆农业科学院造林治沙研究所编．1980．新疆防护林体系的建设．乌鲁木齐：新疆人民出
　　版社

新疆林业科学研究所主编．1981．新疆主要造林树种．乌鲁木齐：新疆人民出版社